GEOLOGIA

TRADUÇÃO DA 2ª EDIÇÃO NORTE-AMERICANA

Dados Internacionais de Catalogação na Publicação (CIP)

```
W633g  Wicander, Reed.
           Geologia / Reed Wicander e James S. Monroe ; tra-
       dução Noveritis do Brasil ; revisão técnica Maurício
       Antônio Carneiro. — São Paulo, SP : Cengage Learning,
       2017.
           464 p. : il. ; 28 cm.


           Tradução de: Geol2 (2. ed.).
           ISBN 978-85-221-2558-6


           1. Geologia. I. Monroe, James S. II. Carneiro, Mau-
       rício Antônio. III. Título.




                                                    CDU 551
                                                    CDD 550
```

Índice para catálogo sistemático:
1. Geologia 551

(Bibliotecária responsável: Sabrina Leal Araujo — CRB 10/1507)

GEOLOGIA

TRADUÇÃO DA 2ª EDIÇÃO NORTE-AMERICANA

Reed Wicander e James S. Monroe
Central Michigan University

Tradução
Noveritis do Brasil

Revisão Técnica
Maurício Antônio Carneiro

Geólogo pela Universidade Federal de Minas Gerais (UFMG), mestre em Mineralogia e Petrologia e doutor em Geoquímica e Geotectônica pelo Instituto de Geociências da Universidade de São Paulo (USP). Professor de Geologia do Centro Federal de Educação Tecnológica de Minas Gerais (Cefet/MG).

Austrália • Brasil • Japão • Coreia • México • Cingapura • Espanha • Reino Unido • Estados Unidos

Geologia
Tradução da 2ª edição norte-americana
Reed Wicander e James S. Monroe

Gerente editorial: Noelma Brocanelli

Editora de desenvolvimento: Salete Del Guerra

Editora de aquisição: Guacira Simonelli

Supervisora de produção gráfica: Fabiana Alencar

Produtora gráfica: Raquel Braik Pedreira

Especialista em direitos autorais: Jenis Oh

Título original: *GEOL2* – 2nd Edition
ISBN 13: 978-1-133-10869-6
ISBN 10: 1-133-10869-5

Tradução: Noveritis do Brasil

Revisão Técnica: Maurício Antônio Carneiro

Revisão: Fernanda Marão, Sandra Scapin, Vero Verbo Serviços Editoriais

Diagramação: Crayon Editorial

Capa: Alberto Mateus

Imagem de capa: Nasa/USGS e Pavel Vakhrushev/Shutterstock

© 2018, Cengage Learning
© 2013, 2011 Brooks/Cole, Cengage Learning

Todos os direitos reservados. Nenhuma parte deste livro poderá ser reproduzida, sejam quais forem os meios empregados, sem a permissão por escrito da Editora. Aos infratores aplicam-se as sanções previstas nos artigos 102, 104, 106, 107 da Lei no 9.610, de 19 de fevereiro de 1998.

Esta editora empenhou-se em contatar os responsáveis pelos direitos autorais de todas as imagens e de outros materiais utilizados neste livro. Se porventura for constatada a omissão involuntária na identificação de algum deles, dispomo-nos a efetuar, futuramente, os possíveis acertos.

A Editora não se responsabiliza pelo funcionamento dos links contidos neste livro que possam estar suspensos. Para informações sobre nossos produtos, entre em contato pelo telefone **0800 11 19 39**

Para permissão de uso de material desta obra, envie seu pedido para **direitosautorais@cengage.com**

© 2018 Cengage Learning. Todos os direitos reservados.

ISBN 13: 978-85-221-2558-6
ISBN 10: 85-221-2558-9

Cengage Learning
Condomínio E-Business Park
Rua Werner Siemens, 111 – Prédio 11 – Torre A – conjunto 12
Lapa de Baixo – CEP 05069-900 – São Paulo –SP
Tel.: (11) 3665-9900 – Fax: (11) 3665-9901
SAC: 0800 11 19 39

Para suas soluções de curso e aprendizado, visite
www.cengage.com.br

Impresso no Brasil
Printed in Brazil
1 2 3 4 5 6   20 19 18 17

SOBRE OS AUTORES

Reed Wicander é professor de geologia na Central Michigan University, onde leciona geologia física, geologia histórica, vida pré-histórica e paleontologia dos invertebrados. Obteve o título de B.A. na San Diego State University e o de Ph.D. na University of California, Los Angeles (UCLA). É coautor de vários livros-texto sobre geologia com James S. Monroe. Seu principal interesse em pesquisa envolve vários aspectos da palinologia paleozoica, especificamente o estudo dos acritarcos, sobre os quais tem publicado vários artigos. Foi presidente da Associação Americana de Palinologistas Estatigráficos e também conselheiro da Federação Internacional das Sociedades Palinológicas.

James S. Monroe é professor emérito de geologia na Central Michigan University, onde leciona geologia física, geologia histórica, vida pré-histórica, estratigrafia e sedimentologia desde 1975. Obteve seu Ph.D. pela University of Montana. É coautor de vários livros-texto com Reed Wicander e seu interesse de pesquisa é geologia cenozoica e educação geológica.

SOBRE O REVISOR TÉCNICO

Maurício Antônio Carneiro é geólogo pela Universidade Federal de Minas Gerais (UFMG) e concluiu o mestrado em Mineralogia e Petrologia no Instituto de Geociências da Universidade de São Paulo (USP). Concluiu o doutorado em Geoquímica e Geotectônica pelo mesmo instituto, com estágio sanduíche no GEOTOP-UQÀM-McGill, em Montreal, no Canadá. Foi professor do Departamento de Geologia da Escola de Minas da Universidade Federal de Ouro Preto (UFOP), ministrou aulas na graduação e pós-graduação, exerceu, em várias oportunidades, os cargos de Coordenador do Programa de Pós-graduação e Presidente do Colegiado de Pós-graduação do Degeo/EM/UFOP e coordenou três laboratórios desse departamento (LOPAG, LAMIN e Fluorescência de Raios X). Foi membro da câmara CRA e do Conselho Curador da Fundação de Amparo à Pesquisa de Minas Gerais (Fapemig). Pesquisador do CNPq nível ID, já publicou mais de três dezenas artigos em periódicos especializados e mais de uma centena de trabalhos em anais de eventos. É membro do conselho editorial das seguintes publicações: *Revista Brasileira de Geociências*, *Revista Brasileira de Geofísica*, *Geochimica Brasiliensis* e *Geo.br* (Ouro Preto), e consultor Ad Hoc do Conselho Nacional de Pesquisas - CNPq. É professor do Centro Federal de Educação Tecnológica (Cefet/MG).

Sumário

Prefácio   XIII

Organização do livro   XIV

1 COMPREENDENDO A TERRA: UM PLANETA DINÂMICO EM EVOLUÇÃO   2

Introdução   3
O que é geologia?   5
Geologia e a formulação de teorias   5
A geologia e a experiência humana   6
Como a geologia afeta o nosso cotidiano?   6
Questões geológicas globais e ambientais   8
Origem do universo e do sistema solar e o lugar que a terra ocupa neles   10
Origem do universo: ele começou com um Big Bang?   11
Sistema solar: origem e evolução   12

Terra: seu lugar no sistema solar   13
Por que a Terra é um planeta dinâmico em evolução?   14
Teoria das placas tectônicas   16
O ciclo das rochas   17
Como estão relacionados o ciclo das rochas e as placas tectônicas?   18
Evolução orgânica e a história da vida   18
Tempo geológico e uniformitarismo   20
Como o estudo da geologia nos beneficia?   22

2 TECTÔNICA DE PLACAS: UMA TEORIA UNIFICADORA   24

Introdução   25
Primeiras ideias sobre a deriva continental   26
Alfred Wegener e a teoria da deriva continental   26
Evidências da deriva continental   27
Ajuste continental   27
Similaridade das sequências rochosas e das cordilheiras   27
Evidência glacial   28
Evidência fóssil   29
Características do assoalho oceânico   30
Plataforma, rampa e talude continental   31
Planícies abissais, dorsais oceânicas, fontes hidrotermais submarinas e fossas oceânicas   32
Montes submarinos, guyots e cadeias assísmicas   33
Margens continentais   34
Campo magnético terrestre   36

Paleomagnetismo e deriva polar   37
Reversões magnéticas e expansão do assoalho oceânico   38
Tectônica de placas: uma teoria unificadora   40
Tipos de limites de placas   41
Limites divergentes   41
Limites convergentes   45
Limites transformantes   47
Pontos quentes e plumas mantélicas   48
Movimento das placas e modo de deslocamento   48
Mecanismo que direciona a placa tectônica   50
Placas tectônicas e a distribuição de recursos naturais   52
Petróleo   52
Depósitos minerais   52
As placas tectônicas e a distribuição da vida   53

3 MINERAIS: OS CONSTITUINTES ROCHOSOS   56

Introdução   57
Matéria: o que é isto?   58
Átomos e elementos   58

Ligação química e compostos químicos   59
Explorando os minerais   62
Substâncias inorgânicas que ocorrem de forma natural   62

Sólidos cristalinos   62
Composição química dos minerais   64
Propriedades físicas dos minerais   64
Grupos minerais reconhecidos pelos geólogos   64
Minerais de silicato   65
Minerais de carbonato   68
Outros grupos de minerais   68
Propriedades físicas dos minerais   68
Brilho e cor   69
Forma cristalina   70
Clivagem e fratura   70
Dureza   71
Gravidade específica (densidade)   71
Outras propriedades minerais úteis   71
Minerais constituintes das rochas   72
Como os minerais se formam?   73
Recursos e reservas naturais   73

4 ROCHAS ÍGNEAS E ATIVIDADE ÍGNEA INTRUSIVA   76

Introdução   77
Propriedades e comportamento do magma e da lava   78
Composição do magma   78
Temperaturas do magma e da lava   78
Viscosidade: resistência ao fluxo   79
Como o magma se origina e modifica em composição?   80
Séries da reação de Bowen   80
A origem do magma em zonas de espalhamento   82
As zonas de subducção e a origem do magma   83
Pontos quentes e a origem do magma   83
Alterações na composição no magma   84
Rochas ígneas: características e classificação   86
Textura das rochas ígneas   86
Composição das rochas ígneas   87
Classificação das rochas ígneas   87
Corpos ígneos intrusivos: plútons   91
Diques, soleiras e lacólitos   92
Tubos e chaminés vulcânicos   93
Batólitos e stocks   93
Origem dos batólitos   94

5 VULCÕES E VULCANISMO   96

Introdução   97
Vulcões e vulcanismo   98
Gases vulcânicos   98
Fluxos de lava   99
Materiais piroclásticos   103
Tipos de vulcão   104
Vulcões-escudo   105
Cones de cinza   106
Vulcões compostos (estrato-vulcões)   107
Domos de lava   108
Outras formas de relevo vulcânico   109
Erupções fissural e platôs de basalto   109
Depósitos piroclásticos   110
Distribuição dos vulcões   110
Placas tectônicas, vulcões e plútons   111
Atividade ígnea nos limites das placas divergentes   111
Atividade ígnea nos limites das placas convergentes   111
Vulcanismo intraplaca   112
Riscos vulcânicos, monitoramento de vulcões e previsão de erupções   113
Quão grande é uma erupção e quanto tempo duram as erupções?   114
É possível prever erupções?   114

6 INTEMPERISMO, SOLO E ROCHAS SEDIMENTARES   116

Introdução   117
Como os materiais da terra são alterados?   118
Intemperismo mecânico   118
Intemperismo químico   120

Como o solo se forma e se deteriora?   124
O perfil do solo   126
Fatores que controlam a formação do solo   127
Degradação do solo   128
Intemperismo e recursos naturais   129
Sedimento e rochas sedimentares   130
Como o sedimento torna-se rocha sedimentar?   132
Tipos de rochas sedimentares   133
Rochas sedimentares detríticas   133
Rochas sedimentares químicas e bioquímicas   134

Fácies sedimentares   138
Lendo a história preservada em rochas sedimentares   138
Estruturas sedimentares   139
Viagem de campo – Rochas sedimentares   140
Fósseis: vestígios e traços da vida antiga   143
Determinando o ambiente de deposição   145
Recursos importantes em rochas sedimentares   146
Petróleo e gás natural   146
Urânio   146
Formação ferrífera bandada   147

7 METAMORFISMO E ROCHAS METAMÓRFICAS   148

Introdução   149
Os agentes do metamorfismo   150
Calor   150
Pressão   150
Atividade de fluidos   151
Os três tipos de metamorfismo   151
Metamorfismo de contato   152
Metamorfismo dinâmico   153

Metamorfismo regional   153
Minerais índices e grau metamórfico   154
Como as rochas metamórficas são classificadas?   154
Rochas metamórficas foliadas   154
Rochas metamórficas não foliadas   158
Zonas e fácies metamórficas   159
Tectônica de placas e metamorfismo   161
Metamorfismo e recursos naturais   162

8 OS TERREMOTOS E O INTERIOR DA TERRA   164

Introdução   165
Teoria do rebote elástico   166
Sismologia   167
O foco e o epicentro de um terremoto   169
Onde ocorrem os terremotos e com que frequência?   171
Ondas sísmicas   172
Ondas de corpo   172
Ondas de superfície   173
Localização de um terremoto   174
Medindo a força de um terremoto   175
Intensidade   176
Magnitude   176
Quais são os efeitos destrutivos dos terremotos?   178
Tremor do solo   178

Fogo   180
Tsunami: ondas assassinas   180
Falha no solo   182
Previsão de terremotos   182
Precursores de terremotos   183
Programas de previsão de terremotos   183
Controle de terremotos   184
Como é o interior da Terra?   185
O núcleo   187
Densidade e composição do núcleo   188
Manto da Terra   189
A estrutura, densidade e composição do manto   189
Calor interno da Terra   189
Crosta da Terra   190

9 DEFORMAÇÃO, FORMAÇÃO DE MONTANHAS E CONTINENTES   192

Introdução   193
Deformação da rocha: como isso ocorre?   193

Tensão e distensão   194
Tipos de distensão   195

Direção e mergulho: a orientação das camadas deformadas de rochas 196
Deformação e estruturas geológicas 197
Camadas de rocha dobradas 197
Juntas 201
Falhas 202
Falhas de rejeito de mergulho 202
Falhas de rejeito direcional 203
Falhas de rejeito oblíquo 204

Deformação e origem das montanhas 205
Formação de montanhas 205
Tectônica de placas e formação de montanhas 206
Terrenos exóticos e origem das montanhas 210
Crosta terrestre 211
Continentes flutuantes? 211
Princípio da isostasia 211
Recuperação isostática 212

10 MOVIMENTO GRAVITACIONAL DE MASSA 214

Introdução 215
Fatores que afetam a movimentação gravitacional de massa 215
Declividade da encosta 217
Intemperismo e clima 217
Conteúdo de água 219
Vegetação 219
Sobrecarga 219
Geologia e estabilidade da encosta 220

Mecanismos de desencadeamento 220
Tipos de movimento gravitacional de massa 221
Quedas 223
Escorregamentos 224
Corridas de massa 227
Movimentos complexos 232
Reconhecendo e minimizando os efeitos dos movimentos gravitacionais de massa 235

11 ÁGUA CORRENTE 236

Introdução 237
Água na terra 238
O ciclo hidrológico 238
Fluxo de fluido 239
Água corrente 239
Fluxo laminar e fluxo de canal 239
Gradiente, velocidade e vazão 240
Água corrente, erosão e transporte de sedimentos 240
Deposição por água corrente 243
Depósitos de canais entrelaçados e canais de meandros 245
Depósitos em planície de inundação 246

Deltas 246
Leques aluviais 248
As inundações podem ser controladas e previstas? 248
Sistemas de drenagem 250
A importância do nível de base 252
O que é um rio em equilíbrio? 253
Viagem de campo – Água corrente 254
A evolução dos vales 257
Terraços fluviais 257
Meandros encaixados 258
Fluxos sobrepostos 258

12 ÁGUAS SUBTERRÂNEAS 260

Introdução 261
Água subterrânea e o ciclo hidrológico 262
Porosidade e permeabilidade 262
O lençol freático 263
Movimento da água subterrânea 264

Nascentes, poços de água e sistemas artesianos 264
Nascentes 265
Poços 265
Sistemas artesianos 267
Erosão e deposição de água suterrânea 268

IX

Topografia de sumidouros (dolina) e carste   269
Grutas e depósitos de grutas   271
Modificações do sistema de água subterrânea e seus efeitos   273
Rebaixamento do lençol freático   273
Invasão de água salgada   274
Subsidência (afundamento)   275
Contaminação das águas subterrâneas   277
Viagem de campo – Atividade hidrotermal   278
Atividade hidrotermal   280
Fontes termais   281
Gêiseres   281

13 GELEIRAS E GLACIAÇÃO   284

Introdução   285
Os tipos de geleira   286
Geleiras de vale   286
Geleiras continentais   287
Geleiras: corpos de gelo que se movem na Terra   288
Geleiras: parte do ciclo hidrológico   288
Como as geleiras se originam e como se movem?   289
Distribuição das geleiras   290
O balanço glacial   291
Quão depressa as geleiras se movem?   292
Erosão e transporte de sedimentos pelas geleiras   294
Erosão por geleiras de vale   294
Geleiras continentais e formas de relevos erosivos   297
Depósitos de geleiras   298
Drift glacial   298
Formas de relevo compostas de till   299
Formas de relevo compostas por drift estratificado   301
Depósitos em lagos glaciais   303
Qual a causa das eras do gelo?   303
A teoria de Milankovitch   304
Eventos climáticos de curto prazo   305

14 OS DESERTOS E O TRABALHO DOS VENTOS   306

Introdução   307
Transporte de sedimentos pelo vento   308
Carga de leito   308
Carga suspensa   309
Erosão eólica   309
Abrasão   309
Deflação   310
Depósitos por vento   311
A formação e a migração de dunas   312
Tipos de duna   313
Loess   315
Cinturões de pressão de ar e padrões globais de vento   316
A distribuição dos desertos   317
Viagem de campo – Ambientes desérticos   318
Características dos desertos   320
Temperatura, precipitação e vegetação   320
Intemperismo e solos   320
Perda de massa, correntes e águas subterrâneas   320
Vento   322
Formas de relevo de deserto   322

15 OCEANOS, COSTAS E PROCESSOS COSTEIROS   326

Introdução   327
Água do mar, circulação oceânica e sedimentos do fundo do mar   328
Água do mar – Composição   328
Circulação oceânica   329
Sedimentos do fundo do mar   330
Litorais e processos litorâneos   332
Marés   332
Ondas   335
Correntes próximas da costa   337
Erosão e deposição costeira   339
Erosão e plataformas de corte de onda   339

Grutas, abóbodas e chaminés marinhas 339
Praias 340
Mudanças sazonais em praias 342
Restingas, barreiras de baías e tômbolos 343
Ilhas de barreiras 343
O balanço sedimentar costeiro 344
Tipos de costa 345
Costas de deposição e de erosão 346
Costas submersas e emergentes 346
Os perigos de viver ao longo de uma linha costeira 346
Ondas de tempestade e inundação costeira 347
Como as áreas costeiras são gerenciadas à medida que sobe o nível do mar? 349
Recursos oceânicos 349

16 TEMPO GEOLÓGICO: CONCEITOS E PRINCÍPIOS 352

Introdução 353
Como é medido o tempo geológico? 353
Conceitos iniciais do tempo geológico e da idade da Terra 355
James Hutton e o reconhecimento do tempo geológico 355
Métodos de datação relativa 356
Princípios fundamentais da datação relativa 356
Discordâncias 358
Aplicando os princípios da datação relativa 363
Viagem de campo – Tempo geológico 364
Correlação das unidades de rocha 366
Métodos de datação absoluta 368
Decaimento radiogênico e meias-vidas 369
Fontes de incerteza 372
Pares de isótopos radiogênicos de longa vida 372
Método de datação por carbono 14 373
Desenvolvimento da escala do tempo geológico 374
Tempo geológico e alterações climáticas 375

17 HISTÓRIA DA TERRA 378

Introdução 379
A história pré-cambriana da Terra 379
A origem e a evolução dos continentes 380
Escudos, plataformas e crátons 381
História arqueana da Terra 382
História proterozoica da Terra 384
A geografia paleozoica da Terra 386
A evolução paleozoica da américa do norte 388
A sequência Sauk 389
A sequência Tippecanoe 389
A sequência Kaskaskia 389
A sequência Absaroka 390
A história dos cinturões móveis paleozoicos 395
O cinturão móvel Apalachiano 395
O cinturão móvel Cordilheirano 396
O cinturão móvel Ouachita 396
O papel das microplacas 398
O rompimento da Pangeia 398
A história mesozoica da América do Norte 400
Região leste costeira 400
Região costeira do Golfo 401
Região oeste 402
A história da Terra na Era Cenozoica 406
Tectônica de placas e orogênese cenozoica 407
A Cordilheira Norte-Americana 409
O interior do continente e a planície da Costa do Golfo 410
Leste da América do Norte 412
Glaciação do Pleistoceno 412

18 HISTÓRIA DA VIDA 414

Introdução 415
História pré-cambriana da vida 415
História da vida paleozoica 417
Invertebrados marinhos 417
A extinção em massa do período Permiano 419
Vertebrados 419

Plantas 422
História da vida mesozoica 423
Invertebrados marinhos 423
A diversificação dos répteis 423
Aves 428
Mamíferos 428
Plantas 429

Índice remissivo 438

Extinções em massa no período Cretáceo 429
História da vida na Era Cenozoica 431
Os invertebrados marinhos e o fitoplâncton 431
Diversificação dos mamíferos 432
Mamíferos cenozoicos 434
Fauna do Pleistoceno 434
Evolução dos primatas 435

PREFÁCIO

De um passado remoto, há mais de 4,6 bilhões anos, para ser hoje o nosso lar cósmico, o planeta Terra foi sendo moldado, continuadamente, por processos endógenos e exógenos. Os processos endógenos, que ocorrem a grandes profundidades, respondem pela geração do magma e das rochas ígneas e metamórficas em geral; formação, deformação e movimentação das massas continentais pela superfície do planeta.

Os processos exógenos, desenvolvidos na superfície ou no seu entorno, modificam o resultado dos processos endógenos e têm a capacidade de criar diversos ambientes, desde aqueles relativos à formação de rochas sedimentares, até outros que favoreceram o surgimento e a evolução da vida.

Sem dúvida, foi o engenhoso processo de evolução tectônica da Terra, forjado pela pressão e temperatura interna do planeta, que permitiu o surgimento de um complexo ambiente superficial onde a vida apareceu e evoluiu, a tal ponto, que uma espécie inteligente se apossou dela e, hoje, tem a capacidade de compreender os processos que desaguaram na sua própria existência.

Isso, no entanto, não livra o nosso planeta das ações inconsequentes que têm modificado, de forma acelerada, a sua superfície e alterando, às vezes, de forma dramática, os complexos ecossistemas que, em última instância, são fundamentais para a manutenção da vida da própria espécie que os destrói. Ou seja, a principal, prejudicada por suas ações destituídas de responsabilidade global para com o planeta.

Para os leitores interessados em Geologia, e os estudantes das ciências da Terra em geral, este livro apresenta, em 18 capítulos, os mais empolgantes e fundamentais temas acerca da formação e evolução do nosso planeta.

Neste abrangente conteúdo, o leitor conhecerá a história da Terra desde o seu surgimento nos primórdios da evolução do sistema solar. Será informado acerca dos princípios fundamentais do estudo geológico; dos processos de formação das rochas e minerais; do surgimento e da movimentação dos continentes pela superfície do planeta, do aparecimento dos ambientes favoráveis à vida e as suas modificações geológicas ao longo do tempo, de modo que espécies antigas fossem extintas e novas se espalhassem pela superfície terrestre.

Assim pensando, este livro é um guia para o conhecimento e a preservação do planeta, que nos deu a vida e, por isso mesmo, para o entendimento dos cuidados essenciais para que os ambientes favoráveis à manutenção da vida sejam continuados.

Prof. Maurício Antônio Carneiro
Centro Federal de Educação Tecnológica de Minas Gerais (Cefet/MG)

ORGANIZAÇÃO DO LIVRO

Os objetivos de aprendizagem são apresentados no início de cada capítulo, repetindo a numeração destes no texto a fim de facilitar ao aluno relacionar o objetivo com o conteúdo. Os termos que merecem destaque estão apresentados no texto na cor laranja e listados na lateral de cada página, facilitando a busca. No *Material de apoio on-line** você encontra o **Glossário** completo e as explicações de cada termo.

O texto é ricamente ilustrado com mais de 300 figuras, tabelas e diagramas, distribuídos em 18 capítulos totalmente coloridos.

Nos capítulos 6, 11, 12 e 14 há um texto diferenciado intitulado *Viagem de campo*. Este recurso faz uma pequena viagem pelos elementos discutidos no capítulo. Os autores fornecem exemplos ilustrados, indicando parques e lugares que podem ser visitados e apresentando ao leitor dados e figuras para complementar o estudo do capítulo, além de *Objetivos da viagem* e *Questões para acompanhamento*.

Há também quadros que discutem sobre geologia ambiental e econômica para inteirar os alunos da importância e relevância da área para a vida.

Questões de revisão estão disponíveis também no *Material de apoio on-line*, para que você avalie o que aprendeu.

Para os professores, apenas, estão disponibilizados também no *Material de apoio on-line*, **Slides** (Power Point®), em inglês e em português, como complemento para o plano de aula. No **Manual do professor**, são apresentados, em inglês, textos extras, questões, sugestões de leituras, de sites e de vídeos.

---

* O *Material de apoio on-line* está disponível no site da Cengage Learning (www.cengage.com.br). Insira, no mecanismo de busca do site, o nome do livro: *Geologia*. Clique no título do livro e, na página que se abre, você verá à direita um link intitulado *Material de apoio para professores* e outro com o nome *Material de apoio para alunos*. Entre com seu login de professor ou de aluno, respectivamente, e faça o download do material. Se não tiver o login, faça seu cadastro.

1 | Compreendendo a Terra: um planeta dinâmico em evolução

Nesta imagem de satélite, observamos a Ásia (parcialmente na sombra), a camada de gelo do Ártico e o Sol. A Terra é um sistema de componentes interligados, que interagem uns com os outros. Quatro dos principais subsistemas da Terra podem ser vistos nesta imagem: atmosfera, biosfera, hidrosfera e litosfera. As complexas interações entre esses subsistemas, bem como o interior da Terra, resultam em um planeta em constante transformação.

Introdução

"A Terra é um planeta complexo e dinâmico que vem sofrendo mudanças contínuas desde a sua origem, há cerca de 4,6 bilhões de anos".

Um dos inúmeros avanços da era espacial é a possibilidade de olharmos do espaço para o nosso planeta e o admirarmos em sua totalidade – um fantástico planeta azul. Muitos dos astronautas que tiveram a oportunidade de observá-la de longe disseram que a Terra se destaca como um belíssimo oásis no vazio do espaço. Porém, não é somente a beleza do nosso planeta que impressiona, mas também a sua fragilidade e a longa e, muitas vezes, turbulenta história, que deciframos por meio das pistas preservadas no registro geológico.

Objetivos de Aprendizagem (OA)

Ao finalizar este capítulo você será capaz de:

- **OA1** Definir Geologia
- **OA2** Compreender o impacto de algumas teorias no estudo da Geologia
- **OA3** Explicar como a Geologia se relaciona com a experiência humana
- **OA4** Explicar como a Geologia afeta nosso cotidiano
- **OA5** Descrever os problemas geológicos e ambientais globais que a humanidade enfrenta
- **OA6** Descrever a origem do universo e do sistema solar e o lugar que a Terra ocupa neles
- **OA7** Explicar por que a Terra é um planeta dinâmico em evolução
- **OA8** Descrever o ciclo das rochas
- **OA9** Definir a evolução orgânica e o seu papel na história de vida
- **OA10** Descrever o tempo geológico e o uniformitarismo
- **OA11** Explicar como o estudo da Geologia pode nos beneficiar

Para nós, a Terra é um planeta complexo e dinâmico que vem sofrendo mudanças contínuas desde a sua origem, há cerca de 4,6 bilhões de anos. Essas mudanças e as atuais características que observamos resultam das interações entre os sistemas, subsistemas e os ciclos internos e externos da Terra.

> **sistema** Combinação de partes relacionadas que interagem de modo organizado; o sistema terrestre inclui a atmosfera, a hidrosfera, a biosfera e a Terra sólida.

Ao vermos a Terra como um todo – isto é, considerando-a como um *sistema* – percebemos como seus vários componentes estão interligados e podemos apreciar melhor a sua natureza complexa e dinâmica.

Sem dúvida, o conceito de sistema torna mais fácil estudar um assunto tão complexo como a Terra. Dividindo o conjunto em componentes menores podemos facilmente compreender como tais componentes se encaixam formando o todo. Assim, você pode encarar este livro como uma pintura panorâmica de uma grande paisagem. Cada capítulo seria, portanto, um detalhe desta paisagem, aumentando a sua apreciação e a compreensão global de toda a pintura.

Um **sistema** é uma combinação de partes relacionadas que interagem de modo organizado. Um automóvel é um bom exemplo de sistema. Seus vários componentes, ou subsistemas – como o motor, a transmissão, a direção e os freios – estão interligados de tal forma que uma alteração em qualquer um deles afeta os demais.

Podemos examinar a Terra do mesmo modo como examinamos um automóvel – isto é, como um sistema de componentes interligados, que interagem e afetam uns aos outros de muitas maneiras. Os principais subsistemas da Terra são a atmosfera, a biosfera, a hidrosfera, a litosfera, o manto e o núcleo (Figura 1.1). As complexas interações entre esses subsistemas resultam em um planeta que muda dinamicamente, no qual matéria e energia são continuamente recicladas em diferentes formas.

Não devemos esquecer que os seres humanos são parte do sistema terrestre e as nossas atividades podem produzir alterações, com consequências potencialmente extensivas. Quando discutimos questões ambientais, como a poluição e o aquecimento global, é importante lembrarmos que essas não são questões isoladas e que fazem parte do

Atmosfera

Os gases e a precipitação da atmosfera contribuem para a erosão das rochas.

A evaporação, a condensação e a precipitação transferem água entre a atmosfera e a hidrosfera, influenciando o tempo, o clima e a distribuição de água.

As plantas, os animais e a atividade humana afetam a composição dos gases atmosféricos.
A temperatura e a precipitação atmosférica ajudam a determinar a distribuição da biota da Terra.

Hidrosfera

Biosfera

As plantas absorvem e transpiram água, enquanto as pessoas utilizam a água para fins domésticos, agrícolas e industriais.

A água ajuda a determinar a abundância, a diversidade e a distribuição dos organismos.

O movimento das placas afeta o tamanho, a forma e a distribuição das bacias oceânicas. A água corrente e as geleiras erodem a rocha e esculpem paisagens.

Os organismos tranformam rocha em solo. As pessoas alteram a paisagem. O movimento das placas afeta a evolução e a distribuição da biota da Terra.

O calor refletido da superfície terrestre afeta a temperatura atmosférica. A distribuição das montanhas afeta os padrões climáticos.

Litosfera (placas)

As células de convecção dentro do manto contribuem para o movimento das placas (litosfera) e para a reciclagem do material da litosfera.

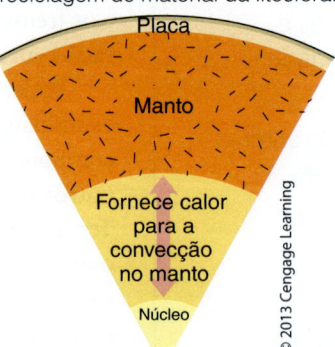

Placa
Manto
Fornece calor para a convecção no manto
Núcleo

Figura 1.1 Subsistemas da Terra
Atmosfera, hidrosfera, biosfera, litosfera, manto e núcleo são subsistemas da Terra. Este diagrama simplificado mostra como esses subsistemas interagem, com alguns exemplos de como os materiais e a energia são reciclados em todo o sistema terrestre. As interações entre esses subsistemas fazem da Terra um planeta dinâmico, que evoluiu e mudou desde a sua origem, há 4,6 bilhões de anos.

sistema maior da Terra. Além disso, a Terra passa por ciclos mais longos do que os seres humanos. Embora possam ter efeitos desastrosos de curto prazo sobre a espécie humana, o aquecimento e o resfriamento global são parte de um ciclo de longo prazo que resultou em muitos avanços e retrações glaciais durante os últimos 2,6 milhões de anos.

Conforme você estuda os assuntos abordados neste livro, tenha em mente que os temas discutidos neste capítulo estão interligados, como as peças de um sistema. Relacionando o assunto de cada capítulo ao sistema terrestre, você entenderá porque a geologia é tão essencial para vida humana.

OA1 O QUE É GEOLOGIA?

Geologia, do grego *geo* e *logos*, é definida como o estudo da Terra, mas agora também inclui o estudo dos planetas e das luas no nosso sistema solar. Em geral, é dividida em duas grandes áreas: geologia física e geologia histórica. A *geologia física* é o estudo dos materiais da Terra, por exemplo, os **minerais** e as **rochas**, bem como os processos que operam no interior da Terra e na sua superfície. A *geologia histórica* examina a origem e a evolução terrestre, seus continentes, seus oceanos, sua atmosfera e sua vida.

Embora a disciplina da geologia seja muito ampla e subdividida em diversos campos ou especialidades, quase todos os seus aspectos têm alguma relevância econômica ou ambiental.

Por exemplo, muitos geólogos estão envolvidos na exploração de recursos minerais e energéticos, utilizando seu conhecimento especializado para localizar os recursos naturais nos quais a nossa sociedade industrializada se baseia. Outros geólogos usam seus conhecimentos para ajudar a resolver problemas ambientais. Uma vertente desse estudo geológico é monitorar a poluição das águas superficial e subterrânea e sua consequente recuperação. Encontrar fontes adequadas de água subterrânea para as necessidades cada vez maiores das comunidades e das indústrias está se tornando cada dia mais importante. O estudo geológico também ajuda a definir locais seguros para construção de barragens, locais para eliminação de resíduos e usinas de energia; bem como na concepção de edifícios resistentes aos terremotos. As previsões, de curto e de longo alcance, acerca de terremotos e erupções vulcânicas e o seu potencial de destruição também são atividades dos geólogos.

OA2 GEOLOGIA E A FORMULAÇÃO DE TEORIAS

O termo **teoria** tem vários significados: no uso coloquial, significa uma visão especulativa ou conjetural de algo. Daí a crença generalizada, porém falsa, de que as teorias científicas são pouco mais do que suposições sem fundamento. No uso científico, no entanto, uma teoria é uma explicação coerente para um ou vários fenômenos naturais relacionados, sustentada por um grande material de evidências objetivas. A partir de uma teoria, os cientistas geram modelos que testam, por meio de observações e/ou experiências, a sua própria validade. A lei da gravitação universal é um exemplo de teoria; ela descreve a atração entre as massas (uma maçã e a Terra, na versão popular de Newton e sua descoberta).

As teorias são formuladas por meio do processo conhecido como **método científico**. Este método é uma abordagem ordenada, lógica, que envolve a reunião e a análise de fatos ou dados sobre o problema em consideração. Tentativas de explicações, ou **hipóteses**, são formuladas para explicar o fenômeno observado. Em seguida, as hipóteses são testadas para ver se o que foi previsto realmente ocorre em uma dada situação. Finalmente, se uma das hipóteses é encontrada, depois de repetidos testes para explicar o fenômeno, esta hipótese então é apresentada como uma teoria.

É importante lembrar, no entanto, que, na ciência, mesmo uma teoria ainda está sujeita a mais teste e refinamento, conforme novos dados se tornem disponíveis. O fato de uma teoria científica poder ser testada e sujeitar-se a novos testes a separa de outras formas de investigação humana.

Devido ao fato de as teorias científicas serem testadas, elas tanto podem ser confirmadas como invalidadas. Assim sendo, a ciência deve proceder sem qualquer apelo às crenças ou explicações sobrenaturais. Não porque essas sejam necessariamente falsas, mas porque não temos nenhuma maneira de investigá-las. Por esta razão, a ciência não faz nenhuma reivindicação sobre a existência/inexistência de um campo sobrenatural ou espiritual.

---

geologia Ciência voltada ao estudo dos materiais terrestres (minerais e rochas), processos superficiais e internos e a história da Terra.

mineral Sólido de ocorrência natural, inorgânico e cristalino, que tem propriedades físicas características e composição química definida.

rocha Agregado sólido de um ou mais minerais, como calcário e granito, ou agregado consolidado de fragmentos de rocha, como no conglomerado ou massas de materiais similares à rocha, como carvão e obsidiana.

teoria Explicação para algum fenômeno natural que tem grande acúmulo de provas. Para ser científica, uma teoria deve ser testada (por exemplo, teoria de placas tectônicas).

método científico Abordagem lógica e ordenada que envolve a coleta de dados, formulação, teste de hipóteses e a proposição de teorias.

hipótese Explicação provisória para observações que estão sujeitas ao teste contínuo. Se bem suportada por evidências, uma hipótese se transforma em teoria.

Cada disciplina científica tem teorias que lhe são particularmente importantes. Em geologia, a formulação da *teoria de placas tectônicas* (discutida mais adiante neste capítulo) mudou a compreensão dos geólogos a respeito da Terra. Para os geólogos, a Terra agora é vista de uma perspectiva global, na qual todos os seus subsistemas e ciclos estão interligados. E a história da Terra é vista como um "*continuum*" de eventos inter-relacionados, que são parte de um padrão global de mudanças.

Muitos desenhos e pinturas retratam rochas e paisagens de forma realista. *A virgem das rochas*, *A virgem e o menino com Santa Ana e São Jerônimo no deserto*, de Leonardo da Vinci; *Êxtase de São Francisco de Assis*, de Luca Giordano, e *Almas gêmeas*, de Asher Brown Durand, são alguns exemplos.

OA4 COMO A GEOLOGIA AFETA O NOSSO COTIDIANO?

A ligação mais óbvia entre a geologia e o nosso cotidiano é quando desastres naturais acontecem, como erupções vulcânicas, terremotos, deslizamentos de terra, *tsunamis* e inundações. Menos evidente, mas igualmente significativas, são as conexões entre a geologia e as questões econômicas, sociais e políticas.

OA3 A GEOLOGIA E A EXPERIÊNCIA HUMANA

Provavelmente, você ficaria surpreso com o grau de permeabilidade da geologia na nossa vida diária e às inúmeras referências da geologia nas artes, na música e na literatura. Muitos desenhos e pinturas retratam rochas e paisagens de forma realista. *A virgem das rochas*, *A virgem e o menino com Santa Ana e São Jerônimo no deserto*, de Leonardo da Vinci; *Êxtase de São Francisco de Assis*, de Luca Giordano, e *Almas gêmeas*, de Asher Brown Durand.

No campo da música, a canção "Grand Canyon Suite", de Ferde Grofé, foi, sem dúvida, inspirada pela grandeza e sensação de eternidade do Grand Canyon do Arizona e suas vastas formações rochosas (Figura 1.2). As rochas da ilha de Staffa, no arquipélago das Hébridas, Escócia, forneceram a inspiração para a famosa "Hebrides Overture", de Felix Mendelssohn.

As referências à geologia estão presentes nas *Lendas alemãs* dos Irmãos Grimm. A obra *Viagem ao centro da Terra*, de Júlio Verne, descreve uma expedição ao interior da Terra. Há ainda uma série de livros de mistério escritos por Sarah Andrews, que apresenta o geólogo fictício, Em Hansen, que usa seus conhecimentos de geologia para resolver crimes.

A geologia também desempenha um papel importante na história e na cultura da humanidade. Ao longo da história, impérios se ergueram e caíram; e guerras foram travadas para garantir a distribuição e a exploração de recursos naturais como o petróleo e o gás, bem como minerais valiosos, como o ouro, a prata e os diamantes.

Figura 1.2 Geologia e arte
A canção "Grand Canyon Suite", de Ferde Grofés, foi inspirada pela beleza do Grand Canyon do Arizona, onde camadas de rochas sedimentares documentam, de forma grandiosa, uma parte da história da Terra.

Geologia e poder econômico e político

A Geologia está intimamente ligada ao poder econômico e político. A configuração da superfície terrestre ou sua topografia, que é moldada por agentes geológicos, muitas vezes, desempenhou um papel fundamental em táticas militares. Por exemplo, Napoleão incluiu dois geólogos em suas forças expedicionárias quando invadiu o Egito, em 1798, e os russos utilizaram geólogos como assessores na escolha de locais de fortificação durante a Guerra Russo-Japonesa de 1904-1905. As barreiras naturais, como serras e rios, servem como fronteiras políticas, e a mudança de canais de rios provocou numerosas disputas fronteiriças. Como os recursos minerais e energéticos não são igualmente distribuídos, nenhum país é autossuficiente em todos eles. Assim, ao longo da história, as pessoas lutaram para garantir esses recursos. Os Estados Unidos estavam envolvidos na Guerra do Golfo, em 1990-1991, em grande parte porque precisavam proteger seus interesses petrolíferos na região. Muitas políticas e tratados estrangeiros se desenvolvem a partir da necessidade de adquirir e manter um fornecimento adequado de recursos minerais e energéticos.

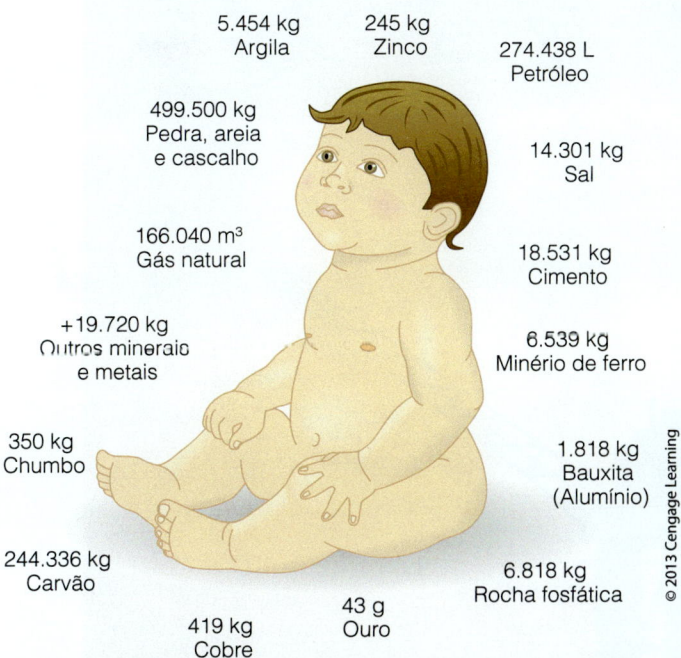

Figura 1.3 Uso mineral durante a vida

De acordo com o Mineral Information Institute (MII), em Golden, Colorado, um norte-americano nascido em 2009 tem uma expectativa de vida de 77,7 anos e necessitará de 1.305.000 kg de minerais, metais e combustíveis para sustentar seu padrão de vida. Trata-se de um consumo médio anual de 16.959 kg de recursos minerais e energéticos para cada homem, mulher e criança. Valores semelhantes não diferem muito para outros países desenvolvidos.

Considere, por exemplo, o quanto somos dependentes da Geologia em nossas rotinas diárias (Figura 1.3). Para uma boa parte da humanidade a eletricidade vem da queima de carvão, petróleo, gás natural ou urânio consumido em usinas nucleares. Os geólogos localizam o carvão, o petróleo (petróleo e gás natural) e o urânio. Cabos de cobre, e/ou de outros metais que transmitem eletricidade, são produzidos a partir de minérios encontrados como resultado da exploração mineral. Nos edifícios onde vivemos e trabalhamos, a fundação de concreto (uma mistura de argila, areia ou cascalho e calcário); a alvenaria seca (feita em grande parte de tijolos de argila queimada ou de gesso mineral) e as janelas (o quartzo mineral é o principal ingrediente na fabricação de vidro) dependem dos recursos geológicos pesquisados pelos geólogos.

O carro ou o transporte público que usamos é construído de ligas de metais e de plástico e alimentado e lubrificado por algum tipo de subproduto do petróleo. As rodovias ou ferrovias nas quais nos locomovemos dependem de materiais geológicos como cascalho, asfalto, concreto e aço. Todos esses itens são resultado do processamento dos recursos geológicos.

Como indivíduos e sociedade, desfrutamos de um padrão de vida que é totalmente dependente do consumo de materiais geológicos. Portanto, é necessário se conscientizar sobre como o uso – e o abuso – dos recursos geológicos pode afetar o meio ambiente.

É fundamental apoiar a criação de políticas que incentivem a gestão racional dos recursos naturais que também garantam o desenvolvimento e bem-estar mundial.

OA5 QUESTÕES GEOLÓGICAS GLOBAIS E AMBIENTAIS

A maioria dos cientistas diria que a superpopulação é o maior problema ambiental que o mundo enfrenta hoje. Em 2011, a população mundial atingiu 7 bilhões e as projeções indicam que este número aumentará para 9 bilhões até 2045. Embora isso não pareça ser um problema geológico, lembre-se de que essas pessoas devem ser alimentadas, abrigadas e vestidas. Imagine o impacto sobre o meio ambiente! Por outro lado, uma grande parte deste crescimento populacional será em regiões sujeitas a terremotos, *tsunamis*, erupções vulcânicas e inundações. Além disso, essa população precisa de abastecimento adequado de água e deve estar protegida da poluição. Recursos energéticos adicionais serão necessários para ajudar a alimentar as economias dessas nações com populações cada vez maiores (Figura 1.4). Assim, novas técnicas devem ser desenvolvidas para reduzir o uso de nossa base de recursos não renováveis e aumentar nossos esforços de reciclagem, de modo que possamos diminuir a dependência de novas fontes materiais geológicas.

© Don Mammoser/Shutterstock

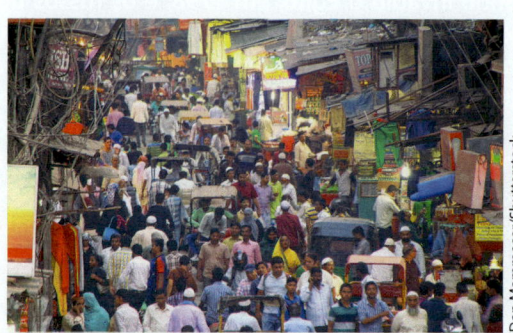

A superpopulação é o maior problema ambiental que o mundo enfrenta hoje. (Nova Délhi, Índia)

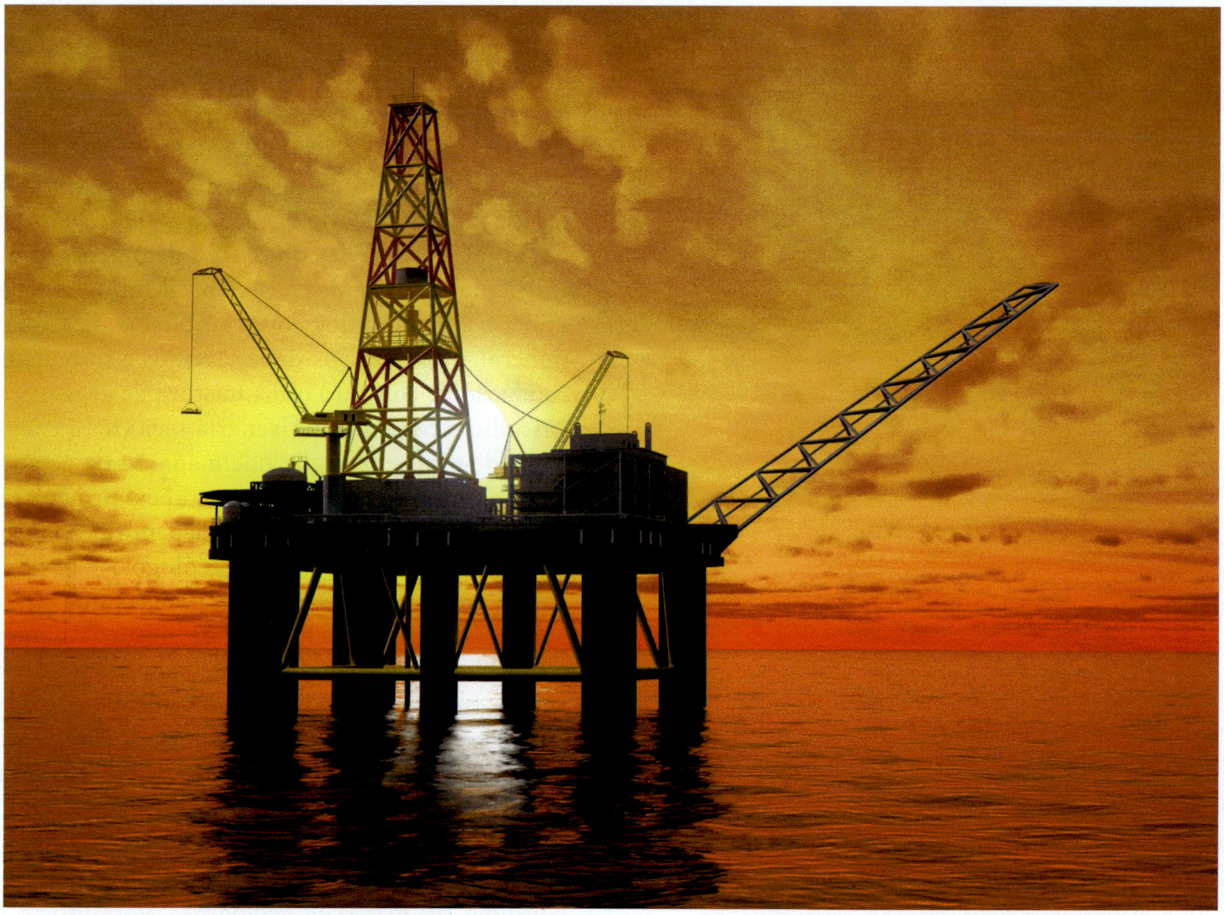

© TebNad/Istockphoto.com

Figura 1.4 Perfuração petrolífera em alto-mar

Com o crescimento da demanda por energia nos últimos anos, a perfuração petrolífera e de gás natural em alto mar também aumentou.

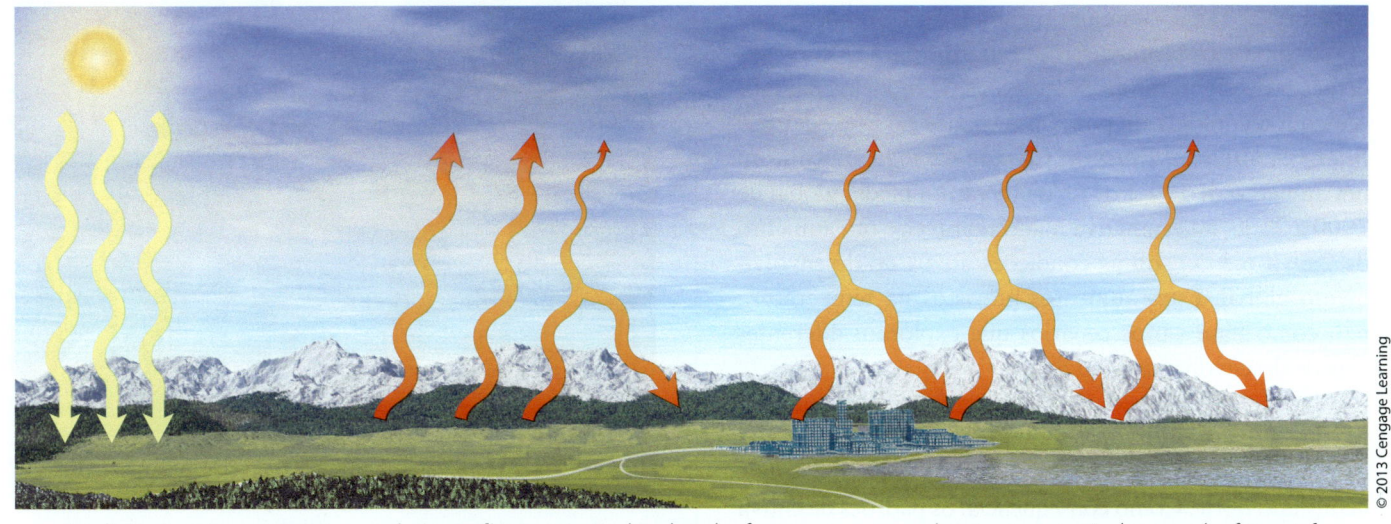

a. A radiação de curto comprimento de onda do Sol que não é refletida de volta ao espaço penetra na atmosfera e aquece a superfície terrestre.

b. A superfície terrestre irradia calor sob a forma de radiação de longo comprimento de onda de volta para a atmosfera e uma parte escapa para o espaço. O restante é absorvido por gases de efeito estufa e vapor de água e irradiada de volta para a Terra.

c. A maior concentração dos gases do efeito estufa confinam mais calor perto da superfície terrestre, causando um aumento geral na superfície e nas temperaturas atmosféricas, o que leva ao aquecimento global.

Figura 1.5 O efeito estufa e o aquecimento global

Os problemas da superpopulação, e como eles afetam o ecossistema global, podem variar de país para país. Para muitos países pobres e não industrializados, o problema é que há muitas pessoas e os alimentos não são suficientes. Para os países mais desenvolvidos e industrializados, a base de recursos naturais não renováveis e a de renováveis, está esgotando rapidamente pelo consumo pessoal. E, nos países mais desenvolvidos industrialmente, a produção de poluentes supera a capacidade do meio ambiente de os reciclar com segurança em uma escala humana de tempo. O traço comum, que amarra estas situações, é o desequilíbrio ambiental gerado pela população humana, que excede a capacidade de recuperação da Terra.

Outras questões globais corriqueiras nos noticiários são o efeito estufa, o aquecimento global e as mudanças climáticas. A relação entre o efeito estufa e o aquecimento global é um excelente exemplo de como os vários subsistemas da Terra estão interligados. O dióxido de carbono é um componente do ecossistema global e é constantemente reciclado, como parte do ciclo do carbono. A preocupação nos últimos anos com o aumento dos níveis de dióxido de carbono atmosférico, que é um subproduto da respiração e da queima de materiais orgânicos, está relacionada ao seu papel no efeito de estufa.

A reciclagem de dióxido de carbono entre a crosta terrestre e a atmosfera é um importante regulador do clima, porque o dióxido de carbono e outros gases, como o metano, o óxido nitroso, o cloro fluoro carboneto e o vapor de água, permitem que a luz solar passe através deles, mas prendem o calor refletido de volta da superfície terrestre. Esta retenção de calor é chamada de *efeito estufa*. Isso resulta em um aumento da temperatura da superfície terrestre e de sua atmosfera, produzindo o aquecimento global (Figura 1.5). A questão não é se estamos, ou não, sob uma etapa de efeito estufa; mas o grau em que a atividade humana, como a queima de combustíveis fósseis, está contribuindo para acelerá-lo e, consequentemente, aumentando o aquecimento global.

Devido ao aumento dos gases de efeito estufa produzidos pelo ser humano durante os últimos 200 anos, muitos cientistas acreditam que o aquecimento global já começou e resultará em graves mudanças climáticas globais.

Para prever taxas de aquecimento futuras, os pesquisadores climáticos usam variados cenários para as emissões de gases de efeito estufa. Simulações de modelos climáticos com tecnologia de ponta publicadas no *2007 Fourth Intergovernmental Panel on Climate Change*, mostraram um aumento de 1º a 3 ºC na temperatura média global de 2000 a 2100, na estimativa mais favorável, e um aumento de 2,5º a 6,5 ºC sob as condições atuais de desenvolvimento global. Estes aumentos previstos na temperatura tem como base vários cenários que exploram diferentes vias de desenvolvimento global.

Independentemente de qual cenário é seguido, a mudança da temperatura global será desigual, com o maior aquecimento ocorrendo nas latitudes mais altas do hemisfério norte. Como consequência, os padrões de chuva mudarão dramaticamente. Essa mudança terá um efeito importante sobre as maiores áreas produtoras de grãos do mundo, como o centro-oeste norte-americano. As condições mais secas e mais quentes intensificarão a gravidade e a frequência das secas, levando a mais perdas de colheitas e aos preços mais altos dos alimentos (Figura 1.6). Com essas mudanças climáticas, os desertos da Terra podem se expandir, com uma consequente diminuição das terras de plantio e pastagem. A temperatura mais alta também afetará o abastecimento de água, criando crises potenciais de água no oeste dos Estados Unidos dentro dos próximos 20 anos, bem como outras áreas, como o Peru e o oeste da China.

Conforme os climas mudam, doenças como a malária podem se espalhar para regiões que, até então, eram inóspitas para os mosquitos transmissores destas doenças que vivem em áreas quentes e úmidas. Além disso, o aquecimento global contínuo resultará em um aumento do nível médio do mar, já que as calotas polares e as geleiras se derretem e derramam sua água nos oceanos. No atual ritmo do derretimento glacial, o nível do mar estará 21 cm maior por volta de 2050, aumentando assim o número de pessoas em risco de inundações nas zonas costeiras em aproximadamente 20 milhões!

Devemos salientar, ainda, que alguns cientistas não acreditam que a tendência do aquecimento global seja resultado direto do aumento da atividade humana relacionada à industrialização. Eles acreditam que, embora o nível dos gases de efeito estufa tenha aumentado, ainda estamos incertos sobre a taxa de geração e de remoção e se o aumento da temperatura global durante o século passado resultou de variações climáticas normais ao longo do tempo ou da atividade humana. Além disso, eles acreditam que, mesmo se o aquecimento global for uma tendência durante os próximos cem anos, não há certeza de que as terríveis previsões, divulgadas pelos defensores do aquecimento global, acontecerão.

Figura 1.6 Plantação de milho ressecada por causa da seca

A Terra, como sabemos, é um sistema extremamente complexo, com muitos mecanismos de retroalimentações e interligações entre seus vários subsistemas e ciclos. É muito difícil prever todas as consequências que o aquecimento global teria para os padrões da circulação atmosférica e oceânica e seu efeito final sobre a biota terrestre. No entanto, é importante lembrarmos que, embora todos sejam vulneráveis a desastres relacionados às condições meteorológicas, as mudanças de grande escala provocadas pelas alterações climáticas terão impactos maiores sobre as populações menos favorecidas. Se essas mudanças climáticas são parte de um ciclo global natural que acontece ao longo de milhares ou centenas de milhares de anos (em uma escala de tempo geológico) ou se são conduzidas, em outra em parte, por atividades humanas, é algo não totalmente comprovado. O fato é que, independente de nossa posição nessa mudança climática, se já estamos nela ou, eventualmente, nela estaremos num futuro próximo, não resta dúvida que seremos, de alguma forma, afetados por ela – seja econômica ou socialmente.

OA6 ORIGEM DO UNIVERSO E DO SISTEMA SOLAR E O LUGAR QUE A TERRA OCUPA NELES

Como o universo começou? Qual é a sua história? Qual é o seu destino final, ou ele é infinito? Estas são algumas das questões que fazemos a respeito do universo, desde que, pela primeira vez, olhamos para o céu e vimos a vastidão além da Terra.

Origem do Universo: ele começou com um Big Bang?

A maioria dos cientistas acredita que o Universo se originou há cerca de 14 bilhões de anos, num evento cósmico conhecido como **Big Bang**. O Big Bang é um modelo para a evolução do universo em que um estado denso e quente, foi seguido de expansão, de resfriamento, e de um estado de menor densidade.

De acordo com a *cosmologia* moderna (estudo da origem, evolução e natureza do universo), o universo não tem borda e, portanto, nenhum centro. Assim, quando o universo começou, toda matéria e toda energia estavam comprimidas em um pequeno estado de alta temperatura e de alta densidade, no qual tempo e espaço foram fixados em zero. Portanto, não há nada "antes do Big Bang", apenas o que ocorreu depois dele. Como demonstrado pela Teoria da Relatividade, de Einstein, espaço e tempo estão inalteravelmente ligados para formar um *continuum espaço-tempo*; isto é, sem espaço, não pode haver tempo.

Como sabemos que o Big Bang ocorreu há, aproximadamente, 14 bilhões de anos? Por que o universo não poderia ter existido como o conhecemos hoje? Dois fenômenos fundamentais indicam que o Big Bang ocorreu: (1) o universo está expandindo; e (2) é permeado por uma radiação de fundo.

Quando os astrônomos olham para além do sistema solar, eles observam que, em toda parte, as galáxias do universo estão se afastando umas das outras em altas velocidades. Em 1929, Edwin Hubble reconheceu esse fenômeno pela primeira vez. Ao medir os espectros óticos de galáxias distantes, Hubble observou que a velocidade com que uma galáxia se afasta da Terra aumenta proporcionalmente à sua distância da Terra. Ele também observou que as *linhas espectrais* (comprimentos de onda de luz) das galáxias estão deslocadas para a extremidade vermelha do espectro, isto é, as linhas estão deslocadas para os comprimentos de onda mais longos. As galáxias se afastando umas das outras em altas velocidades produziriam tal desvio para o vermelho. Esse é um exemplo do *efeito Doppler*, que é uma alteração na frequência de um som, uma luz ou outra onda, causada pelo movimento da fonte da onda em relação ao observador.

Uma maneira de entender o efeito Doppler por analogia é compará-lo ao som do apito de um trem em movimento. Com a aproximação do trem, as ondas sonoras são ligeiramente comprimidas, então ouve-se um som de comprimento de onda curto, um som mais agudo. Quando o trem passa e se afasta, as ondas sonoras são ligeiramente ampliadas e um som de comprimento de onda maior, de baixa frequência, é ouvido.

Uma maneira fácil de entender como a velocidade de expansão cresce com o aumento da distância, é por referência à analogia de uma fatia de pão de passas crescendo, na qual as passas estão uniformemente distribuídas por todo o pão (Figura 1.7). À medida que a massa cresce, as passas são empurradas uniformemente e afastadas umas das outras em velocidade diretamente proporcional à distância entre quaisquer duas passas. Quanto mais longe

> **Big Bang** Modelo da evolução do universo no qual um estado denso e quente original foi seguido de expansão, resfriamento, e de um estado de menor densidade.

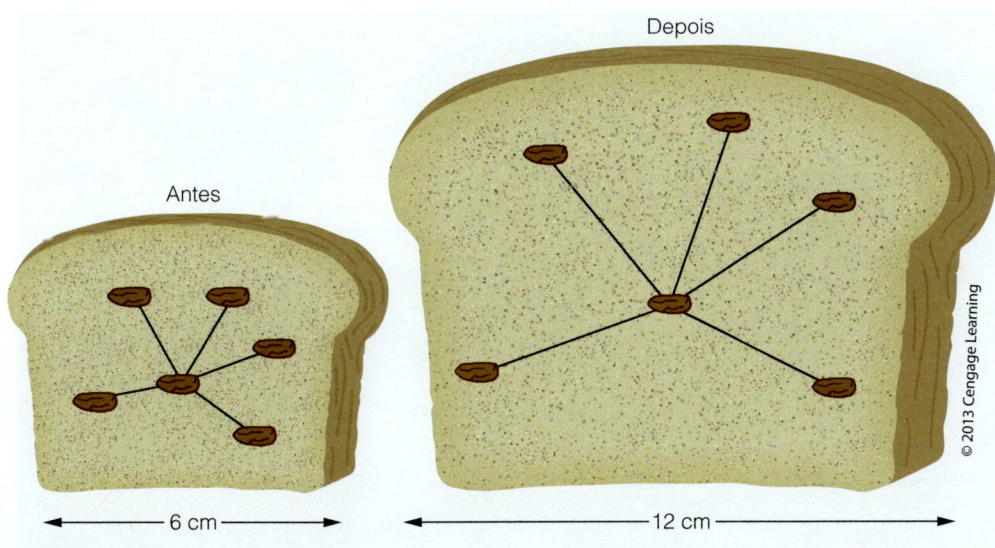

Figura 1.7 O universo em expansão

O movimento das passas em uma massa de pão mostra a relação que existe entre a distância e a velocidade e é análogo a um universo em expansão. Nesta imagem, as passas adjacentes estão localizadas a 2 cm de distância antes da massa de pão crescer. Depois de 1 hora, as passas estão a 4 cm de distância de sua vizinha mais próxima, e a 8 cm de distância da passa ao lado, e assim por diante. Portanto, partindo da perspectiva de qualquer passa, sua vizinha mais próxima afastou-se dela a uma velocidade de 2 cm por hora e a passa ao lado afastou-se dela a uma velocidade de 4 cm por hora. Da mesma forma que as passas se movem em uma massa de pão, as galáxias se afastam umas das outras a uma taxa proporcional à distância entre elas.

determinada passa estiver inicialmente, mais longe ela deverá se mover para manter o espaçamento regular durante a expansão e, portanto, maior será a sua velocidade.

Da mesma forma que as passas se separam em uma massa de pão em crescimento, as galáxias se afastam umas das outras a uma velocidade proporcional à distância entre elas, que é exatamente o que os astrônomos veem quando observam o universo. Ao medir essa taxa de expansão, os astrônomos podem calcular há quanto tempo as galáxias estavam juntas em um único ponto e o resultado desse cálculo é cerca de 14 bilhões anos, a idade atualmente aceita do universo.

Em 1965, Arno Penzias e Robert Wilson, da Bell Telephone Laboratories, fizeram a segunda importante observação que forneceu evidências do Big Bang. Eles descobriram que há uma radiação de fundo difusiva de 2,7 Kelvin (K) acima do zero absoluto (zero absoluto = -273 ºC; 2,7ºK = -270,38 ºC) em todo o universo. Acredita-se que essa radiação de fundo seja o brilho do Big Bang desaparecendo.

Atualmente, os cosmólogos não podem dizer como o universo era antes do Big Bang, pois não compreendem a física da matéria e da energia em condições tão extremas. No entanto, pensa-se que logo após o Big Bang, as quatro forças básicas – (1) *gravidade* (a atração de um corpo para outro), (2) *força eletromagnética* (que combina a eletricidade e o magnetismo em uma força e liga os átomos em moléculas), (3) *força nuclear forte* (liga prótons e nêutrons) e (4) *força nuclear fraca* (responsável pela quebra do núcleo do átomo, produzindo decaimento radioativo) – se separaram e o universo experimentou enorme expansão.

Conforme o universo continuou em expansão e em resfriamento, estrelas e galáxias começaram a se formar e a composição química do universo mudou. Inicialmente, ele era 100% de hidrogênio e de hélio, e hoje é 98% de hidrogênio e de hélio, e os 2% restantes são de todos os outros elementos por peso.

Sistema solar: origem e evolução

O nosso sistema solar, que faz parte da Via Láctea, consiste do Sol, oito planetas, cinco planetas anões (incluindo Plutão), 101 luas ou satélites (embora este número continue a mudar com a descoberta de novas luas e satélites que cercam os planetas jovianos), um número enorme de asteroides – a maioria orbitando o Sol em uma zona entre Marte e Júpiter – milhões de cometas e meteoritos, e poeira e gases interplanetários (Figura 1.8). Qualquer teoria para explicar a origem e a evolução do sistema solar deve, portanto, ter em conta suas diversas funcionalidades e características.

Muitas teorias científicas sobre a origem do sistema solar foram propostas, modificadas e descartadas, desde que o cientista e filósofo francês, René Descartes, propôs, pela primeira vez, em 1644, que o sistema solar se formou

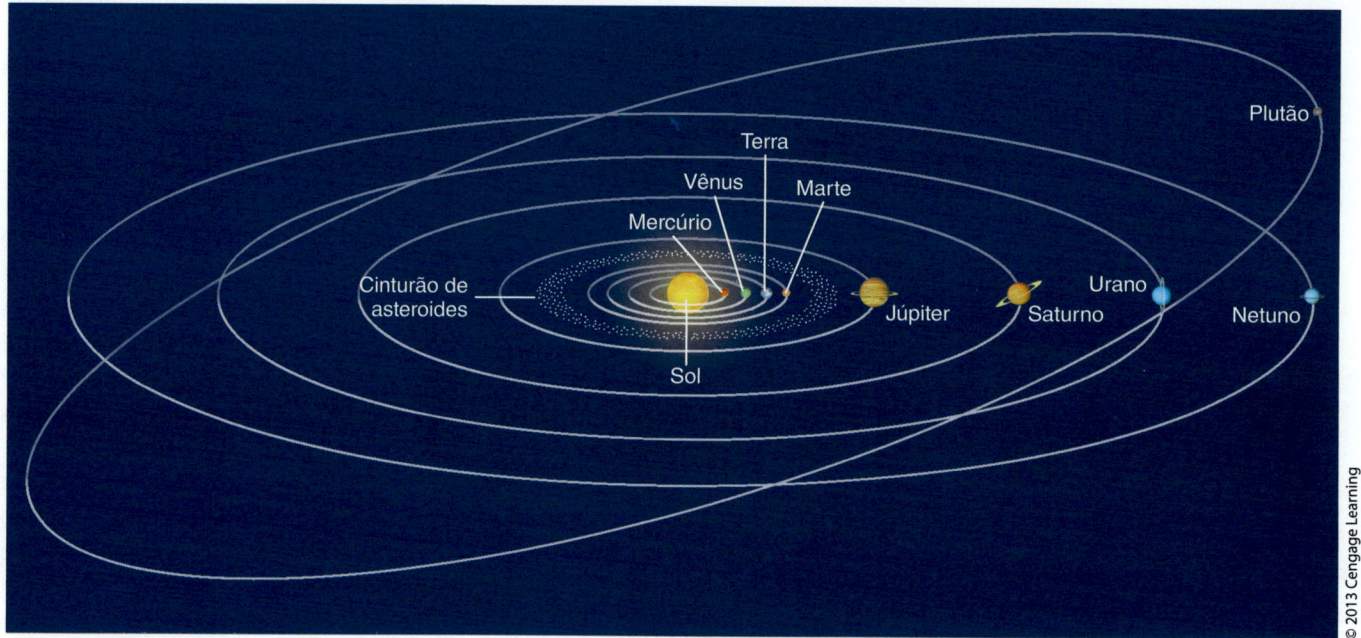

Figura 1.8 Representação do sistema solar
Esta representação do sistema solar mostra os planetas e suas órbitas em torno do Sol. Em 24 de agosto de 2006 a International Astronomical Union rebaixou Plutão de um planeta para um planeta anão. Um planeta anão tem as mesmas características de um planeta, exceto que ele não "limpa a vizinhança" em torno de sua órbita. Plutão orbita entre os detritos gelados do Cinturão de Kuiper, e, portanto, não cumpre os critérios para um verdadeiro planeta.

a partir de um redemoinho gigantesco dentro de um fluido universal. Hoje, a **teoria da nébula solar** para a formação do sistema solar não só explica melhor as características do sistema solar, como também fornece uma explicação lógica para sua história evolutiva (Figura 1.9).

De acordo com a teoria da nébula solar, a condensação e o subsequente colapso do material interestelar, em um braço espiral da Via Láctea, resultou em um disco de rotação anti-horária de gases e pequenos grãos. Cerca de 90% deste material foi concentrado no interior do disco, formando, assim, um Sol embrionário, em torno do qual girava uma nuvem rotativa de material cósmico chamada *nébula solar*. Dentro desta nébula solar nuclearam-se pequenos turbilhões nos quais gases e partículas sólidas se condensaram. Durante esse processo de condensação, as partículas gasosas, líquidas e sólidas agregaram-se em massas cada vez maiores chamadas *planetesimais*. A colisão de vários planetesimais criaram corpos cada vez maiores que cresciam em tamanho e massa, até que, finalmente, se tornaram planetas.

A composição e a história evolutiva dos planetas são uma consequência, em parte, de sua distância do Sol. Os **planetas terrestres** – Mercúrio, Vênus, Terra e Marte – são assim chamados porque são semelhantes à Terra. São todos pequenos e compostos de elementos rochosos e metálicos que condensaram nas altas temperaturas da nebulosa interior. Os **planetas jovianos** – Júpiter, Saturno, Urano e Netuno – são assim chamados porque se assemelham a Júpiter (o deus romano, Jove), têm pequenos núcleos rochosos em relação ao seu tamanho total e são compostos, principalmente, de hidrogênio, hélio, amônia e metano, que se condensam à baixas temperaturas.

Enquanto os planetas foram se agregando, o material que tinha sido puxado para o interior da nebulosa também condensou, entrou em colapso e foi aquecido a vários milhões de graus pela compressão gravitacional. O resultado foi o nascimento de uma estrela, o Sol.

Durante a fase de acreção inicial do sistema solar, as colisões entre os corpos eram comuns, como indicado pelas crateras em muitos planetas e luas. Asteroides, provavelmente formados como planetesimais em um redemoinho entre Marte e Júpiter, em grande parte da mesma forma que outros planetesimais, formaram os planetas terrestres. O enorme campo gravitacional de Júpiter, no entanto, impediu esse material de se agregar em um planeta. Acredita-se que os cometas, que são corpos interplanetários compostos de materiais rochosos gelados e frouxamente ligados, se condensaram perto da órbita de Urano e Netuno.

Terra: seu lugar no sistema solar

Há cerca de 4,6 bilhões de anos, em nosso sistema solar, um conjunto de planetesimais em nucleação reuniram material cósmico suficiente para os outros planetas, inclusive a Terra. Os cientistas pensam que essa Terra

> **teoria da nébula solar**
> Teoria da evolução do sistema solar a partir de uma nuvem de gás giratória.
>
> **planetas terrestres**
> Qualquer um dos quatro planetas mais interiores (Mercúrio, Vênus, Terra e Marte). São pequenos e têm altas densidades médias, indicando que são compostos de elementos rochosos e metálicos.
>
> **planetas jovianos**
> Qualquer um dos quatro planetas que se assemelham a Júpiter (Júpiter, Saturno, Urano e Netuno). São grandes e têm densidades médias baixas, indicando que são compostos, principalmente, de gases leves, como o hidrogênio e o hélio, e compostos congelados, como a amônia e metano.

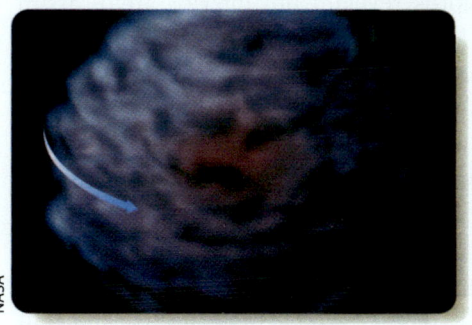
a. Uma enorme nuvem rotativa de gás contrai e achata...

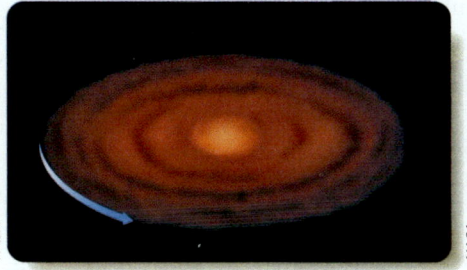
b. ... formando um disco de gás e poeira com o Sol se formando no centro...

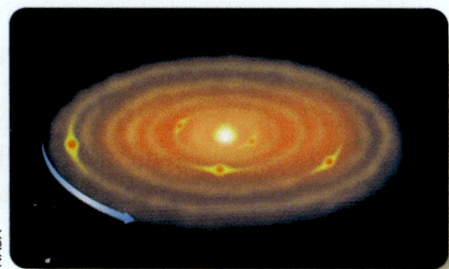
c. ... e turbilhões recolhendo material para formar os planetas.

Figura 1.9 Teoria da nébula solar
De acordo com a teoria atualmente aceita para a origem do sistema solar, os planetas e o Sol se formaram a partir de uma nuvem de gás rotativa.

  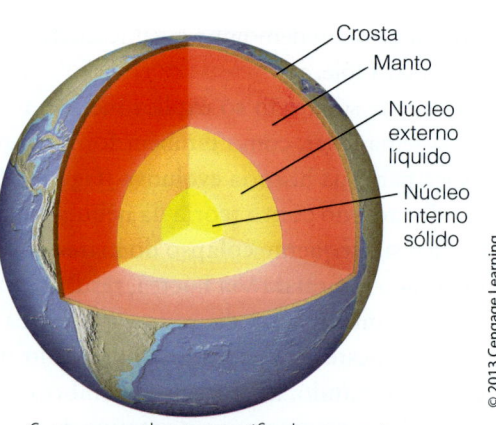

a. A Terra primitiva tinha, provavelmente, composição e densidade uniformes.

b. Como a temperatura interna da Terra primitiva alcançou o ponto de fusão do ferro e do níquel, esses, por serem mais densos que silicatos (minerais de sílica com outros elementos químicos), migraram, em parte, para o núcleo da Terra. Ao mesmo tempo, os silicatos mais leves fluíram para cima, formando o manto e, posteriormente, as crostas continentais e oceânicas.

c. Gerou-se um planeta estratificado, composto por um núcleo denso (de ferro-níquel), um manto de silicatos (ricos em ferro e magnésio) e, posteriormente, de uma crosta oceânica (de natureza máfica, de silicatos de ferro e magnésio, ou minerais densos) e uma crosta continental (de natureza félsica, de feldspatos e sílica, ou minerais leves).

Figura 1.10 Teoria da acreção homogênea, para a formação de uma Terra diferenciada

> **núcleo** Parte interior da Terra, começando a uma profundidade de 2.900 km, consiste, em sua maior parte, provavelmente, de ferro e níquel.

primitiva foi, provavelmente, fria, de composição e densidade homogêneas e constituída, uniformemente, de silicatos (minerais de silício e oxigênio), óxidos de ferro e magnésio e quantidades subordinadas dos demais elementos químicos que conhecemos hoje (Figura 1.10a).

Subsequentemente, uma complexa combinação de eventos, envolvendo impactos de meteoritos, compressão gravitacional e o calor interno da terra, oriundo do decaimento radioativo, elevaram a temperatura do planeta, de modo que o ponto de fusão para derreter o ferro e o níquel foi alcançado. Assim, a composição homogênea original da Terra primitiva desapareceu (Figura 1.10b). Os materiais geológicos se reorganizaram e a distribuição, originalmente uniforme da massa planetária, foi substituída por uma série de camadas concêntricas, de composição e densidade distintas, resultando-se no planeta diferenciado que conhecemos hoje (Figura 1.10c).

Essa diferenciação planetária em camadas é, provavelmente, o evento mais significativo da história da Terra. Além de permitir a formação das crostas oceânicas e continentais, criando os continentes que conhecemos, que cresceram e evoluíram na superfície terrestre, ela também é, provavelmente, a responsável pela extração dos gases que deram origem aos oceanos e atmosfera.

OA7 POR QUE A TERRA É UM PLANETA DINÂMICO EM EVOLUÇÃO?

A Terra é um planeta dinâmico que muda constantemente há 4,6 bilhões de anos. A dimensão, a forma e a distribuição geográfica dos continentes e das bacias oceânicas mudaram ao longo do tempo; a composição da atmosfera evoluiu e as formas de vida atuais diferem das que viveram no passado. Montanhas foram desgastadas pela erosão e as forças do vento, da água e do gelo esculpiram uma diversidade de paisagens. Erupções vulcânicas e terremotos revelam um interior ativo; assim como as rochas dobradas e fraturadas são o resultado dessa colossal dinâmica interior da Terra.

A Terra é composta por três camadas: o núcleo, o manto e crosta (Figura 1.11). Esta divisão resulta das diferenças de densidade entre as camadas, relativa às variações na composição, na temperatura e na pressão.

O **núcleo** tem densidade de 10 a 13 gramas por centímetro cúbico (g/cm^3) e ocupa cerca de 16% do volume total da Terra. Os dados sísmicos (terremotos) indicam que o núcleo é constituído por uma região interna pequena e sólida, e uma porção exterior maior, aparentemente líquida. Acredita-se que essas regiões consistam, principalmente, de ferro e níquel, subordinado.

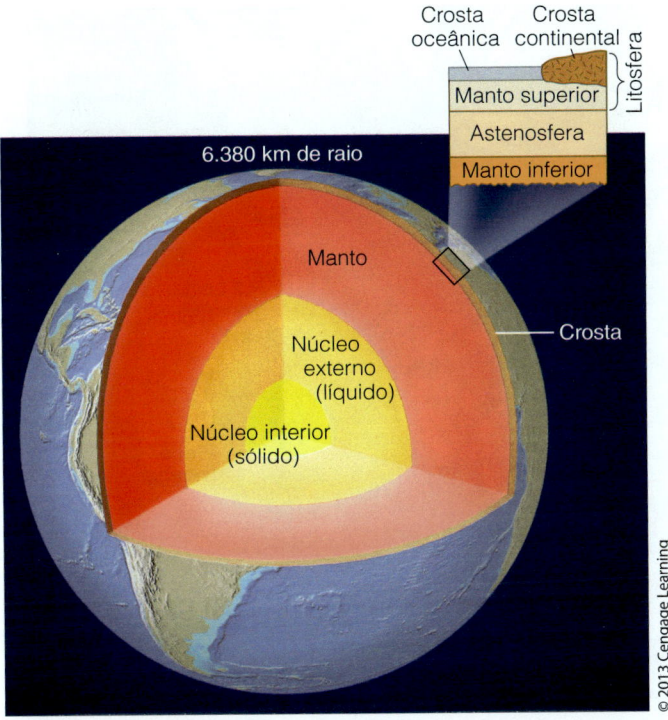

Figura 1.11 Corte transversal da Terra: núcleo, manto e crosta
A parte ampliada mostra a relação entre a litosfera (composta da crosta continental, crosta oceânica e manto superior sólido), a astenosfera subjacente e o manto inferior.

O **manto** envolve o núcleo e compreende, aproximadamente, 83% do volume da Terra. É menos denso que o núcleo (3,3 a 5,7 g/cm^3) e constituído, principalmente, por *peridotito*, uma rocha ígnea escura, densa, que contém ferro e magnésio em abundância. Com base nas características físicas, o manto é dividido em três zonas distintas: inferior, astenosfera e superior. O manto inferior é sólido e forma a maior parte do volume do interior terrestre. A **astenosfera** envolve o manto inferior. Ela tem a mesma composição que o manto inferior, mas é maleável e flui lentamente. A fusão parcial dentro da astenosfera gera o **magma** (material fundido) e uma parte dele sobe à superfície, porque é menos denso do que a rocha da qual foi derivado. O manto superior é sólido e envolve a astenosfera. O manto superior e a crosta sobrejacente constituem a **litosfera**, que é dividida em inúmeras peças individuais chamadas **placas**. Essas placas se movimentam sobre a astenosfera, como resultado das células de *convecção subjacentes* (Figura 1.12). As interações dinâmicas dessas placas responde por fenômenos tectônicos violentos tais como terremotos, erupções vulcânicas e formação das cadeias de montanhas e das bacias oceânicas.

A **crosta**, a camada mais externa da Terra, subdivide-se em dois tipos: *crosta continental* – espessa (de 20 a

manto Camada espessa entre a crosta e o núcleo terrestre.

astenosfera Parte do manto que se situa abaixo da litosfera; é maleável e flui lentamente.

magma Material rochoso fundido, gerado dentro da Terra.

litosfera Parte exterior e rígida da Terra, que consiste do manto superior, das crostas oceânica e continental.

placa Segmento individual da litosfera que se move sobre a astenosfera.

crosta Camada mais externa da Terra e parte superior da litosfera; é a crosta continental e a oceânica.

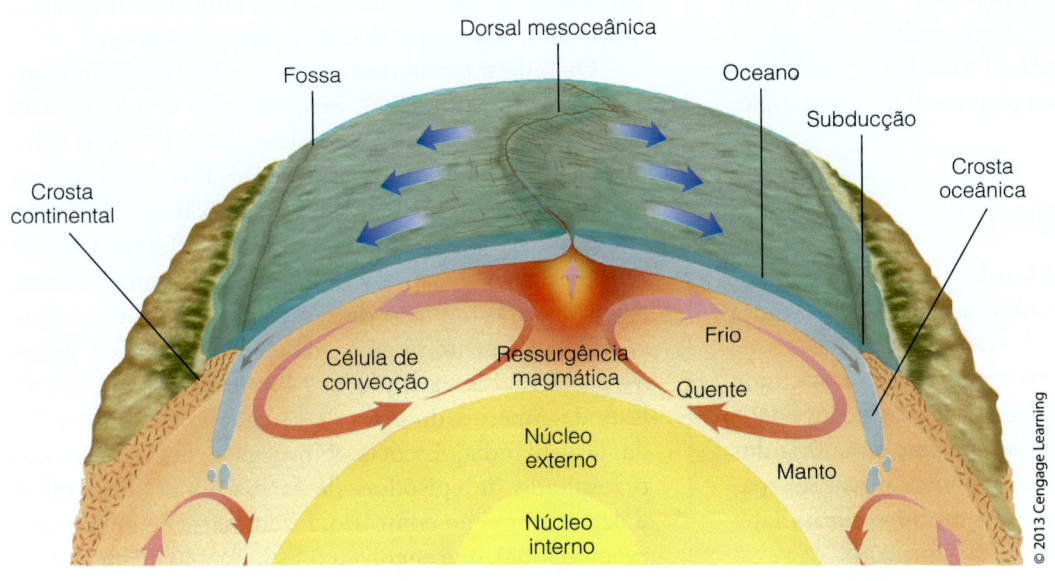

Figura 1.12 Movimento das placas terrestres
Acredita-se que as placas terrestres se movimentam como resultado das células de convecção do manto subjacente. O material quente do interior da Terra sobe nessas células de convecção em direção à superfície, esfria e, em seguida, ao perder calor, volta ao interior, como mostrado na imagem.

Figura 1.13 Placas da Terra
A litosfera terrestre é dividida em placas rígidas de vários tamanhos que se movem sobre a astenosfera.

teoria das placas tectônicas Considera que os grandes segmentos da parte exterior da Terra (placas litosféricas) se movem umas em relação as outras.

90 km), com densidade média de 2,7 g/cm³, formada por rochas félsicas (ricas em silício e alumínio) do tipo *granito* e assemelhados composicionalmente – e a *crosta oceânica* – fina (de 5 a 10 km), mais densa que a crosta continental (3,0 g/cm³) e formada por rochas ígneas máficas (ricas em ferro e magnésio) do tipo *basalto* e *gabro*.

Teoria das placas tectônicas

O reconhecimento de que a litosfera é dividida em placas rígidas que se movem sobre a astenosfera (Figura 1.13), constitui a base da **teoria das placas tectônicas**, uma teoria unificadora da geologia, que será discutida em maiores detalhes no Capítulo 2. Zonas de atividade vulcânica, terremotos, ou ambos, marcam a maioria dos limites das placas. Ao longo destes limites, placas se separam (divergem), colidem (convergem) ou deslizam lateralmente, umas sobre as outras (transformam).

A aceitação da teoria das placas tectônicas é um marco importante nas ciências geológicas e comparável à revolução que a teoria da evolução de Darwin causou na biologia. As placas tectônicas têm proporcionado um quadro para interpretar, em escala global, a composição, a estrutura e os processos internos da Terra. Isso levou à conclusão de que os continentes e as bacias oceânicas são parte de um sistema de litosfera-atmosfera-hidrosfera que evoluiu em conjunto com o interior terrestre.

Quando a teoria das placas tectônicas foi apresentada, nos anos de 1960, esse conceito revolucionário teve consequências de longo alcance em todos os campos da geologia. Ela permitiu, então, relacionar muitos fenômenos aparentemente sem conexão: a formação e a ocorrência de recursos naturais da Terra; a distribuição e a evolução da biota mundial, entre outros. Além disso, o impacto da teoria das placas tectônicas é, particularmente, notável na interpretação da história da Terra. Por exemplo, as Montanhas Apalaches, no leste da América do Norte e as cadeias de montanhas da Groenlândia, Escócia, Noruega e Suécia não são o resultado de episódios de formação de montanhas independentes, ao contrário, fazem parte de um mesmo evento global, que envolveu o fechamento de um antigo

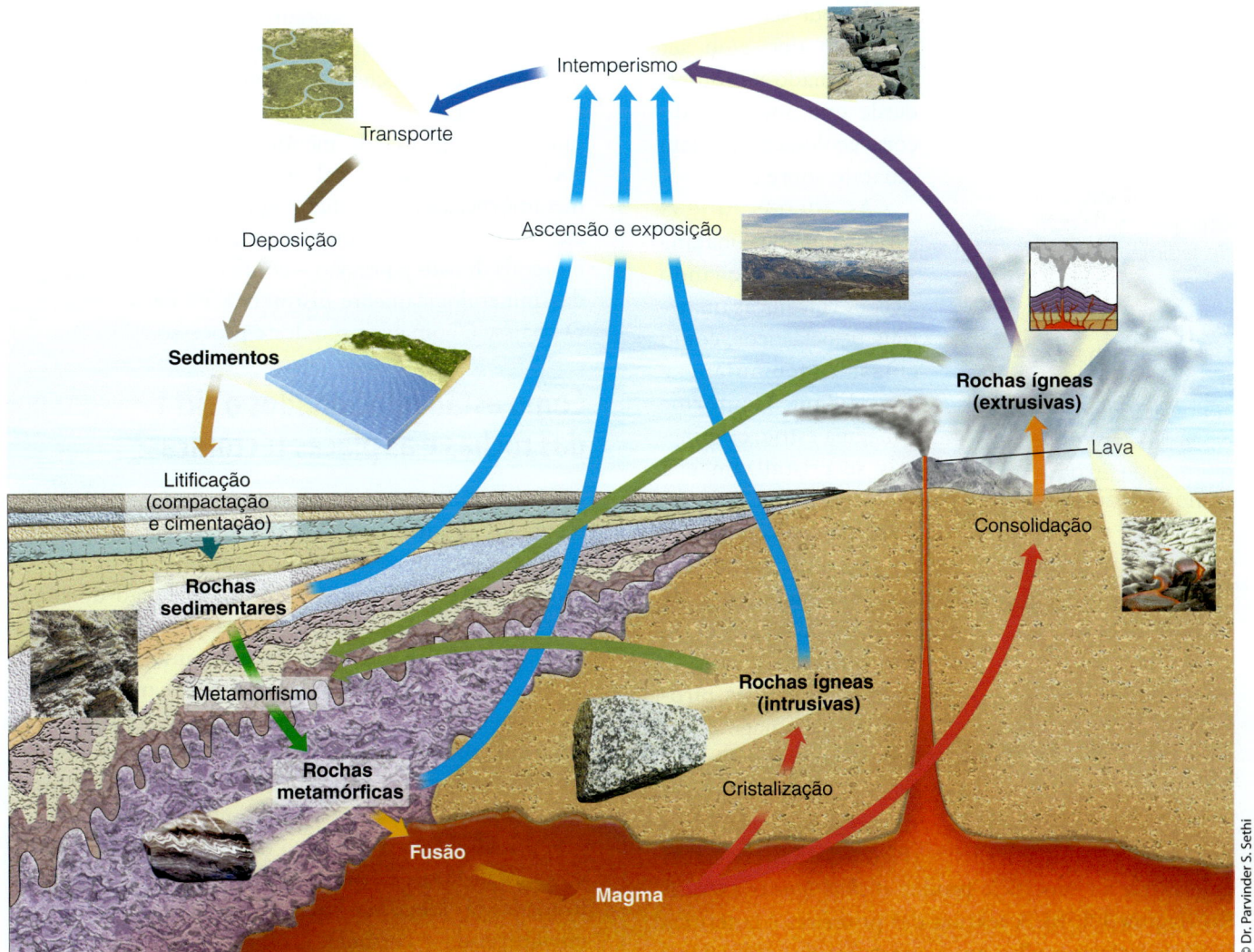

Figura 1.14 O ciclo das rochas
Este ciclo mostra a inter-relação entre os processos internos e externos da Terra e como os três principais grupos de rochas estão relacionados. A consecução de um ciclo ideal compreende uma série de eventos encadeados e sucessivos, mas atalhos ou saltos de uma fase do ciclo para outra não consecutiva acontecem naturalmente.

oceano e resultando na formação do Pangeia, há, aproximadamente, 251 milhões de anos.

OA8 O CICLO DAS ROCHAS

Uma rocha é um agregado de *minerais*. Os minerais são compostos químicos naturais, inorgânicos, sólidos (predominantemente), cristalinos, com propriedades físicas e químicas definidas. Oxigênio, silício e alumínio se combinam para formar diferentes minerais e estes elementos, por sua vez, são constituídos por átomos – as partículas menores de matéria – que detêm as características de um elemento qualquer. Mais de 3.500 minerais já foram identificados e descritos, mas apenas uma dúzia deles constituem a maior parte das rochas da crosta terrestre.

Os geólogos reconhecem três grupos principais de rochas – ígnea, sedimentar e metamórfica – cada uma delas é caracterizada pelo seu modo de formação. O **ciclo das rochas** é uma representação ilustrada dos eventos que levam à origem, destruição e/ou alteração das rochas como consequência dos processos internos e externos da Terra (Figura 1.14). Além disso, este ciclo mostra que os três principais grupos de rocha estão inter-relacionados, de modo

ciclo das rochas
Processos geológicos pelos quais passam os materiais terrestres gerando e transformando rochas preexistentes.

> **rocha ígnea** Qualquer rocha formada por esfriamento e cristalização de magma, ou pela consolidação de materiais piroclásticos.
>
> **rocha sedimentar** Qualquer rocha composta de sedimentos, como calcário e arenito.
>
> **rocha metamórfica** Qualquer rocha que foi modificada de sua condição original por calor, pressão e atividade química de fluidos, como no mármore e na ardósia.
>
> **evolução orgânica** Teoria que sustenta que todos os seres vivos estão relacionados e que eles descendem, com modificações, de organismos que viveram no passado.

que, qualquer tipo de rocha pode ser derivado de outro tipo e/ou ser transformado em outro, desde que novas condições geológicas estejam atuando sobre ele.

As **rochas ígneas** surgem quando o magma se cristaliza, ou quando ejeções vulcânicas (materiais piroclásticos, como cinzas), acumulam e consolidam. Conforme o magma esfria, os minerais se cristalizam e a rocha resultante é caracterizada pelo encaixe dos minerais numa textura que chamamos de ígnea (ou magmática) ou fragmentária (quando se trata de materiais piroclásticos). O magma que resfria lentamente no interior da crosta produz *rochas ígneas intrusivas* (Figura 1.15a); o magma que resfria na superfície produz *rochas ígneas extrusivas* (Figura 1.15b). A textura das primeiras é fanerítica (cristais visíveis a olho nu) e a texturas das segundas é afanítica (cristais não visíveis a olho nu).

Rochas expostas na superfície terrestre são fragmentadas em partículas e dissolvidas por diferentes processos de intemperismo. As partículas e os materiais dissolvidos podem ser transportados pelo vento, pela água ou gelo e, finalmente, depositados como *sedimento*. Esse sedimento, compactado e/ou cimentado (litificado) se transforma em rochas sedimentares.

As **rochas sedimentares** são geradas dos seguintes modos (Figuras 1.15c e 1.15d): (1) consolidação dos fragmentos de rocha ou mineral, (2) precipitação de soluções minerais, ou (3) compactação de restos vegetais ou animais. Devido ao fato de as rochas sedimentares se formarem na superfície terrestre, ou perto dela, os geólogos podem inferir algumas informações sobre o ambiente em que elas foram depositadas, o agente de transporte e, talvez, até mesmo algo sobre a fonte dos sedimentos (ver Capítulo 6). Desta forma, as rochas sedimentares são especialmente úteis para a interpretação da história da Terra.

As **rochas metamórficas** resultam da transformação de rochas preexistentes, sob o efeito de calor, pressão e atividade química de fluidos. Por exemplo, o mármore – uma rocha bastante utilizada por escultores e construtores – é uma rocha metamórfica produzida quando os agentes de metamorfismo são aplicados a rochas sedimentares - calcário ou dolomito. As rochas metamórficas são *foliadas* (Figura 1.15e) ou *não foliadas* (Figura 1.15f). A foliação - alinhamento paralelo de minerais devido à pressão – configura camadas ou bandas mineralogicamente distintas à rocha metamórfica. O gnaisse é bom exemplo deste processo.

Como estão relacionados o ciclo das rochas e as placas tectônicas?

As interações entre as placas determinam, de certa forma, qual dos três grupos de rocha se formará (Figura 1.16). Por exemplo, quando as placas convergem, o calor e a pressão gerados ao longo do limite destas placas podem conduzir para a atividade ígnea e o metamorfismo dentro da placa oceânica subductada, produzindo, assim, várias rochas ígneas e metamórficas.

Alguns dos sedimentos e rochas sedimentares na placa em subducção podem ser fundidos, enquanto outros sedimentos e rochas sedimentares ao longo do contorno da placa não descendente são metamorfisados pelo calor e pela pressão gerados ao longo do limite da placa convergente. Mais tarde, a serra ou a cadeia de ilhas vulcânicas, formadas ao longo do limite da placa convergente será intemperizada e corroída, e os novos sedimentos serão transportados para o oceano, onde serão depositados.

OA9 EVOLUÇÃO ORGÂNICA E A HISTÓRIA DA VIDA

A teoria das placas tectônicas nos fornece um modelo para a compreensão do funcionamento interno da Terra e seus efeitos na superfície terrestre. A teoria da **evolução orgânica** (cujo tema central é que todos os organismos atuais estão relacionados e descendem, com modificações, de organismos que viveram no passado) fornece a estrutura conceitual para a compreensão da história da vida. Juntas, a teoria das placas tectônicas e a teoria da evolução orgânica mudaram a forma como vemos o nosso planeta e não devemos ser surpreendidos com a íntima associação entre elas. Embora a relação entre os processos das placas tectônicas e da evolução da vida seja complexa, dados paleontológicos fornecem

Figura 1.15 Amostras de rochas ígneas, sedimentares e metamórficas

a. Granito, uma rocha ígnea félsica intrusiva.

b. Basalto, uma rocha ígnea máfica extrusiva.

c. Conglomerado, uma rocha sedimentar formada pela consolidação de fragmentos rochosos arredondados.

d. Calcário, uma rocha sedimentar formada pelo mineral calcita, dissolvida na água do mar, seja por precipitação inorgânica ou por ação de organismos marinhos.

e. Gnaisse, uma rocha metamórfica bandada (nesse caso a foliação é tão desenvolvida que se transformou em bandas mineralógicas distintas).

f. Quartzito, uma rocha metamórfica não foliada.

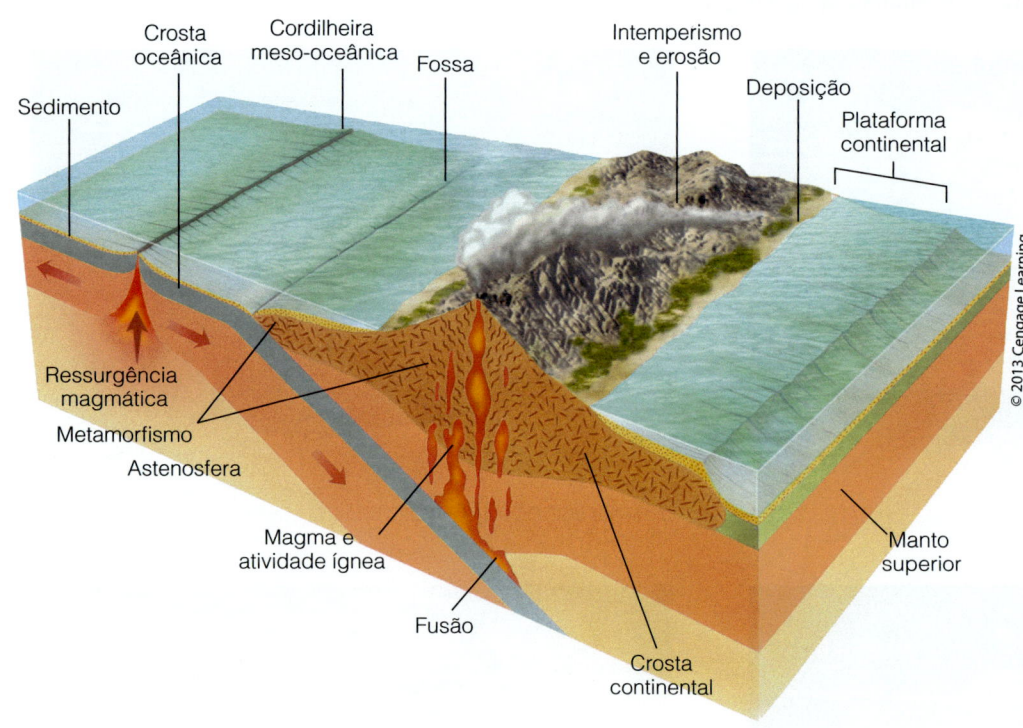

Figura 1.16 As placas tectônicas e o ciclo das rochas

O movimento das placas fornece o mecanismo de condução que recicla os materiais terrestres. Esta imagem mostra como os três grandes grupos de rochas — ígneas, sedimentares e metamórficas — são reciclados sob condições continentais e oceânicas. As placas em subducção induzem a produção do magma no manto, que se eleva e/ou cristaliza sob a superfície terrestre como rocha ígnea intrusiva; ou se derrama sobre a superfície, solidificando como rocha ígnea extrusiva. As rochas expostas na superfície são intemperizadas e erodidas para produzir sedimentos que são transportados e, finalmente, litificados em rochas sedimentares. As rochas metamórficas resultam da pressão gerada ao longo das placas convergentes ou adjacentes ao magma ascendente.

fósseis Restos ou vestígios de organismos outrora vivos.

provas incontestáveis da influência do movimento das placas na distribuição dos organismos.

Em 1859, a publicação de *A origem das espécies e a seleção natural*, de Darwin, revolucionou a biologia e marcou o início da moderna biologia evolucionária. Após a sua publicação, a maioria dos naturalistas reconheceu que a evolução forneceu uma teoria unificadora que explicou de outra forma uma coleção enciclopédica de fatos biológicos.

Quando Darwin propôs sua teoria da evolução orgânica, ele citou uma profusão de fundamentos, incluindo a forma como os organismos são classificados, a embriologia, a anatomia comparativa, a distribuição geográfica dos organismos e, de forma limitada, o registro fóssil. Além disso, Darwin propôs que a *seleção natural*, que resulta na sobrevivência até a idade reprodutiva desses organismos, bem adaptados a seu ambiente é o mecanismo que melhor explica a evolução.

Talvez a evidência mais convincente em favor da evolução pode ser encontrada no registro fóssil. O registro geológico nas rochas permite aos geólogos interpretar os eventos e as condições no passado geológico. Os **fósseis**, que são os restos ou vestígios de organismos outrora vivos, não apenas fornecem evidências de que a evolução ocorreu, mas também demonstram que a Terra tem uma história que se estende além da registrada pelos seres humanos. A sucessão de fósseis no registro rochoso fornece aos geólogos/paleontólogos um meio para datar rochas e permitiu que, em 1800, uma escala de tempo geológico relativo fosse construída.

OA10 TEMPO GEOLÓGICO E UNIFORMITARISMO

Uma apreciação da imensidão do tempo geológico é fundamental para a compreensão da evolução da Terra e sua biota. De fato, o tempo é um dos principais aspectos que diferenciam a geologia das outras ciências, exceto da astronomia. A maioria das pessoas tem dificuldade em compreender o tempo geológico porque tendem a pensar em termos da perspectiva dos seres humanos — segundos, horas, dias e anos. Desta forma, história antiga é o que ocorreu há centenas ou mesmo milhares de anos. Quando os geólogos falam da história geológica antiga, eles estão se referindo a eventos que aconteceram há centenas de milhões ou até bilhões de anos.

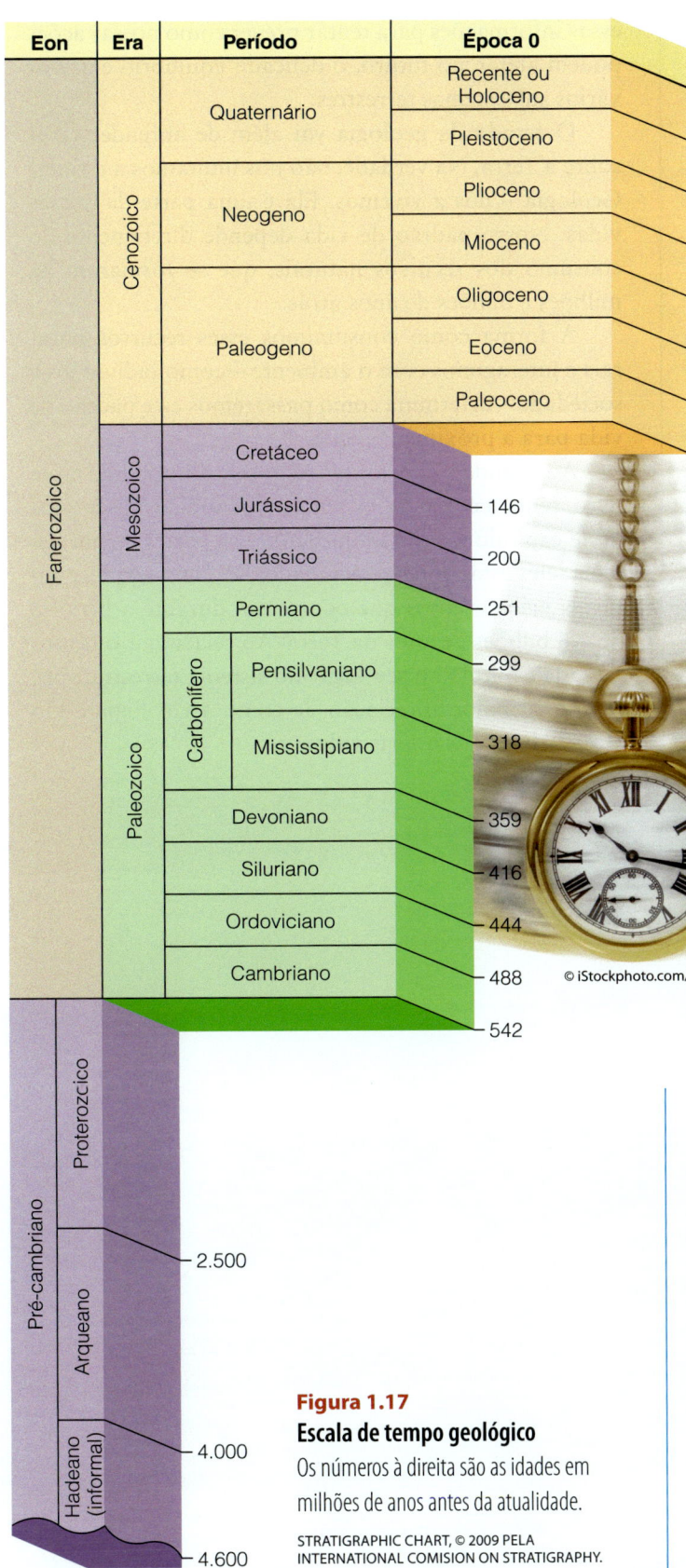

Figura 1.17
Escala de tempo geológico
Os números à direita são as idades em milhões de anos antes da atualidade.

STRATIGRAPHIC CHART, © 2009 PELA INTERNATIONAL COMISION ON STRATIGRAPHY.

Sendo assim, é importante lembrar que a Terra passa por ciclos de duração muito mais longos do que a perspectiva humana de tempo. Embora possam ter efeitos desastrosos sobre a espécie humana, o aquecimento e o resfriamento global são parte de um ciclo maior, que resultou em inúmeros avanços e recuos glaciais durante os últimos 2,6 milhões de anos.

A **escala do tempo geológico** (Figura 1.17) subdivide o tempo geológico em uma hierarquia de intervalos de tempo cada vez mais curtos, cada um deles com um nome específico. Muitos geólogos do século XIX reuniram informações de inúmeras exposições de rocha para construir esta cronologia, baseada nas mudanças na biota terrestre ao longo do tempo. Posteriormente, com a descoberta da radioatividade, em 1895, e o desenvolvimento de várias técnicas de datação radiométrica, os geólogos foram capazes de atribuir idades numéricas em anos (também chamadas de *idades absolutas*) para as subdivisões da escala de tempo geológico.

Um dos pilares da geologia é o **princípio do uniformitarismo**, que é baseado na premissa de que os processos geológicos atuais ocorreram sistematicamente ao longo do tempo geológico. Portanto, para entender e interpretar os eventos geológicos preservados nas rochas, devemos primeiro compreender os processos atuais e seus resultados. Na verdade, o uniformitarismo se encaixa completamente na abordagem do sistema que estamos seguindo para o estudo da Terra.

O uniformitarismo permite interpretar o passado e tentar prever possíveis eventos futuros. Devemos ter em mente, no entanto, que o uniformitarismo não exclui eventos repentinos ou catastróficos, como erupções vulcânicas, terremotos, *tsunamis*,

> **escala do tempo geológico** Gráfico no qual a designação para a primeira parte do tempo geológico aparece na parte inferior, seguido em direção vertical por designações de tempo mais jovens.
>
> **princípio do uniformitarismo** Princípio que permite interpretar eventos passados pela compreensão dos eventos atuais, considerando que os processos naturais sempre operaram da mesma forma.

desabamentos ou inundações. Mas o uniformitarismo nos informa que, embora as taxas e intensidades de processos geológicos tenham variado no passado, as leis físicas e químicas permaneceram as mesmas. Ou seja: mesmo que a Terra esteja em um estado dinâmico de mudança desde que se formou, os processos que a moldaram no passado são os mesmos que operam hoje.

OA11 COMO O ESTUDO DA GEOLOGIA NOS BENEFICIA?

A lição mais significativa que podemos aprender com o estudo da Geologia é que a Terra é um planeta extremamente complexo, no qual as interações ocorrem entre os vários subsistemas há 4,6 bilhões de anos. Se quisermos garantir a sobrevivência da espécie humana, devemos primeiro entender como os vários subsistemas trabalham e interagem e, mais importante, como nossas ações afetam o delicado equilíbrio entre esses sistemas. Podemos fazer isso, em parte, estudando o que aconteceu no passado, particularmente na escala global, e usar essas informações para tentar prever como nossas ações podem afetar, no futuro, o delicado equilíbrio entre os vários subsistemas terrestres.

O estudo da geologia vai além de aprender fatos sobre a Terra. Na verdade, não nos limitamos a estudar Geologia – nós a vivemos. Ela é uma parte de nossas vidas. Nosso padrão de vida depende diretamente do consumo dos recursos naturais, que se formaram há milhões e bilhões de anos atrás.

A forma como consumimos esses recursos naturais e interagimos com o ambiente – como indivíduos e sociedade – determina como passaremos este padrão de vida para a próxima geração.

Ao estudar os vários assuntos abordados neste livro, tenha em mente os temas e os tópicos discutidos neste capítulo e o modo que, como as partes de um sistema, eles estão inter-relacionados e como são responsáveis pelos eventos que ocorreram durante a história de 4,6 bilhões de anos da Terra. Ao relacionar o tópico de cada capítulo ao seu lugar no sistema terrestre, você terá uma maior apreciação de como a Geologia é tão essencial para as nossas vidas.

2 | Tectônica de placas: uma teoria unificadora

Rio Mand serpenteando-se pela Cordilheira de Zagros, no oeste do Irã. A Cordilheira de Zagros é formada por rochas que foram dobradas por compressão, como resultado da colisão entre as placas arábica e eurasiana. As suas rochas apresentam uma série de dobras anticlinais e sinclinais.

Introdução

"A ideia de que a antiga geografia da Terra era diferente da geografia atual não é novidade".

Imagine que é 26 de dezembro de 2004, um dia depois do Natal, e você está em férias em um *resort*, em uma bela praia na Tailândia. Você olha por cima do livro que está lendo e vê o mar recuar, repentinamente, da orla da praia. Pouco tempo após esse evento incomum, um potente *tsunami* varrerá o *resort* e tudo o que estiver em seu caminho, por vários quilômetros adentro.

Objetivos de Aprendizagem (OA)

Ao finalizar este capítulo você será capaz de:

OA1 Rever as primeiras ideias acerca da deriva continental

OA2 Explicar as evidências da deriva continental

OA3 Reconhecer e descrever as características do assoalho oceânico

OA4 Descrever o campo magnético terrestre

OA5 Explicar o paleomagnetismo e a deriva polar

OA6 Explicar as reversões magnéticas e a expansão do assoalho oceânico

OA7 Explicar a tectônica de placas como uma teoria unificadora da geologia

OA8 Identificar e descrever os três tipos de limites de placas

OA9 Descrever os pontos quentes e as plumas mantélicas

OA10 Explicar o movimento das placas e o seu modo de deslocamento

OA11 Explicar o mecanismo que direciona as placas tectônicas

OA12 Reconhecer a importância da tectônica de placas na distribuição de recursos naturais

OA13 Reconhecer o papel da tectônica de placas na distribuição da vida na Terra

Nas horas seguintes, as costas da Indonésia, Sri Lanka, Índia, Tailândia, Somália, Myanmar, Malásia e as Maldivas serão atingidas pelo mais mortal dos *tsunamis* já registrado. Mais de 220 mil pessoas morrerão.

Agora, avancemos para 25 de outubro de 2010, quando o Monte Merapi, na ilha indonésia de Java, iniciou uma série de erupções violentas, que perdurou até o final de novembro daquele ano. Uma grande quantidade de cinza e lava foi emitida durante essas erupções e, apesar dos alertas emitidos, pelo menos 350 pessoas morreram e mais de 350 mil foram evacuadas das áreas ao redor do monte.

Quase cinco meses depois, em 11 de março de 2011, um terremoto de magnitude 9 atingiu o Japão, matando mais de 13 mil pessoas e deixando milhares de feridos e desabrigados. Além disso, ele gerou um *tsunami* com ondas gigantes que invadiu as costas litorâneas do nordeste da ilha, causando mais danos e vítimas.

O que esses três eventos têm em comum? Eles fazem parte das interações dinâmicas que envolvem as placas terrestres. Quando duas placas se juntam, uma é empurrada ou puxada sob a outra, grandes terremotos, como esses que estremeceram o Haiti em 2010, a Nova Zelândia e o Japão em 2011, são provocados. Sob determinadas condições, os terremotos podem também produzir *tsunamis,* como aquele da Indonésia, em 2004, e o do Japão, em 2011.

À medida que uma placa em subducção se desloca para baixo e é arrastada para o interior da Terra, é gerado o magma. Por ser menos denso do que o material ao redor, o magma sobe em direção à superfície, onde entra em erupção como um vulcão. Por essa razão, a distribuição de vulcões e de terremotos é próxima aos limites das placas.

Como grande parte das pessoas, você provavelmente possui apenas uma vaga noção do que é a teoria da tectônica de placas. No entanto, essa teoria nos afeta diretamente. Erupções vulcânicas, terremotos e *tsunamis* são resultado das interações entre as placas tectônicas. Padrões climáticos globais e correntes oceânicas são causados,

flora Glossopteris
Associação de plantas da Era Neopaleozóica encontrada somente nos continentes do hemisfério sul e na Índia; nomeada por seu mais conhecido gênero: *Glossopteris*.

deriva continental
Teoria de que os continentes atuais formavam uma única massa de terra que se rompeu em vários fragmentos (continentes).

Pangeia Nome que Alfred Wegener atribuiu ao supercontinente da Era Paleozóica, que compreendeu a quase totalidade dos continentes atuais da Terra. Esse supercontinente não compreenderia toda a massa continental atual, porque os continentes continuaram a crescer após a fragmentação do Pangeia.

em parte, pela configuração dos continentes e das bacias oceânicas. A formação e a distribuição de muitos recursos naturais estão relacionadas ao movimento das placas e, desse modo, têm impacto sobre o bem-estar econômico e as decisões políticas das nações. Portanto, é importante compreender essa teoria, não só porque nos afeta como indivíduos e cidadãos, mas também porque implica em muitos aspectos da Geologia que estudaremos neste capítulo.

OA1 PRIMEIRAS IDEIAS SOBRE A DERIVA CONTINENTAL

A ideia de que a antiga geografia da Terra era diferente da geografia atual não é novidade. Provavelmente, os primeiros mapas mostrando a costa leste da América do Sul e a costa oeste da África exibiram a primeira evidência de que, no início, esses continentes estavam unificados e, em seguida, se dividiram e se deslocaram para suas posições atuais. Em 1620, Sir Francis Bacon comentou a semelhança entre as linhas costeiras da África Ocidental e da América do Sul Oriental. No entanto, ele não se deu conta de que o Velho e o Novo Mundo poderiam ter sido unidos.

No final do século XIX, Edward Suess, geólogo austríaco, observou a similaridade entre fósseis de plantas da Era Neopaleozóica da Índia, Austrália, África do Sul e América do Sul, bem como evidências de glaciação nas sequências sedimentares de rochas desses continentes. Os fósseis de plantas compreendem uma flora exclusiva encontrada nas camadas de carvão, logo acima dos depósitos glaciais desses continentes do hemisfério sul. Essa flora é muito diferente daquela da floresta de carvão dos continentes do hemisfério norte e é conhecida como **flora *Glossopteris*** (Figura 2.1).

Figura 2.1 Fóssil de folhas de *Glossopteris*

Fósseis de plantas, como estas folhas de *Glossopteris*, formadas no período Permiano Superior de Dunedoo, na Austrália, foram encontrados em todos os cinco continentes do Gondwana. A presença desses fósseis em continentes com extensa variação climática, prova que eles já foram conectados. A distribuição das plantas naquele tempo estava no mesmo cinturão climático longitudinal.

Suess sugeriu o nome Gondwanaland (ou *Gondwana*, como usaremos neste livro) para um supercontinente formado pelos continentes do hemisfério sul. Fósseis abundantes da flora *Glossopteris* são encontrados nas jazidas de carvão em Gondwana, na Índia. Suess imaginou que esses continentes estavam conectados por pontes terrestres pelas quais as plantas e os animais migraram. Assim, sob seu ponto de vista, a semelhança entre os fósseis se deu por causa do aparecimento e do desaparecimento das pontes terrestres que faziam essa conexão.

Alfred Wegener e a Teoria da Deriva Continental

Credita-se a Alfred Wegener, meteorologista alemão, o desenvolvimento da teoria da **deriva continental**. Em seu livro, *A origem dos continentes e dos oceanos* (publicado pela primeira vez em 1915), Wegener propôs que as massas de terra haviam sido unidas em um único supercontinente, que ele denominou **Pangeia**, que significa "toda a terra" em grego. Wegener retratou sua teoria de deriva continental em uma série de mapas, mostrando a fragmentação da Pangeia e o movimento dos continentes para seus locais atuais. Ele acumulou uma enorme quantidade de evidências geológicas, paleontológicas e climatológicas em defesa dessa teoria. Contudo, a reação dos cientistas às suas ideias, consideradas heréticas, foram negativas.

Alexander du Toit, geólogo sul-africano, desenvolveu os argumentos de Wegener e reuniu evidências geológicas e paleontológicas em defesa da deriva continental. Em 1937, du Toit publicou *Nossos continentes errantes: uma hipótese de deriva continental*, no qual ele contrastou os depósitos glaciais da Gondwana com depósitos de carvão da mesma Era, encontrados nos continentes do hemisfério norte. Para resolver esse aparente paradoxo climatológico, du Toit moveu os continentes do Gondwana para o polo sul e unificou os continentes do hemisfério norte e os movimentou de tal forma que os depósitos de carvão estavam localizados no Equador. Ele denominou essa massa continental do norte de *Laurásia*, da qual faria América do Norte, Groenlândia, Europa e Ásia (exceto a Índia).

OA2 EVIDÊNCIAS DA DERIVA CONTINENTAL

Quais foram, então, as evidências que Wegener, du Toit, e outros pesquisadores, usaram para defender a teoria da deriva continental? Elas incluem: o encaixe das linhas costeiras dos continentes; o aparecimento de mesma sequência rochosa e cordilheiras de mesma idade em continentes muito afastados atualmente; a correspondência entre depósitos glaciais e zonas paleoclimáticas; e as similaridades de diversos grupos de plantas e de animais extintos, cujos fósseis foram encontrados em continentes longínquos, separados por oceanos. Wegener e os defensores da teoria argumentavam que essas evidências indicavam que, no passado, os continentes estavam conectados.

Ajuste continental

Wegener, assim como alguns pesquisadores antes dele, impressionou-se com a semelhança entre as costas litorâneas dos continentes opostos ao Oceano Atlântico, em particular entre a América do Sul e a África. Ele mencionou essas similaridades como evidência parcial de que esses continentes formavam um supercontinente que, posteriormente, se fragmentou. Seus críticos apontaram que a configuração das costas litorâneas resulta dos processos de erosão e de deposição e que, portanto, estão em contínua modificação. Assim, mesmo que os continentes tivessem se separado durante a Era Mesozóica, conforme proposto por Wegener, as costas litorâneas não se ajustariam com exatidão.

Uma abordagem mais realista seria ajustar a união dos continentes ao longo do talude continental, onde a erosão seria mínima. Em 1965, Sir Edward Bullard, geofísico inglês, e dois colaboradores mostraram que a melhor combinação entre os continentes ocorre a uma profundidade de cerca de 2 mil metros (Figura 2.2). Então, outras reconstruções, usando dados mais recentes da bacia oceânica, confirmaram um ajuste preciso entre os continentes, quando reunidos para formar o Pangeia.

Similaridade das sequências rochosas e das cordilheiras

Se os continentes foram unidos uma vez, as rochas e as cordilheiras da mesma idade, em locais adjacentes em continentes opostos, devem ter um encaixe próximo. É o caso do continente Gondwana (Figura 2.3). As sequências de rochas marinhas, não marinhas e glaciais dos períodos Pensilvaniano ao Jurássico são quase idênticas em todos os cinco continentes do Gondwana, indicando que já estiveram unidos.

Além disso, as orientações de diversas cordilheiras também apoiam a teoria da deriva continental. Essas cordilheiras parecem terminar na linha costeira de um continente continuar em outro continente do outro lado do oceano. As Montanhas Apalaches da América do Norte, por exemplo, se estendem do nordeste ao leste dos Estados Unidos e do Canadá, terminando abruptamente na costa de Terra Nova. Cordilheiras da mesma idade e do mesmo

Figura 2.2 Ajuste continental
Quando os continentes são colocados juntos, com base em seus contornos, a melhor combinação não é ao longo de suas linhas costeiras atuais, mas sim ao longo do talude continental, a uma profundidade de, aproximadamente, 2.000 m, onde a erosão seria mínima.

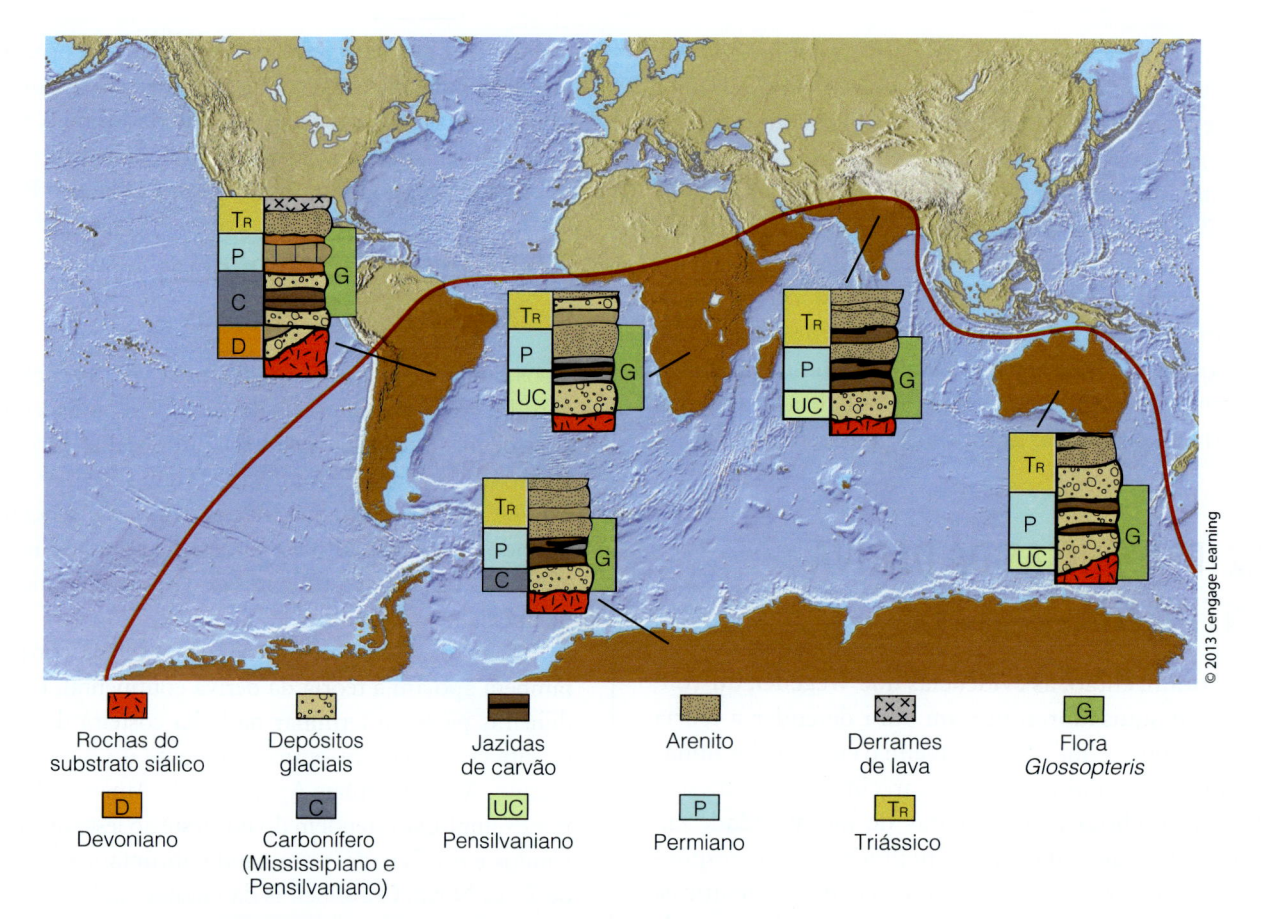

Figura 2.3 Similaridade das sequências rochosas do continente gondwana

As sequências de rochas marinhas, não marinhas e glaciais das Eras Pensilvaniana (UC) à Triássica (Tr) são, aproximadamente, as mesmas nos quatro continentes atuais que fizeram parte do Gondwana (América do Sul, África, Austrália e Antártica) e a Índia. Hoje, eles estão separados por oceanos e possuem ambientes e climas diversos, variando de tropical a polar. Deste modo, as rochas sedimentares atuais formadas em cada um desses continente são muito diferentes entre si. Entretanto, no passado, quando esses continentes eram unidos, o ambiente geológico era similar, e as rochas sedimentares formadas eram semelhantes. A distância indicada pela letra G em cada coluna é a distância da era da flora *Glossopteris*.

Legenda: Rochas do substrato siálico; Depósitos glaciais; Jazidas de carvão; Arenito; Derrames de lava; Flora *Glossopteris*; D Devoniano; C Carbonífero (Mississipiano e Pensilvaniano); UC Pensilvaniano; P Permiano; Tr Triássico.

estilo de deformação são encontradas ao leste da Groenlândia, da Irlanda, da Grã-Bretanha e da Noruega. Desta forma, embora as Montanhas Apalaches e suas cordilheiras de idade equivalente na Grã-Bretanha estejam atualmente separadas pelo Oceano Atlântico, elas formam uma cadeia de montanhas essencialmente contínua quando os continentes são posicionados próximos uns aos outros, da mesma forma como eram durante a Era Paleozóica.

Evidência glacial

Durante a Era Paleozoica, enormes geleiras cobriram diversas áreas continentais do hemisfério sul. A presença de camadas de *till* (sedimentos depositados por geleiras) e de estrias (marcas de arranhões) nos substratos rochosos, abaixo do *till* (Figura 2.4), são a evidência dessa glaciação. Entretanto, fósseis e rochas sedimentares da mesma idade no hemisfério norte não possuem evidências de glaciação. Além disso, fósseis de plantas encontradas em carvões do hemisfério norte indicam que o clima de sua época era tropical, enquanto no hemisfério sul o clima era glacial.

Atualmente, todos os continentes da Gondwana, exceto a Antártida, estão localizados próximos ao equador, sob climas subtropicais a tropicais. Paradoxalmente, o mapeamento das estrias glaciais no substrato rochoso da Austrália, da Índia e da América do Sul, indica que as geleiras teriam se movimentado dos oceanos atuais para os continentes. Isso seria improvável porque as grandes geleiras continentais (como ocorreu nos continentes do Gondwana durante a Era Paleozóica) fluem do continente, onde está a área central de acumulação para os oceanos. Porém, se, no passado, os continentes não estivessem conectados, seria necessário explicar como as geleiras se moveram dos oceanos para a terra e como gigantescas geleiras continentais se formaram nas proximidades do equador. Contudo,

Figura 2.4 Evidência glacial indicando a deriva continental

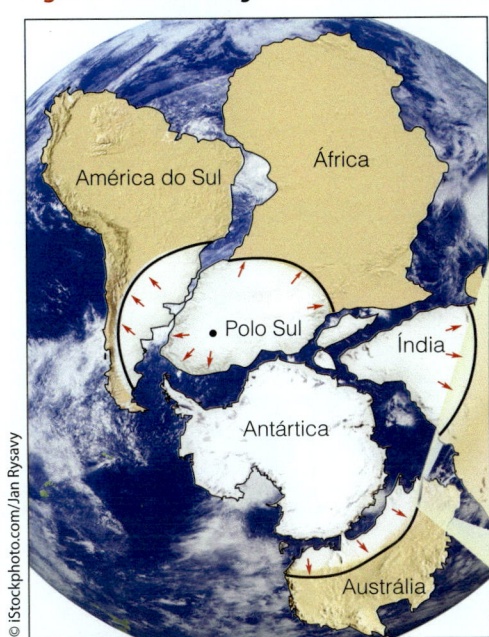

a. Quando se unem os continentes do Gondwana, posicionando a África do Sul no polo sul, os movimentos glaciais, indicados pelas estrias (setas vermelhas) encontradas em afloramentos rochosos em cada um dos outros continentes, fazem sentido. Nesta situação, a geleira (área branca) estaria localizada em um clima polar e teria se movimentado lateralmente, a partir de sua espessa área central, em direção à sua periferia.

b. Estrias glaciais (marcas de arranhões) em um afloramento de substrato rochoso do período Permiano exposto em Hallet's Cove, Austrália. Essas estrias indicam a direção do movimento glacial há mais de 200 milhões de anos. À medida que a geleira se move sobre a superfície do continente, causa atrito e arranhões na rocha subjacente. As estrias glaciais preservadas na superfície rochosa fornecem evidências para qual direção (setas vermelhas) as geleiras se moveram naquele período.

se os continentes são reagrupados em uma única massa de terra, com a África do Sul situada no polo sul, a direção do movimento das geleiras continentais do final do período Paleozoico faz sentido (Figura 2.4). Além disso, a distribuição geográfica coloca os continentes do norte próximos aos trópicos, o que é compatível com a evidência fóssil e climatológica da Laurásia.

Evidência fóssil

Algumas das evidências mais convincentes da teoria da deriva continental vêm do registro fóssil (Figura 2.5). Os fósseis da flora *Glossopteris* são encontrados em depósitos de carvão dos períodos equivalentes ao Pensilvaniano e ao Permiano, em todos os cinco continentes do Gondwana. A flora *Glossopteris* se caracteriza pela samambaia com sementes – *Glossopteris* (Figura 2.1), bem como outras plantas distintas e facilmente identificáveis. Pólen e esporos de plantas podem ser dispersos a grandes distâncias pelo vento, porém plantas do tipo *Glossopteris* produzem sementes muito grandes para isso. Ainda que as sementes tenham atravessado o oceano, provavelmente não permaneceriam férteis por muito tempo na água salgada.

Os atuais climas da América do Sul, África, Índia, Austrália e Antártida variam de tropical a polar e são muito diversificados para manter o tipo de plantas da flora *Glossopteris*. Dessa forma, Wegener concluiu que esses continentes, em algum momento, estiveram unidos, e que essas localidades que hoje estão amplamente separadas estiveram no mesmo cinturão climático latitudinal (Figura 2.5).

Os restos fósseis de animais também forneceram forte evidência para a deriva continental. Um exemplo disso é o Mesossauro, um réptil de água doce, cujos fósseis foram encontrados em determinadas regiões do Brasil e da África do Sul em rochas do período Permiano (Figura 2.5). Como a fisiologia dos animais de água doce e dos animais marinhos são diferentes, é difícil imaginar como um réptil de água doce poderia ter atravessado o Oceano Atlântico e ter encontrado um ambiente de água doce quase idêntico ao seu antigo hábitat. Além disso, se o Mesossauro tivesse nadado através do oceano, seus

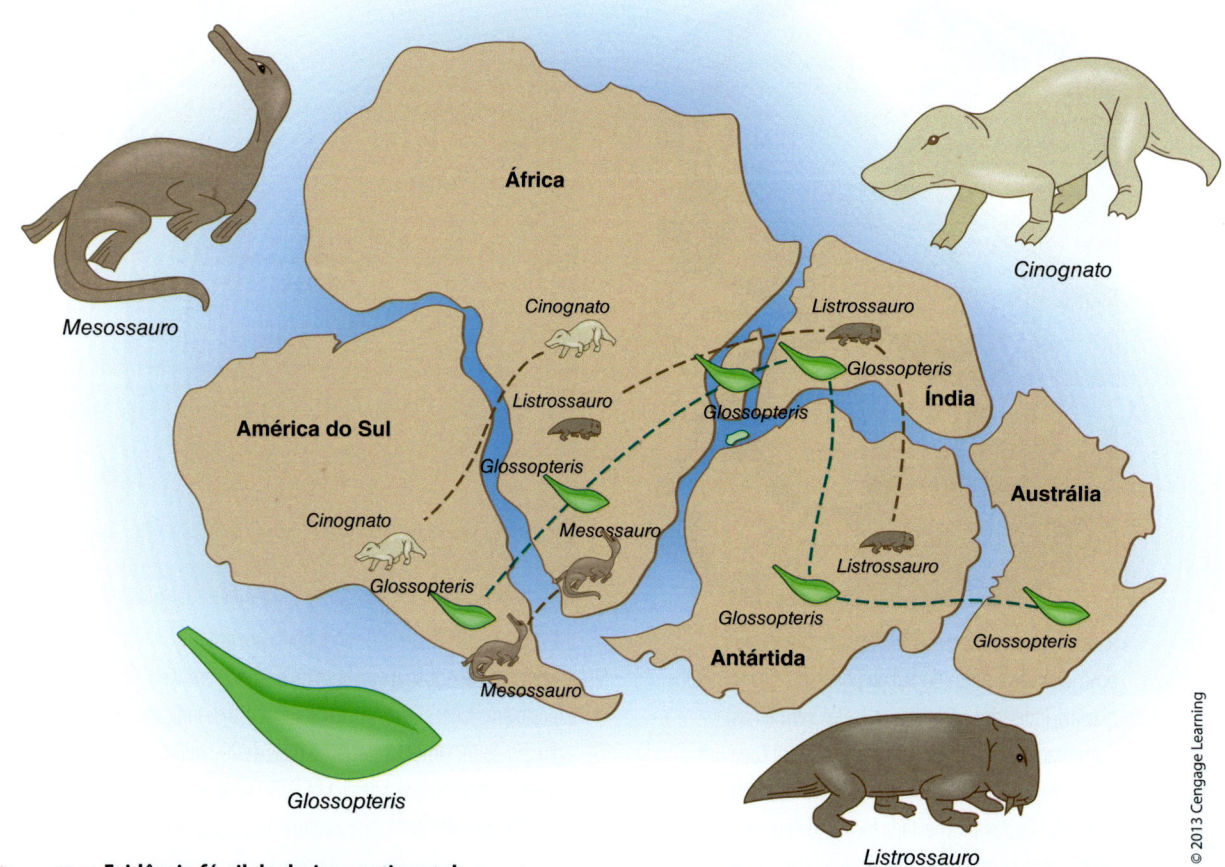

Figura 2.5 Evidência fóssil da deriva continental

Exemplos de plantas e de animais cujos fósseis são encontrados na América do Sul, África, Austrália, Antártida e na Índia. Durante a Era Paleozóica, esses continentes e a Índia formavam o Gondwana, um dos subcontinentes do Pangeia (o outro é a Laurásia). Plantas da flora *Glossopteris* são encontradas nos quatro continentes que, hoje, possuem climas muito diferentes. Entretanto, durante os períodos Pensilvaniano e Permiano, esses continentes e a Índia estavam localizados no mesmo cinturão climático geral. O Mesossauro é um réptil de água doce cujos fósseis foram encontrados no Brasil e na África do Sul, apenas em rochas não marinhas similares às rochas do período Permiano. O Cinognato e o Listrossauro são répteis terrestres que viveram no Período Triássico. Fósseis de Cinognato foram encontrados na América do Sul e na África, e fósseis de Listrossauro foram descobertos na África, na Índia e na Antártica. É difícil imaginar como répteis de água doce e terrestres tenham atravessado os vastos oceanos que, hoje, separam esses continentes e a Índia. O mais lógico é aceitar que eles estiveram conectados no passado.

restos fósseis estariam espalhados. Portanto, é mais lógico admitir que o Mesossauro viveu em lagos que foram áreas contiguas à América do Sul e à África quando formavam um único continente.

Mesmo com todas as evidências apresentadas por Wegener e, posteriormente, por du Toit e outros pesquisadores, muitos geólogos se recusaram a aceitar a ideia de que os continentes teriam se deslocado. Isso não era, em si, uma obstinação para aceitar novas ideias, mas os geólogos não estavam convencidos de que as evidências da teoria da deriva continental eram adequadas e inquestionáveis. Grande parte desta rejeição vinha do fato de não haver os mecanismos adequados para explicar a fragmentação e o deslocamento dos continentes na superfície terrestre.

OA3 CARACTERÍSTICAS DO ASSOALHO OCEÂNICO

Neste momento, é conveniente discutir algumas características do assoalho oceânico da Terra. Muitas das características topográficas encontradas no assoalho oceânico e nas margens continentais são manifestações de processos internos e atividades terrestres que ocorrem ao longo das margens das placas. Desta forma, é importante entender como essas características dizem respeito à teoria da tectônica de placas.

A maioria das pessoas imagina os continentes como áreas de terra contornadas por oceanos, mas a verdadeira margem de um continente (região onde a crosta continental granítica se converte em crosta oceânica de basalto e gabro) encontra-se abaixo do nível do mar. Uma **margem continental** é constituída de plataforma continental levemente inclinada, um talude continental mais acentuadamente inclinado e, em alguns casos, de rampa continental mais profunda e levemente inclinada (Figura 2.6). Portanto, as margens continentais se estendem por profundidades cada vez maiores até imergirem no assoalho oceânico. A crosta dos continentes passa à crosta oceânica em um ponto abaixo da rampa continental; portanto, uma parcela do talude e da rampa continental estende-se, na realidade, sobre a crosta oceânica.

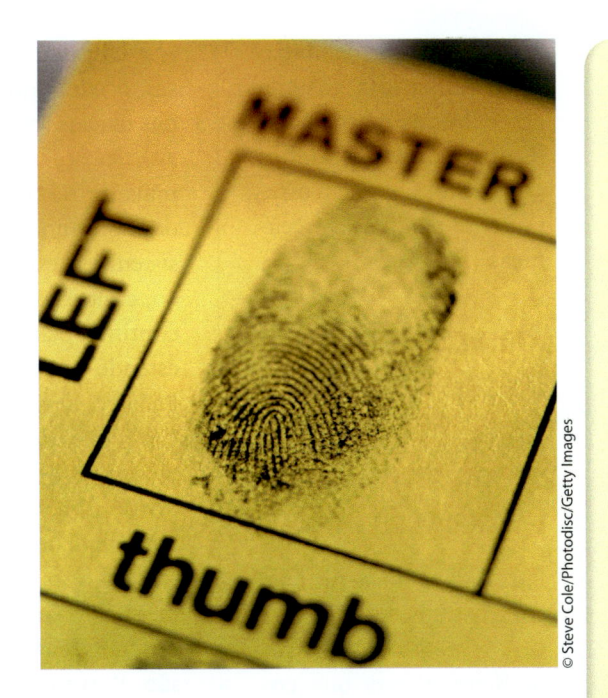

Plataforma, rampa e talude continental

À medida que se avança em direção ao mar, a partir da linha costeira pela margem continental, a primeira área encontrada é a **plataforma continental**, levemente inclinada, situada entre o litoral e o talude continental mais acentuadamente imerso (Figura 2.6). A largura da plataforma continental varia consideravelmente: de algumas dezenas de metros a mais de 1.000 km; a plataforma, por sua vez, termina quando a inclinação do assoalho oceânico aumenta abruptamente de 1 grau, ou menos, a vários graus.

O limite da plataforma continental é marcado pela *quebra plataforma-talude* (a uma profundidade média de 135 m), onde se inicia o **talude continental** com inclinação mais acentuada (Figura 2.6). Na maioria das áreas ao redor das margens do Atlântico, o talude continental se funde com uma **rampa continental**

> **margem continental**
> Área que separa a parte do continente acima do nível do mar do assoalho oceânico.
>
> **plataforma continental**
> Parte da margem continental mais levemente inclinada entre a linha costeira e o talude continental.
>
> **talude continental**
> Parte da margem continental abruptamente mais inclinada entre a plataforma continental e a rampa continental ou entre a plataforma continental e a fossa oceânica.
>
> **rampa continental**
> Parte da margem continental levemente inclinada entre o talude continental e a planície abissal.

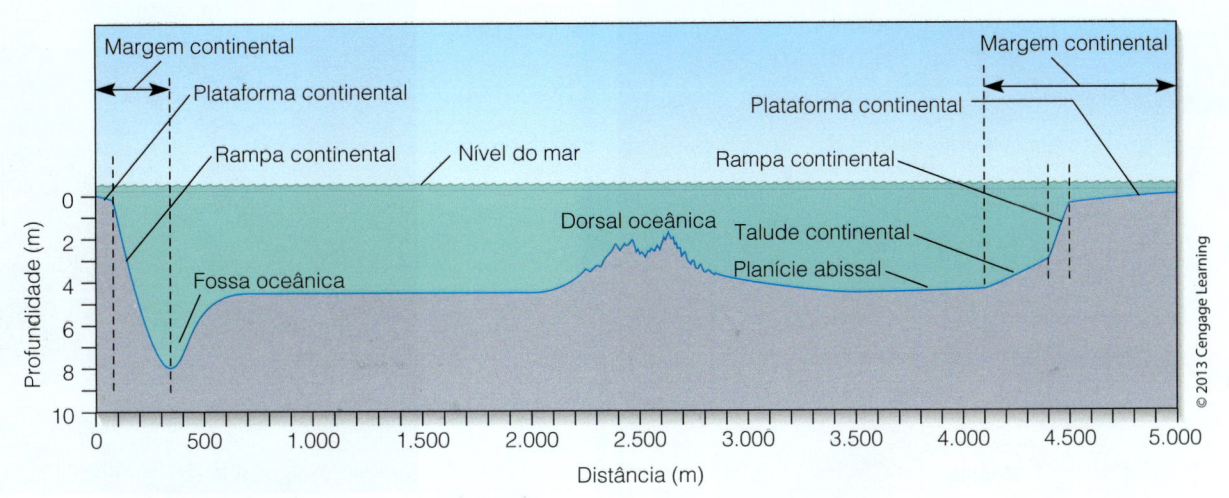

Figura 2.6 Características das margens continentais
Características das margens continentais de um perfil generalizado. As dimensões verticais neste perfil são exageradas porque as escalas verticais e horizontais diferem.

planície abissal Área vasta e plana do assoalho oceânico adjacente à elevação continental da margem continental passiva.

dorsal oceânica Sistema de montanhas, em grande parte submarinas, composto por basalto encontrado em toda bacia oceânica.

fonte hidrotermal submarina Rachadura ou fissura no assoalho oceânico através da qual a água superaquecida emana.

mais levemente inclinada. Essa rampa está ausente ao redor das margens do Pacífico, onde os taludes continentais incidem diretamente nas fossas oceânicas (Figura 2.6).

Planícies abissais, dorsais oceânicas, fontes hidrotermais submarinas e fossas oceânicas

Para além das rampas continentais, existem as **planícies abissais** – superfícies planas que cobrem uma vasta área do assoalho oceânico. Em algumas regiões, são interrompidas por picos que se elevam a mais de 1 km. Contudo são as áreas mais planas da Terra e com menos traços característicos (Figura 2.6). Seu nivelamento é resultado da deposição de sedimentos que cobrem a topografia rugosa do assoalho oceânico.

Durante a década de 1960, o interesse em pesquisas oceanográficas levou a um mapeamento extensivo das bacias oceânicas. Tal mapeamento revelou a **dorsal oceânica**, um sistema de falhas e montanhas com mais de 65.000 km de extensão, constituindo a cadeia de montanha mais extensa do mundo (Figura 2.6). Esse sistema se estende do Oceano Ártico ao Oceano Atlântico, contornando a África do Sul, onde a Dorsal Indiana continua pelo Oceano Índico. A Dorsal Atlântica-Pacífica estende-se ao leste e a uma parte dele. Já a Elevação do Pacífico Leste tende ao nordeste, chegando ao Golfo da Califórnia. Talvez a parte mais conhecida dessa cadeia de montanhas submarinas seja a Dorsal Meso-atlântica, que divide a bacia do Oceano Atlântico em duas partes aproximadamente iguais, conforme mostra a Figura 1.13.

As dorsais oceânicas são compostas quase inteiramente de rochas ígneas máficas (basáltica e gabro), e possuem características produzidas por forças de tensão. Portanto, são os locais onde novas crostas oceânicas são geradas, e onde as placas se movem ao longo de limites de placas divergentes.

Em 1979, pela primeira vez, as **fontes hidrotermais submarinas** foram observadas no assoalho oceânico, nas dorsais oceânicas (ou em regiões próximas a elas). Nas dorsais, a água fria do mar perpassa a crosta oceânica, é aquecida nas profundezas pelas rochas quentes

Figura 2.7 Fonte hidrotermal submarina

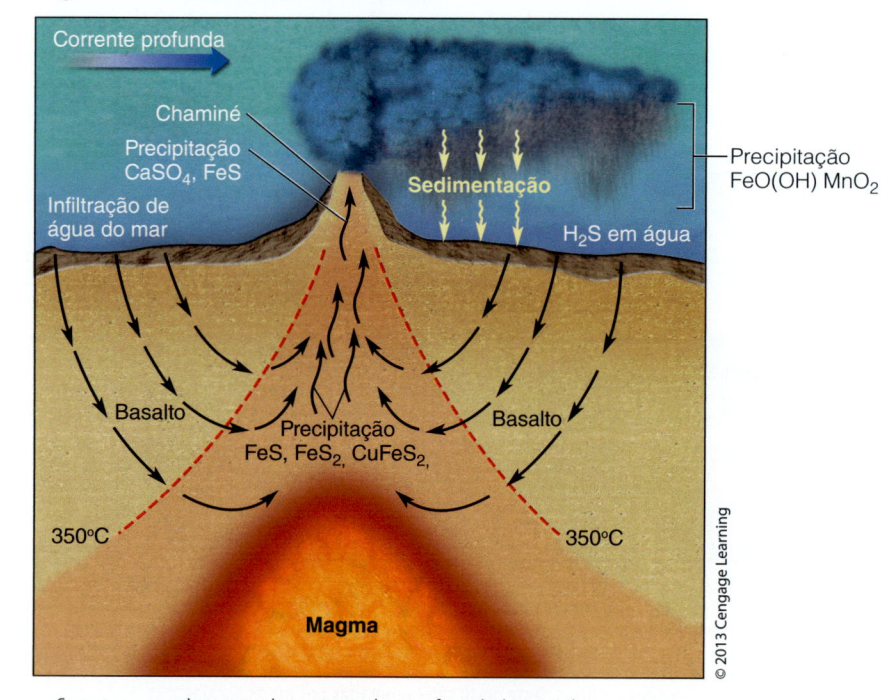

a. Corte transversal mostrando a origem de uma fonte hidrotermal submarina, denominada *chaminé negra* (hidrotermal).

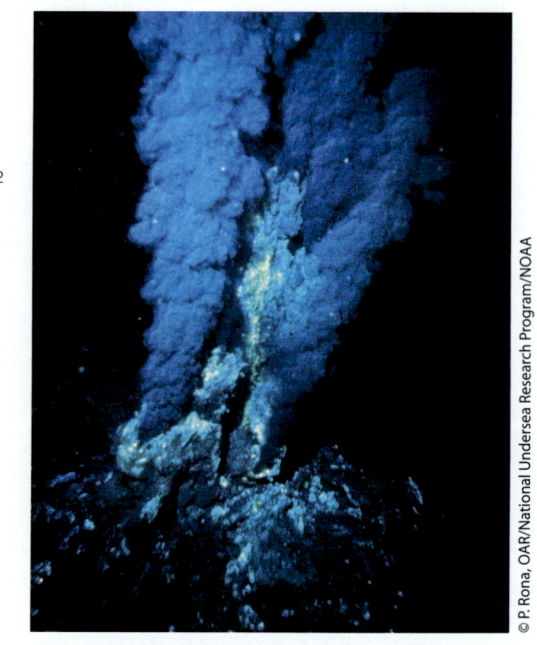

b. Chaminé negra (hidrotermal) na dorsal Pacífica Leste, a uma profundidade de 2.800 m. A coluna de vapor de "fumaça preta" é água aquecida com minerais dissolvidos.

e ascende. A seguir, entra em erupção no fundo do mar, como uma coluna de vapor de água quente, com temperaturas acima de 400 °C. A maioria das colunas de vapor tem a aparência de fumaça negra, por conta dos minerais dissolvidos – por esta razão recebe o nome *chaminé negra* (hidrotermal), conforme mostra a Figura 2.7.

Dos pontos de vista biológico, geológico e econômico, as fontes hidrotermais submarinas são interessantes. Próximas a elas vivem comunidades de organismos que, em sua maioria, até pouco tempo, eram desconhecidos, como bactérias, caranguejos, mexilhões, estrelas-do-mar e vermes tubulares. Como a luz do sol não é acessível, esses organismos dependem, como única fonte de nutrientes, de bactérias que oxidam compostos de enxofre. Além disso, as fontes são interessantes por seu potencial econômico. A água do mar reage com a crosta oceânica, transformando-se em uma solução rica em metais, que é infiltrada no substrato do oceano, que em contato com fonte magmática, precipita ferro, cobre, sulfato de zinco e minerais (Figura 2.7a). Forma-se, assim, uma fonte hidrotermal tipo chaminé que, ao final, entra em colapso e gera sedimentos enriquecidos nos elementos acima mencionados (Figura 2.7b).

As **fossas oceânicas** são depressões longas e íngremes no assoalho oceânico, próximas aos limites de placas convergentes (Figura 2.6), e constituem não mais do que 2% do assoalho oceânico. Entretanto, é a região onde a litosfera oceânica é consumida por subducção, isto é, a litosfera oceânica adentra ao interior da Terra, ao longo dos limites das placas convergentes. Deve-se observar também que as maiores profundidades oceânicas são encontradas em fossas. O Challenger Deep da Fossa das Marianas, no Pacífico, por exemplo, possui mais de 11 mil metros de profundidade!

fossa oceânica
Depressão longa e estreita, restrita às margens continentais ativas e onde ocorre subducção.

monte submarino
Montanha vulcânica submarina que emerge pelo menos 1 km acima do assoalho oceânico.

Montes submarinos, *guyots* e cadeias assísmicas

Exceto pelas planícies abissais, o assoalho oceânico não é uma superfície plana e uniforme. Na verdade, um grande número de montes vulcânicos, montes submarinos e *guyots* emergem do assoalho oceânico em todas as bacias oceânicas, e são abundantes no Pacífico. Todos são de origem vulcânica e diferem, principalmente, em tamanho. Os **montes submarinos** elevam-se a mais de

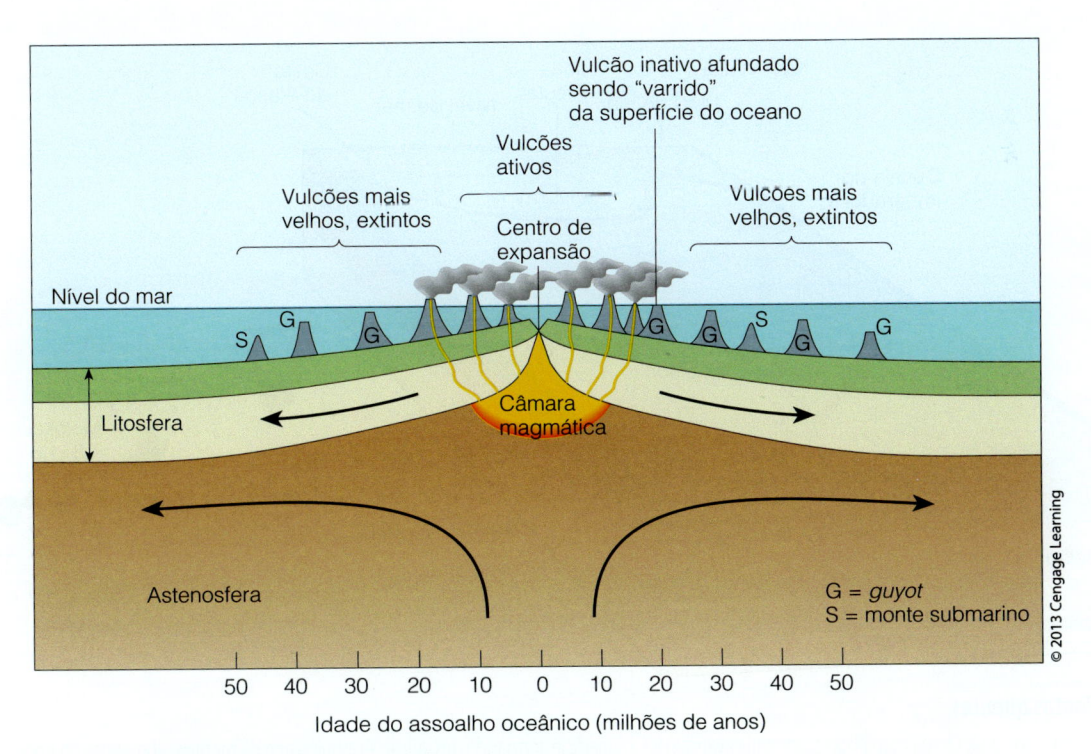

Figura 2.8 Origem dos montes submarinos e dos *guyots*
Conforme a placa desloca para maiores profundidades, um vulcão situado nela torna-se uma ilha vulcânica submersa, denominada *monte submarino*. Os montes submarinos que possuem o topo achatado são denominados *guyots*.

guyot Monte submarino achatado, de origem vulcânica, que emerge mais de 1 km acima do assoalho oceânico.

cadeias assísmicas Dorsal (ou vasta área) que emerge acima do assoalho oceânico e não apresenta atividade sísmica.

margem continental ativa Margem continental com vulcanismo e sismicidade na borda de uma placa continental, onde a litosfera oceânica entra em subducção.

1 km acima do assoalho oceânico e, se achatados, são denominados *guyots* (Figura 2.8). Os **guyots** são vulcões que, originalmente, ultrapassavam o nível do mar. Porém, como a placa sobre a qual estão localizados continua se movendo e esfriando, esses vulcões vão da zona de dorsal em expansão para regiões mais longínquas e profundas do oceano. Assim, aquilo que uma vez foi uma ilha emersa, lentamente foi imergindo para o fundo do mar e, desta forma, a erosão das ondas produziu a típica aparência achatada de seu topo (Figura 2.8).

Outros aspectos comuns nas bacias oceânicas são as cadeias longas e estreitas, bem como as características amplas tipo platô, que emergem de 2 a 3 km acima do assoalho oceânico. Essas cadeias são denominadas **cadeias assísmicas**, porque não possuem atividade sísmica (terremoto).

Algumas dessas cadeias são, provavelmente, pequenos fragmentos que foram separados dos continentes durante o rompimento, e são conhecidas como *microcontinentes*. A Avalônia é um exemplo de um microcontinente Paleozoico, conforme mostra a Figura 17.8b.

As cadeias assísmicas formam-se, em sua maioria, como uma sucessão linear de pontos quentes de vulcões. Estes pontos desenvolvem-se na dorsal oceânica, ou próximos a ela. Contudo, cada vulcão, quando formado, é carregado com a placa sobre a qual ele se originou. O resultado disto é uma fileira de montes submarinos/*guyots* estendendo-se a partir da dorsal oceânica (Figura 2.8). As cadeias assísmicas também podem formar pontos quentes sem relação com as dorsais, por exemplo, a cadeia Imperador do Havaí, no Pacífico (Figura 2.9).

Margens continentais

As placas convergentes e divergentes serão discutidas mais adiante, porém aqui abordamos dois tipos de margens continentais, associadas aos respectivos limites de placas.

A **margem continental ativa** se desenvolve nas bordas das placas continentais onde a litosfera oceânica entra em subducção. Um exemplo de margem continental ativa é a costa do Oceano Pacífico da América do Sul, onde a placa oceânica de Nazca é subductada. Nesse local, ocorrem intensas atividades sísmicas, um

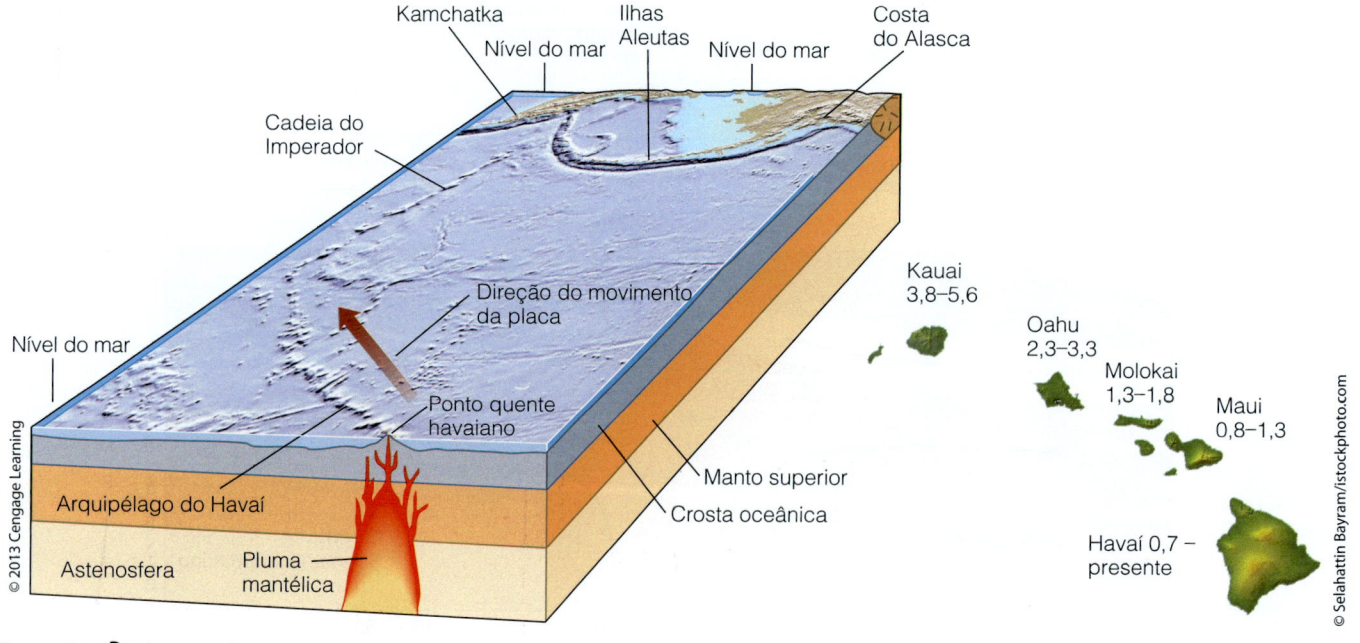

Figura 2.9 Pontos quentes

Ponto quente é o local onde uma pluma mantélica estacionária avança para a superfície, formando um vulcão. O arquipélago de montes submarinos do Imperador no Havaí é resultado da movimentação da placa Pacífico sobre uma pluma mantélica, e a fileira de ilhas vulcânicas neste arquipélago mostra a direção do movimento desta placa. A ilha do Havaí e o monte submarino Loihi são os únicos pontos quentes atuais desse arquipélago. Os números indicam, em milhões de anos, as idades das ilhas havaianas.

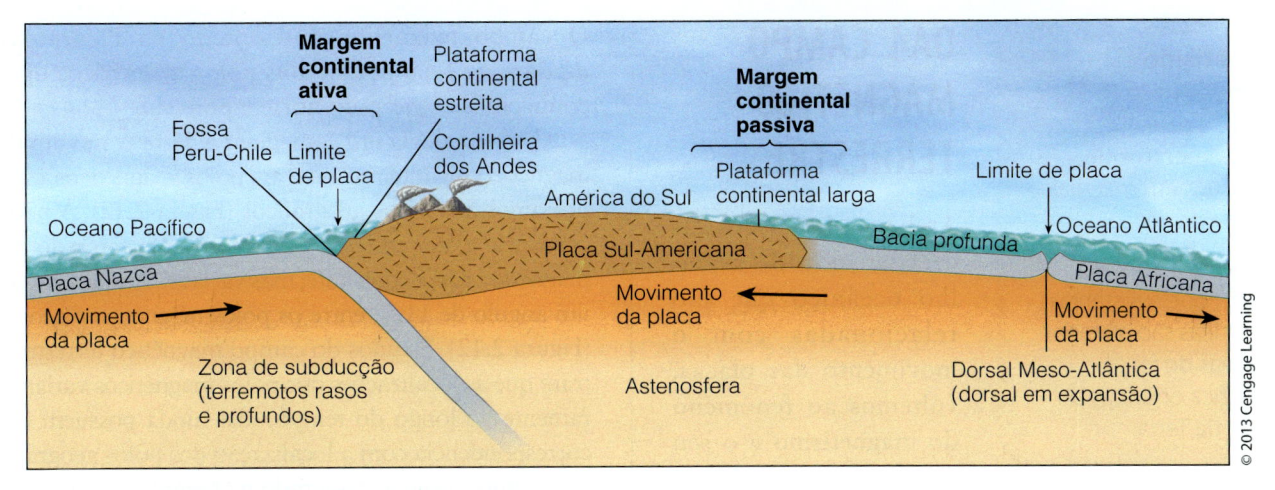

Figura 2.10 Margens continentais passivas e ativas
Margens continentais ativas e passivas ao longo das costas oeste e leste da América do Sul. As margens passivas são mais amplas do que as margens ativas. A figura não exibe sedimento de fundo oceânico.

tinental dessa região é estreita e o talude continental incide diretamente na fossa oceânica. Assim, conforme representado à esquerda na Figura 2.6, o sedimento é despejado nessa fossa e nenhuma rampa continental ali se desenvolve.

A margem ocidental da América do Norte também é considerada uma margem continental ativa. Mas, em sua grande parte, o que se tem são falhas transformantes (consulte o tópico sobre margens transformantes, ainda neste capítulo) em detrimento à zona de subducção. Contudo, a convergência e a subducção da placa oceânica se prolonga a noroeste do Pacífico, ao longo das margens continentais da Califórnia setentrional, do Oregon e de Washington.

As margens continentais atlânticas da América do Norte e América do Sul diferem consideravelmente de suas margens pacíficas. Isso acontece porque as margens atlânticas possuem plataformas continentais largas, bem como talude e rampa continental com planície abissal adjacente às rampas, conforme representado à direita na Figura 2.6. Além disso, em vez de estarem no limite das placas, essas **margens continentais passivas** estão entre elas, e não apresentam atividades vulcânica e sísmica, à maneira das margens continentais ativas (Figura 2.10). Ocasionalmente, contudo, podem ser alvos de terremotos isolados.

> **margem continental passiva** Margem continental entre uma placa tectônica, como na costa leste da América do Norte, onde ocorre pouca atividade sísmica e nenhum vulcanismo. É caracterizada por plataforma continental larga, bem como talude e rampa continental.

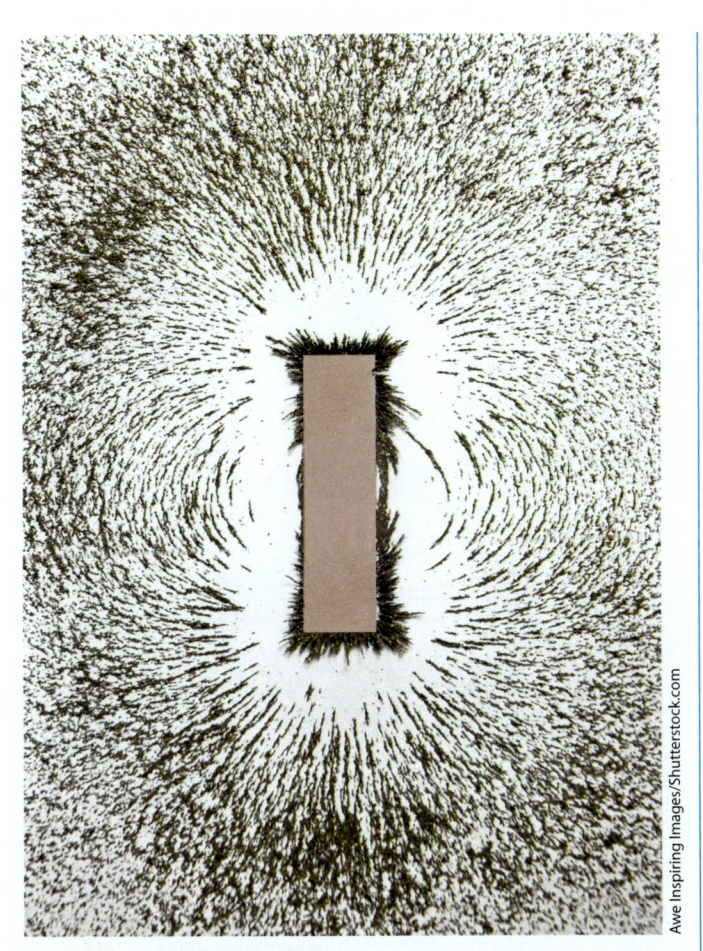

Figura 2.11 Campo magnético
Limalhas de ferro se alinham ao longo das linhas de força magnética, ao redor de uma barra magnética.

contínuo vulcanismo ativo (Figura 2.10) e a evolução de uma cadeia de montanhas geologicamente jovem (Cordilheira dos Andes). Além disso, a plataforma con-

> **magnetismo**
> Fenômeno físico resultante da eletricidade em movimento e de *spin* de elétrons em materiais sólidos magnéticos.
>
> **campo magnético**
> Área em que substâncias magnéticas são afetadas por linhas de força magnética oriundas do interior da Terra.

OA4 CAMPO MAGNÉTICO TERRESTRE

Após conhecermos as características do assoalho oceânico que são relacionadas com o movimento das placas, voltemos ao fenômeno do magnetismo e o seu papel na formulação da teoria da tectônica de placas.

Magnetismo é um fenômeno físico resultante de *spin* de elétrons em algum material sólido (principalmente ferro) e de eletricidade em movimento. Um **campo magnético** é uma área sob a qual substâncias magnéticas, como o ferro, são afetadas por linhas de força magnética oriunda do interior da Terra (Figura 2.11).

O campo magnético apresentado na Figura 2.12 é *dipolar*, ou seja, possui dois polos magnéticos opostos, conhecidos como polo norte e polo sul.

Uma analogia útil é imaginar a Terra como um dipolo magnético gigante, no qual os polos magnéticos estariam próximos aos polos geográficos (Figura 2.12). A não concordância exata entre eles significa que a força do campo magnético não é constante, mas variável. Atualmente, existe um ângulo de 11,5° entre os polos magnético e geográfico (Figura 2.12). Estudos do campo magnético terrestre mostram que as localizações dos polos magnéticos variam ligeiramente ao longo do tempo, mas ainda possuem estreita correspondência com a localização dos polos geográficos.

Então, como apresentado na Figura 2.12, as linhas de forças magnéticas ao redor da Terra se mantêm paralelas apenas nas proximidades da linha do Equador, à maneira que a limalha de ferro faz ao redor da barra magnética (Figura 2.11). À medida que as linhas de força se aproximam dos polos, a sua angulosidade em relação à superfície aumenta, assim como a força do campo magnético, que é mais forte nos polos e mais fraca no Equador.

Figura 2.12 Campo magnético terrestre

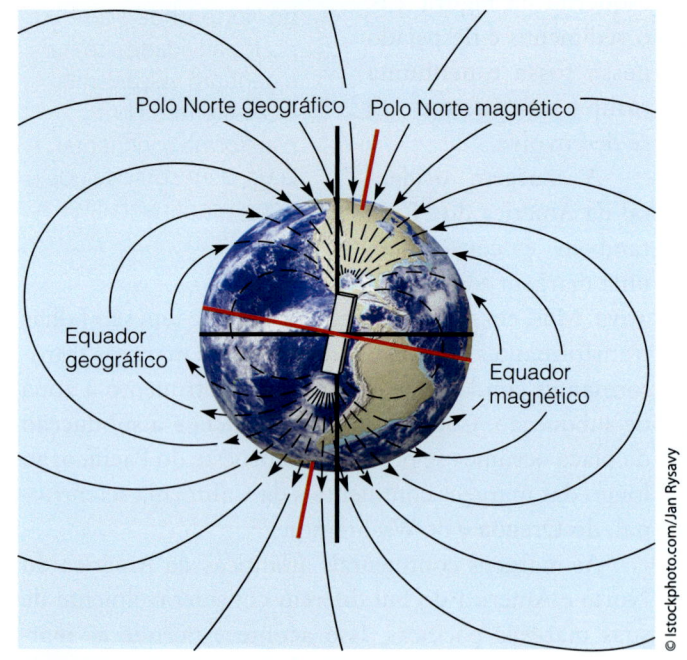

a. O campo magnético terrestre possui linhas de força, como as da barra magnética.

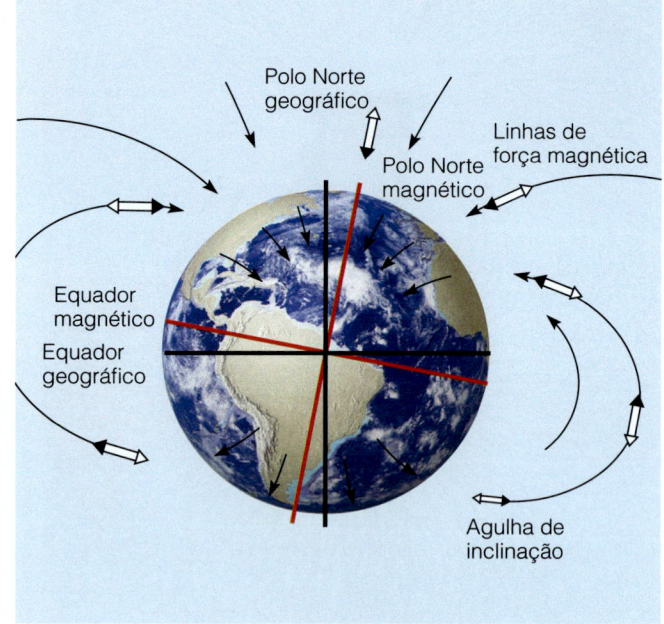

b. A força do campo magnético varia do Equador magnético para os polos magnéticos. No Equador magnético, onde a força dos polos norte e sul magnéticos é igualmente equilibrada, uma agulha magnética fica paralela à superfície terrestre (uma agulha magnética se equilibra na ponta de um suporte, podendo se mover na vertical). Conforme essa agulha se movimenta em direção aos polos magnéticos da Terra, a sua inclinação – ou dip – com relação à superfície da Terra aumenta até atingir 90°. Assim, nos polos magnéticos da Terra a agulha magnética fica perpendicular à superfície terrestre.

OA5 PALEOMAGNETISMO E DERIVA POLAR

Durante a década de 1950, o interesse pela deriva continental, como resultado de novas evidências apontadas pelos estudos sobre paleomagnetismo, uma disciplina relativamente nova até então, reavivou. **Paleomagnetismo** é o magnetismo remanescente em rochas antigas que registraram a direção e os polos magnéticos da Terra no momento em que a rocha é formada.

> **Magnetismo remanescente:** magnetismo permanente em rochas, resultante da orientação do campo magnético terrestre no momento da formação da rocha.

Quando o magma esfria, os minerais magnéticos (aqueles que contêm ferro, principalmente) se alinham ao campo magnético terrestre, registrando a direção e os polos magnéticos da Terra. A temperatura na qual os minerais ganham essa magnetização é denominada **ponto Curie**. Se a rocha não for aquecida, a posteriori, para além do ponto Curie, ela preservará esse magnetismo original. Assim, um derrame de lava em resfriamento registra, nesse momento, a direção do campo e os polos magnéticos da Terra.

O avanço da pesquisa paleomagnética trouxe alguns resultados inesperados. Quando geólogos mediram o paleomagnetismo de rochas geologicamente recentes, descobriram que ele era, de forma geral, consistente com o atual campo magnético terrestre. O paleomagnetismo de rochas antigas mostrou, contudo, diferentes orientações. Por exemplo, estudos paleomagnéticos do derrame de lavas do período Siluriano, na América do Norte, indicaram que o polo norte magnético estava localizado a oeste do Oceano Pacífico, enquanto a evidência paleomagnética do derrame de lava do período Permiano apontou outra localização, na Ásia. Quando verificadas em um mapa, as leituras paleomagnéticas de numerosos derrames de lava de todas as idades na América do Norte traçam o aparente movimento do polo magnético (denominado *deriva polar*) ao longo do tempo (Figura 2.13).

Após a análise, minerais magnéticos do derrame de lava dos períodos Siluriano e Permiano europeu apontaram o polo magnético para uma localização diferente daquela do mesmo período, encontrada na América do Norte (Figura 2.13). Adicionalmente, a análise do derrame de lava de todos os continentes indica que cada continente, aparentemente, tem sua própria série de polos magnéticos. Qual seria o significado disso? Que cada continente tem polo norte magnéticos exclusivos? Ou haveria outra explicação?

Do debate, surgiu a melhor explicação: os polos magnéticos sempre estiveram próximos de seus locais atuais, nos polos norte e sul geográficos, mas os continentes se deslocaram com o tempo. Assim, quando

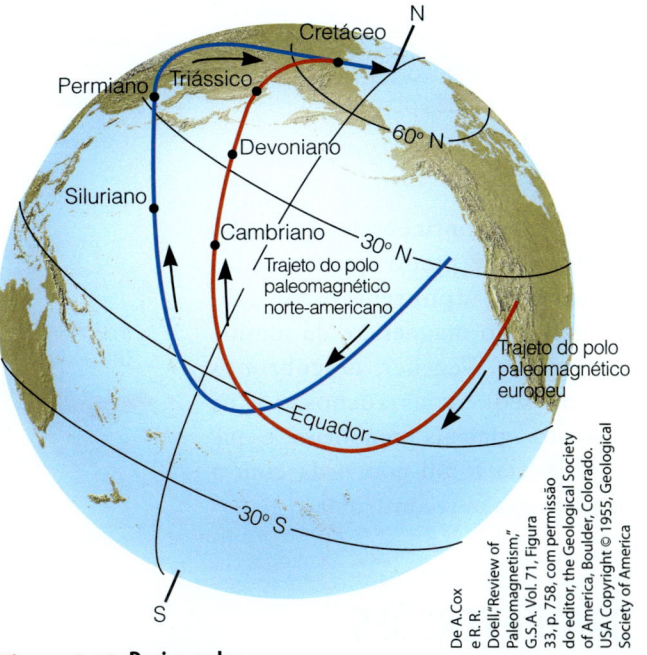

Figura 2.13 Deriva polar
Trajeto da deriva polar da América do Norte e da Europa. A localização aparente do polo norte magnético é mostrada em diferentes períodos no trajeto da deriva polar de cada continente. Se os continentes não se movimentassem, como a Terra possui apenas um polo norte magnético, as leituras paleomagnéticas de diferentes continentes para o mesmo período no passado deveriam apontar para a mesma localização. Contudo, o polo norte magnético, quando são medidas rochas de mesma idade em continentes diferentes, possui diferentes localizações polares para o norte magnético para um mesmo período no passado, indicando múltiplos polos norte magnéticos – uma possibilidade insustentável. A melhor explicação para isso seria a permanência do polo norte magnético na mesma localização geográfica, e a movimentação contínua dos continentes no passado registrando a sua trajetória na superfície da terra.

> **paleomagnetismo**
> Magnetismo remanescente em rochas antigas, que determinam a intensidade e a direção do campo magnético da Terra.
>
> **ponto Curie**
> Temperatura na qual os minerais que contêm ferro ganham magnetização.

> **reversão magnética**
> Fenômeno que envolve a reversão total dos polos magnéticos norte e sul.

as margens continentais atuais são ajustadas, de modo que os dados magnéticos apontem para apenas um polo magnético, da mesma forma que Wegener, descobrimos que as sequências rochosas e os depósitos glaciais combinam, e que a evidência fóssil concorda com a paleogeografia reconstruída.

OA6 REVERSÕES MAGNÉTICAS E EXPANSÃO DO ASSOALHO OCEÂNICO

Os geólogos denominam o atual campo magnético terrestre como normal, isto é, com os polos magnéticos norte e sul localizados, aproximadamente, nos polos nortes e sul geográficos. Entretanto, em vários momentos, o campo magnético da Terra foi completamente revertido. Os polos magnéticos norte e sul tiveram suas posições trocadas, de modo que o polo norte magnético migrou para o polo sul geográfico, e o polo sul magnético migrou para o polo norte geográfico. Durante esta reversão, o campo magnético enfraquece até desaparecer temporariamente. Quando o campo magnético retorna, os polos magnéticos têm suas posições revertidas. A existência desta **reversão magnética** foi descoberta datando e determinando a orientação do magnetismo remanescente nos derrames de lava (Figura 2.14). Embora a causa da reversão magnética seja, ainda, incerta, sua ocorrência no registro geológico está bem documentada.

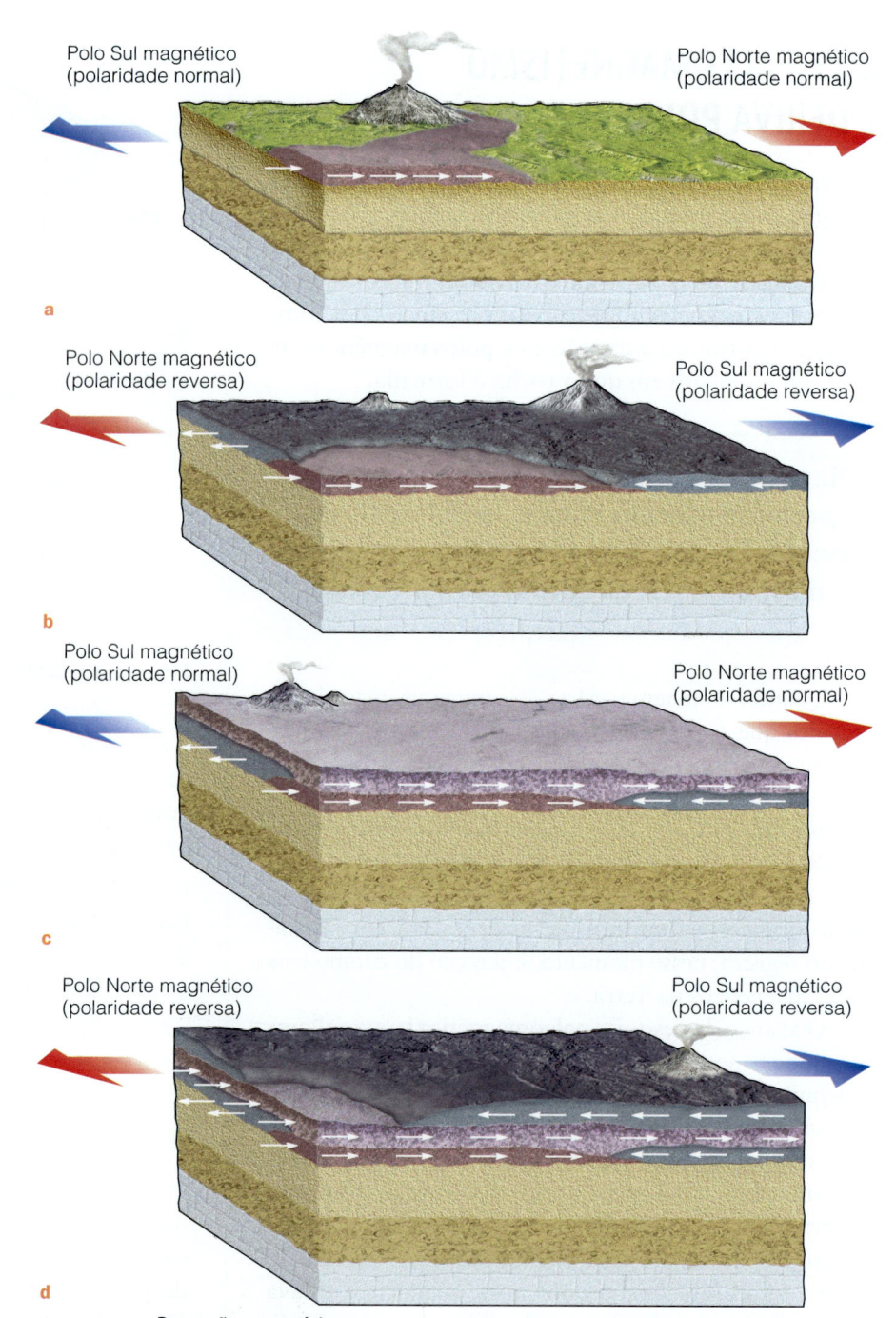

Figura 2.14 Reversão magnética
Durante o período de tempo mostrado (a-d), erupções vulcânicas produziram uma sucessão de derrames de lava sobrepostas. No momento destas erupções, o campo magnético terrestre se reverteu completamente, isto é, o polo magnético norte se deslocou para o polo sul geográfico e o polo magnético sul se deslocou para o polo norte geográfico. Desta forma, a extremidade da agulha de uma bússola magnética, que hoje apontaria para o polo norte, apontaria para o polo sul, em virtude da reversão completa do campo magnético. Sabemos que, no passado, o campo magnético terrestre reverteu inúmeras vezes porque quando a lava resfria abaixo do ponto Curie os minerais magnéticos no interior do fluxo se orientam paralelamente ao campo magnético do momento. Assim, eles registram, naquele momento, se o campo magnético da Terra era normal ou reverso. As setas brancas nesta figura mostram a direção do polo magnético norte para cada derrame de lava individual, confirmando, assim, que o campo magnético terrestre sofreu diversas reversões no passado.

ADAPTADO DE KIOUS E TILING, USGS E HYNDMAN E HYNDMAN, *NATURAL HAZARDS AND DUSASTERS*, BROKS/COLE, 2006, P. 15, FIG. 2.6B.

Como resultado da pesquisa oceanográfica conduzida durante a década de 1950, Harry Hess, da Universidade de Princeton, para explicar o movimento dos continentes, propôs, em um documento histórico de 1962, a teoria da **expansão do assoalho oceânico**. Ele sugeriu que os continentes não se movem como navios quebra-gelo, rasgando a crosta oceânica, como os navios rasgam o gelo, ao contrário, os continentes e a crosta oceânica se deslocam conjuntamente, como entidade única. Desse modo, a teoria da expansão do assoalho oceânico respondeu à principal objeção dos oponentes da deriva continental, relativa ao deslocamento dos continentes pela da crosta oceânica. O fato de agora é que os continentes e a crosta oceânica se deslocam como parte de um único sistema litosférico.

Para movimentar as placas, Hess reviveu a ideia de um sistema de transferência de calor – ou **células de convecção térmica** – dentro do manto. De acordo com Hess, o magma quente emerge do manto, irrompe ao longo das fraturas que definem as dorsais oceânicas e forma uma crosta oceânica nova. Com o tempo e o deslocamento lateral, a crosta oceânica fria entra em subducção em uma fossa oceânica. Deste modo, retorna ao manto onde é aquecida e reciclada, conforme mostra a Figura 1.12, completando o ciclo do mecanismo de uma célula de convecção térmica.

Mas como a hipótese de Hess poderia ser confirmada? Levantamentos paleomagnéticos nas rochas da crosta oceânica, paralelas e simétricas às dorsais oceânicas (Figura 2.15), revelaram um padrão de **anomalias magnéticas** em bandas alternadas com relação ao atual campo magnético terrestre. Uma anomalia magnética positiva é caracterizada quando o valor da intensidade do campo magnético é maior que o calculado teoricamente. Já uma anomalia magnética negativa é caracterizada quando o valor da intensidade do campo magnético é menor que o calculado teoricamente. Então, para as bandas simétricas à dorsal

> **expansão do assoalho oceânico** Teoria de que o assoalho oceânico é gerado e deslocado das zonas das dorsais oceânicas para ser consumido nas zonas de subducção.
>
> **célula de convecção térmica** Mecanismo de circulação interna da Terra que envolve somente a astenosfera, ou o manto, no qual o material quente emerge, desloca-se lateralmente, esfria e retorna ao manto, onde é reaquecido e dá continuidade ao ciclo.
>
> **anomalia magnética** Diferença entre o valor real da intensidade do campo magnético terrestre e o valor médio calculado teoricamente.

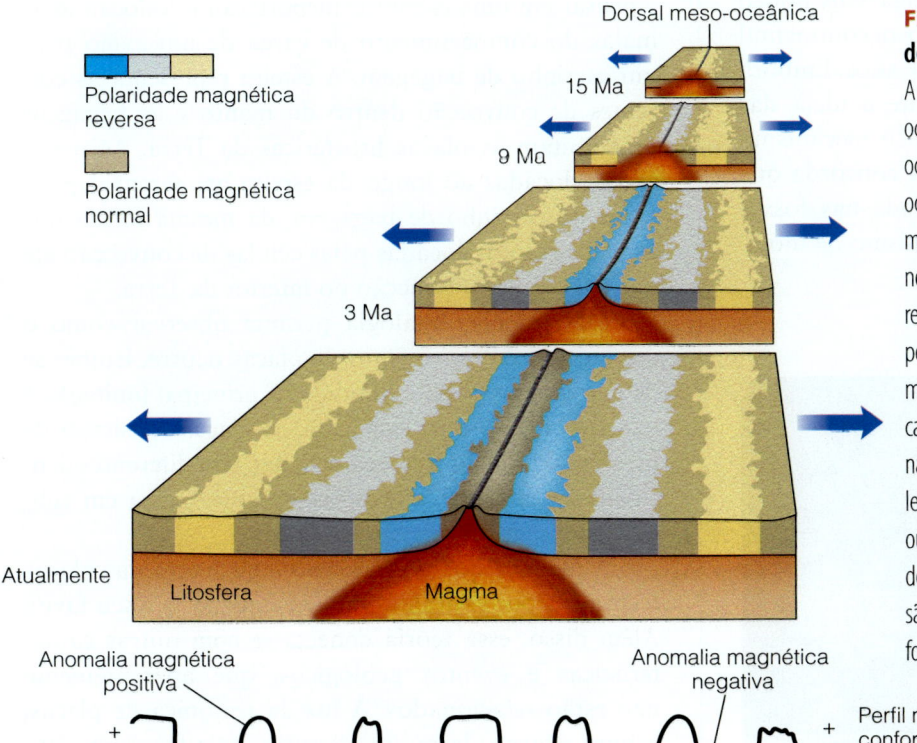

Figura 2.15 Anomalias magnéticas e expansão do assoalho oceânico

A sequência de anomalias preservada nas rochas da crosta oceânica é paralela e simétrica em relação às dorsais oceânicas. A lava basáltica que, hoje, irrompe em uma dorsal oceânica e se desloca para longe dela, registra o campo magnético atual, ou a polaridade da Terra (considerada normal). Intrusões basálticas de 3, 9, e 15 milhões de anos registram o campo magnético reverso da Terra nesses períodos. Esta figura mostra como o basalto solidificado se move para longe da dorsal oceânica (expansão da dorsal), carregando as anomalias magnéticas que estão preservadas nas rochas da crosta oceânica. Anomalias magnéticas são leituras magnéticas acima (anomalias magnéticas positivas) ou abaixo (anomalias magnéticas negativas) da força atual do campo magnético terrestre. As anomalias magnéticas são registradas por magnetômetro, aparelho que mede a força do campo magnético.

ADAPTADO DE KIOUS E TILING, USGS E HYNDMAN E HYNDMAN, *NATURAL HAZARDS AND DUSASTERS*, BROKS/COLE, 2006, P. 15, FIG. 2.6B.

> **teoria da tectônica de placas** Grandes segmentos da parte externa terrestre (placas litosféricas) se deslocam umas em relação às outras.

meso-oceânica que possuíam a mesma orientação magnética do campo atual da Terra, foi atribuído um sinal positivo, caracterizando uma anomalia magnética positiva. Para as bandas simétricas à dorsal meso-oceânica, que possuíam uma orientação magnética diversa do campo atual da Terra, foi atribuído um sinal negativo, caracterizando uma anomalia magnética negativa. Assim, polaridades normais e reversas caracterizam o padrão das anomalias magnéticas das rochas do assoalho oceânico, dispostas simetricamente às dorsais meso-oceânicas.

Então, à medida que uma nova crosta oceânica se forma pela consolidação do magma no pico da dorsal oceânica e registra o campo magnético terrestre do momento, a crosta adjacente e previamente formada se desloca lateralmente da dorsal. Essas bandas magnéticas, portanto, representam períodos de polaridade normal e reversa nas dorsais, confirmando a teoria de expansão do assoalho oceânico de Hess.

Uma das consequências da teoria da expansão do assoalho oceânico é a confirmação de que as bacias oceânicas são feições geográficas recentes, cujas aberturas e fechamentos são parcialmente responsáveis pelo movimento dos continentes. A datação radiométrica revela que a crosta oceânica mais antiga tem pouco menos de 180 milhões de anos, mas a crosta continental mais antiga tem por volta de 4 bilhões de anos. Embora os geólogos não aceitem universalmente a ideia das células de convecção térmica como único mecanismo de movimentação das placas, a maioria concorda que elas são criadas nas dorsais e subductada nas fossas oceânicas, independentemente do mecanismo de movimentação envolvido.

As sete placas

- Placa Eurasiana
- Placa Indo-Australiana
- Placa Antártica
- Placa Norte-Americana
- Placa Sul-Americana
- Placa Pacífico
- Placa Africana

OA7 TECTÔNICA DE PLACAS: UMA TEORIA UNIFICADORA

A **teoria da tectônicas de placas** é fundamentada em um modelo simples da Terra. A litosfera rígida, composta pelas crostas oceânica e continental, bem como pelo manto superior subjacente, consiste de inúmeros pedaços de tamanhos variados, chamados de "placas" (Figura 2.16). Existem sete placas principais (Eurasiana, Indo-Australiana, Antártica, Norte-Americana, Sul-Americana, Pacífico e Africana), e outras menores, em grande quantidade, variando de tamanho e de espessura. Aquelas compostas pelo manto superior e pela crosta continental chegam a 250 km de espessura, enquanto as placas do manto superior e da crosta oceânica têm medidas superiores a 100 km de espessura.

A litosfera envolve a quente e fracamente semiplástica astenosfera. Acredita-se que o movimento resultante de algum tipo de sistema de transferência de calor, dentro da astenosfera, provoque o deslocamento das placas que lhe são sobrepostas. À medida que as placas se deslocam sobre a astenosfera, elas se separam, principalmente nas dorsais oceânica. Em outras áreas, como nas fossas oceânicas, elas colidem e entram em subducção, retornando ao manto.

Uma maneira de visualizar o movimento das placas é pensar em uma esteira transportadora deslocando as malas do compartimento de carga de um avião para um carrinho de bagagem. A esteira representa as correntes de convecção dentro do manto e as bagagens representam as placas litosféricas da Terra. As malas são deslocadas ao longo da esteira até serem depositadas no carrinho de bagagem, da mesma forma que as placas são deslocadas pelas células de convecção até que entrem em subducção no interior da Terra.

Embora essa analogia permita observar como o mecanismo do movimento de placas ocorre, lembre-se de que essa analogia é limitada. A principal limitação é que, ao contrário da bagagem, as placas consistem de litosfera continental e oceânica, que têm diferentes densidades, e somente a litosfera oceânica entra em subducção no interior da Terra.

A maioria dos geólogos aceita a teoria das placas tectônicas por conta das muitas evidências a seu favor. Além disso, essa teoria conecta-se com outras características e eventos geológicos, que aparentemente não estão relacionados. À luz da tectônica de placas, a inter-relação de muitos eventos isolados é um fato evidente. Consequentemente, os geólogos observam

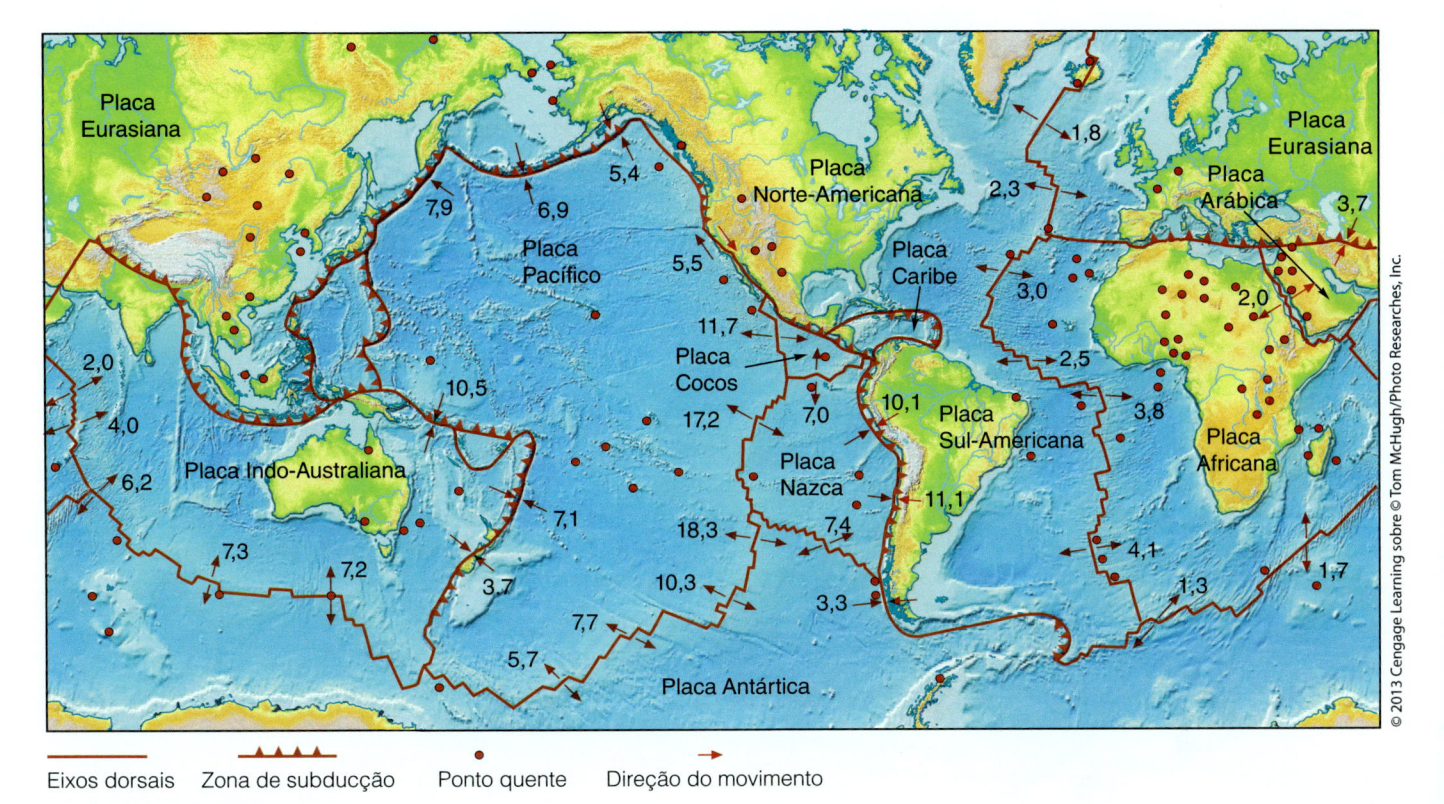

Figura 2.16 Placas terrestres
Mapa do mundo mostrando as placas terrestres, seus limites, movimento relativo e velocidade do movimento em centímetro por ano, e pontos quentes.

agora muitos processos geológicos do âmbito de uma perspectiva global. Por meio da teoria das tectônica de placas, pela interação das placas ao longo de margens convergentes, pode-se explicar a origem de fenômenos geológicos tais como a formação das montanhas, dos terremotos e do vulcanismo.

OA8 TIPOS DE LIMITES DE PLACAS

Como as placas tectônicas operam pelo menos desde a Era Proterozóica, é importante entender como elas se movem e interagem entre si, e como são reconhecidos os limites de antigas placas. Afinal, o movimento das placas afetou profundamente a história geológica e biológica do planeta.

Os geólogos reconhecem três principais tipos de limites de placas: divergente, convergente e transformante. Ao longo desses limites, novas placas são formadas, consumidas ou deslizam lateralmente umas pelas outras. A interação entre as placas é responsável pela maioria das erupções vulcânicas e dos terremotos da Terra, bem como a formação e a evolução de seu sistema de cadeias de montanhas.

Limites divergentes

Os **limites divergentes de placas**, ou *dorsais em expansão*, ocorrem onde as placas são separadas e uma nova litosfera oceânica é formada. Nesses locais a crosta pré-existente (continental ou oceânica) é estirada, afinada e fraturada para receber o magma derivado da fusão parcial do manto e que emerge à superfície. O magma é predominantemente basáltico e irrompe-se nas fraturas verticais para formar diques e derrames de lava em almofada, conforme apresentado na Figura 5.4. As sucessivas injeções de magma, resfriam e solidificam, formando uma nova crosta oceânica, cujas rochas registram a intensidade e a orientação do campo magnético terrestre da época (Figura 2.15).

Os limites divergentes ocorrem com mais frequência ao longo das cristas das dorsais oceânicas, como a Dorsal Meso-atlântica. As dorsais oceânicas caracterizam-se por uma topografia rugosa, com alto relevo resultante do deslocamento de rochas ao longo de grandes fraturas, terremotos rasos, alto fluxo de calor e derrame de lava basáltica, almofadada ou não.

limite divergente de placas Contorno físico entre duas placas que estão se separando.

Figura 2.17 História de um limite divergente de placa

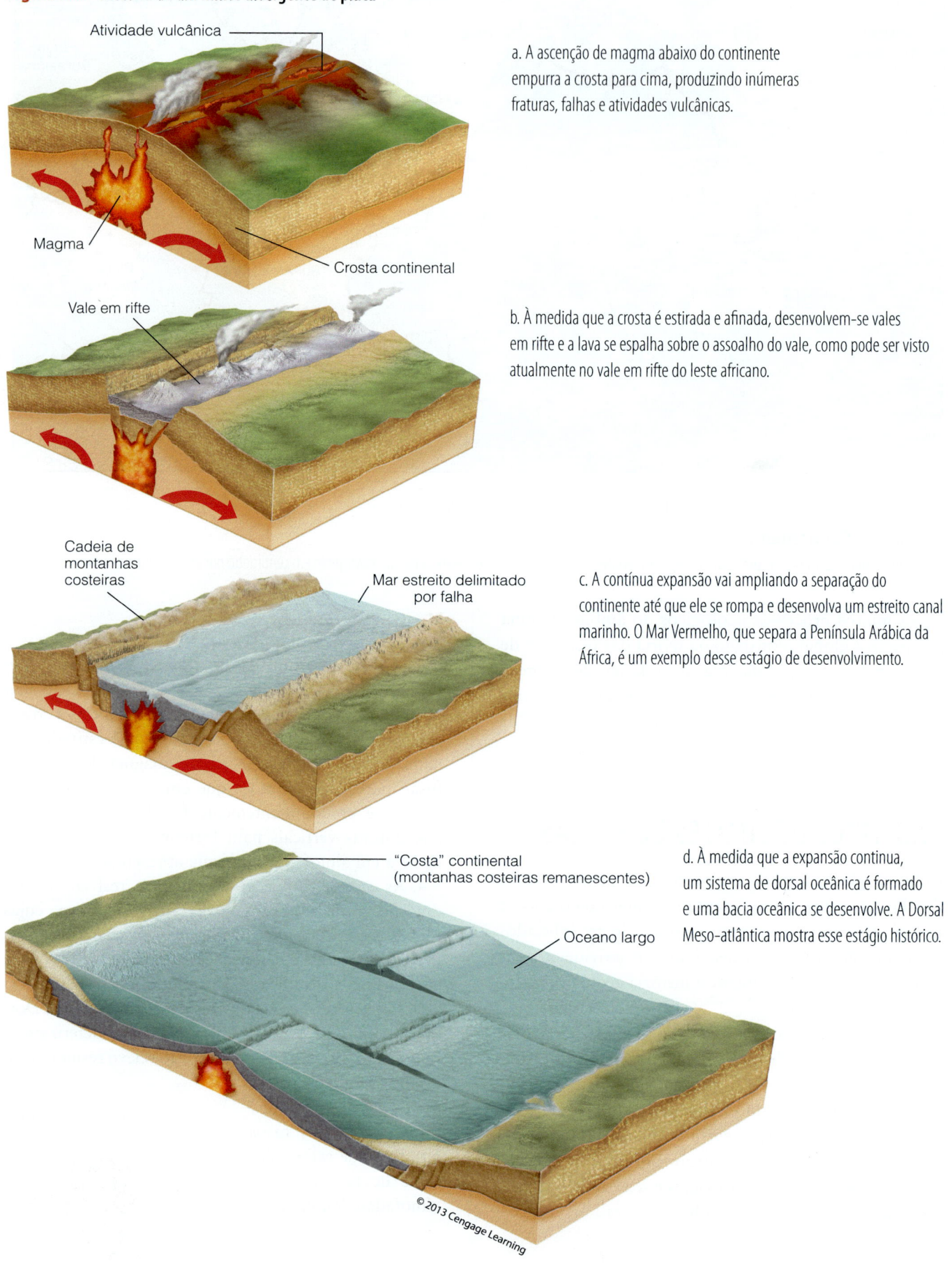

a. A ascenção de magma abaixo do continente empurra a crosta para cima, produzindo inúmeras fraturas, falhas e atividades vulcânicas.

b. À medida que a crosta é estirada e afinada, desenvolvem-se vales em rifte e a lava se espalha sobre o assoalho do vale, como pode ser visto atualmente no vale em rifte do leste africano.

c. A contínua expansão vai ampliando a separação do continente até que ele se rompa e desenvolva um estreito canal marinho. O Mar Vermelho, que separa a Península Arábica da África, é um exemplo desse estágio de desenvolvimento.

d. À medida que a expansão continua, um sistema de dorsal oceânica é formado e uma bacia oceânica se desenvolve. A Dorsal Meso-atlântica mostra esse estágio histórico.

zindo fraturas, falhas, vales de rifte e atividade vulcânica (Figura 2.17a). À medida que o magma irrompe dentro das falhas e das fraturas, ele se solidifica ou escoa sobre a superfície como derrames de lava, que, muitas vezes, cobre o assoalho do vale em rifte (Figura 2.17b). O vale em rifte do leste africano é exemplo de uma divisão continental nesse estágio (Figura 2.18).

À medida que a expansão crustal prossegue, alguns vales em rifte continuam alongando-se e aprofundando-se até que a crosta continental se rompe e um mar linear e estreito é formado, separando dois blocos continentais (Figura 2.17c). O Mar Vermelho, que separa a Península Arábica da África (Figura 2.18), e o Golfo da Califórnia, que separa a Baixa Califórnia do México, são exemplos desse estágio.

À medida que o recém-criado mar estreito continua se ampliando, ele pode se tornar uma vasta bacia oceânica como é, atualmente, a bacia do Oceano Atlântico, separando, por milhares de quilômetros, as Américas do Norte e do Sul da Europa e da África (Figura 2.17d). A Dorsal Meso-atlântica é o limite entre essas placas divergentes. As placas americanas movem-se em direção ao oeste, e as placas eurasiana e africana movem-se em direção ao leste.

Deve-se observar que se estendendo a partir do leste da costa das Américas do Norte e do Sul, bem como do oeste da costa da Europa e da África, existem vastas plataformas, taludes e elevações continentais. Essas características, discutidas anteriormente, são conhecidas como margens continentais passivas (Figura 2.10). E, embora sejam encontradas dentro de uma placa – e não em um limite de placas – elas resultam do rompimento de um continente e seu subsequente deslocamento do limite da placa divergente (Figura 2.17).

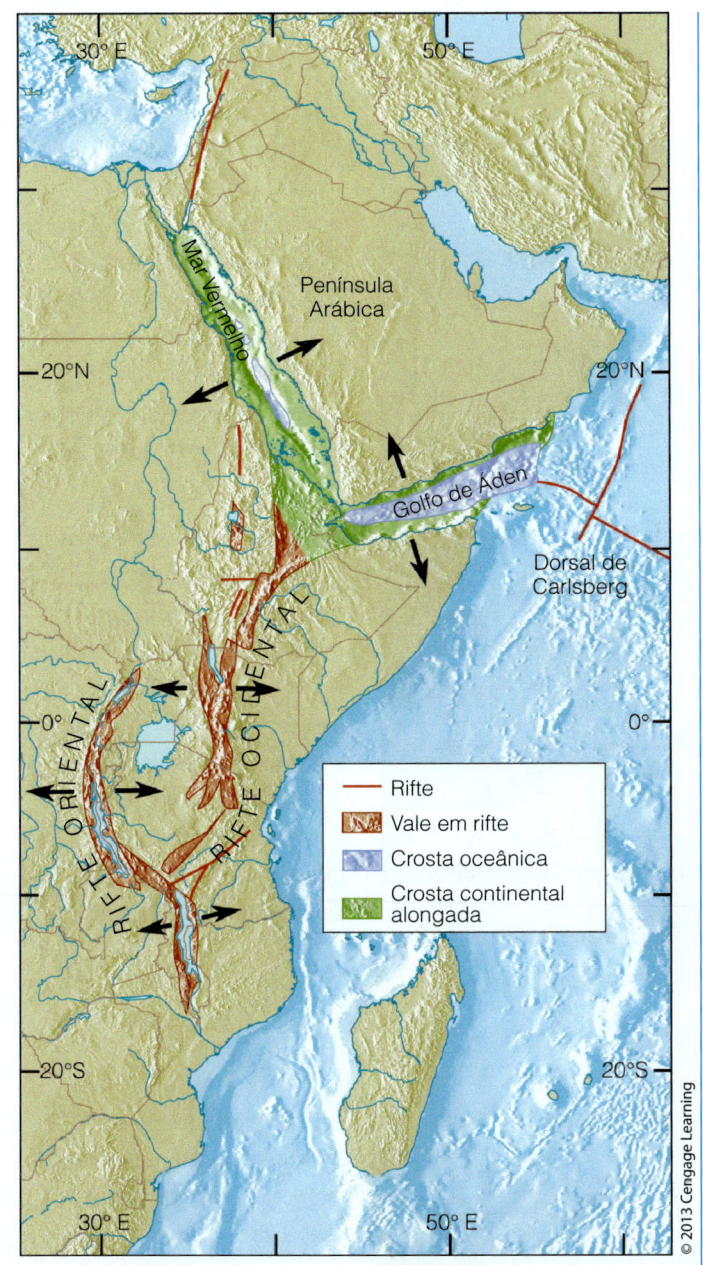

Figura 2.18 O vale em rifte africano oriental e o Mar Vermelho são exemplos de limites divergentes de placas

O vale em rifte do leste africano e o Mar Vermelho representam estágios diferentes na história de um limite divergente de placa. O vale em rifte do leste africano está se formando pela separação da África oriental do restante do continente, ao longo do limite da placa divergente. O Mar Vermelho é um estágio mais avançado de rifte, no qual dois blocos continentais (África e Península Arábica) já estão separados por um mar estreito.

Os limites divergentes também estão presentes sob os continentes durante os primeiros estágios da divisão continental. Quando o magma ascende sob um continente, a crosta é, inicialmente, elevada, estirada e afinada, produ-

Exemplo de rifte antigo

Quais características, nos registros geológicos, os geólogos podem usar para reconhecer um rifte antigo? Associados às regiões do continente, os riftes possuem falhas, diques (corpos ígneos intrusivos verticais), *sill* (corpos ígneos intrusivos horizontais), derrames de lava e sequências sedimentares espessas no interior dos vales – características que são preservadas nos registros geológicos. As bacias do período Triássico do leste dos Estados Unidos são exemplos de rifte continental antigo, como mostra a Figura 17.21. Essas bacias marcam a zona de rifte relacionada à separação da América do Norte e África. As bacias contêm milhares de metros de sedimento continental e estão repletas de diques e *sills* (para saber mais, consulte o Capítulo 17).

Figura 2.19 Três tipos de limites convergentes de placas

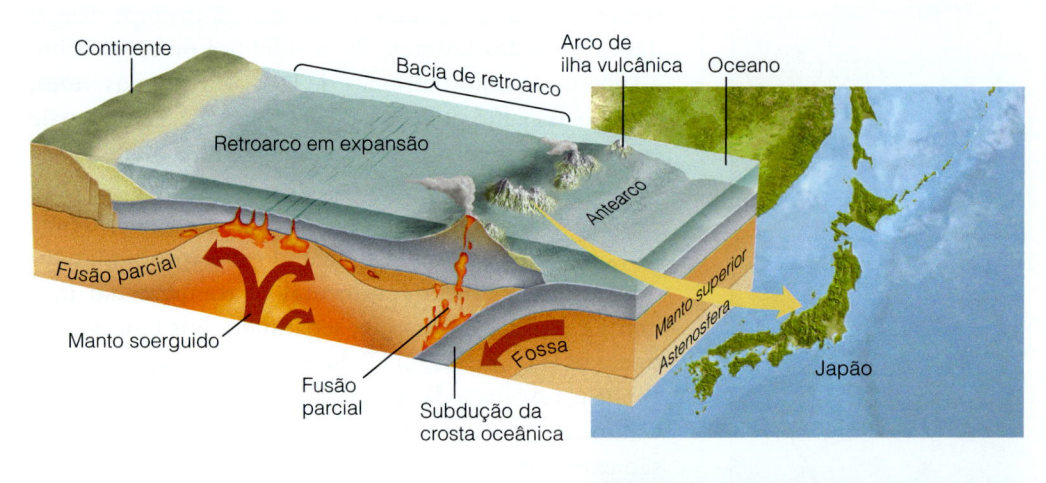

a. Limite de placa oceânico-oceânico. Uma fossa oceânica é formada onde uma placa oceânica entra em subducção abaixo de outra. Quando o magma gerado a partir da placa que sofreu subducção chega na superfície da placa que não a sofreu, ele cria um arco de ilhas vulcânicas. O arquipélago japonês é um arco de ilhas vulcânicas, a partir da subducção de uma placa oceânica abaixo de outra.

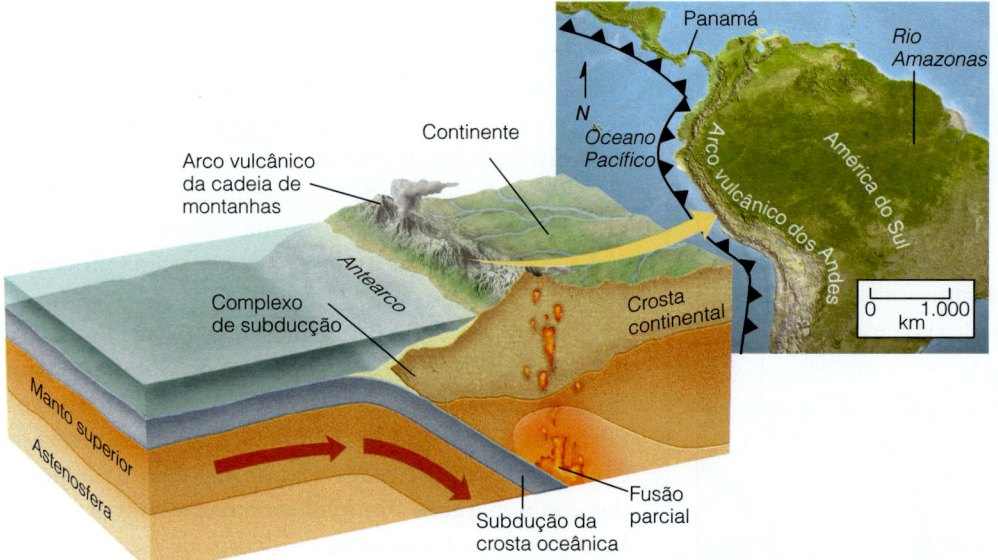

b. Limite de placa oceânico-continental. Quando uma placa oceânica sofre subducção abaixo de uma placa continental, uma cadeia de montanhas com vulcanismo andesítico é criada na margem da placa continental como resultado da ascensão do magma. A Cordilheira dos Andes, no Peru, é um exemplo de formação de montanhas contínuas em um limite de placa oceânico-continental.

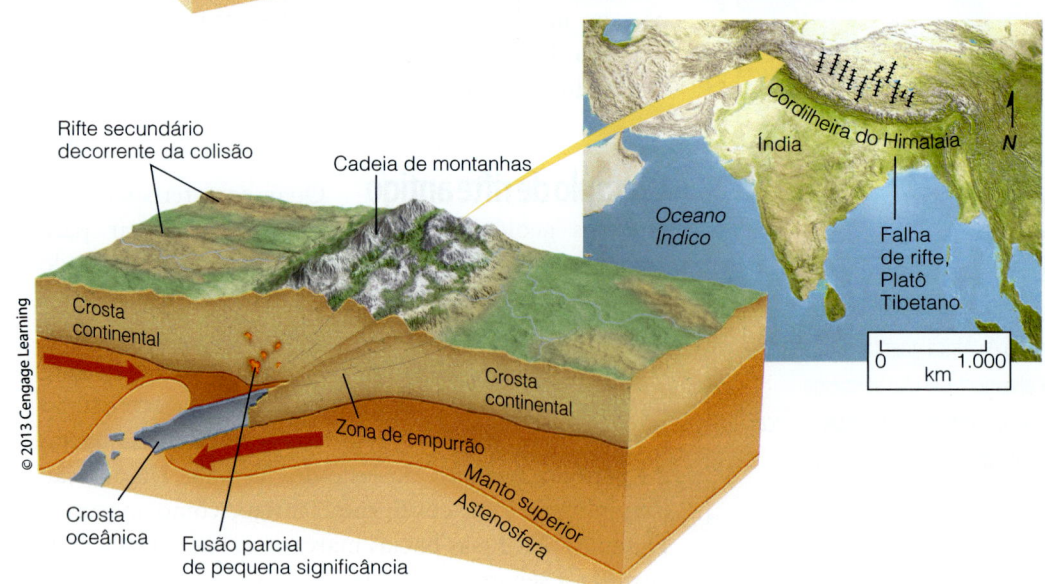

c. Limite de placa continente-continente. Quando duas placas continentais convergem, nenhuma delas entra em subducção, por causa de sua grande espessura e baixa densidade. À medida que as duas placas colidem, uma cadeia de montanhas é formada no interior de um continente novo e maior. A Cordilheira do Himalaia, na Ásia Central, resulta da colisão entre a Índia e a Ásia, ocorrida entre 40 a 50 milhões de anos atrás.

44 CAPÍTULO 2: TECTÔNICA DE PLACAS: UMA TEORIA UNIFICADORA

Lavas em almofada, associadas aos sedimentos do fundo do mar, também são evidências de um rifte antigo. A presença de lavas em almofada registra a formação de dorsal em expansão em um mar linear e estreito (Figura 2.17c). O magma irrompe o mar ao longo dessa dorsal recém-formada e se solidifica como lavas em almofada, que são preservadas em registros geológicos juntamente com o sedimento que será depositado sobre eles.

Limites convergentes

Para cada nova crosta oceânica que se forma, nos limites de placas divergentes, uma crosta antiga deve ser subductada e reciclada para que a superfície terrestre permaneça com a mesma área. De outro modo, teríamos uma Terra em expansão. A subducção ocorre nos **limites convergentes de placas** (Figure 2.19), onde duas placas colidem e a parte dianteira de uma placa entra em subducção abaixo de outra sendo, por fim, incorporada na astenosfera. Uma sucessão de focos de terremotos, alinhados numa superfície inclinada, caracteriza a "zona de Benioff", e define fisicamente a zona de subducção, conforme apresentado na Figura 8.5. A maioria dessas superfícies inclinadas mergulham a partir das fossas oceânicas sob os arcos de ilhas ou continentes, marcando a superfície de deslizamento da placa convergente em direção à astenosfera.

Os limites convergentes caracterizam-se por deformação, vulcanismo, formação de montanhas, metamorfismo, terremotos e significativos depósitos minerais. São reconhecidos três tipos de limites de placas convergentes: *oceânica-oceânica, oceânica-continental e continental-continental*.

Limites oceânico-oceânico
Quando duas placas oceânicas se convergem, uma delas entra em subducção abaixo da outra, ao longo do **limite de placas oceânico-oceânico** (Figura 2.19a). A placa que entra em subducção se inclina para baixo para formar a parede externa de uma fossa oceânica. Ao longo da parede interna da fossa oceânica se forma o complexo de subducção. Este complexo é composto de pacotes de sedimentos marinhos raspados da placa subductante, assim como lascas dessa litosfera oceânica, dobrados e falhados. À medida que a placa em subducção avança em direção ao manto, ela é aquecida, desidratada e um bolsão de magma, geralmente de composição andesítica é criado no manto (para mais informações, consulte o Capítulo 4). Esse magma é menos denso do que as rochas do manto ao redor e avança para a superfície da placa (que não sofreu subducção) para formar uma cadeia curva de ilhas vulcânicas, denominada "arco de ilha vulcânica" (qualquer plano que intersecta uma esfera forma um arco). Esse arco é quase paralelo à fossa oceânica e está separado dela por uma distância que depende do ângulo de inclinação da placa em subducção (Figura 2.19a).

Nas regiões onde a taxa de subducção é mais rápida que o avanço da placa sobreposta, a litosfera adjacente, situada atrás do arco da ilha vulcânica, estará sujeita a um estresse tensional e, ao ser estirada e afinada, resultará em uma *bacia de retroarco*. Essa bacia poderá expandir e o magma irromper pela crosta afinada gerando uma nova crosta oceânica (Figura 2.19a). Um exemplo de uma bacia de retroarco associada ao limite de placas oceânico-oceânico é o mar do Japão, que fica entre as ilhas japonesas e o continente asiático.

Atualmente, a maioria dos arcos de ilhas vulcânicas está na bacia do Oceano Pacífico e inclui as Ilhas Aleutas, o arco de Tonga-Kermadec, as ilhas do Japão (Figura 2.19a) e as Filipinas. Na bacia do Oceano Atlântico localizam-se os arcos de ilhas da Escotia (no estremo meridional da América do Sul e Antártida) e das Antilhas (mar do Caribe).

Limites oceânico-continental
Quando uma placa oceânica e uma placa continental convergem, a placa oceânica mais densa sofre subducção sob a placa continental ao longo do **limite de placas oceânico-continental** (Figura 2.19b). Assim como no limite de placa oceânico-oceânico, a placa oceânica em subducção forma a parede externa da fossa oceânica.

O magma gerado nesse processo de subducção a grandes profundidades no manto emerge abaixo do continente e pode alcançar a superfície, entrar em erupção, e dar origem a uma cadeia de vulcões andesíticos, denominada *arco vulcânico*. Esse magma também pode se

---

limite convergente de placa Limite entre duas placas que se movem uma em direção à outra.

limite de placa oceânico-oceânico Limite convergente de placa ao longo da qual duas placas oceânicas se colidem e uma placa entra em subducção abaixo da outra.

limite de placas oceânico-continental Limite de placa convergente ao longo do qual a litosfera oceânica sofre subducção abaixo da litosfera oceânica.

> **limite de placas continente-continente**
> Limite de placa convergente ao longo do qual duas placas litosféricas continentais colidem.

cristalizar a profundidades grandes e médias, seja na crosta continental ou na cadeia de montanhas em evolução, gerando grandes corpos intrusivos (plútons). Um exemplo de limite de placa oceânico-continental é a Costa do Pacífico da América do Sul, onde, atualmente, a placa oceânica de Nazca está em subducção sob a América do Sul, conforme demonstrado na Figura 2.19b (para saber mais consulte o Capítulo 9). A fossa Peru-Chile marca o local de subducção, e a Cordilheira dos Andes é o resultado da cadeia de montanhas vulcânicas situada na placa continental que não entrou em subducção.

Assim, da mesma forma que existem margens continentais passivas, também existem margens continentais ativas (Figura 2.10). Como já mencionado, o limite de placas oceânico-continental entre a costa oeste da placa Sul-Americana e o lado oriental da placa oceânica de Nazca é um exemplo de margem continental ativa. Nesse local, a plataforma continental é estreita e o talude continental incide diretamente na fossa Peru-Chile, onde o sedimento é prontamente despejado na fossa (Figura 2.10).

Limites continental-continental

Dois continentes próximos um ao outro são, inicialmente, separados por um assoalho oceânico que está em subducção sob um continente. A margem desse continente mostra os traços característicos da convergência das crostas oceânica-continental. À medida que o assoalho oceânico continua em subducção, os dois continentes se aproximam até, por fim, colidirem. Como a litosfera continental, que consiste da crosta continental e do manto superior é menos densa que a litosfera oceânica (crosta oceânica e manto superior), ela não pode afundar na astenosfera. Como sabemos, embora um continente possa parcialmente deslizar sob o outro, ele não será puxado ou empurrado para baixo na zona de subducção, em função de sua densidade (Figura 2.19c).

Então, quando dois continentes colidem, eles são unidos ao longo de uma zona que marca o antigo local de subducção. No **limite de placas continente-continente**, surge uma cadeia montanhosa intraplaca, constituída por sedimentos e rochas sedimentares deformadas, fragmentos de crosta oceânica, rochas metamórficas e rochas ígneas intrusivas. Além disso, a região está sujeita a inúmeros terremotos. O Himalaia, na Ásia central é o sistema de montanhas mais jovem e mais alto do mundo é resultado da colisão entre a Índia e a Ásia que teve início entre 40 a 50 milhões de anos atrás e ainda continua em

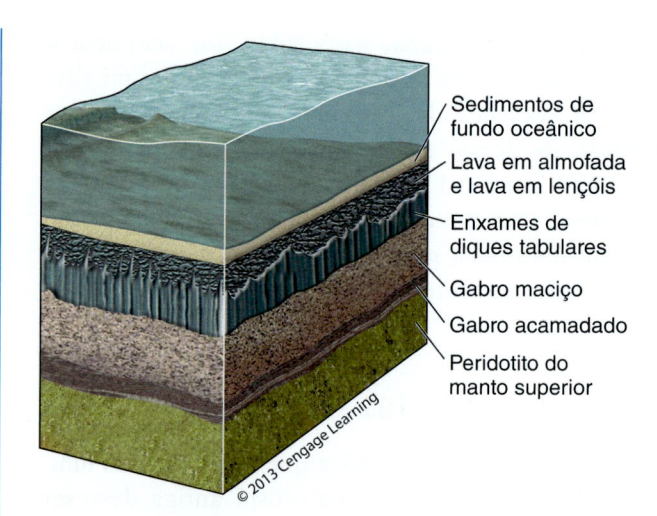

Figura 2.20 Ofiolitos
Ofiolitos são sequências de rochas crustais compostas de sedimentos do fundo do mar, crosta oceânica e manto superior. Os ofiolitos são usados para reconhecer os limites de placas convergentes e são importantes fontes de metais preciosos.

Figura 2.21 **Limites transformantes de placas**
Ao longo das falhas transformantes, ocorrem movimentos horizontais entre as placas. Extensões de falhas transformantes no assoalho oceânico formam zonas de fraturas. A maioria das falhas transformantes conecta dois segmentos de dorsal oceânica.

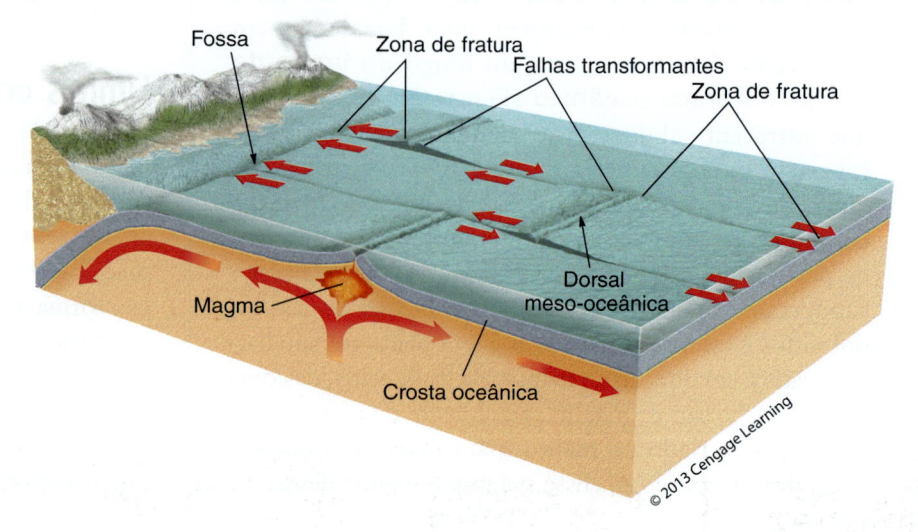

atividade, conforme mostra a Figura 2.19c (para saber mais, consulte o Capítulo 9).

Reconhecendo os limites antigos de placas convergentes
Como as antigas zonas de subducção podem ser reconhecidas nos registros geológicos? As rochas ígneas mostram o caminho. O magma que alcançou a superfície, formando vulcões de arco de ilha e vulcões continentais, é de composição andesítica. Outra evidência é a zona de rochas intensamente deformadas, entre a fossa do fundo do mar, onde a subducção acontece, e a área de atividade ígnea. Aqui, os sedimentos e rochas do assoalho oceânico são dobrados, fraturados e metamorfisados em uma pacote caótico e misturado de rochas, denominado "mélange".

Durante a subducção, por determinadas vezes, pedaços de litosfera oceânica são incorporados à mélange e acrescidos à margem do continente. Fatias de crosta oceânica e manto superior são denominados "ofiolitos" (Figura 2.20). Os ofiolitos são constituídos por camadas de sedimentos do fundo do mar, incluindo grauvaca (arenitos mal selecionados, contendo feldspato em abundância e fragmentos de rocha, geralmente em uma matriz rica em argila), folhelho negro e sílex (para saber mais, consulte o Capítulo 6). Esses sedimentos do fundo do mar são suportados, de cima para baixo, por lavas em almofadas, complexos de diques tabulares, gabros (uma rocha máfica, ígnea e intrusiva) maciço e acamadado, os quais formam a crosta oceânica. Abaixo do gabro está o peridotito (uma rocha ultramáfica intrusiva composta por pelo mineral olivina), que, provavelmente, representa o manto superior. A presença de ofiolitos em um afloramento, ou em testemunho de sondagem, é um indicador-chave da convergência de placas ao longo de uma zona de subducção.

Limites transformantes
O terceiro tipo de limite de placa é o **limite transformante**. Esse limite ocorre, principalmente, ao longo das fraturas no assoalho oceânico, conhecidas como "falhas transformantes", onde as placas passam, literalmente, umas ao lado das outras, de forma mais ou menos paralela, de acordo com o movimento da placa. Embora a litosfera não seja nem criada nem destruída ao longo do limite transformante, o movimento entre as placas resulta em uma zona de rochas fragmentadas, ou em inúmeros terremotos de profundidade rasa.

As **falhas transformantes** "transformam" (ou alteram) um tipo de movimento entre as placas para outro tipo de movimento. Geralmente, as falhas transformantes conectam dois segmentos de dorsal oceânica (Figura 2.21). Contudo, também podem conectar dorsais às fossas, e fossas às fossas. Embora as falhas transformantes estejam situadas, em sua maioria, na crosta oceânica e sejam marcadas por zonas de fraturas distintas, elas também podem se estender para os continentes.

A falha de San Andreas, na Califórnia, é uma das falhas transformantes mais famosas. Ela separa as placas do Pacífico e da América do Norte e conecta dorsais em expansão no Golfo da Califórnia com as placas Juan de Fuca e do Pacífico ao longo da costa norte da Califórnia (Figura 2.22). A maioria dos terremotos que afetam a Califórnia é resultado do movimento ao longo dessa falha (para mais informações, consulte o Capítulo 8).

Infelizmente, as falhas transformantes não costumam deixar sinal ou características de diagnóstico, exceto pelo deslocamento lateral das rochas com as quais estão associados. Em geral, esse deslocamento é grande. Assim, grandes deslocamentos laterais em rochas antigas podem ser, algumas vezes, diagnósticos de antigos sistemas de falhas transformantes.

> **limite transformante**
> Limite de placa ao longo do qual elas deslizam umas ao lado das outras e a crosta não é produzida nem destruída.
>
> **falha transformante**
> Quando um tipo de movimento é transformado em outro; comumente desloca dorsais oceânicas e, nos continentes, é reconhecida como falha de rejeito direcional (por exemplo, a falha de San Andreas), ou falha transcorrente.

OA9 PONTOS QUENTES E PLUMAS MANTÉLICAS

Antes de finalizarmos o tópico sobre limites de placas, devemos mencionar um tipo de vulcanismo que ocorre tanto nas placas oceânicas quanto das placas continentais. Trata-se do vulcanismo do **ponto quente** (Figuras 2.9 e 2.16), que induz a formação de vulcões na superfície terrestre, onde emerge uma coluna estacionária de magma originário das profundezas do manto (pluma mantélica). Como a pluma mantélica, aparentemente, permanece estacionária dentro do manto (embora exista controvérsia a esse respeito), o movimento das placas sobre ela deixa uma pista de vulcões extintos e progressivamente mais velhos (cadeias assísmicas), que registra a direção e o movimento da placa.

Um exemplo de cadeias assísmicas e pontos quentes é a Cadeia do Imperador, no Havaí (Figura 2.9). Esse arquipélago de ilhas e montes submarinos se estende por uma distância de 6.000 km, do Havaí à Fossa das Aleutas, na costa do Alasca, e consiste de mais de 80 estruturas vulcânicas.

ponto quente Zona de fusão que fica abaixo da litosfera e que pode estar relacionado a uma pluma mantélica, caracterizado por vulcanismo na superfície.

Atualmente, os únicos vulcões ativos nesse arquipélago estão no Havaí e no monte submarino Loihi. O restante das ilhas são estruturas de vulcões extintos que envelheceram progressivamente para o norte e noroeste. Isso significa que, conforme se desloca sob uma pluma mantélica aparentemente estacionária, a Cadeia do Imperador registra a direção do movimento da placa Pacífico.

As plumas mantélicas e os pontos quentes ajudam os geólogos a explicar algumas das atividades geológicas que ocorrem dentro das placas, ao contrário da atividade que ocorre nos limites, ou perto dos limites, das placas. Além disso, se a pluma mantélica estiver fixada em relação ao eixo rotacional da Terra, ela pode ser usada para determinar não apenas a direção do movimento da placa, mas também o indicador deste movimento.

OA10 MOVIMENTO DAS PLACAS E MODO DE DESLOCAMENTO

Qual a velocidade e a direção que as placas da Terra se movem? Elas se movem ao mesmo tempo? Os indica-

Figura 2.22 Falha de San Andreas: um limite transformante de placa
A falha de San Andreas é uma falha transformante que separa as placas do Pacífico e da América do Norte. Ela conecta as dorsais em expansão no Golfo da Califórnia com as placas Juan de Fuca e do Pacífico, ao longo da costa norte da Califórnia. Os movimentos ao longo da falha de San Andreas já causaram inúmeros terremotos. A foto no detalhe mostra um segmento da falha de San Andreas que corta completamente o Carrizo Plain, na Califórnia.

dores de movimento das placas podem ser calculados de diversas maneiras. O método menos preciso é determinar a idade dos sedimentos logo acima de qualquer porção da crosta oceânica e, então, dividir a distância da dorsal em expansão pela idade. Esses cálculos dão uma média dos indicadores de movimento.

Um método mais preciso para determinar tanto a velocidade média do movimento quanto o deslocamento relativo é a datação das anomalias magnéticas na crosta do assoalho oceânico. A distância de um eixo da dorsal oceânica em relação a qualquer anomalia magnética indica a largura do novo assoalho oceânico formado durante um intervalo de tempo. Por exemplo, se a distância entre a atual Dorsal Meso-atlântica e a anomalia 31 é de 2.010 km, e a anomalia 31 se formou há 67 milhões de anos (Figura 2.23), a velocidade média do movimento, durante os últimos 67 milhões de anos, é de 3 cm ao ano (2.010 km, o que equivale a 201 milhões de cm divididos por 67 milhões de anos; 201.000.000 cm/67.000.000 anos = 3 cm/ano). Assim, para determinado intervalo de tempo, quanto mais ampla a faixa do assoalho oceânico, mais rápido é o deslocamento da placa. Desta forma, não se pode determinar apenas a atual velocidade média do movimento e o deslocamento relativo (Figura 2.16), mas também a velocidade média do movimento no passado, dividindo a distância entre as anomalias pela quantidade de tempo transcorrido entre elas.

Os geólogos usam as anomalias magnéticas, não só para calcular a velocidade média do movimento das placas, mas também para determinar as posições das placas em diversos períodos do passado. Como as anomalias

Figura 2.23 Reconstrução das posições das placas utilizando anomalias magnéticas

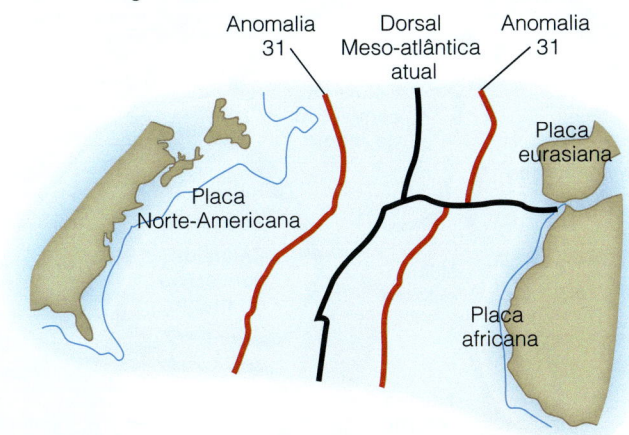

a. Atlântico Norte atualmente, mostrando a Dorsal Meso-atlântica e a anomalia magnética 31, que se formou há 67 milhões de anos.

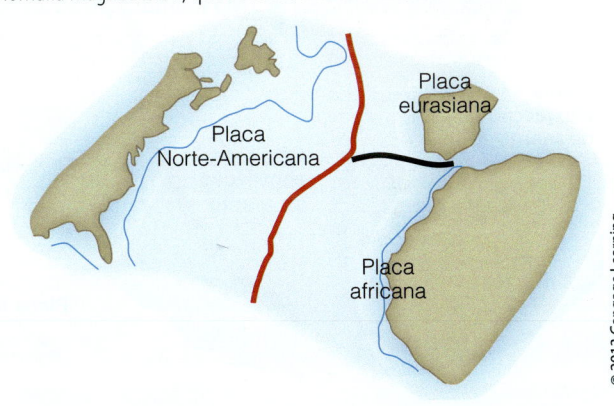

b. Atlântico há 67 milhões de anos. A anomalia 31 marca o limite da placa há 67 milhões de anos. Ao unir as anomalias, juntamente com as placas que estão sobre elas, pode-se reconstruir as antigas posições dos continentes.

Convecção em uma panela de ensopado

O calor do fogão é aplicado à base da panela, aquecendo o ensopado. À medida que o calor do ensopado aumenta, pedaços do ensopado são levados à superfície, onde o calor é dissipado. Estes pedaços esfriam e retornam ao fundo da panela. O borbulhar visto na superfície é resultado da convecção de células agitando o ensopado. Da mesma maneira, o calor do decaimento de elementos radioativos produz células de convecção no interior da Terra.

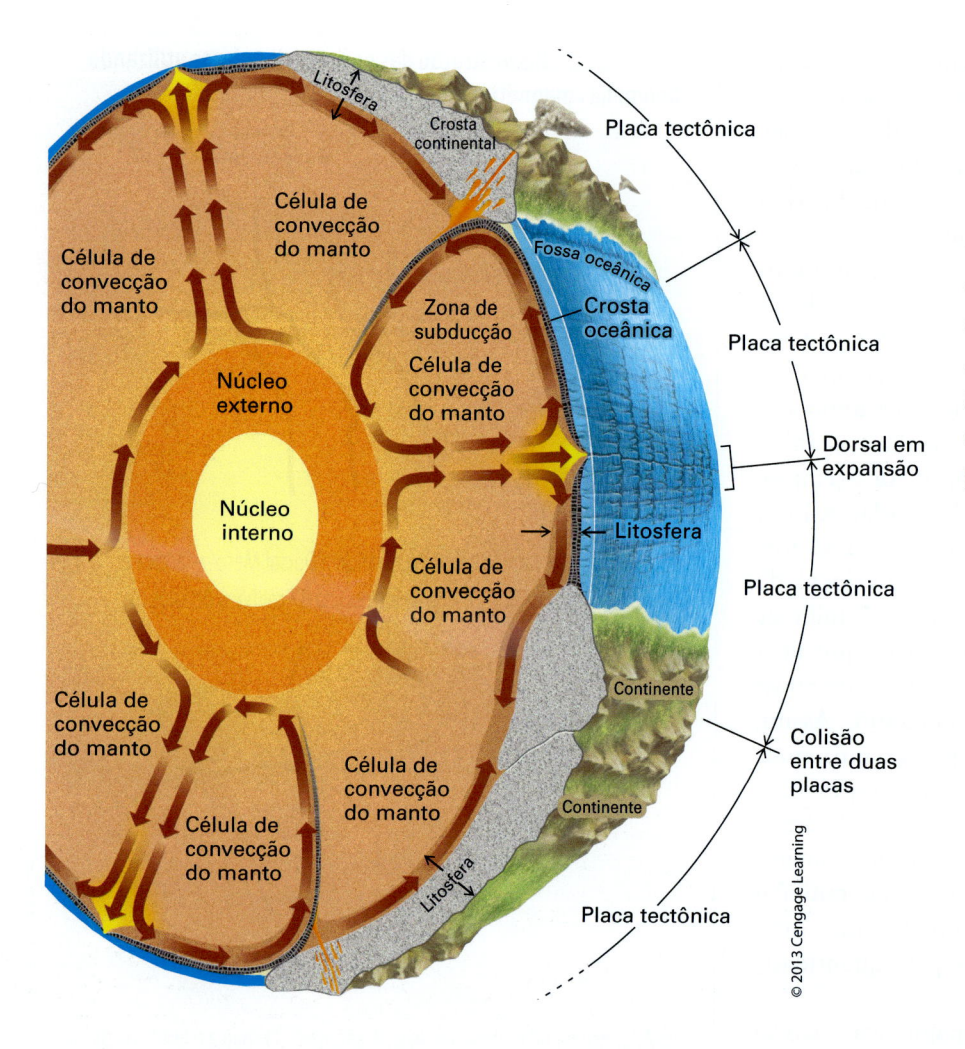

Figura 2.24 Células de convecção térmica como força diretriz do movimento das placas
Detalhe do desenho diagramático da Terra, mostrando que a litosfera desliza de forma horizontal pela astenosfera. O calor do núcleo, complementado pelo calor produzido a partir do decaimento radioativo, induz gigantescas células de convecção no manto, deslocando a litosfera. As dorsais em expansão marcam as extremidades ascendentes das células de convecção, e as fossas oceânicas são a expressão de subducção, onde as placas oceânicas retornam ao interior da Terra.

magnéticas são paralelas e simétricas em relação às dorsais em expansão, o que se deve fazer para determinar a posição dos continentes quando uma anomalia particular é formada, é mover as anomalias de volta à dorsal em expansão, o que moverá os continentes com elas (Figura 2.23). Como a subducção consome a crosta oceânica, assim como os registros magnéticos que carregam, temos um excelente registro dos movimentos das placas somente depois do rompimento da Pangeia, porque as crostas oceânicas anteriores a isso foram subductadas. Por essa razão, a compreensão do movimento das placas antes do rompimento do Pangeia é deficiente.

A velocidade média do movimento entre duas placas, bem como o seu deslocamento relativo, pode ainda ser determinada por técnicas utilizando satélite com laser. Ou seja, feixes de laser de uma estação terrestre "A", numa determinada placa, são enviados, via satélite (em órbita geossíncrona), para uma estação "B" situada em uma placa diferente. À medida que as placas se afastam umas das outras, o feixe de laser leva mais tempo para ir da estação "A" ao satélite estacionário e voltar para a estação "B" de recepção. Esta diferença de tempo é usada para calcular o movimento e o deslocamento relativo entre as duas placas.

OA11 MECANISMO QUE DIRECIONA A PLACA TECTÔNICA

A falta de um mecanismo de direcionamento para explicar o movimento continental foi um grande obstáculo para a aceitação da teoria da deriva continental. Mas, quando foi demonstrado que os continentes e os assoalhos oceânicos se movem juntos e que as crostas oceânicas são formadas nas dorsais em expansão pela efusão do magma, ficou claro que um tipo qualquer de sistema de aquecimento por convecção (células de convecção), seria o processo básico responsável pelo movimento das placas. Esse modelo, então, foi aceito pela maioria dos geólogos. No entanto, ainda resta dúvida sobre o que, exatamente, direciona o movimento das placas.

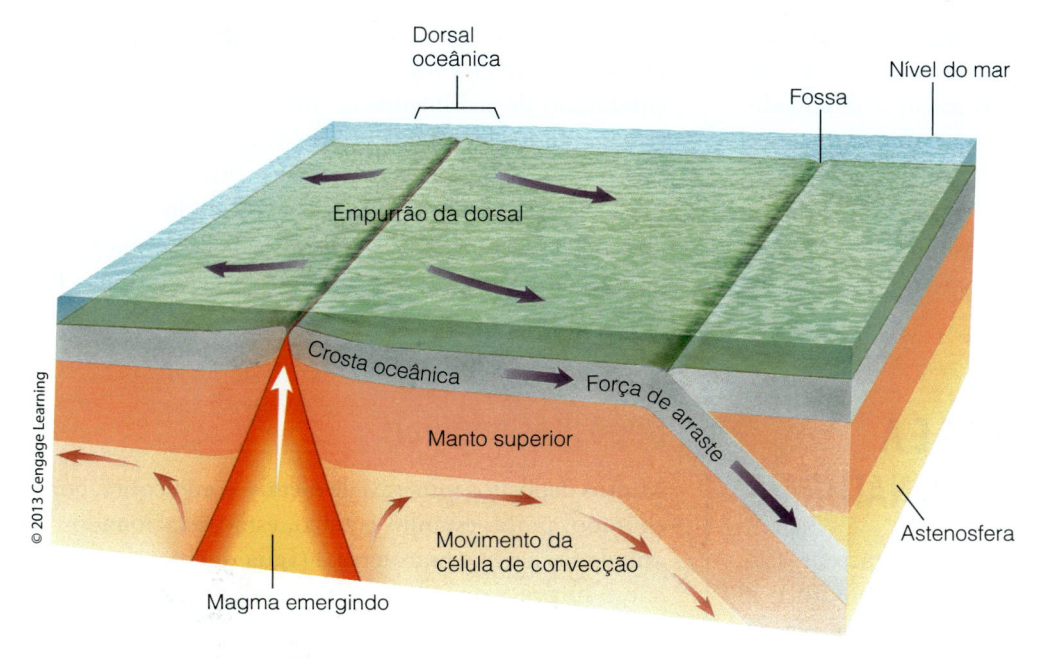

Figura 2.25 Movimento das placas resultante do mecanismo de direcionamento por gravidade

Acredita-se que o movimento das placas resulta, em parte, da "força de arraste" direcionada pela gravidade ou por mecanismos de "empurrão da dorsal". Na força de arraste, a margem da placa que sofreu subducção avança para o interior e o restante dela é arrastado para baixo. No empurrão da dorsal, o magma que emerge empurra as dorsais oceânicas para cima, ficando essas mais altas que o da crosta oceânica adjacente. A gravidade, por sua vez, empurra lateralmente a litosfera oceânica mais elevada para longe das dorsais, em direção às fossas.

A maior parte do calor interno da Terra resulta do decaimento de elementos radioativos, como o urânio (para saber mais, consulte o Capítulo 16). A maneira mais eficiente para este calor escapar em direção à superfície é por meio de algum tipo de convecção lenta. O calor do núcleo, complementado pelo calor gerado a partir do decaimento radioativo no manto, induz a formação de gigantescas células de convecção mantélicas (Figura 2.24). Desta forma, o material mantélico superaquecido viaja em direção à superfície, perde calor na litosfera sobrejacente, torna-se mais denso à medida que esfria e, em seguida, viaja novamente para o interior da Terra, onde é aquecido e o processo se repete. Esse tipo de sistema de aquecimento por convecção é análogo a um ensopado que se cozinha em qualquer fogão.

Neste modelo de célula de convecção mantélica, as dorsais em expansão marcam as extremidades ascendentes das células de convecção adjacentes e as fossas estão presentes quando as células de convecção retornam ao interior da Terra. Portanto, a localização das dorsais em expansão e das fossas na litosfera situada acima das células de convecção térmica é determinada pelas células de convecção. Assim, cada placa corresponde a uma única célula de convecção, que se move como resultado do processo convectivo das células em si (Figura 2.24). Embora a maioria dos geólogos concorde que o calor interno da Terra desempenha um papel importante no movimento das placas, dois outros processos, conhecidos como "força de arraste" nas zonas de subducção e "empurrão da dorsal" nas zonas de espalhamento, podem facilitar a movimentação das placas (Figura 2.25). Ambos são direcionados por gravidade, mas continuam dependentes das diferenças térmicas do interior da Terra.

Na força de arraste, a placa fria da litosfera em subducção, por ser mais densa que a astenosfera quente ao redor, vai arrastando o restante da placa consigo, à medida que avança para a astenosfera (Figura 2.25). Conforme a astenosfera se desloca para baixo forma-se, em outro local, um fluxo ascendente que corresponde à dorsal em expansão.

O mecanismo de empurrão da dorsal opera em conjunto com a força de arraste na zona de subducção. Como resultado da ascensão do magma, as dorsais oceânicas são mais elevadas que a crosta oceânica ao redor. Acredita-se que a gravidade empurre a litosfera oceânica para longe das dorsais em expansão, em direção às fossas, onde entra em subducção e retorna ao interior da Terra (Figura 2.25).

Atualmente, os geólogos acreditam que algum tipo de sistema de convecção esteja envolvido no movimento das placas, mas por conta de outros mecanismos que

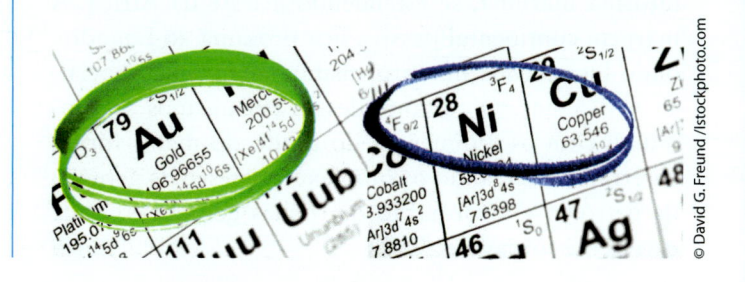

MECANISMO QUE DIRECIONA A PLACA TECTÔNICA 51

estão envolvidos, como força de arraste e o empurrão da dorsal, ainda não chegaram a uma conclusão definitiva. Entretanto, o fato de as placas terem se deslocado no passado e continuarem a se deslocar ainda hoje, está definitivamente provado. E, embora ainda não se tenha desenvolvido uma teoria compreensiva do movimento integral das placas, novas peças vão se encaixando pouco a pouco, conforme os geólogos aprendem cada vez mais sobre o interior da Terra.

OA12 PLACAS TECTÔNICAS E A DISTRIBUIÇÃO DE RECURSOS NATURAIS

Além de ser responsável pelas principais características da crosta terrestre e de influenciar a distribuição e a evolução da biota mundial, o movimento das placas também afeta a formação e a distribuição de alguns recursos naturais. Consequentemente, os geólogos usam a teoria da tectônica de placas em suas pesquisas sobre petróleo e depósitos minerais, bem como para explicar a ocorrência desses recursos naturais. Cada dia é mais evidente que, se mantivermos as demandas contínuas de uma sociedade global industrializada, será essencial a aplicação da teoria da tectônica de placa para a determinar a origem e a distribuição dos recursos naturais.

Petróleo

Embora concentrações significativas de petróleo possam ser encontradas em muitos lugares do mundo, mais de 50% de todas as reservas comprovadas encontram-se na região do Golfo Pérsico. Portanto, não surpreende que muitos dos conflitos no Oriente Médio têm, como causa determinante, o desejo de controlar esse recurso natural. A maioria das pessoas, no entanto, não sabe o motivo de haver tanto petróleo nessa região. A resposta está na paleogeografia e no movimento das placas dessa região durante as eras Mesozoica e Cenozoica.

Durante a Era Mesozóica e, em particular no Período Cretáceo, quando a maioria do petróleo foi formada, a área do Golfo Pérsico foi uma vasta plataforma marinha, se estendendo a leste da África. A margem continental passiva fica próxima ao Equador, onde incontáveis microrganismos viviam na superfície das águas. O restante desses organismos se acumulou com os sedimentos do fundo do mar e foram enterrados, iniciando o complexo processo de geração de petróleo e a formação de rochas geradoras, onde petróleo é formado.

Durante a Era Cenozóica, o movimento convergente de placas na região do Golfo Pérsico resultou na subducção de sedimentos da margem continental passiva, gerando calor e quebrando as moléculas orgânicas que levam à formação de petróleo. As colisões contínuas na região dobraram as rochas, criando trapes para acumulação de petróleo, de tal forma que essa região agora é uma importante produtora de petróleo. Em outras regiões do mundo, a tectônica de placas também é a responsável pelas concentrações de petróleo.

Depósitos minerais

Muitos depósitos minerais de metais, como cobre, ouro, chumbo, prata, estanho e zinco, estão relacionados às atividades ígnea e hidrotermal (água quente). Portanto, não é surpresa que exista uma estreita relação entre os limites das placas e a ocorrência desses depósitos.

O magma gerado pela fusão parcial do manto, em virtude de uma placa em subducção, ascende à superfície e se esfria e concentra diversos minérios de metais.

Muitos dos principais depósitos de minérios metálicos do mundo estão associados ao limite de placas convergentes, incluindo aqueles dos Andes, na América do Sul, Coast Ranges e Rockies na América do Norte, Japão, Filipinas, Rússia e da zona que estende ao leste da região do Mediterrâneo ao Paquistão. Além disso, a maior parte do ouro mundial está associada aos depósitos localizados nos antigos limites de placas convergentes, em áreas como Canadá, Alasca, Califórnia, Venezuela, Brasil, Rússia, sul da Índia e oeste da Austrália.

Os depósitos de cobre do oeste das Américas do Norte e do Sul são exemplo da relação entre limites convergentes de placas e distribuição, concentração e exploração dos minérios metálicos disponíveis (Figura 2.26a). O maior depósito de cobre do mundo é encontrado ao longo desse cinturão. A maioria dos depósitos de cobre nos Andes e no sudoeste dos Estados Unidos foi formada há menos de 60 milhões de anos, quando as placas oceânicas entraram em subducção abaixo das placas das Américas do Norte e do Sul. O magma emergente e os fluidos hidrotérmicos associados carregaram minúsculas quantidades de cobre que foram, a princípio, disseminados, mas que, depois, se concentraram em rachaduras e fraturas nos andesitos dos arcos magmáticos. Esses depósitos de cobre de baixo teor contêm de 0,2% a 2% de cobre e são extraídos de grandes minas a céu aberto (Figura 2.26b).

Os limites divergentes de placas também produzem recursos minerais valiosos. Por exemplo, a ilha de Chipre,

Figura 2.26 Depósitos de cobre e os limites convergentes de placas

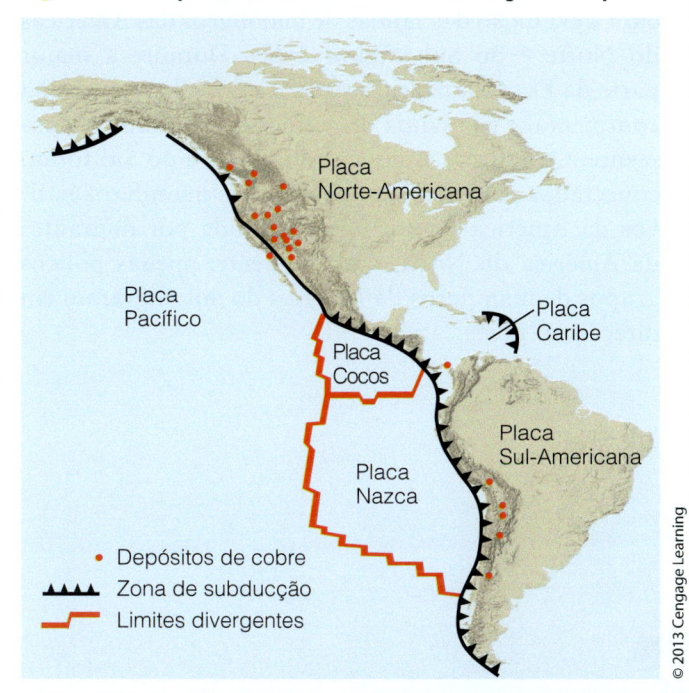

a. Depósitos valiosos de cobre estão localizados ao longo da costa oeste das Américas do Norte e do Sul, em associação com os limites convergentes de placas. Com o tempo, o magma emergente e a atividade hidrotermal associada, resultante da subducção, carregaram pequenas quantidades de cobre que ficam presas e concentradas nas rochas ao redor.

b. A mina de cobre de Bingham, em Utah, é uma vasta mina a céu aberto, com reservas estimadas em 1,7 bilhões de toneladas. Para seu processamento, mais de 400 mil toneladas de rocha são removidas todos os dias. Os pequenos pontos no centro da imagem são caminhões com 3 m de altura!

no Mediterrâneo, é rica em cobre e vem suprindo, totalmente ou em parte, as necessidades mundiais nos últimos 3 mil anos.

OA13 AS PLACAS TECTÔNICAS E A DISTRIBUIÇÃO DA VIDA

A teoria da tectônica de placas é, para a geologia, tão revolucionária e abrangente em suas implicações quanto a teoria da evolução foi para a biologia. Curiosamente, foi uma evidência fóssil que convenceu Wegener, Suess, du Toit e outros tantos geólogos da exatidão da teoria da deriva continental. Juntas, as teorias da tectônica placas e da evolução mudaram o modo como enxergamos o nosso planeta, e não é de se surpreender a estreita associação entre elas. Embora a relação entre os processos da tectônica de placas e a evolução da vida seja muito complexo, dados paleontológicos fornecem evidências convincentes da influência do movimento das placas na distribuição geográfica dos organismos.

A atual distribuição geográfica das plantas e dos animais não é aleatória, mas é controlada, na maioria das vezes, pelo clima e por barreiras geográficas. A biota do mundo ocupa *províncias bióticas*, que são regiões caracterizadas por um conjunto distinto de plantas e de animais. Os organismos de uma província possuem necessidades ecológicas similares, e as fronteiras que separam as províncias são rupturas ecológicas naturais. Barreiras climáticas ou geográficas são as fronteiras provinciais mais comuns, e essas são, em sua maioria, controladas pelos movimentos das placas.

A complexa interação entre o vento e as correntes oceânicas é forte influência no clima mundial. Os ventos e as correntes oceânicas, por sua vez, são influenciados pela quantidade, distribuição, topografia e orientação dos continentes. A distribuição dos continentes e as bacias oceânicas não apenas influenciam os ventos e as correntes oceânicas, mas também afetam as províncias bióticas, criando barreiras físicas, ou vias, para a migração de organismos. Vulcões intraplaca, arcos de ilhas, dorsais meso-oceânicas, cordilheiras e zonas de subducção resultam da interação das placas, e sua orientação e distribuição influenciam fortemente o número de províncias e, consequentemente, a diversidade global. Assim, o caráter provinciano e a diversidade serão maiores onde pequenos continentes estiverem espalhados pelas diversas regiões da latitude.

Quando a barreira geográfica separa uma fauna uniforme, as espécies deverão se adaptar às novas condições, migrar ou se extinguir. A adaptação ao novo ambiente por diversas espécies pode envolver mudanças suficientes para que algumas espécies finalmente evoluam. A formação do istmo do Panamá é um exemplo de como as placas tectônicas influenciam na evolução. Antes do surgimento dessa conexão entre as Américas do Norte e do Sul, uma população homogênea de invertebrados bentônicos habitava os mares da região. Após a formação do istmo do Panamá, por subducção da placa Pacífico, há aproximadamente 5 milhões de anos, a população original foi dividida e, em resposta às mudanças do ambiente, novas espécies evoluíram no lado oposto do istmo.

A formação do istmo do Panamá também influenciou a evolução das faunas de mamíferos das Américas do Norte e do Sul (Figura 2.27). Durante a maior parte da Era Cenozoica, a América do Sul era uma ilha continental e sua fauna de mamíferos evoluiu isoladamente. Quando as Américas do Norte e do Sul foram conectadas pelo istmo, a maioria dos mamíferos nativos da América do Sul foi substituída por migrantes da América do Norte. Curiosamente, apenas poucos grupos de mamíferos da América do Sul migraram em direção ao norte.

Figura 2.27 Placas tectônicas e a distribuição de organismos

O istmo do Panamá formou uma barreira que dividiu a, até então, fauna uniforme de moluscos que habitava nos mares do Oceano Pacífico e do Mar do Caribe. Sua criação também formou um corredor de terra que permitiu a migração entre os dois continentes. Antes da formação desse istmo, durante a maior parte da Era Cenozóica, a América do Sul era isolada de todas as outras massas de terra, e sua fauna de mamíferos era composta por marsupiais (mamíferos com marsúpios) e placentários que não viviam em nenhuma outra parte do mundo. Quando o istmo do Panamá se formou, durante o final do período Plioceno, muitos mamíferos placentários migraram para o sul e muitos mamíferos da América do Sul foram extintos. Alguns mamíferos da América do Sul migraram para o norte e, sucessivamente, ocuparam a América do Norte.

3 | Minerais: os constituintes rochosos

Geodo formado pelo crescimento de minerais no interior de uma cavidade rochosa. As camadas externas delgadas e coloridas deste geodo são constituídas de ágata, um mineral microcristalino. A camada interna é formada por cristais de quartzo de granulação grosseira que crescem em direção ao centro do geodo. Apesar de serem comumentemente encontrados em rochas vulcânicas, os geodos também aparecem em outros tipos de rochas.

Introdução

"Nunca é demais mencionar a importância dos minerais nas mais variadas iniciativas humanas".

A água, os gases e as árvores não são minerais, mas o gelo é, porque atende aos critérios que os geólogos usam para definir o termo **mineral**: um sólido cristalino inorgânico, que ocorre naturalmente, com composição química estritamente definida e propriedades físicas características. O gelo ocorre naturalmente e é inorgânico – é composto por hidrogênio e oxigênio (H_2O) –, além de ter propriedades características, como dureza e densidade. O único termo desta definição que pode não ser familiar para você é "sólido cristalino": significa que os átomos de um mineral estão dispostos em uma estrutura tridimensional específica, em oposição aos átomos no vidro, que não têm tal arranjo espacial ordenado.

Nunca é demais mencionar a importância dos minerais nas mais variadas iniciativas humanas. Na verdade, minérios de ferro, cobre e alumínio, bem como minerais e rochas usados para a fabricação de vidro, fertilizantes e suplementos de rações para animais, são essenciais para o nosso bem-estar econômico. Os Estados Unidos e o Canadá devem muito de seu sucesso econômico aos abundantes recursos minerais e energéticos de que dispõem mas, mesmo assim, esses países importam produtos essenciais, como minério de alumínio e manganês. A distribuição de minerais, rochas e recursos energéticos tem implicações importantes nas relações internacionais dos países e é responsável pelos laços econômicos entre as nações. Mesmo alguns minerais muito comuns são valiosos: o quartzo, por exemplo, é utilizado para fazer papel-lixa e a moscovita é o mineral que atribui o brilho da tinta usada para pintar automóveis e outros aparelhos que utilizamos.

Uma razão para estudar os minerais é a sua importância econômica. Mas, por enquanto, o que devemos ter em mente é que os minerais são componentes essenciais das rochas. O granito, por exemplo, é constituído por quantidades específicas de quartzo, feldspato potássico e plagioclásio. Minerais exóticos atraem colecionadores e são exibidos em museus, enquanto as pedras (ou gemas) preciosas ou semipreciosas são utilizadas para fins decorativos, especialmente na confecção de joias (Figura 3.1).

mineral Sólido cristalino inorgânico, que ocorre naturalmente, tem propriedades físicas características e uma composição química estritamente definida.

Objetivos de Aprendizagem (OA)

Ao finalizar este capítulo você será capaz de:

- **OA1** Definir a matéria
- **OA2** Explorar os minerais
- **OA3** Identificar os grupos de minerais reconhecidos pelos geólogos
- **OA4** Identificar as propriedades físicas dos minerais
- **OA5** Reconhecer os minerais constituintes das rochas
- **OA6** Explicar como os minerais se formam
- **OA7** Reconhecer os recursos e as reservas naturais

Figura 3.1 Esmeralda

Estas belas esmeraldas são consideradas pedras (ou gemas) preciosas, porque podem ser cortadas, polidas e usadas para fins decorativos, gerando joias valiosíssimas. A esmeralda é, na verdade, uma variedade do mineral berilo, que é composto dos elementos berílio, alumínio, sílica e oxigênio. Esta amostra está em exibição no Museu de História Natural de Viena, Áustria.

| **elemento químico** Substância atômica, sempre com as mesmas propriedades na natureza. Somente o decaimento radioativo pode transformar um elemento químico em outro e eles não podem ser alterados por meios químicos comuns.

átomo Menor unidade da matéria que detém as características de um elemento químico.

núcleo Parte central de um átomo, composto de prótons e nêutrons.

próton Partícula carregada positivamente, encontrada no núcleo de um átomo.

nêutron Partícula eletricamente neutra, encontrada no núcleo de um átomo.

elétron Partícula de pouca massa carregada negativamente que orbita o núcleo de um átomo.

camada de elétron Posições específicas, sucessivas e uniformemente distanciadas ao redor do núcleo do átomo onde orbitam os elétrons.

número atômico Número de prótons no núcleo de um átomo. |

Agora que aprendemos a definição formal do termo "mineral" e já sabemos que os minerais são os constituintes básicos das rochas, vamos nos aprofundar um pouco mais no assunto dos minerais para compreender do que eles são constituídos – matéria, átomos, elementos químicos e as ligações entre eles.

OA1 MATÉRIA: O QUE É ISTO?

Qualquer coisa que tenha massa e ocupa um lugar no espaço é considerada matéria, ou seja, água, plantas, animais, atmosfera, minerais e rochas são matéria. Os físicos reconhecem quatro estados da matéria: *líquido*, *gasoso*, *sólido* e *plasmático* (um gás ionizado, como no Sol). Aqui abordaremos o estado sólido já que, por definição, os minerais são sólidos.

Átomos e elementos

A matéria é composta de **elementos químicos**, os quais são compostos de **átomos**, a menor unidade de matéria que detém as características de um elemento particular (Figura 3.2). Os elementos não podem ser transformados em substâncias diferentes, exceto por decaimento radioativo (conforme discutido no Capítulo 16). Portanto, um elemento é feito de átomos, e os átomos têm sempre as mesmas propriedades. Alguns desses 92 elementos, que ocorrem de forma natural, estão listados na Figura 3.2. Todos eles têm um nome e um símbolo, por exemplo: oxigênio (O), alumínio (Al) e potássio (K).

No interior de um átomo encontra-se o **núcleo**, constituído por um ou mais **prótons**, partículas que têm carga elétrica positiva, e **nêutrons**, que são partículas eletricamente neutras. O núcleo tem apenas cerca de 1/100.000 do diâmetro de um átomo, no entanto, ele contém praticamente toda a massa do átomo. Os **elétrons** são partículas com carga elétrica negativa e orbitam rapidamente em torno do núcleo, em distâncias específicas, em uma ou mais **camadas de elétrons** (Figura 3.2). Os elétrons determinam como os átomos interagem entre si. Mas é o núcleo que determina quantos elétrons um átomo pode ter, porque os prótons, carregados positivamente, atraem e mantêm os elétrons, carregados negativamente, em suas órbitas.

O número de prótons em seu núcleo determina a identidade de um átomo e seu **número atômico**. O hidrogênio (H), por exemplo, tem um próton em seu núcleo e, portanto, seu número atômico é 1. Os núcleos dos átomos do hélio (He) possuem dois prótons, enquanto os de carbono (C) têm seis e os de urânio (U) têm 92, assim seus números atômicos são 2, 6 e 92, respectivamente. O **número de massa atômica** de um átomo é a soma dos

Um quarto estado da matéria, conhecido como *plasma*, é reconhecido pela ciência. Trata-se de um gás ionizado, encontrado em luzes fluorescentes e de neônio, bem como no Sol e nas estrelas.

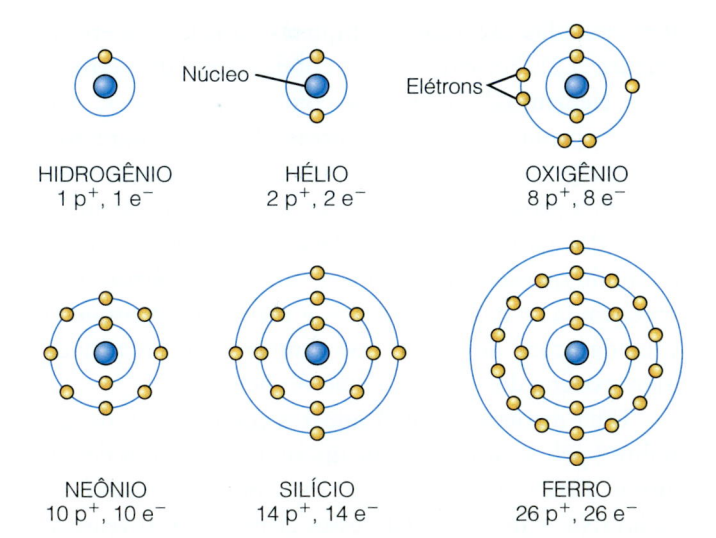

		Número	Distribuição de elétrons			
Elemento	Símbolo	atômico	Primeira órbita	Segunda órbita	Terceira órbita	Quarta órbita
Hidrogênio	H	1	1	—	—	—
Hélio	He	2	2	—	—	—
Carbono	C	6	2	4	—	—
Oxigênio	O	8	2	6	—	—
Neônio	Ne	10	2	8	—	—
Sódio	Na	11	2	8	1	—
Magnésio	Mg	12	2	8	2	—
Alumínio	Al	13	2	8	3	—
Silício	Si	14	2	8	4	—
Fósforo	P	15	2	8	5	—
Enxofre	S	16	2	8	6	—
Cloro	Cl	17	2	8	7	—
Potássio	K	19	2	8	8	1
Cálcio	Ca	20	2	8	8	2
Ferro	Fe	26	2	8	14	2

Figura 3.2 Modelos de camadas para átomos comuns
Diferentes elementos químicos e suas configurações atômicas exibindo o núcleo e as respectivas camadas de elétrons. O círculo azul representa o núcleo de cada átomo, que são compostos de prótons e de nêutrons, como mostra a Figura 3.3.

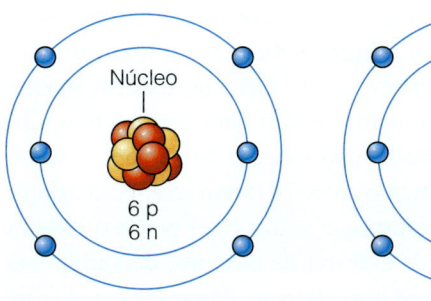

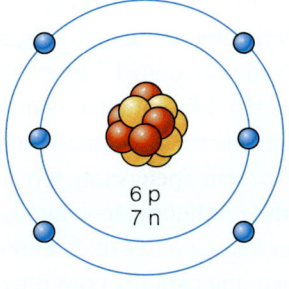

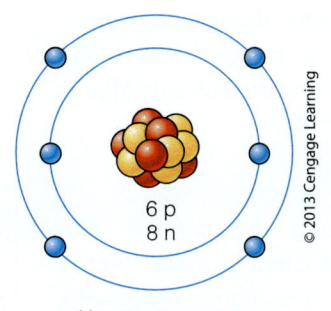

Figura 3.3 Isótopos de carbono
Representação dos isótopos de carbono. O número atômico do carbono é 6 e seu número de massa atômica pode ser 12, 13 ou 14, dependendo da quantidade de nêutrons em seu núcleo.

prótons e dos nêutrons no núcleo (os elétrons contribuem com massa desprezível para os átomos). No entanto, os átomos de um mesmo elemento químico podem ter diferentes números de massa atômica, já que o seu número de nêutrons pode variar. Por exemplo: os átomos de carbono (C) têm sempre 6 prótons (portanto, o seu número atômico é 6 pois, de outra forma, ele não seria carbono); porém, o número de nêutrons do carbono pode variar de 6, 7 ou 8, caracterizando, portanto, três diferentes *isótopos* de carbono; cada um desses com número de massa atômica diferente (12, 13 e 14), mas todos com o mesmo número atômico (Figura 3.3).

Os isótopos de carbono – ou de outro elemento químico – se comportam, quimicamente, da mesma maneira e podem andar juntos. O carbono 12 e o carbono 14, por exemplo, estão presentes no dióxido de carbono (CO_2). Alguns isótopos, no entanto, são radioativos, o que significa que eles decaem espontaneamente, transformando-se em outros elementos. O carbono 14 é radioativo, já o carbono 12 e o carbono 13 não são.

Os isótopos radioativos são fundamentais para determinar as idades absolutas das rochas (para saber mais, consulte o Capítulo 16).

Ligação química e compostos químicos

As interações entre os elétrons ao redor dos átomos podem resultar na união de dois ou mais átomos, em um processo que é conhecido como **ligação química**. Se átomos de dois ou mais elementos se ligam, a substância resultante é um **composto químico**. O oxigênio gasoso consiste de

número de massa atômica Número de prótons e de nêutrons no núcleo de um átomo.

ligação química Processo pelo qual os átomos se aderem a outros átomos.

composto químico Qualquer substância resultante da ligação de dois ou mais elementos diferentes, como a água (H_2O) e o quartzo (SiO_2).

átomos de oxigênio ou seja, apenas um elemento, ao passo que o quartzo, mineral formado por átomos de silício e de oxigênio, é um composto. A maior parte dos minerais são compostos químicos, mas há exceções, como o ouro e a platina, já que ocorrem, naturalmente, como elementos solitários, sem formarem compostos químicos.

Para entender a ligação química, é necessário se aprofundar na estrutura dos átomos. Lembre-se de que os elétrons carregados negativamente orbitam as camadas de elétrons dos núcleos dos átomos. Com exceção do hidrogênio, que tem apenas um próton e um elétron, a camada de elétrons mais interna de um átomo contém apenas dois elétrons. As outras camadas contêm vários elétrons, porém a camada mais externa nunca terá mais do que oito elétrons (Figura 3.2). Esses são os elétrons que, geralmente, estão envolvidos nas ligações químicas.

As *ligações químicas iônicas* e *covalentes* são importantes para os minerais e muitos deles contêm esses dois tipos de ligações. Dois outros tipos de ligações químicas, *metálica* e de *van der Waals*, menos comuns, são importantes para determinar as propriedades de alguns minerais úteis.

Ligação Iônica

A maioria dos átomos tem menos de oito elétrons em sua camada mais externa de elétrons, mas alguns, como o neônio e o argônio, têm camadas exteriores completas, com oito elétrons (Figura 3.2). Por causa desta configuração de elétrons, estes elementos, conhecidos como *gases nobres*, não reagem prontamente com outros elementos para formar compostos químicos. As interações entre os átomos tendem a produzir configurações de elétrons semelhantes às dos gases nobres. Ou seja, os átomos interagem de modo que sua camada mais externa de elétrons seja preenchida com oito elétrons – a menos que a primeira camada (com dois elétrons) também seja a camada mais externa de elétrons, como no hélio.

Uma maneira de se alcançar a configuração de gás nobre é pela transferência de um ou mais elétrons de um átomo para outro. O sal, por exemplo, é composto de sódio (Na) e do cloro (Cl); esses elementos são venenosos, mas, quando combinados quimicamente, formam o mineral halita, um composto de cloreto de sódio (NaCl). O sódio (Na) tem 11 prótons e 11 elétrons, balanceando, as cargas elétricas positivas dos prótons e as cargas negativas dos elétrons, fazendo com que o átomo seja eletricamente neutro (Figura 3.4a). Da mesma forma, o cloro (Cl), com 17 prótons e 17 elétrons, é eletricamente neutro. No entanto, nem o sódio nem o cloro tem oito elétrons em sua camada mais externa de elétrons; o sódio (Na) tem apenas um, e o cloro (Cl) tem sete. Para atingir uma configuração estável, o sódio (Na) perde o elétron em sua camada mais externa de elétrons, deixando sua próxima camada com oito elétrons (Figura 3.4a). Assim,

a. Transferência dos elétrons da camada mais externa do sódio (Na) para a camada mais externa do cloro (Cl). Após a transferência dos elétrons, os átomos de sódio e de cloro tornam-se, respectivamente, íons carregados positiva e negativamente.

b. Este diagrama mostra as dimensões relativas dos átomos de sódio e de cloro e suas localizações em um cristal de halita.

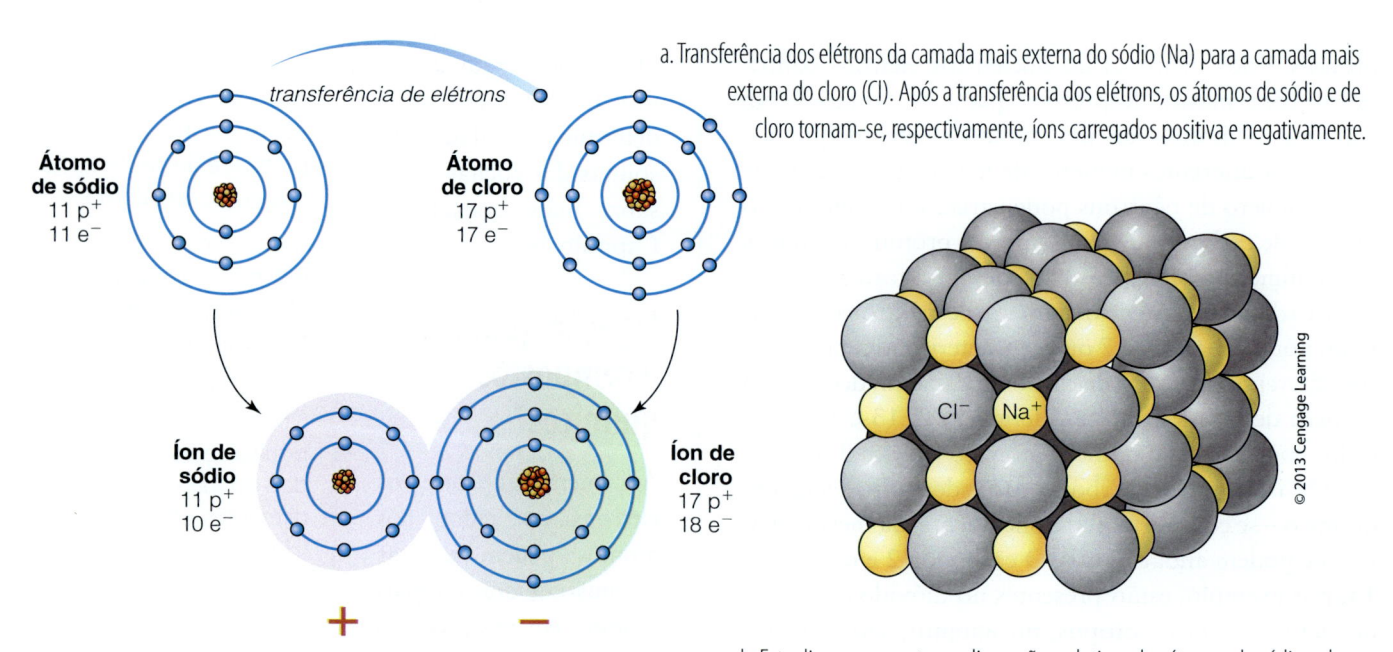

Figura 3.4 Ligação iônica para formar o mineral halita (NaCl)

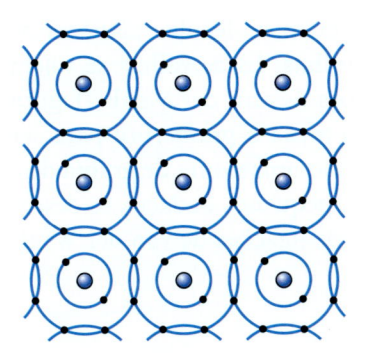

a. As órbitas na camada externa de elétrons se sobrepõem, assim os elétrons são compartilhados no diamante.

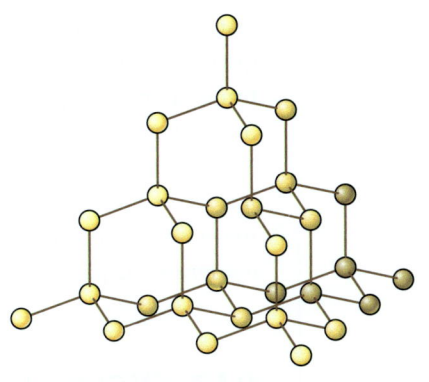

b. A ligação covalente dos átomos de carbono no diamante forma uma estrutura tridimensional.

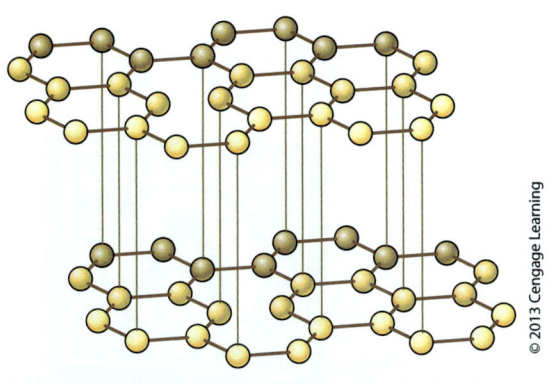

c. As ligações covalentes no grafite formam moléculas planares extremamente fortes. Esses planos se aderem uns aos outros, por ligação de van der Waals, que são ligações são fracas.

Figura 3.5 Ligações covalentes

o sódio (Na) fica com um elétron a menos (carga negativa) que prótons (carga positiva), por isso ele é um **íon** carregado eletricamente e é simbolizado por Na⁺.

O elétron perdido pelo sódio (Na) é transferido para a camada mais externa de elétrons do cloro (Cl), que, inicialmente, tinha sete elétrons. A adição de mais um elétron dá ao cloro (Cl) uma camada exterior de elétrons com oito elétrons, ou seja, a configuração de um gás nobre. Contudo, o seu número total de elétrons passa a ser 18, excedendo em um o número de prótons. Desta maneira, o cloro (Cl) se torna também um íon, mas é carregado negativamente (Cl⁻). Forma-se, então, uma **ligação iônica** entre o sódio (Na) e o cloro (Cl), por causa da força de atração entre o íon de sódio carregado positivamente e o íon de cloro carregado negativamente (Figura 3.4a).

Em compostos iônicos, como o cloreto de sódio (mineral halita), os íons estão dispostos em uma estrutura tridimensional que resulta em neutralidade elétrica global. Na halita, os íons de sódio estão rodeados de íons de cloro, e os íons de cloro são cercados por íons de sódio (Figura 3.4b).

Ligação covalente

As **ligações covalentes** ocorrem quando os elétrons das camadas externas dos átomos se sobrepõem e são compartilhados. Por exemplo, os átomos de um mesmo elemento, como o carbono, não podem transferir elétrons de um átomo para outro. O carbono (C), que forma os minerais grafite e diamante, tem quatro elétrons em sua camada mais externa de elétrons (Figura 3.5a). Se estes quatro elétrons fossem transferidos para outro átomo de carbono, o átomo recebedor dos elétrons teria, em sua camada mais externa, a configuração de gás nobre de oito elétrons, mas o átomo que forneceu os elétrons, não.

Em tais situações, os átomos adjacentes compartilham elétrons por sobreposição de suas camadas de elétrons. Um átomo de carbono no diamante, por exemplo, compartilha os seus quatro elétrons ultraperiféricos com um vizinho, para produzir uma configuração de gás nobre estável (Figura 3.5a).

Entre os minerais mais comuns estão os silicatos, elemento silício que forma ligações parcialmente iônicas e parcialmente covalentes com o oxigênio.

Ligações metálicas e de van der Waals

A *ligação metálica* envolve um tipo extremo de compartilhamento de elétrons. Os elétrons da camada externa dos metais, como o ouro, a prata e o cobre, facilmente se movem de um átomo para outro. A mobilidade dos elétrons explica porque os metais têm um brilho metálico (sua aparência na luz refletida). Os metais têm uma boa condutividade elétrica e térmica, e podem ser facilmente moldados. O cobre, por exemplo, é utilizado para cabeamento elétrico, em razão de sua elevada condutividade

> **íon** Átomo eletricamente carregado produzido pela adição ou pela remoção de elétrons da camada externa de elétrons.
>
> **ligação iônica** Ligação química resultante da atração entre íons positiva e negativamente carregados.
>
> **ligação covalente** Ligação química formada pelo compartilhamento de elétrons entre os átomos.

MATÉRIA: O QUE É ISTO? 61

A distinção entre minerais e rochas, para o entendimento dos alunos iniciantes, requer muita atenção. Geralmente os estudantes confundem um com o outro. Mas os minerais são compostos naturais formados por elementos químicos e as rochas, por sua vez, são formadas por um ou mais minerais. Você pode pensar em analogias que podem ajudá-lo a lembrar da diferença entre os minerais e as rochas. Isso o ajudará reconhecer um ou outro.

elétrica. No entanto, poucos são os minerais que possuem ligações metálicas, mas quando as possuem são, sempre, minerais muito úteis.

Alguns átomos e algumas moléculas* eletricamente neutros não têm elétrons disponíveis para as ligações iônica, covalente ou metálica. No entanto, quando estão muito próximos entre si, possuem uma força atrativa fraca, chamada de *ligação de van der Waals* ou *residual*. Os átomos de carbono no mineral grafite, por ligação covalente, formam moléculas planares de grafita, com aspecto de folhas. Essas folhas se unem umas às outras por ligações de van der Waals (Figura 3.5c). Este tipo de ligação torna o grafite útil para ser utilizado como lápis. Quando uma ponta de grafita desliza num pedaço de papel, pequenos pedaços se descamam ao longo dos planos de ligações de van der Waals e aderem ao papel.

OA2 EXPLORANDO OS MINERAIS

Definimos mineral como um sólido cristalino inorgânico de ocorrência natural, com composição química e propriedades físicas definidas. Nas seções seguintes examinaremos cada uma dessas características detalhadamente.

Substâncias inorgânicas que ocorrem de forma natural

Alguns geólogos acham que o termo "inorgânico" é desnecessário para a definição de mineral, mas o termo nos lembra que algumas substâncias segregadas a partir de animais e vegetais não são minerais. O conceito "ocorre de forma natural" exclui dos minerais todas as substâncias fabricadas pelo ser humano, como os diamantes e os rubis sintéticos. No entanto, alguns organismos, como o coral, os moluscos e vários outros constroem suas conchas de dióxido de silício (SiO_2), aragonita ou calcita (carbonato de cálcio, $CaCO_3$) extraídas da água do mar. As plantas, por sua vez, podem produzir âmbar, material orgânico de grande durabilidade e preservado em sequências sedimentares por milhares de anos.

Sólidos cristalinos

Por definição, os minerais são **sólidos cristalinos** nos quais os átomos constituintes estão dispostos em uma estrutura regular tridimensional (Figura 3.5b). Sob condições ideais, os sólidos cristalinos crescem e formam **cristais** perfeitos com superfícies planas (faces cristalinas), cantos afiados e bordas retas (Figura 3.6). Em outras palavras, a forma geométrica regular de um cristal mineral é a manifestação externa de um arranjo atômico interno ordenado. Mas, nem todas as substâncias rígidas são sólidos cristalinos. Ao vidro vulcânico natural e ao vidro industrial faltam uma disposição ordenada dos átomos. Por isso o vidro é uma substância *amorfa*, ou seja, "sem forma". Se os minerais são, necessariamente, sólidos cristalinos; nem sempre,

---

* Uma molécula é a menor unidade de uma substância que tem as mesmas propriedades dessa substância. Uma molécula de água (H_2O), por exemplo, possui dois átomos de hidrogênio e um átomo de oxigênio.

---

sólido cristalino Substância na qual os átomos constituintes estão dispostos em uma estrutura regular, tridimensional.

cristal Substância sólida, que ocorre de forma natural, composta por um ou mais elementos químicos, com estrutura interna específica, manifestada externamente por faces planas, cantos afiados e bordas retas.

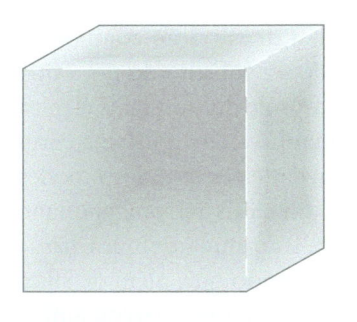

a. Cristais cúbicos são típicos dos minerais halita e galena.

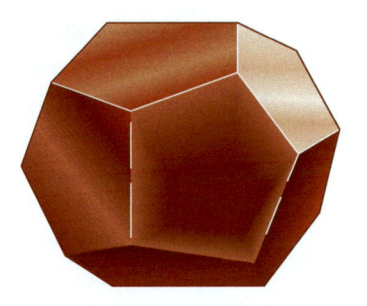

b. Cristais piritoédricos, como os da pirita, têm 12 lados.

c. O diamante tem cristais octaédricos (de oito lados).

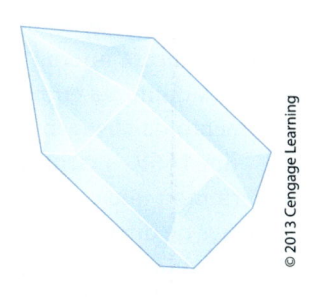

d. Prisma com terminação piramidal comum no mineral quartzo.

Figura 3.6 Variedade de formas de um cristal

porém, todos os sólidos cristalinos são cristais bem formados. Isso porque, quando da cristalização dos minerais, vários cristais podem crescer ao mesmo tempo e acabam por impedir, um ao outro, de crescerem completamente. Esse processo dá origem a um mosaico cristalino entrelaçado, no qual os minerais acabam se superpondo uns aos outros, sob crescimento irregular.

Como podemos saber se os minerais que não estão na forma de cristais são realmente cristalinos? Por meio da utilização de feixes de raio x e luz transmitida, podemos facilmente resolver essa questão. Sob a luz dessa tecnologia, fragmentos ou cristais bem formados de um mesmo mineral se comportam sempre de maneira previsível, indicando que ambos têm uma estrutura interna uniformemente ordenada. Outra maneira de determinar se os minerais são cristalinos é a observação de sua *clivagem*, que é a propriedade de se quebrar ou se dividir repetidamente ao longo de planos suaves, espaçados rigorosamente. Tal regularidade indica, certamente, que a clivagem é controlada pela estrutura interna cristal. Mas nem todos os minerais têm planos de clivagem, como é o caso do quartzo, um dos minerais mais comuns na

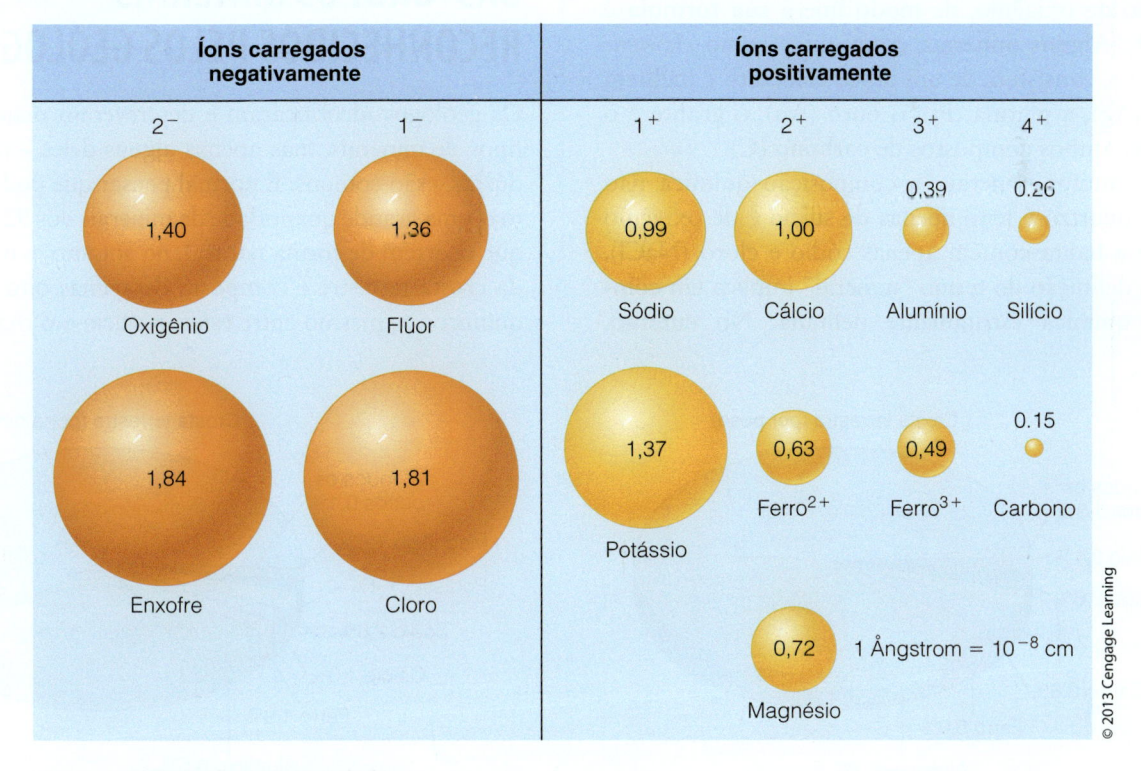

Íons carregados negativamente		Íons carregados positivamente			
2^-	1^-	1^+	2^+	3^+	4^+
1,40 Oxigênio	1,36 Flúor	0,99 Sódio	1,00 Cálcio	0,39 Alumínio	0,26 Silício
1,84 Enxofre	1,81 Cloro	1,37 Potássio	0,63 Ferro^{2+}	0,49 Ferro^{3+}	0,15 Carbono
			0,72 Magnésio		

1 Ångstrom = 10^{-8} cm

Figura 3.7 Tamanhos e cargas de íons
Cargas elétricas e tamanhos relativos dos íons comuns em minerais. Os números dentro dos íons são os raios mostrados em unidades de Ångstrom.

EXPLORANDO OS MINERAIS

natureza. Isso não significa que esses minerais não possuam estrutura interna ordenada, mas, sim, que as fortes ligações químicas entre os átomos não permitem o aparecimento da clivagem.

Em 1669, o cientista dinamarquês Nicholas Steno determinou que os ângulos de intersecção de faces equivalentes de diferentes cristais de quartzo eram idênticos. Desde então, essa *constância de ângulos interfaciais* foi demonstrada para outros minerais, independentemente de seu tamanho, forma, idade ou ocorrência geográfica. Steno postulou que os cristais são constituídos por pequenos blocos de construção idênticos e que o arranjo destes blocos determina a forma exterior dos cristais. Essa proposição de Steno foi, posteriormente, amplamente comprovada por meio de vários processos analíticos.

Composição química dos minerais

A composição química dos minerais é representada por uma fórmula química, que é uma maneira de indicar o número de átomos de diferentes elementos em um mineral. O mineral quartzo consiste de um átomo de silício (Si) para cada dois átomos de oxigênio (O) e, portanto, tem a fórmula SiO_2 (o número subscrito indica o número de átomos). O ortoclásio é composto de um átomo de potássio, um de alumínio, três de silício e oito de oxigênio, de modo que a sua fórmula é $KAlSi_3O_8$. Alguns minerais, conhecidos como *elementos nativos*, consistem de um único elemento e incluem a prata (Ag), a platina (Pt), o ouro (Au), o grafite e o diamante, ambos compostos de carbono (C).

Para muitos minerais, a composição química não varia. O quartzo é feito apenas de silício e de oxigênio (SiO_2), e a halita contém apenas sódio e cloro (NaCl). Assim, a definição do termo "mineral" implica em composição química estritamente definida. No entanto, alguns minerais têm uma faixa de variação composicional porque um elemento pode ser substituído por outro. Isso acontece quando os átomos de dois ou mais elementos são quase do mesmo tamanho e têm a mesma carga. O ferro e o magnésio satisfazem estes critérios e podem substituir um ao outro nos minerais ferromagnesianos (Figura 3.7). Por causa disso, a fórmula química para a olivina é $(Mg,Fe)_2SiO_4$, significando que, além de silício e do oxigênio, ela pode conter magnésio, ferro ou ambos. Portanto, não existe apenas "uma" olivina, mas "diferentes" olivinas, dependo da proporção relativa entre ferro e magnésio no cristal. Essa característica se repete para outros minerais, de modo que alguns minerais são, na realidade, um grupo com inúmeras variedades.

Propriedades físicas dos minerais

O último critério na nossa definição de um mineral, as *propriedades físicas características*, se refere às propriedades, como a dureza, a cor e a forma cristalina. Estas propriedades são controladas pela composição e pela estrutura. As propriedades físicas dos minerais serão discutidas mais adiante neste capítulo.

OA3 GRUPOS MINERAIS RECONHECIDOS PELOS GEÓLOGOS

Os geólogos identificaram e descreveram mais de 3.500 tipos de minerais, mas apenas alguns deles – talvez duas dúzias – são comuns. É normal pensar que poderia se formar uma grande quantidade de minerais dos 92 elementos que ocorrem de forma natural, no entanto, a maior parte da crosta terrestre é composta de apenas oito elementos químicos, e, mesmo entre estes, o silício e o oxigênio são,

Crosta terrestre (por peso)

- Todos os outros 1,5%
- Magnésio 2,1%
- Potássio 2,6%
- Sódio 2,8%
- Cálcio 3,6%
- Ferro 5,0%
- Alumínio 8,1%
- Silício 27,7%
- Oxigênio 46,6%

a. Porcentagem da crosta terrestre por peso.

Crosta terrestre (por átomos)

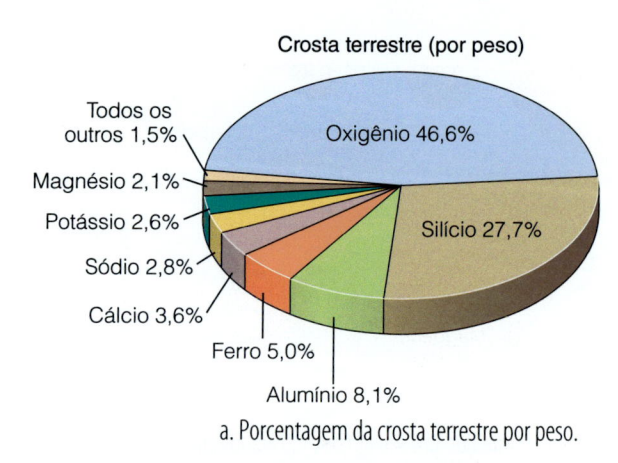

- Todos os outros 0,1%
- Magnésio 1,8%
- Potássio 1,4%
- Sódio 2,6%
- Cálcio 1,0%
- Ferro 1,9%
- Alumínio 6,5%
- Silício 21,2%
- Oxigênio 62,6%

b. Porcentagem da crosta terrestre por átomos.

De MILLER, G. T. *Living in the Environment: Principles, Concepts, and Solutions*. Belmont: Wadsworth Publishing, 1996.

Figura 3.8 Elementos comuns na crosta terrestre

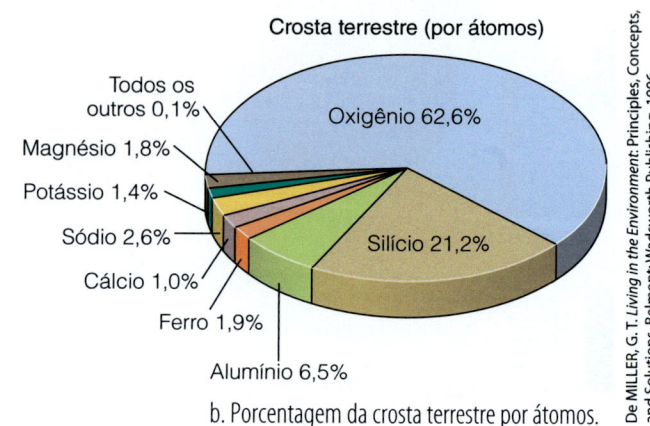

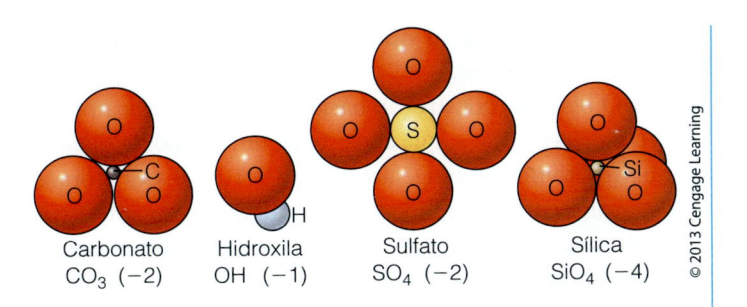

Figura 3.9 Radicais
Muitos minerais contêm radicais, que são grupos complexos de átomos firmemente ligados entre si. Os radicais de sílica e de carbonato são comuns em alguns minerais, como o quartzo (SiO_2) e a calcita ($CaCO_3$).

Carbonato CO_3 (−2)
Hidroxila OH (−1)
Sulfato SO_4 (−2)
Sílica SiO_4 (−4)

da perda ou do ganho de elétrons em sua camada externa. Além de íons, alguns minerais contêm grupos complexos de diferentes átomos firmemente ligados, conhecidos como *radicais*, que agem como unidades individuais. Um exemplo é o radical carbonato, consistindo de um átomo de carbono ligado a três átomos de oxigênio e, assim, tendo a fórmula CO_3 e uma carga elétrica -2. Outros radicais comuns e suas cargas são o sulfato (SO_4, -2), hidroxila (OH, -1), e silicato (SiO_4, -4), conforme mostra a Figura 3.9.

sílica Composto de silício e de oxigênio.

silicato Mineral que contém sílica, como o quartzo (SiO_2).

Minerais de silicato

Em razão do silício e do oxigênio serem os dois elementos mais abundantes na crosta terrestre, é comum que eles estejam presentes em muitos minerais. Uma combinação de silício e de oxigênio é conhecida como **sílica** e os minerais que contêm sílica são os **silicatos**. O quartzo (SiO_2) é sílica pura, pois é composto

de longe, os mais comuns. Na verdade, os minerais mais comuns na crosta terrestre consistem de silício, oxigênio e um ou mais dos elementos apresentados na Figura 3.8.

Os geólogos reconhecem classes ou grupos de minerais, cada um com membros que compartilham o mesmo grupo de íon ou íon carregado negativamente (Tabela 3.1). Nós mencionamos que os íons são átomos que têm uma carga elétrica positiva ou negativa, resultante

Tabela 3.1
Grupos mineralógicos reconhecidos pelos geólogos

GRUPO	ÍON OU RADICAL CARREGADO NEGATIVAMENTE	EXEMPLOS	COMPOSIÇÃO
Carbonato	$(CO_3)^{-2}$	Calcita	$CaCO_3$
		Dolomita	$CaMg(CO_3)_2$
Haleto	Cl^{-1}, F^{-1}	Halita	$NaCl$
		Fluorita	CaF_2
Hidróxido	$(OH)^{-1}$	Brucita	$Mg(OH)_2$
Elemento nativo	—	Ouro	Au
		Prata	$Ag*$
		Diamante	C
Fosfato	$(PO_4)^{-3}$	Apatita	$Ca_5(PO_4)_3(F,Cl)$
Óxido	O^{-2}	Hematita	Fe_2O_3
		Magnetita	Fe_3O_4
Silicato	$(SiO_4)^{-4}$	Quartzo	SiO_2
		Feldspato potássico	$KAlSi_3O_8$
		Olivina	$(Mg,Fe)_2SiO_4$
Sulfato	$(SO_4)^{-2}$	Anidrita	$CaSO_4$
		Gesso	$CaSO_4 \cdot 2H_2O$
Sulfeto	S^{-2}	Galena	PbS
		Pirita	FeS_2
		Argentita	Ag_2S*

*Observe que a prata pode ser encontrada como um elemento nativo ou um mineral do grupo dos sulfetos.

> **tetraedro de sílica**
> Bloco de construção básico de todos os silicatos; consiste de um átomo de silício e quatro átomos de oxigênio.

inteiramente de silício e de oxigênio. Contudo, a maioria dos silicatos tem um ou mais elementos adicionais, como o ortoclásio ($KAlSi_3O_8$) e a olivina [$(Mg,Fe)_2SiO_4$]. Os silicatos incluem cerca de um terço de todos os minerais conhecidos, mas a sua abundância é ainda mais impressionante quando se considera que eles compõem, talvez, 95% da crosta terrestre.

O bloco de construção básico de todos os silicatos é o **tetraedro de sílica**, que consiste de um átomo de silício e quatro átomos de oxigênio (Figura 3.10a). Esses átomos estão dispostos de modo que os quatro átomos de oxigênio cercam um átomo de silício, que ocupam o espaço entre os átomos de oxigênio, formando uma estrutura piramidal de quatro faces (Figura 3.10b). O átomo de silício tem carga positiva de 4 e cada um dos quatro átomos

Figura 3.10 Tetraedro de sílica e materiais silicáticos

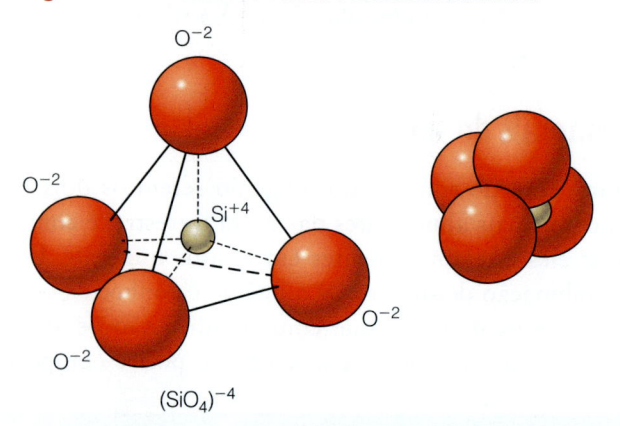

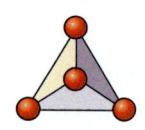

b. Vista superior do tetraedro de sílica. Apenas os átomos de oxigênio são visíveis.

a. Visão ampliada do tetraedro de sílica (esquerda) e como ele é realmente, com os seus átomos de oxigênio se tocando (direita).

			Fórmula de grupo de íons carregado negativamente		Exemplo
c.	Tetraedro isolado		$(SiO_4)^{-4}$	Sem átomos de oxigênio compartilhados	Olivina
d.	Cadeias contínuas de tetraedros	Cadeia única	$(SiO_3)^{-2}$	Cada tetraedro compartilha dois átomos de oxigênio com tetraedros adjacentes	Grupo dos piroxênios (augita)
		Cadeia dupla	$(Si_4O_{11})^{-6}$	Cadeias simples ligadas pelo compartilhamento de átomos de oxigênio	Grupo dos anfibólios (hornblenda)
e.	Folhas contínuas		$(Si_4O_{10})^{-4}$	Três átomos de oxigênio compartilhados com tetraedros adjacentes	Micas (moscovita)
f.	Redes tridimensionais	SiO_2	$(SiO_2)^0$	Todos os quatro átomos de oxigênio em tetraedros compartilhados	Quartzo Feldspato Potássico Plagioclásio

c-f. Estruturas dos silicatos comuns mostradas por vários arranjos de tetraedros de sílica.

CAPÍTULO 3: MINERAIS: OS CONSTITUINTES ROCHOSOS

de oxigênio tem carga negativa de 2, resultando em um radical com carga negativa total de 4 $(SiO_4)^{-4}$.

Por conter carga negativa, o tetraedro de sílica não existe na natureza como um grupo isolado de íon; ao contrário, ele se combina com íons carregados positivamente ou compartilha seus átomos de oxigênio com outros tetraedros de sílica. No mais simples dos minerais silicatados, os tetraedros de sílica existem como unidades individuais, ligadas aos íons carregados positivamente. Em minerais que contêm tetraedros isolados, a proporção de silício para oxigênio é de 1:4 e a carga negativa do íon de sílica é equilibrada por íons positivos (Figura 3.10c). Por exemplo, a olivina [$(Mg,Fe)_2SiO_4$] tem dois íons de magnésio (Mg^{+2}), ou dois íons de ferro (Fe^{+2}), ou um de cada para compensar as -4 cargas do íon de sílica.

Os tetraedros de sílica podem também se juntar para formar cadeias de comprimento indefinido (Figura 3.10d). As cadeias simples, como nos minerais do grupo dos piroxênios, se formam quando cada tetraedro compartilha dois dos seus oxigênios com um tetraedro adjacente, resultando em uma proporção de 1:3 de silício para oxigênio. A enstatita, um mineral do grupo dos piroxênios, reflete essa relação em sua fórmula química $MgSiO_3$. Cadeias individuais, no entanto, possuem uma carga elétrica líquida de -2, assim elas são equilibradas por íons positivos, como Mg^{+2}, que conectam cadeias paralelas entre si (Figura 3.10d).

O grupo mineral dos anfibólios é caracterizado por uma estrutura de cadeia dupla, na qual tetraedros alternados em duas linhas paralelas são reticulados (Figura 3.10d). A formação de cadeias duplas resulta em uma proporção de 4:11 de silício para oxigênio, de modo que cada cadeia dupla possui uma carga elétrica de -6. Geralmente, Mg^{+2}, Fe^{+2} e Al^{+3} estão envolvidos na ligação de cadeias duplas em conjunto.

> **silicato ferromagnesiano**
> Qualquer mineral de silicato que contém ferro, magnésio ou ambos.

Em silicatos com estrutura em planos (ou folhas), três oxigênios de cada tetraedro são compartilhados por tetraedros adjacentes (Figura 3.10e). Tais estruturas resultam em planos (ou folhas) contínuas de tetraedros de sílica, com proporções de 2:5 de silício para oxigênio. As folhas contínuas também possuem uma carga elétrica negativa satisfeita por íons positivos, localizados entre as folhas. Esta estrutura, em particular, é responsável pela estrutura planar (ou foliar) característica das micas, como a biotita e a moscovita, bem como os *minerais de argila*.

As redes tridimensionais de tetraedros de sílica se formam quando os quatro oxigênios dos tetraedros de sílica são compartilhados por tetraedros adjacentes (Figura 3.10f). Esta partilha de átomos de oxigênio resulta em uma proporção de 1:2 de silício para oxigênio, o qual é eletricamente neutro. O quartzo é um silicato de estrutura comum.

Os geólogos definem dois subgrupos de silicatos: os ferromagnesianos e os não ferromagnesianos. Os **silicatos ferromagnesianos** são os que contêm ferro (Fe), magnésio (Mg) ou ambos. Esses minerais são comumente escuros e mais densos que os silicatos não ferromagnesianos. Olivina, piroxênios, anfibólios e a biotita (Figura 3.11a) são alguns dos minerais de silicato ferromagnesianos mais comuns.

a. Silicatos ferromagnesianos.

b. Silicatos não ferromagnesianos.

Figura 3.11 Minerais comuns de silicato

silicato não ferromagnesiano
Mineral de silicato que não tem ferro ou magnésio.

mineral de carbonato
Mineral com o radical carbonato $(CO_3)^{-2}$, como a calcita $(CaCO_3)$ e a dolomita $[CaMg(CO_3)_2]$.

Os **silicatos não ferromagnesianos** carecem de ferro e de magnésio, são geralmente de cor clara e menos densos que os silicatos ferromagnesianos (Figura 3.11b). Os minerais mais comuns na crosta terrestre são os silicatos não ferromagnesianos, conhecidos como *feldspatos*. Feldspato é um nome genérico para dois grupos distintos, cada um com várias espécies. Os *feldspatos potássicos* são representados por microclínio e ortoclásio $(KAlSi_3O_8)$. Já os *plagioclásios* podem ser ricos em cálcio (anortita, $CaAl_2Si_2O_8$) ou ricos em sódio (albita, $NaAlSi_3O_8$) e também combinarem cálcio e sódio para formar feldspatos de calco-sódicos (como oligoclásio, andesina, labradorita, bytownita).

O quartzo (SiO_2) é outro silicato não ferromagnesiano comum. Ele é um silicato de estrutura que, geralmente, é reconhecido pelo seu aspecto vítreo e pela dureza. Outro silicato não ferromagnesiano bastante comum é a moscovita, que é uma mica (Figura 3.11b).

Minerais de carbonato

Minerais de carbonato são aqueles que contêm o radical carbonato carregado negativamente $(CO_3)^{-2}$ e incluem o carbonato de cálcio $(CaCO_3)$, bem como os minerais *aragonita* ou *calcita* (Figura 3.12a). A aragonita é instável e, normalmente, se transforma em calcita – o principal constituinte da rocha sedimentar chamada *calcário*. Existem outros minerais de carbonato, como a *dolomita* $[CaMg(CO_3)_2]$, formada pela alteração química da calcita com substituição do cálcio pelo magnésio. A rocha sedimentar composta de dolomita é o *dolomito*.

Outros grupos de minerais

Os minerais pertencentes a este grupo são menos comuns que os silicatos e os carbonatos, contudo podem ser encontrados em pequenas quantidades nas rochas e, além disso, são recursos importantes (veja a Tabela 3.1). Nos óxidos, um elemento combina com o oxigênio, como o ferro na hematita (Fe_2O_3) e na magnetita (Fe_3O_4). Rochas com altas concentrações desses minerais são fontes de minério de ferro, para a fabricação de aço. Os hidróxidos se formam principalmente pela alteração química de outros minerais.

Figura 3.12 Exemplos de quatro grupos de minerais

a. A calcita $(CaCO_3)$ é o mineral de carbonato mais comum.

b. O mineral galena (PbS) é um sulfeto e o mais comum dos minérios de chumbo.

c. O gesso $(CaSO_4 \cdot 2H_2O)$ é um mineral comum de sulfato.

d. A halita (NaCl) é exemplo de um mineral de halogeneto.

Observamos que os *elementos nativos* são minerais compostos por um único elemento, como o diamante, o grafite (C) e os metais preciosos – ouro (Au), prata (Ag) e platina (Pt). Alguns elementos, como a prata e o cobre, são encontrados como elementos nativos e compostos e, portanto, pertencem também a outros grupos minerais – por exemplo, a argentita (Ag_2S), um sulfeto de prata.

Vários minerais contêm o radical fosfato $(PO_4)^{-3}$ e são fontes importantes de fósforo para fertilizantes. Os sulfetos, como a galena (PbS), minério de chumbo, têm um íon carregado positivamente combinado com enxofre (S^{-2}) (Figura 3.12b), enquanto os sulfatos têm um elemento combinado com o radical complexo $(SO_4)^{-2}$, como no gesso $(CaSO_4 \cdot 2H_2O)$ (Figura 3.12c). Os haletos, como a halita (NaCl) (Figura 3.12d) e a fluorita (CaF_2), contêm os elementos halogênicos flúor (F^{-1}) e cloro (Cl^{-1}).

OA4 PROPRIEDADES FÍSICAS DOS MINERAIS

Muitas propriedades físicas dos minerais são constantes, porém algumas delas, especialmente a cor, podem variar. Você pode identificar os tipos de minerais

O maravilhoso mundo das micas

O que torna a pintura feita em carros e em outras superfícies tão brilhante? Porque o batom, o delineador e o brilho são tão atraentes para as mulheres? Todos esses produtos contêm *moscovita*, um dos 37 minerais de silicato em folha, chamados *micas*, que têm propriedades físicas semelhantes, especialmente na forma como se separam ou quebram. Todas as micas têm uma direção de clivagem, de modo que, quando clivadas, elas se dividem em folhas finas e flexíveis. A moscovita é uma mica que pode ser vermelha-pálida, verde, incolor ou branca, e que tem esse nome por causa de *Muskova* (Moscou), de onde foi extraída grande parte da mica da Europa. Quando a moscovita é moída molhada, ela mantém o seu brilho cintilante e é usada em muitos cosméticos. Felizmente, ela é quimicamente inerte e não apresenta nenhum risco quando aplicada à pele. A moscovita é responsável pelo brilho presente nas sombras para os olhos, no delineador, no batom, no *blush* e no esmalte de unha, bem como nas tintas para automóveis.

---

mais comuns por meio das propriedades físicas descritas a seguir.

Brilho e cor

O **brilho** (não confundir com *cor*) é a qualidade e a intensidade da luz refletida pela superfície de um mineral. Os geólogos definem o brilho como *metálico* (quando apresenta o aspecto de um metal) e *não metálico*. Dos quatro minerais mostrados na Figura 3.12, apenas a galena tem um brilho metálico. Entre os tipos de brilho não metálicos estão o vitrificado ou vítreo (como no quartzo) e brilhante (como no diamante). Ainda como brilho não metálico temos os minerais com brilho terroso, ceroso, gorduroso e, ainda, os minerais que não apresentam brilho.

O fato de a cor de alguns minerais poder variar torna a sua propriedade física mais óbvia de pouca utilidade para a identificação de alguns minerais. Mesmo assim, podemos fazer algumas generalizações úteis sobre a cor. Silicatos ferromagnesianos são tipicamente escuros, variando em tons de preto, marrom ou verde escuro, apesar da olivina ser verde oliva (Figura 3.11a). Os silicatos não

> **brilho** Aparência de um mineral em luz refletida. O brilho pode ser metálico ou não metálico, embora este último tenha várias subcategorias.

Figura 3.13 Minerais de mesma forma cristalina

a. Pirita (FeS_2).

b. Fluorita (CaF_2).

c. Halita (NaCl).

Cristais minerais são encontrados em uma variedade de formas (Figura 3.6), contudo diferentes minerais podem ter os mesmos tipos de cristais. Diferenciar um do outro é fácil. A pirita (a) é amarela (a cor prateada resulta da luz refletida) e é muito mais densa que os outros cristais. A fluorita (b) e a halita (c) podem ser identificadas pela sua clivagem e sabor — a halita é salgada, e a fluorita não tem sabor.

a. Clivagem em uma direção. — Plano de clivagem — Micas: biotita e moscovita

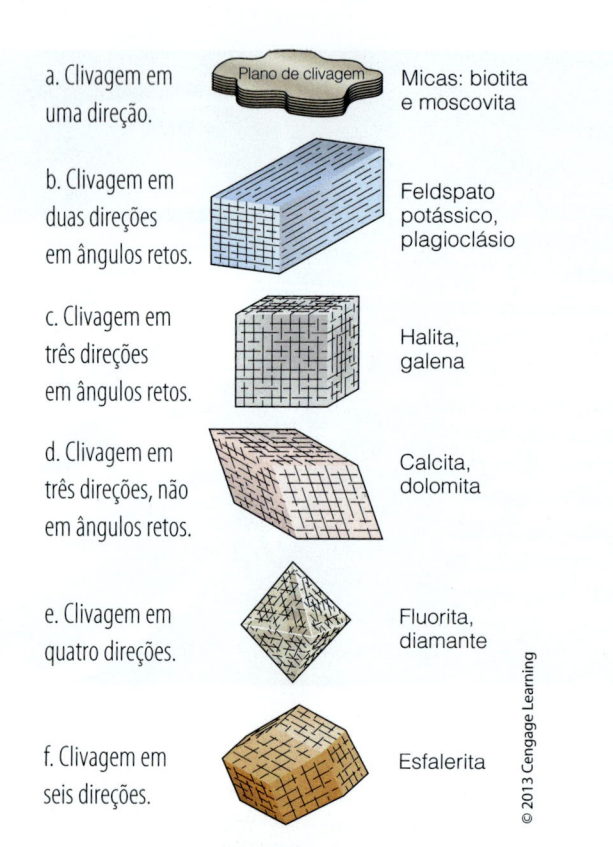

b. Clivagem em duas direções em ângulos retos. — Feldspato potássico, plagioclásio

c. Clivagem em três direções em ângulos retos. — Halita, galena

d. Clivagem em três direções, não em ângulos retos. — Calcita, dolomita

e. Clivagem em quatro direções. — Fluorita, diamante

f. Clivagem em seis direções. — Esfalerita

Figura 3.14 Tipos de clivagem mineral

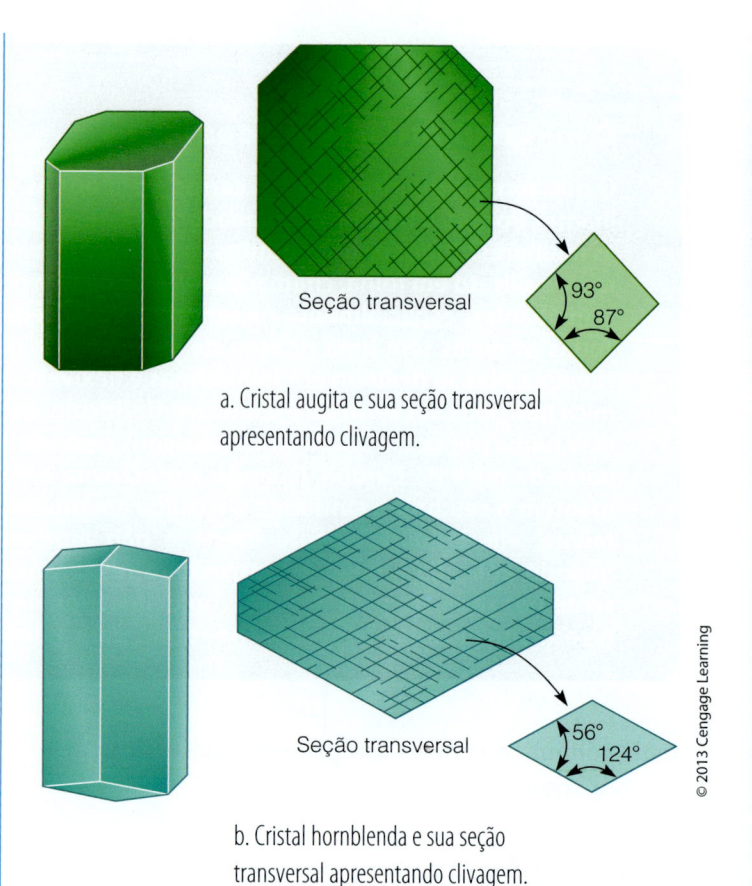

a. Cristal augita e sua seção transversal apresentando clivagem. (93°, 87°)

b. Cristal hornblenda e sua seção transversal apresentando clivagem. (56°, 124°)

Figura 3.15 Clivagem na augita e na hornblenda

clivagem Quebra dos cristais minerais ao longo de planos internos de fraqueza, dando origem à superfícies lisas.

ferromagnesianos são claros, variando entre branco, creme, incolor, tons de verde e rosa pálido (Figura 3.11b). Raramente são minerais escuros.

Outra generalização útil é que a cor dos minerais com um brilho metálico é mais consistente do que a cor de minerais não metálicos. Por exemplo, a galena é sempre cinza-chumbo (Figura 3.12b) e a pirita é, invariavelmente, amarelo vivo. Por outro lado, o quartzo, um mineral não metálico, pode ser incolor, marrom enfumaçado a quase preto, rosa, marrom amarelado, branco leitoso, azul, violeta e roxo.

Forma cristalina

Como observamos, muitos minerais não apresentam a forma de um cristal perfeito comum desses grupos. No entanto, alguns ocorrem normalmente na forma de cristais (ver novamente a Figura 3.6). Por exemplo, cristais de granada de 12 lados são comuns, assim como os cristais de pirita de 6 e de 12 lados. Minerais que crescem em cavidades ou são precipitados de água quente circulante (soluções hidrotermais) em fissuras e em fendas nas rochas, comumente também ocorrem como cristais.

A forma cristalina é útil para a identificação do mineral, porém alguns minerais distintos têm a mesma forma. É o caso da pirita (FeS_2), a fluorita (CaF_2) e o sal-gema (NaCl) que exibem cristais cúbicos. Esses minerais diferenciam-se por outras propriedades, como cor, brilho, dureza e densidade (Figura 3.13).

Clivagem e fratura

Nem todos os minerais possuem **clivagem**, apenas aqueles que quebram ou se dividem ao longo de planos fraqueza, determinados pela força de suas ligações químicas. A clivagem é caracterizada em termos de qualidade (perfeita, boa, fraca), direção e ângulos de intersecção de planos. A biotita, por exemplo, é um silicato ferromagnesiano comum, tem clivagem perfeita em uma direção (Figura 3.14a), e, além disso, é um silicato em folha, com as folhas de tetraedros de sílica fracamente ligadas umas às outras por íons de ferro e de magnésio.

Os feldspatos possuem dois sentidos de clivagem que se cruzam em um ângulo reto (Figura 3.14b), e a halita,

Tabela 3.2
Escala de dureza de Mohs

DUREZA	MINERAL	DUREZA DE ALGUNS OBJETOS COMUNS
10	Diamante	
9	Coríndon	
8	Topázio	
7	Quartzo	
		Ponta de aço (6,5)
6	Ortoclásio	
		Vidro (5,5 – 6)
5	Apatita	
4	Fluorita	
3	Calcita	
		Moeda de cobre (3)
		Unha (2,5)
2	Gesso	
1	Talco	

© 2013 Cengage Learning

por sua vez, tem três direções de clivagem se cruzando em ângulo reto (Figura 3.14c). A calcita também possui três direções de clivagem, mas nenhum dos ângulos de interseção é um ângulo reto, assim, os fragmentos de clivagem da calcita são romboédricos (Figura 3.14d). A fluorita e o diamante apresentam quatro direções de clivagem, conforme mostra a Figura 3.14e. Ironicamente, o diamante, que é o mineral mais duro da Terra, pode ser facilmente clivado. Alguns minerais, como a esfalerita, um minério de zinco, têm seis direções de clivagem (Figura 3.14f).

A clivagem é uma importante propriedade diagnóstica dos minerais e reconhecê-la é essencial na distinção entre eles. O piroxênio (augita) e o anfibólio (hornblenda), por exemplo, são muito parecidos. Ambos têm coloração de verde-escuro a preto, a mesma dureza e duas direções de clivagem, contudo os planos de clivagem da augita se cruzam em cerca de 90°, já os planos de clivagem da hornblenda se cruzam em ângulos de 56° e 124° (Figura 3.15).

Em contraste com a clivagem, a *fratura* é a quebra mineral ao longo de superfícies irregulares. Qualquer mineral irá fraturar se a ele for aplicada uma força suficiente, porém as superfícies da fratura serão desiguais ou concóides (curvadas), em vez de lisas, como na clivagem.

Dureza

O geólogo austríaco, Friedrich Mohs (1773-1839), arbitrariamente atribuiu um valor de dureza de 10 ao diamante, o mineral mais duro conhecido, e valores menores para os outros minerais. A dureza relativa é facilmente determinada pela utilização da Escala de Dureza de Mohs (Tabela 3.2). O quartzo arranhará a fluorita, mas não poderá ser riscado por ela; o gesso pode ser riscado por uma unha, e assim por diante. Desta forma, a **dureza** é definida como a resistência de um mineral à abrasão, e é controlada, principalmente, pela estrutura interna. O grafite e o diamante são compostos de carbono, contudo o grafite tem uma dureza de 1 a 2, ao passo que o diamante tem uma dureza de 10.

dureza Termo usado para expressar a resistência de um mineral à abrasão.

gravidade específica Relação do peso de uma substância, em especial de um mineral, para um volume igual de água a 4°C.

densidade Massa de um objeto por unidade de volume; geralmente, é expressa em gramas por centímetro cúbico (g/cm^3).

Gravidade específica (densidade)

A **gravidade específica** do mineral é a razão entre o seu peso e o peso de um volume semelhante de água pura a 4°C. Assim, um mineral com uma gravidade específica de 3,0 é três vezes mais pesado que a água. A **densidade**, por sua vez, é uma massa de mineral (peso) por unidade de volume, expressa em gramas por centímetro cúbico. Portanto, a gravidade específica da galena (ver novamente a Figura 3.12b) é 7,58 e a sua densidade é 7,58 g/cm^3. Na maioria dos casos, vamos nos referir à densidade de um mineral e, em alguns dos capítulos seguintes, mencionaremos a densidade das rochas.

Os silicatos ferromagnesianos, por conterem ferro, ou magnésio, ou ambos, tendem a ser mais densos do que os silicatos não ferromagnesianos. Em geral, os minerais metálicos, como a galena e a hematita, são mais densos que os não metais. O ouro puro, com uma densidade de 19,3 g/cm^3, é cerca de 2,5 vezes mais denso que o chumbo. O diamante e o grafite, ambos compostos de carbono (C), ilustram como a estrutura controla a gravidade ou a densidade específica. A gravidade específica do diamante é de 3,5 e a do grafite varia entre 2,09 e 2,33.

Outras propriedades minerais úteis

O talco dá uma sensação untuosa ao tato, o grafite escreve no papel, a halita tem gosto salgado e a magnetita é magnética. A calcita, por sua vez, possui a propriedade de

Tabela 3.3
Minerais importantes formadores de rocha

MINERAL	OCORRÊNCIA PRIMÁRIA
Silicatos ferromagnesianos	
Olivina	Rochas ígneas e metamórficas
Grupo dos piroxênios Augita (mais comum)	Rochas ígneas e metamórficas
Grupo dos anfibólios Hornblenda (mais comum)	Rochas ígneas e metamórficas
Biotita	Todos os tipos de rochas
Silicatos não ferromagnesianos	
Quartzo	Todos os tipos de rochas
Grupo dos feldspatos potássicos ortoclásio, microclínio	Todos os tipos de rochas
Grupo dos plagioclásios	Todos os tipos de rochas
Moscovita	Todos os tipos de rochas
Grupo dos minerais de argila	Solos, rochas sedimentares e algumas rochas metamórficas
Carbonatos	
Calcita	Rochas sedimentares
Dolomita	Rochas sedimentares
Sulfatos	
Anidrita	Rochas sedimentares
Gipsita	Rochas sedimentares
Halogenetos	
Halita	Rochas sedimentares

© 2013 Cengage Learning

Figura 3.16 Minerais no granito

A rocha ígnea granito (ver Capítulo 4) é composta, principalmente, de três minerais — quartzo, feldspato potássico e plagioclásio — mas também pode conter pequenas quantidades de biotita, moscovita e hornblenda.

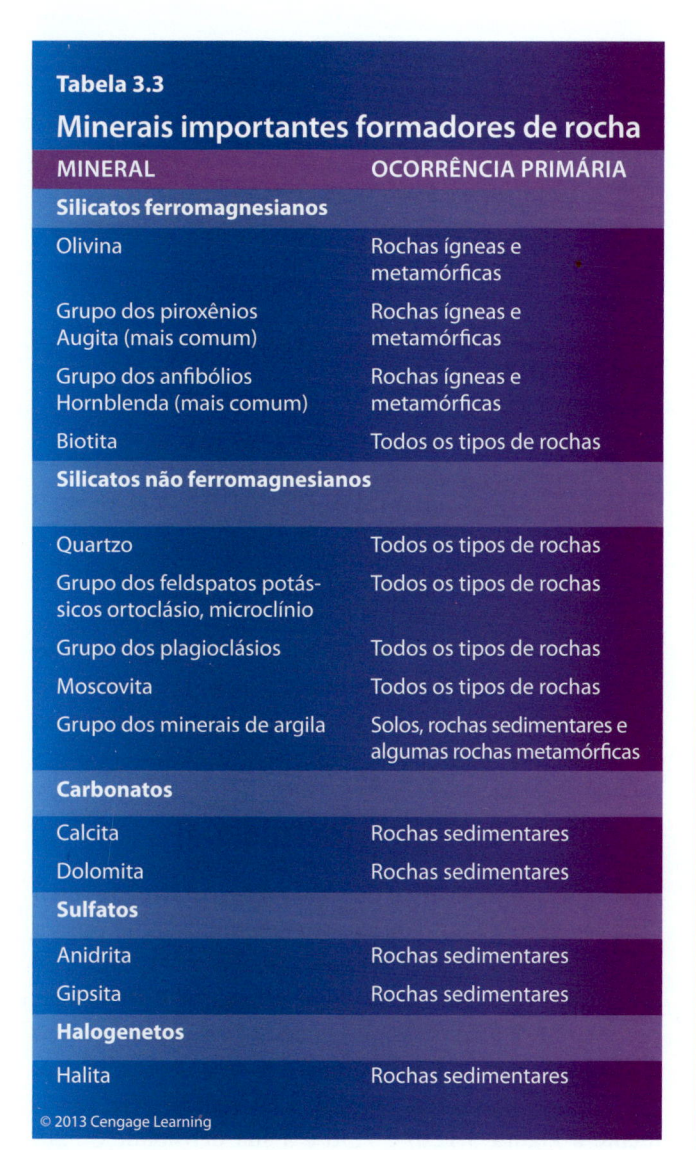

rocha Agregado sólido, de um ou mais minerais, como no calcário e no granito, ou agregado consolidado de fragmentos rochosos, como no conglomerado ou nas massas de materiais semelhantes a rocha, como o carvão mineral e a obsidiana.

mineral formador de rocha Qualquer mineral comum em rochas que seja importante para sua identificação e sua classificação.

---

dupla refração, ou seja, um objeto visto através de uma peça transparente de calcita terá uma imagem dupla. Alguns silicatos em folha são plásticos e, quando dobrados em uma nova forma, a manterão; outros são flexíveis e, se dobrados, voltarão à sua posição original quando as forças que os dobraram cessarem.

Um teste químico simples, para diferenciar a calcita da dolomita, é aplicar uma gota de ácido clorídrico diluído na superfície do mineral. Se o mineral for calcita, ele reagirá vigorosamente com o ácido, liberando dióxido de carbono, o que faz com que o ácido borbulhe ou entre em efervescência. A dolomita, em contraste, não reagirá com o ácido clorídrico, a menos que o mineral seja pulverizado.

OA5 MINERAIS CONSTITUINTES DAS ROCHAS

Uma **rocha** é um agregado sólido de um ou mais minerais, mas o termo se refere também ao vidro vulcânico (obsidiana) e às massas de matéria orgânica sólida, como o carvão mineral. E, mesmo que algumas rochas possam conter muitos minerais, apenas alguns deles, os chamados **constituintes das rochas**, são suficientes para identificar e classificar as rochas (Tabela 3.3 e Figura 3.16). Já os *minerais acessórios* estão presentes em quantidades tão pequenas que podem ser desprezadas.

Dado que os minerais de silicatos são, de longe, os minerais mais comuns na crosta terrestre, a maioria das rochas é composta por eles. Na verdade, os minerais de feldspato (feldspatos e feldspato de potássio) e o quartzo constituem mais de 60% da crosta terrestre. Assim, mesmo que existam centenas de silicatos, poucos são particularmente comuns nas rochas.

Os minerais não silicáticos mais comuns e constituintes das rochas são os carbonatos calcita ($CaCO_3$) e dolomita [$CaMg(CO_3)_2$]. Esses minerais são os principais constituintes das rochas sedimentares calcário e dolomito, respectivamente. Entre os sulfatos e os halogenetos, o gesso ($CaSO_4, 2H_2O$) e a halita (NaCl) são comuns o suficiente para se qualificarem como minerais formadores de rochas. Mesmo que estes minerais e suas rochas correspondentes possam ser comuns em algumas áreas, sua abundância global é limitada em comparação com o silicato e os carbonatos.

OA6 COMO OS MINERAIS SE FORMAM?

Até agora, discutimos a composição, a estrutura e as propriedades físicas dos minerais, mas não abordamos como eles se formam. O fenômeno responsável pelos minerais é o resfriamento do material de rocha fundida conhecido como *magma* (o magma que atinge a superfície é chamado de *lava*).

Conforme o magma ou a lava esfria, os minerais cristalizam e crescem, determinando, assim, a composição mineral das rochas ígneas, como o basalto (dominado por silicatos ferromagnesianos) e o granito (dominado por silicatos não ferromagnesianos). As soluções de água quente derivadas do magma comumente invadem rachaduras e fendas nas rochas adjacentes e, dessas soluções, vários minerais cristalizam, alguns deles com bastante importância econômica. Os minerais também se originam quando a água de fontes termais esfria. A água termal das fumarolas oceânicas descarrega minerais no fundo do mar (Figura 2.7).

Outros materiais dissolvidos na água do mar ou, mais raramente, na água de lagos, se combinam para formar minerais como a halita (NaCl), o gesso ($CaSO_4$ $2H_2O$) e outros mais, quando a água evapora. A aragonita e/ou a calcita, ambas variedades de carbonato de cálcio ($CaCO_3$), também podem se formar a partir da água evaporada, mas a maioria é originada quando organismos como amêijoas, ostras, corais e microrganismos, que flutuam na água do mar, usam estes compostos para construir suas conchas. O esqueleto de algumas plantas e animais têm dióxido de silício (SiO_2): quando esses organismos morrem, ele se acumula no fundo do mar como matéria mineral.

Alguns minerais de argila se formam quando os processos químicos alteram composicional e estruturalmente outros minerais. Outros se originam quando as rochas são transformadas durante o metamorfismo. Na verdade, os agentes que causam metamorfismo – calor, pressão e fluidos quimicamente ativos – são responsáveis pela origem de muitos minerais.

OA7 RECURSOS E RESERVAS NATURAIS

Geólogos do Serviço Geológico dos Estados Unidos (USGS, U.S. Geological Survey) definem um **recurso** como uma concentração de material sólido, líquido ou gasoso que ocorre de forma natural dentro da crosta terrestre ou sobre ela, em tal forma e quantidade que a sua extração econômica é potencialmente viável. Muitos recursos naturais são concentrações de minerais, rochas, ou de ambos, mas o petróleo líquido e o gás natural também são recursos naturais. Na verdade, nos referimos a *recursos metálicos* (cobre, estanho, minério de ferro etc.), *recursos não metálicos* (areia e cascalho, brita, enxofre, sal etc.) e *recursos energéticos* (petróleo, gás natural, carvão e urânio). Todos são recursos, porém é importante distinguir *recurso*, que é a quantidade total de um *commodity* descoberto ou não, e uma **reserva**, que é apenas a parte do recurso que é conhecida e pode ser economicamente recuperada.

Em princípio, a distinção entre um recurso e uma reserva é simples, mas, na prática, depende de vários fatores, muitos deles inconstantes. Por exemplo, um recurso em uma região remota não pode ser extraído porque as despesas de transporte são muito altas, e o que pode ser considerado um recurso em um país desenvolvido, pode ser extraído em uma nação em desenvolvimento, onde os custos são baixos. É rentável extrair ouro e diamantes por conta de seu valor em qualquer lugar, enquanto os depósitos de areia e cascalho para a construção devem estar próximos de suas áreas de consumo.

Mudanças na tecnologia também são importantes. Por exemplo, o minério de ferro extraído na região dos Grandes Lagos não é tão rico hoje como o minério extraído em décadas passadas, porém uma técnica para separar o ferro de sua rocha hospedeira e moldá-lo em

> **recurso** Concentração de material sólido, líquido ou gasoso, de ocorrência natural dentro da crosta terrestre, ou sobre ela, em tal forma e quantidade que a extração econômica de uma mercadoria, a partir da concentração, é potencialmente viável.
>
> **reserva** Parte dos recursos que pode ser extraída economicamente.

pelotas tornou rentável a mineração de depósitos de baixo teor.

Além de recursos como petróleo, ouro, minério de ferro, cobre e alumínio, alguns minerais e rochas comuns são importantes. A areia de quartzo pura, por exemplo, é usada para fazer vidro, lixas e instrumentos óticos. Minerais de argila são necessários para fazer cerâmica e papel. Feldspatos são utilizados para a fabricação de porcelana, cerâmica, esmalte e vidro. E as rochas fosfáticas são usadas para fertilizantes. A moscovita é um dos ingredientes no composto de junta de reboco, bem como no batom, no brilho e na sombra para os olhos, além das tintas que dão brilho em superfícies e em automóveis. Em 2009, nos Estados Unidos, a extração de recursos minerais não combustíveis totalizou mais de 57 bilhões de dólares.

O acesso aos recursos naturais é essencial para a industrialização e o alto padrão de vida desfrutado nos países desenvolvidos. No entanto, a maioria desses recursos não é renovável, ou seja, eles são limitados e não podem ser naturalmente restabelecidos na mesma rapidez com a qual são esgotados. Assim, conforme a quantidade de um recurso natural diminui, é preciso encontrar substitutos adequados ou então continuaremos a explorar esse recurso natural e, simplesmente, pagaremos cada vez mais por ele, conforme ele for se esgotamento. Para alguns recursos essenciais, os Estados Unidos são totalmente dependentes das importações, muitos deles advindos de regiões instáveis do mundo. Por exemplo, em 2009, os Estados Unidos não extraiu cobalto. Todo cobalto necessário para uso em motores de aeronaves de turbina a gás, para ímãs e para as ligas resistentes à corrosão e ao desgaste, foi importado.

Além disso, os Estados Unidos importam o minério de alumínio que utilizam, bem como outros recursos, e, em fevereiro de 2011, importavam 56,2% de todo petróleo necessário. O Canadá, por sua vez, é mais autossuficiente, atendendo a maior parte de suas necessidades de minerais e energia domésticos. No entanto, precisa importar minério de alumínio, cromo, manganês e fosfato. O Canadá produz mais petróleo e gás natural do que consome e está entre os líderes mundiais na produção e exportação de urânio.

Para garantir o abastecimento contínuo de recursos minerais e energéticos, cientistas, agências governamentais e executivas dos negócios e da indústria, avaliam continuamente o estado dos recursos, tendo em conta as variações das condições econômicas e políticas, bem como as mudanças na ciência e na tecnologia. O USGS mantém informações pormenorizadas sobre os registros estatísticos da produção das minas, as importações e exportações, e publica, regularmente, no *Mineral Commodity Summaries*, relatórios sobre a situação de numerosos recursos. Relatos semelhantes também aparecem com frequência no *Canadian Minerals Yearbook*.

4 | Rochas ígneas e atividade ígnea intrusiva

Granito do Pico Harney, em Black Hills, Dakota do Sul, com as imagens dos ex-presidentes George Washington, Thomas Jefferson, Theodore Roosevelt e Abraham Lincoln. Este granito, que se formou há cerca de 1,7 bilhão de anos, constitui a parte central do Black Hills. As imagens de 18 m de altura dos ex-presidentes foram esculpidas entre 1927 e 1941 e são as principais atrações no Mount Rushmore National Memorial.

Introdução

"Grande parte do magma nunca atinge a superfície terrestre, mas se resfria e se cristaliza no interior da crosta".

Antes de iniciarmos um novo assunto, vamos rever alguns conceitos. Já sabemos que o termo "rocha" refere-se aos agregados naturais de minerais, fragmentos de minerais ou, ainda, fragmentos de outras rochas. O vidro vulcânico (obsidiana) e o carvão (que é matéria orgânica modificada) também são considerados como rochas. No Capítulo 1 vimos que as rochas podem ser ígneas, sedimentares e metamórficas (Figura 1.14). Falaremos aqui sobre as **rochas ígneas**, ou seja, rochas compostas de minerais que se cristalizaram a partir do **magma** (material rochoso fundido que se encontra abaixo da superfície terrestre) e da **lava** (material rochoso fundido que chega à superfície terrestre), bem como do material particulado (materiais piroclásticos) ejetado de vulcões durante erupções explosivas. Portanto, o magma e a lava são materiais rochosos fundidos, mas em profundidade o magma tem um teor de gás maior que a lava na superfície, por conta de sua pressão diminuída.

A maioria das pessoas dá pouca atenção ao magma, mas estão familiarizadas com os vulcões, que, simplesmente, são montes e montanhas formadas pelo magma que atinge a superfície terrestre. Assim, o vulcanismo é um fenômeno que pode ser observado em vários locais da Terra. Porém, grande parte do magma nunca atinge a superfície terrestre. Quando o magma se resfria e cristaliza em profundidade, esse fenômeno é chamado de *atividade ígnea intrusiva*. Os corpos de rochas ígneas formadas em profundidade são conhecidos como *plútons* – nome escolhido por causa de Plutão, o deus romano do mundo subterrâneo. O granito, composto de feldspatos potássico, plagioclásios e quartzo, forma grandes plútons no interior da crosta terrestre.

Apesar de discutirmos sobre a atividade ígnea intrusiva e a origem dos plútons neste capítulo e sobre vulcanismo no Capítulo 5, os processos plutônicos e vulcânicos estão relacionados. De fato, um mesmo tipo de magma pode tanto estar relacionado a processos plutônicos quanto vulcânicos. Mas, por causa de sua mobilidade, somente uma parte do magma atinge a superfície terrestre. Deste modo, é comum a presença de inúmeros e gigantescos plútons abaixo de áreas de vulcanismo, pois o magma que os cristalizou é, também, a fonte dos fluxos de lava e do material particulado das erupções em vulcões ou ao longo de fissuras crustais.

Uma razão importante para estudar rochas ígneas e plútons é o fato de que essas rochas formam partes

> Granito e rochas relacionadas são atraentes, especialmente quando cortados e polidos. Eles são usados para fabricação de lápides, lareiras, balcões de cozinha, fachadas de edifícios, monumentos, pedestais, estátuas, entre outros.

rocha ígnea Qualquer rocha formada pelo resfriamento e pela cristalização do magma ou da lava, ou pela consolidação de materiais piroclásticos.

magma Material rochoso fundido, gerado abaixo da superfície terrestre.

lava Magma que atinge a superfície terrestre.

Objetivos de Aprendizagem (OA)

Ao finalizar este capítulo você será capaz de:

OA1 Descrever as propriedades e o comportamento do magma e da lava

OA2 Explicar como o magma se origina e se altera

OA3 Identificar e classificar rochas ígneas por suas características

OA4 Reconhecer corpos ígneos intrusivos ou plútons

OA5 Explicar como os batólitos se introduzem na crosta terrestre dos continentes e da crosta oceânica que se formam nos limites divergentes das placas tectônicas. Na verdade, a maioria dos plútons e dos vulcões encontra-se nos limites divergentes e convergentes das placas – ou perto deles – de modo que a presença de rochas ígneas no registro geológico é um critério para o reconhecimento dos limites de placas antigas. Outra razão para estudar este assunto é que quando se formam grandes plútons os fluidos que emanam deles seguem as rachaduras e as fendas nas rochas adjacentes, onde importantes recursos minerais, como o cobre, podem se formar.

OA1 PROPRIEDADES E COMPORTAMENTO DO MAGMA E DA LAVA

O magma é menos denso que a rocha da qual se originou, portanto, tende a subir para a superfície terrestre. Contudo, grande parte dele se solidifica em profundidade, formando plútons. O magma que chega à superfície avança como **fluxo de lava**, ou parte dele é vigorosamente ejetada para a atmosfera, em forma de partículas conhecidas como **materiais piroclásticos** – do grego, *pyro* (fogo) e *klastos* (quebrado).

Todas as rochas ígneas derivam, em última análise, do magma, no entanto, dois processos distintos são responsáveis por elas. As rochas ígneas se formam (1) quando o magma ou a lava resfria e se cristaliza para formar agregados de minerais ou (2) quando materiais piroclásticos são consolidados. Essas rochas ígneas derivadas de fluxos de lava e de materiais piroclásticos, ambos ejetados para a superfície terrestre, são conhecidas como **rochas vulcânicas** ou **rochas ígneas extrusivas**. Quando o magma resfria em profundidade, ele forma **rochas plutônicas** ou **rochas ígneas intrusivas**.

Composição do magma

De longe, os minerais mais abundantes na crosta terrestre são os silicatos, como o quartzo, o feldspato e os silicatos ferromagnesianos, todos feitos de silício e de oxigênio, além de outros elementos mostrados na Figura 3.8. O magma pode ser resultado da fusão da crosta terrestre gerando magmas ricos em sílica com quantidade considerável de alumínio, cálcio, sódio, ferro, magnésio, potássio e vários outros elementos em quantidades menores. Outra fonte magmática é o manto superior terrestre, que é composto de rochas que contêm, principalmente, silicatos ferromagnesianos. Assim, o magma gerado a partir do manto contém proporcionalmente mais ferro e magnésio que silício e oxigênio (sílica).

Em geral, o magma é composto, principalmente, de sílica e sua variação caracteriza os magmas **ultramáficos** (menos de 45% de sílica); **máficos** (com 45% a 52% de sílica); **intermediários** (com 53% a 65% de sílica) e **félsicos** (com mais de 65% de sílica). De acordo com a Tabela 4.1, o magma máfico é pobre em sílica, porém em contrapartida, contém mais cálcio, ferro e magnésio do que o magma félsico, que é rico em sílica e tem mais sódio, potássio e alumínio que o magma máfico. O magma intermediário tem uma composição entre o máfico e o félsico.

Temperaturas do magma e da lava

A lava em erupção tem uma temperatura que varia entre 700°C e 1.200°C – embora uma temperatura de 1.350°C tenha sido registrada acima de um lago de lava no Havaí, onde gases vulcânicos reagiram com a atmosfera. O magma deve ser ainda mais quente do que a lava, mas ainda não foi possível realizar nenhuma medição direta das temperaturas do magma em profundidade.

---

fluxo de lava Corrente de magma que flui sobre a superfície terrestre.

materiais piroclásticos Substâncias fragmentárias, como cinzas, que são explosivamente ejetadas de um vulcão.

rocha vulcânica (ígnea extrusiva) Rocha formada quando o magma é ejetado para a superfície terrestre, onde resfria e se cristaliza, ou quando os materiais piroclásticos se consolidam.

rocha plutônica (ígnea intrusiva) Rocha formada quando o magma se resfria e cristaliza em profundidade, no interior da crosta terrestre.

magma ultramáfico Magma com teor de sílica menor que 45%.

magma máfico Magma que contém de 45% a 52% de sílica, e, proporcionalmente, mais cálcio, ferro e magnésio que os magmas intermediário e félsico.

magma intermediário Magma com um teor de sílica de 53% a 65% e uma composição global intermediária entre os magmas máfico e félsico.

magma félsico Magma com mais de 65% de sílica e quantidade considerável de sódio, potássio e alumínio, porém com pouco cálcio, ferro e magnésio.

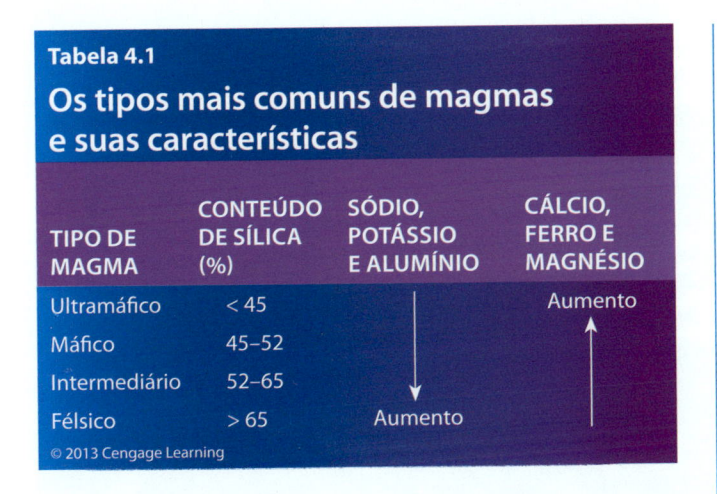

Tabela 4.1
Os tipos mais comuns de magmas e suas características

TIPO DE MAGMA	CONTEÚDO DE SÍLICA (%)	SÓDIO, POTÁSSIO E ALUMÍNIO	CÁLCIO, FERRO E MAGNÉSIO
Ultramáfico	< 45		Aumento ↑
Máfico	45–52		
Intermediário	52–65		
Félsico	> 65	↓ Aumento	

© 2013 Cengage Learning

A maioria das temperaturas de lava é medida em vulcões que mostram pouca ou nenhuma atividade explosiva, por isso a melhor informação é obtida por meio dos fluxos de lava máfica, como no Havaí. Por outro lado, as erupções de lava félsica não são tão comuns e os vulcões dos quais estes fluxos emanam tendem a ser explosivos e, assim, não podem ser abordados de forma segura. No entanto, as temperaturas de algumas massas bulbosas de lava félsica em domos de lava foram medidas a uma distância com um pirômetro óptico. As superfícies desses domos de lava são tão quentes que chegam a 900°C, mas certamente devem ser ainda mais quentes em profundidade.

A razão pela qual a lava e o magma conseguem reter tanto calor é porque as rochas são más condutoras. Assim, o interior dos fluxos de lava espessos e dos fluxos piroclásticos podem permanecer quentes durante meses ou anos. Em 1959, uma lava encheu uma cratera de 85 m de profundidade no Havaí, mas quando foi perfurada, em 1988, ainda não estava completamente solidificada perto de sua base. Plútons, dependendo do seu tamanho e de sua profundidade, podem demorar milhares, ou até milhões de anos, para se resfriarem completamente (Figura 4.1).

Viscosidade: resistência ao fluxo

A **viscosidade** – ou resistência ao escoamento – é uma característica de todos os fluidos. A viscosidade da água é muito baixa, ou seja, é altamente fluida e corre com facilidade. Em outros líquidos, como o óleo de motor frio e o xarope, a viscosidade é mais elevada e eles fluem mais lentamente. Porém, quando esses líquidos são aquecidos, sua viscosidade diminui e eles fluem com mais facilidade. Por causa disso, é comum interpretar que a temperatura controla a viscosidade do magma e da lava. Pode-se até generalizar e dizer que, quanto mais quente estiver o magma – ou a lava –, mais facilmente ele se moverá. Mas essa inferência é apenas parcialmente correta pois a temperatura não é o único fator de controle da viscosidade.

A viscosidade do magma e da lava também está relacionada ao teor de sílica. Em magmas com alto teor de sílica, numerosas redes de tetraedros de sílica se formam e o fluxo é mais devagar, pois as fortes ligações dessas redes devem ser rompidas para aumentar a velocidade do fluxo. O magma e a lava máfica com 45% a 52% de sílica forma menos redes de tetraedros de sílica e, como resultado, são mais móveis que os fluxos de lava de magma félsico (Figura 4.2). Fluxos de magma máfico podem fluir por grandes distâncias, como aconteceu em 1783 na Islândia, quando um fluxo máfico fluiu cerca de 80 km. Em razão de sua viscosidade mais elevada, o magma félsico dificilmente atinge a superfície. E, quando isso acontece, os fluxos de lava félsica tendem a ser espessos, movimentam-se lentamente e somente por curtas distâncias.

A temperatura e o teor de sílica são importantes para o controle da viscosidade do magma e da lava, porém há outros fatores que influem neste controle, como a presença de cristais de minerais e o atrito da superfície sobre a qual a lava flui e também dos gases, principalmente vapor de água e CO_2. Uma lava com alto teor de gases dissolvidos flui mais facilmente que uma lava com menor quantidade de gases, ao passo que a lava com muitos cristais, ou que flui sobre uma superfície áspera, tende a ser mais viscosa.

viscosidade Resistência de um fluido ao fluxo.

Figura 4.1 Lava no parque nacional dos vulcões do Havaí.

Figura 4.2 Viscosidade do magma e da lava
A temperatura e a composição são importantes para o controle da viscosidade: enquanto a lava máfica tende a ser fluida, a lava félsica é mais viscosa.

a. Em 1984, uma lava máfica fluiu do vulcão Mauna Loa, no Havaí. Esses fluxos se movimentam rapidamente e formam camadas finas.

b. Domo de lava do vulcão Novarupta, no Parque Nacional de Katmai, no Alasca. A lava é félsica e viscosa e, por isso, foi ejetada como uma massa bulbosa. Esta imagem foi tirada em 1987.

OA2 COMO O MAGMA SE ORIGINA E MODIFICA EM COMPOSIÇÃO?

Ainda que você não tenha visto uma erupção vulcânica, provavelmente está familiarizado com fluxos de lava e erupções piroclásticas. De qualquer forma, já vimos alguns aspectos da atividade ígnea, porém a maioria das pessoas não tem conhecimento de como e onde o magma se origina, como ele é ejetado e como se modifica em composição. De fato, há um equívoco de que a lava se origina em uma camada contínua de rocha derretida abaixo da crosta terrestre ou que ela vem do núcleo externo da Terra.

Primeiro, vamos abordar como o magma se origina. Sabemos que os átomos em um sólido estão em constante movimento e que, quando um sólido esquenta o suficiente, a energia do movimento excede as forças de ligação e o sólido desmancha. Estamos familiarizados com esse fenômeno e também somos cientes de que nem todos os sólidos derretem sob a mesma temperatura. Da mesma forma, se forem aquecidos, os minerais nas rochas começam a derreter, mas não todos ao mesmo tempo. E, uma vez que o magma se forma, ele tende a subir crosta, ou manto, acima, porque é menos denso do que a rocha que foi fundida.

câmaras magmáticas
Reservatório de magma dentro do manto superior ou da crosta inferior da Terra.

O magma pode se originar entre 100 e 300 km de profundidade, porém a maioria se forma em profundidades mais rasas, no manto superior ou na crosta inferior, e se acumula em reservatórios conhecidos como **câmaras magmáticas**. Abaixo das zonas de espalhamento, onde a crosta é fina, estas câmaras ficam apenas a alguns quilômetros de profundidade, mas, ao longo dos limites convergentes de placas, elas estão, geralmente, a algumas dezenas de quilômetros de profundidade. O volume de uma câmara magmática varia de, apenas, alguns quilômetros cúbicos, a muitas centenas de quilômetros cúbicos de rocha fundida dentro da litosfera sólida. Uma parte simplesmente resfria e cristaliza dentro da crosta terrestre, sendo responsável pela origem dos plútons, enquanto outra parte sobe à superfície e é expelida como fluxo de lava ou material piroclástico.

Séries da reação de Bowen

Durante a década de 1900, N. L. Bowen já sabia que os minerais se cristalizam em uma sequência previsível no magma em resfriamento. Com base em suas observações e nos experimentos de laboratório, Bowen propôs um

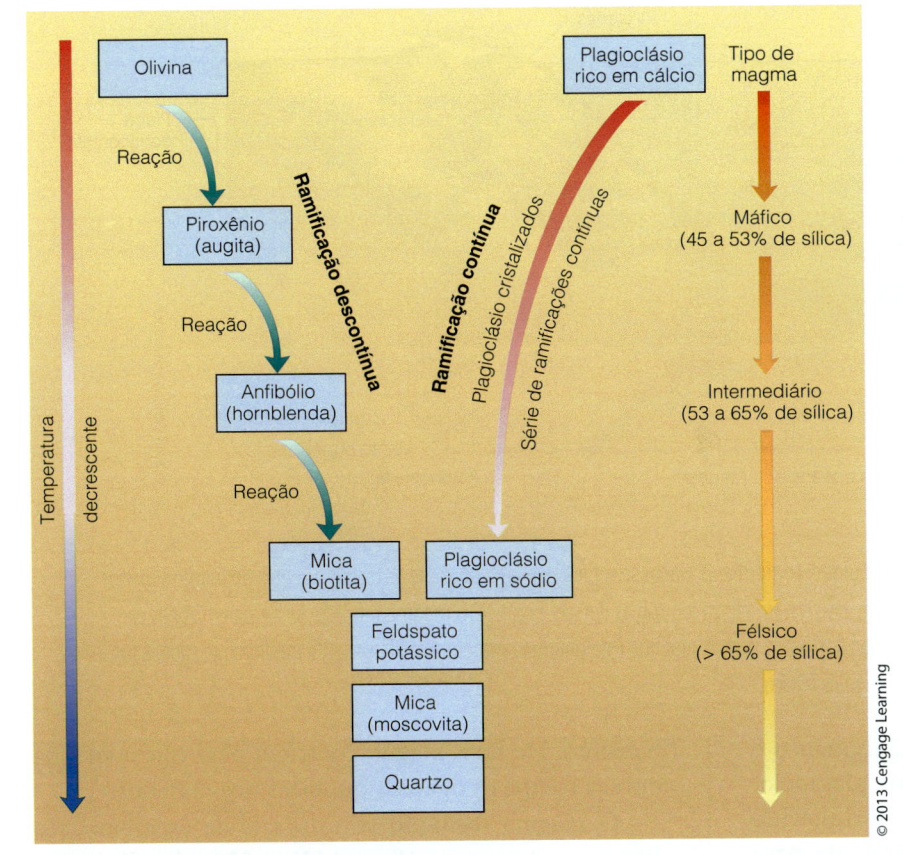

Figura 4.3 Série de reações de Bowen
A série de reações de Bowen consiste em uma ramificação descontínua, ao longo da qual cristaliza uma sucessão de silicatos ferromagnesianos, conforme a temperatura do magma decresce, bem como em uma ramificação contínua, ao longo da qual cristalizam os plagioclásios com quantidades crescentes de sódio. Observe também que a composição inicial do magma máfico muda conforme ocorre a cristalização ao longo das duas ramificações.

mecanismo, agora chamado de **série de reações de Bowen**, para explicar a origem dos magmas intermediários e félsicos, a partir de um magma máfico. A série de reações de Bowen consiste em duas ramificações: uma série *descontínua* e uma série *contínua* (Figura 4.3). À medida que a temperatura do magma diminui, os minerais cristalizam simultaneamente ao longo dos ramos, mas, por conveniência, iremos discuti-los separadamente.

Na série descontínua, que contém apenas silicatos ferromagnesianos, um mineral muda para outro em intervalos de temperatura específicos (Figura 4.3). À medida que a temperatura diminui, uma gama de temperatura é alcançada, na qual um dado mineral começa a cristalizar. Um mineral previamente formado reage com o magma líquido restante de modo que, na sequência, se forma o próximo mineral. Por exemplo, a olivina [$(Mg,Fe)_2SiO_4$] é o primeiro silicato ferromagnesiano a cristalizar. Conforme o magma continua a resfriar, ele atinge a faixa de temperatura na qual o piroxênio é estável, uma reação ocorre entre a olivina e o fundido restante, formando o piroxênio.

Com o resfriamento contínuo, uma reação ocorre entre o piroxênio e o fundido, então a estrutura do piroxênio é rearranjada para formar o anfibólio. O resfriamento adicional provoca uma reação entre o anfibólio e a massa fundida, rearranjando a sua estrutura de modo a formar a estrutura de lâmina de mica biotita. Embora as reações descritas anteriormente tendam a converter um mineral para o próximo da série, as reações não são sempre completas. A olivina, por exemplo, pode ter um aro de piroxênio, indicando uma reação incompleta. Se o magma resfria muito rápido, os minerais inicialmente formados não têm tempo para reagir com o fundido e, assim, todos os silicatos ferromagnesianos na ramificação descontínua podem estar em uma rocha. Em qualquer caso, no momento em que a biotita se cristalizou, todo o magnésio e o ferro presentes no magma inicial foi completamente utilizado.

Os plagioclásios (silicatos não ferromagnesianos) são os únicos minerais na ramificação contínua da série de reações de Bowen (Figura 4.3). O plagioclásio rico em cálcio cristaliza primeiro. Como o magma continua a resfriar, o plagioclásio rico em cálcio reage com o material fundido e o plagioclásio que contém proporcionalmente mais sódio cristaliza, até todo o cálcio e sódio serem usados. Em muitos casos, o resfriamento é muito rápido para acontecer uma transformação completa do plagioclásio rico em cálcio para plagioclásio rico em sódio. O plagioclásio formado sob estas condições é *zonado*, ou seja, ele tem um núcleo rico em cálcio, rodeado por zonas progressivamente mais ricas em sódio.

Como os minerais cristalizam simultaneamente ao longo das duas ramificações da série de reações de Bowen, o ferro e o magnésio são esgotados, porque eles

série de reações de Bowen Série de minerais que se formam em uma sequência específica no magma ou na lava em resfriamento. Esse mecanismo foi originalmente proposto para explicar a origem dos magmas intermediário e félsico a partir de um magma máfico.

COMO O MAGMA SE ORIGINA E MODIFICA EM COMPOSIÇÃO?

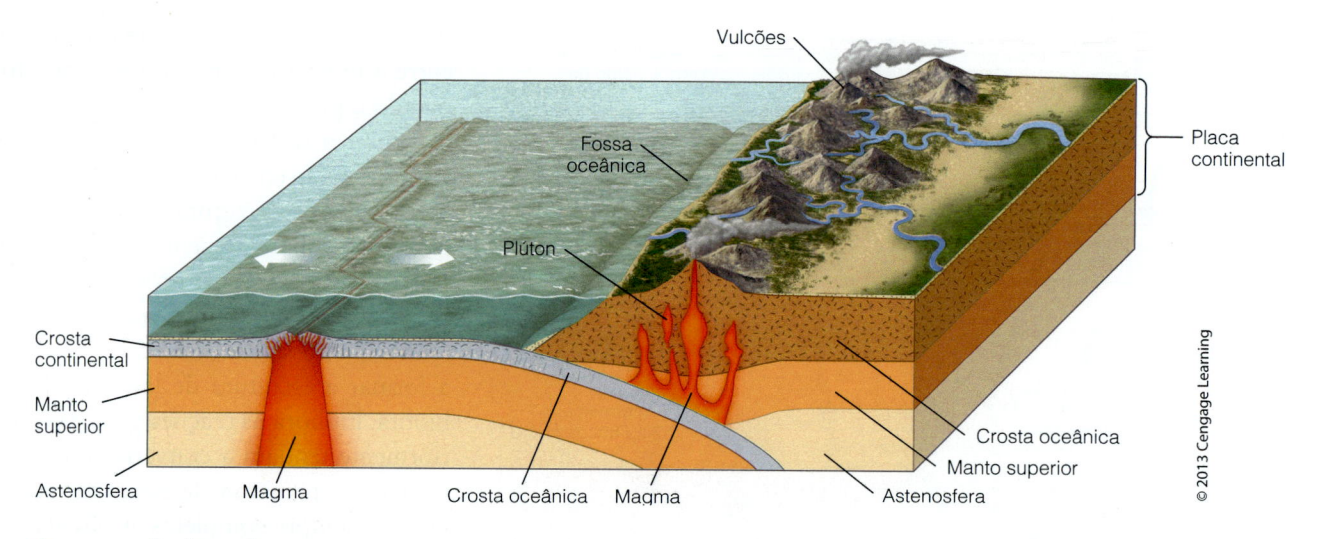

Figura 4.4 A origem do magma
O magma se forma abaixo dos dorsais de espalhamento porque, conforme as placas se separam, a pressão sobre as rochas quentes do manto superior é reduzida, induzindo à sua fusão parcial. Invariavelmente, esse magma formado sob as dorsais é máfico. O magma também se forma em zonas de subducção, onde a água da placa subductada induz à fusão parcial do manto superior. Este magma também é máfico, mas, à medida que sobe, a fusão da crosta inferior e o fracionamento magmático o tornam mais félsico.

são usados em silicatos ferromagnesianos, enquanto o cálcio e o sódio são usados em feldspatos plagioclásios. A partir daí, o magma residual fica enriquecido em potássio, alumínio e silício, que se combinam para formar ortoclásio ($KAlSi_3O_8$), um feldspato de potássio. Se a pressão da água é elevada, formam-se palhetas do silicato moscovita. O magma resultante dessas cristalizações fica enriquecido em oxigênio e silício (sílica), formando o mineral quartzo (SiO_2). A cristalização do ortoclásio e do quartzo não está relacionada série de reações, pois eles se formam independentemente, e não por reação do ortoclásio com a massa fundida.

A origem do magma em zonas de espalhamento

Uma observação fundamental sobre a origem do magma é que a temperatura da Terra – ou o *gradiente geotérmico* – aumenta com a profundidade (para mais informações, consulte o Capítulo 8). Desta forma, as rochas em profundidade são quentes, mas permanecem sólidas porque sua temperatura de fusão sobe com o aumento da pressão. No entanto, sob dorsais de espalhamento, a temperatura excede localmente a temperatura de fusão, pelo menos em parte, porque a pressão diminui. A ruptura da placa tectônica nas dorsais, ou zonas de espalhamento, provoca uma diminuição na pressão sobre as rochas já quentes em profundidade, iniciando, assim, a fusão (Figura 4.4). Além disso, a presença de água diminui a temperatura da fusão abaixo de dorsais de espalhamento. De fato, a água contribui para que a energia térmica rompa as ligações químicas nos minerais.

O magma formado sob dorsais de espalhamento é, invariavelmente, máfico (45% a 52% de sílica). No entanto, as rochas do manto superior, das quais este magma é derivado, são ultramáficas (45% de sílica), consistindo, principalmente, de silicatos ferromagnesianos e de menores quantidades de silicatos não ferromagnesianos. Para explicar como esse magma máfico provém de rocha ultramáfica, os geólogos acreditam que essas rochas sejam apenas parcialmente fundidas. Assim, como nem todos os minerais se fundem à mesma temperatura, aqueles de temperatura de fusão mais elevada que aquela reinante sob a dorsal, permaneceriam sólidos. Portanto, essa fusão parcial das rochas ultramáficas do manto daria origem a um magma máfico.

Voltemos à série da reação de Bowen (Figura 4.3). A ordem em que os minerais dessa série se fundem é oposta à sua ordem de cristalização. Desta forma, as rochas félsicas (constituídas de quartzo, feldspato de potássio e plagioclásio rico em sódio) entram em fusão à temperaturas mais baixas que as rochas máficas ou ultramáficas (constituídas de silicatos ferromagnesianos e variedades cálcicas de plagioclásio). Então, quando uma rocha ultramáfica começa a derreter, os minerais ricos em sílica fundem primeiro, seguidos por aqueles que contêm menos sílica. Portanto, se a fusão não é completa, surge o magma máfico, mais rico em sílica, proporcionalmente, que a rocha-fonte.

Figura 4.5 Pluma de manto e ponto quente

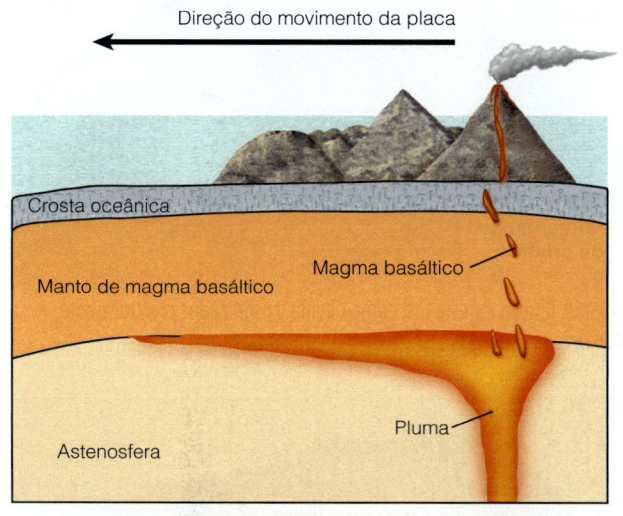

a. Pluma do manto abaixo da crosta oceânica com um ponto quente. O magma ascendente forma uma série de vulcões, que se tornam menores na direção do movimento da placa.

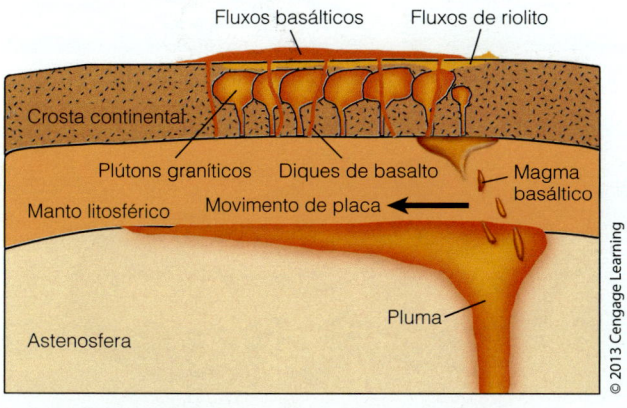

b. Pluma do manto com um ponto quente sobreposto, que produz derrames de basaltos. A fusão parcial da crosta continental permite a geração de magma félsico.

As zonas de subducção e a origem do magma

Outra importante observação sobre o magma é que, onde uma placa oceânica é subductada para o interior da Terra – seja na borda de uma placa continental ou de uma placa oceânica – um cinturão de vulcões e plútons surge na margem da placa não subductada (Figura 4.4). Portanto, a subducção e a origem do magma estão, de alguma forma, relacionadas. Além disso, nestes limites convergentes da placa, o magma é, em grande parte, de composição intermediária (com 53% a 65% de sílica) ou félsica (com mais 65% de sílica).

Mais uma vez, por meio do fenômeno da fusão parcial, os geólogos explicam a origem e a composição do magma em zonas de subducção. Conforme uma placa subductada avança para baixo, em direção à astenosfera, ela alcança uma determinada profundidade na qual a temperatura é suficientemente alta para iniciar a fusão parcial. Além disso, a crosta oceânica hidratada e em condições de pressão e temperatura elevada sofre desidratação, umedecendo o manto acima dela e favorecendo a fusão.

Lembre-se de que a fusão parcial da rocha ultramáfica nas dorsais de espalhamento produz magma máfico. Da mesma forma, a fusão parcial do manto acima da crosta oceânica subductada também daria origem a um magma máfico. No entanto, a maioria das rochas ígneas formadas nas zonas de convergência de placas tem composição intermediária (com 53% a 65% de sílica) e félsica (com mais de 65% de sílica). Qual seria a razão disto? Acredita-se que seja por causa da contaminação por sílica do magma original. A fonte desta sílica seriam os sedimentos e as rochas sedimentares das margens continentais transportados para baixo com a placa subductada. Essa sílica seria incorporada à fusão do manto, mudando ainda mais a composição do magma máfico original. Alternativamente, a contaminação do magma máfico se daria na sua ascensão, através da crosta continental inferior enriquecida em sílica. Parte dessa crosta seria fundida e incorporada ao magma máfico, tornado a sua composição mais enriquecida em sílica.

> **ponto quente** Zona de fusão localizada abaixo da litosfera, que, provavelmente, se sobrepõe a uma pluma do manto.

Pontos quentes e a origem do magma

A maioria do vulcanismo ocorre em limites divergentes e convergentes de placas, mas existem algumas cadeias vulcânicas nas bacias oceânicas e em continentes que não estão perto de qualquer um desses limites. As Ilhas da Cadeia do Imperador, no Havaí, por exemplo, formam uma cadeia de ilhas vulcânicas de 6.000 km de extensão, e as rochas vulcânicas destas ilhas são progressivamente mais velhas na direção noroeste (conforme mostra a Figura 2.22). Em 1963, o geólogo canadense J. Tuzo Wilson propôs que essas ilhas havaianas – e outras áreas semelhantes – estão localizadas acima de um **ponto quente** sobre o qual uma placa se move, produzindo, assim, uma sucessão de vulcões extintos (Figura 4.5a).

> **pluma do manto**
> Massa cilíndrica de magma que se movimenta em direção à superfície. A existência de uma pluma mantélica subjacente é diagnosticada, na crosta, por cadeias vulcânicas lineares, como as ilhas havaianas.
>
> **sedimentação de cristais** Separação física e concentração de minerais na parte inferior de uma câmara magmática – ou em um plúton – por cristalização seguida de sedimentação gravitacional.

Atualmente, alguns geólogos acreditam que o vulcanismo de um ponto quente resulta de uma **pluma do manto** ascendente. Geologicamente, tratar-se-ia de coluna cilíndrica de manto fundido, com a terminação superior achatada ou na forma de uma pluma, que começa com ascensão de uma anomalia rochosa muito quente, gerada, profundamente, na fronteira núcleo-manto. À medida que essa anomalia rochosa, muito aquecida, ascende à superfície, movimentando-se através do manto terrestre, a pressão sobre ela diminui e ela começa a fundir, obtendo-se um considerável volume de magma. Esse tipo de vulcanismo também pode ser responsável pelos derrames de basaltos em áreas continentais, como é o caso dos basaltos da Bacia do Paraná no sul do Brasil (Figura 4.5 b). A Figura 2.15 mostra as localizações de muitos pontos quentes.

Alterações na composição no magma

Evidentemente, a composição de qualquer magma depende da composição da rocha originalmente fundida. Se as rochas máficas se fundem completamente, o magma resultante também será máfico. No entanto, a fusão parcial de uma rocha máfica produz um tipo de magma que difere dela composicionalmente. Além disso, depois do magma formado, a sua composição também pode mudar por meio da cristalização de minerais e a subsequente **sedimentação de cristais**, por assentamento gravitacional (Figura 4.6). Por exemplo, a olivina, primeiro silicato ferromagnesiano a se formar na série descontínua de reações de Bowen, é mais densa do que o magma genitor e, portanto, tende a sedimentar-se. Como resultado, o material magmático remanescente se torna mais rico em sílica, sódio e potássio porque a olivina consume a maior parte do ferro e do magnésio disponível. A mesma coisa pode acontecer quando da cristalização do piroxênio, que é o segundo mineral a se formar nessa mesma série. Em outras palavras, com a cristalização dos minerais ferromagnesianos o magma residual se torna mais félsico.

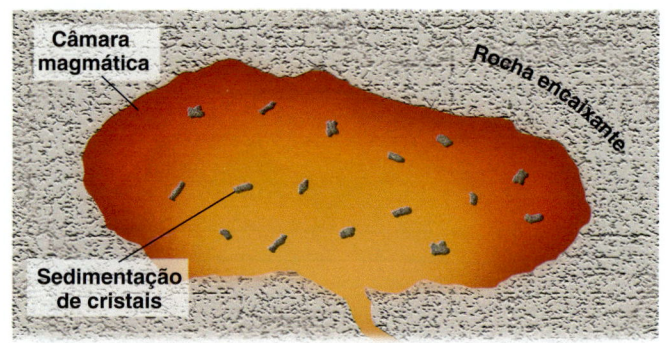

a. Silicatos ferromagnesianos, como olivina, cristalizados precocemente. Devido à sua densidade, depositam-se no fundo da câmara magmática.

b. Silicatos ferromagnesianos continuam a se formar e sedimentar.

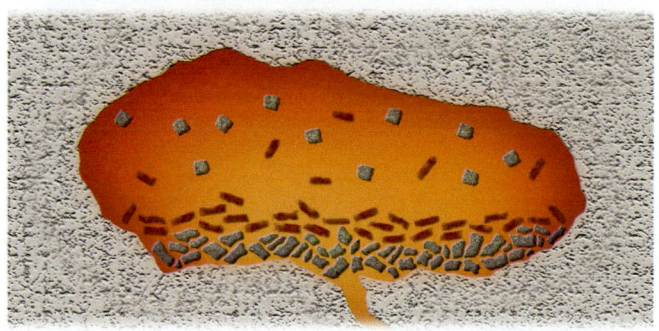

c. O magma remanescente torna-se mais rico em silício, sódio e potássio, porque grande parte do ferro e do magnésio originalmente presente está agora nos minerais ferromagnesianos que sedimentaram.

Figura 4.6 O assentamento de cristais é um processo que modifica a composição do magma

Em alguns corpos plutônicos tabulares, conhecidos como soleiras, os primeiros silicatos ferromagnesianos se concentram na sua porção inferior, tornando a sua porção superior menos máfica. Com a evolução desse magma, por cristalização e sedimentação, em algum momento aparecerá uma fração de magma félsico. Os cálculos mostram que, para produzir um dado volume de granito (uma rocha ígnea félsica) a partir de um magma máfico, seria necessário um volume dez vezes maior de magma máfico, para se obter apenas um volume de granito, considerando o processo de formação e sedimentação dos cristais. Se assim fosse, as rochas ígneas máficas deveriam ser muito mais comuns do que as félsicas na crosta continental. Porém, o que acontece é o oposto. Na crosta continental as rochas félsicas são muito mais comuns que as rochas máficas. Por isso, deve-se levar em conta algo diferente do assentamento de cristais para explicar o grande volume de rochas félsicas na crosta.

Para resolver esse dilema, os geólogos recorrem ao modelo da fusão parcial. Lembre-se que a fusão parcial do manto, complementada com a fusão de sedimentos ricos em sílica das margens continentais carregados pela placa subductante, resultará em um magma mais rico em sílica (mais félsico). Nesse caso, a nova mistura magmática é bem diferente, em termos composicionais, das rochas do manto do qual o magma original foi extraído. Mas outra situação também contribui para a modificação da composição do magma. Trata-se do processo de **assimilação** magmática. Isso ocorre quando o magma original, que sobe através da crosta continental, muda a sua composição à medida que funde e se mistura com a rocha preexistente, chamada **rocha encaixante** (Figura 4.7a). Ao ser aquecida até 1.300°C, desde que sua temperatura de fusão seja inferior à do magma, a rocha encaixante poderá fundir-se, parcial ou completamente. Assim, esse novo magma, oriundo da fusão das rochas encaixantes, é assimilado pelo magma original em ascensão e a sua composição se modifica, porque a composição das rochas crustais dificilmente ser-lhe-á semelhante.

Quando ocorre assimilação magmática é bastante comum encontrar na rocha intrusiva ígnea variados fragmentos das rochas encaixantes, às vezes parcialmente fundidos (Figura 4.7b). Isso porque, conforme o magma avança para a superfície, ele força o seu caminho por fendas e rachaduras e fragmentos da rocha encaixante são despencados e mergulhados nele. Por isso, não resta dúvida que a assimilação magmática contribui para modificar a composição do magma, mas seu efeito global sobre a composição do magma é limitado. A razão disso é que o calor para a fusão da encaixante vem do magma que está sendo resfriado ao mesmo tempo e, portanto, apenas uma quantidade limitada de rocha encaixante pode ser fundida e assimilada.

> **assimilação** Processo no qual o magma muda a sua composição original conforme funde e reage com as rochas que atravessa na crosta.
>
> **rocha encaixante** Qualquer rocha preexistente que tenha sido invadida e/ou modificada por uma massa magmática que se consolidará em um plúton. A modificação da rocha encaixante ocorre por metamorfismo.

Figura 4.7 Assimilação e mistura de magmas

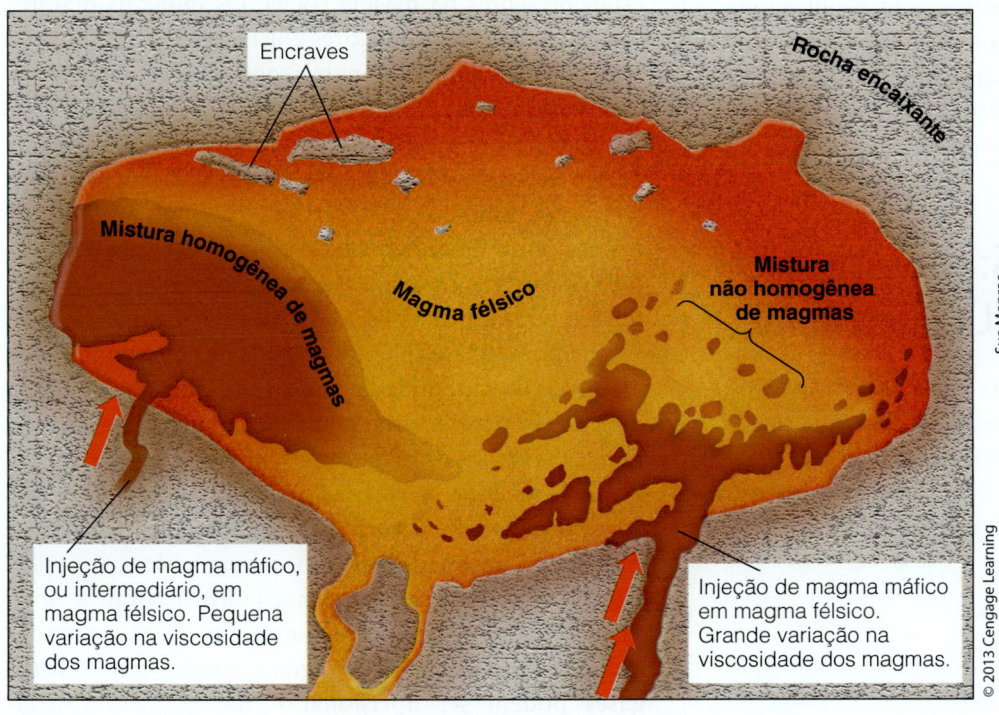

a. Fragmentos de rocha deslocados pelo magma ascendente podem derreter e se incorporarem ao magma, este processo é chamado de *assimilação*, ou podem permanecer como encraves.

b. Encraves escuros em rochas graníticas na Sierra Nevada, Califórnia.

mistura de magmas Processo no qual os magmas de diferentes composições se misturam para obter uma versão modificada dos magmas originais.

textura afanítica Textura em rochas ígneas nas quais os grãos minerais individuais são muito pequenos para serem vistos sem ampliação; resulta de um resfriamento rápido do magma e, geralmente, indica uma origem extrusiva.

textura fanerítica Textura de rocha ígnea, na qual os minerais são facilmente visíveis a olho nu.

textura porfirítica Textura ígnea com minerais de diferentes tamanhos.

vesícula Pequeno buraco ou cavidade formado pelo gás aprisionado na lava em resfriamento.

Portanto, nem a sedimentação de cristais, nem a assimilação magmática podem produzir uma quantidade significativa de magma félsico a partir de um máfico. Porém, se os dois processos operarem simultaneamente, podem resultar em mudanças maiores do que qualquer um deles agindo isoladamente. Alguns geólogos acreditam que esta é uma maneira pela qual se formar o magma intermediário (com 53% a 65% de sílica) nas margens continentais ativas.

Se um único vulcão pode expelir lavas de composições distintas, este fato indica que diferentes magmas estariam envolvidos nesse vulcanismo. Além disso, se alguns desses magmas entram em contato e se misturam uns aos outros, isso resultará em uma **mistura de magma** cuja composição final é distinta da dos magmas originais (Figura 4.7a).

OA3 ROCHAS ÍGNEAS: CARACTERÍSTICAS E CLASSIFICAÇÃO

Anteriormente, definimos rochas ígneas *plutônicas* (ou *intrusivas*) e *vulcânicas* (ou *extrusivas*). Agora veremos com mais detalhe a textura, a composição e a classificação dessas rochas, as quais constituem um dos três grupos representados no ciclo das rochas (Figura 1.14).

Textura das rochas ígneas

Textura refere-se ao tamanho, à forma e à disposição dos minerais que formam as rochas ígneas. O tamanho é a característica mais importante, pois o tamanho do cristal mineral está relacionado à história de resfriamento do magma ou da lava e, geralmente, indica se uma rocha ígnea é plutônica ou vulcânica. Os átomos no magma e na lava estão em constante movimento, mas quando o resfriamento começa, alguns átomos se ligam para formar pequenos núcleos. Como outros átomos no líquido se ligam quimicamente a esses núcleos, eles o fazem em um arranjo geométrico ordenado, e os núcleos crescem em grãos minerais cristalinos, ou seja, as partículas individuais que compõem as rochas ígneas.

Se o resfriamento ocorre de forma rápida, como em fluxos de lava, a taxa na qual os núcleos minerais se formam ultrapassa a taxa de crescimento, formando um agregado de pequenos grãos minerais. O resultado é uma textura de grão fino ou **afanítica**, na qual os minerais individuais são muito pequenos para serem vistos a olho nu Figura 4.8a). Se o resfriamento é lento, a taxa de crescimento excede a taxa de formação de núcleos, formando grandes grãos minerais, e obtém-se assim uma textura de grão grosseira ou **fanerítica**, na qual os minerais são claramente visíveis a olho nu (Figura 4.8b). Geralmente, as texturas afaníticas indicam uma origem extrusiva, já as rochas com texturas faneríticas, geralmente, são de origem intrusiva. No entanto, os plútons superficiais podem ter uma textura afanítica e as rochas que se formam no interior de fluxos de lava espessos podem ser faneríticas.

A textura **porfirítica** também é comum em rochas ígneas, na qual os minerais de diferentes tamanhos estão presentes na mesma rocha. Os minerais maiores são *fenocristais* e os menores coletivamente compõem a *massa fundamental*, ou matriz, que envolve os fenocristais (Figura 4.8c).

Para se ter uma textura porfirítica, os fenocristais devem ser consideravelmente maiores que os minerais na massa fundamental (matriz), os quais podem ser afaníticos ou faneríticos. As rochas ígneas com texturas porfiríticas são chamadas de *pórfiros*, como o basalto pórfiro ou porfirítico. Essas rochas têm históricos de resfriamento mais complexos do que aquelas com texturas afaníticas ou faneríticas, e podem envolver, por exemplo, magma em parte resfriado abaixo da superfície, seguido por sua erupção e rápido resfriamento na superfície.

A lava pode se resfriar tão rapidamente que seus átomos constituintes não têm tempo para formar as estruturas ordenadas tridimensionais dos minerais. Como consequência, surge um vidro natural, a obsidiana (Figura 4.8 d). Alguns magmas contêm grandes quantidades de vapor de água e outros gases. Esses gases podem ser aprisionados na lava em resfriamento, onde formam numerosos orifícios ou cavidades pequenas, conhecidas como **vesículas**. As rochas

Figura 4.8 **Texturas de rochas ígneas**
a. O rápido resfriamento, como em fluxos de lava, resulta em minerais pequenos e uma textura afanítica (de grão fino).
b. O resfriamento mais lento em plútons produz uma textura fanerítica (de grão grosso).
c. Texturas porfiríticas indicam um histórico de resfriamento complexo.
d. A obsidiana tem uma textura vítrea porque o magma resfriou muito rápido, impedindo a formação de cristais minerais.
e. Os gases se expandem na lava para produzir uma textura vesicular.
f. Visão microscópica de uma rocha com uma textura fragmentária. Partículas incolores e angulares de vidro vulcânico de até 2 mm.

com muitas vesículas são denominadas *vesiculares*, como o basalto vesicular (Figura 4.8e). Quando essas vesículas estão preenchidas por minerais secundários temos as amígdalas.

Uma **textura piroclástica**, ou fragmentária, caracteriza rochas ígneas formadas pela atividade vulcânica explosiva (Figura 4.8f). Por exemplo, as cinzas carregadas para a atmosfera assentam na superfície, onde se acumulam e, se consolidadas, elas formam rochas ígneas piroclásticas.

Composição das rochas ígneas

As rochas ígneas, assim como os magmas do qual elas se originam, podem ser máficas (com 45% a 53% de sílica), intermediárias (com 53% a 65% de sílica) ou félsicas (mais de 65% de sílica). Algumas podem ser *ultramáficas* (menos 45% de sílica), e, provavelmente, são derivadas de magma máfico, por um processo que será discutido mais adiante. O magma original desempenha um papel fundamental na composição mineral das rochas ígneas. Por outro lado, de um mesmo magma podem surgir uma variedade de rochas ígneas, pois a composição magmática pode mudar de acordo com a sequência de cristalização dos minerais, sedimentação dos cristais ou, ainda, por assimilação e mistura de magmas (Figuras 4.3, 4.6 e 4.7).

Classificação das rochas ígneas

Os geólogos usam a textura e a composição para classificar a maioria das rochas ígneas e algumas podem ser classificadas, principalmente, pela textura. Na Figura 4.9, todas as rochas, exceto o peridotito, estão em pares. Os pares têm a mesma composição, mas diferentes texturas. Assim, basalto-gabro, andesito-diorito e riolito-granito são pares (mineralógicos) composicionais. Porém, basalto, andesito e riolito são afaníticos e mais comumente vulcânicos, enquanto gabro, diorito e granito são faneríticos e, na maioria das vezes, plutônicos. Geralmente, os membros vulcânicos e plutônicos, de cada par podem ser distinguidos pela textura, mas

textura piroclástica
Textura fragmentária de rochas ígneas compostas de materiais piroclásticos.

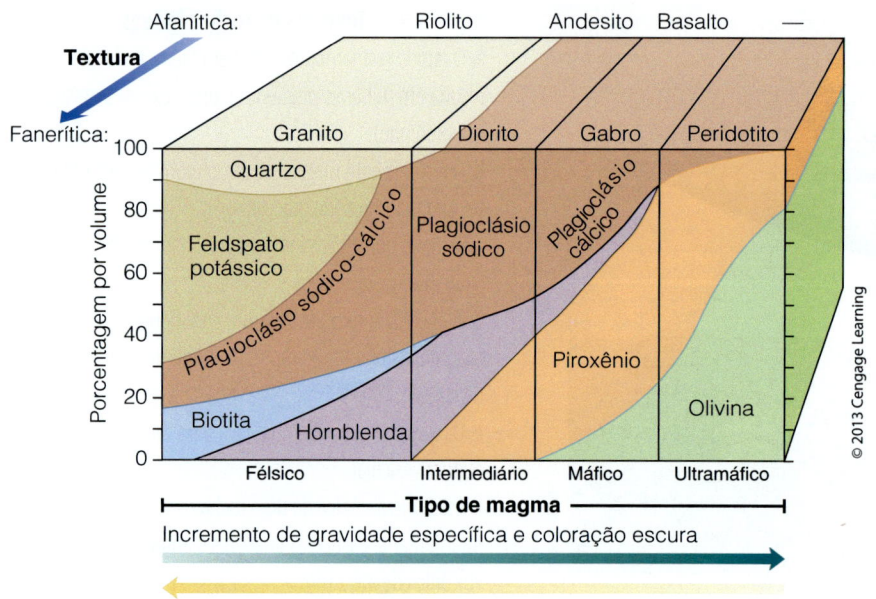

Figura 4.9 Classificação das rochas ígneas
Este diagrama mostra as porcentagens de minerais, bem como as texturas das rochas ígneas comuns. Por exemplo, uma rocha afanítica (de grão fino) rica em plagioclásio cálcico e piroxênio, é o basalto, ao passo que uma rocha fanerítica (de grão grosso) da mesma composição é o gabro.

as rochas de topo, em alguns plútons rasos, podem ser afaníticas e as rochas basais de fluxos de lava espessos podem ser faneríticas. Em outras palavras, essas rochas podem exibir uma gradação textural contínua.

As rochas ígneas, na Figura 4.9, também são diferenciadas pelo seu conteúdo mineral. Observando essa figura vemos que as proporções de silicatos ferromagnesianos e não ferromagnesianos variam do riolito ao basalto, por exemplo. As diferenças na composição, no entanto, são graduais ao longo de um contínuo composicional. Em outras palavras, existem inúmeras rochas com composições intermediárias entre as linhas que correspondem aos limites entre granito e o diorito, basalto e andesito, e assim por diante.

Rochas ultramáficas

Rochas ultramáficas (com menos de 45% de sílica) são compostas, principalmente, de silicatos ferromagnesianos. O *peridotito* contém predominantemente olivina, piroxênio e, as vezes, um pouco de plagioclásio cálcico (Figura 4.10). O peridotito é uma rocha preta ou esverdeada escura, já que, em sua composição, predominam a olivina e o piroxênio, minerais escuros. Provavelmente, as rochas ultramáficas na crosta terrestre são originadas de magma máfico, do qual a cristalização e a separação precoce de minerais ferromagnesianos mudou a sua composição, tornando-a mais félsica.

Fluxos de lava ultramáficas, denominados *komatiítos*, são encontrados, predominantemente, em sequências rochosas com mais de 2,5 bilhões de anos. Porém, lavas dessa natureza são raríssimas em sequências rochosas mais jovens pois, para entrar em erupção na superfície, a temperatura de uma lava ultramáfica seria de 1.600°C. Hoje, raramente, as temperaturas dos fluxos de lava máfica na superfície são superiores a 1.200°C. Qual seria a razão dessa escassez de lavas ultramáficas nas sequências rochosas mais jovens? Nos primórdios da evolução da Terra, devido às altas taxas de decaimento radioativo, o manto era até 300°C mais quente do que atual e, por isso, foi possível o aparecimento das lavas ultramáficas. Como a quantidade de calor radiogênico foi decrescendo ao longo do tempo, a Terra foi esfriando e as erupções de fluxos de lava ultramáficas foram escasseando até não mais acontecerem.

Basalto-gabro

O *basalto* e o *gabro* são, respectivamente, rochas afaníticas e faneríticas, conforme mostra a Figura 4.11, e se cristalizam a partir de magma máfico (de 45% a 53% de sílica). Ambas têm a mesma composição mineralógica: plagioclásio cálcico e piroxênio, com quantidades subordinadas de olivina e anfibólio (Figura 4.9). Por conterem uma grande proporção de silicatos ferromagnesianos, o basalto e o gabro são escuros. Aqueles que são porfiríticos contêm plagioclásio cálcio ou fenocristais olivina.

Extensos fluxos de lava de basalto cobrem vastas áreas em Washington, Oregon, Idaho e norte da Califórnia (para mais informações, consulte o Capítulo 5). O mesmo acontece no Brasil, onde o basalto da Bacia do Paraná cobre uma grande extensão territorial, do Rio Grande do Sul até o sul de Goiás. Ilhas oceânicas, como a Islândia, Galápagos, Açores e as ilhas do Havaí

Figura 4.10 Peridotito
Este exemplar de peridotito (rocha ultramáfica) é composto, principalmente, de olivina. Observe na Figura 4.9 que o peridotito é a única rocha fanerítica que não tem um correspondente afanítico. O peridotito é uma rocha pouco comum na superfície terrestre, mas é muito provável que seja o principal constituinte rochoso do manto.

a. O basalto é afanítico.

b. O gabro é fanerítico. Observe a luz refletida nas faces dos cristais.

Figura 4.11 Basalto e gabro – rochas ígneas máficas

são formadas, principalmente, de basalto, que também compõe a parte superior da crosta oceânica.

O gabro é menos comum que o basalto, pelo menos na crosta continental, onde é facilmente observado. Embora pequenos corpos intrusivos de gabro apareçam na crosta continental, as rochas intrusivas félsicas e intermediárias são mais comuns. A crosta oceânica inferior, no entanto, é composta por gabro.

Andesito-diorito

O *andesito* e o *diorito* (Figura 4.12), rochas ígneas de composição equivalente e granulação variando de muito fina a grossa, são formados a partir de um magma de composição intermediária (com 53% a 65% de sílica). Ambos são compostos, predominantemente, de plagioclásio cálcico-sódico e os componentes ferromagnesianos podem ser biotita, hornblenda e/ou piroxênio (Figura 4.9). A cor do andesito é cinza médio a escuro e o diorito tem uma aparência de "sal e pimenta-do-reino", por causa de seu plagioclásio branco a cinza-claro e silicatos ferromagnesianos escuros.

O andesito é uma rocha ígnea extrusiva comum, resfriada da lava que irrompeu nas cadeias vulcânicas em limites convergentes das placas. Os vulcões da Cordilheira dos Andes, na América do Sul, e da Cordilheira Cascade, na América do Norte Ocidental, são compostos, em parte, de andesito. Já corpos intrusivos de diorito são bastante comuns na crosta continental.

Riolito-granito

O *riolito* e o *granito* cristalizam-se a partir de magma félsico (mais de 65% de sílica) e, portanto, são rochas ricas em sílica (Figura 4.13). Ambos são compostos, principalmente, por feldspato potássico, plagioclásio rico em sódio e quartzo com, talvez, alguma biotita e, raramente, hornblenda (Figura 4.9). Em razão de os silicatos ferromagnesianos serem raros ou ausentes, o riolito e o granito são rochas de cor clara. O riolito é de grão fino, embora, na maioria das vezes, contenha fenocristais de feldspato potássico ou de quartzo; já o granito tem grão grosso.

Os fluxos de lava de riolito são menos comuns que os fluxos de andesito e basalto. É importante lembrar

Figura 4.12 **Andesito e diorito – Rochas ígneas intermediárias**

a. Este tipo de andesito tem inúmeros fenocristais de hornblenda e, por isso, a rocha é classificada como um hornblenda andesito porfirítico.

b. O diorito tem uma aparência de "sal e pimenta do reino" porque causa dos silicatos ferromagnesianos de cor escura, entremeados aos silicatos não ferromagnesianos de cor clara.

Figura 4.13 **Riolito e granito – Rochas ígneas félsicas**

Geralmente, essas rochas são de cor clara porque contêm, sobretudo, silicatos não ferromagnesianos. As manchas escuras no granito são de biotita. Os minerais brancos e rosados são plagioclásio e feldspato alcalino, e o mineral com aparência vítrea é o quartzo.

a. Riolito

b. Granito

que um controle da viscosidade do magma é o teor de sílica. Assim, se o magma félsico sobe para a superfície, ele começa a resfriar, a pressão sobre ele diminui e os gases são liberados explosivamente, obtendo-se, normalmente, materiais piroclásticos riolíticos. Os fluxos de lava riolíticos que ocorrem são espessos e altamente viscosos, movendo-se apenas por curtas distâncias.

O granito é uma rocha ígnea cristalina grosseira, com uma composição correspondente a do campo mostrado na Figura 4.9. Estritamente falando, nem todas as rochas neste campo são granitos. Por exemplo, uma rocha com uma composição próxima à linha de separação do granito do diorito é chamada *granodiorito*. Para evitar a confusão que pode resultar da introdução de mais nomes de rocha, vamos nos referir às rochas à esquerda da linha de granito-diorito, na Figura 4.9, como rochas *graníticas*.

As rochas graníticas são, de longe, as rochas ígneas plutônicas mais comuns e estão restritas aos continentes. A maioria das rochas graníticas foi cristalizada nas margens convergentes de placas, ou perto delas, durante os episódios de formação de montanha. Quando essas regiões montanhosas são elevadas e erodidas, as vastas massas de rochas graníticas que formam seus núcleos são expostas.

Pegmatito

O termo "pegmatito" refere-se a uma textura particular, em vez de uma composição específica. A maioria dos pegmatitos é composta, principalmente, de quartzo, feldspato potássico e plagioclásio rico em sódio, correspondendo ao granito. A principal característica dos pegmatitos é o tamanho de seus minerais, que medem, pelo menos, 1 cm transversalmente e, em alguns casos, dezenas de centímetros ou metros (Figura 4.14). Muitos pegmatitos são adjacentes aos grandes plútons de granito e são compostos de minerais que se formaram a partir do magma rico em água que restou depois de maior parte do granito ter cristalizado.

Quando o magma félsico resfria e forma o granito, o restante do magma rico em água apresenta densidade e viscosidade mais baixa, invadindo fissuras nas rochas próximas, onde os minerais cristalizam. Este magma rico em água também contém elementos que raramente entram nos minerais formadores do granito. A cristalização tardia desse resíduo magmático gera os pegmatitos simples e os pegmatitos complexos. Os pegmatitos simples são granitos de granulação grosseira. Já os pegmatitos complexos tem minerais de lítio, berílio, césio e boro e importância econômica, especialmente na Província Pegmatítica de Minas Gerais, no Brasil.

Figura 4.14 Pegmatito

a. Pegmatito, a rocha de cor clara, exposta no Canadá.

b. Visão aproximada de um pegmatito, com minerais medindo de 8 a 10 cm de e tamanho.

A formação e o crescimento de núcleos de cristal mineral em pegmatitos são semelhantes aos mesmos processos em outros magmas. Mas, por ser um magma rico em água, a formação de núcleos nos pegmatitos é prejudicada. No entanto, se alguns núcleos se formam, alguns minerais individuais podem crescer de forma acelerada, formando grandes cristais. Tal fato se deve a alta mobilidade dos íons no líquido e a possibilidade de se ligarem a um cristal em crescimento.

Outras rochas ígneas
Os geólogos classificam as rochas ígneas apresentadas na Figura 4.9 pela textura e pela composição, porém há outras rochas que são identificadas principalmente por suas texturas.

Grande parte do material fragmentado expelido pelos vulcões é cinza, uma designação para materiais piroclásticos medindo menos de 2 mm, a maioria formada por pedaços de minerais ou cacos de vidro vulcânico (Figura 4.8f). A consolidação das cinzas forma a rocha piroclástica *tufo* (Figura 4.15a). O tufo rico em sílica, de cor clara, é chamado de *tufo riolítico*. Alguns fluxos de cinzas são tão quentes que, conforme são depositados, as partículas de cinzas se agregam, umas às outras, formando um *tufo soldado*. Depósitos consolidados de materiais piroclásticos maiores, como cineritos, blocos e bombas, são chamados de *brechas vulcânicas*.

A *obsidiana* e as *pedras-pomes* são variedades de vidro vulcânico (Figuras 4.15b, 4.15c). A obsidiana pode ser preta, cinza-escura, vermelha ou castanha, dependendo da presença de ferro. A obsidiana se quebra em fratura conchoidal (superfície suavemente curva), típica de vidro. As análises químicas de variadas obsidianas indicam que a maioria delas tem um elevado teor de sílica e composição semelhante ao riolito.

As *pedras-pomes* são uma variedade de vidro vulcânico e contêm numerosas vesículas de quando o gás escapou através da lava, como uma massa de espuma (Figura 4.15c). Se uma pedra-pomes cai na água, ela pode percorrer grandes distâncias, porque é tão porosa e leve que flutua facilmente.

Outra rocha vesicular é a *escória*. Ela é mais cristalina e mais densa do que a pedra-pomes, mas ainda apresenta vesículas (Figura 4.15d).

OA4 CORPOS ÍGNEOS INTRUSIVOS: PLÚTONS

Diferentemente do vulcanismo e das rochas vulcânicas, podemos estudar os corpos ígneos intrusivos, chamados de **plútons**, apenas indiretamente, pois as rochas intrusivas se formam quando o magma resfria e cristaliza no interior da crosta terrestre (Figura 4.16a). Assim, somente quando acontece uma erosão profunda, expondo-os na superfície, é que esses corpos podem ser observados. Além disso, somente em pequenos experimentos laboratoriais é que os geólogos podem replicar as condições em que as rochas intrusivas se formam.

Os geólogos reconhecem vários tipos de

> **plúton** Corpo ígneo intrusivo formado quando o magma resfria e cristaliza no interior da crosta, como um batólito ou soleira.

Figura 4.15 Exemplos de rochas ígneas classificadas principalmente por sua textura.

a. Tufo: o tufo é composto de materiais piroclásticos (Fragmentos de Tufo - Capadócia, Turquia); b. Obsidiana - Vidro natural; c. Pedra-pomes: a pedra-pomes é vítrea e extremamente vesicular; d. Escória: a escória é vesicular, porém é mais escura, mais densa e mais cristalina que a pedra-pomes.

a. Tufo

b. Obsidiana

c. Pedra-pomes

d. Escória

---

plúton concordante
Corpo ígneo intrusivo, cujos limites são paralelos à estratificação da rocha encaixante.

plúton discordante
Plúton com limites discordantes da estratificação da rocha encaixante.

dique Plúton tabular discordante.

soleira Plúton tabular concordante.

plútons, com base em sua geometria (forma tridimensional) e em sua relação com as rochas originais. Em relação à geometria, os plútons são tabulares, cilíndricos ou irregulares. Além disso, podem ser **concordantes**, ou seja, apresentam limites paralelos à estratificação na rocha original, ou **discordantes**, com limites que atravessam a estratificação das rochas originais (Figura 4.16a).

Diques, soleiras e lacólitos

Diques e **soleiras** são corpos ígneos tabulares que se diferem apenas na medida em que são discordantes (diques) e concordantes (soleiras) com as rochas encaixantes (Figura 4.16a). Diques são comuns e variam, em sua espessura, de poucos centímetros a mais de 100 m (Figura 4.16b). Invariavelmente, são introduzidos em fraturas preexistentes ou onde a pressão do fluido é grande o suficiente para gerar suas próprias fraturas, conforme se movem para cima na rocha encaixante.

As soleiras são tabulares, assim como os diques, porém são concordantes com as rochas encaixantes. Muitas soleiras têm um metro ou menos de espessura, embora algumas sejam mais espessas. A maioria das soleiras foi introduzida em rochas sedimentares, mas vulcões erodidos também revelam que as soleiras são

Figura 4.16 Plútons

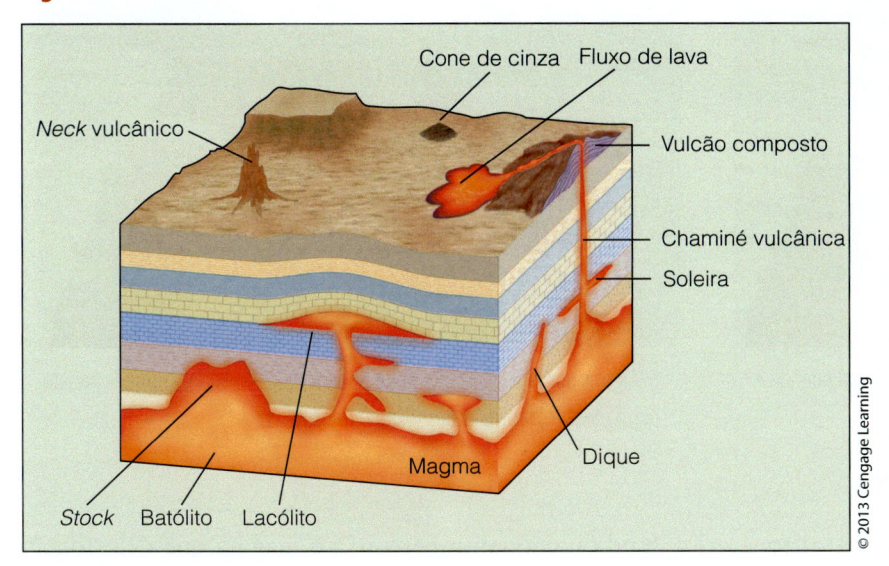

a. Bloco diagrama mostrando vários plútons. Alguns deles atravessam as camadas da rocha encaixante e são discordantes, enquanto outros são paralelos à estratificação e são concordantes.

b. A parte escura da rocha, nesta imagem, é um dique que atravessa discordantemente rochas sedimentares de idade Cenozoica, perto de Dulce, no Novo México.

c. *Neck* vulcânico em Monument Valley Navajo Tribal Park, Arizona, com 457 m de altura. A maioria dos remanescentes vulcânicos dessa região foi desgastada pela erosão.

para que o magma realmente levante as rochas sobrepostas e avance entre elas.

Sob algumas circunstâncias, uma soleira se encorpa de magma e arqueia as rochas sobrepostas para cima, formando um corpo ígneo chamado de **lacólito** (Figura 4.16a). Um lacólito tem uma base plana e é abobadado para cima na sua parte central, o que confere a ele uma geometria similar à de um cogumelo. Assim como as soleiras, os lacólitos são intrusões rasas, que arqueiam as rochas sobrepostas.

Tubos e chaminés vulcânicos

Os vulcões têm uma tubulação cilíndrica conhecida como **chaminé vulcânica**, que se conecta a uma câmara de magma subjacente. Em erupção, o magma sobe através dessa estrutura. No entanto, quando um vulcão fica em latência, suas encostas são atacadas pelo intemperismo e erosão, mas o magma consolidado na chaminé, por ser mais resistente à erosão, permanece como um *neck* **vulcânico** (Figura 4.16c). Vários *necks* vulcânicos são encontradas no sudoeste dos Estados Unidos, especialmente no Arizona e no Novo México, bem como em outros lugares.

Batólitos e *stocks*

Entre os plútons, o **batólito** é o maior de todos e deve ter, pelo menos, 100 km² de área de superfície. Porém, grande parte deles é maior que isso (Figura 4.16a). Um *stock* é um batólito de dimensão menor. Alguns *stocks* são, simplesmente, pedaços de grandes plútons expostos pela erosão. Os batólitos e os *stocks* são, em grande parte, discordantes das rochas encaixantes embora possam ser concordantes. Em geral, os batólitos consistem, especialmente, em intrusões múltiplas,

injetadas em pilhas de rochas vulcânicas. Na verdade, algumas das dilatações de um vulcão, que precedem uma erupção, podem ser causadas pela injeção de soleiras (para mais informações, consulte o Capítulo 5). Ao contrário dos diques, que seguem zonas de fraqueza, as soleiras são introduzidas entre as camadas da rocha original quando a pressão do fluido é grande, o suficiente,

lacólito Plúton concordante com uma geometria similar ao cogumelo.

chaminé vulcânica Duto que conecta a cratera de um vulcão a uma câmara de magma subjacente.

***neck* vulcânico** Remanescente erosional do material que solidificou na chaminé vulcânica.

batólito Plúton discordante de forma irregular, com pelo menos 100 km² de área aflorante.

stock Plúton discordante de forma irregular, com uma área aflorante menor que 100 km².

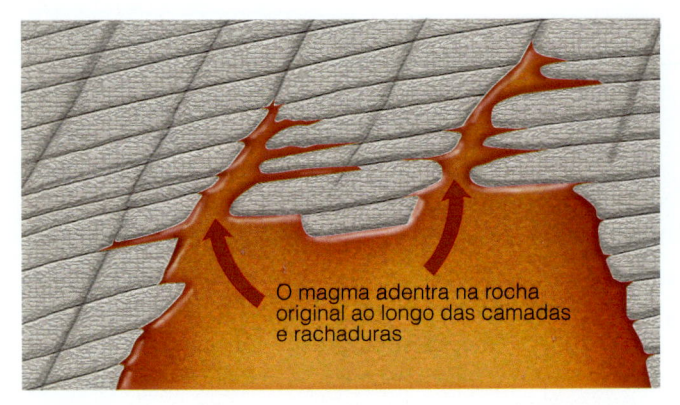

a. A escavação ocorre quando o magma sobe para a crosta, desprendendo e engolfando pedaços da rocha encaixante.

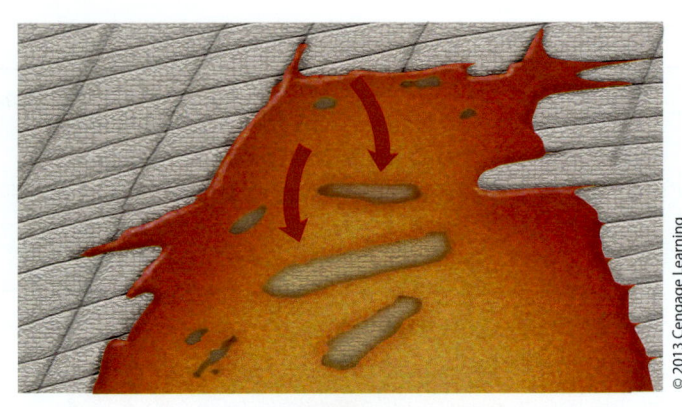

b. Alguns dos blocos desprendidos podem ser assimilados e alguns podem permanecer como inclusões (Figura 4.7b).

Figura 4.17 Colocação de um batólito por bloqueio

escavação Processo no qual o magma ascendente desprende e engolfa pedaços de rocha original.

ou seja, um batólito é um grande corpo composto, produzido por intrusões de magma volumosas, repetidas na mesma região.

As rochas ígneas que compõem os batólitos são, em grande parte, graníticas, com algum diorito subordinado. Geralmente, batólitos e *stocks* surgem nas proximidades dos limites convergentes de placas, durante os episódios de formação das montanhas. Um exemplo é o batólito de Serra Nevada, na Califórnia, formado ao longo de milhões de anos. Outros grandes batólitos na América do Norte incluem o batólito de Idaho, o batólito de Boulder, em Montana, e o batólito de Coast Range, em British Columbia, no Canadá.

Recursos minerais podem ser encontrados em rochas de batólitos e *stocks*, bem como nas rochas encaixantes. Os depósitos de cobre em Butte, Montana, por exemplo, estão localizados nas encaixantes do batólito granítico de Boulder. Próximo a Salt Lake City, em Utah, o cobre é encontrado em rochas mineralizadas pelo *stock* de Bingham, um pequeno plúton composto de granito e de granito pórfiro. As rochas graníticas também são fontes de ouro, depositado a partir de soluções minerais que se deslocam por rachaduras e fraturas do corpo ígneo.

OA5 ORIGEM DOS BATÓLITOS

Os geólogos perceberam, há muito tempo, que a existência dos batólitos representava um problema de espaço. O que aconteceu com a rocha que, originalmente, ocupava o lugar do batólito? Uma resposta seria que ele teria fundido enquanto percorria o magma que deu origem aos batólitos. Assim foi assimilado enquanto o magma se movia crosta cima (Figura 4.7). A existência de encraves de rochas encaixantes, especialmente perto dos topos de alguns plútons, indica o processo de assimilação. No entanto, como já observamos, a assimilação é um processo limitado, pois o magma esfria conforme a rocha original é assimilada. Os cálculos indicam que há pouco calor no magma para assimilar as grandes quantidades de rocha original necessárias para dar lugar a um batólito.

Atualmente, grande parte dos geólogos concordam que os batólitos foram colocados na crosta terrestre por *injeção forçada*, conforme o magma se movia para cima (Figura 4.17a). Vale lembrar que o granito deriva de magma félsico e, por ser viscoso, movimenta-se lentamente pela crosta. Nesta movimentação para cima, o magma deforma lateralmente para cima a rocha encaixante e, conforme sobe a rocha deformada é rebatida para baixo e preenche o espaço por baixo do magma em ascensão.

Alguns batólitos mostram evidências de terem sido colocados por injeção forçada. É provável que este mecanismo seja comum nas regiões mais profundas da crosta, onde a temperatura e a pressão são elevadas e as rochas originais são facilmente deformadas. Em profundidades menores, a crosta é mais rígida e tende a se deformar por fratura. Neste ambiente, os batólitos podem se mover para cima, por **escavação**, um processo no qual o magma ascendente desprende e engolfa pedaços da rocha original (Figura 4.17b). De acordo com esse conceito, o magma se move para cima ao longo de fraturas e dos planos que separam as camadas da rocha original. Assim, os pedaços da rocha original separam e assentam no magma. Nenhum espaço novo é criado durante a escavação. O magma apenas preenche o espaço anteriormente ocupado pela rocha original.

5 | Vulcões e vulcanismo

Erupção do Eyjafjallajökull, em 17 de abril de 2010, vulcão localizado debaixo de uma geleira na Islândia. Essa erupção, embora não muito grande, lançou uma gigantesca nuvem de vapor e cinzas vulcânicas na atmosfera. Por causa disso, o tráfego aéreo sobre o Atlântico Norte foi interrompido durante vários dias.

Introdução

"Quando considerado no contexto da história da Terra, o vulcanismo é na verdade um processo construtivo".

Cerca de 550 vulcões estão ativos na Terra – isto é, eles entraram em erupção durante o nosso tempo histórico, mas apenas um pouco mais de uma dúzia entram em erupção a qualquer momento. A maioria das erupções é pequena e nem é notificada na imprensa, a menos que ela ocorra em áreas povoadas, ou perto delas, ou que tenham consequências trágicas. Um exemplo recente foram as erupções do vulcão Eyjafjallajökull, em abril de 2010 na Islândia (foto ao lado). Essas erupções não foram particularmente grandes e aconteceram debaixo de 200 m de gelo glacial. As explosões de vapor injetaram grandes quantidades de cinzas vulcânicas na atmosfera e o transporte aéreo sobre o Atlântico Norte ficou interrompido por vários dias.

Além dos vulcões ativos, a Terra também abriga vulcões adormecidos, ou seja, esses vulcões que não entraram em erupção em nosso período histórico, mas que ainda podem fazê-lo. Por exemplo, em 1991, depois de 600 anos, o Monte Pinatubo nas Filipinas, entrou em erupção. O mesmo aconteceu, em agosto de 2010, com o Monte Sinabung na Indonésia, que estava adormecido há 400 anos. Milhares de outros vulcões estiveram inativos durante o nosso tempo histórico e não mostram sinais de que serão ativos num futuro próximo. Nesse caso, estariam extintos. O Sutter Buttes, no norte da Califórnia, entrou em erupção pela última vez a 1,5 milhões de anos atrás e não mostra indícios de qualquer atividade residual.

Os vulcões em erupção, como poucos fenômenos geológicos, com seus fluxos ardentes de lava e grandes nuvens de partículas de matéria explodindo na atmosfera, captura intensamente a imaginação do público. São excelentes temas para filmes – muitos dos quais mostram os fluxos de lava como um grande perigo para os seres humanos. De fato, em 2002, a lava correu em Goma, Zaire (República Democrática do Congo), explodindo tanques de armazenamento de gasolina e matando 147 pessoas. Fluxos de lava podem destruir edifícios e cobrir a terra produtiva. Mas, em geral, essas são as manifestações menos perigosas das erupções vulcânicas. Erupções explosivas, por outro lado, são muito perigosas, especialmente se ocorrerem perto de áreas povoadas.

Vulcões em erupção causam mortes e danos consideráveis mas, no contexto da história da Terra, o vulcanismo é apenas um processo construtivo. Durante a história primitiva do planeta, as erupções vulcânicas desempenharam um papel importante na origem da atmosfera e da água superficial. Além disso, a crosta oceânica é produzida continuamente pelo vulcanismo nas zonas de espalhamento. As Ilhas oceânicas, como o Havaí, a Islândia, os Açores e muitas outras, devem sua existência a erupções vulcânicas. Além disso, a lava vulcânica, materiais piroclásticos e fluxos de lama vulcânica em áreas como a Indonésia, por exemplo, quando intemperizados, se convertem em solos produtivos.

Objetivos de Aprendizagem (OA)

Ao finalizar este capítulo você será capaz de:

OA1 Entender o vulcanismo e os vulcões

OA2 Identificar os tipos de vulcões

OA3 Identificar outras formas de relevo vulcânico

OA4 Identificar a distribuição dos vulcões

OA5 Compreender a relação entre placas tectônicas, vulcões e plútons

OA6 Entender os riscos vulcânicos, o monitoramento de vulcões e a previsão de erupções

Erupções nos EUA Continental

Três erupções vulcânicas ocorreram no território continental dos Estados Unidos desde 1914, todas na Cordilheira Cascade, que se estende do norte da Califórnia através do Oregon, Washington e ao sul da Colúmbia Britânica, no Canadá.

vulcão Uma colina ou monte formado em torno de uma abertura crustal, como resultado da erupção de lava e materiais piroclásticos.

vulcanismo O processo pelo qual o magma e seus gases associados sobem através da crosta e são extrusivos para a superfície, ou para a atmosfera.

Uma excelente razão para estudar o vulcanismo é que ele ilustra as complexas interações entre os sistemas da Terra. A emissão de gases e materiais piroclásticos tem impacto imediato e profundo sobre a atmosfera, a hidrosfera, a biosfera e, pelo menos, nas proximidades do vulcão. Em outros casos, os efeitos são mundiais, como foram após as erupções de Tambora em 1815, Krakatoa em 1883 e Pinatubo, em 1991.

OA1 VULCÕES E VULCANISMO

Um **vulcão** é uma colina ou monte que se forma em torno de uma abertura crustal, onde lava, materiais piroclásticos e gases entram em erupção. Portanto, ele é um *acidente geográfico* e uma feição típica na superfície da Terra. O termo **vulcanismo** se refere a todos os processos relacionados à ascensão e escape de magma e gases na superfície ou na atmosfera. O vulcanismo responde pela origem de todas as rochas vulcânicas (ígneas extrusivas), tais como o basalto, tufo vulcânico e obsidiana, bem como pelos edifícios vulcânicos. Mas algumas erupções ocorrem ao longo de fissuras e constroem gigantescos derrames de basalto (o que será discutido mais adiante neste capítulo).

Todos os planetas terrestres (Mercúrio, Vênus e Marte) e a Lua da Terra foram vulcanicamente ativos durante sua história primitiva. Agora, o único planeta com possíveis vulcões ativos é Vênus. Em abril de 2010, os cientistas do *Jet Propulsion Laboratory*, em Pasadena, Califórnia, confirmaram a presença de três vulcões ativos em Vênus. Os vulcões também são conhecidos em dois outros corpos do sistema solar. Triton, uma das luas de Netuno tem, provavelmente, vulcões ativos e Io, uma lua de Júpiter, é, de longe, o corpo vulcânico mais ativo no sistema solar. Sistematicamente, os seus numerosos vulcões, cem ou mais, entram em erupção.

Gases vulcânicos

Os gases vulcânicos atuais contêm de 50% a 80% de vapor de água, pequenas quantidades de dióxido de carbono, nitrogênio e gases de enxofre – especialmente dióxido de enxofre e sulfeto de hidrogênio. Pequenas quantidades de monóxido de carbono, hidrogênio e cloro também estão presentes. Em áreas de vulcanismo recente, a emissão de gases é contínua em fumarolas (respiradouros vulcânicos), sendo perceptível pelo odor de ovo podre do gás sulfídrico (Figura 5.1).

Conforme o magma sobe para a superfície, a pressão é reduzida e os gases contidos começam a expandir. No magma félsico, altamente viscoso, a expansão é inibida e a pressão do gás aumenta. Esse aumento de pressão pode ser grande, o suficiente para causar uma explosão e produzir materiais piroclásticos. Por outro lado, o magma máfico, de baixa viscosidade, permite que os gases se expandam e escapem facilmente. Desse modo, uma erupção de magma máfico é, normalmente, um processo bastante tranquilo.

A maioria dos gases vulcânicos se dissipa rapidamente na atmosfera e não representa um grande perigo para os seres humanos. Mas, em várias ocasiões, eles tiveram efeito climático de longo alcance ou causaram mortes. Em 1783, por exemplo, os gases de enxofre que irromperam da fissura de Laki na Islândia, foram os responsáveis pela perda de colheitas e a morte de 24% da população da Islândia. Esse episódio ficou conhecido com a Fome da Neblina Azul. Em 1816, a Europa e a América do Norte oriental, tiveram um tempo excepcionalmente frio na primavera e no verão, além de uma "névoa seca" persistente. O ano de 1816, na América do Norte, ficou conhecido como "o ano sem verão" ou "mil e oitocentos congelando para morrer". A geada mortal durante

Vog

Os moradores da ilha do Havaí criaram o termo *vog* para designar a fumaça vulcânica. O vulcão Kilauea está em erupção contínua desde 1983, liberando pequenas quantidades de lava e grandes quantidades de dióxido de carbono e dióxido de enxofre. O dióxido de carbono não é um problema porque ele se dissipa na atmosfera, mas o dióxido de enxofre produz uma névoa e o odor desagradável de enxofre. O *vog* provavelmente representa pouco ou nenhum risco de saúde para os turistas, mas é uma ameaça em longo prazo para os moradores do lado oeste da ilha, onde o *vog* é mais comum.

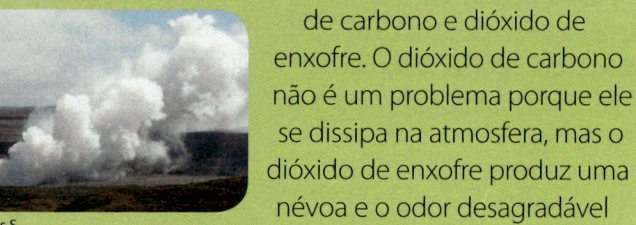

James S. Monroe

Figura 5.1 Fumarola no Parque Nacional de Lassen, Califórnia
Esta fumarola surgiu há alguns anos, no topo dessa encosta e, desde então, se movimenta para baixo e já está próxima à rodovia, localizada na parte inferior direita da foto.

o verão resultou em perdas de colheitas e escassez de alimentos. Este verão particularmente frio foi atribuído à enorme erupção de 1815 do Tambora, na Indonésia. A erupção no ano anterior do Vulcão Mayon, nas Filipinas, provavelmente, também contribuiu para o agravamento do quadro climático.

Em 1986, 1746 pessoas morreram em Camarões (África), quando uma nuvem de dióxido de carbono as engolfou. Esse gás estava acumulado sob as Águas do Lago Nyos, que ocupa uma caldeira vulcânica. Os cientistas ainda discordam sobre o que fez o gás escapar de repente do lago, mas após o escape, por ser mais denso que o ar, o gás caminhou pela superfície. A densidade e a velocidade dessa nuvem de gás foram grandes o suficiente para achatar a vegetação nas redondezas do lago, incluindo árvores. Milhares de animais e muitas pessoas, algumas a 23 km de distância do lago, foram asfixiadas.

Fluxos de lava

Filmes e programas de TV mostram fluxos de lava como um grande perigo para os seres humanos, mas apenas raramente eles causam mortes. A razão é que a maioria dos fluxos de lava flui devagar e, por serem fluidos, seguem áreas rebaixadas. Assim, uma vez que um fluxo começa a se mover, é bastante fácil determinar o caminho que ele vai tomar e as pessoas em áreas susceptíveis de serem afetadas podem ser evacuadas. De abril de 1990 a janeiro de 1991, os fluxos de lava cobriram Kalapana, no Havaí, e destruíram 180 casas, estradas e pontos de interesse arqueológico. Mas as decisões tomadas pelas autoridades da Defesa Civil que trabalham com os geólogos no *Hawaiian Volcano Observatory*, relativas à evacuações e fechamentos de estradas, evitaram feridos e fatalidades.

Mesmo fluxos de baixa viscosidade, como estes do Havaí, não são rápidos. Porém, a velocidade pode aumentar quando as margens do fluxo se resfriam em um canal. Dessa forma, o fluxo, isolado por todos os lados, tal como em um **tubo de lava**, atinge velocidades acima de 50 km/h. Um tubo de lava é formando quando as margens e a superfície superior do fluxo

tubo de lava Túnel sob a superfície solidificada de um fluxo de lava, através do qual a lava se move. O espaço vazio quando a lava do interior de um tubo é drenada para fora.

Figura 5.2 Tubos de lava
Os tubos de lava, que consistem em espaços ocos debaixo das superfícies de fluxos de lava, são comuns em muitas áreas.

a. Um tubo de lava ativo no Havaí. Parte do teto do tubo entrou em colapso, formando uma claraboia.

b. Um tubo de lava no Havaí após a lava ter sido drenada para fora.

Figura 5.3 Fluxos de lava pahoehoe e aa
Pahoehoe e aa foram nomes dados para os fluxos de lava do Havaí, mas os mesmos tipos de fluxos são encontrados em muitas outras áreas vulcânicas.

a. Um fluxo de pahoehoe com aparência similar a de um caramelo puxa-puxa.

b. Um fluxo de lava aa avança sobre um fluxo pahoehoe mais velho. Observe a natureza irregular do fluxo aa.

solidificam, formando assim um canal através do qual a lava pode se mover rapidamente e por grandes distâncias. Quando uma erupção cessa, e o tubo foi esvaziado surge um túnel vazio (Figura 5.2). Se parte do teto de um tubo de lava entrar em colapso, forma-se uma claraboia, através da qual um fluxo ativo pode ser observado, ou se permite o acesso a um tubo de lava inativo.

Os geólogos no Havaí caracterizaram os fluxos de lava de basalto como pahoehoe ou aa, embora esses termos sejam agora usados em outros lugares também.

Figura 5.4 Lava em almofada
A maior parte da parte superior da crosta oceânica é composta de lava em almofada que se formou quando a lava irrompeu sob a água do mar.

a. Lava em almofada no fundo do Oceano Pacífico, cerca de 240 km a oeste do Oregon, formada cinco anos antes de esta foto ser tirada.

b. Lava em almofada antiga, formada no fundo do mar, mas que agora faz parte da crosta continental do Alasca.

Pahoehoe (pronunciado pei-roi-roi) tem uma superfície lisa e viscosa muito semelhante a um caramelo puxa-puxa (Figura 5.3a). A superfície de um fluxo **aa** (pronunciado ah-ah) consiste de blocos e fragmentos irregulares e angulares (Figura 5.3b). Os fluxos pahoehoe são mais quentes e finos que os fluxos aa. Os fluxos aa são viscosos o suficiente para se quebrarem em blocos e seguir em frente como uma parede de pedregulhos. Um fluxo pahoehoe pode mudar ao longo do seu curso para aa, conforme sua viscosidade aumenta, em parte porque ele esfria. Mas um aa não muda para um pahoehoe.

A maior parte das rochas ígneas da crosta oceânica superior é formada por massas bulbosas de basalto que se assemelham a almofadas, daí o nome **lava em almofada** (*pillow lava*). Os geólogos sabem, há muito tempo, que a lava em almofada (Figura 5.4) é gerada pelo resfriamento rápido do magma debaixo

pahoehoe Tipo de fluxo de lava com uma superfície lisa enrugada.

aa Fluxo de lava com uma superfície áspera com blocos angulares e fragmentos.

lava em almofada
Massas bulbosas de basalto, assemelhando-se a almofadas, formadas quando a lava é rapidamente resfriada sob a água.

Figura 5.5 Disjunção colunar
A junção colunar é vista principalmente em fluxos de lava máfica e rochas plutônicas relacionadas.

a. Juntas colunares em um fluxo de lava de basalto no *Devil's Postpile National Monument*, na Califórnia. Os escombros em primeiro plano são de colunas colapsadas.

b. Vista da superfície das colunas da figura ao lado. As linhas retas e polidas são resultado da abrasão por uma geleira que se moveu sobre esta superfície.

VULCÕES E VULCANISMO

Figura 5.6 Dorsais de pressão e cones de respingos

a. A superfície deformada deste fluxo de lava do vulcão do lago Medicine, na Califórnia, é um cume de pressão. Ele se formou pelo arraste interno do fluxo de lava que deformou e rompeu a superfície solidificada da lava.

b. Estes dois montinhos rochosos são cones de respingos na superfície de um fluxo de lava no campo vulcânico de Coso, na Califórnia.

de água. Mas a formação da lava em almofada foi observada pela primeira vez em 1971. Mergulhadores no Havaí viram quando uma bolha rompeu a crosta de um fluxo de lava submarina e se arrefeceu muito rapidamente. Esse resfriamento rápido da lava gerou uma estrutura em forma de almofada ou de um pedaço de pão, com um exterior vítreo. Em seguida, a lava fluida no interior da almofada rompeu a sua crosta e gerou uma nova almofada e, assim, sucessivamente, o fluxo de lava foi avançando continuamente pelo leito submarino.

Os fluxos de lava máfica e alguns fluxos de lava intermediário, assim como algumas rochas de diques, soleiras e *necks* vulcânicos, mostram um padrão de colunas delimitadas por fraturas que os geólogos chamam de **disjunção colunar**. Para as disjunções colunares se formarem, um fluxo de lava deve cessar seu movimento e, em seguida, resfriar e contrair, criando forças para abrir as fraturas, conhecidas como juntas. Na superfície de um fluxo de lava, as fraturas são comumente fendas poligonais (muitas vezes de seis lados) que se estendem para baixo, delineando colunas com seus longos eixos perpendiculares à superfície de resfriamento (Figura 5.5).

A pressão de um fluxo de lava ainda em movimento deforma a crosta superficial, parcialmente solidificada em cumes de pressão (Figura 5.6a). Gases que escapam de um fluxo de lava arremessam bolhas de lava para o ar; então elas caem de volta no local de escape, aderindo umas às outras e formando pequenos cones íngremes de respingos laterais. Se o escape de gás for ao longo de uma fissura, formam-se muralhas de respingos. Cones de respingos (Figura 5.6b), de alguns metros de altura são comuns sobre os fluxos de lava no Havaí e, também, em muitas outras áreas vulcânicas da Terra.

Materiais piroclásticos

> **disjunção colunar**
> Formação de colunas em algumas rochas ígneas, conforme elas se resfriam e contraem, criando juntas e fraturas longitudinais.
>
> **cinza vulcânica**
> Material piroclástico menor que 2 mm.

Além de fluxos de lava, vulcões em erupção ejetam materiais piroclásticos, especialmente **cinzas vulcânicas**, uma designação para partículas piroclásticas que medem menos de 2 mm (Figura 5.7). Em alguns casos, a cinza é ejetada para a atmosfera e se deposita na superfície como uma *chuva de cinzas*. Diferentemente de uma chuva de cinzas, um *fluxo de cinzas* é uma nuvem de cinzas e gás que flui ao longo ou perto da superfície da terra. Fluxos de cinzas podem se mover a mais de 100 km por hora e alguns cobrem vastas áreas.

Em áreas povoadas adjacentes a vulcões, chuvas de cinzas e fluxos de cinzas podem gerar problemas graves e as cinzas vulcânicas na atmosfera são um perigo para a aviação. Em 1989, no Alasca, os quatro motores a jato do Voo 867 da KLM falharam por causa das cinzas do vulcão Redoubt. O avião, que transportava 231 passageiros, perdeu mais de 3 km em altitude antes de a tripulação conseguir fazer os motores funcionarem novamente. Depois de quase cair, o avião pousou, em segurança, em Anchorage, no Alaska. Os reparos da aeronave somaram 80 milhões de dólares. Agora, imagine o prejuízo das erupções de abril de 2010 do Eyjafjallajökull, na Islândia, que interromperam, por vários dias, o tráfego aéreo sobre o Atlântico Norte.

Além de cinza vulcânica, vulcões expelem *lapilli*, bombas e blocos (Figura 5.7). *Lapilli* é um material piroclástico fino, de 2 mm a 64 mm de tamanho. Bombas são materiais vulcânicos com mais de 64 mm, com forma aerodinâmica retorcida, o que indica que foram expelidos como bolhas de magma que resfriaram e solidificaram durante seu voo pelo ar. Os blocos, também maiores que

Christopher Parypa/Shutterstock.com

Figura 5.7 Materiais piroclásticos

Materiais piroclásticos são todas as partículas ejetadas de vulcões, especialmente durante as erupções explosivas. A bomba vulcânica é alongada porque enrijeceu enquanto descia pelo ar. O *lapilli* desta foto foi coletado em um pequeno vulcão no Oregon, enquanto a cinza foi coletada na erupção de 1980 do Monte Santa Helena, em Washington.

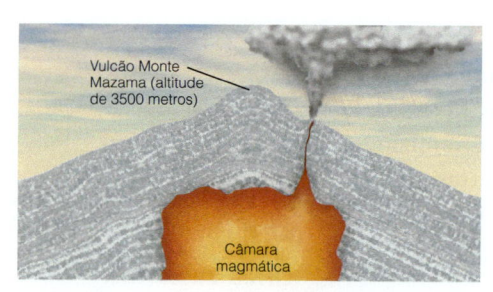

a. A erupção começa quando enormes quantidades de cinzas são ejetadas do vulcão.

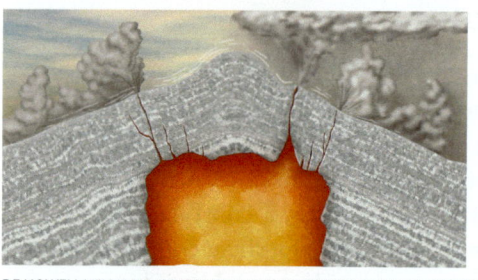

b. O colapso da cúpula, para dentro da câmara magmática parcialmente drenada, forma uma enorme caldeira.

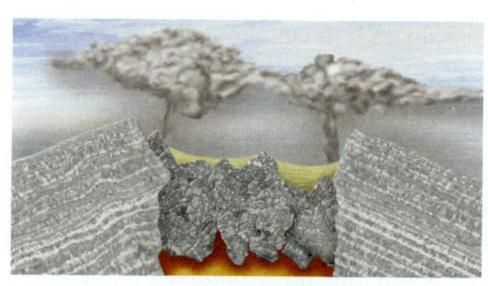

c. A erupção continua e, como mais cinzas e pedras-pomes são ejetadas para o ar, os fluxos piroclásticos se movem para baixo, nos flancos da montanha.

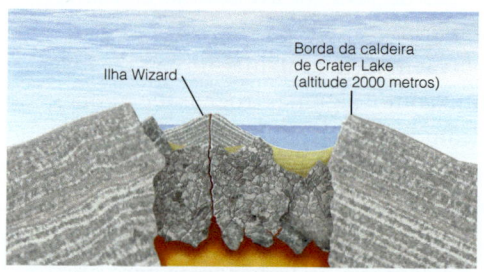

d. Erupções pós-caldeira cobrem parcialmente o piso da caldeira e surge um pequeno cone de cinzas, chamado Ilha Wizard.

DE HOWELL WILLIAMS, CRATER LAKE: THE STORY OF ITS ORIGIN (BERKELEY, CALIF.: UNIVERSITY OF CALIFORNIA PRESS): ILLUSTRATIONS DA P. 84. © 1941 DIRIGENTES DA UNIVERSITY OF CALIFORNIA, © RENOVADO 1969, HOWELL WILLIAMS.

e. Vista da borda de Lago de Cratera mostrando a Ilha Wizard. O lago tem 594 m de profundidade, e é o segundo mais profundo na América do Norte.

Figura 5.8 A origem de Crater Lake, Oregon
O Lago de Cratera é, na verdade, uma caldeira que se formou quando o cume de um vulcão entrou em colapso para dentro de uma câmara magmática parcialmente drenada.

64 mm, são fragmentos rochosos irregulares arrancados de um canal vulcânico ou de uma crosta de lava solidificada. Em razão de seu tamanho, os *lapilli*, bombas e blocos são encontrados em áreas próximas de uma erupção.

cratera Uma depressão, de circular a oval, situada no cume de um vulcão, como resultado da erupção de lava, materiais piroclásticos e gases.

OA2 TIPOS DE VULCÃO

Em termos gerais, um vulcão é uma colina ou monte que se forma em torno de uma abertura onde lava, materiais piroclásticos e gases entram em erupção. Embora os vulcões variem em tamanho e forma, todos têm um duto (ou dutos) que conduz a uma câmara magmática abaixo da superfície. Vulcano, o deus romano do fogo, foi a inspiração para chamar essas montanhas de vulcões. E, em razão do perigo e de sua conexão óbvia com o interior da Terra, eles são temidos por muitas culturas.

A maioria dos vulcões tem uma depressão circular, conhecida como **cratera**, no cume ou em seus flancos, formada por explosões ou colapso. A maioria das

Figura 5.9 Vulcões-escudo

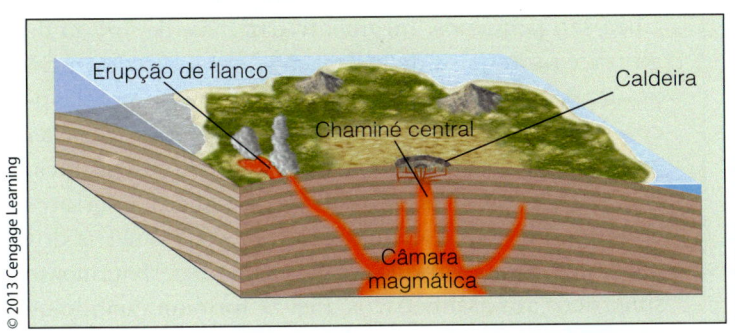

a. Vulcões-escudo consistem em numerosos e delgados fluxos de lava basáltica que formam montanhas com inclinações raramente superiores a 10 graus.

b. Perfil do vulcão Mauna Loa, no Havaí. Mauna Loa é um do cinco enormes vulcões-escudo que compõem a ilha do Havaí.

crateras tem menos de 1 km de diâmetro; as depressões maiores são chamadas de **caldeira**. Na verdade, alguns vulcões apresentam uma cratera dentro de uma caldeira. Caldeiras são estruturas enormes que formam erupções volumosas e seguidas. Durante essas erupções, parte de uma câmara magmática é drenada e o cume da montanha desaba no espaço desocupado abaixo. Um excelente exemplo disso é a Lago de Cratera, no Oregon (Figura 5.8). Lago de Cratera é uma caldeira anelar íngreme que se formou há 7700 anos. Por mais impressionante que ela seja, ainda existem caldeiras maiores, como a Toba, em Sumatra, que tem 100 km de comprimento e 30 km de largura.

Os geólogos já identificaram vários tipos de vulcões e é preciso reconhecer que cada vulcão é único na sua história de erupções e evolução. Por exemplo, a frequência das erupções varia consideravelmente. Os vulcões havaianos e o Monte Etna, na Sicília, por exemplo, já entraram em erupção várias vezes. Já o Pinatubo, nas Filipinas, que entrou em erupção em 1991, estava adormecido há 600 anos. Alguns vulcões são tão complexos que têm as características de mais de um tipo de vulcão.

> **caldeira** Uma grande depressão, de circular a oval, lateralmente íngreme, formada pelo colapso do cume vulcânico na câmara magmática subjacente, que foi parcialmente drenada.
>
> **vulcão-escudo** Um vulcão com um perfil baixo, de topo arredondado, formado principalmente pela sobreposição de fluxos de lava de basalto.

Vulcões-escudo

Vulcões-escudo se parecem muito com a superfície exterior de um escudo deitado no chão, com o lado convexo para cima (Figura 5.9). Eles são compostos, quase que inteiramente, de fluxos de lava máfica de baixa viscosidade. Por isso, os fluxos se espalharam lateralmente e formaram camadas finas que se inclinam apenas de 2 a 10 graus. Vulcões-escudo em erupção, às vezes chamadas de erupções do tipo havaiano, são

Figura 5.10 Cones de cinza

Paricutín, este cone de cinza de 400 m de altura no México, formou-se em um curto espaço de tempo, quando materiais piroclásticos começaram a entrar em erupção no campo de um agricultor, em 1943. Os fluxos de lava do vulcão cobriram duas aldeias vizinhas, mas a atividade cessou em 1952.

TIPOS DE VULCÃO

> **cone de cinza** Um pequeno vulcão com lateral íngreme, feito de materiais piroclásticos que se assemelham às cinzas que se acumulam em torno de uma chaminé.

bastante calmos em comparação com erupções de muitos outros vulcões, em particular os localizados nos limites das placas convergentes. Quando o magma atinge a superfície e os gases expandem, a lava incandescente pode ser vigorosamente ejetada das fontes de lava, atingindo até 400 m de altura. Mas o magma que sobe à superfície, assim como os fluxos de lava, representam pouco perigo para os seres humanos, exceto para aqueles estão muito próximos aos vulcões.

Apesar das erupções de vulcões-escudo serem bastante calmas, quando a água subterrânea, instantaneamente vaporizada, entra em contato com o magma, produz explosões consideráveis, como as que já aconteceram em alguns dos vulcões havaianos. Em 1790, uma explosão dessas matou cerca de 80 guerreiros que o Chefe Keoua estava conduzindo pelo cume do vulcão Kilauea. Este vulcão é impressionante porque está em contínua erupção desde 3 de janeiro de 1983, o que faz dela a erupção mais longa já registrada. Durante 28 anos, mais de 2,5 km³ de rocha derretida fluiu para a superfície e uma grande parte alcançou o mar e formou 2,2 km² de novas terras na ilha de Havaí. Além disso, esse fluxo de lava destruiu muitas casas e causou danos da ordem de 61 milhões de dólares.

A ilha do Havaí é composta de cinco enormes vulcões-escudo, dos quais dois, Kilauea e Mauna Loa, estão ativos na maior parte do tempo. O Mauna Loa tem cerca de 100 km em toda a sua base e está a mais de 9,5 km acima do fundo marinho circundante; ele tem um volume estimado em 50.000 km³, o que faz dele o maior vulcão do mundo. Por fim, embora sejam mais comuns nas bacias oceânicas, vulcões-escudo também estão presentes nos continentes, como é o caso do leste da África.

Cones de cinza

Pequenos **cones de cinzas** com laterais íngremes, compostos de partículas que se assemelham a cinzas, se formam quando materiais piroclásticos se acumulam em torno de sua chaminé (Figura 5.10). Os cones de cinza são pequenos, raramente têm mais de 400 m de altura, e os ângulos de inclinação lateral são de até 33 graus. A inclinação depende dos materiais piroclásticos. Muitos cones têm uma grande cratera em forma de bacia. Quando emitem quaisquer fluxos de lava, usualmente rompem a base ou os flancos inferiores dos cones. Embora sejam todos cônicos, a simetria dos cones de cinzas é variada, desde os quase perfeitamente simétricos aos assimétricos. Eles se formam quando os ventos dominantes acumulam, a sota-vento, os materiais piroclásticos.

Muitos cones de cinza se formam nos flancos ou dentro das caldeiras de vulcões maiores. Representam os estágios finais da atividade vulcânica, particularmente em áreas de vulcanismo basáltico. A Ilha Wizard, em Lago de Cratera no Oregon, é um pequeno cone de cinzas que se formou depois de o cume do Monte Mazama entrar em colapso para formar uma caldeira (Figura 5.8). Os cones de cinzas são comuns a sul das Montanhas Rochosas, particularmente nos estados de

Figura 5.11 Vulcões compostos

a. Os vulcões compostos, ou estrato-vulcões, são formados principalmente de fluxos de lava e materiais piroclásticos de composição intermediária, embora fluxos de lama (*lahars*) também sejam comuns.

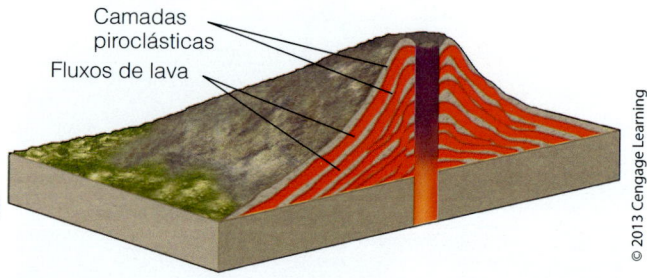

b. O monte Santa Helena, no estado de Washington, em 1978, visto a partir do leste.

Novo México e Arizona. Muitos outros ocorrem na Califórnia, Oregon, Washington e Havaí.

Vulcões compostos (estrato-vulcões)

Quando as pessoas pensam em vulcões, elas imaginam os perfis graciosos dos **vulcões compostos**, que são os grandes vulcões dos continentes e arcos insulares. Alguns desses vulcões são realmente grandes. O Monte Shasta, no norte da Califórnia é formado por 350 km³ de material vulcânico e tem 20 km de base.

Os vulcões compostos, também chamados de **estrato-vulcões**, são formados por camadas piroclásticas e fluxos de lava, ambos de composição intermediária (Figura 5.11a). Os fluxos de lava intermediários são mais viscosos do que os máficos e, conforme resfriam, formam andesito. *Lahar* são os fluxos de lama vulcânicos também comuns em vulcões compostos. Um *lahar* se forma quando a chuva cai em materiais piroclásticos não consolidados da encosta vulcânica e cria uma lama barrenta que se move encosta abaixo. Em 13 de novembro de 1985, uma pequena erupção do Nevado del Ruiz, na Colômbia, derreteu a neve e o gelo do vulcão, provocando *lahars* que mataram 23.000 pessoas.

Os vulcões compostos diferem dos vulcões-escudo e dos cones de cinzas na composição e na forma. Os vulcões-escudo são grandes e têm encostas suaves, enquanto os cones de cinzas são vulcões cônicos, pequenos e íngremes. Em contrapartida, vulcões compostos

> **vulcão composto (estrato-vulcão)** Vulcão composto por fluxos de lava, camadas piroclásticas de composição intermediária e fluxo de lama.
>
> ***lahar*** Fluxo de lama de materiais piroclásticos (cinzas).

Figura 5.12 Domos de lava
Domos de lava são massas bulbosas de magma viscoso que formam montanhas vulcânicas de forma irregular, ladeadas por detritos derramados da cúpula. Esta imagem mostra o Pico Lassen, no Parque Nacional de Lassen, na Califórnia. As massas de rocha escura são magma viscoso resfriado. O Pico Lassen esteve em erupção de 1914 a 1917.

> **domo de lava** Uma montanha bulbosa, íngreme, formada por magma viscoso que se move para cima através de um duto vulcânico.
>
> **nuée ardente** Uma nuvem densa de materiais piroclásticos quentes e gases, ejetada de um vulcão, que se move rapidamente pela atmosfera.

têm laterais íngremes perto de seus cumes, talvez de até 30 graus, mas a inclinação diminui em direção à base, onde não tem mais que 5 graus de inclinação. O vulcão Mayon, nas Filipinas, é um dos vulcões compostos mais simétrico que existe. Em 1999, pela 13ª vez no século passado, ele entrou em erupção. Outro vulcão composto, também nas Filipinas, é o Monte Pinatubo. Em 15 de junho de 1991, ele entrou violentamente em erupção. Enormes quantidades de gás e um número estimado de 3 a 5 km³ de cinzas foram lançados na atmosfera. Essa foi a maior erupção do mundo desde 1912. Felizmente, os avisos de uma erupção iminente foram atendidos e 200.000 pessoas foram retiradas do entorno do vulcão. Mesmo assim, 722 mortes aconteceram.

Domos de lava

Domos de lava, também conhecidos como domos vulcânicos e domos tampão, são vulcões mais raros. Tratam-se de montanhas bulbosas íngremes nas laterais que se formam quando magma félsico viscoso, e ocasionalmente o magma intermediário, é forçado para a superfície (Figura 5.12). Por ser muito viscoso, o magma félsico se move bem lentamente para cima e apenas quando a pressão de baixo é grande o suficiente. As erupções de domos de lava são violentas e destrutivas. Em 1902, o magma viscoso acumulou abaixo do cume do Monte Pelée, na ilha de Martinica. A pressão interna aumentou até que um lado da montanha explodiu, gerando uma nuvem densa de materiais piroclásticos e uma nuvem brilhante de gases e poeira chamada *nuée ardente* (termo em francês que significa "nuvem incandescente"). O fluxo piroclástico seguiu pelo vale até o mar, mas a *nuée ardente* passou por cima do vale e cobriu a cidade de St. Pierre.

O tempo da *nuée ardente* em St. Pierre foi de dois ou três minutos, apenas. Mas um redemoinho de cinza incandescente e gases, com uma temperatura interna de 700 °C, incinerou tudo em seu caminho. Quando os materiais combustíveis queimaram, uma tremenda explosão atingiu St. Pierre, demolindo edifícios e arremessando pedras, árvores e pedaços de alvenaria pelas ruas. A essa altura, a maioria dos 28.000 habitantes da cidade já estava morta. No trajeto da *nuée ardente*, apenas duas pessoas sobreviveram!* Um dos sobreviventes estava na borda externa da *nuée ardente*. Ele ficou terrivelmente queimado e sua família e vizinhos foram todos mortos. O outro sobrevivente, um estivador preso na noite anterior por desordem, estava em uma cela sem janelas e parcialmente abaixo do nível do solo.

a. Vinte fluxos de lava de basalto estão expostos na garganta do rio Grand Ronde, em Washington.

b. Fluxos de lava de basalto da planície do rio Snake perto de Twin Falls, Idaho.

Figura 5.13 Platôs de basalto

Platôs de basalto são vastas áreas de sobreposição de fluxos de lava máfica que fluíram de longas fissuras crustais. Essas erupções fissurais formaram platôs de basalto em diversas regiões continentais, como na bacia do Paraná, no Brasil. Atualmente, erupções fissurais ocorrem apenas na Islândia, ilha composta por fluxos fissurais de lava basáltica e que abriga vários vulcões. Metade da lava que irrompeu durante o tempo histórico na Islândia advém de erupções fissurais: a de 930 e a de 1783. A erupção da fissura Laki, de 1783, que tem mais de 30 km de comprimento, foi responsável por 560 km² de derrames de lava e encheu um vale de 200 m de profundidade.

---

* Embora os relatórios afirmem que apenas duas pessoas sobreviveram à erupção, pelo menos 69 e talvez até 111 pessoas sobreviveram além das margens extremas da *nuée ardente* e em navios no porto. Muitas, no entanto, ficaram gravemente feridas.

Ele permaneceu na cela por quatro dias, gravemente queimado, até que as equipes de resgate ouviram seus gritos de socorro.

OA3 OUTRAS FORMAS DE RELEVO VULCÂNICO

Durante erupções fissurais, a lava fluida derrama e simplesmente se acumula, preferencialmente aplanando áreas. Nas erupções muito explosivas surgem os lençóis piroclásticos, as quais, como seu nome indica, são depósitos de pequena espessura. Em ambos os casos, edifícios vulcões não se desenvolvem.

Erupções fissural e platôs de basalto

Em vez de serem emitidos de respiros centrais, os fluxos de lava de uma **erupção fissural**, que compõem os **platôs de basalto**, emanam de longas rachaduras ou fissuras. A lava tem viscosidade tão baixa que ela se espalha e cobre vastas áreas. Um bom exemplo é o basalto de Columbia River no leste de Washington e partes do Oregon e de Idaho. Esta enorme acumulação de fluxos de lava sobrepostos, ocorrida entre 17 e 6 milhões de anos atrás, cobre 164.000 km², e tem uma espessura agregada de mais de 1.000 m (Figura 5.13a).

Acumulações semelhantes, de grandes fluxos de lava sobrepostos, também são encontradas na Planície do rio Snake, em Idaho (Figura 5.13b). Estes fluxos,

> **erupção de fissural**
> Uma erupção vulcânica na qual lava ou materiais piroclásticos emanam de uma longa e estreita fissura (fenda) ou grupo de fissuras na crosta.
>
> **platô de basalto** Um platô formado por fluxos horizontais ou quase horizontais de lava basáltica sobrepostos, derramados a partir de fissuras na crosta.

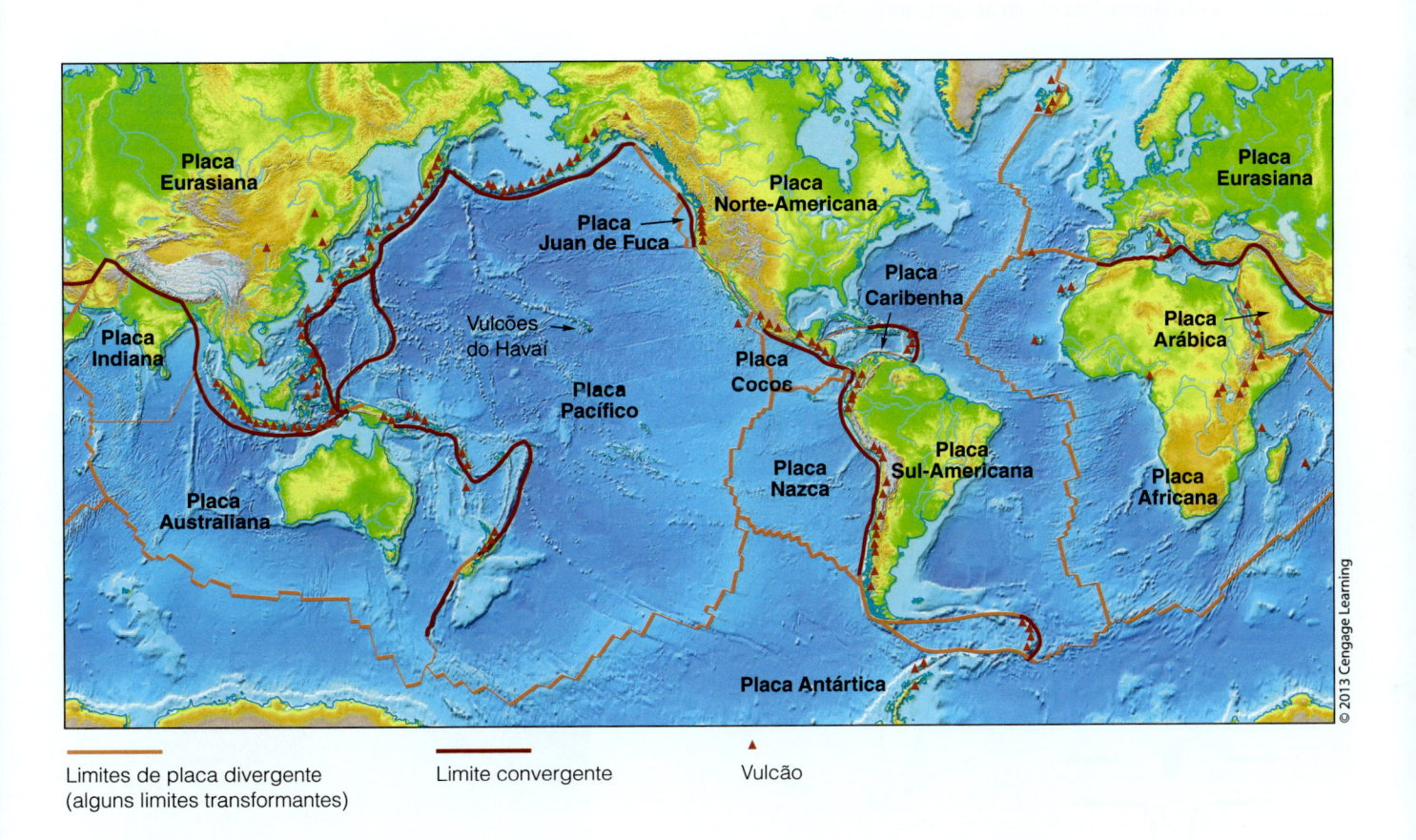

Figura 5.14 Vulcões do mundo
A maioria dos vulcões está nos limites de placas convergentes e divergentes, ou perto deles. As duas principais faixas vulcânicas são as faixas do Pacífico e a Mediterrânea. A do Pacífico, conhecida como Anel de Fogo, abriga cerca de 60% de todos os vulcões ativos. Já a Mediterrânea tem 20% de vulcões ativos. A maior parte do restante está perto das dorsais meso-oceânicas.

depósito piroclástico
Camadas de materiais piroclásticos félsicos irrompidos de fissuras.

gerados entre 5 e 1,6 milhões de anos atrás, representam um estilo misto entre erupção fissural e vulcões-escudo. Na Planície do rio Snake existem pequenos escudos baixos e fluxos de erupções fissurais.

Depósitos piroclásticos

Vastas áreas da crosta terrestre estão cobertas por fluxos de material piroclástico félsico, formando camadas de espessura variável, de poucos até centenas de metros. Esses fluxos cobrem áreas muito maiores que qualquer outra observada durante o tempo histórico. Aparentemente, esse material piroclástico foi ejetado de erupções fissurais, em vez de uma abertura central. Os materiais piroclásticos de muitos desses fluxos eram tão quentes que se fundiram para formar uma rocha piroclástica – o tufo soldado. Os geólogos acreditam que os fluxos piroclásticos maiores emanaram de fissuras formadas na formação das caldeiras. O Bishop Tuff do leste da Califórnia entrou em erupção pouco antes da formação da caldeira Long Valley. Curiosamente, a partir de 1978, a atividade sísmica na caldeira Long Valley e áreas próximas parece indicar que o magma está se movendo para cima, debaixo de parte da caldeira. Portanto, futuras erupções nesta área não estão descartadas.

OA4 DISTRIBUIÇÃO DOS VULCÕES

A maioria dos vulcões ativos do mundo está em zonas ou faixas bem definidas, em vez de estar distribuída aleatoriamente.

Figura 5.15 A Cordilheira Cascade do noroeste do Pacífico

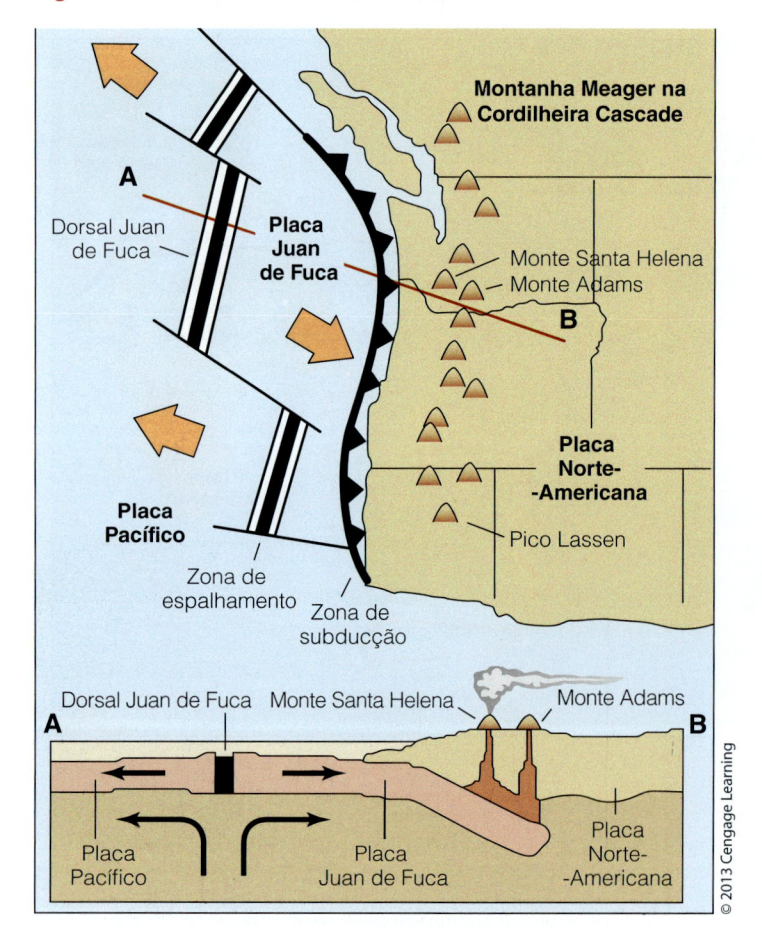

a. Placa tectônica do noroeste do Pacífico. Subducção da placa Juan de Fuca responde pelo vulcanismo em curso na região.

b. O Pico Lassen, na Califórnia, entrou em erupção de 1914 a 1917. Esta erupção ocorreu em 1915.

O **cinturão circum-Pacífico**, chamado Anel de Fogo, abriga mais de 60% de todos os vulcões ativos. São os vulcões dos Andes, da América do Sul, da América Central, do México e a Cordilheira Cascade, na América do Norte; além dos vulcões do Alasca, do Japão, das Filipinas, da Indonésia e da Nova Zelândia (Figura 5.14).

A segunda área de vulcanismo ativo é a **faixa mediterrânea** (Figura 5.14). Cerca de 20% de todo o vulcanismo ativo ocorre nesta faixa, onde os famosos vulcões italianos, Monte Etna e o Vesúvio, assim como o vulcão grego de Santorini, são encontrados.

A **cordilheira Cascade** (Figura 5.15) se estende do Pico Lassen, no norte da Califórnia, para o norte através do Oregon e de Washington, até British Columbia, Canadá. A maioria dos grandes vulcões nesta faixa é composto, mas Pico Lassen, na Califórnia, é o maior domo de lava do mundo. Ele entrou em erupção de 1914 a 1917, mas desde então está tranquilo, exceto pela atividade hidrotermal em curso (Figura 5.15b).

O que antes era um vulcão composto quase simétrico, mudou acentuadamente em 6 de maio de 1980, quando o Monte Santa Helena, em Washington, entrou em erupção explosiva, matando 57 pessoas e devastando cerca de 600 km² de floresta. Uma enorme explosão lateral causou grande parte dos danos, mas a neve e o gelo derretidos pelo vulcão, unidos aos materiais piroclásticos, transbordaram os lagos e rios montanha abaixo, causando *lahars* e extensas inundações.

O Monte Santa Helena voltou à atividade no final de setembro de 2004, resultando no crescimento da cúpula e em pequenas explosões de vapor e cinzas. Cientistas no Observatório de Vulcões Cascades, em Vancouver, Washington, emitiram um alerta de nível baixo para uma erupção e continuaram a monitorar o vulcão. No entanto, em janeiro de 2008, após 40 meses de atividade, ele voltou a adormecer.

OA5 PLACAS TECTÔNICAS, VULCÕES E PLÚTONS

No Capítulo 4, discutimos a origem e a evolução do magma e concluímos que (1) o magma máfico é gerado abaixo de zonas de espalhamento e (2) o magma intermediário e o félsico se formam no local em que uma placa oceânica é empurrada sob outra placa oceânica ou uma placa continental. Dessa forma, a maioria do vulcanismo e do posicionamento de plútons ocorre nos limites de placas divergentes e convergentes, ou perto deles.

Atividade ígnea nos limites das placas divergentes

Grande parte do magma máfico, que se origina nas dorsais de espalhamento, consolida-se em diques verticais ou plútons de gabro, compondo, assim, a parte inferior da crosta oceânica. No entanto, alguns magmas alcançam a superfície e fluem adiante como fluxos submarinos de lava e lava almofadada (Figura 5.4), que constituem a parte superior da crosta oceânica. Esse vulcanismo passa despercebido, já que acontece no fundo do mar, mas pesquisadores em submersíveis já observaram os resultados de erupções recentes.

A lava máfica é muito fluida, permitindo o escape dos gases com facilidade. Mas, na profundidade dos oceanos, a pressão da água é muito elevada e o vulcanismo explosivo fica impedido de acontecer. Por isso, raramente encontra-se materiais piroclásticos, a menos que um centro vulcânico se acumule acima do nível do mar. Porém, mesmo se isto ocorrer, o magma máfico é tão fluido que forma as camadas levemente inclinadas encontradas nos vulcões-escudo.

Excelentes exemplos de vulcanismo de limite de placa divergente são encontrados ao longo da Dorsal Meso-Atlântica, especialmente quando ele sobe acima do nível do mar, como na Islândia. A elevação do Pacífico Leste e a Dorsal Indiana são áreas de vulcanismo similar. Limites de placa divergente também estão presentes na África, representados pelo sistema do Rift Leste Africano, que é bem conhecido por seus vulcões.

Atividade ígnea nos limites das placas convergentes

Quase todos os grandes vulcões ativos, tanto na faixa circundante do Pacífico quanto na Mediterrânea, são de vulcões compostos localizados na borda de uma das

---

cinturão circum--Pacífico Zona de atividade sísmica e vulcânica e de formação de montanhas, que quase circunda a bacia do Oceano Pacífico.

faixa mediterrânea Zona de atividade sísmica e vulcânica que se estende para leste da região mediterrânea europeia até a Indonésia.

cordilheira Cascade Cordilheira vulcânica que se estende do pico de Lassen, no norte da Califórnia, para o norte, através do Oregon e de Washington, até a montanha Meager em British Columbia, no Canadá.

placas convergente, aquela que não sofre subducção (Figura 5.14). Essa placa convergente, com a sua cadeia de vulcões, pode ser oceânica, como no caso das Ilhas Aleutas, ou pode ser continental, como é, por exemplo, a placa sul-americana, com a sua cadeia de vulcões ao longo de sua margem ocidental.

Como observamos, esses vulcões nos limites das placas convergentes consistem, principalmente, de fluxos de lava e materiais piroclásticos de composição intermediária à félsica. Lembre-se que parte do magma gerado pela subducção da crosta oceânica é posicionada perto dos limites de placas como plútons e alguns são expelidos para formar vulcões compostos. Os magmas mais viscosos, geralmente de composição félsica, são posicionados como domos de lava, representando assim as erupções explosivas que normalmente ocorrem nos limites das placas convergentes.

Bons exemplos de vulcanismo nos limites das placas convergentes são as erupções explosivas do Monte Pinatubo e do vulcão Mayon nas Filipinas. Ambos estão perto de um limite convergente de placas oceânicas, onde uma placa oceânica é empurrada abaixo de outra. O Monte Santa Helena, em Washington, está estabelecido de forma similar, mas em uma placa continental em vez de uma placa oceânica.

Vulcanismo intraplaca

Os vulcões Mauna Loa e Kilauea, no Havaí, e o Loihi, localizado a apenas 32 km ao sul, estão no interior de

Figura 5.16 Perigos vulcânicos

Um perigo vulcânico é qualquer manifestação de vulcanismo que representa uma ameaça real, incluindo fluxos de lava e, principalmente, gás vulcânico, cinza e *lahars*.

a. Em 2002, em Goa, na República Democrática do Congo, um fluxo de lava causou a explosão de tanques de gasolina, o que resultou na morte de 47 pessoas.

b. Este alerta adverte do perigo potencial de gás CO_2 emitido pelo vulcão em Mammoth Mountain, na Califórnia, que matou as árvores numa área de 688 km².

c. Quando o Monte Pinatubo, nas Filipinas, entrou em erupção em 15 de junho de 1991, esta enorme nuvem de cinzas e vapor formou-se sobre o vulcão.

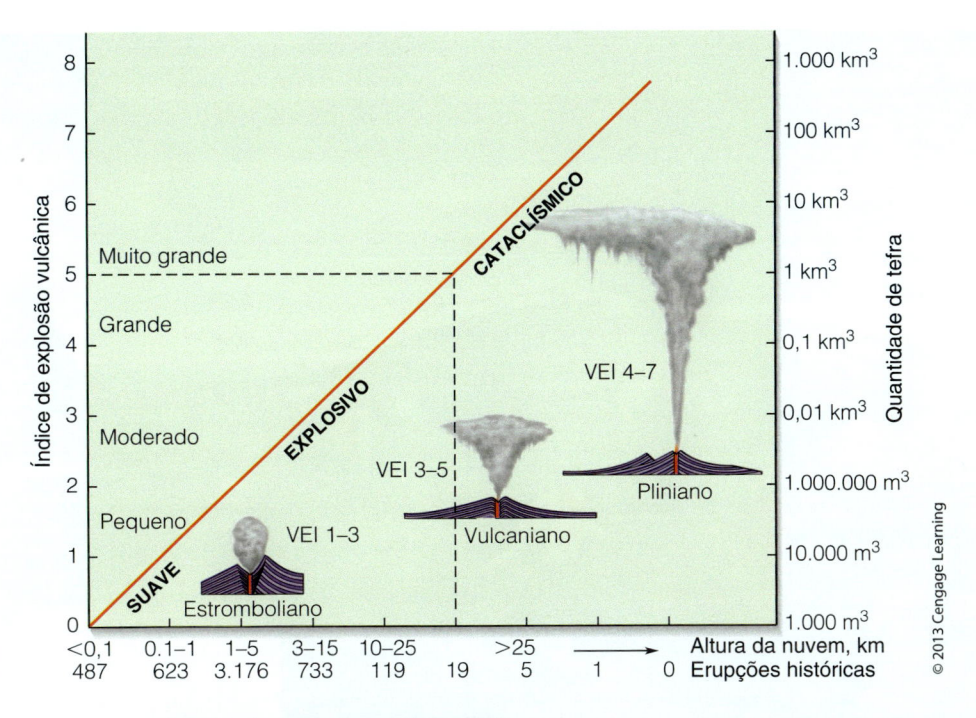

Figura 5.17 O índice de explosão vulcânica (VEI)
Neste exemplo, uma erupção com um VEI de 5 tem uma nuvem de erupção de até 25 km de altura e ejeta pelo menos 1 km³ de tefra, um termo coletivo para todos os materiais piroclásticos. Os geólogos caracterizam as erupções como havaianas (não explosivas), estrombolianas, vulcanianas ou plinianas.

uma placa oceânica e situados a uma grande distância de qualquer limite divergente ou convergente de placa (Figura 5.14). O Loihi é particularmente interessante, pois ele representa um estágio inicial de uma nova ilha havaiana. Ele é um vulcão submarino a mais de 3.000 m acima do fundo marinho adjacente, mas seu cume está ainda 940 m abaixo do nível do mar. O magma desses vulcões deriva do manto superior e, à semelhança dos magmas de zonas de espalhamento, ele é máfico, portanto, gera vulcões do tipo escudo.

Apesar de os vulcões do Havaí não estarem em uma zona de espalhamento ou de subducção, nem perto delas, a sua evolução também está relacionada a movimentos de placas. Observe na Figura 2.9 que as idades das rochas que compõem as ilhas havaianas aumentam em direção ao noroeste. A Kauai foi formou-se a 5,6 a 3,8 milhões de anos, enquanto o Havaí começou a se formar a menos de 1 milhão de anos atrás. Loihi começou a se formar ainda mais recentemente. As ilhas do arquipélago se formaram em sucessão, de acordo com o movimento da placa Pacífico, sobre um ponto quente, que está agora sob a extremidade sul do Havaí e em Loihi.

OA6 RISCOS VULCÂNICOS, MONITORAMENTO DE VULCÕES E PREVISÃO DE ERUPÇÕES

Indubitavelmente, a sua suspeita de que viver perto de um vulcão ativo representa algum risco está absolutamente correta, mas quais são os riscos envolvidos no vulcanismo? Existe alguma maneira de prever erupções? O que podemos fazer para minimizar os perigos das erupções? Já mencionamos que os fluxos de lava, com algumas exceções, representam pouca ameaça para os seres humanos, embora possam destruir as propriedades. Fluxos de lava, *nuée ardentes* e gases vulcânicos são ameaças durante uma erupção, mas *lahars* e deslizamentos de terra não dependem de uma erupção para acontecer (Figura 5.16).

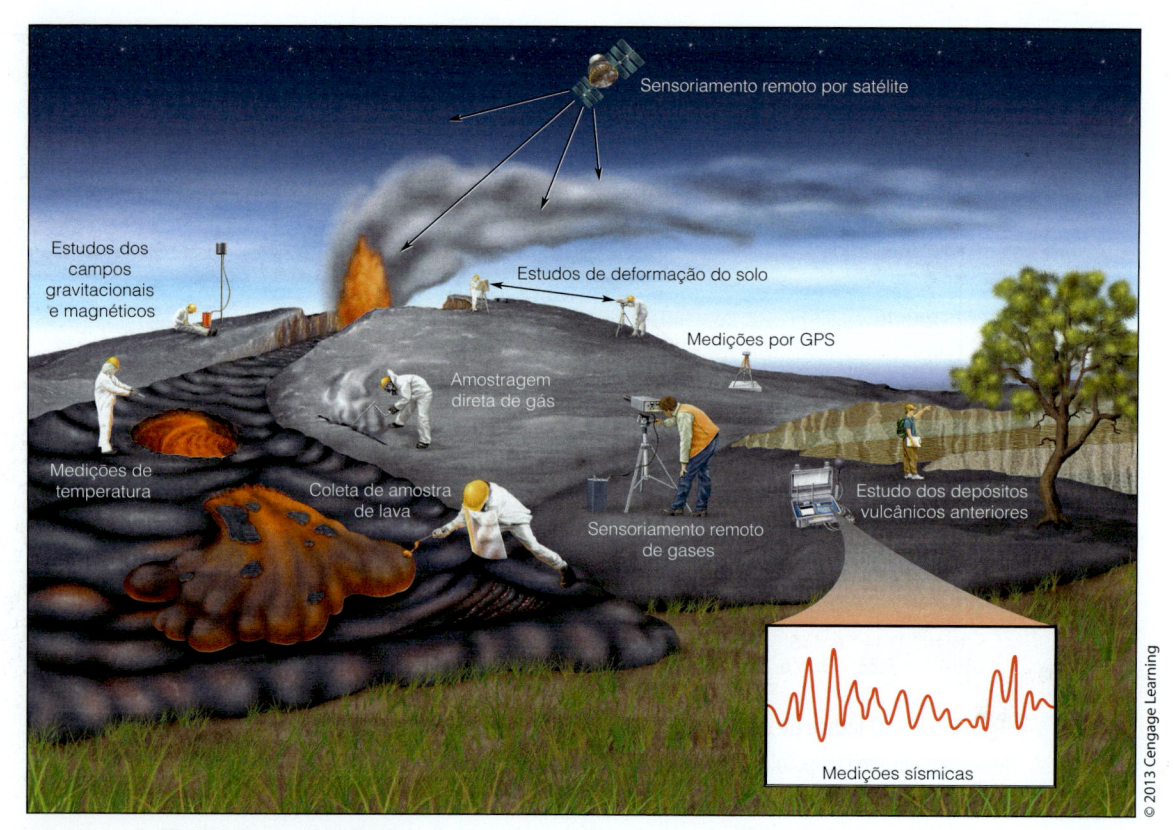

Figura 5.18 Monitoramento vulcânico
Algumas técnicas importantes usadas para monitorar vulcões.

Quão grande é uma erupção e quanto tempo duram as erupções?

A indicação mais amplamente utilizada do tamanho de uma erupção vulcânica é o **índice de explosão vulcânica (VEI)** (Figura 5.17). O VEI varia de 0 (suave) a 8 (cataclísmico) e é baseado em vários aspectos de uma erupção, tais como o volume de material ejetado explosivamente e a altura da nuvem da erupção. No entanto, o volume de lava, fatalidades e danos materiais não são considerados. Por exemplo, na erupção de 1985 do Nevado del Ruiz, na Colômbia, 23.000 pessoas morreram; no entanto, o VEI calculada foi de apenas 3. Em contrapartida, a enorme erupção do Novarupta (VEI = 6), no Alasca em 1912, não causou mortes ou ferimentos. Desde 1500 d.C., apenas a erupção de 1815 do Tambora alcançou um VEI de 7. Ela foi tão grande quanto mortal. Das várias erupções do Eyjafjallajökull, na Islândia, durante abril de 2010, a maior delas teve um VEI de 4. Mas, em razão de sua localização e o fato de ele estar em erupção debaixo de gelo glacial, causou a interrupção do tráfego aéreo sobre o Atlântico Norte.

A duração das erupções varia consideravelmente. Quarenta e dois por cento das 3.300 erupções históricas duraram menos de um mês. Mais ou menos 33% estiveram em erupção por um período de um a seis meses e pelo menos 16 vulcões estiveram continuamente ativos, por mais de 20 anos. O Stromboli e o Etna, na Itália, e o Erta Ale, na Etiópia, são bons exemplos. No caso de alguns vulcões explosivos, a duração de suas erupções vai de semanas ou meses.

Um exemplo é a erupção explosiva do Monte Santa Helena, em 18 de maio de 1980, que ocorreu dois meses após a atividade eruptiva começar. Infelizmente, muitos vulcões dão pouco ou nenhum aviso de eventos de grande escala. De 252 erupções explosivas, 42% aconteceram no seu primeiro dia de atividade.

É possível prever erupções?

Apenas alguns vulcões potencialmente perigosos da Terra são monitorados, entre eles alguns no Japão,

> **índice de explosão vulcânica (VEI)** É uma escala semiquantitativa para determinar o tamanho de uma erupção vulcânica com base na avaliação de critérios, tais como o volume de material explosivamente emitido e a altura da nuvem da erupção.

Itália, Rússia, Nova Zelândia e Estados Unidos. O monitoramento dos vulcões envolve o registro e a análise de alterações físicas e químicas nos vulcões (Figura 5.18). Clinômetros detectam mudanças nas encostas de um vulcão conforme ele infla quando o magma sobe abaixo dele, e um geodímetro utiliza um feixe de laser para medir as distâncias horizontais que mudam conforme um vulcão infla. Os geólogos também monitoram as emissões de gases, as mudanças no nível e na temperatura do lençol freático, a atividade das fontes termais e as mudanças nos campos magnéticos e elétricos locais. Mesmo a neve e o gelo acumulado, se houver, são avaliados para prever riscos de inundações se uma erupção ocorrer.

A detecção do **tremor vulcânico** é de importância crítica no monitoramento de vulcões e de alerta de erupções eminentes. O tremor vulcânico é um movimento contínuo do solo com duração de minutos a horas, diferente dos solavancos repentinos e nítidos produzidos pela maioria dos terremotos. O tremor vulcânico, também conhecido como tremor harmônico, indica que o magma está se movendo sob a superfície.

Para antecipar mais plenamente a atividade futura de um vulcão, sua história eruptiva deve ser conhecida. Para isso, os geólogos estudam o registro de erupções passadas preservado nas rochas. Estudos detalhados, realizados antes de 1980, indicaram que o Monte Santa Helena, em Washington, entrou em erupção explosiva 14 ou 15 vezes nos últimos 4.500 anos. Dessa forma, os geólogos concluíram que ele é um dos vulcões da Cordilheira Cascade com mais probabilidade de entrar em erupção novamente.

Os geólogos alertaram das iminentes erupções do Monte Santa Helena, em Washington e do Monte Pinatubo, nas Filipinas. Em ambos os casos, as erupções foram precedidas por atividade eruptiva de menor intensidade. Em outros casos, no entanto, os sinais de alarme são muito mais sutis e difíceis de interpretar. Pequenos e numerosos terremotos e outros sinais de aviso indicaram, para os geólogos do United States Geological Survey (USGS), que o magma estava se movendo sob a superfície da caldeira Long Valley, no leste da Califórnia. Por isso, em 1987, eles emitiram um alerta de baixo risco, mas nada aconteceu depois.

> **tremor vulcânico**
> Movimentação do solo, por minutos a horas, resultado do movimento do magma abaixo da superfície, em oposição aos solavancos repentinos produzidos pela maioria dos terremotos.

A última atividade vulcânica na caldeira Long Valley tinha sido há 250 anos e não havia razão suficiente para pensar que ela ocorreria novamente. Mas, infelizmente, o desconhecimento da história geológica da região pela população local, o alerta inoportuno do USGS e os comunicados prematuros da imprensa causaram mais preocupação do que era justificável. Os moradores locais ficaram indignados, porque as advertências causaram diminuição no turismo (Montanhas Mammoth nas margens da caldeira é a segunda maior área de prática de esqui dos Estados Unidos) e os valores das propriedades despencaram.

A caldeira Long Valley continua sendo monitorada e os sinais de vulcanismo ativo como (1) abundância de terremotos, (2) árvores morrendo por gás de dióxido de carbono, que aparentemente emana de magma (Figura 5.16b) e (3) fontes termais, não podem ser ignorados. Em abril de 2006, três membros de uma patrulha de esqui morreram por inalação de dióxido de carbono que estava acumulado em uma área rebaixada.

6 | Intemperismo, solo e rochas sedimentares

Intemperismo e erosão diferencial no Cânion Vermelho, ao longo da Rodovia 12 do estado de Utah (EUA), que é considerado um roteiro cênico. A formação Claron, do Paleoceno ao Eoceno (formada entre 40 a 60 milhões de anos atrás), foi profundamente erodida para formar esses cumes e pináculos. A erosão foi facilitada porque a estrutura e a composição dessas rochas não são completamente uniformes. Essas rochas sedimentares são compostas por cascalho, areia e lama. Pequenas quantidades de óxido de ferro lhes conferem a cor avermelhada.

Introdução

"Todas as rochas são importantes para decifrar a história da Terra, mas as rochas sedimentares têm um lugar especial nessa tarefa."

Todas as rochas na superfície da Terra ou próximas a ela – assim como substâncias similares a rocha, tais como pavimento e concreto em calçadas, pontes e fundações – se deterioram e se degradam com o tempo. Esse fenômeno é chamado de **intemperismo** e abrange o desgaste físico e a alteração química dos materiais conforme são expostos à atmosfera, hidrosfera e biosfera. Na verdade, intemperismo é um conjunto de processos físicos e químicos que alteram as rochas e os solos, adequando-os a um novo equilíbrio, segundo novas condições ambientais. Muitas rochas se formam no interior da crosta onde pouco ou nenhum oxigênio e/ou água estão presentes. Mas, na superfície ou nas proximidades dela, as rochas estão expostas a ambos, bem como às atividades orgânicas e às baixas temperaturas e pressões.

Sob a ação do intemperismo, a rocha, ou **material parental**, é desagregada em fragmentos menores (Figura 6.1) e alguns de seus minerais constituintes são alterados ou dissolvidos. Parte desse material intemperizado pode se transformar em *solo*. Mas a maior parte é removida pela **erosão**, que é o desgaste do solo e da rocha por agentes geológicos, como água corrente. O material erodido é transportado pelo vento, geleira, água corrente e corrente marinha até ser depositado como *sedimento*, que é a matéria-prima para formação das *rochas sedimentares*.

A crosta terrestre é composta, principalmente, de *rochas cristalinas*, notadamente as rochas metamórficas e ígneas, exceto aquelas feitas de material piroclástico. Não obstante, os sedimentos e rochas sedimentares são, de longe, o material mais comum na superfície exposta e no subsolo raso da Terra, muito embora formem, talvez, apenas 5,0% da crosta.

> **intemperismo** Desgaste físico e alteração química de rochas e minerais na superfície da Terra ou próximo a ela.
>
> **material parental** Rochas e minerais a ser intemperizados, químico- ou mecanicamente, para produzir sedimento e solo.
>
> **erosão** Remoção de materiais intemperizados de sua área de origem por água corrente, vento, geleiras e ondas.

Objetivos de Aprendizagem (OA)

Ao finalizar este capítulo você será capaz de:

- **OA1** Explicar como os materiais da Terra são alterados
- **OA2** Explicar como o solo se forma e se deteriora
- **OA3** Entender como intemperismo e os recursos naturais estão relacionados
- **OA4** Identificar sedimento e rochas sedimentares
- **OA5** Explicar como as rochas sedimentares são classificadas
- **OA6** Entender os fácies sedimentares
- **OA7** Ler a história preservada nas rochas sedimentares
- **OA8** Reconhecer recursos importantes em rochas sedimentares

Erosão e recursos naturais

O intemperismo e a erosão têm produzido cenários excepcionais, como o Bryce Canyon e o Parque Nacional dos Arcos, ambos em Utah, Estados Unidos. O intemperismo também é responsável pela remoção de materiais solúveis, facilitado a concentração residual de alguns recursos naturais (por exemplo, minério de alumínio). Na verdade, alguns sedimentos e rochas sedimentares são, por si só, os recursos naturais ou são rochas hospedeiras para petróleo e gás natural.

> **intemperismo diferencial**
> Intemperismo que ocorre sob taxas desiguais nas rochas, gerando uma superfície irregular.
>
> **intemperismo mecânico** Desagregação física das rochas de modo a produzir fragmentos menores do material parental.
>
> **ação de congelamento**
> Desagregação física das rochas por ciclos repetidos de congelamento e descongelamento de água em rachaduras e fendas.

Dois terços dos continentes, aproximadamente, e a maior parte do assoalho oceânico, exceto as dorsais em expansão, estão cobertos por sedimentos e rochas sedimentares. Qualquer rocha é importante para decifrar a evolução da Terra, mas as rochas sedimentares têm um lugar especial nessa tarefa já que, além de preservarem os registros dos processos superficiais, contém a maioria dos fósseis – a única evidência que temos da vida pré-histórica.

OA1 COMO OS MATERIAIS DA TERRA SÃO ALTERADOS?

O intemperismo ocorre na superfície da Terra, ou próximo à ela, mas as rochas sobre as quais atua não são completamente uniformes em termos de estrutura e composição, o que causa o **intemperismo diferencial**. Assim, diferentes taxas de intemperismo na mesma região desenvolvem superfícies irregulares. A combinação de intemperismo diferencial e *erosão diferencial* – isto é, taxas variáveis de erosão – produz algumas paisagens incomuns e até mesmo bizarras, como *hudus*, *cumes* e *arcos* (observe a foto de abertura do capítulo e consulte a *Viagem de Campo* deste capítulo).

Para os geólogos o intemperismo pode ser *mecânico* e *químico*. Eles podem atuar simultaneamente no material parental, no material que está sendo transportado e naquele depositado como sedimento. Em resumo, todos os materiais na superfície da Terra, ou próximos à ela, são intemperisáveis, embora um tipo de intemperismo possa ser predominante, dependendo de variáveis como clima e tipo de rocha.

Intemperismo mecânico

O **intemperismo mecânico** ocorre quando processos físicos fragmentam os materiais terrestres em partículas menores, retendo a composição do material parental. O granito, por exemplo, pode produzir fragmentos menores de granito ou grãos de quartzo, feldspato potássico, plagioclásio e biotita (Figura 6.1).

A **ação de congelamento** é particularmente eficaz no intemperismo mecânico pois envolve ciclos repetidos de congelamento e descongelamento de água, em rachaduras e poros nas rochas. A ação do congelamento é eficaz porque, quando congela, a água se expande cerca de 9%, exercendo grande força nas paredes de uma rachadura, ampliando-a e expandindo-a por *acunhamento do gelo* (Figura 6.2a). Os ciclos

Figura 6.1 Intemperismo de granito

a. Essa exposição de granito foi tão completamente alterada pelo intemperismo que apenas massas disformes da rocha original são visíveis.

b. Material granítico intemperizado mecanicamente até se formarem partículas de pequenos fragmentos de granito e de minerais, como quartzo, feldspato e biotita.

a. O acunhamento do gelo ocorre quando a água se infiltra em rachaduras e expande-se à medida que congela. Pedaços angulares de rocha são desprendidos por ciclos repetidos de congelamento.

b. O acunhamento do gelo e outros processos de intemperismo mecânico produziu esse acúmulo de tálus no território de Yukon, Canadá.

Figura 6.2 Acunhamento do gelo

repetidos de congelamento e descongelamento fragmentam pedaços angulares do material parental que são arremessados de forma descendente e se acumulam nos sopés das encostas como os **tálus** (Figura 6.2b).

Algumas rochas se formam em profundidade e são estáveis sob enorme pressão. O granito se cristaliza muito abaixo da superfície, de modo que, à medida que é soerguido e erodido, sua energia contida é liberada por expansão centrífuga do maciço rochoso, um fenômeno chamado **liberação de pressão**. A expansão centrífuga do maciço rochoso produz fraturas denominadas *juntas de descompressão*, que são mais ou menos paralelas à superfície da rocha exposta. Os blocos de rocha liberados pelas juntas de descompressão escorregam ou deslizam da rocha parental, deixando grandes massas arredondadas conhecidas como **domo de esfoliação** (Figura 6.3), ou morros do tipo pão de açúcar, muito comuns no litoral carioca. Essa expansão de rocha sólida e produção de fraturas pode parecer um contrassenso, mas é um fenômeno bem conhecido. Em minas profundas, massas de rochas liberam-se lateralmente das paredes da escavação, muitas vezes de forma explosiva. Essas *explosões*, grandes ou pequenas, representam um grande perigo para os mineradores.

Durante a **expansão e contração térmica**, o volume das rochas, à medida que elas aquecem e resfriam, se altera. No deserto, por exemplo, a temperatura pode variar até 30 °C por dia e, como as rochas não são boas condutoras de calor, o aquecimento e a expansão se concentram mais superficialmente. Até mesmo os minerais escuros absorvem mais calor do que os de cor clara e, assim, a expansão diferencial também ocorre nos minerais. Deste modo, expansão diferencial na superfície das rochas pode gerar estresse suficiente para causar fraturamento. Mas experimentos práticos, em rochas aquecidas e arrefecidas repetidamente, para simular essa atividade prolongada, indicam que a expansão e

tálus Acúmulo de fragmentos grosseiros e angulares de rocha na base de um talude.

liberação da pressão Processo de intemperismo mecânico no qual rochas que são formadas sob grande pressão se expandem ao serem expostas na superfície.

domo de esfoliação Elevação rochosa, grande e arredondada, resultante da desagregação e remoção de superfícies concêntricas da rocha.

expansão e contração térmica tipo de intemperismo mecânico no qual o volume das rochas se altera em resposta ao aquecimento e resfriamento.

COMO OS MATERIAIS DA TERRA SÃO ALTERADOS?

crescimento de cristais de sal Processo de intemperismo mecânico no qual cristais de sal crescem em rachaduras e em rochas porosas.

intemperismo químico decomposição de rochas por alteração química do material parental.

a contração térmica são pouco importantes no intemperismo mecânico.

Em rochas porosas granulares como o arenito, a formação de cristais de sal exerce força suficiente para alargar rachaduras e deslocar as partículas. E, mesmo em rochas com texturas mais cristalinas, como o granito, o **crescimento de cristais de sal** libera minerais individuais. Isso ocorre, principalmente, em regiões quentes e áridas mas, também afeta rochas em algumas regiões costeiras.

Animais e plantas também participam da alteração mecânica de rochas. Animais escavadores como minhocas, répteis, roedores, cupins e formigas constantemente misturam partículas de solo e sedimento e carregam material da profundidade à superfície, onde o intemperismo é maior. As raízes das plantas, especialmente grandes arbustos e árvores, infiltram-se nas rachaduras das rochas, alargando-as (Figura 6.4a).

Intemperismo químico

Diferentemente do intemperismo mecânico, o **intemperismo químico** modifica a composição dos materiais parentais. Minerais de argila (silicatos lamelares), por exemplo, são formados por alteração química e mecânica de outros materiais silicáticos como feldspato potássico e plagioclásio. E, assim, muitos minerais se decompõem, completamente, no intemperismo químico.

Gases atmosféricos, especialmente oxigênio, além de água e ácidos orgânicos, são agentes importantes do intemperismo químico. Os organismos também desempenham um papel relevante. Superfícies rochosas com líquens (composto orgânico formado por fungos e algas) são mais rapidamente susceptíveis à alteração química (Figura 6.4b). Além disso, as plantas removem íons da água do solo, reduzindo a estabilidade química dos seus minerais ao mesmo tempo que as raízes liberam ácidos orgânicos para o ambiente.

Figura 6.3 Juntas de descompressão e domo de esfoliação

a. Blocos inclinados de rocha granítica, em Sierra Nevada, Califórnia, separados por juntas de descompressão.

Na África do Sul, as explosões rochosas são responsáveis por, aproximadamente, 20 mortes por ano.

b. Pão de Açúcar, no Rio de Janeiro, é exemplo de domo de esfoliação.

Figura 6.4 Organismos e intemperismo

a. Essas árvores em Black Hills, Dakota do Sul, contribuem para o intemperismo mecânico. Conforme crescem em rachaduras nas rochas quebram o material parental em pedaços menores.

b. As concentrações laranja e cinza nessa rocha no sítio arqueológico Grimes Point, Nevada, são líquens — compostos orgânicos de fungos e algas. Os líquens extraem seus nutrientes das rochas, contribuindo para o intemperismo químico.

Uma **solução** aquosa pode dissolver com facilidade algumas substâncias sólidas, porque a água é um notável solvente. As moléculas de água são de formato assimétrico, com um átomo de oxigênio ligado a dois átomos de hidrogênio e o ângulo entre os dois átomos de hidrogênio é de aproximadamente 104 graus (Figura 6.5). Por causa dessa assimetria, a extremidade de oxigênio da molécula de água retém uma pequena carga elétrica negativa, ao passo que a extremidade de hidrogênio retém uma pequena carga positiva. Quando uma substância solúvel como o mineral halita (NaCl) entra em contato com uma molécula de água, os íons de sódio, carregados positivamente, são atraídos para a extremidade negativa da molécula de água. Já os íons de cloreto, carregados negativamente, são atraídos para a extremidade negativa. À medida que os íons são liberados da estrutura do cristal, o sólido se transforma em solução; em outras palavras, ele se dissolve (Figura 6.5).

No entanto, a maioria dos minerais não é muito solúvel em água pura, pois as forças de atração das moléculas de água não são suficientes para superar as forças entre as partículas nos minerais. O mineral calcita ($CaCO_3$), por exemplo, que é o principal componente da rocha sedimentar calcário e da rocha metamórfica mármore, é praticamente insolúvel em água pura. Contudo, se ele dissolve com facilidade se uma pequena quantidade de ácido estiver presente na solução. Uma forma de tornar a água ácida é pela dissociação de íons de ácido carbônico, como mostrado a seguir:

$$H_2O + CO_2 \rightleftharpoons H_2CO_3 \rightleftharpoons H^+ + HCO_3^-$$

água — dióxido de carbono — ácido carbônico — íon de hidrogênio — íon de bicarbonato

De acordo com essa equação química, a água e o dióxido de carbono se combinam para formar o *ácido carbônico*, do qual uma pequena quantidade se dissocia para produzir hidrogênio e íons de bicarbonato. A concentração de íons de hidrogênio determina a acidez de uma solução: quanto mais íons de hidrogênio há, mais forte o ácido.

A atmosfera é, em sua maioria, composta por nitrogênio e oxigênio e cerca de 0,03% de dióxido de carbono, o que torna a chuva ligeiramente ácida. A decomposição de matéria orgânica e a respiração dos organismos produzem dióxido de carbono nos solos, portanto a água subterrânea também tem alguma acidez. O clima afeta a acidez, todavia, regiões áridas tendem a ter água subterrânea

solução Reação em que íons de uma substância são dissociados em líquido, dissolvendo a substância sólida.

COMO OS MATERIAIS DA TERRA SÃO ALTERADOS?

> **oxidação** Reação do oxigênio com outros átomos para formar óxidos ou, se houver água presente, hidróxidos.
>
> **hidrólise** Reação química entre íons de hidrogênio (h⁺) e os íons de hidroxila (OH⁻) da água e íons de mineral.

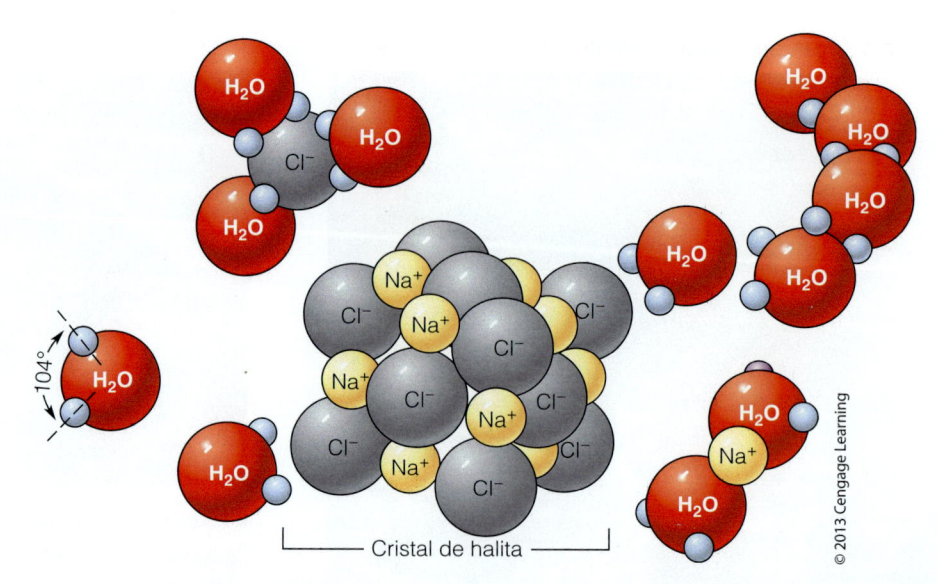

Figura 6.5 A dissolução da halita
A disposição assimétrica dos átomos de hidrogênio faz com que uma molécula de água tenha uma ligeira carga elétrica positiva na sua extremidade de hidrogênio e uma ligeira carga negativa na sua extremidade de oxigênio. O mineral halita (NaCl) entra em dissolução porque os átomos de sódio são atraídos para a extremidade de oxigênio da molécula de água, ao passo que os átomos de cloreto são atraídos para a extremidade de hidrogênio da molécula.

alcalina (isto é, com baixa concentração de íons de hidrogênio). Qualquer que seja a fonte de dióxido de carbono, uma vez que uma solução ácida esteja presente, a calcita rapidamente se dissolve de acordo com a reação abaixo:

$$\underset{\text{calcita}}{CaCO_3} + \underset{\text{água}}{H_2O} + \underset{\substack{\text{dióxido de}\\\text{carbono}}}{CO_2} \rightleftharpoons \underset{\substack{\text{íon de}\\\text{cálcio}}}{Ca^{++}} + \underset{\substack{\text{íon de}\\\text{bicarbonato}}}{2HCO_3^-}$$

O termo **oxidação** possui uma variedade de significados para os químicos, mas no intemperismo químico refere-se a reações com oxigênio para formar um *óxido* (um ou mais elementos metálicos combinados com oxigênio) ou, se a água estiver presente, um *hidróxido* (um elemento ou radical metálico combinado com OH⁻). Por exemplo, o ferro enferruja quando é combinado com oxigênio para formar a hematita, que é um óxido de ferro:

$$\underset{\text{ferro}}{4Fe} + \underset{\text{oxigênio}}{3O_2} \rightarrow \underset{\substack{\text{óxido de ferro}\\\text{(hematita)}}}{2Fe_2O_3}$$

O oxigênio atmosférico está disponível em abundância para reações de oxidação, mas a oxidação é um processo lento, a menos que a água esteja presente. A maioria das oxidações é conduzida por oxigênio dissolvido em água.

A oxidação é importante na alteração de silicatos ferromagnesianos como a olivina, o piroxênio, o anfibólio e a biotita. O ferro desses minerais combina com o oxigênio para formar a hematita (Fe₂O₃), um óxido de ferro avermelhado, ou a limonita [FeO(OH).nH₂O], um hidróxido amarelado ou marrom. As colorações amarela, marrom e vermelha de muitos solos e rochas sedimentares são resultados da presença de pequenas quantidades de hematita ou limonita.

A reação química entre íons de hidrogênio (h⁺) e íons de hidroxila (OH⁻), da água e íons de mineral, é conhecida como **hidrólise**. Na verdade, na hidrólise, íons de hidrogênio substituem os íons positivos nos minerais. Tal substituição altera a composição dos minerais e libera ferro que pode ser oxidado.

A alteração química do ortoclásio (feldspato de potássio) é um bom exemplo de hidrólise. Todos os feldspatos se enquadram nos silicatos mas, quando alterados, produzem sais solúveis e minerais de argila, que são silicatos lamelares, como a caulinita. O intemperismo químico do ortoclásio por hidrólise ocorre da seguinte forma:

$$\underset{\text{ortoclásio}}{2KAlSi_3O_8} + \underset{\substack{\text{íon de}\\\text{hidrogênio}}}{2H^+} + \underset{\substack{\text{íon de}\\\text{bicarbonato}}}{2HCO_3^-} + \underset{\text{água}}{H_2O} \rightarrow$$

$$\underset{\text{argila (caulinita)}}{Al_2Si_2O_5(OH)_4} + \underset{\substack{\text{íon de}\\\text{potássio}}}{2K^+} + \underset{\substack{\text{íon de}\\\text{bicarbonato}}}{2HCO_3^-} + \underset{\text{sílica}}{4SiO_2}$$

Nesta reação, os íons de hidrogênio atacam os íons na estrutura do ortoclásio e alguns íons liberados são incorporados em um mineral de argila em desenvolvimento. Os íons de potássio e bicarbonato entram em

Figura 6.6 Tamanho da partícula e intemperismo químico

Área de superfície = 6 m²

1 m
1 m

a. À medida que a rocha é dividida em partículas menores, sua área de superfície aumenta mas seu volume de 1 m³ permanece o mesmo. A área de superfície é 6 m².

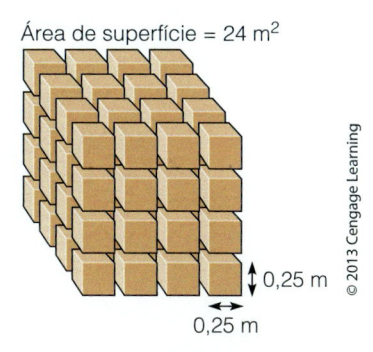

Área de superfície = 12 m²

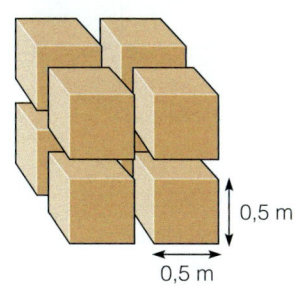

0,5 m
0,5 m

b. A área de superfície é 12 m².

Área de superfície = 24 m²

0,25 m
0,25 m

c. A área de superfície é 24 m², mas o volume permanece o mesmo a 1 m³. As partículas pequenas possuem mais área de superfície em relação a seu volume do que as partículas grandes.

© 2013 Cengage Learning

solução e se combinam para formar um sal solúvel. No lado direito da equação está o excesso de sílica que não se encaixa na estrutura de cristal do mineral de argila.

Taxa de intemperismo químico

O intemperismo químico opera na superfície das partículas, alterando rochas e minerais de fora para dentro, mas a proporção na qual ele acontece depende de diversos fatores. Um deles é a simples presença ou ausência de fraturas, nas rochas e minerais, já que é por meio das fraturas que os fluidos infiltram-se neles e intensificam o intemperismo (Figura 6.1a).

Como o intemperismo mecânico afeta a superfície das partículas, quanto maior a área de superfície, mais eficaz ele será. É importante compreender que as partículas pequenas possuem áreas de superfície maiores em volume do que as partículas grandes. Observe na Figura 6.6 que um bloco de 1 m de cada lado, possui 6 m² de área superficial. Quando o bloco é subdividido em volumes medindo 0,5 m de cada lado, a área superficial aumenta para 12 m². Se esses volumes são reduzidos para 0,25 m de cada lado, a área superficial aumenta para 24 m². Observe, nesse exemplo, que embora a área superficial aumente, o volume total permanece o mesmo, 1 m³.

Podemos concluir que o intemperismo mecânico contribui para o intemperismo químico pela subdivisão de partículas menores, aumentando a área superficial em comparação com seu volume. Para entender melhor este princípio, imagine os grãos do açúcar de confeiteiro. Por causa do tamanho muito pequeno de suas partículas, ele promove uma intensa acentuação do sabor doce, já que os minúsculos pedaços se dissolvem rapidamente. Não fosse isso, ele se comportaria como o açúcar refinado que usamos em nossos cereais e em nosso café.

Não é de se surpreender que o intemperismo químico é mais eficaz nos trópicos do que em regiões áridas e antárticas. Nos, trópicos, as temperaturas e a precipitação pluviométrica são mais altas, as taxas de evaporação são baixas e a vegetação e a vida animal são muito mais abundantes. Consequentemente, os efeitos do intemperismo se estendem a profundidades maiores, talvez várias dezenas de metros.

O material parental é outro controle na taxa do intemperismo químico porque algumas rochas são mais resistentes à alteração química do que outras. O quartzito é uma rocha metamórfica extremamente estável que se altera lentamente em comparação com a maioria das outras rochas. Em contrapartida, o basalto, que contém grandes quantidades de plagioclásio cálcico e piroxênio, se decompõe rapidamente porque esses minerais são quimicamente instáveis. Na verdade, a estabilidade dos minerais comuns é justamente o oposto em sua ordem de cristalização na série de reação de Bowen:

> Se quebrarmos uma rocha intemperizada, veremos que por dentro ela permanece inalterada.

Figura 6.7 Intemperismo esferoidal

a. Os blocos retangulares delineados pelas fraturas são atacados pelo processo de intemperismo químico.

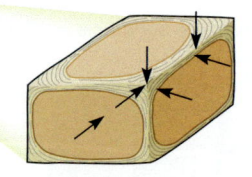

b. O intemperismo nos cantos e quinas é mais intenso.

c. Quando os blocos são intemperizados, de modo que se tornam quase esféricos, suas superfícies são intemperizadas uniformemente e a sua forma permanece estável.

d. Uma exposição de granito mostrando o intemperismo esferoidal no parque nacional Joshua Tree, Califórnia.

---

disjunção esferoidal
Um tipo de intemperismo químico no qual cantos e margens afiadas de rochas são intemperizados mais rapidamente do que superfícies planas, formando, assim, formatos esféricos.

regolito Camada de rocha não consolidada e fragmentos de minerais e solo que cobrem a maior parte da superfície terrestre.

---

os minerais que são formados por último nesta série são mais estáveis, enquanto aqueles que são formados primeiro são facilmente alterados, pois estão mais desiquilibrados das suas condições de formação (observe a Figura 4.3).

Uma rocha, mesmo que seja retangular no início, se intemperiza por **disjunção esferoidal**, adquirindo uma forma mais esférica, já que essa é a forma mais estável que ela pode assumir. Isso acontece porque o intemperismo é mais intenso nos cantos de uma rocha retangular, os já que três lados da rocha estão sob intemperismo ao mesmo tempo. Na quina entre dois lados, o intemperismo é menos acentuado porque apenas dois lados estão sob seu ataque. E, nas superfícies planas, o intemperismo é pouco intenso e mais ou menos uniforme (Figura 6.7). Ou seja, os cantos e quinas se alteram mais rapidamente, o material desagrega e o retângulo original se torna esférico.

OA2 COMO O SOLO SE FORMA E SE DETERIORA?

Grande parte da superfície terrestre da Terra é coberta por uma camada de **regolito** que consiste em sedimento, material piroclástico e o resíduo formado no local pelo intemperismo. A porção do regolito que contém ar, água e matéria orgânica, e que sustenta a vegetação é o **solo**. Como sabemos, as plantas recebem do solo a maior parte dos nutrientes que precisam para crescer e muitos animais terrestres dependem direta ou indiretamente dos solos.

Um bom solo para a agricultura e jardinagem é formado por aproximadamente 45% de partículas sólidas derivadas da intemperização de material parental, e a maior parte do restante de seu volume consiste em vácuo cheio de ar ou água, ou ambos (Figura 6.8a). Outro componente importante do solo é o *húmus*, que é o carbono que se forma pela decomposição de bactérias e matéria orgânica, e é muito resistente à decomposição adicional. Mesmo os solos férteis podem conter menos de 5% de húmus, contudo ele é essencial como fonte de nutrientes para as plantas e aumenta a capacidade de reter a umidade.

As partículas sólidas dos solos podem ser grãos de minerais das frações areia e silte, tais como quartzo, feldspatos e outros, que mantêm as partículas de solo soltas e permitem que o oxigênio e a água circulem mais livremente. A presença dos minerais de argila também é importante porque fornecem nutrientes para as plantas e auxiliam na retenção de água no solo. Mas o excesso de argila implica em drenagem ruim, e o solo fica pegajoso quando molhado e duro quando seco.

Podemos qualificar os solos como *residual* ou *transportado*, o que depende de onde o material que os compõe foi formado: se é local ou se teve origem em outro lugar. Por exemplo, se um corpo de granito se intemperiza e o resíduo que se acumula sob a rocha é convertido em solo, então o solo formado é residual. Em contrapartida, os solos transportados se formam quando o resíduo intemperizado de uma rocha é transportado para outro local, depositado e, então, convertido em solo.

O aroma do solo
As bactérias filamentosas dão ao solo recém-arado seu aroma de terra.

solo Materiais intemperizados contendo água, ar e húmus que podem sustentar uma vegetação.

Figura 6.8 A composição do solo e os seus horizontes

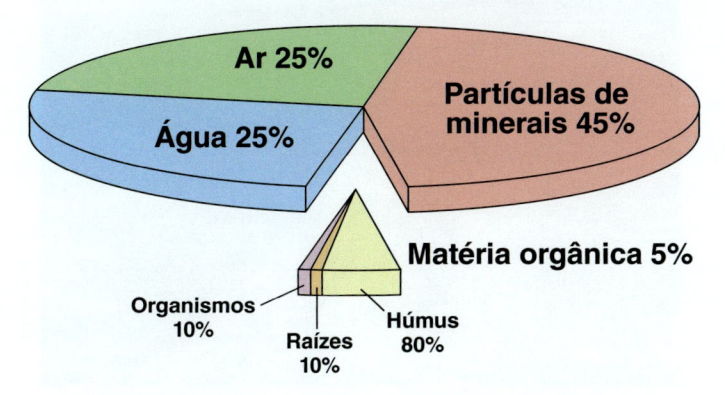

- Ar 25%
- Água 25%
- Partículas de minerais 45%
- Matéria orgânica 5%
  - Organismos 10%
  - Raízes 10%
  - Húmus 80%

a. Os solos são produtos do intemperismo e formados principalmente de minerais e fragmentos rochosos, ar, água e matéria orgânica. A maior parte da matéria orgânica é húmus.

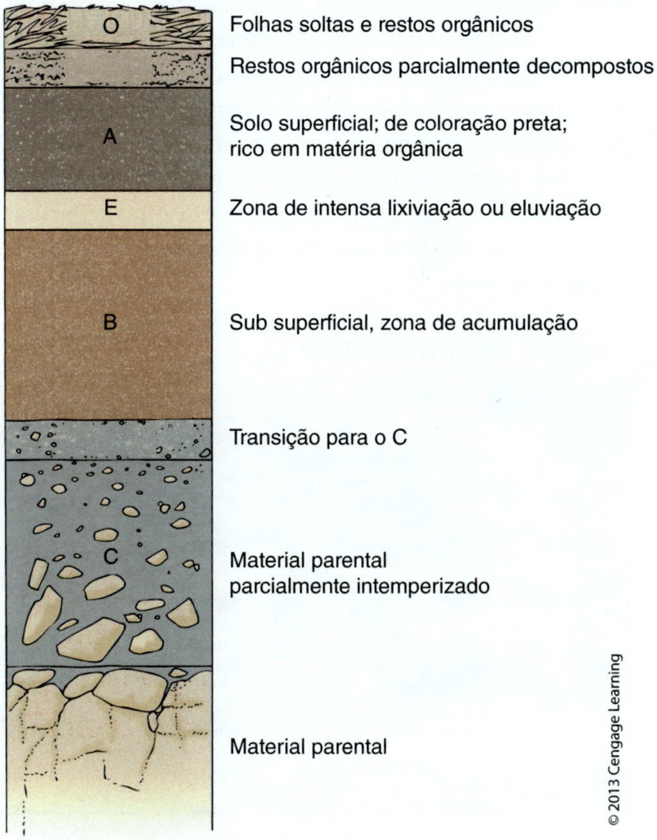

- O — Folhas soltas e restos orgânicos
- Restos orgânicos parcialmente decompostos
- A — Solo superficial; de coloração preta; rico em matéria orgânica
- E — Zona de intensa lixiviação ou eluviação
- B — Sub superficial, zona de acumulação
- Transição para o C
- C — Material parental parcialmente intemperizado
- Material parental

b. Solo com horizontes completamente desenvolvidos. O horizonte O tem apenas alguns centímetros de espessura, mas aqui foi ampliado para mostrar detalhes.

COMO O SOLO SE FORMA E SE DETERIORA?

horizonte do solo
Uma camada de solo distinta que difere das outras camadas de solo em textura, estrutura, composição e cor.

O perfil do solo

Observado em seção transversal vertical, o solo é formado por camadas distintas, ou **horizontes de solo**, que se diferem em textura, estrutura, composição e cor (Figura 6.8b). Partindo da superfície para baixo, os horizontes do solo são designado de O, A, E, B, e C. Tais limites entre os horizontes são transicionais e, em alguns casos, o horizonte E pode não estar presente. Como a formação do solo inicia-se na superfície e prossegue para baixo, o horizonte A é o mais diferente do material parental.

O horizonte O tem apenas alguns centímetros de espessura e é composto de matéria orgânica (Figura 6.8b). Restos de plantas, em vários estados de decomposição, são claramente visíveis na parte superior desse horizonte. Contudo, sua parte inferior consiste em húmus. Aliás, as partes superior e inferior do horizonte O são muitas vezes chamadas de O1 e O2, respectivamente.

O horizonte A, também chamado de *solo superficial*, possui mais matéria orgânica do que os horizontes abaixo dele, e é caracterizado pela intensa atividade biológica porque raízes de plantas, fungos, bactérias e minhocas são abundantes (Figura 6.8b). Na verdade, o aroma de terra de um solo recém-arado vem das bactérias filamentosas. Em solos desenvolvidos há muito tempo, o horizonte A é composto principalmente de argila e minerais quimicamente estáveis, como o quartzo.

Abaixo do horizonte A, em alguns solos mais velhos e maduros, ocorre o horizonte E. Trata-se de uma camada pálida, com pouco carbono, da qual boa parte das pequenas partículas foram removidas. Esse solo resulta da eluviação, processo de lixiviação de minerais pelo movimento descendente da água do solo. Alguns desses materiais são depositados no horizonte abaixo.

O horizonte B, ou subsuperficial, é mais empobrecido em organismos e matéria orgânica que o horizonte A (Figura 6.8b). O horizonte B também é denominado *zona de acumulação* porque os materiais solúveis lixiviados do horizonte superior se acumulam nele como massas irregulares. Caso o horizonte A seja removido por erosão, expondo o horizonte B, o desenvolvimento vegetal será deficiente, e, caso ele seja argiloso se comparado com os outros horizontes do solo, ficará endurecido quando seco e pegajoso quando molhado.

Parcialmente alterado, o substrato rochoso, com pouca matéria orgânica caracterizando o horizonte C, grada para um substrato rochoso inalterado (Figure 6.8b). Nos horizontes acima do C, o material parental foi tão completamente alterado que não é mais reconhecível, contudo no horizonte C os minerais e fragmentos rochosos do material parental ainda poder ser identificados.

É interessante observar que os solos são subdivididos, classificados e mapeados com base no desenvolvimento e composição dos diversos horizontes do solo. O *Soil Survey Division* do *Natural Resources Conservation Service* (NRCS), nos EUA, reconhece 12 ordens de solos, que se subdivide em agrupamentos pequenos. As 12 ordens de solos são baseadas na interação de características e processos, tais como: material parental, vegetação e clima. Não é do escopo deste capítulo entrar em detalhes sobre as 12 ordens de solo. Entretanto, informações

Figura 6.9 Solo alcalino e laterita

a. Um solo alcalino no estado de Nevada (EUA). O material branco é carbonato de sódio ou carbonato de potássio. Observe que poucas plantas crescem neste solo.

b. A laterita de Madagascar, é um solo vermelho e profundo que se forma em resposta ao intenso intemperismo químico nos trópicos.

sobre elas estão disponíveis no NRCS, um ramo do Departamento de Agricultura dos Estados Unidos*.

Fatores que controlam a formação do solo

Interações complexas entre diversos fatores são responsáveis pelo tipo de solo, espessura e fertilidade, mas o clima é o fator mais importante. Por exemplo: os solos, formados em regiões bastante úmidas, têm a maior parte de seus minerais solúveis lixiviados fora do horizonte A. Esse horizonte pode adquirir cor cinza mas, por causa da matéria orgânica em abundância, é mais comumente preto. O horizonte B costuma acumular argila, que é rica em alumínio e óxido de ferro. Os solos formados em regiões semiáridas e áridas, têm muito menos matéria orgânica e mais minerais instáveis no horizonte A, já que nestas regiões há pouca água para sua lixiviação. Contudo, os minerais solúveis como a calcita ($CaCO_3$) entram em solução e precipitam no horizonte B como as massas irregulares de *caliche*. A precipitação de sais de sódio em alguns solos de regiões semiáridas nos quais a água evapora rapidamente produz os *solos alcalinos* que sustentam pouca ou nenhuma vegetação (Figura 6.9a).

Nos trópicos, onde o intemperismo químico é intenso e a lixiviação da maioria dos minerais é completa, forma-se um solo denominado **laterita** (Figura 6.9b). Esses solos vermelhos estendem-se a profundidades de vários metros e são compostos em grande parte de alumínio, hidróxidos, óxido de ferro e minerais de argila. A laterita sustenta uma vegetação exuberante, mas não é muito fértil porque a maioria dos nutrientes das plantas foram lixiviados; a vegetação depende principalmente da camada superficial de matéria orgânica. Na verdade, quando a laterita está livre de sua vegetação e é plantada para colheita, ela pode sustentar a agricultura por apenas alguns anos até o solo exaurir, o que leva os agricultores a simplesmente limpar outra área e repetir o processo.

O mesmo tipo de rocha pode produzir diferentes solos em diferentes regimes climáticos, e no mesmo regime climático os mesmos solos podem se desenvolver em diferentes tipos de rochas. Porém, o tipo de rocha exerce algum controle, apesar de o clima ser mais importante do que o material parental para determinar o tipo de solo. Por exemplo, a rocha metamórfica quartzito terá um solo fino sobre ela porque é quimicamente estável, enquanto um corpo de granito vizinho terá um solo muito mais profundo.

---

* No Brasil, seria a Embrapa Solos, uma unidade da Embrapa (www.embrapa.br/solos).

Os solos dependem dos organismos para sua fertilidade e, em troca, proporcionam um habitat adequado para muitos organismos. Minhocas, formigas, tatuzinhos de jardim, cupins, centopeias e nematódeos juntamente com fungos, algas e organismos unicelulares habitam o solo. Todos contribuem para a formação do solo e viram húmus quando morrem e se decompõem.

laterita Solo vermelho rico em ferro ou alumínio (ou ambos) resultante do intenso intemperismo químico nos trópicos.

Outra parte do húmus do solo vem de gramíneas e serapilheiras que micro-organismos decompõem para obter alimento. Ao fazê-lo, eles quebram compostos orgânicos das plantas e liberam nutrientes de volta ao solo. Além disso, os ácidos orgânicos da decomposição de organismos no solo são importantes no intemperismo posterior de materiais parentais e partículas de solos. Animais escavadores agitam e misturam constantemente os solos, e suas escavações fornecem rotas para gases e água. Os organismos do solo, especialmente alguns tipos de bactérias, são extremamente importantes na mudança do nitrogênio atmosférico para uma forma de nitrogênio de solo adequado para o uso das plantas.

A diferença na elevação entre as altitudes em uma região é chamada *relevo*. Como o clima é um fator importante na formação do solo e ele muda com a altitude, uma área com relevo considerável possui diferentes solos nas montanhas e planícies adjacentes. O *talude*, outro importante controle, influencia a formação do solo de duas maneiras. Uma delas é o *ângulo do talude*. Taludes íngremes possuem pouco ou nenhum solo porque os materiais intemperizados erodem mais rápido que a operação dos processos de formação do solo. O outro fator é a *direção do talude*. No hemisfério norte, os taludes voltados para o norte recebem menos luz do sol do que os taludes voltados para o sul, e possuem temperaturas internas mais frias, sustentam uma vegetação diferente e, em um clima frio permanecem cobertos de neve ou congelados por mais tempo.

Quanto tempo é necessário para desenvolver um centímetro de solo ou um metro, ou mais, de solo completamente desenvolvido? Não há uma resposta definitiva porque, dependendo do clima e do material parental, o intemperismo avança sob taxas muito diferentes. Mas uma média geral pode ser de, aproximadamente, 2,5 cm por século. Não obstante, um derrame de lava no Havaí, com apenas alguns séculos de idade, pode apresentar um solo bem desenvolvido e um derrame

Figura 6.10 Degradação do solo resultante de erosão

a. As tempestades de pó de 1930 (*dust bowl*), em época de seca, resultaram na erosão eólica dos solos de algumas regiões dos Estados Unidos. Essa enorme tempestade de areia foi fotografada em 1934, em Lamar, Colorado.

b. Erosão em sulcos de um campo em Michigan durante uma tempestade. O sulco foi posteriormente aplainado.

c. Essa ravina no Novo México tem aproximadamente 3 m de profundidade.

de mesma idade na Islândia terá uma quantidade de solo consideravelmente menor.

Degradação do solo

Do ponto de vista humano, o solo se forma tão lentamente que é um recurso não renovável. Assim, qualquer perda de solo que exceda a sua taxa de formação é vista com alerta. Do mesmo modo, uma redução na fertilidade do solo ou em sua produção é motivo de preocupação. Qualquer processo que remova ou que torne o solo menos produtivo é chamado de **degradação do solo**, um problema sério que inclui erosão, deterioração química e alterações físicas.

> **degradação do solo**
> Qualquer processo que leva a uma perda na produtividade do solo; pode envolver erosão, poluição química ou compactação.

A erosão é um processo natural, mas é lento o suficiente para manter o ritmo da formação do solo. Porém, infelizmente, ele pode ser acelerado por algumas práticas humanas que agravam o problema. A remoção de vegetação natural para lavrar, pastorear ou retirar madeira, contribuem para a erosão por vento ou água corrente. As tempestades de poeira (*dust bowl*) que se formaram em vários estados das grandes planícies dos Estados Unidos durante a década de 1930 são um exemplo pungente de quão eficaz é a erosão eólica no solo que foi pulverizado e exposto para lavrar (Figura 6.10a).

Em algumas regiões, o vento causa considerável erosão no solo, mas a água corrente é muito mais eficaz. Alguns solos são removidos pela *erosão laminar*, que acontece quando camadas finas de solo são removidas, de forma mais ou menos uniforme ao longo de uma superfície vasta e inclinada. A *erosão em sulcos*, em contrapartida, ocorre quando a água corrente abre pequenos canais semelhantes a valas. Canais rasos o suficiente para serem eliminados por aplainamento são *sulcos*, mas os mais profundos (aproximadamente 30 cm) para serem aplainados são *ravinas* (Figura 6.10a, b). Onde as ravinas são extensas, as plantações não podem mais ser cultivadas e devem ser abandonadas.

O solo sofre deterioração química quando seus nutrientes se tornam escassos e sua produtividade diminui. A perda de nutrientes do solo é notável em países populosos em desenvolvimento, já que são demasiadamente usados a fim de manter altos níveis de produtividade agrícola. A deterioração química também é causada pelo uso inadequado de fertilizantes e supressão de vegetação natural.

A deterioração química também pode ocorrer por poluição ou *salinização*, que é quando a concentração de sais no solo aumenta tornando-o inadequado para a agricultura. A poluição decorre do descarte inadequado de resíduos domésticos e industriais, derramamentos de óleo e produtos químicos e também por causa de concentração de inseticidas e pesticidas nos solos. O solo deteriora-se fisicamente quando é compactado pelo peso de maquinário pesado e por gado, especialmente bovino. Solos compactados são mais caros para lavrar, e o plantio tem mais dificuldade de se desenvolver neles. Além disso, a infiltração de água é prejudicada, fazendo com que ocorram mais escoamentos superficiais que, por sua vez, aceleram a taxa de erosão hídrica.

Problemas vivenciados no passado estimularam o desenvolvimento de métodos para minimizar a erosão do solo em terras agrícolas. O cultivo rotativo, o aproveitamento das curvas de nível e a plantação em terraços se mostraram úteis para tal. Além disso, o resíduo da safra colhida, deixado no terreno, protege a superfície dos danos do vento e da água.

OA3 INTEMPERISMO E RECURSOS NATURAIS

Os solos certamente são um dos recursos naturais mais preciosos para a humanidade. Outros aspectos dos solos são importantes também economicamente. Discutimos a origem da laterita em resposta ao intenso intemperismo químico nos trópicos (Figura 6.9b). A laterita não

Figura 6.11 Origem e transporte do sedimento

Oriundas de rochas preexistentes por intemperismo mecânico ou químico, as partículas sólidas, íons e compostos em solução são transportados e depositados em outro local. Quando litificados, tornam-se rochas sedimentares detríticas ou químicas.

> **sedimento** Agregados de partículas sólidas originadas do intemperismo mecânico e químico, minerais precipitados de soluções por processos químicos e minerais secretados por organismos.
>
> **rocha sedimentar** Qualquer rocha composta de sedimentos, como calcário e arenito.

é muito produtiva para a agricultura, mas se o material parental for rico em alumínio, o minério de alumínio denominado *bauxita* acumula-se no horizonte B. Nos Estados Unidos é possível encontrar bauxita no Arkansas, no Alabama e na Geórgia, mas, hoje em dia, é mais barato importar do que extrair esses depósitos, então tanto os Estados Unidos quanto o Canadá dependem de fontes externas de minério de alumínio.

A bauxita e outras acumulações de minerais valiosos formam-se pela remoção seletiva de substâncias solúveis durante o intemperismo químico e são conhecidas como *concentrações residuais*. A bauxita é um bom exemplo, mas outros depósitos que se formam de maneira similar são os ricos em ferro, manganês, argila, níquel, fosfato, estanho, diamante e ouro. Alguns dos depósitos de ferro sedimentar na região do Lago Superior dos Estados Unidos e do Canadá foram enriquecidos por intemperismo químico quando partes solúveis de depósitos foram removidas. Alguns depósitos de caulinita no sul dos Estados Unidos formaram-se quando o intemperismo químico alterou feldspatos em pegmatitos ou como concentrações residuais de calcário rico em argila e dolomito.

OA4 SEDIMENTO E ROCHAS SEDIMENTARES

O intemperismo é fundamental para a origem de **sedimento** e **rochas sedimentares**. A *erosão* e a *deposição* – ou seja, o movimento de sedimentos do local de intemperismo por processos como água corrente, vento e geleiras, e sua acumulação em alguma região, desaguam na formação de rochas sedimentares (Figura 6.11). Um critério importante para a classificação do sedimento detrítico é o tamanho da partícula. As partículas descritas como *cascalho* medem mais de 2 mm, e a *areia* mede entre 2 e 1/16 mm. O *silte* aplica-se a qualquer partícula de 1/16 e 1/256 mm. Nenhuma dessas descrições sugere qualquer coisa sobre a composição. A maioria dos cascalhos é formada de fragmentos rochosos, ou seja, pequenos pedaços de granito, basalto ou qualquer

Figura 6.12 Arredondamento e seleção dos sedimentos

a. Arredondamento não significa ter o formato de uma bola ou esfera. Esses três seixos são todos arredondados, e, apesar do seixo superior da esquerda ser grosseiramente esférico, nenhum tem o formato de uma bola.

b. Depósito de cascalho mal selecionado mas bem arredondado.

c. Cascalho angular mal selecionado. Observe a moeda usada como parâmetro.

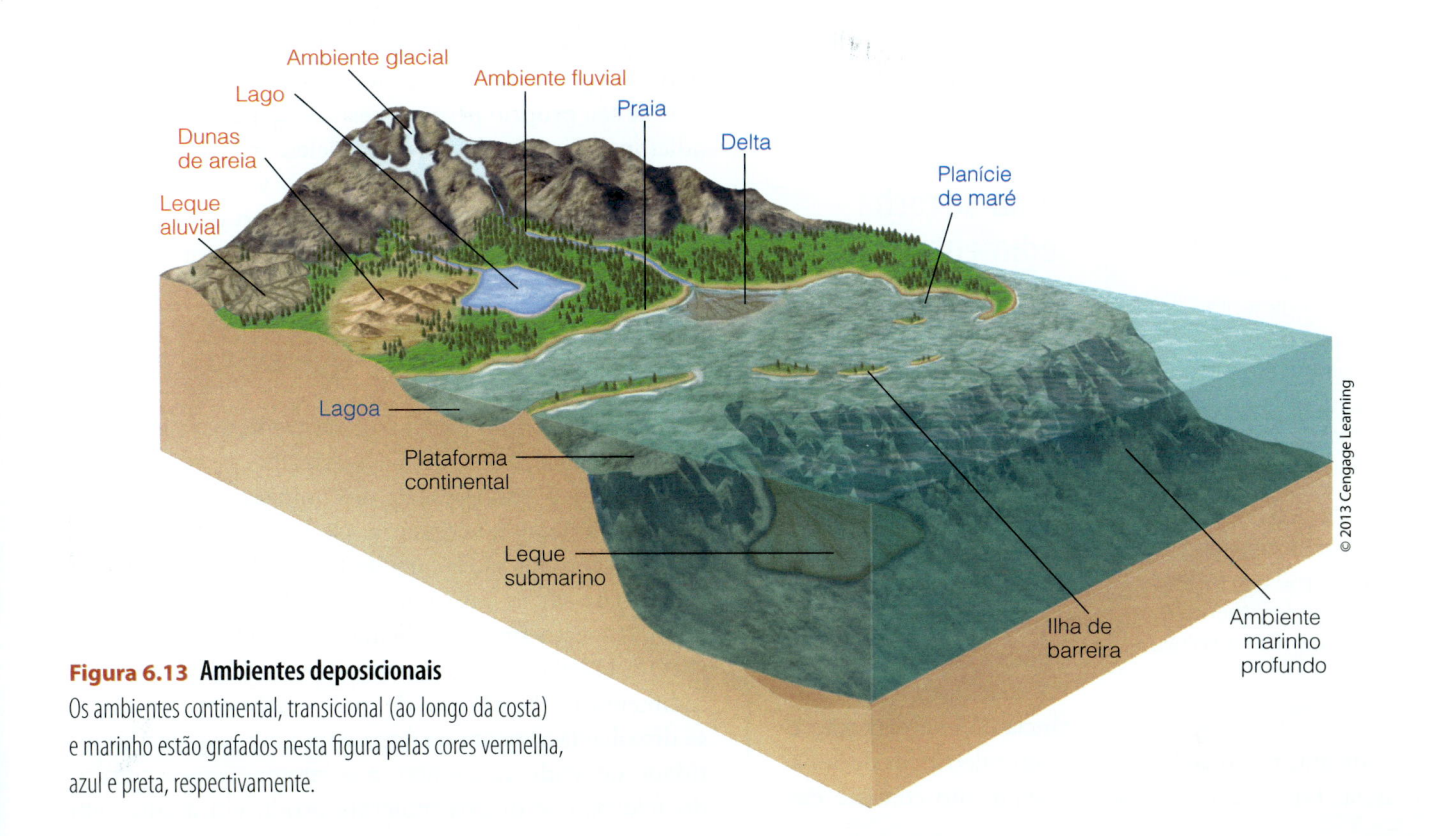

Figura 6.13 Ambientes deposicionais
Os ambientes continental, transicional (ao longo da costa) e marinho estão grafados nesta figura pelas cores vermelha, azul e preta, respectivamente.

outro tipo de rocha. A maioria dos grãos de areia e silte é apenas fragmento de mineral. As partículas menores que 1/256 mm são denominadas *argila*, contudo a argila possui dois significados. Um deles refere-se ao tamanho, mas o termo também se refere ao grupo de silicatos lamelares chamado *minerais de argila*. De qualquer modo, a maioria dos minerais de argila também é do tamanho da argila. A mistura de silte e argila é chamada de *lama*.

Os *sedimentos detríticos* são partículas sólidas derivadas de outras rochas. Mas os *sedimentos químicos* são elementos livres ou moléculas extraídas de outras rochas por dissolução química e acumulados pela evaporação da água do mar ou por atividades orgânica. Amêijoas, ostras, corais e algumas plantas têm seus esqueletos formados por minerais, especialmente aragonita ou calcita ($CaCO_3$), ou sílica (SiO_2). Em qualquer caso, são minerais que podem ser convertidos em rocha sedimentar.

Todo sedimento detrítico é transportado por alguma distância da sua área fonte. Mas os sedimentos químicos se formam na região em que serão depositados. Durante o transporte do sedimento detrítico, partículas de areia e cascalho colidem e a *abrasão* desgasta os cantos e arestas, um processo denominado *arredondamento* (Figura 6.12). O transporte também resulta em *seleção*, que se refere à distribuição do tamanho das partículas em sedimentos e rochas sedimentares. Serão mal selecionadas se uma grande variedade de tamanhos estiver presente e bem selecionadas se todas as partículas forem aproximadamente do mesmo tamanho (Figura 6.12). O arredondamento e a seleção podem ser considerados sem importância, mas ambos influenciam na rapidez com a qual a água subterrânea, o petróleo e o gás movem-se através dos sedimentos e rochas sedimentares que são essenciais para nossos esforços em recuperar esses materiais. Também são úteis para determinar como a deposição de sedimentos ocorreu, um tópico que será mais amplamente abordado em uma seção posterior.

Independente de como o sedimento detrítico é transportado ou de como o sedimento químico se forma, ele é depositado em alguma região geográfica conhecida como **ambiente deposicional**. A deposição pode ocorrer em canais fluviais ou em suas planícies de inundação, como em um lago, uma praia ou no assoalho oceânico profundo onde os processos físicos e biológicos partilham características distintas para a acumulação de sedimento. Os três grandes ambientes deposicionais geológicos conhecidos são o *continental* (em terra), o *transicional* (próximo ao litoral) e o *marinho* (nos oceanos), cada um com outros ambientes

> **ambiente deposicional**
> Qualquer local onde o sedimento é depositado, tal como uma planície aluvial ou uma praia.

SEDIMENTO E ROCHAS SEDIMENTARES

litificação Processo de converter sedimento em rocha sedimentar pela compactação e cimentação.

compactação Redução no volume de um depósito sedimentar que resulta de seu próprio peso e do peso de qualquer sedimento adicional depositado em seu topo.

cimentação Processo pelo qual os minerais cristalizam-se nos espaços porosos do sedimento e ligam as partículas soltas.

deposicionais específicos (Figura 6.13).

Como o sedimento torna-se rocha sedimentar?

A lama, em lagos, e a areia e o cascalho, em canais fluviais ou em praias, são bons exemplos de sedimento. Para converter esses agregados de partículas em rochas sedimentares é necessário a **litificação** por compactação, cimentação ou ambos (Figura 6.14).

Para ilustrar a importância da compactação e da cimentação, considere os depósitos detríticos de lama e areia. Em ambos os casos, o sedimento consiste em partículas sólidas e *espaços porosos*, o vazio entre as partículas. Esses depósitos são submetidos à **compactação** de seu próprio peso e o peso de qualquer sedimento adicional depositado em cima deles, reduzindo, assim, a quantidade de espaço poroso e o volume do depósito. Nosso depósito de lama hipotético deve ter 80% do espaço poroso preenchido de água, porém depois da compactação esse volume é reduzido para 40% (Figura 6.14). O depósito de areia, com 50% de espaço poroso é também compactado, a fim de que os grãos permaneçam mais firmes (Figura 6.14).

A compactação por si só é suficiente para a litificação lama, mas para a areia e o cascalho, a **cimentação** envolvendo a precipitação dos minerais nos espaços porosos também é necessária. Os dois cimentos químicos mais comuns são o carbonato de cálcio ($CaCO_3$) e o dióxido de silício (SiO_2), mas o óxido e o hidróxido de ferro, respectivamente, a hematita (Fe_2O_3) e a limonita [$FeO(OH) \cdot nH_2O$], são encontrados em algumas rochas sedimentares. Lembre-se de que o carbonato de cálcio se dissolve facilmente na água com uma pequena quantidade de ácido carbônico, e o intemperismo químico do feldspato e outros minerais produzem a sílica em

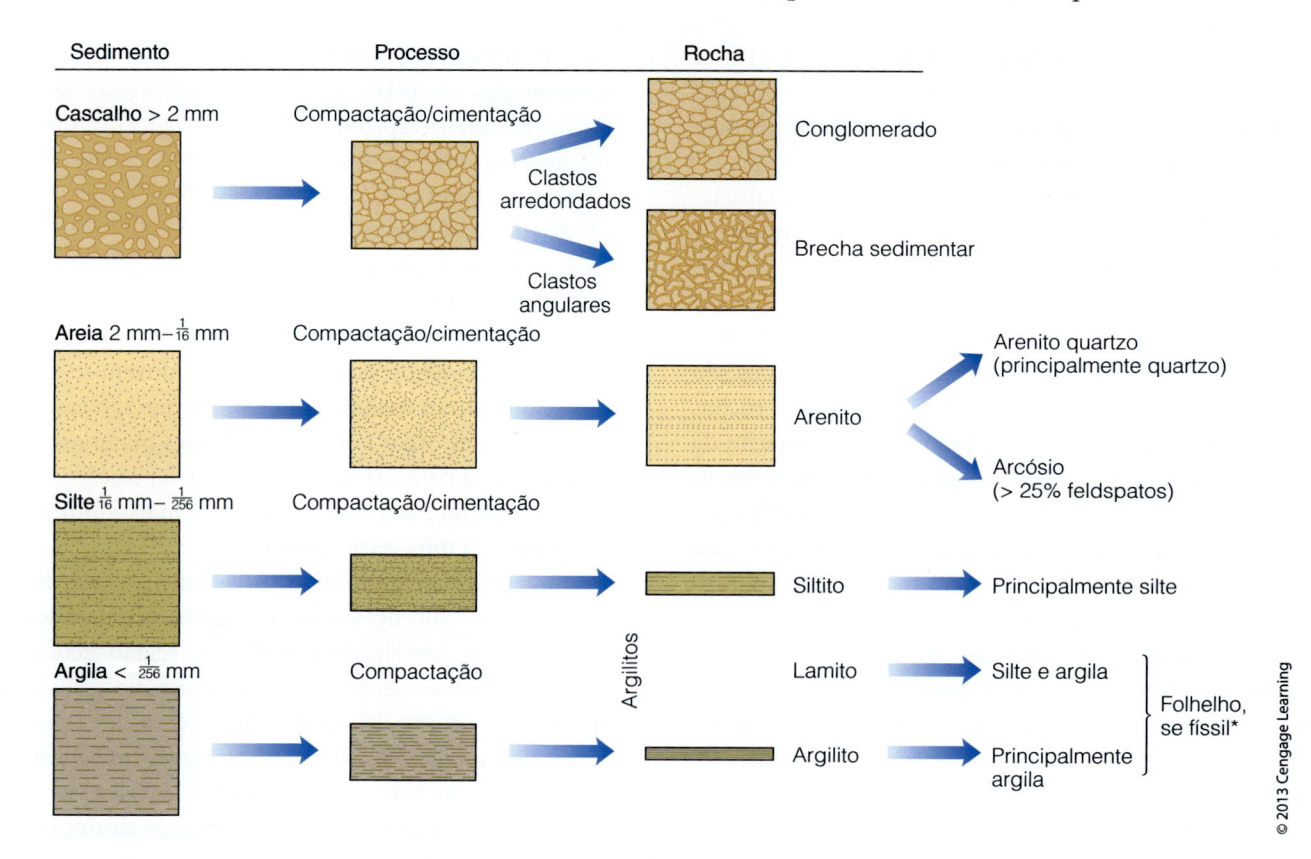

*Físsil refere-se às rochas que se dividem ao longo de planos estreitamente espaçados.

Figura 6.14 Litificação e classificação das rochas sedimentares detríticas
Observe que ocorre pouca compactação em cascalho e areia.

Tabela 6.1
Classificação das rochas sedimentares químicas e bioquímicas

	ROCHAS SEDIMENTARES QUÍMICAS		
TEXTURA	**COMPOSIÇÃO**	**NOME DA ROCHA**	
Variável	Calcita (CaCO$_3$)	Calcário	} Rocha carbonática
Variável	Dolomita [CaMg(CO$_3$)$_2$]	Dolomito	
Cristalina	Gipsita (CaSO$_4$ · 2H$_2$O)	Gipsito	} Evaporitos
Cristalina	Halita (NaCl)	Sal-gema	
	ROCHAS SEDIMENTARES BIOQUÍMICAS		
Clástica	Concha de calcita (CaCO$_3$)	Calcário (diversos tipos como giz e coquina)	
Normalmente cristalina	Conchas microscópicas SiO$_2$ alteradas	Sílex (diversas cores sortidas)	
Amorfa	Carbono de plantas terrestres alteradas	Carvão (linhito, betuminoso, antracito)	

© 2013 Cengage Learning

solução. A cimentação ocorre quando os minerais se precipitam nos espaços porosos do sedimento a partir da água em circulação, ligando, desse modo, as partículas soltas. O óxido e o hidróxido de ferro respondem por rochas sedimentares vermelhas, amarelas e marrons encontradas em diversas regiões (observe a foto de abertura do capítulo).

De longe, os sedimentos químicos mais comuns são a lama, a areia de carbonato de cálcio e as acumulações de cascalho de grãos de carbonato de cálcio, como conchas e fragmentos de concha. A compactação e a cimentação também ocorre nesses sedimentos, convertendo-os em arenito, mas a compactação é menos eficaz porque a cimentação ocorre logo após a deposição. Em qualquer caso, o cimento é o carbonato de cálcio derivado da solução parcial de algumas das partículas no depósito.

OA5 TIPOS DE ROCHAS SEDIMENTARES

Até agora, consideramos a origem do sedimento, bem como seu transporte, deposição e litificação. Passemos agora para os tipos de rochas sedimentares e como elas são classificadas. As duas grandes classes ou tipos de rochas sedimentares são *detrítica* e *química*, embora esta última tenha uma subcategoria conhecida como *bioquímica* (Tabela 6.1).

Rochas sedimentares detríticas

As **rochas sedimentares detríticas** são formadas de partículas sólidas como cascalho, areia, silte e argila e todas possuem *textura clástica*, o que significa que são compostas por partículas ou fragmentos conhecidos como *clasto*. As diversas variedades das rochas detríticas são classificadas pelo tamanho de suas partículas constituintes, embora a composição seja usada para modificar alguns nomes de rochas.

rocha sedimentar detrítica Rocha sedimentar formada de partículas sólidas (detrito) de rochas preexistentes.

Tanto o *conglomerado* quanto a *brecha sedimentar* são compostos de partículas de cascalho (Figuras 6.14 e 6.15a, b), mas o conglomerado possui cascalho arredondado, ao passo que a brecha sedimentar possui cascalho angular. O conglomerado é comum, mas a brecha sedimentar é rara porque o cascalho torna-se arredondado muito rapidamente durante o transporte. É necessária energia considerável para transportar o cascalho, assim o conglomerado é normalmente encontrado em ambientes altamente energéticos tais como canais fluviais e praias.

Areia é uma designação de tamanho para partículas entre 2 e 1/16 mm, portanto qualquer mineral ou fragmento rochoso pode estar no *arenito*. Os geólogos reconhecem as variedades de arenitos com base no conteúdo mineral (Figura 6.14, 6.15a). O *arenito quartzoso* é o mais comum e, como o nome sugere, é formado principalmente de areia de quartzo. Outra variedade de arenito, chamada *arcósio*, contém pelo menos 25% de grãos de feldspato. O arenito é encontrado em diversos ambientes deposicionais, incluindo canais fluviais, dunas de areia, praias, ilhas de barreira, deltas e plataforma continental.

Argilito é um termo geral para todas as rochas sedimentares detríticas compostas de silte e partículas de

rocha sedimentar química Rocha sedimentar formada de minerais que foram dissolvidos durante o intemperismo químico e depois precipitados da água do mar, mais raramente da água de lago, ou extraído da solução pelos organismos.

rocha sedimentar bioquímica Qualquer rocha sedimentar produzida pelas atividades químicas de organismos.

argila (Figura 6.14). As variedades incluem *siltito* (principalmente partículas de silte), *lamito* (uma mistura de silte e argila) e *argilito* (principalmente partículas de argila). Alguns lamitos e argilitos são chamados *folhelhos* se eles são físseis, ou seja, se quebram ao longo de planos paralelos estreitamente espaçados (Figura 6.15c). Mesmo as correntes fracas transportam silte e partículas de argila, e a deposição ocorre somente onde as correntes e a turbulência de fluido são mínimas, como nas águas calmas de lagos e lagoas.

Rochas sedimentares químicas e bioquímicas

Durante o intemperismo químico muitos compostos e íons entram em solução e fornecem a matéria-prima para as rochas sedimentares químicas e bioquímicas. Por exemplo, a água do mar contém sílica (SiO_2), cálcio (Ca), carbonato (CO_3), sulfato (SO_4), potássio (K), sódio (Na) e cloreto (Cl), e muitas outras substâncias que, sob determinadas condições, são extraídas da água para formar os minerais que dão origem às **rochas sedimentares químicas**. Os organismos desempenham um papel importante na origem de algumas dessas rochas, que são designadas **rochas sedimentares bioquímicas**. Algumas rochas sedimentares químicas são de textura cristalina já que são formadas por mosaico intercristalino de minerais como o sal-gema. Outras possuem uma textura clástica como no calcário composto de fragmentos de conchas.

Figura 6.15 Rochas sedimentares detríticas

a. Arenito capeado por conglomerado em Lillooet, Colúmbia Britânica, Canadá.

b. Brecha sedimentar no Vale da Morte, Califórnia. Observe as partículas de cascalho angulares: o clasto maior é de aproximadamente 12 cm de diâmetro.

c. Exposição de folhelhos no Tennessee (EUA).

Figura 6.16 Rochas sedimentares químicas – calcário

a. Calcário com inúmeros fósseis de conchas, denominado calcário fossilífero.

b. A coquina é um calcário formado por conchas quebradas.

c. Oólito de calcário formado por grãos esféricos de carbono de cálcio.

Seguramente, as rochas sedimentares químicas mais comuns são os **carbonatos**, assim chamados porque contêm o radical carbonato (CO_3^{-2}). Diversas rochas atendem a esse critério, mas apenas duas são comuns; o calcário – composto por calcita ($CaCO_3$) – e o dolomito – composto por dolomita [$CaMg(CO_3)_2$] (Tabela 6.1). A origem do calcário é bastante simples. A calcita entra rapidamente em dissolução na presença de água subterrânea ácida mas a reação química que conduz à dissolução é reversível, sob algumas condições, e portanto calcita pode precipitar-se a partir da solução. Desse modo, alguns calcários formam-se pela precipitação química inorgânica da água do mar e, mais raramente, da água de lago.

A maior parte do calcário é bioquímica porque os organismos têm grande importância para sua origem. Aliás, são comuns os esqueletos de animais marinhos em muitas variedades de calcário (Figura 6.16). A *coquina* é um tipo de calcário composto quase inteiramente de conchas fragmentadas (Figura 6.16b), e o *giz* é um tipo mais macio de calcário que consiste em conchas microscópicas. Uma variedade distinta de calcário contém pequenos grãos esféricos denominados *ooides* que possuem pequenos núcleos em torno dos quais camadas concêntricas de calcita precipitam-se. Depósitos litificados de ooides formam *oólitos de calcário* (Figura 6.16c).

O dolomito é semelhante ao calcário, mas ele se forma principalmente pela alteração do calcário quando o magnésio substitui algum cálcio na calcita, convertendo-a em dolomita. Isso pode ocorrer em uma laguna: a água do mar evapora, deixando a água remanescente rica do magnésio que permeia o calcário e provocando uma mudança química.

> **carbonato** Qualquer rocha, como o calcário e o dolomito, formada principalmente de minerais de carbonato.

TIPOS DE ROCHAS SEDIMENTARES

Figura 6.17 Evaporitos, sílex e carvão

a. Esse testemunho cilíndrico de sal-gema foi extraído de um poço de petróleo em Michigan.

c. Sílex estratificado exposto no Condado de Marin, Califórnia. A maioria das camadas tem aproximadamente 5 cm de espessura.

b. Gipsito. Quando profundamente soterrada, a gipsita ($CaSO_4 \cdot 2H_2O$) perde sua água e é convertida em anidrita ($CaSO_4$).

d. A hulha é o tipo mais comum de carvão usado para combustível.

Sabemos que a água do mar é salgada – ou seja, que contém sódio, cloreto e muitos outros compostos e íons em solução. Se pegarmos um copo de água do mar e deixarmos o líquido evaporar completamente, veremos uma camada de minerais na parte inferior do vidro. Obviamente, a evaporação está envolvida na origem desses minerais e suas rochas correspondentes que são coletivamente chamadas de **evaporitos** (Tabela 6.1). O evaporito mais conhecido é o *sal-gema*, composto pelo mineral halita (NaCl) e o *gipsito*, formada pelo mineral gipsita ($CaSO_4 \cdot 2H_2O$) (Figura 6.17a, b). Em comparação com arenito, argilito e calcário, os evaporitos não são muito comuns, e ainda assim são depósitos significativos em regiões como Michigan, Ohio e Nova York e a região da Costa do Golfo.

O *silexito* é uma rocha dura formada por cristais microscópicos de sílica (SiO_2) (Tabela 6.1, Figura 6.17c). A *pederneira* (pedra de binga), é simplesmente sílex de cor preta por causa da matéria orgânica que se incorpora a ela e o *jaspe* é sílex vermelho ou marrom em razão de seu teor de óxido de ferro. Como o sílex é duro e não tem clivagem, ele pode ser moldado para formar arestas de corte para ferramentas, pontas de lança e pontas de flechas. Alguns sílex são encontrados como massas irregulares em outras rochas, especialmente no calcário, ou em camadas distintas de *sílex estratificado* formado de minúsculas conchas de organismos secretores de sílica e, portanto, é bioquímico (Figura 6.17c).

Como já foi explicado, o *carvão* é matéria orgânica alterada, mas é, apesar disso, uma rocha sedimentar bioquímica (Tabela 6.1, Figura 6.17d). Forma-se da vegetação que se acumula em brejos e pântanos onde a água é deficiente em oxigênio. As bactérias que decompõem a vegetação podem viver sem oxigênio, mas seus resíduos devem ser oxigenados e, por causa do pouco ou nenhum oxigênio presente, os resíduos se acumulam

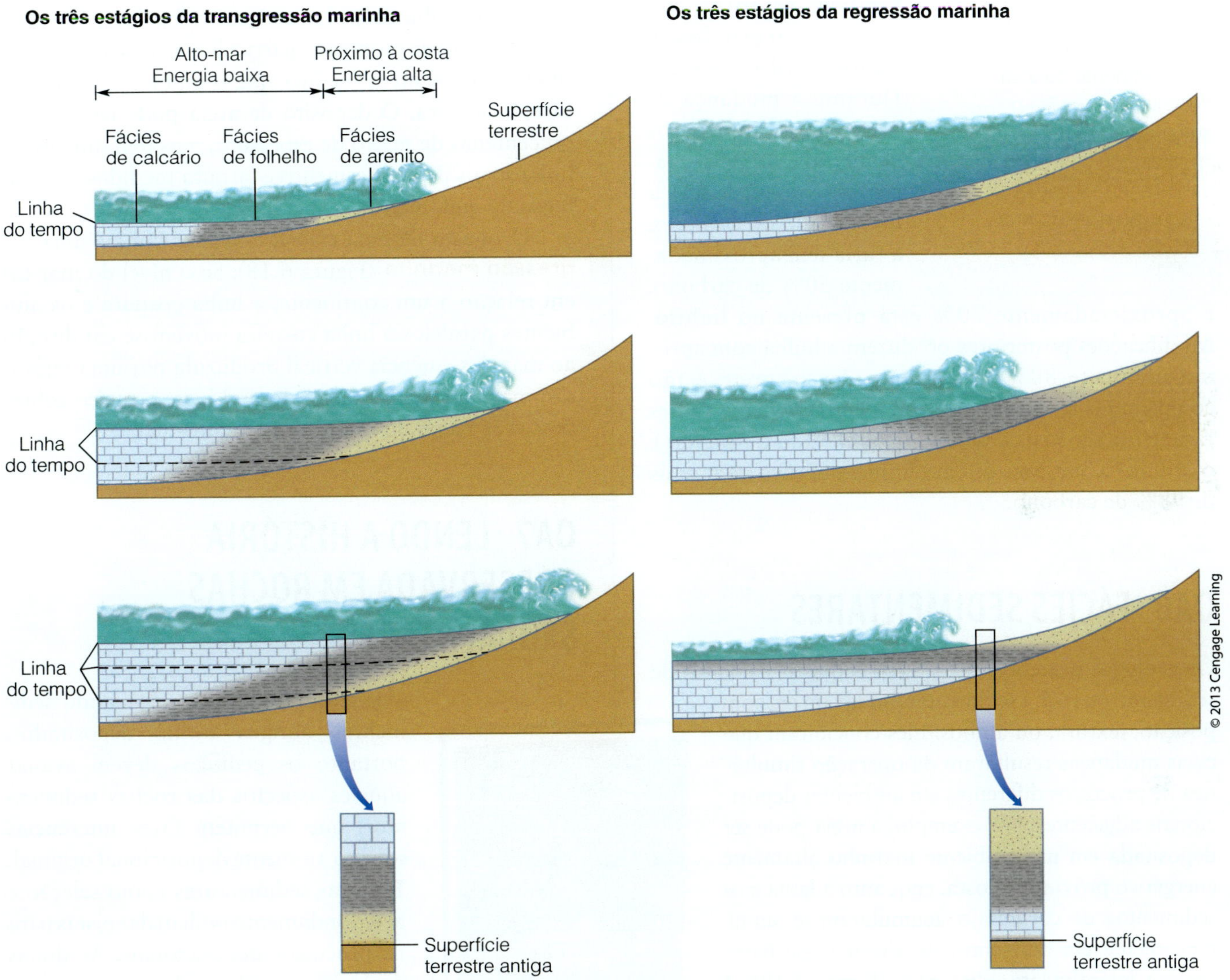

evaporito Qualquer rocha sedimentar, como o sal-gema, formada por precipitação química inorgânica de minerais da água em evaporação.

Figura 6.18 Transgressões e regressões marinhas
Observe que as fácies de arenito, xisto e calcário são depositadas simultaneamente em ambientes adjacentes. Observe também a sucessão vertical das fácies que resultam das transgressões e regressões marinhas.

> **fácies sedimentares**
> Qualquer aspecto de uma unidade de rocha sedimentar que faz com que seja reconhecidamente diferente das rochas sedimentares adjacentes da mesma idade (ou de idade aproximada).
>
> **transgressão marinha**
> Invasão de uma área costeira ou um continente pelo mar, resultante da elevação do nível do mar ou subsidência da terra.
>
> **regressão marinha**
> Retração do mar de um continente ou área costeira, que resulta no surgimento de terra à medida que o nível do mar cai ou a terra se eleva em relação ao nível do mar.

e matam as bactérias. A decomposição cessa e a vegetação forma humo orgânico, que, se enterrado e comprimido, se transforma na *turfa*, o primeiro passo na formação do carvão.

Onde a turfa é abundante, como na Irlanda e na Escócia, é usada para combustível, entretanto se for modificada ainda mais por aterramento profundo, e especialmente se ela é aquecida, também se torna um carvão preto-fosco denominado *linhito*. Durante a mudança de turfa para linhito, os elementos voláteis evaporam, aumentando a quantidade de carbono; a turfa tem aproximadamente 50% de carbono, e aproximadamente 70% está presente no linhito. Modificações posteriores produzem a hulha com aproximadamente 80% de carbono denso, preto e tão completamente modificado que plantas remanescentes raramente são vistas. O grau mais elevado do carvão é o *antracito*, um tipo de carvão metamórfico com mais de 98% de carbono.

OA6 FÁCIES SEDIMENTARES

Os geólogos perceberam há tempos que as camadas de sedimento ou rocha sedimentar mudavam em composição, textura, ou ambos. Eles concluíram que essas mudanças resultaram da operação simultânea de processos diferentes em ambientes deposicionais adjacentes. Por exemplo, a areia pode ser depositada em um ambiente marinho altamente energético próximo à costa, enquanto a lama e os sedimentos de carbonato acumularam-se simultaneamente em ambientes de alto-mar de baixa energia lateralmente adjacentes (Figura 6.18). A deposição em cada ambiente produz **fácies sedimentares**, corpos de sedimento que possuem atributos físicos, químicos e biológicos distintos.

Muitas rochas sedimentares no interior dos continentes mostram uma clara evidência da deposição em ambientes marinhos. As camadas de rocha na Figura 6.18 (*esquerda*), por exemplo, consistem em fácies de arenito que foram depositadas em ambiente marinho costeiro recoberto por xisto e fácies de calcário depositados em ambientes em alto-mar. Os geólogos explicam essa sequência vertical das fácies pela deposição que ocorreu durante um tempo em que o nível do mar elevou-se em relação aos continentes. À medida que o nível do mar se eleva, a linha costeira adentra, dando origem a uma **transgressão marinha** (Figura 6.18), e os ambientes deposicionais paralelos à linha costeira migram em direção à terra. Como resultado, as fácies de alto-mar se sobrepõem às fácies costeiras, o que representa a sucessão vertical das fácies sedimentares. Embora o ambiente próximo à costa seja longo e estreito em qualquer momento particular, a deposição ocorre continuamente à medida que o ambiente migra em direção à terra. O depósito de areia pode ter dezenas ou centenas de metro de espessura, mas tem dimensões horizontais de comprimento e largura medidos em centenas de quilômetros.

O oposto de uma transgressão marinha é uma **regressão marinha** (Figura 6.18). Se o nível do mar cai em relação a um continente, a linha costeira e os ambientes paralelos à linha costeira movem-se em direção ao mar. A sequência vertical produzida por uma regressão marinha tem as fácies do ambiente costeiro sobrepostas às fácies dos ambientes de alto-mar.

OA7 LENDO A HISTÓRIA PRESERVADA EM ROCHAS SEDIMENTARES

Ninguém estava presente quando sedimentos antigos foram depositados, portanto os geólogos devem avaliar aqueles aspectos das rochas sedimentares que permitem fazer inferências sobre o ambiente deposicional original. Texturas sedimentares como seleção e arredondamento podem dar pistas para os processos deposicionais. As dunas de areia sopradas pelo vento tendem a ser bem selecionadas e bem arredondadas, contudo os depósitos glaciais são tipicamente mal selecionados.

Figura 6.19 Acamamento e estratificação cruzada

a. O acamamento dessas rochas em Utah (EUA) é bem aparente.

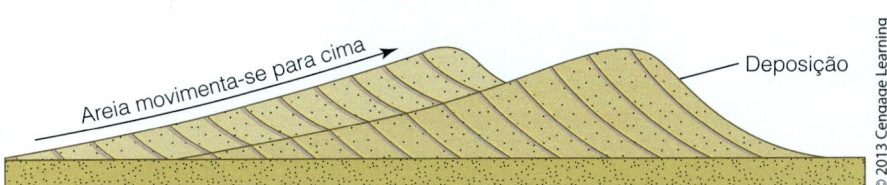

b. Origem da estratificação cruzada pela deposição na superfície inclinada de uma duna de deserto. A estratificação cruzada também é comum em estruturas semelhantes à duna em canais fluviais e correntes.

c. Estratificação cruzada em arenito no Natural Bridges National Monument, Utah (EUA). A corrente se moveu da esquerda para a direita.

A geometria ou o formato tridimensional é outro aspecto importante dos corpos de rocha sedimentar.

As transgressões e regressões marinhas produzem corpos de sedimento com uma geometria em massa ou manto de areia, mas os depósitos em canais fluviais são longos e estreitos, com uma *geometria em cordão de areia*. As texturas sedimentares e a geometria em si costumam ser suficientes para determinar o ambiente deposicional, mas quando considerado com outras propriedades de rocha sedimentar, especialmente *estruturas sedimentares* e *fósseis*, os geólogos podem determinar com confiança a história do depósito.

Estruturas sedimentares

Os processos físicos e biológicos que operam nos ambientes deposicionais são responsáveis pelas características conhecidas como **estruturas sedimentares**. As mais comuns são os **estratos** ou **leitos** (Figura 6.19a), com camadas individuais de menos de um milímetro até muitos metros de espessura. Os estratos ou leitos são separados uns dos outros por superfícies acima e abaixo nas quais as rochas diferem-se em composição, textura, cor ou uma combinação característica.

estrutura sedimentar Qualquer característica em uma rocha sedimentar que é formada durante ou logo após o período de deposição, tais como estratificação cruzada, tocas de animais e gretas de contração.

estratos Refere-se às camadas de rochas sedimentares.

leito Uma camada individual de rocha, especialmente sedimento ou rocha sedimentar.

LENDO A HISTÓRIA PRESERVADA EM ROCHAS SEDIMENTARES

Viagem de Campo
Rochas sedimentares

Pronto para partir!

Agora que você já leu alguns dos principais fatos sobre rochas sedimentares, estamos indo "a campo" para ver algumas de perto. Durante essa viagem, visitaremos dois dos cinco parques nacionais de Utah. O *Parque Nacional dos Arcos* e o *Parque Nacional de Capitol Reef* são geologicamente ricos, o que os torna o palco ideal para aprender sobre rochas sedimentares, analisar os efeitos do intemperismo e os diferentes tipos de estruturas sedimentares, além de datar os estratos pela observação e muito mais.

Essa viagem de campo tem por objetivo ajudá-lo a entender como esses lugares fascinantes têm uma perspectiva geológica. Diversos tipos de rochas sedimentares estão presentes no *Parque Nacional dos Arcos* e no *Parque Nacional de Capitol Reef*, e a maioria delas é arenito. Vamos aprender sobre a composição das rochas, texturas, cores, estruturas e como elas foram formadas, abordando todos os tópicos da seção "Sedimento e rochas sedimentares". Além disso, os parques possuem uma variedade de feições geográficas como janelas estruturais, colunas, pináculos e rocha suspensas, todos resultados do intemperismo e da erosão diferencial. Como um exemplo deste fenômeno, reveja a foto de abertura do capítulo, ela mostra o intemperismo e a erosão diferencial no Red Canyon, Utah.

Além de serem grandes exemplos de rochas sedimentares, a exposição de rochas nesses parques nos ajuda a visualizar alguns dos princípios de decifração da história geológica, tópico discutido com mais detalhes no Capítulo 16.

Vamos adiante!

DeerPoint, UT. mapa topográfico, cortesia de USGS.
Todas as fotografias: Direitos autorais e fotografia por Dr. Parvinder S. Sethi.

OBJETIVOS DA VIAGEM

Conceitos-chave que você vai entender nessa viagem:

1. Estratos são evidentes em muitas exposições de rocha (afloramento) em ambos os parques (foto à esquerda). Cada mudança nos estratos indica uma mudança na deposição das sucessivas camadas de sedimento.
2. Em uma sucessão de camadas de rochas sedimentares, a camada mais antiga está na parte inferior e as camadas mais novas ascendem progressivamente. Este é o conceito do "Princípio da sobreposição de camadas" que discutiremos no Capítulo 16.
3. A maioria das rochas é arenito, compostas principalmente de quartzo, que é um mineral abundante, fisicamente durável e quimicamente estável. Os estratos de arenito são vermelhos porque contêm óxido de ferro e cimento de hidróxido.

QUESTÕES PARA ACOMPANHAMENTO

1. Como o intemperismo e a erosão diferencial agem para a formação das janelas estruturais? Há exemplos de janelas estruturais que estão em seus primeiros estágios de formação no parque? Se sim, quais são?
2. As rochas no Parque dos Arcos e de Capitol Reef são pouco deformadas. Mas, suponha que alguma delas tenha sido dobrada e fraturada de modo que algumas camadas se invertessem. Quais tipos de estruturas sedimentares poderiam ajudar a descobrir se alguma camada foi realmente invertida?
3. Como você poderia usar os Princípios da superposição e horizontalidade original das camadas para ajudá-lo a decifrar a história geológica dos parques nacionais dos Arcos e de Capitol Reef?

O que observar ao partir

Há muito o que ver ao visitar, mas aqui estão alguns dos destaques.

A foto acima mostra grandes exemplos de pilares, colunas e arcos, todos formados por intemperismo e erosão diferencial do Arenito Entrada. Observe também, na foto acima, que além do Arenito Entrada, o Arenito Navajo também está presente. Veja como esse se difere do Arenito Entrada, e qual seria ambiente no qual os seus sedimentos foram depositados.

As rochas sedimentares possuem diversos tipos de estruturas sedimentares que se formaram quando o sedimento foi depositado ou pouco tempo depois, e fornecem evidência sobre o ambiente de deposição. Essas são marcas de ondas semelhantes àquelas mostradas na Figura 6.21c, d neste capítulo.

Possivelmente, as observações mais importantes que você pode fazer em uma viagem a esses parques são as que mostram que a Terra é um sistema complexo de interação de rochas, água, ar e vida. Também é interessante perceber que as rochas de qualquer tipo registram eventos que aconteceram em um passado muito distante. Apesar de os métodos que os geólogos usam para interpretar a história geológica serem discutidos no Capítulo 16, já podemos determinar quais das camadas de rocha nas fotos acima são as mais antigas e quais são as mais novas. Apenas observe a sequência de camadas de rocha: as mais antigas estão na parte inferior e as mais novas estão no topo. Observe que na foto acima uma das camadas é cinza. Ela é formada de bentonita (um mineral de argila), oriundo de cinza vulcânica, indicando que antigos vulcões entraram em erupção na época da deposição desses sedimentos.

A sequência de rochas da base ao topo foi depositada em ambiente de planície de maré, águas ligeiramente mais profundas e dunas de areia. Os geólogos fazem essas interpretações com base nas características das rochas, especialmente as texturas (se os grãos são selecionados e arredondados) e as estruturas sedimentares. (Veja a seção "Determinando o ambiente de deposição" neste capítulo). Essas rochas são registros de eventos que ocorreram nesta região muito antes que qualquer humano pudesse estar presente para registrar.

Figura 6.20 Correntes de turbidez e a origem da estratificação gradacional

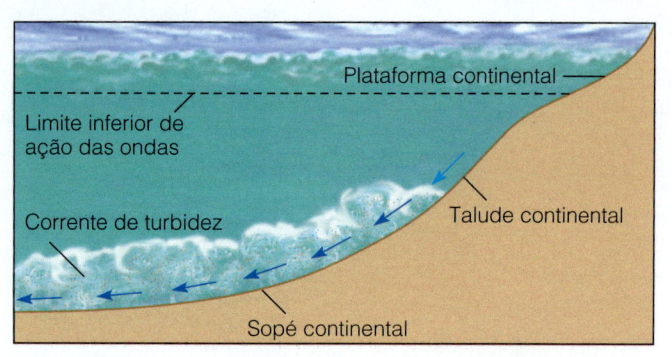

a. Uma corrente de turbidez flui talude abaixo ao longo do assoalho oceânico (ou fundo do lago) porque é mais densa que a água livre de sedimento.

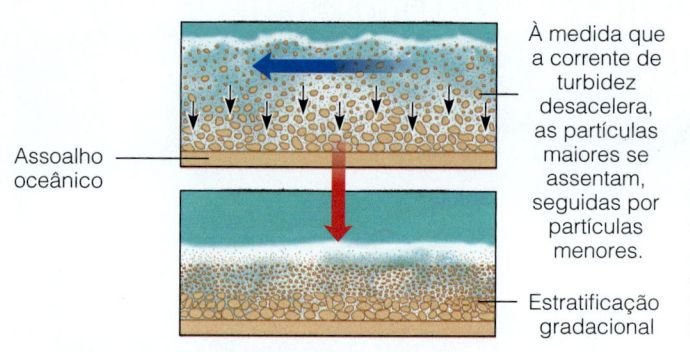

b. O fluxo diminui e, progressivamente, deposita partículas menores, formando, assim, uma estratificação gradacional.

Figura 6.21 Marcas de ondas e marcas de corrente

a. Em resposta à direção das correntes formam-se marcas, como em um canal fluvial. A ampliação mostra as estratificações cruzadas em ondulações individuais.

c. O movimento contínuo das ondas do mar em águas rasas produz ondulações nos sedimentos.

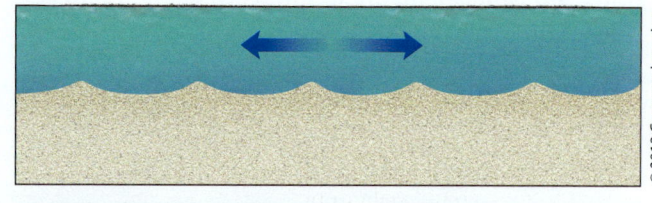

b. Marcas de corrente que se formaram em um canal fluvial. O fluxo era da direita para a esquerda.

d. Marcas de ondas formadas em águas marinhas rasas.

estratificação cruzada
Tipo de estratificação em que as camadas são depositadas em ângulo na superfície na qual acumula-se, como nas dunas de areia.

Muitas rochas sedimentares possuem **estratificação cruzada**, em que as camadas estão dispostas em ângulo com a superfície sobre a qual foram depositadas. As estratificações cruzadas são encontradas em diversos ambientes deposicionais, tais como as dunas de areia no deserto e ao longo das linhas costeiras, bem como em depósitos de canais fluviais. Invariavelmente, as estratificações cruzadas resultam do transporte e deposição pelo vento e correntes de água e as estratificações cruzadas são inclinadas para baixo na mesma direção que a corrente fluiu. Deste modo, os depósitos antigos com as estratificações cruzadas inclinadas para baixo em direção ao sul, por exemplo, indicam que as

Figura 6.22 Gretas de contração
Gretas de ressecamento se formam em sedimentos argilosos que se contraem quando secam.

a. Gretas de contração em um ambiente atual.

b. Gretas de contração antigas no Parque Nacional Glacier, Montana. Observe que as gretas foram preenchidas com sedimento.

correntes responsáveis por elas fluíram do norte para o sul.

Algumas camadas individuais de rocha sedimentar apresentam uma diminuição ascendente no tamanho do grão, denominada **estratificação gradacional**, formada principalmente pela deposição da corrente de turbidez. Uma *corrente de turbidez* é um fluxo subaquático de sedimento e água com uma densidade maior do que a água livre de sedimento. Por causa da sua densidade maior, a corrente de turbidez flui talude abaixo antes de atingir o assoalho oceânico relativamente plano ou o assoalho lacustre, onde diminui e começa a depositar partículas grandes seguidas por outras progressivamente menores (Figura 6.20).

As superfícies que separam as camadas em depósitos de areia geralmente possuem **marcas de ondas**, pequenas dorsais com depressões intervenientes, dando a elas uma aparência enrugada. Algumas marcas de ondas, em seção transversal, são assimétricas com uma ligeira inclinação de um lado e uma inclinação íngreme do outro. As correntes que fluem em uma direção, como nos canais fluviais, formam as então chamadas *marcas de corrente* (Figura 6.21a, b). Como a inclinação íngreme dessas ondulações estão a jusante, são boas indicações das direções das correntes antigas. Em comparação, as *marcas de ondulação formadas por ondas* tendem a ser simétricas, em seção transversal e, como seu nome sugere, são formadas pelo movimento contínuo das ondas do mar (Figura 6.21c e d).

Quando o sedimento rico em argila seca, ele se contrai e desenvolve fraturas cruzadas chamadas de **gretas de contração** (Figura 6.22). As gretas de contração em rochas sedimentares antigas indicam que o sedimento foi depositado em um ambiente onde secas periódicas ocorreram, como em uma planície de inundação de rio, próximo à margem de lagos ou onde depósitos enlameados estão expostos ao longo do litoral em marés baixas.

Fósseis: vestígios e traços da vida antiga

Fósseis, vestígios e traços de organismos outrora vivos, são interessantes como evidência da vida pré-histórica (Figura 6.23), e também são importantes para determinar os ambientes deposicionais. Os vestígios reais

> **estratificação gradacional** Camada sedimentar em que um único leito apresenta diminuição no tamanho do grão da base para o topo.
>
> **marcas de ondas** Estrutura tipo onda (ondulada) produzida em sedimento granular, especialmente areia, por vento unidirecional e correntes de água, ou pelas correntes de onda oscilantes.
>
> **greta de contração** Rachadura em sedimento rico em argila que se forma em resposta ao ressecamento.
>
> **fósseis** Vestígios e traços de organismos outrora vivos.

Figura 6.23 Fósseis

a. Crânio do dinossauro *Alossauro* em exposição no Museu de História Natural de Viena, Áustria.

b. Esse fóssil de trilobita está exposto no Museu do Dinossauro, Mesalands Community College, em Tucumcari, Novo México. Embora parente distante dos insetos, aranhas, caranguejos e lagostas de hoje, os trilobitas foram extintos no final da Era Paleozoica, há 251 milhões de anos.

Figura 6.24 Rochas sedimentares antigas e suas interpretações

a. O Arenito Navajo, do período Jurássico, no Parque Nacional Zion, em Utah, é um depósito de dunas de areia sopradas pelo vento. Fraturas verticais cruzaram as estratificações cruzadas nessa exposição rochosa chamada Mesa Tabuleiro.

b. Vista de três formações no Grand Canyon, Arizona. Os sedimentos dessas rochas foram depositados durante uma transgressão marinha. Compare com a sequência vertical das rochas na Figura 6.18.

de organismos são conhecidos como *corpos fósseis*, ao passo que qualquer indicação de atividade orgânica, como pegadas e trilhas, são *traços fósseis*. A maioria das pessoas está familiarizada com fósseis de dinossauro e outros animais terrestres, mas não sabem que fósseis de invertebrados (animais que não têm uma coluna vertebral segmentada como corais, amêijoas, ostras e uma variedade de micro-organismos) são muito mais úteis porque são muito comuns.

É verdade que os vestígios de criaturas terrestres e plantas podem desaparecer em ambientes marinhos, contudo a maior parte é preservada em rochas depositadas na terra ou talvez em ambientes transicionais como deltas. Em comparação, os fósseis de corais nos dizem que as rochas em que estão preservados foram depositadas no oceano.

Os microfósseis são particularmente úteis para interpretações ambientais porque centenas ou mesmo milhares estão recobertos por amostras de rocha pequena. Ao extrair petróleo, os geólogos recuperam pequenas lascas de rocha denominadas *testemunhos de sondagem,* que podem conter inúmeros fósseis de minúsculos organismos. Esses fósseis são usados rotineiramente para determinar ambientes deposicionais e corresponder ou correlacionar rochas da mesma idade relativa em regiões diferentes. Além disso, os fósseis fornecem algumas evidências da evolução orgânica.

Determinando o ambiente de deposição

Quais os tipos de evidências que permitiriam a você determinar como se formou uma camada de arenito? Certamente você iria considerar a textura – ou seja, seleção e arredondamento – e também os tipos de estruturas sedimentares e fósseis, se houver. Você também pode comparar as características do arenito com as observadas em depósitos de areia formados hoje. Mas você está corroborado em usar processos atuais e depósitos para inferir o que aconteceu quando nenhum observador humano estava presente?

Na verdade, você está familiarizado com o raciocínio usado para interpretar os eventos dos quais não foi testemunha. Marcas de derrapagem em uma rua, vidro quebrado e um poste de energia elétrica danificado certamente indicam que um veículo bateu neste poste. Se você visse uma árvore destruída e gravemente queimada na floresta, poderia pensar que ela foi atingida por uma bomba, mas na ausência de quaisquer fragmentos ou resíduos de bombas, concluiria que a árvore foi atingida por um raio. Os geólogos usam exatamente o mesmo tipo de raciocínio – isto é, a compreensão dos processos naturais – quando avaliam as evidências preservadas em rochas sedimentares; a data em que as rochas se formaram é irrelevante. Os geólogos se baseiam apenas no princípio do *uniformitarismo* quando fazem essas interpretações (consulte Capítulo 1).

E sobre o arenito que mencionamos no início dessa seção? Suponha que ele tenha ondulações simétricas e fósseis de organismos marinhos, caso em que você, sem dúvida, pode concluir que ele foi depositado em um ambiente marinho raso. Se, por outro lado, além das ondas simétricas, houver fósseis de dinossauro e de plantas terrestres, você provavelmente concluiria que ele foi depositado próximo à margem de um lago. Muitas outras características nas rochas sedimentares são usadas de forma similar. Os ooides (Figura 6.16c) formam-se hoje em ambientes marinhos rasos com correntes vigorosas e temos todas as razões para pensar que os antigos se formaram da mesma maneira. Os depósitos glaciais são tipicamente mal selecionados, apresentam pouca estratificação, e têm outras características que indicam o transporte glacial e a deposição.

O Arenito Navajo, no sudoeste dos Estados Unidos, é formado por areia bem selecionada medindo 0,2 mm a 0,5 mm de diâmetro, possui grandes estratificações cruzadas e apresenta pegadas de animais terrestres (Figura 6.24a). Há muito tempo os geólogos concluíram que as areias desérticas do Arenito Navajo formavam dunas. Na verdade, a inclinação das estratificações cruzadas indica que o vento soprou principalmente a partir do nordeste.

Evidências da sequência de rochas expostas na parte inferior do Grand Canyon, na Figura 6.24b, indicam que foram depositadas em mares rasos durante a transgressão marinha, como mostrado na Figura 6.18 (*à esquerda*).

Figura 6.25 Petróleo e gás natural
As setas nas partes (a) e (b) indicam a direção da migração.

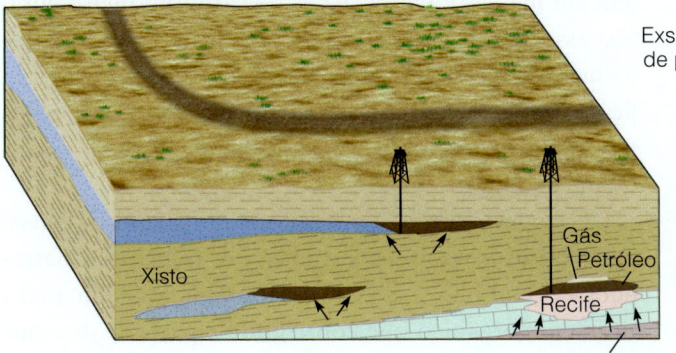

a. Dois exemplos de trapes estratigráficas; um na areia dentro do folhelho e a outra em um recife enterrado.

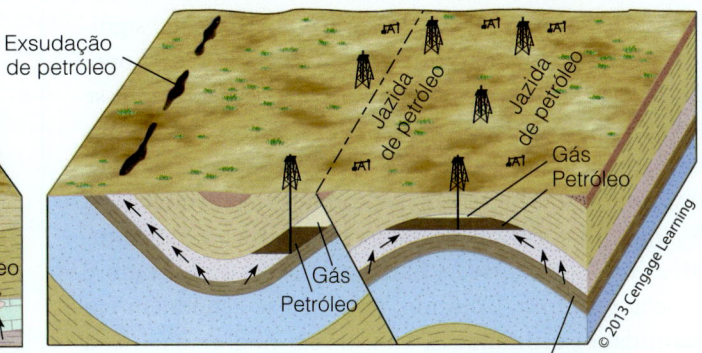

b. Dois exemplos de trapes estruturais: uma formada por dobramento e a outro por falha.

OA8 RECURSOS IMPORTANTES EM ROCHAS SEDIMENTARES

Areia e cascalho são essenciais para a indústria da construção. Depósitos de argila pura são usados para a cerâmica, e o calcário é usado para a fabricação de cimento em altos-fornos onde o minério de ferro é refinado para a fabricação do aço. Os evaporitos são a fonte do sal de cozinha, bem como os compostos químicos, e a rocha de gipsita é usada para a fabricação de *gesso*. As rochas sedimentares contendo fosfato são usadas em fertilizantes e suplementos de rações.

Depósitos de pláceres são acumulações de superfície resultantes da separação e concentração de materiais de grande densidade daqueles de menor densidade em córregos e praias. Grande parte do ouro recuperado durante as fases iniciais da corrida do ouro na Califórnia (1849–1853) foi extraído de depósitos de pláceres.

A maior parte do carvão extraído nos Estados Unidos é do tipo hulha da região dos Apalaches que se formou em pântanos costeiros durante o Período Pensilvaniano. Grandes depósitos de linhito e carvão sub-betuminoso no oeste dos Estados Unidos estão se tornando cada vez mais importantes. Em 2009, aproximadamente 975 milhões de toneladas métricas de carvão foram extraídas neste país, mais de 70% foram das minas em Wyoming, West Virginia e Kentucky.

O *coque*, uma substância cinza e dura que consiste de cinza fundida da hulha, é usado nos altos-fornos onde é produzido o aço. Óleo e gás sintéticos e diversos outros produtos são também produzidos a partir da hulha e linhito.

Petróleo e gás natural

Petróleo e gás natural são *hidrocarbonetos*, o que significa que eles são compostos por hidrogênio e carbono. Os restos de organismos microscópicos depositam-se no assoalho oceânico ou assoalho lacustre, em alguns casos, onde pouco oxigênio está presente para a decomposição. Se aterrados sob as camadas de sedimentos, são aquecidos e transformados em petróleo e gás natural. A rocha na qual os hidrocarbonetos se formam é a *rocha geradora*. Contudo, para que se acumulem em quantidades econômicas, eles devem migrar da rocha geradora para um tipo de *rocha-reservatório*. Por fim, a rocha-reservatório deve ter a cobertura de uma *rocha selante* quase impermeável. Caso contrário, os hidrocarbonetos chegariam à superfície e escapariam (Figura 6.25a, b). As rochas-reservatório eficazes devem ter espaço poroso considerável, boa *permeabilidade* e capacidade para transmitir fluidos; caso contrário, os hidrocarbonetos não podem ser extraídos em quantidades razoáveis.

Muitos reservatórios de hidrocarbonetos consistem em arenitos marinhos próximos à costa com proximidade às rochas geradoras ricas em grãos orgânicos finos. Estas são chamados de *trapes estratigráficos*, porque eles devem a sua existência às variações nos estratos (Figura 6.25a). De fato, parte do petróleo da região do Golfo Pérsico e de Michigan é trapeada em recifes antigos que também são boas trapes estratigráficas. *Trapes estruturais* resultam de quando as rochas são dobradas, fraturadas ou ambos. Em rochas sedimentares que foram deformadas por uma série de dobramentos, os hidrocarbonetos migraram para as partes elevadas dessa estrutura (Figura 6.25b).

Urânio

A maior parte do urânio usado nas reações nucleares na América do Norte provém do mineral de *carnotita* formado pelo complexo potássio, urânio e vanádio, que é encontrado em algumas rochas sedimentares. Uma parte do urânio também deriva da *uraninita* (UO_2), um óxido de urânio em rochas graníticas e veios hidrotermais. A uraninita é facilmente oxidada e dissolvida na água subterrânea, transportada para outro local e quimicamente reduzida, precipitada na presença de matéria orgânica.

O mais rico minério de urânio dos Estados Unidos está difundido na região do Planalto do Colorado, no Colorado, e partes adjacentes de Wyoming, Utah, Arizona e Novo México. Esses minérios, que consistem em massas e incrustações de carnotita quase pura, são associados a restos de plantas no arenito, que foi formado em canais fluviais antigos. Embora a maioria desses minérios esteja associada a fragmentos de plantas, algumas árvores petrificadas contêm grande quantidade de urânio.

Grandes reservas de minérios de urânio de baixo teor também são encontradas no folhelho Chattanooga. O urânio é disseminado neste folhelho preto ricamente orgânico que cobre grande parte de diversos estados norte-americanos, como Illinois, Indiana, Ohio, Kentucky e Tennessee. O Canadá é o maior produtor e exportador de urânio do mundo.

Formação ferrífera bandada

A rocha sedimentar química conhecida como *formação ferrífera bandada* consiste de camadas finas alternadas de sílex e minerais de ferro, principalmente hematita de óxido de ferro e magnetita. As formações ferríferas bandadas estão presentes em todos os continentes e são responsáveis pela maior parte do minério de ferro extraído hoje no mundo. Uma vasta formação ferrífera bandada está presente hoje na região do Lago Superior dos Estados Unidos e Canadá e em Labrador Trough, leste do Canadá.

7 Metamorfismo e rochas metamórficas

O mármore foi o material usado para construir o Taj Mahal, na Índia. Ele está presente em toda a estrutura do edifício, nas obras de arte e em flores primorosamente esculpidas que ornamentam as paredes do monumento. Nessa construção foram empregados mais de 20 mil trabalhadores e necessários 17 anos, de 1631 a 1648, para a sua conclusão.

Introdução

"Uma analogia útil para o metamorfismo é o preparo de um bolo: o resultado depende dos ingredientes, de suas proporções, como são misturados, da temperatura e do tempo de cozimento."

O mármore é uma rocha notável que tem uma variedade de usos. Ele se forma do calcário ou dolomito, pelo incremento de pressão e temperatura, e apresenta-se em uma variedade de cores e texturas. O mármore tem sido usado há muitos séculos para erguer estátuas e monumentos. Por exemplo, a estátua de mármore de *Afrodite de Melos*, também conhecida como *Vênus de Milo*, é uma das mais conhecidas obras de arte do mundo. E o *Peace Monument*, na Avenida Pensilvânia, no lado oeste do Capitólio, em Washington, nos Estados Unidos, foi construído de mármore branco proveniente de Carrara, Itália, uma localidade famosa por seus mármores. O mármore é usado também como revestimento e rocha principal em muitas construções e estruturas. O Taj Mahal, na Índia, foi feito principalmente de mármore Makrana, extraído de colinas a sudoeste de Jaipur, Rajastão (observe a foto de abertura do capítulo). Além disso, o mármore é usado como piso e em peças ornamentais e estruturais. Triturado, ele é usado em pasta de dentes e é uma fonte de cal em fertilizantes agrícolas.

As **rochas metamórficas** (do grego *meta*, "mudança" e *morphe* "forma"), como o mármore, são o terceiro grupo de rochas que examinaremos. Elas resultam da transformação de outras rochas por processos que ocorrem geralmente abaixo da superfície da Terra (observe a Figura 1.14). Durante o **metamorfismo**, as rochas são submetidas a calor, pressão e atividade fluídica a fim de alterar sua composição mineral, sua textura ou ambas, gerando novas rochas. A nova rocha, geralmente, difere muito da rocha original. O metamorfismo ocorre sob temperaturas abaixo da fusão da rocha; caso contrário, o resultado seria uma rocha ígnea.

Uma analogia útil para o metamorfismo é o preparo de um bolo. Assim como uma rocha metamórfica, o resultado do bolo depende dos ingredientes, de suas proporções, como são misturados, da quantidade de água ou leite adicionada, da temperatura e do tempo usado para assar o bolo.

Exceto pelo mármore e pela ardósia, a maioria das pessoas não está familiarizada com as rochas metamórficas. Frequentemente, os alunos nos perguntam por que é importante estudar as rochas e os processos metamórficos. Nossa resposta é sempre a mesma: "Apenas olhe à sua volta".

Uma grande porção da crosta continental da Terra é composta de rochas metamórficas e ígneas. Juntas, elas formam as rochas do embasamento cristalino subjacente às rochas sedimentares da superfície do continente. Algumas das mais antigas rochas conhecidas

> **rocha metamórfica**
> Qualquer rocha que foi alterada de sua condição original por calor, pressão e atividade química de fluidos, como o mármore e a ardósia.
>
> **metamorfismo** É o fenômeno de mudança das rochas como resultado do calor, pressão e fluidos, de modo que estejam equilibradas com um novo conjunto de condições ambientais.

A suavidade do mármore, sua textura uniforme e suas cores variadas tornaram essa rocha a preferida de construtores e escultores ao longo da História.

Objetivos de Aprendizagem (OA)

Ao finalizar este capítulo você será capaz de:

- **OA1** Identificar os agentes do metamorfismo
- **OA2** Identificar os três tipos de metamorfismo
- **OA3** Explicar como as rochas metamórficas são classificadas
- **OA4** Reconhecer a diferença entre zonas metamórficas e fácies
- **OA5** Entender como a tectônica de placas afeta o metamorfismo
- **OA6** Entender a relação entre metamorfismo e recursos naturais

Figura 7.1 Gnaisse Acasta
Estima-se que essa rocha metamórfica, encontrada no Canadá, tenha aproximadamente 4 bilhões de anos, fazendo com que ela seja uma das mais antigas rochas conhecidas na Terra. O gnaisse é uma rocha metamórfica foliada.

datam de aproximadamente 4 bilhões de anos (Figura 7.1) e são metamórficas, o que significa que elas foram formadas de rochas ainda mais antigas! Além disso, muitos minerais e rochas metamórficos, como granada, talco, amianto, mármore e ardósia, também são economicamente importantes e úteis.

OA1 OS AGENTES DO METAMORFISMO

Os três principais agentes do metamorfismo são *calor*, *pressão* e *atividade de fluídos*. O tempo também é importante para o processo metamórfico porque as reações químicas ocorrem em taxas diferentes e necessitam, desse modo, de quantidades diferentes de tempo para se completar. As reações com silicatos são particularmente lentas, e como a maioria das rochas metamórficas é composta de silicatos, acredita-se que o metamorfismo é um processo geológico muito lento.

Durante o metamorfismo, a rocha original, que estava em equilíbrio com seu ambiente – o que significa que estava química e fisicamente estável nessas condições –, sofre transformações para atingir o equilíbrio com seu novo ambiente. Essas transformações podem resultar na formação de novos minerais, na modificação na textura da rocha ou em ambos. Em alguns casos, a transformação é mínima, e as características da rocha original ainda podem ser reconhecidas. Em outros casos, a transformação é intensa de modo que a determinação da rocha original, se for possível, é realizada, apenas, com muita dificuldade.

Calor

O **calor** é um importante agente do metamorfismo porque aumenta as taxas das reações químicas que podem produzir minerais diferentes daqueles da rocha original. O calor pode se originar da lava, do magma ou do soterramento profundo na crosta, em decorrência da subducção ao longo de um limite de placa convergente.

Quando as rochas são irrompidas por magma, o seu calor afeta as rochas ao redor. O aquecimento mais intenso ocorre, geralmente, adjacente à injeção de magma e diminui gradualmente com a distância da intrusão. A aureola metamorfisada na rocha encaixante, adjacente a um corpo ígneo intrusivo, é geralmente distinta e fácil de reconhecer.

Sabe-se que a temperatura aumenta com a profundidade. Algumas rochas que se formam na superfície podem ser transportadas para grandes profundidades por subducção ao longo de um limite de placa convergente e, portanto, estão sujeitas ao aumento de temperatura e pressão. Durante a subducção, alguns minerais podem ser transformados em outros mais estáveis, sob condições de temperatura e pressão mais elevadas.

Pressão

Durante o soterramento, as rochas estão sujeitas a uma pressão cada vez maior, assim como você sente uma pressão maior quanto mais fundo você mergulha na água. Considerando que a pressão que você sente é conhecida como *pressão hidrostática*, porque vem da água ao seu redor, as rochas sofrem **pressão litostática**, o que significa que a *tensão* (força por unidade de área) em uma rocha na crosta da Terra é a mesma em todas as direções (Figura 7.2a). Uma situação similar ocorre quando um objeto é imerso em água. Por exemplo, quanto mais fundo um copo de isopor (Styrofoam™) for submerso no oceano, menor ele se tornará, já que a pressão aumenta com a profundidade, igualmente em todas as direções, comprimindo, assim, o copo (Figura 7.2b).

> **calor** Um agente de metamorfismo.
>
> **pressão litostática** Pressão exercida sobre rochas pelo peso das rochas sobrejacentes.

Figura 7.2 Pressão litostática

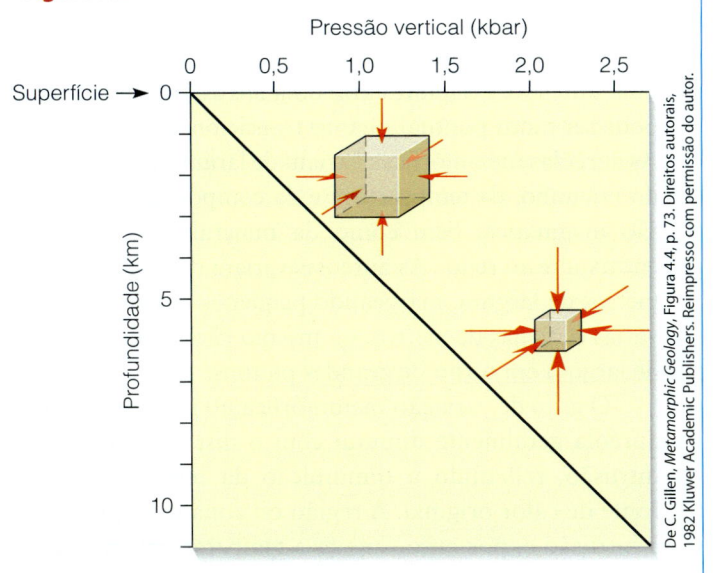

a. A pressão litostática é aplicada igualmente em todas as direções na crosta da Terra em função do peso das rochas sobrejacentes. Assim, a pressão aumenta com a profundidade, conforme indicado pela linha preta inclinada.

1 quilobar (kbar) = 1.000 bares
Pressão atmosférica ao nível do mar = 1 bar

b. Uma situação similar ocorre quando copos de isopor (Styrofoam™) de 200 ml são submersos no oceano a profundidades de aproximadamente 750 m e 1.500 m. O aumento da pressão da água é exercido em todas as direções sobre os copos que, consequentemente, diminuem em volume enquanto mantêm seu formato original.

Com a pressão litostática resultante do aterramento, as rochas também podem sofrer **pressão diferencial**. Nesse caso, as tensões não são iguais em todas as direções, mas são mais fortes em algumas direções do que em outras. Pressões diferenciais em geral ocorrem quando duas placas colidem, produzindo texturas e características metamórficas distintas.

Atividade de fluidos

Em quase todas as regiões de metamorfismo, a água e o dióxido de carbono (CO_2) estão presentes em quantidades que variam ao longo dos limites dos grãos minerais ou dos espaços porosos das rochas. Esses fluidos, que podem conter íons em solução, acentuam o metamorfismo pelo aumento da taxa de reações químicas. Sob condições secas, a maioria dos minerais reage muito lentamente, mas, quando é introduzido fluido, ainda que em pequenas quantidades, as taxas de reação aumentam. Isso ocorre, principalmente, porque os íons se movem facilmente através do fluido e, portanto, aumentam as reações químicas e a formação de novos minerais.

As reações seguintes fornecem um bom exemplo de como novos minerais podem ser formados pela **atividade de fluidos**. A água do mar movendo-se através da rocha basáltica quente na crosta oceânica transforma a olivina no mineral metamórfico serpentina:

$$2Mg_2SiO_4 + 2H_2O \longrightarrow Mg_3Si_2O_5(OH)_4 + MgO$$
olivina — água — serpentina — removida em solução

Os fluidos quimicamente ativos importantes no processo metamórfico provêm essencialmente de três fontes: (1) água retida nos poros das rochas sedimentares à medida que elas se formam, (2) o fluido volátil no interior do magma e (3) a desidratação de minerais que contêm água, como a gipsita ($CaSO_4 \cdot 2H_2O$) e algumas argilas.

pressão diferencial
Pressão que não é aplicada igualmente a todos os lados de um corpo rochoso.

atividade de fluidos
Um agente do metamorfismo no qual a água e o dióxido de carbono promovem o metamorfismo pelo incremento da taxa de reações químicas.

OA2 OS TRÊS TIPOS DE METAMORFISMO

Os geólogos reconhecem três tipos principais de metamorfismo: (1) *metamorfismo de contato (termal)*, no qual o calor magmático e os fluidos atuam para produzir mudança; (2) *metamorfismo dinâmico*, que é principalmente o resultado de elevadas pressões diferenciais associadas à deformação intensa; e (3) *metamorfismo regional*, que ocorre em uma grande área e está associado aos principais episódios de formação de montanhas. Ainda que discutamos cada tipo de metamorfismo separadamente, o limite entre eles nem sempre é distinto e depende, em grande parte, de qual dos três agentes metamórficos era predominante.

Metamorfismo de contato

O **metamorfismo de contato (termal)** ocorre quando o corpo de magma modifica a rocha encaixante ao redor. Em profundidades rasas, a intrusão do magma eleva a temperatura da rocha ao redor, causando transformação térmica. Além disso, a liberação de fluidos quentes na rocha encaixante, pelo resfriamento da intrusão, pode induzir à formação de novos minerais.

Três fatores importantes no metamorfismo de contato são a temperatura inicial, o tamanho da intrusão e o conteúdo do fluido do magma e da rocha encaixante. Às vezes, todos esses fatores estão envolvidos. A temperatura inicial de uma intrusão depende, em parte, de sua composição. Magmas máficos são mais quentes do que magmas félsicos (consulte o Capítulo 4) e, portanto, têm um efeito térmico maior sobre as rochas ao redor deles. O tamanho da intrusão também é importante. No caso de pequenas intrusões, como diques e *sills*, apenas as rochas em contato imediato com a intrusão são geralmente afetadas. Se grandes intrusões, como batólitos, demoram muito tempo para se resfriar, o aquecimento da rocha encaixante pode perdurar por tempo suficiente para uma que uma área maior seja afetada.

A área de metamorfismo em torno de uma intrusão é uma **auréola**, e o limite entre uma intrusão e sua auréola pode ser tanto pontual quanto transicional (Figura 7.3). As auréolas metamórficas variam de largura dependendo do tamanho, da temperatura e da composição da intrusão magmática, bem como da mineralogia da rocha encaixante ao redor. As auréolas variam de poucos centímetros de largura, margeando pequenos diques e *sills*, a várias centenas de metros, ou mesmo vários quilômetros de largura em torno de grandes plútons.

O grau de variação metamórfica no interior de uma auréola geralmente diminui com o distanciamento da intrusão, refletindo a diminuição da temperatura da fonte de calor original. A região ou zona mais próxima à intrusão e, portanto, sujeita a temperaturas mais elevadas, frequentemente contém minerais metamórficos de alta temperatura (ou seja, minerais em equilíbrio com o ambiente de temperatura mais elevada) como a silimanita. As zonas exteriores, isto é, aquelas mais afastadas da intrusão, são tipicamente caracterizadas por minerais metamórficos de baixa temperatura, como clorita, talco e epidoto.

O metamorfismo de contato não é resultado apenas de intrusões ígneas. Ele também resulta de derrames de lavas, seja ao longo das dorsais meso-oceânicas, ou da lava que escoa na superfície dos continentes e modifica termicamente as rochas sobrejacentes (Figura 7.4). Não é

metamorfismo de contato (termal) Metamorfismo de rochas encaixantes adjacentes a um plúton.

auréola Uma região ao redor de um plúton onde ocorreu o metamorfismo de contato.

Figura 7.3 Auréola metamórfica
Uma auréola metamórfica, a área em torno de uma intrusão, consiste em zonas que refletem o grau de metamorfismo. A auréola metamórfica associada a esse plúton granítico idealizado contém um zoneamento com três diferentes paragêneses minerais, refletindo a diminuição da temperatura com o distanciamento da intrusão. A zona interna, com andaluzita, cordierita e *hornfels*, forma-se adjacente ao plúton e é o reflexo das altas temperaturas próximas à intrusão. Ela é seguida por uma zona intermediária de recristalização extensiva, na qual se desenvolvem algumas biotitas. Na zona mais afastada da intrusão as ardósias encontram-se marchetadas.

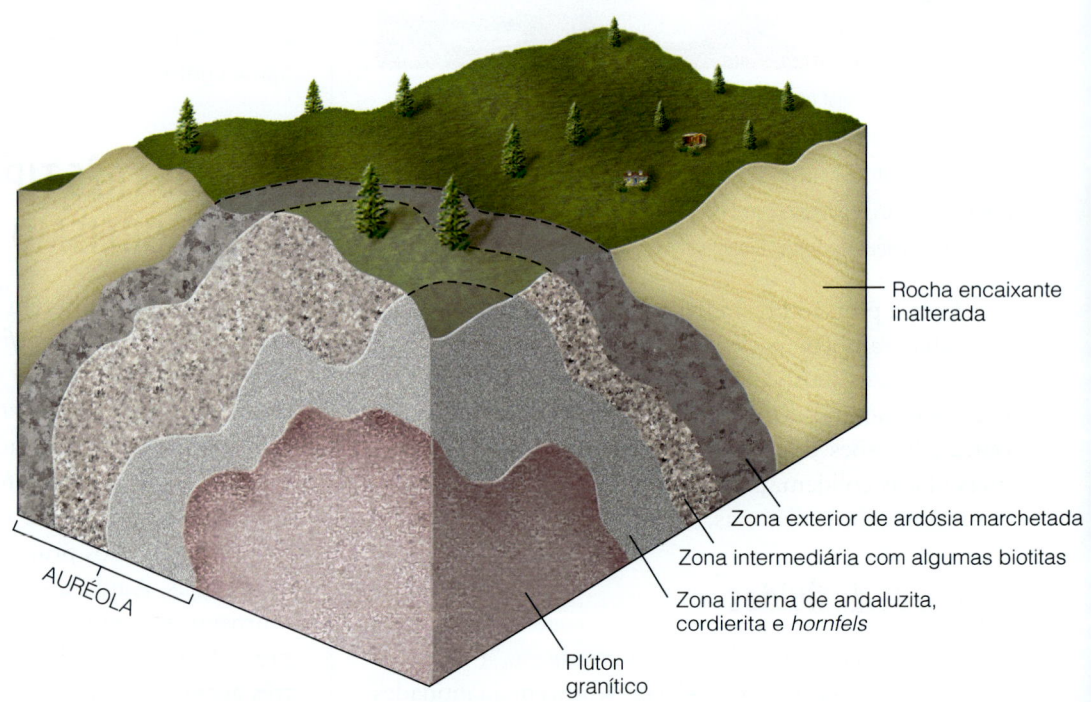

- Rocha encaixante inalterada
- Zona exterior de ardósia marchetada
- Zona intermediária com algumas biotitas
- Zona interna de andaluzita, cordierita e *hornfels*
- Plúton granítico
- AURÉOLA

difícil reconhecer o metamorfismo de contato nas rochas abaixo de um derrame de lava recente, mas determinar se um corpo ígneo é intrusivo ou extrusivo em meio a rochas sedimentares é mais complicado. Se for possível identificar em quais unidades sedimentares ocorreu o metamorfismo, os geólogos podem determinar se o corpo ígneo é intrusivo (como um *sill* ou dique) ou extrusivo (derrame de lava). Essa determinação é fundamental na reconstrução da história geológica de uma região e pode apresentar importantes implicações econômicas.

Os fluidos também desempenham um papel importante no metamorfismo de contato. O magma costuma ser úmido e contém fluidos quentes e quimicamente ativos que podem entranhar na rocha ao redor. Esses fluidos podem reagir com a rocha e auxiliar na formação de novos minerais. Além disso, a rocha encaixante pode conter fluidos interporos que, quando aquecidos pelo magma, aumentam as taxas de reação.

Como o calor e os fluidos são os agentes primários do metamorfismo de contato, dois tipos de rocha metamórfica de contato são geralmente reconhecidos: as resultantes do aquecimento da rocha encaixante e as alteradas por soluções quentes. Muitas rochas que resultam do metamorfismo de contato têm a textura de porcelana; ou seja, elas possuem grãos duros e finos. Isso aplica-se particularmente em rochas com alto teor de argila, como o xisto. Essa textura é obtida porque os minerais de argila na rocha são aquecidos, assim como um pote de argila é aquecido quando levado ao forno.

Durante os estágios finais de resfriamento e cristalização do magma, grandes quantidades de solução aquosa aquecida podem ser liberadas. Essas soluções podem reagir com as rochas encaixantes e produzir novos minerais metamórficos. Esse processo, que geralmente ocorre próximo à superfície da Terra, é chamado de *alteração hidrotermal* (do grego *hidro*, "água", e *termal*, "calor") e pode resultar em depósitos de minerais valiosos.

Metamorfismo dinâmico

A maioria do **metamorfismo dinâmico** está associada a *falhas* (fraturas ao longo das quais ocorreram movimentos) ou zonas de falhas, onde as rochas são submetidas a níveis elevados de pressão diferencial. As rochas metamórficas que resultam do metamorfismo dinâmico puro são denominadas *milonitos*, e em geral estão restritas a zonas estreitas adjacentes às falhas. Os milonitos são rochas de grão duro, denso e fino, muitas das quais são caracterizadas por laminações finas (Figura 7.5). Os ambientes tectônicos onde ocorrem os milonitos incluem a zona de empurrão de Moine, no noroeste da Escócia, Adirondack Highlands, em Nova York, e partes da falha de San Andreas, na Califórnia (consulte o Capítulo 2).

Metamorfismo regional

A maioria das rochas metamórficas resulta do **metamorfismo regional** que ocorre, geralmente, em grandes áreas. Ele é decorrente de altas temperaturas, pressões e deformações, condições existentes nas regiões mais

> **metamorfismo dinâmico** Metamorfismo em zonas de falhas onde as rochas são submetidas à alta pressão diferencial.
>
> **metamorfismo regional** Metamorfismo que ocorre sobre uma grande área, resultante de temperaturas altas, enorme pressão e da atividade química de fluidos no interior da crosta.

Figura 7.4 Metamorfismo de contato por derrame de lava

Um derrame de lava basáltica altamente intemperizada próxima a Susanville, Califórnia, foi sobreposta por cinza vulcânica riolítica e alterada por metamorfismo de contato. A zona vermelha, abaixo do derrame de lava, foi aquecida pelo calor da lava quando esta fluiu sobre a camada de cinzas. O derrame de lava apresenta disjunção esferoidal, um tipo de intemperismo comum em rochas fraturadas (consulte o Capítulo 6).

> **minerais índices**
> Minerais que se formam durante o metamorfismo, sob condições de temperatura e pressão específicas.

profundas da crosta. O metamorfismo regional é mais evidente ao longo dos limites de placas convergentes, onde as rochas são intensamente deformadas e recristalizadas durante a convergência e a subducção. No interior dessas faixas metamórficas há, geralmente, uma gradação de intensidade metamórfica. Apresentam-se áreas que foram submetidas a pressões mais intensas, ou a temperaturas mais elevadas, ou a ambas, e áreas de pressões e temperaturas mais baixas. Essa gradação metamórfica pode ser reconhecida por minerais metamórficos específicos.

O metamorfismo regional não é limitado apenas às margens convergentes. Também pode ocorrer em áreas onde as placas divergem, embora geralmente ocorram em profundidades muito mais rasas por causa do alto gradiente geotérmico associado a essas áreas.

Minerais índices e grau metamórfico

Com base em estudos de campo e experimentos laboratoriais, certos minerais são conhecidos por formarem-se unicamente dentro de uma faixa de temperatura e pressão específicas. Esses minerais são denominados **minerais índices**, pois sua presença permite que os geólogos reconheçam se o metamorfismo é de baixo, médio ou de alto grau (Figura 7.6).

Grau metamórfico é um termo que geralmente caracteriza o grau em que uma rocha sofreu mudança metamórfica (Figura 7.6). Embora os limites entre os diferentes graus metamórficos não sejam pontuais, a distinção é, contudo, útil para caracterizar, de modo geral, o grau em que as rochas foram metamorfisadas. Assim, a presença de minerais índices ajuda a determinar o grau metamórfico. Por exemplo, quando uma rocha rica em argila, como o xisto, é submetida ao metamorfismo regional, o mineral clorita começa a se cristalizar sob temperaturas relativamente baixas de aproximadamente 200 °C. Sua presença nessas rochas indica, portanto, metamorfismo de baixo grau. Se a temperatura e a pressão continuam a aumentar, novos minerais são formados para substituir a clorita, pois ela não é mais estável sob essas novas condições. Desse modo, há uma progressão no aparecimento de novos minerais a partir da clorita – cuja presença indica metamorfismo de baixo grau – para a biotita e a granada, que são bons minerais índices para o metamorfismo de grau médio e, então, para a silimanita – cuja presença

Figura 7.5 Milonitos
Um afloramento de milonito de Adirondack Highlands, Nova York. Os milonitos resultam do metamorfismo dinâmico, onde as rochas estão sujeitas à alta pressão. Observe as laminações finas (próximas às camadas espaçadas) que são características de muitos milonitos.

indica metamorfismo de grau alto e temperaturas acima de 500 °C (Figura 7.6).

Diferentes tipos de rocha desenvolvem diferentes grupos de minerais índices. Por exemplo, as rochas ricas em argila, como o xisto, desenvolverão os minerais índices mostrados na Figura 7.6. A dolomita arenosa, à medida que o metamorfismo progride, produzirá um grupo diferente de minerais índices, pois a sua uma composição mineral é diferente do xisto. Assim, um grupo específico de minerais índices será formado com base na composição original da rocha parental submetendo-se ao metamorfismo.

OA3 COMO AS ROCHAS METAMÓRFICAS SÃO CLASSIFICADAS?

Para efeito de classificação, as rochas metamórficas geralmente são divididas em dois grupos: aquelas que possuem uma *textura foliada* (do latim *folium*, "folha") e aquelas com uma *textura não foliada* (Tabela 7.1).

Rochas metamórficas foliadas

Rochas submetidas ao calor e à pressão durante o metamorfismo tipicamente apresentam minerais agrupados

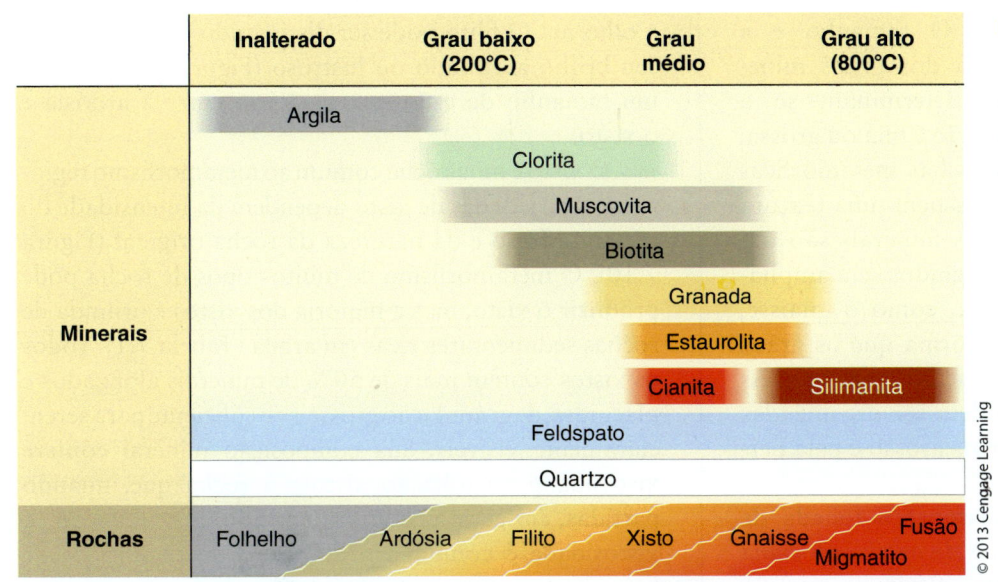

Figura 7.6 Grau metamórfico
Mudança na paragênese mineral e no tipo de rocha com o aumento do metamorfismo. Quando a rocha rica em argila como um folhelho é submetida ao aumento do metamorfismo, novos minerais se formam, como mostrado pelas barras coloridas. O aparecimento progressivo de certos minerais, conhecidos como minerais índices, permite que os geólogos reconheçam o grau de metamorfismo: baixo, médio e alto.

Tabela 7.1
Classificação das rochas metamórficas comuns

TEXTURA	ROCHA METAMÓRFICA	MINERAIS TÍPICOS	GRAU METAMÓRFICO	CARACTERÍSTICAS DAS ROCHAS	ROCHA PARENTAL
Foliada	Ardósia	Argilas, micas, clorita	Baixo	Grãos finos, dividem-se facilmente em pedaços planos	Argilito, cinza vulcânica
	Filito	Quartzo, mica, e clorita de grãos finos	Baixo a médio	Grãos finos, brilho acetinado ou lustroso	Argilito
	Xisto	Micas, clorita, quartzo, talco, hornblenda, granada, estaurolita, grafita	Baixo a alto	Foliação distinta, minerais visíveis	Argilito, carbonatos, rocha ígnea máfica
	Gnaisse	Quartzo, feldspatos, hornblenda, micas	Alto	Levemente segregada e faixas escuras visíveis	Argilito, arenito, rocha ígnea félsica
	Anfibolito	Hornblenda, plagioclásio	Médio a alto	Escura, fracamente foliada	Rocha ígnea máfica
	Migmatito	Quartzo, feldspatos, hornblenda, micas	Alto	Listras ou lentes de granito misturado com gnaisse	Rocha ígnea félsica misturada com rochas metamórficas
Não foliada	Mármore	Calcita, dolomita	Baixo a alto	Grãos interligados de calcita ou dolomita, reagem com HCl	Calcário ou dolomito
	Quartzito	Quartzo	Médio a alto	Grãos de quartzo interligados, duros e densos	Arenito quartzoso
	Xisto verde	Clorita, epidoto, hornblenda	Baixo a alto	Grão fino e verde	Rocha ígnea máfica/ultramáfica
	Hornfels	Micas, granadas, andaluzita, cordierita, quartzo	Baixo a médio	Grãos finos, grãos equidimensionais duros e densos	Argilito
	Antracito	Carbono	Alto	Preta, lustrosa, fratura subconchoidal	Sedimentos vegetais

COMO AS ROCHAS METAMÓRFICAS SÃO CLASSIFICADAS?

> **textura foliada**
> Uma textura em rochas metamórficas em que minerais placoides e alongados são alinhados de forma paralela.

de forma paralela, conferindo-lhes uma **textura foliada** (Figura 7.7). O tamanho e a forma dos grãos minerais determinam se a foliação é fina ou grossa. As rochas metamórficas de baixo grau, como a ardósia, possuem uma textura finamente foliada em que os grãos minerais são tão pequenos que não podem ser distinguidos sem ampliação. Rochas foliadas de alto grau, como o gnaisse, são de granulação grossa, de tal forma que os grãos individuais podem ser vistos facilmente a olho nu. As rochas metamórficas foliadas podem ser organizadas pelo tamanho de grão cada vez mais grosso e pela perfeição da foliação.

A *ardósia* é uma rocha metamórfica foliada de granulação fina que em geral exibe *clivagem ardosiana* (Figura 7.8). Ela resulta do metamorfismo regional do folhelho ou, mais raramente, de cinzas vulcânicas. Como pode ser facilmente partida ao longo de planos de clivagem em pedaços planos, a ardósia é uma rocha excelente para revestimentos de telhados e pavimentos, tampos de mesa de bilhar e de sinuca e lousas. As diferentes cores da ardósia são causadas por pequenas quantidades de grafita (preto), óxido de ferro (vermelho e roxo) e clorita (verde).

O *filito* é semelhante à ardósia em composição, mas tem granulação mais grossa. No entanto, os minerais ainda são muito pequenos para serem identificados a olho nu. O filito pode ser distinguido da ardósia por seu brilho acetinado ou lustroso (Figura 7.9), e exibe um tamanho de grão intermediário entre a ardósia e o xisto.

O xisto é uma rocha comum ao metamorfismo regional. As variedades de xisto dependem da intensidade do metamorfismo e da natureza da rocha original (Figura 7.10). O metamorfismo de muitos tipos de rocha pode produzir o xisto, mas a maioria dos xistos é oriunda de rochas sedimentares ricas em argila (Tabela 7.1). Todos os xistos contêm mais de 50% de minerais alongados e placoides, de granulação grosseira o suficiente para serem claramente visíveis. Sua composição mineral confere xistosidade ou foliação xistosa à rocha que, quando partidas, em geral produzem um tipo de ondulação. A xistosidade é comum em ambientes metamórficos de baixo a alto grau, e o xisto é designado por seu mineral ou minerais mais proeminentes, como micaxisto, clorita xisto ou granada micaxisto (Figura 7.10).

O *gnaisse* é uma rocha metamórfica de alto grau e bandada, com bandas distintas de minerais claros e escuros. Os gnaisses são compostos de minerais granulares, como quartzo, feldspato ou ambos, com porcentagem menor de minerais placoides ou alongados, como as micas ou o anfibólio (Figura 7.11). O quartzo e o

Figure 7.7 Textura foliada

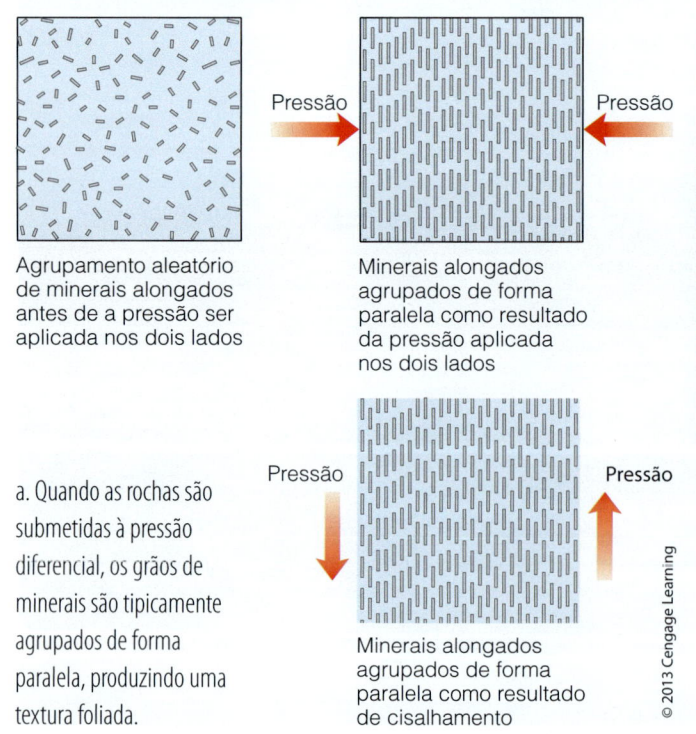

a. Quando as rochas são submetidas à pressão diferencial, os grãos de minerais são tipicamente agrupados de forma paralela, produzindo uma textura foliada.

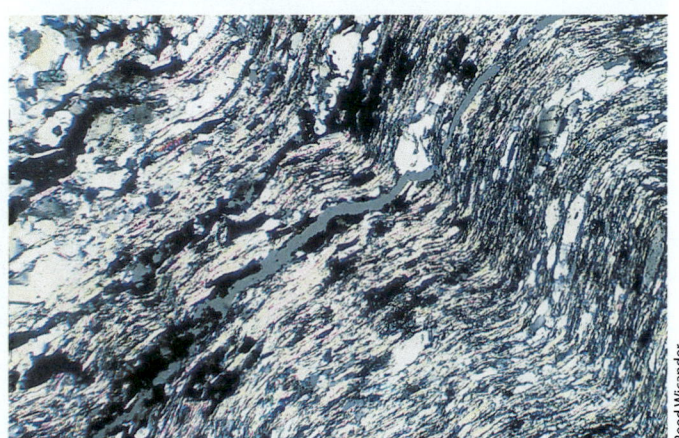

Agrupamento aleatório de minerais alongados antes de a pressão ser aplicada nos dois lados

Minerais alongados agrupados de forma paralela como resultado da pressão aplicada nos dois lados

Minerais alongados agrupados de forma paralela como resultado de cisalhamento

b. Fotomicrografia de uma rocha metamórfica com uma textura foliada, mostrando o agrupamento paralelo dos grãos de minerais.

Figura 7.8 Ardósia

a. Amostra de mão de ardósia vermelha

b. Telhado de ardosia cobrindo o Chalet Enzian, Suíça.

feldspato são os principais componentes das bandas claras dos minerais, enquanto a biotita e a hornblenda compõem a banda escura. O gnaisse em geral se quebra de forma irregular, muito parecida com as rochas foliadas grosseiramente cristalinas.

Figura 7.9 Filito
Amostra de mão de filito. Observe o brilho lustroso bem como a estratificação (da esquerda superior à direita inferior) em um ângulo para a clivagem da amostra.

A maioria dos gnaisses provavelmente resulta da recristalização de rochas sedimentares ricas em argila durante o metamorfismo regional (Tabela 7.1). O gnaisse também pode se formar de rochas ígneas, como granito e rochas metamórficas mais antigas.

Outra rocha metamórfica foliada razoavelmente comum é o *anfibolito*. Uma rocha escura, composta principalmente de hornblenda e plagioclásio. O alinhamento de cristais de hornblenda produz uma textura levemente foliada. Muitos anfibolitos resultam do metamorfismo do basalto de grau intermediário a alto, e de rochas máficas ricas em minerais ferromagnesianos.

Em algumas áreas de metamorfismo regional ocorrem "rochas mistas" denominadas *migmatitos*. Essas rochas têm características ígneas associadas com características metamórficas de alto grau (Figura 7.12). Acredita-se que temperaturas metamórficas extremamente altas sejam responsáveis pela formação de migmatitos. No entanto, parte do problema para determinar a origem dos migmatitos é explicar como o composto granítico

Figura 7.10 Xisto

a. Cristais de granada almandina em um micaxisto.

b. Hornblenda – micaxisto.

COMO AS ROCHAS METAMÓRFICAS SÃO CLASSIFICADAS? **157**

> **textura não foliada**
> Uma textura metamórfica na qual não há orientação preferencial discernível dos minerais.

se formou. O modelo mais corrente acredita que o magma granítico resulta da fusão parcial de rochas metamórficas sob metamorfismo de alto grau. Isso é possível desde que as rochas a fundir sejam quartzo-feldspáticas e que a água faça parte do sistema metamórfico.

Outros modelos argumentam que o bandamento ondulado dos migmatitos decorre da redistribuição de minerais durante a recristalização no estado sólido – isto é, por meio de processos puramente metamórficos, destituídos de fusão parcial.

Rochas metamórficas não foliadas

Em algumas rochas metamórficas, os grãos minerais não mostram uma orientação preferencial discernível. Em vez disso, essas rochas consistem em um mosaico de minerais equidimensionais irregulares, e são caracterizadas por uma **textura não foliada** (Figura 7.13). A maioria das rochas metamórficas não foliadas resulta do metamorfismo de contato ou regional de rochas sem minerais placoides ou alongados. Frequentemente, a única indicação de que uma rocha granular foi metamorfisada é o tamanho dos minerais resultantes da recristalização.

As rochas metamórficas não foliadas são geralmente de dois tipos: compostas por um mineral – por exemplo, mármore ou quartzito – e aquelas em que os diferentes grãos minerais são muito pequenos para serem vistos sem ampliação, como xistos verdes e hornfels.

O *mármore* é uma rocha metamórfica bem conhecida composta predominantemente de calcita ou dolomita. O tamanho de seus grãos varia de finos a grosseiramente granulares. Resulta tanto de metamorfismo de contato quanto regional de calcários ou dolomitos (Figura 7.14 e Tabela 7.1). O mármore puro é branco como neve ou azulado. Entretanto, existe uma variedade de cores em função da impureza dos minerais na rocha sedimentar original.

Figura 7.11 Gnaisse
O gnaisse é caracterizado por bandas separadas de minerais claros e escuros. Esse gnaisse dobrado está exposto em Wawa, Ontário, Canadá.

Figura 7.12 Migmatito
Um bloco de migmatito no Parque Nacional das Montanhas Rochosas, próximo a Estes Park, no Colorado. O migmatito consiste em uma rocha metamórfica de grau alto misturada com bandas e lentes de granito.

Figura 7.13 Textura não foliada
Texturas não foliadas são caracterizadas por um mosaico de minerais equidimensionais irregulares, como nessa fotomicrografia de mármore.

O *quartzito* é uma rocha dura e compacta tipicamente formada do arenito de quartzo, sob condições metamórficas de médio a alto grau, no metamorfismo de contato ou regional (Figura 7.15). Como a recristalização é intensa, o quartzito tem resistência uniforme e, portanto, quando impactado, quebra-se ao longo dos grãos de quartzo, em vez de a volta deles. O quartzito puro é branco, no entanto, o ferro e outras impurezas conferem-lhe uma cor rosa-pálido a vermelha, ou outras cores. O quartzito geralmente é usado como material de fundação para estradas e linhas férreas.

O nome *xisto verde (greenstone)* é aplicado a qualquer rocha ignea máfica, compacta, verde-escura, alterada que se formou sob condições metamórficas de baixo a alto grau. A cor verde resulta da presença de clorita, epidoto e hornblenda.

Hornfels são rochas metamórficas não foliadas de grão fino, resultante do metamorfismo de contato, e compostas por diversos grãos de minerais equidimensionais. A composição dos hornfels depende diretamente da composição da rocha original e muitas variações composicionais são conhecidas. A maioria dos hornfels, no entanto, é aparentemente derivada do metamorfismo de contato de rochas sedimentares argilosas.

O *antracito* é um carvão preto, lustroso e duro que contém alta porcentagem de carbono e baixa porcentagem de matéria volátil. É um produto altamente valorizado por aqueles que queimam o carvão para aquecimento ou energia. O antracito forma-se do metamorfismo de carvão de grau baixo por calor e pressão e muitos geólogos o consideram uma rocha metamórfica (Tabela 7.1).

OA4 ZONAS E FÁCIES METAMÓRFICAS

Ao mapear xistos Dalradianos de 400 a 440 milhões de anos da Escócia no final do ano de 1800, George Barrow e outros geólogos britânicos fizeram o primeiro estudo sistemático das zonas metamórficas. Aqui, as rochas sedimentares ricas em argila foram submetidas ao metamorfismo regional e as rochas metamórficas resultantes podem ser divididas em zonas diferentes com base na presença de paragêneses distintas de minerais silicáticos. Essas paragêneses minerais, cada uma reconhecida pela presença de um ou mais minerais índices, indica diferentes graus de metamorfismo. Os minerais índices que Barrow *et al.* escolheram para representar o aumento da intensidade metamórfica foram clorita, biotita, granada, estaurolita, cianita e silimanita (Figura 7.6) que resultam da recristalização de rochas sedimentares ricas em argila.

O surgimento sucessivo de minerais índices metamórficos indica o aumento ou a diminuição gradual da intensidade do metamorfismo. Partindo das zonas metamórficas de baixo a alto grau, o primeiro surgimento de um mineral de referência particular indica

Calcário → Metamorfismo → Mármore

Figura 7.14 Mármore
O metamorfismo da rocha sedimentar calcário ou dolomito produz o mármore.

Arenito de quartzo

Metamorfismo

Quartzito

Figura 7.15 Quartzito
O metamorfismo da rocha sedimentar arenito de quartzo produz o quartzito.

---

zona metamórfica
A região situada entre as linhas de intensidade metamórfica igual, conhecida como isógradas.

fácies metamórficas
Um grupo de rochas metamórficas caracterizado por minerais particulares que se formaram sob a mesmas condições de temperatura e pressão.

---

o local das condições mínimas de temperatura e de pressão necessárias para a formação daquele mineral. Quando os locais do primeiro surgimento daqueles minerais índices estão conectados em um mapa, o resultado é uma linha de metamorfismo de igual intensidade, ou uma *isógrada*. A região entre duas isógradas adjacentes produz uma única **zona metamórfica** – um cinturão de rochas mostrando mesmo grau geral de metamorfismo. Pelo mapeamento adjacente de zonas metamórficas, os geólogos podem reconstruir as condições metamórficas por toda uma região (Figura 7.16).

Não muito tempo depois que Barrow *et al.* completaram seu trabalho, geólogos da Noruega e da Finlândia apresentaram um método diferente de mapear o metamorfismo que foi mais útil do que a abordagem das zonas metamórficas. As **fácies metamórficas** são definidas como um grupo de rochas metamórficas caracterizadas por agrupamentos particulares de minerais formados sob condições similares de temperatura e pressão abrangentes (Figura 7.17). Cada fácies é nomeada após sua principal característica ou mineral. Por exemplo, o mineral metamórfico verde clorita, que se forma sob temperaturas e pressões relativamente baixas, produz rochas pertencentes às *fácies xisto verde*. Sob temperaturas e pressões cada vez mais altas,

desenvolvem-se agrupamentos de minerais indicativos de *fácies anfibolito* e *granulito*.

Embora comumente aplicado em áreas onde as rochas originais eram ricas em argila, o conceito de fácies metamórficas pode ser usado com modificação em outras situações. Não pode ser usado, no entanto, em áreas onde as rochas originais eram o arenito de quartzo puro, ou calcário ou dolomito puros. Essas rochas, independentemente das condições impostas de temperatura e pressão, produzirão respectivamente apenas quartzitos e mármores. Nesses casos, tudo que se pode dizer é que "ocorreu metamorfismo".

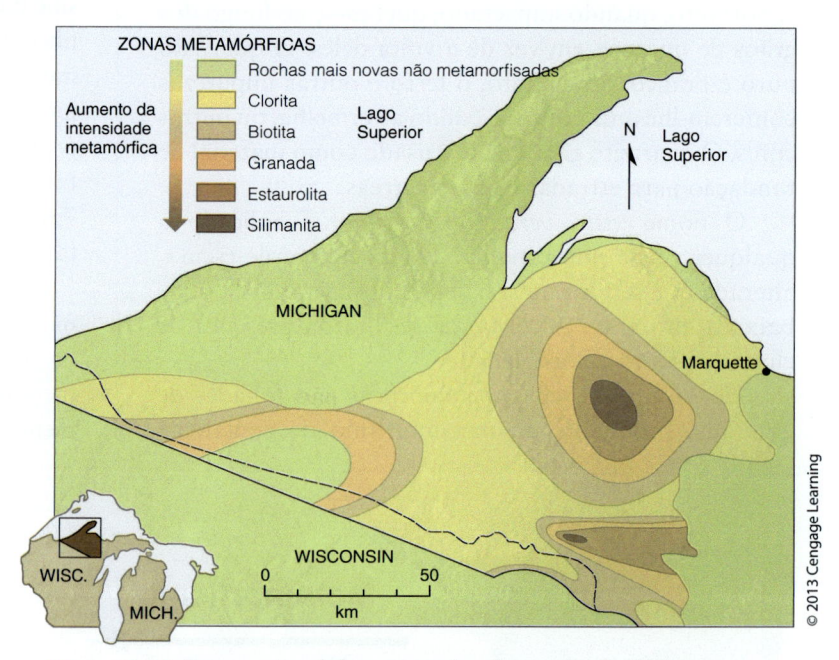

Figura 7.16 Zonas metamórficas na península superior de Michigan
As zonas metamórficas nessa região foram definidas por distintas parageneses de minerais silicáticos. A rocha parental era sedimentar e o metamorfismo ocorreu no episódio de formação de montanhas, com magmatismo granítico associado, no Éon Proterozoico. Tudo isso foi, aproximadamente, há 1,5 bilhão de anos. As linhas que separam as diferentes zonas metamórficas são as isógradas.

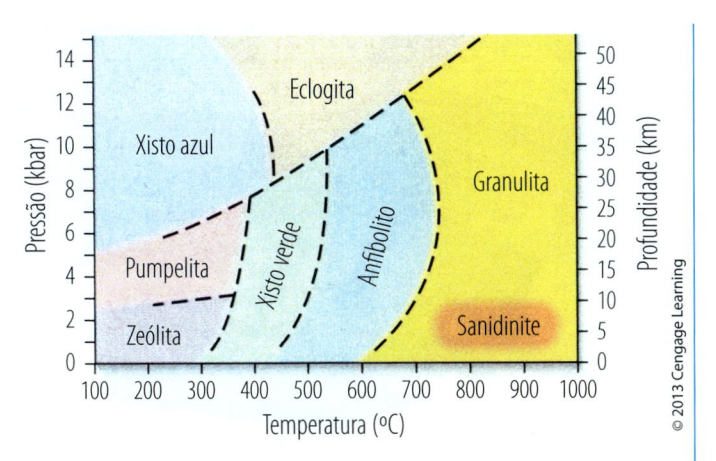

Figura 7.17 Fácies metamórficas e suas condições de temperatura–pressão associadas

O diagrama temperatura–pressão mostra sob quais condições ocorrem as diversas fácies metamórficas. Essas são caracterizadas por uma paragênese particular de minerais que se formou sob as mesmas condições temperatura–pressão. Cada fácies é nomeada após sua principal característica ou mineral.

OA5 TECTÔNICA DE PLACAS E METAMORFISMO

Embora o metamorfismo esteja associado a todos os três tipos de limites de placa, ele é mais comum ao longos das placas convergentes. As rochas metamórficas formam-se nos limites de placa convergente porque a temperatura e a pressão aumentam como resultado da colisão de placas.

A Figura 7.18 ilustra as diversas fácies metamórficas produzidas ao longo de um típico limite de placa convergente oceânica-continental. Quando uma placa oceânica colide com uma placa continental é gerada uma enorme pressão à medida que a placa oceânica sofre subducção. Como a rocha é pobre em condução de calor, a placa oceânica descendente fria é aquecida lentamente e o metamorfismo ocorre principalmente pelo aumento da pressão com a profundidade. O metamorfismo nesse ambiente produz rochas da fácies xisto azul (baixa temperatura, alta pressão). A presença das rochas de fácies xisto azul, em regiões distantes dos atuais limites convergentes, constitui evidência de antigas zonas de subducção.

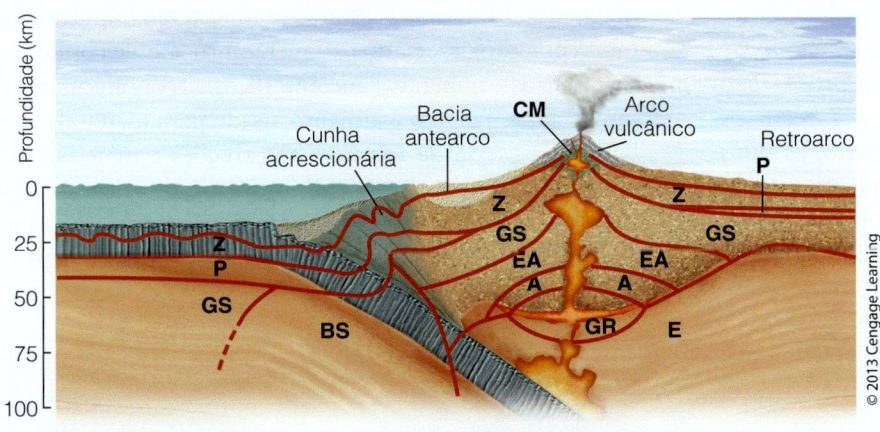

Figura 7.18 Relação das fácies com as principais características tectônicas em um limite de placa convergente oceânica-continental

A = fácies anfibolito
BS = fácies xisto azul
CM = zona metamórfica de contato mostrada em verde
E = fácies eclogito
EA = fácies epidoto-anfibolito
GR = fácies granulito
GS = fácies xisto verde
P = fácies prehnita-pumpellyita
Z = fácies zeólita

Lembre-se de que as zonas metamórficas são caracterizadas pela aparência de um único mineral índice no interior das rochas de mesma composição geral que ocorre ao longo de uma área. Entretanto, rochas de composição muito diferentes em uma área podem pertencer às mesmas fácies metamórficas, pois cada fácies possui seu próprio agrupamento de minerais característicos, cuja presença indica metamorfismo com a mesma faixa de temperatura-pressão abrangente exclusiva daquela fácies.

À medida que a subducção ocorre, ao longo do limite de placas convergentes oceânica-continental, a temperatura e a pressão aumentam com a profundidade e produzem rochas metamórficas de alto grau.

Mais profundamente, a placa descendente induz a fusão do manto e o magma ascende crosta acima. A ascensão do magma modifica a rocha ao redor por metamorfismo de contato, produzindo migmatitos nas partes mais profundas da crosta e *hornfels* nas mais rasas. Temperaturas e pressões, altas à médias, caracterizam esse ambiente.

Embora o metamorfismo seja mais comum ao longo das margens das placas convergentes, muitos limites de placas divergentes são caracterizados por metamorfismo de contato. O magma ascendente nas dorsais meso-oceânicas aquece as rochas adjacentes, produzindo minerais e textura de metamorfismo de contato. Além disso, os fluidos emanados do magma ascendente – e suas reações com a água do mar – produzem soluções hidrotermais carregadas de metais que precipitam minerais de valor econômico, como os minérios de cobre do Chipre.

OA6 METAMORFISMO E RECURSOS NATURAIS

Muitos minerais e diversas rochas metamórficas são recursos naturais valiosos. Apesar de esses recursos incluírem vários tipos de depósito de minério, as duas rochas metamórficas mais familiares e amplamente usadas são o mármore (Figura 7.14) e a ardósia (Figura 7.8), que têm sido empregadas por séculos em uma variedade de usos.

Figura 7.19 **Amostra de amianto crisotila do Arizona**
A crisotila é uma forma fibrosa de amianto serpentina e a mais usada em construções e outras estruturas.

Muitos depósitos de minério resultam do metamorfismo de contato durante o qual fluidos quentes ricos em íons migram das intrusões ígneas para a rocha ao redor, produzindo, assim, ricos depósitos de minério. Os minérios de sulfeto mais comuns do metamorfismo de contato são bornita (cobre), calcopirita (cobre), galena (chumbo), pirita (ferro) e esfalerita (zinco). Os dois minérios de óxido de ferro mais comuns são hematita e magnetita. Minérios de estanho e tungstênio importantes também estão associados ao metamorfismo de contato.

Outros minerais metamórficos economicamente importantes incluem o amianto, usado para materiais isolantes e à prova de fogo em construções e materiais de construção (Figura 7.19), talco para pó de talco, grafita para lápis e lubrificantes secos, e granada e coríndon, que são usados como abrasivos ou pedras preciosas, dependendo de sua qualidade.

8 Os terremotos e o interior da Terra

As ruínas da King's Education Language School após o terremoto de magnitude 6,3 que atingiu Christchurch, Nova Zelândia, em 23 de fevereiro de 2011. Além dos enormes danos a edifícios e infraestruturas, 181 pessoas morreram nesse terremoto, tornando-o o segundo mais fatal terremoto a atingir a Nova Zelândia.

Introdução

"Rochas sujeitas a forças intensas dobram até quebrar e, então, retornam à sua posição original, liberando energia no processo."

Na tarde de 12 de janeiro de 2010, um terremoto de magnitude 7,0 atingiu o Haiti. Segundo estimativas oficiais, 222.570 pessoas morreram, pelo menos 300 mil ficaram feridas e mais de 285 mil residências e empresas foram destruídas ou gravemente danificadas. A devastação generalizada ocorreu na capital Porto Príncipe e em outros lugares da região, agravada por um colapso quase total da infraestrutura vital necessária para responder a um desastre desse tipo, incluindo sistemas médicos, de transporte e de comunicação.

Objetivos de Aprendizagem (OA)

Ao finalizar este capítulo você será capaz de:

- **OA1** Explicar a teoria do rebote elástico
- **OA2** Descrever a sismologia
- **OA3** Identificar onde e com que frequência os terremotos ocorrem
- **OA4** Identificar os diferentes tipos de onda sísmica
- **OA5** Discutir o modo como os terremotos são localizados
- **OA6** Explicar como a força de um terremoto é medida
- **OA7** Descrever os efeitos destrutivos dos terremotos
- **OA8** Discutir métodos de previsão de terremotos
- **OA9** Discutir métodos de controle de terremotos
- **OA10** Descrever o interior da Terra
- **OA11** Explicar as características do núcleo da Terra
- **OA12** Descrever a estrutura, a densidade e a composição do manto da Terra
- **OA13** Explicar a fonte de calor interno da Terra
- **OA14** Descrever as características da crosta terrestre

Pouco mais de um ano depois, em 11 de março de 2011, um terremoto de magnitude de 9,0 graus na escala Richter e um *tsunami* atingiram o Japão. Mais de 13 mil mortos e uma tremenda destruição, incluindo graves danos a uma usina nuclear na parte nordeste da ilha foi o resultado dessa combinação de terremoto e *tsunami*. Nenhum desses terremotos (ou sismos) é o primeiro, nem será o último dos grandes terremotos devastadores nessas regiões do mundo.

terremoto Vibrações causadas pela liberação repentina de energia, geralmente como resultado do deslocamento de rochas ao longo das falhas.

Terremotos, assim como erupções vulcânicas, são manifestações da natureza dinâmica e ativa da Terra. Como um dos fenômenos mais assustadores e destrutivos da natureza, os terremotos sempre despertaram sentimentos de medo e são o centro de mitos e lendas. O que torna um terremoto tão assustador é que, quando ele começa, não há nenhuma maneira de saber quanto tempo vai durar e quão violento ele será. Aproximadamente 13 milhões de pessoas morreram em terremotos durante os últimos 4 mil anos, cerca de 3 milhões dessas mortes ocorreram durante o último século (Tabela 8.1).

Os geólogos definem **terremoto** como uma agitação ou tremor do solo causado pela liberação súbita de energia, geralmente como um resultado de uma *falha*, a qual envolve o deslocamento de rochas ao longo de fraturas (discutiremos os diferentes tipos de falhas no Capítulo 9). Depois de um terremoto, ajustes contínuos ao longo de uma falha podem gerar uma série de terremotos secundários. A maioria dos tremores secundários é menor que o choque principal, mas ainda pode causar danos consideráveis às estruturas já enfraquecidas.

Por que você deve estudar terremotos? A razão óbvia é que são destrutivos e causam muitas mortes e ferimentos em pessoas que vivem em áreas sujeitas a eles. Os terremotos também afetam a economia de muitos países em relação aos custos de limpeza, perda de empregos e receitas. Do ponto de vista puramente pessoal, você deve estar interessado em terremotos porque você, algum dia, pode ser pego por um. Mesmo que não viva em uma área sujeita a terremotos, você pode viajar para lugares onde essa ameaça exista e, portanto, é importante saber o que fazer caso se depare com um. Esse conhecimento pode ajudá-lo a evitar lesões graves ou mesmo a morte.

Tabela 8.1
Alguns terremotos significativos

ANO	LOCAL	MAGNITUDE (ESTIMADA ANTES DE 1935)	MORTES (ESTIMADAS)
1556	China (Província de Shanxi)	8,0	1.000.000
1755	Portugal (Lisboa)	8,6	70.000
1906	Estados Unidos (São Francisco, Califórnia)	8,3	3.000
1923	Japão (Tóquio)	8,3	143.000
1960	Chile	9,5	5.700
1964	Estados Unidos (Anchorage, Alasca)	8,6	131
1976	China (Tangshan)	8,0	242.000
1985	México (Cidade do México)	8,1	9.500
1988	Armênia	6,9	25.000
1990	Irã	7,3	50.000
1993	Índia	6,4	30.000
1995	Japão (Kobe)	7,2	6.000+
1999	Turquia	7,4	17.000
2001	Índia	7,9	14.000+
2003	Irã	6,6	43.000
2004	Indonésia	9,0	>220.000
2005	Paquistão	7,6	>86.000
2006	Indonésia	6,3	>6.200
2008	China (Província de Sichuan)	7,9	>69.000
2010	Haiti	7,0	>220.000
2011	Nova Zelândia	6,3	181
2011	Japão	9,0	>13.000

© 2013 Cengage Learning

OA1 TEORIA DO REBOTE ELÁSTICO

Com base em estudos realizados após o terremoto de 1906 em São Francisco, H. F. Reid, da Universidade Johns Hopkins, propôs a **teoria do rebote elástico** para explicar o modo como a energia é liberada durante os terremotos. Reid estudou três conjuntos de medições feitas através de uma parte da falha de San Andreas, que tinha se rompido durante o terremoto de 1906. As medições revelaram que pontos em lados opostos da falha tinham se movido 3,2 m durante o período de 50 anos antes do rompimento em 1906, com o lado oeste se movendo para o norte (Figura 8.1).

De acordo com Reid, as rochas em lados opostos da falha de San Andreas tinham armazenado energia e dobrado ligeiramente durante pelo menos 50 anos antes do terremoto de 1906. Qualquer linha reta, como uma cerca ou estrada que cruzava a falha de San Andreas foi gradualmente dobrada, porque as rochas em um lado da falha se moveram em relação às rochas do outro lado (Figura 8.1). Finalmente, a resistência das rochas foi ultrapassada e então elas se romperam. Depois de terem rompido, as rochas em ambos os lados da falha ricochetearam ou "voltaram" para a sua antiga forma não deformada. Assim, a energia armazenada foi liberada como ondas do terremoto, que irradiaram para fora da ruptura (Figura 8.1). Estudos de campo e laboratoriais

teoria do rebote elástico Uma explicação para a liberação repentina de energia que provoca terremotos, quando as rochas deformadas fraturam e recuam para sua condição não deformada inicial.

A energia armazenada em rochas que sofrem deformação é análoga à energia armazenada em uma mola de relógio a corda fortemente enrolada. Quanto mais a mola é enrolada, mais energia é armazenada, fazendo com que haja mais energia disponível para a liberação. Se a mola é enrolada de forma tão apertada a ponto de se romper, então a energia armazenada é liberada e a mola se desenrola depressa e recupera parcialmente a sua forma original.

Figura 8.1 A Teoria do Rebote Elástico

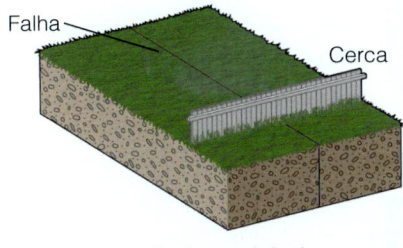

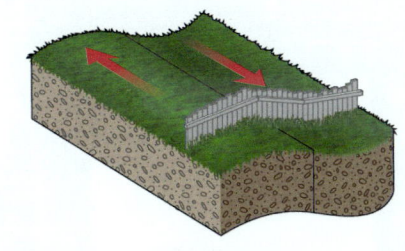

Falha
Cerca
Posição original
Deformação
Ruptura e liberação de energia
Recuo da rocha para a forma original não deformada

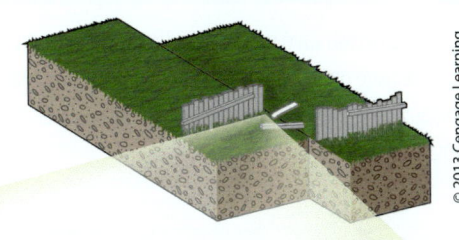

a. De acordo com a teoria do rebote elástico, as rochas que experimentam deformação armazenam energia conforme se dobram. Quando a resistência inicial das rochas é excedida, elas se rompem, liberando sua energia acumulada e "batem e voltam" ou recuperam a sua antiga forma não deformada. Essa súbita liberação de energia é o que causa um terremoto.

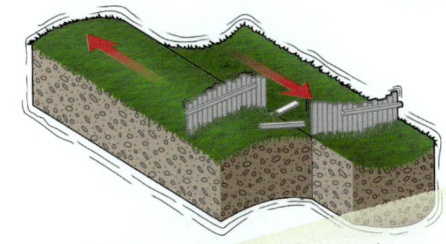

b. Durante o terremoto de 1906 em São Francisco, esta cerca em Marin County foi deslocada quase 5 m. Enquanto muitas pessoas veriam apenas uma cerca quebrada, um geólogo veria que a cerca foi movida ou deslocada e procuraria por evidência de uma falha, ele também perceberia que o solo foi deslocado para o lado direito, em relação a sua visão. Independentemente de que lado da cerca você está, deve olhar para a direita para ver a outra parte da cerca. Tente!

adicionais realizados por Reid e outros confirmaram que a rebote elástico é o mecanismo pelo qual a energia é liberada durante os terremotos.

Uma analogia útil é dobrar uma longa vara reta sobre seu joelho. Conforme a vara se curva, ela se deforma e atinge o ponto em que se quebra. Quando isso acontece, as duas partes da vara original voltam a encaixar na sua posição reta original. Da mesma forma, as rochas sujeitas a forças intensas dobram até se quebrar e, então, retornam à sua posição original, liberando energia no processo.

OA2 SISMOLOGIA

Sismologia é o estudo de terremotos, surgiu como uma verdadeira ciência durante os anos 1880, com o desenvolvimento de **sismógrafos**, instrumentos que detectam, gravam e medem as vibrações produzidas por um terremoto (Figura 8.2). O registro feito por um sismógrafo é chamado de *sismograma*. Os sismógrafos modernos têm sensores eletrônicos e por meio de computadores, em vez de simplesmente confiar nos registros de um tambor, comumente usado em sismógrafos mais antigos, registram precisamente os movimentos de um terremoto.

Quando ocorre um terremoto, a energia na forma de *ondas sísmicas* irradia do ponto de liberação

> **sismologia** O estudo de terremotos.
>
> **sismógrafo** Instrumento que detecta, registra e mede as várias ondas produzidas pelos terremotos.

SISMOLOGIA **167**

Figura 8.2 Sismógrafos

a. Os sismógrafos registram o movimento do solo durante um terremoto. O registro produzido é um sismograma. O sismógrafo mostrado aqui registra sismos em uma tira de papel anexada a um tambor rotativo.

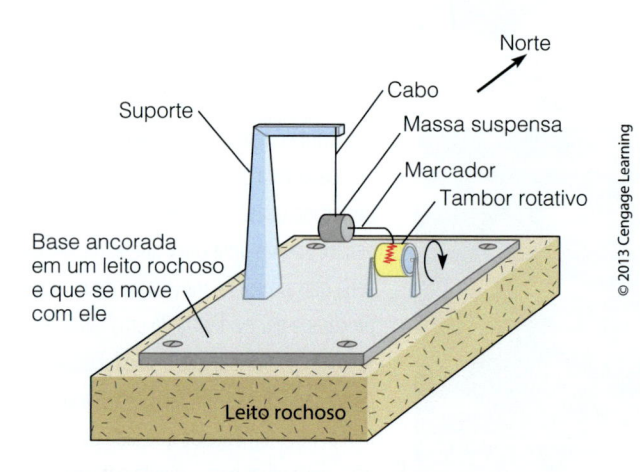

b. Sismógrafo de movimento horizontal. Em razão de sua inércia, a massa suspensa que contém o marcador permanece estacionária, enquanto o restante da estrutura se desloca junto com o solo durante um terremoto. Enquanto o comprimento do braço não está paralelo à direção do movimento do solo, o marcador registrará as ondas do terremoto no tambor rotativo. Este sismógrafo gravaria as ondas de oeste ou de leste, mas não registraria as ondas do norte ou do sul, é necessário outro sismógrafo perpendicular a este.

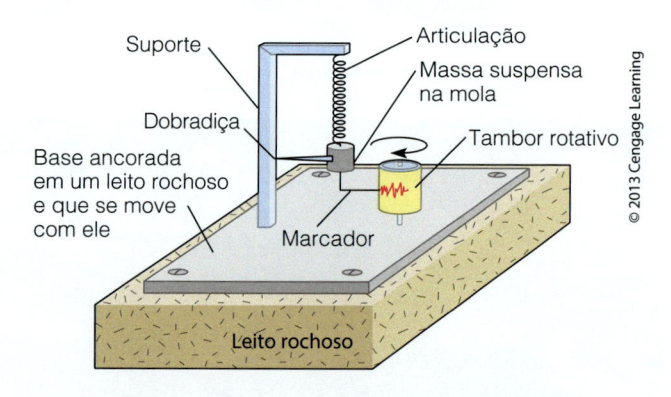

c. Sismógrafo de movimento vertical. Este sismógrafo opera no mesmo princípio que o instrumento de movimento horizontal e registra o movimento vertical do solo.

(Figura 8.3a). Essas ondas são um pouco análogas às ondas que se movem para fora de forma concêntrica, do ponto em que uma pedra é atirada em uma lagoa. No entanto, ao contrário de ondas em uma lagoa, as ondas sísmicas se movem em todas as direções a partir de sua fonte.

Os terremotos ocorrem porque as rochas são capazes de armazenar energia, mas a sua resistência é limitada, por isso, se muita força está presente, elas se rompem e, assim, liberam sua energia armazenada. Em outras palavras, a maioria dos terremotos ocorre quando as rochas se movimentam ao longo de falhas. A maioria deles está relacionada, pelo menos indiretamente, com os movimentos das placas tectônicas. Uma vez que a ruptura começa, ela se move ao longo da falha, a vários quilômetros por segundo, enquanto existirem condições para o falhamento. Quanto mais longa a falha, ao longo da qual o movimento ocorre, mais tempo leva para a energia armazenada ser liberada e, portanto, por mais tempo o chão tremerá. Durante alguns terremotos muito grandes, o chão pode se agitar durante 3 minutos, um tempo aparentemente breve,

Figura 8.3 O foco e o epicentro de um terremoto

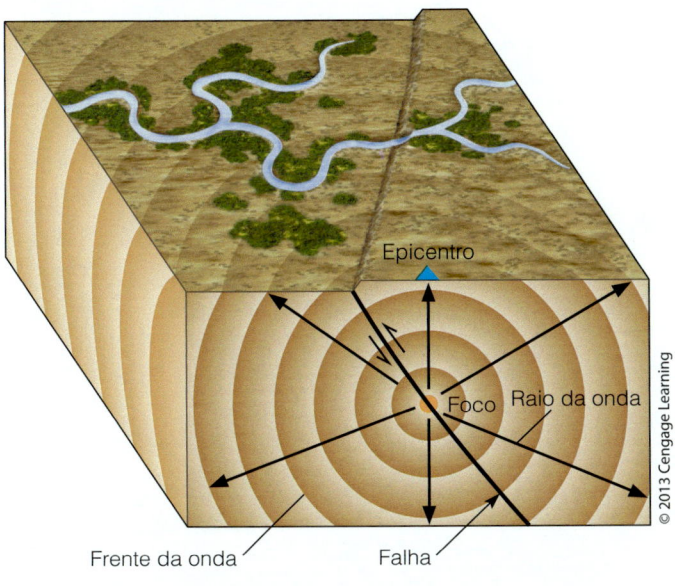

a. O foco de um terremoto é o local onde a ruptura começa e a energia é liberada. O lugar na superfície verticalmente acima do foco é o epicentro. Frentes de ondas sísmicas se movem em todas as direções a partir de sua fonte, o foco de terremoto.

b. O epicentro do terremoto de magnitude 7,0 que devastou o Haiti em 12 de janeiro de 2010 ocorreu aproximadamente a 25 km a oeste-sudoeste de Porto Príncipe e tinha uma profundidade focal de 13 km.

mas interminável se você estiver enfrentando o terremoto naquele momento!

O foco e o epicentro de um terremoto

A localização dentro da litosfera da Terra, onde começa a ruptura – isto é, o ponto no qual a energia é liberada primeiro – é um **foco** de um terremoto, ou seu *hipocentro*. O que costumamos ouvir frequentemente nos noticiários, no entanto, é a localização do **epicentro**, o ponto na superfície da Terra diretamente acima do foco (Figura 8.3a).

Os sismólogos, com base na profundidade focal, reconhecem três categorias de terremotos. Terremotos de *foco raso* têm profundidades focais de menos de 70 km da superfície, enquanto aqueles com focos entre 70 e 300 km são de *foco intermediário*, e os de *foco profundo* estão a mais de 300 km de profundidade. No entanto, os terremotos não estão distribuídos uniformemente entre essas três categorias. Em torno de 90% de todos os focos de terremotos estão em profundidades menores que 100 km. Apenas cerca de 3% de todos os terremotos são de foco profundo. Os terremotos de foco raso são, com poucas exceções, os mais destrutivos, pois a energia que liberam tem pouco tempo para

se dissipar antes de atingir a superfície.

Existe uma relação definitiva entre os focos de terremoto e os limites de placas. Terremotos gerados ao longo dos limites de placas divergentes ou de transformação são invariavelmente de foco raso. Muitos terremotos de foco raso e quase todos os terremotos de foco intermediário e profundo ocorrem ao longo das margens convergentes (Figura 8.4). Além disso, um padrão emerge quando as profundidades focais de terremotos perto de arcos insulares e suas fossas oceânicas adjacentes são registradas. Observe na Figura 8.5 que a profundidade focal aumenta abaixo da Fossa de Tonga em uma zona estreita bem definida, que mergulha aproximadamente a 45 graus. Zonas sísmicas de subducção, chamadas zonas *Benioff*, ou *Benioff-Wadati*, são comuns nos limites de placas convergentes, onde uma placa é empurrada para baixo de outra. Essas zonas sísmicas de subducção indicam o ângulo de descida da placa ao longo de um limite de placa convergente.

foco Local dentro da Terra onde um terremoto se origina e a energia é liberada.

epicentro Ponto na superfície da Terra diretamente acima do foco de um terremoto.

SISMOLOGIA **169**

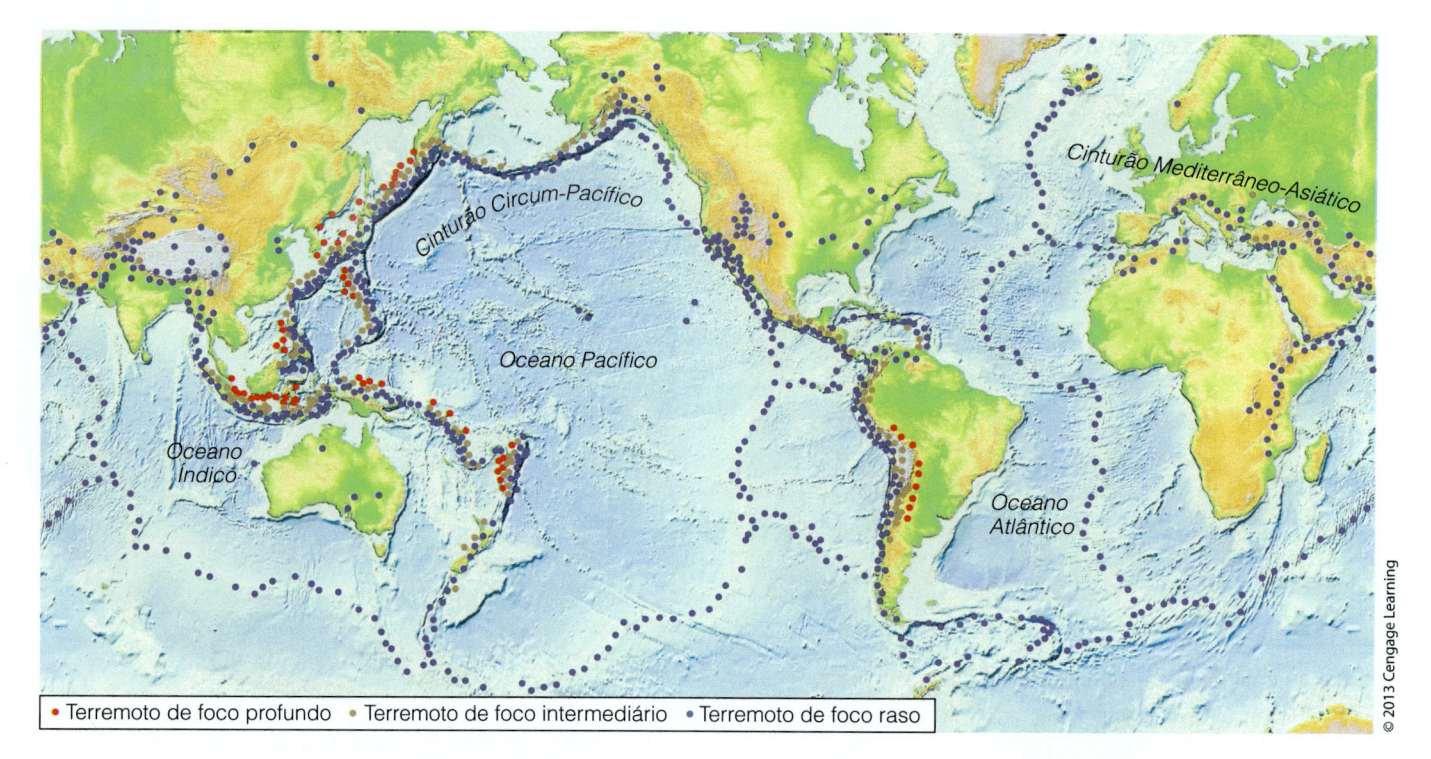

Figura 8.4 Epicentros de terremotos e limites de placas

Este mapa de epicentros de terremotos mostra que a maioria dos terremotos ocorre dentro das zonas sísmicas que correspondem aos limites de placas. Aproximadamente 80% dos terremotos ocorrem dentro do cinturão Circum-Pacífico, 15% dentro do cinturão Mediterrâneo-Asiático e os 5% restantes em interiores de placas e ao longo das dorsais de espalhamento oceânicos. Os pontos representam epicentros de terremotos e estão divididos em terremotos de foco raso, intermediário e profundo. Junto com terremotos de foco raso, quase todos os terremotos de foco intermediário e profundo ocorrem ao longo dos limites das placas convergentes.

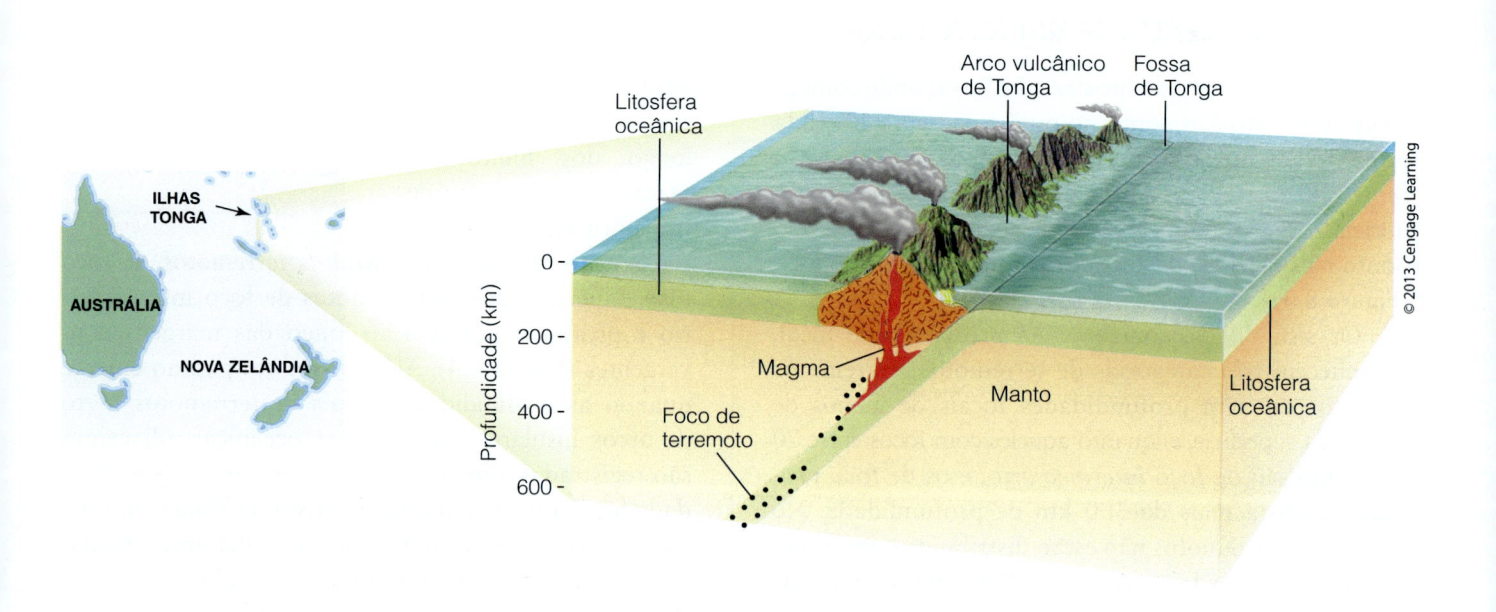

Figura 8.5 Zonas de Benioff

A profundidade focal aumenta em uma zona bem definida, que mergulha aproximadamente 45 graus abaixo do arco vulcânico de Tonga, no Pacífico Sul. Zonas sísmicas de subducção são chamadas de *zonas de Benioff*, ou de *Benioff-Wadati*.

OA3 ONDE OCORREM OS TERREMOTOS E COM QUE FREQUÊNCIA?

Nenhum lugar na Terra é imune a terremotos, mas quase 95% deles ocorrem em cinturões sísmicos, correspondentes a limites de placas, onde as placas convergem, divergem e deslizam umas sobre as outras. A relação entre as margens de placas e a distribuição de terremotos é facilmente aparente quando os locais dos epicentros de terremotos são sobrepostos em um mapa que mostre os limites das placas da Terra (Figura 8.4).

A maioria de todos os terremotos (aproximadamente 80%) ocorre no *cinturão Circum-Pacífico*, uma zona de atividade sísmica que quase circunda a bacia do Oceano Pacífico. Muitos desses sismos é resultado da convergência ao longo das margens da placa, como no caso do terremoto japonês de 2011. Os terremotos ao longo da Costa do Pacífico da América do Norte, especialmente na Califórnia, estão também nesse cinturão, mas aqui as placas deslizam umas sobre as outras em vez de convergirem. O terremoto de Northridge, em 17 de janeiro de 1994 (Figura 8.6), ocorreu ao longo desse limite de placa.

O segundo cinturão sísmico importante, que responde por 15% de todos os terremotos, é o *cinturão Mediterrâneo-Asiático*. Esse cinturão se estende para o oeste da Indonésia através do Himalaia, do Irã e da Turquia, e para o oeste através da região mediterrânea da Europa. O terremoto de 2005 no Paquistão, que matou mais de 86 mil pessoas é um exemplo recente dos terremotos destrutivos que atingem essa região (Tabela 8.1).

Os 5% restantes dos terremotos ocorrem principalmente no interior de placas e ao longo de sistemas de dorsais de espalhamento oceânicos. A maioria desses terremotos não é forte, embora tenham ocorrido vários grandes terremotos intraplaca. Por exemplo, os terremotos de 1811 e 1812, perto de New Madrid, Missouri, mataram cerca de 20 pessoas e quase destruíram a cidade. Esses terremotos foram tão fortes que foram sentidos das Montanhas Rochosas até o Oceano Atlântico, e da fronteira com o Canadá até o Golfo do México. Dentro da área imediata, vários edifícios foram destruídos e florestas foram devastadas. A terra afundou vários metros em algumas áreas, causando inundações e muitos dizem que o rio Mississippi inverteu seu fluxo durante o tremor e mudou seu curso ligeiramente.

A causa dos sismos intraplaca não é bem compreendida, mas os geólogos pensam que elas podem surgir das tensões localizadas provocadas pela compressão que a maioria das placas experimenta ao longo de suas margens. Uma analogia útil é mover uma casa. Independentemente de quão cuidadosos os carregadores sejam, é impossível mover algo tão grande sem que suas partes internas se alterem um pouco. Da mesma forma, as placas não são suscetíveis de se mover sem algumas tensões internas que ocasionalmente causam terremotos.

Mais de 900 mil terremotos são registrados anualmente pela rede mundial de estações sismográficas. Muitos deles são pequenos demais para ser sentidos, mas não deixam de ser registrados. Esses pequenos terremotos resultam da energia liberada conforme ajustes contínuos ocorrem entre as várias placas. No entanto, em média, mais de 31 mil terremotos por ano são fortes o suficiente para ser sentidos, e podem causar inúmeros danos, dependendo de quão fortes são e onde ocorrem.

Figura 8.6 Danos de terremoto no cinturão que circunda o Pacífico
Uma das várias extensões de autoestrada elevadas que entraram em colapso em janeiro de 1994 em Northridge, na Califórnia, em um terremoto no qual 61 pessoas morreram.

> **onda P** Onda de compressão ou empurra-e-puxa; a mais rápida onda sísmica, que pode viajar através de sólidos, líquidos e gases; também chamada de onda primária.
>
> **onda S** Onda de cisalhamento que move o material perpendicularmente ao sentido de deslocamento, produzindo assim tensões de cisalhamento no material através do qual se move. Também conhecida como uma onda secundária. As ondas S viajam somente através de sólidos.

OA4 ONDAS SÍSMICAS

Muitas pessoas já experimentaram um terremoto, mas a maioria, provavelmente, desconhece que a agitação que sente e os danos às estruturas são causados pela chegada das *ondas sísmicas*. Essas ondas sísmicas abrangem todas as ondas geradas por um terremoto. Quando o movimento ocorre em uma falha, a energia é irradiada em todas as direções a partir do foco do terremoto na forma de dois tipos de ondas sísmicas: *ondas de corpo* e *ondas de superfície*. Ondas de corpo, assim chamadas porque viajam através do corpo sólido da Terra, são análogas as ondas sonoras. As ondas de superfície, que viajam ao longo da superfície do solo, são análogas às ondulações ou ondas na superfície da água.

Ondas de corpo

Um terremoto gera dois tipos de ondas de corpo: Ondas P e ondas S (Figura 8.7). As **ondas P**, ou *ondas primárias*, são as ondas sísmicas mais rápidas e podem viajar através de sólidos, líquidos e gases. As ondas P são ondas de *compressão*, ou *ondas empurra-e-puxa*. São semelhantes às ondas sonoras. Movimentam o material, para frente e para trás, ao longo de uma linha na mesma direção do movimento das ondas (Figura 8.7b). Assim, o material através do qual uma onda P viaja é expandido e comprimido, conforme as ondas se movem através dele, e retorna ao seu tamanho e à sua forma originais após o passamento da onda.

As **ondas S**, ou *ondas secundárias*, são um pouco mais lentas que as ondas P e viajam somente através de sólidos. As ondas S são *ondas de cisalhamento*, porque movem o material perpendicularmente à direção do deslocamento, produzindo assim tensões de cisalhamento no material, através do qual se movimentam (Figura 8.7c). Por não serem rígidos, os líquidos (bem como os gases) não têm resistência ao cisalhamento e as ondas S não se transmitem através deles.

Figura 8.7 **Ondas de corpo sísmicas primárias e secundárias**
As ondas de corpo viajam através da Terra.

a. Materiais não perturbados para referência.

Material não perturbado

b. As ondas primárias (ondas P) comprimem e expandem o material na mesma direção em que viajam.

Compressão Expansão Compressão Expansão Compressão
Material não perturbado
Onda primária (onda P) Direção do movimento da onda

c. As ondas secundárias (ondas S) movimentam o material perpendicularmente na direção do movimento das ondas.

Comprimento da onda
Onda secundária (onda S)

d. O efeito das ondas P e S em uma estrutura de superfície.

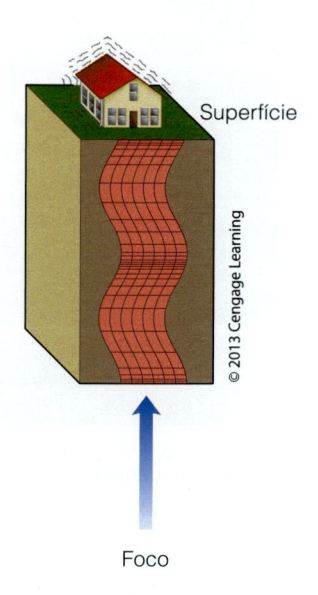

Superfície
Foco

Figura 8.8 Ondas de superfície sísmica de Rayleigh e Love
As ondas de superfície viajam ao longo da superfície da Terra ou logo abaixo dela.

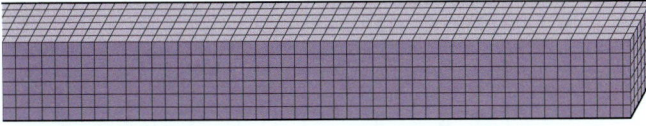

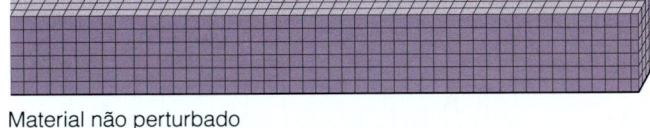

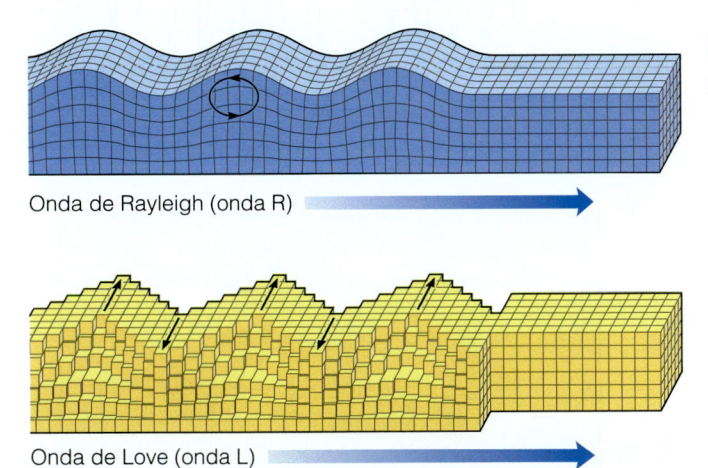

Material não perturbado

a. Material não perturbado, para referência.

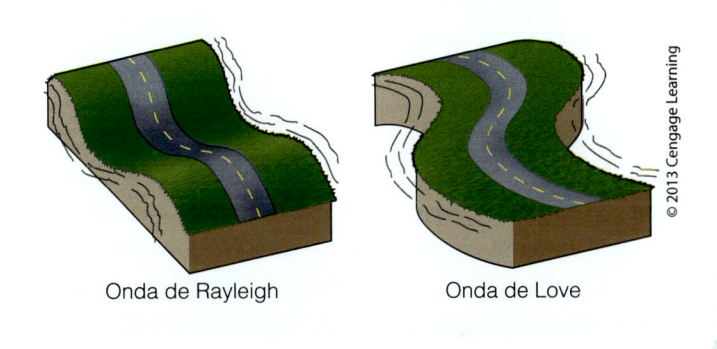

Onda de Rayleigh (onda R)

b. Ondas de Rayleigh (ondas R) movem o material em um percurso elíptico em um plano orientado, paralelo à direção do movimento das ondas.

Onda de Love (onda L)

Onda de Rayleigh   Onda de Love

c. Ondas de Love (ondas L) movem o material para a frente e para trás, em um plano horizontal perpendicular à direção do movimento da onda.

d. A chegada das ondas R e L faz com que a superfície se ondule e se agite de um lado para o outro.

As velocidades das ondas P e S são determinadas pela densidade e pela elasticidade dos materiais através dos quais elas viajam. Por exemplo, as ondas sísmicas viajam mais lentamente através de rochas de maior densidade e mais rapidamente através das rochas com maior elasticidade. A *elasticidade* é uma propriedade dos sólidos, bem como das rochas. Isso significa que, uma vez que tenham sido deformadas por uma força aplicada, elas regressam à sua forma original, quando a força não está mais presente. Pelo fato de a velocidade da onda P ser maior que a velocidade da onda S, as ondas P chegam sempre primeiro nas estações sísmicas.

Ondas de superfície

As ondas de superfície viajam ao longo da superfície do solo ou imediatamente abaixo dele e são mais lentas do que as ondas de corpo (Figura 8.8). Ao contrário dos solavancos e das agitações acentuadas que as ondas de corpo causam, as ondas de superfície produzem um rolamento, ou movimento oscilante, muito parecido com a experiência de estar em um barco.

Os sismólogos reconhecem vários tipos de ondas de superfície. As duas mais importantes são as ondas de Rayleigh e ondas de Love, assim denominadas em homenagem aos cientistas britânicos que as descobriram (Lord Rayleigh e A. E. H. Love). As **ondas de Rayleigh (ondas R)** são, em geral, as mais lentas e se comportam como ondas de água, movendo-se para a frente, enquanto as partículas individuais de material se movem em um percurso elíptico dentro de um plano vertical, orientado na direção do movimento da onda (Figura 8.8b). O movimento de uma **onda de Love (onda L)** é semelhante ao de uma onda S, mas as partículas individuais do material se movem apenas para trás e para a frente, em um plano horizontal perpendicular à direção de deslocamento da onda (Figura 8.8 c).

onda de Rayleigh (onda R) Onda de superfície na qual as partículas individuais de material se movem em um percurso elíptico dentro de um plano vertical orientado na direção do movimento da onda.

onda de Love (onda L) Onda de superfície na qual as partículas individuais de material se movem para frente e para trás, em um plano horizontal perpendicular à direção de deslocamento da onda.

Figura 8.9 Determinando a distância de um terremoto

a. Sismograma esquemático que mostra a ordem de chegada e o padrão produzido pelas ondas P, S e L. Quando ocorre um terremoto, as ondas de corpo e de superfície irradiam para fora do foco ao mesmo tempo. Uma vez que as ondas P são as mais rápidas, chegam a um sismógrafo primeiro, seguidas pelas ondas S e, então, pelas ondas de superfície, que são as ondas mais lentas. A diferença entre os tempos de chegada das ondas P e S é o intervalo de tempo P-S; é uma função da distância da estação de sismógrafo a partir do foco.

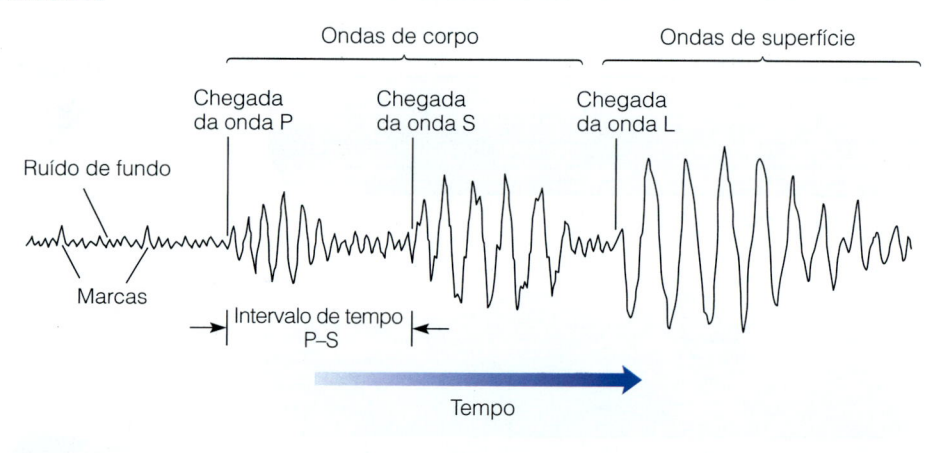

b. Gráfico de tempo-distância que mostra os tempos médios de viagem para as ondas P e S. Quanto mais longe uma estação de sismógrafo está do foco de um tremor de terra, maior é o intervalo entre a chegada das ondas P e S e, portanto, maior a distância entre as curvas das ondas P e S no gráfico de distância-tempo, como indicado pelo intervalo de tempo P-S. Por exemplo, vamos supor que a diferença nos tempos de chegada entre as ondas P e S seja de 10 minutos (intervalo de tempo P-S). Usando a escala do tempo de viagem (minutos), meça quanto tempo é 10 minutos (intervalo de tempo P-S), e mova essa distância entre a curva da onda S e a curva da onda P até que a linha toque ambas as curvas, conforme mostrado. Em seguida, desenhe uma linha reta para baixo, até a distância da escala (km) do foco. Esse número é a distância que o sismógrafo está do foco do terremoto. Neste exemplo, a distância é cerca de 9.000 km.

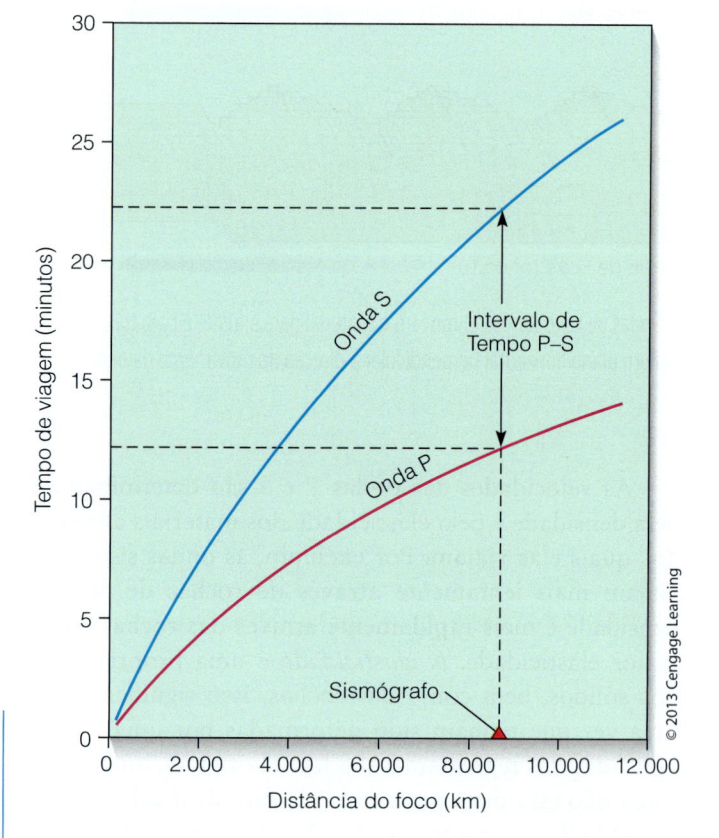

OA5 LOCALIZAÇÃO DE UM TERREMOTO

Mencionamos que os noticiários relatam, comumente, o epicentro de um terremoto, mas como é determinada, exatamente, a localização de um epicentro? Mais uma vez, os geólogos confiam no estudo das ondas sísmicas. Sabemos que as ondas P viajam mais depressa do que as ondas S, quase duas vezes mais depressa em todas as substâncias, assim, as ondas P chegam a uma estação de sismógrafo primeiro, seguidas, um pouco mais tarde, pelas ondas S. As ondas P e S viajam diretamente do foco para a estação de sismógrafo através do interior da Terra, mas as ondas L e R chegam depois, porque são as mais lentas, e elas também viajam pela rota mais longa, ao longo da superfície (Figura 8.9a). No entanto, apenas as ondas P e S vão nos interessar aqui, porque elas são as mais importantes para encontrar um epicentro.

Os sismólogos, geólogos que estudam a sismologia, acumularam uma quantidade enorme de dados ao longo dos anos e agora sabem as velocidades médias das ondas P e S para qualquer distância específica desde sua fonte. Esses tempos de viagem das ondas P e S são publicados em *gráficos de tempo-distância*. Esses gráficos ilustram a diferença entre os tempos de chegada das duas ondas, como uma função da distância entre um sismógrafo e um foco de um terremoto (Figura 8.9b). Ou seja: quanto mais as ondas viajam, maior o *intervalo de tempo P-S* que é, simplesmente, a diferença de tempo entre as chegadas das ondas P e S (Figura 8.9a, b).

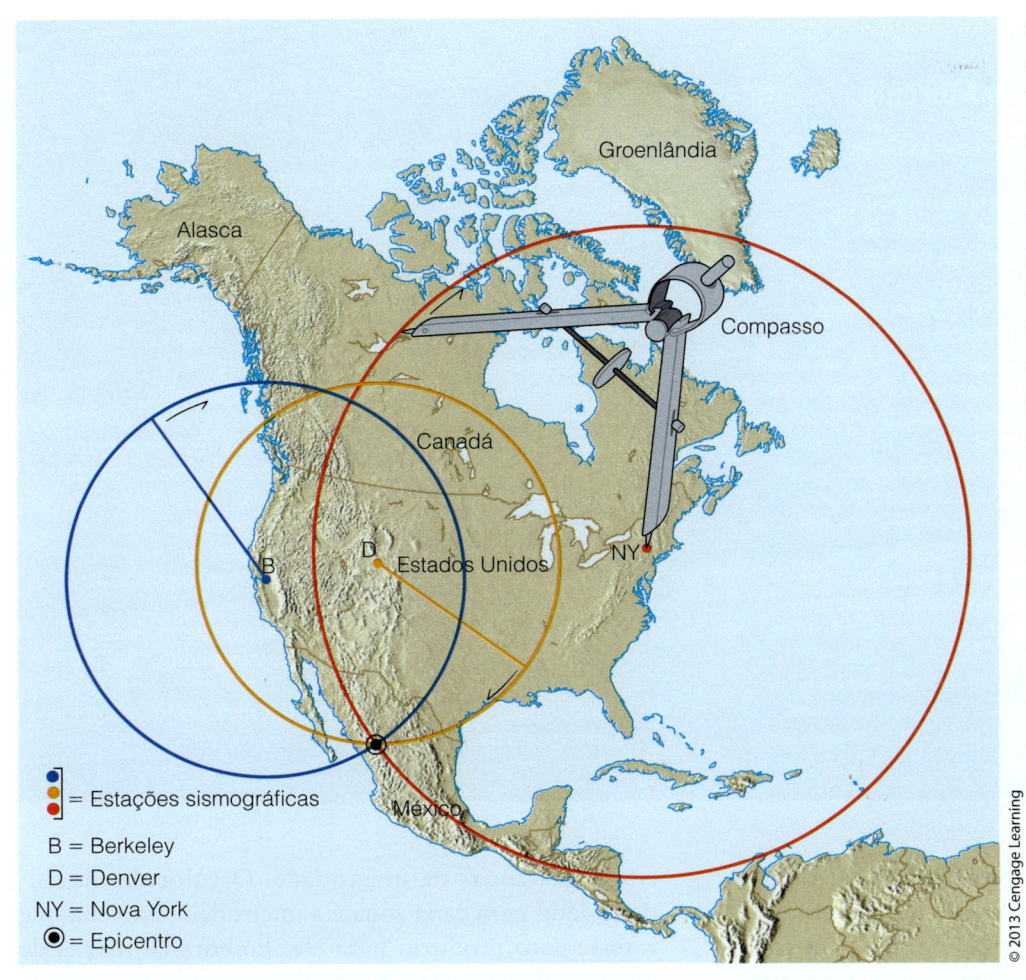

Figura 8.10 **Determinando o epicentro de um terremoto**

Três estações sismográficas são necessárias para localizar o epicentro de um terremoto. O intervalo de tempo P-S é traçado em um gráfico tempo-distância para cada estação de sismógrafo para determinar a distância que essa estação está do epicentro. Um círculo com esse raio é desenhado para cada estação, e a intersecção dos três círculos é o epicentro do terremoto.

Se os intervalos de tempo P-S são retirados de pelo menos três estações sismográficas, então o epicentro de qualquer sismo pode ser determinado (Figura 8.10). Veja como funciona: subtraindo-se o tempo de chegada da primeira onda P do tempo de chegada da primeira onda S, obtém-se o intervalo de tempo P-S para cada estação sísmica. Cada um desses intervalos de tempo é representado em um gráfico tempo-distância. Em seguida desenha-se uma linha reta para baixo para o eixo de distância do gráfico, dando assim a distância entre o foco para cada estação sísmica (Figura 8.9b). A seguir, desenha-se um círculo cujo raio é igual à distância mostrada no gráfico tempo-distância de cada uma das estações sísmicas (Figura 8.10). A intersecção dos três círculos é a localização do epicentro do terremoto. É evidente, pela Figura 8.10, que pelo menos três estações sísmicas são necessárias para obter os intervalos de tempo P-S. Se apenas uma fosse usada, o epicentro poderia estar em qualquer localização sobre o círculo traçado em torno dessa estação. Usando duas estações, haveria dois possíveis locais para o epicentro.

Determinar a profundidade focal de um terremoto é muito mais difícil e consideravelmente menos preciso do que encontrar seu epicentro. A profundidade focal é usualmente encontrada ao fazer cálculos com base em vários pressupostos, comparando os resultados com os obtidos em outras estações sísmicas e, então, recalculando e aproximando a profundidade o máximo possível.

OA6 MEDINDO A FORÇA DE UM TERREMOTO

Sempre que ocorre um terremoto que provoca grandes danos, mortes e ferimentos, relatos e gráficos da violência do terremoto e do sofrimento humano são notícias na mídia. Embora essas descrições de mortes e danos forneçam alguma indicação da dimensão de um terremoto, os geólogos estão interessados em métodos mais confiáveis para determinar o tamanho de um terremoto.

Duas medidas da força de um terremoto são comumente usadas. Uma delas é a *intensidade*, avaliação

Tabela 8.2
Escala de intensidade de Mercalli Modificada

I   Não sentido, a não ser por poucos, em condições especialmente favoráveis.

II   Sentido por apenas algumas pessoas em repouso, especialmente nos pisos superiores dos edifícios.

III   Sentido de modo perceptível dentro de casa, especialmente nos andares superiores de edifícios, mas muitas pessoas não o reconhecem como um terremoto. Automóveis estacionados podem balançar um pouco.

IV   Durante o dia, sentido dentro de casa por muitos, ao ar livre por poucos. À noite, alguns são despertados. Sensação igual à de caminhões pesados colidindo em edifício, automóveis parados balançados perceptivelmente.

V   Sentido por quase todos, muitos são despertados. Alguns pratos, janelas etc. quebrados, alguns casos de gesso rachado. Perturbação, às vezes, notável de árvores, postes e outros objetos altos.

VI   Sentido por todos, muitos assustados e correndo ao ar livre. Alguns móveis pesados movidos. Alguns exemplos de revestimento de gesso caído ou chaminés danificadas. Danos leves.

VII   Todos correm para fora. Danos insignificantes em edifícios de bom projeto e construção; danos leves a moderados em estruturas comuns bem construídas; consideráveis em estruturas mal construídas ou mal projetadas; algumas chaminés rompidas. Percebido por pessoas dirigindo automóveis.

VIII   Danos leves em estruturas especialmente projetadas, consideráveis em edifícios normalmente construídos, com possível colapso parcial; grandes, em estruturas mal construídas. Queda de chaminés, monumentos, paredes. Móveis pesados tombam. Areia e lama expelidas em pequenas quantidades.

IX   Danos consideráveis em estruturas especialmente projetadas. Edifícios deslocados de suas fundações. O solo é perceptivelmente rachado. Tubos subterrâneos quebrados.

X   Algumas estruturas de madeira bem construídas destruídas; a maioria das estruturas de alvenaria e armação com fundação destruída; solo seriamente rompido. Trilhos dobrados. Deslizamentos de terra consideráveis em margens de rios e encostas íngremes. Água esparramada sobre as margens dos rios.

XI   Poucas estruturas, ou nenhuma, (alvenaria) permanecem em pé. Pontes destruídas. Fissuras largas no solo. Tubulações subterrâneas completamente fora de serviço.

XII   Danos totais. Ondas são vistas na superfície do solo. Objetos são jogados para o ar.

Fonte: U.S. Geological Survey

---

qualitativa dos tipos de dano causado por um terremoto. A outra, a *magnitude*, é uma medida quantitativa da energia liberada por um terremoto. Cada método presta informações importantes que podem ser usadas para a determinação de futuros terremotos.

Intensidade

A **intensidade** é uma medida subjetiva, ou qualitativa, do tipo de dano causado por um terremoto, bem como a reação das pessoas a ele. Desde meados do século XIX, os geólogos utilizam a intensidade como uma aproximação grosseira do tamanho e da força de um terremoto. A escala de intensidade mais comum utilizada nos Estados Unidos é a **escala de intensidade de Mercalli Modificada**, a qual tem valores que variam de I a XII (Tabela 8.2).

Mapas de intensidade podem ser construídos em regiões atingidas por terremotos, dividindo-se a região afetada em várias zonas de intensidade. O valor de intensidade dado para cada zona é a intensidade máxima que o terremoto produziu para ela. Embora os mapas de intensidade não sejam precisos por causa da natureza subjetiva das medições, eles fornecem aos geólogos uma aproximação grosseira do local do terremoto, o tipo e a extensão do dano causado e os efeitos da geologia local em diferentes tipos de construção civil. Uma vez que a intensidade é uma medida do tipo de dano causado por um terremoto, as companhias de seguros ainda classificam os tremores de terra com base na intensidade.

Geralmente, um grande terremoto produzirá valores de intensidade maior do que um pequeno terremoto, mas muitos outros fatores além da quantidade de energia liberada por um terremoto também afetam sua intensidade. Estes incluem a distância do epicentro, a profundidade focal do sismo, a densidade populacional, a geologia da área, o tipo de construção empregado e a duração da agitação.

Magnitude

Se terremotos são comparados quantitativamente, devemos usar uma escala que meça a quantidade de energia liberada e que seja independente da intensidade. Charles F. Richter, um sismólogo do Instituto de Tecnologia da Califórnia, desenvolveu uma escala desse tipo em 1935.

---

intensidade Medida subjetiva do tipo de dano causado por um terremoto, bem como a reação das pessoas a ele.

escala de intensidade de Mercalli Modificada Escala com valores de I a XII usada para caracterizar terremotos com base em danos.

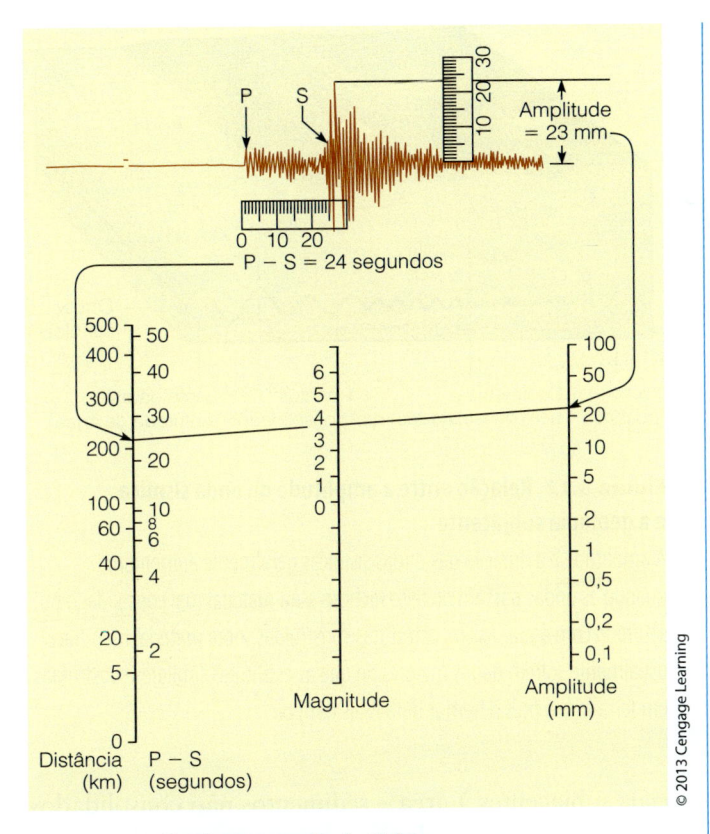

Figura 8.11 Escala de magnitude Richter
A Escala de Magnitude de Richter mede a quantidade total de energia liberada por um terremoto em sua fonte. Para sua determinação, registra-se na escala da direita a amplitude máxima (em mm) da maior onda sísmica produzida pelo terremoto. Na escala da esquerda registra-se a diferença entre os tempos de chegada das ondas P e S (gravadas em segundos) dessa maior onda sísmica. Unindo os dois valores por uma reta, a sua intersecção com a escala do centro fornece a magnitude do terremoto.

A **Escala de Magnitude de Richter** mede a **magnitude** do terremoto, que é a quantidade total de energia liberada por um terremoto em sua fonte. Ela é uma escala de extremidade aberta com valores que começam em zero. A maior magnitude registrada foi a de um terremoto de 9,5 graus, no Chile, em 22 de maio de 1960 (Tabela 8.1).

Os cientistas determinam a magnitude de um terremoto por meio da medição da amplitude da maior onda sísmica registrada em um sismograma (Figura 8.11). Para evitar grandes números, Richter usou uma escala logarítmica de base 10 convencional, para converter a amplitude da maior onda sísmica registrada, para um valor de grandeza numérica. Portanto, cada número inteiro de aumento na magnitude representa um aumento de 10 vezes na amplitude da onda.

Por exemplo, a amplitude da maior onda sísmica para um terremoto de magnitude 6 é 10 vezes a produzida por um terremoto de magnitude 5; 100 vezes maior que um terremoto de magnitude 4, e 1.000 vezes maior que um terremoto de magnitude 3 (10 × 10 × 10 = 1.000).

Um equívoco comum na avaliação dos terremotos é confundir magnitude com energia liberada. Na Escala de Magnitude Richter o aumento de uma unidade – de 6 para 7, por exemplo – significa um aumento de 10 vezes na magnitude. Pois, cada aumento de um número inteiro na amplitude, representa um aumento de 10 vezes na amplitude da onda; mas o aumento de uma unidade na amplitude corresponde a um aumento de aproximadamente 30 vezes na quantidade de energia liberada (na verdade esse aumento é 31,5, mas podemos considerar 30 para os nossos propósitos). Assim, o terremoto japonês de 2011, de magnitude de 9,0, liberou cerca de 900 vezes mais energia do que o terremoto de 2010 no Haiti, de magnitude de 7,0 (30 × 30 = 900)!

A Escala de Magnitude de Richter foi concebida para medir as ondas sísmicas em um sismógrafo situado a uma distância específica de um terremoto. Uma de suas limitações porém, é que ela subestima a energia dos terremotos muito grandes, pois o pico mais alto medido no sismograma é, apenas, um instante durante o terremoto todo. Nos grandes terremotos, a liberação de energia pode durar vários minutos e dissipar-se por centenas de quilômetros ao longo de uma falha. No terremoto de 1857 em Fort Tejon, na Califórnia, por exemplo, o solo tremeu por mais de 2 minutos e a energia foi liberada por 360 km ao longo da falha.

Os sismólogos atualmente têm usado uma escala um pouco diferente para medir a magnitude dos terremotos. É a escala de *magnitude sísmica de momento*, que leva em consideração a resistência das rochas; a área de uma falha

escala de Magnitude Richter Escala de extremidade aberta que mede a quantidade de energia liberada durante um terremoto.

magnitude Quantidade total de energia liberada por um terremoto em sua fonte.

Grandes terremotos (aqueles com uma magnitude maior do que 8,0) ocorrem, em média, uma vez a cada ano.

ao longo da qual ocorre a ruptura e a quantidade de movimento das rochas adjacentes à falha. Como os terremotos maiores rompem mais rochas do que terremotos menores, e a ruptura geralmente ocorre em um segmento mais longo de uma falha, os terremotos muito grandes liberam mais energia por um tempo maior. O terremoto de 26 de dezembro de 2004, em Sumatra, na Indonésia, que gerou um *tsunami* devastador, criou uma gigantesca falha e teve a duração mais longa já registrada.

Assim, a magnitude de um terremoto é agora frequentemente dada tanto em relação à magnitude de Richter quanto à magnitude de momento sísmico. Por exemplo, ao terremoto de 1964, no Alasca, é atribuída uma magnitude de 8,6 na escala Richter e uma magnitude de momento sísmico de 9,2. No entanto, como a Escala de Magnitude Richter é mais comumente usada nas notícias, vamos usá-la por aqui.

OA7 QUAIS SÃO OS EFEITOS DESTRUTIVOS DOS TERREMOTOS?

O número de mortos e feridos, bem como a quantidade de danos a propriedades num terremoto, depende de vários fatores. De modo geral, os terremotos que ocorrem durante horários de trabalho e escolar em áreas urbanas densamente povoadas são os mais destrutivos e causam o maior número de mortos e feridos. No entanto, a magnitude, a duração do tremor, a distância do epicentro, a geologia da região afetada e os tipos de estrutura também são fatores importantes. Dadas essas variáveis, não deve ser surpreendente que um terremoto relativamente pequeno tenha efeitos desastrosos, enquanto outro muito maior poderia passar despercebido, exceto, talvez, pelos sismólogos.

Os efeitos destrutivos dos terremotos incluem o tremor do solo, fogo, ondas no mar (*tsunamis*), deslizamentos de terra, bem como o pânico, interrupção dos serviços vitais e choque psicológico.

Tremor do solo

O tremor do solo, efeito mais óbvio e imediato de um terremoto, varia de acordo com a magnitude do sismo, a distância do epicentro e o tipo de material subjacente à área – sedimentos não consolidados ou inundação *versus* leito rochoso, por exemplo. Certamente, a agitação do solo é terrível e pode ser violenta o suficiente para abrir fissuras no solo. No entanto, ao contrário do mito popular, as fissuras não engolem pessoas ou edifícios e não se fecham sobre eles. E, embora

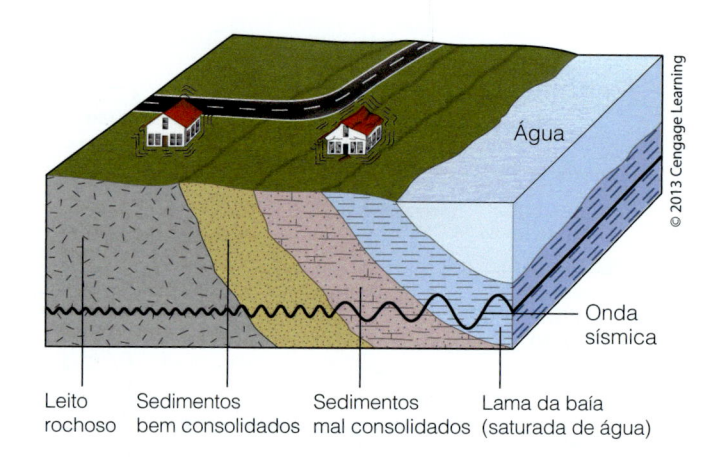

Figura 8.12 Relação entre a amplitude da onda sísmica e a geologia subjacente

A amplitude e a duração das ondas sísmicas geralmente aumentam quando as ondas passam do leito rochoso para material mal consolidado ou saturado com água. Assim, estruturas construídas sobre material mais fraco, usualmente sofrem danos maiores do que as estruturas similares construídas em terra firme, pois o tremor dura mais tempo.

Figura 8.13 Liquefação

Os efeitos do tremor de solos saturados de água são dramaticamente ilustrados pelo colapso desses edifícios em Niigata, Japão, durante o terremoto de 1964. Os edifícios, que foram projetados para ser resistentes a terremoto, caíram sobre seus lados intactos, quando o solo abaixo deles foi submetido à liquefação.

a Califórnia venha ter, sem dúvida, grandes terremotos no futuro, as rochas não podem armazenar energia suficiente para deslocar uma massa de terra tão grande, quanto a Califórnia, para o Oceano Pacífico, como alguns alarmistas afirmam.

Os efeitos do tremor do solo, como o colapso de edifícios, fachadas e janelas de vidro caindo, e a derrubada de monumentos e estátuas causam mais danos e resultam em mais perda de vidas e ferimentos do que qualquer outro tipo de perigo do terremoto. As estruturas construídas sobre leitos de rocha sólida geralmente sofrem menos danos do que aquelas construídas com material mal consolidado, como sedimentos saturados de água ou preenchimento artificial (Figura 8.12).

As estruturas construídas com material mal consolidado ou saturado com água sofrem danos maiores que aquelas construídas sobre rocha (Figura 8.12), porque os tremores ficam mais prolongados e a onda S ganha maior amplitude. Além disso, sedimentos inconsolidados e saturados em água tendem a se liquefazer, ou se comportar como um líquido, processo conhecido como *liquefação*. Quando agitados, os grãos individuais perdem a coesão e fluem no solo. Dois exemplos dramáticos e clássicos de danos resultantes de liquefação são Niigata, no Japão, e Turnagain Heights, no Alasca. Em Niigata, Japão, grandes edifícios de apartamentos foram inclinados para os lados depois que o solo saturado de água da encosta desmoronou (Figura 8.13). Em Turnagain Heights, Alasca, muitas casas foram destruídas quando a argila de Bootlegger Cove Clay perdeu toda a sua resistência no terremoto de 1964 (veja a Figura 10.17).

Figura 8.14 **Tremor do solo**
A maioria dos edifícios desabou ou foi gravemente danificada como resultado do tremor do solo durante o terremoto de 17 de agosto de 1999, na Turquia, que matou por volta de 17 mil pessoas.

Além da magnitude de um terremoto e da geologia subjacente, o material utilizado e o tipo de construção também afetam a quantidade de danos causados. Estruturas com adobe e paredes de barro são as mais fracas e quase sempre entram colapso durante um terremoto. As estruturas de tijolos não reforçadas e as estruturas de concreto mal construídas também são particularmente suscetíveis a desmoronar, como foi o caso no terremoto de 1999, na Turquia, quando faleceram por volta de 17 mil pessoas (Figura 8.14). O terremoto de 1976 em Tangshan, na China, arrasou completamente a cidade porque as edificações não foram construídas para resistir às forças sísmicas. Além disso, a maioria das edificações tinha paredes de tijolos não reforçadas, sem flexibilidade e, consequentemente, elas desabaram durante o tremor.

Fogo

Em muitos terremotos, particularmente nas zonas urbanas, o fogo é um grande risco. Cerca de 90% dos danos causados pelo terremoto de 1906, em São Francisco, foram em decorrência do fogo. O tremor cortou muitas das linhas elétricas e de gás, o que provocou chamas e iniciou incêndios em toda a cidade. O terremoto rompeu a rede de água, portanto não havia nenhuma maneira eficaz de combater os incêndios, que ficaram fora de controle por três dias, destruindo grande parte da cidade.

O *tsunami* pode se mover através do oceano a 965 km por hora. Isso é tão rápido quanto a velocidade de cruzeiro de um avião a jato.

Oitenta e três anos mais tarde, em 1989, durante o terremoto de Loma Prieta, ocorreu um incêndio no distrito da Marina de São Francisco. Dessa vez, porém, o incêndio foi contido dentro de uma pequena área, porque São Francisco já possuía um sistema de válvulas em toda sua rede de dutos de água e gás, de modo que as linhas rompidas puderam ser isoladas.

No terremoto de 1º de setembro de 1923, no Japão, os incêndios destruíram 71% das casas em Tóquio e praticamente todas as casas em Yokohama. Ao todo, 576.262 casas foram destruídas pelo fogo e 143 mil pessoas morreram, muitas em decorrência dos incêndios.

Tsunami: ondas assassinas

Em 26 de dezembro de 2004, ocorreu um terremoto de magnitude 9,0 a 160 km ao largo da costa oeste do norte de Sumatra, na Indonésia, gerando o *tsunami* mais mortal na História. Em poucas horas, paredes de água de até 10,5 m de altura bateram nas costas da Indonésia, do Sri

Figura 8.15
Tsunami japonês
Veículos jogados como brinquedos, misturados com os escombros nas águas da enchente perto da cidade costeira de Sendai. Esse foi resultado do *tsunami* que devastou a porção nordeste do Japão, após o terremoto de 11 de março de 2011, com 9,0 graus na escala Richter.

Lanka, da Índia, da Tailândia, da Somália, de Mianmar, da Malásia e das Maldivas, matando mais de 220 mil pessoas e causando bilhões de dólares em prejuízos.

Após o terremoto de magnitude 9,0 que atingiu o Japão em 11 de março de 2011, um enorme *tsunami* foi gerado e resultou em tremendos danos materiais e perda de vidas ao longo da linha da costa do Japão. Minutos após o terremoto, paredes de água, algumas com até 37 m de altura, inundaram áreas baixas ao longo da costa japonesa e se estenderam até 10 km para o interior. Barcos, veículos e estruturas foram destruídos ou arrastados como se fossem brinquedos, deixando um rastro de destruição, até que as águas finalmente baixaram (Figura 8.15).

Esses terremotos geraram o que é popularmente chamado de "maremoto", mas é mais corretamente chamado de uma *onda sísmica do mar* ou **tsunami**, um termo japonês que significa "onda de porto". O termo *maremoto*, no entanto, persiste na literatura popular e em alguns relatos na imprensa, mas essas ondas não estão relacionadas com marés, nem são causadas por elas. Na verdade, *tsunamis* são ondas do mar destrutivas, geradas quando o assoalho do mar sofre movimentos verticais súbitos. Muitos resultam de terremotos submarinos, mas vulcões ou deslizamentos submarinos também podem causá-los. Por exemplo, a erupção de 1883 do Krakatoa, entre Java e Sumatra, gerou uma grande onda no mar, que matou 36 mil pessoas nas ilhas próximas.

Uma vez que um *tsunami* é gerado, ele pode viajar através de um oceano inteiro e causar devastação longe de sua fonte. No mar aberto, os *tsunamis* viajam a várias centenas de quilômetros por hora e comumente passam despercebidos debaixo de navios porque geralmente têm menos do que um metro de altura, e a distância entre as cristas das ondas é tipicamente de centenas de quilômetros. Quando entram em água rasa, no entanto, as ondas abrandam e a água acumula alturas de um metro ou dois, a muitos metros de altura. O *tsunami* de 1946 que atingiu Hilo, no Havaí, foi de 16,5 m de altura. Aquele que atingiu o Japão em 2011, em algumas áreas, alcançou mais do que o dobro dessa

tsunami Grande onda do mar, em geral produzida por um terremoto ou por deslizamentos submarinos e erupções vulcânicas.

Figura 8.16 Falha no solo
Em 17 de agosto de 1959, um terremoto com magnitude Richter de 7,3 sacudiu o sudoeste de Montana e propagou-se por uma grande área em estados adjacentes.

a. A escarpa de falha nesta imagem foi produzida quando o bloco no fundo se moveu vários metros em comparação com o do primeiro plano.

b. O terremoto também provocou um deslizamento (visível a distância) que bloqueou o rio Madison, em Montana, e criou o Lago Terremoto (primeiro plano). O deslizamento enterrou mais de 20 pessoas em um acampamento na parte inferior.

altura. De qualquer modo, a tremenda energia do *tsunami* é concentrada em uma linha de costa, quando ele a atinge, tanto como a quebra de uma grande onda como, em alguns casos, o que parece ser uma maré crescente muito rápida.

Um dos sinais de alerta da natureza de que um *tsunami* se aproxima é uma retração súbita do mar numa região costeira. Na verdade, o mar pode se retrair tanto que não pode ser visto e o fundo do mar é desnudado sobre uma vasta área. Em mais de uma ocasião, as pessoas correram para inspecionar os recifes expostos ou para coletar peixes e conchas e, a seguir, foram varridas com a chegada do *tsunami*.

Após o trágico *tsunami* de 1946 que atingiu Hilo, no Havaí, o U.S. Coast and Geodetic Survey estabeleceu um Sistema de Alerta Antecipado de *Tsunami* do Pacífico, em Ewa Beach, Havaí. Esse sistema combina sismógrafos e instrumentos que detectam ondas do mar geradas por sismos. Sempre que um forte terremoto ocorre, em qualquer lugar dentro da bacia do Pacífico, sua localização é determinada e os instrumentos são verificados para ver se um *tsunami* foi gerado. Se houver sido, um alerta é enviado para evacuar as pessoas que podem ser afetadas nas áreas baixas. Infelizmente, não existe esse sistema de alerta para o Oceano Índico. Se existisse, é possível que o número de mortos, no *tsunami* de 26 de dezembro de 2004, tivesse sido significativamente menor.

Falha no solo

Deslizamentos de terra provocados por terremotos são particularmente perigosos em regiões montanhosas e foram responsáveis por grandes prejuízos e muitas mortes. O terremoto de 1959 em Hebgen Lake, em Madison Canyon, Montana, por exemplo, causou um enorme deslizamento de rochas (Figura 8.16) e o terremoto de 1970, no Peru, provocou uma avalanche que destruiu a cidade de Yungay e matou cerca de 66 mil pessoas.

A maioria das 100 mil mortes do terremoto de 1920, em Gansu, na China, ocorreu quando penhascos compostos de loess (sedimentos depositados pelo vento) ruíram.

OA8 PREVISÃO DE TERREMOTOS

Uma previsão de terremoto bem-sucedida deve estimar o prazo para a ocorrência, a localização e a força do sismo. Apesar da enorme quantidade de informação que os geólogos já reuniram acerca dos terremotos, as previsões bem-sucedidas ainda são raras. Se previsões confiáveis pudessem ser feitas, elas reduziriam significativamente o número de mortos e feridos.

Mapas de risco sísmico, fundamentados na análise dos registros históricos e na distribuição das falhas conhecidas, elaborados por geólogos com base na intensidade de terremotos passados, podem indicar a probabilidade

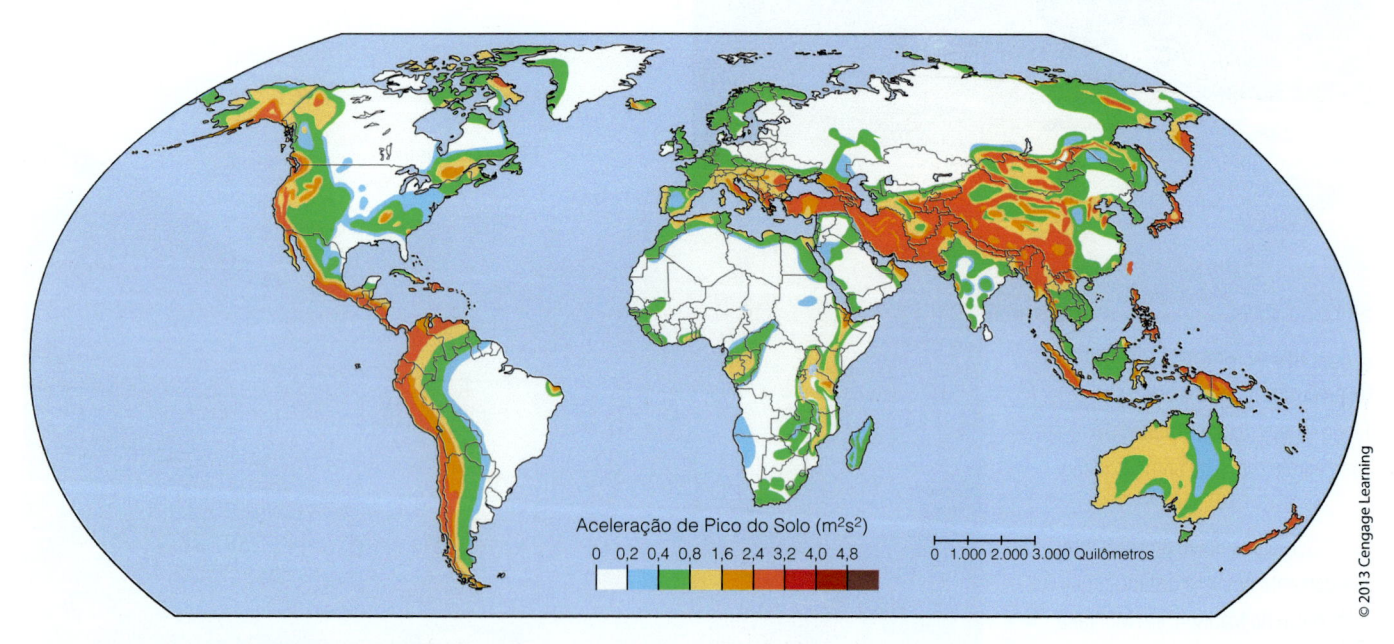

Figura 8.17 Mapa de avaliação de risco sísmico global
O Programa de Avaliação de Risco Sísmico Global publicou este mapa de risco sísmico que mostra acelerações de pico do solo. Os valores são baseados em uma probabilidade de 90% de que a aceleração horizontal do solo indicada durante um terremoto não tem tendência a ser excedida em 50 anos. Quanto maior o número, maior é o perigo. Como esperado, os maiores riscos sísmicos estão no cinturão Circum-Pacífico e no cinturão Mediterrâneo-Asiático.

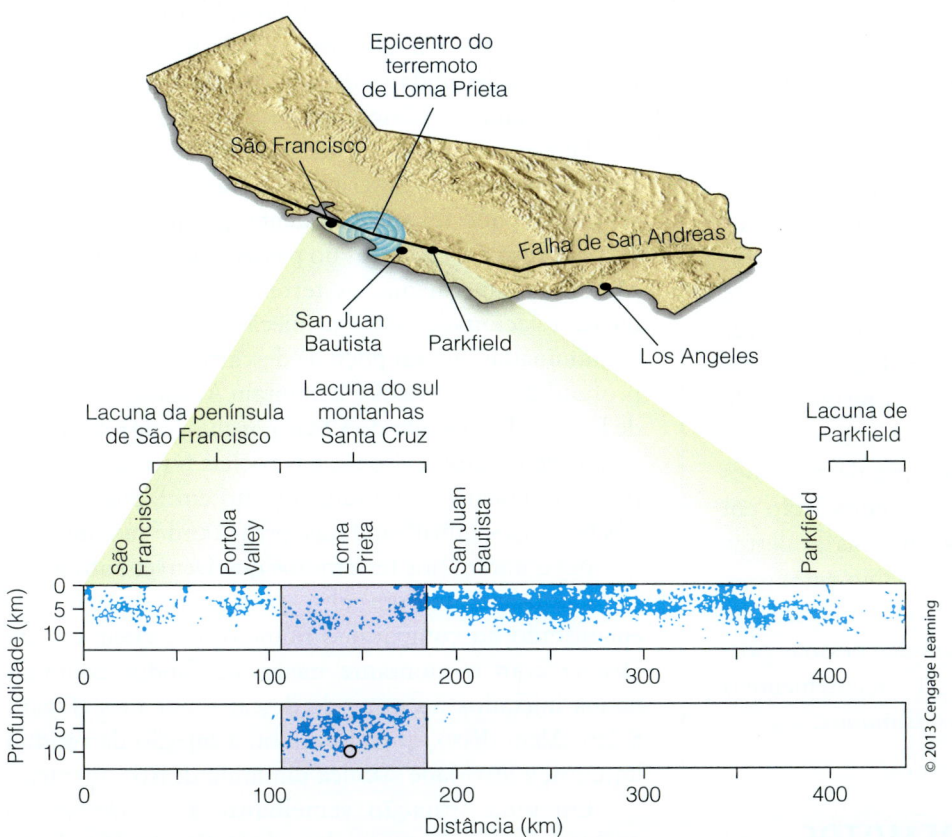

Figura 8.18 Precursores de terremotos

Lacunas sísmicas são um tipo de precursor de sismo que pode indicar um potencial terremoto. Essas lacunas sísmicas são regiões ao longo de uma falha que estão bloqueadas, o que significa que não estão se movendo e liberando energia. Três lacunas são evidentes nesta seção transversal ao longo da falha de San Andreas, do norte de São Francisco para o sul de Parkfield. A primeira está entre São Francisco e Portola Valley, a segunda, perto de Loma Prieta Mountain, e a terceira está a sudeste de Parkfield. A seção superior mostra os epicentros de terremotos entre janeiro de 1969 e julho de 1989. A seção inferior mostra a lacuna ao sul das montanhas Santa Cruz depois que foi preenchida pelo terremoto de Loma Prieta, em 17 de outubro de 1989, (*círculo aberto*) e suas réplicas.

e a gravidade potencial de futuros terremotos. Um esforço internacional de cientistas de vários países resultou na publicação, em dezembro de 1999, do primeiro Mapa de avaliação de risco sísmico global (Figura 8.17). Embora esses mapas não possam ser usados para prever quando um terremoto ocorrerá numa área particular, eles são úteis na antecipação de futuros terremotos e ajudam as pessoas a planejar e a se preparar para eles.

Precursores de terremotos

Estudos realizados durante as últimas décadas indicam que a maioria dos terremotos é precedida por alterações no interior da Terra. Essas alterações, tanto de curto quanto de longo prazo, são chamadas de alterações *precursoras* e podem ser úteis na previsão do sismo.

Uma técnica de predição de longo alcance, usada em áreas sismicamente ativas, envolve traçar a localização de grandes terremotos e suas réplicas para detectar áreas que tiveram grandes terremotos no passado, que estão atualmente inativas. Diz-se que essas regiões estão *bloqueadas* e não liberam energia. No entanto, a pressão continua a se acumular nessas regiões, por causa dos movimentos das placas, tornando essas *lacunas sísmicas*, locais privilegiados para futuros terremotos. Várias lacunas sísmicas ao longo da falha de San Andreas têm o potencial para futuros grandes terremotos (Figura 8.18). Um grande terremoto que danificou a Cidade do México em 1985 ocorreu ao longo de uma lacuna sísmica na zona de convergência na costa oeste do México.

Os precursores de terremotos que podem ser úteis para fazer previsões de curto prazo incluem ligeiras mudanças na elevação e na inclinação da superfície terrestre, flutuações do nível da água em poços, mudanças no campo magnético da Terra e resistência elétrica do solo.

Programas de previsão de terremotos

Atualmente, apenas algumas nações – como os Estados Unidos, Japão, Rússia e China – têm programas para previsão de terremotos patrocinados pelos governos. Esses programas incluem estudos, de laboratório e de campo, acerca do comportamento da rocha antes, durante e depois de grandes terremotos, assim como atividade de monitoramento ao longo das principais falhas ativas. A maior parte do trabalho de previsão de terremotos nos Estados Unidos é feita pelo U.S. Geological Survey (USGS) e envolve a pesquisa global acerca dos aspectos relacionados aos terremotos.

Os chineses têm talvez o mais ambicioso programa de previsão de terremotos no mundo, o que é compreensível, considerando seu histórico com terremotos destrutivos. Seu programa de previsão de terremotos foi iniciado logo após dois grandes terremotos ocorridos em Xingtai (300 km a sudoeste de Pequim), em 1966, e inclui extenso estudo e monitoramento de todos os precursores de terremotos possíveis. Os sismólogos chineses previram com sucesso o terremoto de Haicheng, em 1975, mas infelizmente não conseguiram prever o devastador terremoto de 1976, em Tangshan, que matou pelo menos 242 mil pessoas, e o terremoto de Sichuan, em 2008, que matou mais de 69 mil pessoas.

Progressos estão rumando na direção de previsões precisas e confiáveis de terremotos, e estudos estão em andamento para avaliar as reações públicas a alertas sísmicos de longo, médio e curto prazos. No entanto, a menos que os avisos de curto prazo sejam, na verdade, seguidos por um terremoto, a maioria das pessoas provavelmente ignorará os avisos, como frequentemente o faz em relação a furacões, tornados e *tsunamis*.

OA9 CONTROLE DE TERREMOTOS

Uma previsão confiável de terremotos ainda não existe, mas haveria algo a ser feito para controlar, ou controlar em parte, os terremotos? Por causa da tremenda energia envolvida, parece improvável que os seres humanos sejam capazes de evitar terremotos. No entanto, liberar gradualmente a energia armazenada nas rochas diminuiria a probabilidade de um grande terremoto e de amplos prejuízos, e isso parece ser possível.

Durante o início até meados da década de 1960, Denver, Colorado, experimentou vários pequenos terremotos, o que foi surpreendente, porque Denver não foi propensa a terremotos no passado. O geólogo David M. Evans sugeriu que os terremotos estavam diretamente relacionados com a injeção de águas residuais contaminadas em um poço de descarte com 3.674 m de profundidade, em Rocky Mountain Arsenal, a nordeste de Denver. Um estudo do USGS concluiu que o bombeamento de fluidos residuais, nas rochas fraturadas sob o poço de descarte, diminuiu o atrito em lados opostos das fraturas – lubrificando-as, provocando movimentos que desaguaram nos terremotos que Denver sofreu.

Curiosamente, um alto grau de correlação foi encontrado ao comparar o número de terremotos em Denver com o montante médio de fluidos contaminados injetados no poço de descarte por mês (Figura 8.19). Além disso, quando cessou a injeção de resíduo líquidos, a atividade sísmica diminuiu drasticamente.

Em uma situação semelhante à de Denver, o número de terremotos na área de Dallas–Ft. Worth, no Texas, aumentou muito, resultando em mais terremotos durante 2008 e 2009 do que nos últimos 30 anos juntos. A partir de 2004, milhares de poços de gás foram perfurados na área, e quase todos eles foram submetidos à fratura hidráulica, em que grandes quantidades

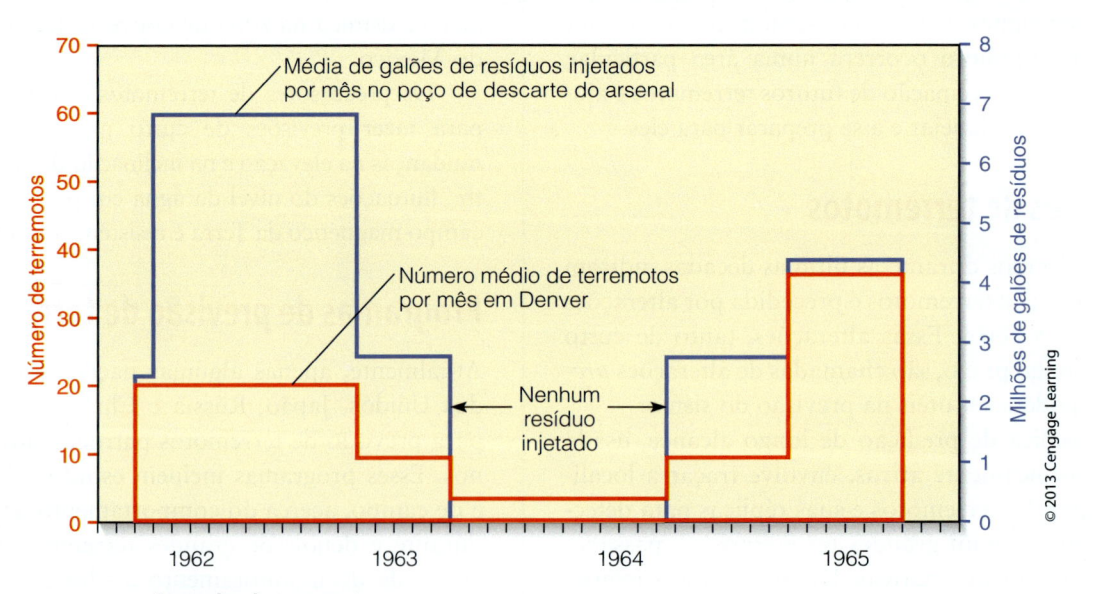

Figura 8.19 Controlando terremotos
Este gráfico mostra a relação entre a quantidade de água residual injetada mensalmente no poço de Rocky Mountain Arsenal e o número médio de sismos em Denver por mês. Não houve terremotos significativos em Denver desde que cessou, em 1966, a injeção de águas residuais no poço de descarte.

de uma mistura de água de alta pressão são injetadas nos poços para abrir as fraturas preexistentes, permitindo assim que o gás flua para dentro dos poços. Embora ninguém esteja reivindicando que haja uma ligação entre a fratura hidráulica e a perfuração e o início de pequenos terremotos, os geólogos estão acompanhando de perto a situação, para ver se há uma relação de causa e efeito entre os dois eventos.

Com base nesses resultados, alguns geólogos propõem que fluidos sejam bombeados para os segmentos bloqueados ou lacunas sísmicas de falhas ativas. Isso provocaria terremotos de pequeno a moderado porte. Assim, a pressão sobre a falha seria aliviada e, com isso, impedida a ocorrência de um grande terremoto.

Embora esse plano seja instigante, ele tem questões sérias. Por exemplo, não há garantia de que ocorra, apenas, um pequeno terremoto. Se, em vez disso, ocorrer um grande terremoto, com tremendos danos materiais e perda de vidas, especialmente em uma área densamente povoada (Figura 8.20), quem seria o responsável? Certamente, muito mais pesquisas serão necessárias antes de esse experimento ser realizado, mesmo que seja em uma área com baixa densidade populacional.

OA10 COMO É O INTERIOR DA TERRA?

Durante a maior parte do tempo histórico, o interior da Terra era concebido como um mundo subterrâneo de vastas cavernas, calor e gases de enxofre e povoado por demônios. Por volta de 1860, porém, os cientistas já sabiam a densidade média da Terra e sabiam, também, que a pressão e a temperatura aumentavam com a profundidade. E mesmo que o interior da Terra seja inacessível à observação direta, os geólogos têm agora uma ideia razoavelmente boa de sua estrutura e composição interna.

A Terra é constituída de camadas concêntricas que diferem em composição e densidade, separadas das camadas adjacentes por fronteiras bastante distintas (Figura 8.21). A camada mais externa, ou *crosta*, é a pele fina da Terra. Abaixo da crosta, e se estendendo até meio caminho para o centro da Terra, está o *manto*, que compreende mais de 80% do volume do planeta. A parte central da Terra consiste em um *núcleo*, que está dividido em uma porção interior sólida e uma parte exterior líquida (Figura 8.21).

O comportamento e o tempo de viagem das ondas P e S fornecem aos geólogos informações sobre a estrutura interna da Terra. As ondas sísmicas viajam para o exterior como frentes de onda a partir de suas áreas de fonte, embora seja mais conveniente descrevê-las como *raios de onda*, que são linhas que mostram a direção do movimento das pequenas partes das frentes de onda (Figura 8.3).

Como observamos anteriormente, a velocidade das ondas P e S é determinada pela densidade e pela elasticidade dos materiais que elas percorrem, ambas aumentam com a profundidade. A velocidade da onda é retardada pelo aumento da densidade, mas aumenta em materiais com maior elasticidade. Em razão de a elasticidade aumentar com a profundidade, mais depressa que com a densidade, conforme as ondas penetram em maiores profundidades ocorre um aumento geral na velocidade da onda sísmica. Em todas as circunstâncias,

Figura 8.20 Densidade da população de São Francisco
O centro de São Francisco fica em cima do limite da placa ativa entre a placa Pacífico e a placa norte-americana. A alta densidade de população representa um risco para os moradores no caso de um terremoto. Embora bombear fluidos sísmicos possa aliviar a pressão de uma falha e impedir que grandes terremotos ocorram, as pessoas em áreas povoadas relutam em arriscar o controle de terremoto, com receio de um grande terremoto ser iniciado pelo processo.

Composição e densidade da Terra

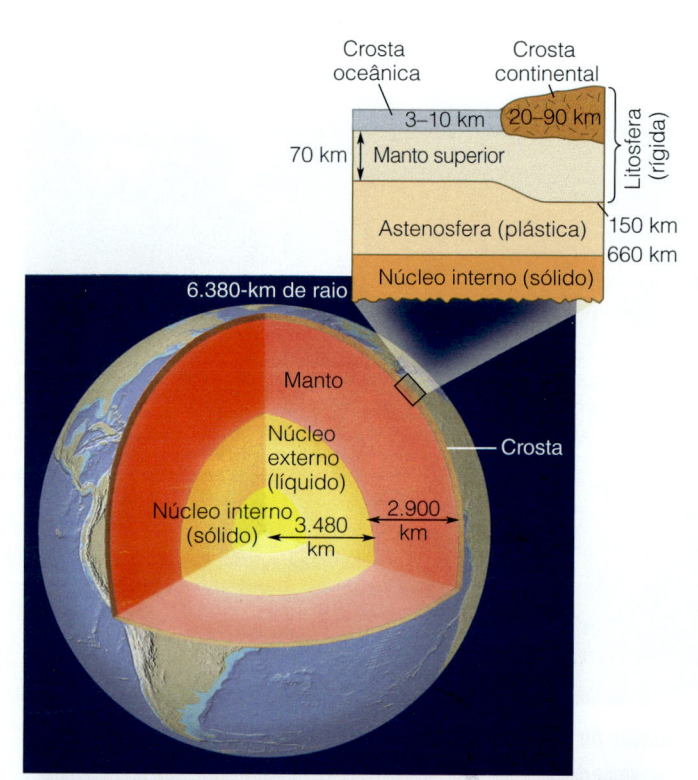

	COMPOSIÇÃO	DENSIDADE (g/cm³)
Crosta continental	Composição média do granodiorito	≈2,7
Crosta oceânica	Porção superior basalto, porção inferior gabro	≈3,0
Manto	Peridotito (composto por silicatos ferromagnesianos)	3,3–5,7
Núcleo exterior	Ferro com talvez 12% de enxofre, silício, oxigênio, níquel e potássio	9,9–12,2
Núcleo interior	Ferro com 10% a 20% de níquel	12,6–13,0
Terra		5,5

© 2013 Cengage Learning

Figura 8.21 Estrutura interna da Terra
A inserção mostra parte exterior da Terra em mais detalhes. A astenosfera é sólida, mas se comporta flexivelmente e flui.

as ondas P viajam mais depressa do que as ondas S, mas, ao contrário das ondas P, as ondas S não viajam através dos líquidos, porque os líquidos não têm resistência ao cisalhamento (rigidez). Ou seja, os líquidos simplesmente fluem em resposta à tensão de cisalhamento.

Pelo fato de a Terra não ser um corpo homogêneo, as ondas sísmicas viajam em materiais de densidade e elasticidade diferentes e, portanto, sua velocidade e sua direção de viagem mudam quando mudam os materiais. As ondas sísmicas são dobradas, um fenômeno conhecido como *refração*, à semelhança das ondas de

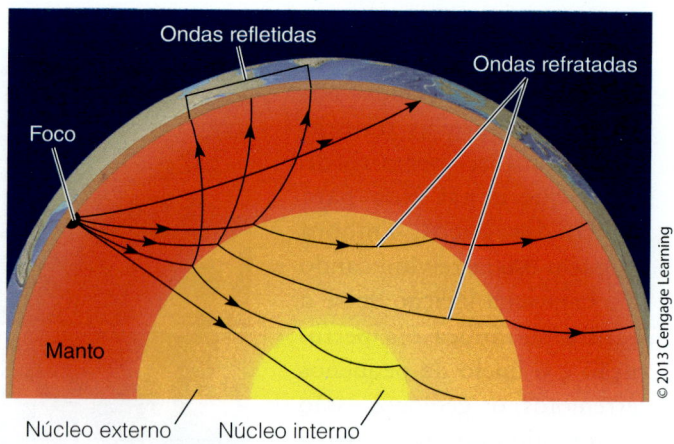

Figura 8.22 Refração e reflexão das ondas sísmicas
Refração e reflexão de ondas P quando elas encontram as fronteiras que separam materiais de diferentes densidades ou elasticidades. Observe que o único raio de onda não refratado é o perpendicular aos limites.

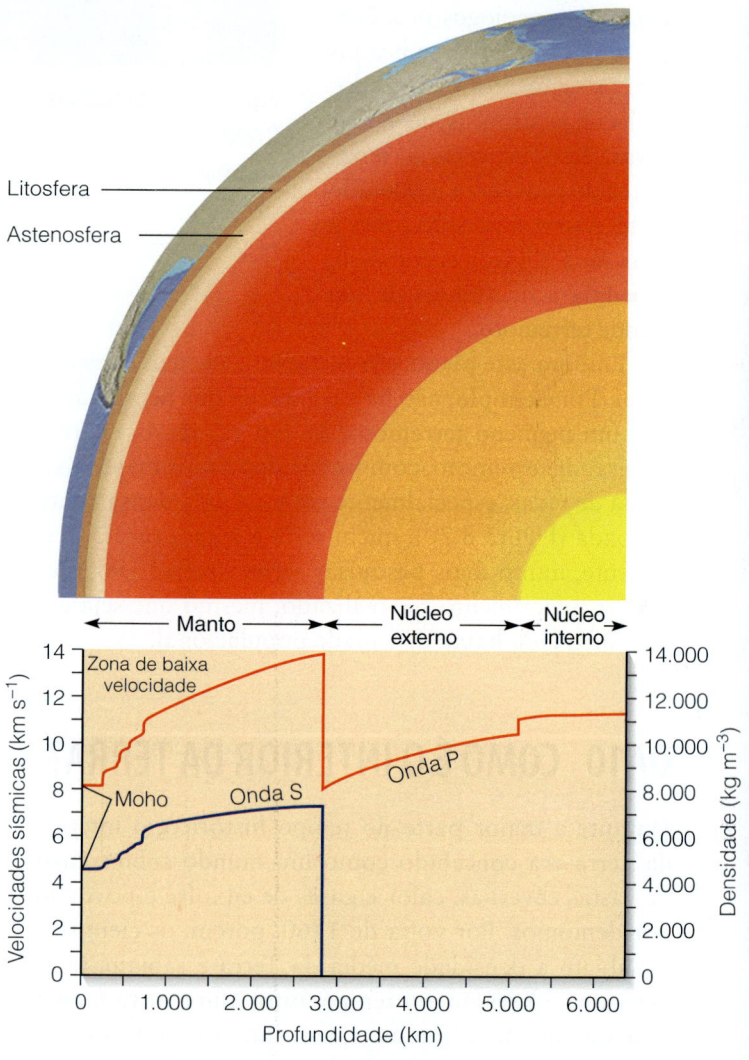

Figura 8.23 Velocidades das ondas sísmicas
Perfis que mostram as velocidades das ondas sísmicas *versus* a profundidade. Várias descontinuidades são mostradas, nas quais as velocidades das ondas sísmicas mudam drasticamente.

HTTP://SCIENCE.JRANK.ORG/PAGES/47534/EARTH-STRUCTURE.HTML

CAPÍTULO 8: OS TERREMOTOS E O INTERIOR DA TERRA

luz que são refratadas à medida que passam, por exemplo, do ar para a água mais densa. Por passarem através de materiais de densidade e elasticidade diferentes, as ondas sísmicas são continuamente refratadas, de modo que seus caminhos são curvos. Raios de onda viajam em linha reta apenas quando a sua direção de marcha é perpendicular aos limites entre os meios (Figura 8.22).

Além de refração, os raios sísmicos são refletidos à semelhança da luz refletida de um espelho. Quando os raios sísmicos encontram uma fronteira que separa materiais de densidades ou elasticidades diferentes, parte da energia de uma onda é refletida de volta para a superfície (Figura 8.22). Se conhecermos a velocidade da onda e o tempo necessário para ela viajar da sua fonte para o limite, e de volta para a superfície, podemos calcular a profundidade do limite refletor. Essa informação é útil para determinar não só a estrutura interna da Terra, mas também as profundezas das rochas sedimentares que podem conter petróleo. A reflexão sísmica é uma ferramenta comum, usada na exploração de petróleo.

Embora as alterações na velocidade da onda sísmica ocorram de forma contínua com a profundidade, a velocidade da onda P aumenta de repente na base da crosta e diminui abruptamente a uma profundidade de cerca de 2.900 km (Figura 8.23). Essas mudanças marcantes na velocidade da onda sísmica indicam um limite conhecido como **descontinuidade**, onde ocorre uma mudança significativa na constituição interna da Terra ou nas suas propriedades. As descontinuidades são a base para subdivisão do interior da Terra em camadas concêntricas.

> **descontinuidade**
> Limite através do qual a velocidade da onda sísmica, ou direção do deslocamento, muda abruptamente, como o limite manto-núcleo.
>
> **zona de sombra da onda P** Região entre 103 e 143 graus a partir de um foco sísmico, onde pouca energia da onda P é registrada pelos sismógrafos.

Figura 8.24 Zonas de Sombra das Ondas P e S

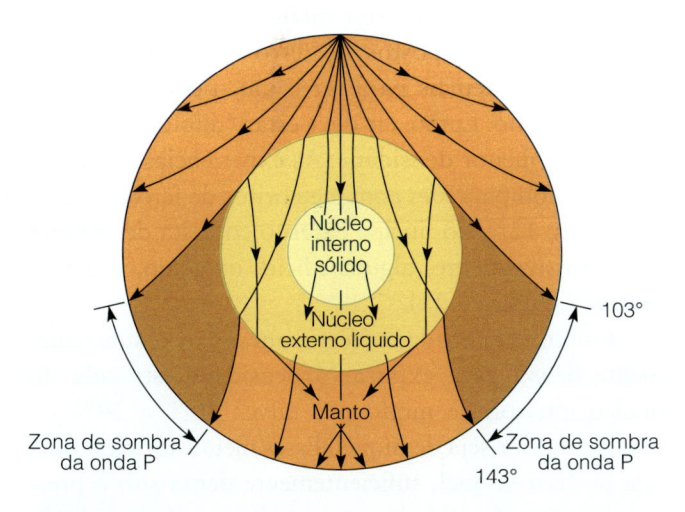

a. Ondas P são refratadas de tal forma que nenhuma energia da onda P atinge a superfície na zona de sombra da onda P.

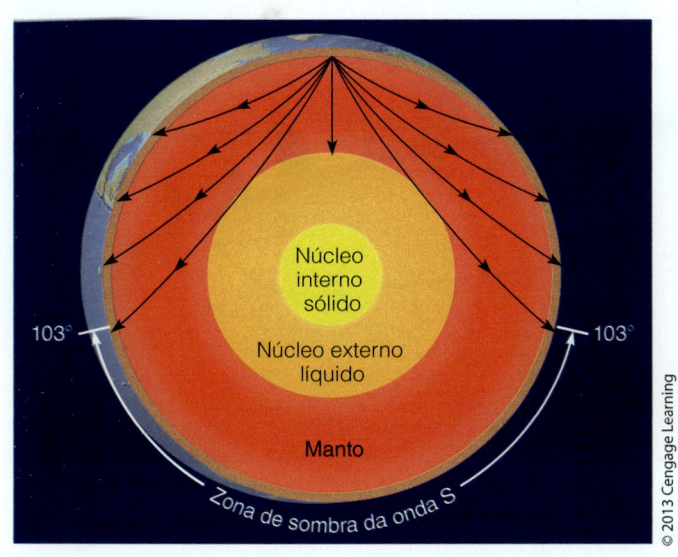

b. A presença de uma zona de sombra da onda S indica que as ondas S estão sendo bloqueadas no interior da Terra.

OA11 O NÚCLEO

Em 1906, R. D. Oldham, do Geological Survey of India, percebeu que as ondas sísmicas chegavam mais tarde do que o esperado às estações sísmicas, situadas a mais de 130 graus de um foco sísmico. Assim, ele postulou que o núcleo da Terra transmite ondas sísmicas mais lentamente do que os materiais mais superficiais da Terra. Sabemos agora que a velocidade da onda P diminui drasticamente, a uma profundidade de 2.900 km, indicando uma importante descontinuidade, reconhecida como a fronteira manto-núcleo (Figura 8.23).

Na fronteira núcleo-manto, em razão da diminuição súbita na sua velocidade, as ondas P são refratadas no núcleo. Por conseguinte, na região entre 103 graus e 143 graus de um foco sísmico, pouca energia da onda P atinge a superfície (Figura 8.24a). Esta é **zona de sombra da onda P**, uma região em que pouca energia da onda P é registrada pelos sismógrafos.

A zona de sombra da onda P não é uma zona de sombra perfeita porque ainda recebe uma pequena

> **zona de sombra da onda S** Região entre 103 e 143 graus a partir de um foco sísmico, onde as ondas S não são registradas.

parte da energia das ondas P. Diversas hipóteses foram propostas para explicar esse fato, mas todas foram rejeitadas em 1936 pela sismóloga dinamarquesa Inge Lehmann, que postulou não ser o núcleo inteiramente líquido como se pensava anteriormente. Para ela, a reflexão de ondas sísmicas por um núcleo interno sólido explicaria a chegada da energia fraca das ondas P na zona de sombra da onda P. Essa proposta foi rapidamente aceita pelos sismólogos. Em 1926, o físico britânico Harold Jeffreys percebeu que as ondas S não eram simplesmente desaceleradas pelo núcleo, mas eram completamente bloqueadas por ele. Assim, além de uma zona de sombra da onda P, uma **zona de sombra da onda S**, muito maior e mais completa, também existe (Figura 8.24b). Em locais a mais de 103 graus de um foco de sismo, ondas S não são registradas, o que indica que as ondas S não são transmitidas através do núcleo. Já que as ondas S não se propagam através de um líquido, então, o núcleo externo deve ser líquido ou se comportar como tal. No entanto, acredita-se que o núcleo interior é sólido, pelo fato de a velocidade da onda P aumentar na base do núcleo externo.

Densidade e composição do núcleo

O núcleo constitui 16,4% do volume da Terra e, aproximadamente, um terço de sua massa. Os geólogos podem estimar a densidade e a composição do núcleo usando as evidências sísmicas e experimentos de laboratório. Além disso, os meteoritos, que representam os restos do material do qual o sistema solar se formou, são usados para fazer estimativas de densidade e composição. Com base nesses estudos, estimou-se que a densidade do núcleo externo está entre 9,9 a 12,2 g/cm^3. A pressão no centro da Terra é equivalente a cerca de 3,5 milhões de vezes a pressão atmosférica normal.

O núcleo não pode ser composto de minerais comuns na superfície porque, mesmo sob as enormes pressões a grande profundidade, eles ainda não seriam suficientemente densos para obter-se uma densidade média de 5,5 g/cm^3 para a Terra. Por isso, acredita-se que tanto o núcleo interior quanto o exterior são, em grande parte, compostos de ferro. Contudo, o ferro puro é denso demais para ser o único constituinte do núcleo externo. Então, ele deve estar "diluído" com elementos de menor densidade. As experiências laboratoriais e as comparações com meteoritos de ferro indicam que talvez 12% do núcleo externo consista de enxofre com, possivelmente, algum silício, oxigênio, níquel e potássio (Figura 8.21).

Em contrapartida, o ferro puro não é suficientemente denso para explicar a densidade estimada do núcleo interior, de modo que talvez 10% a 20% do núcleo interior seja de níquel. Esses metais formam uma liga de ferro-níquel, suficientemente densa sob a pressão nessa profundidade, para explicar a densidade do núcleo interior.

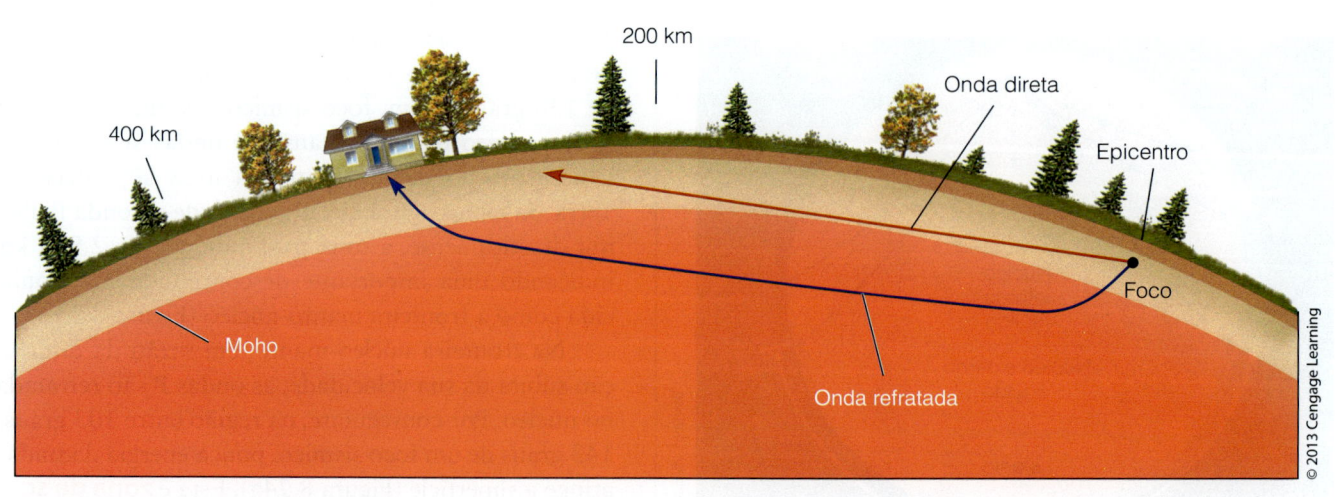

Figura 8.25 Descontinuidade sísmica
Andrija Mohorovičić estudou as ondas sísmicas e detectou uma descontinuidade sísmica a uma profundidade de cerca de 30 km. As ondas sísmicas mais profundas, mais rápidas, chegam primeiro às estações sísmicas, mesmo viajando de mais longe. Essa descontinuidade, agora conhecida como Moho, separa a crosta do manto.

OA12 MANTO DA TERRA

Outra importante descoberta sobre o interior da Terra foi feita em 1909, quando o sismólogo iugoslavo Andrija Mohorovičić detectou uma descontinuidade sísmica a uma profundidade de cerca de 30 km. Ao estudar os tempos de chegada das ondas sísmicas dos terremotos das Balcãs (parte do sudeste da Europa), Mohorovičić notou que as estações sísmicas a algumas centenas de quilômetros do epicentro de um terremoto estavam registrando dois conjuntos distintos de ondas P e S.

De suas observações, Mohorovičić concluiu que uma fronteira nítida, a uma profundidade de cerca de 30 km, separa as rochas com propriedades diferentes. Ele postulou que as ondas P, abaixo desse limite, viajam a 8 km por segundo, enquanto aquelas acima do limite viajam a 6,75 km por segundo. Quando ocorre um sismo, algumas ondas viajam diretamente do foco para uma estação sísmica, ao passo que outras viajam através da camada mais profunda e parte de sua energia é refratada de volta para a superfície (Figura 8.25). As ondas que viajam através da camada mais profunda (o manto), viajam mais até uma estação sísmica, mas o fazem mais rapidamente e chegam antes daquelas que viajam mais lentamente na camada mais superficial.

O limite identificado por Mohorovičić separa a crosta do manto e agora é chamado de **descontinuidade de Mohorovičić** ou simplesmente **Moho**. Ele está presente em todos os lugares, exceto sob dorsais de espalhamento. No entanto, a sua profundidade varia: debaixo dos continentes, de 20 km a 90 km, com uma média de 35 km; e abaixo do fundo do mar, tem de 5 km a 10 km de profundidade.

A estrutura, densidade e composição do manto

Embora a velocidade da onda sísmica no manto aumente com a profundidade, existem várias descontinuidades. Entre profundidades de 100 km e 250 km, tanto a velocidade da onda P quanto a da onda S diminuem acentuadamente (Figura 8.23). Essa camada de 100 km a 250 km de profundidade é a *zona de baixa velocidade*, que corresponde praticamente à *astenosfera* (Figura 8.21), uma camada na qual as rochas estão perto de seu ponto de fusão e são menos elásticas, explicando a diminuição observada na velocidade da onda sísmica. A astenosfera é uma zona importante porque é onde a maior parte do magma é gerada, especialmente sob as bacias oceânicas. Além disso, ela não tem resistência, flui flexivelmente e acredita-se que é a camada sobre a qual as placas rígidas da *litosfera* exterior se movem.

Outras descontinuidades também estão presentes em níveis mais profundos dentro do manto. Entretanto, ao contrário daquelas entre a crosta e o manto, ou entre o manto e o núcleo, estas provavelmente representam mudanças estruturais em minerais, em vez de mudanças na composição. Em outras palavras, os geólogos pensam que o manto é composto do mesmo material em sua totalidade, mas a forma estrutural dos minerais, como a olivina, muda com a profundidade.

Embora a densidade do manto, que varia de 3,3 g/cm^3 a 5,7 g/cm^3, possa ser inferida com bastante precisão com base nas ondas sísmicas, sua composição é menos certa. O *peridotito*, rocha ígnea que contém silicatos – principalmente ferromagnesianos, é considerado o componente mais provável do manto superior. Experimentos de laboratório indicam que ele possui propriedades físicas que explicam a densidade do manto e as taxas observadas das transmissões das ondas sísmicas. O peridotito também forma as partes inferiores das sequências de rochas ígneas que se acredita serem fragmentos da crosta oceânica e do manto superior colocadas nas margens continentais ativas.

> **descontinuidade de Mohorovičić (Moho)** A fronteira entre a crosta e o manto da Terra.
>
> **gradiente geotérmico** O aumento da temperatura da Terra com a profundidade; a média é de 25°C/km perto da superfície, mas varia de área para área.

OA13 CALOR INTERNO DA TERRA

Durante o século XIX, os cientistas descobriram que a temperatura em minas profundas aumenta com a profundidade e essa mesma tendência foi observada em furos profundos. Esse aumento de temperatura com a profundidade ou **gradiente geotérmico** está aproximadamente 25°C/km perto da superfície. Em áreas de vulcanismo ativo ou ativo recentemente, o gradiente geotérmico é maior do que nas áreas não vulcânicas adjacentes e a temperatura sobe mais depressa embaixo de dorsais de espalhamento do que em outros lugares abaixo do fundo do mar.

Grande parte do calor interno da Terra é gerado pelo decaimento radioativo, especialmente o decaimento dos isótopos de urânio e tório e, em menor grau, de potássio-40. Quando esses isótopos decaem, eles emitem partículas energéticas e raios gama, que aquecem as rochas circundantes. Em razão de a rocha ser um mau condutor de calor, não é preciso muito decaimento radioativo para acumular calor considerável, em dado intervalo de tempo.

Infelizmente, o gradiente geotérmico não é útil para estimar as temperaturas em grande profundidade. Se fosse simplesmente para extrapolar da superfície para baixo, a temperatura a 100 km seria tão elevada que, apesar da grande pressão, todas as rochas conhecidas derreteriam. As estimativas atuais da temperatura na base da crosta são de 800°C a 1.200°C. Este último valor parece ser um limite superior; se ele fosse mais alto, a fusão seria esperada. Além disso, fragmentos de rochas do manto, considerados como vindos das profundidades de 100 km a 300 km, parecem ter atingido o equilíbrio nessas profundidades a uma temperatura de cerca de 1.200°C. Na fronteira núcleo-manto, a temperatura está provavelmente entre 2.500°C e 5.000°C; a vasta gama de valores indica as incertezas dessas estimativas. Se esses números são razoavelmente precisos, o gradiente geotérmico no manto é apenas cerca de 1°C/km.

OA14 CROSTA DA TERRA

Nossa principal preocupação na última parte deste capítulo é o interior da Terra. No entanto, para ser completo, temos de discutir brevemente a crosta, a qual, junto com o manto superior, constitui a litosfera.

A crosta continental é complexa, constituída por vários tipos de rocha, mas é geralmente descrita como "granítica", o que significa que a sua composição global é semelhante à das rochas de granito. Com exceção das rochas ricas em metais, como depósitos de minério de ferro, a maioria das rochas da crosta continental tem densidade entre 2,5 g/cm^3 e 3,0 g/cm^3, com a densidade média da crosta sendo cerca de 2,7 g/cm^3. A velocidade da onda P na crosta continental é cerca de 6,75 km/s, mas na base da crosta, a velocidade da onda P aumenta abruptamente para cerca de 8 km/s. A crosta continental tem média de 35 km de espessura, mas sua espessura varia de 20 km a 90 km. Abaixo de cadeias de montanhas, como as Montanhas Rochosas, os Alpes, na Europa, e o Himalaia, na Ásia, a crosta continental é muito mais espessa do que nas áreas adjacentes. Em contrapartida, a crosta continental é muito mais fina que a média, abaixo do Rift Valleys da África Oriental e em uma grande área chamada Basin and Range Province, no oeste dos Estados Unidos e norte do México. A crosta nessas áreas foi estendida e adelgaçada, no que parece ser o estágio inicial de formação de rifts (ver Capítulo 2).

Diferentemente da crosta continental, a crosta oceânica é mais simples, consistindo em gabro na sua parte inferior e recoberta por basalto. Ela é mais fina, cerca de 5 km, nas dorsais de espalhamento e, em nenhum lugar, ela tem espessura maior do que 10 km. Sua densidade média de 3,0 g/cm^3 explica a velocidade ondas P acerca de 7 km/s. Na verdade, essa velocidade da onda P é o que se poderia esperar, se a crosta oceânica é composta por basalto e gabro.

9 Deformação, formação de montanhas e continentes

Vista da cordilheira de Karakoram. Ela é parte do sistema de montanhas do Himalaia. Essa cordilheira se encontra nas fronteiras do Paquistão, Índia e China. A cordilheira de Karakoram tem maior quantidade de picos de mais de 8.000 m de altura do que qualquer outra cordilheira de montanhas, incluindo o K2 que, com 8.611 m, é o segundo pico mais alto da Terra. Além disso, a cordilheira tem grande concentração de geleiras.

Introdução

"A Terra é um planeta ativo com processos movidos pelo calor interno, particularmente movimentos de placas."

A expressão "sólido como uma rocha" significa permanência e durabilidade, mas você já sabe que quando as rochas sofrem a ação do tempo elas se desagregam e se decompõem (ver Capítulo 6) e se comportam de forma muito diferente durante o metamorfismo (ver Capítulo 7). Sob enorme pressão e alta temperatura, a vários quilômetros abaixo da superfície, as camadas de rocha são forçadas e na verdade se amassam ou se dobram, embora permaneçam sólidas. E em profundidades rasas elas podem se fraturar, ou se dobrar e fraturar (Figura 9.1). Em qualquer caso, as forças dinâmicas dentro da Terra causam **deformação**, termo geral para todas as modificações na forma ou no volume das rochas.

O fato de as forças dinâmicas continuarem operando no interior da Terra é óbvio em razão de atividade sísmica, vulcanismo, movimentos de placas e da evolução das montanhas na América do Sul, na Ásia e em outros lugares. Em suma, a Terra é um planeta ativo com vários processos movidos por calor interno, especialmente movimentos de placas. Grande parte da atividade sísmica, vulcanismo, deformação e formação de montanhas da Terra ocorre nos limites das placas convergentes. Os outros planetas terrestres e a Lua da Terra, com a possível exceção de Vênus, mostram pouca evidência de deformação contínua, vulcanismo, e assim por diante.

A origem das cordilheiras de montanhas continentais verdadeiramente grandes da Terra envolve uma tremenda deformação – geralmente acompanhada de cristalização de plútons magmáticos, vulcanismo e metamorfismo – nos limites das placas convergentes. E, em alguns casos, essa atividade é cotidiana. Assim, a deformação e a formação de montanhas são tópicos intimamente relacionados e, consequentemente, consideramos ambos neste capítulo.

deformação Termo geral para qualquer mudança na forma ou no volume, ou em ambos, de rochas em resposta à tensão; envolve dobra e fratura.

O passado e a evolução contínua dos continentes envolvem não só a deformação em margens continentais ativas, mas também adições de material novo nos continentes existentes, um fenômeno conhecido como *acreção continental* (veja o Capítulo 17). A América do Norte, por exemplo, nem sempre teve sua forma e área atuais. Na verdade, ela começou a evoluir durante o Arqueano (4,6 a 2,5 bilhões de anos atrás) conforme material novo foi adicionado ao continente em faixas de deformação ao longo de suas margens.

Grande parte deste capítulo é dedicada a uma revisão das estruturas geológicas, como camadas de rocha dobradas e fraturadas, resultantes de deformações; sua terminologia descritiva e as forças responsáveis por elas. Há várias razões práticas para o estudo das deformações e da formação das montanhas. Porque as camadas de rochas deformadas fornecem um registro dos tipos e das intensidades das forças que operavam no passado. Assim, as interpretações dessas estruturas permitem satisfazer a nossa curiosidade sobre a história da Terra e, além disso, esses estudos são essenciais nos esforços de engenharia, como a escolha de locais para barragens, pontes e usinas nucleares, especialmente se elas estão em áreas de deformação contínua. E também, muitos aspectos da mineração e da exploração de petróleo e gás natural dependem da correta identificação das estruturas geológicas.

Objetivos de Aprendizagem (OA)

Ao finalizar este capítulo você será capaz de:

- **OA1** Explicar como a deformação das rochas ocorre
- **OA2** Entender direção e mergulho – a orientação das camadas de rocha deformadas
- **OA3** Identificar os tipos de estruturas geológicas e deformação
- **OA4** Compreender a deformação e a origem das montanhas
- **OA5** Descrever a crosta continental da Terra

OA1 DEFORMAÇÃO DA ROCHA: COMO ISSO OCORRE?

Definimos o termo *deformação* como qualquer modificação no volume ou na forma de rochas, mas a nossa

Figura 9.1 Muitas rochas mostram os efeitos da deformação

a. Estas camadas de rocha nas montanhas dos Balcãs, na Sérvia, foram dobradas. A dimensão vertical da imagem é de cerca de 10 m.

b. Rochas deformadas em Utah, por fratura. Observe que a continuidade das camadas rochosas foi deslocada pela fratura. Esse deslocamento é chamado de falha pelos geólogos.

---

tensão Força aplicada por unidade de área em um material como a rocha.

distensão Deformação provocada pela tensão.

compressão Tensão resultante da pressão dos materiais por forças externas voltadas umas para as outras.

tração Tipo de tensão na qual as forças atuam em direções opostas, mas ao longo da mesma linha, tendendo assim a esticar um objeto.

---

referência para as rochas significa camadas de rocha, como representada em muitas imagens neste texto, não fragmentos isolados que você pode encontrar no seu caminho ou em um leito de rio. O tipo de rocha é irrelevante, embora as rochas sedimentares mostrem os efeitos da deformação mais claramente. Em qualquer caso, as camadas de rocha podem ser amassadas em dobras ou fraturadas, como resultado da **tensão** que decorre da força aplicada a determinada área de rocha. A resistência interna da rocha opõe-se à tensão, mas se ela for grande o suficiente, a rocha sofre **distensão**, que é simplesmente a deformação causada pela tensão. A terminologia é um pouco confusa no início, mas a discussão seguinte e a referência à Figura 9.2 ajudarão a entender esses termos.

Tensão e distensão

Lembre-se de que a tensão é a força aplicada a determinada área da rocha, geralmente expressa em quilogramas por centímetro quadrado (kg/cm^2). Por exemplo, a tensão, ou força, exercida por uma pessoa que anda em uma lagoa coberta de gelo é uma função do peso da pessoa e a área abaixo de seus pés. A força interna do gelo resiste à tensão, a menos que a tensão seja grande demais, caso em que o gelo pode virar ou se quebrar (Figura 9.2), conforme ele é tensionado (deformado). Para evitar a quebra do gelo, a pessoa pode deitar-se; isso não reduz seu peso sobre o gelo, mas o distribui sobre uma área maior, reduzindo assim a tensão por unidade de área.

Embora a tensão seja a força por unidade de área, ela vem em três variedades: *compressão*, *tração* e *cisalhamento*. Na **compressão**, os materiais são espremidos ou comprimidos, por forças dirigidas umas contra as outras ao longo da mesma linha, como quando você aperta uma bola de borracha em sua mão. As camadas de rocha em compressão tendem a ser encurtadas na direção da tensão, quer por dobra quer por fratura (Figura 9.1). A **tração** resulta de forças que atuam ao longo

Figura 9.2 Tensão e deformação exercidas sobre uma lagoa coberta de gelo

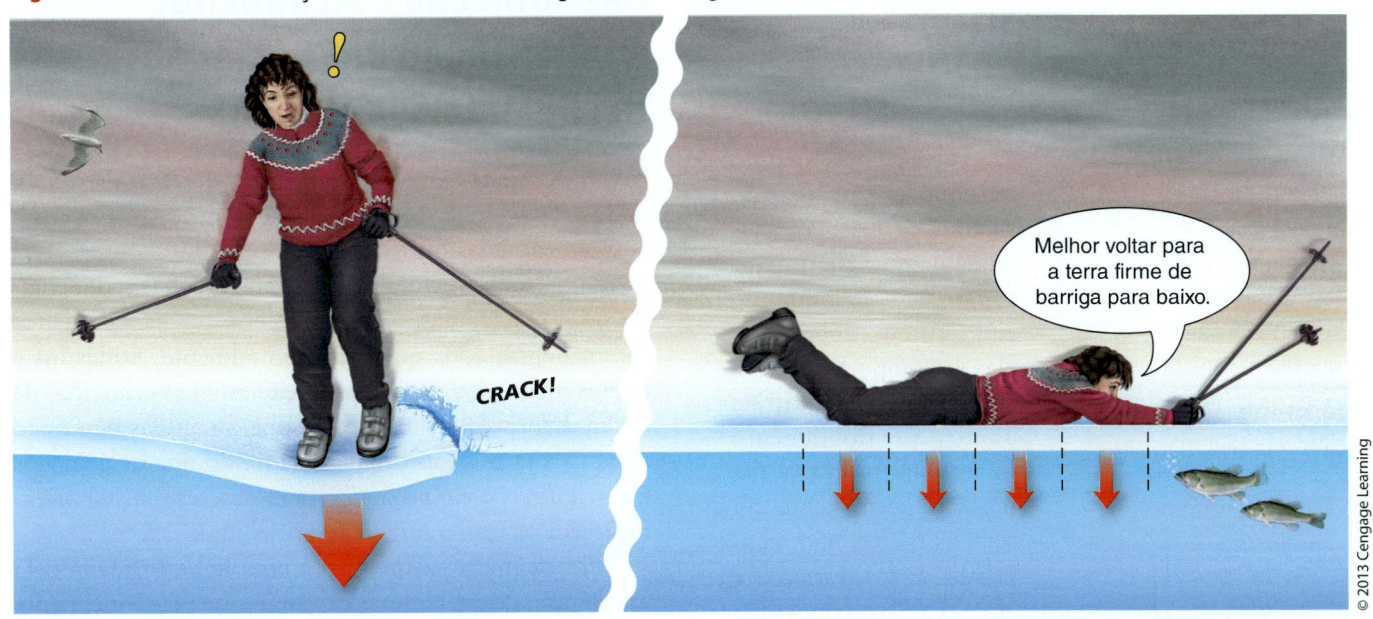

Melhor voltar para a terra firme de barriga para baixo.

CRACK!

a. A mulher pesa 65 kg (6.500 g). Seu peso é transferido ao gelo por meio de seus pés, que têm uma área de contato de 120 cm². A tensão que ela exerce sobre o gelo (6.500/120 cm²) é de 54 g/cm². Essa tensão é suficiente para fazer o gelo rachar.

b. Para evitar mergulhar na água gelada, a mulher fica deitada, diminuindo assim a tensão que ela exerce sobre o gelo. Seu peso permanece o mesmo, mas sua área de contato com o gelo é 3.150 cm², de modo que a tensão é apenas cerca de 2 g/cm² (6.500 g/3.150 cm²), o que é bem abaixo do limiar necessário para quebrar o gelo.

da mesma linha, mas em sentidos opostos. A tração tende a alongar as rochas ou separá-las. A propósito, as rochas são muito mais fortes em compressão do que em tração. Na **tensão de cisalhamento**, as forças agem paralelamente umas às outras, mas em direções opostas, resultando na deformação por deslocamento ao longo de planos estreitamente espaçados.

Como as pessoas, as rochas sob tensão e esforço ou se recuperam, ou se dobram ou se quebram.

tensão de cisalhamento
Resultado de forças que atuam paralelamente umas às outras, mas em direções opostas; resulta na deformação por deslocamento de camadas adjacentes ao longo dos planos estreitamente espaçados.

distensão elástica
Tipo de deformação na qual o material retorna à sua forma original quando a tensão é relaxada.

Tipos de distensão

Os geólogos caracterizam a **distensão** como **elástica** se as rochas deformadas retornam à sua forma original quando as forças deformantes são relaxadas. Na Figura 9.2, o gelo na lagoa pode dobrar sob o peso de uma pessoa, mas retorna à sua forma original, uma vez que a pessoa se retira. Como você poderia esperar, as rochas não são muito elásticas, mas a crosta da Terra se comporta elasticamente quando carregada pelo

> **distensão plástica** Deformação permanente de um sólido sem falha por fratura.
>
> **fratura** Ruptura na rocha resultante da intensa pressão aplicada.
>
> **direção** Linha formada pela intersecção de um plano inclinado e um plano horizontal.
>
> **mergulho** Medida do desvio angular máximo de um plano inclinado em relação à horizontal.

gelo glacial e pressionada contra o manto.

Conforme a tensão é aplicada, as rochas respondem primeiro a distensão elástica, mas quando tensionadas para além do seu limite elástico, elas passam por **distensão plástica**, como quando elas sofrem dobras ou elas se comportam como sólidos frágeis e **fraturas**. Tanto no dobramento quanto na fratura, a distensão é permanente; ou seja, as rochas não recuperam a sua forma ou volume originais, mesmo quando a tensão é removida.

Dependendo do tipo de tensão aplicada, pressão e temperatura, tipo de rocha e extensão de tempo que as rochas são submetidas à tensão, a distensão pode ser elástica, plástica ou rúptil. Uma pequena tensão aplicada numa rocha durante um longo período, à semelhança de uma prateleira suportada apenas nas suas extremidades, fará com que a rocha arqueie, deformando-se plasticamente. Em contrapartida, uma grande tensão aplicada rapidamente no mesmo objeto, como quando atingido por um martelo, resulta em fratura. O tipo de rocha é importante porque nem todas as rochas têm a mesma resistência interna e, assim, respondem à tensão de formas diferentes. Algumas rochas são *dúcteis*, enquanto outras são *quebradiças* (rúptil). As rochas quebradiças mostram pouca ou nenhuma distensão plástica antes de fraturar, mas as rochas dúcteis não.

Muitas rochas mostram os efeitos da distensão plástica que devem ter ocorrido nas profundezas da crosta. Na superfície, ou próximo dela, as rochas comumente se comportam como sólidos quebradiços e fraturam, mas na profundidade, elas se tornam mais dúcteis com o aumento da pressão e da temperatura.

OA2 DIREÇÃO E MERGULHO: A ORIENTAÇÃO DAS CAMADAS DEFORMADAS DE ROCHAS

Um conceito em Geologia é o *princípio da horizontalidade original*, que significa que os sedimentos se acumulam em camadas horizontais ou quase horizontais (veja a Figura 16.2). Assim, se observarmos rochas sedimentares muito inclinadas, podemos inferir que os sedimentos foram depositados quase horizontalmente, litificados e depois inclinados para sua posição atual. As camadas de rocha deformadas por dobra, falha ou ambas não estão mais na sua posição original, de modo que os geólogos usam a *direção* e o *mergulho* para descrever a sua orientação em relação a um plano horizontal.

Por definição, a **direção** é uma linha formada pela intersecção de um plano horizontal e um plano inclinado. As superfícies das camadas de rocha na Figura 9.3 são bons exemplos de planos inclinados, enquanto a superfície da terra é um plano horizontal. A linha formada na intersecção desses planos é a direção das camadas de rocha. A orientação espacial da direção é determinada usando-se uma bússola para medir o ângulo em relação ao norte. **Mergulho** é o ângulo que um plano inclinado faz em relação ao plano horizontal, por isso deve ser medida perpendicularmente à direção. (Figura 9.3).

Os mapas geológicos que mostram a idade, distribuição areal e estruturas geológicas das rochas, usam um símbolo especial para indicar direção e mergulho das camadas. O traço maior desse símbolo indica a direção da camada e o traço menor, perpendicular à direção, indica o sentido do mergulho da camada (Figura 9.3). Ao lado desse símbolo

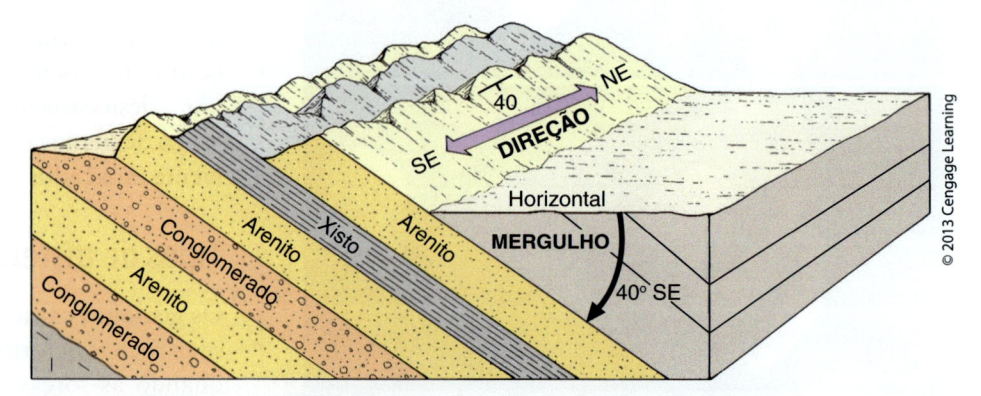

Figura 9.3 Direção e mergulho de camadas de rochas inclinadas pela deformação
Podemos inferir que os sedimentos nesta ilustração foram depositados na horizontal ou quase isso, litificados e depois inclinadas. Para descrever sua orientação, os geólogos usam os termos direção e mergulho. Direção é a linha formada pela intersecção de um plano horizontal com um plano inclinado. Mergulho é o angulo máximo do plano inclinado em relação a um plano horizontal. Observe o símbolo que mostra a direção e o mergulho.

está um número que corresponde ao ângulo do mergulho da camada. A utilidade dos símbolos de direção e mergulho se tornará evidente nas seções sobre dobras e falhas.

OA3 DEFORMAÇÃO E ESTRUTURAS GEOLÓGICAS

Lembre-se que a *distensão*, em inglês *strain*, refere-se a mudanças na forma ou no volume das rochas. Durante a distensão, as rochas podem ser comprimidas em dobras, fraturadas ou, talvez, dobradas e fraturadas. Qualquer uma dessas características resultantes da deformação é chamada de **estrutura geológica**. As estruturas geológicas são encontradas em quase todos os lugares onde as exposições rochosas estão presentes e várias são detectadas muito abaixo da superfície, por perfuração e por diversas técnicas geofísicas.

Camadas de rocha dobradas

Se você colocar suas mãos sobre uma toalha de mesa e movê-las na direção de uma para a outra, a toalha de mesa forma uma série de dobras arqueadas, para cima e para baixo. As camadas de rocha se comportam de forma semelhante em compressão, conforme se deformam em **dobras**, mas neste caso o dobramento é permanente. Isto é, ocorreu a deformação plástica, por isso, mesmo se a tensão for removida, as camadas de rocha permanecem dobradas. O dobramento é mais intenso no interior da crosta, onde a pressão e a temperatura são elevadas e as rochas são mais dúcteis do que são na superfície ou perto dela. A configuração das dobras e a intensidade do dobramento variam, mas existem apenas três tipos básicos de dobras: *monoclinais*, *anticlinais* e *sinclinais*.

estrutura geológica Qualquer característica nas rochas que resulta da deformação, como dobras, juntas e falhas.

dobra Tipo de estrutura geológica na qual as características planares em camadas de rocha, como acamamento e foliação, foram curvadas.

monoclinal Curvatura ou flexão em camadas de rocha, outrora horizontalizada, agora com mergulho uniforme.

Monoclinais Uma curvatura ou flexão simples, com mergulho uniforme, em camadas de rocha originalmente horizontais é uma **monoclinal**. A grande

Figura 9.4 Monoclinal
Um monoclinal nas montanhas Bighorn, em Wyoming.

Figura 9.5 Anticlinais e sinclinais
Rochas dobradas nas montanhas Calico do sudeste da Califórnia. A compressão foi responsável por essas dobras, que são, da esquerda para a direita, uma sinclinal, uma anticlinal e uma sinclinal.

anticlinal Dobra arqueada para cima (convexa), na qual as rochas mais antigas coincidem com o eixo de dobra e todos os estratos mergulham para além do eixo.

sinclinal Dobra arqueada para baixo (côncava), na qual as rochas mais jovens coincidem com o eixo de dobra e todos os estratos mergulham na direção do eixo.

monoclinal na Figura 9.4 se formou quando as montanhas Bighorn em Wyoming subiram verticalmente ao longo de uma fratura. A fratura não penetrou até a superfície, assim conforme a elevação das montanhas prosseguiu, as rochas perto da superfície foram dobradas, de modo que elas agora parecem estar estendidas sobre a margem do bloco elevado.

Anticlinais e sinclinais

Anticlinal é uma dobra arqueada para cima, ou convexa para cima, com as camadas de rochas mais antigas no seu núcleo, ao passo que uma **sinclinal** é uma dobra arqueada para baixo,

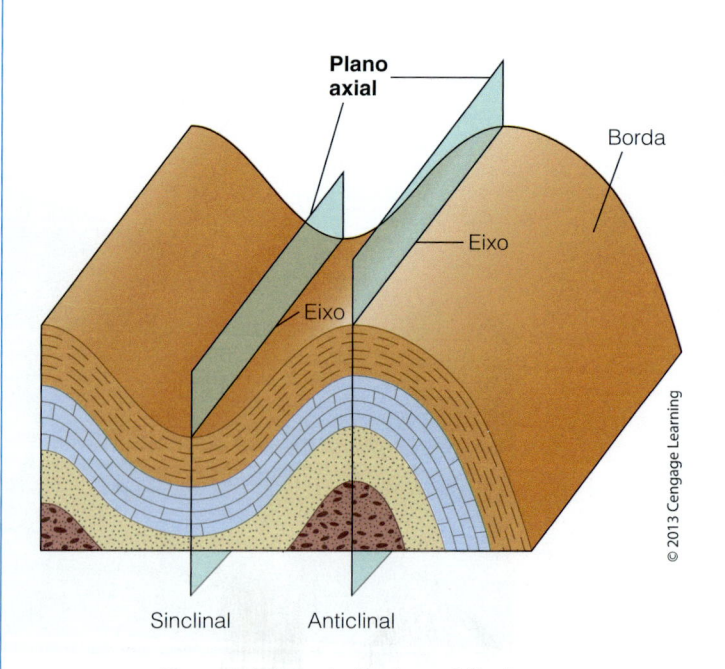

Figura 9.6 Planos axiais de sinclinal e anticlinal
Sinclinal e anticlinal que mostram o plano axial, o eixo e as bordas dobradas.

CAPÍTULO 9: DEFORMAÇÃO, FORMAÇÃO DE MONTANHAS E CONTINENTES

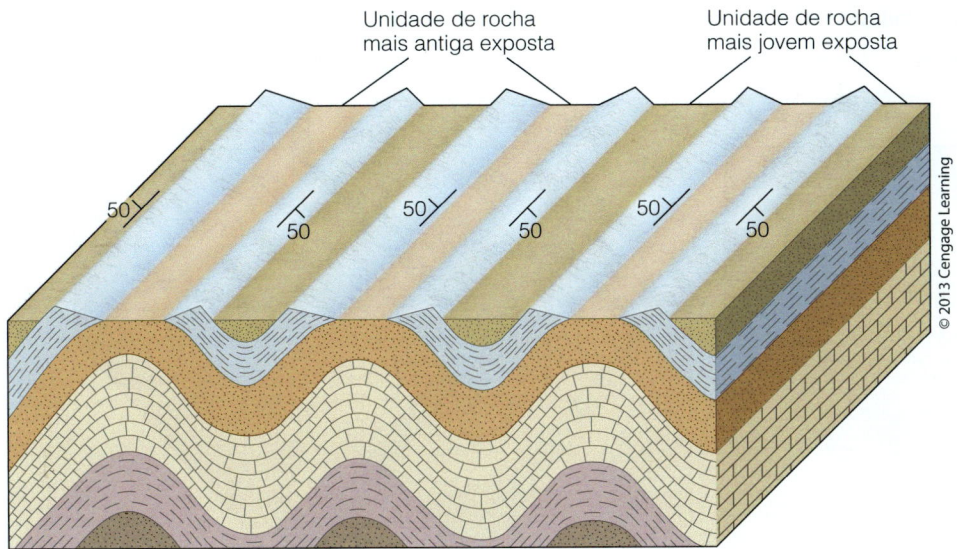

Figura 9.7 Sinclinais e anticlinais erodidas
Os geólogos identificam anticlinais e sinclinais erodidas pela direção e mergulho e pelas idades relativas das camadas de rocha dobradas.

ou convexa para baixo, na qual as camadas de rochas mais jovens estão em seu núcleo (Figura 9.5). Anticlinais e sinclinais têm um plano axial que conecta os pontos de máxima curvatura de cada camada dobrada (Figura 9.6). O plano axial divide as dobras em metades, cada metade é uma *borda*. Em razão de as dobras serem mais frequentemente encontradas em uma série de anticlinais alternando com sinclinais, a anticlinal com a sinclinal adjacente compartilham uma borda.

As dobras são comumente expostas em áreas de erosão profunda. Contudo, mesmo quando intemperizadas, a direção e o mergulho e as idades relativas das camadas dobradas distinguem facilmente os anticlinais de sinclinais. Observe na Figura 9.7 que na vista da superfície da anticlinal, cada borda mergulha para fora ou para longe do centro da dobra, e as rochas mais antigas expostas estão no núcleo da dobra. Em uma sinclinal erodida, no entanto, cada borda mergulha para dentro, em direção ao centro da dobra, onde são encontradas as rochas mais jovens.

As dobras descritas até agora estão na posição *vertical*, o que significa que seus planos axiais são verticais e ambas as bordas da dobra mergulham no mesmo ângulo (Figura 9.7). Em muitas dobras, o plano axial não é vertical, as bordas mergulham em ângulos diferentes e as dobras são caracterizadas como *inclinadas* (Figura 9.8a). Se ambas as bordas mergulham na mesma direção, a dobra está *invertida*. Isto é, uma borda foi girada mais de 90 graus da sua posição original, de modo que ela está agora de cabeça para baixo (Figura 9.8b). Em algumas áreas, a deformação foi tão intensa que os planos axiais das dobras são agora horizontais, dando

> **É importante lembrar que as anticlinais e as sinclinais são apenas camadas dobradas de rocha e não correspondem necessariamente a áreas altas ou baixas na superfície.**

origem ao que os geólogos chamam de *dobras recumbente* (Figura 9.8c). Dobras invertidas e recumbentes são particularmente comuns em montanhas resultantes de compressão nos limites das placas convergentes.

Dobras com caimento

Em algumas dobras, o eixo de dobra – uma linha formada pela intersecção do plano axial com as camadas dobradas – é horizontal e as dobras *não têm caimento* (Figura 9.7). Mais comumente, no entanto, são os eixos inclinados, de modo que eles parecem mergulhar abaixo de rochas adjacentes. Nesse caso, diz-se que as dobras *têm caimento* (Figura 9.9).

Pode parecer que, com essa complicação adicional, diferenciar anticlinais e sinclinais com caimento seja muito mais difícil. No entanto, você pode usar exatamente os mesmos critérios que utilizou para as dobras sem caimento. Portanto, todas as camadas de rocha mergulham para longe do eixo de dobra, em anticlinais com caimento, e em direção ao eixo, em sinclinais com caimento. As rochas mais antigas expostas estão no núcleo de uma anticlinal erodida com caimento erodido, enquanto as

DEFORMAÇÃO E ESTRUTURAS GEOLÓGICAS

Figura 9.8 Dobras inclinadas, viradas e reclinadas

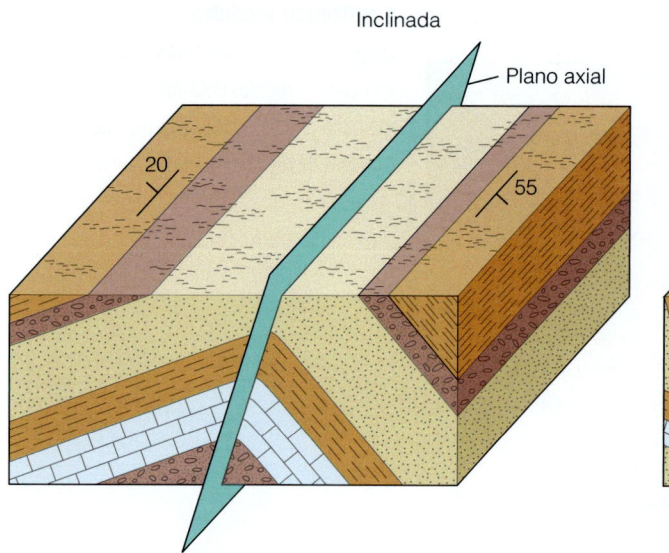

a. Dobra inclinada. O plano axial não é vertical e as bordas da dobra inclinam em ângulos diferentes.

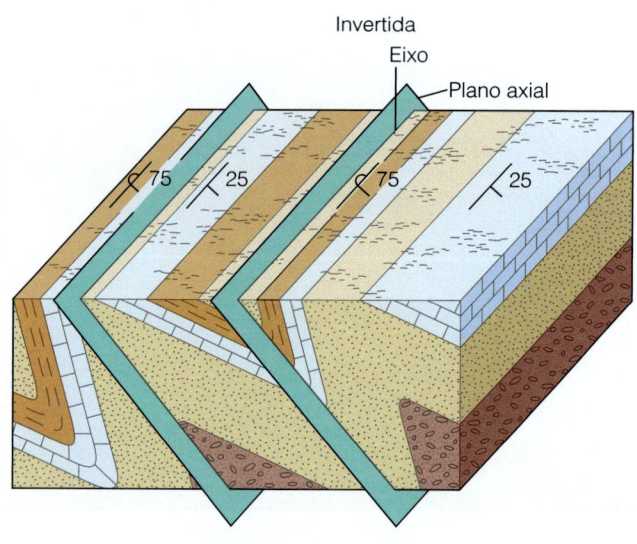

b. Dobras invertidas. Ambas as bordas da dobra mergulham na mesma direção, mas uma borda está invertida. Observe o símbolo de direção e inclinação modificado para indicar abas invertidas.

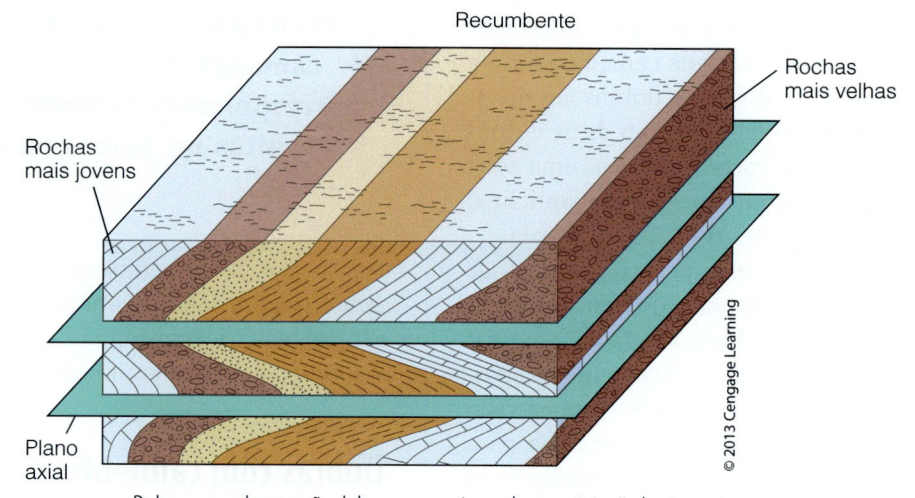

c. Dobras recumbentes são dobras nas quais os planos axiais são horizontais.

domo Estrutura geológica bastante circular, na qual todas as camadas de rocha mergulham para longe de um ponto central e as rochas mais antigas estão no centro do domo.

bacia Dobra circular em que todos os estratos mergulham para dentro, em direção a um ponto central, e o estrato mais jovem está no centro.

camadas de rochas mais jovens são encontradas no núcleo de uma sinclinal erodida com caimento (Figura 9.9b).

No Capítulo 6, observamos que as anticlinais formam um tipo de armadilha estrutural, na qual petróleo e gás natural podem se acumular. Na verdade, a maior parte da produção de petróleo do mundo vem de anticlinais, embora outras estruturas geológicas e armadilhas estratigráficas também sejam importantes.

Domos e bacias

Anticlinais e sinclinais são estruturas alongadas, o que significa que o seu comprimento excede em muito a sua largura. Em contrapartida, as dobras que são quase equidimensionais (isto é, circulares) são *domos* e *bacias*. Em um **domo**, todo o estrato dobrado mergulha para fora, de um ponto central (ao contrário de para fora de uma linha como em uma anticlinal), e as rochas mais antigas expostas estão no centro da dobra (Figura 9.10a). Em contrapartida, uma **bacia** tem todos os estratos mergulhando para dentro em direção

Figura 9.9 Dobras com caimento

a. Uma dobra com caimento

b. Superfície e vistas em corte transversal de dobras com caimento. A seta longa é o símbolo geológico para uma dobra com caimento; ela mostra a direção do mergulho.

Figura 9.10 Domos e bacias

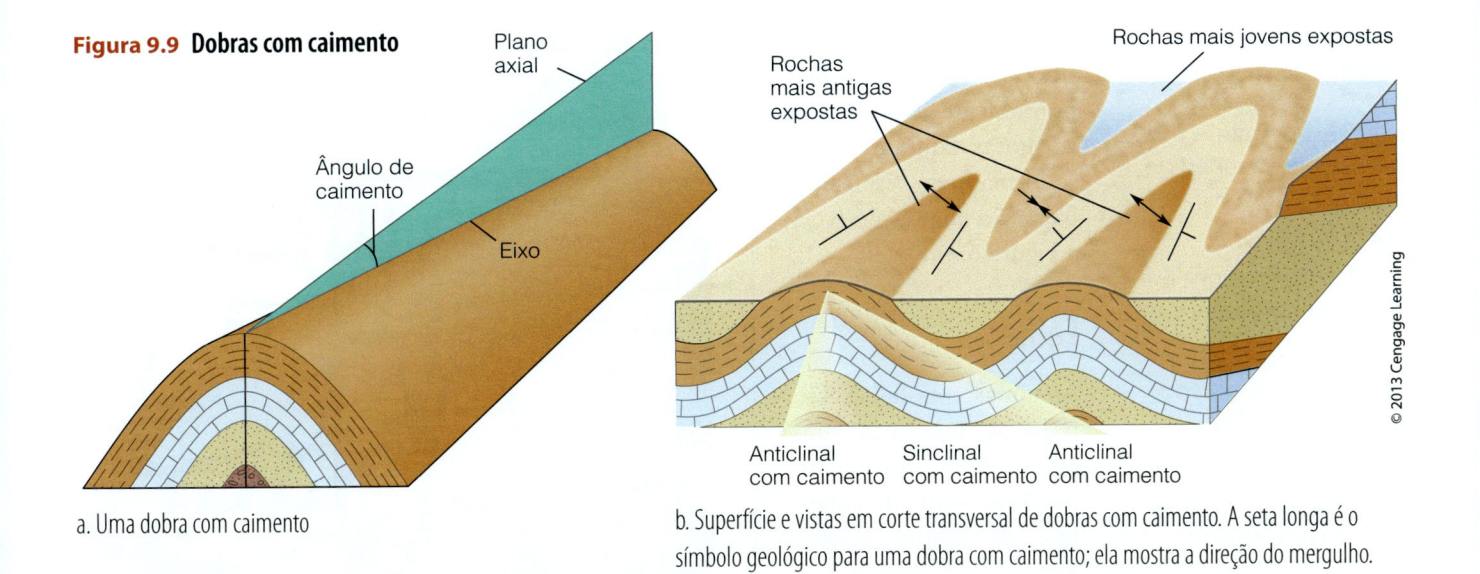

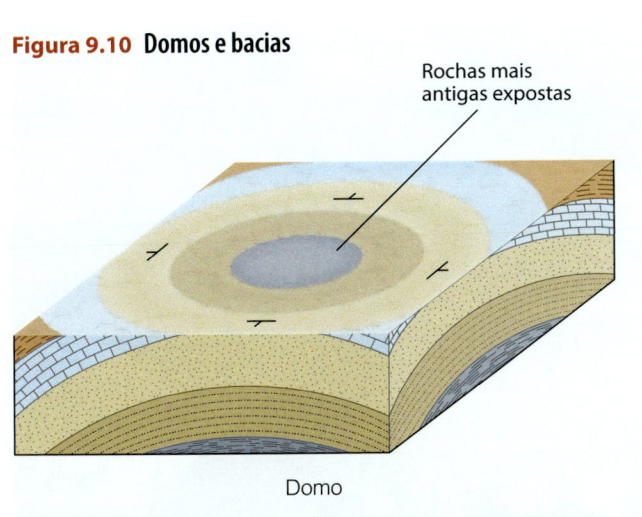

a. Observe que, em um domo, as rochas mais antigas expostas estão no centro e todas as rochas mergulham para fora de um ponto central.

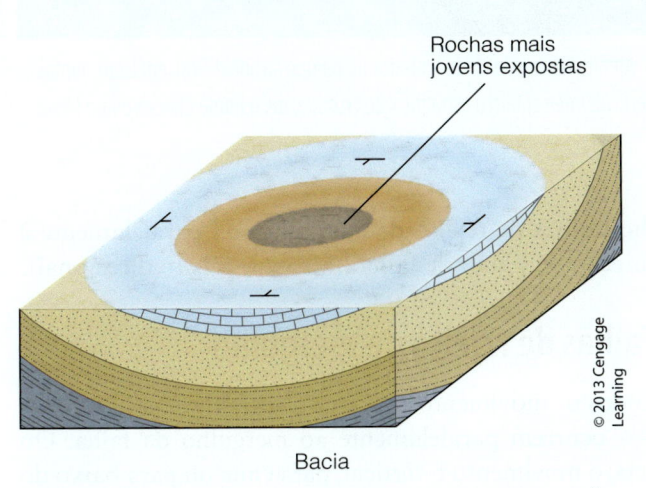

b. Em uma bacia, as rochas mais jovens expostas estão no centro e todas as rochas mergulham para dentro, em direção a um ponto central.

a um ponto central, e as rochas mais jovens expostas estão no centro da dobra (Figura 9.10b).

Infelizmente, os termos *domo* e *bacia* são também utilizados para distinguir as zonas altas e baixas da superfície da Terra, mas domos e bacias, tais como definidos aqui, não correspondem necessariamente a montanhas ou vales. Em algumas das seguintes discussões, usaremos esses termos em outros contextos, mas tentaremos ser claros quando nos referirmos às elevações de superfície em oposição a estruturas geológicas.

Juntas

As **juntas** são fraturas ao longo das quais nenhum movimento aconteceu paralelamente à superfície da fratura (Figura 9.11), embora elas possam se abrir; isto é, as juntas podem mostrar movimento perpendicular à fratura. Lembre-se de que as rochas perto da superfície são frágeis e, portanto, frequentemente rompem-se por fratura quando submetidas a tensão. Na verdade, quase todas as rochas próximas da superfície têm juntas que se formam em resposta a compressão, tensão e cisalhamento. Elas variam de fraturas minúsculas até aquelas que se estendem por muitos quilômetros e, muitas vezes, estão dispostas em dois ou talvez três conjuntos de destaque.

Já discutimos juntas colunares que se formam quando a lava ou o magma em alguns plútons rasos resfriam-se e contrai

junta Fratura ao longo da qual não ocorreu movimento ou onde o movimento é perpendicular à superfície da fratura.

DEFORMAÇÃO E ESTRUTURAS GEOLÓGICAS **201**

falha Fratura ao longo da qual as rochas em lados opostos da fratura se moveram paralelamente à superfície da fratura.

plano de falha Superfície de falha que é mais ou menos planar.

bloco superior Bloco de rocha que se sobrepõe a um plano de falha.

bloco inferior Bloco de rocha que se encontra abaixo de um plano de falha.

falha de rejeito de mergulho Falha na qual todo movimento é paralelo ao mergulho do plano da falha.

(veja a Figura 5.5). Um tipo diferente de junta previamente discutido são as juntas laminares que se formam em resposta à liberação de pressão (veja a Figura 6.3).

Falhas

As juntas e as falhas são fraturas, mas nas juntas nenhum movimento paralelo com a superfície de fratura ocorre. Nas **falhas**, blocos em lados opostos da fratura se movem paralelamente à superfície da fratura, a qual é um **plano da falha** (Figura 9.12a). Falhas que penetram na superfície podem mostrar uma *escarpa de falha*, uma falésia ou um penhasco formados pelo movimento vertical (Figura 9.12b). Em alguns casos, o plano de falha é riscado e polido, mas em outros o movimento dos blocos em lados opostos da falha tritura e pulveriza a rocha em uma zona de *quebra de falha*.

Observe na Figura 9.12a que as rochas que recobrem a falha compõem o **bloco superior**, enquanto aquelas abaixo da falha constituem o **bloco inferior**. Você pode reconhecer esses dois blocos em qualquer falha, com a exceção de um que é vertical – isto é, um que mergulha a 90 graus. Com a finalidade de identificar algumas falhas, você precisa identificar esses dois blocos e determinar a direção do movimento relativo deles. Por *movimento relativo* queremos dizer qual deles parece ter se deslocado para cima ou para baixo do plano de falha. Por exemplo, na Figura 9.12a, o bloco inferior pode ter se movido para cima, o bloco superior pode ter se movido para baixo ou ambos os blocos podem ter se movido. No entanto, o bloco superior está deslocado para baixo em relação ao bloco inferior.

Lembre-se de que os geólogos usam *direção e mergulho* para definir a orientação das camadas inclinadas de rocha. Os planos de falha também são planos inclinados, assim, esse mesmo conceito se aplica a eles. Na verdade, dois tipos de falha são reconhecidos com base no movimento dos blocos em lados opostos do plano da falha: quando se movem paralelamente ao mergulho (falhas de rejeito de mergulho) ou paralelamente à direção do plano de falha (falhas de rejeito direcional).

Figura 9.11 Juntas
Juntas são fraturas ao longo das quais não ocorreu nenhum movimento paralelamente à superfície de fratura.

a. Juntas se cruzam em ângulos retos produzindo este padrão retangular.

b. Arenito Navajo de idade jurássica no parque nacional Zion, em Utah. Juntas verticais interceptam a estratificação cruzada, daí o nome Checkerboard Mesa.

Falhas de rejeito de mergulho

Todos os movimentos nas **falhas de rejeito de mergulho** ocorrem paralelamente ao mergulho da falha. Ou seja, o movimento é vertical, para cima ou para baixo do plano da falha. Na Figura 9.13a, por exemplo, o bloco superior se moveu para baixo em relação ao bloco inferior,

Figura 9.12 Falhas

Falhas são fraturas ao longo das quais o movimento ocorreu paralelamente à superfície da fratura.

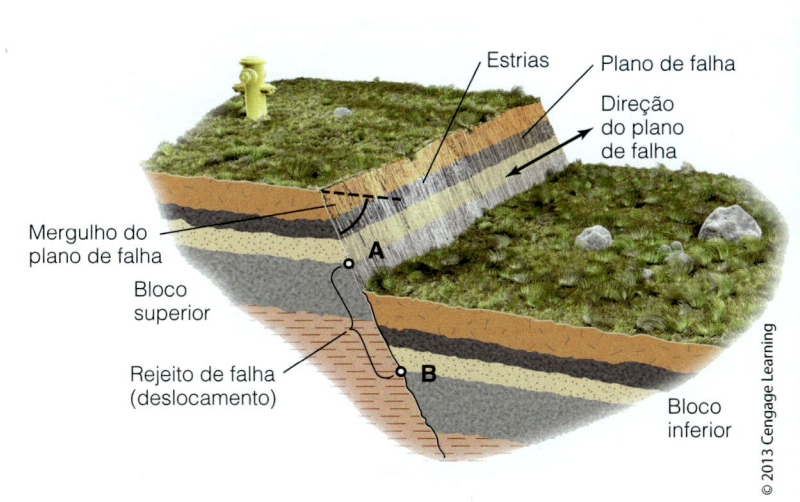

a. Termos utilizados para descrever a orientação de um plano de falha. As estrias são marcas de arranhões que se formam quando um bloco desliza sobre outro. Você pode medir o rejeito de falha (afastamento ou deslocamento entre os blocos) considerando a distância entre dois pontos originalmente contíguos (A e B) que se deslocaram quando da movimentação dos blocos pelo falhamento (B).

b. Plano de falha estriado, configurando uma escarpa de falha próximo à Klamath Falls, Oregon.

---

dando origem a uma **falha normal** (Figura 9.14a). Em contrapartida, em uma **falha inversa**, o bloco superior se move para cima em relação ao bloco inferior (Figura 9.13b, 9.14b). Na Figura 9.13c, o bloco superior também se moveu para cima em relação ao bloco inferior, mas a falha tem uma inclinação de menos de 45 graus e é uma variedade especial de falha inversa, conhecida como uma **falha de empurrão**.

Inúmeras falhas normais estão presentes ao longo de cadeias de montanhas na Basin and Range Province do oeste dos Estados Unidos, onde a crosta está sendo esticada e erodida. A Sierra Nevada, na margem ocidental da Bacia e da Cordilheira é limitada por falhas normais e a cordilheira subiu ao longo destas falhas, de modo que ela está agora a mais de 3.000 m acima das planícies do leste.

Exemplos de grandes falhas inversas e de empurrão são encontrados em cadeias de montanhas que se formaram nas margens de placas convergentes, onde seria esperada compressão (Figura 9.13b, c).

Falhas de rejeito direcional

Falhas de rejeito direcional, resultantes de tensões de cisalhamento, mostram o movimento direcional com blocos em lados opostos da falha deslizando uns sobre os outros (Figura 9.13d). Em outras palavras, todo movimento é na direção do plano da falha. Várias falhas de rejeito direcional são conhecidas e a mais bem estudada é a falha de San Andreas, que corta a Califórnia. Lembre-se do Capítulo 2, onde a falha de San Andreas é chamada de *falha transformante* na terminologia das placas tectônicas.

Falhas de rejeito direcional são caracterizadas como destrais ou sinistrais, dependendo da direção aparente do deslocamento dos blocos. Na Figura 9.13d, por exemplo, o observador olhando para o bloco à esquerda da falha, observa que ele se movimentou em sua direção. Por conseguinte, essa é uma *falha de rejeito direcional sinistral*. Se tivesse sido uma *falha de rejeito direcional destral*, o bloco à direita da falha teria se movimentado em direção ao observador.

> **falha normal** Falha de rejeito de mergulho na qual o bloco superior se moveu para baixo em relação ao bloco inferior.
>
> **falha inversa** Falha de rejeito de mergulho na qual o bloco superior se moveu para cima em relação ao bloco inferior.
>
> **falha de empurrão** Falha de rejeito de mergulho na qual o mergulho do plano de falha é menor que 45 graus.
>
> **falha de rejeito direcional** Falha que envolve o movimento horizontal de blocos de rocha em lados opostos de um plano de falha.

Figura 9.13 Tipos de falha

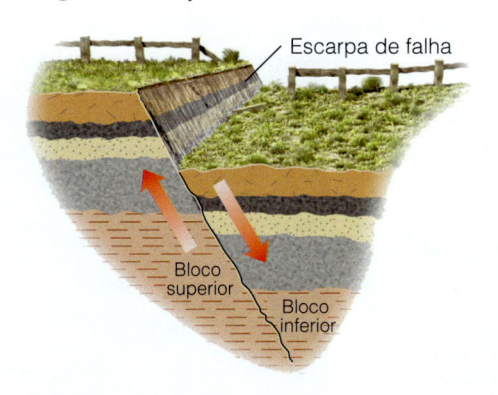

a. Falha normal – bloco superior se move para baixo em relação ao bloco inferior.

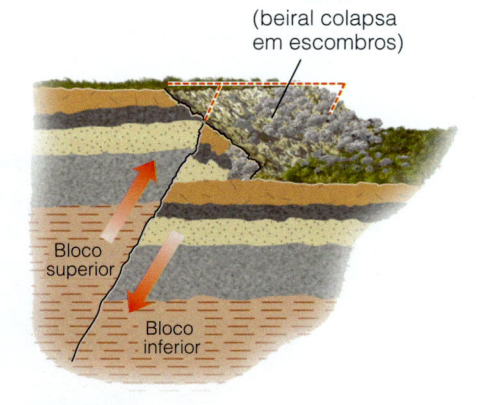

b. Falha inversa – bloco superior se move para cima em relação ao bloco inferior.

c. Empurrão é um tipo de falha inversa, com um plano de falha com mergulho inferior a 45 graus.

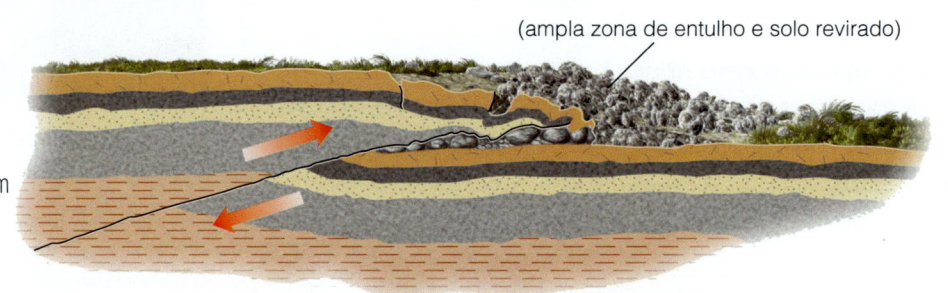

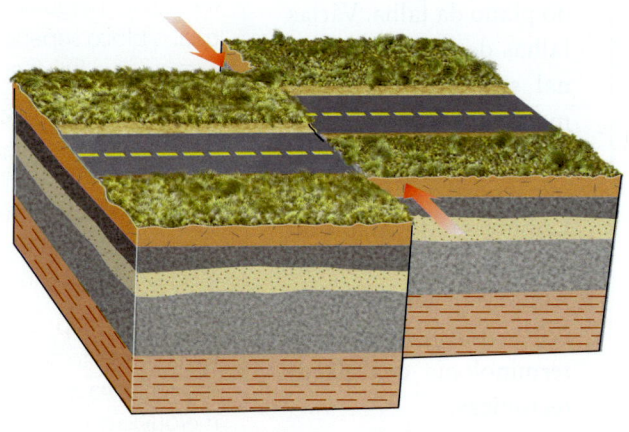

d. Falha de rejeito direcional sinistral.

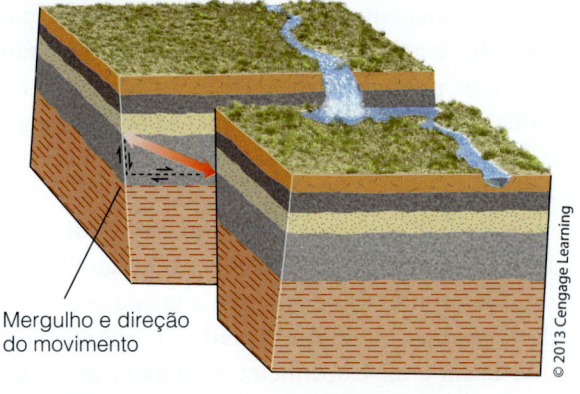

e. Falha de rejeito oblíquo que combina movimentos direcional e vertical.

Falhas de rejeito oblíquo

O movimento dos blocos, na maioria das falhas, é principalmente direcional ou vertical mas, em **falhas de rejeito oblíquo**, o deslocamento combina os dois tipos de movimento. Dessa forma um bloco se movimenta para cima ou para baixo em relação ao outro e, ao mesmo tempo, os dois se deslocam lateralmente em direções opostas (Figura 9.13e). O resultado dessa movimentação combinada é um deslocamento oblíquo dos blocos. Quando o bloco superior, deslocado direcionalmente, sobe em relação ao outro, temos uma falha de rejeito oblíquo reverso. Quando o bloco superior, deslocado direcionalmente, desce em relação ao outro, temos uma falha de rejeito oblíquo normal.

falha de rejeito oblíquo Falha que mostra tanto movimento direcional-normal quanto direcional-reverso.

CAPÍTULO 9: DEFORMAÇÃO, FORMAÇÃO DE MONTANHAS E CONTINENTES

Figura 9.14 Falhas de rejeito de mergulho

a. Falha normal em Mt. Carmel Junction, Utah. O bloco superior (lado direito da foto) foi movido cerca de 2 m em relação ao inferior (lado esquerdo da foto).

b. Pequena falha reversa. Observe que o bloco superior (à direita) se moveu para cima em relação ao bloco inferior (à esquerda).

OA4 DEFORMAÇÃO E ORIGEM DAS MONTANHAS

Montanha é uma designação do relevo para qualquer elevação do terreno com, pelo menos, 300 m acima da região circundante e possuidora de uma área de cume restrita. Algumas montanhas são individuais ou picos isolados, mas a maioria é parte de associações lineares de picos e cumes conhecidas como *cordilheiras de montanhas*, relacionadas em idade e origem. Um *sistema de montanhas*, zona linear complexa de deformação e de espessamento da crosta, em contrapartida, consiste em algumas ou muitas serras de montanhas. A Cordilheira Teton, em Wyoming, é uma das muitas serras nas Montanhas Rochosas. Montanhas se formam de várias maneiras, mas as montanhas realmente grandes nos continentes são resultado, principalmente, de deformação induzida por compressão, nos limites das placas convergentes (ver Capítulo 2).

Formação de montanhas

Bloco falhado é uma maneira pela qual as montanhas se formam, o que é causado pelo movimento das falhas normais, de modo que um ou mais blocos são elevados em relação aos blocos adjacentes (Figura 9.15). Um exemplo clássico é a Província de Basin and Range, centrada em Nevada, mas se estende para áreas adjacentes. O movimento diferencial das falhas produziu blocos soerguidos, chamados *horsts* (cume da crosta terrestre que foi forçado para cima entre duas falhas normais) e blocos rebaixados, chamados *grabens*. A erosão dos horsts produziu a topografia montanhosa.

Figura 9.15 Bloco falhado e a origem de horsts e grabens

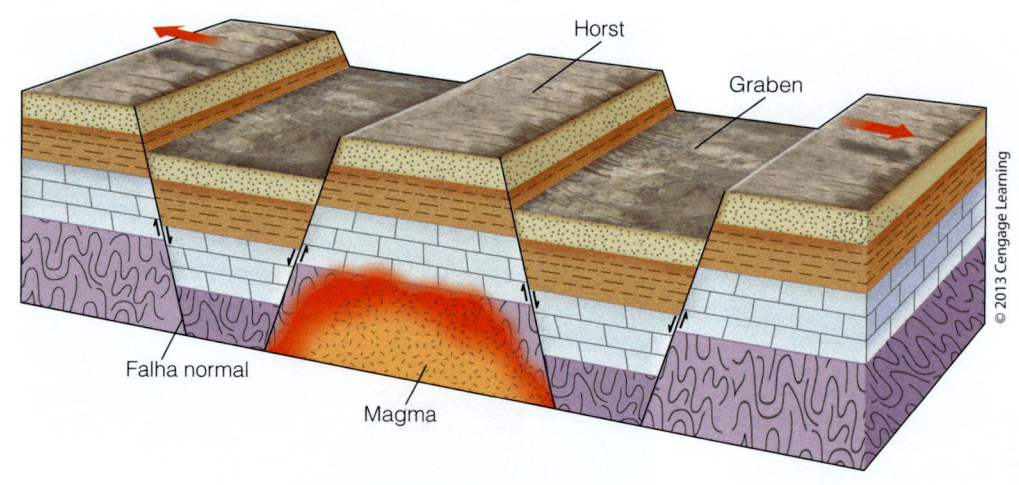

Horst
Graben
Falha normal
Magma

a. Bloco falhado e origem de horsts e grabens. Muitas das cadeias de montanhas na Basin and Range Province, oeste dos Estados Unidos e norte do México, são formadas dessa maneira.

b. A Stillwater Range, em Nevada, é um horst limitado por falhas normais.

orogênese Episódio de formação de montanha que envolve deformação geralmente acompanhado de atividade ígnea e espessamento da crosta.

As efusões de vulcões formam cadeias de montanhas vulcânicas, como as ilhas havaianas, onde uma placa se move sobre um ponto quente (veja a Figura 2.22). Algumas montanhas, como a Cordilheira Cascade, noroeste do Pacífico, são feitas quase inteiramente de rochas vulcânicas e as cristas meso-oceânicas também são montanhas. No entanto, a maioria das montanhas nos continentes é composta de todos os tipos de rocha e mostra evidência clara de deformação por compressão.

Tectônica de placas e formação de montanhas

Qualquer teoria que responda por formação de montanhas, ou o que os geólogos chamam **orogênese**, deve explicar adequadamente as características de uma cadeia de montanhas. De acordo com a sua geometria e sua localização, elas tendem a ser longas ou estreitas, e próximas de placas ou em suas margens. As montanhas também mostram deformação intensa, especialmente dobras reclinadas e viradas, induzidas por compressão, bem como falhas inversas e de empurrão. Além disso, plútons graníticos e metamorfismo regional caracterizam o interior ou os núcleos de cadeias de montanhas. Outra

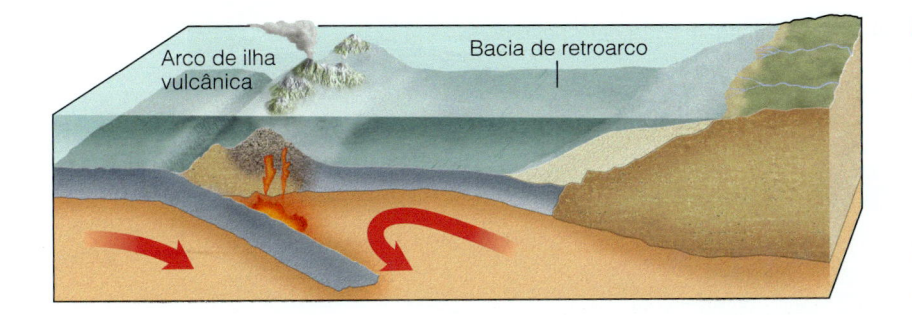

Figura 9.16 Orogenia e formação de um arco de ilha vulcânica em um limite de placa oceânica-oceânica

a. Subducção de uma placa oceânica e origem de um arco de ilhas vulcânicas e uma bacia de retroarco.

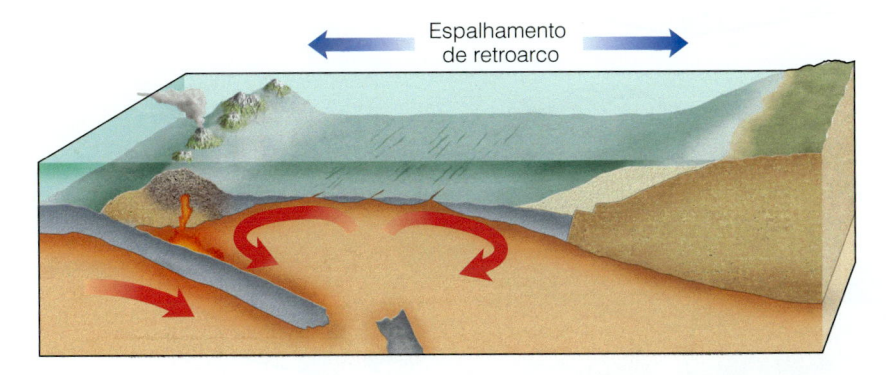

b. Subducção contínua e espalhamento de retroarco.

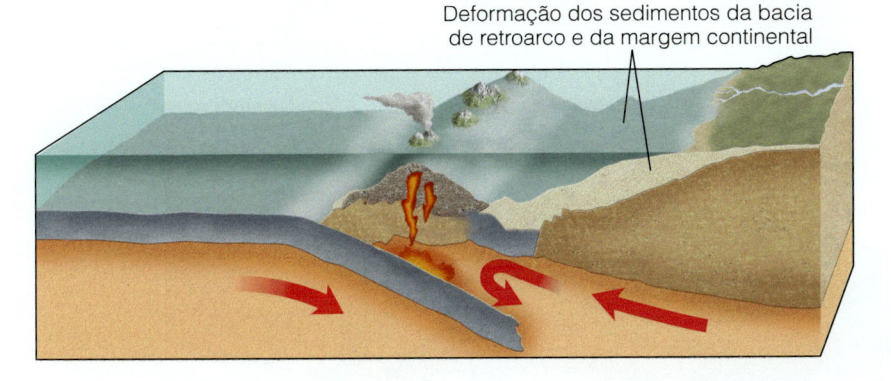

c. Fechamento da bacia de retroarco, que resulta na deformação dos sedimentos da bacia de retroarco e da margem continental.

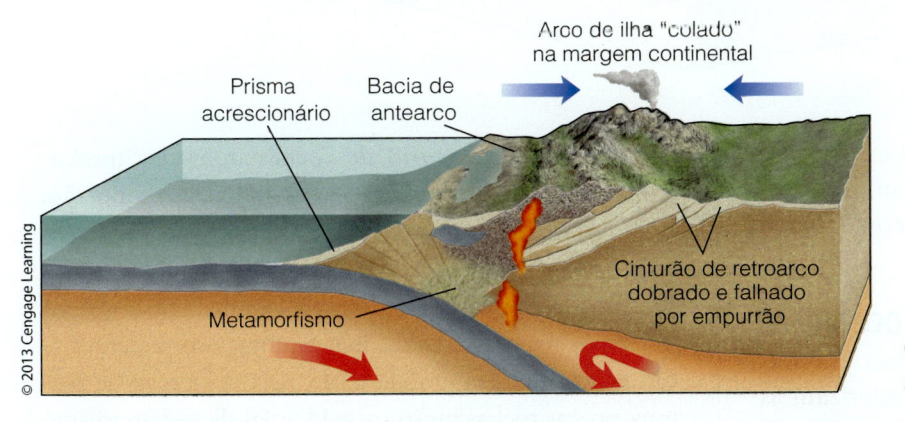

d. Empurrão dos sedimentos de retroarco para o continente adjacente e colagem do arco de ilhas à margem continental.

particularidade são as rochas sedimentares que agora estão muito acima do nível do mar, mas que foram depositadas em ambientes marinhos rasos e profundos.

A deformação e as atividades associadas nos limites das placas convergentes são certamente processos importantes na formação de montanhas. Elas respondem pela localização e pela geometria de um sistema de montanhas, bem como por estruturas geológicas complexas, plútons e metamorfismo. No entanto, a expressão topográfica atual de montanhas também está relacionada a vários processos de superfície, como perda de massa (processos acionados pela gravidade,

Figura 9.17 A Cordilheira dos Andes na América do Sul

a. Até 200 milhões de anos atrás, a margem ocidental da América do Sul era uma margem continental passiva.

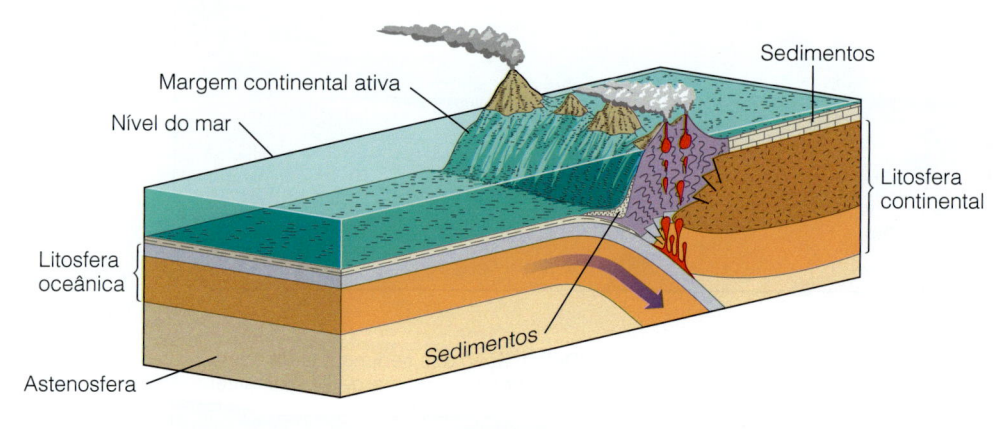

b. A orogenia começou quando essa área se tornou uma margem continental ativa, conforme a placa sul-americana se moveu para o oeste e a litosfera oceânica entrou em subducção.

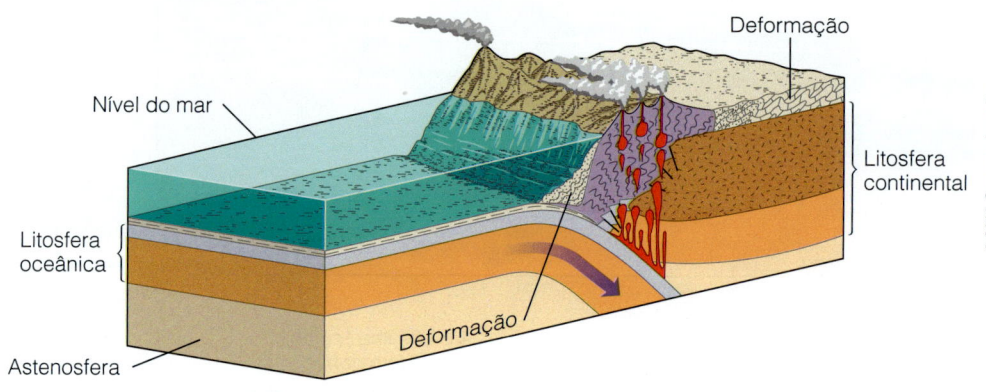

c. Deformação contínua, plutonismo e vulcanismo.

incluindo deslizamentos de terra), geleiras e água corrente. Em outras palavras, a erosão também desempenha um papel importante na evolução de montanhas.

Orogênese nos limites de placa oceânica--oceânica

Deformação, atividade ígnea e a formação de um arco de ilhas vulcânicas caracterizam as orogenias que ocorrem onde uma litosfera oceânica é subductada por baixo de outra litosfera oceânica (veja a Figura 2.18b). Sedimentos derivados do arco de ilhas são depositados na fossa oceânica adjacente e, em seguida, deformados e raspados pelo lado da fossa próxima ao arco de ilha (Figura 9.16). Esses sedimentos deformados são parte de um complexo de subducção ou *prisma acrescionário* de rochas dobradas intricadamente, cortadas por numerosas falhas de empurrão. Além disso, as orogenias nesse cenário são caracterizadas por metamorfismo de baixa temperatura e alta pressão – fácies xisto azul (veja a Figura 7.18).

No sistema de arco de ilhas também ocorre deformação provocada, em grande parte, pela colocação de plútons, pois as rochas mostram evidências de metamorfismo de alta temperatura e baixa pressão. O efeito global de uma orogenia de arco de ilhas é a criação de dois cinturões orogênicos, mais ou menos paralelos. Um dos cinturões, o mais interno, é sustentado por batólitos, e o outro cinturão, mais externo e próximo à fossa, é formado por rochas deformadas do prisma acrescionário

(Figura 9.16). As ilhas japonesas são um bom exemplo dessa orogenia.

Na área entre um arco de ilha e o continente adjacente, forma-se uma bacia do retroarco. Conforme as placas continuam a convergir, as rochas e os sedimentos vulcânicos, derivados do arco de ilhas e do continente adjacente, dessa bacia também são deformados. Os sedimentos são intensamente dobrados e deslocados em direção ao continente, ao longo de falhas de empurrão de baixo ângulo. Finalmente, todo o complexo do arco de ilhas é colado à borda do continente. As rochas e os sedimentos da bacia retroarco são empurrados sobre o continente, formando uma pilha espessa de escamas tectônicas (Figura 9.16).

Orogenias nos limites de placa oceânica-continental

Os Andes, na América do Sul, são o melhor exemplo de orogenia contínua em um limite de placa oceânica-continental (veja a Figura 2.18b). Entre as cadeias dos Andes estão os picos mais altos das Américas e muitos vulcões ativos. Além disso, a costa oeste da América do Sul é um segmento extremamente ativo do cinturão de fogo que circunda o Pacífico e um dos grandes sistemas de fossa oceânica da Terra, a fossa Peru-Chile, que se encontra ao largo da costa desses dois países.

Até 200 milhões de anos atrás, a margem ocidental da América do Sul era uma margem continental passiva, onde os sedimentos se acumulavam, tanto quanto se acumulam agora ao longo da costa oriental da América do Norte. No entanto, quando o Pangeia se dividiu, ao longo do que é agora a dorsal meso-atlântica, a placa sul-americana movimentou-se para o oeste. Como consequência, a litosfera oceânica ocidental da América do Sul começou a subductar-se abaixo do continente sul-americano (Figura 9.17). A subducção resultou na fusão parcial do manto, que produziu o arco vulcânico andesítico de vulcões compostos e a costa ocidental da América do Sul se tornou uma margem continental ativa. Magmas félsicos de composição granítica, principalmente, foram colocados como grandes plútons sob o arco (Figura 9.17).

Como um resultado dos eventos que acabamos de descrever, a Cordilheira dos Andes consiste em um núcleo central de rochas graníticas cobertas por vulcões andesíticos. A oeste desse núcleo central, ao longo da costa estão as rochas deformadas do prisma acrescionário. E a leste do núcleo central estão as rochas sedimentares intensamente dobradas, que foram empurradas para leste sobre o continente

Figura 9.18 Orogenia em um limite de placa continental-continental e a origem do Himalaia da Ásia

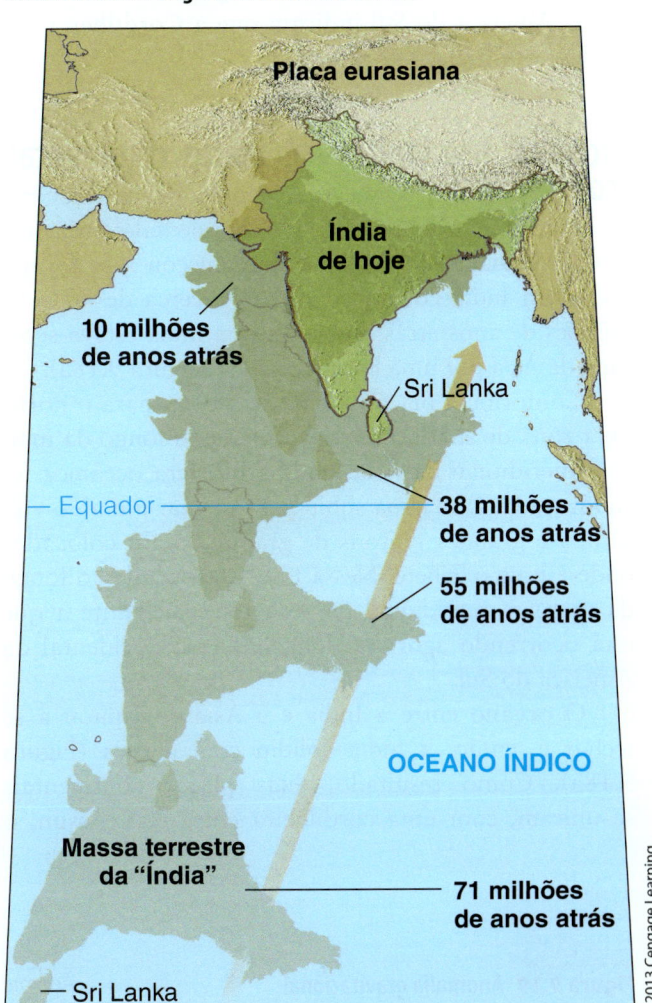

a. Durante a sua longa viagem para o norte, a Índia se moveu de 15 cm a 20 cm por ano. No entanto, começando essa caminhada de 40 a 50 milhões de anos atrás, a sua taxa de movimento diminuiu acentuadamente, conforme ela colidiu com a placa Eurásia.

b. A Cordilheira Karakoram vista de Karimaba, Paquistão, pertence à Cordilheira do Himalaia. A cordilheira fica na fronteira do Paquistão, da China e da Índia.

anterior (Figura 9.17). A submersão, o vulcanismo e a sismicidade nos dias atuais ao longo da costa ocidental da América do Sul indicam que a Cordilheira dos Andes continua em formação.

Orogenia nos limites das placas continental-continental

O melhor exemplo de uma orogenia ao longo de um limite de placa continental-continental é o Himalaia, Ásia. O Himalaia começou a se formar quando a Índia colidiu com a Ásia, cerca de 40 a 50 milhões de anos atrás. Antes disso, a Índia estava separada da Ásia por uma bacia oceânica (Figura 9.18a).

Conforme a placa indiana se moveu para o norte, uma zona de subducção foi formada ao longo da margem meridional da Ásia, onde a litosfera oceânica foi subductada. O magma subiu para formar um arco vulcânico e grandes plútons de granito foram colocados onde é hoje o Tibete. Nessa fase, a atividade ao longo da margem meridional da Ásia foi semelhante à que está ocorrendo agora ao longo da costa ocidental da América do Sul.

O oceano entre a Índia e a Ásia continuou a se fechar e, então, a Índia colidiu com a Ásia (Figura 9.18a). Como resultado, duas placas continentais se uniram, com uma cordilheira entre elas. Assim, o Himalaia está agora dentro de um continente em vez de estar ao longo de uma margem continental. A margem setentrional da Índia foi empurrada por baixo da Ásia, causando espessamento da crosta, empurrões e soerguimento. As rochas sedimentares que foram depositadas no mar ao sul da Ásia foram empurradas para o norte e duas grandes falhas de empurrão carregaram rochas de origem asiática para a placa indiana. As rochas depositadas nos mares rasos ao longo da margem setentrional da Índia, agora formam as partes mais altas do Himalaia (Figura 9.18b). Desde a sua colisão com a Ásia, a Índia foi empurrada cerca de 2.000 km abaixo da Ásia e ainda se move para o norte, vários centímetros por ano.

Outros sistemas de montanha foram também formados como resultado de colisões entre duas placas continentais. Os Urais, na Rússia, e os Apalaches, na América do Norte, são desse tipo de colisão. Além disso, a placa árabe está agora colidindo com a Ásia ao longo das montanhas Zagros do Irã.

Terrenos exóticos e origem das montanhas

Na seção anterior, discutimos as orogenias ao longo dos limites de placas convergentes, que resultam na adição de material a um continente, um processo

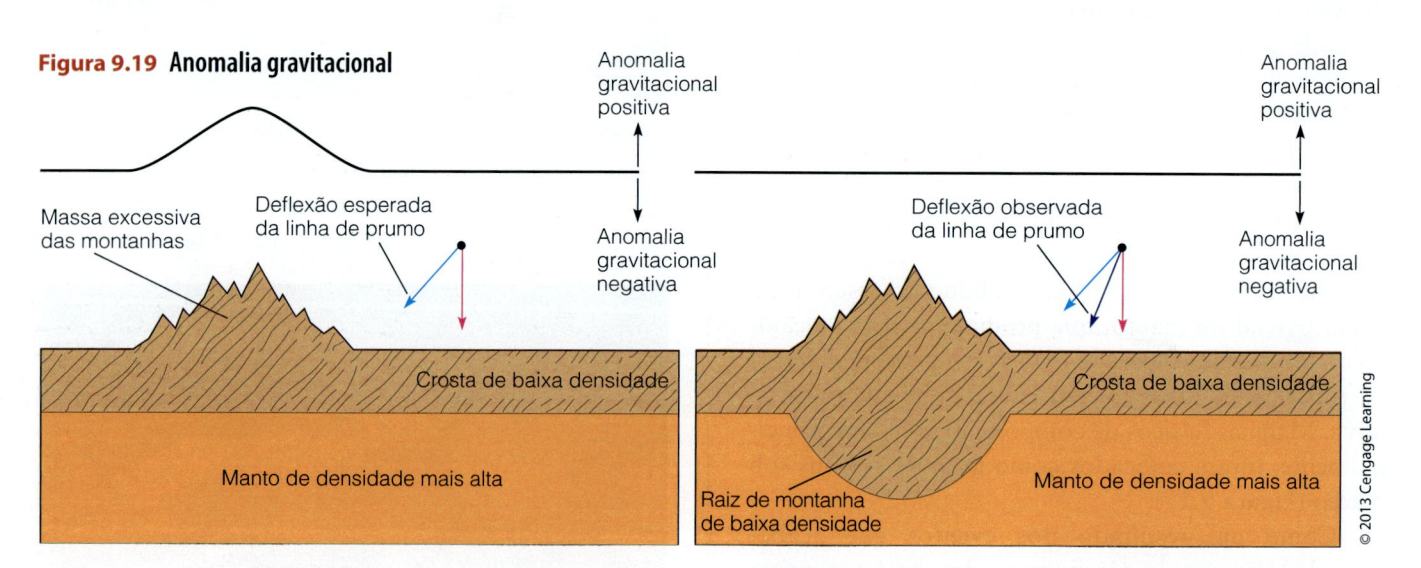

Figura 9.19 Anomalia gravitacional

a. Um fio de prumo (um cabo com um peso suspenso) é normalmente vertical, apontando para o centro de gravidade da Terra. Perto de uma cadeia de montanhas, a linha do prumo deve ser desviada conforme mostrado, se as montanhas são simplesmente mais espessas, o material de baixa densidade descansando sobre o material mais denso e uma pesquisa da gravidade através das montanhas indica uma anomalia gravitacional positiva.

b. A deflexão real do fio de prumo, medida usada por inspetores britânicos durante uma pesquisa na Índia, foi menor do que o esperado. Isso foi explicado postulando que o Himalaia tem uma raiz de baixa densidade. Uma pesquisa de gravidade, nesse caso, que não mostra nenhuma anomalia porque a massa das montanhas acima da superfície é compensada em profundidade por um material de baixa densidade que desloca o material mais denso.

denominado **acreção continental**. Grande parte do material adicionado a margens continentais é crosta continental mais antiga erodida, mas algumas rochas plutônicas e vulcânicas são adições novas. Entre os anos de 1970 e 1980, os geólogos descobriram que partes de muitos sistemas de montanhas também são feitas de pequenos blocos litosféricos agregados, claramente provenientes de outros locais – os **terrenos exóticos**. Esses terrenos* são fragmentos de montes submarinos, arcos insulares e pequenos pedaços de continentes que foram carregados em placas oceânicas que colidiram com placas continentais, acrescentando-os, assim, às margens continentais.

OA5 CROSTA TERRESTRE

Porque a crosta continental é mais elevada que a crosta oceânica? Além disso, por que as montanhas são mais elevadas que as áreas ao seu redor? Para responder a essas perguntas, devemos examinar a crosta terrestre em mais detalhes. Você já sabe que a crosta continental é granítica, tem uma densidade global de 2,7 g/cm³, enquanto a crosta oceânica é composta de basalto e gabro e sua densidade é 3,0 g/cm³ (veja a Figura 8.21). Na maioria dos lugares, a crosta continental tem cerca de 35 km de espessura, exceto sob sistemas montanhosos, onde é muito mais espessa. A espessura crosta oceânica varia de apenas 5 a 10 km. Assim, as diferenças de composição, bem como as variações na espessura da crosta, explicam por que as montanhas são altas e por que os continentes são mais elevados que as bacias oceânicas.

Continentes flutuantes?

Como é possível que um sólido (crosta continental) flutue em outro sólido (o manto)? Flutuação traz à mente um navio no mar ou um bloco de madeira na água; no entanto, os continentes não se comportam dessa maneira. Na verdade, eles flutuam, em um modo de falar, mas uma resposta completa exige mais discussão sobre o conceito de gravidade e sobre o *princípio da isostasia*.

Isaac Newton formulou a lei da gravitação universal, em que a força de gravidade (F) entre duas massas (m^1 e m^2) é diretamente proporcional aos produtos das suas massas e inversamente proporcional ao quadrado da distância entre os seus centros de massa. Isso significa que existe uma força atrativa entre quaisquer dois objetos e a magnitude dessa força varia dependendo das massas dos objetos e da distância entre os seus centros.

A atração gravitacional seria a mesma em todos os lugares na superfície se a Terra fosse perfeitamente esférica, homogênea por toda parte e não rotativa. No entanto, como a Terra varia em todos esses aspectos, a força da gravidade varia de área para área.

> **acreção continental**
> Orogêneses ao longo dos limites de placas convergentes que resultam na adição de material a um continente.
>
> **terreno exótico**
> Fragmentos de montes submarinos, arcos insulares e pequenos pedaços de continentes que foram carregados em placas oceânicas que colidiram com placas continentais.

Princípio da isostasia

Os geólogos perceberam há muito tempo que as montanhas não são simplesmente pilhas de materiais na superfície da Terra e, em 1865, George Airy propôs que, além de se projetarem acima do nível do mar, as montanhas também se projetam muito abaixo da superfície e, portanto, têm uma raiz de baixa densidade (Figura 9.19). Ou seja, ele estava dizendo que a crosta mais espessa de montanhas flutua sobre rocha mais densa em profundidade, com a sua massa em excesso acima do nível do mar compensada por material de baixa densidade em profundidade. Outra explicação foi proposta por J. H. Pratt, que imaginou que as montanhas eram altas porque elas eram compostas de rochas de densidade mais baixa que aquelas em regiões adjacentes.

Na verdade, ambos, Airy e Pratt estavam corretos, porque há lugares onde a densidade ou a espessura explicam as diferenças no nível da crosta. Por exemplo, a hipótese de Pratt foi confirmada porque (1) a crosta continental é mais espessa e menos densa que a crosta oceânica e, assim, fica no alto e (2) as cristas médio-oceânicas ficam altas porque a crosta nelas é quente e menos densa do que a crosta mais fria em outros lugares. Airy, por sua vez, estava correto em sua afirmação de que a crosta continental oceânica "flutua" sobre o manto, o qual tem uma densidade de 3,3 g/cm³ na sua parte superior. No entanto, ainda não explicamos o que entendemos por um sólido que flutua em outro sólido.

---

* Alguns geólogos preferem os termos terreno suspeito, ou terreno deslocado.

Na recuperação isostática, a crosta da Terra volta ao equilíbrio.

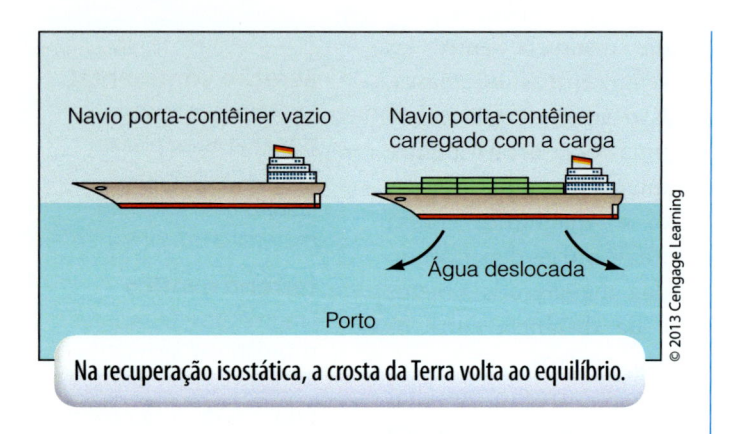

Esse fenômeno da crosta terrestre, que flutua no manto mais denso é agora conhecido como **princípio da isostasia**, fácil de entender por uma analogia com um *iceberg* (Figura 9.20). O gelo é ligeiramente menos denso do que a água, de modo que flutua. De acordo com o princípio da flutuabilidade de Arquimedes, um *iceberg* afunda na água até que ele desloca um volume de água cujo peso é igual ao do gelo. Quando o *iceberg* afunda para uma posição de equilíbrio, apenas cerca de 10% do seu volume está acima do nível da água. Se uma parte do gelo acima do nível da água derreter, o *iceberg* sobe para manter o equilíbrio com a mesma proporção de gelo acima e abaixo da água.

A crosta da Terra é semelhante ao *iceberg*, no que ela afunda no manto para seu nível de equilíbrio. Onde a crosta é mais espessa, como abaixo montanhas, ela afunda mais no manto e ela também sobe mais acima da superfície. E porque a crosta continental é mais espessa e menos densa do que a crosta oceânica, ela se situa mais alta que as bacias oceânicas. Lembre-se de que o manto é quente, mas sólido, e fica sob tremenda pressão, de modo que ele se comporta igual a um fluido.

Entretanto será que a crosta flutuando sobre o manto levanta uma contradição acerca do que já estudamos? No Capítulo 8, foi dito que o manto é sólido porque transmite ondas S, as quais não se movem através de fluidos. Contudo, de acordo com o princípio da isostasia, o manto se comporta como um fluido. No entanto, considerando o curto período de tempo necessário para que as ondas S passem através dele, o manto é realmente sólido. Quando, porém, submetido à tensão durante longos períodos de tempo, ele flui por escoamento. Assim, nessa escala de tempo, ele é considerado um fluido viscoso.

Recuperação isostática

O que acontece quando um navio é carregado e depois descarregado? É claro que, no primeiro caso ele afunda mais na água e, em seguida, sobe, para encontrar sempre a sua posição de equilíbrio. A crosta terrestre responde de forma semelhante a carga e descarga, embora muito mais lentamente. Por exemplo, se a crosta é carregada com o acumulo de geleiras ela se aprofunda mais no manto, para manter o equilíbrio. A crosta se comporta de forma semelhante em áreas onde se acumulam grandes quantidades de sedimentos.

Se o carregamento por gelo glacial ou sedimentos pressiona a crosta terrestre para o interior do manto, quando as geleiras derretem, ou onde ocorre uma erosão profunda, a crosta soergue para o seu nível de equilíbrio. Esse fenômeno, conhecido como **recuperação isostática**, está acontecendo na Escandinávia, que foi coberta por uma grossa camada de gelo até cerca de 10 mil anos atrás. Agora ela está se recuperando isostaticamente cerca de 1 m por século. Na verdade, as cidades costeiras na Escandinávia se recuperaram tão rapidamente que as docas construídas alguns séculos

princípio da isostasia
O conceito da crosta terrestre "flutuante" em uma camada subjacente densa.

recuperação isostática
O fenômeno no qual a remoção superficial da crosta faz com que ela suba até atingir o equilíbrio.

Figura 9.20 Princípio da isostasia
Um *iceberg* em equilíbrio tem 10% de sua massa acima do nível da água. Quanto maior o *iceberg*, maior é parte submersa e mais elevada é a porção acima da superfície da água. Se parte do gelo acima do nível de água derreter, o *iceberg* subirá para manter as mesmas proporções de gelo acima e abaixo do nível da água.

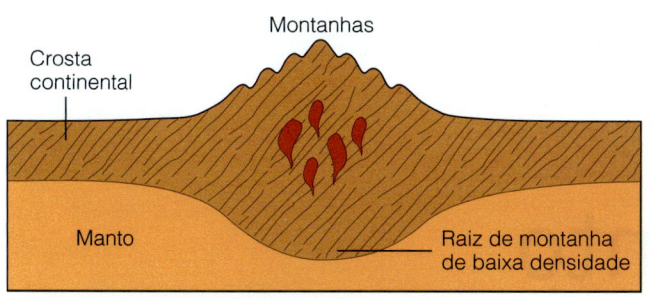

atrás estão agora distantes da costa. A recuperação isostática também ocorreu no leste do Canadá, onde a crosta subiu cerca de 100 m nos últimos 6 mil anos.

A Figura 9.21 mostra a resposta da crosta continental da Terra para a carga e a descarga conforme as montanhas se formam e evoluem. Lembre-se de que durante uma orogenia, a colocação de plútons, o metamorfismo e o espessamento geral da crosta acompanham a deformação. No entanto, conforme as montanhas são erodidas, a recuperação isostática acontece e as montanhas sobem, enquanto as áreas adjacentes, onde venham ocorrer sedimentação, abaixam-se (Figura 9.21). Se isso continuar por muito tempo, as montanhas desaparecerão e a sua existência anterior será, então, detectada, apenas, pelos plútons e pelas rochas metamórficas de grau elevado.

a. A crosta e o manto antes da erosão e da deposição.

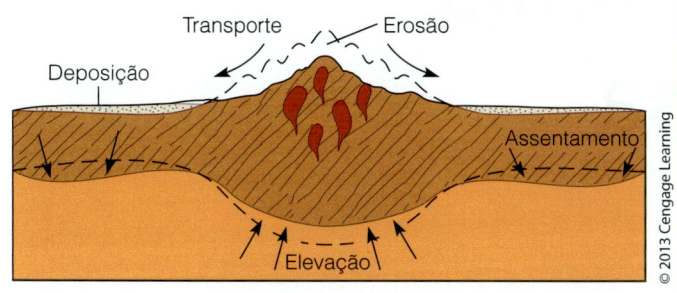

b. Erosão das montanhas e deposição em áreas adjacentes. A recuperação isostática começa.

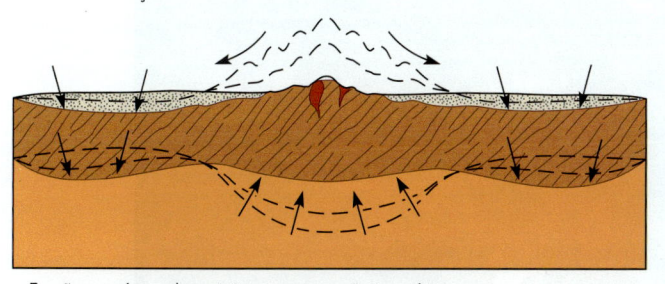

c. Erosão contínua, deposição e recuperação isostática.

Figura 9.21 Recuperação isostática
Representação esquemática que mostra a resposta isostática da crosta à erosão (descarga) e à deposição difundida (carga).

10 Movimento gravitacional de massa

Inundações e deslizamentos de terra, em janeiro de 2011, devastaram inúmeras cidades nas regiões montanhosas do Rio de Janeiro, Brasil, matando mais de 800 pessoas e deixando, pelo menos, 14 mil desabrigadas. Como resultado de vários dias de chuvas intensas, porções dessa encosta em Nova Friburgo cederam, ocasionando um deslizamento de terra que levou lama, vegetação e construções ladeira a baixo.

Introdução

"Embora a água possa desempenhar um papel importante, a implacável e ininterrupta atração da gravidade é a principal força por trás da movimentação de massa."

Em janeiro de 2011, o sudeste do Brasil foi atingido por inundações e deslizamentos de terra devastadores provocados por chuvas torrenciais excepcionalmente intensas. Em poucos dias choveu o equivalente a um mês de chuvas (veja a foto de abertura do capítulo). A área mais gravemente atingida foi o norte da região Serrana do Rio de Janeiro, onde inundações e deslizamentos de terra implacáveis destruíram centenas de casas, matando mais de 800 pessoas e deixando, pelo menos, 14 mil desabrigados. O número de mortos superou facilmente o do deslizamento de terra de 1967, em Caraguatatuba, fazendo dele o maior desastre natural do Brasil em mais de quatro décadas. Estradas e pontes em ruínas agravaram ainda mais a situação, dificultando operações de resgate e ajuda de emergência, e a falta de fornecimento de energia e telefonia contribuiu ainda mais para a miséria dos sobreviventes. Embora inundações e deslizamentos de terra tenham varrido casas tanto de ricos quanto de pobres, as áreas rurais mais pobres foram as que mais sofreram porque muitas edificações haviam sido construídas sobre áreas instáveis.

Essa tragédia terrível ilustra como a geologia afeta toda a nossa vida. As causas fundamentais dos deslizamentos de terra no Brasil podem ser encontradas em qualquer lugar do mundo. Na realidade, os *deslizamentos de terra* (termo geral para movimentos gravitacionais de massa dos materiais da Terra) causam, em média, entre 25 e 50 mortes e mais de 2 bilhões de dólares em prejuízos anualmente nos Estados Unidos. Ao ser capaz de reconhecer e entender como ocorrem os deslizamentos de terra e quais os resultados deles, podemos encontrar formas de reduzir os riscos e minimizar os danos tanto em relação à vida humana quanto aos prejuízos materiais.

O **movimento gravitacional de massa** é definido como o movimento de descida, pela encosta a baixo, de material, sob a influência direta da gravidade. A maioria dos tipos de movimentação gravitacional de massa é desencadeada pelo intemperismo e, frequentemente, envolve material de superfície.

O material se move a velocidades que variam de quase imperceptíveis, no caso de um rastejamento, até extremamente rápidas em uma queda de blocos ou escorregamento. Embora a água possa desempenhar um papel importante, a implacável e ininterrupta atração da gravidade é a principal força por trás da movimentação de massa.

> **movimento gravitacional de massa** Movimento de descida de materiais terrestres sob a influência direta da gravidade.

OA1 FATORES QUE AFETAM A MOVIMENTAÇÃO GRAVITACIONAL DE MASSA

A movimentação gravitacional de massa é um importante processo geológico que pode ocorrer a qualquer momento e, praticamente, em todos os lugares do planeta. Embora todos os grandes deslizamentos de terra tenham causas naturais, muitos outros são o resultado da atividade humana e poderiam ser prevenidos ou ter seus danos minimizados.

Quando a força gravitacional, que age sobre uma encosta, supera a força de coesão do regolito ou da rocha (resistência à deformação) ocorre o colapso da encosta. Os fatores de coesão que ajudam a manter a estabilidade incluem a declividade e a coesão do material da encosta, o atrito entre os grãos e qualquer sustentação externa da encosta (Figura 10.1a). Esses

Objetivos de Aprendizagem (OA)

Ao finalizar este capítulo você será capaz de:

- **OA1** Relacionar os fatores que afetam a movimentação gravitacional de massa
- **OA2** Descrever os tipos de movimento gravitacional de massa
- **OA3** Entender como reconhecer e minimizar os efeitos do movimento gravitacional de massa

Figura 10.1 Resistência ao cisalhamento de encosta

a. A resistência ao cisalhamento de uma encosta depende da resistência e da coesão do seu material, do nível de atrito interno entre os grãos e da sustentação externa. Esses fatores promovem a estabilidade da encosta. A força da gravidade opera na vertical, mas possui um componente que age paralelamente à encosta. Quando essa força, que promove a instabilidade, supera a resistência ao cisalhamento de uma encosta, ocorre o desmoronamento da encosta.

b. O ângulo de repouso é uma função da resistência ao cisalhamento. A areia seca usualmente tem um ângulo de repouso de aproximadamente 30 graus. Com a areia úmida, a resistência ao cisalhamento é aumentada, e ângulos de repouso mais íngremes são possíveis.

fatores, coletivamente, definem a **resistência ao cisalhamento** da encosta.

Em oposição à resistência ao cisalhamento da encosta está a força da gravidade. A gravidade opera na vertical, mas possui um componente que age paralelamente à encosta causando, portanto, sua instabilidade (Figura 10.1a). Quanto maior o ângulo da declividade, maior é o componente da força que age paralelamente à encosta e maior é a chance de ocorrerem movimentos gravitacionais de massa. O *ângulo de repouso* é a maior declividade que uma encosta pode suportar, sem entrar em colapso (Figura 10.1b). Nesse ângulo, a resistência ao cisalhamento do material da encosta contrabalança, exatamente, a força da gravidade. Para material não consolidado, o ângulo de repouso varia, em geral, de 25 a 40 graus. Encostas mais íngremes que 40 graus são, frequentemente, constituídas de rochas que não sofreram intemperismo.

Todas as encostas estão em um estado de *equilíbrio dinâmico*, o que significa que elas estão, constantemente, ajustando-se às novas condições superficiais. Embora tenhamos a tendência de ver o movimento gravitacional de massa como um acontecimento demolidor e, geralmente, destrutivo, ele é uma das formas de a encosta se ajustar às novas condições. Sempre que um edifício ou uma rodovia são construídos numa encosta, o seu equilíbrio é afetado. Assim, a encosta se ajustará a esse novo conjunto de condições, até mesmo pela movimentação gravitacional de massa.

Muitos fatores podem causar o movimento gravitacional de massa: mudança na declividade da encosta, a desagregação do material pelo intemperismo, saturação em água, mudança na cobertura vegetal e sobrecarga.

resistência ao cisalhamento Fatores de resistência que ajudam a manter a estabilidade da encosta.

Figura 10.2 Erosão basal da encosta pela erosão da corrente fluvial

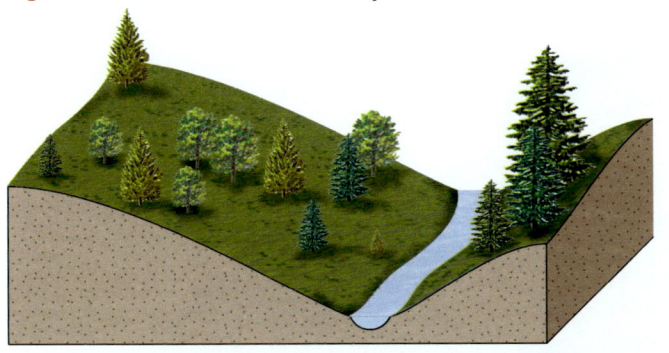

a. A erosão basal pela erosão da corrente fluvial remove uma base da encosta,

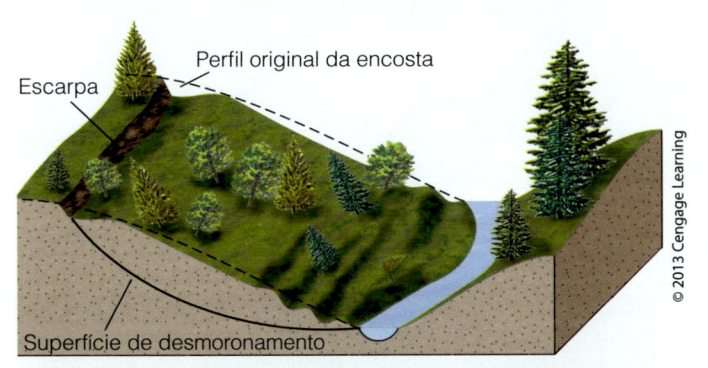

b. aumentando a declividade e causando o desmoronamento da encosta.

c. A erosão basal pela erosão da corrente fluvial originou escorregamento ao longo dessa corrente fluvial próxima a Weidman, Michigan. Observe a escarpa, que é a superfície exposta do material subjacente seguido de escorregamento.

Embora a maioria desses processos esteja inter-relacionada, para facilitar a discussão, vamos examiná-los separadamente. Também mostraremos como eles afetam individual e coletivamente o equilíbrio da encosta.

> O movimento gravitacional de massa tem mais probabilidade de ocorrer nas superfícies das encostas, com material desagregado ou mal consolidado, do que na rocha sólida subjacente à superfície.

Declividade da encosta

A declividade da encosta é, provavelmente, a principal causa da movimentação gravitacional de massa. De modo geral, quanto mais íngreme é a encosta, menos estável ela é. Portanto, as encostas mais íngremes têm mais probabilidades de experimentar a movimentação gravitacional de massa que as encostas mais suaves.

Alguns processos podem tornar a encosta mais íngreme. Um dos processos mais comuns é a erosão basal pela ação das correntes ou ondas (Figura 10.2). Esse processo remove a base da encosta, elevando a sua declividade e aumentando, portanto, a força gravitacional que age paralelamente a ela. A ação das ondas, especialmente durante tempestades, muitas vezes resulta em movimento gravitacional de massa ao longo de costas oceânicas e grandes lagos (Figura 10.3).

Escavações para a construção de rodovias e edificações nas encostas das montanhas são outra grande causa de desmoronamento (Figura 10.4). Aumentar abruptamente a declividade da encosta, ou escavar seus lados, aumenta a tensão na rocha e no solo, até que eles não tenham mais força para sustentar essa declividade mais elevada.

Intemperismo e clima

O movimento gravitacional de massa ocorre, mais provavelmente, nas superfícies das encostas, com material desagregado ou mal consolidado, do que na rocha sólida subjacente à superfície. Tão logo as rochas são expostas à superfície da Terra,

Figura 10.3 Erosão basal da encosta pela ação das ondas
Essa falésia no norte de Bodega Bay, Califórnia, foi erodida por ondas durante o inverno de 1997-1998. Como resultado, parte da terra deslizou para o oceano, danificando várias casas.

Figura 10.4 Escavação para construção de rodovia e o movimento gravitacional de massa

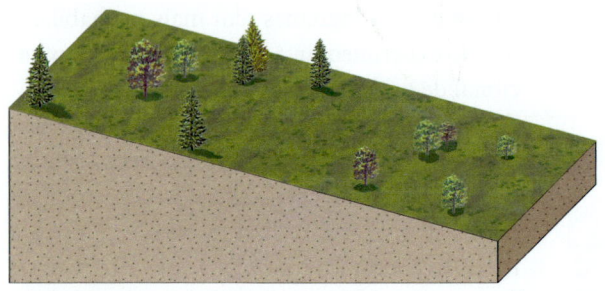

a. Escavações para a construção de rodovias perturbam o equilíbrio de uma encosta...

b. ... removendo uma porção de sua sustentação, bem como aumentando sua declividade no ponto da escavação, o que resulta em...

c. ... deslizamento de terra ao longo da rodovia.

d. Escavação em encosta para a construção desse trecho da Rodovia Pan-Americana, no México, resultou em queda de blocos que bloquearam a rodovia completamente.

Mecanismos de desencadeamento

Erupções vulcânicas, explosões e mesmo trovões de som muito alto podem ser suficientes para desencadear um escorregamento de terra, se a encosta for consideravelmente instável. Muitas *avalanches*, que são movimentos rápidos de neve e gelo descendo montanhas íngremes, são desencadeadas pelo som muito alto de um tiro e, em casos raros, até mesmo pelo grito de uma pessoa.

o intemperismo começa a desintegrá-las e decompô-las, reduzindo sua resistência ao cisalhamento e aumentando sua suscetibilidade ao movimento gravitacional de massa. Quanto mais profundamente se estende a zona de intemperismo, maior é a probabilidade de algum tipo de movimento gravitacional de massa.

Lembre-se de que algumas rochas são mais suscetíveis ao intemperismo do que outras, e que o clima desempenha importante papel na velocidade e no tipo de intemperismo (veja o Capítulo 6). Nos trópicos, onde as temperaturas são altas e o volume de chuva é considerável, os efeitos do intemperismo se estendem a várias dezenas de metros de profundidade. Contudo, os movimentos de massa ocorrem, comumente, nas zonas mais profundamente intemperizadas. Em regiões áridas e semiáridas, a zona de intemperismo é geralmente mais superficial. No entanto, aguaceiros intensos e localizados com grandes volumes de água podem cair nessas áreas em curto espaço de tempo. Por terem pouca vegetação, para absorver essa água, o escoamento é rápido e, frequentemente, transforma-se em fluxo de lama.

Conteúdo de água

O volume de água na rocha ou no solo influencia a estabilidade da encosta. Grandes quantidades de água, originárias de neve derretida, ou de chuvas intensas, aumentam a probabilidade de desmoronamento da encosta. O peso adicional que a água acrescenta à encosta pode ser suficiente para causar o movimento de massa. Ademais, a água que se infiltra através do material da encosta ajuda a diminuir o atrito entre os grãos, contribuindo para a perda de coesão do material. Por exemplo, encostas compostas de argila seca são em geral bem estáveis, mas quando molhadas, elas rapidamente perdem a coesão e o atrito interno e se tornam uma pasta instável. Isso ocorre porque a argila, que pode reter grandes quantidades de água, é constituída de partículas planas que, quando molhadas, podem deslizar facilmente umas sobre as outras. Por essa razão, os níveis argilosos são, frequentemente, as camadas mais escorregadias ao longo das quais o material sobreposto desliza encosta abaixo.

Vegetação

A vegetação contribui para a estabilidade da encosta de várias maneiras. Absorvendo a água das tempestades, a vegetação diminui a saturação de água do material da encosta que, de outra maneira, diminuiria a resistência ao cisalhamento. O sistema de raízes da vegetação também ajuda a estabilizar uma encosta pela junção das partículas do solo, segurando o solo no substrato rochoso. Isso promove a estruturação do solo, conferindo a ele maior resistência ao cisalhamento.

A remoção natural ou antrópica da vegetação é a maior causa de muitos movimentos de massa. Os roçados e os incêndios nas florestas deixam a encosta das montanhas, frequentemente, sem vegetação. Nesse caso, as tempestades saturam o solo, facilitando os deslizamentos de terra, que representam enorme prejuízo e grandes custos para recuperação das áreas afetadas.

Sobrecarga

A sobrecarga é, quase sempre, o resultado da atividade antrópica e resulta, geralmente, de despejo, aterro ou empilhamento de material desagregado. Sob condições naturais, a carga do material é mantida por seus contatos grão a grão, com o atrito entre os grãos sustentando a encosta. O peso adicional criado pela sobrecarga aumenta a pressão da água interna ao material que, por sua vez, diminui a resistência ao cisalhamento, enfraquecendo,

Figura 10.5 Geologia, estabilidade da encosta e movimento gravitacional de massa
Rochas que mergulham na mesma direção da encosta da montanha são particularmente suscetíveis ao movimento gravitacional de massa.

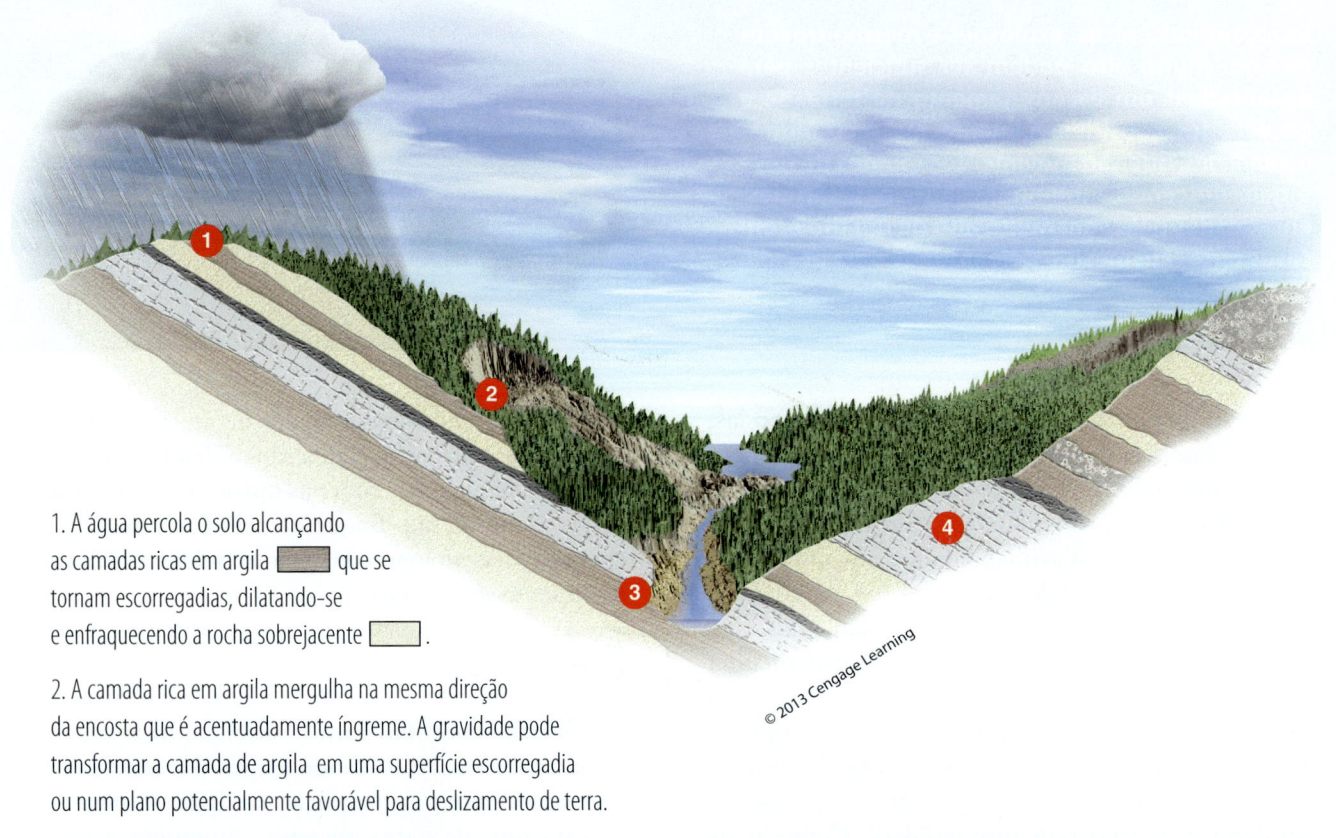

1. A água percola o solo alcançando as camadas ricas em argila [ ] que se tornam escorregadias, dilatando-se e enfraquecendo a rocha sobrejacente [ ].

2. A camada rica em argila mergulha na mesma direção da encosta que é acentuadamente íngreme. A gravidade pode transformar a camada de argila em uma superfície escorregadia ou num plano potencialmente favorável para deslizamento de terra.

3. A erosão basal, pela corrente fluvial no sopé da encosta, expõe outra camada frágil de argila hidratada, que está abaixo de um estrato rígido e pesado de calcário [ ]. Se a camada de calcário deslizar, pela encosta abaixo, carregará consigo as unidades sobrejacentes.

4. As camadas deste lado do vale mergulham na direção oposta da encosta. Assim, o potencial de desestabilização da gravidade é reduzido, mesmo que a percolação da água seja profunda e ainda ocorra erosão basal.

desse modo, a encosta. Se a quantidade de material acrescentado for suficiente, a encosta vai ruir, algumas vezes, com consequências trágicas.

Geologia e estabilidade da encosta

A relação entre a topografia e a geologia de uma área é importante para se determinar a estabilidade da encosta (Figura 10.5). Comparativamente, o movimento gravitacional de massa ocorre, com maior probabilidade, nas encostas com camadas rochosas subjacentes mergulham na mesma direção, que nas encostas com camadas rochosas horizontais, ou que mergulham em direção oposta ao talude. Quando as camadas rochosas mergulham na mesma direção da encosta, a água pode infiltrar-se ao longo dos planos de acamamento e diminuir a coesão e o atrito entre unidades rochosas adjacentes. Isso é muito comum quando se tem camadas argilosas porque a argila se torna escorregadia quando molhada.

Mesmo se as camadas rochosas estiverem horizontalizadas, ou mergulhando em direção oposta àquela da encosta, as juntas podem mergulhar na mesma direção da encosta. E assim, a água, migrando através das juntas, desgasta a rocha e expande essas aberturas até que o peso da rocha sobreposta cause a sua queda.

Mecanismos de desencadeamento

Todos os fatores discutidos até aqui contribuem para a instabilidade da encosta. A maioria dos movimentos gravitacionais de massa rápidos é desencadeada por uma força que, temporariamente, perturba o equilíbrio da encosta. Os mecanismos de desencadeamento

Figura 10.7 Queda de blocos

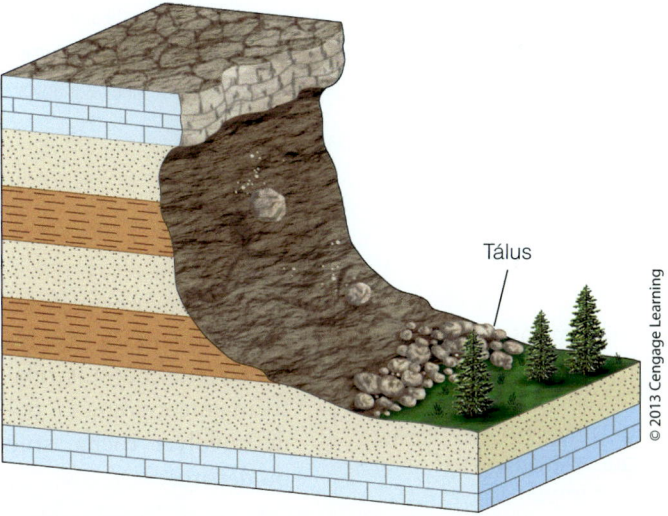

a. Quedas de blocos resultam de falhas ao longo de fissuras, fraturas e planos de acamamento no substrato rochoso e são características comuns em áreas de falésias íngremes.

b. Queda recente de blocos de granito no Parque Nacional de Yosemite, na Califórnia.

Figure 10.6 Deslizamento de terra provocado por chuvas intensas, La Conchita, Califórnia

La Conchita, Califórnia, está localizada na base de um terraço íngreme. Chuvas intensas e a irrigação de um pomar de abacate (visível na parte superior do terraço) contribuíram para o deslizamento de terra que destruiu nove casas em 1995. Dez anos depois (2005), fatores semelhantes causaram outro maciço deslizamento de terra na mesma área.

mais comuns são as fortes vibrações dos terremotos e a quantidade excessiva de água derretida da neve ou de um pesado aguaceiro (Figura 10.6).

OA2 TIPOS DE MOVIMENTO GRAVITACIONAL DE MASSA

Os movimentos gravitacionais de massa são geralmente classificados com base em três critérios principais (Tabela 10.1): (1) velocidade do movimento (rápido ou lento); (2) tipo de movimento (principalmente queda, escorregamento ou fluxo); e (3) tipo de material envolvido (rocha, solo ou detritos). Ainda que muitos colapsos de encosta sejam combinações de materiais e movimentos diversos, os movimentos gravitacionais de massa resultantes tipicamente são classificados de acordo com seu comportamento dominante.

movimento gravitacional de massa rápido Qualquer tipo de movimento gravitacional de massa que envolva um deslocamento visível de material encosta abaixo.

Movimentos gravitacionais de massa rápidos envolvem um deslocamento visível de material. Em geral, esses movimentos são repentinos e o material se move depressa encosta abaixo. Movimentos de massa rápidos são potencialmente perigosos e frequentemente resultam em perda de vidas e danos civis. A maioria

Figura 10.8 Minimizando os danos das quedas de blocos
Uma tela aramada é utilizada para cobrir essa encosta íngreme próxima a Narvik, norte da Noruega. Essa é uma prática comum em áreas montanhosas para impedir que as rochas caiam sobre as rodovias.

> **movimento gravitacional de massa lento** Movimento gravitacional de massa que avança a uma taxa imperceptível e, geralmente, é detectável apenas pelos efeitos do seu movimento.

dos movimentos gravitacionais de massa rápidos ocorre em encostas relativamente íngremes e pode envolver rocha, solo ou detritos.

Movimentos gravitacionais de massa lentos avançam em uma velocidade imperceptível e, geralmente, são detectáveis apenas pelos efeitos de seu movimento, como árvores e postes de eletricidade vergados e fundações civis rachadas. Embora os movimentos gravitacionais de massa rápidos sejam mais dramáticos, os movimentos gravitacionais de massa lentos são responsáveis pelo transporte, encosta abaixo, de um volume muito maior de material desagregado.

Tabela 10.1
Classificação dos movimentos gravitacionais de massa e suas características

TIPO DE MOVIMENTO	SUBDIVISÃO	CARACTERÍSTICAS	VELOCIDADE DO MOVIMENTO
Quedas	Queda de blocos	Rochas de qualquer tamanho caem em queda livre de falésias íngremes, cânions e cortes de estradas	Extremamente rápida
Escorregamentos	Escorregamento rotacional	O movimento ocorre ao longo de uma superfície de ruptura curva; a maioria geralmente envolve material desagregado ou fracamente consolidado	Extremamente lenta a moderada
	Escorregamento translacional	O movimento ocorre, geralmente, ao longo de superfícies planas	Rápida a muito rápida
Fluxos	Fluxo de lama	Consiste em, pelo menos, 50% de partículas de argila e silte e até 30% de água	Muito rápida
	Fluxo de detritos	Contêm partículas maiores e menos água que os fluxos de lama	Rápida a muito rápida
	Fluxo de terra	Massa espessa e viscosa de regolito hidratado, em formato de língua	Lenta a moderada
	Quick clays	Argila e silte saturadas com água; quando perturbadas por um choque repentino, perdem sua coesão e fluem como um líquido	Rápida a muito rápida
	Solifluxão	Sedimento de superfície saturado de água	Lenta
	Rastejamento	Movimento de descida encosta abaixo de solo e rocha	Extremamente lenta
Movimentos complexos		Combinação de diferentes tipos de movimento	Lenta a extremamente rápida

© 2013 Cengage Learning

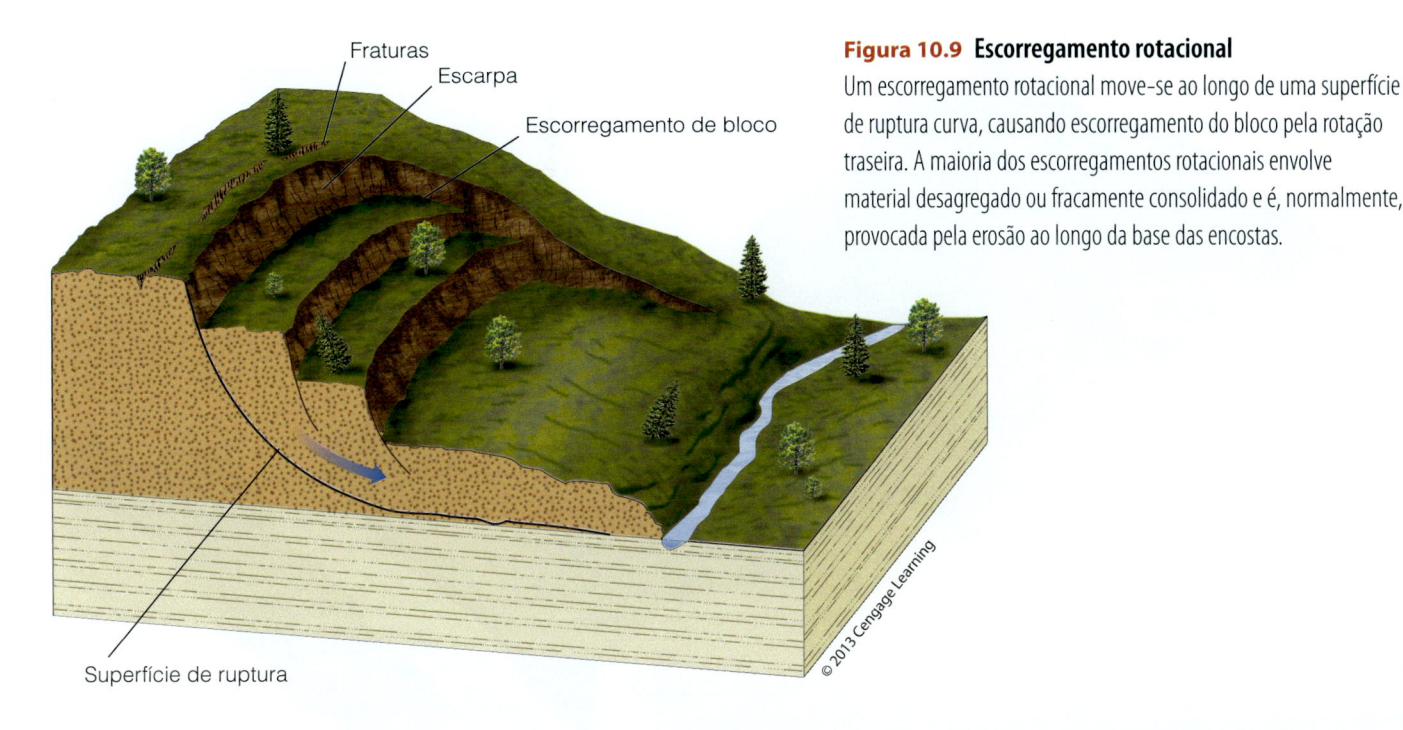

Figura 10.9 Escorregamento rotacional

Um escorregamento rotacional move-se ao longo de uma superfície de ruptura curva, causando escorregamento do bloco pela rotação traseira. A maioria dos escorregamentos rotacionais envolve material desagregado ou fracamente consolidado e é, normalmente, provocada pela erosão ao longo da base das encostas.

Quedas

Quedas de blocos são um tipo de movimento gravitacional de massa, extremamente rápido, no qual as rochas de qualquer tamanho, desagregadas das encostas, caem em queda livre (Figura 10.7). As quedas de blocos ocorrem ao longo de cânions escarpados, penhascos íngremes e cortes de estradas, e o depósito rochas soltas e fragmentos de rochas na sua base chamam-se *tálus*.

As quedas de blocos resultam do colapso ao longo das juntas ou dos planos de acamamento da rocha e são, comumente, desencadeadas pela remoção da porção inferior das encostas, seja por processos naturais, pela ação antrópica, seja por terremotos. Muitas quedas de blocos em climas frios são o resultado de acunhamento do gelo (observe a Figura 6.2). O intemperismo químico causado por percolação de água através das fissuras em rochas carbonáticas (calcário, dolomito e mármore) também é responsável por muitas quedas de blocos.

Essas quedas abrangem desde pequenos blocos rochosos, que caem de um penhasco, até escorregamentos maciços, que envolvem milhões de metros cúbicos de detritos, que destroem edifícios, soterram cidades e bloqueiam as rodovias. As quedas de blocos são um risco particularmente comum em áreas montanhosas onde as estradas são construídas pela escavação e pelo nivelamento de encostas rochosas escarpadas (Figura 10.7b). Para impedir que fragmentos rochosos soltos caiam sobre a rodovia, as encostas particularmente propensas a quedas de blocos podem ser revestidas com telas aramadas (Figura 10.8).

Figura 10.10 Escorregamento rotacional em Point Fermin, na Califórnia

Casas perigosamente próximas à ribanceira costeira erodida e com declividade acentuada em Point Fermin, Califórnia. É só uma questão de tempo até que essas casas sejam destruídas pelos efeitos da erosão ou pelo escorregamento rotacional da ribanceira instável.

quedas de blocos
Tipo de movimento gravitacional de massa extremamente rápido em queda livre.

TIPOS DE MOVIMENTO GRAVITACIONAL DE MASSA

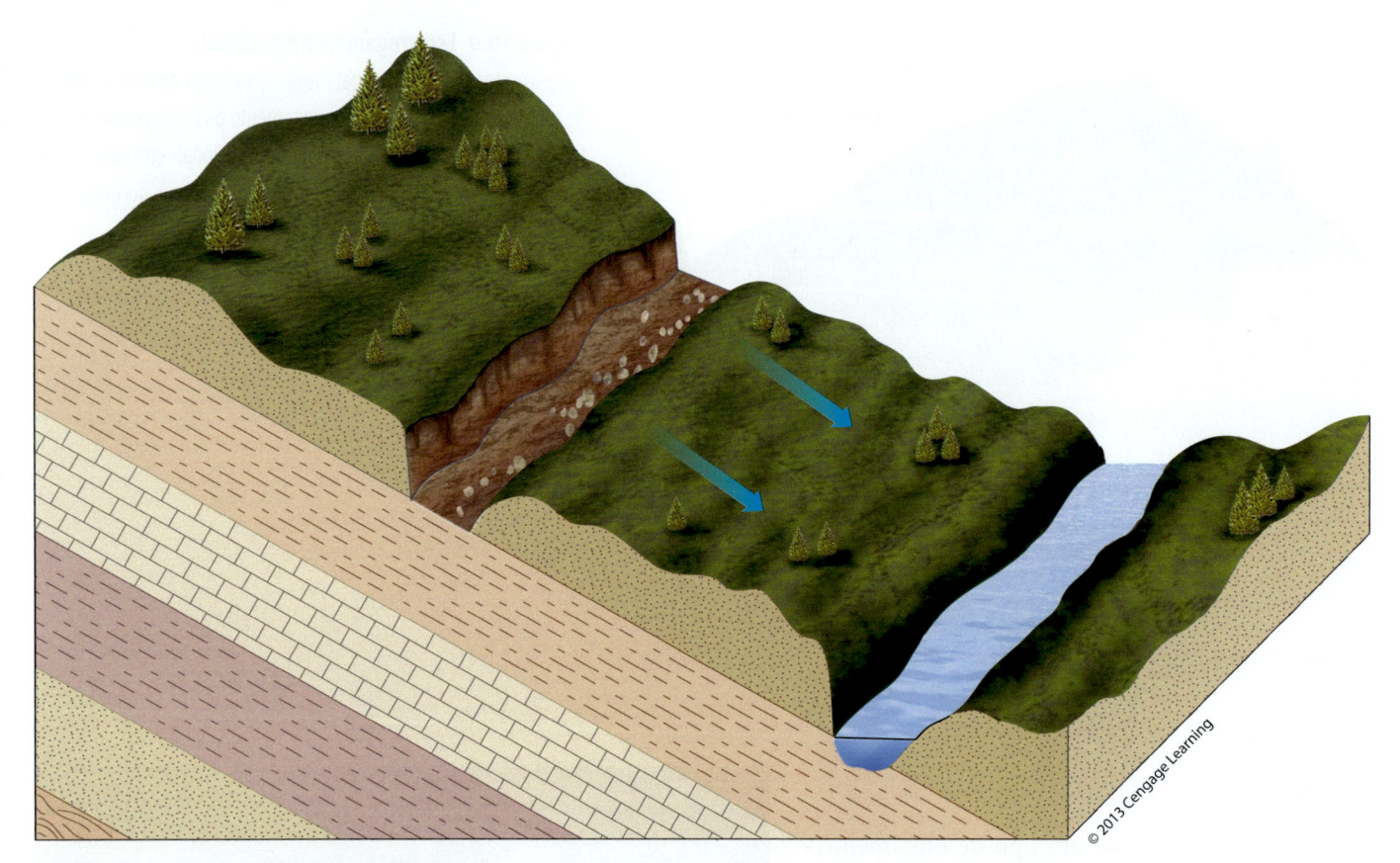

Figura 10.11 Escorregamento translacional
Escorregamentos translacionais ocorrem quando o material se movimenta encosta abaixo, geralmente, ao longo de uma superfície planar. A maioria dos escorregamentos translacionais ocorre quando rochas subjacentes mergulham no mesmo ângulo geral com a inclinação da encosta. Erosão basal ao longo da base da encosta e camada de argila sob a rocha porosa ou camadas de solo aumentam a chance de escorregamento translacional.

Escorregamentos

Escorregamento é o movimento gravitacional de massa do material ao longo de uma ou mais superfícies de ruptura da encosta. O tipo de material escorregado pode ser solo, rocha ou uma combinação dos dois. O corpo escorregado pode se esfacelar durante o movimento ou permanecer intacto. A velocidade de um escorregamento pode variar de extremamente lenta a muito rápida (Tabela 10.1).

Dois tipos de escorregamento são geralmente reconhecidos: (1) escorregamentos rotacionais, nos quais o movimento ocorre ao longo de superfícies de ruptura curvas; e (2) escorregamentos translacionais de blocos rochosos, que se movem ao longo de uma ou mais superfícies de ruptura mais ou menos planas.

Um **escorregamento rotacional** envolve o deslocamento do material ao longo de uma superfície curva de ruptura e é caracterizado pela rotação traseira do bloco escorregado (Figura 10.9). Em geral, o escorregamento rotacional ocorre em material desagregado ou fracamente consolidado e varia em dimensões: desde escorregamentos individuais pequenos, como os que ocorrem ao longo das margens fluviais (Figura 10.2c), a escorregamentos múltiplos e maciços, que afetam grandes áreas e causam prejuízos consideráveis.

Os escorregamentos rotacionais podem ser causados por uma variedade de fatores, mas, comumente, é a erosão no sopé da encosta que remove o apoio do material sobreposto. A declividade local pode decorrer, naturalmente, da erosão fluvial nas margens de um rio (Figura 10.2c) ou da ação das ondas na base de um penhasco costeiro (Figura 10.10).

Uma encosta muito escarpada pode também ter origem antrópica, seja pela construção de rodovias seja de

> **escorregamento**
> Movimento gravitacional de massa do material ao longo de uma ou mais superfícies de ruptura da encosta.
>
> **escorregamento rotacional** Ocorre ao longo de uma superfície curva de ruptura e resulta na rotação traseira do bloco escorregado.

Figura 10.12 Escorregamento translacional, Laguna Beach, Califórnia
Uma combinação de leitos de argila que se tornam escorregadios quando molhados, rochas que mergulhavam na mesma direção da encosta escarpada e remoção do sopé das escarpas pela ação das marés ativou um escorregamento translacional em Laguna Beach, Califórnia, que destruiu inúmeras casas e carros, em 2 de outubro de 1978. Essa mesma área foi atingida por outro escorregamento translacional em 2005.

habitações. Os escorregamentos rotacionais predominam ao longo dos cortes das rodovias onde são, em geral, o tipo mais frequente de movimento gravitacional de massa.

Embora muitos escorregamentos rotacionais sejam, apenas, situações inconvenientes, escorregamentos em grande escala em áreas com população e rodovias podem causar grandes prejuízos. É o caso da costa meridional da Califórnia, nos Estados Unidos, onde os escorregamentos rotacionais são um problema constante, que resulta na destruição de muitas moradias e fecha e realoca inúmeras estradas e rodovias (Figura 10.10).

Um **escorregamento translacional** ocorre quando as rochas se movem encosta abaixo, ao longo de uma ou mais superfícies relativamente plana. A maioria dos deslizamentos de rochas acontece porque as encostas, e as camadas de rochas, mergulham na mesma direção (Figuras 10.5 e 10.11),

escorregamento translacional
Movimentos gravitacionais de massa rápidos ao longo de uma superfície relativamente plana.

TIPOS DE MOVIMENTO GRAVITACIONAL DE MASSA 225

Figura 10.13 Escorregamento translacional, Turtle Mountain, Canadá

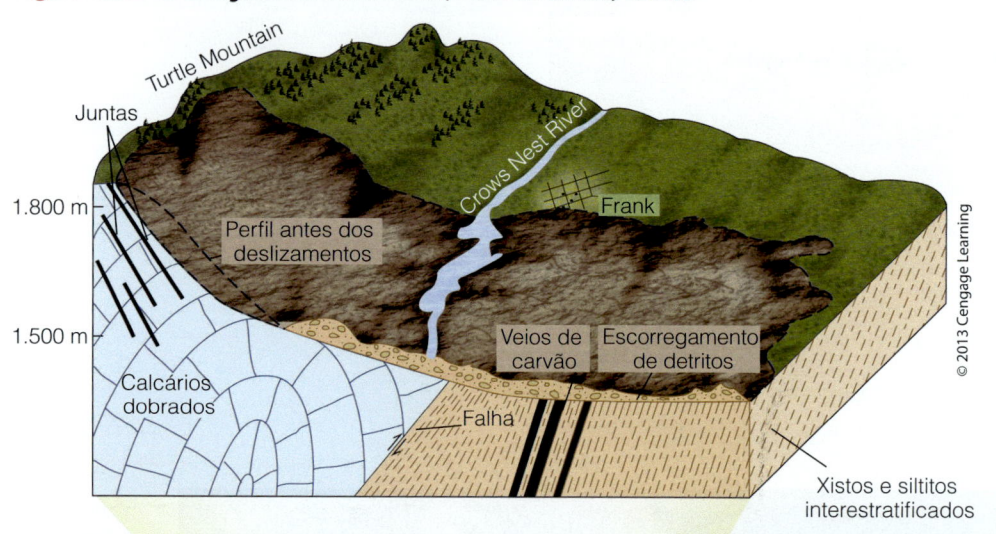

a. O trágico escorregamento translacional de Turtle Mountain que matou 70 pessoas e enterrou parcialmente a cidade de Frank, Alberta, Canadá, em 29 de abril de 1903, foi causado por uma combinação de fatores. Esses fatores incluem juntas que imergiram na mesma direção da inclinação de Turtle Mountain, uma falha no meio da montanha, estratos frágeis de xisto e calcário subjacentes à base da montanha e veios de carvão extraído.

b. Resultados do escorregamento translacional em Frank, em 1903.

embora também possa ocorrer deslizamento em uma fratura paralela à encosta. Os escorregamentos translacionais são comuns ao longo da costa sul da Califórnia, como Point Fermin, onde rochas mergulham em direção ao mar com camadas de argila escorregadias interestratificadas, solapadas na sua base pelas ondas do mar, o que causa inúmeros escorregamentos translacionais.

Mais ao sul de Point Fermin está a cidade de Laguna Beach, onde os moradores foram atingidos pelo escorregamento translacional e por deslizamentos de lama em

Figura 10.14 Fluxo de lama, Parque Nacional de Rocky Mountain
O fluxo de lama move-se rapidamente encosta abaixo engolfando tudo em seu caminho. Observe como esse fluxo de lama em Rocky Mountain National Park se espalhou na base da encosta. Observe também o pequeno lago que foi formado após o fluxo de lama criar uma barragem sobre o córrego.

1978, 1998 e, recentemente, em 2005 (Figura 10.12). Assim como em Point Fermin, as rochas em Laguna Beach mergulham, aproximadamente, 25 graus na mesma direção da inclinação das paredes do cânion e contêm estratos de argila que "lubrificam" as camadas de rochas sobrejacentes, causando o deslizamento de rochas e casas construídas sobre elas. A água de percolação de chuvas intensas encharca a superfície argilosa do siltito, reduzindo assim sua resistência ao cisalhamento e ajudando a ativar o deslizamento. Além disso, esses deslizamentos são parte de um grande complexo de deslizamentos antigos.

Nem todos os escorregamentos translacionais são o resultado de rochas que mergulham na mesma direção de uma encosta da montanha. O escorregamento translacional em Frank, Alberta, Canadá, em 29 de abril de 1903, ilustra como a natureza e a atividade humana podem se combinar para criar uma situação com resultados trágicos (Figura 10.13).

Ao que parece, à primeira vista, a cidade de minério de carvão de Frank, que se encontra na base de Turtle Mountain, não correria nenhum risco de deslizamento de terra (Figura 10.13). Afinal, a maioria das rochas mergulham para além do vale de mineração. Entretanto, as juntas no calcário maciço de Turtle Mountain mergulham de forma acentuada em direção ao vale e são essencialmente paralelas à inclinação da montanha em si. Além disso, a Turtle Mountain é sustentada por camadas frágeis de siltito, xisto e carvão que foram submetidas à lenta deformação plástica pelo peso do calcário maciço sobrejacente. A mineração de carvão ao longo da base do vale também contribuiu para a tensão na rocha pela remoção de alguns apoios subjacentes. Todos esses fatores, bem como a ação de congelamento e o intemperismo químico que dilataram as juntas, resultaram em um escorregamento translacional maciço. Aproximadamente 40 milhões de metros cúbicos de rocha deslizaram a Turtle Mountain ao longo dos planos das juntas, matando 70 pessoas e enterrando parcialmente a cidade de Frank.

Corridas de massa

Os movimentos gravitacionais de massa, nos quais o material flui como um fluido viscoso ou exibe movimentos plásticos, são denominados *corridas de massa*.

A velocidade desses movimentos varia de extremamente lenta a extremamente rápida (Tabela 10.1). Em muitos casos, os movimentos gravitacionais de massa começam como quedas de blocos ou escorregamentos (rotacional ou translacional) e, posteriormente, transformam-se em corridas de massa encosta abaixo.

Entre os principais tipos de movimento de massa, os **fluxos de lama** são os mais fluidos e mais rápidos

> **fluxo de lama** Consiste principalmente de partículas de argila e silte e até 30% de água, e se move encosta abaixo sob influência da gravidade.

Figura 10.15 Fluxo de detritos, Ophir Creek, Nevada
Fluxo de detritos e casa danificada no baixo Ophir Creek, oeste de Nevada. Observe a quantidade de grandes pedregulhos que são parte do fluxo de detritos. Os fluxos de detritos não contêm tanta água quanto os fluxos de lama e são compostos geralmente de partículas grandes.

Figura 10.16 Fluxo de terra

a. Fluxos de terra são massas hidratadas de regolito que se movem lentamente encosta abaixo. Elas ocorrem mais comumente em encostas cobertas de solo e grama de climas úmidos.

b. Fluxo de terra próximo a Baraga, Michigan.

Figura 10.17 Deslizamento de argila rápida, Anchorage, Alasca

a. O tremor de terra no Alasca, ocasionado pelo terremoto de 1964 transformou partes de Bootlegger Cove Clay em uma argila movediça, causando inúmeros deslizamentos.

b. A fotografia aérea de Turnagain Heights, em Anchorage (Estados Unidos), mostra algumas das numerosas fissuras causadas pela corrida de massa, assim como o extenso prejuízo aos prédios da área. Ao fundo pode ser visto o que sobrou do edifício de apartamentos Four Seasons.

(alcançam velocidades de até 80 km/h). Os fluxos de lama consistem em uma mistura de silte e argila (no mínimo, 50%), hidratada com até 30% de água. Os fluxos de lama são comuns em ambientes áridos ou semiáridos, onde são provocados por fortes aguaceiros que, rapidamente, saturam o regolito, transformando-se em um fluxo de lama em fúria, que engolfa tudo em seu caminho. Os fluxos de lama também podem ocorrer em regiões montanhosas (Figura 10.14) e em áreas cobertas por cinza vulcânica, onde podem ser particularmente destrutivos (veja o Capítulo 5). Geralmente, por serem muito fluidos, seguem leitos preexistentes, até que a declividade da encosta diminua ou o leito se alargue, espalhando o fluxo de lama desse ponto.

Fluxos de detritos são compostos de partículas maiores do que os fluxos de lama e não contêm tanta água. Consequentemente, os fluxos de detritos são mais viscosos do que os fluxos de lama, sua velocidade é menor e, raramente, estão confinados em leitos preexistentes. No entanto, os fluxos de detritos podem ser muito destrutivos, porque podem transportar objetos de grandes dimensões (Figura 10.15).

Fluxos de terra são mais lentos do que os fluxos de lama e de detritos. Começam com um escorregamento na parte superior de uma encosta, criando uma escarpa e fluem, lentamente, encosta abaixo, como uma língua espessa e viscosa de regolito hidratado (Figura 10.16). Assim como os fluxos de lama e de detritos, os fluxos de terra têm dimensões variadas e, frequentemente, são destrutivos. Ocorrem mais comumente em climas úmidos, após chuvas torrenciais que encharcam os solos das encostas gramadas.

Algumas argilas se liquefazem espontaneamente e fluem como água quando são perturbadas. São as chamadas **quick clays** (*argilas rápidas*) que causam sérios danos e perda de vidas na Suécia, na Noruega, no leste do Canadá e no Alasca. As argilas rápidas são compostas de argila e silte resultantes da ação de trituração das geleiras. Os geólogos acreditam que esses sedimentos finos foram originariamente depositados em um ambiente marinho onde a porosidade foi ocupada pela água salgada. Os íons dissolvidos na água do mar ajudaram a estabelecer ligações fortes entre as partículas de argila, estabilizando-a e enrijecendo-a. Posteriormente, quando essas argilas foram elevadas acima do nível do mar, a água salgada foi substituída pela água doce subterrânea, reduzindo a eficiência das ligações iônicas entre as partículas de argila. Dessa forma, a força e a coesão geral da argila foram reduzidas. Consequentemente, quando a argila é perturbada por um choque, ou impacto repentino, torna-se líquida e flui.

Um exemplo de dano causado por *quick clays* ocorreu em 1964, em Turnagain Heights, na região de Anchorage, no Alasca (Figura 10.17) A Bootlegger Cove é uma unidade subjacente argilosa e maciça de

---

fluxo de detritos Tipo de movimento gravitacional de massa que envolve uma massa viscosa de solo, fragmentos rochosos e água que se movem encosta abaixo; os fluxos de detritos têm partículas maiores do que os fluxos de lama e contêm menos água.

fluxo de terra Processo de movimentação gravitacional de massa que envolvem movimento encosta abaixo de solo saturado de água.

quick clay (argila rápida) Depósito de argila que espontaneamente se liquefaz e flui como água quando perturbado.

TIPOS DE MOVIMENTO GRAVITACIONAL DE MASSA

Figura 10.18 *Permafrost* e solifluxão

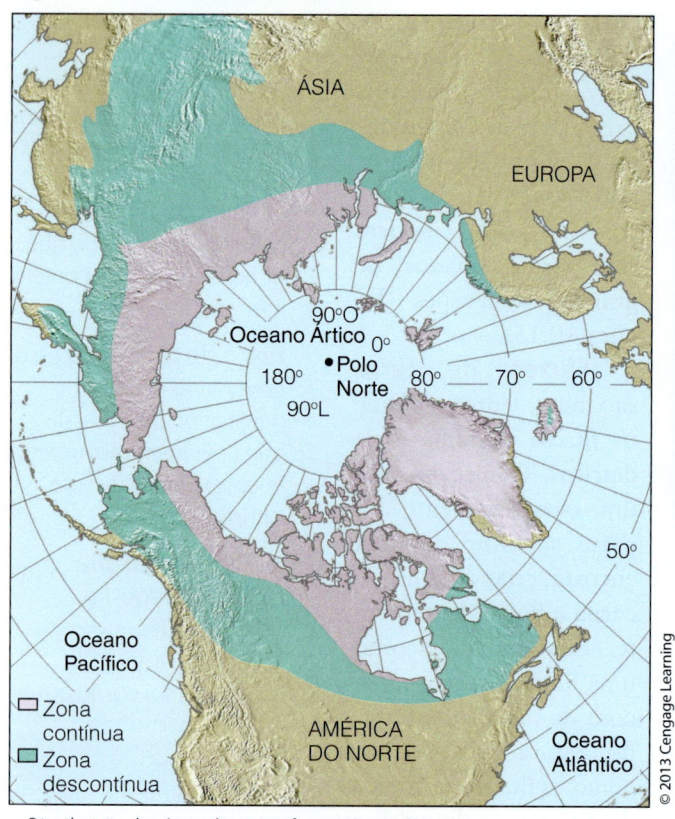

a. Distribuição das áreas de *permafrost* no hemisfério norte.

b. Solifluxão no Parque Nacional de Kluane, Yukon Territory, Canadá, mostra a topografia lobulada que é característica de condições de solifluxão.

pouca permeabilidade, que tem ampla distribuição na região de Anchorage. Essa unidade é uma barreira natural que impede o fluxo da água subterrânea para o mar, implicando considerável pressão hidráulica sobre o lado continental da argila. No entanto, a água subterrânea, oriunda dos depósitos glaciais adjacentes, expulsa e substitui a água salgada dessa unidade argilosa, e satura as lentes de areia e silte associadas aos leitos de argila. Em 27 de março de 1964, quando um terremoto de magnitude 8,6 chacoalhou essa região, partes da Bootlegger Cove foram transformadas em *quick clay*, e uma série de deslizamentos de massa destruiu grande parte das casas de Turnagain Heights (Figura 10.17b).

Figura 10.19 Dano *permafrost*
Essa casa, no sul de Fairbanks, Alasca, estabeleceu-se de forma irregular porque o *permafrost* subjacente em siltes de grãos finos e areias derreteu.

Figura 10.20 Rastejamento

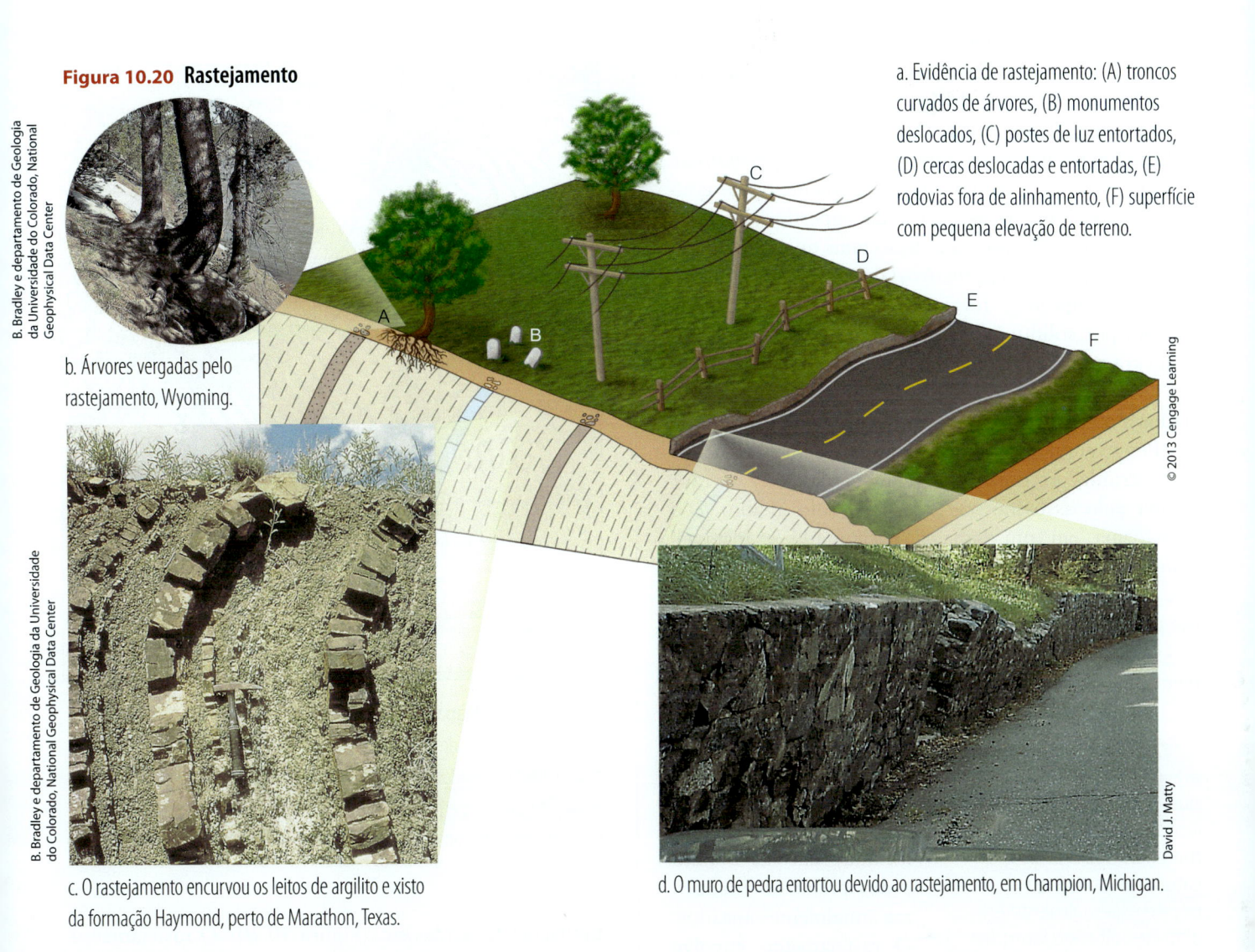

a. Evidência de rastejamento: (A) troncos curvados de árvores, (B) monumentos deslocados, (C) postes de luz entortados, (D) cercas deslocadas e entortadas, (E) rodovias fora de alinhamento, (F) superfície com pequena elevação de terreno.

b. Árvores vergadas pelo rastejamento, Wyoming.

c. O rastejamento encurvou os leitos de argilito e xisto da formação Haymond, perto de Marathon, Texas.

d. O muro de pedra entortou devido ao rastejamento, em Champion, Michigan.

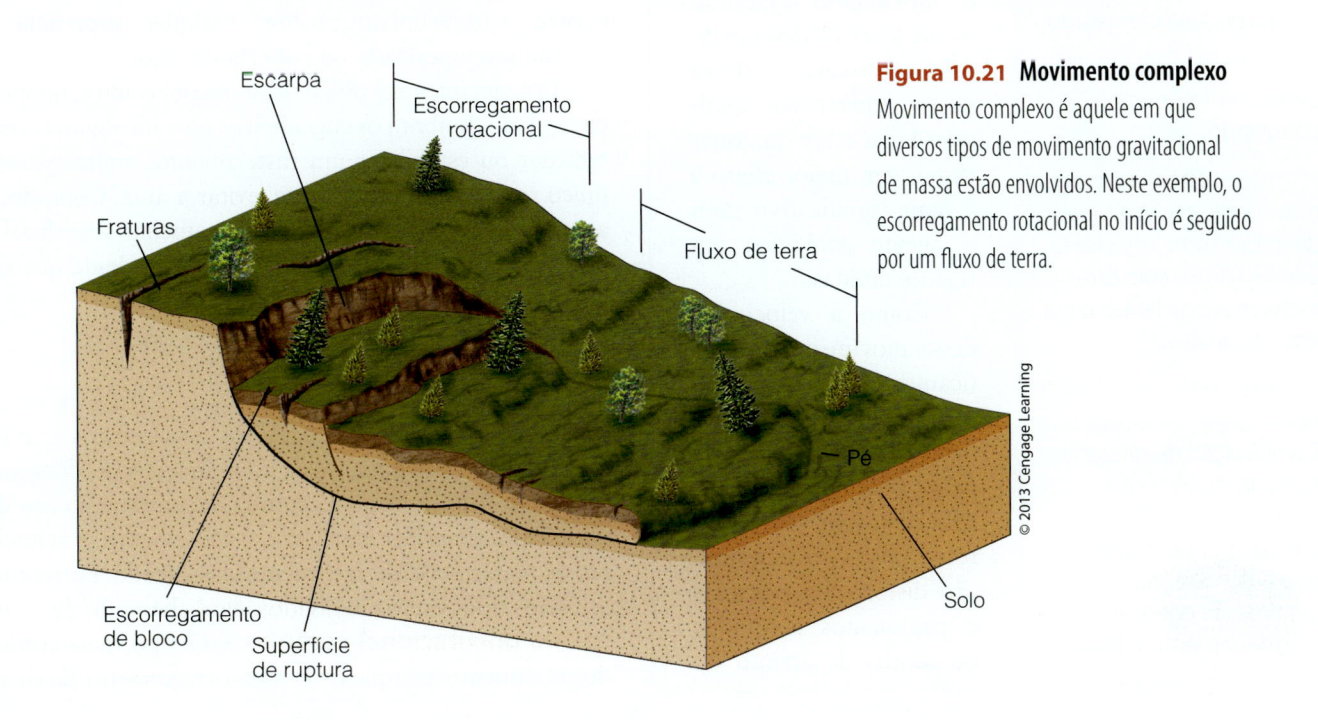

Figura 10.21 Movimento complexo

Movimento complexo é aquele em que diversos tipos de movimento gravitacional de massa estão envolvidos. Neste exemplo, o escorregamento rotacional no início é seguido por um fluxo de terra.

TIPOS DE MOVIMENTO GRAVITACIONAL DE MASSA

A **solifluxão** é o movimento lento, encosta abaixo, de sedimento saturado de água da superfície. Ela pode ocorrer em qualquer clima, quando o solo se torna saturado de água, sendo mais comum em áreas de *permafrost*.

O **permafrost** é um solo permanentemente congelado que cobre quase 20% da superfície terrestre (Figura 10.18). Durante a estação mais quente, quando a porção superior do *permafrost* degela, a água e o sedimento da superfície formam uma massa encharcada que flui por solifluxão e produz uma topografia lobulada característica (Figura 10.18b).

Como é de esperar, muitos problemas estão associados a construções em um ambiente *permafrost*.

Por exemplo, quando um edifício sem isolamento é construído diretamente em um *permafrost*, o calor escapa pelo assoalho, descongela o solo abaixo, e o transforma em um lamaçal encharcado e instável. Como o solo não está mais sólido, o edifício se estabelece de forma irregular no solo, e isso resulta em inúmeros problemas estruturais (Figura 10.19).

O **rastejamento** é o tipo mais lento de deslizamento e, ao mesmo tempo, o movimento gravitacional de massa mais amplamente distribuído, além de ser significativo em termos de quantidade total de material movimentado encosta abaixo e dos prejuízos financeiros anualmente causados. O rastejamento envolve o movimento extremamente lento de descida do solo ou rocha. Embora possa ocorrer em qualquer lugar e em qualquer clima, tem maior efeito e é mais significativo com o agente geológico em regiões úmidas.

Como a velocidade desse movimento é, praticamente, imperceptível, só tomamos conhecimento da sua existência pela manifestação dos seus efeitos, ou seja, árvores e postes de iluminação distorcidos, calçadas e pavimentos rompidos ou muros de arrimo ou fundações trincadas etc. (Figura 10.20). O rastejamento envolve, geralmente, toda a encosta da montanha e ocorre, variavelmente, sobre qualquer superfície de encosta intemperizada ou coberta de solo.

O rastejamento é difícil de ser reconhecido e, também, controlado. Embora os engenheiros possam algumas vezes retardar ou estabilizar um rastejamento, muitas vezes o único recurso é, simplesmente, evitar a área. Contudo, se a zona do rastejamento for relativamente superficial, é possível projetar estruturas de contenção, desde que elas possam ser ancoradas no substrato rochoso.

Movimentos complexos

Como dito anteriormente, muitos movimentos gravitacionais de massa podem ser combinações de diferentes tipos. Quando um tipo é dominante, como é o caso das variedades descritas até agora, o movimento gravitacional de massa pode ser facilmente classificado. Entretanto, se vários tipos estão envolvidos, ele é chamado de **movimento gravitacional complexo**. O tipo mais comum de movimento complexo é o *escorregamento-fluxo* em

---

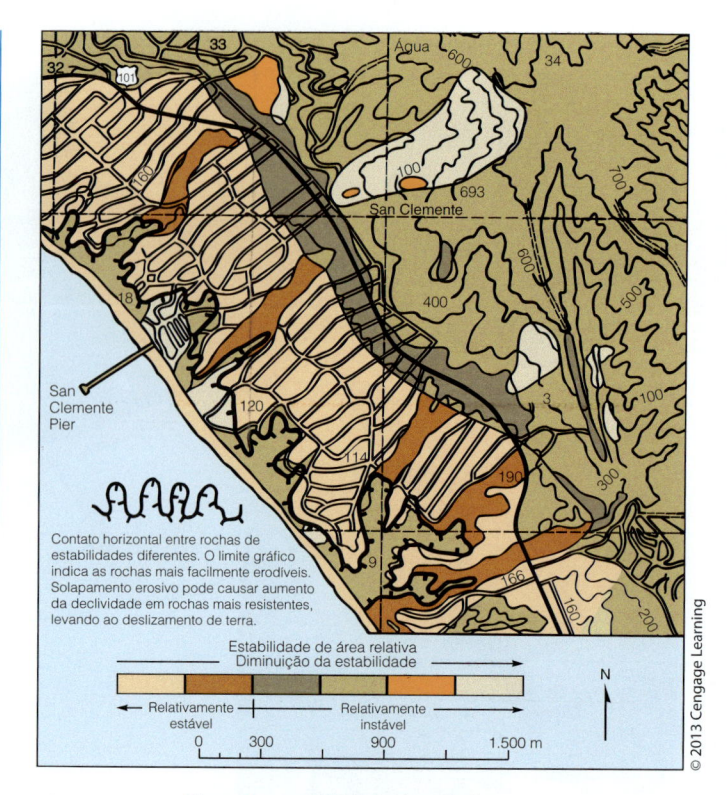

Figura 10.22 Mapa de estabilidade de talude
O mapa de estabilidade de talude de parte de San Clemente, Califórnia, mostra áreas delineadas de acordo com a estabilidade relativa. Esse mapa ajuda planejadores e empreendedores a tomar decisões sobre onde localizar estradas, linhas de transmissão, edifícios e outras estruturas.

---

solifluxão Movimentação gravitacional de massa que envolve o momento lento de descida de materiais de superfície saturados de água; ocorre especialmente em altitudes altas ou latitudes altas onde o fluxo está abaixo do solo congelado.

permafrost Solo permanentemente congelado.

rastejamento Tipo de movimento gravitacional de massa sobre uma vasta área em que o solo ou rocha move-se lentamente encosta abaixo.

movimento gravitacional complexo Combinação de diferentes tipos de movimento gravitacional de massa em que nenhum único tipo é dominante; geralmente envolve escorregamento e fluxo.

Figura 10.23 Uso de dreno para remoção de água da superfície

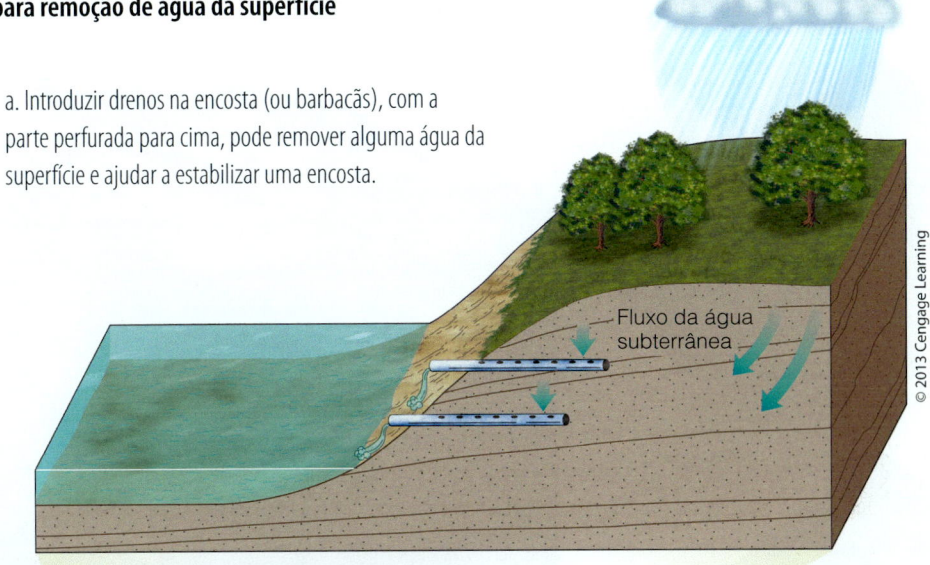

a. Introduzir drenos na encosta (ou barbacãs), com a parte perfurada para cima, pode remover alguma água da superfície e ajudar a estabilizar uma encosta.

Fluxo da água subterrânea

b. Dreno, introduzido na encosta em Point Fermin, na Califórnia, que ajuda a remover água da superfície nesses estratos porosos.

Este material foi removido

Declividade anterior

Material acumulado da parte de cima da encosta

Antes

Depois

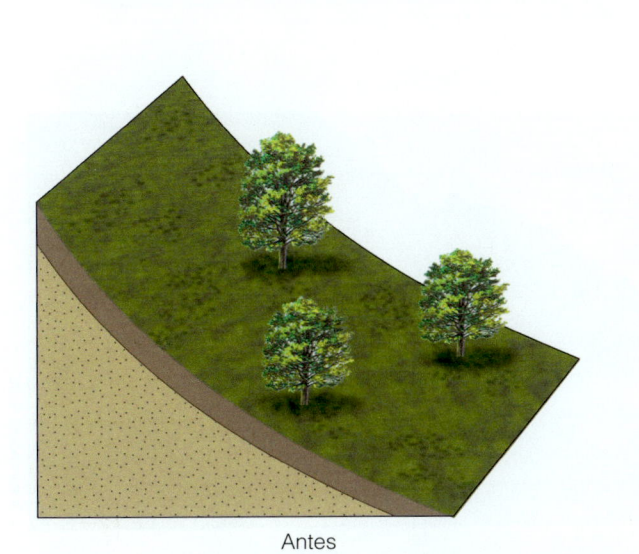

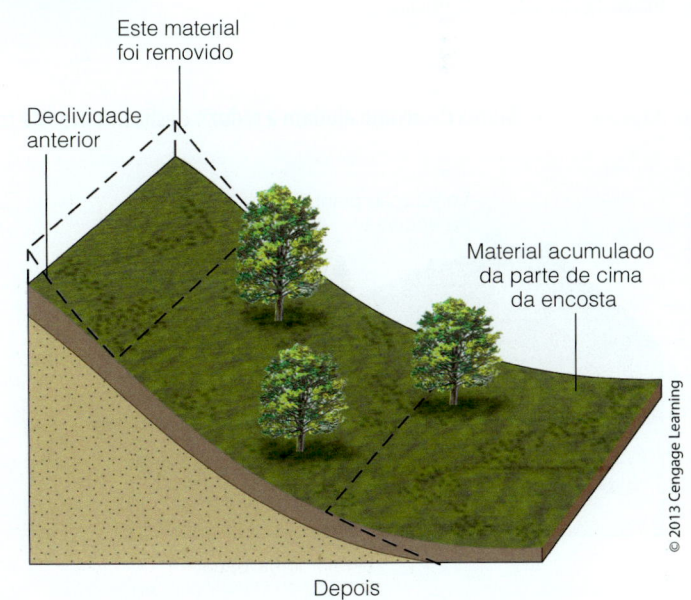

Figura 10.24 Estabilização de uma encosta pelo método corte e aterro
Um método comum utilizado para reduzir e estabilizar uma encosta é o método corte e aterro. O material escarpado da cabeceira é removido e depositado na base, reduzindo a declividade da encosta. Isso fornece um apoio adicional ao sopé da encosta.

TIPOS DE MOVIMENTO GRAVITACIONAL DE MASSA

Figura 10.25 Estabilização de uma encosta pelo método de bancadas

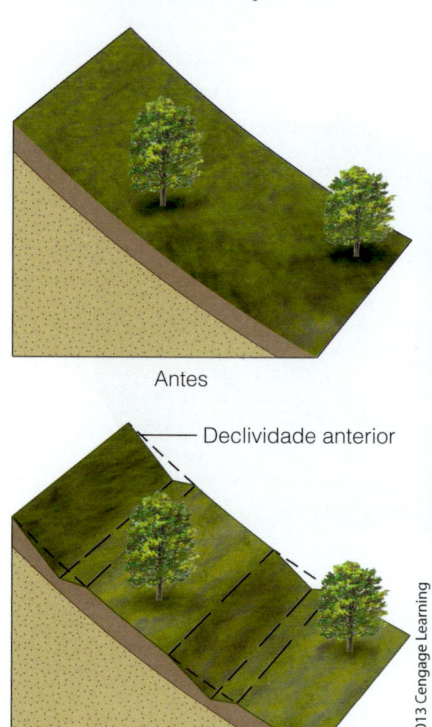

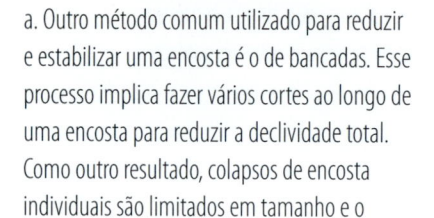

Antes

Declividade anterior

Depois

a. Outro método comum utilizado para reduzir e estabilizar uma encosta é o de bancadas. Esse processo implica fazer vários cortes ao longo de uma encosta para reduzir a declividade total. Como outro resultado, colapsos de encosta individuais são limitados em tamanho e o material é coletado nas bancadas.

b. As bancadas são utilizadas em muitos cortes de estradas e podem ser claramente vistas nesta fotografia.

Figura 10.26 Muros de arrimo ajudam a reduzir deslizamentos de terra

a. Muros de arrimo fixados no substrato rochoso com enchimento em cascalho e brita e drenados para sustentar a base da encosta e reduzir os escorregamentos de terra.

b. Muro de arrimo de aço construído para estabilizar a encosta e conter escorregamentos e quedas de blocos na rodovia.

que há escorregamento no início e, então, algum tipo de fluxo mais adiante de seu curso. A maioria dos deslizamentos de terra escorregamento-fluxo envolve escorregamento rotacional bem definido no início, seguido por um fluxo de detritos ou um fluxo de terra (Figura 10.21). Qualquer combinação de diferentes tipos de movimento gravitacional de massa é um movimento complexo.

OA3 RECONHECENDO E MINIMIZANDO OS EFEITOS DOS MOVIMENTOS GRAVITACIONAIS DE MASSA

O fator mais importante para eliminar ou minimizar os efeitos prejudiciais do movimento gravitacional de massa é realizar uma investigação geológica completa da região em questão. Dessa forma, pode-se identificar deslizamentos de terra anteriores e as áreas suscetíveis à movimentos de massa e, talvez, evitá-los. Os engenheiros podem tomar medidas para eliminar ou minimizar os efeitos dessas ocorrências, avaliando os riscos de possíveis movimentações gravitacionais de massa antes de começar uma construção.

Em qualquer estudo de avaliação de riscos é importante identificar áreas com alto potencial de queda de encosta. Esses estudos devem incluir a identificação de deslizamentos de terra anteriores, assim como sítios com potencial para futuros movimentos gravitacionais de massa. As escarpas, as fissuras abertas, os objetos deslocados ou torcidos, as superfícies planas com pequena elevação de terreno e súbitas mudanças na vegetação são algumas das características que indicam deslizamentos de terra anteriores ou uma área suscetível à ruptura da encosta. Os efeitos do intemperismo, da erosão e da vegetação podem, no entanto, obscurecer evidências anteriores de movimentação gravitacional de massa.

A informação obtida do estudo de avaliação de risco pode ser usada para produzir os *mapas de estabilidade de talude* da área (Figura 10.22). Esses mapas permitem que os planejadores e os desenvolvedores tomem decisões sobre onde posicionar estradas, linhas de transmissão e empreendimentos habitacionais e industriais com base na estabilidade ou na instabilidade relativa de um local específico. Os mapas também indicam a extensão de um problema de deslizamento de terra de uma área e o tipo de movimento gravitacional de massa que pode ocorrer.

Embora os grandes movimentos de massa não possam ser impedidos, os geólogos e os engenheiros podem empregar vários métodos para minimizar o perigo e os danos deles resultantes. Como a água desempenha um papel muito importante nos variados escorregamentos, um dos meios mais eficientes e econômicos para reduzir o possível colapso das encostas, ou aumentar a estabilidade, é a drenagem da superfície e da subsuperfície da encosta. A drenagem serve a dois propósitos: (1) ela reduz o peso do material, que provavelmente deslizaria, e (2) diminui a poropressão, aumentado a resistência ao cisalhamento da encosta.

Nas encostas, as águas superficiais podem ser drenadas e desviadas para fossas, valetas ou galerias projetadas. Drenos de escoamento posicionados ao longo da superfície que adentram a encosta podem remover, variavelmente, a água subsuperficial (Figura 10.23). Finalmente, reflorestar as encostas ajuda a estabilizá-las porque as raízes sustentam o solo e reduzem a quantidade de água nele.

Outra maneira de ajudar a estabilizar uma encosta é reduzir sua declividade. Lembre-se de que o sobrepeso e o aumento da declividade por taludamento são causas comuns de rompimento das encostas. Reduzir o ângulo de uma encosta diminui seu potencial para colapso. Dois métodos são, geralmente, empregados para reduzir a declividade de uma encosta. No método do *corte e aterro* (*cut-and-fill*) o material é removido da parte superior da encosta e usado para preencher a base, fornecendo, assim, uma superfície plana para a construção e a redução da declividade (Figura 10.24).

O segundo método envolve a construção de uma série de *bancadas* ou degraus na encosta (Figura 10.25). Esse processo reduz a declividade da encosta e os bancos servem como sítios de coleta para pequenos escorregamentos de terra ou eventuais quedas de blocos. O método de bancadas é mais comumente usado em encostas escarpadas em associação com um sistema de drenagem de superfície para desviar o escoamento pluvial.

Em algumas situações, muros de arrimo são construídos para sustentar a base da encosta (Figura 10.26). Esses muros precisam ser bem fixados no substrato rochoso e o espaço entre a encosta e o muro deve ser preenchido com brita. O muro deve ser provido de drenos para impedir o acumulo de água no sopé da encosta.

O reconhecimento, a prevenção e o controle das áreas propensas a escorregamentos de terra são procedimentos caros, mas não tanto quanto o prejuízo que pode advir quando os sinais de alerta não são reconhecidos ou são ignorados. Infelizmente, há inúmeros exemplos de colapso de aterros e barragens que servem como lembretes do preço que se paga em mortes e prejuízos materiais quando sinais de desastre iminente são ignorados.

11 | Água corrente

Vista do rio Nilo, no Egito. O norte está à direita, que é a direção na qual o rio flui. A planície de inundação do rio Nilo e o seu delta são praticamente as únicas áreas do Egito que sustentam a agricultura. Neste ponto, entre as cidades de Luxor e Assuam, a planície de inundação é estreita e em nenhuma outra parte tem mais de 20 km de diâmetro. Observe a mudança abrupta da planície alagável irrigada para o deserto. O Nilo, em seus 6.650 km de extensão, é o rio mais longo do mundo e é também incomum, porque, após sua entrada no Egito, ele não tem afluentes.

Introdução

"A água em canais é, com poucas exceções, o agente geológico mais importante na modificação da superfície terrestre".

Todos os planetas terrestres têm um histórico inicial semelhante, que envolve acreção, diferenciação e vulcanismo, mas diferem consideravelmente em seu histórico posterior. Na verdade, agora, a Terra é o único planeta terrestre com uma atmosfera rica em oxigênio e águas superficiais abundantes. O tamanho reduzido de Mercúrio e sua distância do Sol, assim como o efeito estufa descontrolado de Vênus, reduzem a possibilidade de água nesses planetas. Marte é muito pequeno e muito frio para água líquida, embora tenha um pouco de água congelada e pequenas quantidades de vapor de água na atmosfera. Além disso, imagens de satélite revelam vales e cânions sinuosos, que indicam água corrente durante a história inicial do planeta. Em contrapartida, 71% da superfície da Terra é coberta por oceanos e mares, sua atmosfera contém até 4% de vapor de água, e os continentes recebem precipitação que alimenta riachos, rios, lagos e o sistema de água subterrânea.

A hidrosfera é toda a água da Terra, incluindo as águas congeladas em geleiras, embora a maior parte da água (97,2%) esteja nos oceanos. Nossa principal preocupação aqui é com o 0,0001% da água da Terra em canais fluviais e rios. Tenha em mente, porém, que a água está em um ciclo contínuo através dos canais, e,

Objetivos de Aprendizagem (OA)

Ao finalizar este capítulo você será capaz de:

OA1 Identificar fontes de água existentes na Terra
OA2 Descrever o papel da água corrente
OA3 Explicar como a água provoca erosão e transporta sedimentos
OA4 Descrever deposição por água corrente
OA5 Questionar se as inundações podem ser previstas e controladas
OA6 Compreender o sistema de drenagem
OA7 Reconhecer a importância do nível de base
OA8 Compreender a evolução dos vales

Figura 11.1 Consequência da inundação em Johnstown, Pensilvânia
Em 31 de maio de 1889, uma enxurrada, de água de 18 m de altura, destruiu Johnstown e matou, pelo menos, 2.200 pessoas.

na verdade, a água corrente tem um impacto enorme sobre grande parte da superfície do solo.

Somente os desertos mais áridos e as áreas cobertas por geleiras apresentam pouco ou nenhum efeito de água corrente.

Provavelmente, se você já nadou ou fez canoagem em um riacho ou rio de fluxo rápido, vivenciou a força da água corrente, mas, em relatos vivos de inundações, a energia da água em movimento, de fato, impressiona. Às 16h07, de 31 de maio de 1889, os moradores de Johnstown, Pensilvânia, ouviram "um estrondo como um trovão" e, em dez minutos, a cidade foi devastada por uma enxurrada de água de 18 metros de altura, que rasgou a cidade a 60 km/h, varrendo detritos, casas e famílias inteiras (Figura 11.1). Chuvas fortes e a queda de uma barreira a montante da cidade causaram a inundação na qual, pelo menos, 2.200 pessoas foram mortas, tornando-a a inundação de rio mais mortal da história dos Estados Unidos.

Em julho e agosto de 2010, por causa de chuvas de monções excepcionalmente intensas, o rio Indo, no Paquistão, inundou aproximadamente 20% de todo o país e foi responsável por cerca de 2 mil mortes. E, ainda mais recentemente, extensas inundações ocorreram em Brisbane, na Austrália; no curso inferior do rio Mississippi; e, como aconteceu em 2011, o rio Missouri corre o risco de ter seus diques estourados e, com isso, provocar inundação.

A cada ano, as inundações causam grandes prejuízos materiais e mortes, mas obtemos muitos benefícios de água corrente e até de algumas inundações. Antes da conclusão da barragem Assuam, em 1970, os agricultores

> **ciclo hidrológico** Reciclagem contínua de água dos oceanos, através da atmosfera, para os continentes e de volta para os oceanos, ou dos oceanos, através da atmosfera, e de volta para os oceanos.
>
> **escoamento** Fluxo de superfície em riachos e rios.

Toda a água derivada dos oceanos consegue, finalmente, voltar para os oceanos e, dessa maneira, recomeça o ciclo hidrológico.

egípcios dependiam do limo depositado na planície de alagamento do rio Nilo para reabastecer suas áreas de cultivo (veja a foto de abertura do capítulo). De fato, no antigo Egito, taxas eram cobradas, dependendo do nível do Nilo. Além disso, a água corrente é uma fonte de água doce para agricultura, indústria, uso doméstico e recreação, e aproximadamente 8% de toda a eletricidade usada na América do Norte é gerada em usinas hidrelétricas. Quando os europeus exploraram pela primeira vez a América do Norte, eles seguiram os rios São Lourenço, Mississippi, Missouri e Ohio. Assim como esses rios, fluxos de água em todo o mundo também são importantes vias de comércio.

OA1 ÁGUA NA TERRA

A maior parte dos 1,33 bilhão de km³ de água da Terra encontra-se nos oceanos, e quase todo o restante encontra-se congelado nas geleiras. De toda a água da Terra, somente 0,65% se encontra na atmosfera, nas águas subterrâneas e nos lagos, pântanos e brejos, e uma quantidade pequena, porém importante, em riachos e canais de rios. Não obstante, a água em canais é, com poucas exceções, o agente geológico mais importante na modificação da superfície terrestre.

Grande parte da nossa discussão sobre água corrente é descritiva, mas esteja sempre ciente de que riachos e rios são sistemas dinâmicos, que respondem continuamente às mudanças. Por exemplo, a pavimentação em áreas urbanas aumenta o escoamento superficial para os fluxos de água, e outras atividades humanas, como construção de barragens e represamento de reservatórios, alteram a dinâmica dos sistemas de riachos e rios. Mudanças naturais também afetam as complexas interações entre as partes desses sistemas.

O ciclo hidrológico

A conexão entre a precipitação e as nuvens é óbvia, mas, em primeiro lugar, de onde vem a umidade para a chuva e a neve? Podemos suspeitar, imediatamente, que os oceanos são a melhor fonte de precipitação. De fato, a água é continuamente reciclada dos oceanos, através da atmosfera, para os continentes e de volta aos oceanos. Esse **ciclo hidrológico**, como é chamado (Figura 11.2), é potencializado pela radiação solar e ocorre porque a água muda facilmente do estado líquido para o gasoso (vapor de água) sob as condições da superfície. Aproximadamente 85% da água que entra na atmosfera é resultado da evaporação dos oceanos, e os 15% restantes vêm da água terrestre; originalmente, porém, quase toda essa água veio também dos oceanos.

Independentemente de sua fonte, o vapor da água sobe para a atmosfera, onde ocorrem processos complexos de formação de nuvens e de condensação. Grande parte da precipitação mundial – cerca de 80% – cai diretamente nos oceanos, e, nesse caso, o ciclo hidrológico é limitado a um processo de três etapas: evaporação, condensação e precipitação. Para os 20% de precipitação que cai no solo, o ciclo hidrológico é mais complexo e envolve: evaporação, condensação, movimento do vapor de água dos oceanos para a terra, precipitação e escoamento. Embora parte da precipitação evapore na queda, e entre de novo no ciclo, cerca de 36 mil km³ da precipitação sobre a terra voltam para os oceanos pelo **escoamento**, que é o fluxo superficial em correntes e rios.

Alguma precipitação é armazenada temporariamente em lagos e pântanos, campos de neve e geleiras, ou penetra sob a superfície, entrando no sistema de água subterrânea. A água pode permanecer nesses reservatórios por milhares de anos, porém, mais dia, menos dia, as geleiras se fundem, os lagos e a água subterrânea alimentam as correntes fluviais e essa água retorna aos oceanos. Mesmo a água usada pelas plantas evapora – um processo conhecido como *evapotranspiração* – e volta para a atmosfera.

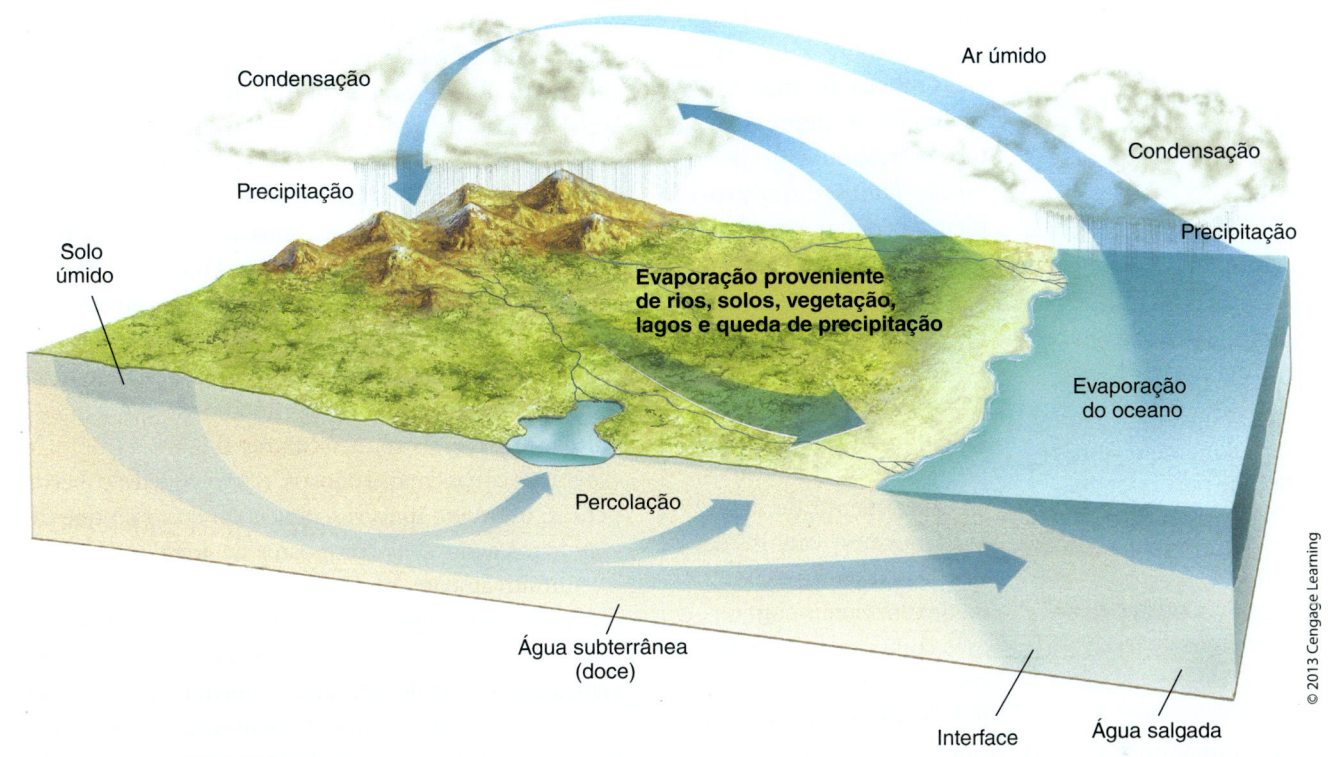

Figura 11.2 O ciclo hidrológico
Durante o ciclo hidrológico, a água dos oceanos evapora e eleva-se como vapor de água para formar nuvens, que liberam sua precipitação sobre os oceanos e sobre o solo. Parte da precipitação que cai no solo entra no sistema de água subterrânea; contudo, a maior parte dela retorna aos oceanos pelo escoamento superficial, completando o ciclo.

Fluxo de fluido

Os sólidos são substâncias rígidas, que mantêm a forma uma vez que tenham sido deformados pela aplicação de uma força; contudo, os fluidos – isto é, líquidos e gases – não possuem resistência, de modo que fluem em resposta a qualquer força aplicada, não importando quão fraca seja. A água em estado líquido flui encosta abaixo em resposta à gravidade.

O escoamento durante uma tempestade depende da **capacidade de infiltração**, que é a taxa máxima na qual os materiais da superfície podem absorver a água. Vários fatores controlam a capacidade de infiltração, incluindo a intensidade e a duração da tempestade. O escoamento superficial não ocorre quando a chuva é absorvida na mesma medida em que cai. Em solo seco, de pouca coesão, por exemplo, a água é absorvida mais rapidamente que em solo úmido, mais firmemente agregado. Desse modo, precisa cair mais chuva sobre o solo seco antes que o escoamento se inicie. Qualquer que seja a condição inicial dos materiais da superfície, se estiverem saturados, o excesso de água é coletado na superfície e, se estiver em uma encosta, ele se move para baixo.

OA2 ÁGUA CORRENTE

O termo *água corrente* aplica-se a qualquer superfície de água que, em resposta à gravidade, se move de áreas mais altas para áreas mais baixas. Já observamos que a água corrente é muito eficaz na modificação da superfície terrestre do planeta pela erosão e que é o processo geológico primário responsável pelo transporte e pela deposição de sedimentos em muitas áreas. De fato, a água corrente é responsável por tudo, desde os mais ínfimos riachos em campos de fazendas a paisagens fantásticas, como o Grand Canyon, no Arizona, bem como vastos depósitos, como o delta do rio Mississippi.

Fluxo laminar e fluxo de canal

Mesmo em encostas íngremes, o fluxo é inicialmente lento e, portanto, provoca pouca ou nenhuma erosão. À medida que a água se move encosta abaixo, ela acelera e pode mover-se por *fluxo laminar*, uma película de água

> **capacidade de infiltração** Taxa máxima em que o solo ou o sedimento absorvem água.

> **gradiente** Inclinação sobre a qual uma corrente ou o fluxo de um rio é expressa em metros por quilômetros (m/km).
>
> **velocidade** Medida de distância percorrida por unidade de tempo, como na velocidade de fluxo em uma corrente ou em um rio.
>
> **vazão** Volume de água em uma corrente ou em um rio que passa por um ponto específico em determinado intervalo de tempo; expresso em metros cúbicos por segundo (m³/s).

mais ou menos contínua que flui sobre a superfície. O fluxo laminar não se limita às depressões, mas é responsável pela *erosão laminar*, um problema peculiar em algumas regiões agrícolas.

O *fluxo em canal*, por sua vez, é confinado em calhas, como se fossem depressões, que variam de tamanho, indo de pequenos sulcos, com um fluxo de gotejamento de água, até enormes canais de rios. Descrevemos o escoamento em canais com termos como *regato*, *riacho*, *córrego* e *rio*, a maioria dos quais se distinguem por seu tamanho e volume. Aqui, usaremos os termos *correntes* e *rios* mais ou menos alternadamente, embora o último se refira a uma massa maior de água corrente.

As correntes e os rios recebem a água do fluxo laminar e das chuvas que caem diretamente em seus canais, mas muito mais importante é a água fornecida pela umidade do solo e as águas subterrâneas. Em áreas em que as águas subterrâneas são abundantes, as correntes e os rios mantêm um fluxo relativamente estável durante todo o ano, porque seu abastecimento de água é contínuo. Em contrapartida, a quantidade de água nas correntes e nos rios de regiões áridas e semiáridas varia significativamente, porque eles dependem mais de tempestades pouco frequentes e escoamento superficial da sua água.

Gradiente, velocidade e vazão

Em qualquer canal, a água flui para baixo a partir de uma inclinação conhecida como o seu **gradiente**. Suponha que um rio tenha suas nascentes (fontes) a mil metros acima do nível do mar e corra 500 km para o mar, de modo que caia verticalmente mil metros sobre uma distância horizontal de 500 km. Seu gradiente é encontrado dividindo-se a queda vertical pela distância horizontal, que, neste exemplo, é 1.000 m/500 km = 2 m/km em média (Figura 11.3a).

A **velocidade** da água corrente é a medida da distância que a água a jusante percorre em determinado momento. Em geral, é expressa em metros por segundo (m/s) e varia de acordo com a largura do canal, assim como com o comprimento deste. A água move-se mais lentamente e com maior turbulência perto de um leito de canal e de suas margens, pois ali o atrito é maior que a alguma distância desses limites (Figura 11.3b).

O formato e a rugosidade do canal também influenciam a velocidade do fluxo. Canais largos e rasos e canais estreitos e profundos possuem, proporcionalmente, mais água em contato com seus perímetros do que canais com cortes transversais semicirculares (Figura 11.3c). Como esperado, canais mais rugosos, como aqueles cobertos de pedras, oferecem mais resistência ao fluxo do que canais com leitos e margens compostos de areia ou lama.

Intuitivamente, podemos pensar que o gradiente é o controle mais importante da velocidade – quanto mais íngreme o gradiente, maior a velocidade. Na verdade, a velocidade média de um canal aumenta a jusante, mesmo que seu gradiente diminua! Lembre-se de que estamos falando de velocidade média para um segmento longo de um canal, e não de velocidade em um único ponto. Dois fatores explicam esse aumento geral na velocidade a jusante. Primeiro, os trechos a montante de canais tendem a ser cobertos de pedregulhos, largos e rasos, de modo que a resistência por atrito ao fluxo é alta, enquanto os segmentos dos mesmos canais a jusante costumam ter mais margens semicirculares, compostas de materiais mais finos. E, segundo, o número de pequenos afluentes que se juntam a um canal maior aumenta o movimento a jusante. Portanto, o volume total da água (vazão) aumenta, e o aumento na vazão resulta em maior velocidade.

A **vazão** é o volume de água que passa em determinado ponto em dado intervalo de tempo. A vazão é medida com base nas dimensões de um canal cheio de água, isto é, a sua área de corte transversal (A) e a velocidade do fluxo (V). Vazão (Q) é, então, calculada com a fórmula $Q = VA$ e é expressa em metro cúbico por segundo (m³/s).

OA3 ÁGUA CORRENTE, EROSÃO E TRANSPORTE DE SEDIMENTOS

Correntes e rios possuem dois tipos de energia: potencial e cinética. A *energia*

Figura 11.3 Gradiente e velocidade de fluxo

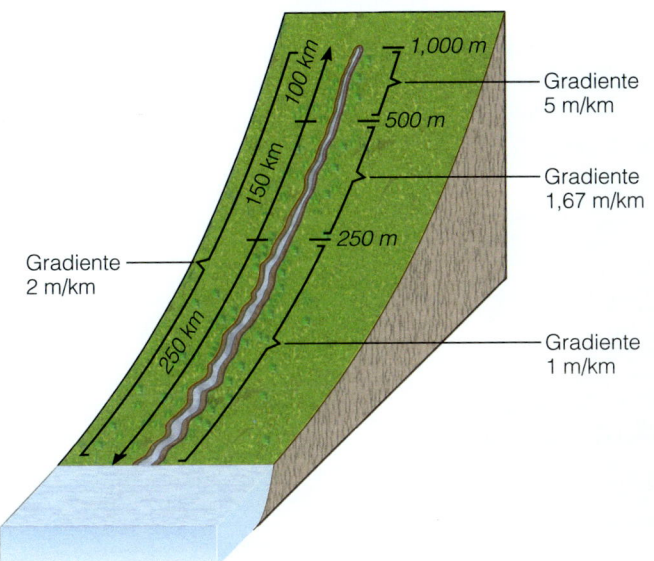

a. O gradiente médio dessa corrente é 2 m/km, mas o gradiente pode ser calculado para qualquer segmento de uma corrente, como mostrado neste exemplo. Observe que o gradiente é mais íngreme na área das cabeceiras e diminui a jusante.

b. A velocidade máxima do fluxo ocorre perto do centro e do topo de um canal reto, áreas em que o atrito é menor. As setas são proporcionais à velocidade.

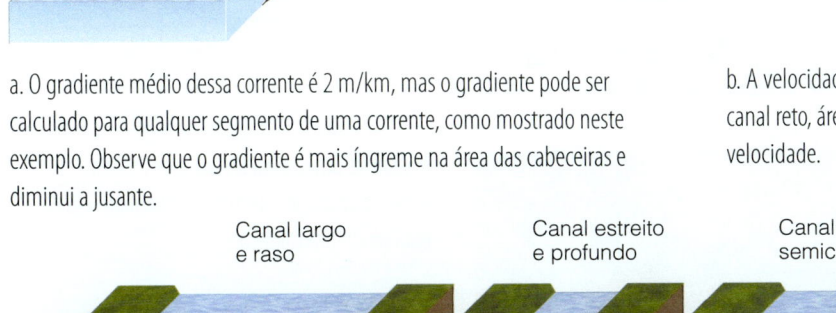

c. Esses três canais, de formatos diferentes, possuem a mesma área de corte transversal. No entanto, a área semicircular tem menos água em contato com seu perímetro e, portanto, menos resistência por atrito para o fluxo.

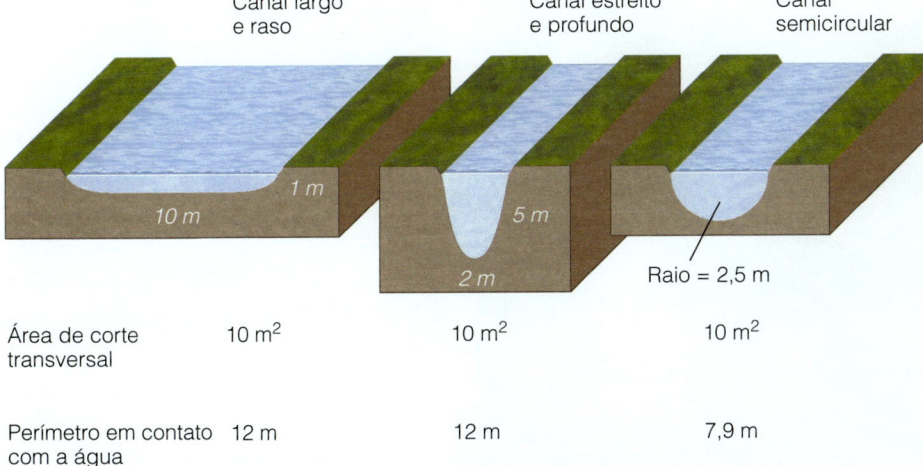

potencial é a energia de posição, como a da água em altitudes elevadas. Na água corrente, a energia de posição é convertida em *energia cinética*, a energia do movimento, cuja maior parte é consumida pela turbulência do fluido, mas um pouco dela fica disponível para erosão e transporte. Os materiais transportados por uma corrente incluem uma *carga dissolvida* e uma carga de partículas sólidas (lama, areia e cascalho).

Como a **carga dissolvida** de uma corrente é invisível, ela costuma ser ignorada, mas é uma parte importante da carga total de sedimentos. Parte dela é proveniente do leito e das margens de um riacho, onde rochas solúveis, como o calcário, estão presentes, mas grande parte é trazida pelo fluxo laminar e pelas águas subterrâneas. Uma carga sólida de corrente é formada de partículas que variam de argila (> 1/256 mm) a rochas enormes, em grande parte fornecidas pelo movimento gravitacional de massa, embora algumas sejam removidas diretamente de leitos ou margens de riachos. O impacto direto da água corrente, **ação hidráulica**, é suficiente para colocar as partículas em movimento.

A água corrente que transporta areia e cascalho

carga dissolvida Parte da carga de uma corrente que consiste em íons em solução.

ação hidráulica Remoção de partículas soltas pela força da água em movimento.

Figura 11.4 Abrasão por água corrente que transporta areia e cascalho

a. Caldeirões no leito do rio McCloud, na Califórnia, Estados Unidos. Observe também a superfície da rocha que foi desgastada por abrasão.

b. Vista de um dos caldeirões, que mostra a areia e o cascalho que formavam redemoinhos para erodir um caldeirão.

Figura 11.5 Transporte sedimentar

Transporte de sedimentos, como carga de leito, carga suspensa e carga dissolvida. A velocidade do fluxo é mais elevada próximo à superfície, mas as partículas de areia e cascalho são muito grandes para serem suspensas longe do leito do riacho, para compor a carga de leito, enquanto silte e argila encontram-se na carga suspensa.

corrói por **abrasão**, à medida que a rocha exposta é desgastada e raspada pelo impacto dessas partículas (Figura 11.4a). Depressões circulares a ovais em leitos de riachos, denominadas *caldeirões* ou *marmitas*, são uma manifestação da abrasão (Figura 11.4a, b) e se formam onde correntes rodopiantes com areia e cascalho corroem a rocha.

Uma vez corroídos na origem, os materiais são transportados e, por fim, depositados. A carga dissolvida é transportada na própria água, mas a carga de partículas sólidas move-se com a *carga suspensa* ou com a *carga de leito*. A **carga suspensa** consiste em partículas menores de silte e argila que são mantidas suspensas acima do leito do canal por turbulência do fluido (Figura 11.5).

A **carga de leito** de partículas maiores, principalmente areia e cascalho, não pode ser mantida suspensa pela turbulência de fluido, de modo que é transportada ao longo do leito. No entanto, uma parte da areia pode ser temporariamente suspensa por correntes que rodopiam na direção do leito do riacho e elevam os grãos na água. Esses grãos se movem para a frente, com a água, mas também se assentam e acabam por repousar sobre o leito; depois, movem-se outra vez pelo mesmo processo de saltar e ricochetear, em um fenômeno conhecido como *saltação* (Figura 11.5). Partículas muito grandes para serem suspensas, mesmo temporariamente, movem-se por tração, ou seja, elas rolam e deslizam ao longo do leito do canal.

OA4 DEPOSIÇÃO POR ÁGUA CORRENTE

Rios e córregos estão em constante processo de erosão e de transporte e deposição de sedimentos, mas a maior parte de seu trabalho geológico acontece quando eles inundam. Por conseguinte, os seus depósitos, chamados coletivamente de **aluvião**, não representam as atividades da água corrente do dia a dia, mas sim a sedimentação periódica que ocorre durante as inundações. No Capítulo 6

> **abrasão** Processo pelo qual uma rocha é desgastada pelo impacto de sedimentos transportados por água corrente, geleiras, ondas e ventos.
>
> **carga suspensa** Menores partículas (silte e argila) transportadas pela água corrente, mantidas em suspenção pela turbulência de fluido.
>
> **carga de leito** Parte da carga de sedimentos de um córrego, principalmente areia e cascalho, transportada ao longo de seu leito.
>
> **aluvião** Termo coletivo para todo sedimento detrítico transportado e depositado pela água corrente.

Figura 11.6
Corrente entrelaçada e seus depósitos
Essa corrente entrelaçada encontra-se no Parque Nacional Denali, no Alasca. Seus depósitos são principalmente cascalho e areia.

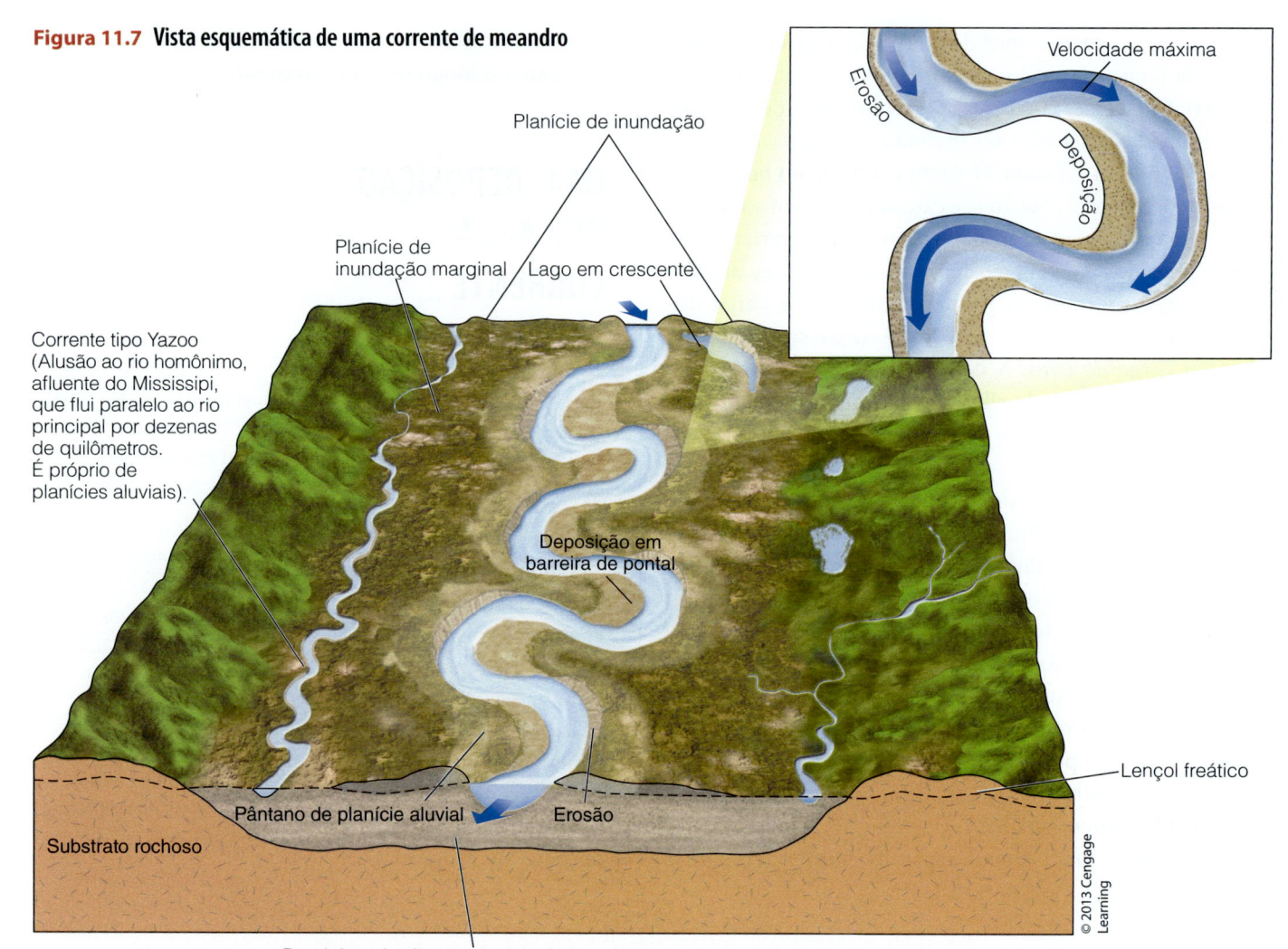

Figura 11.7 Vista esquemática de uma corrente de meandro

- Planície de inundação
- Planície de inundação marginal
- Lago em crescente
- Velocidade máxima
- Erosão
- Deposição
- Corrente tipo Yazoo (Alusão ao rio homônimo, afluente do Mississipi, que flui paralelo ao rio principal por dezenas de quilômetros. É próprio de planícies aluviais).
- Deposição em barreira de pontal
- Pântano de planície aluvial
- Erosão
- Lençol freático
- Substrato rochoso
- Depósitos de silte na planície de inundação

Figura 11.8 Barreiras de pontal

Duas barreiras de pontal de areia em Otter Creek, no Parque Nacional de Yellowstone, em Wyoming. Barreiras de pontal formam-se no lado levemente inclinado de um meandro, onde a velocidade do fluxo é menor. Observe como são inclinadas para a parte mais funda do canal.

- Barreiras de pontal
- Barranco em erosão
- Margem côncava

244 CAPÍTULO 11: ÁGUA CORRENTE

Figura 11.9 Lagos em crescente

a. Corrente em meandro que mostra as etapas de evolução dos lagos em crescente. Um futuro lago em crescente se formará quando o meandro, do lado esquerdo da ilustração, for interrompido.

b. Lagos em crescente ao longo do rio Mississippi, em Minnesota.

vimos que os sedimentos se acumulavam em *ambientes deposicionais* continentais, de transição e marinhos (veja a Figura 6.13). Depósitos de rios e córregos são encontrados principalmente nos dois primeiros cenários. No entanto, muito do sedimento detrítico encontrado nas margens continentais é derivado do continente e transportado para os oceanos pela água corrente.

Depósitos de canais entrelaçados e canais de meandros

Uma **corrente entrelaçada** possui uma rede intrincada de canais que se dividem e se juntam, separados por barreiras de areia e cascalho (Figura 11.6). Canais entrelaçados desenvolvem-se quando a quantidade de sedimento oferecida supera a capacidade de transporte de água corrente, resultando na deposição de areia e na barreira de cascalho. Correntes entrelaçadas possuem canais largos e rasos e caracterizam-se como "correntes de transporte de cargas de leito", uma vez que transportam e depositam principalmente areia e cascalho.

Correntes em meandro possuem um canal único e sinuoso, com curvas que dão amplas voltas, conhecidas como *meandros* (Figura 11.7). Os canais de correntes em meandro são semicirculares em seção transversal de curtas distâncias, mas marcadamente assimétricos nos meandros, onde variam de bem rasos a profundos em todo o meandro. O lado mais fundo do canal é conhecido como *margem côncava*, porque sofre a erosão de uma velocidade maior e da turbulência do fluido (consulte a *Viagem de Campo*, neste capítulo). Em contrapartida, a velocidade do fluxo é mínima na margem oposta, que desce suavemente para o canal. Como resultado dessa distribuição desigual da velocidade do fluxo através dos meandros, a margem côncava erode e uma **barreira de pontal** é depositada sobre a margem convexa, suavemente inclinada (Figura 11.8) (consulte *Viagem de Campo*, neste capítulo).

Os meandros, em geral, tornam-se tão sinuosos que a garganta entre meandros adjacentes é cortada durante uma inundação. Muitos dos fundos de vales com canais em meandros são marcados por **lagos em crescente**, que são meandros cortados (Figuras 11.7 e 11.9). Lagos em crescente podem persistir por algum tempo, mas acabam sendo preenchidos por matéria orgânica e sedimentos finamente granulados, transportados pelas inundações.

> **corrente entrelaçada**
> Corrente com múltiplos canais divididos e reunidos.
>
> **corrente em meandro**
> Corrente que possui um único canal sinuoso com curvas que dão voltas amplas.
>
> **barreira de pontal**
> Corpo de sedimentos depositados no lado levemente inclinado de um arco de meandro.
>
> **lago em crescente**
> Meandro interrompido, preenchido com água.

Depósitos em planície de inundação

Correntes fluviais, periodicamente, recebem mais água que seus canais podem acomodar, transbordando de suas margens e espalhando-se pelas **planícies de inundação** adjacentes, que se encontram em níveis mais baixos e são relativamente planas (Figura 11.10). Areia e cascalho podem ser depositados em planícies de inundação, nas quais uma corrente ou um rio transborda de seus bancos. Muito mais comuns, porém, são os depósitos de silte e argila, ou simplesmente lama. Durante uma inundação, um rio sobrepuja suas margens e a água se derrama sobre a planície de inundação. Todavia, quando isso ocorre, a velocidade do rio e a espessura da lâmina de água decrescem rapidamente. Como resultado, cadeias de aluvião arenosas, conhecidas como **diques naturais** contra enchentes, depositam-se ao longo das margens do canal, e a lama é carregada além das barragens naturais para a planície de inundação, onde se deposita.

Outra característica encontrada nas planícies de inundação é o lago em crescente – lembre-se de que lagos em crescentes são meandros interrompidos (Figura 11.9). Uma vez isolados do canal principal, os lagos em crescente recebem água principalmente de inundações periódicas, embora as águas subterrâneas também possam contribuir. Quando são preenchidos com sedimentos trazidos pelas inundações e por matéria orgânica acumulada, são chamados de *cicatrizes de meandro*, algumas das quais são visíveis na parte superior da imagem na Figura 11.9b.

Figura 11.10 Depósitos de planície de inundação

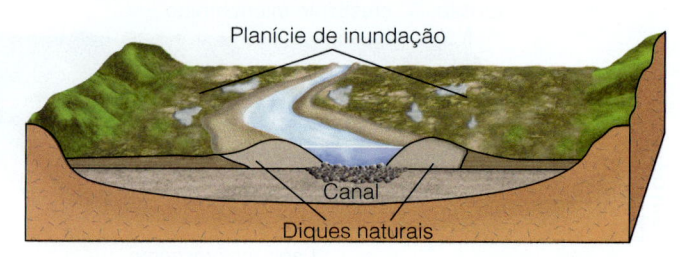

a. Origem de depósitos de acreção verticais. Durante as inundações, o fluxo deposita diques naturais, e silte e lama permanecem em suspensão na planície de inundação.

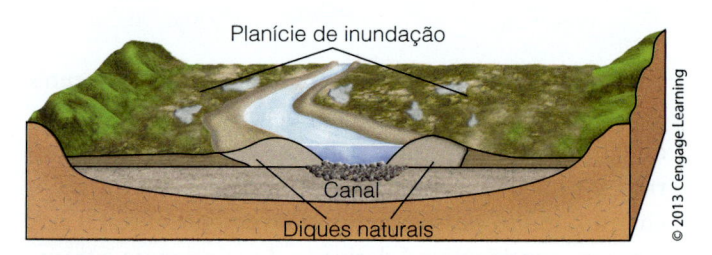

b. Pós-inundação.

planície de inundação Área plana e de baixa altitude adjacente a um canal que é parcial ou totalmente coberto de água quando uma corrente ou um rio transborda de seus bancos.

dique natural Cadeia de aluvião arenosa depositada ao longo das margens de um canal durante as cheias.

delta Depósito de sedimentos no ponto em que uma corrente ou um rio entra em um lago ou em um oceano.

Deltas

Quando uma corrente fluvial flui para um corpo estacionário de água, como um lago ou um oceano, sua velocidade de escoamento diminui rapidamente, e qualquer sedimento que esteja sendo transportado é depositado. Sob determinadas circunstâncias, essa deposição cria um **delta**, isto é, um depósito de aluvião que faz a linha costeira avançar em direção ao lago ou ao mar, em

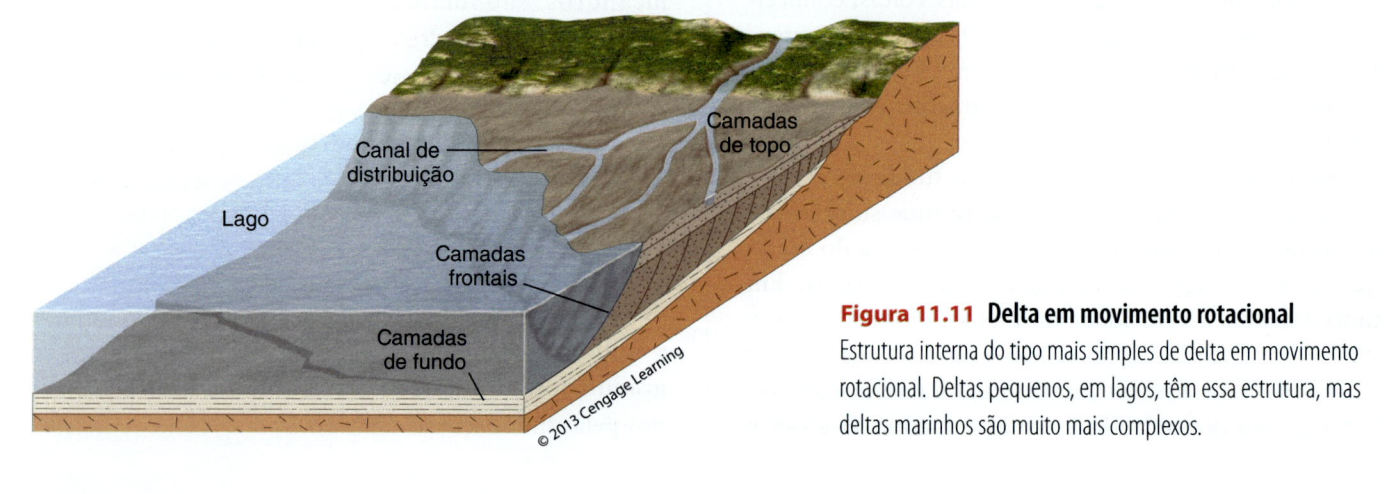

Figura 11.11 Delta em movimento rotacional
Estrutura interna do tipo mais simples de delta em movimento rotacional. Deltas pequenos, em lagos, têm essa estrutura, mas deltas marinhos são muito mais complexos.

Figura 11.12 **Deltas dominados por rios, ondas e marés**

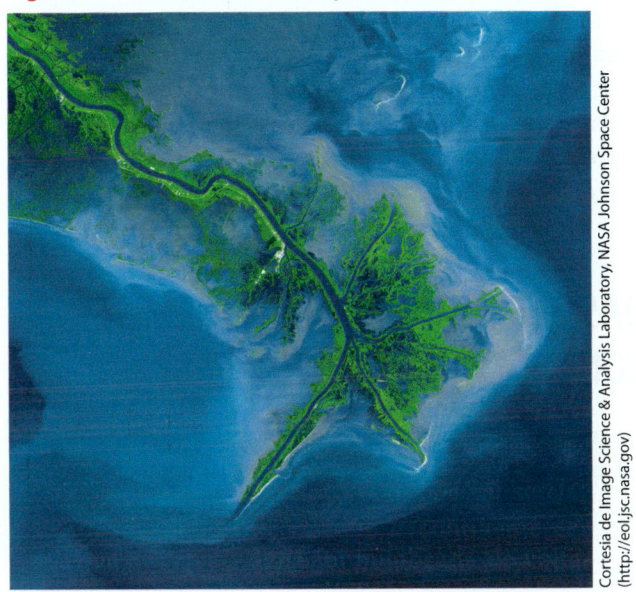

a. O delta do rio Mississippi, na costa do golfo dos Estados Unidos, é dominado por rios.

b. O delta do rio Nilo, no Egito, é dominado por ondas.

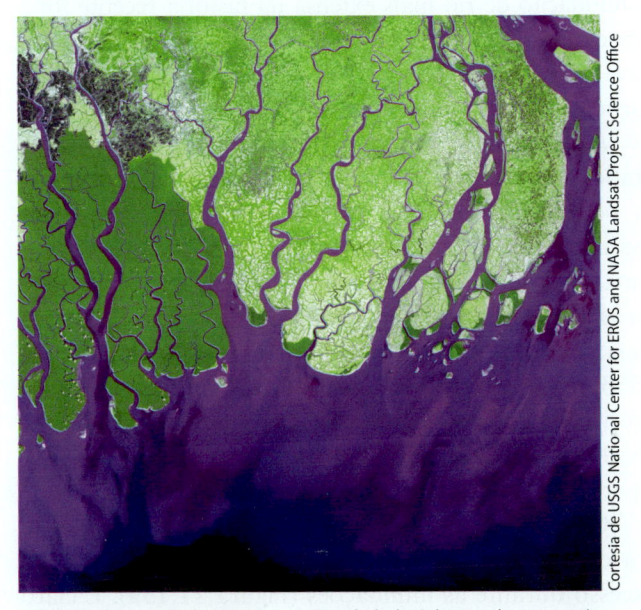

c. O delta Ganges-Brahmaputra, em Bangladesh, é dominado por marés.

um processo chamado *progradação*. Os deltas de progradação mais simples possuem uma sequência vertical característica de *camadas de fundo*, cobertas sucessivamente de camadas frontais e *camadas de topo* (Figura 11.11). Essa sequência vertical desenvolve-se quando um rio ou corrente entra em outro corpo de água no qual o sedimento mais fino (silte e argila) é transportado a algumas distâncias para o lago ou para o mar, onde se assenta para formar camadas de fundo. Mais próximo da costa, as camadas frontais são depositadas como camadas suavemente inclinadas e em camadas de

Figura 11.13 **Leques aluviais e seus depósitos**

Esses leques aluviais na base da Cordilheira Panamint, no Vale da Morte, Califórnia, foram depositados no local em que correntes foram descarregadas de cânions da montanha em planícies adjacentes.

DEPOSIÇÃO POR ÁGUA CORRENTE

leque aluvial Acúmulo, principalmente de areia e cascalho, em forma de cone, depositado no ponto em que uma corrente flui de um vale de uma montanha para uma planície adjacente.

topo, que consistem em sedimentos mais grosseiros, depositados em uma rede de *canais de distribuição* que atravessam a parte superior do delta (Figura 11.13).

Deltas pequenos em lagos podem ter essa sequência em três partes que acabamos de descrever, mas os deltas marinhos costumam ser muito maiores, mais complexos e mais importantes como áreas potenciais de recursos naturais. Dependendo da importância relativa de água corrente, ondas e marés, os geólogos identificam três tipos principais de deltas marinhos (Figura 11.12). *Deltas dominados por rios* consistem em longos corpos de areia, semelhantes a dedos, cada um depositado em um canal distribuidor, que faz um movimento rotacional em direção ao mar. *Deltas dominados por ondas* também possuem canais distribuidores, mas a margem do delta em direção ao mar consiste em ilhas retrabalhadas por ondas, e toda a margem do delta é rotacionada. *Deltas dominados por marés* são continuamente modificados em corpos de areia de marés que estão paralelos ao sentido do fluxo das marés.

Leques aluviais

Depósitos lobulados de aluvião sobre a terra, conhecidos como **leques aluviais**, formam-se principalmente em terras baixas adjacentes a terras altas, em regiões áridas e semiáridas, em que existe pouca vegetação para estabilizar os materiais da superfície (Figura 11.13). Durante tempestades periódicas, os materiais da superfície são rapidamente saturados e o escoamento superficial é afunilado para um cânion na montanha, que o conduz para as terras baixas adjacentes. No cânion da montanha, o escoamento é confinado, não podendo se espalhar lateralmente. No entanto, quando desemboca nas terras baixas, ele se espalha rapidamente, sua velocidade diminui e ocorre a deposição. Episódios repetidos dessa espécie de sedimentação resultam na acumulação de corpos de aluvião em formato de leque.

A deposição por água corrente é responsável por muitos leques aluviais. Em alguns casos, no entanto, a água que flui através de um cânion captura tanto sedimento que se torna um fluxo de lama viscoso. Por causa disso, alguns leques aluviais consistem principalmente de depósitos de fluxo de lama que mostram poucas camadas, ou nenhuma.

OA5 AS INUNDAÇÕES PODEM SER CONTROLADAS E PREVISTAS?

Quando qualquer curso de água recebe mais água do que seu canal pode aguentar, ele inunda, ocupando uma parte ou toda a planície de inundação. Na verdade, as inundações são tão comuns que, a menos que causem extensos prejuízos materiais ou mortes, elas rendem pouco mais que uma pequena chamada nos noticiários. Dezenas de inundações ocorrem nos Estados Unidos todos os anos, mas a inundação de rio mais extensa na história recente foi a grande inundação de 1993, que inundou grande parte dos nove estados no centro-oeste do Estados Unidos, atingindo particularmente Missouri e Iowa (Figura 11.14).

As inundações são fatos da vida, mas existem várias práticas que podem minimizar o seu impacto, protegendo as pessoas e seus bens. Infelizmente, nenhuma dessas medidas é perfeitamente segura, e a maioria é dispendiosa. Uma delas consiste simplesmente em transferir uma parte ou a totalidade de pequenas comunidades para terras mais altas. Consequentemente, após a grande inundação de 1993, partes de algumas pequenas comunidades de Missouri e de Illinois foram transferidas para terras mais altas. Desde 1862, Martin, no Kentucky, foi inundada 37 vezes, e partes da sua região central estão sendo transferidas.

Outra prática comum de controle de inundação é a construção de *barragens*, que represam a água em excesso durante as inundações (Figura 11.15a). É claro que as barragens são caras e, a menos que se drague com frequência, elas acabam sendo preenchidas com sedimento e, algumas, ainda se rompem. Em 1976, em Idaho, a barragem Teton rompeu-se, matando 11 pessoas e 13 mil cabeças de gado.

Em agosto de 2007, uma trágica inundação ocorreu no sudeste da Ásia, particularmente na Índia e em Bangladesh. Mais de 2.100 pessoas morreram, e milhões foram desalojadas por rios transbordados, inundados por chuvas de monções. As pessoas desalojadas refugiaram-se em terrenos elevados, assim como a vida selvagem, incluindo cobras venenosas que ceifaram dezenas de vidas.

Figura 11.14 A inundação de 1993

a. Esta vista mostra inundações em 30 de julho de 1993, nas imediações do aeroporto Jefferson City Memorial, ao norte de Jefferson, no Missouri. Iowa e Missouri foram particularmente atingidos por essa inundação, mas grandes áreas nos nove estados foram inundadas.

b. Águas da inundação em Portage des Sioux cobriram o pedestal de 5,5 m de altura dessa estátua, na margem do rio Mississippi.

Outra prática é construir *diques*, que levantam os bancos de correntes de rios e, desse modo, aumentam a capacidade de um canal (Figura 11.15b). Infelizmente, a deposição no interior de canais aumenta os leitos de riachos, o que torna os diques pouco eficazes, a menos que eles também sejam elevados. Em 4 mil anos, os diques ao longo de Huang He, na China, causaram a elevação do leito do rio em mais de 20 metros acima de sua planície de inundação, e em 1887, quando o rio rompeu seus diques, mais de um milhão de pessoas foram mortas.

Em algumas áreas, agências estatais ou federais constroem *vias de escoamento*, que são canais usados para desviar o excesso de água em torno de uma comunidade ou de uma área de importância econômica (Figura 11.15c). Outra prática, ainda, consiste em construir *paredes de retenção* para proteger áreas vulneráveis; trata-se de estruturas verticais construídas ao longo de bancos de correntes e rios onde os diques não são práticos, como em cidades (Figura 11.15d). O reflorestamento de terras desmatadas também reduz o potencial para inundações, pois o solo com vegetação absorve água e diminui o escoamento.

Anualmente, nos Estados Unidos, inundações de córregos e rios respondem por mais de 5 bilhões de dólares em prejuízos materiais, não incluindo inundações costeiras causadas por furacões. E, embora se concluam cada vez mais projetos de controle de inundações, os danos causados por elas não diminuem.

A combinação de solos férteis, superfícies planas e a proximidade de água para agricultura, indústria e uso doméstico faz das planícies de inundação lugares populares para o desenvolvimento. Infelizmente, porém, a urbanização aumenta o escoamento superficial, porque os solos são compactados ou cobertos por asfalto ou concreto, e isso reduz a capacidade de infiltração.

Quanto à previsão de inundações, o melhor que pode ser feito é monitorar as correntes, avaliar seu comportamento passado e prever inundações de determinada extensão em um período específico. A maioria das pessoas já ouviu falar em inundação de 10 anos, inundação de 20 anos, e assim por diante, mas como esses períodos são determinados? O U.S.G.S., bem como as agências estatais norte-americanas, registram e analisam o comportamento das correntes ao longo do tempo, a fim de prever inundações de uma extensão específica. Portanto, 20 anos, por exemplo, é o período durante o qual uma inundação de determinada magnitude pode ser esperada. Isso não significa que o rio em questão terá uma inundação daquela extensão a cada 20 anos, mas que a terá no decorrer de um período longo, que pode ser, em média, de 20 anos. Também podemos dizer que as chances de uma inundação de 10 anos ocorrer em determinado ano são de 1 em 10 (1/10). Na verdade, é possível que duas inundações de 10 anos ocorram em anos sucessivos, mas depois não voltam a ocorrer por várias décadas.

Figura 11.15 Controle de inundações
Barragens e reservatórios, diques, hidrovias e paredes de retenção são algumas das estruturas usadas para controlar inundações.

a. Barragem Oroville, na Califórnia, a 235 m de altura, é a barragem mais alta dos Estados Unidos. Ela auxilia no controle das inundações, fornece água para irrigação e produz eletricidade em sua usina elétrica.

b. Este dique, um aterro artificial ao longo de uma hidrovia, ajuda a proteger as áreas próximas das inundações. Um *campus* universitário encontra-se fora da vista, à direita do dique.

c. Esta hidrovia carrega o excesso de água de um rio (não visível) ao redor de uma pequena comunidade.

d. Esta parede de retenção, à margem do rio Danúbio, em Mohács, na Hungria, ajuda a proteger a cidade das inundações.

OA6 SISTEMAS DE DRENAGEM

Milhares de cursos de água, que são partes de sistemas maiores de drenagem, fluem direta ou indiretamente para os oceanos, exceto algumas correntes fluviais, circundadas por áreas mais elevadas, que correm para as bacias do deserto. Todas, porém, são partes de sistemas maiores que consistem em um canal principal, com todos os seus afluentes, isto é, correntes que contribuem com água para outra corrente. O rio Mississippi e seus afluentes, como o Ohio, o Missouri, o Arkansas, o Vermelho e milhares de rios menores, ou qualquer outro sistema de drenagem, efetuam o escoamento de uma área conhecida como **bacia de drenagem**. Uma área topograficamente elevada, chamada **divisor de água**, separa uma bacia de drenagem das outras bacias adjacentes (Figura 11.16). O divisor de água continental ao longo das cristas das Montanhas Rochosas, na América do Norte, por exemplo, separa a drenagem em direções opostas: a drenagem a oeste vai para o Pacífico, enquanto a drenagem a leste alcança o Golfo do México.

Os arranjos de canais em uma bacia de drenagem são classificados como **padrões de drenagem**. O mais comum desses padrões é a *drenagem dendrítica*, que consiste em uma rede de canais que se assemelha a ramos de árvore (Figura 11.17a) e se desenvolve em

bacia de drenagem
Área drenada por uma corrente ou por um rio e seus afluentes.

divisor de água Área topograficamente alta que separa as bacias de drenagem adjacentes.

padrão de drenagem
Arranjo regional de canais em um sistema de drenagem.

Figura 11.16 **Bacias de drenagem**

Vista detalhada da bacia de drenagem do rio Wabash, um afluente do rio Ohio. Todos os afluentes dentro da bacia de drenagem, como o rio Vermillion, possuem as próprias microbacias de drenagem. Divisores de água são mostrados pelas linhas vermelhas.

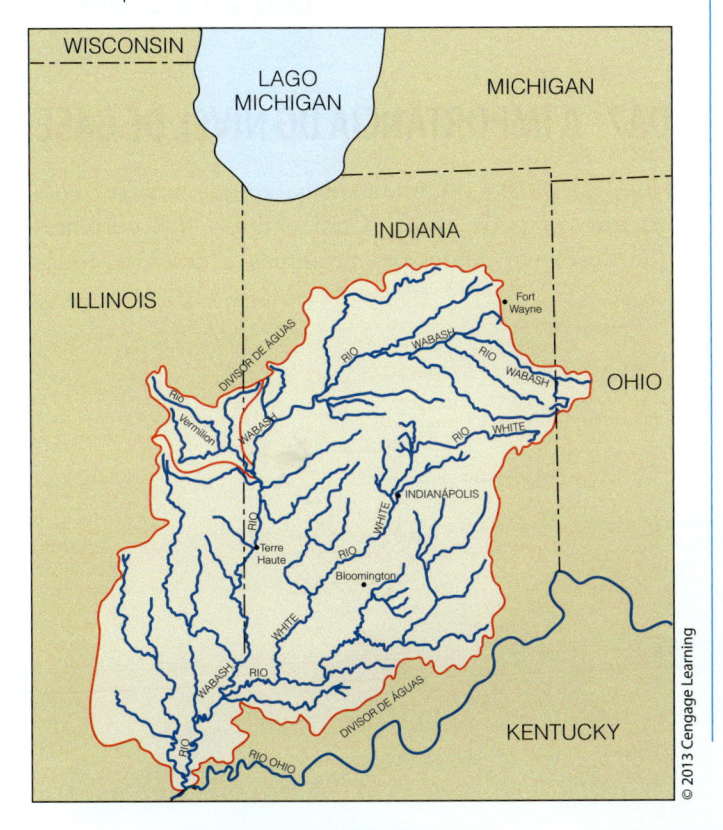

superfícies suavemente inclinadas, compostas de materiais que respondem mais ou menos homogeneamente à erosão.

Na drenagem dendrítica, os afluentes se juntam em canais mais largos em vários ângulos. Na *drenagem retangular*, porém, temos junções em ângulo reto e afluentes que se juntam em canais mais largos, também em ângulos retos (Figura 11.17b). Essa regularidade nos canais é controlada por estruturas geológicas, particularmente pelos sistemas de juntas regionais que se interceptam em ângulos retos.

Drenagem em treliça, comum em algumas partes do leste dos Estados Unidos, consiste em uma rede de correntes principais, quase paralelas, com afluentes que se juntam em ângulos retos. Na Virgínia e na Pensilvânia, por exemplo, a erosão de rochas sedimentares cruzadas desenvolveu uma paisagem em que se alternam cumes de rochas resistentes e vales sustentados por rochas facilmente erodidas. Os principais fluxos de água seguem os vales, e os afluentes curtos correm das cadeias próximas, juntando-se aos canais principais em ângulos quase retos (Figura 11.17c).

Na *drenagem radial* as correntes fluem para fora, em todas as direções, de um ponto central alto, como um grande vulcão (Figura 11.17d). Muitos vulcões na Cordilheira Cascade, no oeste da América do Norte, possuem padrões de drenagem radial.

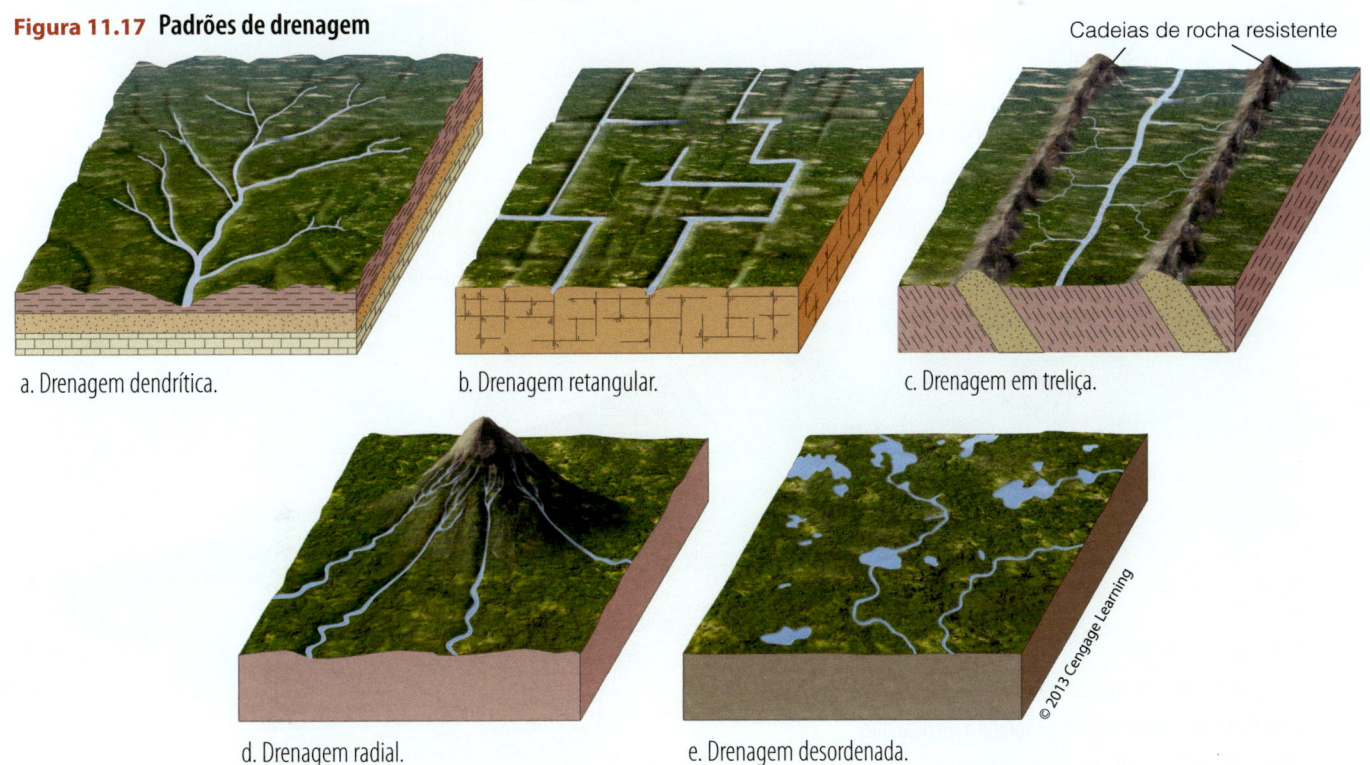

Figura 11.17 **Padrões de drenagem**

a. Drenagem dendrítica.

b. Drenagem retangular.

c. Drenagem em treliça.

d. Drenagem radial.

e. Drenagem desordenada.

SISTEMAS DE DRENAGEM

Em todos os tipos de drenagem até aqui mencionados é possível identificar alguma espécie de padrão. Na *drenagem desordenada*, no entanto, a característica é a irregularidade, com correntes que fluem para dentro e para fora de pântanos e lagos, correntes com apenas afluentes curtos e amplas áreas pantanosas entre os canais (Figura 11.17e). A presença desse tipo de drenagem indica que seu desenvolvimento é recente e que ainda não se formou um sistema de drenagem totalmente organizado. Em partes de Minnesota, Wisconsin e Michigan, onde as geleiras eliminaram a drenagem anterior, apenas 10 mil anos se passaram desde que as geleiras derreteram. Como resultado, temos sistemas de drenagem não totalmente desenvolvidos e grandes áreas ainda sem drenagem.

> **nível de base** Nível abaixo do qual uma corrente ou rio não pode erodir; o nível do mar é um nível de base fundamental.

OA7 A IMPORTÂNCIA DO NÍVEL DE BASE

Nível de base é o limite mais baixo que uma corrente ou um rio pode erodir. Com exceção das correntes que fluem em depressões próximas a desertos, todas

Figura 11.18 Nível de base e rios em equilíbrio

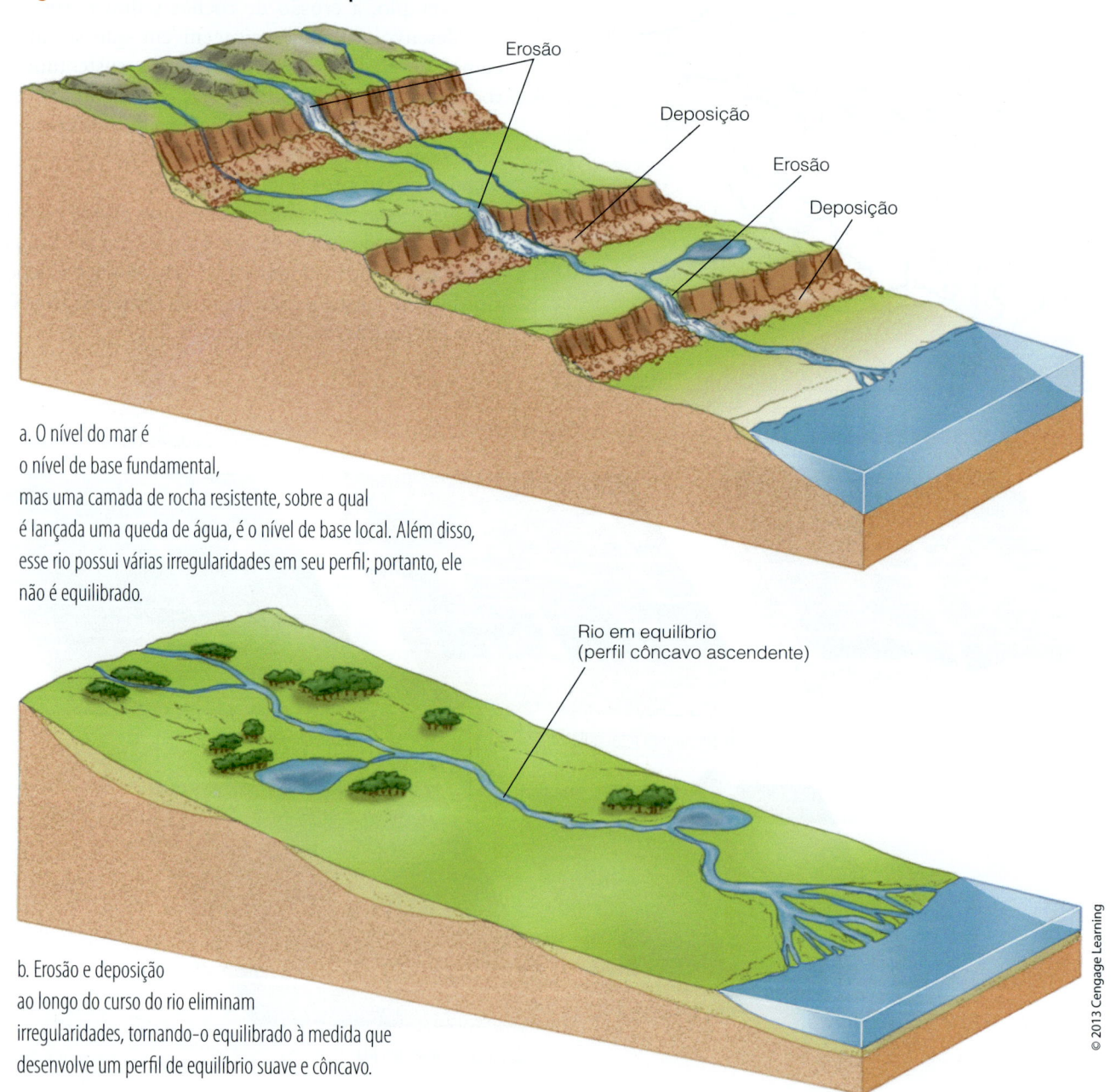

a. O nível do mar é o nível de base fundamental, mas uma camada de rocha resistente, sobre a qual é lançada uma queda de água, é o nível de base local. Além disso, esse rio possui várias irregularidades em seu perfil; portanto, ele não é equilibrado.

b. Erosão e deposição ao longo do curso do rio eliminam irregularidades, tornando-o equilibrado à medida que desenvolve um perfil de equilíbrio suave e côncavo.

as outras são restritas, em última análise, ao nível do mar. Ou seja, elas podem erodir a um nível não inferior ao nível do mar, pois devem ter algum gradiente para manter o fluxo. Portanto, *nível de base fundamental* é o nível do mar, que é, simplesmente, o nível mais baixo de erosão para qualquer fluxo de água que corre para o oceano (Figura 11.18). O nível de base fundamental aplica-se a todo um sistema de correntes ou rios, mas canais podem também ter um *nível de base local* ou *temporário*. Por exemplo, um nível de base local pode ser um lago ou outra corrente, para onde uma corrente ou rio flui através de rochas particularmente resistentes e uma queda de água é desenvolvida (Figura 11.18a).

Um nível de base fundamental é o nível do mar, mas suponha que o nível do mar caia ou se eleve em relação ao continente, ou que o continente se eleve ou se rebaixe. Nesses casos, o nível de base mudaria, acarretando mudanças nos sistemas de correntes e rios. Durante a época do Pleistoceno, o nível do mar era 130 metros mais baixo que o atual, e os rios ajustaram-se a esse nível de base mais baixo, aprofundando seus vales e estendendo-os para as plataformas continentais. No final da Era do Gelo, a elevação do nível do mar causou a elevação do nível de base, inundando, portanto, os vales sobre a plataforma continental.

Geólogos e engenheiros estão cientes de que construir barragens para represar a água em reservatórios cria um nível de base local. Uma corrente, ao entrar em um reservatório, perde velocidade e deposita sedimentos; então, a menos que esses reservatórios sejam dragados, eles se encherão de sedimentos.

Drenar um lago pode parecer uma pequena mudança, e vale a pena o tempo e o custo para expor terra seca para a agricultura ou para o desenvolvimento comercial. Entretanto, ao fazer isso, o nível de base local é eliminado e uma corrente, que originalmente corria para o lago, reage, erodindo rapidamente um vale mais profundo enquanto se ajusta ao novo nível de base.

O que é um rio em equilíbrio?

O *perfil longitudinal* de qualquer fluxo de água mostra as elevações de um canal ao longo de seu comprimento,

Figura 11.19 Ravinas e vales

a. Ravinas são pequenos vales, mas com os lados íngremes; esta mede aproximadamente 15 m de diâmetro.

b. Este vale possui paredes que descem a um fundo de vale estreito.

Viagem de Campo
Água corrente

OBJETIVOS DA VIAGEM
Existem muitas características geológicas para observarmos no Parque Nacional Zion, porém, nesta viagem, nosso objetivo principal é estudar:

1. Erosão.
2. Transporte de sedimento.
3. Deposição por água corrente.
4. Origem e evolução dos cânions do parque.

QUESTÕES PARA ACOMPANHAMENTO

1. Por que os córregos em meandro formam uma série alternada de margens côncavas e barreiras de pontal ao longo de seu curso?
2. Faça um breve histórico da origem e do desenvolvimento dos cânions encontrados no Parque Nacional Zion.
3. Quais processos, além da incisão vertical pelo rio Virgin, contribuem para a evolução em curso dos cânions no Parque Nacional Zion?

Pronto para partir!

O Parque Nacional Zion, a sudoeste de Utah, foi criado em novembro de 1919. Penhascos e torres majestosas, compostas por rochas coloridas e cânions profundos, dominam a paisagem. De fato, as rochas parecem mudar de cor ao longo do dia. Diversos processos geológicos, como movimento gravitacional de massa e intemperismo mecânico e químico, contribuíram para o cenário magnífico no parque, mas a erosão e a deposição pela água corrente são o nosso foco nesta *Viagem de Campo*. O rio Virgin, principal fluxo de água do parque, e seus afluentes é, em grande parte, responsável pela erosão, principalmente, do arenito.

As rochas expostas nos penhascos do parque constituem o registro geológico dessa área e preservam as evidências de mares rasos antigos, deposição em rios, lagos e lagoas, bem como dunas de areia costeira. O Arenito Navajo é formado por sedimento fino castanho-avermelhado, rico em ferro, e um sedimento sobrejacente de cor clara, pobre em ferro. Todas as formações rochosas do parque são da Era Mesozoica e representam, aproximadamente, 150 milhões de anos de tempo geológico.

O soerguimento dessa região, 13 milhões de anos atrás, acentuou o gradiente do rio Virgin, dando início a uma incisão vertical — processo que acabou originando os penhascos e cânions profundos hoje presentes no Parque Nacional Zion.

Comecemos nossa viagem pelo Parque Nacional Zion, onde faremos muitas observações relevantes às discussões sobre água corrente deste capítulo.

O que observar ao partir

Esta imagem mostra tanto a erosão quanto a deposição por uma corrente em meandro, ou seja, uma corrente com um único canal sinuoso (veja Figura 11.7). Observe a margem escarpada à direita da imagem, que é chamada margem côncava, porque, como discutido na seção *Depósitos de canais entrelaçados e canais de meandros*, neste capítulo, a velocidade da água nela é maior e ocorre a erosão. Na margem oposta, no entanto, a velocidade é menor e ocorre a deposição, formando um depósito de barreira de pontal, principalmente de areia, que desce em direção à margem côncava. Barreiras de pontal são as características mais distintas de depósitos de corrente em meandro. É importante observar que, mais a jusante, a velocidade máxima desvia da direita para a esquerda, formando assim uma sucessão de barreiras de pontal e de margens côncavas alternadas (veja a Figura 11.8).

DeerPoint, UT. Mapa topográfico, cortesia de U
Todas as fotografias: Direitos autorais e fotogra
de dr. Parvinder S. Sethi

Na fotografia que mostra uma barreira de pontal (na página anterior), observe que a água no rio é turva (escura) porque ela carrega lama (silte e argila) e, provavelmente, areia ao longo de seu leito. A fotografia à direita mostra um depósito de cascalho e areia. Alguns cascalhos são do tamanho de um pedregulho (maior que 25,6 cm). A partir de observações, podemos concluir que o rio era muito mais elevado quando esse depósito se formou, e deve ter fluído muito depressa para transportar essas partículas grandes. Além disso, as partículas de cascalho são bem arredondadas, o que significa que os cantos e as arestas afiadas foram desgastados por abrasão durante o transporte. Por fim, o depósito é mal selecionado, porque contém vasta gama de tamanhos de partículas.

Embora o cânion e o desfiladeiro discutidos anteriormente tenham sido, ambos, erodidos pela água corrente, este último tem um perfil bem diferente. Como oposto do primeiro, que é estreito e profundo, este cânion é amplo e profundo, com alternância de penhascos íngremes e declives suaves alternados. As encostas baixas e suaves formaram-se sobre rochas mais macias, principalmente xisto e siltito, enquanto os penhascos íngremes desenvolveram-se no Arenito Navajo cor de ferrugem.

Excelente vista de um desfiladeiro, ou seja, um cânion que é muito mais profundo que a sua largura e, geralmente, com lados verticais ou quase verticais. A maioria dos desfiladeiros formou-se onde a água corrente erodiu em arenito (como aqui) ou calcário, embora também possam se formar em outras rochas. Inundações no passado são indicadas por marcas de erosão e superfície de rocha polida vários metros acima do nível da água. Tenha muito cuidado ao caminhar em um desfiladeiro, porque uma tempestade de verão pode elevar o nível da água em vários metros em apenas alguns minutos.

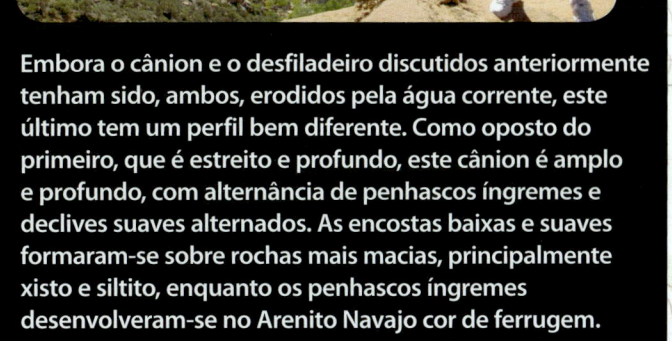

Como vimos neste capítulo, na seção *A evolução dos vales*, a incisão vertical pela água corrente é responsável pelo aprofundamento de cânions, mas estes também se tornam amplos pela combinação de processos, incluindo erosão por afluentes, intemperismo e movimentação gravitacional de massa. Esse arco cego, como é chamado, formou-se quando a rocha mais macia, abaixo, erodiu, e parte do arenito sobrejacente entrou em colapso. Qualquer que tenha sido o evento, seus detritos, por fim, foram depositados no rio somente para serem transportados e depositados em outro lugar.

como visto em corte transversal (Figura 11.18). Para algumas correntes fluviais, o perfil longitudinal é suave, mas, para outras, irregularidades como lagos e quedas de água estão presentes, sendo todos níveis de base locais. Com o decorrer do tempo, essas irregularidades tendem a ser eliminadas. A deposição ocorre nos pontos em que o gradiente é insuficiente para manter o transporte de sedimento, e a erosão diminui o gradiente nos pontos em que ele é íngreme. Portanto, dado tempo suficiente, correntes fluviais acabam por desenvolver um perfil longitudinal de equilíbrio suave e côncavo, o que significa que todas as partes do sistema se ajustam dinamicamente umas às outras.

Figura 11.20 Dois estágios na evolução de um vale

a. A corrente alarga seu vale pela erosão lateral e pela movimentação gravitacional de massa, enquanto, simultaneamente, estende-o pela erosão em direção ao topo.

b. À medida que a corrente mais larga continua a erodir em direção ao topo, a pirataria de corrente captura parte da drenagem de correntes menores. Observe também que o vale maior é mais largo em (b) do que era em (a).

Figura 11.21 Origem dos terraços fluviais

a. Uma corrente possui uma grande planície de inundação.

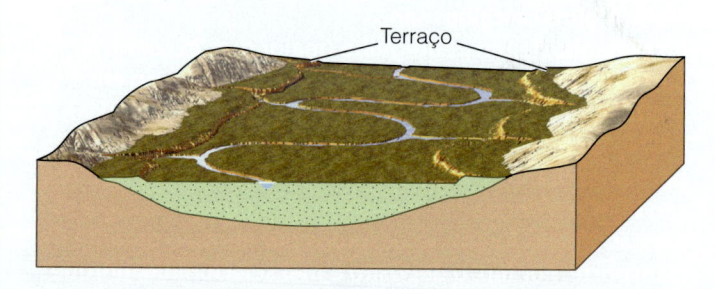

b. A corrente erode para baixo e estabelece uma nova planície de inundação em um nível mais baixo. Remanescentes de sua velha planície, em nível mais alto, são os terraços fluviais.

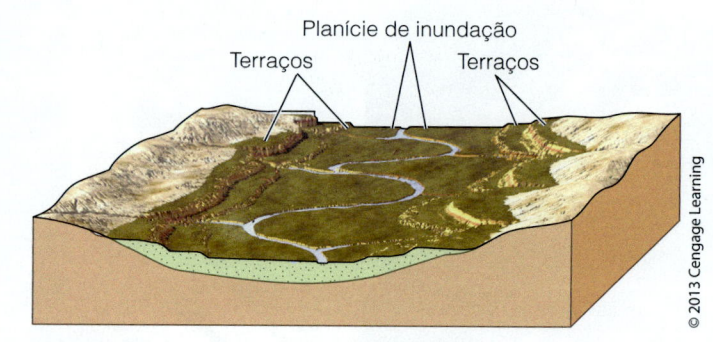

c. Outro nível de terraços fluviais se forma à medida que a corrente erode novamente para baixo.

d. Terraços fluviais ao longo do rio Madison, em Montana.

Um **rio em equilíbrio** é aquele em cujo perfil existe um delicado balanço entre gradiente, vazão, velocidade do fluxo, formato do canal e carga de sedimento, de maneira que não ocorra nenhuma erosão significativa nem deposição no canal (Figura 11.18b). Um balanço tão delicado é raramente atingido, de modo que o conceito de rio em equilíbrio é apenas um ideal. Apesar disso, a condição de equilíbrio chega bem próxima em algumas correntes, embora apenas temporariamente, e não necessariamente ao longo de toda a sua extensão.

Ainda que o conceito de rio em equilíbrio seja um ideal, podemos prever suas reações a mudanças que alterem seu equilíbrio. Por exemplo, uma mudança no nível de base poderia causar o ajuste de uma corrente, como discutido anteriormente. Um aumento no volume da chuva em uma bacia de drenagem de uma corrente poderia resultar em maior vazão e velocidade de fluxo. Em resumo, essa corrente apresentaria maior energia, a qual teria de ser dissipada dentro do sistema da corrente. Por exemplo, uma mudança de um canal semicircular para um mais amplo e raso, que dissiparia mais energia por atrito. No entanto, a corrente pode reagir, erodindo um vale mais profundo e reduzindo efetivamente o seu gradiente, até que se equilibre outra vez.

OA8 A EVOLUÇÃO DOS VALES

Os **vales** são áreas baixas na superfície terrestre limitadas por terras mais altas, a maioria deles possui um rio ou uma corrente fluvial que passa em sua extensão, com afluentes que drenam as áreas altas próximas (consulte *Viagem de Campo*, neste capítulo). Com poucas exceções, os vales formam-se e evoluem em reação à erosão pela água corrente, embora outros processos, especialmente dispersão de massa, também contribuam para isso. Os tamanhos e os formatos dos vales variam de pequenas *ravinas* com os lados íngremes a outros que são vales largos e com paredes suavemente inclinadas (Figura 11.19). Vales profundos de grande porte e lados íngremes são *cânions*, e vales particularmente estreitos e profundos são *desfiladeiros*.

Um vale pode começar a erodir no ponto em que o escoamento possui energia suficiente para desalojar materiais de superfície e escavar um pequeno córrego. Uma vez formado, o córrego coleta mais escoamento, tornando-se mais fundo e mais largo, e continua a fazê-lo até que um vale maduro tenha se desenvolvido. A *incisão vertical* ocorre quando um rio ou corrente possui mais energia de que necessita para transportar sedimentos e, desse modo, parte de sua energia excessiva é usada para aprofundar o seu vale. Na maioria dos casos, as paredes do vale são simultaneamente cortadas, em um processo chamado *erosão lateral*, que cria encostas instáveis que podem ruir por *movimentação gravitacional de massa*. Além disso, a erosão por camada fina e por afluentes transporta materiais das paredes do vale para a corrente principal deste.

Os vales não somente se tornam mais profundos e mais largos, como também, muitas vezes, são alongados pela *erosão em direção ao topo*, um fenômeno que envolve a erosão na sua extremidade superior pelo processo de escoamento (Figura 11.20a). Erosão continuada em direção ao topo resulta, comumente, em *pirataria de corrente*, abrindo brecha para um divisor de água de drenagem e desviando parte da drenagem de outra corrente (Figura 11.20b).

Terraços fluviais

Superfícies bastante planas, paralelas a uma corrente ou rio, mas a um nível mais elevado que a atual várzea, são os **terraços fluviais**. Essas superfícies representam

> **rio em equilíbrio** Rio em cujo perfil existe um delicado equilíbrio entre gradiente, vazão, velocidade do fluxo, formato do canal e carga de sedimento, de maneira que não ocorra nenhuma erosão significativa nem uma deposição dentro do canal.
>
> **vale** Depressão linear vinculada a áreas mais altas, como serranias ou montanhas.
>
> **terraços fluviais** Erosão de planícies de inundação que se formaram quando os cursos fluviais corriam em um nível mais alto.

Figura 11.22 Meandros encaixados
O rio Colorado, no Parque Estadual Dead Horse, Utah, é um encaixe feito a uma profundidade de 600 m.

> **meandros encaixados**
> Cânion em meandros profundos, cortados no substrato rochoso por uma corrente ou um rio.

uma planície de inundação mais antiga, que era adjacente ao fluxo de água quando fluiu a um nível mais elevado, mas, posteriormente, erodiu para um nível mais baixo (Figura 11.21). Algumas correntes possuem várias superfícies, como degraus acima da atual planície de inundação, indicando que os terraços se formaram várias vezes.

A formação de terraços fluviais é precedida por um episódio de deposição seguido de erosão à medida que uma corrente ou rio começa a erodir de forma descendente. Por exemplo, suponha que um rio seja equilibrado, ou seja, é ajustado para o seu gradiente, volume de água e carga de sedimento atuais. Se o terreno sobre o qual o rio flui é soerguido ou o nível do mar é rebaixado, o gradiente do rio é mais íngreme e tem mais energia para aprofundar seu vale. Quando esse rio, mais uma vez, atinge um nível em que está equilibrado, a incisão vertical cessa e ele começa a erodir lateralmente, estabelecendo, assim, uma nova planície de inundação em um nível mais baixo. Vários desses episódios são responsáveis pelos múltiplos terraços fluviais nos vales de alguns rios.

Embora as mudanças no nível de base, provavelmente, sejam responsáveis por diversos terraços fluviais, uma alteração no clima pode obter o mesmo resultado. Se a quantidade de precipitação em uma bacia de drenagem de uma corrente aumenta, esta passa a ter um volume muito maior de água e capacidade para erodir um vale mais profundo, talvez deixando vestígios de uma planície de inundação mais antiga, como terraços fluviais.

Meandros encaixados

Algumas correntes fluviais são restritas a profundos desfiladeiros sinuosos cortados em terra firme, onde apresentam formações chamadas **meandros encaixados** (Figura 11.22). Essas correntes, limitadas pelas paredes de rocha, em geral não podem erodir lateralmente. Assim, elas carecem de uma planície de inundação e ocupam toda a largura do fundo do cânion.

Não é difícil entender como uma corrente fluvial é capaz de fazer uma incisão vertical em uma rocha sólida. Menos simples, porém, é compreender o modo como um padrão de meandros se forma no substrato rochoso. Como a erosão lateral é inibida assim que a incisão vertical se inicia, devemos inferir que o curso

Figura 11.23 Origem dos fluxos sobrepostos

a. À medida que um rio desgasta e remove as camadas superficiais de rocha, ele aprofunda os relevos formados quando da exposição de rochas mais resistentes.

b. Os vales estreitos através das serranias são gargantas fluviais.

c. Vista de uma garganta fluvial cortada pelo rio Jefferson, em Montana.

em meandros foi estabelecido quando a corrente fluiu através de uma área coberta por aluvião. Por exemplo, imagine que uma corrente fluvial próxima ao nível de base tenha estabelecido um padrão em meandros. Se o terreno em que a corrente flui for elevado, a erosão começará e os meandros ficarão encaixados no substrato rochoso subjacente.

Fluxos sobrepostos

A água flui para baixo em resposta à gravidade; portanto, a direção do fluxo de uma corrente ou de um rio é determinada pela topografia. No entanto, inúmeros fluxos de água parecem, à primeira vista, ter desafiado esse controle fundamental. Por exemplo, diversos rios no leste dos Estados Unidos fluem em vales, cortando diretamente através de elevações que se encontram em seu caminho. Esses são os **fluxos sobrepostos**, que já fluíram em uma superfície em um nível mais elevado, mas como erodiram de forma descendente, eles o fizeram entre rochas resistentes e cortes de cânions estreitos, ou o que os geólogos chamam gargantas fluviais (Figura 11.23).

Uma garganta fluvial possui uma corrente que flui através dela, mas se essa corrente for desviada para outros lugares, talvez por uma pirataria de corrente, a garganta abandonada passa a ser chamada de *garganta de vento*. O Cumberland Gap, em Kentucky, é um bom exemplo. Foi o caminho pelo qual os colonizadores migraram da Virgínia para Kentucky, de 1790 até o início de 1800. Além disso, diversas gargantas fluviais e de vento desempenharam papéis estratégicos importantes durante a Guerra Civil (1861-1865).

> **fluxos sobrepostos**
> Rio que já fluiu em uma superfície mais elevada e erodiu de forma descendente em rochas resistentes, mantendo seu curso ao mesmo tempo.

12 | Águas subterrâneas

Em abril de 2000, cristais minerais gigantes foram encontrados em uma mina de prata e chumbo no México. Uma cavidade na mina está alinhada com centenas de cristais de gesso gigantes, de mais de 1 m de comprimento. Há também cristais de gesso apelidados de "cristal raios de luar" (foto), que têm, pelo menos, 15 m de comprimento e 1 m de diâmetro.

Introdução

"À medida que a população mundial e o desenvolvimento industrial se expandirem, a demanda por água, particularmente água subterrânea, aumentará."

Na região calcária de Kentucky ocidental encontra-se o maior sistema de cavernas do mundo. Em 1941, cerca de 206 km² foram reservados e designados como Parque Nacional Mammoth Cave, e, em 1981, o parque tornou-se Patrimônio Mundial. Desde o nível do solo, a topografia da área é imponente, com colinas suaves. No entanto, abaixo da superfície, há mais de 540 km de corredores interligados, cujas características geológicas espetaculares são apreciadas por milhões de turistas e exploradores de cavernas.

Durante a guerra de 1812, cerca de 180 toneladas de salitre (nitrato de potássio – KNO_3), utilizado na fabricação de pólvora, foram extraídas de Mammoth Cave. No final da guerra, o mercado de salitre entrou em colapso, e Mammoth Cave se tornou uma importante atração turística, ofuscando as outras cavernas na área. Durante os 150 anos seguintes, a descoberta de novas passagens e conexões para outras cavernas ajudou a estabelecer Mammoth Cave como a principal caverna do mundo e o padrão pelo qual todas as outras passaram a ser medidas.

Os depósitos coloridos na caverna são a principal razão pela qual milhões de turistas visitam Mammoth Cave ao longo dos anos. Pendendo do teto e crescendo do piso estão estruturas semelhantes a pingentes espetaculares, bem como colunas e cortinas em uma variedade de cores. Além disso, passagens intrincadas ligam salas de tamanhos variados. A caverna é também o lar de mais de 200 espécies de insetos e outros animais, incluindo mais ou menos 45 espécies cegas.

As águas subterrâneas, além de produzirem belas grutas, cavernas e depósitos de cavernas com o seu movimento, são também um importante recurso natural. Embora constituindo apenas 0,625% da água do mundo, as águas subterrâneas não deixam de ser uma importante fonte de água doce para uso agrícola, industrial e doméstico. A cada ano, mais de 65% das águas subterrâneas usadas nos Estados Unidos vão para a irrigação, seguindo-se o seu uso pela indústria e para atender às necessidades domésticas, nessa ordem. Essas demandas empobreceram seriamente o fornecimento de água subterrânea em muitas áreas e levaram

> **Tem se tornado extremamente importante que as pessoas se conscientizem de que a água subterrânea é um valioso recurso, a fim de que possam garantir às gerações futuras um fornecimento limpo e adequado de água a partir dessa fonte.**

a problemas, como subsidência do solo e contaminação com água salgada. Em outras áreas, a poluição proveniente de aterros sanitários, resíduos tóxicos e agricultura tornou o fornecimento de água subterrânea inseguro.

Conforme a população mundial e o desenvolvimento industrial se expandirem, a demanda por água, particularmente água subterrânea, aumentará. Não basta que novas fontes de água subterrânea sejam localizadas; é preciso que, uma vez encontradas, essas fontes sejam protegidas da poluição e geridas de forma correta, a fim de garantir que os usuários não retirem mais água do que pode ser reabastecido.

Objetivos de Aprendizagem (OA)

Ao finalizar este capítulo você será capaz de:

- **OA1** Descrever as águas subterrâneas e o seu papel no ciclo hidrológico
- **OA2** Definir porosidade e permeabilidade
- **OA3** Descrever lençol freático
- **OA4** Entender os padrões de circulação das águas subterrâneas
- **OA5** Identificar as diferenças entre nascentes, poços de água e sistemas artesianos
- **OA6** Discutir erosão e deposição causadas por águas subterrâneas
- **OA7** Descrever os efeitos das alterações no sistema de águas subterrâneas
- **OA8** Descrever a atividade hidrotermal

OA1 ÁGUA SUBTERRÂNEA E O CICLO HIDROLÓGICO

Água subterrânea – a água que, abaixo da superfície da Terra, preenche a porosidade de rochas, sedimentos e solo – é um reservatório no ciclo hidrológico (Figura 11.2) que representa até 22% (8,4 milhões de km^3) da oferta mundial de água doce. Como todas as outras águas no ciclo hidrológico, a fonte mais distante para as águas subterrâneas são os oceanos. No entanto, sua fonte mais direta é a precipitação que se infiltra no solo e escoa através dos espaços vazios no solo, nos sedimentos e nas rochas. As águas subterrâneas também podem vir de águas que infiltram de riachos, lagos, pântanos, lagoas de recarga artificial e de sistemas de tratamento de água.

Qualquer que seja a sua origem, as águas subterrâneas, ao se deslocarem através das pequenas aberturas entre as partículas do solo, sedimentos e porosidade nas rochas, filtram muitas impurezas, como microrganismos causadores de doenças e muitos poluentes. No entanto, nem todos os solos e rochas são bons filtros, e, às vezes, muito material indesejável pode estar presente, a ponto de contaminar o lençol freático. O movimento das águas subterrâneas e a recuperação de poços dependem de dois aspectos fundamentais dos materiais através dos quais essas águas se movem: *porosidade* e *permeabilidade*.

OA2 POROSIDADE E PERMEABILIDADE

Porosidade e permeabilidade são importantes propriedades físicas dos materiais da Terra e são, em grande parte, responsáveis pela quantidade, pela disponibilidade e pelo movimento das águas subterrâneas. A água penetra no solo porque tanto este quanto os sedimentos e as rochas têm espaços vazios, ou poros. **Porosidade** é a porcentagem do volume total do material que é o espaço dos poros. Na maioria das vezes, a porosidade consiste em espaços entre as partículas do solo, dos sedimentos e das rochas sedimentares, mas outros tipos de porosidade incluem rachaduras, fraturas, falhas e vesículas em rochas vulcânicas (Figura 12.1).

água subterrânea
Água armazenada nos espaços porosos do solo, de sedimentos e de rochas.

porosidade
Porcentagem do volume total de um material, que é o espaço dos poros.

Tabela 12.1
Valores de porosidade para materiais diferentes

MATERIAL	PORCENTAGEM DE POROSIDADE
SEDIMENTO NÃO CONSOLIDADO	
Solo	55
Cascalho	20 – 40
Areia	25 – 50
Silte	35 – 50
Argila	50 – 70
ROCHAS	
Arenito	5 – 30
Xisto	0 – 10
Calcário e dolomito em dissolução	10 – 30
Basalto fraturado	5 – 40
Granito fraturado	10

Fonte: U.S. Geological Survey, *Water Supply Paper* 2220 (1983) e outros.

As águas subterrâneas fornecem 80% da água utilizada na pecuária e em residências, além de responder por 40% do abastecimento público de água.

A porosidade varia entre os diferentes tipos de rocha e é dependente do tamanho, da forma e da disposição do material que compõe a rocha (Tabela 12.1). A maioria das rochas ígneas e metamórficas, bem como muitos calcários e dolomitos, tem porosidade muito baixa, porque consiste de cristais firmemente interligados. No entanto, sua porosidade pode ser aumentada se for fraturada ou encharcada por águas subterrâneas. Isso acontece, principalmente, com o calcário e o dolomito maciço, cujas fraturas podem ser alargadas por águas subterrâneas ácidas.

Em compensação, as rochas sedimentares detríticas, compostas de grãos bem selecionados e bem arredondados, podem ter alta porosidade, pois quaisquer dois

Figura 12.1 Porosidade

A porosidade de uma rocha depende do tamanho, da forma e da disposição do material que a compõe.

a. Uma rocha sedimentar bem selecionada tem alta porosidade.

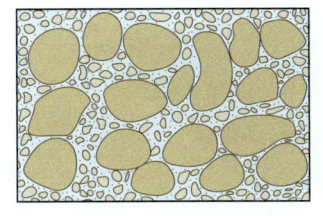

b. Já uma rocha sedimentar mal selecionada tem menor porosidade.

c. Em rochas solúveis, como o calcário, a porosidade aumenta por dissolução.

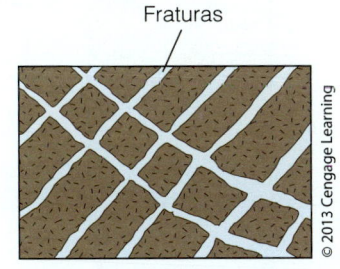

d. Já rochas ígneas e metamórficas cristalinas se tornam porosas por fraturamento.

grãos se tocam em apenas um único ponto, deixando espaços relativamente grandes abertos entre os grãos (Figura 12.1a). Já as rochas sedimentares mal selecionadas, em contrapartida, costumam ter baixa porosidade, pois os grãos menores preenchem os espaços entre os grãos maiores, reduzindo ainda mais a porosidade (Figura 12.1b). Além disso, o teor de cimento entre os grãos pode diminuir a porosidade.

A porosidade determina a quantidade de água subterrânea que os materiais da Terra podem reter, mas não garante que a água possa ser facilmente extraída. Assim, além de serem porosos, os materiais da Terra devem ter a capacidade de transmitir fluidos, uma propriedade conhecida como **permeabilidade**. Desse modo, tanto a porosidade quanto a permeabilidade desempenham papéis importantes no movimento e na recuperação das águas subterrâneas.

A permeabilidade é dependente não apenas da porosidade, mas também do tamanho dos poros ou das fraturas e de suas interligações. Por exemplo, os depósitos de silte ou argila costumam ser mais porosos que os de areia ou cascalho, mas têm baixa permeabilidade, porque os poros entre as partículas são muito pequenos e a atração molecular entre as partículas e a água é grande, isso impede a movimentação da água. Em contrapartida, os poros entre os grãos de arenito e conglomerado são muito maiores e, portanto, a atração molecular na água é baixa. As rochas sedimentares químicas e bioquímicas, como o calcário e o dolomito, além de muitas rochas ígneas e metamórficas que são altamente fraturadas, também podem ser muito permeáveis, desde que as fraturas estejam interligadas.

Uma camada permeável que transporta água subterrânea é um *aquífero*, do latim *aqua* "água". Os aquíferos mais eficazes são depósitos de areia e cascalho bem arredondados e bem ordenados. Calcários em que os planos de fratura e de estratificação foram ampliados por dissolução também são bons aquíferos. Xistos e muitas rochas ígneas e metamórficas formam aquíferos pobres, porque, em geral, são impermeáveis, a menos que sejam fraturadas. Rochas como essas, além de quaisquer outros materiais que impeçam o movimento das águas subterrâneas, são *aquicludes* (confinamentos).

OA3 O LENÇOL FREÁTICO

Parte da precipitação pluvial na superfície evapora, parte alimenta rios e retorna para os oceanos por escoamento superficial e o restante penetra no solo. À medida que essa água se move para baixo, desde a superfície, uma pequena quantidade adere ao material através do qual se move. No entanto, com exceção dessa *água suspensa*, o restante escoa no sentido descendente até preencher abaixo todos os espaços de poros disponíveis. Assim, duas zonas são definidas: **zona de aeração**, cujos espaços porosos contêm principalmente ar, e **zona subjacente de saturação**, cujos espaços porosos contêm principalmente água. A superfície que separa essas duas zonas é o **lençol freático** (Figura 12.2).

A base da zona de saturação varia de lugar para lugar, mas, em geral, é limitada em profundidade por alguma camada impermeável ou a uma profundidade em que a pressão de confinamento fecha todo o espaço de poro

---

permeabilidade
Capacidade de um material para transmitir fluidos.

zona de aeração Zona acima do lençol freático que contém tanto ar quanto água dentro dos espaços dos poros do solo, dos sedimentos ou das rochas.

zona subjacente de saturação Área abaixo do lençol freático em que todos os poros estão cheios de água.

lençol freático Superfície que separa a zona de aeração da zona subjacente da saturação.

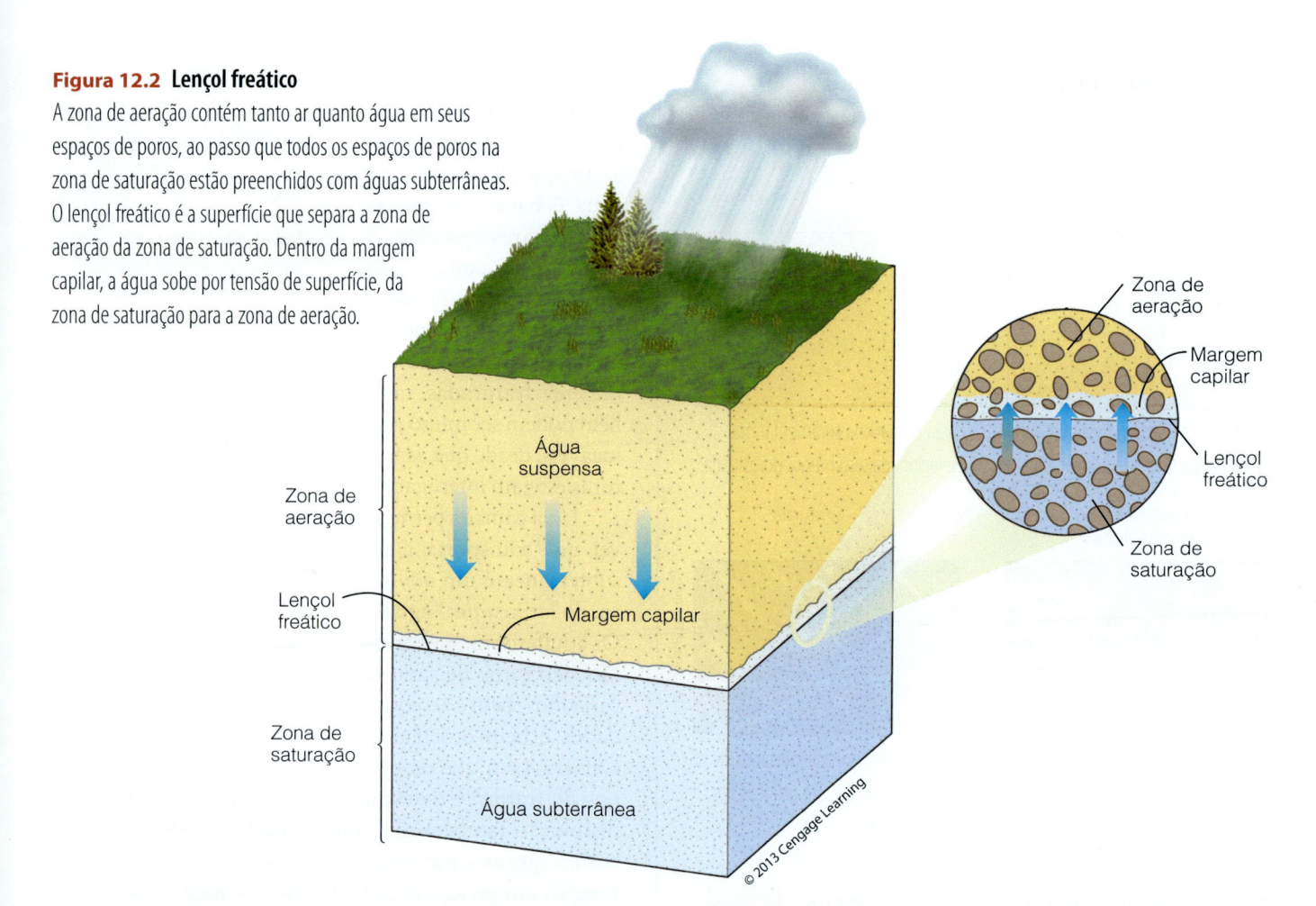

Figura 12.2 Lençol freático

A zona de aeração contém tanto ar quanto água em seus espaços de poros, ao passo que todos os espaços de poros na zona de saturação estão preenchidos com águas subterrâneas. O lençol freático é a superfície que separa a zona de aeração da zona de saturação. Dentro da margem capilar, a água sobe por tensão de superfície, da zona de saturação para a zona de aeração.

aberto. Estendendo-se irregularmente para cima, de alguns centímetros a vários metros da zona de saturação, está a *margem capilar*. Nessa região, a água se move para cima, por causa da tensão superficial, assim como a água se move para cima através de uma toalha de papel.

Em geral, a configuração do lençol freático é uma réplica atenuada da superfície da terra sobrejacente; ou seja, ele sobe por baixo de colinas e tem suas altitudes mais baixas abaixo de vales. Vários fatores contribuem para a configuração global do lençol freático de uma região, incluindo as diferenças regionais na quantidade de chuva, a permeabilidade e a taxa de movimento da água subterrânea. No entanto, em regiões áridas e semiáridas, o lençol freático tende a ser bastante plano, independentemente da superfície da terra sobrejacente.

OA4 MOVIMENTO DA ÁGUA SUBTERRÂNEA

A gravidade fornece a energia para o movimento de descida das águas subterrâneas. A água que entra no solo se desloca através da zona de aeração para a zona de saturação (Figura 12.3) e, quando atinge o lençol freático, continua a se deslocar através da zona de saturação de áreas em que o lençol freático é alto em direção a áreas em que ele é mais baixo, como rios, lagos ou pântanos. Apenas um pouco da água segue a rota direta ao longo da encosta do lençol freático. A maior parte dessa água toma caminhos curvos mais longos para baixo, e então entra em um córrego, lago ou pântano de baixo, pois se desloca de áreas de alta pressão em direção a áreas de baixa pressão dentro da zona saturada.

A velocidade das águas subterrâneas varia muito e depende de muitos fatores, podendo essa velocidade ser de 250 m por dia, em um material extremamente permeável, a menos que alguns poucos centímetros por ano, em material quase impermeável. Nos aquíferos mais comuns, a velocidade média da água subterrânea é de poucos centímetros por dia.

OA5 NASCENTES, POÇOS DE ÁGUA E SISTEMAS ARTESIANOS

Você pode imaginar a água na zona de saturação como se fosse um reservatório, cuja superfície sobe ou desce de acordo com adições, em oposição aos levantamentos naturais e artificiais. A *recarga*, isto é, as adições na zona de saturação, vem de chuva ou da neve derretida, mas a água pode ser adicionada artificialmente em instalações de tratamento de águas residuais ou lagoas de recarga, construídas exclusivamente para esse fim. Entretanto, se a água subterrânea for descarregada naturalmente ou retirada em poços sem recarga suficiente, o volume de água do lençol freático cairá, exatamente como ocorre com uma "conta corrente", cujo saldo diminuirá se os "saques" excederem os "depósitos". As retiradas do sistema de água subterrânea acontecem onde essas águas correm lateralmente em córregos, lagos ou pântanos, onde descarregam na superfície como *nascentes* e onde são retiradas do sistema em poços de água.

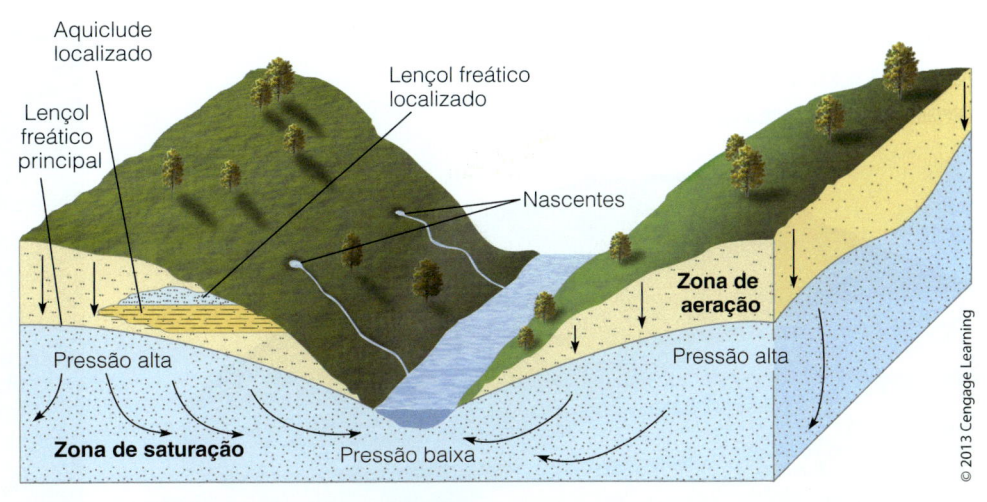

Figura 12.3 Movimento das águas subterrâneas

As águas subterrâneas movem-se para baixo, através da zona de aeração, para a zona de saturação. Em seguida, parte dela se move ao longo da encosta do lençol freático e o restante se move através da zona de saturação, de áreas de alta pressão para áreas de baixa pressão. Um pouco de água pode se recolher sobre um aquiclude local, tal como uma camada de xisto, formando assim um lençol freático localizado.

Nascentes

Os locais em que a água subterrânea flui ou escoa para fora da superfície como **nascentes** sempre fascinaram as pessoas. A água flui para fora da superfície sem motivo aparente e de nenhuma fonte facilmente identificável. Portanto, não surpreende que sejam vistas com superstição e reverenciadas por seus supostos valor medicinal e poder de cura. No entanto, não há nada de místico ou misterioso nas nascentes.

Embora as nascentes possam ocorrer em ampla variedade de condições geológicas, todas se formam basicamente da mesma maneira (Figura 12.4A): quando a percolação da água atinge o lençol freático ou uma camada impermeável que corre lateralmente e esse fluxo intersecta a superfície, a água jorra como uma nascente (Figura 12.4b).

As nascentes também podem se desenvolver sempre que uma parte do lençol freático é confinado por um aquiclude local, localizado em um aquífero maior, como, por exemplo, uma lente de xisto dentro de arenito (Figura 12.3). Conforme a água migra para baixo, através da zona de aeração, ela pode ser confinada por esse aquiclude local, criando uma zona de saturação localizada. Se o aquiclude (a lente de xisto) intercepta a superfície, a água em movimento lateral, ao longo do lençol freático, poderá produzir uma nascente.

nascente Lugar em que a água subterrânea flui ou escoa para fora do solo.

poço Perfuração ou escavação que alcança a zona de saturação.

Poços

Poços são aberturas feitas por escavação ou perfuração para alcançar a zona de saturação. Uma vez que a zona de saturação tenha sido alcançada, a água se infiltra para dentro do poço, preenchendo-o com o nível do

Em muitas partes dos Estados Unidos e do Canadá é possível ver os moinhos de vento de tempos passados, que usaram a energia eólica para bombear a água. A maioria desses moinhos não é mais utilizada e foi substituída por bombas elétricas mais eficientes.

Figura 12.4 Nascentes

As nascentes se formam sempre que águas subterrâneas, movendo-se lateralmente, interceptam a superfície da Terra.

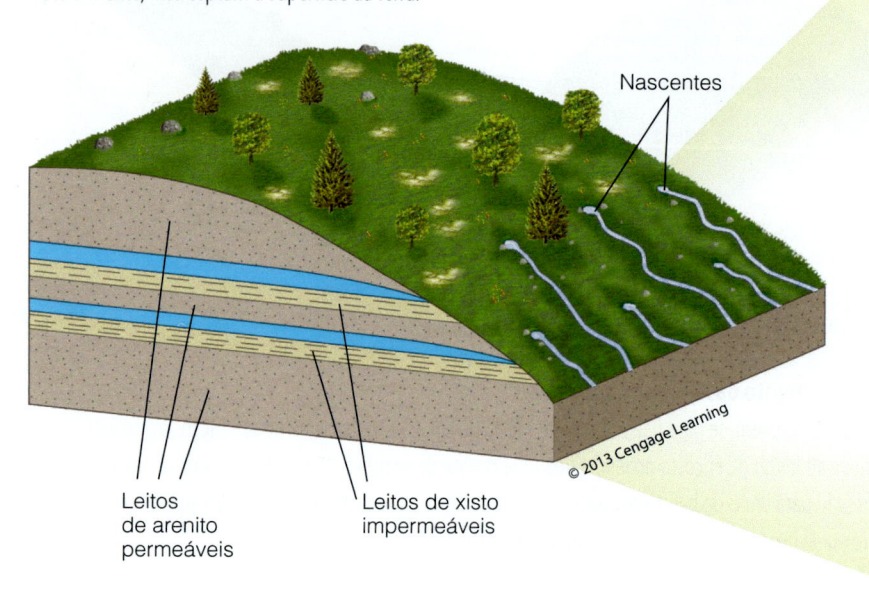

Leitos de arenito permeáveis
Leitos de xisto impermeáveis
Nascentes

a. Mais comumente, as nascentes se formam quando a percolação da água atinge uma camada impermeável e migra lateralmente, até escoar para fora, na superfície.

b. A fonte do rio Thunder, no Grand Canyon, Arizona, emana das rochas ao longo de uma parede do Grand Canyon. A água que infiltra para baixo, através de rochas permeáveis, é forçada a mover-se lateralmente quando encontra uma zona impermeável e, assim, jorra para fora, no penhasco. A vegetação paralela e abaixo das nascentes é sinal de que, ao longo da parede do penhasco, flui bastante água das nascentes para mantê-la.

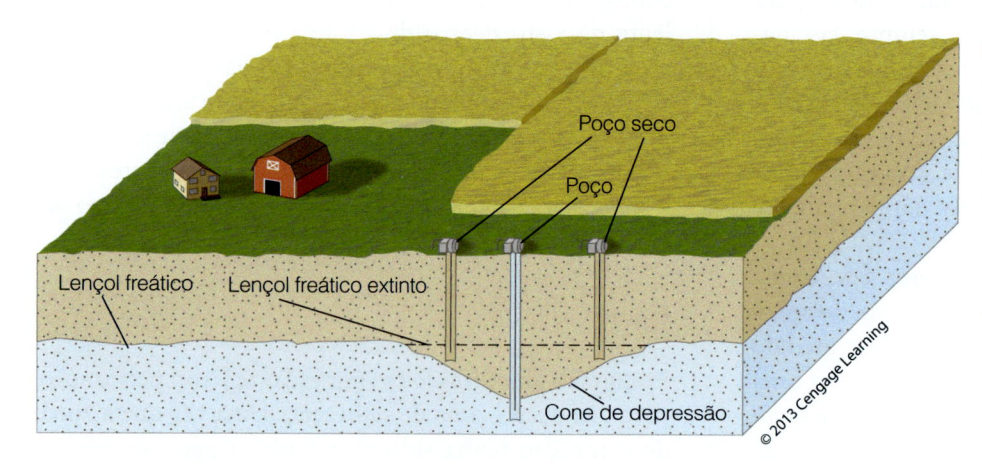

Figura 12.5 Cone de depressão

Um cone de depressão é formado sempre que a água é retirada de um poço. Se a água for retirada mais depressa do que pode ser reabastecida, o cone de depressão crescerá em profundidade e circunferência, baixando o lençol freático na área e fazendo os poços rasos nas proximidades secarem.

Poço seco
Poço
Lençol freático
Lençol freático extinto
Cone de depressão

cone de depressão
Área em forma de cone em torno de um poço em que a água é bombeada de um aquífero mais rapidamente do que pode ser restituída.

lençol freático. Alguns poços são de escoamento livre. No entanto, para a maioria deles, a água deve ser trazida para a superfície através de bombeamento.

Quando a água subterrânea é bombeada de um poço, o lençol freático na região em torno do poço é rebaixado, formando um **cone de depressão** (Figura 12.5). Isso acontece quando a taxa de retirada de água do poço excede a taxa de reposição de água para o poço, rebaixando assim o lençol freático em torno dele. O gradiente do cone de depressão, isto é, seja ele íngreme, seja suave, depende em grande medida da

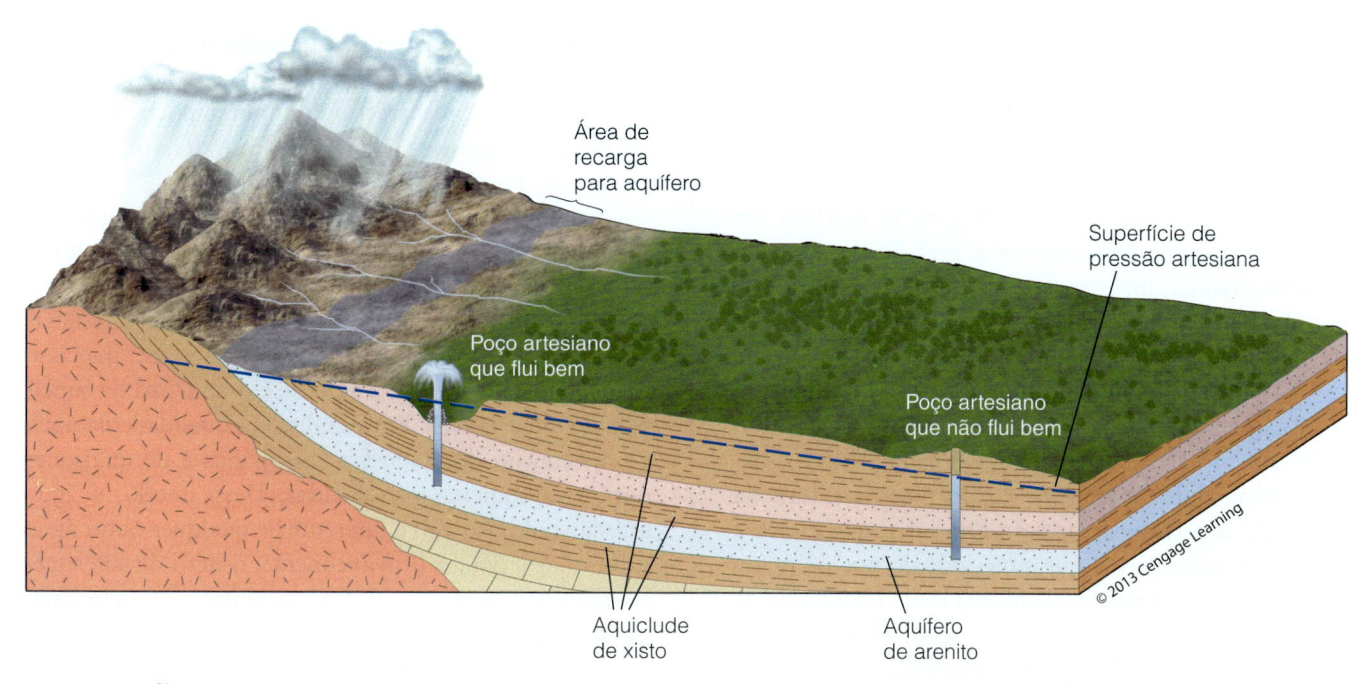

Figura 12.6 Sistema artesiano
Um sistema artesiano deve ter um aquífero confinado acima e abaixo por aquicludes, o aquífero deve ser exposto à superfície e deve haver precipitação suficiente na zona de recarga para mantê-lo preenchido. A elevação do lençol freático na zona de recarga, que é indicada por uma linha tracejada inclinada (a superfície de pressão artesiana), define o nível mais alto ao qual a água do poço pode subir.

permeabilidade do aquífero que estiver sendo bombeado. Um aquífero altamente permeável produz um gradiente suave no cone de depressão. Um aquífero de baixa permeabilidade produz um cone de depressão íngreme, porque a água não pode fluir facilmente para o poço, para repor a que está sendo retirada.

Em geral, a formação de um cone de depressão não constitui um problema para o poço doméstico médio, desde que este tenha sido perfurado a uma profundidade suficiente dentro da zona de saturação. No entanto, as enormes quantidades de água utilizadas pela indústria e para a irrigação podem criar um cone de depressão tão grande, que reduz o lençol freático o suficiente para fazer os poços rasos na área ao redor secarem (Figura 12.5). Essa situação não é incomum e, frequentemente, dá origem a ações judiciais por parte dos proprietários de poços rasos que secaram.

O rebaixamento do lençol freático regional em razão da retirada de água subterrânea em volume superior ao que está sendo reabastecido tem se tornado um problema sério em muitas áreas, especialmente no sudoeste dos Estados Unidos, região em que o rápido crescimento impôs enormes demandas ao sistema de águas subterrâneas. A retirada irrestrita das águas subterrâneas não pode continuar indefinidamente, e, em breve, os custos crescentes e a diminuição da oferta de água subterrânea deverão limitar o crescimento de algumas regiões dos Estados Unidos, como o já mencionado sudoeste.

Sistemas artesianos

A palavra *artesiano* vem da cidade francesa e província de Artois (chamada Artesium durante o império romano), perto de Calais, onde o primeiro poço artesiano europeu foi perfurado em 1126 e ainda hoje está fluindo. O termo **sistema artesiano** pode ser aplicado a qualquer sistema em que a água esteja confinada e se acumule com pressão (fluida) hidrostática elevada (Figura 12.6). A água desse sistema é capaz de subir acima do nível do aquífero caso se perfure um poço através da camada de confinamento, o que reduz a pressão e força a água para cima. Um sistema artesiano pode se desenvolver quando (1) um aquífero é confinado acima e abaixo por aquicludes; (2) a sequência de rocha é (geralmente) inclinada para criar pressão hidrostática; e (3) o aquífero está exposto na superfície, permitindo assim que seja recarregado.

> **sistema artesiano**
> Sistema de águas subterrâneas confinado com alta pressão hidrostática, que faz a água subir acima do nível do aquífero.

A elevação do lençol freático na zona de recarga e a distância que o poço fica desta determinam a altura a que água artesiana sobe em um poço. A superfície definida pelo lençol freático na zona de recarga, chamada *superfície de pressão artesiana*, é indicada pela linha tracejada inclinada na Figura 12.6. Uma vez que o atrito reduz ligeiramente a pressão da água do aquífero, reduzindo, consequentemente, o nível a que água do poço artesiano sobe, a superfície de pressão artesiana, por conseguinte, inclina-se.

Um poço artesiano fluirá livremente na superfície do solo apenas se a sua saída estiver em uma elevação abaixo da superfície da pressão artesiana. Nessa situação, a água fluirá para fora do poço, pois subirá na direção da superfície de pressão artesiana, que estará a uma altura mais elevada que a da saída do poço. Em um poço artesiano que não flui bem, sua saída está acima da superfície da pressão artesiana, e a água subirá no poço somente até a altura da superfície de pressão artesiana.

Um dos sistemas artesianos mais conhecidos nos Estados Unidos está subjacente a Dakota do Sul e estende-se para o sul, para o centro do Texas. A maior parte da água artesiana desse sistema é utilizada para irrigação. O aquífero desse sistema artesiano, o arenito Dakota, é recarregado onde ele está exposto ao longo das margens de Black Hills de Dakota do Sul. Originalmente, a pressão hidrostática nesse sistema foi grande o suficiente para produzir poços de fluxo livre e operar rodas de água. No entanto, em razão do uso extensivo dessas águas subterrâneas para irrigação ao longo dos anos, a pressão hidrostática em muitos poços passou a ser tão baixa que eles já não são de fluxo livre, e a água precisa ser bombeada para a superfície.

Como um comentário final sobre os sistemas artesianos, devemos mencionar que, não raro, anunciantes ressaltam que a qualidade da água artesiana é superior à de outras águas subterrâneas. Algumas águas artesianas podem, realmente, ser de excelente qualidade, mas isso não depende do fato de a água se elevar acima da superfície de um aquífero. Em vez disso, a qualidade da água é uma função dos minerais dissolvidos e de quaisquer outras substâncias introduzidas. Desse modo, a água artesiana, de fato não é diferente de qualquer outra água subterrânea. Muito provavelmente, o mito de sua superioridade existe porque as pessoas sempre foram fascinadas pela água que flui livremente a partir do solo.

OA6 EROSÃO E DEPOSIÇÃO DE ÁGUA SUTERRÂNEA

Quando a água da chuva começa a se infiltrar no solo, ela, imediatamente, começa a reagir com os minerais com os quais entra em contato, dissolvendo-os quimicamente. Em uma área constituída por rocha solúvel, a água

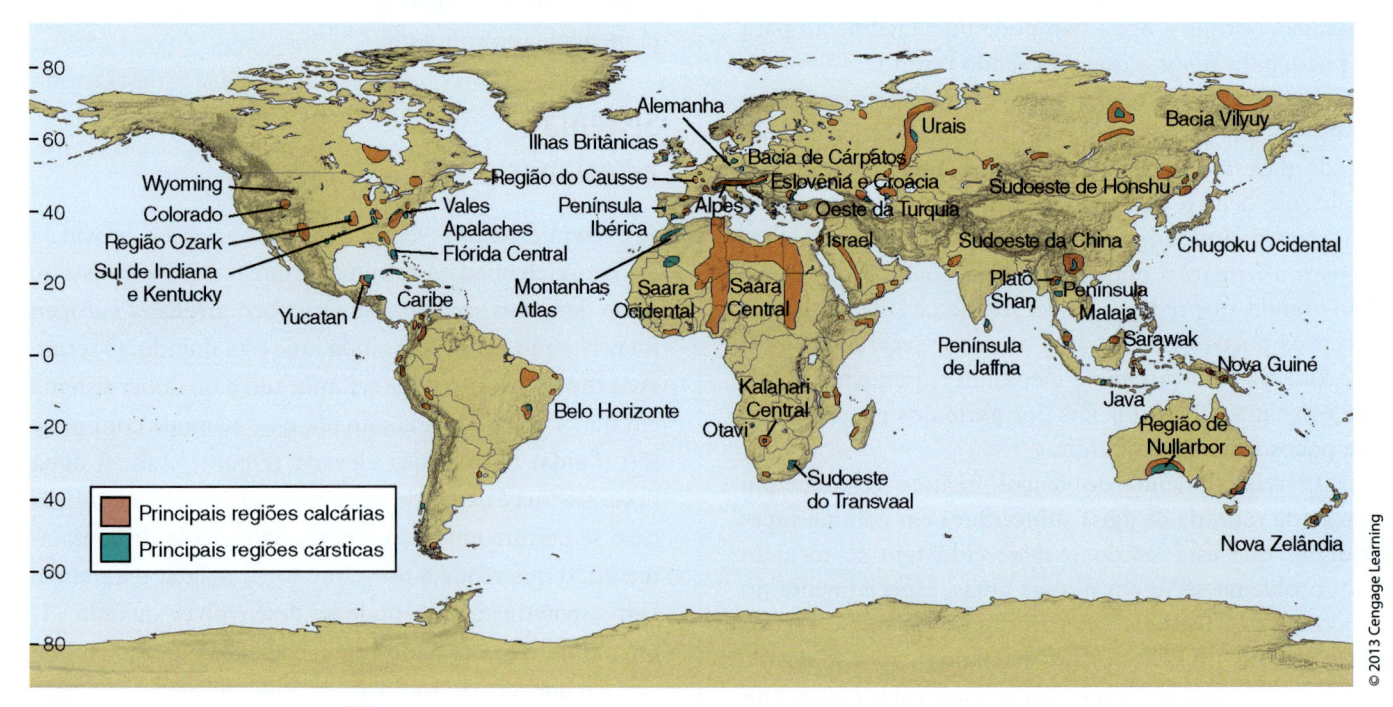

Figura 12.7 Distribuição das principais áreas de calcário e de carste do mundo
A topografia de carste se desenvolve, em grande parte, pela erosão das águas subterrâneas em áreas constituídas por rochas solúveis.

subterrânea é o principal agente de erosão e é responsável pela formação de muitas das características principais da paisagem.

O calcário, rocha sedimentar composta principalmente pelo mineral calcita ($CaCO_3$), constitui grandes áreas da superfície da Terra (Figura 12.7). Embora o calcário seja praticamente insolúvel em água pura, ele se dissolve rapidamente se uma pequena quantidade de ácido estiver presente. O ácido carbônico (H_2CO_3) é um ácido fraco, que se forma quando o dióxido de carbono se combina com a água ($H_2O + CO_2 + H_2CO_3$). Como a atmosfera contém uma pequena quantidade de dióxido de carbono (0,03%) e este também é produzido no solo, pela decomposição da matéria orgânica, a maior parte da água subterrânea é ligeiramente ácida. Assim, quando se infiltra através das fraturas do calcário, ela reage rapidamente com a calcita para dissolver a rocha, formando bicarbonato de cálcio solúvel, que é transportado em solução (ver Capítulo 6).

Figura 12.8 Sumidouros
Sumidouro formado em 8 e 9 de maio de 1981, em Winter Park, na Flórida. Esse sumidouro formou-se em calcário previamente dissolvido, subsequente ao rebaixamento do lençol freático. Com 100 m de largura e 35 m de profundidade, ele destruiu uma casa, vários carros e uma piscina municipal.

Topografia de sumidouros (dolina) e carste

Em regiões constituídas por rocha solúvel, a superfície do solo pode ser pontuada com inúmeras depressões que variam em tamanho e forma. Essas depressões,

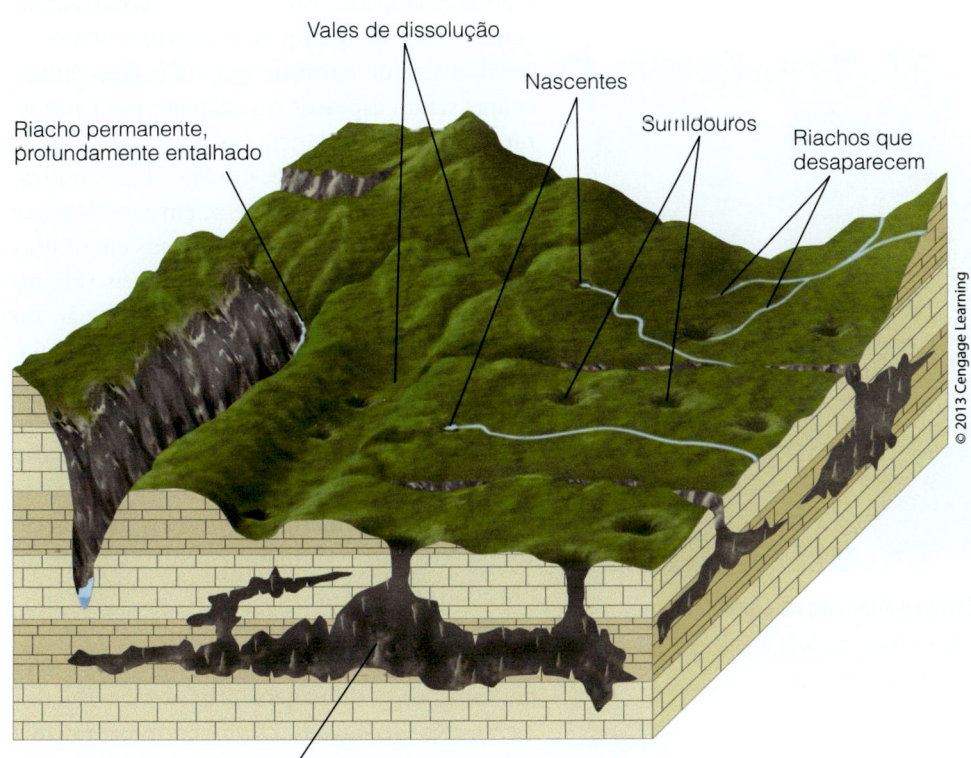

Figura 12.9 Características da topografia de carste
A erosão da rocha solúvel, por água subterrânea, produz a topografia de carste, cujas características comumente encontradas incluem vales de dissolução, nascentes, sumidouros e drenagem criptorreica (riachos que desaparecem em sumidouros).

sumidouro Depressão no solo que se forma pela solução das rochas carbonatadas subjacentes ou pelo desabamento do teto de uma caverna.

topografia de carste Paisagem que consiste em numerosas cavernas, sumidouros e vales de solução formada pela dissolução por água subterrânea de rochas, como o calcário e o dolomito.

gruta Salão subsuperficial natural, geralmente ligado à superfície por uma abertura, e é grande o suficiente, para uma pessoa entrar.

chamadas **sumidouros** (fossas), ou simplesmente *charcos*, marcam áreas com rocha solúvel subjacente (Figura 12.8). A maioria dos sumidouros se forma de duas maneiras. Uma delas é quando a rocha solúvel abaixo do solo é dissolvida pela água que escoa, e aberturas na rocha são ampliadas e preenchidas pelo solo que a recobre. À medida que a água subterrânea continua a dissolver a rocha, o solo é finalmente removido, deixando depressões pouco profundas e com lados ligeiramente inclinados. Quando sumidouros adjacentes se fundem, formam uma rede de depressões fechadas, irregulares e maiores, chamadas *vales de dissolução*.

Os sumidouros também se formam quando o teto de uma caverna desaba, geralmente produzindo uma cratera íngreme – sumidouros assim formados são um

Jesse James (à esquerda) e membros de seu bando fora da lei (provavelmente, dois dos irmãos Younger) posando, nesta foto, por volta de 1870. Na década de 1870, Jesse James e sua gangue usaram repetidamente as grutas Meramec, no Missouri, como esconderijo.

perigo grave, especialmente em áreas povoadas. Em regiões propensas à formação de sumidouros, extensas investigações geológicas e hidrogeológicas devem ser realizadas para determinar a profundidade e a extensão dos sistemas de cavernas subjacentes antes de qualquer desenvolvimento do local, a fim de garantir que as rochas subjacentes sejam espessas o suficiente para suportar as estruturas planejadas.

A **topografia de carste**, ou simplesmente *cárstica*, desenvolve-se em grande parte pela erosão das águas subterrâneas em muitas áreas constituídas de rochas solúveis (Figura 12.9). O nome *karst* é derivado da região do planalto da zona fronteiriça da Eslovênia, da Croácia e do nordeste da Itália, onde esse tipo de topografia está bem desenvolvido. Nos Estados Unidos, as regiões de topografia cárstica incluem grandes áreas do sudoeste de Illinois, sul de Indiana, Kentucky, Tennessee, sul do Missouri, Alabama e centro e norte da Flórida (Figura 12.7).

A topografia de carste é caracterizada por inúmeras cavernas, nascentes, sumidouros, vales de soluções e drenagem criptorreica (Figura 12.9). Na *drenagem criptorreica* os riachos

Figura 12.10 Paisagem de carste ao sudeste de Kunming na China
A Floresta de Pedra, que fica a 125 km ao sudeste de Kunming, na China, é uma paisagem cárstica de alto relevo, formada pela dissolução de rochas carbonáticas.

Figura 12.11 Formação de gruta

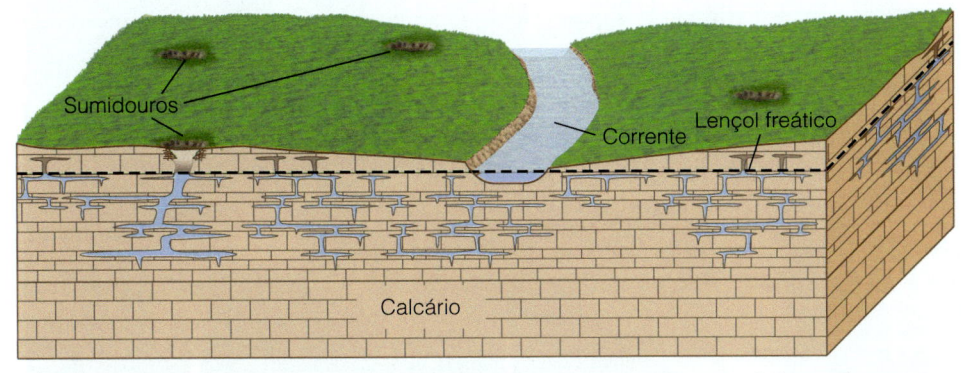

a. À medida que as águas subterrâneas se infiltram através da zona de aeração e fluem através da zona de saturação, elas dissolvem as rochas de carbonato e, gradualmente, vai se formando um sistema de vias de passagem.

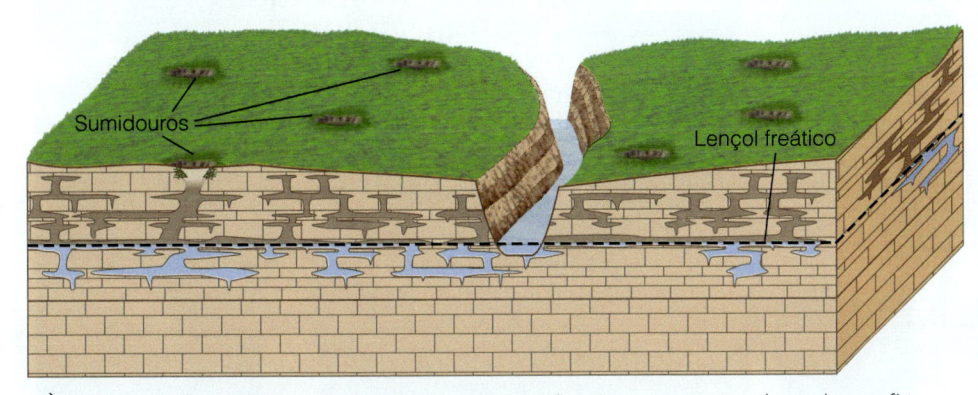

b. À medida que o fluxo corrói mais profundamente, as águas subterrâneas se movem ao longo da superfície do lençol freático inferior, formando um sistema de passagens horizontais, através do qual a rocha dissolvida é transportada para os fluxos de superfície, aumentando, assim, as vias de passagem.

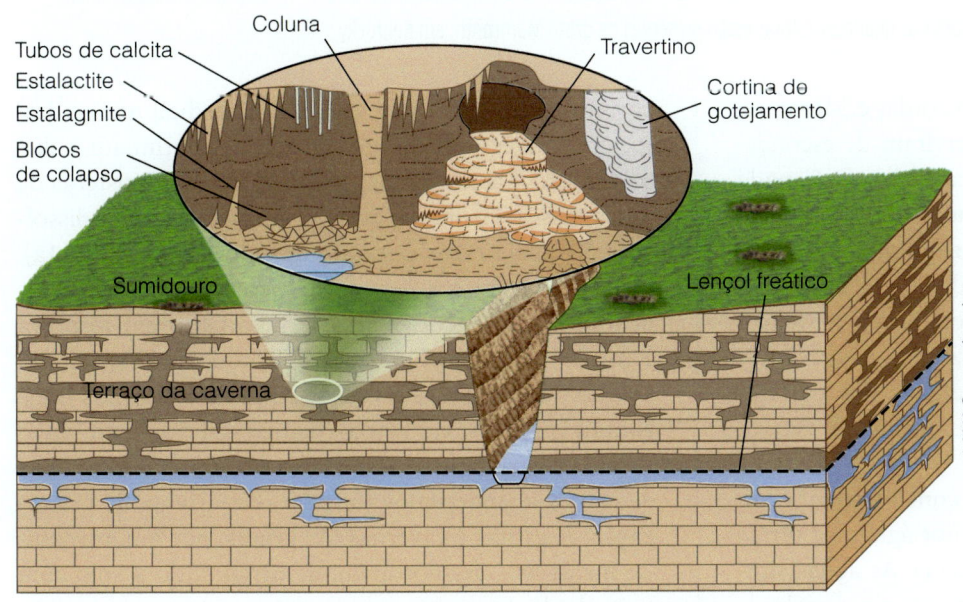

c. À medida que os fluxos de superfície corroem vales mais profundos, o lençol freático é rebaixado e as passagens de canais abandonadas formam um sistema de interconexão de grutas e cavernas.

fluem apenas uma curta distância na superfície e, em seguida, desaparecem em um sumidouro. Sua água continua a fluir no subsolo através de fraturas ou cavernas, até que voltam à superfície, em uma nascente ou riacho.

A topografia de carste varia das espetaculares paisagens em alto relevo da China (Figura 12.10) até as formações de relevo suave e esburacado de Kentucky. No entanto, comum a toda topografia cárstica, é a presença de espessas camadas horizontais de rochas carbonáticas, facilmente solúveis na superfície ou pouco abaixo do solo, e água suficiente para que ocorra a atividade de dissolução. A topografia de carste é, frequentemente, restrita a climas úmidos e temperados.

Grutas e depósitos de grutas

As grutas são, talvez, os exemplos mais espetaculares dos efeitos combinados de intemperismo e erosão por água subterrânea. Conforme as águas subterrâneas se infiltram através das rochas carbonáticas, elas se dissolvem e alargam fraturas e aberturas para formar um complexo sistema de interligação de fendas, grutas, cavernas e riachos subterrâneos. Uma **gruta** costuma ser definida como uma abertura formada naturalmente abaixo da superfície, que, em geral, é ligada à superfície e é grande o suficiente para uma pessoa entrar. Uma *caverna* é uma gruta muito grande ou um sistema de grutas interconectadas.

Mais de 17 mil grutas são conhecidas nos Estados Unidos. Algumas das mais famosas são Mammoth, em Kentucky; Carlsbad, no Novo México; Lewis e

EROSÃO E DEPOSIÇÃO DE ÁGUA SUTERRÂNEA

Figura 12.12 Depósitos de grutas

Estalactites são as estruturas em forma de pingente, penduradas no teto da gruta, enquanto as estruturas no solo, apontando para cima, são estalagmites. E colunas são o resultado do encontro de estalactites e estalagmites. Uma cortina de gotejamento é uma lâmina vertical de rocha formada por água subterrânea que escoa de uma rachadura no teto da caverna. Todas as quatro estruturas estão presentes na gruta Mammoth, em Kentucky.

Clark, em Montana; Lehman, em Nevada; e Meramec, no Missouri, estas, muitas vezes, serviram de esconderijo a Jesse James e seu bando fora da lei. O Canadá também tem muitas grutas famosas, incluindo a Arctomys, no Parque Estadual de Mount Robson, Colúmbia Britânica, com 536 m de profundidade, é a mais profunda gruta conhecida na América do Norte. E o México é conhecido por sua Cueva de los Cristales, ou gruta dos Cristais, onde foram encontrados alguns dos maiores cristais de gesso e seleneto existentes no mundo (veja a foto de abertura do capítulo).

Grutas e cavernas se formam como resultado da dissolução das rochas carbonáticas por águas subterrâneas ligeiramente ácidas (Figura 12.11). As águas subterrâneas que percolam as zonas de aeração dissolvem lentamente a rocha de carbonato, ampliando suas fraturas e seus planos de estratificação. Ao atingir o lençol freático, as águas subterrâneas migram em direção às correntes superficiais da região e, à medida que se deslocam através da zona de saturação, continuam a dissolver a rocha, formando, gradualmente, um sistema de passagens horizontais, através do qual a rocha dissolvida é transportada para as correntes (Figura 12.11a). Conforme os fluxos de superfície corroem os vales mais profundos, o lençol freático é rebaixado em resposta à menor elevação dos riachos (Figura 12.11b). Então, a água que fluiu através do sistema de passagens horizontais infiltra-se no lençol freático inferior, e um novo sistema de passagens começa a se formar. Os caminhos de canais abandonados formam um sistema de interligação de grutas e cavernas. As grutas, por fim, tornam-se instáveis e desmoronam, desarranjando o solo com a queda de detritos.

Quando pensam em grutas, as pessoas costumam imaginar a variedade aparentemente infinita de depósitos coloridos e de formas bizarras que nelas se encontram.

Embora haja muitos tipos diferentes de depósito nas grutas, a maioria se forma essencialmente da mesma maneira, e é conhecida coletivamente como *rochas de gotejamento*. À medida que a água se infiltra em uma gruta, parte do dióxido de carbono que está dissolvido nela escapa e uma pequena quantidade de calcita é precipitada, e assim os vários depósitos de gotejamento são formados (Figura 12.11c).

Estalactites são estruturas em forma de pingente, penduradas no teto da caverna, que se formam como resultado da precipitação de gotas de água (Figura 12.12). A cada gota de água, uma camada fina de calcita é depositada sobre a camada anterior, gerando uma projeção em forma de cone, que cresce para baixo, partindo do teto. A água que goteja do teto de uma caverna também precipita uma pequena quantidade de calcita quando atinge o piso e, à medida que calcita adicional é depositada, vai se formando uma projeção crescente para cima, chamada *estalagmite* (Figura 12.12). Se uma estalactite e uma estalagmite se encontram, elas formam uma *coluna*. A água subterrânea que escoa de uma rachadura no teto de uma caverna pode formar uma lâmina vertical de rocha, chamada *cortina de gotejamento*, e a água que flui através do solo de uma caverna pode produzir *terraços de travertino* (Figura 12.11c).

OA7 MODIFICAÇÕES DO SISTEMA DE ÁGUA SUBTERRÂNEA E SEUS EFEITOS

As águas subterrâneas constituem um recurso natural valioso, cuja exploração tem ocorrido de maneira excessivamente rápida e, aparentemente, com pouco respeito aos efeitos do uso excessivo e incorreto. Atualmente, cerca de 20% de toda a água usada nos Estados Unidos é de origem subterrânea. Essa porcentagem está aumentando rapidamente e, a menos que esse recurso seja usado mais sabiamente, não haverá água subterrânea limpa em quantidade suficiente no futuro. As modificações do sistema de águas subterrâneas podem ter muitas consequências incluindo (1) rebaixamento do lençol freático, fazendo secar os poços; (2) invasão de água salgada; (3) sedimentação e (4) contaminação.

Rebaixamento do lençol freático

A retirada de águas subterrâneas, a uma taxa significativamente maior à que ela é reposta, por qualquer recarga, natural ou artificial, pode ter efeitos graves. Por exemplo, o High Plains é um dos aquíferos mais importantes nos Estados Unidos, que compreende mais de 450 mil km², incluindo a maior parte do estado de Nebraska, grandes partes do Colorado, Kansas, Dakota do Sul, Wyoming, Novo México, Oklahoma e Texas, e é responsável por aproximadamente 30% das águas subterrâneas utilizadas para irrigação nos Estados Unidos (Figura 12.13).

Embora tenha contribuído para a alta produtividade agrícola da região, o aquífero High Plains não pode continuar a fornecer a quantidade de água que tinha no passado. Em algumas partes do High Plains, a extração anual de água tem sido de 2 a 100 vezes superior à recarga, provocando um rebaixamento substancial no lençol freático em muitas áreas (Figura 12.13).

Deve-se notar, contudo, que grande parte do aquífero High Plains é de água infiltrada durante os climas glaciais mais úmidos, mais de 10 mil anos atrás durante o Pleistoceno. Consequentemente, a maior parte da

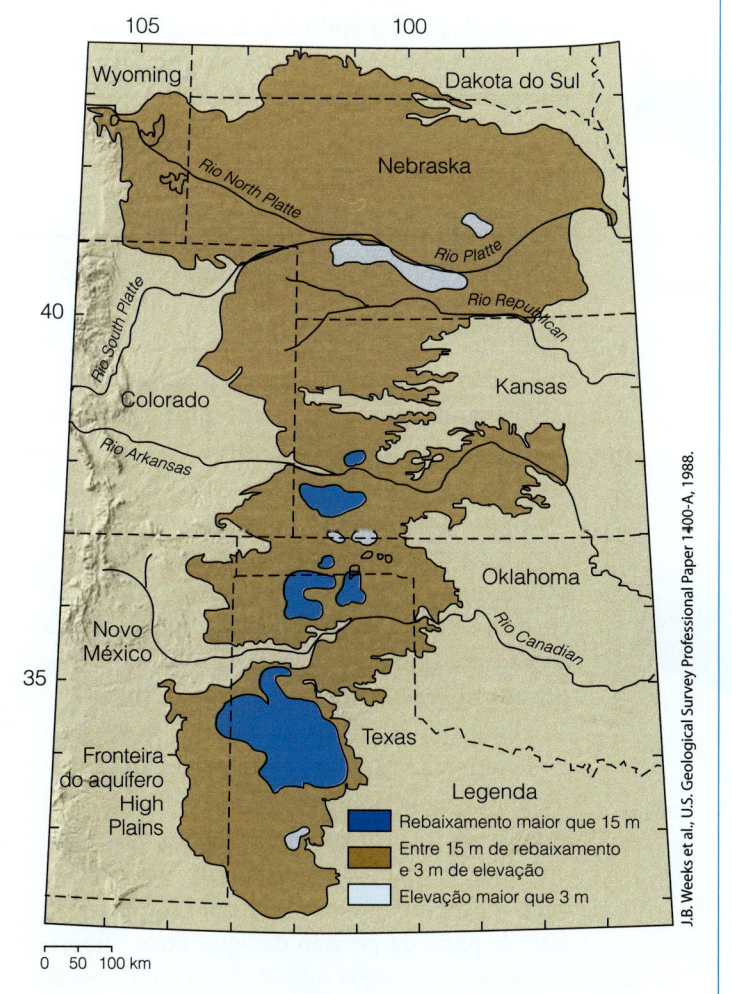

Figura 12.13 Aquífero de High Plains
A extensão geográfica do aquífero de High Plains e as mudanças no nível da exploração da água até 1993. A irrigação da área do aquífero de High Plains é enormemente responsável para a produtividade agrícola da região.

Figura 12.14 Invasão de água salgada

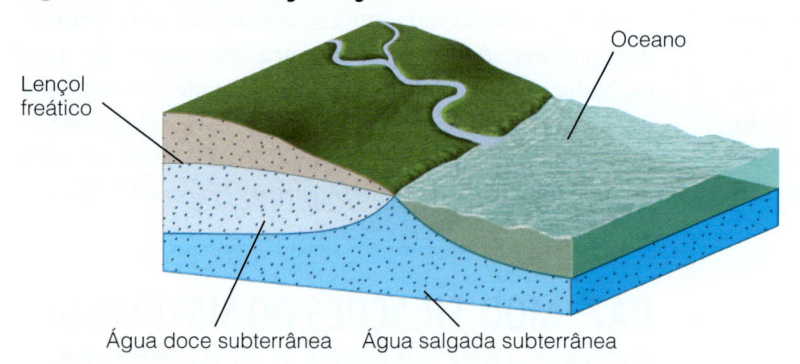

a. Em razão de a água doce não ser tão densa quanto a água salgada, ela forma um corpo em formato de lente acima da água salgada subjacente.

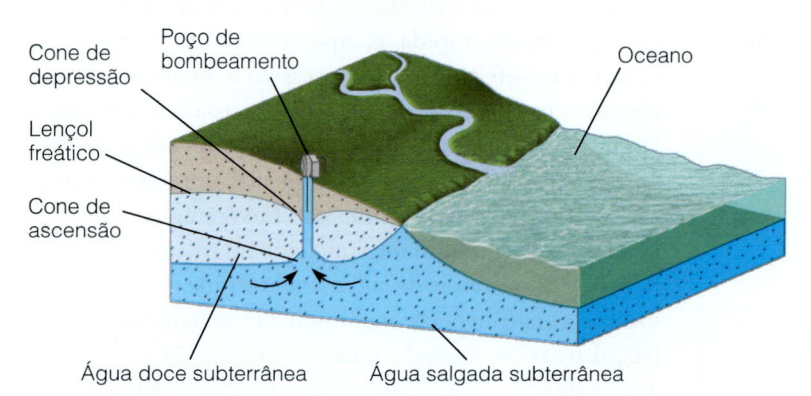

b. Se ocorrer bombeamento excessivo, um cone de depressão se desenvolve na água doce subterrânea e um cone de ascensão se forma na água salgada subterrânea subjacente, podendo contaminar o poço com água salgada.

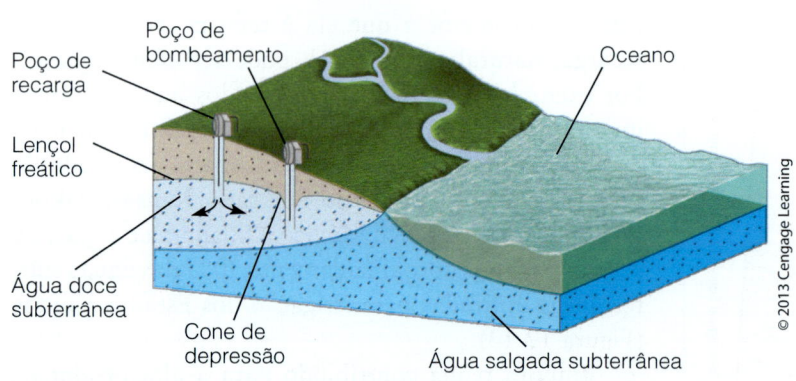

c. Bombear a água de volta para o sistema de água subterrânea através de poços de recarga pode ajudar a diminuir a interligação entre a água doce e a água salgada subterrâneas e reduzir a invasão de água salgada.

água extraída hoje é fóssil, cuja taxa de recarga sequer se aproxima da taxa infiltração que havia quando esse aquífero se formou.

A maioria dos usuários do aquífero, percebendo que não pode continuar com a mesma taxa de extração do passado, está se voltando para sua conservação e monitoramento e, também, utilizando novas tecnologias, a fim de tentar melhor equilíbrio entre as taxas de retirada e recarga.

Problemas de abastecimento de água, certamente, existem em muitas áreas, mas, vendo pelo lado positivo, o uso da água nos Estados Unidos, na verdade, diminuiu durante os cinco anos seguintes a 1980 e manteve-se praticamente constante desde então, embora a população tenha aumentado. Essa desaceleração na demanda resultou, em grande parte, de técnicas aperfeiçoadas de irrigação, do uso mais eficiente da água industrial e de uma conscientização pública geral dos problemas de água, em conjunto com as práticas de conservação. No entanto, as taxas de retirada de águas subterrâneas de alguns aquíferos ainda excedem as taxas de recarga, e o crescimento da população no sudoeste árido e semiárido continua impondo demandas significativas a um abastecimento de água já limitado.

Invasão de água salgada

O bombeamento excessivo de águas subterrâneas em zonas costeiras resultou na *invasão de água salgada*, que se tornou um grande problema em muitas comunidades costeiras que crescem rapidamente, em que o aumento da demanda por água subterrânea cria um desequilíbrio ainda maior entre a retirada e a recarga. Ao longo da costa, onde rochas permeáveis ou sedimentos estão em contato com o mar, a água doce subterrânea, por ser menos densa que a água do mar, forma um corpo em formato de lente acima da água salgada subjacente (Figura 12.14a), e seu peso exerce pressão sobre a água salgada subjacente.

Enquanto as taxas de recarga se igualam às de retirada, o contato entre a água doce subterrânea e água do mar continua o mesmo. No entanto, se ocorre o bombeamento excessivo, um cone de depressão profundo se forma na água doce subterrânea (Figura 12.14b). Pelo fato de parte da pressão da água doce sobrejacente ter sido removida, a água salgada forma um *cone de ascensão* à medida que sobe para preencher o espaço dos poros que anteriormente continham água doce. Quando isso ocorre, os poços ficam contaminados com água salgada e permanecem contaminados até que a recarga de

Figura 12.15 A Torre de Pisa, na Itália

A inclinação da Torre de Pisa é, em parte, resultado de subsidência decorrente da remoção de águas subterrâneas. O controle estrito da retirada de águas subterrâneas, a recente estabilização da fundação e a renovação da própria estrutura asseguram que a Torre Inclinada continuará inclinada por muitos séculos mais.

água doce restaure o antigo nível do lençol freático de água doce subterrânea.

Para neutralizar os efeitos da invasão de água salgada, muitas vezes se perfuram poços de recarga para bombear a água de volta para o sistema de água subterrânea (Figura 12.14c). Lagoas de recarga, que permitem a infiltração de grandes quantidades de água doce superficial no suprimento de água subterrânea, também podem ser construídas.

Subsidência (afundamento)

Como quantidades excessivas de águas subterrâneas são retiradas de sedimentos fragilmente consolidados e de rochas sedimentares, a pressão da água entre os grãos é reduzida e o peso dos materiais sobrepostos faz os grãos se aglomerarem de forma mais hermética, resultando na *subsidência*, ou o afundamento do solo. Como maiores quantidades de águas subterrâneas são bombeadas para satisfazer às necessidades crescentes da agricultura, da indústria e do crescimento da população, a subsidência está se tornando mais prevalente e tem recebido cada vez mais atenção.

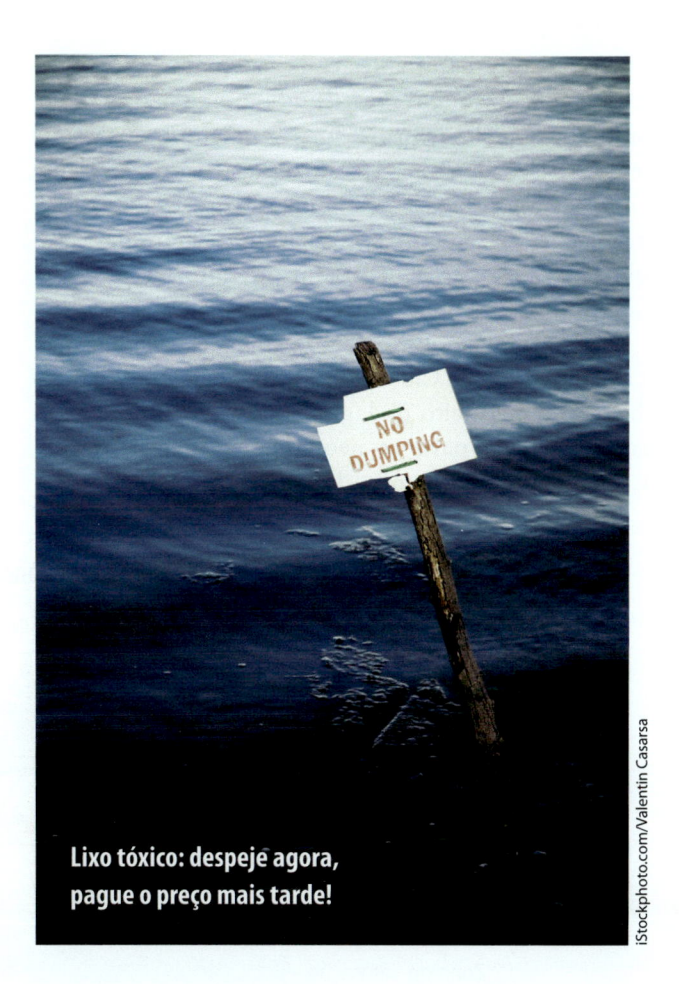

O vale de San Joaquin, na Califórnia, é uma grande região agrícola que depende em grande parte de águas subterrâneas para a irrigação. Entre 1925 e 1977, as retiradas de água subterrânea em partes do vale causaram subsidência de quase 9 m. Outras áreas nos Estados Unidos que têm experimentado subsidência por causa da retirada de águas subterrâneas são Nova Orleans, em Louisiana e Houston, no Texas, que afundaram mais de 2 m, e Las Vegas, em Nevada, onde a subsidência chegou a 8,5 m.

Olhando para outras partes do mundo, a inclinação da Torre de Pisa, na Itália, é, em parte, resultado da retirada de água subterrânea (Figura 12.15). A torre começou a inclinar logo após o início da sua construção, em 1173, por causa da compactação diferencial da fundação. Durante os anos 1960, a cidade de Pisa retirou quantidades cada vez maiores de água subterrânea, fazendo o solo afundar ainda mais. Como resultado, a inclinação da torre aumentou e ela até correu o risco de cair. O controle estrito da retirada de águas subterrâneas, a estabilização da fundação da torre e reformas recentes reduziram a quantidade de inclinação para cerca de 1 mm por ano, garantindo assim que a torre fique em pé por mais alguns séculos.

Um exemplo espetacular de subsidência contínua está acontecendo na Cidade do México, que é construída sobre um antigo leito de lago. Como a água subterrânea é removida para as necessidades crescentes dos 21,2 milhões de habitantes da cidade, o lençol freático foi rebaixado em até 10 m. Como resultado, os depósitos de grão fino do lago estão se compactando, e a Cidade do México está lentamente e de forma desigual cedendo, com algumas áreas afundando até de 7,5 m! O fato de que 72% da água da cidade vêm do aquífero sob a área metropolitana garante que os problemas de subsidência vão continuar.

A extração de petróleo também pode causar subsidência. Long Beach, na Califórnia, abaixou 9 m como resultado de muitas décadas de produção de petróleo. Mais de 100 milhões de dólares foram gastos em bombeamento, transporte e instalações portuárias nessa área por causa da subsidência e do avanço do

Figura 12.16 Contaminação de águas subterrâneas

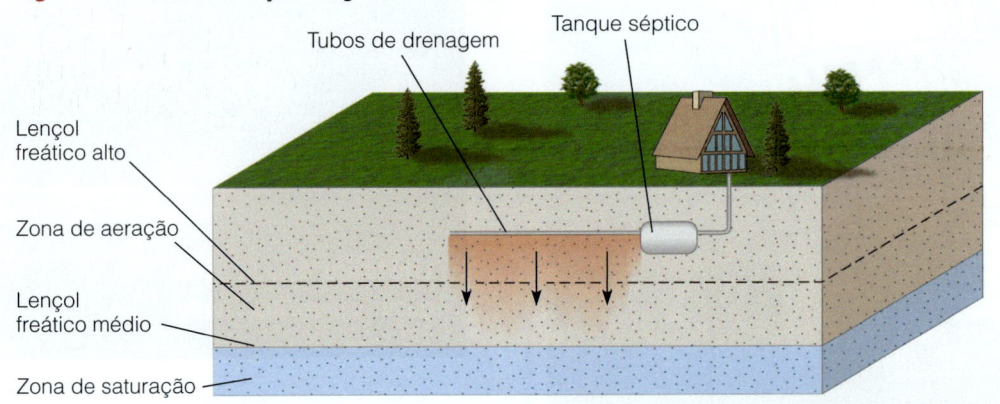

a. Um sistema séptico libera lentamente o esgoto para a zona de aeração. Em geral, oxidação, degradação bacteriana e filtragem removem as impurezas antes que elas atinjam o lençol freático. No entanto, se as rochas forem muito permeáveis ou o lençol freático estiver muito perto do sistema séptico, pode acontecer de as águas subterrâneas serem contaminadas.

b. A menos que haja uma barreira impermeável entre um aterro e o lençol freático, os poluentes poderão ser transportados para a zona de saturação e contaminar o abastecimento de água subterrânea: (1) a água infiltrada lixivia os contaminantes do aterro; (2) a água poluída entra no lençol freático e se afasta do aterro; (3) poços podem tocar na água poluída e assim, contaminar o abastecimento de água potável; e (4) a água poluída pode emergir em córregos e outros corpos de água encosta abaixo do aterro.

Figura 12.17 Fumarolas
Gases emitidos de aberturas (fumarolas) no Parque Nacional de Yellowstone, em Wyoming.

mar. Uma vez que a água foi bombeada de volta para o reservatório de óleo, estabilizando-o, a subsidência praticamente parou.

Contaminação das águas subterrâneas

Um dos grandes problemas da nossa sociedade é a eliminação segura dos numerosos subprodutos poluentes da economia industrializada. Estamos cada vez mais conscientes de que riachos, lagos e oceanos não são reservatórios ilimitados para resíduos e que temos de encontrar maneiras novas e seguras para o descarte de poluentes.

As fontes mais comuns de contaminação das águas subterrâneas são esgotos, aterros sanitários, locais de eliminação de resíduos tóxicos e agricultura. Uma vez que entram no sistema de águas subterrâneas, os poluentes se espalham por onde essas águas passam, o que pode tornar difícil a sua contenção. Pelo fato de a água subterrânea deslocar-se muito lentamente, leva-se muito tempo para limpar um reservatório que tiver sido contaminado.

Em muitas áreas, as fossas sépticas são a forma mais comum de eliminação de águas servidas. Um tanque séptico libera lentamente esgoto para o solo, onde ele é decomposto por oxidação e microorganismos e filtrado por sedimentos à medida que se infiltra através da zona de aeração. Na maioria das situações, no momento em que a água do esgoto atinge a zona de saturação, ela já foi limpa de quaisquer impurezas e é segura para a utilização (Figura 12.16a). Contudo, se o lençol freático estiver próximo da superfície, ou se as rochas forem muito permeáveis, a água que entra na zona de saturação pode ainda estar contaminada e imprópria para uso.

Figura 12.18 Fonte de água quente do lago Sunset, no Parque Nacional de Yellowstone, em Wyoming
As faixas de cores que cercam a fonte de água quente do lago Sunset são tapetes de cianobactérias e algas que gostam do calor, conhecidas como termófilas. Cada cor representa determinada faixa de temperatura, que permite que espécies de bactérias específicas prosperem nesse ambiente extremo.

Figura 12.19 Bath, na Inglaterra
Um dos muitos balneários em Bath, na Inglaterra, que foram construídos em torno de nascentes de água quente, logo após a conquista romana em 43 d. C.

Viagem de Campo
Atividade hidrotermal

OBJETIVOS DA VIAGEM
Nesta viagem de campo, você aprenderá sobre uma série de recursos hidrotermais e quais processos estão envolvidos na sua formação. Estas são as características que veremos:

1. Fontes termais, sua formação e seus habitantes.
2. Gêiseres e como eles se formam.
3. Depósitos associados a fontes termais e a gêiseres.

QUESTÕES PARA ACOMPANHAMENTO

1. Por que você acha que o Old Faithful entra em erupção em bases tão regulares?
2. A cor dos depósitos de águas termais pode servir de indicador da composição química da água e de sua temperatura?
3. Você acha que a atividade hidrotermal no Parque Nacional de Yellowstone poderia ser aproveitada como uma fonte potencial de energia geotérmica? Quais são os prós e os contras de fazer isso?

Pronto para partir!

Hidrotermal é um termo que se refere à água quente, e quando geólogos falam a respeito de atividade hidrotermal, eles estão se referindo à interação entre a água quente e a Terra. A maioria das pessoas associa a atividade hidrotermal a gêiseres, como o Old Faithful, no Parque Nacional de Yellowstone, em Wyoming, ou a fontes termais, nas quais é possível banhar-se ou relaxar. A atividade hidrotermal também pode resultar na produção de energia geotérmica.

Três áreas conhecidas pela sua atividade hidrotermal são: a Islândia, a Nova Zelândia e o Parque Nacional de Yellowstone, em Wyoming. Nesta *Viagem de Campo*, visitaremos o que é, provavelmente, a área mais conhecida para visualizar a atividade hidrotermal e seus resultados. Então, prepare-se para visitar a joia da coroa do sistema de parques nacionais dos Estados Unidos: o Parque Nacional de Yellowstone.

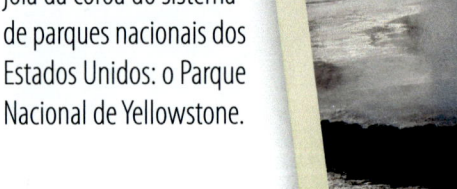

DeerPoint, UT. topographic map, cortesia de USGS.
© Dr. Parvinder S. Sethi.

O que observar ao partir

Nascente quente (também chamada de "nascente termal") é qualquer nascente em que a temperatura da água é mais elevada que a do corpo humano. Para a maioria das nascentes de água quente, o calor vem do magma ou do resfriamento de rocha ígnea. O grande número de nascentes de água quente no oeste dos Estados Unidos deve-se à geologicamente recente atividade ígnea. O sistema subterrâneo de fraturas e aberturas associado às fontes termais não é tão constritivo nem, geralmente, tão profundo como em um gêiser; portanto, a água pode borbulhar e derramar sobre a superfície.

No entanto, ainda se associam vapor e gases vulcânicos a fontes termais, como se vê na foto a seguir.

A fotografia à direita mostra a abertura do gêiser Pump. Água quente e ácida, com sílica e gases dissolvidos, flui para baixo, na inclinação do respiradouro, proporcionando um ambiente para os *extremófilos* (organismos que vivem em ambientes extremos), neste caso, *termófilos* (espécies que se desenvolvem em água muito quente e são tipicamente bactérias ou cianobactérias).

As belas cores vermelhas são depósitos de óxido de ferro cor de ferrugem, resultantes do metabolismo do ferro em algumas dessas bactérias. Os depósitos de cor amarela são enxofre, formado por espécies de bactérias afeiçoadas ao enxofre, que reduzem o sulfeto de hidrogênio emitido na abertura. Os tapetes bacterianos acastanhados contêm bactérias que vivem em águas mais frias – em temperaturas inferiores a 60° C.

As fontes termais que ejetam água quente e vapor de maneira intermitente e com força tremenda são conhecidas como gêiseres. Lembre-se, da leitura deste capítulo, que gêiseres são a expressão de superfície de um extenso sistema subterrâneo de fraturas profundas, interligadas no interior de rochas quentes. A água subterrânea nessas fraturas é aquecida acima do seu ponto de ebulição. Por causa da pressão na profundidade, essa água não ferve, mas se houver uma ligeira queda de pressão, como em um vazamento de gás, a água quente mudará instantaneamente para vapor, e este, então, empurrará a água acima dele para o solo e para a atmosfera, produzindo um jato.

O gêiser Old Faithful, que na foto acima é mostrado em erupção, é, provavelmente, o gêiser mais famoso do mundo, cujas erupções ocorrem a cada 90 minutos, em geral.

Tanto as fontes termais quanto os gêiseres costumam conter grandes quantidades de minerais dissolvidos. Quando as águas altamente mineralizadas de fontes termais e de gêiseres atingem a superfície, parte da matéria dissolvida é precipitada, formando vários tipos de depósitos. A quantidade e os tipos de mineral precipitado dependem da solubilidade e da composição dos lençóis freáticos que fluem através das fraturas subterrâneas.

Quando água quente com sílica dissolvida é irrompida de um gêiser, ela esfria e deposita a sílica (comumente chamada *sínter*) ao redor da abertura. O sínter vem em uma variedade de formas e tamanhos. Um dos maiores depósitos do mundo é encontrado no gêiser Castel, assim chamado por assemelhar-se a uma ruína de castelo. Acredita-se que o gêiser Castel tenha milhares de anos de idade, e o sínter que ele tem depositado atualmente está sendo colocado sobre depósitos até mais antigos e mais espessos.

Os terraços vistos acima são compostos de travertino ($CaCO_3$), em oposição ao sínter (SiO_2). Esses depósitos são o resultado de águas subterrâneas que fluem através de calcários, dissolvendo o carbonato de cálcio. Conforme a água atinge a superfície e começa a fluir sobre ela, o carbonato de cálcio é precipitado na forma de pequenos cristais e lâminas finas, que, ao longo do tempo, formam os terraços maciços que podemos ver na foto.

hidrotermal Termo que se refere à água quente natural, como em fontes termais e gêiseres.

Os aterros também são potenciais fontes de contaminação das águas subterrâneas (Figura 12.16b). Não só os resíduos líquidos no solo, mas também a água da chuva, transportam substâncias químicas dissolvidas e outros poluentes para baixo, para o reservatório de águas subterrâneas. A menos que o aterro seja cuidadosamente projetado e forrado com uma camada impermeável, como argila, muitos compostos tóxicos, como tintas, solventes, produtos de limpeza, pesticidas e ácido de bactérias encontrarão seu caminho para sistema de águas subterrâneas.

Os depósitos de resíduos tóxicos, em que produtos químicos perigosos são enterrados ou bombeados para o subsolo, são uma fonte crescente de contaminação das águas subterrâneas. Os Estados Unidos sozinhos descartam vários milhares de toneladas de resíduos químicos perigosos por ano. Infelizmente, grande parte desses resíduos foi, e ainda é, indevidamente descartada e está contaminando a água de superfície, o solo e as águas subterrâneas.

Figura 12.20 Gêiser Old Faithful
O gêiser Old Faithful, no Parque Nacional de Yellowstone, em Wyoming, é um dos mais famosos do mundo, que entra em erupção fielmente a cada 30 a 90 minutos e expele água a uma altura de 32 m a 56 m.

OA8 ATIVIDADE HIDROTERMAL

Hidrotermal é um termo que se refere à água quente. Embora alguns geólogos limitem o significado do termo a apenas água aquecida pelo magma, aqui o usaremos

Figura 12.21 Anatomia de um gêiser

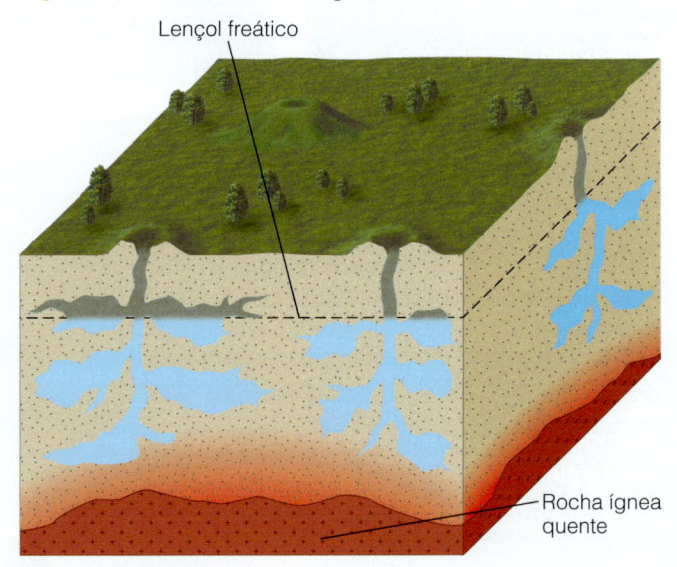

a. A erupção de um gêiser começa quando águas subterrâneas se infiltram em uma rede de aberturas interligadas e são aquecidas pelas rochas ígneas quentes. A água que se encontra próxima à parte inferior do sistema de fraturas está sob pressão mais elevada que a água próxima à parte superior, devendo, consequentemente, ser aquecida a uma temperatura mais elevada antes de entrar em ebulição.

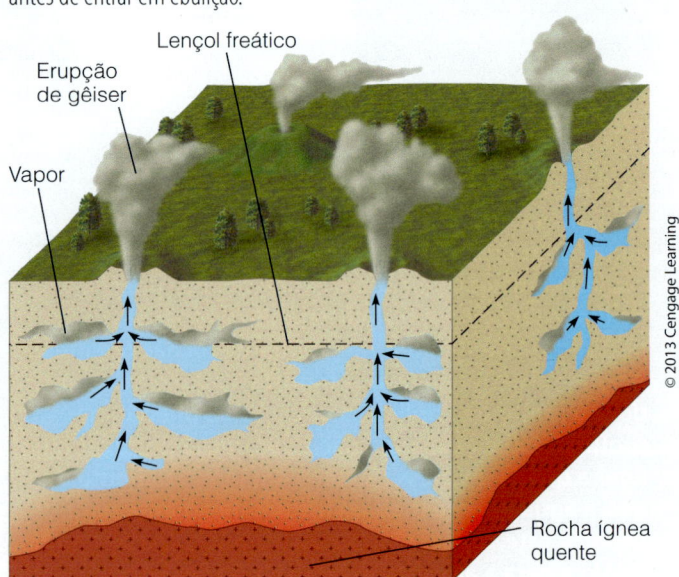

b. Quando a temperatura da água ultrapassa seu ponto de ebulição ou ocorre uma queda na pressão, a água se transforma em vapor, e este, rapidamente, empurra a água que estiver acima dele para cima e para fora do solo, produzindo uma erupção de gêiser.

Figura 12.22 Depósitos de fonte termal no Parque Nacional de Yellowstone, em Wyoming

Terraço de Minerva, formado quando a água da fonte termal rica em carbonato de cálcio resfriou, precipitando travertino.

para designar qualquer água subsuperficial quente e a atividade de superfície resultante da sua descarga. Uma manifestação de atividade hidrotermal em áreas de vulcanismo ativo, ou ativo recentemente, é a descarga de gases, como vapor, em aberturas conhecidas como *fumarolas* (Figura 12.17). De preocupação mais imediata aqui é a água subterrânea que sobe à superfície, como *fontes termais* ou *gêiseres* (veja *Viagem de Campo*, neste capítulo). Ela pode ser aquecida por sua proximidade com o magma ou com o gradiente geotérmico da Terra porque circula profundamente.

Fontes termais

Uma **fonte termal** (também chamada de *fonte térmica* ou *fonte quente*) é qualquer fonte em que a temperatura da água é superior à temperatura do corpo humano, ou seja, 37° C (Figura 12.18). Algumas fontes termais são muito mais quentes, com temperaturas que, em muitos casos, chegam ao ponto de ebulição. Das cerca de 1.100 fontes termais conhecidas nos Estados Unidos, mais de mil encontram-se no extremo oeste, e as restantes ficam em Black Hills, em Dakota do Sul; na Geórgia; na região de Ouachita, no Arkansas; e na região dos Apalaches.

Fontes termais também são comuns em outras partes do mundo, e uma das mais famosas está em Bath, na Inglaterra, onde, logo após a conquista romana da Grã-Bretanha, em 43 d. C., um templo e inúmeros balneários foram construídos em torno das fontes termais (Figura 12.19).

O calor, para a maioria das nascentes de água quente, vem do magma ou do resfriamento de rochas ígneas. A recente atividade ígnea no oeste dos Estados Unidos é responsável por grande número de fontes termais da região. No entanto, em algumas delas, a água circula profundamente na Terra e é aquecida pelo aumento normal na temperatura – o gradiente geotérmico. A fonte de água de Warm, na Geórgia, por exemplo, é aquecida dessa maneira. A propósito, essa fonte era uma estância termal muito antes da Guerra Civil (1861-1865). Depois, com a criação da Fundação das Fontes Quentes da Geórgia, ela foi usada para ajudar no tratamento de vítimas de poliomielite.

fonte termal Fonte em que a temperatura da água é mais quente que a do corpo humano (37° C).

Gêiseres

Fontes termais que ejetam água quente e vapor de maneira intermitente e com uma força tremenda são

Figura 12.23 Gêiseres, Condado de Sonoma, na Califórnia

Vapor subindo de uma das centrais geotérmicas no Gêiseres, no Condado de Sonoma, na Califórnia. O vapor de poços perfurados na região geotérmica, cerca de 120 km ao norte de São Francisco, é canalizado diretamente para as turbinas de geradores de eletricidade, para produzir a eletricidade que é distribuída por toda a área.

> **gêiser** Fonte termal que ejeta periodicamente água quente e vapor.
>
> **energia geotérmica** Energia que vem do vapor e da água quente retidos dentro da crosta da Terra.

conhecidas como **gêiseres**. A palavra vem do islandês *geysir*, que significa "jorrar" ou "precipitar para fora". Um dos mais famosos gêiseres do mundo é o Old Faithful, no Parque Nacional de Yellowstone, em Wyoming (Figura 12.20 e *Viagem de Campo*, neste capítulo). Com um rugido ensurdecedor, ele irrompe uma coluna de água quente e vapor a cada 30 a 90 minutos. Outras áreas de gêiser bem conhecidas são encontradas na Islândia e na Nova Zelândia.

Os gêiseres são a expressão na superfície de um extenso sistema subterrâneo de fraturas interligadas no interior de rochas ígneas quentes (Figura 12.21). A água subterrânea, percolando para baixo na rede de fraturas, é aquecida à medida que entra em contato com as rochas quentes. Como a água situada na parte inferior do sistema de fraturas está sob pressão mais elevada que a água da parte superior, ela é aquecida a uma temperatura mais elevada antes de entrar em ebulição. Assim, quando o aquecimento dessa água mais profunda estiver perto do ponto de ebulição, um ligeiro aumento da temperatura ou uma queda de pressão, como um vazamento de gás, por exemplo, vai vaporizá-la instantaneamente. Então, o vapor em expansão empurra a água acima dele para fora rapidamente, produzindo a erupção do gêiser no ar. Após a erupção, água subterrânea, relativamente fria, começa a se infiltrar de volta ao sistema de fratura, onde se aquece até próximo de sua temperatura de ebulição, e o ciclo de erupção começa novamente. Esse processo explica porque os gêiseres irrompem com alguma regularidade.

A água de fontes termais e de gêiseres costuma conter grandes quantidades de minerais dissolvidos, porque a maioria dos minerais se dissolve mais rapidamente em água quente que em água fria. Em razão de seu elevado conteúdo mineral, há quem acredite que as águas de muitas fontes termais têm propriedades medicinais. Inúmeros balneários e estâncias termais foram construídos em fontes termais em todo o mundo, para tirar proveito dessas supostas propriedades curativas.

Quando a água altamente mineralizada de fontes termais ou de gêiseres resfria-se na superfície, parte do material em solução é precipitada, formando vários tipos de depósito. A quantidade e o tipo de minerais precipitados dependem da solubilidade e da composição do material em que a água subterrânea flui. Se a água subterrânea contiver carbonato de cálcio dissolvido ($CaCO_3$), então *travertino* ou *tufo calcário* (ambos variedades de calcário) serão precipitados – exemplos espetaculares de depósitos de travertino termais são encontrados em Pamukkale, na Turquia, e na fonte termal Mammoth, no Parque Nacional de Yellowstone (Figura 12.22). Águas subterrâneas contendo sílica dissolvida, ao atingir a superfície, com precipitarão um mineral branco, macio, hidratado, chamado *sínter silicioso* ou *geiserita*, que pode se acumular em torno da abertura de um gêiser (veja *Viagem de Campo*, neste capítulo).

Energia geotérmica

Energia geotérmica ou **geotermal** é toda a energia produzida do calor interno da Terra. Na verdade, o termo "geotermal" vem de *geo*, que significa "Terra", e de *termal* que significa "calor". Várias formas de calor interno são conhecidas, como rochas secas quentes e magma, mas, até agora, apenas a água quente e o vapor são usados.

À medida que as reservas de petróleo declinam, a energia geotérmica se torna uma alternativa atraente. Estima-se que, aproximadamente, 1% a 2% das necessidades energéticas atuais do mundo poderiam ser atendidas pela energia geotérmica. A energia geotérmica, nas áreas em que é abundante, pode suprir a maioria (se não todas) das necessidades de energia, por vezes a uma fração do custo de outros tipos de energia. Entre os países que utilizam atualmente a energia geotérmica, de uma forma ou de outra, encontram-se Islândia, Estados Unidos, México, Itália, Nova Zelândia, Japão, Filipinas e Indonésia.

Nos Estados Unidos, a primeira usina de geração de eletricidade geotérmica comercial foi construída em 1960, cerca de 120 km ao norte de São Francisco, Califórnia. Lá, os poços foram perfurados em numerosas fraturas quase verticais subjacentes da região. Conforme a pressão sobre as quedas de água subterrânea diminui, a água muda para vapor e este é canalizado diretamente para turbinas e geradores de produção de eletricidade (Figura 12.23).

13 | Geleiras e glaciação

Vista da Jungfrau Firn, na Suíça, que se funde com dois outros glaciares do vale para formar o Aletsch, a maior geleira nos Alpes europeus. No ângulo da foto, o ponto extremo da geleira está a 23 km de distância. O Aletsch abrange 120 km², mas o afluente que se vê tem apenas 1,5 km de largura. Geleiras de vale, como esta, são encontradas em todos os continentes, exceto na Austrália. Todavia, durante a Era do Gelo (de 2,6 milhões de anos a 10 mil anos atrás), elas eram mais numerosas e maiores do que são agora.

Introdução

"O que provoca uma Era do Gelo?"

Atualmente, as geleiras cobrem cerca de 10% da superfície terrestre, mas durante a Era do Gelo, ou o que os geólogos chamam de Época do Pleistoceno, elas eram muito mais extensas. Nesse tempo, as geleiras cobriam vastas áreas, especialmente nos continentes do hemisfério norte, e as pequenas geleiras nos vales das montanhas eram muito mais numerosas e maiores do que são agora (veja a foto de abertura do capítulo). Durante esse comparativamente breve intervalo de tempo geológico (de 2,6 milhões de anos a 10 mil anos atrás) as geleiras cresceram e diminuíram várias vezes, nesse processo, erodindo profundamente algumas áreas e depositando grandes quantidades de sedimentos em outras.

Desde a Era do Gelo, a Terra passou por várias mudanças climáticas. Cerca de 6 mil anos atrás, durante o Holoceno Superior, as temperaturas médias foram ligeiramente maiores que as de agora, e algumas das regiões áridas de hoje eram muito mais úmidas. Atualmente, a única terra arável no Egito é ao longo do rio Nilo (veja a foto de abertura do capítulo 11), mas no Holoceno Superior, grande parte do norte da África foi coberto por savanas, pântanos e lagos.

Seguiu-se, ao Holoceno Superior, uma época de temperaturas mais frias, mas entre 1000 d.C. a 1300 d.C., a Europa atravessou o Período Medieval Quente, quando uvas viníferas cresceram 480 km mais ao norte do que hoje. Em seguida, uma tendência de resfriamento começou por volta de 1300 d.C., levando à **pequena Era do Gelo**, que durou de 1500 até meados ou final de 1800. Durante a Pequena Era do Gelo, as geleiras expandiram-se para sua maior extensão histórica, com verões mais frios e mais úmidos, invernos ainda mais frios, e o gelo do mar persistindo por mais tempo em torno da Groenlândia, da Islândia e das ilhas canadenses no Ártico. Os verões mais frios e mais úmidos foram um problema, porque tornaram as estações de plantio muito mais curtas, resultando vários períodos de fome.

Muita gente, provavelmente, já ouviu falar da Era do Gelo e tem alguma ideia do que é uma geleira, mas é possível que desconheça a dinâmica das geleiras, como se formam e o que causa as eras glaciais. Todas as *geleiras* estão movendo corpos de gelo na terra, e, como sólidos em movimento, elas têm uma tremenda capacidade de erosão, transporte e deposição. Na verdade, as geleiras são responsáveis por muitos acidentes geográficos facilmente reconhecíveis e por algumas das paisagens mais espetaculares em parques nacionais dos Estados Unidos e, mesmo sendo mais restritas que na Era do Gelo, elas continuam sendo um agente geológico importante para modificar a superfície da Terra, especialmente em montanhas altas e altas latitudes.

Por que estudar as geleiras? Naturalmente, porque as geleiras são parte do ciclo hidrológico, que ilustram novamente as complexas interações entre os sistemas da Terra. Além disso, em alguns países, como o Nepal, o Tibete e o Paquistão, grande parte da água vem do

> **pequena Era do gelo** Intervalo que vai de 1500 até meados ou final de 1800, durante o qual as geleiras expandiram-se para a sua maior extensão histórica.

Objetivos de Aprendizagem (OA)

Ao finalizar este capítulo você será capaz de:

OA1 Identificar os diferentes tipos de geleiras

OA2 Reconhecer que as geleiras estão movendo corpos de gelo na terra

OA3 Entender o balanço glacial de acumulação e desperdício

OA4 Identificar as características resultantes da erosão e do transporte pelas geleiras

OA5 Identificar os tipos de depósito glacial

OA6 Explicar o que os cientistas pensam que tenha causado a Era do Gelo

Figura 13.1 Geleira de vale no Canadá
Esta geleira encontra-se em um vale de montanha nas Montanhas Costeiras, em Yukon, Canadá. Observe os afluentes que se juntam para formar uma geleira maior.

derretimento das geleiras; mesmo nos Estados Unidos e no Canadá, algumas áreas no Ocidente dependem parcialmente da água armazenada nas geleiras. Por fim, as geleiras são muito sensíveis às mudanças climáticas. Então, cientistas se interessam por elas, pois suas flutuações podem conter indicações do aquecimento global.

OA1 OS TIPOS DE GELEIRA

A **geleira** é um corpo de gelo em movimento na terra, que flui encosta abaixo ou para fora das zonas de acumulação. Nossa definição de geleira exclui água do mar congelada, como na região do polo norte, e o gelo do mar que se forma anualmente próximo à Groenlândia e à Islândia. *Icebergs* à deriva também não são geleiras, embora possam ter vindo de geleiras que fluíam em lagos ou no mar. Os pontos críticos nesta definição são *em movimento* e *na terra*. Por conseguinte, os campos de neve permanente nas montanhas altas, embora estejam na terra, não são geleiras, pois não se movem. Todas as geleiras compartilham várias características, mas diferem bastante em tamanho e localização permitindo que cientistas as definam em dois tipos específicos – geleiras de vale e geleiras continentais –, além de muitas subvariedades.

Geleiras de vale

As **geleiras de vale** estão confinadas a vales de montanhas, onde fluem das altitudes superiores para as mais baixas (Figura 13.1), enquanto as geleiras continentais cobrem vastas áreas, não são limitadas pela topografia subjacente e fluem para fora, em todas as direções, a partir de áreas de acúmulo de neve e gelo. Usamos aqui o termo *geleira de vale*, mas alguns geólogos preferem *geleira alpina* e *geleira de montanha*. As geleiras de vale costumam ter afluentes, assim como as correntes fluviais, formando assim uma rede de geleiras em um sistema interligado de vales montanhosos.

Geleiras de vale são comuns nas montanhas de todos os continentes, exceto na Austrália. A forma de uma geleira de vale é controlada pela forma do vale que ela ocupa, de modo que ela tende a ser uma língua longa e estreita de gelo em movimento. As geleiras de vale que fluem para o oceano são chamadas *geleiras de*

---

geleira (ou glaciar) Massa de gelo na terra que se move por fluxo plástico e deslizamento basal.

geleira de vale (ou geleira alpina) Geleira confinada a um vale de montanha ou a um sistema interligado de vales montanhosos.

Figura 13.2 Geleiras continentais e calotas de gelo

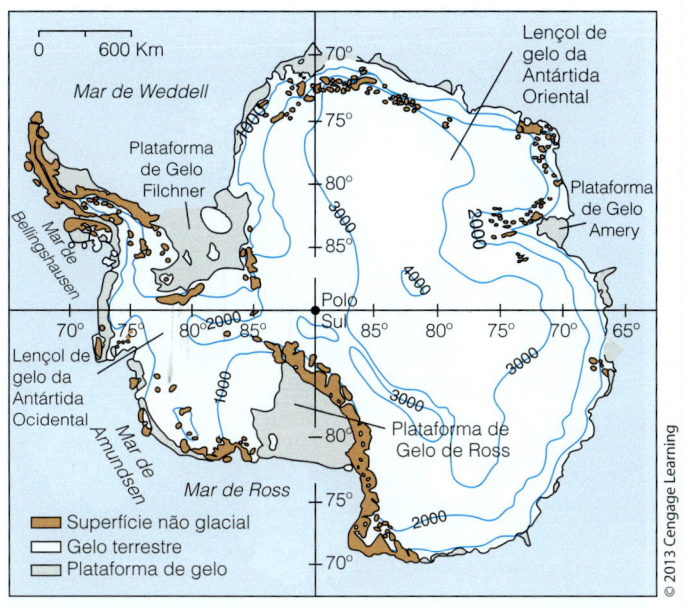

a. Os lençóis de gelo do oeste e do leste da Antártida se fundem para formar uma cobertura de gelo quase contínua, com espessura média de 2.160 m. As linhas azuis são as de igual espessura.

b. Vista da calota de gelo Penny, na ilha de Baffin, no Canadá. Ela abrange cerca de 6.000 km².

maré. Elas diferem das outras geleiras de vale apenas porque sua extremidade está no mar e não em terra.

As geleiras de vale são pequenas se comparadas às geleiras continentais, que são muito mais extensas. Mas, mesmo assim, elas podem ser de vários quilômetros de lado a lado – de 200 km de comprimento e centenas de metros de espessura. A erosão e a deposição por geleiras de vale respondem por grande parte da paisagem espetacular em vários parques nacionais dos Estados Unidos e do Canadá.

> **geleira continental**
> Geleira que cobre vasta área, de pelo menos 50.000 km², e não é confinada pela topografia. Também chamada lençol de gelo.

Geleiras continentais

As **geleiras continentais**, também conhecidas como *lençóis de gelo*, são vastas, cobrindo pelo menos 50.000 km², e não são confinadas pela topografia, ou seja, sua forma e seu movimento não são controlados por uma paisagem subjacente. As geleiras de vale, como já dissemos, são línguas longas e estreitas de gelo que se adaptam à forma do vale que ocupam, e

> **Se todo o gelo glacial estivesse nos Estados Unidos e no Canadá, seria formada uma camada de gelo contínua com, mais ou menos, 1,5 quilômetro de espessura!**

a inclinação existente determina sua direção de fluxo. As geleiras continentais em contrapartida fluem para fora, em todas as direções, de uma área central ou de áreas de acumulação, em resposta às variações na espessura do gelo.

Na Groenlândia e na Antártida, duas áreas de glaciação continental da Terra, a espessura do gelo é de mais de 3.000 m, e ele cobre tudo, menos as montanhas mais altas (Figura 13.2a). A geleira continental na Groenlândia cobre cerca de 1.800.000 km², e na Antártida, as geleiras do leste e do oeste se fundem, formando uma camada de gelo permanente que cobre mais de 12.650.000 km². As geleiras na Antártida fluem para o mar, onde o efeito de flutuação da água faz o gelo fluir em vastas *plataformas de gelo*; a Plataforma de Gelo de Ross, sozinha, cobre mais de 547.000 km² (Figura 13.2a).

calota de gelo Massa de gelo glacial em forma de cúpula, que cobre menos de 50.000 km².

glaciação Refere-se a todos os aspectos das geleiras, incluindo sua origem, sua expansão, seu recuo e seu impacto na superfície da Terra.

Uma **calota de gelo** – massa de gelo glacial em forma de cúpula – é semelhante a uma geleira continental, embora menor que esta, cobrindo menos de 50.000 km² (Figura 13.2b). Algumas calotas de gelo se formam quando geleiras de vale crescem, ultrapassam as divisões, e adentram os vales adjacentes, aglutinando-se, em seguida, para formar uma cobertura de gelo contínua, mas elas também se formam em terrenos razoavelmente planos na Islândia e em algumas das ilhas do Ártico canadense.

OA2 GELEIRAS: CORPOS DE GELO QUE SE MOVEM NA TERRA

Usamos o termo **glaciação** para indicar toda a atividade glacial, incluindo a origem, a expansão e o recuo das geleiras, bem como o seu impacto na superfície da Terra. Atualmente, as geleiras cobrem quase 15.000.000 km², ou cerca de 10% da superfície terrestre da Terra.

À primeira vista, as geleiras parecem estáticas, e mesmo uma visita rápida a uma geleira pode não dissipar essa impressão, porque, embora se movam, em geral o fazem lentamente. No entanto, elas se movem sim, e da mesma forma que outros agentes geológicos, como a água corrente, as geleiras são sistemas dinâmicos que se adaptam continuamente às mudanças. Por exemplo, dependendo da quantidade de neve no topo ou de água em sua base, uma geleira pode movimentar-se mais lenta ou rapidamente.

Geleiras: parte do ciclo hidrológico

No ciclo hidrológico, as geleiras constituem um reservatório, no qual a água é armazenada por longos períodos; mas mesmo essa água acaba retornando à sua fonte original: os oceanos (veja a Figura 11.2). Muitas geleiras em altas latitudes, como no Alasca, no norte do Canadá e na Escandinávia, fluem diretamente para os oceanos (geleiras de maré), onde se derretem, ou os *icebergs* se quebram (processo conhecido como *fragmentação*) e vão para o mar, onde finalmente derretem. Em latitudes baixas ou em áreas afastadas dos oceanos, as geleiras fluem para altitudes mais baixas, onde derretem, e a água em estado líquido entra no sistema de águas subterrâneas (outro reservatório no ciclo hidrológico) ou retorna para os mares por escoamento superficial.

Além do derretimento, as geleiras perdem água por *sublimação*, quando o gelo se transforma em vapor de água, sem uma fase líquida intermediária. Esse vapor de água, então, entra na atmosfera, podendo condensar-se e cair como chuva ou neve; em longo prazo, porém, essa água também retorna para os oceanos.

Figura 13.3 Gelo glacial

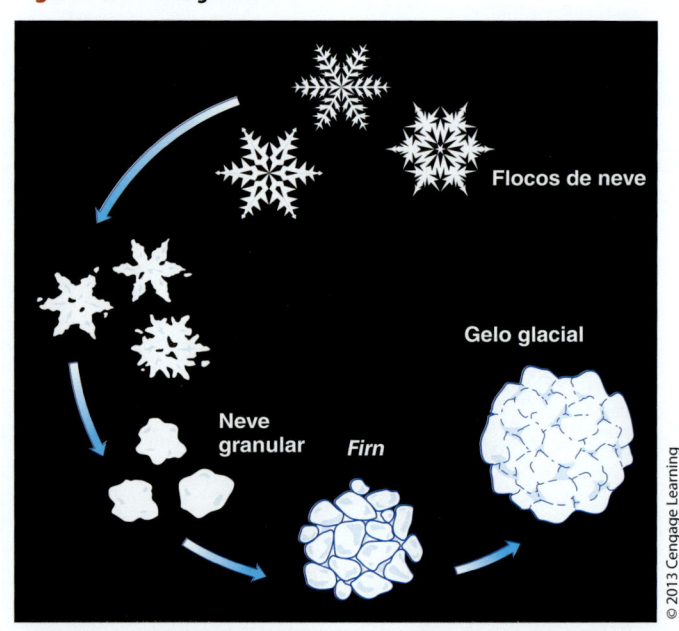

a. A conversão de neve recém-caída em *firn* e, depois, em gelo glacial.

b. Este *iceberg* no lago Portage, no Alasca, é um exemplo da cor azul do gelo glacial. Os comprimentos mais longos de onda de luz branca são absorvidos pelo gelo, mas o azul (comprimento de onda curto) é transmitido pelo o gelo e se dispersa, resultando nesta cor azul.

Como as geleiras se originam e como se movem?

O gelo é um sólido cristalino com propriedades físicas características e uma composição química específica; portanto, é um mineral. Por conseguinte, o *gelo glacial* é um tipo de rocha metamórfica facilmente deformável. As geleiras se formam em qualquer área em que, durante as estações mais quentes, a neve caia mais do que derreta, e haja um acúmulo de líquido. A neve recém-caída tem cerca de 80% de espaços porosos cheios de ar e 20% de sólidos mas, conforme se acumula, ela se compacta, derrete parcialmente e volta a congelar, tornando-se um tipo de neve granular, conhecido como **firn**. À medida que mais neve se acumula, o *firn* vai sendo enterrado, mais compactado, recristalizado, até que se transforma em **gelo glacial**, que consiste em cerca de 90% de sólidos e 10% de ar (Figura 13.3).

Agora você sabe como o gelo glacial se forma, mas ainda não abordamos como as geleiras se movem. Neste momento, é útil recordar alguns termos do Capítulo 9. Lembre-se de que *carga* é a força por unidade de área e *deformação* é uma alteração na forma ou no volume de sólidos. Quando o acúmulo de neve e gelo tiver atingido uma espessura crítica de cerca de 40 m, a carga sobre o gelo em profundidade é grande o suficiente para induzir o **fluxo plástico**, isto é, um tipo de deformação permanente, que não envolve fratura. As geleiras movem-se principalmente por fluxo plástico, mas também podem deslizar sobre a sua superfície subjacente, por **deslizamento basal** (Figura 13.4), movimento facilitado pela água líquida, que reduz o atrito entre a geleira e a superfície sobre a qual ela se move.

O movimento total de uma geleira em dado momento é resultado do fluxo plástico e do deslizamento basal, embora o primeiro ocorra continuamente, enquanto o segundo varia, dependendo de fatores como a estação do ano, a latitude e a altitude. De fato, se uma geleira estiver solidamente congelada na superfície inferior, como é o caso em muitos ambientes polares, ela se moverá somente por fluxo plástico. Além disso, o deslizamento basal é muito mais importante nas geleiras de vale, conforme elas fluem das elevações superiores para as mais baixas, enquanto as geleiras continentais não necessitam de inclinação para fluir.

Embora as geleiras se movam pelo fluxo plástico, os 40 m superiores de gelo, ou mais, comportam-se como um sólido quebradiço e fraturam-se, caso sejam submetidos a tensão. Grandes fendas costumam se desenvolver em geleiras que fluem sobre um aumento na inclinação da superfície subjacente ou que fluem ao redor de um canto (Figura 13.5). Em ambos os casos, o gelo é estirado (submetido a tensão) e fendas se abrem e se prolongam para baixo, para a zona de fluxo plástico. Por vezes, uma geleira desce sobre um precipício tão íngreme, que as fendas quebram o gelo em um amontoado de blocos e cunhas de gelo, criando uma avalanche.

firn Neve granular formada pela fusão e pelo recongelamento parcial da neve; material de transição entre a neve e o gelo glacial.

gelo glacial Água em estado sólido dentro de uma geleira. Forma-se à medida que a neve derrete e recongela parcialmente, compactando-se de modo que se transforma primeiro em firn e, depois, em gelo glacial.

fluxo plástico Fluxo que ocorre em resposta à pressão e provoca deformação sem fraturamento.

deslizamento basal Movimento que envolve uma geleira que desliza sobre a superfície subjacente.

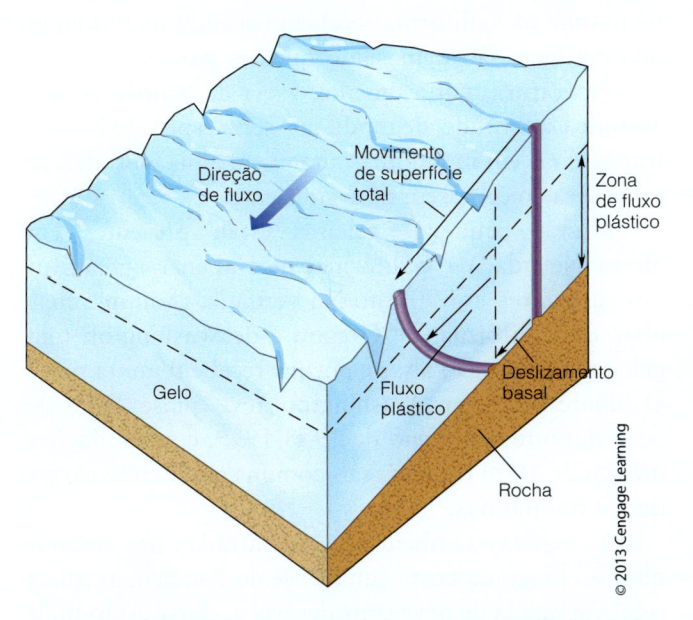

Figura 13.4 Parte de uma geleira que mostra o movimento por uma combinação de fluxo plástico e deslizamento basal
O fluxo plástico envolve deformação no gelo, enquanto o deslizamento basal é o escorregamento sobre a superfície subjacente. Uma geleira solidamente congelada em seu leito move-se apenas por fluxo plástico. Observe que, em dado momento, a parte superior da geleira se move para mais longe que a sua parte inferior.

Figure 13.5 Fendas
As fendas são comuns na parte superior de geleiras, quando o gelo é submetido a tensão.

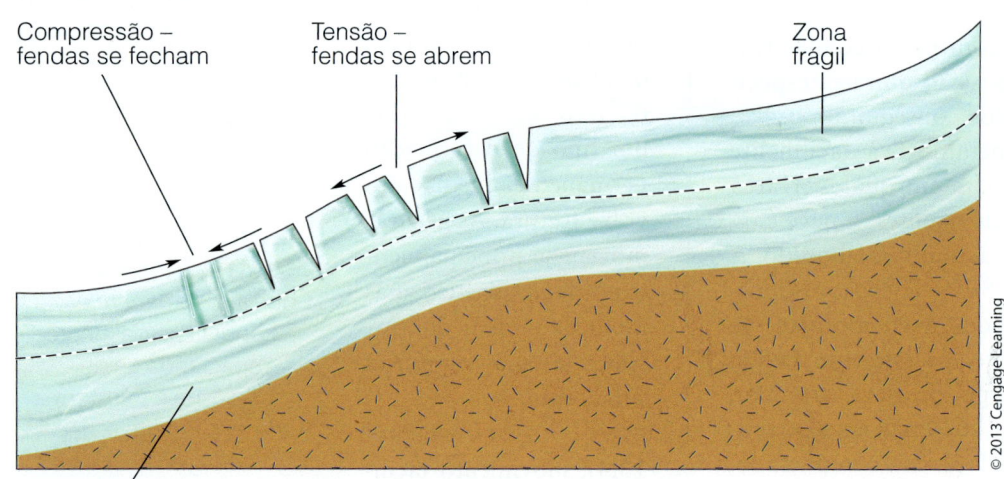

Compressão – fendas se fecham
Tensão – fendas se abrem
Zona frágil
Zona de fluxo plástico

a. As fendas se abrem quando a parte frágil de uma geleira é estirada à medida que ela se move ao longo de um declive mais acentuado em seu vale.

b. Estas fendas estão na geleira de Byron, no Parque Nacional dos Fiordes de Kenai, perto de Seward, no Alasca. Observe os dois alpinistas, à direita, que nos dão uma noção de escala.

Distribuição das geleiras

Como se pode imaginar, a quantidade de queda de neve e a temperatura são fatores importantes na determinação de onde se formam as geleiras. Partes do norte do Canadá são frias o suficiente para manter as geleiras, mas recebem pouca neve, enquanto algumas áreas de montanha na Califórnia recebem enormes quantidades de neve, mas são demasiado quentes para as geleiras. A temperatura, naturalmente, varia de acordo com a altitude e a latitude, de modo que seria esperado encontrar geleiras em montanhas altas e em altas latitudes, se essas áreas recebessem neve suficiente.

Muitas pequenas geleiras estão presentes em Sierra Nevada, na Califórnia, mas apenas em altitudes superiores a 3.900 m. Na verdade, as montanhas altas da Califórnia, de Oregon e de Washington têm geleiras porque são altas e porque recebem muita neve. O monte Baker, em Washington, teve quase 29 m de neve durante o inverno de 1998-1999, e acumulações médias de 10 m ou mais são comuns em muitas partes dessas montanhas.

As geleiras também são encontradas nas montanhas ao longo da costa canadense do Pacífico, as quais recebem queda de neve considerável e, claro, estão mais ao norte. Alguns dos picos mais elevados das Montanhas Rochosas, tanto nos Estados Unidos quanto no Canadá, também mantêm geleiras, e em latitudes ainda mais elevadas, como no Alasca, no norte do Canadá e na Escandinávia, existem geleiras ao nível do mar.

Figura 13.6 O balanço glacial

Todas as geleiras têm uma zona de acumulação, onde as adições excedem as perdas e a superfície da geleira está perenemente coberta pela neve. Elas também têm uma zona de perda, onde fusão, fragmentação de *icebergs*, evaporação e sublimação excedem os ganhos. Se o balanço de uma geleira é equilibrado, sua extremidade permanece na mesma posição. No entanto, caso o balanço seja positivo, sua extremidade avança e, se o balanço for negativo, a extremidade recua.

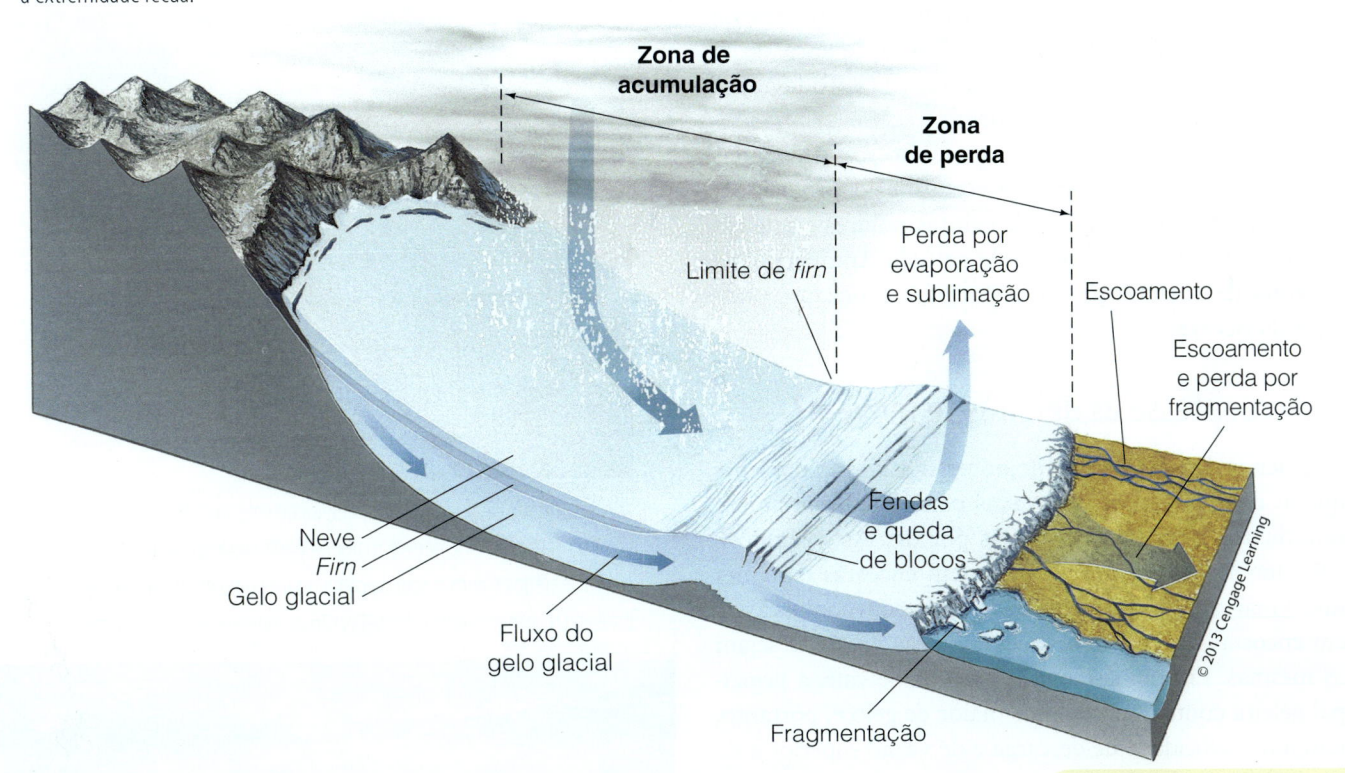

OA3 O BALANÇO GLACIAL

Descrevemos o comportamento de uma geleira em termos de **balanço glacial**, que é, essencialmente, a variação entre a acumulação e a perda. Por exemplo, a parte superior de uma geleira de vale é uma **zona de acumulação**, na qual as adições excedem as perdas e a superfície é perenemente coberta de neve. Em contrapartida, a parte inferior da mesma geleira é uma **zona de perda**, na qual as perdas decorrentes de fusão, sublimação e fragmentação de *icebergs* excedem a taxa de acumulação (Figura 13.6).

No fim do inverno, a superfície de uma geleira é coberta com a queda de neve sazonal que se acumula. Durante a primavera e o verão, a neve começa a derreter, primeiro, nas altitudes mais baixas, e depois, progressivamente, nas mais altas. A elevação à qual a neve recua durante uma estação de perda é o *limite de firn* (Figura 13.6). Você pode identificar facilmente as zonas de acumulação e de perda notando a localização do limite de *firn*.

O limite de *firn* de uma geleira pode mudar anualmente, mas se isso não acontecer ou se a mudança mostrar apenas pequenas flutuações, é porque a geleira tem uma provisão equilibrada. Isso quer dizer que os acréscimos na zona de acumulação são exatamente compensados por perdas na zona de perda, e a extremidade distal, ou término, da geleira permanece estacionária (Figura 13.6). Se o limite de *firn* da geleira mover-se para cima, indicando um balanço negativo, a extremidade da geleira recuará. No entanto vai se mover para baixo se o balanço for positivo, com as adições excedendo as perdas, com sua extremidade avançando adiante.

balanço glacial Equilíbrio entre expansão e contração de uma geleira em resposta a acúmulo *versus* desperdício.

zona de acumulação Parte de uma geleira em que as adições excedem as perdas e sua superfície está perenemente coberta de neve. Também se refere ao horizonte B, no solo, onde o material solúvel lixiviado do horizonte A se acumula como massas irregulares.

zona de perda Parte de uma geleira em que as perdas decorrentes da fusão, da sublimação e da fragmentação de *icebergs* excedem a taxa de acumulação.

Mesmo que uma geleira tenha balanço negativo e extremidade em recuo, o gelo glacial continua movendo-se em direção à sua extremidade pelo fluxo plástico e pelo deslizamento basal. No entanto, se o balanço negativo persistir por tempo suficiente, a geleira continuará a diminuir, e diluirá até que não seja mais espessa o bastante para manter o fluxo. Então deixara de se mover tornando-se uma *geleira estagnada*. Todavia, se a perda se mantiver, a geleira desaparecerá.

Usamos uma geleira de vale como exemplo, mas as mesmas considerações sobre equilíbrio provisional controlam também o fluxo de calotas polares e geleiras continentais. Toda a camada de gelo da Antártida está na zona de acumulação, mas flui para o oceano, onde a perda ocorre.

Quão depressa as geleiras se movem?

As geleiras de vale costumam mover-se mais rapidamente que as continentais, mas as taxas para ambas variam de centímetros a dezenas de metros por dia. As geleiras de vale que se deslocam para baixo em encostas íngremes fluem mais rapidamente que as de dimensões comparáveis em encostas suaves, desde que as outras variáveis sejam as mesmas. Em um sistema de geleiras de vale, a principal geleira contém um volume maior de gelo e, portanto, tem uma velocidade de descarga e de vazão superior à de seus afluentes. A temperatura exerce um controle sazonal em geleiras de vale, porque, embora o fluxo plástico permaneça bastante constante durante todo o ano, o deslizamento basal é mais importante durante os meses mais quentes, quando a água derretida é abundante.

As taxas de fluxo também variam no próprio gelo. Por exemplo, a velocidade do fluxo no sentido descendente aumenta na zona de acumulação até que o limite de *firn* seja atingido; a partir desse ponto, a velocidade torna-se progressivamente menor em direção à extremidade da geleira. Assim como em rios, as paredes e o piso do vale causam resistência de atrito ao fluxo da geleira, desse modo, o gelo em contato com esses limites move-se mais lentamente que o gelo a certa distância destes (Figura 13.7a).

Observe na Figura 13.7a que a velocidade do fluxo no interior de uma geleira aumenta para cima, até que as dezenas de metros de gelo da parte superior sejam atingidas, mas pouco ou nenhum aumento adicional ocorre depois desse ponto. Essa camada de gelo superior constitui a parte rígida da geleira, que se move como resultado do deslizamento basal e do fluxo plástico abaixo.

As geleiras continentais costumam fluir a uma taxa que varia de centímetros a metros por dia, e uma das razões para que se movam, relativamente devagar, é que elas ocorrem em latitudes mais altas e têm a superfície subjacente congelada durante a maior parte do tempo. Isso limita a quantidade de deslizamento basal. No entanto, algumas partes das geleiras continentais conseguem alcançar taxas de fluxo extremamente altas. Próximo

Figura 13.7 Velocidade de fluxo nas geleiras de vale

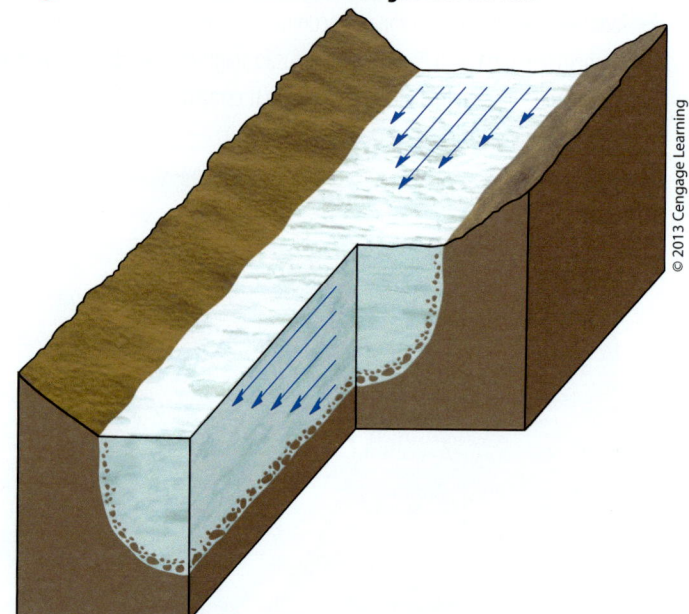

a. A velocidade de fluxo em uma geleira de vale varia horizontal e verticalmente. A velocidade é maior na parte superior central, pois o atrito com as paredes e com o solo da calha retarda o fluxo adjacente a esses limites. Os comprimentos das setas são proporcionais à velocidade.

b. Extremidade da geleira de Lowell, no Parque Nacional de Kluane, no território de Yukon, no Canadá. A geleira estava crescendo quando esta imagem foi capturada, em 2 de julho de 2010. Seu surgimento começou, provavelmente, em outubro de 2009, quando sua extremidade estava mais de 1,5 quilômetro acima de seu vale.

Figura 13.8 Estrias glaciais, polimento e farinha de rocha

a. A abrasão produziu polimento e estrias glaciais – os arranhões retos – sobre este basalto, no Monumento Nacional Devil's Postpile, na Califórnia.

b. A água nesta corrente fluvial na Suíça é leitosa, devido à presença de farinha de rocha em suspensão, que são pequenas partículas geradas pela abrasão glacial.

às margens do lençol de gelo da Groenlândia, o gelo é forçado entre as montanhas, nas chamadas *geleiras de canal* – em alguns desses canais, as velocidades de fluxo chegam a ser superiores a 100 metros por dia.

Em alguns locais da geleira continental que cobre a Antártica Ocidental, cientistas identificaram fluxos de gelo cujas taxas são consideravelmente mais elevadas que as encontradas no gelo glacial adjacente. A perfuração revelou uma camada de 5 m de espessura de sedimentos saturados de água por baixo desses fluxos de gelo, os quais agem para facilitar o movimento do gelo acima. Alguns geólogos acreditam que o calor geotérmico do vulcanismo subglacial derrete a parte inferior do gelo, respondendo assim pela camada de sedimentos saturada de água.

Uma **onda glacial** é um episódio de curta duração, de fluxo acelerado, durante o qual a superfície da geleira se quebra em um labirinto de fendas e sua extremidade avança visivelmente. Esses episódios breves são mais conhecidos em geleiras de vale, mas também podem ocorrer em calotas de gelo e até mesmo em geleiras continentais. Em 1995, uma enorme plataforma de gelo na Antártida separou-se, e várias correntes de gelo do lençol de gelo antártico subiram em direção ao oceano.

Durante uma onda glacial, a extremidade de uma geleira pode avançar várias dezenas de metros por dia, por semanas ou meses, e, em seguida, retornar à taxa de fluxo anterior. Essas ondas não são muito frequentes e nenhuma ocorreu nos Estados Unidos, exceto no Alasca. Mesmo no Canadá, ondas glaciais acontecem apenas no território de Yukon e nas Ilhas Rainha Elizabeth. A geleira Lowell, no Parque Nacional de Kluane, no território de Yukon, começou a afluir no final de 2009 e, em maio de 2010, sua extremidade tinha avançado 1,5 km (Figura 13.7b). O aumento mais rápido já registrado foi em 1953, na geleira Kutiah, no Paquistão; a extremidade da geleira avançou 12 km em três meses ou 130 m por dia, em média.

onda glacial Período de fluxo muito acelerado em uma geleira, que, em geral, resulta no deslocamento do extremo da geleira por vários quilômetros.

O BALANÇO GLACIAL

> **abrasão** Processo pelo qual a rocha é desgasta pelo impacto de sedimentos transportados por água corrente, geleiras, ondas ou vento.
>
> **polimento glacial** Processo em que o movimento do gelo, carregado de sedimentos, ao longo do leito de uma rocha torna a sua superfície brilhante e lisa.
>
> **estrias glaciais** Arranhão reto em uma rocha, raramente com mais que alguns milímetros de profundidade, causado pelo movimento do gelo glacial carregado de sedimentos.
>
> **vale glacial em forma de U** Vale com paredes íngremes ou verticais e uma base ampla, bastante plana, formado pelo movimento de uma geleira através de um vale originalmente encaixado.

OA4 EROSÃO E TRANSPORTE DE SEDIMENTOS PELAS GELEIRAS

Como sólidos em movimento, as geleiras erodem, transportam e, por fim, depositam grandes quantidades de sedimentos e solo. Na verdade, elas são capazes de transportar blocos do tamanho de uma casa, assim como partículas do tamanho de argila. Processos importantes de erosão incluem terraplenagem, escavação e abrasão.

Embora a *terraplenagem* não seja um termo geológico formal, é bastante autoexplicativo para referir-se ao movimento das geleiras de impulsionar ou empurrar materiais não consolidados em seu caminho. *Extração*, também chamada *escavação*, ocorre quando o gelo glacial congela nas fissuras e nas fendas de uma projeção de leito rochoso e a solta, empurrando-a em seguida.

O leito de rocha sobre o qual se movem sedimentos carregados de gelo glacial é efetivamente erodido pela **abrasão** e desenvolve um **polimento glacial**, ou seja, uma superfície lisa que brilha na luz refletida (Figura 13.8a). A abrasão também produz **estrias glaciais**, que são arranhões em linha reta em superfícies rochosas, raramente com mais de alguns milímetros de profundidade. A abrasão pulveriza completamente as rochas, produzindo um agregado de partículas com dimensões de argila e lodo e com a consistência de farinha, daí o nome *farinha de rocha* (Figura 13.8b).

As geleiras continentais recebem sedimentos das montanhas que se projetam através delas, e a poeira transportada pelo vento se instala em sua superfície, mas a maior parte do sedimento vem da superfície sobre a qual essas geleiras se movem. Como resultado, a maioria do sedimento é transportada na parte inferior do lençol de gelo.

Em contrapartida, as geleiras de vale transportam sedimento em todas as partes do gelo, mas este se concentra na base e ao longo de suas margens (Figura 13.9). Parte dos sedimentos marginais é derivado por abrasão e escavação, mas a maioria deles é fornecida pela perda de massa, como quando solo, sedimento ou rocha caem ou deslizam sobre a superfície da geleira.

Erosão por geleiras de vale

Quando erodidas por geleiras de vale, as montanhas assumem uma aparência única de sulcos e picos angulares no meio de vales amplos, suaves, com paredes quase verticais. As formas terrestres de erosão produzidas por geleiras de vale são facilmente reconhecidas e nos permitem apreciar o enorme poder erosivo do gelo em movimento.

Vales glaciais em forma de U Um **vale glacial em forma de U** é uma das características mais

Figura 13.9 Transporte de sedimentos por geleiras de vale
Detritos na superfície da geleira de Mendenhall, no Alasca. A maior rocha mede cerca de 2 m, na transversal. Observe a cascata de gelo, ao fundo. A pessoa que se vê à esquerda nos dá uma ideia de proporção.

Figura 13.10 Relevos de erosão produzidos por geleiras de vale

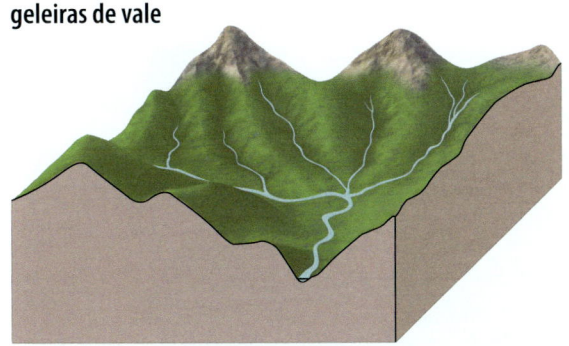

a. Área de montanha antes da glaciação.

b. A mesma área durante a extensão máxima das geleiras do vale.

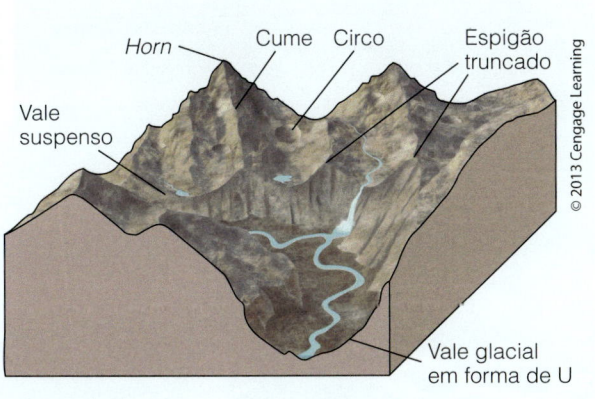

c. Depois da glaciação.

Horn – Cume – Circo – Espigão truncado – Vale suspenso – Vale glacial em forma de U

distintivas de glaciação de vale. Os vales das montanhas erodidos pela água corrente costumam ser em forma de V, em corte transversal, ou seja, suas paredes descem a um fundo de vale estreito (Figura 13.10a). Em contrapartida, os vales desgastados por geleiras são aprofundados, alargados e endireitados, com paredes muito íngremes ou verticais, com fundos largos, preferencialmente bastante planos. Exibem, assim, um perfil em forma de U (Figura 13.10).

Durante o Pleistoceno, quando as geleiras eram mais extensas, o nível do mar era cerca de 130 m mais baixo que o atual, de modo que as geleiras que fluíram para o mar corroeram seus vales abaixo do nível atual.

No final do Pleistoceno, quando as geleiras se derreteram, o nível do mar subiu e o oceano preencheu as extremidades inferiores dos vales glaciais, de modo que, agora, eles são longas baías de paredes íngremes, chamadas **fiordes**.

fiorde Braço do mar que se estende em um vale glacial abaixo do nível do mar.

Os fiordes são restritos a altas latitudes, onde há geleiras em altitudes baixas, como Alasca, oeste do Canadá, Escandinávia, Groenlândia, sul da Nova Zelândia e sul do Chile. O baixo nível do mar durante o Pleistoceno não foi inteiramente responsável pela formação de todos os fiordes. Ao contrário da água corrente, as geleiras podem erodir uma distância considerável abaixo do nível do mar. Na verdade, uma geleira de 500 m de espessura pode ficar em contato com o fundo do mar e erodi-lo eficazmente a uma

Figura 13.11 Vale suspenso

As quedas de Bridalveil mergulham 188 m de um vale suspenso no Parque Nacional de Yosemite, na Califórnia. O vale suspenso foi ocupado por uma geleira afluente de uma geleira muito maior no Yosemite Valley, em primeiro plano, que é um vale glacial em forma de U.

Figura 13.12 Circos, cumes e *horns*

a. Um circo nas montanhas St. Elias, no território de Yukon, no Canadá.

b. Essa vista, na Suíça, mostra duas pequenas geleiras de vale, o paredão de um circo e um cume.

c. O Matterhorn, na Suíça, é um *horn* famoso.

Figura 13.13 Planície esburacada pelo gelo em territórios ao noroeste do Canadá

Essa superfície de baixo relevo é uma planície esburacada pelo gelo nos territórios ao noroeste do Canadá. Diversos lagos, pouco ou nenhum solo e extensas exposições de leitos rochosos são típicos dessas áreas erodidas por geleiras continentais.

---

profundidade de cerca de 450 m antes que os efeitos flutuantes da água façam o gelo glacial boiar!

Vales suspensos

Algumas das maiores e mais espetaculares quedas de água do mundo são encontradas em áreas recém-glaciadas. As quedas de Bridalveil, no Yosemite National Park, na Califórnia, mergulham 188 m de um **vale suspenso**, que é um vale afluente, cujo piso está em um nível superior ao do vale principal (Figura 13.11). No encontro de dois vales, a foz do vale suspenso fica muito acima do piso do vale principal (Figura 13.10c). Consequentemente, as correntes que fluem através de vales suspensos mergulham de precipícios verticais ou íngremes.

Contudo, nem todos os vales suspensos se formaram pela erosão glacial. Como se vê na Figura 13.10, a grande geleira no vale principal erode vigorosamente, ao passo que as geleiras menores em vales afluentes têm menor capacidade de erodir. E, quando as geleiras desaparecem, os vales afluentes menores permanecem como vales suspensos.

Circos, cumes e *horns*

Talvez, as formas de relevo de erosão mais espetaculares em áreas de glaciação de vale sejam as extremidades superiores dos vales glaciais e ao longo das divisões que separam os vales glaciais adjacentes. Geleiras de vale formam-se e movem-se para fora de depressões com paredes íngremes em forma de tigela, chamadas **circos**, na extremidade superior de seus vales (Figuras 13.10c, 13.12a). Circos são, tipicamente, paredes íngremes em três lados, mas um deles é aberto e leva ao vale glacial. Alguns circos inclinam-se continuamente para o vale glacial, mas muitos têm uma aba ou limiar na sua extremidade inferior.

Os detalhes da origem dos circos não são totalmente compreendidos, mas é provável que tenham se formado pela erosão de uma depressão preexistente em uma lateral de montanha. À medida que a neve e o gelo se acumulam na depressão, escorregamento e escavação, combinados com erosão glacial, ampliam e transformam a cabeça de um vale de uma montanha íngreme em um circo, com forma típica de anfiteatro. Pequenos lagos de água derretida, chamados *lagos de montanha*, costumam se formar nos pisos de circos.

Cumes – cristas serrilhadas e estreitas – formam-se de duas maneiras. Em muitos casos, os circos se formam em lados opostos de uma crista, e a erosão em direção ao cume reduz a crista até que reste apenas uma partição fina de rocha (Figuras 13.10c, 13.12b). O mesmo efeito ocorre quando a erosão em dois vales glaciais paralelas reduz a crista interveniente para um espinhaço fino de rocha.

Os mais majestosos de todos os picos da montanha são os *horns* – paredes íngremes piramidais formadas pela erosão de cumes de circos. Para um *horn* se formar, um pico de montanha deve ter pelo menos três circos em seus flancos, todos eles erodidos em direção aos cumes (Figuras 13.10, 13.12c).

Geleiras continentais e formas de relevos erosivos

Áreas erodidas por geleiras continentais tendem a ser suaves e arredondadas, pois essas geleiras chanfram e raspam áreas altas que se projetam para o gelo. Em vez de produzir as formas angulares típicas da glaciação do vale, produzem uma paisagem de topografia subjugada, interrompida

---

vale suspenso Vale glacial cujo piso está em um nível mais elevado que o do vale glacial principal.

circo Depressão em forma de tigela, com paredes íngremes, em uma encosta, na extremidade superior de um vale glacial.

cume Crista estreita, serrilhada, entre dois vales glaciais ou circos adjacentes.

horn Pico em forma de pirâmide com paredes íngremes, formado pela erosão de, pelo menos, três circos em direção ao cume.

> **drift glacial** Termo coletivo para todos os sedimentos depositados diretamente pelo gelo glacial (*till*) e por correntes de água derretida (erosão).
>
> **till** Todos os sedimentos depositados diretamente pelo gelo glacial.
>
> **drift estratificado** Depósitos glaciais que mostram tanto a estratificação quanto o selecionamento de partículas.

por colinas arredondadas, porque ocultam inteiramente paisagens durante o seu desenvolvimento.

Em grande parte do Canadá, particularmente a vasta região do escudo canadense, as geleiras continentais removeram o solo e os sedimentos de superfície não consolidada, revelando extensas exposições de rochas estriadas e polidas. Essas áreas, chamadas *planícies esburacadas pelo gelo* (Figura 13.13), têm drenagem perturbada (veja a Figura 11.17e), numerosos lagos e pântanos, baixo relevo, extensas exposições de leito de rocha e pouco ou nenhum solo. As exposições de leitos de rochas, comuns no norte dos Estados Unidos, no Maine, através de Minnesota, têm características semelhantes, mas são menores.

OA5 DEPÓSITOS DE GELEIRAS

Drift glacial

Você sabe que as geleiras erodem e transportam cascalho, areia e lama e, também, depositam sedimentos. Todos os depósitos glaciais recebem a designação geral de **drift glacial**, mas os geólogos reconhecem dois tipos de *drift*: *drift de till* e *drift estratificado*. O **till** é composto de sedimento depositado diretamente por gelo glacial, geralmente na extremidade da geleira, ele não é classificado por tamanho de partículas nem apresenta nenhuma estratificação (Figura 13.14a). O *till* de geleiras de vale e o de geleiras continentais são semelhantes, mas o destas últimas é muito mais extenso e, em geral, foi transportado muito mais longe. Ao contrário do *till*, o **drift estratificado**, como o nome indica, encontra-se em camadas ou estratificado e, invariavelmente, mostra certo grau de classificação por tamanho de partícula. A maioria dos *drifts* estratificados é formado por camadas de cascalho e areia, ou uma mistura disso, depositada em correntes entrelaçadas que descarregam das geleiras derretidas.

O aparecimento do *till* e do *drift* estratificado pode não ser tão inspirador como algumas formas de relevo

Figura 13.14 *Drifts* glaciais e rochas erráticas

a. Esse *drift* glacial da geleira de Matanuska, perto de Palmer, no Alasca, é *till*, porque não é ordenado nem mostra estratificação.

b. Rocha errática depositada pela geleira Exit, no Parque Nacional dos Fiordes Kenai, próximo de Seward, no Alasca.

Figura 13.15 Morena final
As morenas finais são acumulações de *till* não estratificado e indiferenciado, depositado no final de uma geleira.

a. Morena final da geleira Salmon, nas Montanhas Costeiras da Colúmbia Britânica, no Canadá.

b. Essa pequena morena final foi depositada em 1995 pela geleira Exit, no Parque Nacional dos Fiordes Kenai, próximo de Seward, no Alasca.

resultantes da erosão glacial, mas eles são importantes reservatórios de água subterrânea e são explorados por sua areia e seu cascalho. Na verdade, areia e cascalho, principalmente para a construção, são os produtos minerais mais valiosos em muitas áreas. É verdade que todas as geleiras depositam *drift* estratificado, mas, como seria de esperar, os depósitos de geleiras continentais são muito mais extensos. Em contrapartida, os depósitos de uma geleira de vale tendem a ser limitados às partes mais baixas do vale ocupado pela geleira.

Um aspecto notável do *drift* glacial são os fragmentos de rocha de vários tamanhos, que, obviamente, não foram derivados do leito rochoso subjacente. Esses fragmentos, chamados **rochas erráticas**, vieram de alguma fonte distante e, depois, foram transportados e depositados em sua localização atual (Figura 13.14b). Algumas rochas erráticas são gigantescas – o Madison Boulder, em New Hampshire e o Daggett Rock, no Maine, pesam cerca de 4.550 e 7.270 toneladas, respectivamente.

Formas de relevo compostas de *till*

As formas de relevo compostas de *till* incluem vários tipos de *morena* e colinas alongadas, conhecidas como *drumlins*.

Morenas finais Se uma geleira tem um balanço equilibrado, suas extremidades podem se estabilizar em uma posição por algum período, talvez alguns anos ou mesmo décadas. Quando uma frente de gelo está estacionária, o fluxo na geleira continua, e qualquer sedimento transportado dentro ou sobre o gelo é despejado como uma pilha de escombros na extremidade da geleira (Figura 13.15). Esses depósitos são **morenas finais**, que continuam a crescer enquanto a frente de gelo permanecer estacionária. As morenas finais das geleiras de vale são cristas em forma crescente de *till*, que abrangem o vale ocupado pela geleira. As das geleiras continentais são semelhantemente paralelas com a frente de gelo, embora muito mais extensas.

Após um período de estabilização, uma geleira pode avançar ou recuar, dependendo das alterações em

rocha errática Fragmento de rocha carregado a alguma distância da sua origem por uma geleira e, geralmente, depositado sobre um leito rochoso de uma composição diferente.

morena final Pilha ou crista de entulho depositado na extremidade de uma geleira.

DEPÓSITOS DE GELEIRAS **299**

> **morena de fundo**
> Camada de sedimentos liberada do derretimento do gelo quando a geleira vai regredindo.
>
> **morena recessional**
> Sedimentos depositados, na forma de crista ou um monte de *till*, quando a extremidade da geleira recua e se estabiliza.
>
> **morena terminal**
> Morena final formada por uma crista ou um monte de entulho que marca o ponto mais distante de que uma geleira alcançou.
>
> **morena lateral** Crista de sedimentos depositados ao longo da margem de uma geleira de vale.
>
> **morena medial**
> Morena situada na superfície central de uma geleira maior, onde duas morenas laterais menores se mesclam.
>
> **drumlin** Morro alongado de *till*, formado pelo movimento de uma geleira continental ou por inundações.

seu balanço. Se ela avançar, a frente de gelo ultrapassará e modificará sua antiga morena; contudo, se tiver um balanço negativo, a frente de gelo recuará em direção à zona de acumulação. À medida que a frente de gelo se afastar, o *till* será depositado conforme for sendo liberado do gelo derretido e formará uma camada de **morena de fundo**.

A morena de fundo tem uma topografia ondulada irregular, enquanto a final consiste em acumulações longas, similares a cristas de sedimentos.

Depois que uma geleira tiver recuado por algum tempo, suas extremidades poderão voltar a se estabilizar, e ela depositará outra morena na sua extremidade. Essas morenas são chamadas **morenas recessionais**, por serem resultado da frente de gelo que retrocedeu. As morenas finais ultraperiféricas, que marcam a maior extensão das geleiras, recebem o nome especial de **morena terminal**.

Morenas laterais e mediais

Geleiras de vale transportam sedimentos consideráveis ao longo de suas margens. Grande parte desses segmentos são desgastados e arrancados das paredes do vale, mas uma quantidade significativa deles cai ou desliza sobre a superfície da geleira por processos de perda de massa. Em qualquer caso, o sedimento é transportado e depositado como longas cristas de *till* ao longo da margem da geleira, as quais recebem o nome de **morenas laterais** (Figura 13.16).

Quando duas morenas laterais se fundem, como no caso de uma geleira afluente fluir em uma geleira maior,

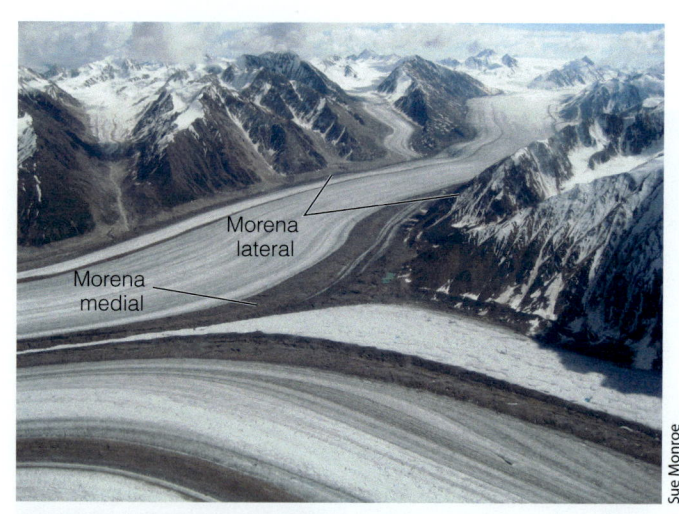

Figura 13.16 Tipos de morena
Uma morena é um montículo ou crista de *till* não estratificado. Uma morena pode ser final, lateral ou medial, dependendo da sua posição. As morenas finais são depositadas na extremidade da geleira (veja a Figura 13.5a), mas uma morena lateral é encontrada ao longo da margem de uma geleira, e uma morena medial, que se forma onde duas morenas laterais se fundem, está na parte mais central de uma geleira.

forma-se uma **morena medial** (Figura 13.16). Em geral, grandes geleiras costumam ter várias faixas escuras de sedimentos na sua superfície; cada uma delas é uma morena medial. Com base no número de morenas mediais de uma geleira de vale é possível determinar a quantidade de afluentes que a geleira tem.

Drumlins

Em muitas áreas em que geleiras continentais depositaram *till*, este foi remodelado em forma de colinas alongadas, conhecidas como **drumlins** (Figura 13.17). Alguns *drumlins* chegam a ter 50 m de altura e 1 km de comprimento, mas a maioria é muito menor. Visto de lado, um *drumlin* parece uma colher invertida, com a extremidade íngreme no lado a partir do qual o gelo glacial avançou e a extremidade ligeiramente inclinada apontando para a direção do movimento do gelo. Raras vezes se encontram *drumlins* como colinas únicas, isoladas; em vez disso, eles ocorrem em *campos de drumlins*, que contêm centenas ou milhares deles.

De acordo com uma hipótese, os *drumlins* se formam quando o gelo que se move por fluxo plástico sobre o *till* que se encontra na parte de baixo de uma geleira o remodela em colinas simplificadas. Outra hipótese sustenta que enormes enchentes de degelo glacial transformam *till* em *drumlins*.

Figura 13.17 Desenvolvimento de características produzidas por geleiras continentais do passado

a. Esta geleira em recuo já cobriu uma área maior, como indicado pela morena terminal.

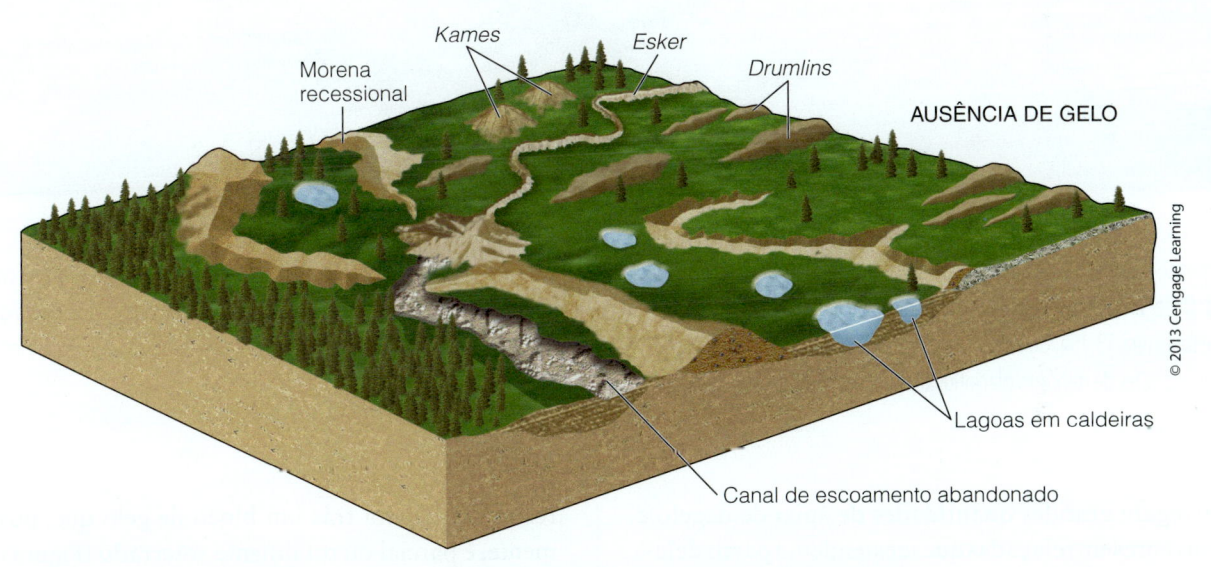

b. Morenas, *eskers*, *drumlins*, caldeiras e depósitos glaciofluviais são feições glaciais encontradas em áreas outrora cobertas por geleiras continentais.

Formas de relevo compostas por *drift* estratificado

Drifts estratificados apresentam classificação e estratificação, ambas indicações de que foram depositados por água corrente. Na verdade, eles são depositados por correntes de descarga de geleiras de vale e continentais.

Planícies de depósito de degelo e vales glacio-fluviais

Na maior parte do tempo, água de degelo, repleta de sedimentos, é descarregada de geleiras, exceto, talvez, durante os meses mais frios. Esse degelo forma uma série de correntes entrelaçadas que fluem para fora das geleiras continentais, abrangendo uma vasta região. A quantidade de sedimento fornecida para esses fluxos é tanta, que muito dele é depositado em seus canais, como barras de areia e cascalho, formando assim uma **planície de depósito**. As geleiras de vale também

planície de depósito
Sedimento depositado por água de degelo que descarrega das extremidades de uma geleira continental.

DEPÓSITOS DE GELEIRAS **301**

Figura 13.18 Vale de depósito glaciofluvial e caldeiras
Este depósito de areia e cascalho é o vale de depósitos glaciofluviais oriundos de degelos da geleira Salmon, nas Montanhas Costeiras da Colúmbia Britânica, no Canadá. Observe as depressões circulares, cheias de água; são lagos em caldeira, ou simplesmente caldeiras, caso não sejam preenchidas com água. Além disso, observe na Figura 13.15a, que mostra a extremidade da geleira Salmon, que vários blocos de gelo estão isolados da geleira. Caso sejam parcial ou totalmente cobertos em vales de depósito glaciofluvial, eles também formarão caldeiras.

descarregam grandes quantidades de água de degelo e têm correntes entrelaçadas que se estendem a partir delas. No entanto, esses fluxos estão confinados às partes mais baixas do vale glacial, e seus longos e estreitos depósitos de drift estratificado são conhecidos como **vales de depósito glaciofluvial** (Figura 13.18).

Planícies de depósitos, vales de depósito glacio-fluvial e algumas morenas costumam conter numerosas depressões circulares e ovais, muitas delas com pequenos lagos. Essas depressões, ou *caldeiras*, formam-se quando uma geleira em recuo deixa para trás um bloco de gelo que, posteriormente, é parcial ou totalmente soterrado (Figuras 13.17 e 13.18). Quando, por fim, o bloco de gelo derrete, ele deixa uma depressão que, caso se estenda abaixo do lençol freático, vai se tornar o local de um pequeno lago. Algumas planícies de depósitos têm tantas caldeiras que são chamadas de *planícies esburacadas com depósitos de degelo*.

Kames e eskers Os *kames* são colinas cônicas de drift estratificado com até 50 m de altura (Figura 13.17). Muitos se formam quando uma corrente deposita sedimento em uma depressão, na superfície de uma geleira, e, à medida que o gelo derrete, o depósito é abaixado para a superfície da terra. Eles também se formam em cavidades, dentro ou embaixo de gelo estagnado.

vale de depósito glaciofluvial Depósito longo e estreito de *drift* estratificado, confinado em um vale glacial.

kame Colina cônica de drift estratificado, originalmente depositada em uma depressão na superfície de uma geleira.

Figura 13.19 Varves e um seixo pingado em depósitos glaciais
Esses varves têm um seixo pingado que, provavelmente, foi liberado do gelo flutuante.

a primavera e o verão, e consiste em limo e argila, e a camada escura forma-se durante o inverno, quando as menores partículas de argila e de matéria orgânica se assentaram da suspensão à medida que o lago congelou.

> **esker** Crista longa e sinuosa de drift estratificado depositado por água corrente em um túnel sob o gelo estagnado.

Outra característica distintiva de lagos glaciares com varves são os *seixos pingados* (Figura 13.19), que são pedaços de cascalho, alguns do tamanho de pedregulhos, ou, de outra forma, em depósitos de grãos muito finos. A presença de varves indica que as correntes e a turbulência nesses lagos eram mínimas. Caso contrário, a argila e a matéria orgânica não teriam assentado da suspensão. Como, então, explicar seixos pingados em um ambiente de baixa energia? A maioria deles, provavelmente, foi levada para os lagos por pequenos *icebergs* que derreteram e liberaram sedimentos contidos no gelo.

Longas cristas sinuosas de *drift* estratificado, muitas das quais serpenteiam e têm afluentes, são **eskers** (Figura 13.17). A maioria dos *eskers* tem cristas afiadas e laterais que se inclinam cerca de 30 graus, alguns chegando a 100 m de altura e podendo ser seguidos por mais de 500 km. A triagem e a estratificação dos sedimentos em *eskers* indicam claramente a deposição por água corrente. As características de *eskers* antigos e as observações das geleiras atuais mostram que eles se formam em túneis sob gelo estagnado.

Depósitos em lagos glaciais

Alguns lagos em áreas de glaciação formaram-se como resultado de geleiras em atrito com depressões, enquanto outros ocorreram onde a drenagem do fluxo foi bloqueada e outros, ainda, são o resultado da acumulação de água por trás de morenas ou em caldeiras. Independentemente de como se formaram, os lagos glaciais, como todos os lagos, são áreas de deposição. Sedimentos podem ser levados a eles e depositados como pequenos deltas, mas de particular interesse são os depósitos de grão fino. Depósitos de lama em lagos glaciais costumam ser finamente laminados. Essas camadas (com menos de 1 cm de espessura), conhecidas como *varves*, alternam-se entre claras e escuras (Figura 13.19), representando um episódio anual de deposição: a camada clara forma-se durante

OA6 QUAL A CAUSA DAS ERAS DO GELO?

Neste capítulo, vimos que, para uma geleira se formar, é preciso que caia mais neve do que derreta durante a estação quente, para que haja uma acumulação líquida de neve e gelo ao longo dos anos. Isso, porém, não explica a questão mais ampla do que causa as eras do gelo. Na verdade, precisamos abordar não só o que causa as eras do gelo, mas também por que tem havido tão poucos episódios de glaciação generalizada em toda a história da Terra.

Por mais de um século, cientistas tentam desenvolver uma teoria abrangente para explicar todos os aspectos das eras glaciais, mas ainda não conseguiram ser completamente bem-sucedidos. Uma das razões para isso é que as mudanças climáticas responsáveis pela glaciação, a ocorrência cíclica de episódios glaciais e interglaciais e os eventos de curto prazo, como a Pequena Era do Gelo, operam em escalas de tempo muito diferentes.

Apenas alguns períodos de glaciação são reconhecidos no registro geológico, uns separados dos outros por longos intervalos de clima ameno. Essas mudanças climáticas em longo prazo resultam, provavelmente, de mudanças geográficas lentas relacionadas à atividade tectônica das placas. Placas móveis transportam continentes para latitudes altas, onde existem geleiras, desde que recebam bastante precipitação, como neve. As colisões de placas, a subsequente elevação de vastas áreas muito

teoria de Milankovitch
Uma explicação para as variações cíclicas no clima e o início das idades glaciais como resultado de irregularidades na rotação e na órbita da Terra.

acima do nível do mar e as mudanças nos padrões de circulação atmosférica e oceânica, causadas pela alteração de formas e posições das placas, também contribuem para as alterações climáticas em longo prazo.

A Teoria de Milankovitch

Durante os anos 1920, o astrônomo sérvio Milutin Milankovitch propôs que pequenas irregularidades na rotação e na órbita da Terra são suficientes para alterar a quantidade de radiação solar recebida em qualquer latitude dada e, consequentemente, provocar mudanças climáticas. Inicialmente ignorado, esse raciocínio, agora chamado **Teoria de Milankovitch**, tem recebido renovado interesse desde os anos 1970, e hoje é amplamente aceito.

Milankovitch atribuiu o início dos episódios glaciais a variações em três aspectos da órbita da Terra. O primeiro é a *excentricidade orbital*, que é o grau em que a órbita da Terra em torno do Sol muda ao longo do tempo (Figura 13.20a). Quando a órbita é quase circular, tanto o hemisfério norte quanto o sul têm contrastes semelhantes entre as estações do ano; no entanto, se a órbita for mais elíptica, verões quentes e invernos frios ocorrerão em um hemisfério, enquanto verões menos quentes e invernos menos frios acontecerão no outro hemisfério. Os cálculos indicam um ciclo de cerca de 100 mil anos entre os momentos de excentricidade máxima, o que corresponde, aproximadamente, aos 20 ciclos climáticos menos quentes e menos frios que ocorreram durante o Pleistoceno.

Como um segundo aspecto, Milankovitch apontou que o ângulo entre o eixo da Terra e uma linha perpendicular ao plano da órbita da Terra tem seu valor atual de 23,5 graus alterado em mais ou menos de 1,5 grau durante um ciclo de 41 mil anos (Figura 13.20b). Embora tenham pouco efeito sobre as latitudes equatoriais, as mudanças na *inclinação axial* afetam fortemente a quantidade de radiação solar recebida em latitudes altas e a duração do período escuro nos polos da Terra e próximo destes. Juntamente com o terceiro aspecto da órbita da Terra, a precessão dos equinócios (Figura 13.20c), as altas latitudes podem receber até 15% menos radiação solar, certamente o suficiente para afetar o crescimento e o derretimento glacial.

A *precessão dos equinócios*, o último aspecto da órbita da Terra citado por Milankovitch, refere-se a uma mudança na época dos equinócios (Figura 13.20c). Atualmente, os equinócios ocorrem em 21 de março e 21 de setembro, ou próximo desses dias, quando o Sol está diretamente sobre o equador. Contudo, como a Terra gira ao redor de seu eixo, ela também oscila à medida que sua inclinação axial varia 1,5 grau de seu valor atual, alterando assim a época dos equinócios.

a A órbita da Terra varia de aproximadamente um círculo (à esquerda) para uma elipse (à direita) e de volta a um círculo em cerca de 100 mil anos.

b A Terra se move em torno de sua órbita enquanto gira sobre seu eixo, o qual é inclinado ao plano da sua órbita em torno do Sol a 23,5 graus e aponta para a Estrela do Norte. O eixo de rotação da Terra move-se lentamente e traça um cone no espaço.

c Atualmente, a Terra fica mais próxima do Sol em janeiro (acima), quando é inverno no Hemisfério Norte. Em cerca de 11 mil anos, no entanto, como resultado da precessão, a Terra ficará mais perto do Sol em julho (abaixo), quando é verão no Hemisfério Norte.

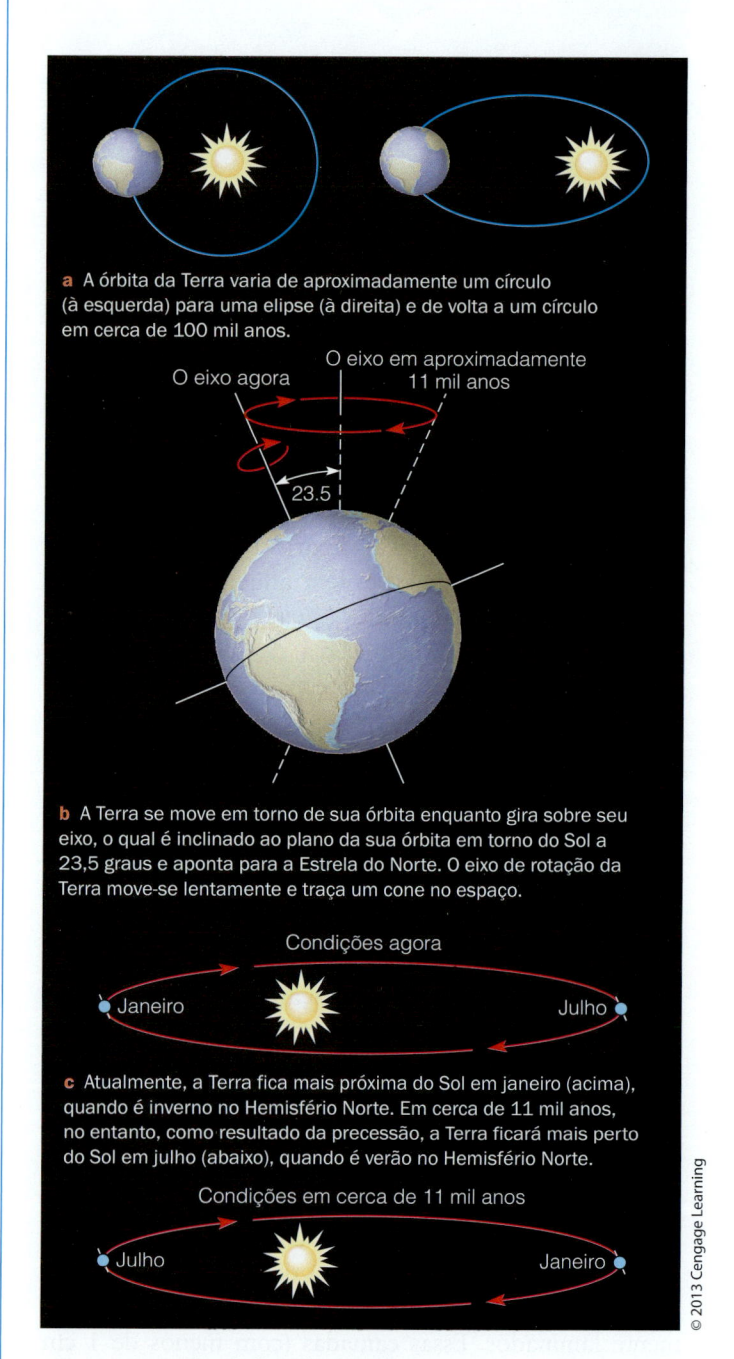

Figura 13.20 Teoria de Milankovitch
De acordo com a Teoria de Milankovitch, pequenas irregularidades na rotação e na órbita da Terra podem afetar as mudanças climáticas.

O tempo dos equinócios, isoladamente, tem pouco efeito climático, mas as mudanças na inclinação do eixo da Terra alteram também os tempos do *afélio* e do *periélio*, que são, respectivamente, quando a Terra, em sua órbita, está mais distante e mais próxima do Sol (Figura 13.20c). A Terra está agora no periélio, ou seja, mais próxima do Sol durante os invernos do hemisfério norte, mas, em cerca de 11 mil anos, o periélio será em julho. Assim, a Terra estará no afélio (mais distante do Sol) em janeiro e terá invernos mais frios.

As variações contínuas na órbita e na inclinação axial da Terra fazem a quantidade de calor solar recebida em qualquer latitude variar um pouco ao longo do tempo. O calor total recebido pelo planeta muda pouco, mas, de acordo com Milankovitch – e agora muitos cientistas concordam –, essas mudanças causam variações climáticas complexas e forneceram o mecanismo que desencadeou os episódios glaciais e interglaciais do Pleistoceno.

Eventos climáticos de curto prazo

Os eventos climáticos com duração de vários séculos, como a Pequena Era do Gelo, são muito curtos para ser explicados pela tectônica de placas ou pelos ciclos de Milankovitch. Várias hipóteses foram propostas para explicar esses eventos de curto prazo, incluindo variações na energia solar e vulcanismo.

As variações na energia solar poderiam resultar de mudanças no próprio Sol ou de qualquer coisa que reduzisse a quantidade de energia que a Terra recebe do Sol, o que, por sua vez, poderia resultar da passagem do sistema solar através de nuvens de poeira e de gás interestelar ou de substâncias na atmosfera que refletissem a radiação solar de volta ao espaço. Registros mantidos durante o século passado indicam que a quantidade de radiação solar variou muito pouco nesse período, e, embora as variações na energia solar possam influenciar os eventos climáticos de curto prazo, essa correlação ainda não foi demonstrada.

Durante grandes erupções vulcânicas, enormes quantidades de cinzas e gases são lançadas na atmosfera, refletindo a radiação solar incidente e, consequentemente, reduzindo as temperaturas atmosféricas. Pequenas gotas de gases de enxofre permanecem na atmosfera durante anos e podem ter um efeito significativo no clima. Vários eventos vulcânicos de larga escala ocorreram, como a erupção do Tambora, em 1815, e são conhecidos por desencadear efeitos climáticos. No entanto, nenhuma relação entre os períodos de atividade vulcânica e os de glaciação foi ainda estabelecida.

14 | Os desertos e o trabalho dos ventos

As dunas de areia de Mesquite Flat, no Vale da Morte, na Califórnia, são uma mistura de dunas do tipo transversal com algumas dunas dos tipos barcana e longitudinal.

Introdução

"Por causa do avanço implacável dos desertos, centenas de milhares de pessoas morreram de fome ou foram forçadas a migrar."

Durante as últimas décadas, os desertos foram avançando em extensas áreas de terras produtivas, destruindo pastagens, plantações e até aldeias. Essa expansão, estimada em 70.000 km² por ano, exigiu um custo terrível em sofrimento humano. Em razão do avanço implacável dos desertos, centenas de milhares de pessoas morreram de fome ou foram forçadas a migrar como "refugiados ambientais" de suas terras para campos, onde a maioria está gravemente desnutrida. Essa expansão dos desertos em terras anteriormente produtivas é chamada **desertificação** e é um grande problema em muitos países.

A maioria das regiões em processo de desertificação fica ao longo das margens dos desertos existentes, onde um ecossistema delicadamente equilibrado serve de interface entre o deserto, de um lado, e um ambiente mais úmido, do outro. Essas regiões têm potencial limitado para se ajustar às crescentes pressões ambientais decorrentes de causas naturais, bem como de atividade humana. Em geral, as regiões desérticas expandem-se e contraem-se gradualmente em resposta a processos naturais, como a mudança climática, mas grande parte da desertificação recente tem sido muito acelerada pelas atividades humanas.

> **desertificação**
> Expansão dos desertos em terras anteriormente produtivas.

Em muitas áreas, a vegetação natural foi eliminada à medida que o cultivo se expandiu em franjas cada vez mais secas do deserto para sustentar as populações em crescimento. As gramíneas são a vegetação natural dominante na maioria das áreas de franja do deserto, por isso a criação de gado é uma atividade econômica comum. No entanto, um número crescente de animais em diversas áreas já excedeu em muito a capacidade da terra para sustentá-los. Consequentemente, a cobertura vegetal que protege o solo diminuiu, fazendo-o desintegrar-se e ser arrancado pelo vento e pela água, disso resultando aumento da desertificação e muitos problemas associados a ela.

Há inúmeras razões importantes para estudar os desertos e os processos responsáveis pela sua formação. Em primeiro lugar, os desertos cobrem grandes regiões da superfície da Terra – mais de 40% da Austrália são desertos, e o Saara ocupa uma vasta parte do norte da África. Além disso, muitas regiões desérticas têm experimentado aumento no crescimento populacional, como a área de alto deserto do sul da Califórnia e partes de Nevada, bem como vários locais no Arizona. Muitos desses lugares já enfrentam problemas associados ao aumento da população e das tensões que isso gera no meio ambiente, em particular a necessidade de maiores quantidades de águas subterrâneas (veja o Capítulo 12).

Além disso, com o atual debate sobre o aquecimento global, é importante compreender como os processos do deserto operam e de que maneira as mudanças climáticas globais afetam os diversos sistemas e subsistemas terrestres. Aprender sobre as causas subjacentes da mudança climática, examinando antigas regiões de deserto, pode fornecer informações sobre a possível duração das futuras mudanças climáticas e a gravidade delas. Esse entendimento pode ter ramificações importantes em decisões como a de enterrar resíduos nucleares em um deserto, como a Montanha Yucca, em Nevada –, fazer isso é tão seguro como afirmam alguns e é realmente do nosso interesse, como sociedade?

Objetivos de Aprendizagem (OA)

Ao finalizar este capítulo você será capaz de:

- **OA1** Discutir o papel que o vento desempenha no transporte de sedimentos
- **OA2** Explicar os dois processos de erosão eólica
- **OA3** Identificar os diferentes tipos de depósitos de vento
- **OA4** Descrever cinturões de pressão de ar e padrões de ventos globais
- **OA5** Descrever a distribuição dos desertos
- **OA6** Identificar as várias características dos desertos
- **OA7** Descrever as diferentes formas de relevo do deserto

Ao compreender como a desertificação opera, as pessoas podem adotar medidas para eliminar ou reduzir a destruição feita, particularmente em relação ao sofrimento humano.

OA1 TRANSPORTE DE SEDIMENTOS PELO VENTO

O vento é um fluido turbulento e, por conseguinte, transporta sedimentos da mesma maneira que a água corrente. Apesar de fluir tipicamente a uma velocidade maior que a da água, ele tem uma densidade mais baixa e, portanto, pode transportar como *carga suspensa* apenas partículas do tamanho da argila e do silte. Areia e partículas maiores são movidas ao longo do chão, como *carga de leito*.

Carga de leito

Sedimentos que sejam muito grandes ou pesados para ser transportados em suspensão hidráulica ou eólica são movidos como carga de leito, quer por *saltação*, quer por rolamento e deslizamento. Em terra, a saltação ocorre quando o vento começa a rolar grãos de areia, elevando-os e carregando-os por distâncias curtas, antes que caiam de volta na superfície. E ao cair, conforme atingem a superfície, os grãos de areia batem em outros grãos, levando-os a saltar junto (Figura 14.1). Experimentos em túnel de vento mostram que, uma vez que grãos de areia comecem a se mover, eles continuarão se movendo, mesmo que o vento caia abaixo da velocidade necessária para iniciar seu movimento! Isso acontece porque, uma vez iniciada a saltação, inicia-se uma reação em cadeia de colisões entre os grãos de areia, reação que os mantém em constante movimento.

A areia saltitante costuma mover-se perto da superfície, e mesmo quando os ventos são fortes, os grãos, raras vezes, são levantados acima de um metro. Se os ventos forem muito fortes, esses grãos, chicoteados pelo vento, podem causar extensa abrasão. Em um curto espaço de tempo, o jateamento de areia pode remover a pintura de um carro, por exemplo, tornando seu para-brisa completamente opaco e translúcido pela erosão.

Mais de 6 mil anos atrás, o Saara era uma savana fértil, com fauna e flora diversificada, incluindo seres humanos. Em seguida, o clima mudou e a área tornou-se um deserto. Como isso aconteceu? Será que essa região mudará novamente no futuro? Estas são algumas das perguntas que os geocientistas esperam responder ao estudar os desertos.

Figura 14.1 Saltação
A maioria da areia é movida por saltação, perto da superfície do solo. Os grãos de areia são apanhados pelo vento e levados a uma curta distância antes de cair de volta no chão, onde costumam bater em outros grãos, levando-os a saltar e a mover-se na direção do vento.

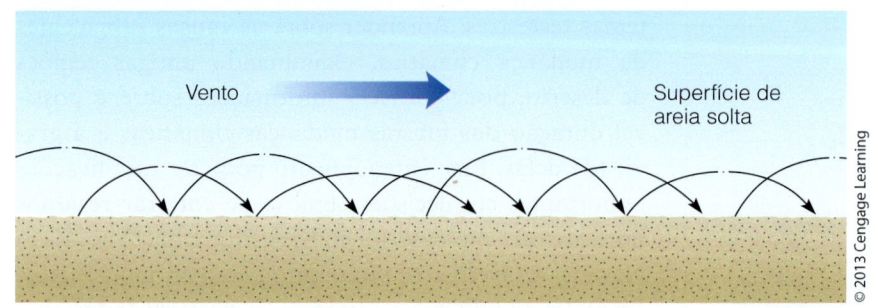

Carga suspensa

Partículas do tamanho de silte e argila constituem a maior parte da carga suspensa de um vento, e mesmo que elas sejam muito menores e mais leves que as partículas do tamanho de areia, o vento, em geral, move estas últimas em primeiro lugar. O motivo de as pequenas partículas de silte e argila não serem movidas reside na camada muito fina de ar imóvel, situada no solo, na qual essas partículas permanecem intactas; já os grãos de areia maiores podem ser movidos, pois se encontram na zona de ar turbulento. Para que as partículas de silte e de argila sejam movidas, é preciso que a camada de ar estacionário seja rompida, e a menos que isso aconteça, elas permanecerão no solo, proporcionando uma superfície lisa.

Esse fenômeno pode ser observado em uma estrada de terra, em um dia de vento. A menos que um veículo se desloque ao longo da estrada, pouca poeira é levantada, embora esteja ventando. Todavia, quando um veículo se move ao longo da estrada, ele quebra a camada limite calma do ar e perturba a camada lisa de pó, que é captada pelo vento e forma uma nuvem de poeira no rastro do veículo.

De modo semelhante, quando uma camada de sedimento é perturbada, as partículas do tamanho de silte e argila são facilmente apanhadas e levadas em suspensão pelo vento, criando nuvens de pó ou mesmo tempestades de areia. Uma vez que essas partículas finas são levantadas para a atmosfera, elas podem ser transportadas a milhares de quilômetros de sua origem.

OA2 EROSÃO EÓLICA

Embora a ação do vento produza muitas características erosivas distintas e seja um agente de triagem extremamente eficiente, a água corrente é responsável pela maioria dos acidentes geográficos de erosão em regiões áridas, apesar do fato de os canais de corrente estarem geralmente secos (Figura 14.2). O vento corrói o material de duas maneiras: por *abrasão* e por *deflação*.

Abrasão

A **abrasão** envolve o impacto de grãos de areia saltitando sobre um objeto, como um jato de areia. Seus efeitos costumam ser pequenos, porque a areia, o mais comum agente de abrasão, raramente é carregada a mais de um metro acima da superfície. Então, em vez de criar características erosivas importantes, a abrasão do vento, em geral, modifica características existentes por gravação, corrosão, alisamento ou polimento. No entanto, a abrasão eólica pode produzir muitas características de aparência estranha e forma bizarra.

Ventifactos são produtos comuns de abrasão do vento. São fragmentos de rochas cujas superfícies foram

> **abrasão** Processo pelo qual a rocha é desgastada pelo impacto de sedimentos transportados por água corrente, geleiras, ondas ou vento.
>
> **ventifacto** Rocha com uma superfície polida, esburacada, ranhurada ou facetada pela abrasão do vento.

Figura 14.2 Erosão
As forças naturais do vento e da água erodiram as rochas do Monument Valley no Parque Tribal Navajo, no Arizona, para criar pináculos, como este.

Figura 14.3 Ventifactos

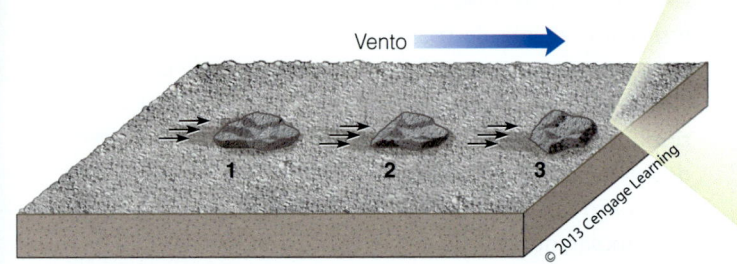

a. Um ventifacto forma-se quando as partículas carregadas pelo vento (1) provocam a abrasão da superfície de uma rocha, (2) formando uma superfície plana. Se a rocha for movida, (3) superfícies planas adicionais serão formadas.

b. Numerosos ventifactos são visíveis nesta foto, que mostra também o pavimento do deserto no Vale da Morte, na Califórnia. O pavimento do deserto, constituído por uma camada protetora de rochas maiores, proximamente colocadas, impede uma erosão maior e o transporte de materiais de sua superfície.

deflação Remoção de sedimentos de superfície soltos pelo vento.

polidas, esburacadas, ranhuradas ou facetadas pelo vento (Figura 14.3 e *Viagem de Campo*, neste capítulo). Se o vento tiver soprado de diferentes direções ou se o fragmento de rocha tiver sido movido, o ventifacto terá várias facetas. Ventifactos são mais comuns em desertos, mas podem se formar onde quer que fragmentos de rochas estejam expostos a grãos de areia saltitantes, como em praias em regiões úmidas e em algumas planícies de deposição, como na Nova Inglaterra.

Deflação

Outro importante mecanismo de erosão eólica é a **deflação**, que é a remoção de sedimentos de superfície soltos pelo vento. Entre os traços característicos da deflação em muitas regiões áridas e semiáridas estão *depressões de deflação* ou *corredores de vento* (Figura 14.4). Essas depressões rasas, de dimensões variáveis, resultam da erosão diferencial dos materiais da superfície. Variando em tamanho, de muitos quilômetros de diâmetro e dezenas de metros de profundidade, a pequenas depressões de apenas alguns metros de largura e menos de um metro de profundidade, as depressões de deflação são comuns na região das Grandes Planícies, no sul dos Estados Unidos.

Em muitas regiões secas, o vento remove partículas

Figura 14.4 Depressões de deflação
A depressão de deflação mostrada aqui como a área de baixo entre duas dunas de areia no Vale da Morte, na Califórnia, ocorre quando o sedimento superficial solto é removido diferencialmente pelo vento.

Figura 14.5 Pavimento de deserto

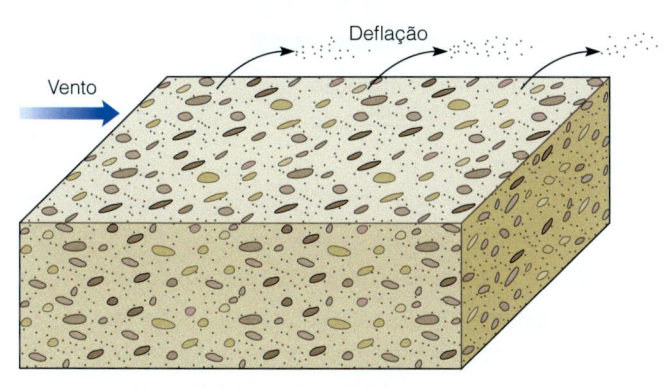

a. O material de grão fino é removido pelo vento.

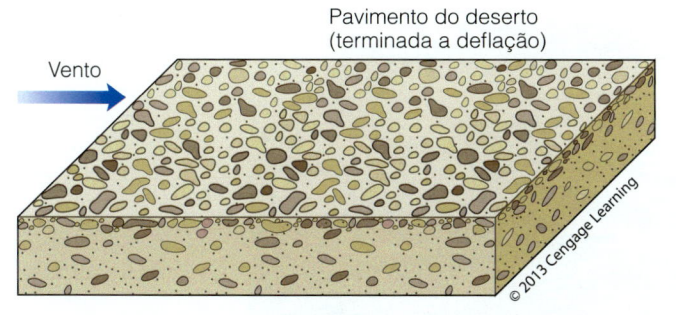

b. A concentração de partículas maiores forma o pavimento do deserto.

do tamanho de areia, e ainda menores, e deixa uma superfície de seixos, pedras e pedregulhos. Conforme o vento remove o material de granulação fina da superfície, os efeitos da gravidade e da chuva forte ocasional, e até mesmo o inchaço de minerais de argila, reorganizam as partículas grossas restantes em um mosaico de pedras de ajuste apertado, chamado **pavimento de deserto** (Figuras 14.3b e 14.5). Uma vez formado o pavimento de deserto, ele protege o material subjacente de mais deflação.

pavimento de deserto
Mosaico de seixos, pedras e pedregulhos, encontrados na superfície de muitas regiões secas, resultante da erosão da areia e de partículas menores pelo vento.

OA3 DEPÓSITOS POR VENTO

Apesar de o vento ter menos importância como agente de erosão, ele é responsável por dois tipos de depósito impressionantes. O primeiro, as *dunas*, de diversos tipos, consiste de partículas do tamanho de areia que são geralmente depositadas perto de sua origem. O segundo, *loess* (sedimento eólico e de granulação fina e homogênea, não consolidado), consiste de silte e argila carregados pelo vento, e depositados comumente longe da sua origem, em grandes áreas na direção do vento.

Figura 14.6 Dunas de areia
Grandes dunas de areia no Vale da Morte, na Califórnia. A direção predominante do vento é da esquerda para a direita, como se pode observar: o lado de barlavento suave é à esquerda e o declive íngreme de sotavento, à direita.

Figura 14.7 Migração de duna

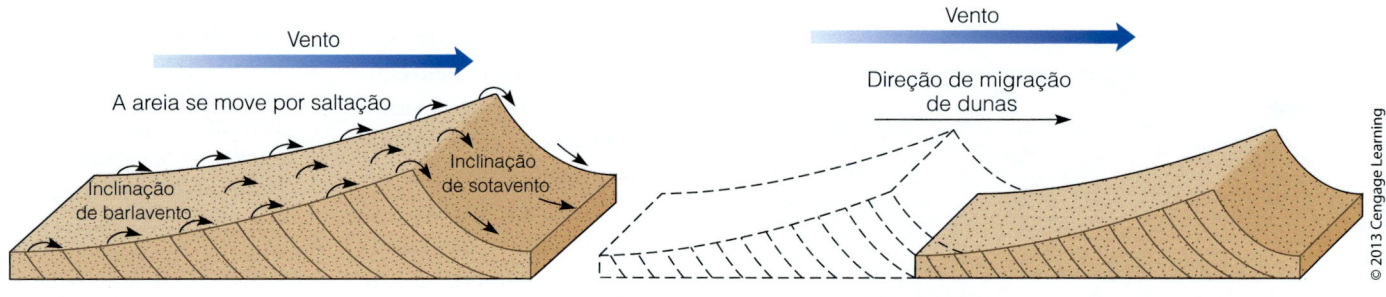

a. Perfil de uma duna de areia.

b. As dunas migram quando a areia se move para cima no barlavento e desliza para baixo da encosta de sotavento. Esse movimento dos grãos de areia produz uma série de camadas cruzadas que vão se inclinando na direção do movimento do vento.

Figura 14.8 Estratificação cruzada

Estratificação cruzada em leitos de arenito no Parque Nacional de Zion, em Utah, que ajuda os geólogos a determinar a direção predominante do vento que formou essas antigas dunas de areia.

A formação e a migração de dunas

duna Monte ou crista de areia depositado pelo vento.

Os traços mais característicos em regiões cobertas de areia são as **dunas**, que são montes ou cumes de areia depositada pelo vento (Figura 14.6). As dunas se formam quando o vento flui ao longo e em torno de um obstáculo resultando na deposição de grãos de areia, que se acumulam e constroem um depósito de areia. À medida que crescem, esses depósitos se tornam autogeradores, pois formam barreiras de vento cada vez maiores, que reduzem ainda mais a velocidade do vento, resultando em mais deposição de areia e crescimento da duna.

A maioria das dunas tem um perfil assimétrico, com uma inclinação suave a barlavento e um declive mais acentuado a sotavento, sempre na direção predominante do vento (Figura 14.7a). Os grãos de areia se movem para cima, por saltação, da inclinação suave a barlavento, e acumulam-se no lado a sotavento, formando um ângulo de 30 a 34 graus em relação à horizontal, que é o ângulo de repouso da areia seca. Quando esse ângulo é ultrapassado pela acumulação de areia, o declive desmorona e a areia desliza para baixo da inclinação de sotavento, vindo descansar em sua base. Conforme a areia se move do lado de barlavento de uma duna e desliza periodicamente para baixo na sua inclinação de sotavento, a duna migra lentamente na direção do vento predominante (Figura 14.7b). Quando preservadas no registro geológico, as dunas ajudam os geólogos a determinar a direção predominante dos ventos antigos (Figura 14.8)

Figura 14.9 Dunas barcanas

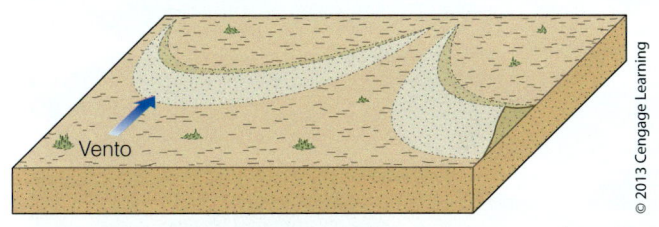

a. As dunas barcanas se formam em áreas cuja quantidade de areia é limitada, a direção de vento é quase constante e a superfície, em geral, é seca, plana e com pouca vegetação. As extremidades das dunas barcanas são rebaixadas.

b. Uma paisagem com diversas dunas barcanas.

Figura 14.10 Dunas longitudinais

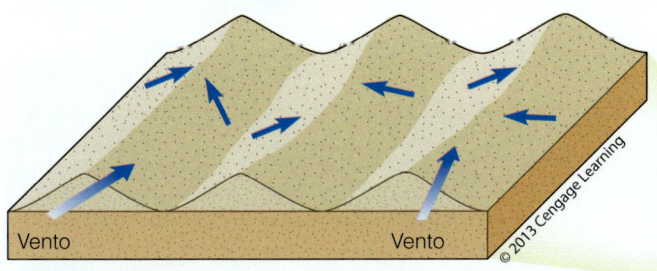

a. As dunas longitudinais formam cristas de areia longas e paralelas, alinhadas quase paralelamente à direção do vento predominante. Em geral, elas se formam onde o abastecimento de areia é limitado.

Tipos de duna

Os geólogos reconhecem quatro tipos principais de duna – barcana, longitudinal, transversal e parabólica –, embora existam também formas intermediárias. O tamanho, a forma e a disposição das dunas resultam da interação de fatores, como areia de alimentação, direção e velocidade do vento predominante e quantidade de vegetação. Ainda que as dunas sejam usualmente encontradas em desertos, elas também podem se desenvolver onde quer que a areia seja abundante, como ao longo das partes superiores de muitas praias.

Dunas barcanas são aquelas em forma de lua crescente, cujas pontas apontam na direção do vento (Figura 14.9). Elas se formam em áreas cuja superfície é, em geral, plana, seca, com pouca vegetação, com oferta limitada de areia e com direção de vento quase constante. A maioria das barcanas é pequena; a maior atinge cerca de 30 m de altura. Dos principais tipos de duna, as barcanas são o mais móvel deslocando-se a taxas que podem ultrapassar 10 m por ano.

As **dunas longitudinais** (também chamadas *dunas seif*) são cristas de areia longas e paralelas, alinhadas quase paralelamente à direção predominante do vento, que se formam onde o fornecimento de areia é um pouco limitado (Figura 14.10). Elas ocorrem quando os ventos convergem de direções ligeiramente

> **duna barcana** Duna de areia em forma de lua crescente, com extremidades que apontam na direção do vento.
>
> **duna longitudinal** Longa crista de areia, geralmente paralela à direção do vento predominante.

b. Dunas longitudinais de 15 m de altura no deserto de Gibson, no centro-oeste da Austrália. As áreas azuis brilhantes entre as dunas são piscinas rasas de água de chuva, e as manchas mais escuras são áreas em que os aborígines fizeram fogueiras, para estimular o crescimento das gramíneas na primavera.

DEPÓSITOS POR VENTO

Figura 14.11 Dunas transversais

a. As dunas transversais formam longas cadeias de areia perpendiculares à direção do vento predominante em áreas de pouca ou nenhuma vegetação e abundância de areia.

b. Dunas transversais, Monumento Nacional das Grandes Dunas de Areia, no Colorado. A direção predominante do vento é do lado inferior esquerdo para o canto superior direito.

Figura 14.12 Dunas parabólicas

a. Dunas parabólicas, geralmente, formam-se em zonas costeiras que têm cobertura parcial de vegetação, forte vento na costa e areia em abundância.

b. Duna parabólica desenvolvida ao longo da costa do Lago Michigan, a oeste de St. Ignace, em Michigan.

duna transversal
Crista de areia cujo eixo longo encontra-se perpendicular à direção do vento.

diferentes para produzir o vento predominante. Sua altura pode variar de cerca de 3 m a mais de 100 m, e algumas se estendem por mais de 100 km. As dunas longitudinais são especialmente bem desenvolvidas no centro da Austrália, onde cobrem quase um quarto do continente, e também na Arábia Saudita, no Egito e no Irã, onde cobrem extensas áreas.

As **dunas transversais** formam longas cadeias perpendiculares à direção do vento predominante em áreas com areia em abundância e pouca ou nenhuma vegetação (Figura 14.11).

Quando vistas de cima, essas dunas têm uma aparência ondulada, sendo, por vezes, chamadas de *mares de areia* (ver a *Viagem de Campo*, neste capítulo). As dunas transversais podem ter 3 km de largura, e suas cristas podem chegar a 200 m de altura.

As **dunas parabólicas** são mais comuns em áreas costeiras com areia abundante, fortes ventos em terra e cobertura parcial de vegetação (Figura 14.12). Embora em forma de crescente, como as dunas barcanas, as pontas das dunas parabólicas apontam contra o vento. Essas dunas formam-se quando a cobertura vegetal é interrompida e o esvaziamento do espaço que ela ocupava produz uma depressão vazia ou uma ruptura. À medida que o vento transporta a areia para fora dessa depressão, ela se acumula na crista de dunas convexas, a sotavento. A parte central das dunas é escavada pelo vento, enquanto a vegetação mantém suas extremidades e suas laterais razoavelmente bem no lugar.

duna parabólica Duna em forma de crescente cujo topo aponta contra o vento.

loess Depósitos de silte e argila transportados pelo vento.

Loess

Depósitos de silte e argila soprados pelo vento, compostos de grãos angulares de quartzo, feldspato, mica e calcita, são conhecidos como **loess**. A distribuição de loess mostra que são derivados de três fontes principais: desertos, depósitos glaciais do Pleistoceno e várzeas de rios em regiões semiáridas. Para poder se acumular, o loess deve ser estabilizado pela umidade e pela vegetação. Consequentemente, não se encontram loess em desertos, embora estes forneçam a maior parte de seu material. Por sua natureza não consolidada, o loess é facilmente erodido e, como resultado, suas áreas corroídas são caracterizadas por penhascos íngremes e rápida erosão lateral e da corrente de cume (Figura 14.13).

Atualmente, os depósitos de loess cobrem cerca de 10% da superfície terrestre do planeta e 30% dos Estados Unidos. Os depósitos de loess mais extensos e mais grossos são encontrados no nordeste da China, onde acumulações superiores a 30 m de espessura são comuns. Solos derivados de loess são alguns dos mais férteis do mundo. Portanto, não surpreende que as principais regiões produtoras de grãos do mundo correspondam aos grandes depósitos de loess, como a Planície norte-europeia, a Ucrânia e as Grandes Planícies da América do Norte.

Figura 14.13 Terraços no solo de loess na Província de Shaonxi, China

Dada a natureza não consolidada desses depósitos sedimentares, muitas pessoas vivem em cavernas esculpidas nas encostas do loess.

Muitas áreas são secas por causa de seu afastamento do ar marítimo úmido e da presença de cadeias de montanhas, que produzem um *deserto de sombra de chuva*. Quando o ar marinho úmido se move para o continente e encontra uma cadeia de montanhas, ele é forçado para cima. À medida que sobe, o ar esfria, formando nuvens e produzindo a precipitação que cai no lado de barlavento das montanhas. O ar que desce no lado de sotavento da serra é muito mais quente e seco, produzindo um deserto de sombra de chuva.

OA4 CINTURÕES DE PRESSÃO DE AR E PADRÕES GLOBAIS DE VENTO

Para entender o trabalho do vento e a distribuição dos desertos, temos de considerar o padrão mundial dos cinturões de pressão de ar e ventos, que são responsáveis pelos padrões de circulação atmosférica da Terra. A pressão de ar é a densidade deste exercida sobre o meio circundante (ou seja, seu peso). Quando aquecido, o ar se expande e se eleva, reduzindo a sua massa para dado volume e causando diminuição na pressão do ar. Em contrapartida, quando resfriado, o ar se contrai e sua pressão aumenta.

efeito Coriolis
Aparente desvio de um objeto em movimento de seu curso antecipado por causa da rotação da Terra. Ventos e correntes oceânicas são desviados no sentido horário, no hemisfério norte, e no sentido anti-horário, no hemisfério sul.

Por conseguinte, as áreas da superfície da Terra que recebem a maior parte da radiação solar, como as regiões equatoriais, têm baixa pressão de ar, enquanto as áreas mais frias, como as regiões polares, têm alta pressão de ar.

O ar flui das zonas de alta pressão para as de baixa pressão. Se a Terra não girasse, os ventos se moveriam em linha reta de uma zona para a outra; no entanto, por causa da rotação da Terra, os ventos, no hemisfério norte, são desviados para a direita de sua direção de movimento (sentido horário) e, no hemisfério sul, para a esquerda de sua direção de movimento (sentido anti-horário). Esse desvio de ar entre as zonas latitudinais resultante da rotação da Terra é conhecido como **efeito Coriolis**. A combinação das diferenças de pressão de latitude e do efeito Coriolis produz um padrão mundial de cinturões de vento orientado de leste para oeste (Figura 14.14).

A zona equatorial da Terra recebe mais energia solar, a qual aquece o ar da superfície, fazendo-o subir, e este, à medida sobe, esfria-se e libera umidade, que cai

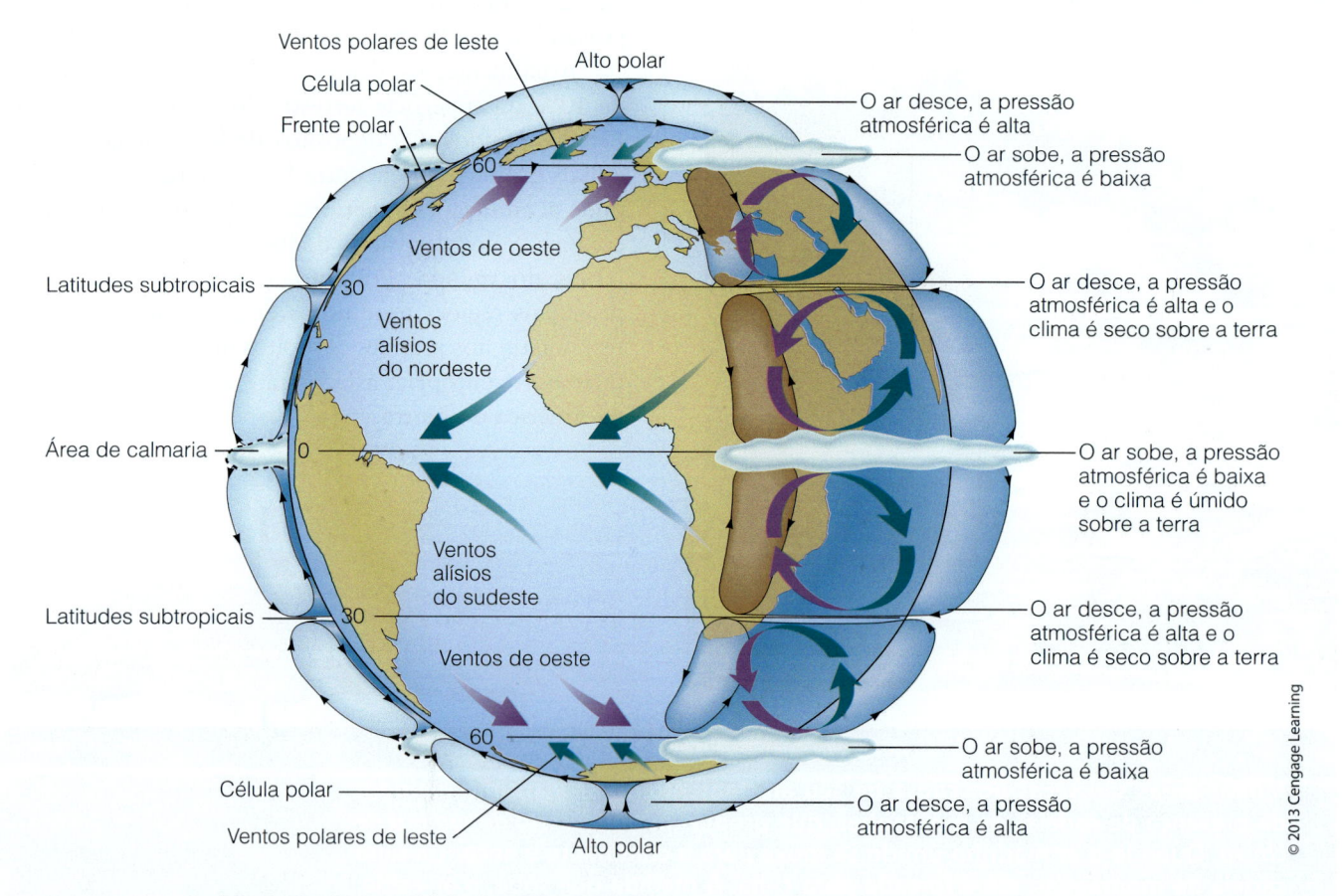

Figura 14.14 Padrão de circulação geral da atmosfera terrestre
O ar flui das zonas de alta pressão para as de baixa pressão e os ventos resultantes são desviados para a direita de sua direção de movimento (sentido horário), no hemisfério norte, e para a esquerda de sua direção de movimento (sentido anti-horário), no hemisfério sul. Esse desvio do ar entre as zonas latitudinais resultantes da rotação da Terra é conhecido como o efeito Coriolis.

CAPÍTULO 14: OS DESERTOS E O TRABALHO DOS VENTOS

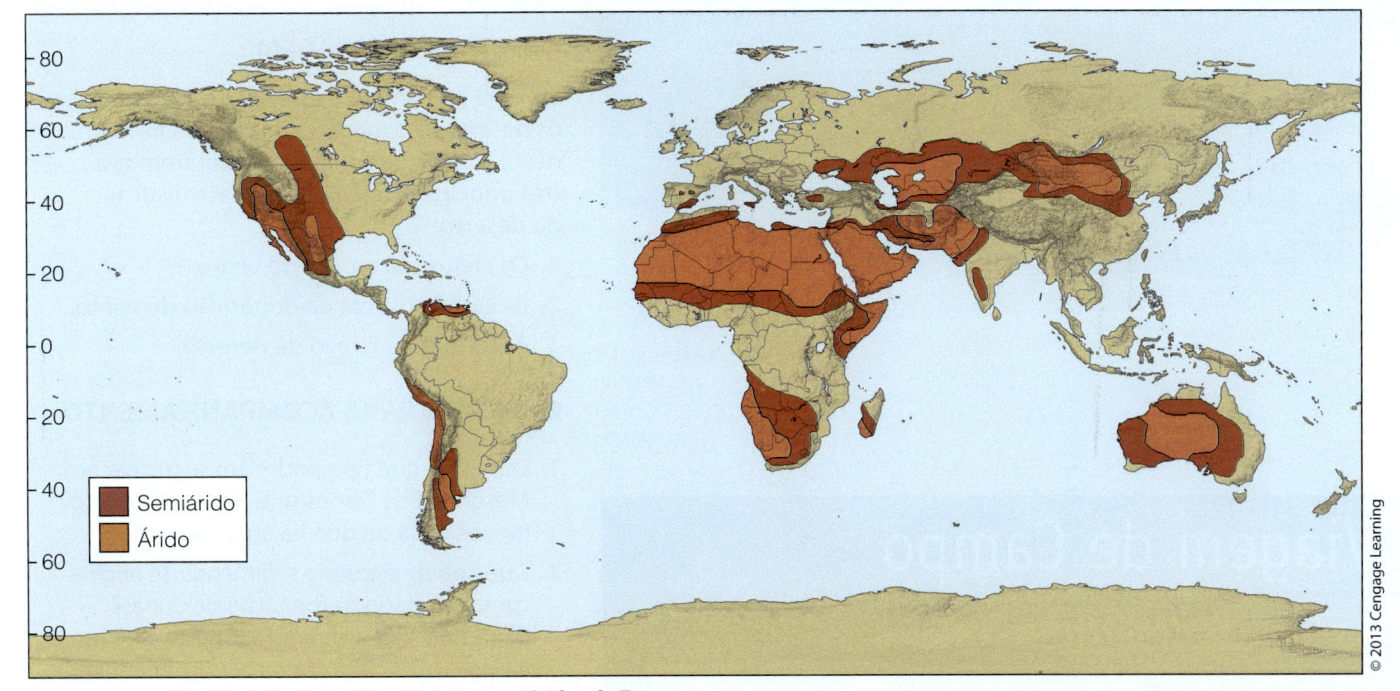

Figura 14.15 **Distribuição de regiões áridas e semiáridas da Terra**
As regiões semiáridas recebem mais precipitação que as regiões áridas, embora ainda sejam moderadamente secas. As regiões áridas, geralmente descritas como desertos, são secas e recebem menos de 25 cm de chuva por ano. A maioria dos desertos do mundo está localizada nos climas secos das latitudes baixas e médias.

em forma de chuva na região equatorial (Figura 14.14). O ar ascendente é agora muito mais seco à medida que se move para o norte e para o sul, em direção a cada polo. No momento em que atinge entre 20 e 30 graus de latitude ao norte e ao sul, o ar se torna mais frio e mais denso e começa a descer. Então, a compressão da atmosfera aquece a massa de ar descendente e produz uma área de alta pressão seca e quente, que são as condições perfeitas para a formação de desertos de baixa latitude dos hemisférios norte e sul (Figura 14.15).

OA5 A DISTRIBUIÇÃO DOS DESERTOS

Os climas secos ocorrem nas latitudes baixas e médias, onde o potencial de perda de água por evaporação pode exceder a precipitação anual (Figura 14.15). Os climas secos cobrem 30% da superfície terrestre da Terra e são subdivididos em regiões semiáridas e áridas. As *regiões semiáridas* recebem mais precipitação que as áridas, mas são moderadamente secas. Seus solos costumam ser bem desenvolvidos e férteis e suportam uma cobertura de grama natural. Já as *regiões áridas*, geralmente descritas como **desertos**, são secas; elas recebem menos de 25 cm de chuva por ano, têm altas taxas de evaporação e costumam ter solos

deserto Qualquer área que receba menos que 25 cm de chuva por ano e tenha elevada taxa de evaporação.

Figura 14.16 **Vegetação de deserto**
A vegetação do deserto costuma ser escassa, amplamente espaçada e caracterizada por baixas taxas de crescimento. A vegetação mostrada aqui é no Vale da Morte, na Califórnia.

Viagem de Campo
Ambientes desérticos

OBJETIVOS DA VIAGEM

Embora haja muito o que ver e aprender sobre os desertos e o modo como eles se formam, nesta *Viagem de Campo* nos limitaremos a três principais processos e características do deserto:

1. Os efeitos da erosão do vento.
2. As características da deposição do vento.
3. As formas de relevo de deserto.

QUESTÕES PARA ACOMPANHAMENTO

1. Dunas de que tipo poderiam se formar em Mesquite Flat Dunes se lá houvesse muito menos areia do que há atualmente?
2. Que tipo de estrutura sedimentar se origina como resultado da formação de dunas? (Sugestão: veja a Figura 14.8, neste capítulo, e a *Viagem de Campo* de rochas sedimentares.) Que informações essas estruturas sedimentares podem revelar sobre o ambiente naquele local no passado geológico?
3. Por que é tão difícil viajar através do Vale da Morte? Imagine o que os emigrantes devem ter sentido depois de atravessar o país, apenas para deparar com salares, dunas de areia e calor implacável.

Pronto para partir!

Não há lugar melhor para aprender sobre os processos e as características do deserto que o Parque Nacional do Vale da Morte, na Califórnia. Apropriadamente chamado de Parque Nacional do Vale da Morte, este parque é o mais quente, seco, além de ser o menor dos parques nacionais dos Estados Unidos. Com temperaturas diurnas de verão, muitas vezes acima de 49°C, chuvas escassas (a precipitação anual média é inferior a 5 cm) e sinais que lembram os visitantes de que o nível do mar está 86 m acima deles, o Vale da Morte, para a maioria das pessoas, é um lugar muito inóspito. Para os geólogos, porém, é um local maravilhoso, no qual os processos e os produtos geológicos de um ambiente árido podem ser estudados de perto e pessoalmente. Nesta *Viagem de Campo*, você descobrirá pontos a serem visitados, o que é um salar, e observando os resultados da erosão e da deposição eólica.

As rochas mais antigas no Vale da Morte consistem em gnaisses de 1,8 bilhão de anos de idade expostos na cordilheira de montanhas Black. Durante a Era Paleozoica, a área onde agora é o Vale da Morte estava abaixo de um mar raso e quente, onde foram depositados arenitos, calcários e dolomitos, agora expostos nas montanhas Panamint e Funeral. A atividade vulcânica dominou a região durante os períodos Paleogeno e Neogeno e os resultados dessa atividade podem ser vistos nos estratos belamente coloridos na área Artist's Palette, do Artist Drive.

O Vale da Morte surgiu cerca de 3 milhões de anos atrás, quando forças tensionais associadas à formação da província Basin and Range (veja o Capítulo 17) produziram uma série de vales e serras. O Vale da Morte é um dos vales que se formaram entre a Faixa de Panamint, no oeste, e as montanhas Black, no leste.

Mapa topográfico de DeerPoint, UT., cortesia do USGS.
Fotos: © Dr. Parvinder S. Sethi.

O que observar ao partir

Curiosamente, a maioria das pessoas associa as características do deserto à ação do vento. No entanto, embora o vento produza muitas características distintas de erosão, a água corrente é responsável pela maioria dos acidentes geográficos de erosão em regiões áridas. Ainda assim, a abrasão do vento, frequentemente, modifica as características existentes por abrasão, corrosão, alisamento e polimento. Na foto acima, podemos ver dois *ventifactos* bem formados, ou seja, rochas cujas superfícies foram polidas, corroídas, ranhuradas ou facetadas pelo vento. Além disso, esses ventifactos estão assentados no que os geólogos chamam de *pavimento de deserto*, que ocorre quando o vento remove o material de grão fino da superfície, deixando para trás um mosaico de ajustamento apertado de partículas grossas, que formam um pavimento que protege o material subjacente de uma erosão maior (veja as Figuras 14.3 e 14.5).

Assim como o vento pode corroer e produzir algumas estruturas de visão incomum, ele também deposita material solto à medida que se move sobre uma paisagem. Os traços mais característicos em regiões cobertas de areia são as dunas, que são montes ou cumes de areia depositada pelo vento – as dunas se formam quando o vento flui ao longo e em torno de uma obstrução, resultando na deposição dos grãos de areia. A maioria das dunas tem um perfil assimétrico, com uma suave inclinação a barlavento e um declive mais íngreme a sotavento, que se inclina na direção do vento. Os geólogos reconhecem quatro principais tipos de duna, que se formam da interação de fatores como abastecimento de areia, direção e velocidade predominante do vento e quantidade de vegetação.

Lagos de playa se formam em áreas baixas, após tempestades. Quando um lago de playa evapora, o leito do lago seco é chamado de *playa* ou *salar*. Como visto na panorâmica da bacia de Badwater, acima, as salares foram apropriadamente nomeadas; depósitos e cumes de sal cobrem o chão dessa área. Na foto, em primeiro plano, também se pode ver um polígono de sal típico. Nele, cristas de sal definem o polígono, e rachaduras de lama são visíveis dentro dele. Formados pela evaporação da água salgada, alguns desses depósitos foram, em um dado momento, comercialmente viáveis, como os boratos, que, no final século XIX, foram transportados para fora do Vale da Morte por tropas formadas por mulas.

Neste local, podem-se ver numerosas *dunas transversas*. Dunas transversas formam cristas longas e onduladas, perpendiculares à direção predominante do vento, em áreas que têm areia em abundância e pouca ou nenhuma vegetação. Você pode dizer qual é a direção predominante do vento nessa foto?

pouco desenvolvidos, sendo, na maior parte ou completamente, desprovidas de vegetação.

A maioria dos desertos do mundo encontra-se nos climas secos das latitudes baixas e médias (Figura 14.15). Os climas secos restantes do mundo são encontrados nas latitudes médias e altas, principalmente nos interiores continentais do hemisfério norte (Figura 14.15).

OA6 CARACTERÍSTICAS DOS DESERTOS

Para quem vive em regiões úmidas, os desertos podem parecer austeros e inóspitos. Em vez de colinas onduladas e declives suaves, com uma cobertura quase contínua da vegetação, a paisagem dos desertos é seca, com pouca vegetação e exposições quase contínuas de rocha, pavimento de deserto ou dunas de areia. No entanto, apesar do grande contraste entre desertos e áreas mais úmidas, os mesmos processos geológicos operam em ambos, apenas sob diferentes condições climáticas.

Temperatura, precipitação e vegetação

O calor e a secura dos desertos são bem conhecidos. Em muitos dos desertos de latitudes baixas, a temperatura média de verão varia entre 32°C e 38°C; todavia, alguns desertos interiores de baixa altitude, não raro, registram elevações diurnas de 46°C a 50°C durante semanas seguidas. Nos meses de inverno, quando o ângulo do Sol é menor e há menos horas de luz no dia, as temperaturas diurnas médias se situam entre 10°C e 18°C.

Embora os desertos sejam definidos como regiões que recebem, em média, menos de 25 cm de chuva por ano, a quantidade de chuva que cai anualmente é imprevisível e não confiável. Não é incomum que uma área receba mais que a precipitação média de um ano inteiro em um aguaceiro e, em seguida, receba pouca chuva durante vários anos. Assim, as médias de precipitação anual podem ser enganosas.

Os desertos exibem ampla variedade de vegetação (Figura 14.16), e, embora os mais secos, ou aqueles com grandes áreas de areia movediça, sejam quase desprovidos de vegetação, a maioria deles mantém pelo menos uma cobertura vegetal esparsa. Quando cuidadosamente examinada, essa cobertura vegetal revela surpreendente diversidade de plantas que evoluíram a capacidade de viver na quase ausência de água.

As plantas do deserto são amplamente espaçadas, geralmente pequenas, e seu crescimento é lento. Seus caules e suas folhas costumam ser duros e cerosos, para minimizar a perda de água por evaporação e proteger a planta da erosão da areia. A maioria das plantas tem um sistema radicular superficial generalizado, para absorver o orvalho que se forma todas as manhãs, exceto nos desertos mais secos, e para auxiliar a ancorar a planta no pouco solo que pode haver. Em casos extremos, muitas plantas permanecem adormecidas durante os anos particularmente secos e despertam após a primeira chuva, com uma bela profusão de flores.

Intemperismo e solos

O intemperismo mecânico é dominante nas regiões desérticas. As flutuações de temperatura diárias e a constrição da geada são as formas primárias de intemperismo mecânico (veja o Capítulo 6). A desagregação das rochas pelas raízes e pelo crescimento de cristais de sal tem menos importância. Algum intemperismo químico ocorre, mas sua taxa é grandemente reduzida pela aridez e pela escassez de ácidos orgânicos produzidos pela vegetação esparsa. A maior parte do intemperismo químico ocorre durante os meses de inverno, quando há mais precipitações, particularmente nos desertos de latitude média.

Os solos desérticos, se desenvolvidos, costumam ser finos e desiguais, porque as chuvas limitadas e a resultante escassez da vegetação reduzem a eficiência do intemperismo químico e, portanto, a formação do solo. Além disso, a fraca densidade da cobertura vegetal aumenta a erosão eólica e hídrica, do pouco solo que realmente se forma.

Perda de massa, correntes e águas subterrâneas

Ao viajar por um deserto, muitas pessoas se impressionam com as características formadas pelo vento, como a areia movediça, as dunas de areia e as tempestades de areia e poeira. Elas também podem observar os charcos e os leitos de rios secos. Como não há água corrente no deserto, a maioria das pessoas concluiria que o vento é o agente de erosão mais importante nos desertos, mas essas pessoas estão erradas! A água corrente, mesmo que raramente ocorra, responde pela maior parte da erosão nos desertos. As condições secas e a vegetação esparsa, características dos desertos, melhoram a erosão hídrica.

A maior parte da precipitação média anual de um deserto, de 25 cm ou menos, vem em aguaceiros localizados, breves e pesados. Durante esses períodos

Figura 14.17 Playas e lagos de playas

a. Um lago de playa formado depois de uma tempestade perto de Badwater, no Parque Nacional do Vale da Morte, na Califórnia. Lagos de playa são características efêmeras, com duração de algumas horas a vários meses.

b. Depósitos de sal e cristas de sal cobrem o solo desta playa, no deserto de Mojave, na Califórnia. Cristais de sal e rachaduras na lama, preenchidas posteriormente, são características de playas.

ocorre considerável erosão, porque o solo não é capaz de absorver toda a água da chuva. Com tão pouca vegetação para impedir o fluxo de água, o escoamento é rápido, especialmente em superfícies muito ou moderadamente inclinadas, resultando em enchentes e fluxos laminares. Canais de rios secos se enchem rapidamente com torrentes furiosas de água barrenta e fluxos de lama, que esculpem ravinas íngremes e transbordam suas margens. Durante esses períodos, uma enorme quantidade de sedimentos é rapidamente transportada e depositada longe, a jusante.

A maioria das correntes de deserto é mal integrada e flui apenas intermitentemente. Muitas delas nunca chegam ao mar, porque, como o lençol freático costuma ser muito mais profundo que os canais da maioria das correntes, elas não podem recorrer às águas subterrâneas para repor a água perdida pela evaporação e pela absorção no solo. Esse tipo de drenagem comum na

CARACTERÍSTICAS DOS DESERTOS

Figura 14.18 Leque aluvial

Vista térrea de um leque aluvial no Vale da Morte, na Califórnia. Os leques aluviais formam-se quando correntes carregadas de sedimentos, que fluem para fora de uma montanha, depositam a sua carga no solo do deserto, formando um depósito sedimentar levemente inclinado, em forma de leque.

maioria das regiões áridas, em que a carga de um fluxo é depositada no deserto, é chamado *drenagem interna ou arreica*, pois o rio simplesmente desaparece por evaporação ou por infiltração no meio do deserto.

Embora a maioria dos desertos tenha drenagem arreica, alguns têm correntes permanentes que fluem através deles, como os rios Nilo e Níger, na África, os rios Grande e Colorado, no sudoeste dos Estados Unidos, e o rio Indus, na Ásia. Essas correntes podem fluir através de regiões desérticas porque (1) suas cabeceiras estão bem fora do deserto e (2) a água é abundante o suficiente para compensar as perdas resultantes da evaporação e da infiltração.

Vento

Embora a água corrente faça a maior parte do trabalho de erosão nos desertos, o vento também pode ser um agente geológico eficaz, capaz de produzir uma variedade de características distintas de erosão (Figura 14.2) e de deposição (Figuras 14.9 a 14.13). O vento é eficaz no transporte e no depósito de partículas do tamanho de areia, silte e partículas não consolidadas. Contrariamente à crença popular, os desertos, em sua maioria, não são terrenos baldios cobertos de areia, mas sim vastas áreas de exposições rochosas e pavimento de deserto (Figura 14.3). As regiões cobertas de areia, ou desertos arenosos, constituem menos de 25% dos desertos do mundo, e nessas áreas, a areia acumulou-se principalmente pela ação do vento.

OA7 FORMAS DE RELEVO DE DESERTO

Por causa das diferenças de temperatura, precipitação e vento, assim como das rochas subjacentes e

Figura 14.19 Pedimento
Pedimentos são superfícies de rocha erosiva, formados pela erosão ao longo da parte dianteira de uma montanha.

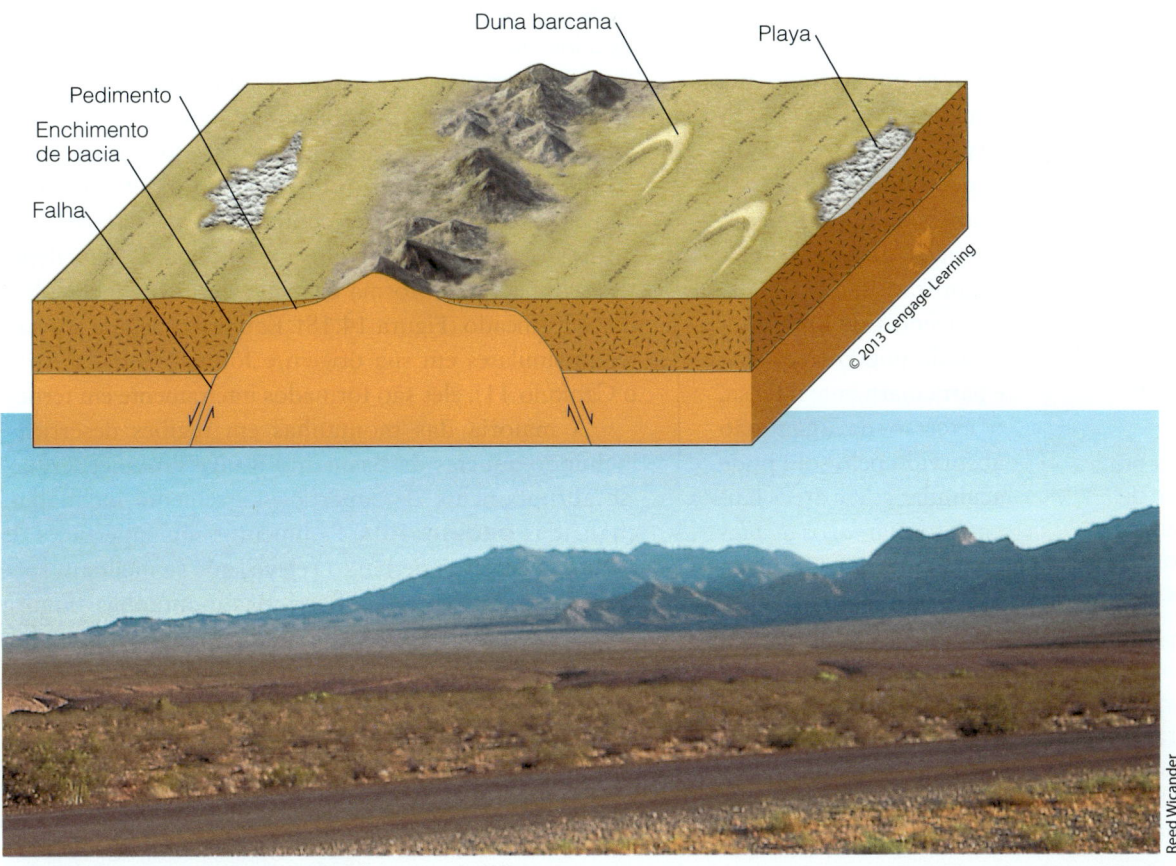

Pedimento ao norte de Mesquite, em Nevada.

Figura 14.20 Pináculos
Pináculos esquerdo e direito, no Monument Valley, na fronteira de Arizona e Utah.

FORMAS DE RELEVO DE DESERTO

> **playa** Leito de lago seco encontrado em desertos.
>
> **leque aluvial** Acúmulo em forma de cone, principalmente de areia e cascalho, depositado onde um córrego flui de um vale da montanha para uma planície adjacente.
>
> **pedimento** Superfície de erosão de baixo relevo, levemente inclinada para fora da base de uma cordilheira.
>
> **mesa** Remanescente de erosão amplo e de cume plano, delimitado por todos os lados por encostas íngremes.
>
> **pináculo** Colina isolada, similar a uma torre, com lados íngremes, formada quando a rocha de cobertura resistente é rompida, permitindo a erosão das rochas subjacentes, menos resistentes.

dos eventos tectônicos recentes, as formas de relevo em regiões áridas variam consideravelmente. A água corrente, embora pouco frequente em desertos, é responsável pela produção e pela modificação de muitos acidentes geográficos distintos neles encontrados.

Depois de uma tempestade pouco frequente e particularmente intensa, o excesso de água não absorvido pelo solo pode acumular-se em áreas baixas e formar *lagos de playas* (Figura 14.17a), que são lagos temporários, com duração que varia de algumas horas a vários meses. A maioria deles é rasa e seus limites mudam rapidamente, conforme a água flui dentro deles ou se perde por evaporação e infiltração no solo. Muitas vezes, a água nesses lagos é bastante salina.

Quando um lago de playa evapora, seu leito seco, caracterizado por fissuras na lama e cristais de sal precipitados (Figura 14.17b e *Viagem de Campo*, neste capítulo), é chamado **playa** ou *salares*. Em algumas playas, os sais são grossos o suficiente para ser explorados comercialmente, como os boratos, que, por mais de cem anos, foram extraídos no Vale da Morte, na Califórnia.

Outra característica comum de desertos, particularmente na Província Basin and Range, do oeste dos Estados Unidos, são os **leques aluviais**, que se formam quando correntes carregadas de sedimentos que fluem para fora das frentes de montanhas íngremes, geralmente retas, depositam sua carga no solo relativamente plano do deserto. Uma vez além da frente da montanha, onde não há paredes de vale que confinem as correntes, os sedimentos se espalham lateralmente, originando um depósito sedimentar em forma de leque levemente inclinado e mal classificado (Figura 14.18). Embora os leques aluviais sejam similares em sua origem e forma aos deltas (veja o Capítulo 11), eles são formados inteiramente em terra.

A maioria das montanhas em regiões desérticas, incluindo aquelas da Basin and Range Province, ergue-se abruptamente de superfícies levemente inclinadas, chamadas **pedimentos**. Pedimentos são superfícies de rochosas erosivas de baixo relevo, que se inclinam suavemente para longe das bases das montanhas (Figura 14.19). A maioria dos pedimentos é coberta por uma fina camada de detritos ou leques aluviais.

Outros resíduos de erosão facilmente reconhecidos, comuns em regiões áridas e semiáridas, são as mesas e os pináculos (Figura 14.20). A **mesa** é um remanescente erosivo amplo, de topo plano, delimitado por todos os lados por encostas íngremes. O desgaste contínuo e a erosão de correntes formam estruturas isoladas, similares a pilares, conhecidas como **pináculos**. Os pináculos e as mesas consistem em rochas sedimentares intemperizadas com relativa facilidade, cobertas por rochas quase horizontais resistentes, como arenito, calcário ou basalto. Eles se formam quando a camada de rocha resistente é rompida, o que permite a rápida erosão dos sedimentos subjacentes menos resistentes.

15 | Oceanos, costas e processos costeiros

Exposições de arenito ao longo da linha costeira do Parque Estadual Shore Acres, próximo a Coos Bay, no Oregon. Os sedimentos desse arenito de idade eocênica foram depositados em um ambiente deltaico. Observe que suas camadas inferiores mergulham cerca de 50 graus. As camadas sobrepostas (abaixo da cerca), no entanto, são quase horizontais, configurando uma discordância angular. Durante as tempestades, as ondas atingem toda a superfície da rocha, cujo topo está a mais de 25 m acima do mar.

Introdução

"Muitos centros de comércio e grande parte da população da Terra estão concentrados em estreitas faixas litorâneas ou perto delas."

No Capítulo 2, discutimos vários aspectos do fundo do mar, como cadeias oceânicas, fontes hidrotermais de mar profundo e montes submarinos, bem como a natureza das margens continentais. Nosso interesse aqui é nas águas oceânicas em si e seu impacto sobre os litorais. Você já sabe que a hidrosfera consiste em toda a água existente na Terra, a maioria da qual (97,2%) se encontra nos oceanos. Esse vasto conjunto interligado de água salgada cobre 71% da superfície terrestre, mas partes dela são suficientemente distintas para que possamos reconhecer diversos oceanos: Pacífico, Atlântico, Índico e Ártico (Figura 15.1). Os mares, em contrapartida, são porções menores dos oceanos, como o mar do Japão e o mar Mediterrâneo.

Grande parte do que se encontra abaixo da superfície do oceano não é visível, o que explica por que tantas histórias sensacionais persistiram por séculos. Por volta de 350 a.C., o filósofo grego Platão afirmou que um continente chamado Atlântida existia a oeste do Estreito de Gibraltar no Oceano Atlântico (Figura 15.2). Após a conquista de Atlântida por Atenas, esse vasto continente supostamente afundou e agora apenas "depressões geológicas de lama" marcam sua localização anterior. Não há, porém, nenhuma evidência geológica de que Atlântida tenha existido. Então, por que essa história persistiu por tanto tempo? Talvez porque as histórias de civilizações perdidas sejam populares, ou porque, até muito recentemente, pouco se sabia sobre o assoalho dos oceanos.

> **litoral** Área entre a média da maré baixa e o nível mais alto em terra firme alcançado por ondas de tempestade.

Nessa enorme massa de água que chamamos de oceanos, a energia das ondas é transferida através da água para os litorais, onde ela tem um tremendo impacto (veja a foto de abertura do capítulo). Assim, a compreensão dos processos do litoral é importante para oceanógrafos, geólogos e engenheiros costeiros, bem como para autoridades públicas e urbanistas das comunidades costeiras. Outro aspecto importante dos litorais é a subida do nível do mar, porque os edifícios ou comunidades, antes seguros, foram destruídos ou estão precisando de remoção ou proteção. Além disso, os furacões perdem muito de sua energia nos litorais, resultando em extensas inundações litorâneas, numerosas mortes e prejuízos materiais generalizados.

Definimos **litoral** como a área de terra em contato com o oceano ou um lago, mas podemos expandir essa definição, observando que os litorais incluem uma faixa entre a maré baixa e o nível mais alto em terra firme alcançado por ondas de tempestade. Nossa principal preocupação é com as costas oceânicas ou litoral, mas as ondas e as correntes litorâneas também são eficazes em grandes lagos. No entanto, mesmo nos maiores lagos, as marés são insignificantes.

O estudo dos oceanos e dos litorais fornece um excelente exemplo das interações de sistemas – neste caso, entre a hidrosfera e a litosfera. A atmosfera também está envolvida porque a energia é transferida do vento para

Objetivos de Aprendizagem (OA)

Ao finalizar este capítulo você será capaz de:

OA1 Entender a composição e a circulação de água do mar e descrever os tipos de sedimentos no fundo dos oceanos

OA2 Descrever o comportamento das marés, das ondas e das correntes de perto do litoral

OA3 Compreender os processos de erosão e deposição do litoral e o conceito de provisão de sedimentos de perto do litoral

OA4 Identificar os diferentes tipos de litoral e suas características

OA5 Discutir os efeitos das ondas de tempestade e das inundações litorâneas e explicar como os litorais são geridos à medida que o nível do mar sobe

OA6 Reconhecer os tipos de recursos encontrados nos oceanos

Figura 15.1 Os oceanos
Mapa que mostra os oceanos Atlântico, Pacífico, Índico e Ártico e as correntes oceânicas.

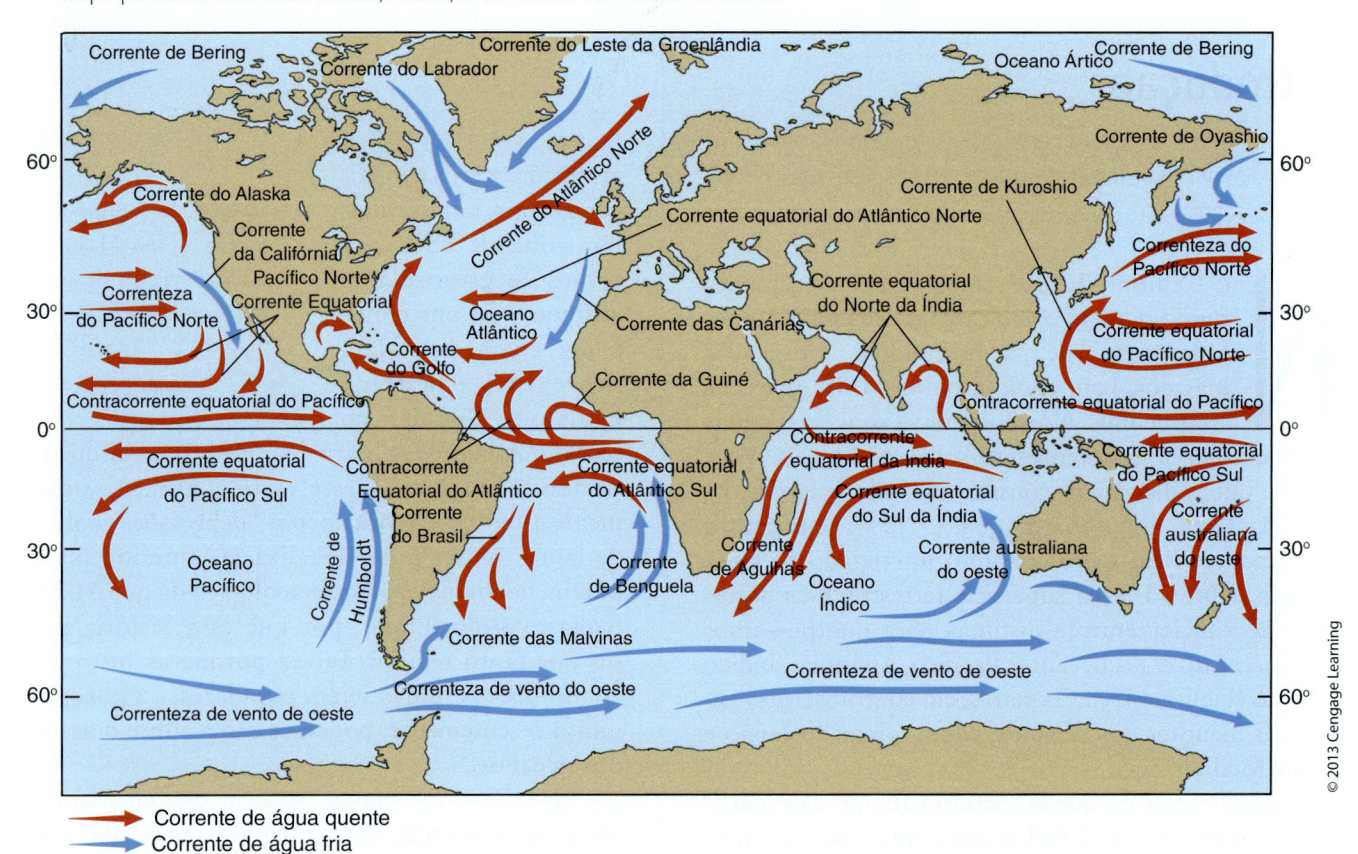

→ Corrente de água quente
→ Corrente de água fria

salinidade Medida dos sólidos dissolvidos na água do mar, em geral expressa em partes por mil.

a água, causando assim as ondas, que geram as correntes litorâneas. E, claro, a atração gravitacional da Lua e do Sol sobre as águas do oceano é responsável pela subida e pela queda rítmica das marés.

OA1 ÁGUA DO MAR, CIRCULAÇÃO OCEÂNICA E SEDIMENTOS DO FUNDO DO MAR

Durante sua história mais antiga, a Terra era, provavelmente, quente, sem ar e seca, mas os vulcões em erupção liberavam vários gases, dos quais o vapor de água, era o mais abundante, que se acumulavam na atmosfera. À medida que a Terra esfriou, o vapor de água condensado caiu como chuva e começou a ser acumulado na superfície terrestre. Desse modo, os oceanos já existiam há, pelo menos, 3,5 bilhões de anos, embora seus volumes e suas extensões não sejam conhecidos.

Água do mar – Composição

Dos mais de 70 elementos químicos em solução na água do mar, os mais comuns são os íons de cloreto (Cl^-) e sódio (Na^+). Juntos, compõem 85,6% de todas as substâncias dissolvidas e dão à água do mar a sua característica mais marcante – o gosto salgado, ou **salinidade**, uma medida da quantidade total de sólidos dissolvidos. Em média, 1 kg (1.000 g) de água do mar contém 35 g de sólidos dissolvidos ou 35 partes por mil, simbolizados como 35‰. Em mar aberto, a salinidade varia de 32‰ a 37‰, embora em alguns mares marginais, especialmente em áreas secas – áreas quentes, quase isoladas do oceano aberto –, os valores possam exceder 40‰.

O escoamento dos continentes, fonte da maioria dos elementos químicos na água do mar, acrescenta cerca de 4 bilhões de toneladas de sólidos dissolvidos nos oceanos a cada ano. Outra fonte é a *desgaseificação*, na qual os gases do interior da Terra são liberados para os oceanos e para a atmosfera por vulcões ou fontes hidrotermais de mar profundo (veja a Figura 2.7).

Em qualquer caso, os oceanos são salgados há, pelo menos, 1,5 bilhão de anos, mas a salinidade da

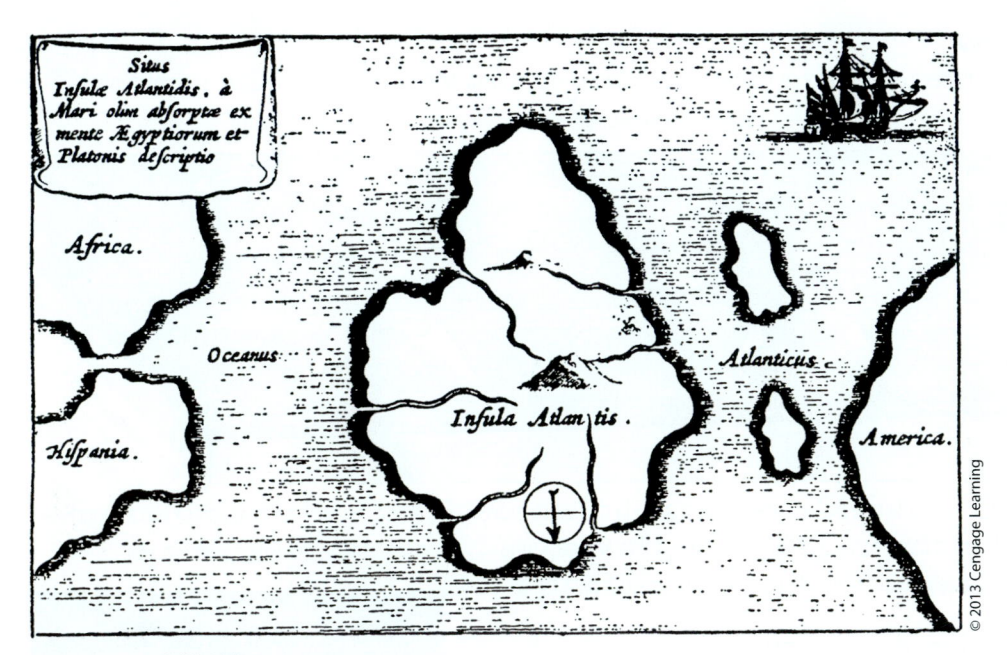

Figura 15.2 Atlântida
Segundo Platão, Atlântida era um continente a oeste das Colunas de Hércules, o agora chamado Estreito de Gibraltar. Nesse mapa de *Mundus Subterraneous de Athanasius Kircher* (1664), o norte está na parte inferior do mapa. O Estreito de Gibraltar é a área estreita entre a Hispania (Espanha) e a África.

> **zona fótica** Camada de água oceânica iluminada pelo Sol onde as plantas fazem a fotossíntese.
>
> **zona afótica** Camada de água oceânica onde a luz solar não penetra.
>
> **efeito de Coriolis** Aparente deflexão antecipada do curso de um objeto em movimento por causa da rotação da Terra. Os ventos e as correntes oceânicas são desviados no sentido horário no hemisfério norte e, anti-horário no hemisfério sul.
>
> **giro** Sistema de correntes oceânicas que gira no sentido horário no hemisfério norte e, no anti-horário no hemisfério sul.

água do mar mantém-se bastante constante em razão da reciclagem contínua de íons. Caso contrário, a água do mar ficaria mais salgada com o tempo. Desse modo, a água do mar está em estado de equilíbrio dinâmico, o que significa que as adições são compensadas pelas perdas. Os íons são removidos da água do mar quando evaporitos são precipitados (NaCl e $CaCO_4 \cdot 2H_2O$, sal e gesso respectivamente), quando o sal é soprado em terra, quando o magnésio é utilizado na formação de dolomita e argila, e quando os organismos usam cálcio ou sílica para construir suas conchas.

Com base na intensidade decrescente de luz com a profundidade, os cientistas definem duas camadas nos oceanos: a camada superior, chamada **zona fótica**, é, geralmente, de 100 m ou menos de profundidade e recebe luz suficiente para que organismos façam a fotossíntese. Abaixo dela está a **zona afótica**, em que pouquíssima luz está disponível para a fotossíntese e a maioria dos organismos depende direta ou indiretamente das substâncias orgânicas que "chovem" da zona fótica para baixo.

Circulação oceânica

À medida que o vento sopra sobre uma superfície de água, parte da sua energia é transferida para a água, gerando correntes superficiais e ondas. A Figura 15.1 mostra os padrões globais atuais de água de superfície média durante longo tempo. Observe que, no hemisfério norte, as correntes de superfície são desviadas para a direita (sentido horário) de sua direção de movimento, e no hemisfério sul, elas são desviadas para a esquerda (sentido anti-horário) de sua direção de movimento. Essa deflexão é o **efeito de Coriolis**, que resulta da rotação da Terra. A combinação do vento e do efeito de Coriolis produz sistemas de circulação de água em grande escala, conhecidos como **giros**, entre os paralelos de 60 graus nos oceanos Atlântico, Pacífico e Índico (Figura 15.1). Uma das correntes oceânicas mais conhecidas é a *Corrente do Golfo*, que é, na verdade, parte do giro do Atlântico Norte.

Giros são importantes como um controle de temperatura do mundo, pois a água do mar perto do equador absorve enormes quantidades de calor e as transporta em correntes quentes para latitudes altas. As correntes frias originam-se em altas latitudes e fluem em direção ao equador. Na verdade, essa é a razão pela qual alguns países do norte, como a Escócia, têm climas amenos. Em compensação, a corrente fria ao longo dos litorais norte e central da Califórnia mantém temperaturas mais baixas nessa região, ao contrário de outras partes interiores do estado.

Figura 15.3 A evolução dos recifes de coral

A origem de um recife de franja, de um recife de barreira e de um atol conforme a placa sobre a qual o recife de franja é carregado para águas mais profundas.

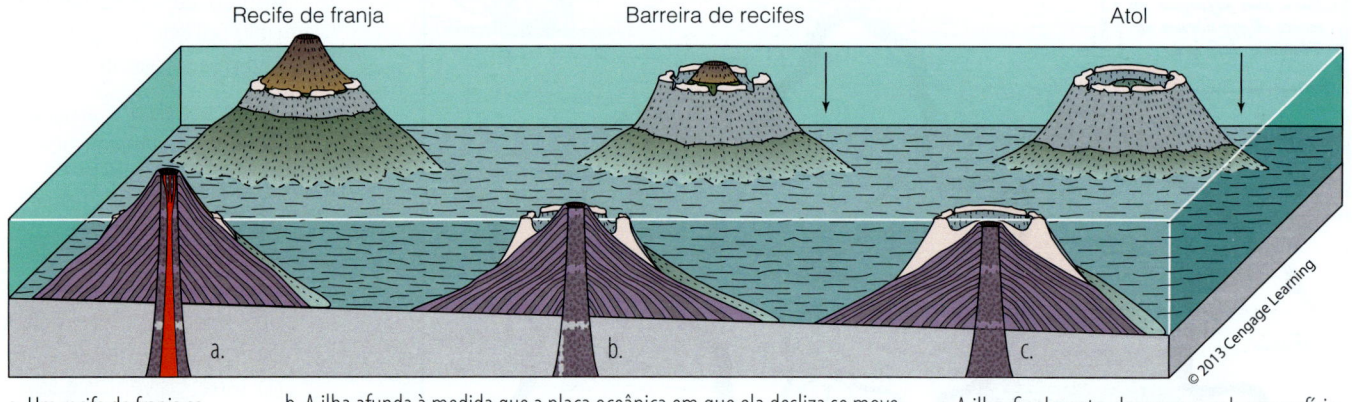

Recife de franja — Barreira de recifes — Atol

a. Um recife de franja se forma ao redor de uma ilha nos trópicos.

b. A ilha afunda à medida que a placa oceânica em que ela desliza se move para longe de um centro de propagação. Nesse caso, a ilha afunda a uma taxa mais lenta que os organismos de coral podem construir para cima.

c. A ilha, finalmente, desaparece sob a superfície, mas o coral permanece, como um atol.

d. Visão subaquática de um recife de coral em mar tropical.

ressurgência
Circulação lenta de água do oceano da profundidade para a superfície.

subsidência
Transferência lenta da água de superfície do oceano para a profundidade.

argila pelágica
Sedimento de mar profundo, vermelho ou marrom, composto por partículas do tamanho de argila.

ooze Sedimento de mar profundo, composto principalmente de conchas de animais e plantas marinhos.

Além das correntes de superfície, a circulação horizontal da água também ocorre nas bacias oceânicas profundas em razão das diferenças de temperatura e de densidade das massas de água adjacentes. O fato é que uma massa de água de maior densidade (mais fria ou mais salgada) vai se deslocar e fluir abaixo de uma massa de água de menor densidade. A circulação profunda no oceano afeta cerca de 90% de toda a sua água, mas estudá-la é caro e demorado. Por isso os cientistas sabem menos sobre ela do que sobre outros padrões de circulação.

A circulação vertical ocorre nos oceanos quando a **ressurgência** transfere lentamente a água fria profunda para a superfície e quando a **subsidência** carrega a água quente da superfície para a profundidade. A ressurgência é, de longe, o processo mais importante, porque, à medida que transfere água para cima, também carrega nutrientes, em especial nitratos e fosfatos, para a zona fótica. Isso permite altas concentrações de plâncton, que, por sua vez, sustentam outros organismos. De fato, menos de 1% da superfície do oceano está em regiões de ressurgência. Contudo, elas suportam mais de 50% em peso de todos os peixes. Além disso, a maioria das rochas sedimentares da Terra que contêm fosfato foi depositada ao longo das margens continentais, onde ocorre a ressurgência.

Sedimentos do fundo do mar

Grande parte do sedimento erodido dos continentes é depositada nas margens continentais, mas algumas partículas, principalmente silte e argila, são transportadas para as bacias oceânicas profundas. A maior parte desses sedimentos do fundo do mar é pelágica, o que significa que se estabeleceu a partir de suspensão, longe da terra. A **argila pelágica** é marrom ou vermelha e composta, principalmente, de partículas do tamanho de argila, enquanto o **ooze** é constituído pelas pequenas conchas de organismos marinhos. Se o ooze for dominado por esqueletos de carbonato de cálcio ($CaCO_3$), trata-se de *ooze calcário*, mas se a maioria dos esqueletos for de sílica (SiO_2), trata-se de *ooze silicoso*.

CAPÍTULO 15: OCEANOS, COSTAS E PROCESSOS COSTEIROS

Lembre-se, *litoral* difere de *costa*: costa é um termo mais abrangente, que inclui o litoral, mas também uma faixa de largura indefinida que avança da linha litorânea tanto em direção ao mar quanto em direção à terra. Por exemplo, além do litoral, uma costa abrange bancos de areia e ilhas próximos à costa e áreas em terra, como dunas de areia formadas pelo vento, pântanos e falésias.

O termo **recife** tem muitos significados, mas aqui trataremos daqueles definidos como estruturas montanhosas, resistentes a ondas, compostas de conchas de organismos marinhos (Figura 15.3). Embora comumente chamados *recifes de coral*, eles, na verdade, têm uma estrutura sólida de esqueletos de corais e moluscos e de organismos incrustantes, como esponjas e algas. A maioria dos recifes é encontrada em mares tropicais, nos quais a temperatura da água não cai abaixo de cerca de 20°C, e raramente em profundidades de mais de 50 m, já que muitos corais dependem de algas simbióticas, e estas precisam de bastante luz solar para a fotossíntese.

Os recifes, em sua maioria, são classificados como franja, barreira e atol. *Recifes de franja* têm até 1 km de largura, são solidamente ligados a uma massa de terra, têm uma superfície áspera e plana e seu lado marinho

recife Estrutura resistente à onda, semelhante a um montículo, composta por esqueletos de organismos.

Figura 15.4 Litorais e costas
O litoral desta parte da Costa do Pacífico, nos Estados Unidos, consiste da área a partir de onde as ondas quebram, na base das falésias. No entanto, a costa se estende para o mar e também inclui as falésias e uma área a alguma distância em direção ao interior.

> **maré** Flutuação regular da superfície do mar em resposta à atração gravitacional da Lua e do Sol.

inclina-se acentuadamente para o fundo do mar. Os *recifes de barreira* são semelhantes, exceto por uma lagoa que os separa do continente; um bom exemplo é a Grande Barreira de Corais da Austrália, com 2.000 km de comprimento. Os *atóis* são recifes circulares ou ovais, que circundam uma lagoa. Eles se formam ao redor de ilhas vulcânicas que desaparecem progressivamente abaixo do nível do mar, à medida que a placa litosférica na qual estão situados é rebaixada. Conforme ocorre esse rebaixamento, os organismos construtores de recifes crescem para cima, de modo que a parte viva do recife permanece em águas rasas (Figura 15.3).

OA2 LITORAIS E PROCESSOS LITORÂNEOS

Já definimos *litoral oceânico* (ou *praia*) como a faixa de terra entre a maré baixa e o nível mais alto alcançado por ondas de tempestade em terra firme. Em que sentido um litoral difere de uma costa? Na verdade, os termos costumam ser utilizados indistintamente, mas *costa* é um termo mais abrangente, que engloba o litoral, bem como uma faixa de largura indefinida em direção ao mar e em direção à terra (Figura 15.4). Nossa principal preocupação aqui é com as marés, as correntes perto da costa e as ondas, ou seja, com os processos que modificam o litoral.

No reino marinho, vários processos químicos, biológicos e físicos operam continuamente. Por exemplo, os organismos alteram a química local da água do mar e contribuem com seus esqueletos para a sedimentação costeira. No entanto, os processos mais importantes para modificar os litorais são aqueles puramente físicos, em especial as marés, as ondas e as correntes de perto da costa.

Marés

A superfície dos oceanos sobe e desce duas vezes por dia, em resposta à atração gravitacional da Lua e do Sol. Essa flutuação regular na superfície do oceano, ou **maré**, faz com que a maioria das praias tenha diariamente duas marés altas e duas marés baixas, à medida que o nível do mar sobe e desce. Isso pode variar de alguns centímetros a mais de 15 m (Figura 15.5). Um ciclo completo de marés inclui uma *maré enchente*, que cobre progressivamente uma área perto da costa, até que a maré alta é atingida, seguida de uma *maré vazante*, durante a qual a área perto da costa é novamente exposta (Figura 15.5).

Tanto a Lua quanto o Sol têm atração gravitacional suficiente para exercer forças geradoras de marés fortes, o bastante para deformar o corpo sólido da litosfera, mas a influência é muito maior sobre os

a. Maré baixa.

b. Maré alta.

Figura 15.5 Marés baixas e altas
Maré baixa (a) e maré alta (b) no braço Turnagain, parte da enseada de Cook, no Alasca. Aqui, a amplitude das marés é de cerca de 10 m. O braço Turnagain é um enorme fiorde, que agora está sendo preenchido com sedimentos que os rios transportam até ele. Observe o lodaçal em (a).

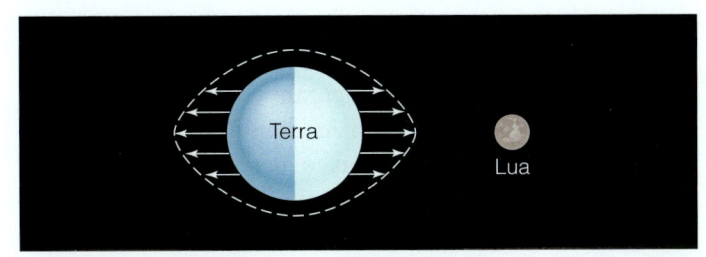

Figura 15.6 Protuberâncias de maré
A atração gravitacional da Lua e do Sol provoca as marés. As dimensões das protuberâncias das marés estão muito exageradas.

a. Protuberância da maré, se apenas a Lua a tiver causado.

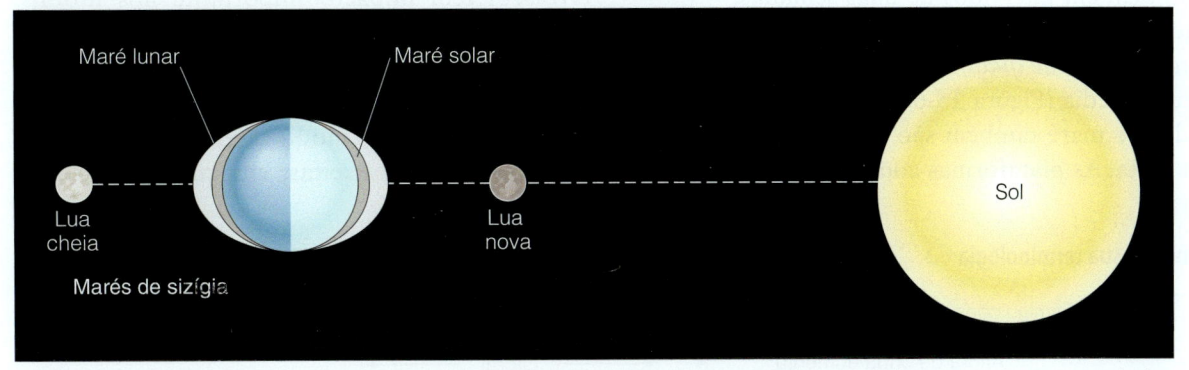

b. Quando a Lua é nova ou cheia, as marés solares e lunares reforçam-se mutuamente, causando as marés de sizígia — as maiores marés altas e as menores marés baixas.

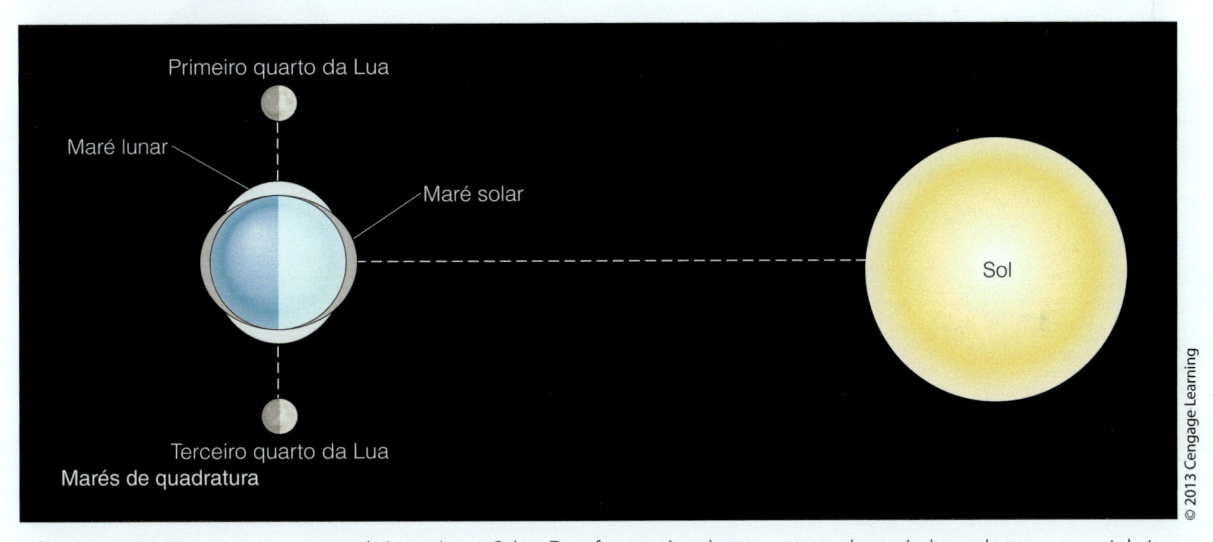

c. Durante o primeiro e o terceiro quartos da Lua, a Lua, o Sol e a Terra formam ângulos retos, causando marés de quadratura — as mais baixas das marés altas e mais altas das marés baixas.

oceanos. O Sol é 27 milhões de vezes mais maciço que a Lua, mas é 390 vezes mais distante da Terra, e sua força geradora de maré é apenas 46% tão forte quanto a da Lua. Assim, as marés são dominadas pela Lua, apesar do papel importante do Sol.

Se considerarmos somente a Lua agindo em uma Terra esférica coberta de água, as suas forças geradoras de maré produzem duas protuberâncias na superfície do oceano (Figura 15.6): uma aponta para a Lua, porque é do lado da Terra em que a atração gravitacional da Lua é maior, e outra do lado oposto da Terra, aponta para longe da Lua. Essa situação decorre da força centrífuga em razão da rotação da Terra (Figura 15.6a). Assim, à medida que a Terra gira, e a posição da Lua muda, um observador, em um local litorâneo particular, experimenta o aumento e a queda rítmicos das marés duas vezes por dia, mas as alturas das duas marés altas sucessivas podem variar, dependendo da inclinação da Lua em relação ao equador.

A Lua gira em torno da Terra a cada 28 dias, por isso, sua posição, no que diz respeito a qualquer latitude, muda um pouco a cada dia. Isto é, à medida que a Lua se move em sua órbita, e a Terra gira no próprio eixo, a Lua leva 50 minutos a mais a cada dia para voltar à mesma posição em que estava no dia anterior. Assim, um observador experimentaria uma maré alta à 1 hora da tarde em um dia, por exemplo, e à 1h50 da tarde no dia seguinte.

Quando a Lua e o Sol estão alinhados, a cada duas semanas, suas forças somadas geram *marés de sizígia*, que são cerca de 20% maiores do que as marés médias (Figura 15.6b). Quando a Lua e o Sol estão em ângulos retos entre si, também em intervalos de duas semanas, a força do Sol geradora de maré cancela parte da força da Lua e ocorrem as *marés de quadratura*, que são cerca de 20% inferiores à média (Figura 15.6c).

As amplitudes de maré também são afetadas pela configuração da costa. As plataformas continentais largas, ligeiramente inclinadas, como no Golfo do México, têm amplitudes de maré baixas, enquanto costas íngremes, irregulares, experimentam subidas e descidas muito maiores das marés. As amplitudes de maré são maiores em algumas baías e enseadas estreitas, em forma de funil. A baía de Fundy, na Nova Escócia, tem uma faixa de maré de 16,5 m, e faixas maiores que 10 m ocorrem em muitas outras áreas.

As marés têm impacto importante nos litorais, porque a área de ataque da onda muda constantemente no litoral e em alto-mar, à medida que as marés sobem e descem. As próprias correntes de maré, no entanto, têm pouco efeito modificador na orla costeira, exceto em passagens estreitas, em que a velocidade

Figura 15.7 Ondas e sua terminologia

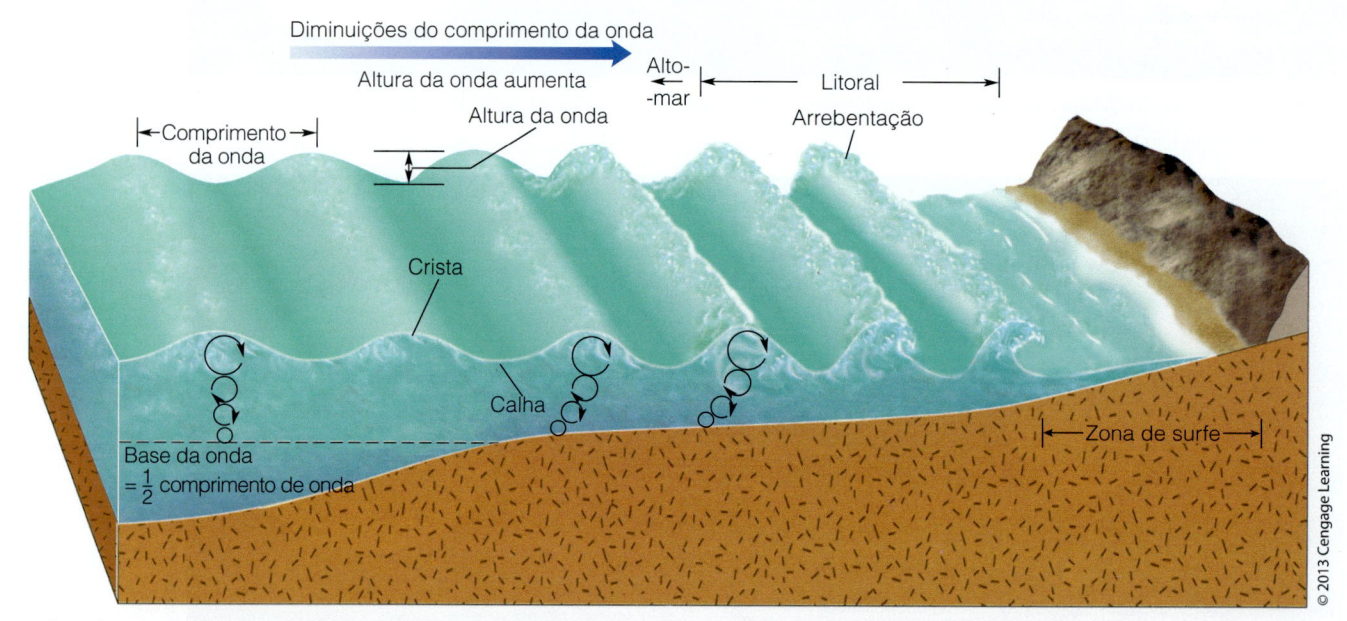

a. As ondas e a terminologia aplicada a elas. Observe que as ondulações são interrompidas quando encontram água mais rasa que a da base da onda e formam a arrebentação.

b. Uma arrebentação mergulhando na costa norte de Oahu, no Havaí.

c. Uma arrebentação espalhando-se, em Cadiz, Espanha.

da corrente da maré seja grande o suficiente para corroer e transportar sedimentos.

Ondas

Você pode ver **ondas** ou oscilações de uma superfície de água em todos os corpos de água, porém elas são mais desenvolvidas nos oceanos. Na verdade, as ondas são, direta ou indiretamente, responsáveis pela maior parte da erosão, do transporte de sedimentos e da deposição ao longo das costas. A terminologia das ondas está ilustrada na Figura 15.7a. Uma *crista*, como esperado, é a parte mais alta de uma onda, enquanto a área de baixa entre as cristas é uma *calha*. A distância de crista a crista (ou de calha a calha) é o *comprimento da onda*, e a distância vertical entre a calha e a crista é a *altura da onda*. Você pode calcular a velocidade na qual uma onda avança, chamada *celeridade* (C), pela fórmula

$$C = L/T$$

em que L é o comprimento de onda e T é o período de onda, isto é, o tempo que leva para duas cristas de ondas sucessivas, ou calhas, passarem por determinado ponto.

A velocidade de avanço da onda (C) é, na verdade, uma medida da velocidade da forma de onda, em vez da velocidade das moléculas de água na onda. Quando as ondas se movem através de uma superfície de água, esta se move em órbitas circulares, mas mostra pouco ou nenhum movimento líquido para a frente (Figura 15.7a). Apenas a forma de onda se move para a frente e, conforme o faz, ela transfere a energia na direção do movimento da onda.

Os diâmetros das órbitas que a água segue em ondas diminuem rapidamente com a profundidade, e a uma profundidade de cerca de metade do comprimento de onda (L/2), chamada **base da onda**, eles são, essencialmente, zero. Assim, em uma profundidade maior que a da base da onda, a água e o fundo do mar, ou do lago, não são afetados por ondas de superfície (Figura 15.7a).

Geração de onda
A maioria dos trabalhos geológicos na orla costeira é realizada por ondas geradas pelo vento, especialmente ondas de tempestade. Quando o vento sopra sobre a água, isto é, um fluido (ar) se move sobre outro fluido (água), a fricção entre os dois transfere a energia para a água, fazendo sua superfície oscilar.

Em áreas em que as ondas são geradas, como embaixo do centro de uma tempestade no mar, desenvolvem-se ondas com cristas agudas e irregulares,

> **onda** Ondulação na superfície de um corpo de água com subidas e descidas em sua superfície.
>
> **base da onda** Profundidade que corresponde a cerca de metade do comprimento de onda, abaixo da qual a água não é afetada por ondas de superfície.

> Sob algumas circunstâncias, duas cristas de onda se fundem para formar ondas turbulentas, que são três ou quatro vezes mais elevadas que a média. Essas ondas podem subir inesperadamente para fora de um mar relativamente calmo e ameaçar até mesmo os maiores navios. Durante as duas últimas décadas, mais de 200 superpetroleiros e navios porta-contêineres foram perdidos no mar, muitos deles aparentemente atingidos por essas ondas enormes. Ainda recentemente, em 16 de abril de 2005, o navio de cruzeiro norueguês Dawn foi danificado por uma onda gigantesca de 21 m de altura, que inundou mais de 60 cabines e feriu quatro passageiros.

alcance Distância que o vento sopra sobre uma superfície contínua de água.

arrebentação Onda que se inclina quando entra em águas rasas até que sua crista mergulha para a frente.

chamadas *vagalhões*. Os vagalhões têm várias alturas e vários comprimentos, e não se pode distinguir facilmente uma onda da outra. No entanto, à medida que os vagalhões se movem para fora da sua área de geração, eles são classificados em *largas ondulações* com longas cristas arredondadas, e todas praticamente do mesmo tamanho (Figura 15.7a).

Quanto mais intenso e mais duradouro o vento, maiores são as ondas, mas estes não são os únicos fatores que controlam o tamanho das ondas. Um vento de alta velocidade soprando sobre um pequeno lago nunca gerará grandes ondas, não importa por quanto tempo ele sopre. Na verdade, as ondas em lagoas e na maioria dos lagos aparecem apenas quando o vento está soprando. Em contrapartida, a superfície do oceano está sempre em movimento, e ondas com alturas de 34 m foram registradas durante tempestades em mar aberto.

A razão para a disparidade entre os tamanhos de onda em lagoas e lagos e em oceanos é o **alcance**, que é a distância que o vento sopra sobre uma superfície de água contínua. Então, em lagoas e lagos o alcance corresponde ao comprimento ou à largura deles, dependendo da direção do vento. Para produzir ondas de maior comprimento e altura, mais energia deve ser transferida do vento para a água; por isso, grandes ondas se formam debaixo de grandes tempestades no mar.

Ondas de água rasa e de arrebentação
Ondulações que se deslocam para fora de uma área de geração de ondas perdem pouca energia à medida que viajam longas distâncias através do oceano. Nessas ondulações em águas profundas, a superfície da água oscila e a água se move em órbitas circulares, mas pouco deslocamento líquido da água ocorre na direção da viagem da onda (Figura 15.7a). Evidentemente, o vento sopra um pouco de água das cristas das ondas, formando assim ondas com cristas brancas espumosas, e as correntes de superfície transportam a água por grandes distâncias, mas as ondas de águas profundas realizam pouco movimento real da água. No entanto, quando essas ondas entram em águas progressivamente mais rasas, sua forma muda e a água é deslocada na direção em que elas avançam.

À medida que entram em águas rasas, as ondulantes e largas ondas de águas profundas transformam-se em ondas com crista aguda. Essa transformação começa em uma profundidade de água correspondente à base da onda, ou seja, a metade do comprimento de onda (Figura 15.7a). Nesse ponto, as ondas "sentem" o solo marítimo, e o movimento orbital da água em seu interior é interrompido. Conforme as ondas continuam a se mover em direção à praia, a sua velocidade de avanço e o seu comprimento diminuem, mas a sua altura aumenta. Assim, à medida que entram em águas rasas, as ondas se tornam mais acentuadas conforme a sua crista avança mais depressa que a forma de onda, e, finalmente, a crista mergulha para a frente, como uma **arrebentação** (Figura 15.7b). Ondas muito fortes podem ser várias vezes mais elevadas que as suas homólogas em águas profundas e, quando quebram, elas descarregam a sua energia cinética no litoral.

As ondas que acabamos de descrever são as de *arrebentação de mergulho* clássicas (Figura 15.7b), que batem

Figura 15.8 Refração de onda

As ondas são refratadas à medida que entram em águas rasas, mas, mesmo assim, elas costumam vir em um ângulo para o litoral.

na orla costeira com declives íngremes no mar, como aquelas na costa norte de Oahu, nas ilhas havaianas. Em compensação, litorais em que a encosta marítima é mais suave costumam ter *arrebentação de espalhamento*, nas quais as ondas se formam lentamente e sua crista se espalha abaixo da frente da onda (Figura 15.7c).

Correntes próximas da costa

A área que se estende para o mar, do limite superior da linha da costa, para apenas além da área de quebra das ondas é, convenientemente, designada como *zona próxima da costa*. Dentro da zona próxima da costa estão a zona de arrebentação e uma zona de surfe, em que a água das ondas que quebram corre para a frente e, então, flui em direção ao mar, como refluxo. A largura da zona próxima da costa varia, dependendo do comprimento das ondas que se aproximam, porque as ondas longas quebram a uma profundidade maior e, portanto, mais longe no mar que as ondas curtas. As ondas de entrada são responsáveis por dois tipos de corrente na zona próxima da costa: *correntes longitudinais* e *correntes de retorno*.

Refração de onda e correntes de deriva litorânea

As ondas de águas profundas têm cristas longas e contínuas, mas estas raramente são paralelas à linha costeira (Figura 15.8). Em outras palavras, raras vezes elas se aproximam frontalmente de uma costa, mas sim em algum ângulo. Assim, uma parte de uma onda entra na água rasa, onde ela encontra a sua base e começa a quebrar antes de suas outras partes. À medida que uma onda começa a quebrar, sua velocidade diminui, mas a parte dela que ainda está em águas profundas corre à frente, até se encontrar com a base da onda. O efeito líquido dessa abordagem oblíqua é que as ondas se dobram de modo que ficam quase paralelas à linha da costa – um fenômeno conhecido como **refração de onda** (Figura 15.8).

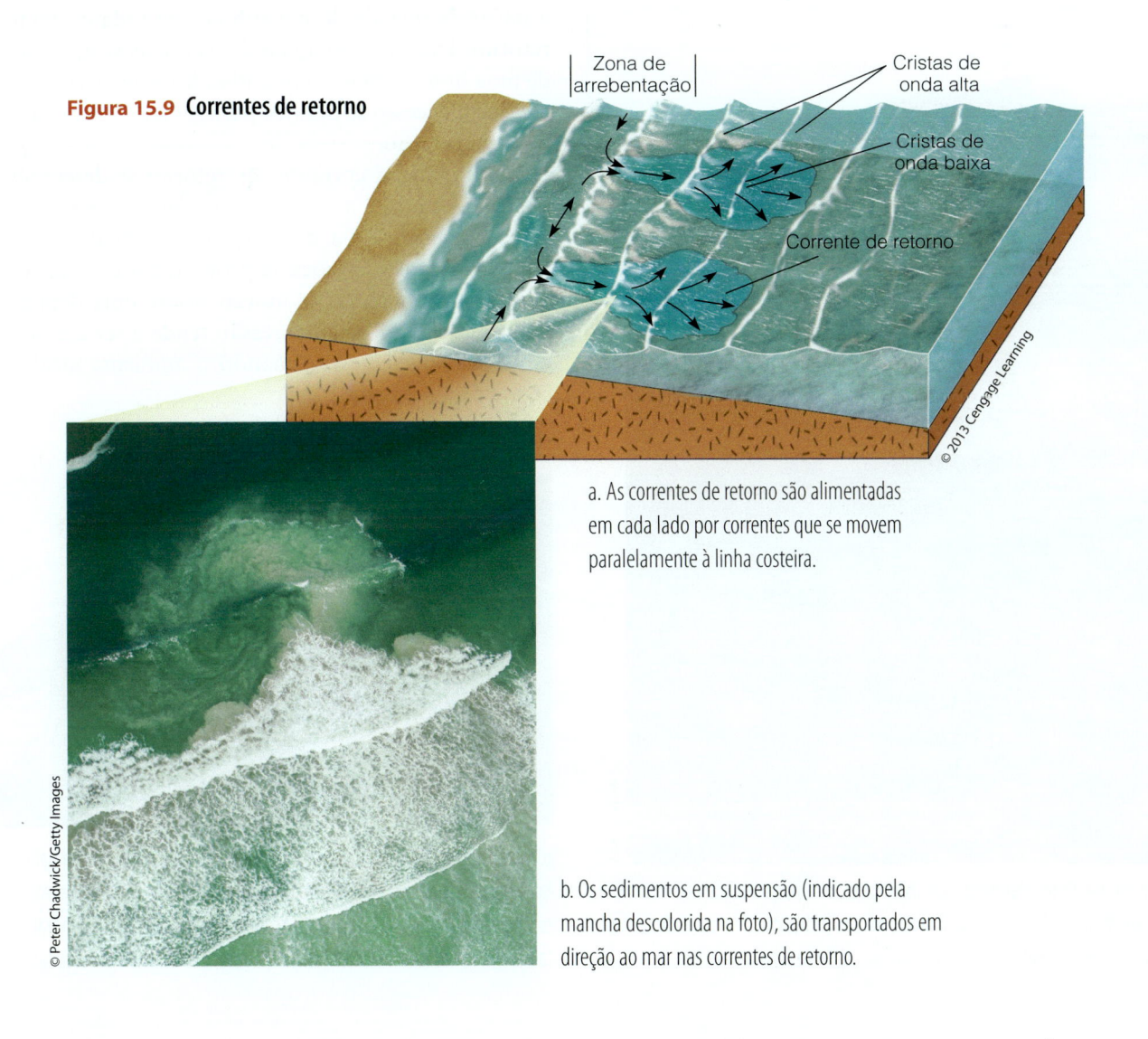

> **refração de onda**
> Curvatura das ondas para movimentação quase paralela à costa.

Figura 15.9 Correntes de retorno

a. As correntes de retorno são alimentadas em cada lado por correntes que se movem paralelamente à linha costeira.

b. Os sedimentos em suspensão (indicado pela mancha descolorida na foto), são transportados em direção ao mar nas correntes de retorno.

corrente longitudinal
Corrente resultante de refração de onda encontrada entre a zona de arrebentação e uma praia que flui paralela à costa.

corrente de retorno
Corrente de superfície estreita que flui para o mar através da zona de arrebentação.

Embora as ondas sejam refratadas, elas ainda chegam a atingir a costa em algum ângulo, fazendo que a água entre a zona de arrebentação e a praia flua paralelamente à costa. Essas **correntes longitudinais**, como são chamadas, são longas e estreitas e fluem na mesma direção geral das ondas que se aproximam. E elas são particularmente importantes para o transporte e o depósito de sedimentos na zona próxima da costa.

Correntes de retorno

As ondas levam água para a zona próxima da costa, então deve haver um mecanismo para a transferir a massa de água de volta para o mar. Uma maneira pela qual a água se move para o mar a partir da zona próxima da costa é em **correntes de retorno**, que são correntes de superfície estreitas que fluem para o mar através da zona de arrebentação (Figura 15.9). Os surfistas, frequentemente, tiram proveito das correntes de retorno para um passeio fácil para além da zona de arrebentação, mas essas correntes representam um perigo para nadadores inexperientes. Como algumas delas fluem a vários quilômetros por hora, se um nadador estiver preso em uma, será inútil tentar nadar diretamente de volta à costa; em vez disso, como as correntes de retorno são estreitas e, em geral, quase perpendiculares à costa, é possível nadar paralelamente à costa por uma curta distância e, então, virar em direção à costa com pouca dificuldade.

As correntes de retorno são células alimentadas por correntes ao longo da costa, cuja velocidade aumenta a partir da metade do caminho entre cada corrente de retorno (Figura 15.9). Quando as ondas se aproximam de uma linha costeira, a quantidade de água se acumula até que o excesso se desloca para o mar através da zona de arrebentação.

Em geral, as correntes de retorno se desenvolvem em locais em que a altura das ondas é menor que em áreas adjacentes, e a diferença da altura das ondas é controlada por variações na profundidade da água. Por exemplo, se as ondas se movem sobre uma depressão, a altura delas sobre a depressão tende a ser menor que em áreas adjacentes, formando o ambiente ideal para correntes de retorno.

Figura 15.10 Erosão de onda por abrasão e ação hidráulica

a. As rochas na parte inferior desta imagem, em uma pequena ilha no mar da Irlanda, foram aplainadas por abrasão, mas as rochas mais acima estão fora do alcance das ondas.

b. A ação hidráulica e a abrasão rebaixaram essas falésias perto da baía Bodega, na Califórnia. A erosão foi particularmente intensa durante as tempestades de fevereiro de 1998. As tentativas de estabilizar o litoral falharam; as casas não existem mais e, agora, outras estão ameaçadas.

Figura 15.11 Origem de uma plataforma de corte de onda

a. A erosão das ondas faz uma falésia recuar, deixando uma superfície levemente inclinada, chamada plataforma de corte de onda. Uma plataforma construída por onda origina-se por deposição na margem de mar da plataforma de corte de onda.

b. Essa superfície levemente inclinada ao longo da costa de Oregon é uma plataforma de corte de onda. Observe os pilares marinhos acima da plataforma.

OA3 EROSÃO E DEPOSIÇÃO COSTEIRA

Erosão e deposição por ondas e correntes próximas da costa são responsáveis por muitas características litorâneas interessantes, como rochas de mar, arcos, praias e línguas, todos eles facilmente reconhecíveis.

Erosão e plataformas de corte de onda

Em muitas linhas costeiras, a erosão cria encostas íngremes ou verticais, conhecidas como *falésias*. Durante as tempestades, as falésias são trituradas por ondas (ação hidráulica), desgastadas pelo impacto de areia e cascalho (abrasão) (Figura 15.10) e corroídas pela dissolução, que envolve a ação solvente da água do mar.

A tremenda energia das ondas concentra-se nas partes inferiores das falésias e tem maior efeito sobre aquelas compostas por rochas sedimentares ou altamente fraturadas. Em qualquer caso, a consequência é a erosão da falésia e o recuo da face do penhasco.

Como as falésias são escavadas por ação hidráulica e abrasão em suas bases, suas partes superiores ficam sem apoio e suscetíveis ao desmonte. Assim, pouco a pouco as falésias recuam e, nesse processo, superfícies chanfradas, chamadas **plataformas de corte de onda**, que se inclinam suavemente em direção ao mar, se desenvolvem (Figura 15.11a). Largas plataformas de corte de onda são comuns em muitas áreas, mas, invariavelmente, a água sobre elas é pouco profunda, porque a ação abrasiva de aplainamento das ondas é eficaz até uma profundidade de apenas cerca de 10 m (Figura 15.11b). O sedimento erodido das falésias é transportado em direção ao mar e depositado como uma *plataforma construída por onda*, que é uma extensão da plataforma de corte de onda em direção ao mar (Figura 15.11a). Se uma plataforma de corte de onda se eleva acima do nível do mar, passa a ser chamada **terraço marinho**.

Grutas, abóbodas e chaminés marinhas

As falésias não recuam uniformemente, porque alguns materiais da linha costeira são mais resistentes à erosão do que outros. **Promontórios** são partes da linha costeira projetadas para o mar, as quais são erodidas em ambos os lados por refração de ondas (Figura 15.12). *Grutas marinhas* se formam em lados opostos de um promontório

plataforma de corte onda Superfície chanfrada que desce suavemente em direção ao mar; formada pela erosão e pelo recuo de uma falésia.

terraço marinho Plataforma de corte de onda, agora, acima do nível do mar.

promontório Parte de uma linha costeira, comumente delimitada por falésias, que se estende para o mar ou para um lago.

Figura 15.12 Erosão de um promontório

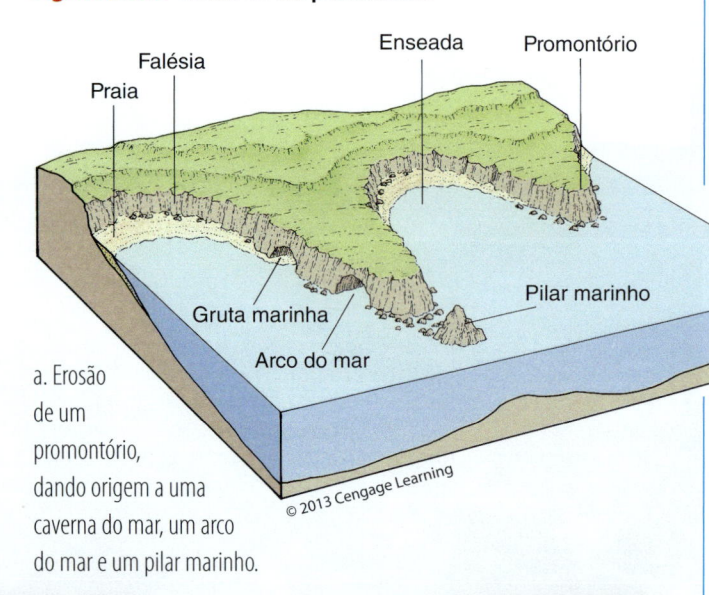

a. Erosão de um promontório, dando origem a uma caverna do mar, um arco do mar e um pilar marinho.

b. Um arco do mar no Parque Estadual Samuel H. Boardman, no Oregon

c. Pilares marinhos na praia Ruby, no Parque Nacional Olympic, em Washington.

e, quando se juntam, formam um *arco do mar* (Figura 15.12b). A erosão continuada faz o espaço de um arco ruir, criando *pilares marinhos* isolados em plataformas de corte de onda (Figura 15.12c).

No longo prazo, os processos costeiros tendem a endireitar uma linha costeira inicialmente irregular. A refração de onda faz que mais energia das ondas seja gasta em promontórios e menos em enseadas. Assim, os promontórios são erodidos e parte do sedimento formado pela erosão é depositada nas enseadas.

Mencionamos que as correntes costeiras são eficazes no transporte de sedimentos. De fato, podemos pensar na área que vai da zona de arrebentação até o limite superior da zona de surfe como um "rio" que corre ao longo da costa. Ao contrário dos rios em terra, a direção do fluxo da linha costeira desse rio muda, dependendo da direção da qual as ondas se aproximem. A analogia, porém, é apropriada, e assim como os rios em terra, a capacidade de uma corrente litorânea para o transporte varia de acordo com a velocidade do fluxo e a profundidade da água.

A refração das ondas e as correntes longitudinais resultantes são os principais agentes de transporte e de deposição de sedimentos nos litorais, mas as marés também desempenham um papel, porque, à medida que sobem e descem, a posição de ataque da onda se desloca para a terra e para o mar. As correntes de retorno não desempenham nenhum papel na deposição da linha costeira, mas transportam sedimentos de grão fino (silte e argila) no mar através da zona de arrebentação.

Praias

Por definição, uma **praia** é um depósito não consolidado de sedimentos, que se estende em direção à terra da maré baixa para uma mudança na topografia, como uma linha de dunas de areia ou uma falésia, ou para o ponto em que começa a vegetação permanente. Em geral, uma praia tem vários componentes (Figura 15.13a), incluindo uma pós-praia, que costuma ser seca e coberta pela água somente durante tempestades ou marés excepcionalmente altas. A *pós-praia* consiste em um ou mais acostamentos, ou plataformas compostas de sedimentos depositados por ondas. Esses acostamentos podem ser quase horizontais ou suavemente inclinados em direção à terra. A área em declive embaixo de um acostamento que fica exposta ao espraiamento das ondas é a face da praia. A *face da praia* é parte do *mangue*,

Figura 15.13 Praias

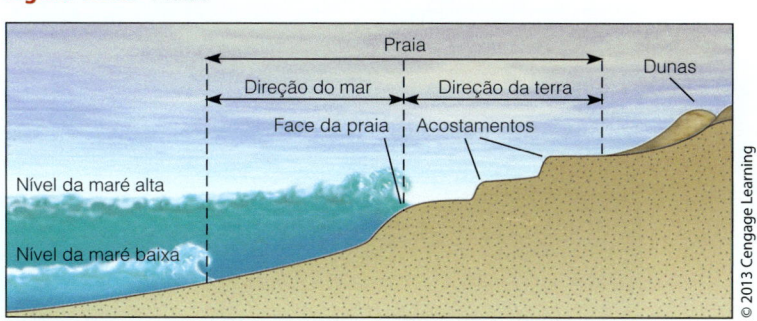

a. Diagrama de uma praia em que se vê as partes que a compõe.

b. O grande costão da Carolina do Sul, mostrado aqui na praia Myrtle, tem 100 km de praia quase contínua.

c. Uma praia de bolso perto de Seal Rock, no Oregon.

isto é, uma área coberta por água durante a maré alta, mas exposta durante a maré baixa.

Dependendo dos materiais da costa e da intensidade das ondas, as praias podem ser descontínuas, existindo apenas como *praias de bolso* em áreas protegidas, como enseadas, ou podem ser contínuas por longas distâncias (Figuras 15.13b, c). Alguns dos sedimentos nas praias são derivados do intemperismo e da erosão das ondas na linha de costa, mas a maior parte deles é transportada para a costa por correntes e redistribuída por correntes longitudinais. Conforme observamos anteriormente, as ondas costumam atingir as praias em algum ângulo, fazendo os grãos de areia subir na face da praia em um ângulo similar; no entanto, à medida que, no refluxo, a areia é carregada em direção ao mar, ela se move perpendicularmente ao eixo longo da praia. Assim, cada grão de areia, separadamente, move-se em um padrão de ziguezague na direção das correntes longitudinais. Esse movimento não se restringe à praia, mas estende-se em direção ao mar, até a borda exterior da zona de arrebentação.

O quartzo é o mineral mais comum na maioria das areias de praia, mas há algumas exceções notáveis. Por exemplo, as praias de areia preta do Havaí são compostas de fragmentos de basalto ou pequenos grãos de vidro vulcânico, e algumas praias da Flórida são compostas de conchas fragmentadas de organismos marinhos. Em suma, as praias são compostas por qualquer material disponível.

> **praia** Qualquer depósito de sedimentos que se estende em direção à terra da maré baixa para uma mudança na topografia ou para onde começa a vegetação permanente.

EROSÃO E DEPOSIÇÃO COSTEIRA

Figura 15.14 Restingas, barreiras de baía e tômbolos

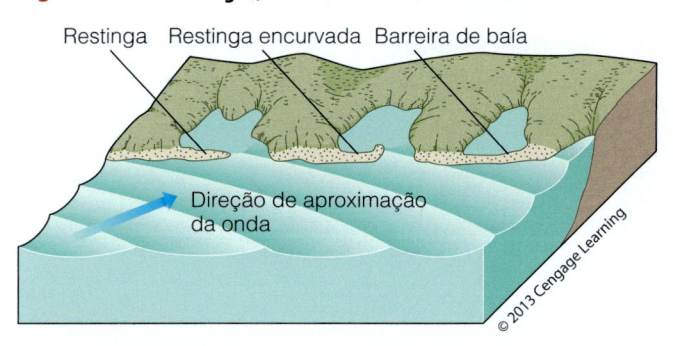

a. Restingas se formam onde as correntes longitudinais depositam areia em águas mais profundas, como na entrada de uma baía. Uma barreira de baía é simplesmente uma restinga que cresceu até se estender através da entrada de uma baía.

b. Uma restinga na boca do rio Russian, próximo de Jenner, na Califórnia.

c. A praia Rodeo, ao norte de São Francisco, na Califórnia, é uma barreira de baía.

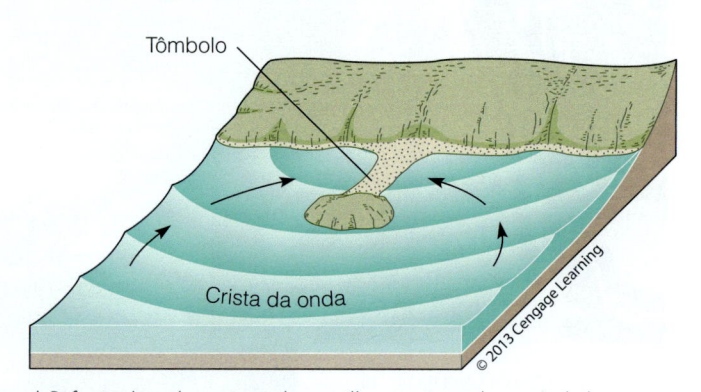

d. Refração de onda em torno de uma ilha e a origem de um tômbolo.

Em uma tentativa de ampliar uma praia ou prevenir a erosão, os moradores da linha costeira costumam construir um *quebra-mar*, ou seja, estrutura que se projeta da costa em direção ao mar, em ângulo reto. O quebra-mar interrompe o fluxo das correntes de deriva litorânea, causando deposição de areia em seus lados de corrente acima e ampliação da praia naquele local. No entanto, a erosão ocorre inevitavelmente no lado da corrente abaixo de um quebra-mar.

Mudanças sazonais em praias

Os grãos soltos nas praias são constantemente movidos pelas ondas, mas a configuração geral de uma praia permanece inalterada, desde que as condições de equilíbrio persistam. Podemos considerar um perfil de praia constituído por um acostamento, ou por acostamentos, e uma face da praia como um perfil de equilíbrio, ou seja, aquele em que todas as partes da praia são ajustadas às condições prevalecentes de intensidade de ondas, de correntes perto da costa e de materiais que compõem a praia (Figura 15.13).

Marés e correntes de deriva litorânea afetam a configuração das praias em algum grau, mas as ondas de tempestade são, de longe, o mais importante agente que modifica seu perfil de equilíbrio. Em muitas áreas, os perfis de praia mudam de acordo com as estações; assim, identificamos *praias de verão* e *praias de inverno*, cada uma das quais ajustada às condições prevalecentes em cada um desses momentos. Praias de verão são cobertas de areia e têm amplo acostamento, uma face de praia levemente inclinada e um perfil suave no mar. Já as praias de inverno tendem a ser mais íngremes e de granulação mais grosseira, têm um pequeno acostamento, ou mesmo nenhum, e seus perfis no mar revelam bancos de areia paralelos à linha costeira.

As mudanças sazonais nos perfis de praia estão relacionadas à mudança de intensidade das ondas. Durante

Figura 15.15 Ilhas de barreiras
Vista espacial das ilhas de barreiras ao longo da costa do Golfo do Texas. Observe que uma laguna de até 20 km de largura separa as longas e estreitas ilhas de barreiras do continente.

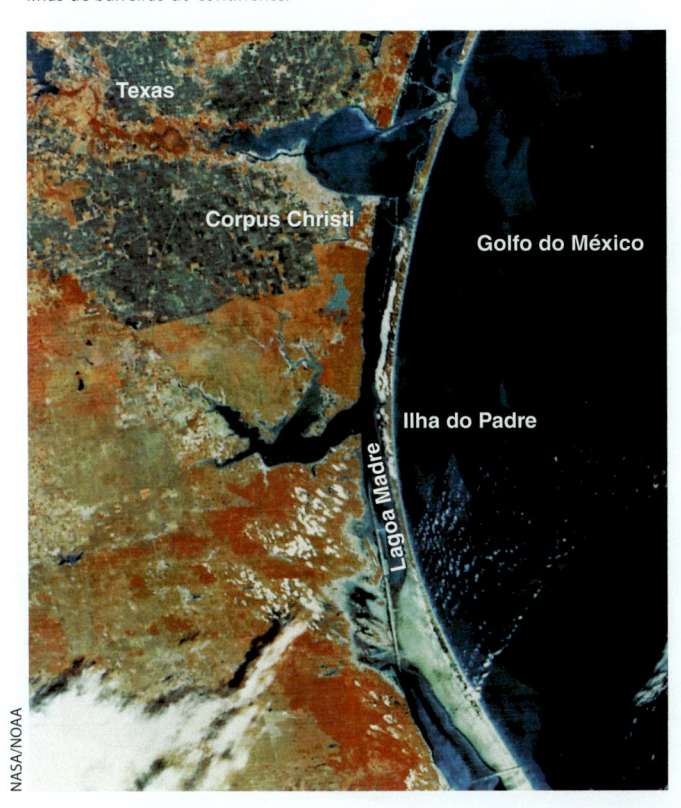

o inverno, as energéticas ondas de tempestade corroem a areia das praias e a transportam para o mar, onde ela é armazenada em bancos de areia. E a mesma areia que foi erodida de uma praia durante o inverno retorna no próximo verão, quando é conduzida para a terra por ondas mais suaves. O volume de areia no sistema permanece mais ou menos constante; ele apenas se move mais para o mar ou para a terra, dependendo da energia das ondas.

Os termos *praia de inverno* e *praia de verão*, embora amplamente utilizados, são um pouco enganadores. Um perfil de praia de inverno pode se desenvolver a qualquer momento, se houver uma grande tempestade, assim como uma de praia de verão pode se desenvolver durante um período de calma de um inverno prolongado.

Restingas, barreiras de baías e tômbolos

As praias são as características de deposição mais familiares das costas, mas restingas, barreiras de baías e tômbolos também são comuns. Na verdade, essas características são simplesmente continuações de uma praia. Uma **restinga**, por exemplo, é uma projeção similar a um dedo de uma praia em um corpo de água, assim como uma baía, e uma **barreira de baía** é uma restinga que cresceu até fechar completamente uma baía de mar aberto (Figura 15.14). Ambas são compostas de areia, mais raramente de cascalho, que foi transportada e depositada por correntes longitudinais no ponto em que elas enfraqueceram quando entraram na água mais profunda da abertura de uma baía. Algumas restingas são modificadas por ondas, de modo que suas extremidades livres são curvas; elas respondem pelo nome de *gancho* ou *restinga recurvada* (Figura 15.14a).

Um **tômbolo** é um tipo de península que se estende para fora da costa, em direção a uma ilha (Figura 15.14d). Ele se forma no lado voltado para a praia de uma ilha, à medida que a refração das ondas ao redor desta cria correntes convergentes que giram em direção ao mar e depositam um banco de areia.

Penínsulas e barreiras de baía constituem um problema contínuo em locais em que as baías precisam ser mantidas abertas para navegação, seja de recreio, seja comercial, ou ambas. Obviamente, uma baía fechada por um banco de areia é de pouca utilidade para qualquer empreendimento, por isso baías devem ser dragadas regularmente ou protegidas da deposição por correntes longitudinais.

Ilhas de barreiras

As longas e estreitas ilhas de areia situadas a pouca distância do continente são **ilhas de barreiras** (Figura 15.15). É sabido que ilhas de barreiras se formam nas camadas levemente inclinadas de projeção continental, nas quais há disponibilidade de areia em abundância e em que tanto a energia das ondas quanto a amplitude das marés são baixas, por isso, muitas delas localizam-se ao longo das costas do Atlântico e do Golfo dos Estados Unidos. Embora se conheça bem onde as ilhas de barreiras se formam, os detalhes de sua origem ainda estão por resolver. De acordo com um modelo, elas se formaram como

> **restinga** Projeção similar a um dedo de uma praia em um corpo de água, como uma baía.
>
> **barreira de baía** Restinga que cresceu até fechar uma baía de mar aberto ou lago.
>
> **tômbolo** Tipo de península que se estende para fora da costa, e une o continente a uma ilha.
>
> **Ilha de barreira** Ilha longa e estreita de areia, paralela a uma linha costeira, mas separada do continente por uma laguna.

ENTRADAS V⁺ Sedimento adicionado pela erosão, pelo transporte longitudinal na praia
SAÍDAS   V⁻ Sedimento transportado costa abaixo, a partir da praia, por transporte longitudinal
          W⁻ Sedimento soprado pelo vento em direção à terra
          O⁻ Sedimento em cascata para baixo na inclinação submarina
PRAIA ESTÁVEL: $(V^+) + (V^- + W^- + O^-) = 0$

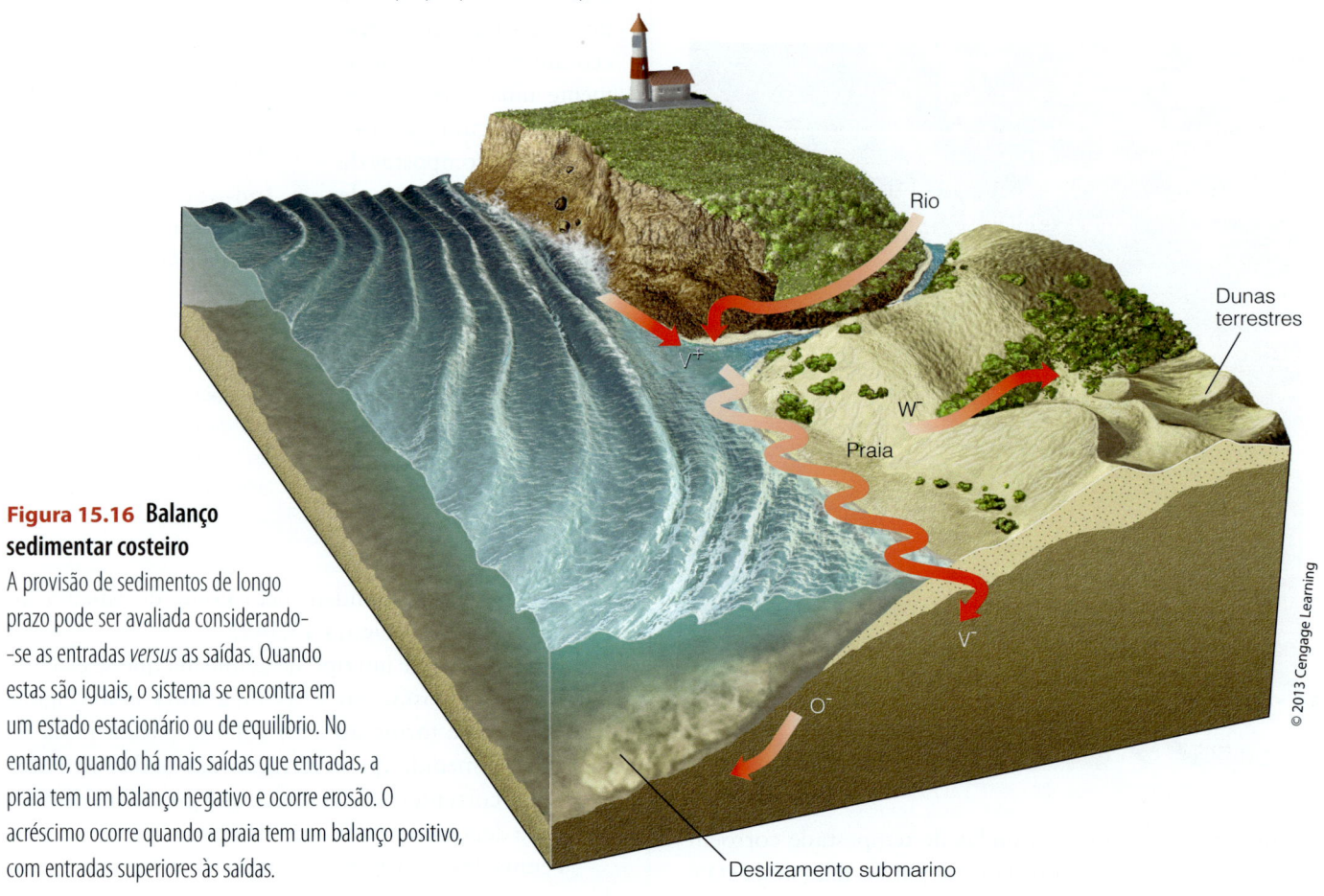

Figura 15.16 Balanço sedimentar costeiro
A provisão de sedimentos de longo prazo pode ser avaliada considerando-se as entradas *versus* as saídas. Quando estas são iguais, o sistema se encontra em um estado estacionário ou de equilíbrio. No entanto, quando há mais saídas que entradas, a praia tem um balanço negativo e ocorre erosão. O acréscimo ocorre quando a praia tem um balanço positivo, com entradas superiores às saídas.

balanço sedimentar costeiro Equilíbrio entre as adições e as perdas de sedimentos na zona costeira.

restingas que se separaram da terra. Já outro modelo sustenta que elas se formaram como cristas de praia que, posteriormente, diminuíram.

A maioria das ilhas de barreiras está migrando em direção à terra, como resultado da erosão em seus lados voltados para o mar e da deposição em seus lados voltados para a terra. Essa migração é parte natural da evolução de ilhas de barreiras e acontece bem lentamente, mas depressa o suficiente para causar muitos problemas para residentes da ilha e comunidades.

O balanço sedimentar costeiro

Ganhos e perdas de sedimentos na zona próxima da costa podem ser pensados em termos de um **balanço sedimentar costeiro** (Figura 15.16). Se um sistema próximo da costa tem um balanço equilibrado, o sedimento é fornecido tão depressa quanto é removido, e seu volume permanece mais ou menos constante, embora, com a mudança das estações, a areia possa mudar do alto-mar para a costa. Um *balanço positivo* significa que os ganhos excedem as perdas, ao passo que um *balanço negativo* significa que as perdas excedem os ganhos. Se um balanço negativo prevalecer por tempo suficiente, um sistema próximo da costa se esgotará e as praias poderão desaparecer.

Embora haja algumas exceções, a maioria dos sedimentos nas praias é transportada para a costa por correntes fluviais e, depois, redistribuída ao longo da costa por correntes longitudinais. Assim, as correntes de deriva litorânea desempenham um papel no balanço de sedimentos próximo da costa, porque movem continuamente os sedimentos para dentro e para fora dos sistemas de praia.

Figura 15.17 Costas submersas e emergentes

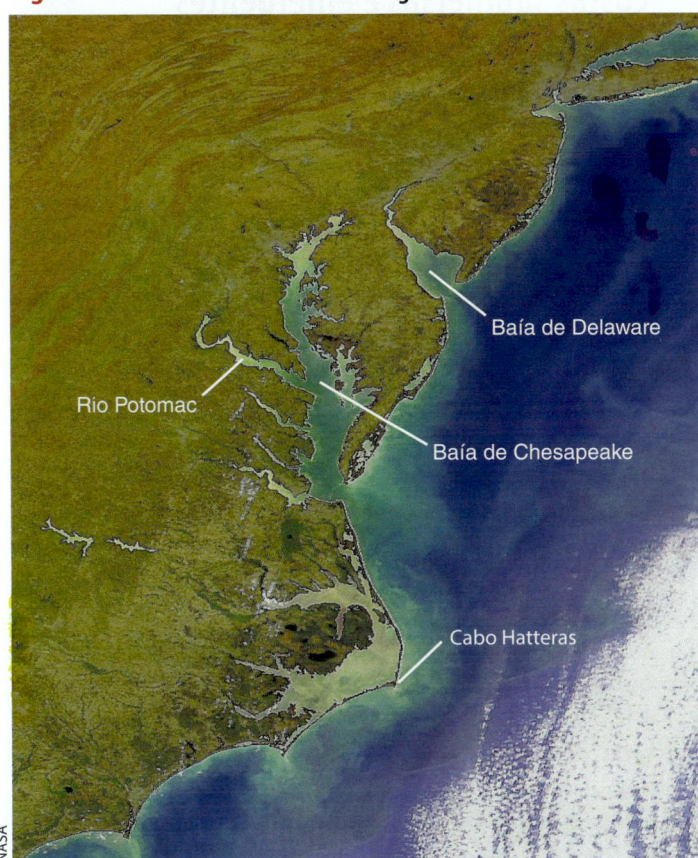

a. As costas submersas tendem a ser extremamente irregulares, com estuários, como as baías de Chesapeake e Delaware. Elas se formaram quando a costa leste dos Estados Unidos foi inundada, à medida que o nível do mar subiu, após a Época do Pleistoceno.

b. As costas emergentes tendem a ser íngremes e mais retas que as submersas. Observe as várias pilhas do mar e o arco do mar. Além disso, um terraço marinho é visível a distância.

As principais formas pelas quais um sistema próximo da costa perde sedimentos são transporte para alto-mar, vento e deposição em desfiladeiros submarinos. O transporte para alto-mar envolve, na maioria das vezes, sedimentos de grão fino levados para o mar, onde, por fim, instalam-se em águas mais profundas. O vento é um processo importante, porque remove a areia das praias e a sopra para o interior, onde ela se acumula como dunas de areia.

Quando cabeceiras de desfiladeiros submarinos se encontram perto da costa, enormes quantidades de areia são canalizadas para elas e depositadas em águas mais profundas. Os desfiladeiros submarinos La Jolla e Scripps, ao largo da costa do sul da Califórnia, canalizam um número estimado de 2.000.000 m³ de areia a cada ano. Na maioria das áreas, no entanto, os desfiladeiros submarinos estão muito longe da costa para interromper o fluxo de areia na zona próxima à costa.

Com base nessa discussão, deve ter ficado claro que, se um sistema próximo da costa estiver em equilíbrio, sua alimentação de entrada de sedimentos compensará exatamente suas perdas. E esse equilíbrio tão delicado tende a continuar, a menos que o sistema seja, de alguma forma, perturbado. Uma mudança capaz de afetar esse equilíbrio é a construção de barreiras entre as correntes que fornecem areia – quando se constroem barreiras, todo o sedimento do curso superior dos sistemas de drenagem fica preso em reservatórios e, portanto, não pode alcançar a costa.

OA4 TIPOS DE COSTA

As costas são difíceis de ser classificadas em razão de variações nos fatores que controlam seu desenvolvimento e de variações em sua composição e configuração. Em vez de tentar categorizar todas as costas, vamos apenas lembrar que já discutimos dois tipos de costa: as dominadas pela deposição e as dominadas pela erosão.

costa submersa Costa ao longo da qual o nível do mar emerge em relação à terra ou a terra submerge.

costa emergente Costa em que a terra emergiu em relação ao nível do mar.

Além disso, examinaremos as costas quanto à sua relação de mudança com o nível do mar. Observe, porém, que, embora algumas costas, como as da Califórnia do Sul, sejam classificadas como emergentes (elevadas), elas também podem ser erosivas. Em outras palavras, as costas costumam possuir características que lhes permitem ter mais de uma classificação.

Costas de deposição e de erosão

As costas de deposição, como grande parte das costas do Atlântico e do Golfo, caracterizam-se por sedimentos de detritos em abundância e por formas de relevo deposicional, como amplas praias, deltas e ilhas de barreira arenosas (Figura 15.13b). Em compensação, as costas erosivas são íngremes e irregulares, não costumam ter praias bem desenvolvidas, exceto em áreas protegidas, e, ainda, caracterizam-se por falésias, plataformas de corte de onda e pilhas de mar. Muitas das costas ao longo da costa oeste da América do Norte enquadram-se nessa categoria (Figura 15.13c).

Costas submersas e emergentes

Quando o nível do mar sobe em relação à terra ou a terra submerge, as regiões costeiras são inundadas e chamadas de **costas submersas** ou *costas afogadas* (Figura 15.17a). Grande parte da costa leste da América do Norte, do Maine em direção ao sul, através da Carolina do Sul, foi inundada durante a ascensão do nível do mar, após a Época do Pleistoceno, por isso é extremamente irregular. Lembre-se de que durante a expansão das geleiras, no Pleistoceno, o nível do mar era cerca de 130 m mais baixo que atualmente e que os rios erodiram seus vales mais profundamente e se estenderam através da plataforma continental. Quando o nível do mar subiu, as extremidades inferiores desses vales foram afogadas, formando *estuários*, como as baías de Delaware e Chesapeake (Figura 15.17a). Estuários nada mais são que as extremidades marítimas dos vales de rios, onde a água do mar e a água doce se misturam.

As **costas emergentes** encontram-se em locais em que a terra subiu em relação ao nível do mar (Figura 15.17b). A emergência ocorre quando a água é retirada dos oceanos, como ocorreu durante a expansão das geleiras no Pleistoceno. Atualmente, as costas estão emergindo como resultado da isostasia ou do tectonismo. Nos países escandinavos e do nordeste do Canadá, por exemplo, as costas são irregulares porque o rebote isostático está elevando o terreno anteriormente glaciado do fundo do mar.

Figura 15.18 Construção do paredão
A construção desse dique para proteger Galveston, no Texas, das ondas de tempestade começou em 1902. Observe que a parede é curvada, para desviar as ondas para cima.

OA5 OS PERIGOS DE VIVER AO LONGO DE UMA LINHA COSTEIRA

Riscos existem onde quer que vivamos. Os habitantes das grandes planícies preocupam-se com tempestades violentas, enquanto quem vive perto de falhas ou de vulcões ativos deve ter ciência desses perigos potenciais. Da mesma forma, viver ao longo de uma linha costeira apresenta alguns riscos, e os mais óbvios são as ondas de tempestade e as inundações costeiras, especialmente durante os furacões. O vento forte também é perigoso, mas a maioria das fatalidades durante os furacões resulta das inundações costeiras.

Figura 15.19 Furacão Katrina, 2005

a. Embora muitas áreas tenham sido duramente atingidas pelo Katrina, Nova Orleans foi extensivamente inundada quando os diques construídos para proteger a cidade, do lago Pontchartrain ao rio Mississippi, falharam.

b. Destruição causada pelo vagalhão do furacão Katrina. Esta imagem mostra um homem em Biloxi, Mississippi, tentando encontrar sua casa.

Figura 15.20 Migração de ilha de barreira

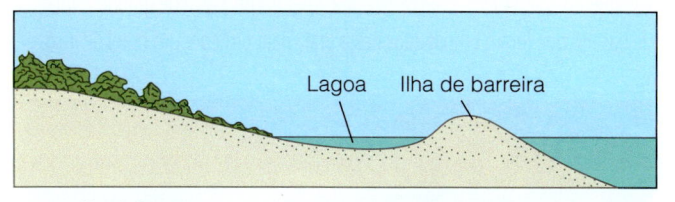

a. Uma ilha de barreira.

b. Uma ilha de barreira migra em direção à terra conforme o nível do mar aumenta e as ondas de tempestade levam a areia em direção à lagoa.

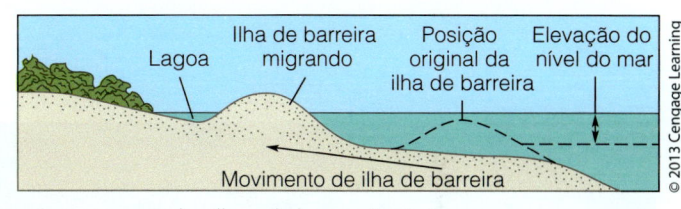

c. Com o tempo, toda a ilha se desloca em direção à terra.

Ondas de tempestade e inundação costeira

Inundações costeiras ocorrem quando grandes ondas são conduzidas para a terra por furacões e chuvas fortes, de cerca 60 cm em menos de 24 horas. Além disso, à medida que um furacão se move sobre o oceano, a baixa pressão atmosférica provoca na superfície do oceano uma protuberância de mais ou menos 0,5 m. Quando o olho da tempestade atinge o litoral, a protuberância, juntamente com as ondas geradas pelo vento, acumula-se em um **vagalhão**, que pode subir vários metros acima do nível da maré alta normal e inundar áreas muito longe da costa.

Em 1900, ondas impulsionadas por um furacão subiram para a terra, cobriram toda a ilha em que estava Galveston, no Texas, e, como resultado, entre 6 mil e 8 mil pessoas morreram. À medida que as ondas invadiram a cidade, edifícios perto da costa foram destruídos e "grandes vigas c dormentes ferroviários foram levantados por elas [ondas] e lançados como aríetes contra as moradias e casas comerciais".* Em um esforço para proteger a cidade de tempestades futuras, um enorme paredão foi construído, e toda a cidade foi elevada ao nível do topo dele (Figura 15.18).

O paredão tem protegido Galveston em grande parte dos mais recentes vagalhões, mas o mesmo não acontece em outras áreas. Em 2003, inundações costeiras em larga escala ocorreram quando o furacão Isabel atingiu Outer Banks, da Carolina do Norte. Em 2004, a Florida foi atingida por quatro furacões, cujos ventos e inundações costeiras causaram danos generalizados. Em 2005, a Costa do Golfo dos Estados Unidos foi a mais

> **vagalhão** Impacto de água sobre uma linha costeira como resultado de uma protuberância na superfície do oceano, abaixo do olho de um furacão, e de ondas geradas pelo vento.

---

* L. W. Bates, Jr., "Galveston – A City Built upon Sand", *Scientific American*, 95 (1906), p. 64.

Figura 15.21 Enrocamento e acostamento de areia
À esquerda da imagem observa-se enrocamento composto de grandes blocos de basalto que foram empilhados nesta praia para proteger um hotel de luxo.

duramente atingida; pela primeira vez em agosto, pelo furacão Katrina, e, depois em setembro, pelo furacão Rita. Quando o Katrina rugiu em terra, em 29 de agosto de 2005, ventos fortes, um enorme vagalhão e inundações costeiras destruíram quase tudo em uma área de 230.000 km². Gulfport e Biloxi, no Mississippi, foram arrasadas, em sua maior parte, mas a atenção do público foi mais focada em Nova Orleans, em Louisiana (Figura 15.19).

Quando o furacão Katrina veio em direção à terra, os diques, inicialmente, seguraram-no, mas, no dia seguinte, algumas de suas paredes se romperam e cerca de 80% da cidade foi inundada. Como a maior parte de Nova Orleans fica abaixo do nível do mar, as águas não foram drenadas naturalmente. Na verdade, a cidade tem 22 estações de bombeamento para drenar a água que se acumula de tempestades normais, mas como a

Figura 15.22 Vazamento de petróleo da Deepwater Horizon
A plataforma de perfuração Deepwater Horizon, um pouco antes de ela ter afundado no Golfo do México, em 22 de abril de 2010.

cidade inundou, as bombas ficaram sobrecarregadas, e quando a eletricidade falhou, elas pararam de funcionar. Ao todo, o furacão Katrina foi o desastre natural mais caro da história dos Estados Unidos. Os prejuízos materiais ultrapassaram 100 bilhões de dólares, e mais de 1.800 pessoas morreram, principalmente em Louisiana. Em setembro, o furacão Rita atingiu a Costa do Golfo, principalmente no Texas, e causou cerca de 120 mortes e mais cerca de 12 bilhões de dólares em prejuízos.

Como as áreas costeiras são gerenciadas à medida que sobe o nível do mar?

Durante o último século, o nível do mar subiu cerca de 12 cm em todo o mundo, e todas as indicações são de que continuará a subir. A taxa absoluta de aumento do nível do mar em uma região costeira depende de dois fatores: o primeiro é o volume de água nas bacias oceânicas, que está aumentando como resultado da fusão do gelo glacial e da expansão térmica da água do mar perto da superfície, e o segundo é a taxa de elevação ou de afundamento de uma área costeira.

Em alguns locais, a elevação da área costeira tem ocorrido depressa o suficiente para que o nível do mar caia em relação à terra; em outras, o nível do mar está subindo, enquanto a região costeira está, simultaneamente, abaixando, disso resultando uma alteração líquida no nível do mar de até 30 cm por século. Talvez uma taxa tão "lenta" de mudanças do nível do mar pareça insignificante; afinal de contas, isso equivale a apenas alguns milímetros por ano. Todavia, em áreas costeiras de declive suave, como no leste dos Estados Unidos, de New Jersey em direção ao sul, mesmo um ligeiro aumento do nível do mar terá efeitos generalizados.

Muitas das cerca de 300 ilhas de barreiras ao longo das costas leste e do Golfo dos Estados Unidos estão migrando em direção à terra à medida que o nível do mar sobe (Figura 15.20). Essa migração, porém, teria pouco impacto se não houvesse numerosas comunidades, *resorts* e casas de veraneio localizados sobre as ilhas. Além disso, as ilhas de barreiras não são as únicas áreas ameaçadas. Por exemplo, as zonas úmidas costeiras da Louisiana, um importante hábitat de vida selvagem e área produtora de frutos do mar, estão atualmente sendo perdidas a uma taxa de cerca de 90 km^2 por ano. Muito dessa perda resulta da compactação de sedimentos, mas a subida do nível do mar agrava o problema.

A elevação do nível do mar também ameaça diretamente muitas praias das quais as comunidades dependem para a sua renda. A praia de Miami Beach, na Flórida, por exemplo, estava desaparecendo a um ritmo alarmante, até que o Corpo de Engenheiros do Exército começou a substituir a areia erodida da praia. E o problema pode ser ainda mais grave em outros países: uma elevação do nível do mar de apenas 2 m inundaria grandes áreas das costas leste e do Golfo dos Estados Unidos, mas, em Bangladesh, cobriria 20% de todo o país. Outros problemas associados à subida do nível do mar incluem aumento das inundações costeiras durante tempestades e incursões de água salgada, que podem ameaçar fontes de água subterrânea.

Blindar os litorais com *paredões* ou usar *enrocamento* (pilhas de pedras, figura 15.21) ajuda a proteger as estruturas à beira-mar, mas ambos os projetos são inicialmente caros e, durante as grandes tempestades, acabam sendo danificados ou destruídos. Paredões proporcionam alguma proteção e podem ser vistos em muitas zonas costeiras ao longo dos oceanos e de grandes lagos, mas alguns estados, incluindo Carolina do Sul e do Norte, Rhode Island, Oregon e Maine, já não permitem a sua construção.

Como não podemos fazer nada para impedir que o nível do mar suba, engenheiros, cientistas, administradores e líderes políticos devem examinar o que podem fazer para evitar ou minimizar os efeitos da erosão da costa. Atualmente, existem apenas algumas opções viáveis, e uma delas é estabelecer controles rígidos sobre o desenvolvimento costeiro. Na Carolina do Norte, por exemplo, grandes estruturas próximas à costa só podem ser construídas a uma distância a partir de 60 vezes a taxa anual de erosão. Embora a crescente consciência dos processos costeiros tenha resultado uma legislação semelhante em outros lugares, alguns estados não impõem praticamente nenhuma restrição ao desenvolvimento costeiro.

OA6 RECURSOS OCEÂNICOS

A água do mar contém muitos elementos em solução, os mais comuns são o sódio (Na) e o cloro (Cl), que são extraídos para o sal por evaporação ou por mineração de depósitos de sal. Grande parte do magnésio do mundo vem da água do mar, e vários outros elementos e compostos são extraídos dela.

Os Estados Unidos, por proclamação presidencial emitida em 1983, reivindicam direitos de soberania sobre uma área designada como zona de economia exclusiva (**Exclusive Economic Zone – EEZ**), que se estende para o mar por 200 milhas náuticas (371 km). Muitas outras nações fazem reivindicações semelhantes. Recursos dentro da EEZ dos Estados Unidos incluem areia e cascalho para construção, e cerca de 34% de toda a produção de petróleo dos Estados Unidos vem de poços perfurados na plataforma continental. A sonda de perfuração Deepwater Horizon, que afundou no Golfo do México, cerca de 66 km da costa de Louisiana, era uma plataforma de alto-mar semissubmersível, equipada para operar em águas de 2.100 metros de profundidade. Infelizmente, em 20 de abril de 2010, quando estava perfurando em 1.524 m de água, a plataforma explodiu, matando 11 trabalhadores e dando início ao maior vazamento de petróleo na história da indústria petrolífera (Figura 15.22).

Outros recursos na EEZ dos Estados Unidos incluem objetos esféricos, chamados nódulos de manganês, que são compostos de óxidos de manganês e de ferro, bem como cobre, níquel e cobalto. Outro recurso importante encontrado em depósitos marinhos rasos é a rocha sedimentar rica em fosfato, conhecida como *fosforito*; ela é usada em fertilizantes químicos e suplementos alimentares para animais, bem como em fósforos, metalurgia, alimentos em conserva e cerâmicas.

Um recurso potencial na EEZ é o hidrato de metano, composto de moléculas de metano simples, ligadas em redes formadas por água congelada. Também encontrado em solos permanentemente congelados (permafrost), o hidrato de metano é estável em profundidades de água de mais de 500 m e temperaturas de quase congelamento. Nesses depósitos, de acordo com uma estimativa, a quantidade de carbono atinge o dobro do carbono existente em todo carvão, petróleo e gás natural; no entanto, não se sabe se o hidrato de metano pode ser efetivamente recuperado e utilizado como fonte de energia. Outro fator a ser avaliado é que o volume de hidrato de metano é de cerca de 3 mil vezes mais do que na atmosfera, e o metano é dez vezes mais eficaz do que o dióxido de carbono como um gás de efeito estufa.

Em algumas localidades costeiras, uma barragem pode ser construída através de uma entrada, a fim de regular o fluxo da água na direção da terra durante as marés cheias e liberar a água em direção ao mar na maré vazante. Nesse processo, assim como em usinas hidrelétricas, a água em movimento produz eletricidade pela rotação de turbinas ligadas a geradores. Infelizmente, não há muitos locais costeiros adequados para usinas de energia das marés; além disso, o custo inicial dessas instalações é alto e elas podem ter efeitos desastrosos sobre a ecologia dos estuários.

16 Tempo geológico: conceitos e princípios

Grand Canyon, Arizona. O major John Wesley Powell liderou, em 1869 e 1871, duas expedições no rio Colorado e através do desfiladeiro. Ele ficou impressionado pelo tempo, aparentemente ilimitado, representado pelas rochas expostas nas paredes do desfiladeiro e pelo reconhecimento de que essas camadas de rocha, como as páginas de um livro, contêm a história geológica da região.

Introdução

"Vastos períodos de tempo diferenciam a geologia da maioria das outras ciências."

Em 1869, o major John Wesley Powell, veterano da Guerra Civil que perdeu o braço direito na batalha de Shiloh, liderou um grupo de exploradores na descida pelo inexplorado rio Colorado, através do Grand Canyon. Sem mapas nem outras informações, Powell e seu grupo percorreram as muitas corredeiras do rio Colorado em frágeis barcos de madeira, gravando às pressas o que viam. Em seu diário, Powell escreveu que "tudo à minha volta são registros geológicos interessantes. O livro está aberto e eu o leio conforme passo.". Ninguém, provavelmente, contribuiu tanto para a compreensão do Grand Canyon como o major Powell. Em reconhecimento à sua contribuição, em 1969, para comemorar o 100º aniversário dessa primeira expedição que fez história, foi erguido o Memorial Powell na borda sul do Grand Canyon.

Objetivos de Aprendizagem (OA)

Ao finalizar este capítulo você será capaz de:

- **OA1** Explicar como o tempo geológico é medido
- **OA2** Revisar os conceitos iniciais do tempo geológico e da idade da Terra
- **OA3** Compreender a contribuição de James Hutton ao reconhecimento do tempo geológico
- **OA4** Descrever os métodos de datação relativa e aplicá-los para decifrar a história geológica de uma área
- **OA5** Explicar o processo de correlação das unidades de rocha
- **OA6** Explicar os métodos de datação absoluta
- **OA7** Descrever o desenvolvimento da escala do tempo geológico
- **OA8** Descrever e compreender os métodos utilizados para determinar a cronologia das mudanças climáticas

Assim como Powell e seus companheiros exploradores em 1869, maioria dos turistas de hoje se espanta com o tempo aparentemente ilimitado representado pelas rochas expostas nas paredes do Grand Canyon (veja a *Viagem de Campo*, neste capítulo). Para a maioria dos visitantes, observar um corte profundo de 1,5 km na crosta da Terra é o único encontro que terão com a magnitude do tempo geológico. Ao ficar em pé na borda do Grand Canyon e olhar para baixo, estamos realmente olhando para mais de 1 bilhão de anos atrás no tempo – todo o caminho de volta para o início da história do nosso planeta.

Vastos períodos separam a Geologia da maioria das outras ciências, e uma apreciação da imensidão do tempo geológico é fundamental para compreender a história física e biológica da Terra. No entanto, além de fornecer uma apreciação da imensidão do tempo geológico, uma das lições mais valiosas deste capítulo é como aplicar os vários princípios geológicos fundamentais para resolver problemas geológicos básicos. A lógica usada na aplicação desses princípios para interpretar a história geológica de uma área envolve habilidades de raciocínio básicas, que podem ser transferidas e utilizadas em praticamente qualquer profissão ou disciplina.

OA1 COMO É MEDIDO O TEMPO GEOLÓGICO?

O tempo, em alguns aspectos, é definido pelos métodos usados para medi-lo. Os geólogos usam dois quadros de referência diferentes ao discutir o tempo geológico: datação relativa e datação absoluta. A **datação relativa** coloca os eventos geológicos em uma ordem sequencial, conforme determinado por sua posição no registro geológico; ela não nos dirá há quanto tempo determinado evento ocorreu, apenas que um evento foi precedido por outro.

Os princípios utilizados para determinar a datação relativa foram descobertos há centenas de anos e, desde então, têm sido utilizados para construir a *escala relativa de tempo geológico* (Figura 16.1). Esses princípios ainda são amplamente utilizados por geólogos hoje em dia.

A **datação absoluta** fornece datas específicas para unidades de rocha ou eventos, expressas em anos antes do presente. A *datação radiométrica*, em que as datas são calculadas pelas taxas de decaimento natural de vários elementos radiogênicos presentes em quantidades vestigiais em algumas rochas, é o método mais comum de obtenção de idades absolutas. Perto do fim do século XIX, antes da descoberta da radioatividade, as idades absolutas não podiam ser obtidas com precisão para a escala do tempo geológico relativa.

Hoje, a escala do tempo geológico é, de fato, uma escala dupla: uma escala relativa, baseada em sequências de rochas, com idades radiométricas, expressas em anos antes do presente (Figura 16.1).

datação relativa
Processo para determinar a idade de um evento em comparação com outros eventos. Envolve a colocação dos eventos geológicos em sua ordem cronológica correta, mas não a época de quando os eventos ocorreram em número de anos atrás.

datação absoluta
Técnicas de datação geocronológica que utiliza o decaimento radiogênico dos elementos químicos, para determinar as idades das rochas em anos anteriores ao presente.

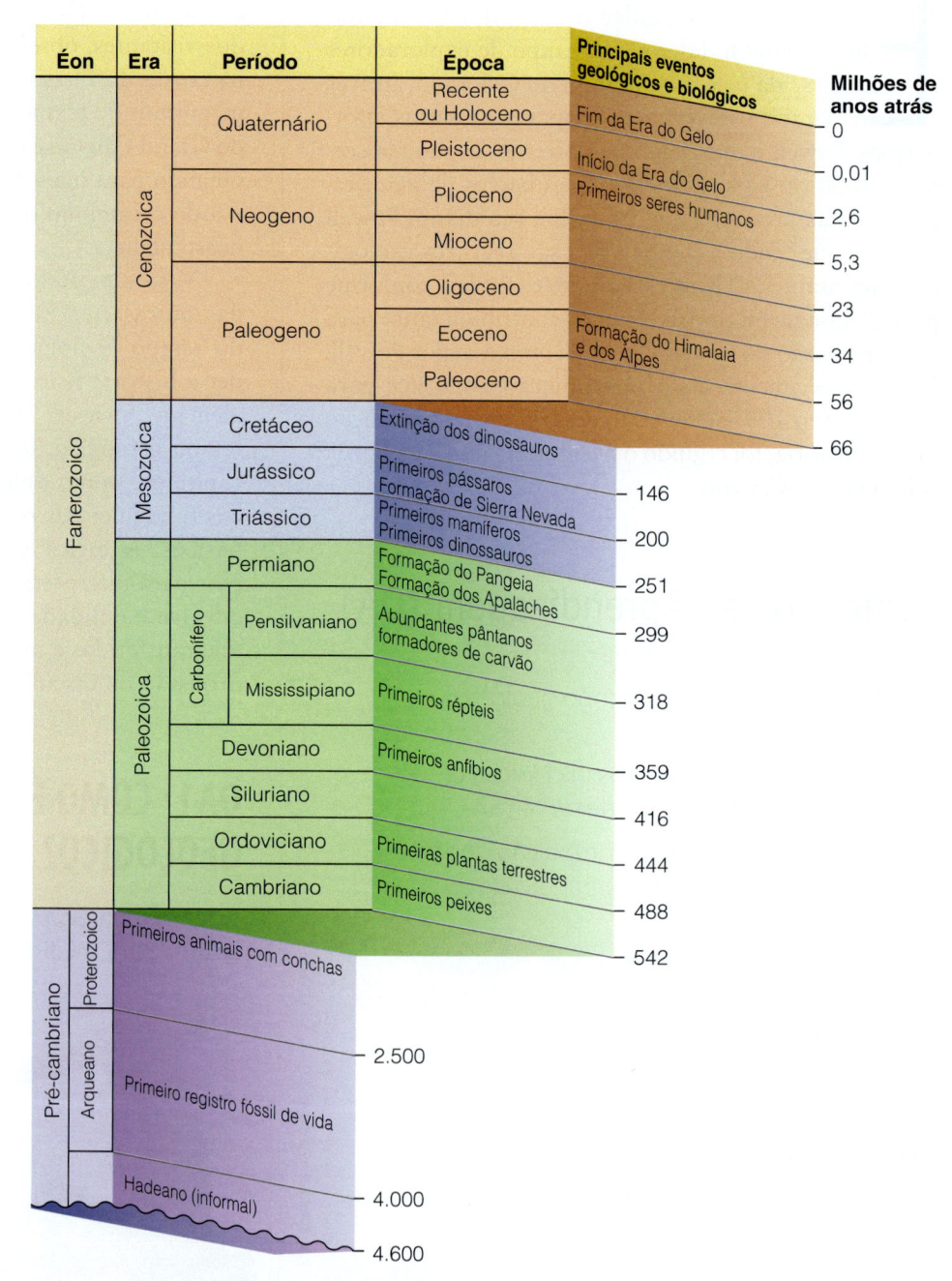

Éon	Era	Período	Época	Principais eventos geológicos e biológicos	Milhões de anos atrás
Fanerozoico	Cenozoica	Quaternário	Recente ou Holoceno	Fim da Era do Gelo	0
			Pleistoceno	Início da Era do Gelo	0,01
		Neogeno	Plioceno	Primeiros seres humanos	2,6
			Mioceno		5,3
		Paleogeno	Oligoceno		23
			Eoceno	Formação do Himalaia e dos Alpes	34
			Paleoceno		56
	Mesozoica	Cretáceo		Extinção dos dinossauros	66
		Jurássico		Primeiros pássaros Formação de Sierra Nevada	146
		Triássico		Primeiros mamíferos Primeiros dinossauros	200
	Paleozoica	Permiano		Formação do Pangeia Formação dos Apalaches	251
		Carbonífero — Pensilvaniano		Abundantes pântanos formadores de carvão	299
		Carbonífero — Mississipiano		Primeiros répteis	318
		Devoniano		Primeiros anfíbios	359
		Siluriano			416
		Ordoviciano		Primeiras plantas terrestres	444
		Cambriano		Primeiros peixes	488
Pré-cambriano	Proterozoico			Primeiros animais com conchas	542
	Arqueano			Primeiro registro fóssil de vida	2.500
	Hadeano (informal)				4.000
					4.600

Figura 16.1 A escala do tempo geológico
Alguns dos principais eventos geológicos e biológicos de várias eras, períodos e épocas.
As datas são do International Stratigraphic Chart de 2009 © 2009 pela International Commission on Stratigraphy.

Estudioso antigo estudando a Bíblia.

OA2 CONCEITOS INICIAIS DO TEMPO GEOLÓGICO E DA IDADE DA TERRA

O conceito de tempo geológico e sua mensuração têm mudado ao longo da história humana. Alguns estudiosos e clérigos cristãos tentaram estabelecer a data da criação pela análise dos registros históricos e das genealogias encontradas nas Escrituras.

Com base nessas análises, em geral acreditavam que a Terra e todas as suas características não tinham mais que cerca de 6 mil anos de idade. Assim, a ideia de uma Terra muito jovem forneceu a base para a maioria das cronologias ocidentais da história da Terra antes do século XVIII.

Durante os séculos XVIII e XIX, foram feitas várias tentativas para determinar a idade da Terra com base na evidência científica em vez de na Revelação. O zoólogo francês Georges Louis de Buffon (1707-1788) assumiu que a Terra resfriou para a sua condição atual, gradualmente, a partir de um início fundido. Para simular essa história, ele derreteu bolas de ferro de vários diâmetros e permitiu que resfriassem até a temperatura ambiente. Extrapolando a taxa de resfriamento para a de uma esfera do tamanho da Terra, ele determinou que a Terra teria, pelo menos, 75 mil anos. Embora essa idade fosse muito superior à derivada das Escrituras, era ainda uma idade muito mais jovem do que agora sabemos ter o nosso planeta.

Outros estudiosos foram igualmente engenhosos na tentativa de calcular a idade da Terra. Por exemplo: se era possível determinar taxas de deposição para vários sedimentos, então seria possível calcular quanto tempo levaria para depositar qualquer camada de rocha. Isso permitiria, então, deduzir a idade da Terra com base na espessura total da rocha sedimentar em sua crosta. Como resultado dessas variáveis, as estimativas da idade da Terra variaram de mais jovem que 1 milhão de anos, para mais velha que 2 bilhões de anos. No entanto, as taxas de deposição variam até para o mesmo tipo de rocha, e, além disso, é impossível estimar quanto de uma rocha foi removido pela erosão ou quanto uma sequência de rocha foi reduzida pela compactação.

Contudo, além de tentar, equivocadamente, determinar a idade da Terra, os naturalistas dos séculos XVIII e XIX formularam alguns dos princípios geológicos fundamentais, usados para decifrar a história da Terra. Da evidência preservada no registro geológico, ficou claro para eles que a Terra é muito antiga e que os processos geológicos operam durante longos períodos.

James Hutton, pai da Geologia moderna

OA3 JAMES HUTTON E O RECONHECIMENTO DO TEMPO GEOLÓGICO

O geólogo escocês James Hutton (1726-1797) é considerado por muitos o pai da Geologia moderna. Suas observações e seus estudos detalhados de exposições de rocha, e de processos geológicos atuais, foram decisivos para o estabelecimento do princípio do *uniformitarismo* (veja o Capítulo 1), o conceito de que os mesmos processos vistos hoje também operaram no passado. Uma vez que Hutton confiou em processos conhecidos para explicar a história da Terra, ele concluiu que a Terra deve ser muito antiga e escreveu: "nós não encontramos nenhum vestígio de um começo e nenhuma perspectiva de um fim.". Em 1830, Charles Lyell publicou um livro de referência, *Princípios de Geologia*, no qual defendeu o conceito do uniformitarismo de Hutton. Em

> **princípio da superposição** Em uma sequência vertical de rochas sedimentares não deformadas, a idade relativa dessas rochas pode ser determinada por sua posição na sequência – a mais antiga embaixo, seguida por camadas sucessivamente mais jovens por cima.

vez de depender de eventos catastróficos para explicar as várias características da Terra, Lyell reconheceu que alterações imperceptíveis promovidas por processos atuais, durante longos períodos, poderiam ter enormes efeitos acumulativos. Por meio de seus escritos, Lyell estabeleceu firmemente o uniformitarismo como o princípio fundamental da Geologia.

OA4 MÉTODOS DE DATAÇÃO RELATIVA

Antes do desenvolvimento das técnicas radiométricas de datação, os geólogos não dispunham de meios confiáveis de datação absoluta. Dependiam, portanto, exclusivamente, dos métodos da datação relativa. Lembre-se de que a datação relativa coloca os eventos em ordem sequencial, mas não nos diz há quanto tempo eles ocorreram.

Princípios fundamentais da datação relativa

O século XVII foi um momento importante no desenvolvimento da Geologia como ciência, em razão dos escritos de grande circulação do anatomista dinamarquês Nicolas Steno (1638-1686). Steno observou que quando as correntes inundam, elas se espalham em todas as suas planícies aluviais, depositando camadas de sedimentos que enterram os organismos que habitam a planície de inundação. Inundações subsequentes produzem novas camadas de sedimentos, que são colocadas em depósitos anteriores ou sobrepostas a eles. E essas camadas de sedimentos, quando litificadas, tornam-se rochas sedimentares.

Em uma sucessão de camadas de rochas sedimentares não perturbadas, a camada mais antiga está na parte inferior e a mais jovem, no topo. Esse **princípio da superposição** é a base para a determinação da idade relativa dos estratos e de seus fósseis (Figura 16.2a; veja também a *Viagem de Campo* no Capítulo 6 e neste capítulo).

Figura 16.2 Os princípios da horizontalidade original, da superposição e da continuidade lateral

a. As rochas sedimentares do Parque Nacional de Bryce Canyon, em Utah, foram originalmente depositadas no sentido horizontal em uma variedade de ambientes continentais (princípio da horizontalidade original). As rochas mais antigas estão na parte inferior desta paisagem altamente dissecada, e as rochas mais jovens estão no topo, formando as bordas (princípio da superposição). As camadas das rochas expostas estendem-se lateralmente, por alguma distância, em todas as direções (princípio da continuidade lateral).

b. Esses xistos e calcários da Formação Postolonnec, na praia Postolonnec, península de Crozon, na França, foram originalmente depositados na horizontal e posteriormente à sua formação inclinaram de maneira significativa.

Figura 16.3 O princípio das relações transversais
Uma pequena falha (as setas mostram a direção do movimento) atravessa e, desse modo, desloca as camadas sedimentares inclinadas ao longo da Templin Highway, em Castaic, na Califórnia. A falha é, portanto, mais jovem que as camadas que estão deslocadas.

também a *Viagem de Campo* no Capítulo 6 e neste capítulo). Portanto, uma sequência de camadas de rochas sedimentares, que seja acentuadamente inclinada em relação à horizontal, deve ter sido movimentada após a deposição e a litificação dos sedimentos (Figura 16.2b).

O terceiro princípio de Steno, o **princípio da continuidade lateral**, afirma que os sedimentos se estendem lateralmente em todas as direções até que se diluem ou se dispersam ou terminam contra a borda da bacia de deposição (Figura 16.2a; veja também a *Viagem de Campo* neste capítulo).

> **princípio da horizontalidade original** Os sedimentos são depositados em camadas horizontais ou quase horizontais.
>
> **princípio da continuidade lateral** Camadas de rochas sedimentares se estendem em todas as direções, a menos que encontrem obstáculos a sua progressão e/ou sejam privadas de sedimentos ou de agente transportador.
>
> **princípio de relações transversais** Uma intrusão ígnea, ou uma falha geológica, é mais jovem que as rochas nas quais estão alojadas.

Steno também observou que, como partículas sedimentares assentam com a água sob a influência da gravidade, os sedimentos são depositados em camadas essencialmente horizontais, ilustrando assim o **princípio da horizontalidade original** (Figura 16.2a; veja

O **princípio das relações transversais** é creditado a James Hutton. Com base em seus detalhados estudos e em suas observações de exposições rochosas na Escócia, Hutton reconheceu que uma intrusão ou falha ígnea deve ser mais

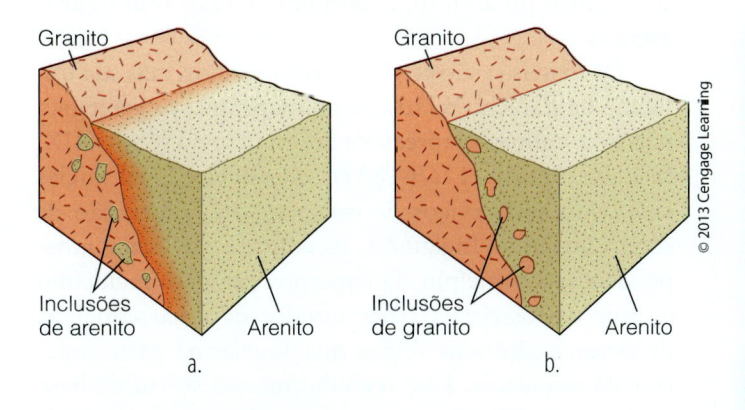

Figura 16.4 O princípio das inclusões
a. O batólito é mais jovem que o arenito porque o arenito foi aquecido no contato com o granito e o granito contém inclusões de arenito.
b. As inclusões de granito no arenito indicam que o batólito foi a fonte do arenito e, portanto, o arenito é mais antigo.
c. Afloramento no norte de Wisconsin, que mostra inclusões de basalto (cinza escuro) em granito (branco). Assim, as inclusões de basalto são mais antigas que o granito.

MÉTODOS DE DATAÇÃO RELATIVA **357**

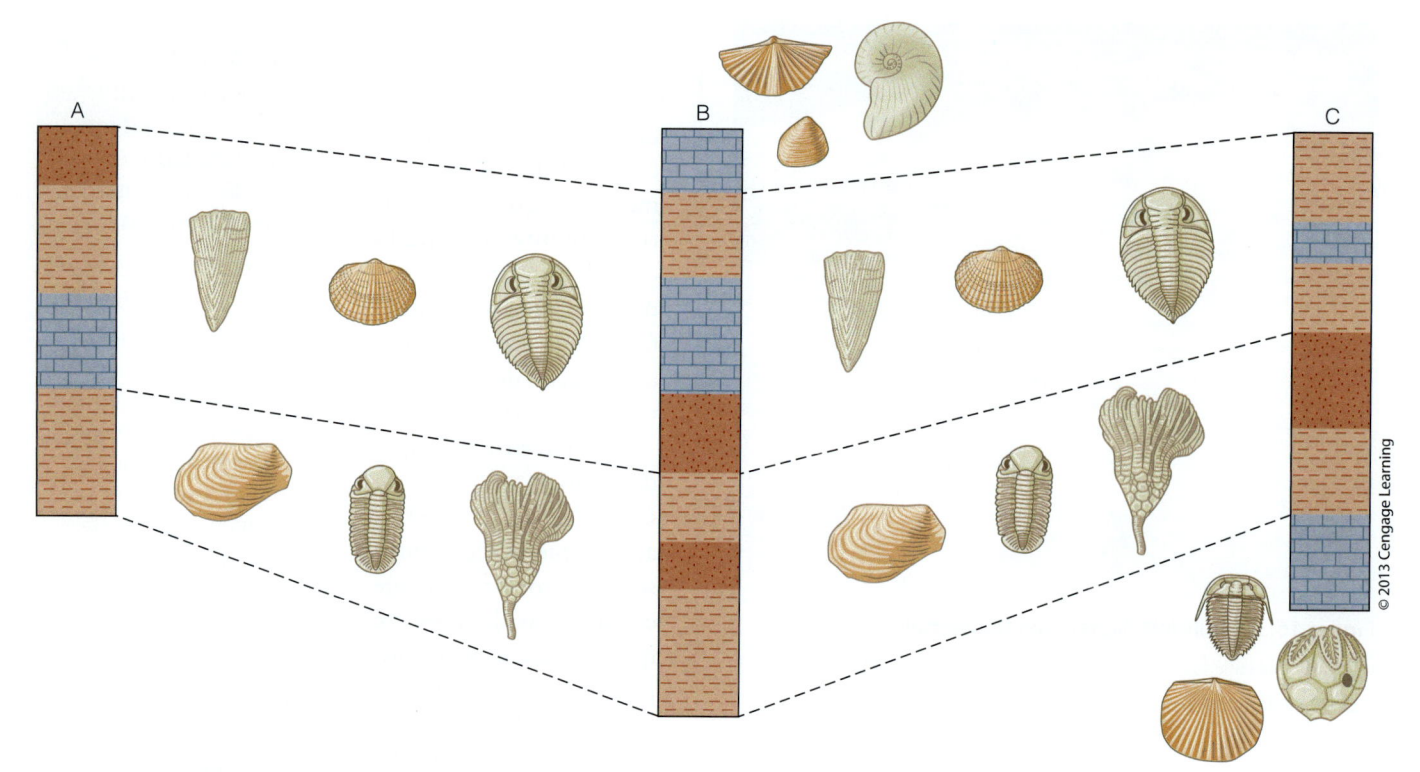

Figura 16.5 O princípio da sucessão fóssil

Este diagrama mostra como os geólogos usam o princípio da sucessão fóssil para identificar os estratos da mesma idade em diferentes áreas. Nas três seções englobadas pelas linhas tracejadas, as rochas contêm fósseis semelhantes e, por conseguinte, são da mesma idade. Observe que as rochas mais jovens nessa região estão na seção B, enquanto as rochas mais antigas estão na seção C.

> **princípio das inclusões** Inclusões ou fragmentos de uma rocha qualquer são mais velhos que a unidade da rocha em si. Por exemplo, fragmentos de granito em arenito são mais velhos que o arenito.
>
> **princípio da sucessão fóssil** Os fósseis, em especial os grupos ou conjuntos de fósseis, sucedem-se ao longo do tempo em uma ordem regular e previsível.

jovem que as rochas que ela invade ou desloca (Figura 16.3).

Outra maneira de determinar as idades relativas é usando o **princípio das inclusões**. Esse princípio sustenta que as inclusões ou fragmentos de uma rocha, dentro de uma camada, são mais velhas que a camada de rocha em si. Por exemplo: o batólito mostrado na Figura 16.4a contém inclusões de arenito, e a unidade de arenito mostra os efeitos do aquecimento magmático. Consequentemente, concluímos que o arenito é mais velho que o batólito. No entanto, na Figura 16.4b, é o arenito que contém pedaços de granito, indicando que o batólito foi a rocha fonte para os fragmentos no arenito, e, portanto, é mais velho que o arenito.

Os fósseis já são conhecidos há séculos, mas sua utilidade na datação relativa e no mapeamento geológico não foi totalmente apreciada até o início do século XIX. William Smith (1769-1839), engenheiro civil inglês envolvido em serviços de prospecção e construção de canais no sul da Inglaterra, reconheceu, de forma independente, o princípio da superposição pelo raciocínio de que os fósseis na parte inferior de uma sequência de estratos são mais velhos que aqueles na parte superior da sequência. Esse reconhecimento serviu de base para o **princípio da sucessão fóssil**, ou o *princípio da sucessão da fauna e da flora*, como às vezes é chamado (Figura 16.5).

Discordâncias

Nossa discussão até aqui relaciona-se às sequências de *estratos conformáveis*, isto é, sequências em que não ocorrem quebras de deposição de nenhuma consequência, nas quais a sedimentação foi mais ou

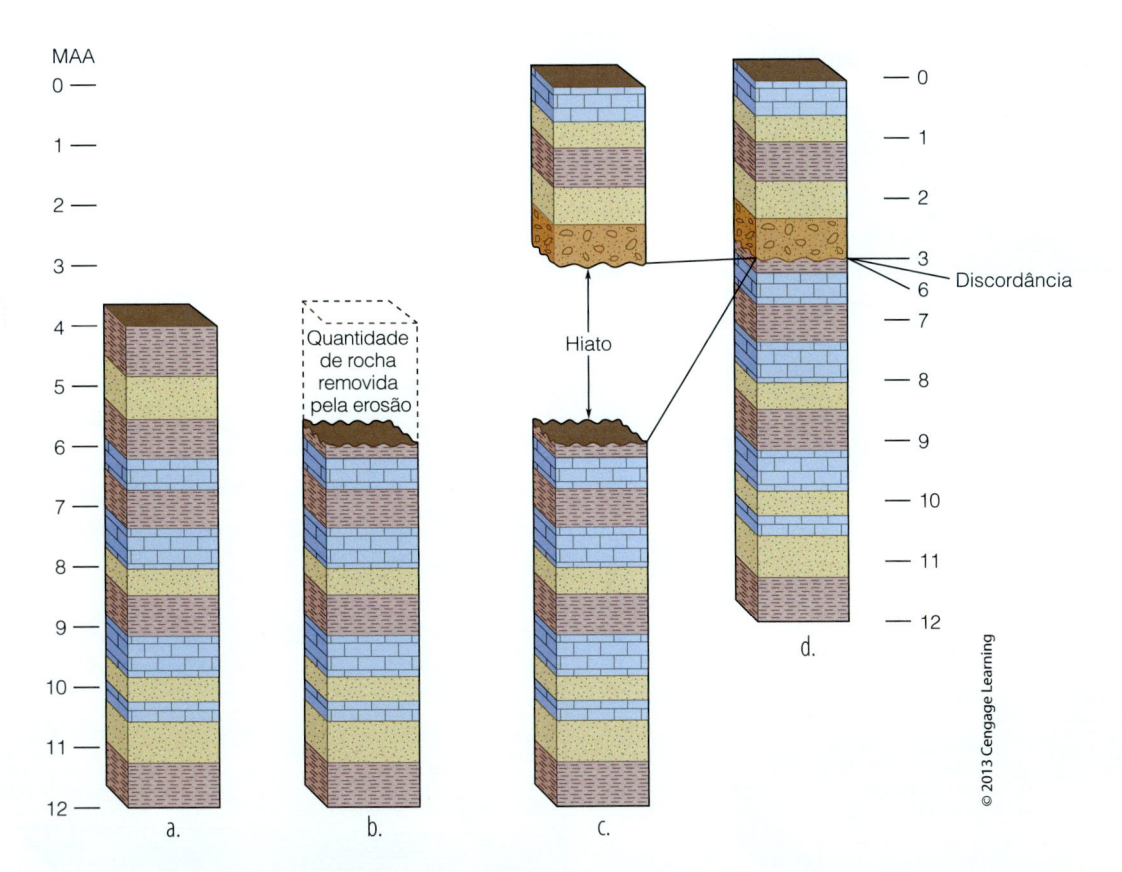

Figura 16.6 Desenvolvimento de um hiato e de uma discordância
a. A deposição começou 12 milhões de anos atrás (maa) e continuou, mais ou menos ininterruptamente, até 4 maa.
b. Entre 3 maa e 4 maa, ocorreu um episódio de erosão; durante esse tempo, alguns dos estratos depositados anteriormente foram erodidos.
c. Assim, existe um hiato de 3 milhões de anos entre os estratos mais antigos e os que se formaram durante um episódio renovado de deposição, que começou 3 maa.
d. Registro estratigráfico real, visto em um afloramento de hoje. A discordância é a superfície que separa as camadas e representa uma ruptura importante em nosso registro de tempo geológico.

menos contínua. Um plano de assentamento entre estratos pode representar uma quebra de deposição em qualquer lugar, de minutos a dezenas de anos, mas isso é irrelevante no contexto do tempo geológico. Todavia, em algumas sequências de camadas, superfícies conhecidas como **discordâncias** podem estar presentes, representando os tempos de não deposição, de erosão ou de ambos. As discordâncias abrangem longos períodos de tempo geológico, talvez milhões ou dezenas de milhões de anos. Por conseguinte, sempre que uma discordância estiver presente, o registro geológico será incompleto, assim como é incompleto um livro com páginas faltantes, e o intervalo de tempo geológico não representado por camadas é chamado de *hiato* (Figura 16.6).

Os geólogos reconhecem três tipos de discordância (para ver os três tipos de discordância expostos no Grand Canyon, consulte a *Viagem de Campo* deste capítulo). Uma **desconformidade** é uma superfície de erosão, ou de não deposição, que separa as rochas mais jovens das mais antigas, ambas paralelas entre si (Figura 16.7). A menos que a superfície de erosão, que separa os leitos paralelos mais antigos dos mais jovens, seja bem definida ou distinta, a desconformidade, com frequência, assemelha-se a um plano de estratificação normal. Por isso, muitas desconformidades são difíceis de ser reconhecidas, devendo ser identificadas com base nas acumulações dos fósseis.

> **discordância** Quebra no registro geológico representada por uma superfície de erosão que separa os estratos mais jovens dos estratos e/ou rochas mais antigas.
>
> **desconformidade** Discordância em que as camadas de rochas superiores e inferiores são paralelas.

MÉTODOS DE DATAÇÃO RELATIVA 359

Figura 16.7 Formação de uma desconformidade

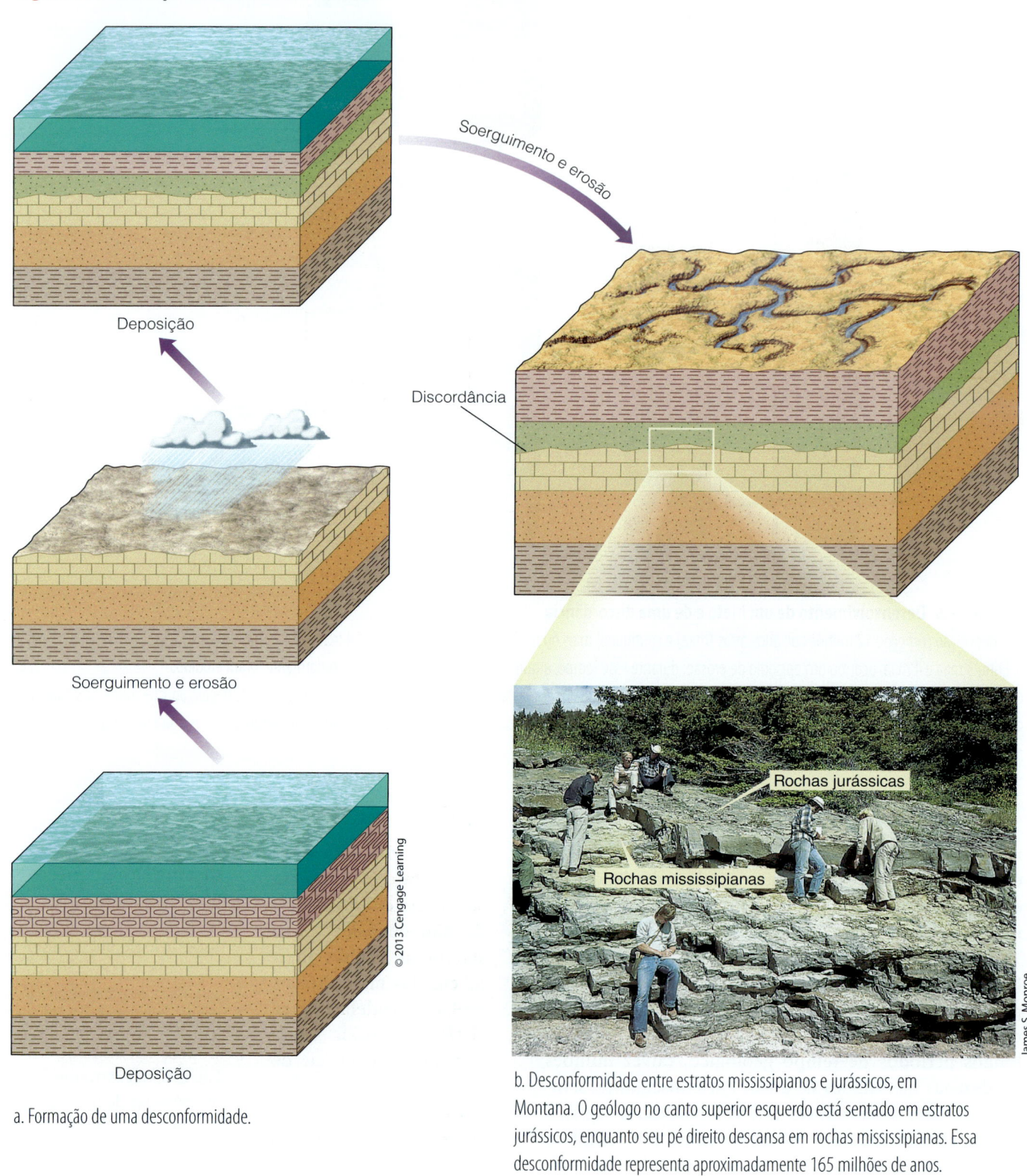

Deposição

Soerguimento e erosão

Deposição

a. Formação de uma desconformidade.

Soerguimento e erosão

Discordância

Rochas jurássicas

Rochas mississipianas

b. Desconformidade entre estratos mississipianos e jurássicos, em Montana. O geólogo no canto superior esquerdo está sentado em estratos jurássicos, enquanto seu pé direito descansa em rochas mississipianas. Essa desconformidade representa aproximadamente 165 milhões de anos.

CAPÍTULO 16: TEMPO GEOLÓGICO: CONCEITOS E PRINCÍPIOS

Figura 16.8 Formação de uma discordância angular

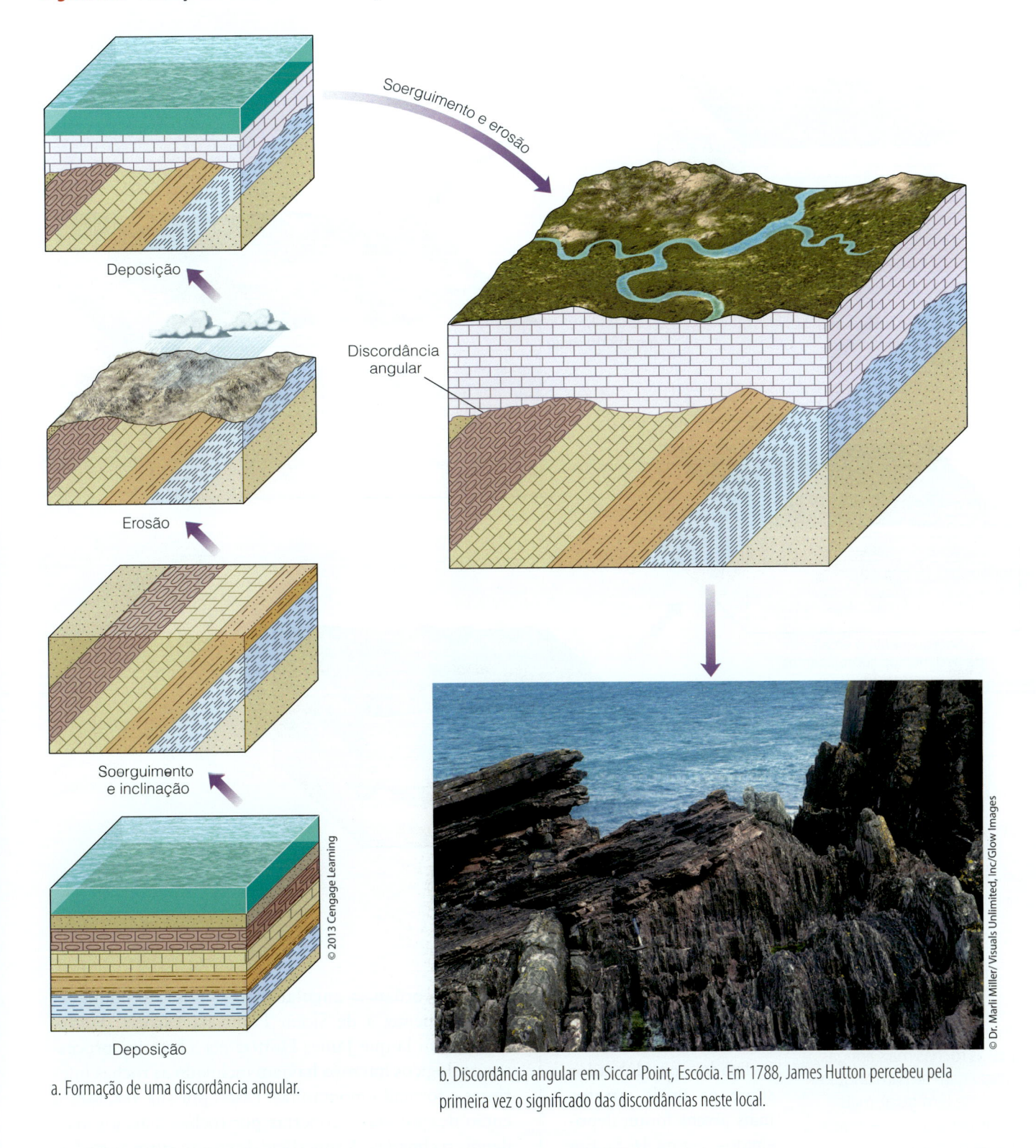

Deposição

Erosão

Soerguimento e inclinação

Deposição

Soerguimento e erosão

Discordância angular

a. Formação de uma discordância angular.

b. Discordância angular em Siccar Point, Escócia. Em 1788, James Hutton percebeu pela primeira vez o significado das discordâncias neste local.

MÉTODOS DE DATAÇÃO RELATIVA 361

Figura 16.9 Formação de uma inconformidade

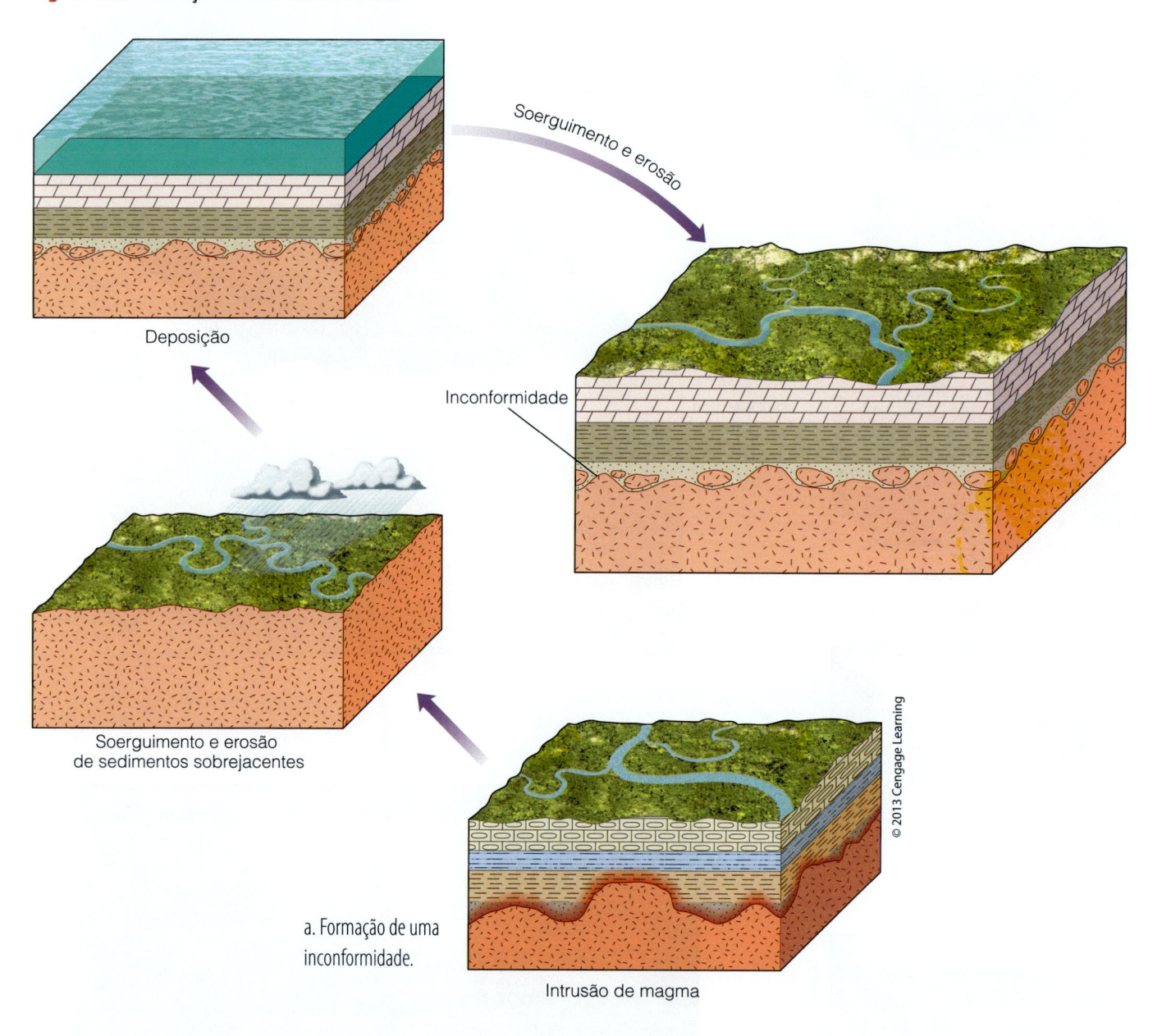

Deposição

Soerguimento e erosão

Inconformidade

Soerguimento e erosão de sedimentos sobrejacentes

a. Formação de uma inconformidade.

Intrusão de magma

© 2013 Cengage Learning

---

discordância angular
Discordância abaixo da qual as rochas mais antigas mergulham em um ângulo diferente (em geral, mais acentuado) que os estratos que as cobrem.

Uma **discordância angular** é uma superfície de erosão em estratos inclinados ou dobrados sobre os quais estratos mais jovens foram depositados (Figura 16.8). Em geral, os estratos abaixo da superfície em discordância mergulham de forma mais acentuada que aqueles que estão em cima, produzindo uma relação angular.

A discordância angular mais famosa do mundo é, provavelmente, a de Siccar Point, na Escócia (Figura 16.8b). Foi lá que James Hutton percebeu que processos geológicos intensos haviam inclinado as rochas inferiores e formado montanhas. Essas, por sua vez, foram então desgastadas e cobertas por rochas mais jovens e depois reclinadas. A superfície de erosão entre as rochas mais antigas inclinadas e as mais jovens, bem como os estratos reclinados, significavam que havia uma importante lacuna no registro geológico. Embora Hutton não tenha utilizado o termo *discordância*, ele foi o primeiro

362 CAPÍTULO 16: TEMPO GEOLÓGICO: CONCEITOS E PRINCÍPIOS

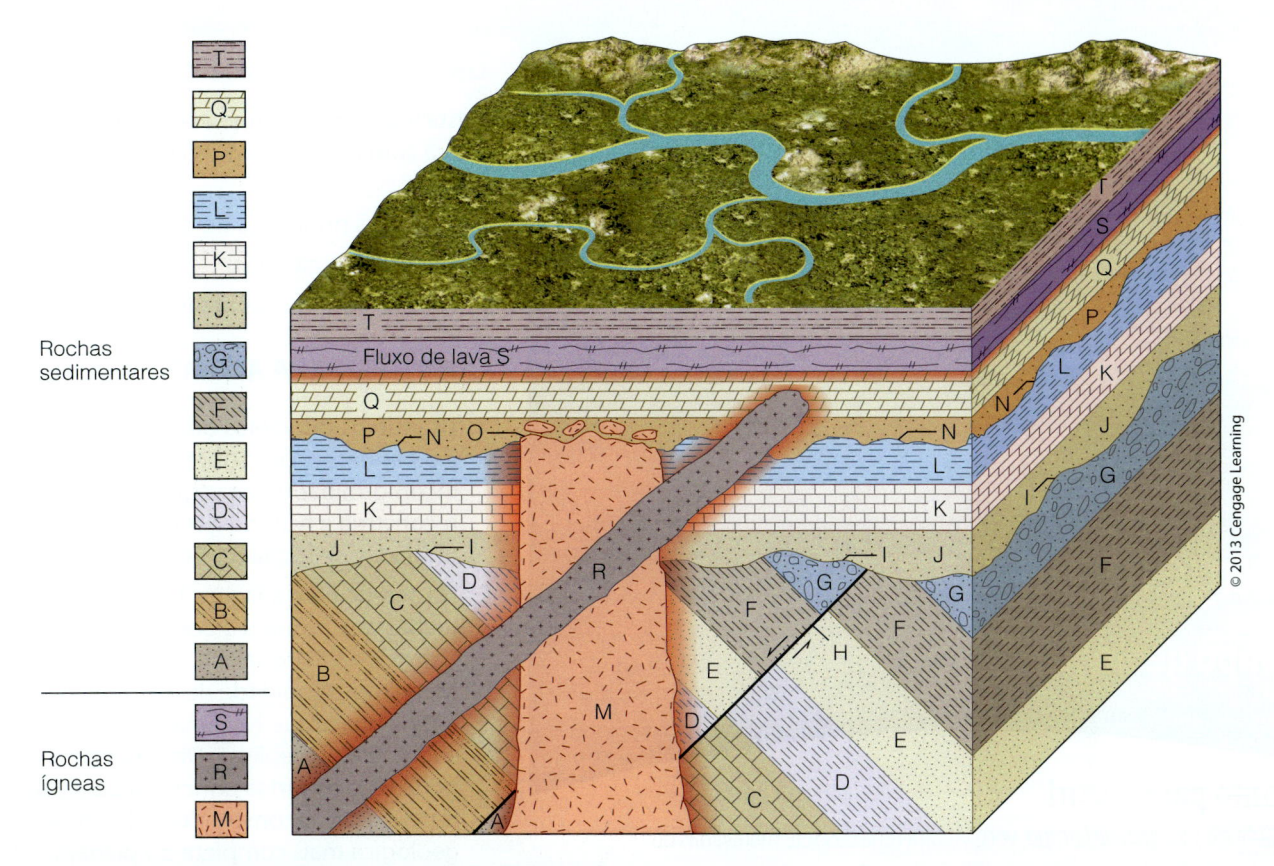

Figura 16.10 Diagrama de blocos de uma área hipotética

Diagrama de blocos de uma área hipotética, em que os vários princípios de datação relativa podem ser aplicados para determinar sua história geológica.

a compreender e a explicar o significado dessas descontinuidades no registro geológico.

A **inconformidade** é o terceiro tipo de discordância, na qual um corte da superfície de erosão nas rochas metamórficas ou ígneas é coberto por rochas sedimentares (Figura 16.9). Esse tipo de discordância assemelha-se muito ao contato de rochas ígneas intrusivas com rochas sedimentares. O princípio das inclusões (Figura 16.4) é útil para determinar se a relação entre as rochas ígneas subjacentes e as rochas sedimentares que se sobrepõem é o resultado de uma intrusão ou de uma erosão. No caso de uma intrusão, as rochas ígneas são mais jovens. Já no caso de erosão, as mais jovens são as rochas sedimentares. Ser capaz de distinguir entre uma inconformidade e um contato intrusivo é importante, pois representam diferentes sequências de eventos.

Aplicando os princípios da datação relativa

A história geológica da área representada pelo diagrama de blocos na Figura 16.10 pode ser decifrada pela aplicação dos diversos princípios de datação relativa que acabamos de discutir. Os métodos e a lógica utilizados neste exemplo são os mesmos que os aplicados por geólogos do século XIX na construção da escala do tempo geológico.

De acordo com os princípios da superposição e da horizontalidade original, os leitos A–G foram depositados horizontalmente. Então, eles foram inclinados, fraturados (H) e erodidos, ou, depois da deposição, foram fraturados (H), inclinados e, então, erodidos. A falha corta os leitos A–G, por isso ela deve ser mais jovem que os leitos, de acordo com o princípio de relações transversais.

Os leitos J–L foram, então, depositados horizontalmente sobre essa superfície de erosão, produzindo uma discordância angular (I). Seguindo a deposição desses três leitos, toda a sequência foi penetrada por um dique (M), que, de acordo com o princípio de relações transversais, deve ser mais jovem que todas as rochas nas quais penetrou.

> **inconformidade**
> Discordância em que rochas sedimentares estratificadas se sobrepõem a um corte de superfície de erosão em rochas ígneas ou metamórficas.

MÉTODOS DE DATAÇÃO RELATIVA **363**

Viagem de Campo
Tempo geológico

OBJETIVOS DA VIAGEM
Nesta viagem de campo você ficará cara a cara com conceitos muito importantes, como:
1. Os vários princípios de datação relativa.
2. As inconformidades.
3. A correlação das unidades de rocha.

QUESTÕES PARA ACOMPANHAMENTO
1. Usando os princípios de datação relativa e o conhecimento sobre os tipos de inconformidade que você aprendeu, reconstrua a história geológica das unidades de rocha do Grand Canyon.
2. De acordo com a Figura 16.12, as rochas que formam a borda do Grand Canyon, no Arizona, incluem a formação Moenkopi. A unidade de rocha mais antiga no Parque Nacional Capitol Reef é a formação Moenkopi. Discuta como você pode usar os vários princípios de datação relativa para reconstruir uma história geológica mais completa do planalto do Colorado a partir desses dois locais.
3. Por que o Grand Canyon é um local ideal para compreender o que significa "tempo profundo" ou tempo geológico?

Pronto para partir!

Durante esta *Viagem de Campo*, você visitará uma das sete maravilhas do mundo: o Parque Nacional do Grand Canyon, no Arizona. Estabelecido como um parque nacional em 1919, o Grand Canyon é visitado por mais de 5 milhões de pessoas todos os anos! É lá que a maioria das pessoas tem contato, pela primeira vez, com a ideia de "tempo profundo" ou tempo geológico. Isto é, com o conceito de quantidades aparentemente ilimitadas do tempo. Ao ficar em pé na borda sul e olhar para baixo, na garganta de 1,5 km de profundidade cortada pelo rio Colorado, não há como não se impressionar com a magnitude do tempo representado pelas rochas expostas nas paredes do cânion. É no Grand Canyon que veremos os exemplos dos vários princípios de datação relativa utilizados para colocar os eventos geológicos em sua ordem sequencial correta, bem como dos três tipos de discordâncias, todos os quais discutidos neste capítulo. Além do Grand Canyon, também falaremos sobre o Parque Nacional Capitol Reef, em Utah. Esses parques apresentam uma variedade de características sedimentares e exemplos dos diversos princípios de datação relativa sobre os quais você já leu.

Agora é hora de ver os exemplos reais dos conceitos e das características geológicas discutidas no livro. E não há melhor lugar para começar esta viagem senão o Grand Canyon!

DeerPoint, UT. Mapa topográfico, cortesia do USGS.
Todas as fotografias: Direitos autorais e fotografia pelo Dr. Parvinder S. Sethi

O que observar ao partir

Muito antes de a radioatividade ser descoberta, e os geólogos poderem atribuir datas reais às unidades das rochas e aos eventos geológicos, os cientistas da Terra usavam uma variedade de métodos de datação relativa (articulados como princípios) para colocar as sequências de rochas e os eventos geológicos em ordem sequencial. Nessa foto espetacular do pôr do sol no Grand Canyon, capturada do Hopi Point, pode-se facilmente ver os três princípios inter-relacionados da datação relativa: os princípios da horizontalidade original, da superposição e *da continuidade lateral*. Aqui, as rochas do Grand Canyon estendem-se em todas as direções (*princípio da continuidade lateral*) e foram depositadas na horizontal (*princípio da horizontalidade original*), com as rochas mais antigas no fundo da garganta, enquanto as mais jovens formam a borda da garganta (*princípio da superposição*).

Lembre-se de que, neste capítulo, você leu que as *discordâncias* são quebras no registro geológico representadas por uma superfície de erosão ou por uma superfície de não deposição que separa as rochas mais jovens das mais antigas. Existem três tipos de discordância, os quais podem ser vistos no Grand Canyon. Na foto da Grande Discordância mostrada acima, as rochas sedimentares da Era Cambriana recobrem as rochas metamórficas da Era Pré-cambriana. Essa superfície representa mais de 1 bilhão de anos de tempo geológico, para os quais não temos um registro neste local. É um exemplo de *discordância*.

Um excelente exemplo de *discordância angular* pode ser observado em Lipan Point, a algumas milhas de Zuni Point. Aqui, as rochas mais antigas podem ser vistas mergulhando em um ângulo diferente das rochas sobrejacentes mais jovens.

Esta foto mostra as rochas do Grand Canyon e ilustra uma *desconformidade*, ou seja, uma discordância entre as camadas de rochas paralelas, neste caso, o Calcário Muav (Era Cambriana, camada 3) e o Calcário Redwall sobrejacente (Era Mississipiana, camada 4). Observe que o plano de estratificação entre os calcários Muav e Redwall se parece com os outros planos de estratificação. Sabemos que essa é uma desconformidade porque as rochas foram datadas por fósseis (princípio da sucessão fóssil), indicando que as rochas que representam os períodos Ordoviciano até o Devoniano estão faltando aqui.

Para decifrar a história da Terra, os geólogos tiveram de demonstrar a equivalência de tempo das unidades de rocha em diferentes áreas – um processo conhecido como *correlação*. Essa vista do Parque Nacional Capitol Reef foi fotografada do Scenic Drive. Você pode ver claramente as rochas sedimentares de cor vermelha neste local, assim como pode notar que as camadas marrom-avermelhadas próximas da parte inferior da sequência são ligeiramente inclinadas, o que ocorre em razão de as rochas terem sido erguidas por forças tectônicas. Quando as exposições da superfície, como essas, são adequadas, as rochas podem ser facilmente rastreadas de forma lateral, com base na similaridade dos tipos de rocha e na posição delas em uma sequência.

> **correlação**
> Demonstração da continuidade física das unidades das rochas ou das unidades bioestratigráficas, ou a demonstração da equivalência de tempo, como na correlação do tempo estratigráfico.

Toda a área foi então erguida e corroída e, em seguida, os leitos P e Q foram depositados, produzindo uma desconformidade (N) entre os leitos L e P e uma inconformidade (O) entre a intrusão ígnea M e o leito sedimentar P. Sabemos que a relação entre a intrusão ígnea M e o leito sedimentar sobrejacente P é uma inconformidade por causa das inclusões de M em P (princípio das inclusões).

Neste ponto, há várias possibilidades para reconstruir a história geológica dessa área. De acordo com o princípio das relações transversais, o dique R deve ser mais jovem que o leito Q, porque se introduziu nele. O dique R pode ter penetrado o leito Q em qualquer momento *após* este ter sido depositado; no entanto, não há como determinar se R foi formado logo após Q, logo após S ou depois da formação de T. Para os propósitos dessa história, vamos dizer que ele se introduziu após a deposição do leito Q.

Após a intrusão do dique R, a lava S fluiu sobre o leito Q, seguida pela deposição do leito T. Embora o fluxo de lava (S) não seja uma unidade sedimentar, o princípio de sobreposição ainda é aplicável, porque ela fluiu sobre a superfície, assim como os sedimentos são depositados na superfície da Terra.

Uma cronologia relativa para as rochas e os eventos dessa área foi estabelecida utilizando os princípios da datação relativa. Lembre-se, no entanto, de que não temos nenhuma maneira de saber há quantos anos esses eventos ocorreram, a menos que possamos obter dados radiométricos para as rochas ígneas. Com esses dados, poderemos estabelecer a gama das idades absolutas entre as quais as diferentes unidades sedimentares foram depositadas, e também determinar quanto tempo é representado pelas inconformidades.

OA5 CORRELAÇÃO DAS UNIDADES DE ROCHA

Para decifrar a história da Terra, os geólogos devem demonstrar a equivalência do tempo das unidades de rocha em diferentes áreas. Esse processo é conhecido como **correlação**. Se as exposições da superfície foram adequadas, as unidades poderão simplesmente ser rastreadas lateralmente (princípio da continuidade lateral), mesmo que haja lacunas ocasionais (Figura 16.11).

Outros critérios utilizados para correlacionar as unidades são a similaridade do tipo de rocha, a posição em uma sequência e os leitos principais (veja a *Viagem de Campo*, neste capítulo). Os *leitos principais* são unidades, como camadas de carvão ou de cinzas vulcânicas, suficientemente distintas para

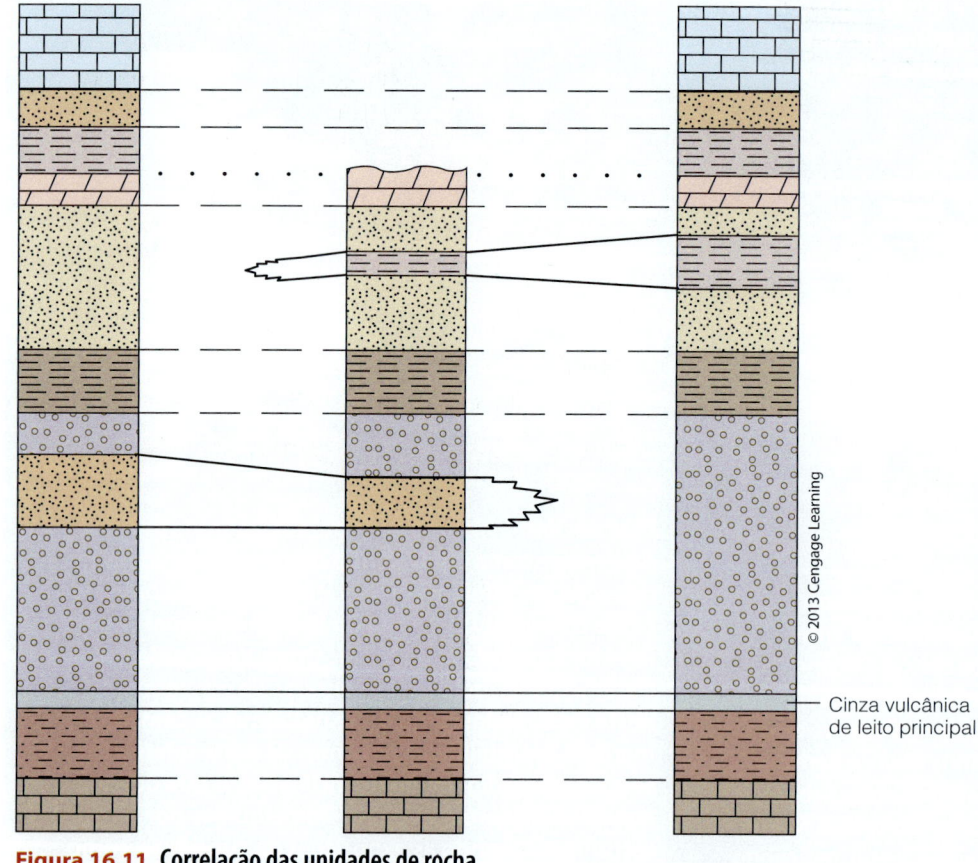

Figura 16.11 Correlação das unidades de rocha
Em áreas de exposição adequada, as unidades de rocha podem ser rastreadas lateralmente, mesmo que haja falhas ocasionais e correlacionadas com base na similaridade do tipo de rocha e na posição em uma sequência. As rochas também podem ser correlacionadas por um leito principal; neste caso, cinzas vulcânicas.

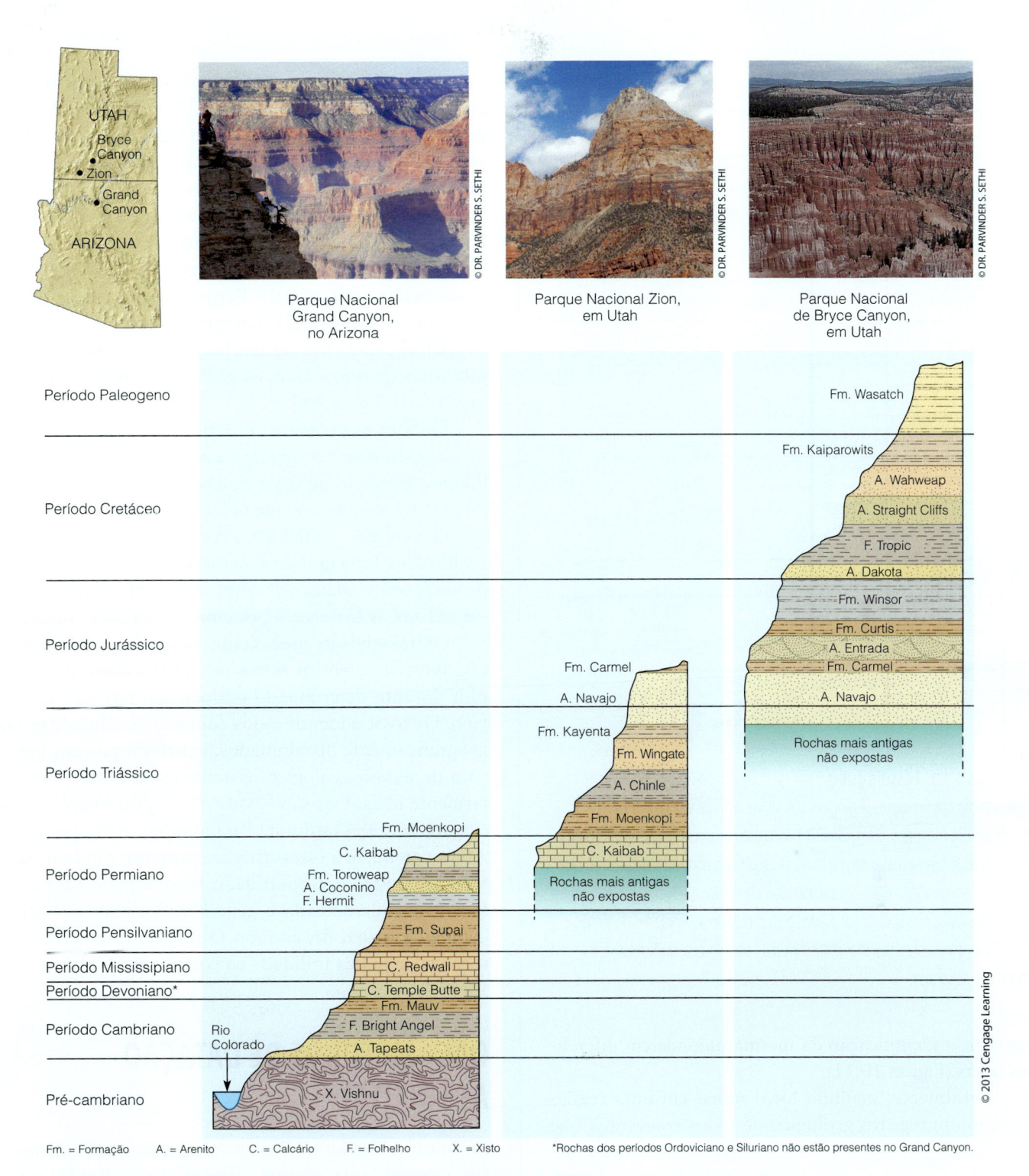

Figura 16.12 Correlação das unidades de rochas dentro do planalto Colorado

Em cada local, apenas uma parte do registro geológico do planalto do Colorado está exposta. Ao correlacionar as rochas mais jovens em uma exposição com as rochas mais antigas em outra, os geólogos podem determinar toda a história da região. Por exemplo, as rochas que formam a borda do Grand Canyon, no Arizona, são a Formação Kaibab e Moenkopi – as rochas mais jovens expostas no Grand Canyon. As Formações Kaibab e Moenkopi são as rochas mais antigas expostas no Parque Nacional Zion, em Utah, e as rochas mais jovens são a Formação Navajo e Carmel. A Formação Navajo e Carmel são as rochas mais antigas expostas no Parque Nacional de Bryce Canyon, em Utah. Ao correlacionar a Formação Kaibab e Moenkopi, entre o Grand Canyon e o Parque Nacional Zion, os geólogos aumentaram a história geológica do Pré-cambriano ao Jurássico. E correlacionando a Formação Navajo e Carmel, entre os parques de Zion e Bryce Canyon, eles podem estender a história geológica através do período Paleogeno. Assim, correlacionando as exposições rochosas entre essas áreas, e aplicando o princípio da superposição, os geólogos podem reconstruir a história geológica da região.

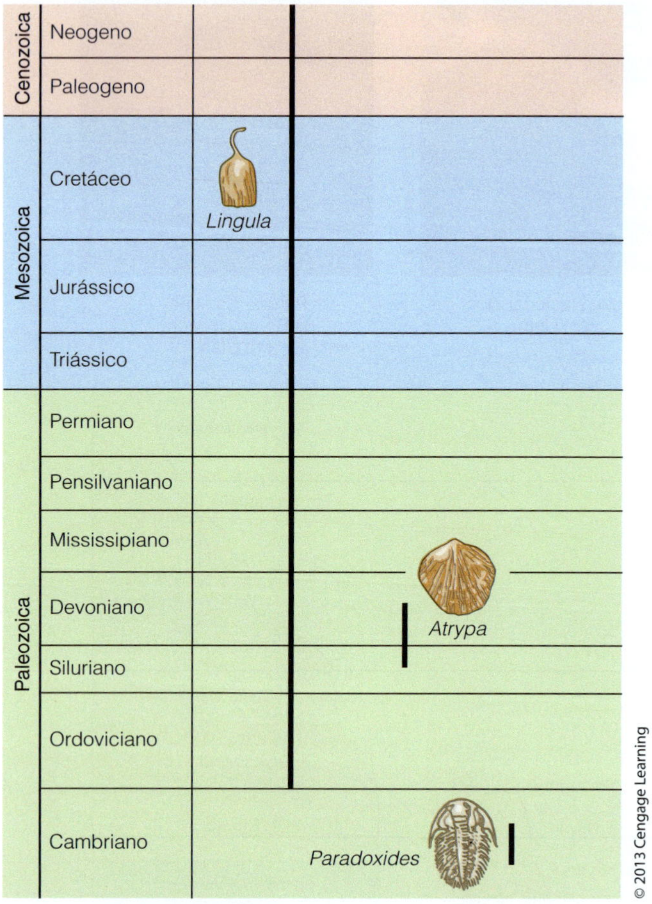

Figura 16.13 Fósseis guias

Comparação dos intervalos geológicos (linhas verticais fortes) de três animais invertebrados marinhos. O *Lingula* é de pouco uso na correlação, porque tem um alcance muito longo, mas o *Atrypa* e o *Paradoxides* são bons fósseis guias, porque ambos são generalizados, facilmente identificados e têm intervalos geológicos curtos. Assim, os dois podem ser usados para correlacionar unidades de rochas que são amplamente separadas entre si e para estabelecer a idade relativa da rocha que os contém.

Essa região oferece um registro dos eventos ocorridos ao longo de, aproximadamente, 2 bilhões de anos, mas por causa das forças de erosão, o registro inteiro não é preservado em nenhum local único. Dentro das paredes do Grand Canyon encontram-se rochas das Eras Pré-cambriana e Paleozoica, enquanto rochas das Eras Paleozoica e Mesozoica são encontradas no Parque Nacional Zion e rochas das Eras Mesozoica e Cenozoica estão expostas no Parque Nacional de Bryce Canyon (Figura 16.12). No entanto, ao correlacionar as rochas superiores de um local com as equivalentes inferiores de outra área, os geólogos podem decifrar a história de toda a região.

Embora os geólogos tracem a correspondência das rochas com base em tipo de rocha e superposição semelhantes, a correlação desse tipo só pode ser realizada em uma área limitada, em que os leitos possam ser traçados de um local para outro. Para correlacionar unidades de rocha sobre uma grande área ou correlacionar unidades de idades equivalentes de composição diferente, devem-se utilizar os fósseis e o princípio da sucessão fóssil.

Os fósseis são úteis como indicadores do tempo relativo por serem os restos dos organismos que viveram durante determinado período, no passado geológico. Os fósseis identificados com mais facilidade estão geograficamente disseminados, existiram por um intervalo de tempo geológico bastante curto e são particularmente úteis. Eles são **fósseis guias**, ou *fósseis index* (Figura 16.13). O trilobita *Paradoxides* e o braquiópode *Atrypa* atendem a esses critérios, portanto são bons fósseis guias. Em contrapartida, o braquiópode *Lingula* é facilmente identificado e generalizado, mas sua gama geológica longa, do período Ordoviciano ao Recente, torna-o de pouca utilidade na correlação.

OA6 MÉTODOS DE DATAÇÃO ABSOLUTA

Embora a maioria dos isótopos dos 92 elementos naturais seja estável, alguns são radiogênicos e decaem espontaneamente para outros isótopos mais estáveis de elementos, liberando energia no processo. Quando, em 1903, Pierre e Marie Curie descobriram que o decaimento radiogênico produz calor, os geólogos, finalmente, passaram a ter um mecanismo para explicar o calor interno da Terra, o qual não depende de resfriamento residual de uma origem fundida. Além disso, os geólogos obtiveram uma ferramenta poderosa para datar os eventos geológicos com precisão e

permitir a identificação da mesma unidade em diferentes áreas (Figura 16.11).

Geralmente, nenhum local único em uma região contém um registro geológico de todos os eventos que ocorreram durante a história dessa região; portanto, os geólogos devem fazer as correlações de uma área para outra, a fim de determinar a história geológica completa da região. Um excelente exemplo é a história do planalto do Colorado (Figura 16.12).

fóssil guia Qualquer fóssil facilmente identificado com uma extensa distribuição geográfica e de curto alcance geológico, útil para determinar as idades relativas das rochas em diferentes áreas.

Figura 16.14 Três tipos de decaimento radiogênico

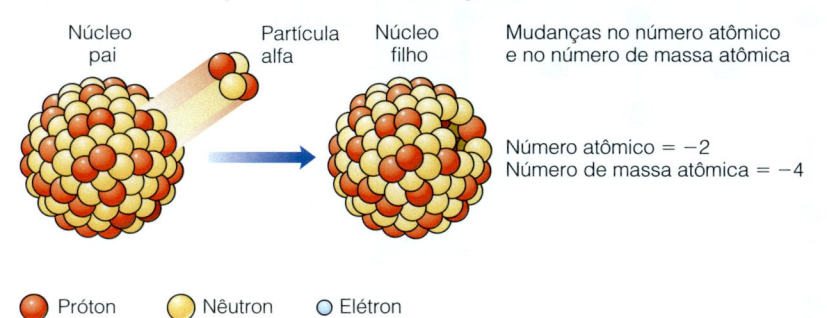

a. Decaimento alfa, em que um núcleo pai instável emite 2 prótons e 2 nêutrons.

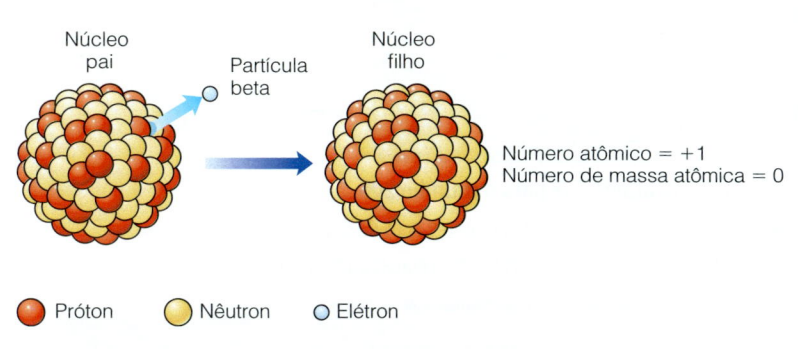

Número atômico = −2
Número de massa atômica = −4

b. Decaimento beta, em que um elétron é emitido pelo núcleo.

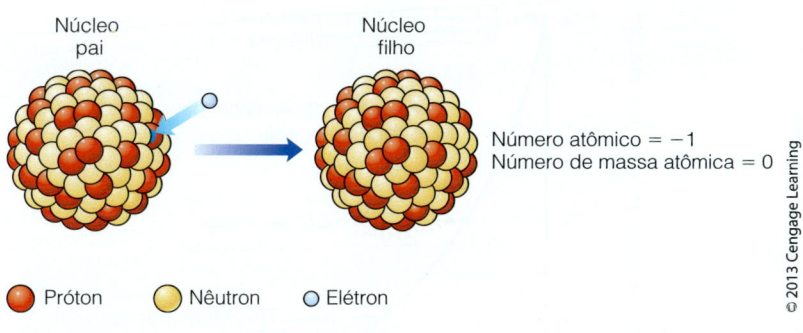

Número atômico = +1
Número de massa atômica = 0

c. Captura eletrônica, na qual um próton captura um elétron, sendo, desse modo, convertido em um nêutron.

Número atômico = −1
Número de massa atômica = 0

verificar os longos períodos de tempo postulados por Hutton e Lyell.

Decaimento radiogênico e meias-vidas

Decaimento radiogênico é o processo pelo qual um núcleo atômico instável é espontaneamente transformado no núcleo atômico de um elemento diferente. Três tipos de decaimento radiogênico são reconhecidos, todos eles resultam uma mudança da estrutura atômica (Figura 16.14).

No *decaimento alfa*, 2 prótons e 2 nêutrons são emitidos pelo núcleo, resultando a perda de 2 números atômicos e de 4 números de massa atômica. No *decaimento beta*, um elétron em movimento rápido é emitido por um nêutron no núcleo, mudando esse nêutron para próton e, consequentemente, aumentando o número atômico em 1, sem alteração do número de massa atômica resultante. *Captura de elétrons* é quando um próton captura um elétron de uma camada de elétrons e, assim, converte em um nêutron, resultando na perda de 1 número atômico, mas não alterando o número de massa atômica.

Alguns elementos são submetidos a uma etapa de decaimento apenas na conversão de uma forma instável para uma forma estável. Por exemplo, o rubídio 87 decai para estrôncio 87 por uma única emissão beta, e o potássio 40 decai para argônio 40 por uma única captura de elétron. Outros elementos radiogênicos passam por várias etapas de decaimento. O urânio 235 decai para chumbo 207 por 7 etapas alfa e 6 beta, enquanto o urânio 238 decai para chumbo 206 por 8 etapas alfa e 6 beta (Figura 16.15).

Ao discutir as taxas de decaimento, é conveniente referir-se a elas em termos de meias-vidas. A **meia-vida** de um elemento radiogênico é o tempo que leva para metade dos átomos do *elemento pai* original e instável decair para átomos de um novo *elemento filho* mais estável. A meia-vida de determinado elemento radiogênico é constante e pode ser medida com precisão. Meias-vidas de vários elementos radiogênicos variam de menos de um bilionésimo de segundo a 49 bilhões de anos.

O decaimento radiogênico ocorre a uma taxa geométrica em vez de ocorrer a uma taxa linear (Figura 16.16). Assim, um gráfico da taxa de decaimento produz uma curva em vez de uma linha reta (Figura 16.16b). Por exemplo: depois de uma meia-vida, um elemento com

> **decaimento radiogênico** Transformação espontânea de um átomo em outro, por emissão de uma partícula de seu núcleo (decaimento alfa e beta) ou por captura de elétrons.
>
> **meia-vida** Tempo necessário para a metade do número original de átomos radiogênicos de um elemento pai decair para um elemento filho mais estável. Por exemplo, a meia-vida do potássio 40 é de 1,3 bilhão de anos.

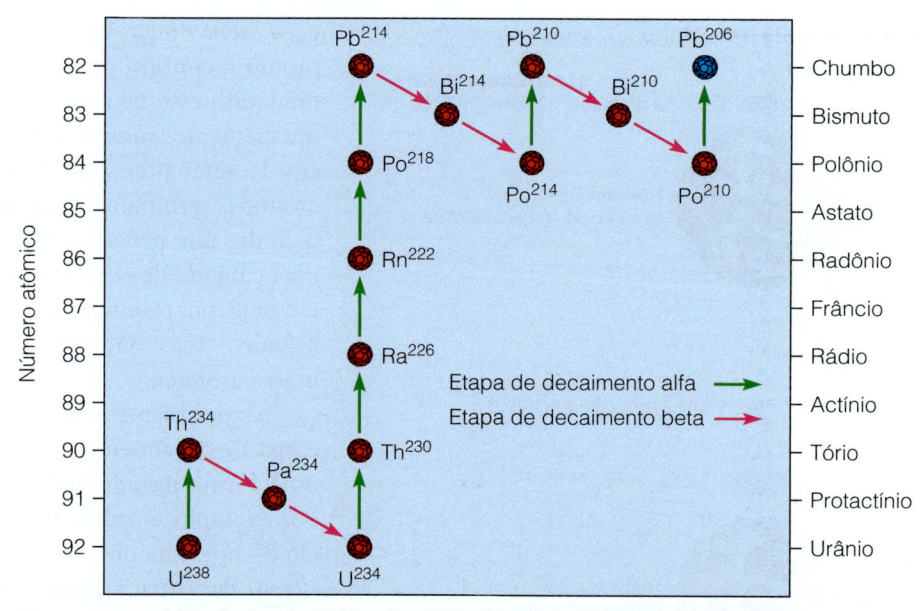

Figura 16.15 Série de decaimento radiogênico do urânio 238 para o chumbo 206

O urânio radiogênico 238 decai para o seu produto filho estável, chumbo 206, por oito passos de decaimento alfa e seis beta. Na série de decaimento, um número de isótopos diferentes é produzido como etapas intermediárias.

Baseado em dados de S. M. Richardson e H. Y. Mcsween, Jr., *Geochemistry – Pathways and Processes*, Prentice-Hall.

Figura 16.16 Alteração uniforme e linear em relação ao decaimento radiogênico geométrico

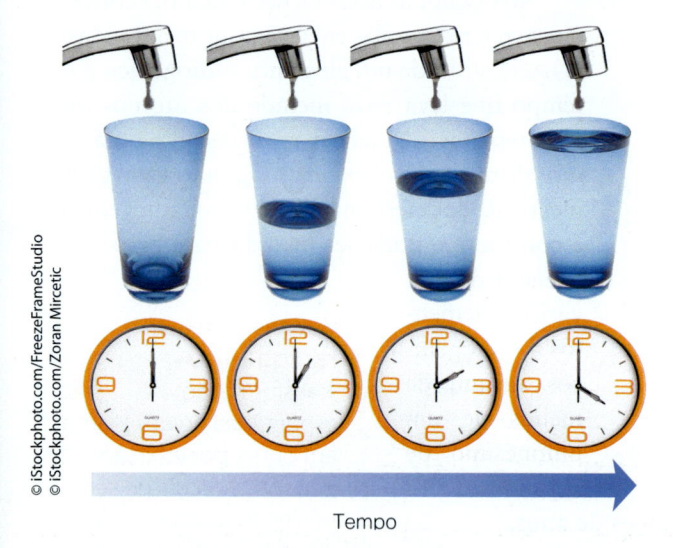

a. A alteração uniforme e linear é característica de muitos processos conhecidos. Neste exemplo, a água está sendo adicionada em um copo a uma taxa constante.

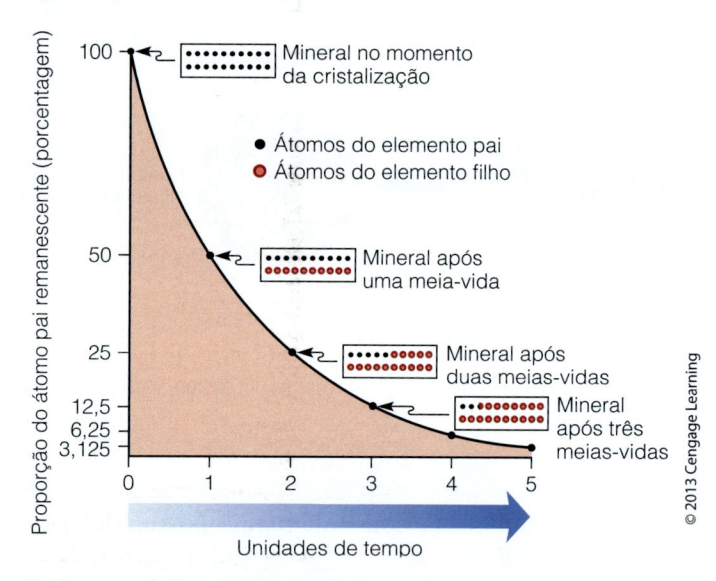

b. Uma curva de decaimento radiogênico geométrico, em que cada unidade de tempo representa uma meia-vida e cada meia-vida é o tempo que leva para metade do elemento pai decair para o elemento filho.

1 milhão de átomos originais terá 500 mil átomos pais e 500 mil átomos filhos; depois de duas meias-vidas, terá 250 mil átomos pais (metade dos átomos originais anteriores, que é equivalente a um quarto dos átomos pais originais) e 750 mil átomos filhos; depois de três meias-vidas, terá 125 mil átomos pais (metade dos átomos pais anteriores ou um oitavo dos átomos originais) e 875 mil átomos filhos; e assim por diante, até que o número de átomos originais restantes seja tão pouco que não possa ser medido com precisão por instrumentos atuais.

Ao medir a razão pai-filho e conhecendo a meia-vida do original (a qual foi determinada em laboratório), os geólogos podem calcular a idade de uma amostra

370 CAPÍTULO 16: TEMPO GEOLÓGICO: CONCEITOS E PRINCÍPIOS

Figura 16.17 Cristalização do magma contendo átomos originais radiogênicos e átomos filhos estáveis

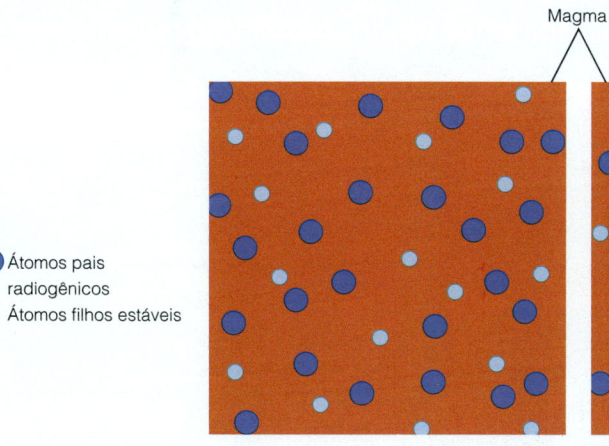

- Átomos pais radiogênicos
- Átomos filhos estáveis

a. O magma contém tanto os átomos pais radiogênicos quanto os átomos filhos estáveis. Os átomos pais radiogênicos são maiores que os átomos filhos estáveis.

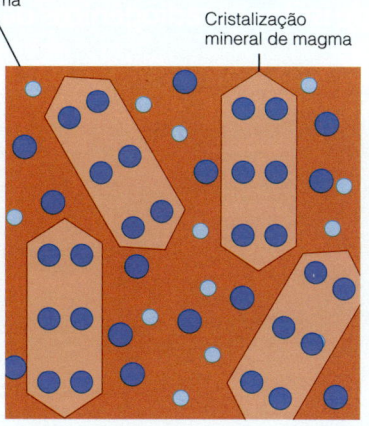

b. À medida que o magma resfria e começa a cristalizar, alguns dos átomos radiogênicos são incorporados na estrutura cristalina de certos minerais em substituição a outros elementos de dimensões e propriedades químicas semelhantes. Neste exemplo, apenas os átomos pais radiogênicos maiores se encaixam na estrutura do cristal. Por conseguinte, no momento da cristalização, os minerais nos quais os átomos pais radiogênicos puderam se encaixar na estrutura do cristal conterão 100% de átomos pais radiogênicos e 0% de átomos filhos estáveis.

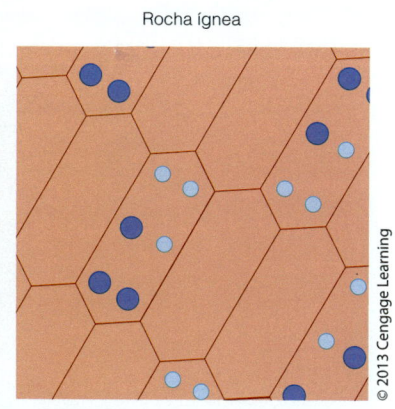

c. Após uma meia-vida, 50% dos átomos pais radiogênicos terão decaído para átomos filhos estáveis, de modo que aqueles minerais que tinham átomos pais radiogênicos na sua estrutura cristalina passarão a ter 50% de átomos pais radiogênicos e 50% de átomos filhos estáveis.

Figura 16.18 Efeitos do metamorfismo sobre a datação radiométrica

O efeito do metamorfismo em remover os átomos filhos de um mineral que cristalizou 700 milhões de anos atrás (maa). O mineral é mostrado imediatamente após a cristalização (a), a 400 milhões de anos (b), quando alguns dos átomos pais tinham decaído para átomos filhos. O metamorfismo em 350 milhões de anos atrás (c) remove os átomos filhos do mineral para rocha circundante. Se a rocha se mantiver como um sistema químico fechado, ao longo de sua história, a datação do mineral, hoje, (d) remeterá à época do metamorfismo, enquanto a datação da rocha toda fornecerá o tempo de sua cristalização, ou seja, 700 milhões de anos atrás.

MÉTODOS DE DATAÇÃO ABSOLUTA

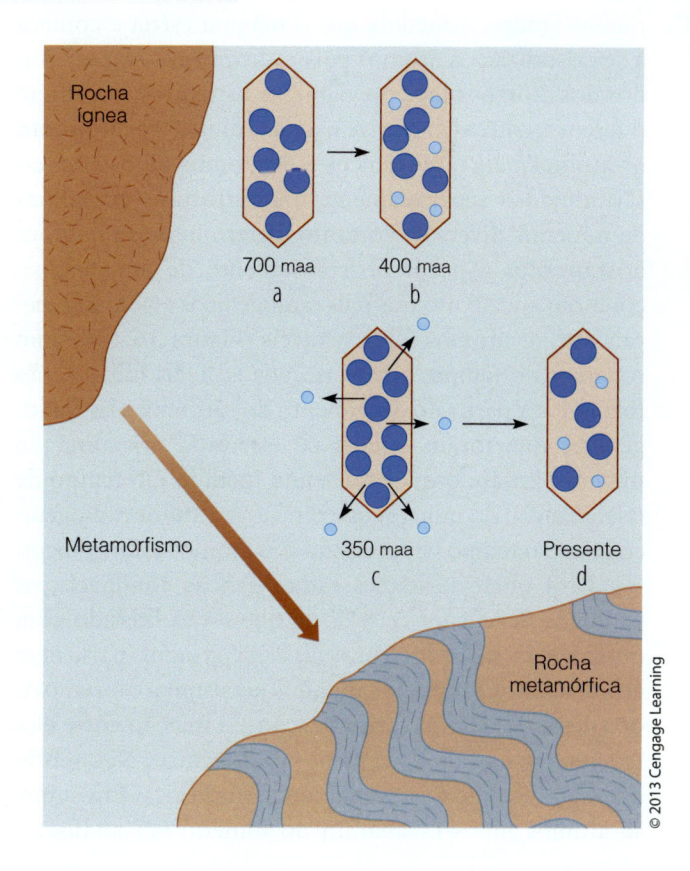

Tabela 16.1
Cinco dos principais pares de isótopos radiogênicos de vida longa usados na datação radiométrica

ISÓTOPOS		MEIA-VIDA DO PAI (ANOS)	DATAÇÃO EFETIVA (ANOS)	MINERAIS E ROCHAS QUE PODEM SER DATADOS
PAI	FILHO			
Urânio 238	Chumbo 206	4,5 bilhões	10 milhões a 4,6 bilhões	Zircão Uraninita
Urânio 235	Chumbo 207	704 milhões		
Tório 232	Chumbo 208	14 bilhões		
Rubídio 87	Estrôncio 87	48,8 bilhões	10 milhões a 4,6 bilhões	Moscovita Biotita Feldspato potássico Rocha ígnea ou metamórfica
Potássio 40	Argônio 40	1,3 bilhão	10 milhões a 4,6 bilhões	Glauconita Hornblenda Moscovita Rocha vulcânica Biotita

© 2013 Cengage Learning

que contenha o elemento radiogênico. A razão pai-filho, em geral, é determinada por um *espectrômetro de massa*, isto é, um instrumento que mede as proporções de átomos de massas diferentes.

Fontes de incerteza

As datas radiométricas mais precisas são obtidas de rochas ígneas. À medida que o magma esfria e começa a se cristalizar, os átomos pais radiogênicos são separados dos átomos filhos previamente formados. Por serem diferentes entre si, inclusive nas suas dimensões atômicas, os átomos pais radiogênicos e os átomos filhos estáveis são alojados separadamente nas estruturas cristalinas de minerais diversos. Portanto, determinados minerais, cristalizados a partir do resfriamento de um magma, conterão apenas átomos pais radiogênicos e outros minerais apenas átomos filhos estáveis (Figura 16.17). Com o passar do tempo, novos átomos estáveis filhos serão formados a partir do decaimento dos átomos pais radiogênicos que foram retidos na estrutura cristalina do mineral. Então, o que está sendo medido é o tempo de cristalização do mineral que reteve os átomos radiogênicos e *não* o tempo de formação dos átomos radiogênicos.

Para obter as idades radiométricas confiáveis, os geólogos devem ter certeza de que estão lidando com um *sistema fechado*. Ou seja: nem átomos pais, nem átomos filhos foram adicionados ao sistema ou removidos deste desde a sua cristalização e a relação entre eles resulta, apenas, do decaimento radiogênico. Não sendo assim, o resultado será uma idade imprecisa. Em suma, se átomos filhos escaparam do mineral em análise, a idade calculada será muito jovem. No entanto, a idade calculada será muito antiga se escaparam átomos pais radiogênicos originais.

O escape dos átomos pode acontecer se a rocha for aquecida ou submetida a intensa pressão, como às vezes chega a ocorrer durante o metamorfismo. Nesse caso, se alguns átomos de pais radiogênicos ou de filhos estáveis forem removidos e/ou acrescentados ao mineral em análise, o resultado será uma idade incorreta. Se, porém, o elemento filho estável fosse completamente removido do mineral, seria possível determinar a idade do evento metamórfico (uma idade útil em si) e não mais a idade desde a cristalização original do mineral (Figura 16.18).

Como o calor e a pressão afetam a relação pai-filho, é difícil datar com precisão a idade das rochas metamórficas. Lembre-se de que, embora a relação pai-filho resultante da amostra a ser analisada possa ter sido afetada pelo calor, a taxa de decaimento do elemento original permanece constante, independentemente de quaisquer alterações físicas ou químicas.

Pares de isótopos radiogênicos de longa vida

A Tabela 16.1 mostra os cinco pares de isótopos comuns, pai-filho de longa vida, utilizados na datação radiométrica. Os pares de longa vida têm meias-vidas de milhões ou bilhões de anos, e todos estavam presentes quando a Terra se formou e ainda estão presentes em quantidades mensuráveis. Outros pares de isótopos radiogênicos de vida mais curta decaíram até o ponto

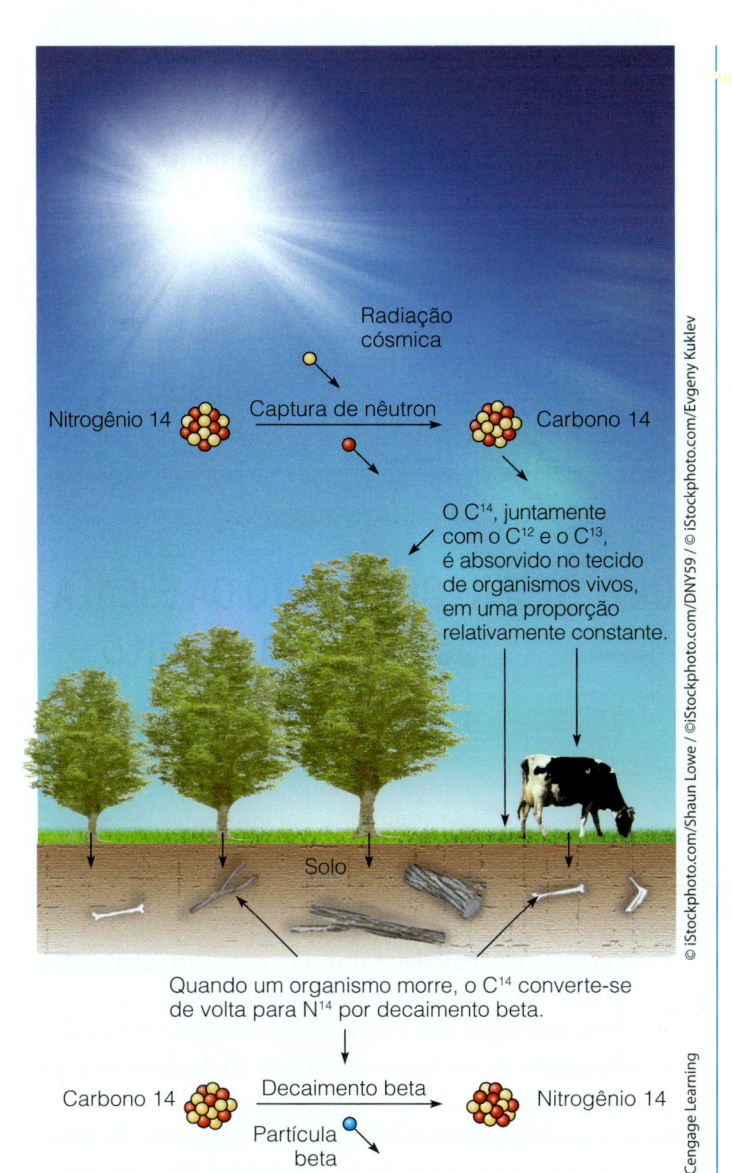

Figura 16.19 Método de datação por Carbono 14
Ciclo do carbono, mostrando a formação do carbono 14 na atmosfera superior, a sua dispersão e incorporação nos tecidos de todos os organismos vivos e o seu decaimento de volta ao nitrogênio 14 por decaimento beta.

em que permanecem apenas pequenas quantidades, perto do limite de detecção.

Os pares de isótopos mais comumente utilizados são a série de urânio-chumbo e tório-chumbo, que são utilizados principalmente para datar intrusivas ígneas antigas, amostras lunares e alguns meteoritos. O par radiogênico rubídio-estrôncio também é usado para amostras muito antigas e tem sido eficaz na datação das rochas mais antigas da Terra, bem como dos meteoritos.

O método argônio-potássio costuma ser usado para datar rochas vulcânicas de granulação fina, das quais não se podem separar os cristais individuais. Portanto, a rocha inteira é analisada. Como o argônio é um gás, deve-se ter muito cuidado para garantir que a amostra não tenha sido submetida ao calor, o que permitiria o escape do argônio. Assim, essa amostra produziria uma idade muito jovem. Existem outros pares de isótopos radiogênicos de longa vida, mas eles são bastante raros e utilizados apenas em situações especiais.

Método de datação por carbono 14

O carbono é um elemento importante na natureza e um dos elementos básicos encontrado em todas as formas de vida. Ele tem três isótopos: o carbono 12 e o carbono 13, que são estáveis, e o carbono 14, que é radiogênico (ver Figura 3.3). O carbono 14 tem uma meia-vida de 5.730 anos, com 30 anos a mais ou a menos. A **técnica de datação por carbono-14** é baseada na relação deste com o carbono 12, e é usada para datar material anteriormente vivo.

Em razão da curta meia-vida do carbono 14, o método de datação por carbono 14 é prático apenas para amostras com menos de cerca de

técnica de datação por carbono-14
Datação absoluta que utiliza a proporção de C^{14} a C^{12} em uma substância orgânica de até 70 mil anos atrás.

MÉTODOS DE DATAÇÃO ABSOLUTA

Figura 16.20 Determinando datas absolutas para rochas sedimentares
As idades absolutas das rochas sedimentares podem ser determinadas pela datação das rochas ígneas associadas. Em a e b, as rochas sedimentares são delimitadas por corpos de rochas para as quais as idades absolutas foram determinadas.

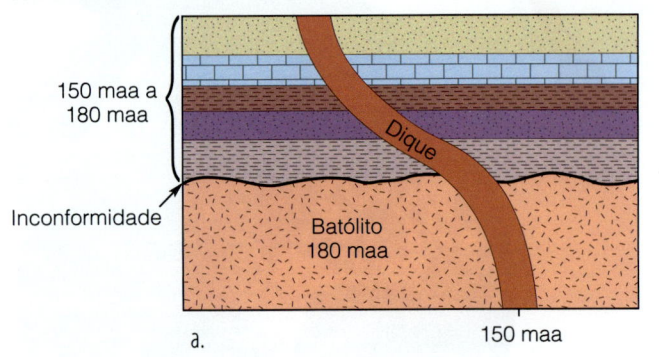

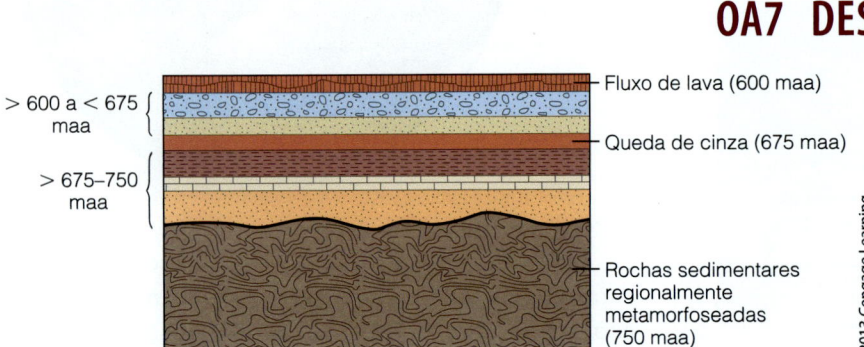

à medida que ele decai de volta para o nitrogênio, por uma etapa de decaimento beta simples (Figura 16.19).

Atualmente, a proporção de carbono 14 para carbono 12 é notavelmente constante, tanto na atmosfera quanto nos organismos vivos. Contudo, há boas provas de que a produção de carbono 14, e assim a proporção de carbono 14 para carbono 12, variou um pouco durante os últimos milhares de anos. Isso foi determinado pela comparação das idades estabelecidas pela datação por carbono 14 de amostras de madeira com idades determinadas pela contagem de anéis anuais de árvore nas mesmas amostras. Como resultado, as idades do carbono 14 foram corrigidas para refletir essas variações no passado.

OA7 DESENVOLVIMENTO DA ESCALA DO TEMPO GEOLÓGICO

A escala do tempo geológico é uma escala hierárquica, na qual os 4,6 bilhões de anos de história da Terra são divididos em unidades de tempo de duração variável (Figura 16.1). Essa escala não resultou do trabalho de um indivíduo, mas evoluiu, principalmente durante o século XIX, pelos esforços de muitas pessoas.

Pela aplicação dos métodos de datação relativa dos afloramentos de rocha, os geólogos da Inglaterra e da Europa Ocidental definiram as principais unidades do tempo geológico sem o benefício das técnicas de datação radiométrica. Usando os princípios de superposição e de sucessão fóssil, eles correlacionaram várias exposições rochosas e montaram uma seção geológica composta. Esse perfil composto é, de fato, uma escala de tempo relativa, pois as rochas são dispostas em sua ordem sequencial correta.

Até o início do século XX, os geólogos tinham desenvolvido uma escala do tempo geológico relativa, mas ainda não tinham nenhuma idade absoluta para os vários limites de unidade de tempo. Na sequência da descoberta da radioatividade, perto do fim do século XIX, idades radiométricas foram adicionadas à escala do tempo geológico relativa (Figura 16.1).

Pelo fato de as rochas sedimentares, com raras exceções, não poderem ser radiometricamente datadas, os geólogos tiveram de confiar nas rochas vulcânicas intercaladas e nas intrusões ígneas para aplicar as datas absolutas aos limites das várias subdivisões da escala do tempo geológico (Figura 16.20).

70 mil anos; consequentemente, é especialmente útil em arqueologia e ajuda muito a desvendar os acontecimentos da última parte do Pleistoceno.

O carbono 14 é constantemente formado na atmosfera superior, quando os raios cósmicos, que são partículas de alta energia (principalmente prótons), atacam os átomos dos gases atmosféricos superiores, dividindo seus núcleos em prótons e nêutrons. Quando um nêutron atinge o núcleo de um átomo de nitrogênio (número atômico 7, número de massa atômica 14), esse nêutron pode ser absorvido para dentro do núcleo e um próton pode ser emitido. Assim, o número atômico do átomo diminui em 1, enquanto o número da massa atômica permanece o mesmo. Pela mudança do número atômico, um novo elemento é formado: o carbono 14 (número atômico 6, número de massa atômica 14). O carbono 14 recém-formado é assimilado rapidamente no ciclo de carbono e, juntamente com os carbonos 12 e 13, é absorvido em uma proporção quase constante por todos os organismos vivos (Figura 16.18). No entanto, quando um organismo morre, o carbono 14 não é reabastecido e a sua proporção para o carbono 12 diminui

Uma queda de cinza ou um fluxo de lava fornecem excelente marcador estratigráfico, que é uma superfície equivalente de tempo, fornecendo uma idade mínima para as rochas sedimentares abaixo e uma idade máxima para as rochas acima. As quedas de cinzas são particularmente úteis, porque podem ocorrer tanto sobre ambientes sedimentares marinhos quanto não marinhos, e, portanto, fornecer uma ligação entre esses ambientes diferentes.

Agora, milhares de idades absolutas são conhecidas por rochas sedimentares de idade relativa conhecida, e essas datas absolutas foram adicionadas à escala de tempo relativa. Desse modo, os geólogos foram capazes de determinar tanto as idades absolutas dos vários períodos geológicos quanto a duração destes (Figura 16.1). Na verdade, as idades para eras, períodos e limites de época da escala do tempo geológico ainda estão sendo refinadas, à medida que métodos de datação mais precisos são desenvolvidos e novas exposições, datadas. As idades mostradas nas Figuras 1.17 e 16.1 são as mais recentemente publicadas (2009).

OA8 TEMPO GEOLÓGICO E ALTERAÇÕES CLIMÁTICAS

Dado o debate sobre o aquecimento global e suas possíveis implicações, é extremamente importante ser capaz de reconstruir regimes climáticos passados com a maior precisão possível. Para traçar um modelo de como o sistema climático da Terra respondeu às mudanças no passado e usar essa informação para simulações de cenários climáticos futuros, os geólogos precisam dispor de um calendário geológico que seja tão preciso e exato quanto possível. A capacidade de determinar com precisão quando as mudanças climáticas do passado ocorreram ajuda os geólogos a correlacionar essas alterações com os eventos geológicos regionais e globais, a fim de verificar a existência de quaisquer conexões possíveis.

Na reconstrução de climas do passado, um método interessante, que está se tornando comum, é a análise de estalagmites de cavernas. Lembre-se de que estalagmites são estruturas em forma de pingente, que sobem do piso de uma caverna, e formadas pelo carbonato de cálcio precipitado da evaporação da água (veja o Capítulo 12). Portanto, uma estalagmite registra uma história em camadas, porque cada camada recém-precipitada de carbonato de cálcio é mais jovem que a camada previamente precipitada (Figura 16.21).

Assim, as camadas de uma estalagmite são mais antigas no centro de sua base, e progressivamente mais jovens, à medida que se movem para fora (princípio da superposição). Usando técnicas baseadas em relações do urânio 234 ao tório 230, e voltando de maneira confiável para cerca de 500 mil anos, os geólogos podem alcançar datas radiométricas muito precisas nas camadas individuais de uma estalagmite.

Um estudo das estalagmites da gruta Crevice, em Missouri, revelou uma história de mudança climática e de vegetação na região continental média dos Estados Unidos, no intervalo entre 75 mil e 25 mil anos atrás. Idades obtidas com base nas estalagmites da gruta Crevice foram correlacionadas com mudanças importantes na vegetação e com as flutuações das temperaturas médias obtidas dos perfis dos isótopos de carbono 13 e de oxigênio 18, a fim de reconstruir uma imagem detalhada das mudanças climáticas durante esse período.

Como resultado, técnicas de datação precisas em estudos de estalagmites forneceram uma cronologia exata, que permite ao geólogo traçar o modelo dos sistemas climáticos do passado e, talvez, determinar o que provoca as alterações climáticas globais e a duração destas. Ao analisar as mudanças ambientais e climáticas do passado e sua duração, os geólogos esperam poder usar esses dados, em algum momento no futuro próximo, para prever as mudanças climáticas regionais e, possivelmente, modificá-las.

Figura 16.21 Estalagmites e mudanças climáticas

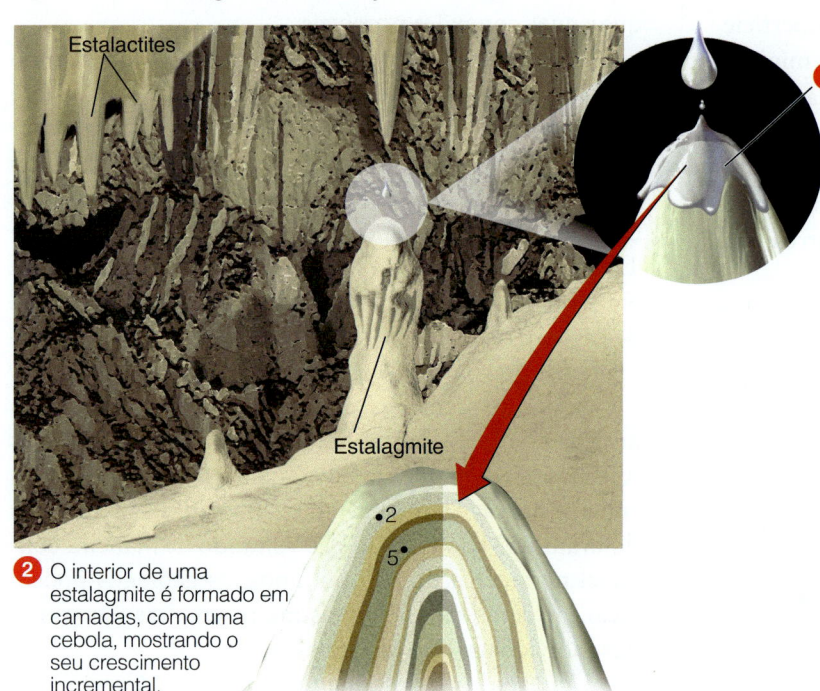

① As camadas recém-formadas de calcita em uma estalagmite contêm U^{234} (substituindo por cálcio).

② O interior de uma estalagmite é formado em camadas, como uma cebola, mostrando o seu crescimento incremental.

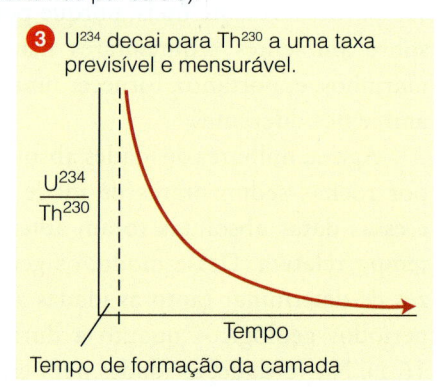

③ U^{234} decai para Th^{230} a uma taxa previsível e mensurável.

④ A idade de cada camada pode ser determinada por medição da sua razão de U^{234}/Th^{230}. A camada 5 (à esquerda) é mais antiga que a camada 2 – ela tem uma relação mais baixa de U^{234}/Th^{230}.

a. Estalagmites são estruturas em forma de pingente que sobem do solo de uma caverna e são formadas pela precipitação de carbonato de cálcio da água em evaporação. Portanto, uma estalagmite é composta de camadas, com a camada mais antiga no centro e as mais jovens do lado de fora. Com frequência, o urânio 234 substitui o íon cálcio no carbonato de cálcio da estalagmite, e esse urânio 234 decai para tório 230 a uma taxa previsível e mensurável. Portanto, a idade de cada camada da estalagmite pode ser datada pela medição da razão entre urânio 234 e tório 230.

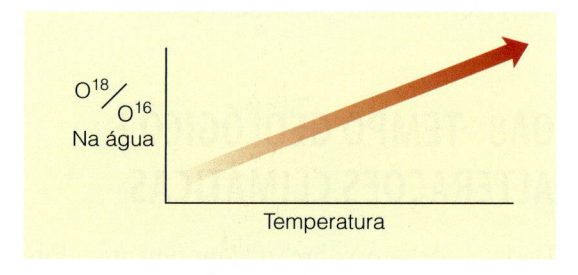

① As camadas em um núcleo ou em uma fatia de uma estalagmite são datadas radiometricamente.

② A água dos poros é analisada em cada camada para O^{18}/O^{16} e espécies de plantas (pelo pólen).

b. Há dois isótopos de oxigênio, um leve, o oxigênio 16 e um mais pesado, o oxigênio 18. Por ser mais leve que o isótopo 18 do oxigênio, o isótopo 16 do oxigênio vaporiza mais facilmente que o isótopo 18 do oxigênio quando a água evapora. Portanto, conforme o clima se torna mais quente, a evaporação aumenta e a proporção O^{18}/O^{16} se torna mais elevada na água restante. A água na forma de chuva ou neve se infiltra no solo e fica retida nos poros, entre a calcita, formando as estalagmites.

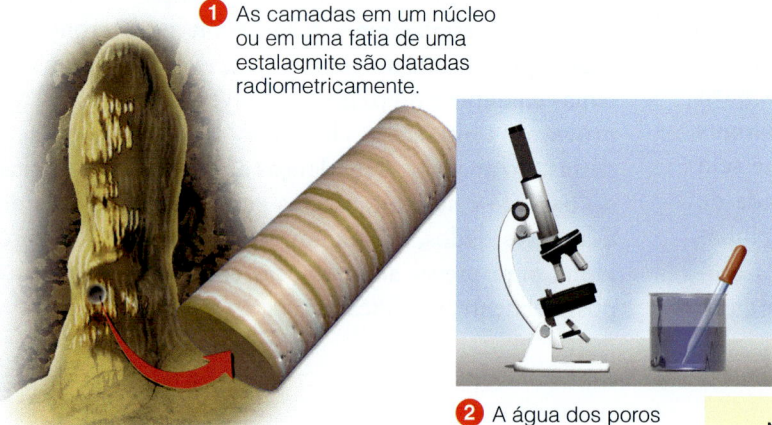

③ Um registro das mudanças climáticas é colocado em conjunto para a área das cavernas.

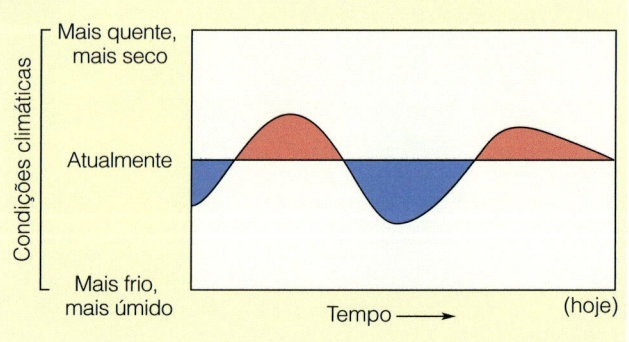

c. As camadas de uma estalagmite podem ser datadas medindo-se a razão U^{234}/Th^{230} e a razão O^{18}/O^{16} determinada para a água retida nos poros de cada camada. Desse modo, um registro detalhado das mudanças climáticas para a área pode ser determinado correlacionando-se o clima da área, conforme determinado pela relação O^{18}/O^{16}, ao período de tempo, como determinado pela razão U^{234}/Th^{230}.

17 História da Terra

Arenito do período Cambriano Superior, da sequência Sauk, exibindo estratificação cruzada na região de Dells, em Wisconsin. Esses estratos foram depositados pela transgressão do mar Sauk e, posteriormente, expostos pela erosão do rio Wisconsin.

Introdução

"Imagine um planeta estéril, sem vida, sem água, quente e com uma atmosfera tóxica... Assim era a Terra pouco depois que se formou."

Imagine um planeta estéril, sem vida, sem água, quente e com uma atmosfera tóxica. A radiação cósmica é intensa. Meteoritos e cometas caem no chão, e vulcões entram em erupção quase continuamente. Tempestades formam-se na atmosfera turbulenta, relâmpagos clareiam o céu na maior parte do tempo, porém sem chuvas, porque toda a água se encontra em forma de vapor em razão da alta temperatura, dia e noite. E como a atmosfera não tem oxigênio, nada queima. Contudo, piscinas e correntes de rochas fundidas irradiam um brilho vermelho contínuo. Isso pode parecer uma descrição de um romance de ficção científica, mas é provavelmente um relato razoavelmente preciso de como era a Terra pouco depois de ser formada (Figura 17.1a).

Nosso conceito de tempo é totalmente inadequado para compreender a magnitude do tempo geológico, ou o que alguns chamam de *tempo profundo*. Afinal, não temos nenhum referencial para milhões ou bilhões de anos. Portanto, os 4,6 bilhões de anos de existência da Terra vão muito além do que podemos compreender. Considere o seguinte: suponha que 1 segundo seja igual a 1 ano. Se assim for e se você tiver começado a contar até 4,6 bilhões, essa tarefa começaria por você e terminaria com seus descendentes, levando aproximadamente 146 anos! Na verdade, o período que designamos como Pré-cambriano constitui, apenas ele, aproximadamente 88% de todo o tempo geológico.

Este capítulo tem a ambiciosa tarefa de esboçar a história da Terra, de seu estado original para as condições atuais e muito diferentes. No Capítulo 1, introduzimos o conceito de um *sistema* como uma combinação de partes relacionadas que interagem de forma organizada, e demos exemplos de interações ao discutir sobre vulcanismo, tectônica de placas, água corrente e glaciação. Após a Terra ser formada, há aproximadamente 4,6 bilhões de anos, seus sistemas tornaram-se operacionais, embora nem todos ao mesmo tempo nem em sua forma atual. Por exemplo, a Terra não se diferenciava entre núcleo e manto até milhões de anos após ser formada, e não temos conhecimento de nenhuma crosta antes dos 4,0 bilhões de anos. No entanto, uma vez que a Terra se diferenciou em camadas, o calor interno iniciou o movimento de placas e a crosta começou a evoluir como continua a fazer.

Objetivos de Aprendizagem (OA)

Ao finalizar este capítulo você será capaz de:

- **OA1** Descrever a história pré-cambriana da Terra
- **OA2** Descrever a geografia paleozoica da Terra
- **OA3** Descrever a evolução paleozoica da América do Norte
- **OA4** Entender e explicar a história dos cinturões móveis paleozoicos
- **OA5** Explicar o papel das microplacas na geologia paleozoica
- **OA6** Descrever os estágios do rompimento da Pangeia
- **OA7** Explicar a história mesozoica da América do Norte
- **OA8** Explicar a história da Terra na Era Cenozoica
- **OA9** Descrever a história geológica da cordilheira norte-americana

OA1 A HISTÓRIA PRÉ-CAMBRIANA DA TERRA

Pré-cambriano é um termo amplamente utilizado para referir-se tanto ao período quanto às rochas. Como período, ele compreende todo o tempo geológico desde a origem da Terra, há 4,6 bilhões de anos, até o início do Éon Fanerozoico, há 542 milhões de anos (veja a Figura 17.1b). O termo também refere-se a todas as rochas anteriores às rochas do Sistema Cambriano. Infelizmente, não se tem conhecimento de nenhuma rocha dos primeiros 600 milhões de anos do tempo geológico. Portanto nossos registros geológicos começam há aproximadamente 4,0 bilhões de anos, com a rocha mais

Figura 17.1 O Pré-cambriano da Terra e a escala de tempo do Pré-cambriano

a. Aparência possível da Terra quando se formou. Não se tem conhecimento de nenhuma rocha desse período, mas os geólogos podem fazer inferências razoáveis sobre a natureza do planeta recém-formado.

Pré-cambriano

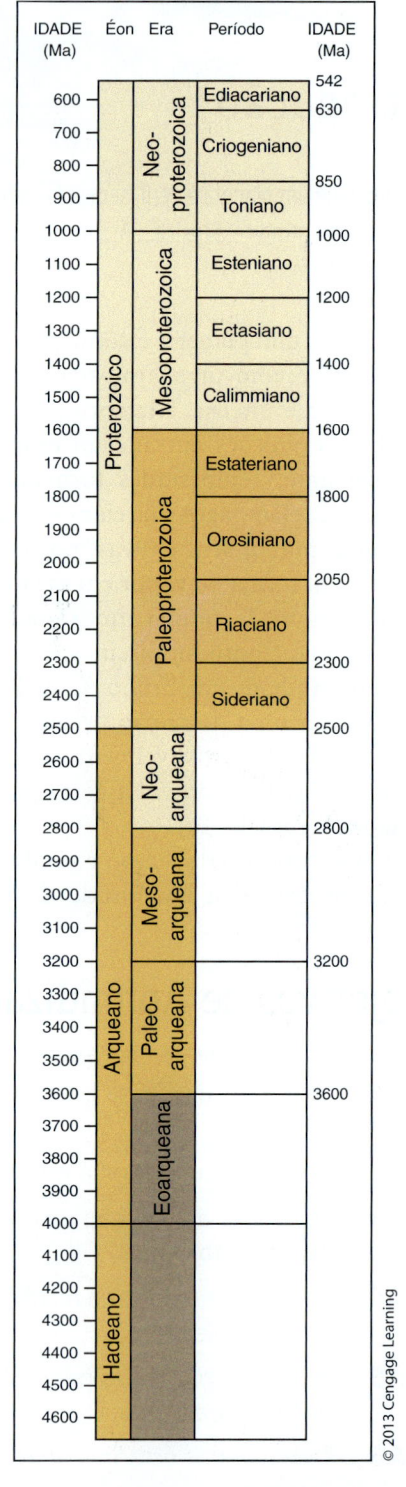

IDADE (Ma)	Éon	Era	Período	IDADE (Ma)
600	Proterozoico	Neoproterozoica	Ediacariano	542
				630
700			Criogeniano	
800				850
900			Toniano	
1000				1000
1100		Mesoproterozoica	Esteniano	
1200				1200
1300			Ectasiano	
1400				1400
1500			Calimmiano	
1600				1600
1700		Paleoproterozoica	Estateriano	
1800				1800
1900			Orosiniano	
2000				
2100				2050
2200			Riaciano	
2300				2300
2400			Sideriano	
2500	Arqueano	Neoarqueana		2500
2600				
2700				
2800				2800
2900		Mesoarqueana		
3000				
3100				
3200				3200
3300		Paleoarqueana		
3400				
3500				
3600				3600
3700		Eoarqueana		
3800				
3900				
4000				
4100	Hadeano			
4200				
4300				
4400				
4500				
4600				

b. Essa versão mais recente da escala de tempo geológico foi publicada pela Comissão Internacional de Estratigrafia (ICS), em 2009. Nas Figuras 1.17 e 16.1 é possível obter uma escala de tempo completa. Observe o uso dos prefixos *eo* (início ou começo), *paleo* (velho ou antigo), *meso* (meio) e *neo* (novo ou recente). As colunas das idades à esquerda e à direita da escala de tempo estão em centenas e em milhares de milhões de anos (1.800 milhões de anos = 18 bilhões de anos, por exemplo).

antiga da Terra que se tem conhecimento: o Gnaisse Acasta, no Canadá (veja a Figura 7.1). O registro geológico que temos do Pré-cambriano, em particular seu período mais antigo, é difícil de ser decifrado, porque muitas dessas rochas antigas (1) foram metamorfisadas e complexamente deformadas; (2) em muitas regiões, elas estão profundamente soterradas sob rochas mais novas; e (3) elas contêm poucos fósseis úteis para determinar idades relativas.

Os geólogos dividem o Pré-cambriano em três partes: o Hadeano (um termo informal) – 4,6 bilhões de anos a 4,0 bilhões de anos, o Éon Arqueano (4,0 bilhões de anos a 2,5 bilhões de anos) e o Éon Proterozoico (2,5 milhões de anos a 542 milhões de anos). Os éons são subdivididos usando prefixos como *paleo* (velho ou antigo), *neo* (novo ou recente), e assim por diante (Figura 17.1b). Assim, o Pré-cambriano durou mais de 4,0 bilhões de anos, e a Terra já existe há 4,6 bilhões de anos. Nossa tarefa aqui é estudar esse longo intervalo de tempo em poucas páginas.

A origem e a evolução dos continentes

As rochas com 3,8 bilhões de anos a 4,0 bilhões de anos, consideradas representantes da crosta continental, são conhecidas em várias regiões, incluindo Minnesota, Groenlândia, Canadá e África do Sul. Além disso, essas rochas são metamórficas, ou seja, foram alteradas a partir de rochas ainda mais antigas.

De acordo com um modelo para a origem dos continentes, a crosta mais antiga era fina e instável e composta de rochas ígneas ultramáficas. A princípio, a crosta mais antiga foi partida pelo magma basáltico, que emergiu das dorsais e foi consumido nas zonas de subducção. Uma segunda etapa na evolução crustal

Figura 17.2 As três etapas da origem da crosta continental granítica

Os arcos de ilha andesíticos formados pela fusão parcial da crosta oceânica basáltica são introduzidos por magmas graníticos. Como resultado do movimento das placas, os arcos de ilha colidem e formam unidades maiores, ou crátons.

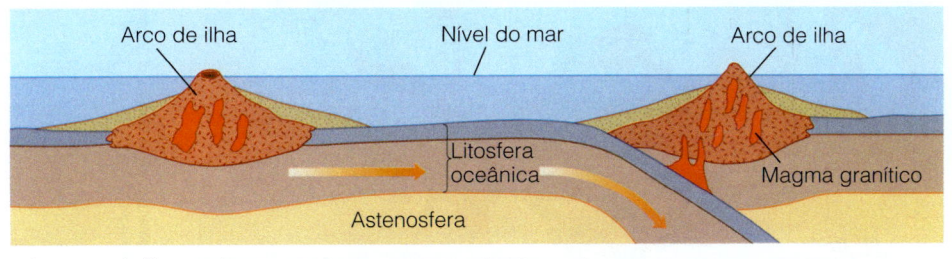

a. Dois arcos de ilha em placas separadas movem-se em direção um do outro.

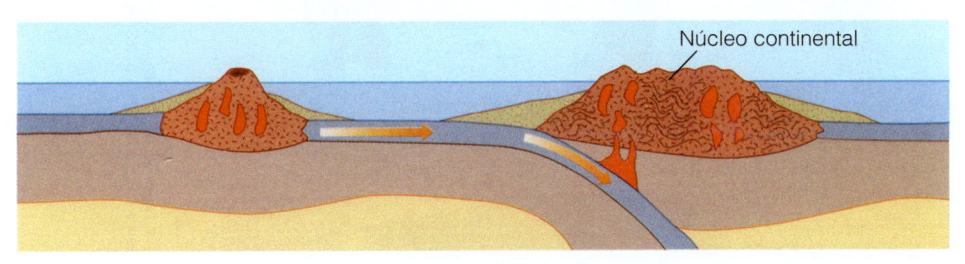

b. Os arcos de ilha mostrados em (a) colidem, formando um cráton pequeno, e outro arco de ilha aproxima-se desse cráton.

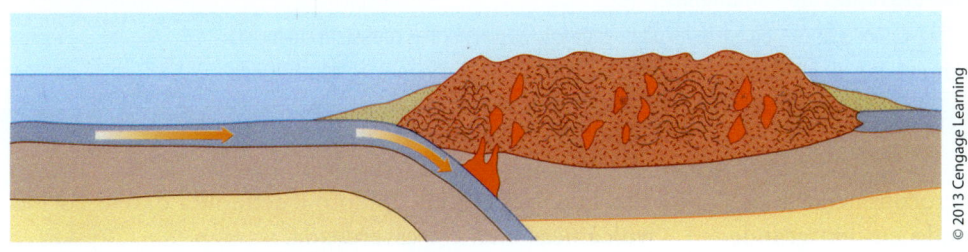

c. O arco de ilha mostrado em (b) colide com o cráton.

escudo Vasta área de rochas antigas expostas em um continente, ou seja, a parte exposta de um cráton.

plataforma Vasta região que se estende a partir de um escudo, mas coberta por rochas mais novas. Uma plataforma e um escudo formam um cráton.

cráton Parte relativamente estável de um continente que consiste de um escudo e de uma extensão soterrada de um escudo, conhecida como plataforma. Frequentemente, é o núcleo mais antigo de um continente.

escudo canadense A parte exposta do cráton norte-americano, principalmente, no Canadá, mas que aflora também em Minnesota, Wisconsin, Michigan e Nova York.

começou quando a fusão parcial da crosta basáltica recém-formada resultou a formação de arcos de ilha andesíticos, e a fusão parcial de andesitos crustais inferiores produziu magma granítico, que foi depositado na crosta. À medida que plútons foram depositados nesses arcos de ilha, tornaram-se mais parecidos com a crosta continental. Há aproximadamente 4 bilhões de anos, os movimentos de placas, acompanhados por subducção e colisões de arcos de ilha, formaram diversos núcleos graníticos continentais (Figura 17.2).

Escudos, plataformas e crátons

Cada continente possui uma vasta área de rochas pré-cambrianas expostas, conhecidas como **escudo**. Estendendo-se para fora dos escudos estão as **plataformas**, que consistem em rochas pré-cambrianas anteriores às rochas mais recentes. Um escudo e uma plataforma juntos formam um **cráton**, que podemos pensar como um centro estável ou um núcleo de um continente (Figura 17.3). Muitas das rochas no interior dos crátons foram grandemente deformadas, introduzidas por plútons e alteradas por metamorfismo, mas passaram por pouca ou nenhuma deformação desde o final do Pré-cambriano. Sua estabilidade desde aquele período contrasta nitidamente com sua história pré-cambriana da atividade orogênica.

O **escudo canadense**, a parte exposta do cráton da América do Norte, é uma vasta região de topografia suave, com lagos e com exposição de rochas arqueanas e proterozoicas, finamente cobertas por depósitos glaciais do Pleistoceno (Figura 17.3). Além do escudo canadense, as rochas expostas do Pré-cambriano são limitadas a áreas de profunda erosão, como Grand Canyon, e áreas de orogênese, como os Apalaches e as Montanhas Rochosas.

Os geólogos delinearam várias unidades menores no interior do escudo canadense, cada uma delas reconhecida por idade radiométrica e seu padrão estrutural. As unidades menores, bem como as outras que formam a plataforma, são as subunidades que constituem o cráton da América do Norte. É provável que cada

A HISTÓRIA PRÉ-CAMBRIANA DA TERRA

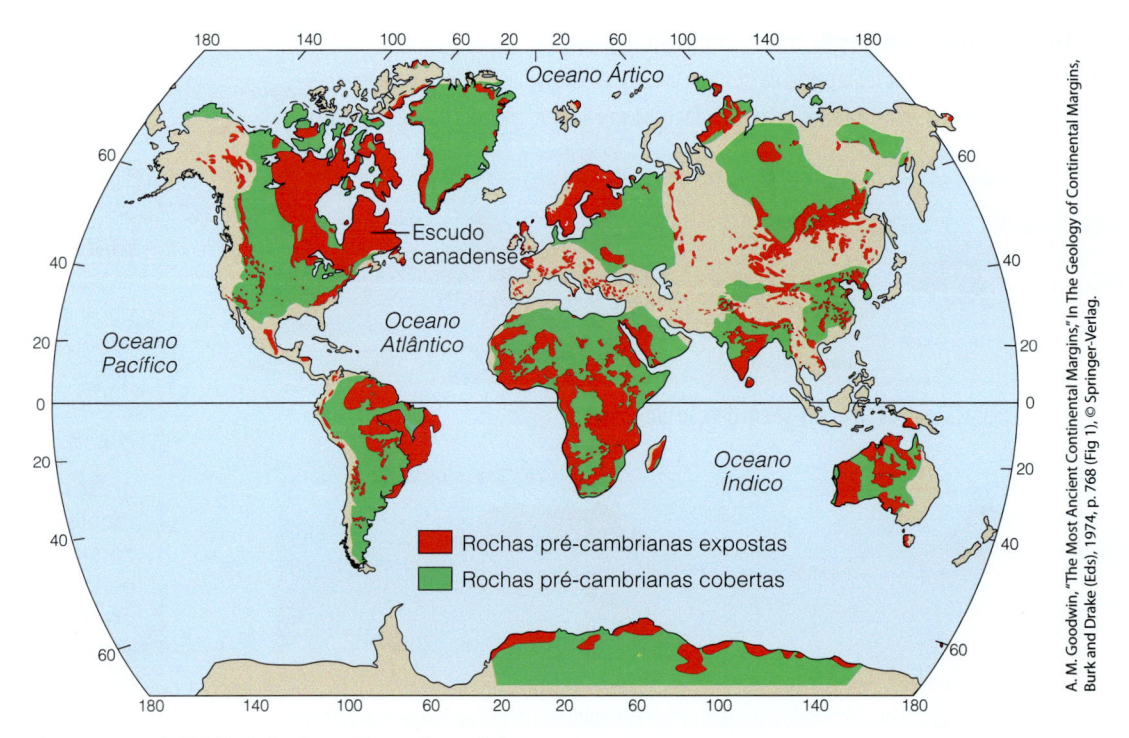

Figura 17.3 A distribuição das rochas pré-cambrianas
As regiões de rochas expostas pré-cambrianas constituem os escudos, enquanto as plataformas consistem em rochas pré-cambrianas enterradas. Um escudo e sua plataforma adjacente formam um cráton. Bordejando, ou entremeando, as rochas pré-cambrianas, estão as rochas fanerozoicas.

unidade menor tenha sido um microcontinente independente, que, mais tarde, foi reunido em um grande cráton. A amalgamação dessas unidades ocorreu durante a Era Paleoproterozoica.

História arqueana da Terra

De longe, as rochas mais comuns do período Arqueano são complexos de granito e gnaisse, bem como de uma sucessão de rochas subordinadas, mas razoavelmente comuns, conhecidas como **cinturão de rochas verdes**. Os cinturões de rochas verdes representam apenas 10% de rochas arqueanas e, ainda assim, são importantes na elucidação da complexidade de alguns eventos tectônicos do período Arqueano.

Um cinturão de rocha verde ideal possui três unidades rochosas principais: as unidades inferiores e médias, que são basicamente rochas vulcânicas, e a unidade superior, que é sedimentar. O metamorfismo de baixo grau e a presença dos minerais clorita, epidoto e actinolita dão às rochas vulcânicas uma cor esverdeada.

A maioria dos cinturões de rocha verde possui uma estrutura sinclinal intrudida por plútons graníticos e complexamente dobrada e cortada por falhas de empurrão (Figura 17.4a).

Um modelo atual amplamente aceito para a origem dos cinturões de rocha verde afirma que eles se desenvolveram em *bacias de retroarco* que, primeiro, se abriram e depois se fecharam. Um estágio inicial de extensão ocorre quando as bacias de retroarco se abrem, durante o qual acontece o período de vulcanismo e de sedimentação e, finalmente, há um episódio de compressão, à medida que elas se fecham (Figura 17.5). Durante o fechamento, as rochas são invadidas por plútons magmáticos e metamorfisadas, e o cinturão de rocha verde assume uma forma sinclinal, à medida que é dobrada e falhada.

Sem dúvida, a forma atual da tectônica de placas, que envolve a abertura e o fechamento das bacias oceânicas, é o principal agente da evolução da Terra desde, pelo menos, a Era Paleoproterozoica, e muitos geólogos estão convencidos de que algum tipo de tectônica de placas também operava durante o período Arqueano. Contudo, a produção de calor radiogênico diminuiu

cinturão de rocha verde Associação linear ou recurvada de rochas ígneas e sedimentares. As unidades inferiores e médias são vulcânicas e as unidades superiores sedimentares.

Figura 17.4 Cinturões de rochas verdes

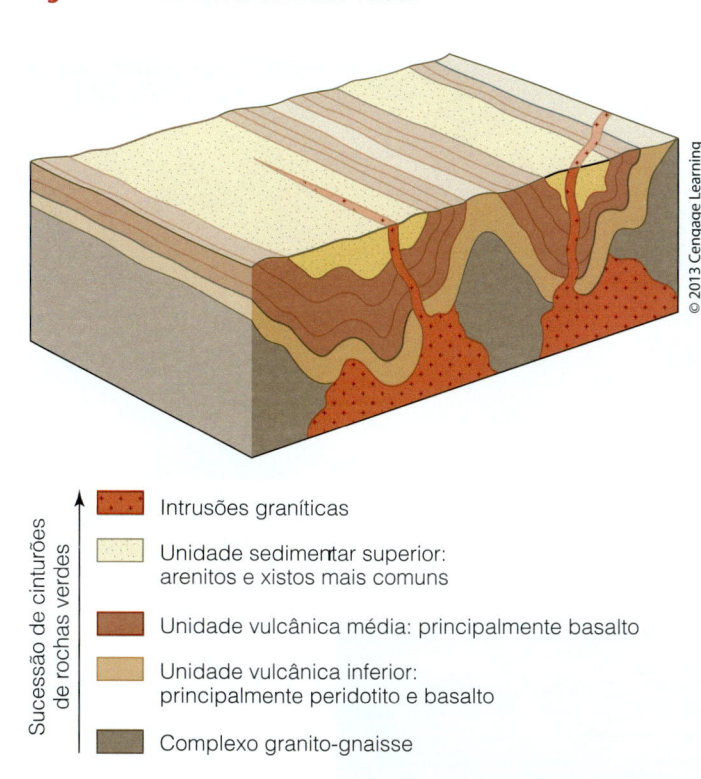

Sucessão de cinturões de rochas verdes:
- Intrusões graníticas
- Unidade sedimentar superior: arenitos e xistos mais comuns
- Unidade vulcânica média: principalmente basalto
- Unidade vulcânica inferior: principalmente peridotito e basalto
- Complexo granito-gnaisse

a. Dois cinturões de rochas verdes adjacentes mostram sua estrutura sinclinal. As duas unidades inferiores dos cinturões de rocha verde são, principalmente, rochas vulcânicas, enquanto a unidade superior é sedimentar.

b. Lava almofadada do cinturão de rochas verdes de Ishpeming, em Michigan.

c. Gnaisse do complexo metamórfico da porção meridional do Cráton São Francisco, em Minas Gerais.

Figura 17.5 Origem de um cinturão de rocha verde em uma bacia de retroarco marginal

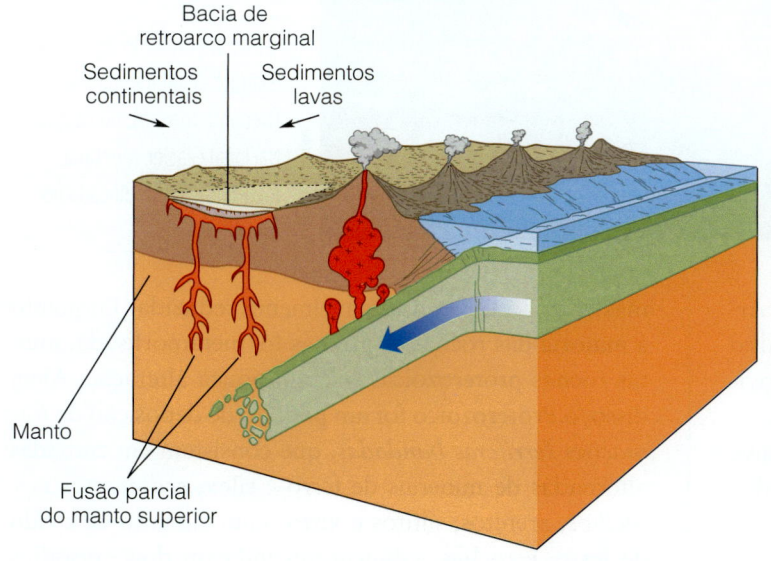

a. Lava basáltica e sedimento derivado do continente e arco de ilha preenchem a bacia de retroarco marginal.

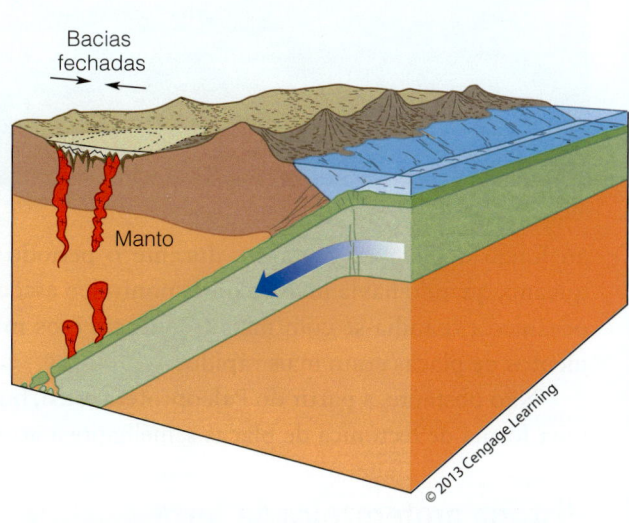

b. Fechamento da bacia de retroarco marginal pela compressão e deformação. A evolução do cinturão de rochas verdes é deformada em uma estrutura do tipo sinclinal em que o magma granítico é introduzido.

A HISTÓRIA PRÉ-CAMBRIANA DA TERRA

Figura 17.6 Rochas sedimentares paleoproterozoicas e neoproterozoicas
Muitas rochas sedimentares do período Proterozoico são partes das paragêneses de arenito-carbonato-xisto que foram depositadas em margens continentais passivas.

a. Um afloramento de quartzito Mesnard paleoproterozoico, em Michigan. As cristas das marcas de ondas apontam na direção do observador.

b. Dolomito Kona paleoproterozoico, de Michigan. As estruturas bulbosas são estromatólitos que foram produzidos a partir das atividades de cianobactérias (algas azul-esverdeadas).

c. Este afloramento de arenito e lamito de bilhões de anos (Neoproterozoico), no Parque Nacional Glacier, Montana, foi levemente modificado por metamorfismo.

ao longo do tempo. Portanto, durante o período Arqueano, quando havia mais calor disponível, o assoalho oceânico expandia-se com mais frequência e os movimentos de placas eram mais rápidos.

Não obstante, a partir do Paleoproterozoico, houve uma forma de tectônica de placas semelhante à atual.

História proterozoica da Terra

O surgimento dos cinturões de rochas verdes e dos complexos granito-gnaisse continuou durante o Proterozoico, mas a uma taxa consideravelmente reduzida. Enquanto a maioria das rochas arqueanas foi metamorfisada, muitas rochas proterozoicas tiveram pouca alteração. Além disso, o Proterozoico foi um período de deposição de *formações ferríferas bandadas*, que consistem em camadas alternadas de minerais de ferro e sílex; *sedimentos vermelhos*, arenitos, siltitos e xistos com cimento de óxido de ferro, e rochas sedimentares indicam dois episódios de glaciação generalizada. Por fim, eram comuns paragêneses generalizadas de arenito, carbonatos e xisto depositados nas margens continentais passivas (Figura 17.6).

Figura 17.7 Evolução proterozoica da Laurência

Estas três ilustrações mostram as tendências gerais da evolução proterozoica da Laurência sem entrar em detalhe nesse longo e complexo episódio na história da Terra.

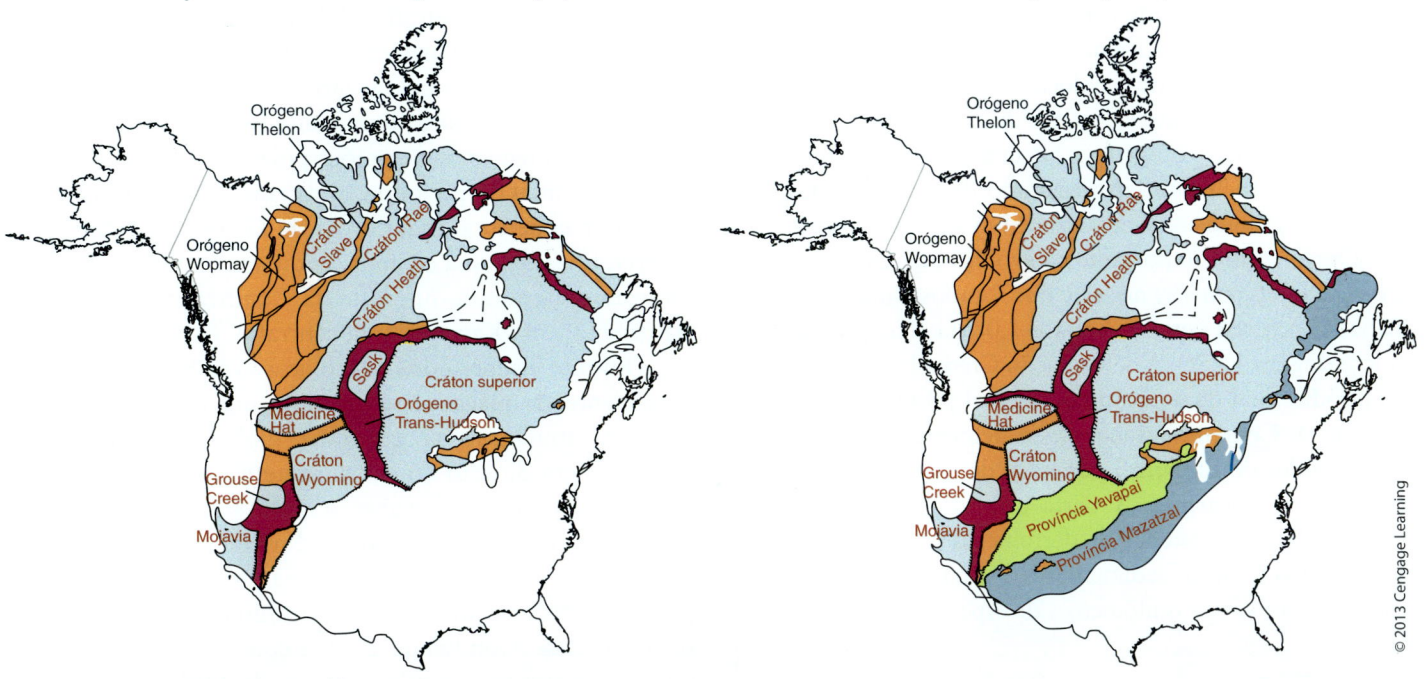

a. Durante o Paleoproterozoicos, os crátons do Arqueano foram suturados ao longo de cinturões de deformação chamados orógenos.

b. A Laurência formou-se ao longo de sua margem sudeste pela acreção das províncias Yavapai e Mazatzal.

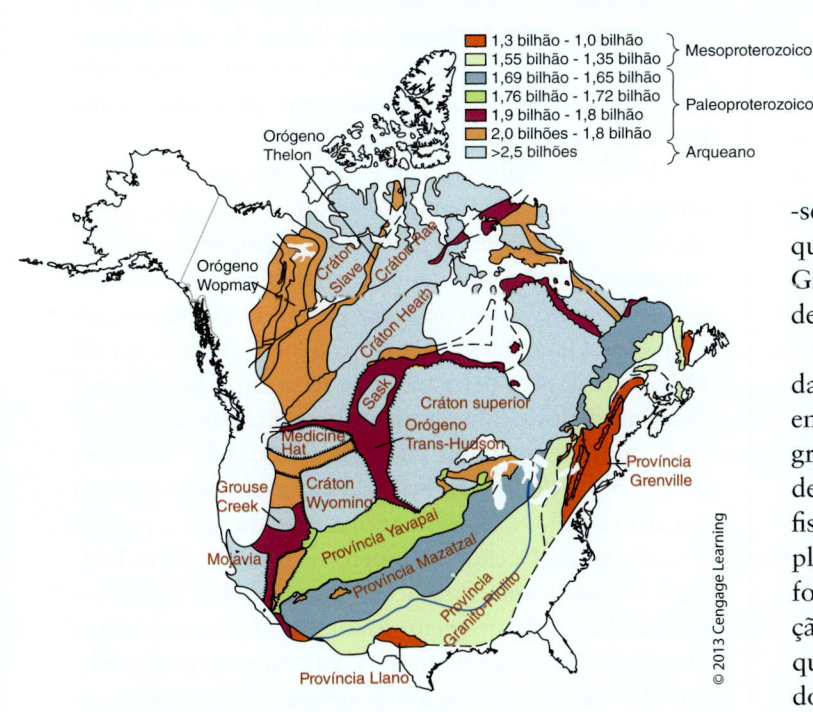

c. Os últimos episódios na acreção proterozoica da Laurência envolveram a origem das províncias Granito-Riolito, Llano e Grenville.

Na seção anterior, observamos que a crosta arqueana foi formada por uma série de arcos de ilha e colisões de minicontinentes, gerando o núcleo em torno do qual a crosta continental proterozoica foi acrescida. Portanto, criou-se uma grande massa de terra chamada **Laurência**, a qual consistia principalmente da América do Norte e da Groenlândia, de partes do noroeste da Escócia e, talvez, de partes do escudo Báltico da Escandinávia.

O primeiro grande episódio da evolução crustal da Laurência ocorreu durante o Paleoproterozoico, entre 2 bilhões e 1,8 bilhão de anos atrás (baa). Vários grandes **orógenos** – zonas de rochas deformadas – desenvolveram-se, muitos dos quais foram metamorfisados e invadidos por plútons. Portanto, esse foi um período de acreção continental, durante o qual colisões entre crostas do período Arqueano formaram um grande cráton (Figura 17.7a). Depois da amalgamação paleoproterozoica do cráton, ocorreu acreção considerável entre 1,8 baa e 1,6 baa,

> **Laurência** Continente Proterozoico constituído principalmente pela América do Norte, pela Groenlândia e por partes da Escócia e da Escandinávia.
>
> **orógeno** Parte linear da crosta da Terra deformada durante uma orogênese.

A HISTÓRIA PRÉ-CAMBRIANA DA TERRA

que se encontra, agora, a sudoeste e no centro dos Estados Unidos, à medida que cinturões mais novos foram sucessivamente suturados ao cráton (Figura 17.7b).

Entre 1,6 baa e 1,3 baa ocorreu extensa atividade ígnea – particularmente a colocação de plútons graníticos e erupções de riolito e derrame de cinza – não relacionada à atividade de orogênese. Há uma hipótese segundo a qual essas rochas teriam resultado de ascensão magmática em grande escala abaixo de um supercontinente.

Outro evento importante na evolução da Laurência, a *orogênese Grenville*, no leste dos Estados Unidos e do Canadá, ocorreu entre 1,3 baa e 1,0 baa (Neoproterozoico) (Figura 17.7c). A deformação Grenville representa o episódio final da acreção continental proterozoica da Laurência. Contemporâneo a essa deformação ocorreu um episódio de rifte em Laurência, do qual originou o *Rifte Mesocontinental*. A parte central desse rifte foi preenchida com centenas de derrames de lava basáltica sobrepostos e rochas sedimentares, formando uma pilha rochosa com vários quilômetros de espessura.

OA2 A GEOGRAFIA PALEOZOICA DA TERRA

No início da Era Paleozoica havia seis grandes continentes. Além dessas massas de terra, os geólogos também identificaram inúmeros microcontinentes, como a *Avalônia* (composto de partes da atual Bélgica, norte da França, Inglaterra, País de Gales, Irlanda, Províncias Marítimas, Terra Nova do Canadá e parte da Nova Inglaterra, área dos Estados Unidos), e vários arcos de ilha associados a microplacas. Os seis principais continentes paleozoicos eram *Báltica* (Rússia, oeste dos Montes Urais e a maior parte do norte da Europa), *China* (uma complexa região que consistia em, pelo menos, três continentes paleozoicos que não foram amplamente separados, incluindo a China, a Indochina e a Península da Malásia), *Gondwana* (América do Sul, África, Antártica, Austrália, Flórida, Índia, Madagascar e partes do Oriente Médio e sul da Europa), *Kazakhstania* (um continente triangular centrado sobre o Cazaquistão, mas considerado por alguns como uma extensão do continente Siberiano Paleozoico), *Laurência* (a maioria presente na América do Norte, na Groenlândia, no noroeste da Irlanda e na Escócia), e *Sibéria* (Rússia, leste dos Montes Urais e Ásia, norte do Cazaquistão e sul da Mongólia). As reconstruções paleogeográficas a seguir se baseiam nos métodos usados para determinar e interpretar a localização, as características geográficas e as condições ambientais nos paleocontinentes.

Diferente da geografia global de hoje, o mundo Cambriano consistia nesses seis continentes dispersos ao redor do globo em baixas latitudes tropicais (Figura 17.8a). A água circulava livremente nas bacias oceânicas, e, aparentemente, as regiões polares eram livres de gelo. Até o final do período Cambriano, os mares rasos já haviam coberto grandes áreas de Laurência, Báltica, Sibéria, Kazakhstania e China, enquanto as montanhas estavam presentes no nordeste da Gondwana, na Sibéria oriental e na Kazakhstania central.

Durante os períodos Ordoviciano e Siluriano, o movimento de placas desempenhou um papel importante na mudança da geografia global. Gondwana moveu-se em direção ao sul durante o período Ordoviciano e começou a cruzar o polo sul, como indicado pelos depósitos glaciais ordovicianos superiores encontrados hoje no deserto do Saara. No início do período Ordoviciano, o microcontinente Avalônia separou-se de Gondwana e começou a mover-se em direção ao nordeste, onde, no final do Ordoviciano e início do Siluriano, colidiu com a Báltica. Em contraste com a margem continental passiva que Laurência exibiu durante o período Cambriano, um limite de placa convergente ativo formou-se ao longo de sua margem oriental durante o Ordoviciano, como indicado pela *orogênese Tacônica* do final do período Ordoviciano, que ocorreu na Nova Inglaterra.

Durante o Siluriano, a Báltica, juntamente com a recém-anexada Avalônia, moveram-se em direção ao noroeste, em relação à Laurência, e colidiram-se para formar o grande continente da *Laurásia*. Essa colisão, que fechou o *Oceano de Iapeto*, é marcada pela *orogênese Caledoniana*. Após essa orogênese, a parte sul do Oceano de Iapeto permaneceu aberta entre Laurência e Avalônia-Báltica. Sibéria e Kazakhstania passaram para as latitudes temperadas do norte no final do Siluriano, porém no período Cambriano ocupavam uma posição equatorial sul. No Devoniano, à medida que a porção meridional do Oceano de Iapeto se estreitou entre Laurásia e Gondwana, formações montanhosas continuaram ao longo da margem oriental da Laurásia, com a *orogênese Acadiana* (Figura 17.9a). A subsequente erosão das montanhas espalhou grandes quantidades de sedimentos fluviais avermelhados sobre grandes áreas do norte da Europa e do leste da América do Norte.

Outros eventos tectônicos do período Devoniano, provavelmente relacionados à colisão de Laurência e Báltica, são a *orogênese Antler* da Cordilheira e a mudança de uma margem continental passiva para um

Figura 17.8 Paleogeografia do final dos Períodos Cambriano e Ordoviciano

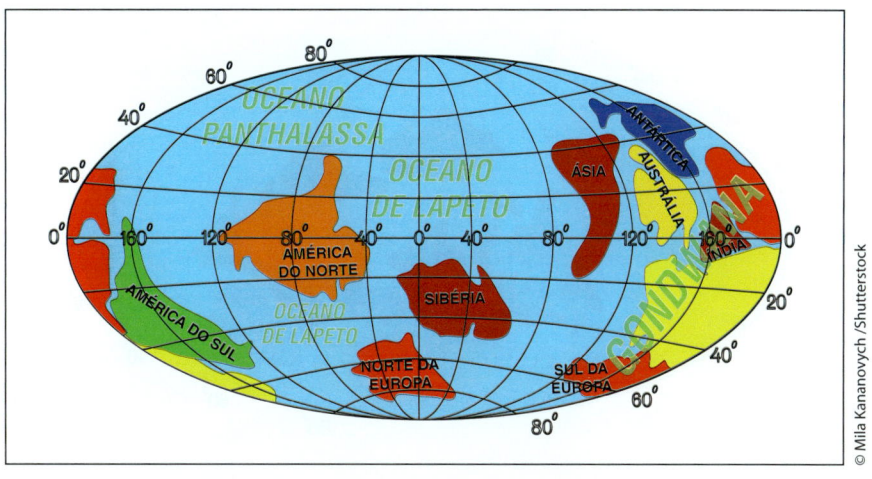

a. Final do período Cambriano.

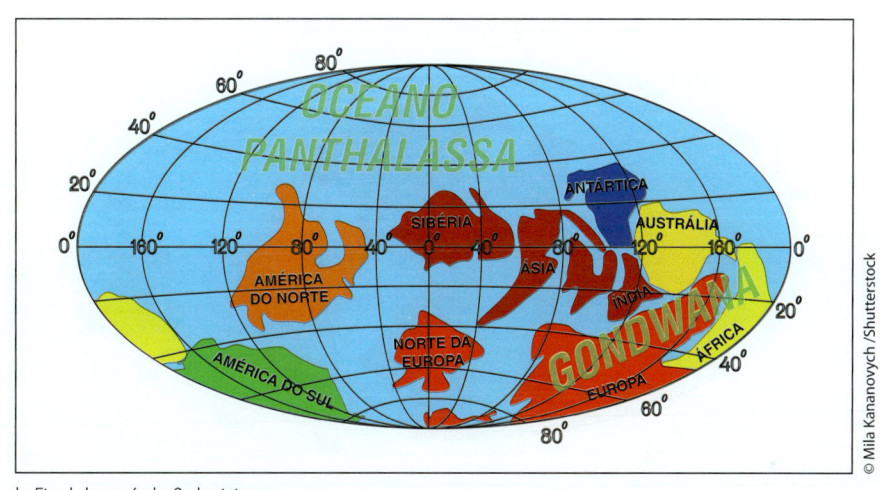

b. Final do período Ordoviciano.

limite de placa convergente ativo no cinturão móvel Uraliano da Báltica oriental. A distribuição de recifes, evaporitos e sedimentos vermelhos, bem como a existência de floras semelhantes em todo o mundo, sugerem um clima global bastante uniforme durante o período Devoniano.

Durante o período Carbonífero, o sul de Gondwana deslocou-se sobre o polo sul, resultando em extensa glaciação continental. O avanço e o recuo dessas geleiras produziram mudanças globais no nível do mar, afetando os padrões de sedimentação nos crátons. No início do período Carbonífero, Gondwana, à medida que continuou se movendo em direção ao norte, colidiu com a Laurásia e continuou suturando-se a ela durante o restante do período. A fase final de colisão entre Gondwana e Laurásia é indicada pelas montanhas Ouachita, de Oklahoma e Arkansas, formadas por compressão durante o final do Carbonífero e início do Permiano.

Em outro lugar, a Sibéria colidiu com a Kazakhstania e moveu-se em direção à margem Uraliana da Laurásia (Báltica), colidindo com ela durante o início do período Permiano. No final do período Carbonífero, as diversas massas de terras continentais estavam bastantes próximas à medida que a Pangeia começava a tomar forma.

A consolidação da Pangeia foi concluída durante o Permiano, com a finalização de muitas das colisões continentais que tiveram início durante o Carbonífero (Figura 17.9b). Então, um único oceano, o *Pantalassa*, cercava a Pangeia e estendia-se pela Terra de polo a polo. As águas desse oceano circulavam mais livremente que hoje e, assim, sua temperatura era mais uniforme.

A presença de uma única massa de terra também teve consequências climáticas para o ambiente terrestre.

Figura 17.9 Paleogeografia do final dos períodos Devoniano e Permiano

a. Final do período Devoniano.

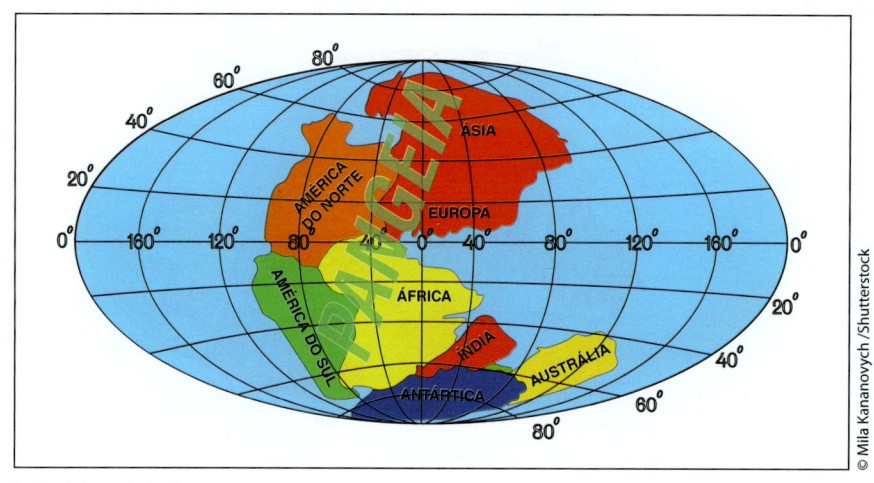

b. Final do período Permiano.

Sedimentos terrestres do Permiano indicam que as condições áridas e semiáridas foram generalizadas na Pangeia. As cadeias de montanhas produzidas pelas *orogêneses Herciniana, Alegheniana* e *Ouachita* eram altas o suficiente para criar zonas de sombra de chuvas que bloqueavam os ventos úmidos e subtropicais do leste, como a Cordilheira dos Andes faz hoje no oeste da América do Sul. Isso produziu condições muitos secas nos territórios atuais da América do Norte e na Europa, como indicado pelos extensos sedimentos avermelhados existentes hoje nessas regiões. Os carvões do Permiano, que são um indicativo de chuvas abundantes, eram limitados, principalmente, aos cinturões temperados do norte (latitude 40 a 60 graus ao norte). Enquanto isso, as últimas camadas de gelo remanescentes do período Carbonífero continuaram em recessão.

OA3 A EVOLUÇÃO PALEOZOICA DA AMÉRICA DO NORTE

Dividimos a história paleozoica do cráton norte-americano em duas partes: a primeira lidando com o interior do continente relativamente estável, sobre o qual os mares rasos avançaram (transgrediram) e recuaram (regrediram), e a segunda lidando com os cinturões móveis, nos quais ocorre a formação de montanhas.

Os geólogos costumam dividir o registro sedimentar da América do Norte em seis sequências cratônicas. Uma *sequência cratônica* é o principal ciclo transgressivo-regressivo delimitado pelas discordâncias em todo o cráton. A fase transgressiva, em geral, é bem preservada, enquanto a fase regressiva de cada sequência é marcada por uma discordância.

A sequência Sauk

As rochas da **sequência Sauk** (final do Neoproterozoico e início do Ordoviciano) registram a primeira transgressão principal sobre o cráton norte-americano. Durante o Neoproterozoico e início do Cambriano, a deposição de sedimentos marinhos foi limitada às margens passivas dos Apalaches e Cordilheirana do cráton. O cráton, em si, localizava-se acima do nível do mar e sofria intemperismo e erosão. Como, nesse período, a América do Norte localizava-se em um clima tropical (Figura 17.8a), e como não há nenhuma evidência de vegetação terrestre, podemos concluir que o intemperismo e a erosão das rochas pré-cambrianas expostas devem ter avançado rapidamente.

Durante a metade do período Cambriano, a fase transgressiva do Sauk começou com mares rasos invadindo o cráton. No final do período Cambriano, o mar de Sauk cobriu a maior parte da América do Norte, deixando apenas uma porção do escudo canadense e algumas grandes ilhas acima do nível do mar (Figura 17.10). Essas ilhas, coletivamente denominadas *Arco Transcontinental*, estendiam-se do Novo México a Minnesota e à região do Lago Superior.

A sequência Tippecanoe

À medida que o mar Sauk regrediu do cráton, durante o início do período Ordoviciano, surgiu uma paisagem de baixo relevo. As rochas expostas eram predominantemente calcários e dolomitos que haviam sido profundamente erodidos, porque a América do Norte ainda se localizava em um ambiente tropical (Figura 17.8b). A discordância resultante em todo o cráton marca o limite entre as sequências Sauk e Tippecanoe.

Assim como a sequência Sauk, a deposição da **sequência Tippecanoe** (metade do Ordoviciano e início do Devoniano) começou com uma grande transgressão sobre o cráton. Essa transgressão do mar depositou areia quartzítica limpa e bem selecionada sobre a maior parte do cráton. Aos arenitos basais da sequência Tippecanoe seguiu-se a deposição generalizada de carbonatos. Esses calcários foram formados por organismos marinhos secretores de carbonato de cálcio, como corais e braquiópodes. À medida que o mar Tippecanoe regrediu gradualmente do cráton, durante o final do período Siluriano, ocorreu a precipitação de evaporitos nas bacias dos Apalaches, de Ohio e de Michigan (Figura 17.11). Somente na bacia Michigan, foram depositados aproximadamente 1.500 m de sedimentos, dos quais quase a metade é halita e anidrita.

No início do período Devoniano, a regressão do mar Tippecanoe levou-o a recuar para a margem do cráton, expondo uma extensa topografia de planície. Durante essa regressão, a deposição marinha foi inicialmente restrita a poucas bacias interconectadas e, ao final do Tippecanoe, à apenas margens ao redor do cráton.

Durante o início do Devoniano, à medida que o mar Tippecanoe regrediu, o cráton sofreu ligeira deformação, resultando a formação de vários domos, arcos e bacias. Essas estruturas, em sua maioria, foram erodidas durante o tempo em que o cráton esteve exposto, e, por fim, os depósitos que vieram na sequência e a invasão do mar Kaskaskia as cobriram.

A sequência Kaskaskia

O limite entre a sequência Tippecanoe e a **sequência Kaskaskia** sobreposta (metade do Devoniano ao final do Mississippiano) é marcado por uma grande discordância. Como o mar Kaskaskia transgrediu sobre a paisagem de baixo relevo do cráton, a maioria das camadas basais consistia em arenito quartzítico puro e bem selecionado.

Exceto pelos folhelhos negros dos períodos Devoniano Superior e Mississippiano Inferior, as rochas Kaskaskianas, em sua maioria, eram carbonatos, incluindo recifes e depósitos de evaporitos associados. Em muitas outras partes do mundo, como o sul da Inglaterra, a Bélgica, a Europa Central, a Austrália e a Rússia, as épocas da metade ao início do Devoniano foram períodos de grandes formações de recifes.

---

sequência Sauk
Pacote de rochas sedimentares delimitadas acima e abaixo por discordâncias generalizadas. Essa sequência foi depositada no mar Sauk, durante o ciclo transgressivo-regressivo do final do período Neoproterozoico ao início do Ordoviciano.

sequência Tippecanoe
Pacote de rochas sedimentares delimitado acima e baixo por discordâncias generalizadas. Essa sequência foi depositada no mar Tippecanoe, durante o ciclo transgressivo-regressivo da metade do período Ordoviciano ao início do Devoniano.

sequência Kaskaskia
Pacote de rochas sedimentares delimitadas acima e abaixo por discordâncias generalizadas. Essa sequência foi depositada no mar Kaskaskia durante o ciclo transgressivo-regressivo da metade do período Devoniano ao Mississippiano Superior.

Figura 17.10 Paleogeografia da América do Norte durante o período Cambriano

Observe a posição do Paleoequador Cambriano. Neste período, a América do Norte estendia-se pelo Equador, como indicado na Figura 17.8a.

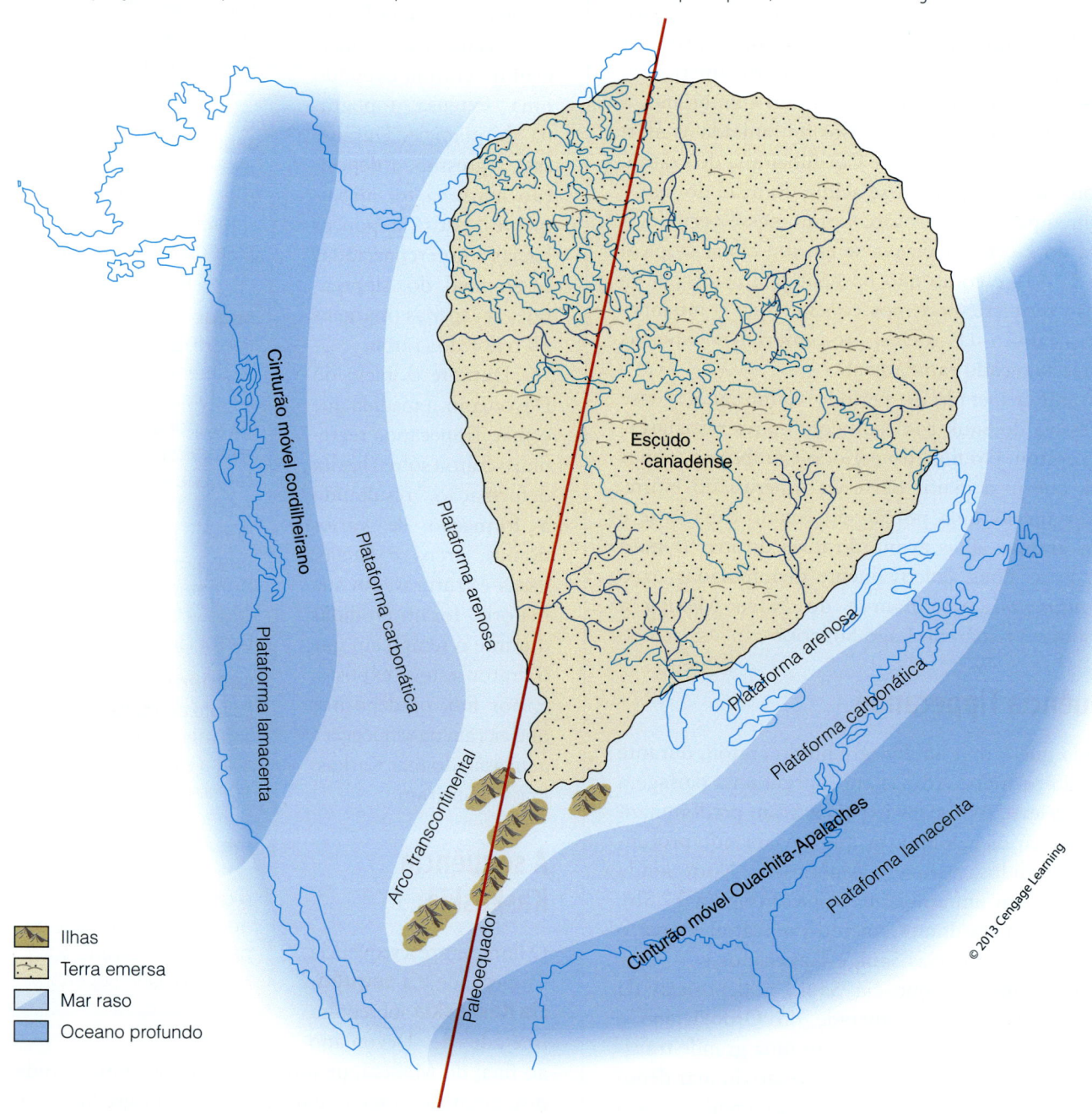

- Ilhas
- Terra emersa
- Mar raso
- Oceano profundo

Durante a regressão do mar Kaskaskia do cráton, no final do Mississippiano, a deposição de carbonato foi substituída por grandes quantidades de sedimentos detríticos. Antes do fim do Mississippiano, o mar Kaskaskia tinha recuado para a margem do cráton, expondo-o, mais uma vez, ao intemperismo e à erosão generalizada, resultando uma discordância em todo o cráton no final da sequência Kaskaskia.

A sequência Absaroka

A extensa discordância que separa as sequências de Kaskaskia e Absaroka divide essencialmente os estratos dos sistemas norte-americanos Mississippiano e Pensilvaniano, os quais são estreitamente equivalentes ao período Carbonífero Inferior e Superior europeu. As

Figura 17.11 Paleogeografia da América do Norte durante o período Siluriano
Observe o desenvolvimento de recifes nas regiões de Michigan, Ohio e Indiana-Illinois-Kentucky.

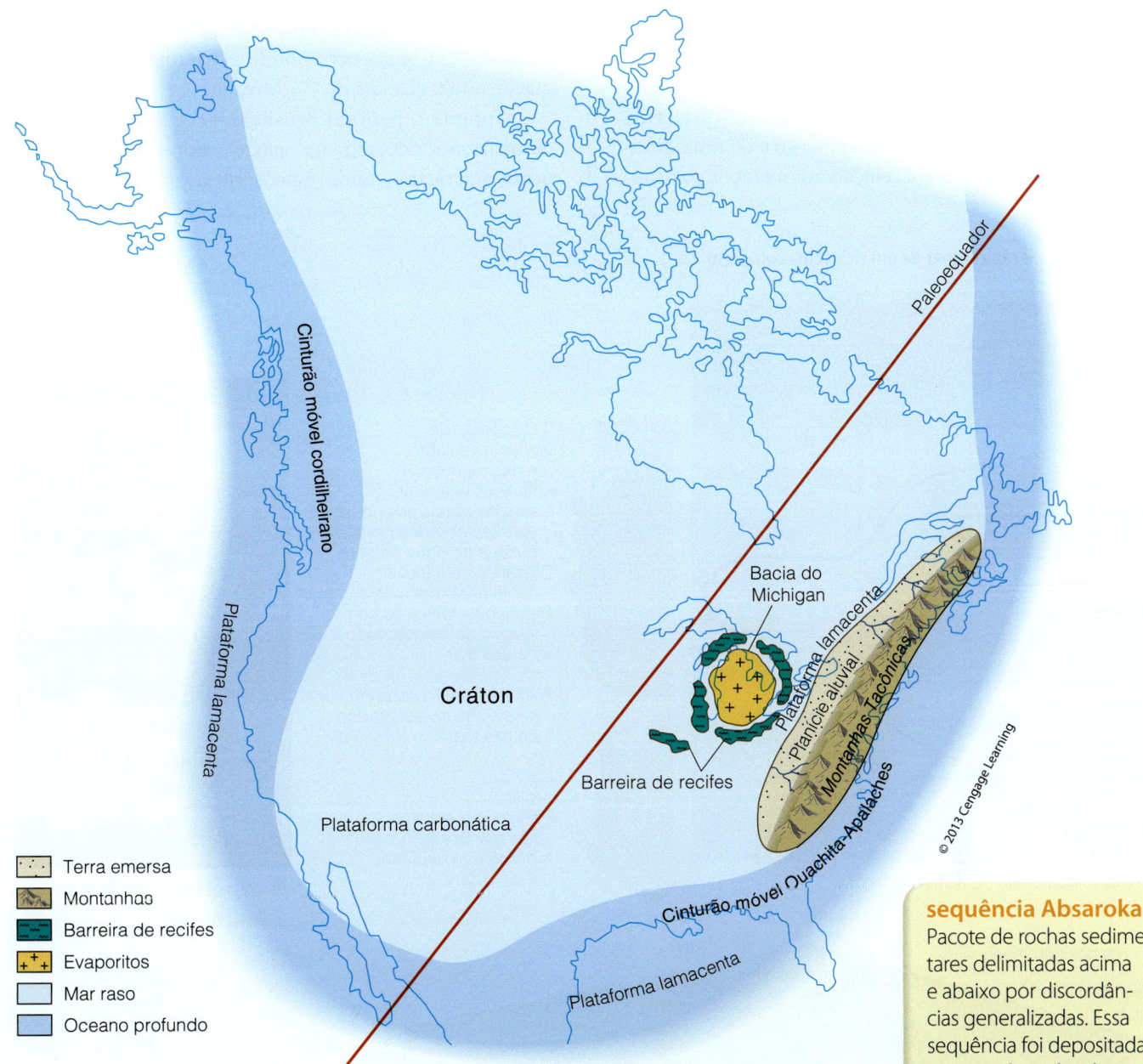

rochas da **sequência Absaroka** (final do Mississippiano ao início do Jurássico) não apenas diferem daquelas da sequência Kaskaskia, como também resultam de regimes tectônicos diferentes.

Um traço característico das rochas do período Pensilvaniano é seu padrão repetitivo de alternância de estratos marinhos e não marinhos, os quais são conhecidos como **ciclotemas** (Figura 17.12). Eles resultam de alterações repetidas de ambientes marinhos e não marinhos, em geral em áreas de baixo relevo. Embora aparentemente simples, os ciclotemas refletem uma interação delicada entre ambientes deltaicos não marinhos e interdeltaicos marinhos rasos e ambientes de plataforma.

Os ciclotemas representam sequências transgressivas e regressivas com uma superfície erosiva

sequência Absaroka
Pacote de rochas sedimentares delimitadas acima e abaixo por discordâncias generalizadas. Essa sequência foi depositada no mar Absaroka, durante o ciclo transgressivo-regressivo do final do períoodo Mississippiano ao início do Jurássico.

ciclotemas Sequência vertical de rochas sedimentares ciclicamente repetidas que contêm, comumente, jazidas de carvão. É o resultado da deposição marinha, e não marinha alternadas.

A EVOLUÇÃO PALEOZOICA DA AMÉRICA DO NORTE

que separa um ciclotema do outro. Assim, um ciclotema idealizado compreende depósitos fluviais deltaicos, carvão, sedimentos detríticos marinhos de águas rasas e, finalmente, calcários típicos de um ambiente marinho aberto (Figura 17.12a).

Essa sedimentação repetitiva sobre uma vasta área requer uma explicação. A hipótese que tem sido preferida por muitos geólogos é a de um aumento e de uma diminuição do nível do mar em relação aos avanços e aos recuos das geleiras continentais de Gondwana – quando as camadas de gelo de Gondwana avançaram, o nível do mar caiu. Quando derreteram, o nível do mar subiu. A atividade do ciclotema do final da Era Paleozoica, em todos os crátons, corresponde estritamente aos ciclos glaciais-interglaciais de Gondwana.

Durante o período Pensilvaniano, a área de maior deformação ocorreu na parte sudoeste do cráton norte-americano, onde uma série de blocos elevados,

Figura 17.12 Seção colunar de um ciclotema completo

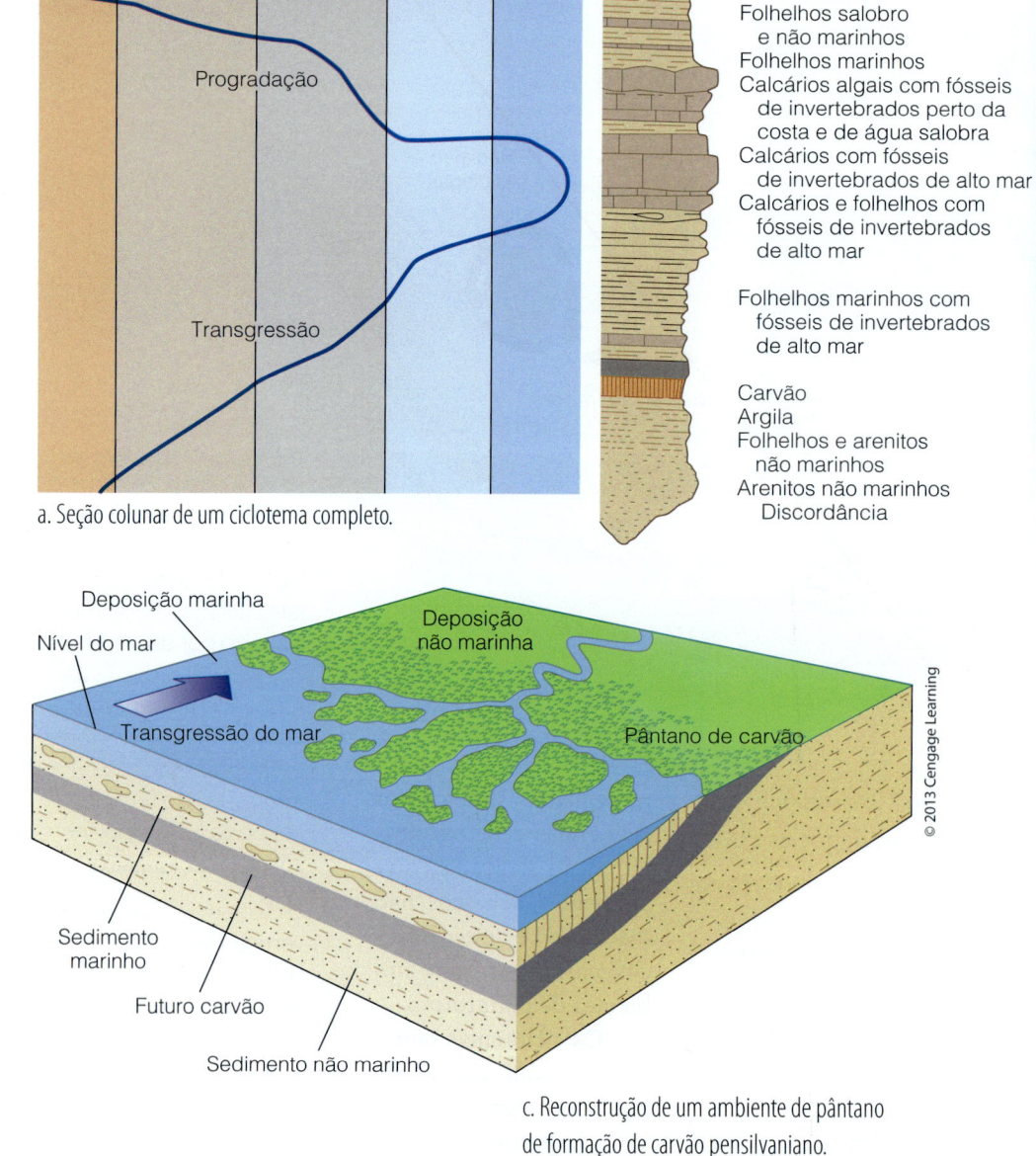

a. Seção colunar de um ciclotema completo.

b. Jazida de carvão pensilvaniana, oeste da Virgínia.

c. Reconstrução de um ambiente de pântano de formação de carvão pensilvaniano.

delimitados por falhas, formaram as *Montanhas Rochosas Ancestrais* (Figura 17.13). Essa cordilheira possui história geológica diversa e não foi elevada ao mesmo tempo. A elevação dessas montanhas, algumas das quais a mais de 2 km, ao longo de falhas quase verticais, resultou na erosão dos sedimentos paleozoicos sobrepostos e a exposição de rochas ígneas pré-cambrianas e o embasamento metamórfico (Figura 17.14). À medida que as montanhas erodiram, enormes quantidades de sedimentos vermelhos grosseiros foram depositadas nas bacias ao redor, onde são preservadas em diversas regiões, como o espetacular Jardim dos Deuses, no Colorado.

Enquanto diversas bacias intracratônicas foram preenchidas com sedimentos durante o final do Pensilvaniano, o mar Absaroka começou a recuar do cráton. Da metade ao final do Permiano, o mar Absaroka era restrito ao oeste do Texas e ao sul do Novo México, formando um complexo inter-relacionado de ambientes de lagoas, recifes e plataformas abertas (Figura 17.15). No final do Permiano, o mar Absaroka recuou do cráton, expondo sedimentos vermelhos continentais, que foram depositados sobre a maior parte das regiões do sudoeste e do leste.

Figura 17.13 Paleogeografia da América do Norte durante o período Pensilvaniano

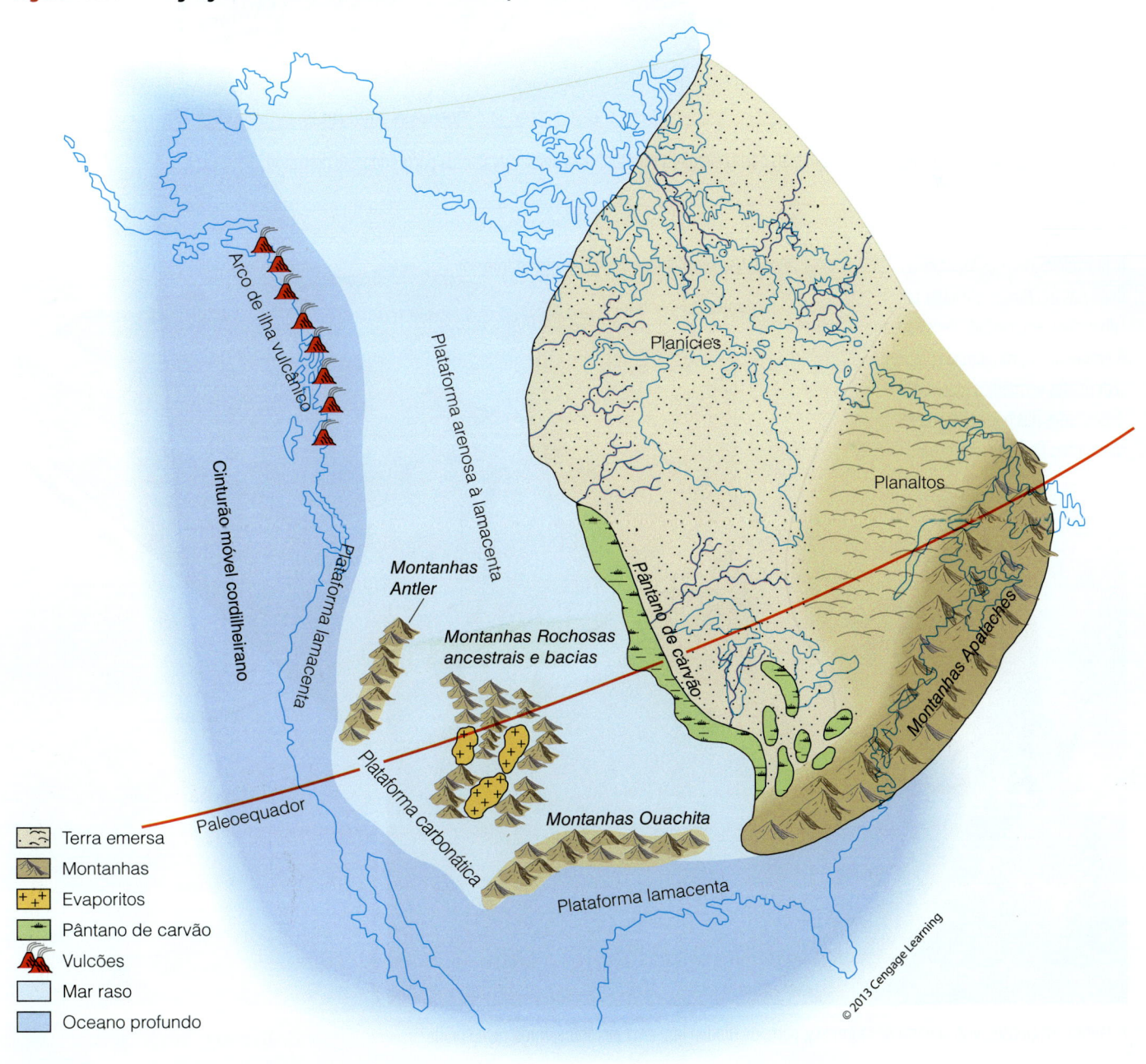

Figura 17.14 As montanhas rochosas ancestrais

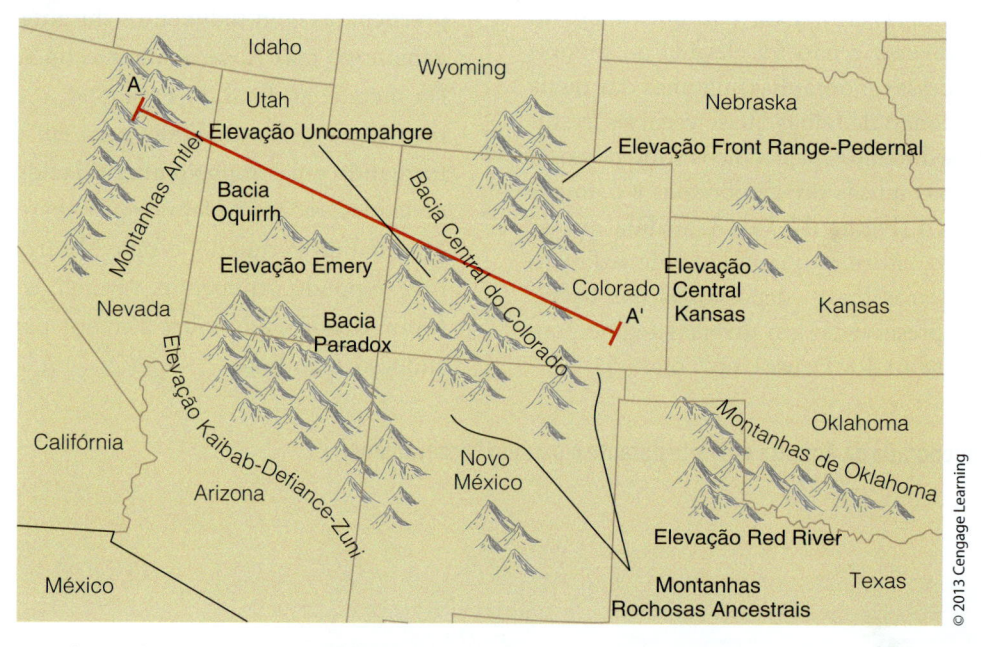

a. Localização das principais bacias e regiões montanhosas pensilvanianas da parte sudoeste do cráton.

b. Blocodiagrama das Montanhas Rochosas Ancestrais, elevadas por falhas durante o período Pensilvaniano. A erosão dessas montanhas produziu sedimentos vermelhos grosseiros depositados nas bacias adjacentes às Montanhas Rochosas Ancestrais.

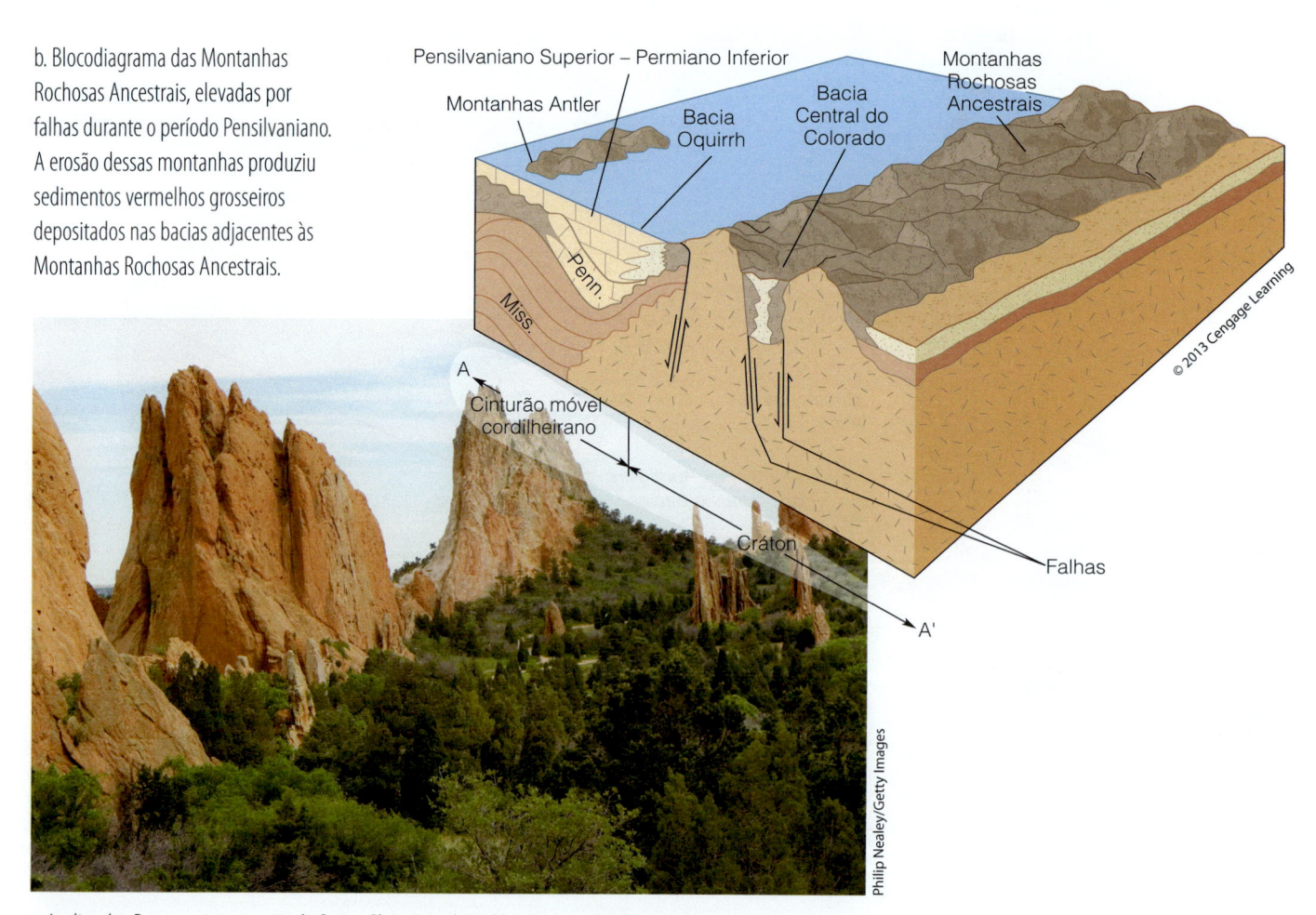

c. Jardim dos Deuses, visto a partir de Storm Sky, perto de Hidden Inn, em Colorado Springs, no Colorado.

OA4 A HISTÓRIA DOS CINTURÕES MÓVEIS PALEOZOICOS

Depois de analisar a história paleozoica do cráton, voltaremos agora para a atividade orogênica paleozoica nos **cinturões móveis** (regiões alongadas de atividade de formação de montanhas ao longo das margens dos continentes). As formações montanhosas que ocorreram durante a Era Paleozoica tiveram uma profunda influência na história climática e sedimentar do cráton. Além disso, elas foram parte do regime tectônico global que uniu os continentes, formando a Pangeia, no final da Era Paleozoica.

O cinturão móvel Apalachiano

Ao longo do período Sauk (Neoproterozoico e início do Ordoviciano), a região dos Apalaches era uma margem continental ampla e passiva. A sedimentação era estreitamente equilibrada por subsidência, uma vez que os extensos depósitos de carbonato deram lugar a areias grossas de mares rasos. Durante esse período, o movimento ao longo do limite de placa divergente foi ampliado

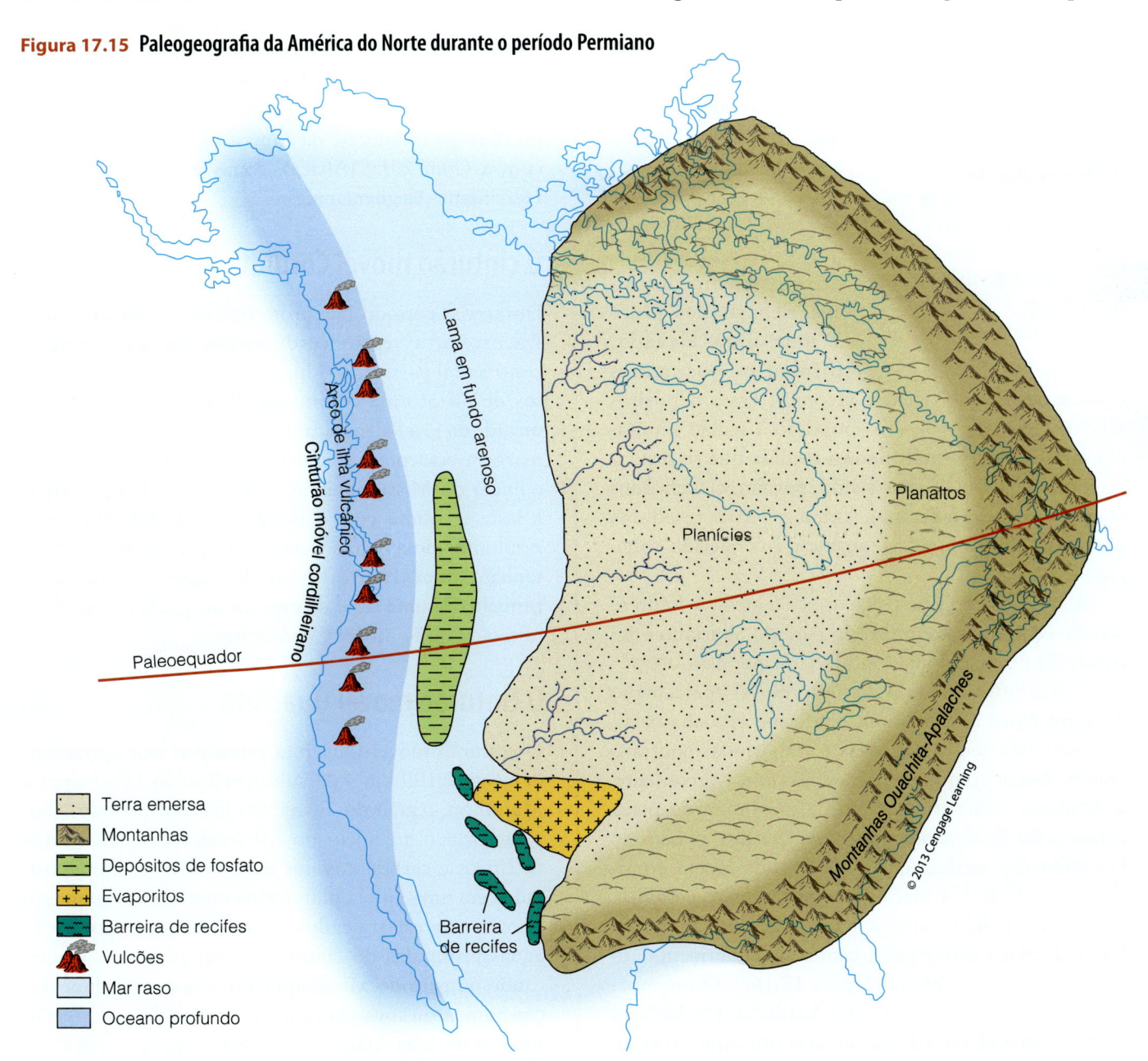

> **cinturão móvel**
> Segmento crustal alongado, com deformação indicada por dobras e falhas, em geral, adjacente a crátons.

Figura 17.15 **Paleogeografia da América do Norte durante o período Permiano**

orogênese Tacônica Episódio de formação de montanhas, ocorrido no período Ordoviciano, do qual resultou a deformação do cinturão móvel apalachiano.

orogênese Acadiana Episódio de deformação no norte do cinturão móvel apalachiano, ocorrido no período Devoniano, resultante da colisão da Báltica com a Laurência.

orogênese Herciniana-Alegheniana Evento orogênico, ocorrido do período Pensilvaniano ao Permiano, durante o qual o cinturão móvel apalachiano do leste da América do Norte e o cinturão móvel herciniano do sul da Europa foram deformados.

pelo Oceano de Iapeto (Figura 17.16a).

Com o início da subducção da placa Iapeto sob a Laurência (um limite de placa convergente oceânico-continental), surge o cinturão móvel apalachiano (Figura 17.16b). A **orogênese Tacônica** resultante, atualmente denominada Montanhas Tacônicas do leste de Nova York, do centro de Massachusetts e de Vermont, foi a primeira de várias orogêneses que afetaram a região apalachiana.

Uma grande *cunha clástica* (extenso acúmulo de sedimentos, principalmente detríticos, depositados junto a uma área elevada) formou-se nos mares rasos a oeste da orogênese tacônica. Esses depósitos são mais grossos e ásperos próximo à região montanhosa e tornam-se mais finos à medida que se distanciam da região de origem, sendo, por fim, classificados como carbonatos no cráton. A cunha clástica resultante da erosão das montanhas tacônicas é conhecida como *Delta Queenston*.

A segunda orogênese paleozoica a afetar a Laurência começou durante o final do período Siluriano e foi concluída no final do período Devoniano. Essa **orogênese Acadiana** afetou o cinturão móvel apalachiano da Terra Nova à Pensilvânia, conforme as rochas sedimentares iam sendo dobradas e empurradas contra o cráton. Assim como a orogênese Tacônica precedente, a Acadiana ocorreu ao longo de um limite de placa convergente oceânico-continental. Durante o período Devoniano, à medida que o Oceano de Iapeto continuou a se fechar, a placa que transportava a Báltica, finalmente, colidiu com a Laurência, formando um limite de placa convergente continental-continental ao longo da zona de colisão (Figura 17.16c). O intemperismo e a erosão das Montanhas Acadianas produziram o *Delta Catskill*, uma densa cunha clástica que ao norte de Nova York, onde é bem exposta, recebeu o nome de Montanhas Catskill.

As orogêneses Tacônica e Acadiana foram parte do mesmo evento orogênico principal relacionado ao fechamento do Oceano de Iapeto. Esse evento começou com o limite de placa convergente oceânico-continental, durante a orogênese Tacônica, e culminou com um limite de placa convergente continental-continental, durante a orogênese Acadiana, à medida que a Laurência e a Báltica se suturaram (Figura 17.16). Depois disso, a **orogênese Herciniana-Alegheniana** começou, seguida pela atividade orogênica no cinturão móvel Ouachita.

O cinturão móvel Herciniano do sul da Europa e os cinturões móveis Apalachiano e Ouachita da América do Norte marcam a zona ao longo da qual a Europa (parte da Laurásia) colidiu com a Gondwana. Enquanto a Gondwana e o sul da Laurásia colidiram durante os períodos Pensilvaniano e Permiano, a Laurásia Oriental (Europa e sudoeste da América do Norte) juntou-se com a Gondwana (África), como parte da orogênese Herciniana-Alegheniana.

O cinturão móvel Cordilheirano

Durante o período Neoproterozoico e o início da Era Paleozoica, a região cordilheirana foi uma margem continental passiva, ao longo da qual extensos sedimentos de plataforma continental foram depositados. Na metade da Era Paleozoica, um arco de ilha formou-se na margem ocidental do cráton, e no final do Devoniano e início do Mississippiano, esse arco de ilha moveu-se a leste e colidiu com a margem ocidental do cráton, resultando uma região montanhosa, denominada Montanhas Antler (Figura 17.13). A *orogênese Antler* foi o primeiro de uma série de eventos orogênicos que afetaram o cinturão móvel Cordilheirano.

O cinturão móvel Ouachita

O cinturão móvel Ouachita estende-se por aproximadamente 2.100 km – da subsuperfície do Mississippi a Marathon, região do Texas. Do final do período Neoproterozoico ao início do Mississippiano, sedimentos detríticos e carbonatos dos mares rasos foram depositados em uma ampla plataforma continental, enquanto sílex e xistos estratificados acumularam-se na porção de águas profundas do cinturão móvel adjacente. Começando no período Mississippiano, a taxa de sedimentação aumentou consideravelmente à medida que a região mudou de uma margem continental passiva para um

Figura 17.16 A evolução do cinturão móvel apalachiano

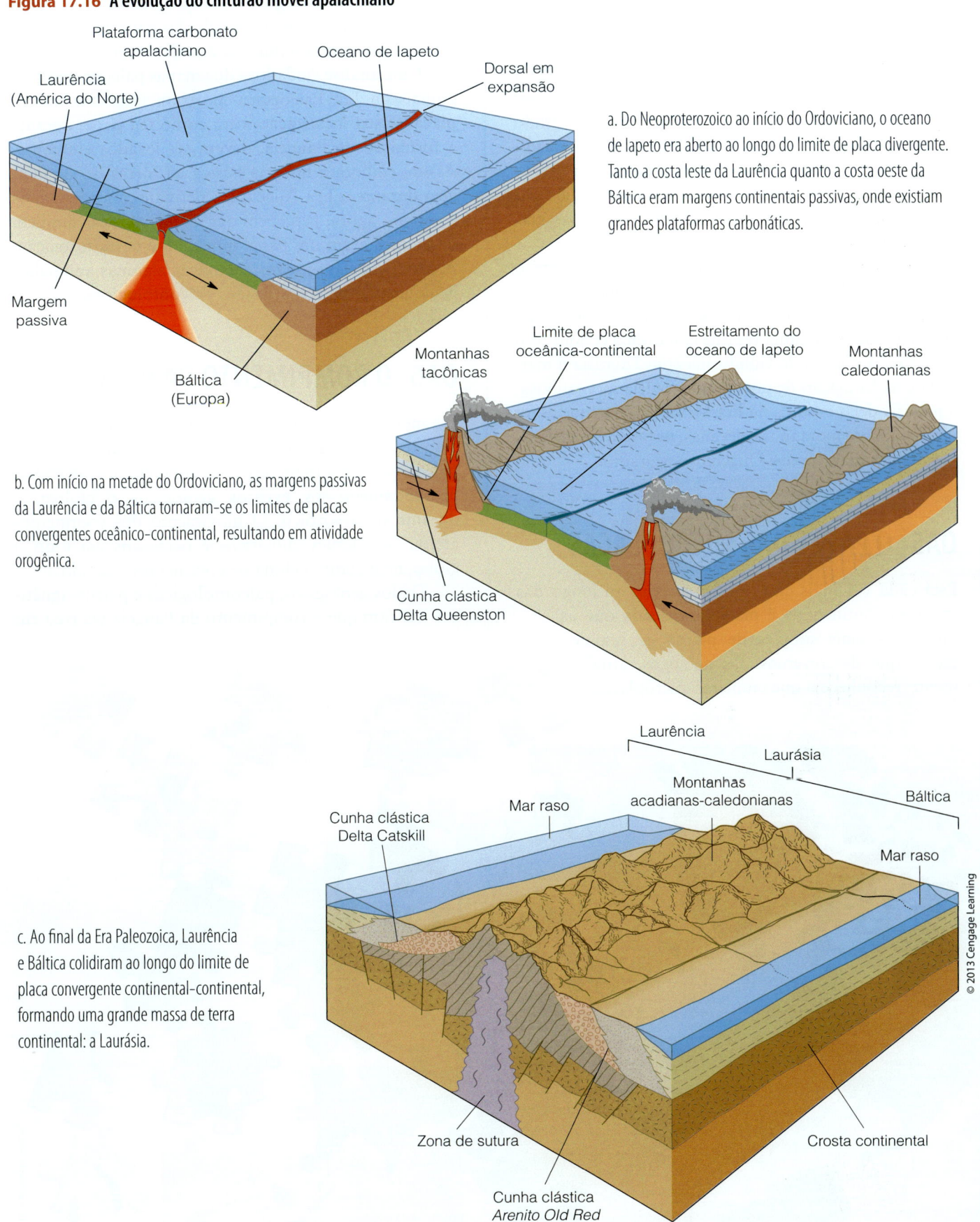

a. Do Neoproterozoico ao início do Ordoviciano, o oceano de Iapeto era aberto ao longo do limite de placa divergente. Tanto a costa leste da Laurência quanto a costa oeste da Báltica eram margens continentais passivas, onde existiam grandes plataformas carbonáticas.

b. Com início na metade do Ordoviciano, as margens passivas da Laurência e da Báltica tornaram-se os limites de placas convergentes oceânico-continental, resultando em atividade orogênica.

c. Ao final da Era Paleozoica, Laurência e Báltica colidiram ao longo do limite de placa convergente continental-continental, formando uma grande massa de terra continental: a Laurásia.

A HISTÓRIA DOS CINTURÕES MÓVEIS PALEOZOICOS

orogênese Ouachita
Período de formação de montanhas que ocorreu no cinturão móvel Ouachita durante o período Pensilvaniano.

limite de placa convergente ativa, dando início à **orogênese Ouachita**.

Em torno de 80% do antigo cinturão móvel Ouachita está soterrado sob uma cobertura sedimentar mesozoica e cenozoica. As duas principais áreas expostas nessa região são as Montanhas Ouachita, de Oklahoma e Arkansas, e as Montanhas Marathon, do Texas.

O empurrão de sedimentos manteve-se durante o período Pensilvaniano e o início do Permiano, impulsionado por forças de compressão geradas ao longo da zona de subducção, uma vez que Gondwana colidiu com Laurásia. A colisão de Gondwana com Laurásia é marcada pela formação de uma grande cadeia montanhosa, a maioria delas erodida na Era Mesozoica. Do que já foi uma cadeia de montanhas elevadas, restaram somente as montanhas mais jovens: Ouachita e Marathon.

OA5 O PAPEL DAS MICROPLACAS

Está cada vez mais claro que a acreção ao longo das margens continentais é mais complicada que as interações mais simples de placas de grande escala que descrevemos. Os geólogos, atualmente, reconhecem que inúmeras microplacas, como a Avalônia (Figura 17.8b), existiram durante a Era Paleozoica e estavam envolvidas em eventos orogênicos que ocorreram durante aquele tempo.

Uma análise cuidadosa dos mapas paleogeográficos globais da Era Paleozoica mostram inúmeras microplacas, e sua localização, bem como seu papel durante a formação da Pangeia, devem ser levados em conta. Assim, embora a história básica da formação da Pangeia durante a Era Paleozoica permaneça a mesma, os geólogos, agora, percebem que as microplacas também desempenharam um papel importante nessa formação. Além disso, elas ajudam a explicar algumas anomalias geológicas antigas e situações paleontológicas.

OA6 O ROMPIMENTO DA PANGEIA

Do mesmo modo que a formação da Pangeia influenciou os eventos geológicos e biológicos durante a Era Paleozoica, o rompimento desse supercontinente afetou profundamente os eventos geológicos e biológicos durante o Mesozoico. O movimento dos continentes afetou os regimes climáticos e oceânicos em todo o globo, bem como o clima de continentes individuais.

Dados geológicos, paleontológicos e paleomagnéticos indicam que o rompimento da Pangeia ocorreu em

Figura 17.17 Paleogeografia do mundo durante a Era Mesozoica

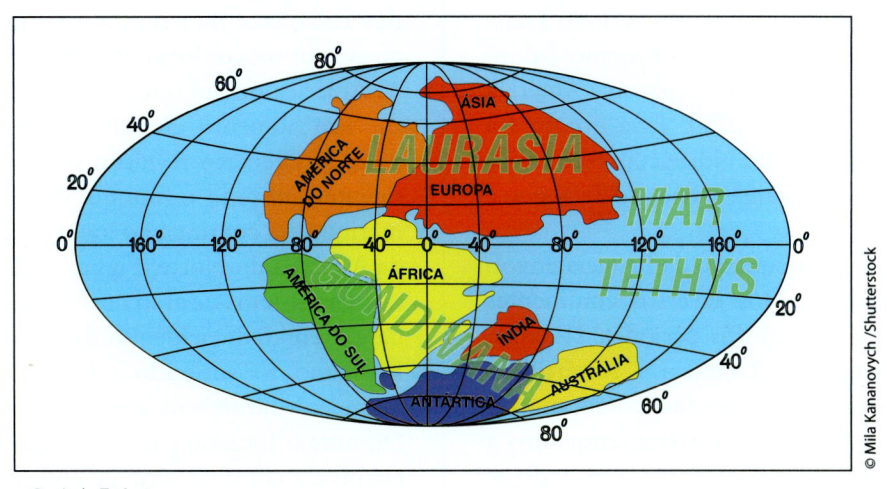

a. Período Triássico.

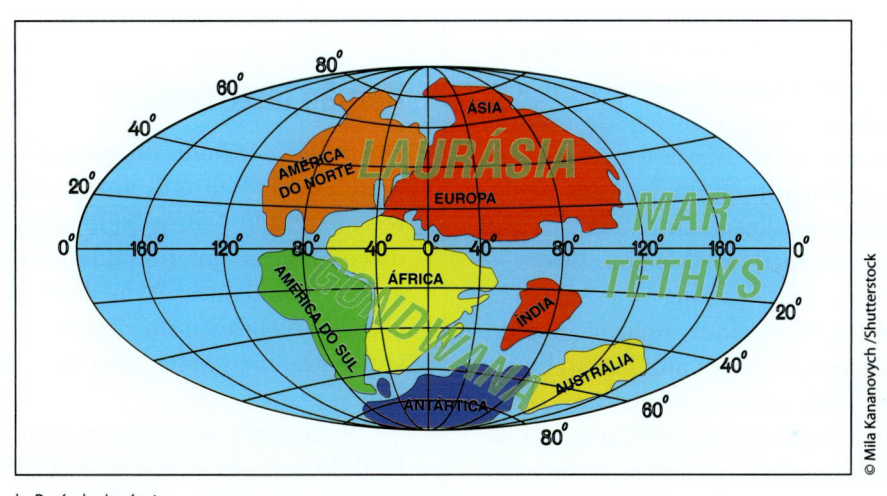

b. Período Jurássico.

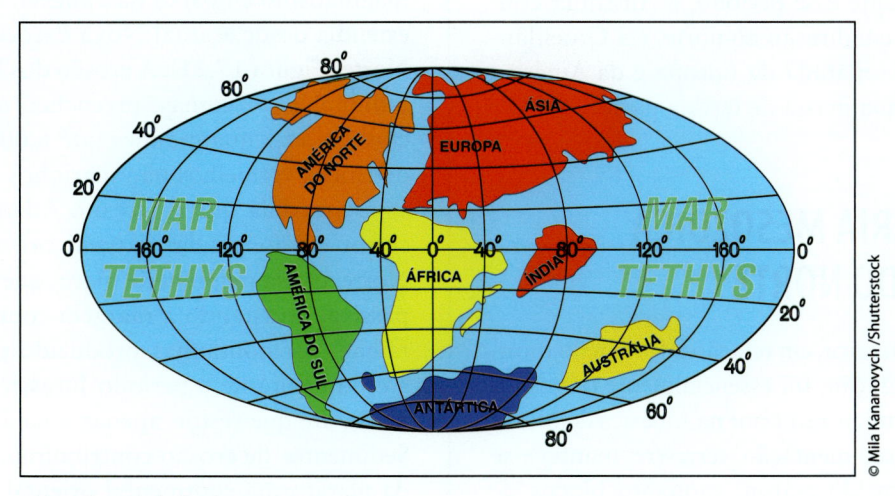

c. Final do período Cretáceo.

O ROMPIMENTO DA PANGEIA

quatro etapas gerais. A primeira envolveu o rifte entre Laurásia e Gondwana, durante o final do período Triássico. No final do período Triássico, o Oceano Atlântico, recém-formado e em expansão, separou a América do Norte da África (Figura 17.17a). Esse evento foi seguido pelo rifte da América do Norte com a América do Sul, em algum período durante o final do Triássico e início do Jurássico.

A segunda etapa no rompimento da Pangeia envolveu o rifte e o movimento dos diversos continentes da Gondwana durante o final dos períodos Triássico e Jurássico. Logo no final do Triássico, a Antártida e a Austrália, que permaneceram unidas, começaram a separar-se da América do Sul e da África, enquanto a Índia começou a afastar-se da Gondwana, movendo-se em direção ao norte (Figuras 17.17a, b).

A terceira etapa do rompimento teve início no final do período Jurássico, quando a América do Sul e a África começaram a se separar (Figura 17.17b). Durante essa etapa, o extremo leste do mar Tethys começou a se fechar, como resultado da rotação em sentido horário da Laurásia e do movimento da África em direção ao norte. Esse estreito canal marítimo do final dos períodos Jurássico e Cretáceo localizado entre a África e a Europa foi o precursor do atual mar Mediterrâneo.

No final do Cretáceo, a Austrália e a Antártida destacaram-se uma da outra, e a Índia tinha se movido para as baixas latitudes ao sul e estava próxima ao Equador. A América do Sul e a África foram amplamente separadas, e a Groenlândia era, essencialmente, uma massa de terra independente com apenas um mar raso entre ela, a América do Norte e a Europa (Figura 17.17c).

A etapa final no rompimento da Pangeia ocorreu no Cenozoico. Durante esse período, a Austrália continuou movendo-se em direção ao norte, e a Groenlândia, completamente separada da Europa e da América do Norte, formou uma massa de terra à parte.

OA7 A HISTÓRIA MESOZOICA DA AMÉRICA DO NORTE

O início da Era Mesozoica, em relação à formação montanhosa e à sedimentação, foi essencialmente o mesmo que o do período Permiano anterior na América do Norte (Figura 17.18). A sedimentação terrestre manteve-se durante grande parte do cráton, enquanto blocos de falhas e atividade ígnea começaram na região apalachiana, à medida que a América do Norte e a África começaram a se separar (Figura 17.17). O recém--formado Golfo do México, durante o final dos períodos Triássico e Jurássico, era local de extensa deposição de evaporito, conforme a América do Norte se separou da América do Sul (Figura 17.19).

Um aumento global no nível do mar durante o período Cretáceo resultou uma transgressão nos continentes em todo o mundo, de modo que a deposição marinha era contínua ao longo de grande parte do oeste da América do Norte (Figura 17.20).

Um sistema de arco de ilha vulcânica, que se formou na extremidade ocidental do cráton durante o período Permiano, foi suturado à América do Norte em algum momento durante os períodos Permiano e o Triássico. Durante o Jurássico, toda a região cordilheirana esteve envolvida em uma série de episódios principais de formação de montanhas, da qual resultou a formação da Sierra Nevada, das Montanhas Rochosas e de outras cadeias de montanhas menores.

Região leste costeira

Do início à metade do período Triássico, sedimentos detríticos grosseiros derivados da erosão dos Apalaches recém-erguidos (*orogênese alegheniana*) preenchiam diversas bacias intermontanhas e se espalhavam pelas áreas circundantes. À medida que o intemperismo e a erosão continuaram durante a Era Mesozoica, esse sistema de montanha, uma vez elevada, foi reduzido a baixas planícies.

A primeira etapa no rompimento da Pangeia, no final do período Triássico, começou com a América do Norte separando-se da África (Figura 17.17a). Bacias de blocos de falhas desenvolveram-se em resposta ao magmatismo embaixo da Pangeia, em uma zona que se estendia desde a atual Nova Escócia até a Carolina do Norte (Figura 17.21). A erosão dos blocos de falhas, das montanhas próximas, preencheu as bacias adjacentes com grandes quantidades (até 6.000 m) de sedimentos detríticos vermelhos não marinhos mal selecionados.

À medida que o Oceano Atlântico cresceu, o rifte cessou ao longo da margem oriental da América do Norte, e essa margem de placa, que era ativa, tornou-se passiva, arrastando a margem continental. O bloco de falhas das montanhas produzido pelo rifte continuou a erodir durante o período Jurássico e o início do Cretáceo, até que restou apenas uma área de baixo relevo. Sedimentos de erosão contribuíram para o crescimento da plataforma continental oriental. Durante o período Cretáceo, a região apalachiana foi novamente elevada e lançou sedimentos na plataforma continental, formando um leve espessamento de cunha de até 3.000 m

Figura 17.18 Paleogeografia da América do Norte durante o período Triássico

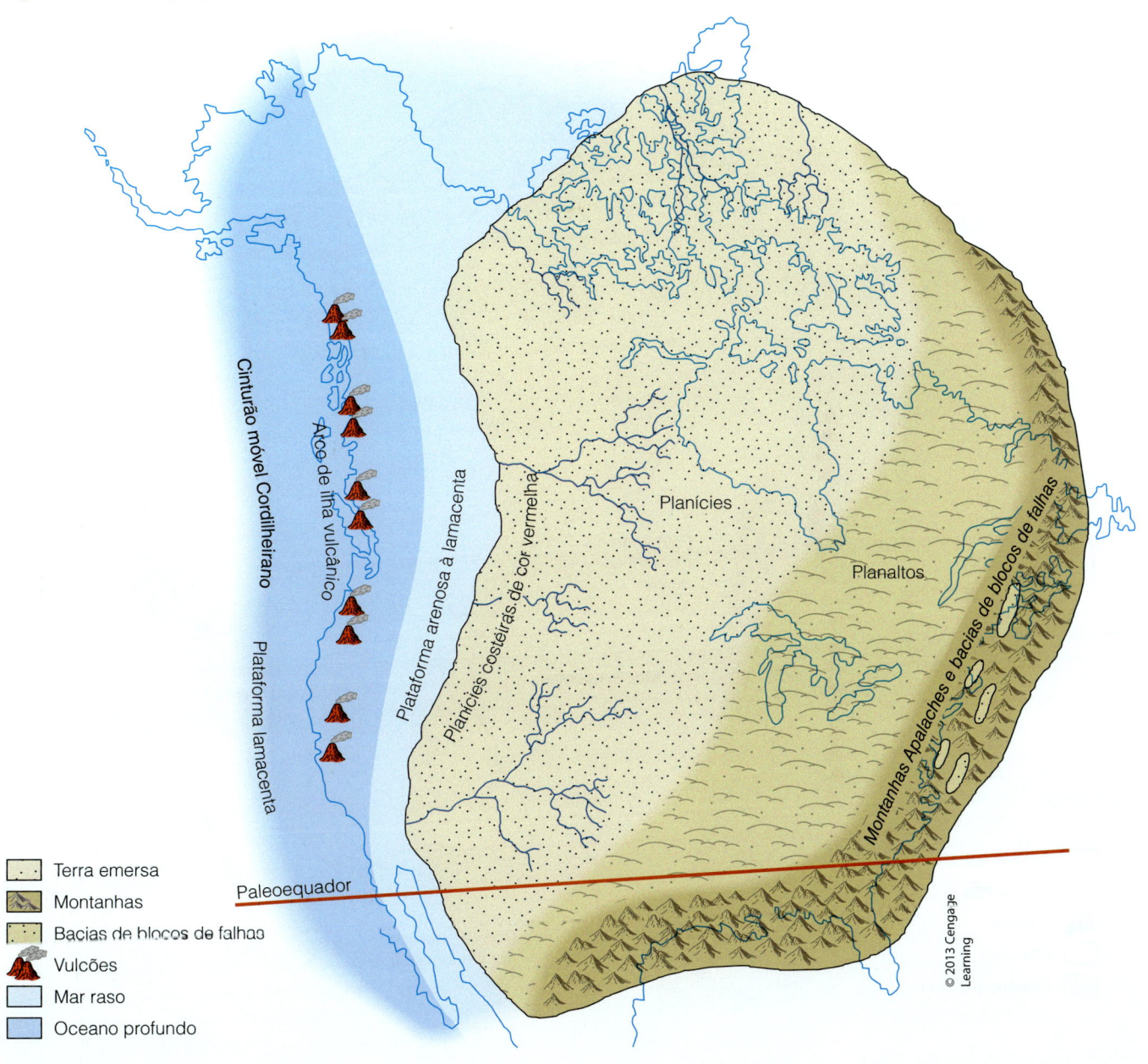

de espessura em direção ao mar de rochas. As rochas, atualmente expostas em um cinturão, estendem-se a partir de Long Island, em Nova York, até a Geórgia.

Região costeira do Golfo

Até o final do período Triássico, a região costeira do Golfo encontrava-se acima do nível do mar. À medida que a América do Norte se separou da América do Sul, durante o final do Triássico e início do Jurássico, o Golfo do México começou a formar-se (Figura 17.19). Com as águas oceânicas fluindo para essa recém-formada e rasa bacia restrita, as condições eram ideais para a formação de evaporitos. Mais de 1.000 m de evaporitos foram precipitados nesse período, e a maioria dos geólogos acredita que esses evaporitos jurássicos sejam as fontes dos domos de sal do Cenozoico, encontrados hoje no Golfo do México e no sul da Louisiana.

No final do Jurássico, a circulação no Golfo do México era menos restrita, e a deposição de evaporito tinha cessado. As condições marinhas normais retornaram à região, com alternância de transgressão e regressão dos mares, resultando sedimentos que foram, por sua vez, cobertos e enterrados por milhares de metros de sedimentos cretáceos e cenozoicos.

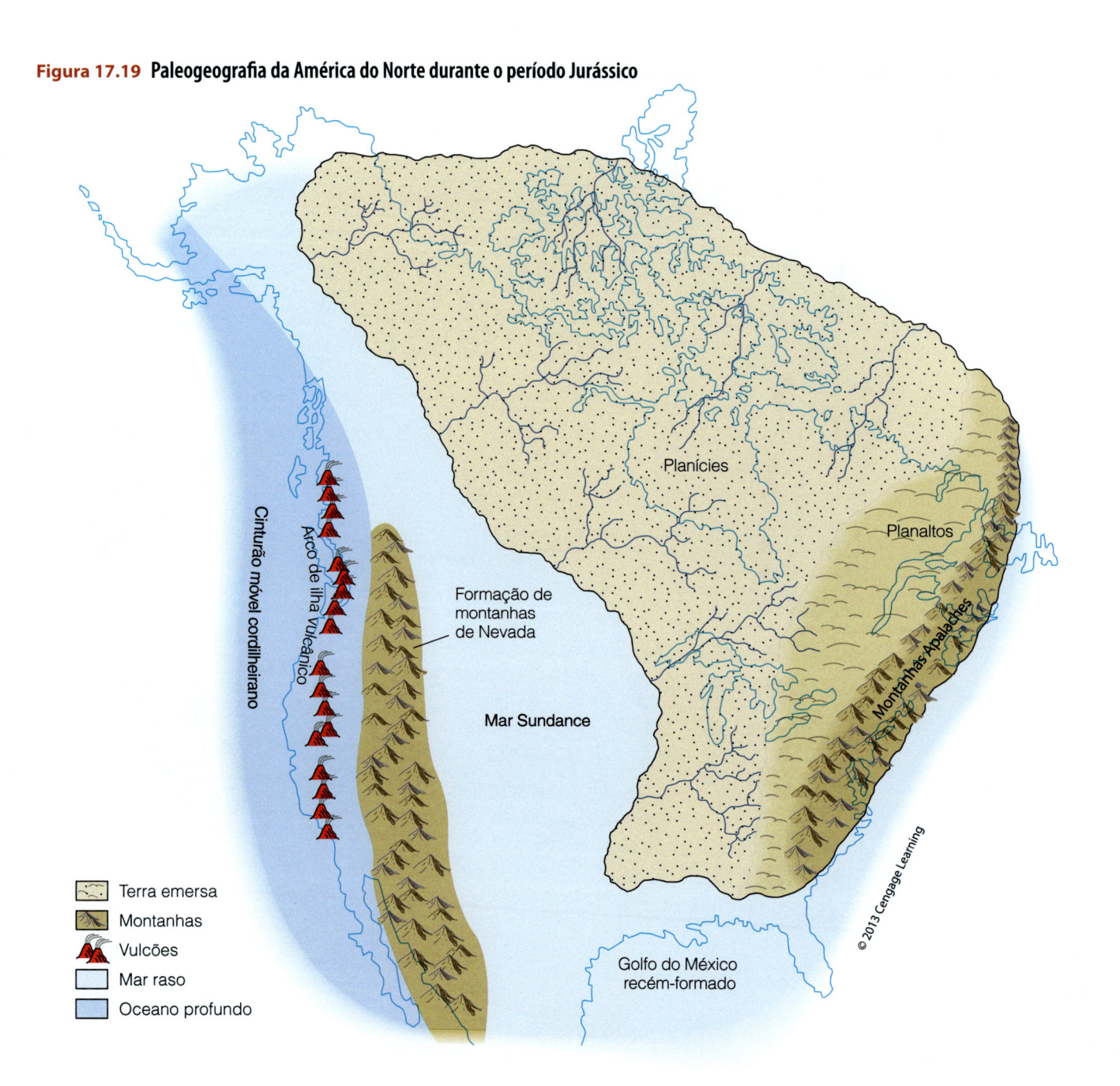

Figura 17.19 Paleogeografia da América do Norte durante o período Jurássico

Legenda do mapa:
- Terra emersa
- Montanhas
- Vulcões
- Mar raso
- Oceano profundo

Elementos indicados no mapa: Cinturão móvel cordilheirano; Arco de ilha vulcânico; Formação de montanhas de Nevada; Planícies; Planaltos; Mar Sundance; Montanhas Apalaches; Golfo do México recém-formado.

Durante o final do período Cretáceo, a região costeira do Golfo, assim como o restante da margem continental, foi inundada por mares que transgrediram em direção ao norte, formando um amplo canal marinho que se estendeu do Oceano Ártico ao Golfo do México (Figura 17.20).

Região oeste

Durante o Permiano, um arco de ilha e uma bacia oceânica formaram-se a oeste do cráton norte-americano (Figura 17.15), seguidos pela subducção de uma placa oceânica abaixo do arco de ilha e da compressão de rochas oceânicas e de arcos de ilha a leste, contra a margem do cráton. Esse evento, semelhante à orogênese Antler anterior e conhecido como *orogênese Sonoma*, ocorreu entre os períodos Permiano e o Jurássico ou no limite entre esses dois períodos.

Após a destruição do arco de ilha do final do Paleozoico e início do Mesozoico, durante a orogênese Sonoma, a margem ocidental da América do Norte

Figura 17.20 Paleogeografia da América do Norte durante o período Cretáceo

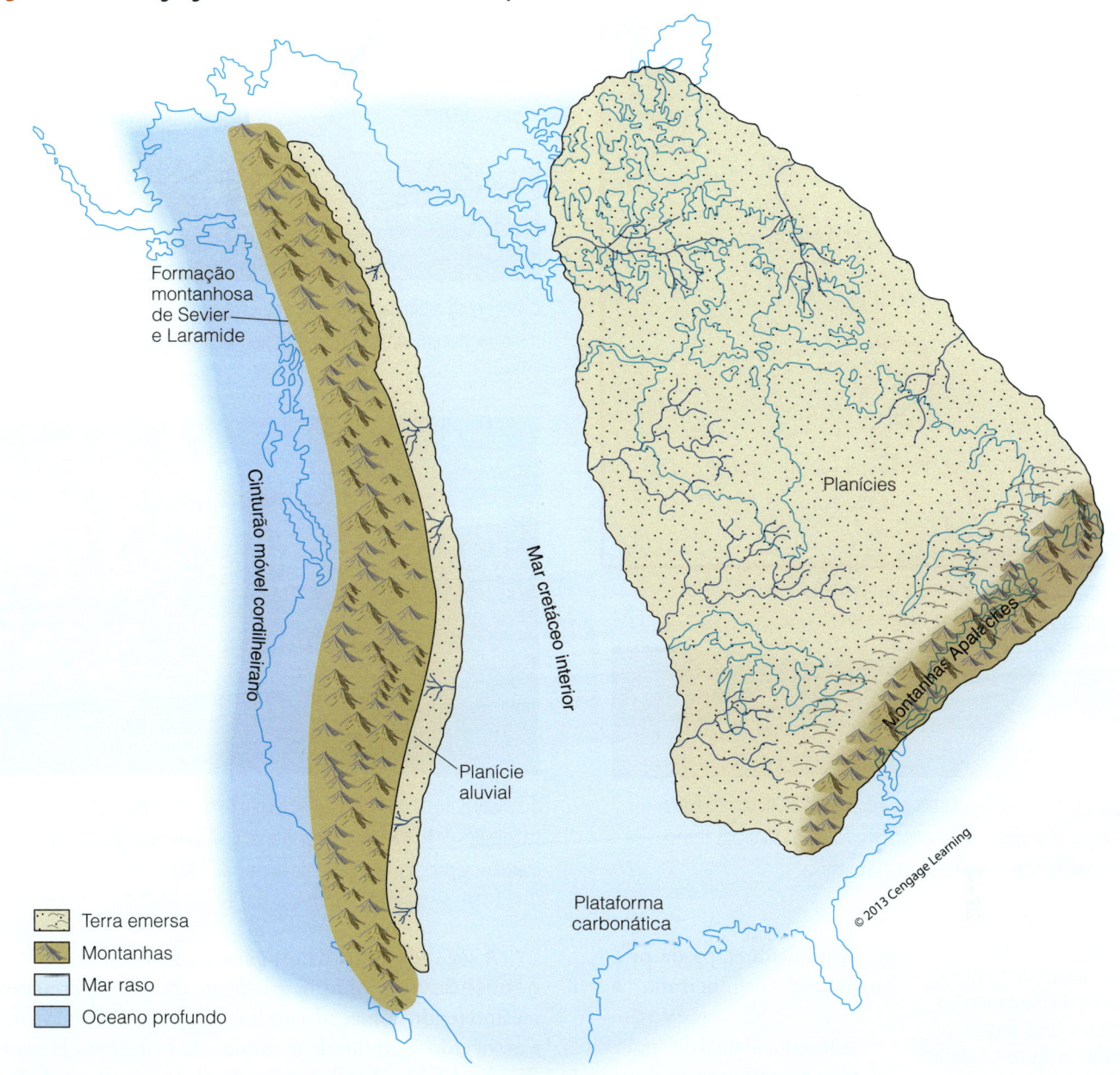

- Formação montanhosa de Sevier e Laramide
- Cinturão móvel cordilheirano
- Mar cretáceo interior
- Planície aluvial
- Planícies
- Montanhas Apalaches
- Plataforma carbonática

Legenda:
- Terra emersa
- Montanhas
- Mar raso
- Oceano profundo

tornou-se um limite de placa convergente oceânico-continental. Durante o final do período Triássico, uma zona de subducção de forte inclinação desenvolveu-se ao longo da margem ocidental da América do Norte, em resposta ao seu movimento em direção a oeste, sobre a placa Pacífico. Esse recém-criado limite de placas oceano-continental controlou as tectônicas cordilheiranas pelo restante da Era Mesozoica e pela maior parte da Era Cenozoica. Essa zona de subducção marca o início do moderno sistema orogênico circum-Pacífico.

O termo geral *orogênese Cordilheirana* é aplicado à atividade de formação montanhosa que começou durante o Jurássico e continuou na Era Cenozoica (Figura 17.22). A orogênese Cordilheirana consistiu em uma série de eventos individualmente denominados, embora inter-relacionados, de formação de montanhas, que ocorreu em regiões diferentes e em períodos diferentes.

A maior parte dessa atividade orogênica cordilheirana relaciona-se ao movimento contínuo da placa norte-americana em direção ao oeste, à medida que ela excedeu a placa Farallon, e sua história é altamente complexa.

Figura 17.21 Bacias de blocos de falhas triássicas da América do Norte

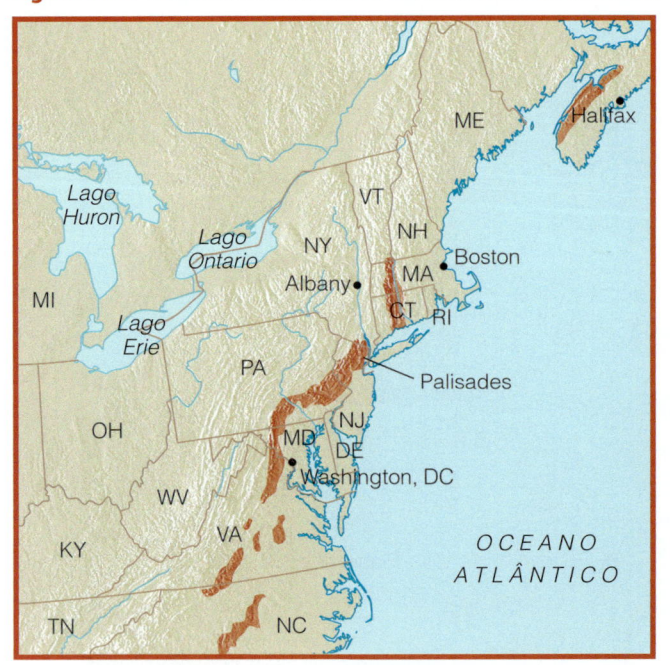

a. Regiões onde depósitos de bacias de blocos de falhas do Triássico afloraram a leste da América do Norte.

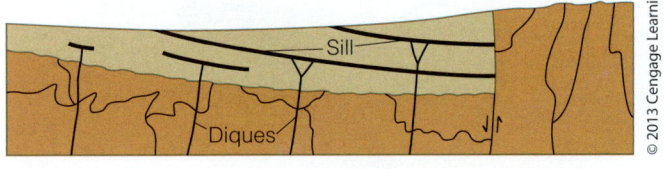

b. Depois da erosão dos Apalaches no Triássico médio, formando baixas planícies como resultado do rifte do final do Triássico, surgiram as bacias de bloco de falhas entre a América do Norte e a África.

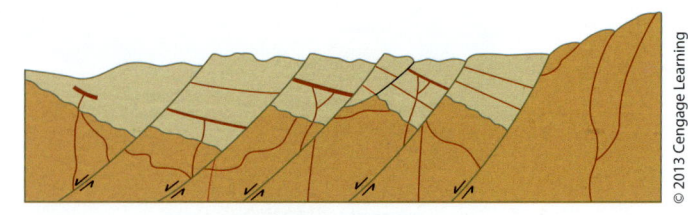

c. Esses vales acumularam enormes espessuras de sedimentos e foram rompidos por um complexo de falhas normais durante o rifte.

d. Paliçadas do rio Hudson. Esse sill foi um de muitos introduzidos nos sedimentos de Newark, durante o rifte do final do período Triássico, que marcou a separação da América do Norte e da África.

orogênese Nevada
Deformação do final do período Jurássico ao Cretáceo, que afetou fortemente a parte ocidental da América do Norte.

orogênese Sevier
Deformação ocorrida durante o período Cretáceo, que afetou a plataforma continental e as áreas de encosta do cinturão móvel Cordilheirano.

orogênese Laramide
Episódio de deformação que ocorreu do final do período Cretáceo ao início do Cenozoico, na região das Montanhas Rochosas atuais.

A primeira etapa da orogênese cordilheirana, a **orogênese Nevada**, começou no final do Jurássico e continuou durante o Cretáceo, à medida que grandes volumes de magma granítico foram gerados em profundidades abaixo da margem ocidental da América do Norte. Essas massas graníticas ascenderam como enormes batólitos, que são hoje reconhecidos como batólitos de Sierra Nevada, do sul da Califórnia, de Idaho e de Cadeia da Costa (Figura 17.23).

A segunda etapa da orogênese cordilheirana, a **orogênese Sevier**, foi principalmente um evento cretáceo, mesmo tendo começado no final do período Jurássico, e é associado à atividade tectônica da orogênese Nevada (Figura 17.22). A subducção da placa Farallon, abaixo norte-americana, continuou durante esse período, resultando inúmeras falhas de compressão de baixo ângulo sobrepostas, nas quais blocos de rochas antigas foram comprimidos em direção ao leste, no topo das rochas mais novas. Essa deformação produziu uma cadeia de montanhas de norte a sul, que se estende de Montana a oeste do Canadá.

Do final do Cretáceo ao início da Era Cenozoica ocorreu o impulso final da orogênese Cordilheirana (Figura 17.22). A **orogênese Laramide** desenvolveu-se a leste do Cinturão Orogênico Sevier, nas atuais regiões das Montanhas Rochosas do Novo México, no Colorado e em Wyoming. Como a maioria das características das Montanhas Rochosas atuais resultou da

Figura 17.22 Orogênese cordilheirana Mesozoica
As orogêneses mesozoicas ocorreram no cinturão móvel cordilheirano.

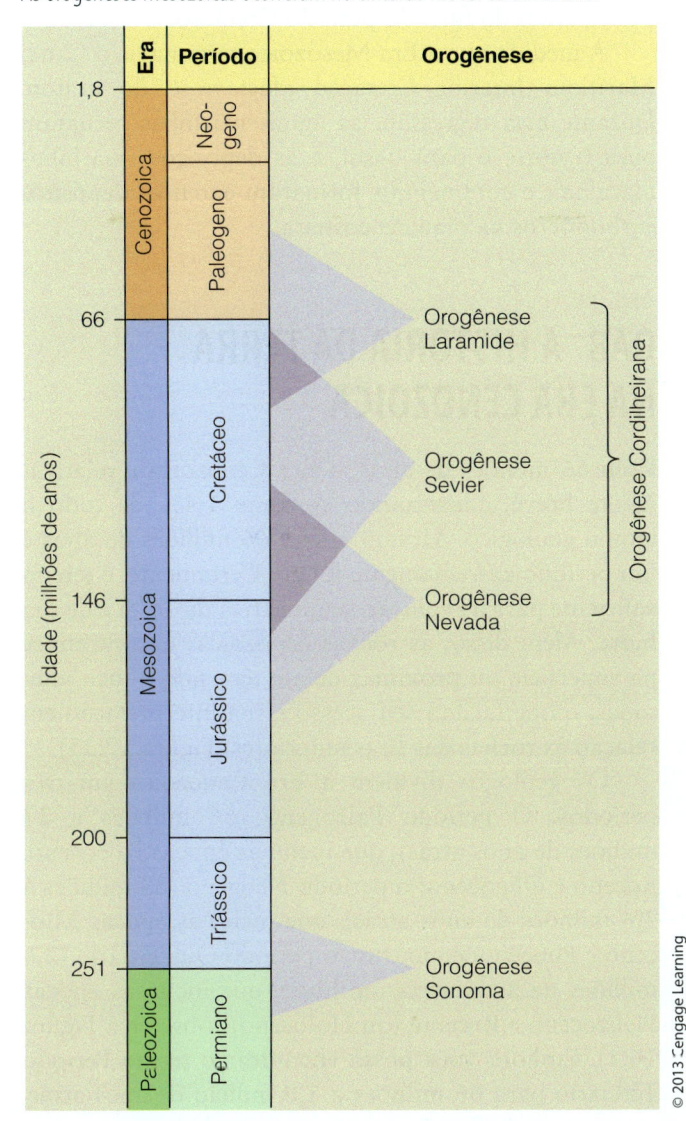

Figura 17.23 Batólitos cordilheiranos
Localização dos batólitos do Jurássico e Cretáceo no oeste da América do Norte

etapa cenozoica da orogênese Laramide, isso será discutido mais adiante neste capítulo.

Concomitante ao tectonismo no cinturão móvel Cordilheirano, a sedimentação do início do período Triássico a oeste da plataforma continental consistiu em arenitos, xistos e calcários marinhos de águas rasas. Durante a metade e o final do Triássico, os mares ocidentais rasos regrediram mais para o oeste, expondo grandes áreas de assoalho oceânico à erosão. As rochas triássicas marginais marinhas e não marinhas, em particular sedimentos vermelhos, contribuíram para o cenário espetacular e colorido da região.

Essas rochas representam uma variedade de ambientes deposicionais. A *Formação Chinle* do período Triássico Superior, por exemplo, é amplamente exposta por todo o Planalto do Colorado e, provavelmente, é a mais famosa, em razão de suas madeiras petrificadas, espetacularmente expostas no Parque Nacional da Floresta Petrificada, em Arizona. Embora seja mais conhecida pela madeira petrificada, a Formação Chinle também possui fósseis de anfíbios e diversos répteis, incluindo pequenos dinossauros.

Em grande parte da região ocidental, os depósitos do início do período Jurássico consistem, predominantemente, em arenitos limpos de estratificação cruzada, que indicam depósitos provocados pelo vento. O mais espesso e proeminente deles é o *Arenito Navajo*, de ampla distribuição areal, que se acumulou em um ambiente de duna costeira ao longo da margem sudoeste do cráton. A característica mais marcante desse arenito

A HISTÓRIA MESOZOICA DA AMÉRICA DO NORTE

Figura 17.24 Ossos de dinossauro em baixo relevo

A parede norte do centro de visitantes do Monumento Nacional dos Dinossauros, exibe ossos de dinossauro em baixo relevo, da mesma forma como foram depositados há 140 milhões de anos na Formação Morrison.

são as estratificações cruzadas em grande escala, algumas delas com mais de 25 m de altura.

As condições marinhas retornaram à região durante a metade do período Jurássico, quando um canal marinho chamado *mar de Sundance* inundou duas vezes o interior do oeste da América do Norte (Figura 17.19). Os depósitos resultantes foram, em grande parte, decorrentes da erosão das terras altas tectônicas a oeste, que são paralelas à costa. Essas montanhas resultaram da atividade ígnea intrusiva e associada ao vulcanismo que começou durante o período Triássico.

Durante o final do Jurássico, como resultado da deformação produzida pela orogênese Nevada, uma cadeia de montanhas formou-se em Nevada, Utah e Idaho. À medida que essa cadeia de montanhas crescia e lançava sedimentos ao leste, o mar de Sundance começou a recuar para o norte. Então, uma grande parte da área anteriormente ocupada pelo mar de Sundance foi coberta por sedimentos detríticos multicoloridos, que compõem a *Formação Morrison*, que contém a coleção mais rica do mundo de restos de dinossauros do período Jurássico (Figura 17.24).

Pouco antes do final do período Cretáceo Inferior, as águas do Ártico espalharam-se para o sul, ao longo do cráton, formando um grande mar interior na região cordilheirana. No início do período Cretáceo Superior, essa incursão uniu as águas que transgrediam em direção ao norte da região do Golfo para criar um grande *Canal Marítimo Interior Cretáceo*, que ocupou a região leste do Cinturão Orogênico de Sevier (Figura 17.20). Estendendo-se do Golfo do México ao Oceano Ártico, com mais de 1.500 km de largura em sua extensão máxima, esse canal marítimo, efetivamente, dividiu a América do Norte em duas grandes massas de terra um pouco antes do final do período Cretáceo.

À medida que a Era Mesozoica terminava, o Canal Marítimo Interior Cretáceo afastava-se do cráton. Durante essa regressão, as águas marinhas recuaram para o norte e para o sul, e as deposições marinhas marginais e continentais formaram extensos depósitos carboníferos na planície costeira.

OA8 A HISTÓRIA DA TERRA NA ERA CENOZOICA

Com 66 milhões de anos, a Era Cenozoica é relativamente breve, constituindo somente 1,4% de todo o tempo geológico. Mesmo assim, 66 milhões de anos é um período extremamente longo. Certamente, é tempo suficiente para a evolução significativa da Terra e de sua biota. Além disso, as rochas cenozoicas encontram-se na superfície ou próximas dela e têm sido pouco alteradas, o que facilita seu acesso e sua interpretação em relação às rochas das Eras anteriores (Figura 17.25).

Os geólogos dividem a Era Cenozoica em três períodos. O período Paleogeno (66 milhões a 23 milhões de anos atrás), que inclui as épocas Paleoceno, Eoceno e Oligoceno; o período Neogeno (23 milhões a 2,6 milhões de anos atrás), que inclui as épocas Mioceno e Plioceno; e, por fim, o período Quaternário (2,6 milhões de anos atrás até hoje), que inclui as épocas Pleistoceno e Recente (ou Holoceno) (observe a Figura 16.1). Embora você possa encontrar o termo Período Terciário para 66 milhões a 1,8 milhão de anos atrás, essa terminologia não é mais recomendada.

Os sistemas da Terra continuam a interagir, resultando em uma constante evolução do planeta.

Figura 17.25 Rochas sedimentares cenozoicas
Rochas da Era Cenozoica que se encontram na superfície ou perto dela e foram pouco alteradas pelo metamorfismo, tornando-se mais fáceis de serem interpretadas que as rochas das eras geológicas anteriores. Essa é uma exposição da Formação Brule, do Oligoceno, no Parque Nacional das Badlands em Dakota do Sul, que foi depositada principalmente nos canais fluviais e nas planícies de inundação. Observe as encostas e as cumeeiras angulares afiadas e as numerosas ravinas, típicas da topografia de terrenos erodidos.

Muitas das características da Terra têm uma longa história, porém, no contexto de tempo geológico, a atual distribuição de terra e de mar e as formas de relevo dos continentes foram desenvolvidas recentemente. Por exemplo, a região das montanhas apalachianas começou sua evolução durante o período Pré-cambriano, mas sua expressão presente é, em grande parte, produto de elevações e erosão cenozoica. Do mesmo modo, formas de relevo distintas, como vales glaciais, topografia de terrenos erodidos e vulcões dos parques nacionais dos Estados Unidos, desenvolveram-se durante os últimos mil a vários milhões de anos.

Tectônica de placas e orogênese cenozoica

A fragmentação da Pangeia, no final do período Triássico (Figura 17.17a), iniciou um episódio de movimento de placas que continua até hoje. Como resultado, a atividade orogênica cenozoica concentrou-se em dois grandes cinturões: o *Cinturão Alpino-Himalaia*, que se estende do sul da Europa e do norte da África para o leste, através do Oriente Médio e da Ásia. E o *Cinturão Circum-Pacífico* inclui orógenos ao longo das costas ocidentais das Américas e a margem leste da Ásia e as ilhas ao norte da Austrália e da Nova Zelândia.

No Cinturão Orogênico Alpino-Himalaia, a *orogênese Alpina* começou durante a Era Mesozoica, mas também ocorreram deformações importantes desde o Eoceno até o final do Mioceno, à medida que as placas africana e árabe se moviam para o norte, contra a Eurásia. A deformação resultante da convergência de placas formou montanhas entre a Espanha e a França, os Alpes da Europa continental e as montanhas da Itália e do norte da África. Esse cinturão orogênico permanece geologicamente ativo.

Mais a leste, no Cinturão Orogênico Alpino-Himalaia, a *orogênese Himalaia* resultou da colisão da Índia com a Ásia (observe a Figura 9.18). Em algum momento durante o Eoceno, a taxa de deriva para o norte da Índia diminuiu abruptamente, indicando o

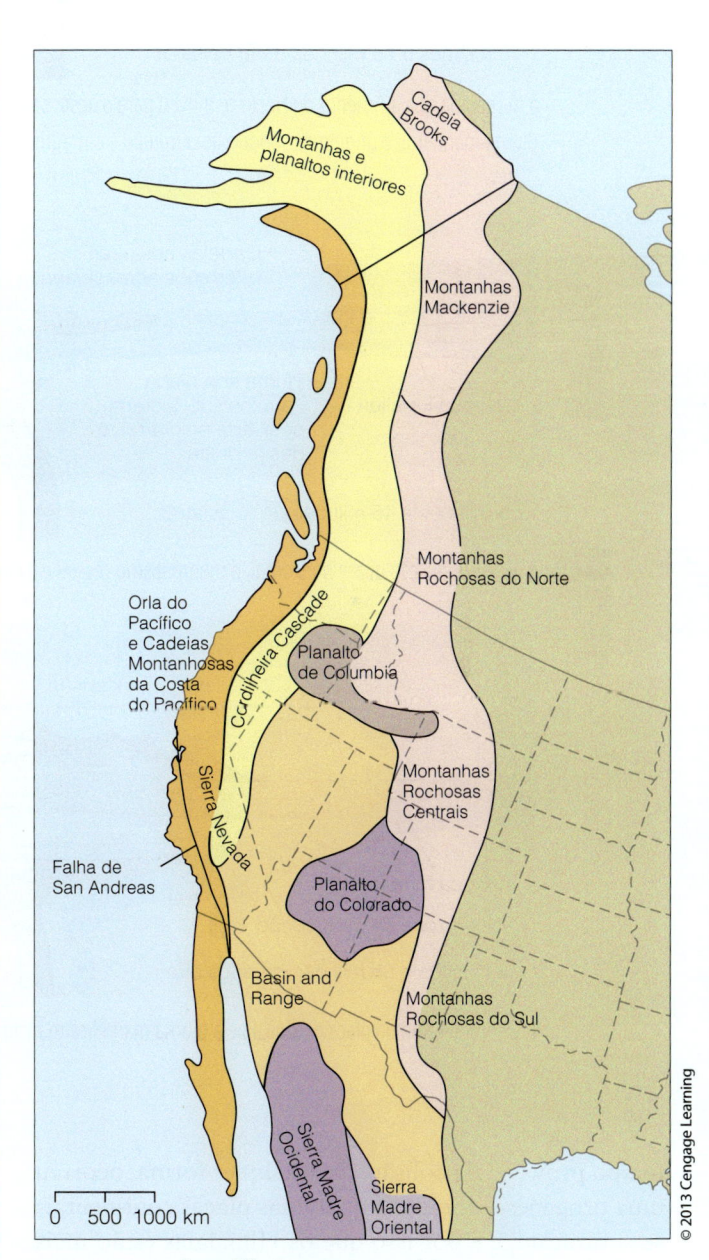

Figura 17.26 A cordilheira norte-americana
A cordilheira norte-americana é uma região de complexo montanhoso que se estende do Alasca ao México Central. Ela consiste nos elementos aqui apresentados.

Figura 17.27 Orogênese Laramide

A orogênese Laramide ocorreu quando a placa Farallon sofreu subducção abaixo da América do Norte, do final do período Cretáceo até a época do Eoceno.

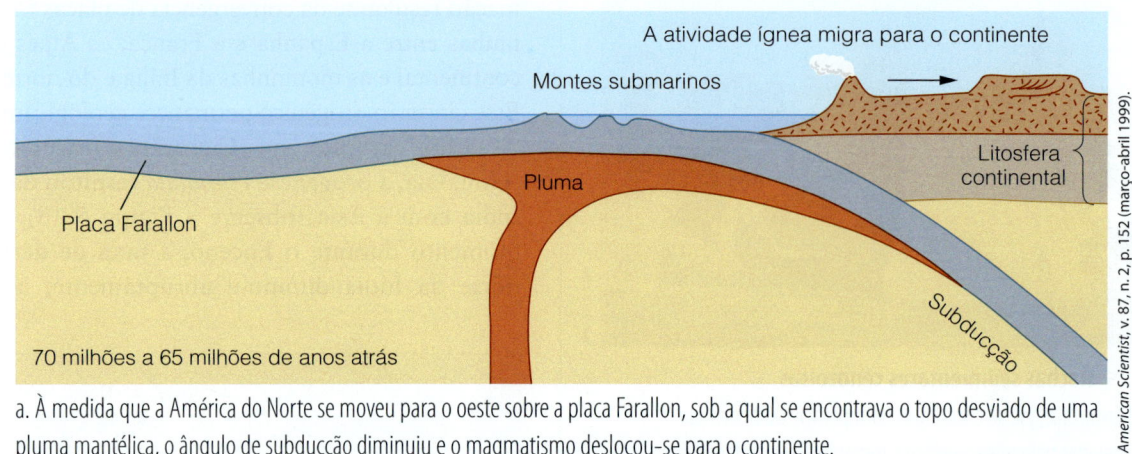

70 milhões a 65 milhões de anos atrás

a. À medida que a América do Norte se moveu para o oeste sobre a placa Farallon, sob a qual se encontrava o topo desviado de uma pluma mantélica, o ângulo de subducção diminuiu e o magmatismo deslocou-se para o continente.

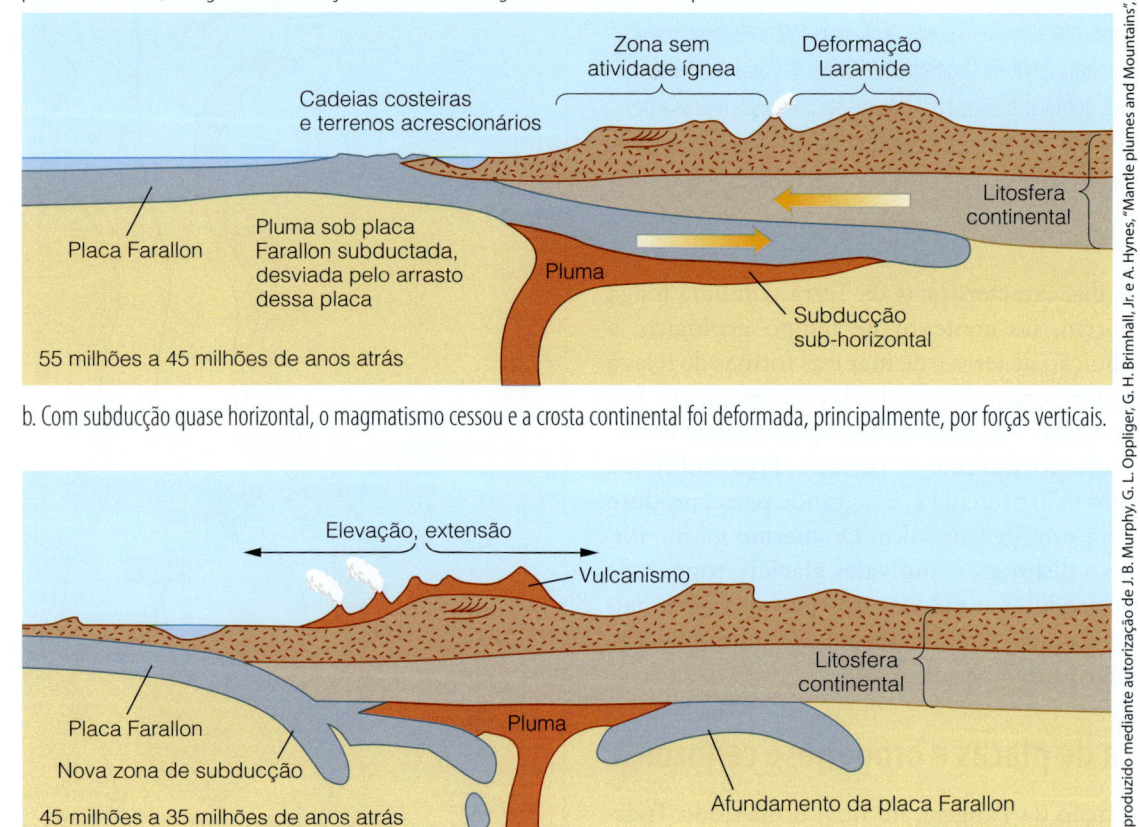

55 milhões a 45 milhões de anos atrás

b. Com subducção quase horizontal, o magmatismo cessou e a crosta continental foi deformada, principalmente, por forças verticais.

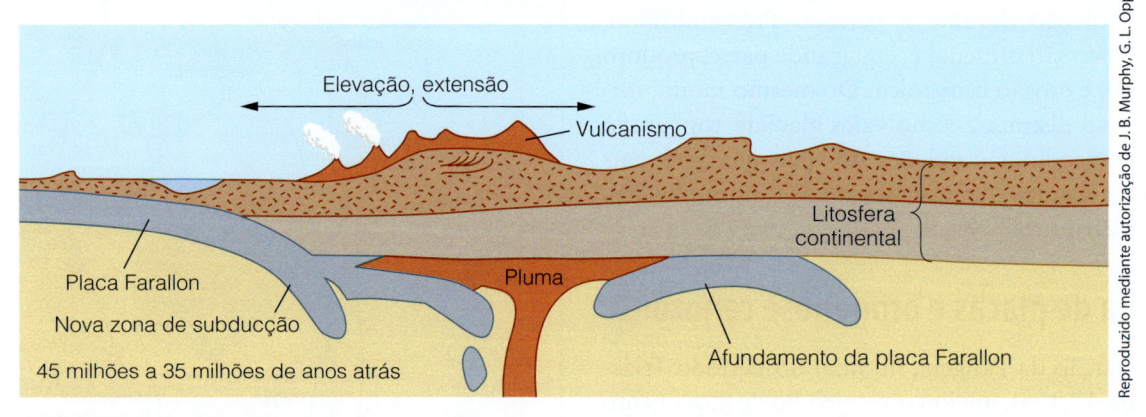

45 milhões a 35 milhões de anos atrás

c. O rompimento da placa oceânica pela pluma mantélica marcou o início de um vulcanismo renovado.

---

tempo provável da colisão. De qualquer forma, ocorreu uma orogênese, durante a qual duas placas continentais se suturaram, e é por isso que os Himalaias estão mais longe da costa que da margem continental.

A subducção da placa Cinturão Orogênico Circum-Pacífico ocorreu em toda a Era Cenozoica, dando origem a orogêneses nas Ilhas Aleutas, nas Filipinas e no Japão, e ao longo das costas ocidentais das Américas do Norte, Central e do Sul. A Cordilheira dos Andes, no oeste da América do Sul, por exemplo, formou-se como resultado da convergência das placas de Nazca e sul-americana (observe a Figura 9.17). O espalhamento

Figura 17.28 O planalto do Colorado, província Basin and Range e derrames de lava da Era Cenozoica

a. A Formação Claron, no Parque Nacional de Bryce Canyon, em Utah, é uma das muitas expostas no Planalto do Colorado. Essa formação de cascalho, areia e lama foi depositada principalmente por correntes fluviais durante as épocas Paleoceno e Eoceno.

b. A Sierra Nevada, na margem oeste da província Basin and Range, elevou-se ao longo de falhas normais, de modo que está a mais de 3.000 m acima do vale a leste.

c. Derrames de lava basáltica da planície do rio Snake, no Parque Nacional Malad Gorge, em Idaho.

pela dorsal Pacífica Leste e a subducção das placas de Cocos e de Nazca abaixo das Américas Central e do Sul, respectivamente, explicam a continuidade da atividade orogênica nessas regiões.

OA9 A CORDILHEIRA NORTE-AMERICANA

Parte do Cinturão Orogênico Circum-Pacífico é a *Cordilheira da América do Norte*, uma região montanhosa complexa a oeste da América do Norte, que se estende do Alasca ao México central (Figura 17.26). Existe uma longa e complexa história geológica envolvendo acreção de arcos de ilha ao longo da margem continental, orogênese em um limite oceânico-continental, vasto derramamento de lavas basáltica e blocos de falhas. O mais recente episódio de deformação em larga escala foi a *orogênese Laramide*, que começou no final do período Cretáceo, cerca de 85 milhões a 90 milhões de anos atrás. Como muitas outras orogêneses, essa ocorreu ao longo de um limite oceânico-continental, mas, ao contrário do habitual, estava muito mais voltada para continente (Figura 17.27). Lembre-se de que a orogênese Laramide é a etapa final em um longo episódio de deformação conhecido como *orogênese Cordilheirana*, que discutimos anteriormente, neste capítulo.

A orogênese Laramide cessou há aproximadamente 40 milhões de anos, mas, desde então, as cadeias de montanhas que se formaram durante a orogênese foram erodidas, e os vales entre as faixas de montanhas foram preenchidos com sedimentos. Muitas dessas faixas de montanhas foram quase soterradas nos próprios detritos de erosão, e as atuais elevações são o resultado de uma elevação renovada.

Em outras partes da Cordilheira, o Planalto do Colorado foi erguido muito acima do nível do mar, mas as rochas eram pouco deformadas (Figura 17.28a). Na Província de Basin and Range, o falhamento de blocos começou durante a metade da Era Cenozoica e continua até o presente. Em sua margem ocidental, a província é delimitada por uma grande escarpa que forma a face leste de Sierra Nevada (Figura 17.28b).

No noroeste do Pacífico, uma área de aproximadamente 200.000 km², principalmente em Washington, é coberta pelos basaltos cenozoicos do rio Columbia (observe a Figura 5.13). Emergindo de longas fissuras, esses derrames se sobrepuseram para produzir um espesso agregado de aproximadamente 1.000 m. Uma vasta região de vulcanismo também ocorreu em

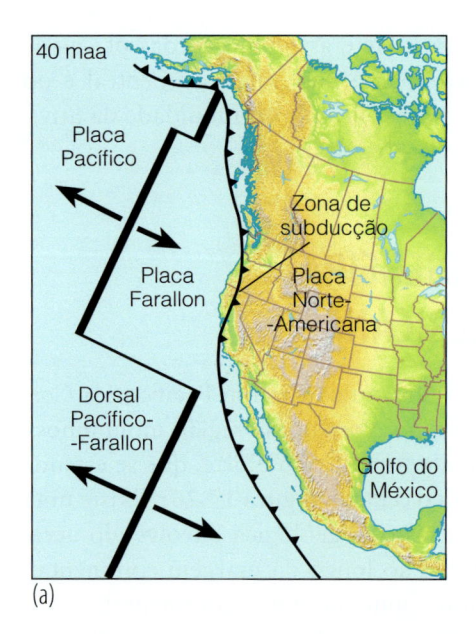

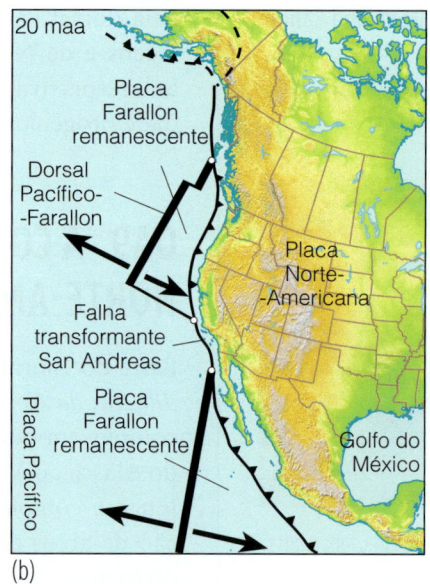

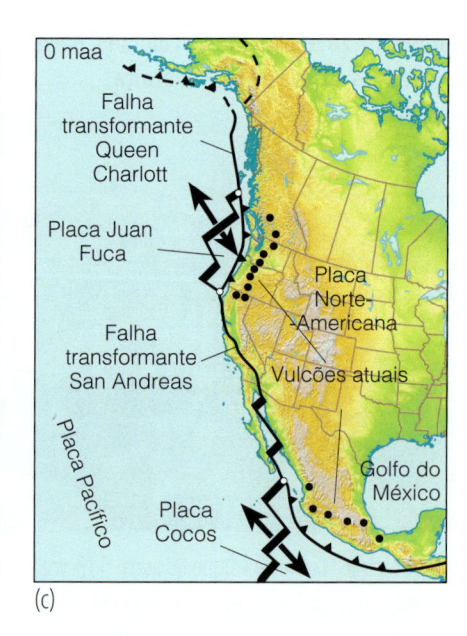

Figura 17.29 Três etapas da deriva de ocidental da América do Norte

Três estágios (a, b e c) na deriva ocidental da América do Norte e sua colisão com a Dorsal Pacífico-Farallon. À medida que a placa Norte-Americana superpunha à dorsal, sua margem ficava delimitada por falhas transformantes em vez de uma zona de subducção.

Reproduzido mediante permissão de W. R. Dickinson, "Cenozoic plate tectonic setting of the cordilleran region in the western united states", Cenozoic Paleogeography of the Western United States, Pacific Coast Symposium 3, 1979, p. 2 (fig. 1).

Oregon, Idaho, Califórnia, Arizona e Novo México (Figura 17.28c).

Os elementos atuais da seção da Costa do Pacífico da Cordilheira desenvolveram-se como resultado da deriva para o oeste da América do Norte, do consumo parcial da placa oceânica Farallon e da colisão da América do Norte com a Dorsal Pacífico-Farallon (Figura 17.29). No início da Era Cenozoica, toda a Costa do Pacífico estava limitada por uma zona de subducção, que se estendia do México ao Alasca. A maior parte da placa Farallon foi consumida nessa zona de subducção, e agora existem apenas dois pequenos fragmentos: as placas Juan de Fuca e Cocos (Figura 17.29). A subducção contínua dessas pequenas placas explica a sismicidade e o vulcanismo na Cordilheira Cascade, do noroeste do Pacífico à América Central, respectivamente. A deriva para o oeste da placa norte-americana também resultou a sua colisão com a Dorsal Pacífico-Farallon e a origem das falhas transformantes de Queen Charlotte e San Andreas (Figura 17.29).

O interior do continente e a planície da Costa do Golfo

Os vastos mares rasos que invadiram os continentes durante as eras anteriores estavam, em grande parte, ausentes durante a Era Cenozoica. A exceção notável foi o mar Zuni, que ocupou uma grande área no interior continental durante parte da Era Cenozoica. Sedimentos derivados das montanhas de Laramide, a oeste

O aquecimento global contínuo resultará um aumento do nível médio do mar, à medida que as calotas polares e as geleiras forem derretendo e derramando sua água nos oceanos do mundo. A análise da contínua perda de gelo glacial na Antártida e da redução no mar Ártico nos últimos anos indicam que o aquecimento global está ocorrendo. No entanto, os efeitos a longo prazo dessa tendência de aquecimento e sua duração é assunto que ainda está sendo discutido.

Figura 17.30 Extensão máxima das geleiras do Pleistoceno na América do Norte

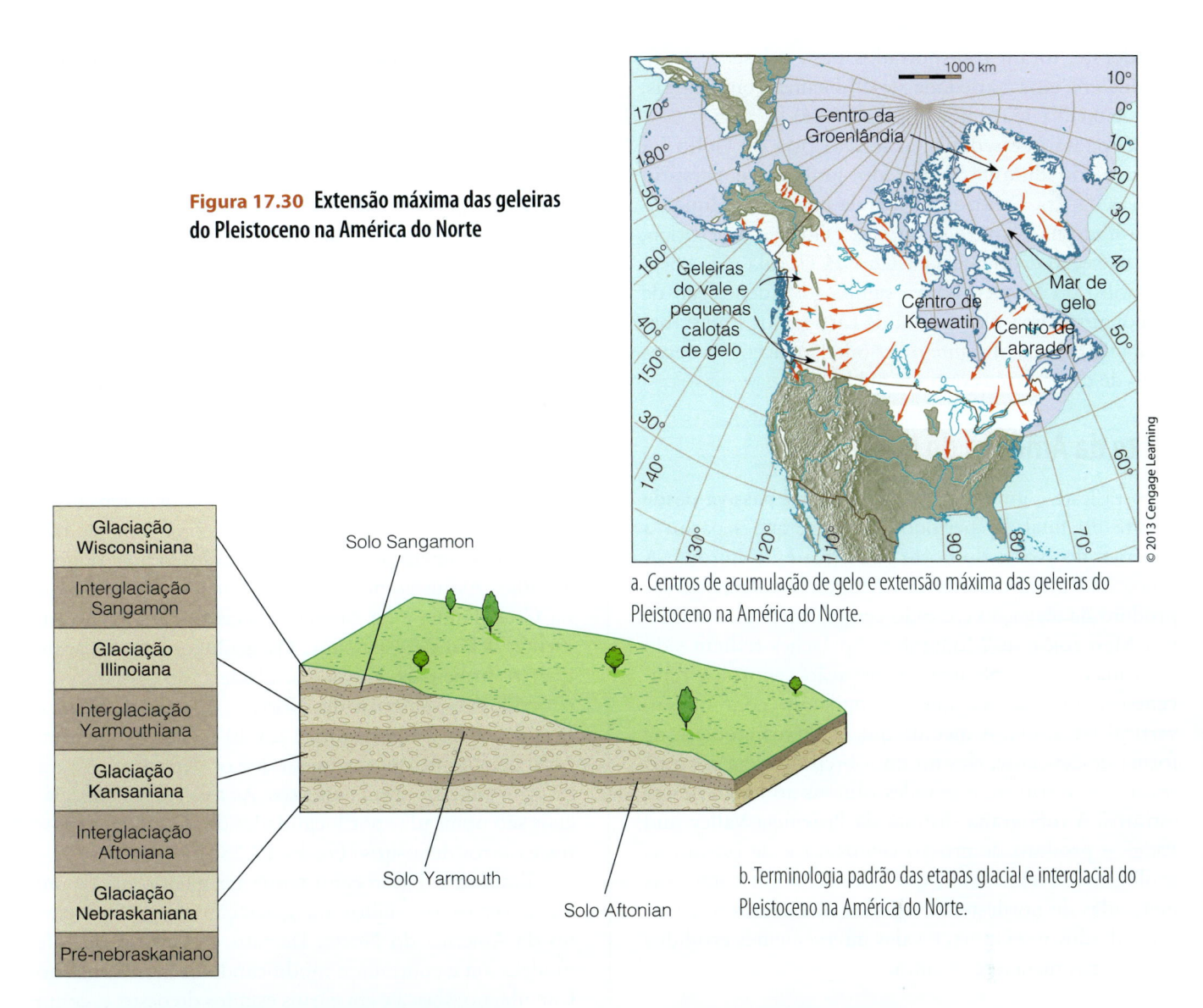

a. Centros de acumulação de gelo e extensão máxima das geleiras do Pleistoceno na América do Norte.

b. Terminologia padrão das etapas glacial e interglacial do Pleistoceno na América do Norte.

Figura 17.31 Atividade geológica em curso

A Terra permanece um planeta ativo, em que as interações entre seus sistemas continuam a trazer a mudanças.

a. Geleiras de vale continuam a erodir as Montanhas Chugach, no Alasca. Dorsais e picos em formato angular e vales amplos e suaves são típicos de áreas erodidas por geleiras de vale.

b. Este cone de escórias de 115 m de altura, chamada cratera do High Hole, no norte da Califórnia, encontra-se no flanco de um enorme vulcão escudo. O derrame de lava aa em primeiro plano tem 1.100 anos.

A CORDILHEIRA NORTE-AMERICANA **411**

e sudoeste, foram transportados para o leste e depositados em uma variedade de ambientes continentais, transicionais e marinhos (Figura 17.25).

O padrão de sedimentação da Costa do Golfo foi estabelecido durante o período Jurássico e persistiu através da Era Cenozoica. Grande parte do sedimento depositado na planície costeira do Golfo era detrítico, mas na seção de planície costeira da Flórida e da costa do Golfo do México houve significativa deposição de carbonatos. Uma plataforma de carbonatos foi estabelecida na Flórida, durante o período Cretáceo, e a deposição de carbonatos continua até hoje.

Leste da América do Norte

A costa leste é uma margem continental passiva desde o rifte do final do período Triássico, que separou a América do Norte do norte da África e da Europa. A topografia atual distinta das Montanhas Apalaches é produto da elevação e erosão cenozoica. Até o final da Era Mesozoica, as Montanhas Apalaches tinham sido reduzidas a uma planície. A elevação cenozoica rejuvenesceu os riachos, que responderam com incisão vertical renovada. À medida que os fluxos erodiam de forma descendente, eles foram sobrepostos em estratos resistentes e cortaram grandes cânions ao longo desses estratos. A topografia distinta da Província Valley and Ridge é produto de erosão cenozoica e de estruturas geológicas preexistentes, que consistem em cumeeiras inclinadas do nordeste ao sudoeste de estratos resistentes, voltados para cima, e vales intervenientes erodidos em estratos menos resistentes.

Glaciação do Pleistoceno

Sabemos hoje que o Pleistoceno (Era do Gelo) começou há 2,6 milhões de anos e terminou por volta de 10 mil anos atrás. Durante esse período, diversos intervalos de vasta glaciação continental ocorreram, especialmente no hemisfério norte, cada um separado por períodos interglaciais mais quentes. Além disso, as geleiras do vale eram mais comuns em elevações e latitudes baixas, e muitas se estendiam muito mais longe que hoje.

Como seria de esperar, os efeitos climáticos responsáveis pelas geleiras do Pleistoceno ocorreram em todo o mundo. Mesmo assim, a Terra não era tão fria como retratada em filmes e desenhos, nem foi o aparecimento das condições climáticas que conduziram à rápida glaciação. De fato, evidências de vários tipos de investigação indicam que o clima esfriou gradualmente do Eoceno ao Pleistoceno. Além disso, evidências de sedimentos do assoalho oceânico mostram que 20 dos principais ciclos quente-frio ocorreram durante, pelo menos, 2 milhões de anos.

Os geólogos sabem que, em sua maior extensão, as geleiras do Pleistoceno cobriam aproximadamente três vezes mais superfície da Terra que cobrem hoje (Figura 17.30a). Assim como as vastas camadas de gelo hoje na Groenlândia e na Antártida, elas tinham, provavelmente, 3 km de espessura. Os geólogos identificaram quatro principais episódios glaciais do Pleistoceno, ocorridos na América do Norte – *Nebraska*, *Kansas*, *Illinois* e *Wisconsin* (Figura 17.30b) –, cada um identificado pelo nome do estado em que os depósitos glaciais mais ao sul estão bem expostos. As três etapas interglaciais são nomeadas por localidades de solos bem expostos e outros depósitos (Figura 17.28b).

Embora o Pleistoceno tenha terminado há 10 mil anos, vemos os efeitos da glaciação em muitas partes da América do Norte. De fato, as geleiras de vale modelaram e continuam modificando as montanhas no Canadá, no Alasca e em vários estados do oeste, e, como resultado, têm produzido o cenário majestoso visto em várias áreas (Figura 17.31a). Ainda que tenhamos enfatizado as geleiras nesta seção, o Pleistoceno também foi um período de tectonismo e vulcanismo contínuos (Figura 17.31b). Em resumo, a Terra continua sendo um planeta dinâmico e em evolução.

18 | História da vida

Nesta cena do final do período Cretáceo, o Anquilossauro está se defendendo do grande predador Tiranossauro. O Anquilossauro era o dinossauro mais fortemente encouraçado e possuía uma clava óssea na extremidade de sua cauda que, certamente, era usada para sua defesa. Esse animal media de 8 m a 10 m de comprimento e pesava aproximadamente 4,5 t. Com 13 m de comprimento, e pesando 5 t, o Tiranossauro foi um dos maiores dinossauros carnívoros.

Introdução

"Agora, sabemos que a extinção é a regra, não a exceção."

Por dois séculos, cientistas investigaram seriamente a história da vida na Terra. Sem a ciência, nosso único conhecimento de como os animais e as plantas ao nosso redor mudaram seria com base em registros escritos, que, apesar de interessantes, não cobrem um período anterior suficiente para nos ajudar a compreender além da diversidade atual de organismos e algumas extinções muito recentes.

Ao observar os registros geológicos, os cientistas estabeleceram claramente o esboço da história da Terra, que remonta cerca de 4,6 bilhões de anos. Embora ainda haja muito que não sabemos sobre a história da vida, já aprendemos bastante. Agora sabemos que a extinção é a regra, não a exceção – temos certeza de que mais de 99% de todas as espécies que já existiram em nossos mares e terras foram extintos. E também aprendemos que a variedade e a complexidade dos organismos aumentaram após os episódios cíclicos de extinção em massa.

Este capítulo tem a ambiciosa tarefa de resumir o que sabemos sobre as diversas variedades de criaturas que habitaram nosso planeta quase desde o seu surgimento. As evidências em que confiamos estão nos **fósseis** que resistiram por milhões (e até bilhões) de anos. A qualidade do registro fóssil, dependendo dos tipos de organismos existentes em determinado tempo e do ambiente em que viviam, varia consideravelmente.

A preservação de qualquer organismo como fóssil é rara. No entanto, os fósseis são bastante comuns. Essa aparente contradição é facilmente explicada quando se considera que bilhões de organismos existiram durante milhões de anos e que, se apenas uma pequena fração foi preservada, o número total de fósseis é fenomenal. De fato, os fósseis de muitos animais **vertebrados** (aqueles com coluna vertebral segmentada), como os dinossauros, são muito mais comuns que a maioria das pessoas imagina. Em geral, o registro fóssil dá uma boa perspectiva geral da história da vida.

> **fóssil** Restos ou vestígios de organismos, outrora vivos.
>
> **vertebrado** Qualquer animal que tem uma coluna vertebral segmentada, incluindo peixes, anfíbios, répteis, aves e mamíferos.
>
> **estromatólito** Estrutura sedimentar biogênica, especialmente em calcário, produzida pelo aprisionamento de grãos de sedimentos em tapetes pegajosos de bactérias fotossintetizantes.

OA1 HISTÓRIA PRÉ-CAMBRIANA DA VIDA

Há muito tempo, os cientistas supõem que os fósseis, tão comuns em rochas paleozoicas, tenham tido uma longa história anterior, mas pouco se sabe sobre esses organismos. Alguns fósseis enigmáticos pré-cambrianos foram relatados, mas, em sua maioria, descartados como estruturas inorgânicas, em vez de vestígios de organismos. Na verdade, o período Pré-cambriano já foi chamado de Azoico, que significa "desprovido de vida".

Contudo, no início dos anos 1900, Charles Walcott sugeriu que as estruturas em camadas semelhantes a pequenas colinas de rochas do proterozoico em Ontário, no Canadá, eram recifes antigos construídos por algas. No entanto, até 1954, os paleontólogos ainda não tinham demonstrado que eram, de fato, produtos de atividade orgânica. Essas estruturas, agora chamadas de **estromatólitos**, ainda se formam em alguns ambientes, como Shark Bay, na Austrália, quando o sedimento é aprisionado em tapetes pegajosos de bactérias fotossintetizantes, comumente denominadas *algas azul-esverdeadas* (Figura 18.1). Sabemos que os estromatólitos são comuns em algumas rochas da idade proterozoica, mas os mais antigos

---

Objetivos de Aprendizagem (OA)

Ao finalizar este capítulo você será capaz de:

- **OA1** Discutir a evolução da vida durante o período Pré-cambriano
- **OA2** Rever a vida durante a Era Paleozoica
- **OA3** Discutir a vida na Era Mesozoica
- **OA4** Rever a vida durante a Era Cenozoica

Figura 18.1 Estromatólitos

a. Estromatólitos do período Neoproterozoico no Parque Nacional Glacier, em Montana. Observe as estruturas suavemente curvas, ou camadas, na rocha.

b. Estromatólitos atuais exibindo seu crescimento em forma de almofada na Shark Bay, na Austrália, um dos poucos lugares onde continuam vivos.

> **célula procarionte**
> Célula que não possui núcleo e organelas como as mitocôndrias e os plastídios, as células das bactérias e as cianobactérias (algas azul-esverdeadas).
>
> **célula eucarionte**
> Célula com um núcleo ligado à membrana interna que contém cromossomos e outras estruturas internas e está em todos os organismos, exceto as bactérias.

estão nas rochas da Austrália (paleoarqueanas), que datam de 3,3 bilhões a 3,5 bilhões de anos. A importância dos estromatólitos na história da Terra não deve ser negligenciada. Durante o período Paleoarqueano, a atmosfera do planeta era livre de oxigênio, mas os estromatólitos, como as plantas, produzem oxigênio como subproduto da fotossíntese. De forma lenta, porém segura, à medida que o período Arqueano e, em especial, o Proterozoico se desdobraram, quantidades crescentes de oxigênio acumularam-se na atmosfera da Terra.

Os estromatólitos do período Paleoarqueano estão entre os fósseis mais antigos da Terra, mas as rochas na Groenlândia, de 3,8 bilhões de anos trazem evidências indiretas de que havia vida antes deles. Essas rochas contêm pequenas esferas de carbono que podem ser de origem orgânica, mas as evidências não são conclusivas. Todos os fósseis conhecidos de rochas das idades arqueana e paleoproterozoica são bactérias unicelulares, sem núcleo celular, e se reproduzem de forma assexuada, como as bactérias de hoje. Essas células são denominadas **células procariontes**, em oposição às **células eucariontes**, que contêm um núcleo celular e outras estruturas internas não presentes em células procariontes, a maioria se reproduz sexuadamente.

A origem das células eucariontes é um dos eventos mais importantes na história da vida. Ninguém duvida que estivessem presentes no Mesoproterozoico, e algumas evidências indicam que tenham evoluído pela primeira vez há 1,4 bilhão de anos. Uma teoria atualmente popular (apoiada por evidências principalmente de organismos vivos) defende que duas ou mais células procariontes ingressaram em uma relação simbiótica benéfica, e os simbiontes tornaram-se cada vez mais interdependentes até que a unidade pudesse existir como um todo.

Os primeiros eucariontes (organismos compostos de células eucariontes) ainda eram unicelulares, mas no período Paleoproterozoico, ou no Mesoproterozoico, surgiram os primeiros organismos multicelulares. Impressões de carbonáceos do que parece ser algas multicelulares são conhecidas em diversas regiões, mas os primeiros fósseis de animais multicelulares são encontrados em rochas da Era Neoproterozoica. Alguns dos mais antigos relatados até agora são os da fauna de Ediacara, na Austrália, com 545 milhões a 600 milhões de anos, e consistem em animais multicelulares conhecidos em todos os continentes, exceto na Antártida. Alguns pesquisadores acreditam que esses fósseis representam águas-vivas, penas do mar, minhocas segmentadas e artrópodes (Figura 18.2). Um fóssil parecido com uma minhoca foi citado como um possível ancestral dos trilobitas, tão comuns no início da Era Paleozoica (Figura 18.2b). Outros pesquisadores discordam e acreditam que esses animais representam um desenvolvimento evolucionário inicial distinto do ancestral de qualquer animal atual.

A natureza dos fósseis de Ediacara é discutida, contudo todos os cientistas concordam que os animais

Figura 18.2 A fauna de Ediacara, na Austrália

a. O parentesco do *Tribachidium* continua incerto e pode ser um equinodermo ou um cnidário primitivo.

b. Acreditava-se que o *Spriggina* era um animal segmentado (anelídeo), mas agora parece estar mais relacionado aos artrópodes, possivelmente um ancestral dos trilobitas.

complexos e multicelulares não apenas estavam presentes no período Neoproterozoico, como também eram amplamente distribuídos. Um bom exemplo é o fóssil de Kimberella, da Rússia, que, talvez, tenha sido uma criatura parecida com uma lesma. Além disso, pistas e trilhas fornecem evidências convincentes de animais complexos como minhocas.

Embora mais fósseis estejam sendo encontrados, o registro fóssil do período Proterozoico ainda não é muito bom, pois os animais então presentes não tinham esqueletos duráveis. No entanto, pequenos fragmentos de materiais semelhantes a conchas e espículas, presumivelmente de esponjas, em rochas neoproterozoicas indicam que elementos esqueléticos rígidos existiam naquele tempo. Não obstante, animais com esqueletos duráveis de quitina (uma substância orgânica complexa), sílica (SiO_2) e carbonato de cálcio ($CaCO_3$) não eram abundantes até o início da Era Paleozoica.

OA2 HISTÓRIA DA VIDA PALEOZOICA

No início da Era Paleozoica, animais com esqueletos apareceram de forma bastante abrupta no registro fóssil. Na verdade, seu surgimento é descrito como um desenvolvimento explosivo de novos tipos de animais e é conhecido como "a explosão cambriana" pela maioria dos cientistas. No entanto, esse aparecimento súbito de novos animais nos registros fósseis é rápido somente no contexto do tempo geológico, tendo ocorrido ao longo de milhões de anos, no início do período Cambriano.

Os ancestrais mais antigos desses animais com esqueleto foram os *invertebrados*, ou seja, animais que não possuem uma coluna vertebral segmentada. Os principais grupos de invertebrados e suas escalas geológicas são apresentados na Tabela 18.1. Em vez de focarmos a história de cada grupo de invertebrados, analisaremos a evolução das comunidades de invertebrados marinhos paleozoicos ao longo do tempo, concentrando-nos nas principais características e nas mudanças ocorridas.

Invertebrados marinhos

Embora quase todos os principais filos de invertebrados tenham evoluído durante o período Cambriano (Tabela 18.1), muitos foram representados por apenas algumas espécies. Considere que traços fósseis sejam comuns e que equinodermos diversos, trilobitas, braquiópodes e arqueociatos (organismos bentônicos que construíram estruturas semelhantes a recifes e viveram somente durante o período Cambriano) constituíam a maioria da vida esquelética do período Cambriano. Contudo, é importante lembrar que os registros fósseis estão relacionados a organismos com esqueletos duráveis e que sabemos pouco sobre os organismos de corpo mole daquele tempo. No final do período Cambriano, os trilobitas sofreram extinção em massa, e mesmo que

Tabela 18.1
Os principais grupos de invertebrados e suas escalas geológicas

GRUPO	ESCALA	GRUPO	ESCALA
Filo *Protozoa*	Cambriano – Recente	**Filo *Mollusca***	Cambriano – Recente
Classe *Sarcodina*	Cambriano – Recente	Classe *Monoplacophora*	Cambriano – Recente
Ordem *Foraminifera*	Cambriano – Recente	Classe *Gastropoda*	Cambriano – Recente
Ordem *Radiolaria*	Cambriano – Recente	Classe *Bivalvia*	Cambriano – Recente
Filo *Porifera*	Cambriano – Recente	Classe *Cephalopoda*	Cambriano – Recente
Classe *Demospongea*	Cambriano – Recente	**Filo *Annelida***	Pré-cambriano – Recente
Ordem *Stromatoporoida*	Cambriano – Oligoceno	**Filo *Arthropoda***	Cambriano – Recente
Filo *Archaeocyatha*	Cambriano	Classe *Trilobita*	Cambriano – Permiano
Filo *Cnidaria*	Cambriano – Recente	Classe *Crustacea*	Cambriano – Recente
Classe *Anthozoa*	Ordoviciano – Recente	Classe *Insecta*	Siluriano – Recente
Ordem *Tabulata*	Ordoviciano – Permiano	**Filo *Echinodermata***	Cambriano – Recente
Ordem *Rugosa*	Ordoviciano – Permiano	Classe *Blastoidea*	Ordoviciano – Permiano
Ordem *Scleractinia*	Triássico – Recente	Classe *Crinoidea*	Cambriano – Recente
Filo *Bryozoa*	Ordoviciano – Recente	Classe *Echinoidea*	Ordoviciano – Recente
Filo *Brachiopoda*	Cambriano – Recente	Classe *Asteroidea*	Ordoviciano – Recente
Classe *Inarticulata*	Cambriano – Recente	**Filo *Hemichordata***	Cambriano – Recente
Classe *Articulata*	Cambriano – Recente	Classe *Graptolithina*	Cambriano – Mississipiano

© 2013 Cengage Learning

tenham persistido até o final da Era Paleozoica seu número foi consideravelmente reduzido.

Uma grande transgressão iniciada durante a metade do período Ordoviciano (sequência de Tippecanoe) resultou na inundação mais generalizada do cráton norte-americano na história da Terra. Esse vasto mar raso, que foi uniformemente quente durante esse período, abriu inúmeros novos hábitats que logo foram preenchidos por uma variedade de organismos, de forma que o período Ordoviciano é caracterizado pelo aumento significativo na diversidade da fauna de moluscos – entre os cientistas, esse aumento é conhecido como "Grande Evento Ordoviciano de Biodiversidade" (Figura 18.3). O final do Ordoviciano, no entanto, foi um período de extinções em massa do reino marinho. Mais de 100 famílias de invertebrados marinhos foram extintas, e muitos geólogos acreditam que isso foi o resultado de uma extensa glaciação que ocorreu em Gondwana, no final do período Ordoviciano (veja o Capítulo 17).

À extinção em massa do final do período Ordoviciano seguiu-se a rediversificação e a recuperação da maioria dos grupos dizimados. Na verdade, o Siluriano e o Devoniano foram períodos de grandes construções de recifes, em que os construtores de recifes orgânicos diversificaram-se em novas formas, construindo recifes maciços maiores que qualquer outro produzido durante o período Cambriano ou o Ordoviciano.

Perto do final do período Devoniano, ocorreu outra extinção em massa que resultou um colapso quase total em todo o mundo das comunidades maciças de recifes. Na terra, porém, as *plantas vasculares sem sementes* (que serão discutidas em breve) aparentemente,

Figura 18.3 Comunidade marinha da metade do período Ordoviciano
Reconstrução da fauna do assoalho oceânico da metade do período Ordoviciano.

não foram afetadas. Assim, as extinções nesse período foram mais extensas entre a vida marinha, particularmente nas comunidades de recifes e pelágicas.

A comunidade de invertebrados marinhos do período Carbonífero respondeu às extinções do final do Devoniano da mesma maneira que a comunidade de invertebrados marinhos do período Siluriano respondeu às extinções do final do Ordoviciano, ou seja, por radiação adaptativa renovada e por rediversificação. Contudo, grandes recifes orgânicos, semelhantes aos existentes no início da Era Paleozoica, praticamente desapareceram e foram substituídos por recifes pequenos e dispersos que floresceram durante o final da Era Paleozoica.

Os invertebrados da fauna marinha do período Permiano assemelhavam-se aos do Carbonífero. No entanto, não eram tão amplamente distribuídos por causa do tamanho restrito dos mares rasos nos crátons e do espaço reduzido das plataformas ao longo das margens continentais (observe a Figura 17.9b).

A extinção em massa do período Permiano

O maior registro de extinção em massa a afetar a biota da Terra ocorreu no final do período Permiano (Figura 18.4). No período de término do Permiano, aproximadamente 50% de todas as famílias de invertebrados marinhos e cerca de 90% das espécies de invertebrados marinhos foram extintas. Além disso, mais de 65% de todos os anfíbios e répteis e quase 33% dos insetos em terra também foram extintos.

O que causou essa crise tanto para os organismos marinhos quanto para os terrestres? Diversas hipóteses foram propostas, mas ainda não foi encontrada nenhuma resposta completamente satisfatória. Atualmente, muitos cientistas acreditam que um episódio de anoxia de alto mar e o aumento dos níveis de CO_2 oceânico tenham resultado um oceano altamente estratificado durante o final do período Permiano. Em outras palavras, houve pouquíssima circulação de águas superficiais ricas em oxigênio no oceano profundo (se é que houve). Durante esse tempo, águas estagnadas também cobriram as regiões de plataforma, afetando, assim, a fauna marinha de águas rasas.

Durante o final do período Permiano, também ocorreram erupções vulcânicas e fissuras continentais generalizadas, como nos Trapps Siberianos, onde os derrames de lava cobriram mais de 2 milhões de km². Essas erupções lançaram não somente grandes quantidades adicionais de dióxido de carbono na atmosfera, mas também quantidades elevadas de flúor e cloro, que podem ter danificado a camada de ozônio e con-

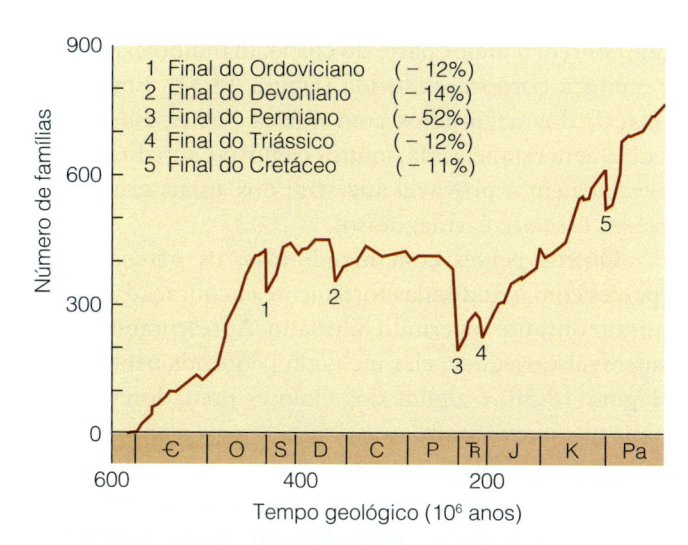

Figura 18.4 Diversidade fanerozoica das famílias de invertebrados e vertebrados marinhos

Reproduzido com permissão de "Mass Extinction In The Marine Fossil Record", por D.M. Raup e J.J. Sepkoski, *Science*, v. 215, p. 1502 (Fig. 2). © 1982 American Association for the Advancement of Science.

tribuído para o aumento da instabilidade climática e o colapso ecológico.

No final do período Permiano ocorreu um quase colapso tanto do ecossistema marinho quanto do terrestre. Embora a causa principal dessa devastação ainda seja alvo de debate e de investigação, é seguro dizer que, provavelmente, foi uma combinação de eventos biológicos e geológicos interconectados e relacionados.

Vertebrados

Além de numerosos grupos de invertebrados, os vertebrados (animais com coluna vertebral) também evoluíram e diversificaram-se durante a Era Paleozoica. Remanescentes dos vertebrados mais primitivos, os peixes são encontrados em rochas marinhas do período Cambriano Superior, em Wyoming. Esses peixes, conhecidos como ostracodermos, não possuíam mandíbulas, tinham barbatanas pouco desenvolvidas, um revestimento externo de couraça óssea e viveram do início do período Cambriano ao final do Devoniano (Figura 18.5a).

A evolução das mandíbulas foi um grande avanço evolutivo entre os vertebrados primitivos. Embora seus ancestrais sem mandíbula só pudessem se alimentar de detritos, os peixes com mandíbulas podiam mastigar alimentos e tornaram-se predadores ativos, abrindo assim muitos nichos ecológicos novos.

Os restos fósseis do primeiro peixe com mandíbulas são encontrados em rochas do período Siluriano Inferior e pertencem a *acantódios*, um grupo de peixes enigmáticos, caracterizados por grandes espinhas, escamas que cobrem a maior parte do corpo, mandíbulas, dentes e couraça corporal reduzida (Figura 18.5c). Embora a relação dos acantódios com outros peixes ainda não esteja bem estabelecida, muitos cientistas acreditam que eles incluem o provável ancestral dos atuais grupos de peixes ósseos e cartilaginosos.

Outros peixes com mandíbulas, os *placodermos* (peixes com mandíbulas fortemente encouraçadas) evoluíram durante o período Siluriano. Apresentando considerável variedade, eles incluíam pequenos bentônicos (Figura 18.5b) e alguns dos maiores predadores marinhos que já existiram.

Os peixes ósseos evoluíram durante o período Devoniano e são os mais variados e numerosos de todos os peixes (Figura 18.5d). Entre eles, um grupo, conhecido como *peixes com barbatanas lobadas*, foi particularmente importante, porque incluía o ancestral provável dos anfíbios, os primeiros vertebrados terrestres (Figura 18.6). Na verdade, a semelhança entre o grupo de peixes com barbatanas lobadas, conhecido como *crossopterígeos*, e os primeiros anfíbios é impressionante e constitui um dos exemplos mais citados de transição de um importante grupo para outro. Contudo, recentes descobertas de peixes antigos com barbatanas lobadas e achados publicados recentemente de ancestrais de peixes anfíbios estão preenchendo as lacunas na evolução de peixes para anfíbios.

Embora os anfíbios tenham sido os primeiros vertebrados a viver em terra, tendo evoluído no período Devoniano, não foram os primeiros organismos terrestres. As plantas terrestres, que provavelmente evoluíram a partir das algas verdes, apareceram pela primeira vez durante o período Ordoviciano. Além disso, insetos, centopeias, aranhas e até mesmo caracóis invadiram a terra antes dos anfíbios.

> **Atualmente, muitos cientistas acreditam que uma regressão marinha em grande escala e alterações climáticas, sob a forma de aquecimento global (causado por um aumento nos níveis de dióxido de carbono), podem ter sido responsáveis pelas extinções em massa encontradas nos registros fósseis.**

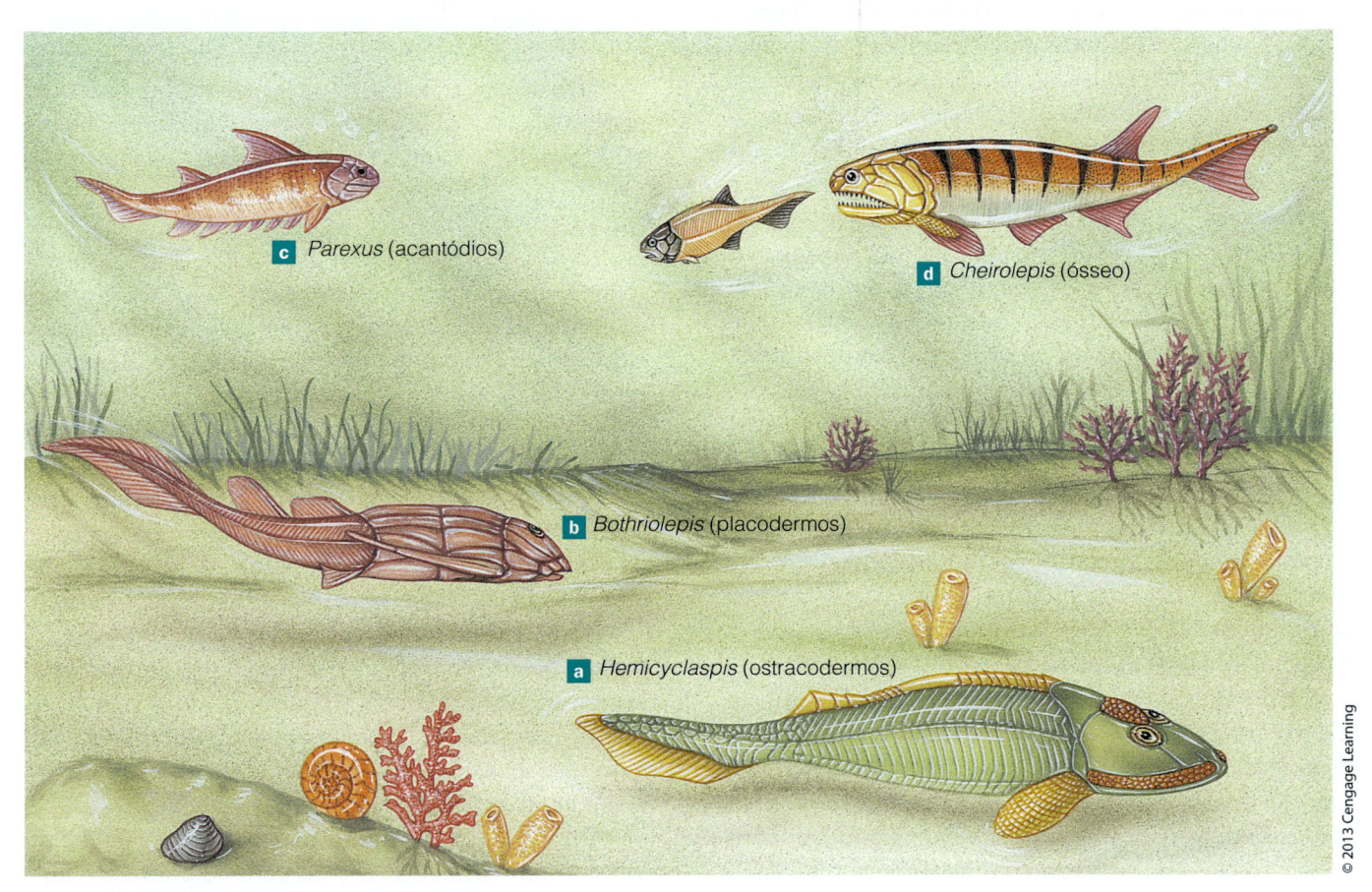

Figura 18.5 Recriação de um assoalho oceânico do período Devoniano
Recriação de um assoalho oceânico que mostra (a) um ostracodermos, (b) um placodermos, (c) um acantódio e (d) um peixe ósseo.

Figura 18.6 Paisagem do final do período Devoniano
A figura mostra, tanto na água quanto na terra, o *Ichthyostega*, um anfíbio com até aproximadamente 1 m de comprimento. A flora da época era diversificada, consistindo em uma variedade de pequenas e grandes plantas vasculares sem sementes.

A transição da água para a terra exigiu que os animais superassem várias barreiras, e as mais críticas foram a sequidão, a reprodução, os efeitos da gravidade e a extração de oxigênio da atmosfera, pelos pulmões, e não mais da água, pelas guelras. Esses problemas foram parcialmente solucionados por alguns peixes com barbatanas lobadas, pois já possuíam espinha dorsal e membros que podiam ser usados para apoio e para caminhar sobre terra e também tinham pulmões para extrair oxigênio da atmosfera.

Os anfíbios, no entanto, tiveram limitações para colonizar a terra, porque tinham de retornar à água para depositar seus ovos gelatinosos e porque nunca resolveram completamente o problema de ficar secos. Em contrapartida, os répteis desenvolveram pele ou escamas para preservar sua umidade interna, além de um ovo em que o embrião em desenvolvimento permanecia envolto em uma bolsa cheia de líquido, que tanto fornecia alimento ao embrião como funcionava como um reservatório de resíduos. A evolução desse ovo permitiu aos vertebrados colonizar todas as partes da terra, pois já não tinham mais de voltar às águas como parte de seu ciclo reprodutivo.

Os répteis mais antigos conhecidos, que evoluíram durante o período Mississippiano, eram animais pequenos e ágeis que continuaram a se diversificar durante o período Pensilvaniano. Um dos grupos descendentes desses primeiros répteis era o *pelicossauro*, ou réptil com vela dorsal, que se tornou o grupo réptil dominante do período Permiano (Figura 18.7).

Extinto durante o período Permiano, o pelicossauro foi sucedido pelos *terapsídeos*, répteis semelhantes aos mamíferos, que evoluíram da linhagem carnívora do pelicossauro e diversificaram-se rapidamente em linhagens herbívoras e carnívoras. Entre os terapsídeos, um grupo era, entre todos, o mais semelhante aos mamíferos, e, no final do período Triássico, os verdadeiros mamíferos evoluíram a partir deles.

À medida que a Era Paleozoica chegava ao fim, os terapsídeos constituíam aproximadamente 90% dos gêneros répteis conhecidos e ocupavam uma vasta gama de nichos ecológicos.

A extinção em massa que dizimou a fauna marinha no final da Era Paleozoica produziu um grande efeito semelhante na população terrestre. No final do período

Figura 18.7 Pelicossauro
A maioria dos pelicossauros, ou répteis com vela dorsal, possuía uma vela característica nas costas. Uma hipótese sugere que a vela é um tipo de dispositivo termorregulador, enquanto outra argumenta que era uma exposição ou dispositivo sexual para fazer o réptil parecer mais intimidador. Aqui, são apresentados o carnívoro *Dimetrodon* e o herbívoro *Edafossauro*.

> **planta vascular sem sementes** Tipo de planta terrestre que possui tecidos especializados para transportar fluidos e nutrientes por todo o corpo e se reproduz por esporos em vez de sementes, como as samambaias e as cavalinhas.

Permiano, aproximadamente 90% de todas as espécies de invertebrados marinhos foram extintos, em comparação com mais de dois terços de todos os anfíbios e répteis. As plantas, em contrapartida, ao menos aparentemente, não sofreram um grande transtorno como os invertebrados e os animais.

Plantas

Quando fizeram a transição para a terra, as plantas enfrentaram os mesmos problemas que os animais – secura, efeitos da gravidade e reprodução –, mas se adaptaram pela evolução de uma variedade de aspectos estruturais que lhes permitiram invadir a terra durante o período Ordoviciano (Tabela 18.2).

As plantas terrestres mais comuns e mais difundidas são as vasculares, que possuem um sistema de tecido de células especializadas para o movimento da água e dos nutrientes. As plantas não vasculares, como musgos e fungos, não possuem essas células especializadas e são tipicamente pequenas, vivendo, em geral, em áreas baixas e úmidas. As plantas não vasculares, provavelmente, foram as primeiras a fazer a transição para a terra, mas seus registros fósseis são precários.

As plantas terrestres vasculares mais antigas são pequenas, sem flores, em forma de Y. Apareceram na metade do período Siluriano e ocorrem no País de Gales e na Irlanda. Elas são conhecidas como **plantas vasculares sem sementes**, porque não produzem sementes nem possuem um sistema radicular de verdade. Embora essas plantas tenham vivido na terra, nunca solucionaram completamente o problema da secura e, portanto, se mantiveram restritas a áreas úmidas. Mesmo suas descendentes dos dias atuais, as samambaias são geralmente encontradas em áreas úmidas. Durante o período Pensilvaniano, essas plantas vasculares sem sementes tornaram-se abundantes e diversificadas em razão dos pântanos de formação de carvão (veja a Figura 17.12), que eram perfeitamente adequados ao seu estilo de vida.

Com a evolução de diversas plantas vasculares sem sementes, outro evento floral significativo ocorreu durante o período Devoniano. Nesse período, a evolução das

Tabela 18.2 Principais eventos na evolução das plantas terrestres

MAA	PERÍODO	ÉPOCA	Eventos
2.3	Neogeno		Plantas de floração
66	Paleogeno		
146	Cretáceo		
200	Jurássico		Cicadáceas
251	Triássico		Plantas com sementes do tipo conífera
299	Permiano		Samambaia
359	Carbonífero		Samambaia com sementes — Licófitas
385	Devoniano	Superior	Arborescência / Sementes / Folhas megafilos / Progimnospermas
398	Devoniano	Médio	Crescimento secundário / Zosterofilodofitas
416	Devoniano	Inferior	Grande diversificação das plantas vasculares / Trimerófitas / Heterosporia / Folhas microfilas
419	Siluriano	Pridoli	Riniófitas
423	Siluriano	Ludlow	
428	Siluriano	Wenlock	Traqueídes / *Cooksonia*
444	Siluriano	Llandovery	
	Ordoviciano	Superior	Primeiras plantas terrestres
488	Ordoviciano	Inferior	

sementes libertou as plantas vasculares de sua dependência de condições úmidas, permitindo que se espalhassem por todas as partes da terra. As primeiras a se espalhar foram as plantas sem flores com sementes, ou as **gimnospérmicas**, que inclui as atuais cicadáceas, coníferas e ginkgos. Enquanto as plantas vasculares sem sementes dominavam a flora dos pântanos de formação de carvão do período Pensilvaniano, as gimnospérmicas constituíram um elemento importante da flora do final da Era Paleozoica, particularmente em regiões não pantanosas.

OA3 HISTÓRIA DA VIDA MESOZOICA

A Era Mesozoica é conhecida como "Idade dos Répteis", em alusão ao fato de, então, os répteis serem os animais vertebrados terrestres mais comuns. Embora os dinossauros e seus descendentes despertem considerável interesse, muitos outros grupos de organismos não apenas estavam presentes, como também foram bastante comuns. Muitos invertebrados floresceram nos mares, bem como na terra, e os vertebrados, exceto os répteis, se proliferaram. Os mamíferos, por exemplo, evoluíram dos répteis semelhantes a mamíferos durante o período Triássico, e as aves, provavelmente, evoluíram a partir de pequenos dinossauros carnívoros durante o período Jurássico. Outra onda de extinções ocorreu no fim da Era Mesozoica.

Invertebrados marinhos

Depois das extinções em massa do período Permiano, a Era Mesozoica foi um período em que os invertebrados marinhos repovoaram os mares. Entre os moluscos, as amêijoas, as ostras e os caracóis tornaram-se cada vez mais diversificados e abundantes, e os cefalópodes estavam entre os mais importantes grupos de invertebrados da Era Mesozoica. Os braquiópodes, por outro lado, nunca se recuperaram completamente de sua quase extinção, tornando-se, desde então, o menor grupo de invertebrados. Em áreas de águas marinhas quentes, claras e rasas, os corais se proliferaram novamente, mas, dessa vez, eram de um tipo novo e mais familiar.

Animais unicelulares conhecidos como *foraminífera* (Tabela 18.1) também foram importantes e se diversificaram intensamente durante os períodos Jurássico e Cretáceo. Formas flutuantes, ou planctônicas, em particular, tornaram-se extremamente comuns, mas muitas foram extintas no fim da Era Mesozoica, e somente poucos tipos sobreviveram à Era Cenozoica.

A diversificação dos répteis

A diversificação dos répteis começou durante o período Mississippiano, a partir da evolução dos primeiros animais capazes de depositar ovos na terra. Essa capacidade, juntamente com sua pele ou escamas que preservavam a umidade interna, certamente os libertou de um ambiente aquático. A partir dessa linhagem básica dos chamados *répteis arcaicos*, todos os outros répteis, as aves e os mamíferos evoluíram.

O arcossauro e a origem dos dinossauros

Os répteis conhecidos como **arcossauros** (*arco* significa "dominante" e *sauros*, "lagarto") incluem os crocodilos, os pterossauros (répteis voadores), os dinossauros e as aves. Incluir animais tão diversos em um único grupo implica a existência de um ancestral comum, e, de fato, várias características os unem. Por exemplo, todos possuem dentes posicionados em bases individuais, exceto as aves de hoje, mas as primeiras aves possuíam essa característica.

Todos os **dinossauros** possuem várias características comuns, mas diferentes o suficiente para reconhecermos duas ordens distintas – **Saurischia** e

> **gimnospérmica** Planta terrestre sem flores e com sementes.
>
> **arcossauro** Um dos grupos de animais que inclui dinossauros, répteis voadores (pterossauro), crocodilos e aves.
>
> **dinossauro** Qualquer um dos répteis da Era Mesozoica que pertenceram ao grupo conhecido como ornitisquianos e saurisquianos.
>
> **Saurischia** Ordem de dinossauros caracterizada pela pelve semelhante à do lagarto, inclui terópodes, prossaurópodes e saurópodes.

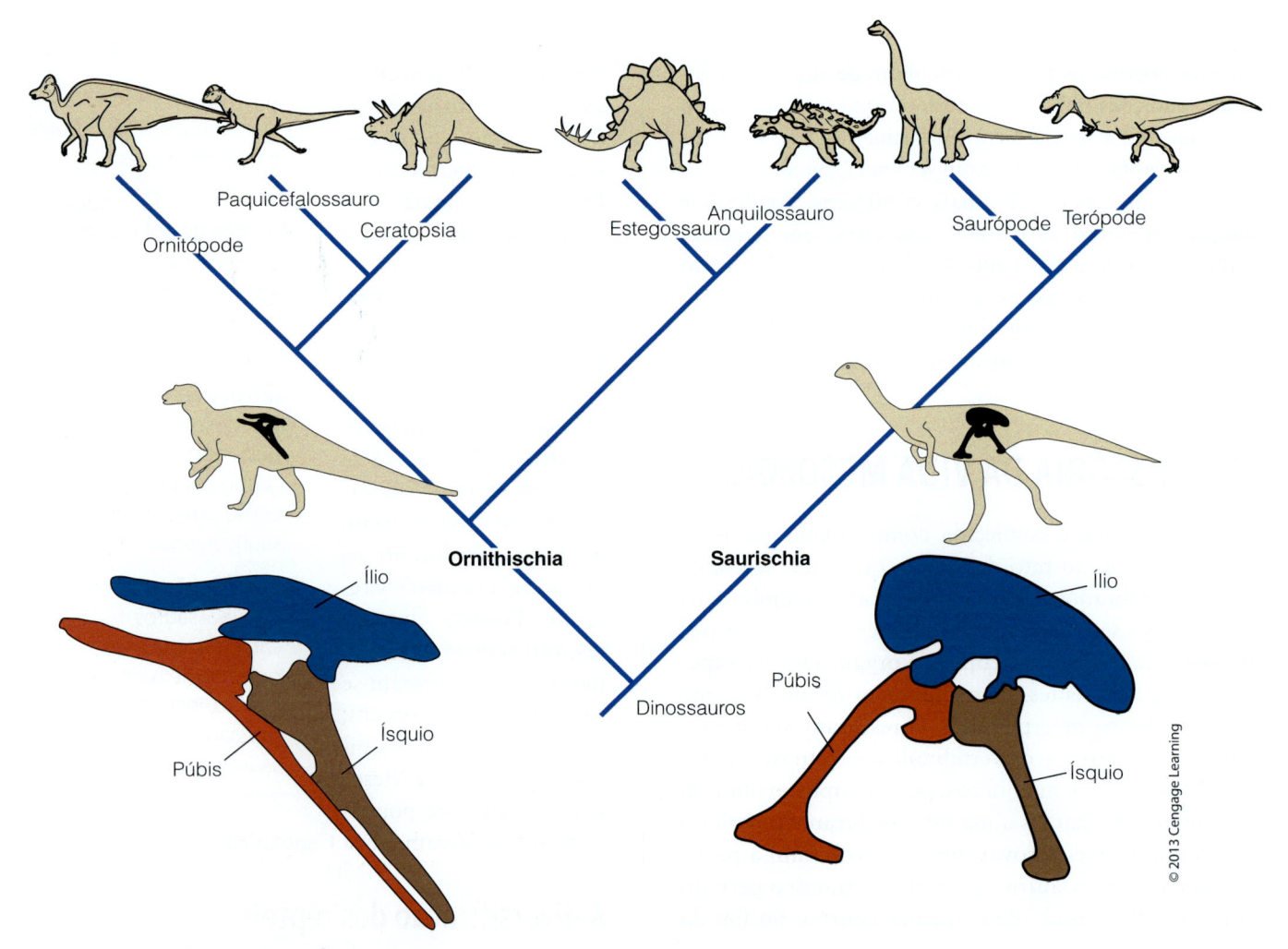

Figura 18.8 A relação entre os dinossauros
Comparação entre a pelve de dinossauros ornitisquianos e saurisquianos. Todos os dinossauros da figura eram herbívoros, exceto os terópodes. Observe que os dinossauros bípedes e quadrúpedes são encontrados tanto nos ornitisquianos quanto nos saurisquianos.

Ornithischia Uma das duas ordens de dinossauros, caracterizada pela pelve semelhante à das aves e inclui ornitópodes, estegossauro, anquilossauro, paquicefalossauro e ceratopsianos.

bípede Locomoção por duas pernas ou patas, como humanos, aves e alguns dinossauros.

quadrúpede Locomoção por quatro patas.

Ornithischia –, cada qual com uma estrutura pélvica específica. Os dinossauros saurisquianos possuíam a pelve semelhante à do lagarto, denominados *dinossauros com quadril de lagarto*, enquanto os ornitisquianos possuíam pelve semelhante à das aves, denominados *dinossauros com quadril de ave* (Figura 18.8). Agora está claro que tinham um ancestral comum muito parecido com o arcossauro, conhecido a partir das rochas da metade do período Triássico, na Argentina (Figura 18.9a). Esses ancestrais de dinossauro eram pequenos animais carnívoros de pernas longas que caminhavam e corriam sobre seus membros posteriores, portanto eram **bípedes**, em oposição aos animais **quadrúpedes**, que se moviam sobre os quatro membros.

Dinossauros

O termo *dinossauro* foi proposto por Sir Richard Owen, em 1842, para designar "lagarto terrivelmente grande", embora o termo inglês "fearfully", que na definição se traduziu como "terrivelmente", também signifique "assustador", caracterizando assim os dinossauros como "lagartos assustadores". É claro que eles não eram assustadores, ou, pelo menos, não mais que seus descendentes de hoje, tampouco eram lagartos. Não obstante, os dinossauros, mais que qualquer outro animal, intimidam e prendem a imaginação do público (Figura 18.9). Sua popularização em desenhos animados, livros e filmes, infelizmente, é, muitas vezes, imprecisa e contribui para mal-entendidos. Por exemplo, muitas pessoas pensam que todos os dinossauros eram grandes, e, sim, muitos eram grandes. Na verdade, porém, eles

Figura 18.9 Dinossauros
Dinossauros de muitos tipos e tamanhos existiram durante a Era Mesozoica, mas apenas alguns são mostrados aqui.

a. Esse pequeno carnívoro bípede, *Eoráptor*, foi um dos primeiros dinossauros. Esses animais, ou outros muito parecidos com eles, são os prováveis ancestrais de todos os dinossauros subsequentes. O *Eoráptor* viveu durante o final do período Triássico (há aproximadamente 230 milhões de anos), onde hoje corresponde à Argentina. Tinha apenas 1 m de comprimento e, provavelmente, não pesava mais de 10 kg.

b. Restauração realista do *Deinonico*. Ele tinha 3 m de comprimento e pode ter pesado 80 kg. Esse dinossauro tinha uma enorme garra curva em cada pata traseira.

Os dinossauros viveram na pela Terra por mais de 140 milhões de anos.

variavam de gigantes, pesando várias dezenas de toneladas, a outros não maiores que uma galinha.

Apesar de vários meios de comunicação atuais retratarem os dinossauros como animais mais ativos, o conceito errôneo de que eram bestas irracionais e letárgicas persiste. Evidências disponíveis indicam que alguns eram bastante ativos e, talvez, até mesmo de sangue quente. Parece também que algumas espécies cuidavam de seus filhotes muito tempo depois da eclosão, uma característica comportamental frequentemente encontrada em aves e mamíferos. Muitas questões sobre os dinossauros permanecem sem respostas, mas seus fósseis e as rochas que os contêm estão revelando cada vez mais sobre suas relações evolutivas e seu comportamento.

Entre os dinossauros saurisquianos, os cientistas definem duas subordens: terópodes e saurópodes. Todos os *terópodes* eram carnívoros bípedes, cujo tamanho variava de pequenos *Compsógnatos* a gigantes, como os *Tiranossauros* (veja a foto de abertura do capítulo) e espécies semelhantes ainda maiores. Alguns dos pequenos terópodes, como o *Velociraptor* e seu parente *Deinonico*, tinham uma garra grande em forma de foice em cada pata traseira e, provavelmente, as usavam em um tipo de ataque cortante (Figura 18.9b). Algumas descobertas notáveis iniciadas em 1996 por paleontólogos chineses resultaram várias espécies de pequenos terópodes com penas.

Entre os saurópodes estão gigantes herbívoros quadrúpedes, como os *Apatossauros*, os *Diplodocos* e os

c. Os dinossauros ornitópodes eram abundantes e variados. O *Maiasaura* aninhava-se em colônias e cuidava de seus filhotes muito tempo após terem saído do ovo.

HISTÓRIA DA VIDA MESOZOICA

Braquiossauros, os maiores animais terrestres de qualquer tipo. De acordo com as estimativas, os *Braquiossauros* pesavam mais de 75 toneladas, e os vestígios parciais dão conta da existência de saurópodes ainda maiores.

Figura 18.10 Répteis voadores (pterossauros)

a. O *Pterodáctilo* do final do período Jurássico é um bom exemplo dos primeiros pterossauros – eles tinham cauda alongada, dentes numerosos e uma envergadura de aproximadamente 1,5 m.

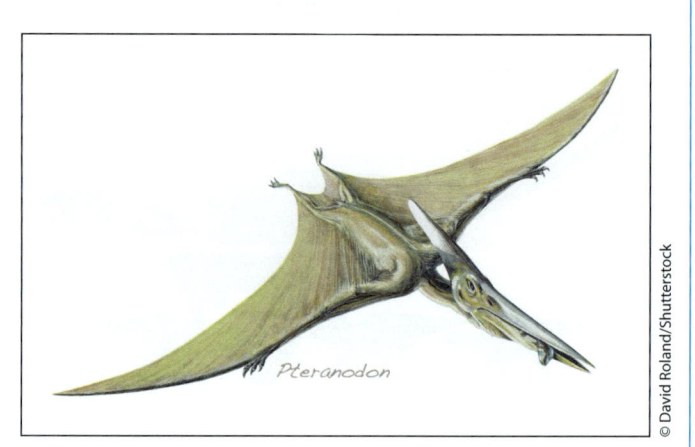

b. Os pterossauros posteriores, como o *Pteranodonte* do final do período Cretáceo, eram muito maiores, sem cauda e tinham bicos desdentados. A envergadura do *Pteranodonte* era de, aproximadamente, 6 m.

A diversidade dos ornitisquianos é evidente a partir de cinco subordens distintas reconhecidas: ornitópodes, paquicefalossauro, anquilossauro, estegossauro e ceratopsianos (Figura 18.8). Todos os ornitisquianos eram herbívoros, mas alguns eram bípedes, enquanto outros, quadrúpedes.

De fato, embora os ornitópodes, assim como os bens conhecidos dinossauros bico de pato, tenham sido principalmente bípedes, seus membros dianteiros bem desenvolvidos lhes permitiram andar sobre as quatro patas (Figura 18.9c). Entre os ornitisquianos também se incluíam os fortemente encouraçados anquilossauros (veja a foto de abertura do capítulo); o estegossauro, com placas ósseas nas costas e espigões na cauda para defesa; os ceratopsianos com chifres; e o peculiar paquicefalossauro, de cabeça grossa (Figura 18.8).

Dinossauros de sangue quente?

Os dinossauros eram *endotérmicos* (sangue quente),

Figura 18.11 Répteis marinhos da Era Mesozoica

a. Ictiossauro

b. Um plesiossauro de pescoço comprido.

como os mamíferos e as aves de hoje, ou *ectotérmicos* (sangue frio), como os répteis de hoje? Quase todos concordam, agora, que há evidências sobre a endotermia dos dinossauros.

Os ossos dos endotérmicos possuem, caracteristicamente, numerosas passagens que, quando os animais estão vivos, contêm vasos sanguíneos, já o número de passagens é consideravelmente menor nos ossos dos ectotérmicos. Os defensores da endotermia dos dinossauros observam que seus ossos são mais parecidos com os dos endotérmicos de hoje. Crocodilos e tartarugas possuem esse, então chamado, osso endotérmico, mas são animais ectotérmicos, enquanto alguns mamíferos pequenos possuem ossos típicos de ectotérmicos, de modo que essa estrutura óssea pode estar mais relacionada ao tamanho do corpo e a padrões de crescimento que à endotermia.

Os endotérmicos precisam se alimentar com mais frequência que os ectotérmicos de mesmo tamanho, porque suas taxas metabólicas são muito mais altas. Consequentemente, os predadores endotérmicos necessitam de grandes populações de presas, e, por causa disso, a população total de animais é muito menor que a de suas presas – apenas uma pequena porcentagem –, proporcionalmente falando. Quando os dados são suficientes para permitir uma estimativa, os dinossauros predadores formam de 3% a 5% da população total. Não obstante, as incertezas nos dados tornam esses argumentos pouco convincentes para muitos paleontólogos.

A endotermia parece ter sido pré-requisito para um cérebro grande, porque um sistema nervoso complexo requer uma temperatura corporal bastante constante. Alguns dinossauros tinham cérebros grandes em comparação com o tamanho de seu corpo, em especial os carnívoros pequenos e médios, mas outros não. Portanto, o tamanho do cérebro de alguns dinossauros pode ser um argumento convincente, mas evidências ainda mais convincentes da endotermia dos terópodes vêm de sua provável relação com as aves e das recentes descobertas na China de terópodes com penas ou com uma proteção externa parecida com penas. Hoje, os seres endotérmicos possuem cabelos, pelos ou penas para isolamento.

Há bons argumentos sobre a endotermia para diversos tipos de dinossauros, embora os grandes saurópodes, provavelmente, não tenham sido endotérmicos, apesar de terem sido capazes de manter uma temperatura corporal constante. Os animais grandes se aquecem e se esfriam mais lentamente que os pequenos porque possuem uma área de superfície pequena comparada ao seu volume. Com uma área de superfície comparativamente menor para a perda de calor, os saurópodes, provavelmente, mantinham o calor de forma mais eficaz que seus descendentes menores.

Em geral, uma boa discussão pode ser feita sobre a endotermia em muitos terópodes e em alguns ornitópodes. Não obstante, as discordâncias existem, e a questão continua aberta para alguns dinossauros.

pterossauro Qualquer um dos répteis voadores da Era Mesozoica.

ictiossauro Qualquer um dos répteis marinhos da Era Mesozoica semelhantes a botos.

Os répteis voadores

Os insetos da Era Paleozoica foram os primeiros animais capazes de voar, mas os primeiros entre os vertebrados foram os **pterossauros** ou répteis voadores. Eles eram comuns nos céus do final do período Triássico até sua extinção no fim do Cretáceo (Figura 18.10). As adaptações para o voo incluem asa membranosa apoiada por quatro dedos alongados, ossos leves e ocos e desenvolvimento das partes do cérebro associadas à coordenação muscular e à visão. O fato de, ao menos, uma espécie de pterossauro ser coberta de pelos ou penas semelhantes a pelos sugere que eles e, talvez, todos os pterossauros eram endotérmicos.

A maioria dos pterossauros não era maior que os pardais, pintarroxos e corvos de hoje. No entanto, algumas espécies tinham envergadura de vários metros, e um pterossauro do período Cretáceo encontrado no Texas tinha uma envergadura de, pelo menos, 12 m! É provável que os pterossauros comparativamente grandes tenham tirado vantagem das correntes térmicas ascendentes para permanecer no ar, principalmente planando, mas também o fizeram ocasionalmente por meio de manobras com suas asas. Os pterossauros menores, provavelmente, permaneciam no ar batendo vigorosamente as asas, como as aves de hoje.

Répteis marinhos

Os mais familiares répteis marinhos da Era Mesozoica semelhantes a botos são os **ictiossauros** (Figura 18.11a). A maioria desses animais totalmente aquáticos tinha aproximadamente 3 m de comprimento, mas uma espécie chegou a aproximadamente 12 m. Todos os ictiossauros tinham corpo aerodinâmico, uma poderosa cauda para propulsão e membros anteriores semelhantes a nadadeiras, para manobras.

Figura 18.12 Fósseis de *Archaeopteryx* da Pedra de Solnhofen, do período Jurássico, da Alemanha

Observe as impressões de penas nas asas e a cauda alongada. Esse animal tinha penas e uma fúrcula, o que o torna uma ave; contudo, na maioria dos detalhes de sua anatomia, assemelha-se a um pequeno dinossauro terópode. Por exemplo, ele tinha dentes de répteis, garras nas asas e cauda comprida — nenhuma característica encontrada nas aves atuais.

Os numerosos dentes afiados dos ictiossauros indicam que se alimentavam de peixes, embora, sem dúvida, também caçassem outros tipos de organismos. O ictiossauro era tão completamente aquático, que é duvidoso que pudesse vir à terra. Assim, as fêmeas, provavelmente, mantinham os ovos dentro do corpo e davam à luz filhotes vivos. Alguns fósseis com pequenos ictiossauros na parte apropriada da cavidade do corpo apoiam essa interpretação.

Outro grupo bem conhecido, o dos **plesiossauros**, pertencia a um desses dois subgrupos: de pescoço curto e de pescoço alongado (Figura 18.11b). Em sua maioria, eram animais de tamanho médio, 3,6 m a 6 m de comprimento, mas uma espécie encontrada na Antártica media 15 m. O plesiossauro de pescoço curto alimentava-se no fundo mar, mas seus primos de pescoço comprido, provavelmente, usavam o pescoço como se fosse uma cobra para capturar os peixes com seus numerosos dentes afiados. É provável que esses animais viessem à terra para depositar seus ovos.

plesiossauro Tipo de réptil marinho da Era Mesozoica.

Aves

Vários fósseis com impressões de penas foram descobertos na Pedra de Solnhofen, do período Jurássico, na Alemanha, mas em quase todas as demais características físicas conhecidas esses fósseis são mais semelhantes a pequenos terópodes. Essa criatura semelhante a uma ave, conhecida como *Archaeopteryx*, mantinha as estruturas dos dentes e da cauda, bem como o tamanho do cérebro e dos membros posteriores, semelhantes às do dinossauro, mas tinha penas e fúrcula, características típicas de aves (Figura 18.12).

Hoje, a maioria dos paleontólogos acredita que algum tipo de terópode pequeno tenha sido o ancestral das aves. Mesmo a fúrcula, que consiste nas clavículas fundidas típicas das aves, é encontrada em inúmeros terópodes, e recentes descobertas na China de terópodes com algum tipo de proteção de penas são mais uma evidência dessa relação.

Mais dois fósseis da Era Mesozoica lançam luz sobre a evolução das aves. Um espécime, da China, é um pouco mais jovem que o *Archaeopteryx* e possui tanto as características primitivas quanto as avançadas. Por exemplo, ele manteve as costelas abdominais semelhantes às do *Archaeopteryx* e dos terópodes, mas tem uma cauda menor, mais típica das aves atuais. Outra ave da Era Mesozoica, na Espanha, é também uma mistura de características avançadas e primitivas.

Os registros fósseis do *Archaeopteryx* não são bons o suficiente para se concluir se ele foi ou não o ancestral das aves atuais, ou se é um animal que morreu sem deixar descendentes. É claro que isso não diminui em nada o fato de ele apresentar características de répteis e de aves. No entanto, alguns cientistas afirmam que fósseis de dois indivíduos do tamanho de um corvo, conhecidos como *Protoavis*, são de um tipo de pássaro ainda mais antigo que o *Archaeopteryx*. Os fósseis do final do período Triássico têm ossos ocos e estrutura óssea de peito de aves, mas como nenhuma impressão de pena foi encontrada, muitos paleontólogos acreditam que esses sejam espécimes de pequenos dinossauros terópodes.

Mamíferos

Em uma seção anterior, mencionamos brevemente os terapsídeos, ou répteis avançados semelhantes a mamíferos. Destes, um grupo particular, conhecido como **cinodonte**, foi mais parecido com mamíferos de todos e deu origem aos mamíferos durante o final do período Triássico. Essa transição é especialmente bem documentada por fósseis e é tão gradual que, em alguns casos, é difícil determinar se o fóssil é de réptil ou de mamífero.

Na verdade, os primeiros mamíferos mantinham várias características de répteis, além das características de mamíferos. Um bom exemplo é a mandíbula inferior. Nos mamíferos comuns, a mandíbula inferior é um único osso, enquanto nos répteis consiste em vários ossos. Os primeiros mamíferos mantiveram mais de um osso na mandíbula inferior, mas tinham dentes e uma articulação mandibular-craniana característica de mamíferos. Na verdade, os ossos quadrados e articulares que formam a articulação mandibular-craniana nos répteis foram modificados, tornando-se a bigorna e o martelo, dois pequenos ossos do ouvido médio dos mamíferos. Outra característica típica dos mamíferos é a oclusão, ou seja, os dentes de mastigação encontram-se de uma superfície à outra, a fim de permitir a trituração, uma característica também encontrada em alguns cinodontes avançados.

Em resumo, algumas características dos mamíferos evoluíram mais rapidamente que outras, representando, assim, animais com características tanto de répteis quanto de mamíferos. Embora os mamíferos tenham surgido ao mesmo tempo que os dinossauros, sua diversidade permaneceu baixa, e todos foram pequenos animais durante o restante da Era Mesozoica (Figura 18.12).

Hoje, os mamíferos pertencem a um desses três grupos: os *monotremados*, ou mamíferos que põem ovos; os *mamíferos marsupiais*, ou animais com marsúpios; e os *mamíferos placentários*, que incluem a maioria dos mamíferos, com os quais estamos familiarizados. O histórico dos monotremados é incerto, mas os marsupiais e os placentários divergem de um ancestral comum durante o período Cretáceo Superior (Figura 18.13). Discutiremos todos esses três grupos de mamíferos mais adiante, em História da vida na Era Cenozoica.

Plantas

As comunidades de plantas terrestres dos períodos Triássico e Jurássico eram compostas de plantas vasculares sem sementes e gimnospermas. Entre as gimnospérmicas, as coníferas continuaram a se diversificar e, assim, surgiram as cicadáceas, que lembram superficialmente as palmeiras. Tanto as plantas vasculares sem sementes quanto as gimnospérmicas estão bem representadas na flora atual, mas nenhum dos dois grupos é tão abundante quanto antes.

O longo domínio das plantas vasculares sem sementes e das gimnospérmicas terminou durante o início do período Cretáceo, quando muitas dessas plantas foram substituídas pelas **angiospérmicas** e por plantas de floração. Estudos recentes identificaram tanto as gimnospérmicas atuais quanto os fósseis que apresentam estreita relação com as angiospérmicas. Desde que evoluíram pela primeira vez, as angiospérmicas adaptaram-se em quase todos os hábitats terrestres, de montanhas a desertos, algumas se adaptando até mesmo às águas rasas costeiras. Sua reprodução, que envolve flores para atrair animais polinizadores, e a evolução das sementes fechadas são, em grande parte, responsáveis por seu sucesso. Atualmente, representam aproximadamente 96% de todas as espécies de plantas vasculares.

Extinções em massa no período Cretáceo

As extinções em massa no fim da Era Mesozoica ficaram em segundo lugar em magnitude, atrás apenas daquelas ao final da Era Paleozoica. As vítimas das extinções da Era Mesozoica incluem dinossauros, répteis voadores, répteis marinhos e vários tipos de criaturas marinhas, como os amonites.

Desde 1980, popularizou-se uma hipótese para essas extinções, a qual baseia-se em uma descoberta no limite Cretáceo-Paleogeno, na Itália – uma camada de argila de 2,5 cm de espessura com uma concentração anormalmente elevada de irídio, elemento do grupo da platina. A partir dessa descoberta, altas concentrações de irídio foram identificadas em muitos outros locais do limite Cretáceo-Paleogeno. O significado dessa descoberta é o fato de que o irídio, raro em rochas da crosta, ocorre em concentrações muito mais elevadas em alguns meteoritos. Vários pesquisadores propuseram um impacto de meteorito para explicar essa anomalia de irídio e ainda postularam que o impacto de um grande meteorito, talvez com 10 km de diâmetro, tenha colocado em movimento uma cadeia de eventos que levou às extinções.

O cenário de impacto do meteorito é, mais ou menos, este: no impacto, aproximadamente 60 vezes a massa do meteorito foi arrancada da

---

cinodonte Tipo de réptil avançado, como mamífero. O ancestral dos mamíferos estava entre os cinodontes.

angiospérmica Qualquer planta vascular que possui flores e sementes, as plantas de floração.

Figura 18.13 Mamíferos da Era Mesozoica

Ambos os fósseis são de rochas do início do período Cretáceo, na China.

a. Reprodução do mais antigo mamífero marsupial já conhecido, o *Sinodelphym*, que media 15 cm de comprimento.

b. Reprodução do *Eomaia*, o mais antigo mamífero placentário já conhecido. Ele tinha apenas 12 cm ou 13 cm de comprimento.

Figura 18.14 Mamíferos das épocas do Paleoceno e do Eoceno

a. Esse animal do gênero *Ptilodus*, da época do Paleoceno, tem o tamanho de um esquilo e é membro de um grupo de mamíferos conhecido como multituberculados, que existiu do início do período Jurássico ao início do Oligoceno.

b. Cena da época do Eoceno mostrando um animal do tamanho de um rinoceronte, conhecido como *Uintatério*, um dos primeiros gigantes entre os mamíferos. Ele tinha três pares de chifres e dentes caninos superiores de sabre.

crosta terrestre para a atmosfera, e o calor gerado pelo impacto iniciou grandes incêndios, que acrescentaram mais matéria particulada à atmosfera. Com isso, a luz do sol foi bloqueada por vários meses, causando cessação temporária da fotossíntese, as cadeias alimentares entraram em colapso e as extinções seguiram-se. Além disso, com a luz do sol muito diminuída, as temperaturas da superfície da Terra foram drasticamente reduzidas, podendo ter contribuído com o estresse biológico.

Há quem afirme, hoje, que um local provável do impacto foi encontrado no centro da cidade de Chicxulub,

Figura 18.15 Mamíferos da época do Mioceno, em Nebraska

Essa cena reproduz alguns dos mamíferos que viveram em Nebraska, durante a época do Mioceno, há aproximadamente 21 milhões de anos. Embora alguns desses mamíferos não nos sejam familiares, a maioria deles se parece muito com os mamíferos de hoje. Nesta imagem são mostrados os ancestrais dos elefantes de hoje (no centro), um animal com garras semelhante ao cavalo chamado de *chalicothere* (no centro, à direita), animais ungulados chamados oreodonte (na água) e pequenos camelos (à esquerda, na frente) sendo perseguidos por cães-ursos. Na árvore, um felino dente-de-sabre se deleita com sua presa, e grous sobrevoam em círculos.

na Península de Yucatán, no México. A estrutura tem aproximadamente 180 km de diâmetro e encontra-se sob camadas de rocha sedimentar cenozoica.

A maioria dos geólogos na atualidade admite a ocorrência do impacto de um grande meteorito, mas também sabemos que grandes derramamentos de lava ocorreram no lugar que é hoje a Índia, e essas erupções podem ter trazido mudanças atmosféricas prejudiciais. Além disso, os vastos mares rasos que cobriam grandes partes dos continentes foram, em sua maioria, removidos até o final do período Cretáceo, e os climas leves e uniformes da Era Mesozoica tornaram-se mais rigorosos e sazonais até o final daquela Era.

OA4 HISTÓRIA DA VIDA NA ERA CENOZOICA

Mesmo que enfatizemos a evolução dos mamíferos nesta seção, você deve estar ciente dos outros acontecimentos importantes da vida. As plantas de floração continuaram a dominar as comunidades de plantas terrestres, os grupos atuais de aves evoluíram durante o início do período Paleogeno, e alguns invertebrados marinhos continuaram a diversificar-se, dando origem, por fim, à fauna marinha de hoje.

Os mamíferos coexistiram com os dinossauros por mais de 100 milhões de anos, mas seu registro fóssil da Era Mesozoica indica que não eram abundantes, diversificados ou muito grandes. O maior de que se tem conhecimento tinha 1 m de comprimento e pesava de 12 kg a 14 kg. As extinções no fim da Era Mesozoica eliminaram os dinossauros e alguns de seus descendentes, criando, assim, possibilidades de adaptação que os mamíferos rapidamente exploraram. A "Idade dos Mamíferos", como a Era Cenozoica é comumente chamada, tinha começado.

Os invertebrados marinhos e o fitoplâncton

Os sobreviventes das extinções da Era Mesozoica povoaram o ecossistema marinho da Era Cenozoica. Foraminíferos, radiolários, corais, briozoários, moluscos e equinoides foram especialmente abundantes entre os invertebrados. Apenas poucas espécies de fitoplâncton sobreviveram até a Era Cenozoica, mas aquelas que o fizeram floresceram e diversificaram-se. As plantas marinhas e de água doce chamadas *diatomáceas*, com esqueletos de sílica, eram particularmente abundantes.

Figura 18.16 Evolução do cavalo

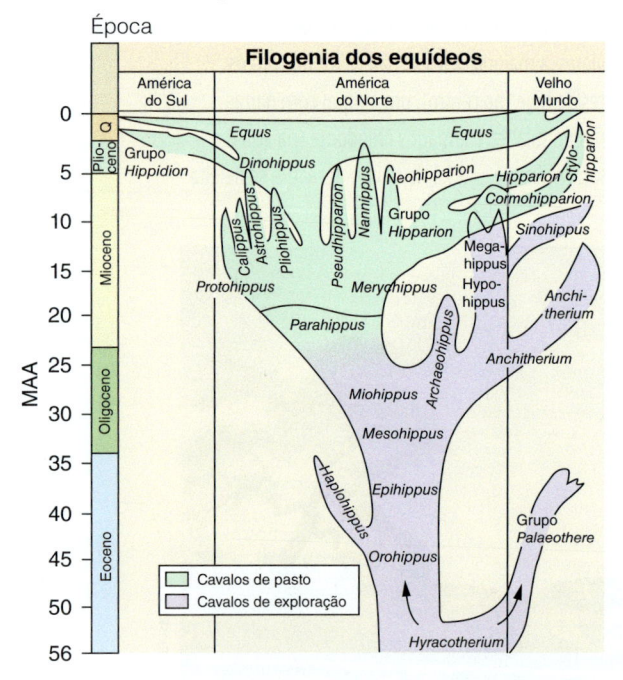

a. Resumo gráfico que mostra relação entre os gêneros de cavalos. Durante a época do Oligoceno, duas linhagens surgiram: uma de cavalos de exploração, com três dedos, e outra de cavalos de pasto, com um dedo, incluindo os cavalos atuais, *Equus*.

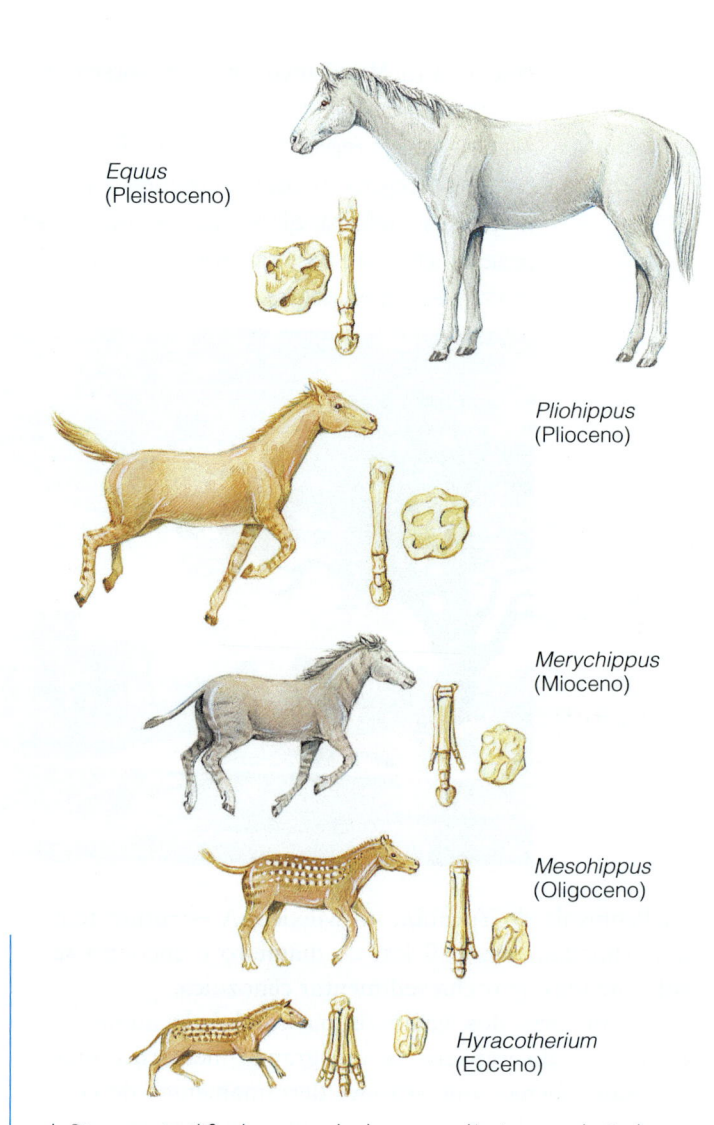

b. Diagrama simplificado mostrando algumas tendências na evolução do cavalo. As tendências incluem aumento no tamanho, alongamento dos membros, redução do número de dedos e desenvolvimento de dentes altamente coroados, com complexas superfícies de mastigação.

As conchas dos foraminíferos se acumularam para formar calcários espessos, alguns dos quais usados pelos antigos egípcios para construir a Esfinge e as pirâmides. Os corais tornaram-se novamente os construtores de recifes dominantes, e, assim como durante a Era Mesozoica, os bivalves e os gastrópodes foram os principais componentes das comunidades de invertebrados marinhos.

Diversificação dos mamíferos

Entre os mamíferos viventes, os **monotremados**, como o ornitorrinco, põem ovos, enquanto os marsupiais e os placentários dão à luz filhotes vivos. Os **mamíferos marsupiais** nascem em uma condição imatura, quase embrionária, e, em seguida, desenvolvem-se no marsúpio de suas mães. Os **mamíferos placentários** não possuem ovo com casca, mas desenvolveram uma placenta dentro do útero, por meio da qual nutrientes e oxigênio são transportados da mãe para o embrião em desenvolvimento. Como resultado, os mamíferos placentários são muito mais plenamente desenvolvidos que os marsupiais antes do nascimento.

Uma medida do sucesso dos mamíferos placentários é que mais de 90% de todos os mamíferos, fósseis e vivos, pertencem a essa modalidade. A julgar pelo registro fóssil, os monotremados nunca foram muito comuns. Os únicos vivos são os ornitorrincos e as equidnas-de-focinho-curto, da região australiana.

---

monotremados
Qualquer mamífero que põe ovos. Inclui apenas o ornitorrinco e a equidna-de-focinho-curto, da região australiana.

mamíferos marsupiais
Qualquer mamífero com marsúpio, como cangurus e vombates, que dão à luz filhotes em estado muito imaturo. São mais comuns na Austrália.

mamíferos placentários
Qualquer mamífero com placenta para nutrir o embrião em desenvolvimento. Inclui a maioria dos mamíferos vivos e fósseis.

Figura 18.17 Mamíferos da época do Pleistoceno
Restauração de um mamute preso em um alcatrão pegajoso (asfalto), como os atuais derramamentos de óleo do La Brea Tar Pits, em Los Angeles, na Califórnia.

Os marsupiais foram mais bem-sucedidos em relação ao número de espécies e à distribuição geográfica, mas mesmo eles são, em grande parte, restritos à América do Sul e à região australiana.

Como já vimos, os mamíferos evoluíram pela primeira vez durante o período Triássico, e, até o final do Cretáceo, os marsupiais e os placentários divergiram de um ancestral comum (Figura 18.13). Então, após as extinções do final do período Cretáceo, os mamíferos iniciaram uma radiação adaptativa importante, que continuou ao longo da Era Cenozoica. Diversos grupos de mamíferos da época do Paleoceno são *arcaicos*, o que significa que eram remanescentes da Era Mesozoica ou que não deram origem a nenhum um dos mamíferos de hoje (Figura 18.14a). Entre esses mamíferos estavam também os primeiros roedores, coelhos, primatas, carnívoros e mamíferos ungulados, ou seja, com cascos. No entanto, mesmo estes ainda não se tornaram claramente diferenciados de seus ancestrais, e as diferenças entre herbívoros e carnívoros eram poucas. A maioria era pequena, os grandes mamíferos não estavam presentes até o final da época do Paleoceno, e os primeiros mamíferos terrestres gigantes não surgiram até a época do Eoceno (Figura 18.14b).

A diversificação continuou durante a época do Eoceno, quando vários outros tipos de mamíferos surgiram, mas, se pudéssemos voltar e visitar aquela época, provavelmente não reconheceríamos nenhum desses animais. Alguns nos seriam vagamente familiares, mas os ancestrais dos cavalos, camelos, rinocerontes e elefantes teriam pouca semelhança com seus

Figura 18.18 Registro fóssil dos hominídeos
Os intervalos geológicos para as espécies comumente aceitas de hominídeos.

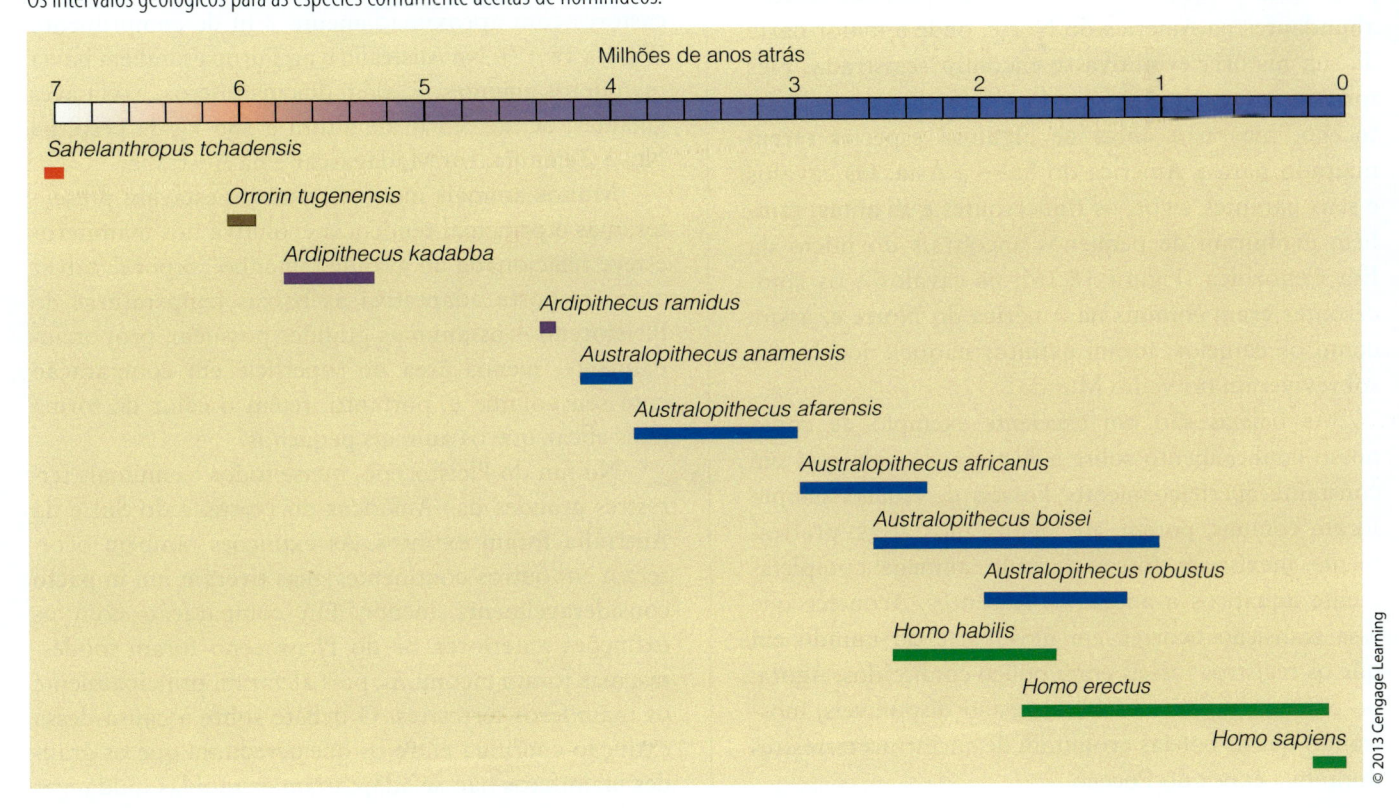

HISTÓRIA DA VIDA NA ERA CENOZOICA

descendentes vivos. Na época do Oligoceno, todas as ordens de mamíferos existentes estavam presentes, mas a diversificação continuou à medida que mais famílias e gêneros foram aparecendo. Na época do Mioceno e do Plioceno, os mamíferos, em sua maioria, já poderiam ser facilmente identificados, embora alguns tipos incomuns ainda existissem (Figura 18.15).

Mamíferos cenozoicos

Os mamíferos surgiram a partir dos répteis semelhantes a mamíferos, conhecidos como *cinodontes*, no final do período Triássico. Após as extinções da Era Mesozoica, eles começaram uma radiação adaptativa, e logo os mamíferos se tornaram os vertebrados mais abundantes a habitar a Terra. Agora, há mais de 4 mil espécies, de pequenos musaranhos a elefantes e baleias.

Numerosos grupos de mamíferos evoluíram durante a Era Cenozoica, e alguns, como os camelos, os cavalos e seus descendentes, possuem excelentes registros fósseis. Os camelos evoluíram de ancestrais pequenos de quatro dedos e eram particularmente abundantes na América do Norte, onde a maior parte de sua história evolutiva se encontra registrada. Eles foram extintos na América do Norte, durante o Pleistoceno, mas não antes de algumas espécies terem migrado para a América do Sul e a Ásia. Os cavalos e seus parentes vivos, os rinocerontes e as antas, também evoluíram de pequenos ancestrais do início da Era Cenozoica (Figura 18.16); os cavalos e os rinocerontes eram comuns na América do Norte e, assim como os camelos, foram extintos naquele local, mas sobreviveram no Velho Mundo.

As baleias são um excelente exemplo de como nosso conhecimento sobre a história da vida está em constante aperfeiçoamento. Fósseis de baleias sempre foram comuns, porém, até alguns anos atrás, praticamente inexistiam fósseis ligando animais completamente aquáticos a ancestrais terrestres. Acontece que essa transição ocorreu em uma parte do mundo em que os registros fósseis eram pouco conhecidos. Agora, no entanto, numerosos fósseis estão disponíveis, mostrando que as baleias evoluíram de ancestrais terrestres durante a época do Eoceno.

Figura 18.20 *Australopithecus afarensis*
Recriação de uma paisagem da época do Plioceno, mostrando os *Australopithecus afarensis*, ancestrais da espécie hominídea, reunindo-se e comendo frutas e sementes.

Fauna do Pleistoceno

Um aspecto notável da história dos mamíferos é que muitas espécies muito grandes existiram durante o Pleistoceno. Na América do Norte, havia mastodontes e mamutes, bisões, preguiças e camelos gigantes, e castores com aproximadamente 2 m de comprimento (Figura 18.17). Na Austrália e na Europa também havia mamíferos gigantes. E, além dos mamíferos, havia aves gigantes, de até 3,5 m de altura e 585 kg de peso, na Nova Zelândia, em Madagascar e na Austrália.

Muitos animais menores também estavam presentes, mas a principal tendência evolutiva nos mamíferos esteve relacionada ao grande tamanho corporal, talvez como resposta adaptativa às baixas temperaturas do Pleistoceno – os animais grandes possuem, proporcionalmente, menos área de superfície em comparação com seu volume e, portanto, retêm o calor de forma mais eficaz que os animais pequenos.

No fim do Pleistoceno, quase todos os animais terrestres grandes das Américas do Norte, e do Sul e da Austrália foram extintos. As extinções também ocorreram em outros continentes, mas tiveram um impacto consideravelmente menor. Em comparação com as extinções anteriores, as do Pleistoceno foram modestas, mas foram incomuns, pois afetaram principalmente os mamíferos terrestres. O debate sobre a causa dessa extinção continua entre os que acreditam que os grandes mamíferos não se adaptariam às rápidas mudanças climáticas do fim da Era do Gelo e os que acreditam que esses mamíferos foram mortos por caçadores humanos, uma hipótese conhecida como *supermatança pré-histórica*.

Evolução dos primatas

Várias tendências evolutivas em relação aos **primatas** ajudam a definir a ordem, algumas das quais relacionadas aos seus *ancestrais arbóreos*, ou que habitavam as árvores. Essas tendências incluem alterações no esqueleto e no modo de locomoção, aumento no tamanho cerebral, redução do tamanho e da quantidade de dentes, estes se tornando menos especializados, e houve ainda o desenvolvimento da visão estereoscópica e de mãos para agarrar com polegar opositor. Nem todas essas tendências ocorreram em todos os grupos de primatas nem houve evolução no mesmo ritmo para cada grupo.

A ordem dos primatas é dividida em duas subordens: os prossímios e os antropoides. Os *prossímios* incluem lêmures, lóris, társios e musaranhos e são a mais antiga linhagem de primatas, com um registro fóssil que remonta à época do Paleoceno. Durante o final da época do Eoceno, os *antropoides* – primatas que incluem macacos, símios e humanos – evoluíram da linhagem dos prossímios e, até a época do Oligoceno, eram um grupo bem estabelecido. Os *hominídeos*, grupo que compreende os símios e os humanos, divergiram dos macacos do Velho Mundo algum tempo antes da época do Mioceno, mas, exatamente quando, ainda está sendo debatido. No entanto, é geralmente aceito que os hominídeos evoluíram na África, de um grupo de antropoides ancestrais.

Durante a época do Mioceno, a África colidiu com a Europa, o que mudou o clima da África e permitiu que os animais migrassem entre as duas massas de terra. Dois grupos semelhantes aos símios evoluíram durante esse período e, em última análise, deram origem aos hominídeos de hoje. Membros de um desses grupos eram os mais prováveis ancestrais de todos os hominídeos posteriores.

Os **hominídeos** (família *Hominidae*), a família de primatas que inclui os homens atuais e seus ancestrais extintos, têm um registro fóssil que remonta quase 7 milhões de anos (Figura 18.18). Diversas características os distinguem dos outros hominídeos. Em primeiro lugar, os hominídeos são bípedes, ou seja, têm uma postura vertical e caminham sobre duas pernas em vez de quatro patas. Além disso, apresentam uma tendência a um complexo cerebral grande e internamente reorganizado. Outras características dos hominídeos incluem face reduzida e dentes caninos pequenos, alimentação onívora, aumento na destreza manual e uso de ferramentas sofisticadas.

Até o momento, não há um consenso sobre a história evolutiva da linhagem dos hominídeos, e isso ocorre, em parte, por causa do registro fóssil incompleto dos hominídeos, bem como de novas descobertas. Na verdade, novas descobertas de fósseis de hominídeos e novas técnicas de análise científica estão levando a novas hipóteses sobre nossa ancestralidade. No momento em que você lê este capítulo, é possível que novas descobertas tenham alterado algumas das conclusões estabelecidas aqui.

Descoberto em Chade, no norte do Deserto de Djurab, o crânio de quase 7 milhões de anos e os restos dentários do *Sahelanthropus tchadensi* (Figura 18.18) fazem dele o mais antigo hominídeo conhecido já descoberto e muito perto do período em que os humanos divergiram de seu ancestral vivo mais próximo, o chimpanzé. Atualmente, a maioria dos paleoantropólogos aceita que a linhagem humano-chimpanzé se separou dos gorilas há aproximadamente 8 milhões de anos, e que os humanos se separaram dos chimpanzés há aproximadamente 5 milhões de anos.

Uma recente descoberta de um esqueleto e de um crânio de aproximadamente 4,4 milhões de anos de uma fêmea *Ardipithecus ramidus* (Figura 18.18) mostra um mosaico interessante de características evolutivas. Esse indivíduo, apelidado de "Ardi", tinha mãos hábeis para agarrar e pés com um dedo grande opositor, que os símios usam para escalar e fazer manobras em árvores. Com base nessa e em outras características, os cientistas concluíram que Ardi era capaz de andar ereto no chão, embora mantendo a capacidade de subir e manobrar em árvores.

Australopitocino é um termo coletivo para todos os membros do gênero *Australopithecus*, que atualmente inclui cinco espécies (Figura 18.18). Muitos paleontólogos aceitam o esquema evolutivo em que o *Australopithecus anamensis*, o mais velho australopitocino conhecido, é o ancestral do *A. afarensis* (Figura 18.19), que, por sua vez, é o ancestral do *A. africanus* e do gênero *Homo*, bem como a ramificação lateral

> **primata** Qualquer animal pertencente à ordem dos primatas, Suas características incluem cérebro grande, visão estereoscópica e mãos para agarrar.
>
> **hominídeo** Abreviação de *Hominidae*, a família à qual os humanos pertencem. Primatas bípedes, incluem os *Australopithecus* e *Homo*.

dos *australopitocinos* representados pelo *A. robustus* e *A. boisei*.

O membro mais antigo do nosso gênero *Homo* é o *Homo habilis*, que viveu de 2,5 milhões a 1,6 milhão de anos atrás (Figura 18.18). Tendo evoluído do *H. habilis* entre 1,8 milhão e 1,6 milhão de anos atrás, o *H. erectus* foi uma espécie amplamente distribuída que migrou da África durante a época do Pleistoceno. O registro arqueológico indica que o *H. erectus* produziu ferramentas, usou o fogo e viveu em cavernas, uma vantagem para aqueles que viviam em climas mais ao norte.

O debate ainda envolve a transição do *H. erectus* para nossa espécie, o *Homo sapiens* (Figura 18.18). Os paleoantropólogos estão divididos em dois campos. Um campo sustenta a hipótese "a partir da África", ou seja, a ideia de que os primeiros humanos modernos evoluíram de uma única mulher na África, cuja descendência, então, migrou da África, talvez tão recentemente como 100 mil anos atrás, para povoar a Europa e a Ásia, levando a população hominídea anterior à extinção.

O outro campo, alternativamente com a hipótese "multirregional", sustenta que os primeiros seres humanos modernos não tinham uma origem isolada na África, mas que estabeleceram populações separadas em toda a Europa e a Ásia, e que o contato ocasional e o cruzamento entre essas populações permitiram à nossa espécie manter sua coesão global, embora preservando as diferenças regionais nas pessoas que vemos hoje. Até o momento, não há evidências suficientes que indiquem qual teoria está correta, mas nossa espécie, *H. sapiens*, certamente evoluiu do *H. erectus*.

De todos os fósseis humanos, os mais famosos talvez sejam os dos Neandertais, que habitavam a Europa e o Oriente Próximo há aproximadamente 200 mil anos a 30 mil anos, e, de acordo com as melhores estimativas, nunca excederam 15 mil indivíduos na Europa Ocidental. Com base em espécimes de mais de cem locais, sabemos agora que não eram muito diferentes de nós, apenas mais robustos. Os Neandertais da Europa foram os primeiros humanos a mudar-se para climas realmente frios, encarando invernos terrivelmente longos e verões curtos à medida que foram empurrados do norte para as regiões de tundra. Seus restos são encontrados, sobretudo, em cavernas e abrigos de pedra parecidos com cabanas, que também contêm uma variedade de ferramentas e armas de pedras especializadas.

Há aproximadamente 30 mil anos, humanos muito semelhantes aos europeus modernos mudaram-se para a região habitada pelos Neandertais e os substituíram completamente. *Cro-Magnons* é o nome dado aos sucessores dos Neandertais na França, que viveram há aproximadamente 35 mil anos a 10 mil anos; durante esse período, o desenvolvimento da arte e da tecnologia excedeu em muito qualquer coisa que o mundo já tinha visto antes.

Com o surgimento do *Cro-Magnon*, a evolução humana tornou-se quase completamente cultural, em vez de biológica. Isso significa que, embora tenhamos nos tornado cada vez mais sofisticados em termos de tecnologia e conhecimento capazes de resolver nossos problemas, nós, não necessariamente, estamos mudando fisicamente, como uma espécie.

A maior e única mudança cultural em nossa espécie ocorreu não com a revolução do computador, mas há aproximadamente 10 mil a 15 mil anos, quando nossos antepassados aprenderam a cultivar, deixando de ser estritamente caçadores-coletores. A revolução agrícola ocorreu em vários locais diferentes ao redor do mundo quase ao mesmo tempo, à medida que o último período do frio do Pleistoceno chegava ao fim. Isso foi o que tornou possível a vida organizada em cidades e, finalmente, a civilização do modo como a conhecemos.

Ainda estamos ampliando a área do planeta que temos sob arado, e isso é apenas um aspecto de nosso crescente impacto no mundo. Agora, consumimos combustíveis fósseis originalmente formados nas Eras Paleozoica e Mesozoica, e extraímos recursos minerais que remontam ao período Proterozoico.

Muitas espécies na história da Terra mudaram o planeta, desde os simples estromatólitos, mas nenhuma espécie mudou o planeta tão rapidamente quanto nós, humanos, estamos fazendo. Pelo lado positivo, nenhuma espécie, até nós, foi capaz de compreender as mudanças que isso impõe à Terra, que continua sendo nossa única casa.

Índice remissivo

A

Aa (derrame de lava), 100, 101
Abrasão, 131, 242, 243, 255, 309-310
 linhas costeiras e, 339
 por geleiras, 287
Ação do congelamento, 118
Ácidos, 120, 127
Acostamentos, 340, 341, 342
Agricultura, 127-129, 130, 261
Água, 128, 238-239. *Veja também* Águas subterrâneas; Precipitação/chuva
 congelamento de, 350
 geleiras e, 269, 285-286
 intemperismo por, 112-113, 114, 120-121, 122, 123
 perda de movimento gravitacional de massa e, 205, 207, 217, 221
 sedimento/rocha sedimentar e, 121, 130
Água, corrente, 236-259. *Veja também* Erosão
 deltas e, 245-246, 247f
 deposição por, 243-248
 formação de montanha e, 205
 sistemas de drenagem e, 250-252
 rios/riachos e, 239-240 (*Veja também* Rios/riachos)
 vales e, 257-259
Águas subterrâneas, 262-282
 ciclo hidrológico e, 288
 contaminação de, 276f, 277, 280
 deposição por, 268-271
 desertos e, 306, 310
 erosão por, 268-271
 geleiras e, 298
 inundações costeiras e, 347
 modificação do sistema de água subterrânea, 273-280
 movimento da, 264-265, 266
 nascentes e, 265, 266
 sedimento/rocha sedimentar e, 132
Airy, George, 211
Algas azul-esverdeadas 415, 416
Alpes, 283, 354, 407
Alumínio, 64, 74
Aluvião, 243, 246-248, 258
Ambiente de deposição, 141, 145
Amianto, 162
Andesito, 52, 87, 88, 89, 90f
Anfíbios, 405, 415, 420-422
Anfibólio, 67, 71, 81, 88
Anfibolito, 155t, 157, 159, 161t
Angiospérmicas, 429
Ângulo de repouso, 216
Anidrita, 72, 136
Animais, 350
 bípedes, 424, 425, 426, 435
 intemperismo e, 116
 solo e, 124-125, 126-127
Antártida, geleiras em, 287
Anticlinais, 24, 198-200
Antracite, 155t, 159
Antropoides, 435
Apatita, 65t, 71t
Aquecimento/resfriamento global, 9-10
 como processo a longo prazo, 4, 20
 desertos e, 289
 extinções em massa e, 419
 geleiras e, 410-411, 284
 previsão, 410
 tempo geológico e, 376, 376f
Aquicludes, 263, 267
Aquíferos, 263-264, 273, 274
 High Plains, 273, 273f
Aragonita, 62, 68
Archaeopteryx, 428
Arcos, 118, 140
 Parque Nacional dos, 117, 140
Arcósio (arenito), 133
Arcossauros, 423, 424
Ardipithecus ramidus, 433f, 435
Arenito
 de Dakota, 268
 Entrada, 141
Arestas, 255
Argentita, 68
Argila, 131, 146, 219, 220, 222t, 224f, 329, 330
 de Bootlegger Cove Play, 179, 229, 229f, 230
Argilito, 132f, 133
Argônio, 60
Arrebentação, 334f, 336-337, 338, 340, 341
Assimilação, 85-87, 94
Assoalho oceânico/fundo do mar, 30-34, 31f, 34f, 49, 117
 Devoniano, 418
 fraturas no, 46f, 47
 oceanos e, 328
 Ordoviciano, 418
 sedimentos no, 118, 330
Astenosfera, 15, 16, 20f, 189
Asteroides, 12, 13
Atividade ígnea intrusiva, 357, 363, 366, 400
 escala do tempo geológico e, 374
 metamorfismo e, 151-154
 vulcanismo e, 77, 406
Atlântida, 327, 329
Atmosfera, 2, 3, 4, 305, 309, 317, 327
 tectônica de placas e, 25
 vulcanismo e, 96
Atóis, 332
Átomos, 58
Augita, 66f, 70f

Auréola, 152, 152f
 metamórfica, 152-153, 152f
Australopithecus afarensis, 433f, 434f
Avalônia, 34, 386, 398

B

Bacia(s), 200-201, 203
 de drenagem, 250, 251f
 de retroarco, 45, 207, 382, 383
Bacon, Sir Francis, 26
Bactérias, 127, 279, 280
Badlands, Parque Nacional das, 407
Baker, monte, 290
Balanço glacial, 285t, 290
Barreiras de recifes, 330f, 330
Barrow, George, 159, 160
Basalto, 16, 19f 186t, 190, 211
 classificação de, 87, 88, 89
 de Columbia, 109
 metamorfismo e, 213
 intemperismo e, 116
Batólitos, 93-94, 208, 404, 405
 cordilheiranos, 405f
Bauxita, 130
Bentonita, 141
Biotita, 67, 70, 72
 metamorfismo e, 148, 149, 154t
Black Hills, 76, 121f, 268, 281
Blocos (vulcânicos), 101
Bornita, 162
Brilho, 69
Buffon, Georges Louis de, 355

C

Cadeias assísmicas, 33-34, 48

Calcário, 133t, 135, 160, 263, 269
   águas subterrâneas e, 268-269
   calcita em, 121
   distribuição mundial de, 268
   fontes termais/gêiseres e, 278, 279, 280, 281
   foraminíferos e, 432
   fossilífero, 135
   intemperismo e, 129
   mármore de, 149, 159
   oólito, 135
   Solnhofen, 428
   usos de, 149
Calcopirita, 162
Caldeira Long Valley, 110, 115
Caliche, 127
Califórnia
   Falha de San Andreas na (*Veja* Falha de San Andreas)
   perda de massa na, 207, 294, 300, 320
   terremotos na, 166t, 171, 177-179
Câmaras magmáticas, 80
Campo
   magnético dipolar, 36
   vulcânico de Coso, 102f
Canal(is)
   de distribuição, 248
   Marítimo Interior Cretáceo, 406
Bryce Canyon, Parque Nacional, 117, 356f, 367f, 368, 409
Capitol Reef, Parque Nacional, 140, 364, 365f
Carbonato de cálcio, 68, 132, 133
   fontes termais/gêiseres e, 278, 279, 280, 281
   iodo, 294
Carbono 14, 373f, 373-375
Carga
   de leito, 242, 243, 308
   dissolvida, 241, 242
Carnotita, 146
Carvão, 133t, 136f, 137, 138, 146
   antracito, 133

betuminoso, 133t, 146
Cascade, Cordilheira, 97, 110f, 115, 206, 410
   andesito, 89
   cinturão circum--Pacífico e, 111
Cascalho, 129f, 130f, 132--133, 146
   água corrente e, 239, 241, 242f, 255
   drift glacial e, 289
Cavernas/depósitos de grutas, 271-272
Centrais de energia geotérmicas, 278
China (Paleozoico), 386, 428
Chipre, cobre no, 52-53, 162
Chumbo, 162, 370, 372t
Cianobactéria, 277 f 12.18, 279
Cimentação, 132-133
Cinodontes, 429, 434
Cinognato, 30f 2.5
Cinturão
   de Kuiper, 12
   de pressão de ar, 316
Cinturão circum-Pacífico, 111, 170f, 171, 182, 206
   na cordilheira norte--americana/da América do Norte, 407f, 409
   no Cenozoico, 400
Cinturão móvel
   Apalachiano, 395-397, 397f
   móvel cordilheirano, 396, 404t, 405
Cinza(s), 91
   vulcânicas, 103
Circos glaciais, 296, 297
Circulação atmosférica 304, 316
Clima, 9-10, 121, 126, 387. *Veja também* Aquecimento/resfriamento global
   desertos e, 306, 316, 317
   e distribuição da vida, 53
   e separação da Pangeia, 387
   geleiras e, 284, 296, 298

perda de massa e, 207, 294, 300, 320
solo e, 120, 122
tempo geológico e, 355, 375
Cloreto, 328
Cobalto, 74, 350
Cobre, 52-53, 57, 68, 350
   batólitos e, 93
   ligações metálicas no, 61-62
Colunas, 140, 141, 272f12.12
Compactação, 128, 132, 132f
Compressão (de camadas de rocha), 194, 195, 197, 199, 201
   falhas e, 202
   juntas e, 202
Cone
   de ascensão, 274
   de depressão, 274, 274f
Continente(s), 380
   Cambriano, 386, 387
   Crosta da Terra e, 190, 195, 212, 282
   deformação e, 192
   e distribuição da vida, 53-54
   flutuante, 198, 199 211, 212
   rochas ígneas e, 76
   rochas sedimentares e, 116
   rompimento dos, 43
   (*Veja também* Pangeia)
Continental-continental
   limites de, 44, 45, 46, 210
Coque, 146
Cordilheira, 393
Cordilheira dos Andes, 44, 46, 208f, 210, 388, 408
   andesito na, 89
   cinturão circum--Pacífico e, 111
   minérios metálicos na, 57
Coríndon, 71t, 162
Correlação (de unidades de rocha), 353, 365, 366, 367
Corrente(s), 316, 320-321, 322
   do Golfo, 329

Corte transversal, 241
Cortinas de gotejamento, 271f, 272f, 273
Cosmologia, 11
Costas, 345-350. *Veja também* Praias; Linhas costeiras
   da Cordilheira, 410
   do Golfo, 410-412
   emergentes, 332, 334--336
   emergentes *versus* submergentes, 346--347, 345f
   linhas costeiras *versus*, 331f, 332
   Mesozoico, 398
Cratera
   de vulcão, 104-105, 104t
   do High Hole, 411f
Crátons, 381, 385, 392, 395, 419
Cristais, 62, 69, 70, 79, 260, 262, 272
   datação radiométrica e, 354
   fontes termais/gêiseres e, 278, 279, 280, 281
   no intemperismo, 116--117
   Raios de Luar, 260
Cro-Magnon, 436
Crosta continental, 15, 16, 89, 186t, 190, 211
   evolução de, 344
   margem continental e, 31
   montanhas/continentes e, 210
Crosta (da Terra), 15, 186t, 190
   ciclo de dióxido de carbono e, 9
   elementos na, 64-68
   intemperismo e, 116
   meteoritos e, 379
   minerais na, 57, 80, 81, 84t
   montanhas/continentes e, 192-212
   rochas cristalinas na, 117
Crosta oceânica, 15-16, 32-33, 88, 186t, 189, 212

limites divergentes de placas e, 41
magnetismo e, 38
margens continentais e, 31
montanhas/continentes e, 192
rochas ígneas e, 77
vulcões e, 97, 112-113
Cunha
   acrescionária, 161f
   clástica, 396
Curie, Pierre e Marie, 368

D

Darwin, Charles, 16, 20
Datação
   absoluta, 354, 368, 374, 375
   relativa, 353-363, 363f. *Veja também* Escala do tempo geológico
Dead Horse, Parque Estadual, 257f
Decaimento
   alfa, 369, 370
   beta, 369, 370, 373
Deformação, 151, 192-212
   direção e inclinação, 200f
   estruturas geológicas e, 193, 196, 197-207
   limites convergentes e, 44f, 45, 161
   metamorfismo e, 147, 149
   orogênese/formação da montanha e, 206, 207
Delta(s), 246-248, 247f, 346
   Catskill, 396
   Ganges-Brahmaputra, 247f
Densidade (de mineral), 70
Denali, Parque Nacional, 243f
Deposição, 130, 138-143. *Veja também* Transporte de sedimentos
   ao longo das costas, 335
   ao longo de linhas costeiras, 326-330

continental, 130
crosta da Terra e, 212
fósseis e, 143
por água corrente, 237-248 (*Veja também* Depósitos glaciais)
por correntes de turbidez, 142f, 143
por geleiras, 287
tipos de, 130-131
Depósito
   de gêiseres, 278
   de varves, 303, 303f
Depósitos glaciais
   areia *versus*, 139
   em lagos glaciais, 294, 297
   loess e, 315
Depressões de deflação, 310, 310f
Deriva continental, 26-30, 50
Derrames/derramamento de lava na, 409f, 431
   cinturão móvel Ouachita na, 390f
   mamíferos em, 428-429
   recursos naturais e, 52
Descartes, René, 12
Desconformidade, 359, 360f, 365f
Descontinuidade, 187, 188f
Desertificação, 307, 308
Deserto(s), 306, 307, 320-324
   de Gibson, 313f
   de Mojave, 321f
   formas de relevo de, 318, 322-323, 346
   loess e, 315
Desfiladeiros, 255, 257, 258, 345
Deslizamento
   basal, 286, 289, 292
   de argila rápida em Anchorage, 229
Deslizamento/escorregamento de terra, 214, 215, 221, 225, 227
   formação de montanha e, 205
   muros de arrimo e, 234
   tiros de, 219
Devil's Postpile, Monumento Nacional, 293f

Diamante, 62, 63f, 70f, 71
Dimetrodon, 421f
Dinossauros, 406f, 414f, 415
   com quadril de ave, 424
   Jurássico, 406
   mamíferos e, 429
   Mesozoico, 428
   Triássico, 400
Diorito, 88, 89-90, 94
Dióxido de carbono, 121-122
Diques, 92, 93, 348
   limites de placa e, 41, 45
   vulcões e, 111
Discordância angular, 326, 361, 362, 365
Distensão elástica, 195
Divisão continental, 43
Dobras, 194, 197-201, 201f, 206
   formação de montanha e, 205
Dolomita, 68, 70f, 72, 133, 135, 154
Dolomito, 18, 68, 73, 130, 133t, 135, 158, 262, 263
   mármore de, 148, 149, 160
   quartzito de, 159
Domos, 200-201, 201 f
   de lava, 107t, 108-109, 111
Dorsal
   Indiana, 111
   Meso-Atlântica 41, 111
Dorsais em expansão, 41. *Veja também* Limites divergentes
   calor nos, 189
   origem do magma nos, 82-83, 82f
   terremotos, 170f
   vulcanismo e, 97
Drenagem
   dendrítica, 250, 251
   desordenada, 251f, 252
du Toit, Alexander, 26
Dunas, 306, 310-315, 310f-315f, 318. *Veja também* Dunas de areia
   areias sopradas, 138
   transversais, 314, 314f, 315

Dunas de areia, 310. *Veja também* Dunas
   praias e, 340, 343
   no Vale da Morte, Califórnia, 306, 311
   depósitos glaciais *versus*, 138
Dureza (de mineral), 71

E

Edafossauros, 421f
Efeito
   de Coriolis, 316, 329
   Doppler, 11
   estufa, 9-10
Einstein, Albert, 11
Elementos, 58-59, 59f
   comuns, na crosta da Terra, 68
   gerado, 353-354, 356-359
   no magma, 83
Elétrons, 58, 59, 369
Elevação do Pacífico Leste, 32
Eluviação, 126
Energia geotérmica, 278
Éon Arqueano, 354f, 380
   América do Norte, 193
   estromatólitos em, 415-416
Éon Hadeano, 354f, 380t
Éons (duas ou mais eras), 21f
Éon Proterozoico, 380, 384-386
   cinturão móvel cordilheirano no, 396
   cinturão móvel Ouachita no, 396-398
   escudo canadense e, 381
   estromatólitos no, 415, 416, 416f
   história da terra no, 436
   região dos Apalaches no, 395
   sequência Sauk no, 389
   tectônicas de placas e, 40
Epídoto, 152

Época do Pleistoceno, 285, 354, 406, 411. *Veja também* Era do gelo
   costas e, 343, 345f
   escudo canadense e, 381
   esfriamento no, 412
   geleiras durante a, 294-297, 303, 346, 411f, 412
   história da vida na, 434, 435
   lençol freático e, 273
   loess e, 311
   mamíferos na, 434-435
   nível do mar durante a, 252, 295, 346
Épocas, 21f
Equilíbrio dinâmico, 329
Era(s), 21f
Era Cenozoica, 354, 368, 379, 403-405
   costa do Golfo na, 410
   história da vida na, 423, 429, 431-436
   leste da América do Norte na, 396
   orogênese cordilheirana na, 403, 404, 405f, 409
Era do gelo, 253, 285, 354, 436. *Veja também* Época do Pleistoceno
   causa da, 303-305
   pequena, 285, 303
Era Mesozoica, 354f, 368, 399f, 400-406, 405f
   água corrente e, 254
   ajuste continental e, 27
   América do Norte na, 365-371
   cinturão móvel cordilheirano na, 396
   cinturão móvel Ouachita na, 396
   cinturões móveis na, 395-398
   deriva continental e, 26, 29
   dinossauros na, 424-425
   Era Paleozoica, 354, 368, 386-398, 405f, 415
   geleiras e, 29
   gimnospermas na, 423
   história da vida na, 417-423, 423-430, 431-436
   insetos na, 427
   invertebrados na, 417-419, 418t, 422
   leste da América do Norte na, 412
   mamíferos na, 428-429
   microcontinentes na, 34
   orogênese Sonoma em, 402
   Pangeia na, 398-400
   recifes na, 418
   recursos naturais e, 49-50
   répteis na, 423, 426f, 427-428
   vertebrados na, 419-422
Erosão, 117, 118, 118t, 297f, 327t
   ao longo das costas, 335
   ao longo de linhas costeiras, 339-344
   construção de montanha e, 205
   córrego, 227f, 240, 243, 324t
   crosta da Terra e, 213f, 212
   degradação do solo e, 129-130
   desertos e, 320
   diferencial, 118, 140
   lâmina, 128, 239
   movimentação gravitacional de massa e, 217, 218f
   pelo vento, 391f, 310, 310f
   por água corrente, 240-241, 244f, 253
   por águas subterrâneas, 261-268, 271
   por geleiras, 285t, 285-287, 294-295
   riacho, 129, 130
Erráticas rochas glaciais, 298f, 299
Erupções, 305. *Veja também* Depressões de deflação
   fissurais, 108, 108f, 110
   tipo havaianas, 106

Escala do tempo geológico, 20, 21, 21f, 355, 374-375
   desenvolvimento da, 354
   versão mais recente da, 380
Escarpa de falha, 181f
Escavação, 265
Escoamento, 239, 239f, 248, 250, 291f
   água do mar e, 328
   geleiras e, 288
   vales e, 257
Escudo
   Báltico, 385
   canadense, 298, 381, 382f, 389, 390f
Eskers, 301f, 302-303
Esmeralda, 57f
Estratificação cruzada 139, 142, 143, 202, 312f, 378, 405
Estrias glaciais, 294, 294t
Estruturas geológicas, 197, 197t, 200t
Estuários, 345f, 349, 350
Eucariontes, 416
Evans, David M., 184
Evaporitos, 136f, 137, 329, 387, 395f
Evapotranspiração, 238
Evolução. *Veja também* Evolução orgânica
Evolução orgânica, teoria da, 20
   das plantas terrestres, 422
   de cavalos, 432f, 434
   de primatas, 435-436
   dos hominídeos), 436
   dos seres humanos, 433
   fósseis e, 139 (*Veja também* Registro fóssil; Fósseis)
   "fora da África" *versus* "multirregional", 436
   placas tectônicas e, 53-54, 54f
Exclusive Economic Zone (EEZ). *Veja* Zona de economia exclusiva
Explosão cambriana, 417
Extinção, 415, 417, 427
   Mesozoico, 402
   Paleozoico, 417
   Permiano, 405F
   Pleistoceno, 412
Extremófilos, 279
Eyjafjallajökull, 96, 94, 103, 114

F

Fácies
   de xisto azul, 161, 161f, 208
   de xisto verde, 160
   metamórfica, 159-160, 161f
   sedimentar, 138t
Falhas, 196, 202-203, 203f, 262. *Veja também* Falha de blocos
   de repito/mergulho, 202, 203f
   limites das placas e, 52, 199
   metamorfismo e, 148
   no solo, 181f, 182
   San Andreas (*Veja* Falha de San Andreas)
   terremotos e, 165, 166, 178
   tipos de, 203
Falha de blocos, em bacias, 202, 401f, 404f, 409
Falha de San Andreas, 47, 48f, 153, 166, 183f, 407f
   lacunas sísmicas ao longo, 183, 183f
   como Bloco falhado, 205
Fatores que afetam o movimento de massa, 215-221, 218f, 222, 224. *Veja também* Deslizamento/escorregamento de terra
   água corrente e, 254-255, 255f
   desertos e, 320
   formação de montanha e, 205
   geleiras e, 291
   linhas costeiras e, 338
   estabilidade de encosta e, 220, 220f, 232

minimizando os efeitos de, 235
rápido *versus* lento, 221, 222
tipos de, 221-234
vales e, 257
Fauna de Ediacara, 416, 417f
Feldspatos, 68, 70, 72, 72t, 74, 82
  intemperismo e, 130
  metamorfismo e, 154
Fendas, 289, 290f, 293, 294
Ferro, 57, 63f, 64, 74, 146, 162, 384
  no núcleo da Terra, 187, 187f, 188
  oxidação e, 122
Fiordes, 295
Fissura Laki, 98, 108
Flora glossopteris, 26, 26t, 29-30, 29f
Flúor, 68
Fluorita, 68, 69f, 70, 71
Flutuabilidade, 212
Fluxo(s)
  basálticos, 83f
  de canal, 239-240
  de cinzas, 103
  de detritos, 222t, 228f, 229t, 235
Fluxo(s) de lava, 73, 411, 79, 80, 97, 99-104. *Veja também* Fluxo(s), basálticos
  almofada, 41
  escala do tempo geológico e, 374
  grãos minerais e, 86
  limites de placa e, 41, 42, 43, 111
  máfica, 88, 108f
  metamorfismo e, 151-153, 153f
  na era Cenozoica, 412, 423
  paleomagnetismo e, 37
  perigos de, 113
  plútons e, 77
  solo e, 126
  Trapps Siberianos e, 419
  ultramáficos, 88
Fome da Neblina Azul, 98
Foraminíferos, 431, 432
Força eletromagnética, e Big Bang, 11, 12

Formação
  Chinle, 405
  Claron, 116, 409
  de Brule, 407
  ferrífera bandada 147
Formas de relevo, 140, 407
  costas e, 346
  deserto, 322-324
  geleiras e, 294, 297, 297-298
  vulcões como, 98
Fossas, 169, 170f
  Mariana, 33
Fóssil(eis), 18, 143, 415-416
  de aves, 428
  de corais, 144
  de mamíferos, 428, 429
  guia, 368, 368f
  Mesozoico, 402
  similar a Ediacara, 416
  versus vestígio, 143
Fragmentação de iceberg, 288, 291
Fragmentos, 133, 134
Frank (Canadá), escorregamento de rocha em, 226f, 227
Fraturas, 92, 119, 201, 202, 262, 263, 263f
  como falhas, 202 (*Veja também* Falhas)
  deformação e, 199-202
  juntas e, 201
Fumarolas, 98, 227f, 281
Furacões, 347
  construção do paredão e, 346, 346f, 347
  linhas costeiras e, 326, 346, 347

G

Gabro, 16, 31, 186t, 190, 211
  classificação do, 86-87, 88f
  em dorsais oceânicas, 32
  limites antigos de placa e, 47
  vulcões e, 111-113
Galena, 162
Gargantas, 258f, 259

Gás(es), 131. *Veja também* Gás natural
  atmosféricos, 120
Gás natural, 73, 117, 145f, 146
  de anticlinais, 198
  estruturas geológicas e, 193, 200
Gêiseres, 278, 279, 280, 281-282
  Castel, 279
Geleira(s), 284, 284-305. *Veja também* Era do gelo; Continental (*Veja* Geleiras continentais)
  aquecimento global e, 10
  construção de montanha e, 203
  crosta da Terra e, 212
  deriva continental e, 25, 26-27, 29, 29f
  distribuição das, 288
  dunas de areia *versus*, 139
  estagnada, 292
  Gondwana, 386
  linhas costeiras e, 339
  movimento de, 288-294
  Paleozoico, 386
  Pleistoceno, 285, 295, 345, 411f, 412
  sedimentos/rochas sedimentares e, 121
  teoria de Milankovitch e, 304f, 304-305
  vale (*Veja* Geleiras de vale)
  vales glaciais em forma de U, 294-297, 295f, 302
Geleiras continentais, 286, 287-289, 292, 293, 294
  drift estratificado e, 302-303
  sedimento em, 294, 298
  onda glacial nas, 293
Geleiras de vale, 284, 285, 286f, 286, 292, 411f
  erosão por, 294
  formas de relevo e, 297
  morenas e, 300
  onda glacial em, 293
  sedimento em, 294, 294f
Gelo glacial, 287, 288f
Geodímetros, 115

Geologia, 5-6
  estabilidade de taludes e, 235, 232f
  histórica, 5
  pai da moderna, 355f, 355
  papel na história/cultura humana, 6, 6f
  vida cotidiana e, 6, 7, 22
Geometria (de rochas), 139
Gesso, 68, 73
Gimnospermas, 429
Giros, 329
Glaciação, 288, 288t, 295, 295f, 411f, 412, 418
Glacier, Nacional Parque, 384, 416f
Gnaisse, 150, 155t, 156-157, 158f
  Acasta, 150, 380
  Arqueano, 382, 385f
  Proterozoico, 384
Golfo da Califórnia, 43
Gondwana, 26, 27, 28, 29f, 386, 387f, 388f, 392
  cinturão móvel Apalachiano e, 395
  e rompimento de Pangeia, 379t
  fósseis e, 27
  geleiras e, 28, 29t, 386
Gradiente
  água corrente, 240, 241f
  geotérmico, 82, 154, 189, 281
Grafite, 61, 61t, 62, 64, 68
Granada, 70, 150, 154, 155t, 156, 157f, 159
Grand Canyon, 6, 144f, 145, 239, 352, 381
  discordâncias no, 358, 360f, 361f, 362
  não-conformidades no, 365
  Pré-Cambriano e, 367f
  tempo geológico em relação ao, 352, 365
  viagem de campo no, 364t, 364-366
Grande Evento Ordoviciano de Biodiversidade, 418
Grande inundação de 1993, 248, 249f

Granito, 57, 72, 33, 90, 119, 197
   Arqueano, 382
   intemperismo de, 121
   pegmatito e, 90
   Pico Harney, 76
   Proterozoico, 384
   utilizações de, 77
Granodiorito, 186t
Grãos minerais, 85-86
Gravidade, 211
   águas subterrâneas e, 260-261
   Big Bang e, 12
   de placa tectônica, 48, 50f
   e história de vida, 415
   formação de montanha e, 207-208
   marés e, 328
   perda de massa e, 207
Grimes Point, sítio arqueológico, 121f

H

Haleto, 65t, 68
Halita, 60, 64, 68, 70, 69f, 70f, 71, 72, 73, 122
   forma cristalina, 70
   dissolução de, 122f
Halogeneto/halogênico, 65, 68t, 72, 73
Hematita, 68 122, 162
Hess, Harry, 39
Hiato, 359, 359f
Hidrosfera, 2, 237
   como subsistema da Terra, 3, 4, 327
   placas tectônicas e, 15-16
   vulcanismo e, 97
Hidróxido, 65t, 68, 122, 133
Hidroxila, 65, 65f, 122
Himalaias, 44, 46, 190, 192, 209, 210, 354f
História da Terra, 354-355, 365. Veja também Registro geológico; Tempo geológico
   Arqueano (Veja Éon Arqueano)
   Cenozoico (Veja Era Cenozoica)
   ciclo das rochas e, 20f, 20
   deformação e, 193
   Hadeano, 354f, 380
   Paleozoico (Veja Era Paleozoica)
   placas tectônicas e, 24, 40, 382, 384, 404, 407
   Pré-cambriano (Veja Pré-cambriano)
   Proterozoico (Veja Éon Proterozoico)
   registro fóssil e, 29 (Veja também Registro fóssil)
   rochas sedimentares e, 118
   vulcanismo e, 96
Hubble, Edwin, 11
Humanos
   como parte do sistema da Terra, 3-4
   degradação do solo e, 128
   desertificação e, 307
   evolução dos primatas e, 435-436
   história/cultura dos, 6
   importância dos minerais para os, 57
   na escala do tempo geológico, 354
   placas tectônicas e, 25
   supermatança pré-histórica por, 435

I

Ilhas barreiras, 343-344, 346, 349
Incêndio (depois de terremoto), 180
Inclusões, 87, 358-359, 366
   batólitos e, 93, 357-358
   inconformidade e, 363, 366
Injeção forçada, 94
Intemperismo, 117, 118-124, 118f, 129-130, 140-141, 320
   desertos e, 322
   diferencial, 116f, 118, 119
   gravitacional de massa e, 217
   mecânico, 118-120, 119f, 121, 129f, 320
   organismos e, 121
   químico, 120-123, 123f, 129, 130, 223
   sedimento e rochas sedimentares, 129f, 130-133
   vulcanismo e, 97
Interglaciação Aftoniana, 411f
Inundação, 215, 236f, 237
   costeira, 327, 346
   rios/riachos e, 243, 249
Invertebrados, 417-419, 418t, 422
   Cenozoico, 434
   escalas geológicas de, 418
   marinhos, 417-419, 418f, 423
   Mesozoico, 423
Íons, 57, 64, 74, 120-123

J-K

Jardim dos Deuses, 393, 394f
Júpiter, 98
Katmai, Parque Nacional de, 80f
Kluane, Parque Nacional, 230, 292f, 293
Komatiítos, 88

L

Lacólito, 92, 94
Lagos glaciais, 303
Lahar (fluxo de lama de cinzas vulcânicas misturada com água), 107, 113
Lassen, Parque Nacional de, 99, 107f
Laurásia, 27, 29, 386, 387, 396, 399f, 400
Lava, 77-80, 79, 86
Leito (de rocha sedimentar), 139, 143
Lençol freático, 263, 264, 265, 273-274
   desertos e, 322
   localizado, 265, 254f
   sistema artesiano e, 267-268
Leques aluviais, 248-250, 324
Ligação
   covalente, 61-62
   iônica, 60-61
   metálica, 60, 61
Limite Cretáceo-Paleogeno, 429
Limite manto-núcleo, 186-187
   batólitos e, 86
   cadeias, 203
   formação de montanha e, 193, 206, 208
   antigo, 47
   metamorfismo e, 153, 161-162, 161n
   minérios metálicos e, 52-53
   oceânico-continental, 44f, 45, 46, 396
   oceânico-oceânico, 44f, 45
   origem, 250
   rochas graníticas em, 90
   rochas ígneas e, 76
   vulcões/vulcanismo e, 111-112, 193
Limites de placas, 41-47, 41f
   continental-continental, 209f, 210
   convergente (Veja Limites convergentes)
   depósitos minerais e, 52-53, 53f
   divergente (Veja Limites divergentes)
   rochas ígneas e, 77
   terremotos e, 169, 170f, 171
Limites divergentes, 41-43, 43f. Veja também Dorsais em expansão
   metamorfismo e, 148, 155-156
   minérios metálicos e, 52
   rochas ígneas e, 77
   terremotos e, 170f, 171

vulcões e, 111
Limites oceânico-
    -continental, 44f, 45,
    46, 396, 397f, 403
    fácies metamórficas e,
        161, 161f
    orogenias nos, 209-210,
        406
Linhas costeiras/litorâneas,
    326, 331, 339, 340, 343
    costas *versus*, 331n,
        332. (*Veja também*
        Costas)
    praias e, 340-342
Listrossauro, 30f
Litosfera, 2, 3, 4f 14, 15,
    16, 189, 190

M

Magma, 15, 73, 78-80, 80f,
    84
    batólitos e, 93-94
    datação radiométrica e,
        369, 371f
    félsico, 78, 79t, 81t, 84,
        85, 108
    fontes termais e, 281f,
        281-282
    intermediário, 78, 79,
        79t, 81, 85, 100
    limites das placas e, 41,
        45
    metamorfismo e, 154-
        -155, 160
    rochas ígneas e, 17, 18,
        77, 84, 87
    séries de reação de
        Bowen e, 80, 81
    tipos comuns de, 78,
        79, 79t
    ultramáfico, 78, 79, 79t,
        82, 87
    vulcões e, 25, 93, 98,
        111-112
Magma félsico, 81, 83, 83f,
    84, 86, 89
    domos de lava e, 108
    granito e, 89
    vulcões e, 98
Magma intermediário, 78,
    79, 79t, 81
    andesito/diorito e, 88,
        89, 90
    domos de lava e, 108

Magma máfico, 78, 79t,
    80t, 81
    origem do, 82-83, 83,
        84
    vulcões e, 98, 103
Magnésio, 63f, 63-64, 329,
    349-350
Magnetismo, 36, 36-40, 37
    movimento de placa e,
        48-50, 49
    remanescente, 37, 38
Mamíferos
    "era dos", 428-429
    Cenozoico, 434-435
    Cretáceo, 429, 430f
    Eoceno, 430f, 432
    marsupiais, 428, 429
    Mesozoica, 428-429,
        430f
    Mioceno, 431f, 434
    Paleoceno, 430f, 433
    placas tectônicas e, 54,
        54f
    Pleistoceno, 434, 436
    tipos de, 428-429
Manganês, 74
Manto, 13, 14f, 15, 185,
    186f, 211-212
    como subsistema da
        Terra, 3
    descontinuidades no,
        187, 189
    gradiente geotérmico
        no, 189
    magma no, 78, 80-82,
        82
Mar de Absaroka, 390
Marés, 327, 331, 332, 340.
    Veja também Costas;
    Linhas costeiras/
    litorâneas
    baixa, 327
    deltas e, 247f, 247-248
    praias e, 340
Marcas onduladas de
    corrente, 143
Margens continentais, 31,
    31f, 34-35, 210-211, 408
    ativo *versus* inativo,
        33-34, 34, 46
    circulação oceânica e,
        328
    continentais ativas, 34-
        -35, 46
    deformação e, 192
    passiva, 35, 35f, 46,
        384, 386, 400, 412

Matéria, 58-62
Meia-vida, 370t, 372t
Mesossaurus, 29
Metamorfismo
    de contato, 151, 152-
        -153, 153f, 156,
        159, 162
    dinâmico, 151, 153-
        -154, 154f
Método
    de cortar e preencher,
        235
    de datação. *Veja*
        Datação absoluta;
        Datação relativa
Micas, 69
Microcontinentes, 34, 86
Mina de cobre de Bingham,
    53, 94
Mineral(is), 5, 16-18, 57,
    64-74, 65t, 68, 78
    como ocorrem
        naturalmente
        substâncias
        inorgânicas, 62
    composição química de,
        64-66
    datação de, 371f, 372t
    fontes termais/gêiseres
        e, 281, 281f, 282
    geodo e, 56
    importância de, 57
    índice, 154, 155t, 159-
        -150
    intemperismo e, 130-131
    limites convergentes e,
        46
    magma e (*Veja* Lava;
        Magma)
    manto e, 189
    metálico *versus* não
        metálico, 73
    metamórfico, 149, 150,
        152
    na série da reação de
        Bowen, 80
    placas tectônicas e
        deposição de, 51-
        -52, 53f
    radicais e, 65, 65t
    rochas e, 57, 72
    silicato (*Veja* Silicatos)
    uso humano de, 6-7
Minerais acessórios, 72
    argila, 131
    intemperismo químico
        e, 120, 121

    metamorfismo e, 148,
        149, 154
    solo e, 120, 122
    usos de, 74
Minérios/minerais
    metálicos, 52, 53f, 71
Mistura de magma, 85, 87
Moléculas, 61
Montanha(s)
    Bighorn, 197f, 198
    Chugach, 411f
    da Costa, 290, 407f
    Montanhas Antler, 394,
        396
    Rochosas Ancestrais,
        393f, 394
    vulcânica submarina,
        33
Montanhas Apalaches, 210,
    281, 381, 389, 393f
    ajuste continental e,
        27-28
    Cenozoico e, 21f
    Mesozoico e, 400, 412
    Pré-cambriano e, 367
Monte Etna, 105, 111, 114
Montículo, 300, 331
Movimento, 220f, 227,
    229
    complexo, 231f, 232,
        235

N

Neve granular, 288f, 289
Névoa seca, 98
Nível de base, 252-253,
    256, 257, 258
    no Cenozoico, 400
    na América do Norte
Nível do mar
    costas e, 345-346, 349
    no período Cretáceo,
        401
    geleiras no, 288
    no Paleozoico, 392
    no Pleistoceno, 253,
        295
    linhas costeiras e, 327
Núcleo (da Terra), 14, 14f,
    86
    como subsistema da
        Terra, 3, 4
    densidade/composição
        do, 186f, 188

444 ÍNDICE REMISSIVO

Número
  atômico, 58
  de massa atômica, 58

O

Oceano
  Ártico, 328f
  Atlântico, 327, 328f
Olivina, 64, 65t, 66, 66f, 67
  assentamento de cristal e, 84, 85
  limites de placa e, 47
  séries da reação de Bowen e, 81
Onda(s), 335-337, 336f, 338, 339
  praias e, 340-341
  de corpo (sísmicas), 167, 172
  deltas e, 247, 248
  fatores que afetam a movimentação gravitacional de massa e, 215, 216, 218, 218f, 338
Ondas P, 172, 173, 174, 177, 178f, 185, 189
  fronteira manto-núcleo e, 187, 189
  manto e, 189
Ondas S, 172, 173, 174, 177, 178f, 185, 189
  manto e, 189, 211
Orla costeira 334, 335
Orogênese/orogenia
  acadiana, 396
  Alegheniana, 396
  Alpina, 407
  Antler, 386, 396
  Caledoniana, 386
  cordilheirana, 403, 404, 405f, 409
  de Grenville, 385f, 386
  Himalaia, 407
Orogênese/orogenia/formação de montanha, 15, 205-211
  batólitos e, 93
  cordilheira norte-americana e, 407f, 409-412
  crosta da Terra e, 211-213, 213f
  deformação e, 192, 205-208
  Mesozoico, 398-402
  metamorfismo e, 151
  nos limites continental-continentais, 209f, 210-211
  nos limites convergentes, 41
  nos limites oceânico-oceânicos, 205f, 208-209
  nos limites oceânico-continentais, 209-210
  Paleozoico, 386, 394-396
  Pré-cambriano, 381
  Proterozoico, 384
  placas tectônica e, 41, 206-207
Ouro, 52, 60, 61, 64, 65t, 68, 71, 73, 74, 94, 146
Oxigênio, 61, 63f, 64, 186f, 188
  e história da vida, 421
  intemperismo por, 118, 120, 122

P

Padrão de drenagem, 250t
Paisagem devoniana, 421f
Pangeia, 17, 26, 27, 50, 387
  microplacas e, 398
  orogenia/orogênica e, 208-210, 395, 407
  rompimento da, 399-400
Pântanos de carvão, 354f, 422, 423
Parede de proteção/dique de Galveston, 346f, 347
Pavimento do deserto, 310f, 311f
Peixes, 419-420
Período Cambriano, 367f, 378, 386, 387f, 389-390
  arenito do, 378
  história de vida no, 417-418
  sequência de Sauk no, 389
  vertebrados no, 419
Período Carbonífero, 387, 388, 390, 406, 419, 422t
Período Cretáceo, 400, 402, 403, 404, 406
  dinossauros no, 398
  distribuição de recursos naturais e, 53
  história da vida no, 414, 417
  mamíferos no, 428, 429
  orogênese cordilheirana no, 403, 404, 405f, 409
  plantas no, 421f
Período Devoniano, 367 f, 386, 387, 389, 396
  cinturão móvel Apalachiano e, 395
  cinturão móvel Cordilheirano em, 396
  plantas no, 422, 422t
  sequência da Kaskaskia em, 389, 390
  sequência Tippecanoe em, 389
  vertebrados, 415
Período Jurássico, 354f, 360, 399, 400, 405
  costa do Golfo no, 410
  história da vida no, 423, 428, 429, 430f
  orogênese cordilheirana no, 404, 405, 406
  plantas no, 422t
  sequência Absaroka no, 390-391
Período Mississippiano, 354, 368, 368f
  cinturão móvel cordilheirano no, 395, 396
  cinturão móvel Ouachita no, 396
  história da vida no, 422, 423
  sequência de Absaroka no, 390-391
  sequência Kaskaskia no, 389
  vertebrados no, 419
Período Ordoviciano, 354f, 365, 368, 386, 387, 395
  plantas no, 422, 422t
  sequência de Sauk no, 389
  sequência Tippecanoe em, 389, 418
Período Pensilvaniano, 146, 354f, 392, 396, 422, 423
  cinturão móvel Ouachita, 396
  deriva continental e, 29, 29f
  sequência Absaroka no, 390-391, 393
Período Permiano, 354f, 387, 393, 396
  cinturão móvel Ouachita, 396
  deriva continental e, 29, 29f
  extinção em massa no, 419
  plantas no, 422t
  recifes no, 417, 418, 419
  sequência Absaroka no, 390-391, 393
Período Siluriano, 354f, 386, 389, 396, 418, 419
  plantas no, 422, 422t
  sequência Tippecanoe no, 289
Período Triássico, 354f, 399, 400, 401, 401f, 405, 406
  dinossauros no, 423
  história da vida no, 423, 425, 427, 428, 429
  leste da América do Norte e, 412
  plantas no, 422t
  vertebrados no, 419
Petróleo, 73, 74, 117, 145f, 146
  de anticlinais, 197
  estruturas geológicas e, 193, 196
  placas tectônicas e, 52-53
  sedimento/rochas sedimentares e, 130
  vazamento de, 348f, 350
Pico Lassen, 107, 111
Placa Farallon, 403, 404, 408f, 410f
Placas tectônicas (teoria da), 6, 16-17, 16f, 24-54, 382, 384

Cenozoico, 406-407
ciclo das rochas e, 18--19, 20f
como teoria unificadora, 40
costas e, 346
crosta continental e, 381, 381f
deriva continental e (*Veja* Deriva continental)
época do Pleistoceno e, 412
evolução orgânica e, 18
falhas e, 202
formação de montanha e, 41, 205-206
fundo do mar e, 30-35
geleiras e, 303
magnetismo e, 35f, 36, 36f
mecanismo de direcionamento, 50-51, 51f
Mesozoico e, 402, 403
metamorfismo e, 161-162
movimento de placa e, 48-50, 49f, 50f
Paleozoico e, 386, 392
recursos naturais e, 52--53, 53f
vida, distribuição de, e, 53-54, 54f
vulcões e, 111-113
Planalto
de Adirondack, 153
do Colorado, 364, 367, 367f, 405, 407f
Planeta(s)
anões, 12, 12f
joviano *versus* terrestre, 13
vulcanismo em, 98
Planícies abissais, 32
Plano(s)
axiais, 198f, 199, 200f
de falha, 202, 203f, 204f
Plantas, 354f, 420, 421f, 422, 429
intemperismo e, 120--121, 121f
na Era Cenozoica, 431
solo e, 124, 128
urânio e, 146
vasculares sem sementes, 422-423, 429

Pluma do manto, pluma mantélica 34f, 48, 48f, 84
Plútons, 46, 77, 78, 80, 90--93, 93f
como soleiras, 84
deformação e, 192
discordantes, 92
formação de montanha e, 205, 206, 210
pegmatitos e, 90
placas tectônicas e, 111-112
Polimento glacial, 293f, 294
Pontes de terra, pontes terrestres, 26
Ponto de Curie, 37, 38
Pontos quentes, 25, 41, 48
e origem do magma, 83
placas tectônica e, 48
Praias, 340-341, 343, 344, 346
Pré-cambriano, 354f,
escudo canadense e, 381
história da vida no, 415-417
Montanhas Rochosas ancestrais no, 393f, 394f, 400
rochas do, 380, 381, 382
sequência Sauk no, 389
Precipitação/chuva, 264, 265, 268, 280
ciclo hidrológico e, 238, 239f
desertos e, 318-319, 320
geleiras e, 303
movimento gravitacional de massa e, 214, 215--216, 223, 225
Pressão, 150, 151, 289
deformação e, 195,196
diferencial, 151, 151t, 153
juntas e, 201
Princípios
da sucessão da fauna e flora, 358
das relações, horizontalidade, 357

geológicos, 352, 355--358
Problemas ambientais, 5, 8, 375
Promontório, 339-340, 340f
Província
de Basin and Range, 205, 318, 324, 409
de Valley and Ridge, 385

Q

Quebra mar, 342
Quedas, 221f, 223
Questões geológicas, 115. *Veja* Problemas ambientais
Quartzo, 56, 57, 59, 63f, 64, 65, 65t, 65f, 67
cor do, 68
dureza do, 70, 71
metamorfismo e, 156--157
praias e, 340
quartzito e, 158, 159, 160f
utilizações de, 73

R

Ravinas, 129, 253f, 257
Recife de coral, 330f
Recursos, 73-74. *Veja também* Recursos naturais
energéticos, 73
metálicos, 73
Recursos naturais, 6, 8, 22, 52, 73, 74, 129-130
águas subterrâneas como, 261, 262
dos oceanos, 349-350
em rochas sedimentares, 149-150
energia de, 74, 282, 350
erosão e, 117
metamorfismo e, 162
placas tectônicas e, 25, 52-54, 54f
Refração
das ondas de água, 336, 336f, 337, 338

de ondas sísmicas, 185, 186, 187
dupla, 72
Regiões áridas, 219, 248, 310, 317
Registro fóssil, 20, 415
aves e, 428
deriva continental e, 26-30
hominídeos e, 433f, 435
mamíferos e, 428
primatas e, 435
Registro geológico, 352, 355-358, 400
descontinuidades no, 363
dunas e, 312
laciação e, 303
Represa a água, 248, 253
Rift Valley da África Oriental, 190
Rios/riachos, 236-259. *Veja também* Água, corrente; Inundação
deltas e, 246-248
entrelaçada, 243f, 245
erosão por, 217, 220, 223, 224, 321, 322
geleiras e, 302
nível de base da corrente de, 252--257
potencial *versus* energia cinética de, 240-241
sinuoso, 243, 245, 254, 258
sobrepostos, 258-259
vales e, 257-259
Risco sísmico global
mapa de avaliação, 182f
Rocha(s)
arqueanas 382
cambrianas, 381
cenozoicas, 406
cobertura de, 146
de carbonato, 134, 135t, 271f, 272, 375
de gotejamento, 273
definição, 5, 73
deformação de (*Veja* Deformação)
densidade de, 71

dúcteis *versus*
    quebradiço, 196
dúcteis, 196
escala do tempo
    geológico e, 374
frágeis, 196, 201
geometria de, 139
granítica, 90, 190
graníticas, 90, 209
ígneas (*Veja* Rochas
    ígneas)
isótopos radioativos e,
    59
metamórfica (*Veja*
    Rochas
    metamórficas/
    metamorfismo)
minerais e, 57, 62, 63f,
    64, 72
porosidade de, 262-
    -263, 263t
Pré-cambriano, 381-
    -382, 382f
Proterozoico, 381, 382,
    384
sedimentar (*Veja*
    Rochas
    sedimentares)
silicatos em, 72
solo e, 128-129
ultramáfico, 88f
Rochas ígneas, 75-94, 87,
    88, 91, 262, 263
ciclo das rochas e, 17,
    18, 20
datação das, 373
extrusivas, 17, 19, 20,
    78, 89
formação das, 73
intrusivas (*Veja*
    Atividade ígnea
    intrusiva; Rochas
    ígneas intrusivas)
lava em almofada e,
    101
metamórfica misturada
    com, 158, 159
metamórfica *versus*, 149
peridotito como, 15,
    189
pré-cambrianas, 393
rocha cristalina e, 117
placas tectônicas e, 18,
    20
tempo geológico e, 364
Rochas ígneas intrusivas,
    17, 19, 78, 89. *Veja*
    também Plútons
granito como, 19f
rifte e, 43
Rochas metamórficas/
metamorfismo, 148-
    -162, 152f, 153f, 155t,
    159f, 263
ciclo de rocha e, 16, 17,
    17-18, 20
contato, 152-152, 153f,
    159, 162
datação de, 358
datação radiométrica e,
    372
deformação e, 193
dinâmico, 151, 153
e formação de minerais,
    73
formação de montanha
    e, 205, 206, 213
gelo glacial como, 288
história da Terra e, 378
foliada (*Veja* Rocha
    metamórfica
    foliada)
limites convergentes e,
    46
minerais e, 150
minerais índices e, 154,
    155t, 159-160
não laminada, 18, 19f,
    154, 155t, 158-159
Pré-cambriano, 381,
    382
recursos naturais e, 162
rocha cristalina e, 117
rocha ígnea misturada
    com, 159
rocha ígnea *versus*, 149
tectônica de placas e,
    18, 20, 161-162
tempo geológico e, 364,
    368
Rocha metamórfica foliada,
    150t, 153, 156, 156f
anfibolito como, 160-
    -161
gnaisse como, 19f, 155t,
    156
Rochas sedimentares, 117,
    140-141, 140f, 141f,
    262, 262f, 263
Arqueano, 382
arredondamento/
    seleção e, 130, 145
bioquímicas, 133t, 134,
    263
cenozoicas, 406, 407f,
    431
ciclo de rocha e, 17-18,
    17f, 19f, 21
circulação oceânica e,
    328
datação de, 374-375,
    374f
de produto químico,
    140-143, 263
deposição do, 129f,
    130, 138-139, 139f,
    140
desertos e, 322-323
detríticas, 129f, 132f,
    133-134, 134f, 262
escala do tempo
    geológico e, 354f
formação de montanha
    e, 205-206, 210-211
geometria de, 139
intemperismo de, 116,
    129-130, 132 (*Veja*
    também
    Intemperismo)
lendo a história
    preservada nas,
    138-145
metamorfismo e, 150-
    -151
minerais nas, 71
placas tectônicas e, 18,
    20f
Proterozoico, 380f, 384
químico, 133t, 134-
    -136, 134f, 135t,
    138
recursos nas, 146-147
recursos oceânicos das,
    349
sedimentos de, 130-
    -131, 133
tempo geológico e, 355,
    359f, 363, 373
texturas de, 138, 139
    (*Veja também*
    Textura)
tipos de, 131t, 133-138,
    134f,
transporte de, 129, 131,
    142
Rocha sob manto não
    consolidado, 88-89
batólitos e, 93, 94
metamorfismo e, 151,
    152

S

Sedimento, 17f, 18, 117,
    263t
crosta da Terra e, 212
desertos e, 321, 322-
    -324
detrítico *versus*
    químico, 131-132
erosão e, 116
intemperismo e, 119,
    120-123
na corrente marinha, 117
nível de base e, 253
no continente *versus*
    geleiras de vale,
    294, 295
no fundo do mar, 46f,
    46, 328
ondas e, 336, 337, 338
origem/transporte de,
    129f, 131-132 (*Veja*
    também Transporte
    de sedimentos)
placas tectônicas e, 18,
    46
químico, 131, 133
rochas sedimentares de,
    130-131, 132
tempo geológico e, 355
Sedimentos detríticos, 131,
    245, 392
água corrente e, 239
Mesozoico, 398
Sequência(s)
cratônicas, 388-391
de Absaroka, 390-394
Sílex, 133t, 136f, 137, 147,
    384, 396
estratificado, 137
Silicato(s), 61, 65t, 65-69,
    66f, 67f, 150, 159,
    160f. *Veja também*
    Silicato
    ferromagnesiano;
    Silicato não
    ferromagnesiano
Silicato ferromagnesiano,
    63, 64, 67, 67f, 68, 88,
    186t, 189
metamorfismo e, 157
nas séries de reação de
    Bowen, 80-81, 81f
oxidação e, 122
Silicato não ferromagnesiano,
    67, 68, 69, 71, 88

e classificação de rochas ígneas, 87, 88
na série da reação de Bowen, 80, 81f
Silicatos lamelares, 120
Sistemas artesianos, 267-268
Sistemas de montanhas, 193, 205
ajuste continental e, 27, 28
geleiras e, 286
limites convergentes e, 44, 193
nas regiões desérticas, 322
Sol, 2, 304
geleiras e, 302, 303
marés e, 332
origem de, 12, 13
Sólidos cristalinos-62
Solo(s), 124-129
alcalinos, 127
como recurso natural, 129-130
intemperismo e, 116, 320
Subducção, 33, 83
metamorfismo e, 150-154
limites de placa e, 41-43, 205
zonas de (*Veja* Limites convergentes)
Submarinos do Imperador no Havaí, 34f, 48
Sucessão
de cinturões, 383f
fóssil, 358, 358f, 365, 368, 374
Superposição, 140, 356, 356f, 358, 363, 364
correlação e, 366
escala de tempo geológico e, 374

T

Temperatura
desertos e, 317, 320-322
gradiente geotérmico e, 189
metamorfismo e, 154, 159, 160

Tempo geológico, 20, 21, 352-376
clima e, 376f, 376
conceitos iniciais do, 355
datação absoluta no, 353-354, 356, 368
datação relativa no, 353-354, 356-364
e unidades de rochas correlacionadas, 366, 367f
viagem de campo e, 364t, 364-366
Tempo profundo, 364, 379. *Veja também* Tempo geológico
Teoria da acreção homogênea, 14f
Terra
astenosfera de, 16, 16f, 20f, 186, 189
campo magnético da, 38
como sistema complexo, 141
como sistema em evolução, dinâmico, 3-4, 14-17, 20, 193, 412
crosta da (*Veja* Crosta [da Terra])
diferenciada, 14
evolução da, 382 (*Veja também* História da Terra)
idade da, 355 (*Veja também* Tempo geológico)
interior da, 185-187, 187f
manto da (*Veja* Manto)
núcleo da (*Veja* Núcleo [da Terra])
órbita da, 304, 304f
sistema solar e, 10-13
subsistemas da, 3, 4f, 22
Terremotos, 115, 165t, 165-190, 185f
após os, 166
chineses, 180, 182, 183
controle de, 184, 185f
efeitos de, 178-185
foco/epicentro de, 169, 169f, 170f, 171, 174, 175, 176f, 183f

intensidade de, 176-177, 176t
limite convergente e, 45
lista de significativo, localização, 169, 174-175
margens continentais e, 35
medidas da força de, 175
movimentos de massa e, 219, 227
no Alasca, 178
no Colorado, 184
no Haiti, 165, 166t, 169f, 177
placas tectônicas e, 16, 25, 40, 168
previsão, 182-183-184
seguindo tsunami, 180f, 180-181
tipos de distensão elástica de, 195-196
Textura, 86-87, 87f, 90, 92, 138
afanítica, 86, 87f
clástica, 133, 133t, 134,
foliada, 154-156, 155t, 156f
não foliada, 158-159, 159f
Tipos de distensão elástica, 195-196
Torre inclinada de Pisa, 275, 275f
Transporte de sedimentos, 129f, 130. *Veja também* Deposição
linhas costeiras e, 339, 343
pela água, 240-241, 242f
pelo vento, 308-309, 308f
por geleiras, 276-279, 278, 281
Tremor
de terra, 174
vulcânico, 115
Tsunami havaiano, 115
Tubo de lava, 99, 100
Tuff Bishop, 110
Tufo calcário, 282

U-V

Urânio, 74, 146, 189
placas tectônicas e, 50
na datação radiométrica, 371f, 372, 372t, 375
Vale da Morte, 306, 310f, 317f
lagos de playa, 319
leques aluviais no, 348, 322, 324
vegetação de deserto no, 317f
Vales suspensos, 297
Vazão (água corrente), 240, 292
Vegetação
estabilidade de taludes e, 220
nos desertos, 307, 315, 317, 317f, 320
Velocidade de fluxo (água corrente), 240, 241f, 292f
Vento, 308-315
deposição por, 312, 346
dunas e, 311-315 (*Veja também* Dunas; Dunas de areia)
erosão por, 128, 309, 309f, 310, 322
loess e, 311, 315
ondas e, 346
padrões globais de, 316-317
placas tectônicas e, 53
sedimento/rochas sedimentares e, 130
Via Láctea, 12
Viagem de campo
água corrente, 254-255, 254-255f
atividade hidrotermal, 278-279, 278-279f
nos desertos, 318-319, 318-319f
rochas sedimentares, 140-141, 140-141f
tempo geológico, 364-365, 364-365f
Vida, história da, 414-436. *Ver também* Evolução orgânica, teoria da distribuição da, 53, 54f
Mesozoica, 423-431

na era Cenozoica, 431-
-436
Paleozoica, 417-423
Pleistoceno, 432, 433,
434, 436
Pré-cambriana, 415-
-417
Vulcão(ões)
compostos, 106f, 107,
111, 112
Erta Ale, 144
havaianos, 78-79, 99-
-100, 106, 112, 201.
Veja também
Submarinos do
Imperador no
Havaí; Vulcão(ões)
Kilauea, 98, 106
Krakatoa, 98, 180
Mammoth Mountain,
115
Mauna Loa, 106, 112
Mayon, 99, 108, 112
Lago Medicine, 102f
Vulcão/vulcanismo, 96-
-115, 411, 419. *Veja
também* Vulcão(ões)
água do mar e, 328
andesito e, 87
atividade ígnea
intrusiva e, 76, 406
cordilheira norte-
-americana e, 407-
-408, 407f
deformação e, 193
distribuição de, 110-
-111
fontes termais e, 280
formação de montanha
e, 205-206, 210
geleiras e, 289-290, 303

guyots e, 33, 33f, 34
IEV e, 113f, 114
inativo, 97
lava e (*Veja* entradas
começando com
Lava)
limites convergentes e,
44, 45
monitoramento, 113,
114f, 115
plumas mantélicas e, 48
ponto quente, 83 (*Veja
também* Pontos
quentes)
previsão, 113-115
placas tectônicas e, 15,
24, 40, 110f, 111
tipos de, 104-108

Z

Zona
afótica, 329
de aeração, 263, 264,
265
de Benioff, 169, 170f
de Benioff-Wadati, 169,
170f
de economia exclusiva
(ZEE), 349, 350
de empurrão de Moine,
153
Zion, Parque Nacional,
144, 254-255, 367f,
368
estratificação
transversal no, 314-
-315
juntas no, 202

Este livro foi impresso na
LIS GRÁFICA E EDITORA LTDA.
Rua Felício Antônio Alves, 370 – Bonsucesso
CEP 07175-450 – Guarulhos – SP
Fone: (11) 3382-0777 – Fax: (11) 3382-0778
lisgrafica@lisgrafica.com.br – www.lisgrafica.com.br